SITUATION

DU

MÉTAYAGE

EN FRANCE

SITUATION

DU

MÉTAYAGE

EN FRANCE

RAPPORT

SUR L'ENQUÊTE OUVERTE PAR LA SOCIÉTÉ DES AGRICULTEURS
DE FRANCE

PAR

M. LE COMTE DE TOURDONNET

PARIS

IMPRIMERIE DE LA SOCIÉTÉ DE TYPOGRAPHIE

J. MERSCH, DIRECTEUR

8, RUE CAMPAGNE-PREMIÈRE, 8.

—

1879-1880

AVANT-PROPOS

Dans sa session de 1879, l'assemblée générale de la Société des Agriculteurs de France a prescrit une enquête sur la situation du fermage. Au moment même où le vote était acquis, il nous a semblé que, restreinte au fermage, cette enquête se trouvait renfermée dans une sphère trop étroite et que, laissant hors d'elle la triple et vaste région de l'Ouest, du Centre et du Midi, où le métayage est en vigueur, elle ne répondait pas suffisamment aux besoins généraux du pays, dans les circonstances critiques qui pèsent sur lui. Il nous a semblé que, puisque les souffrances étaient communes, puisque les producteurs étaient frappés à la fois dans toutes les régions, il était juste et urgent que la Société plongeât ses regards jusque dans les profondeurs du pays, sans acception de provinces. Notre voix a été entendue, et il a été statué que l'enquête s'étendrait au métayage, aussi bien qu'au fermage.

Nous le dirons tout d'abord, l'enquête sur le métayage, dont nous allons rendre compte, a pleinement réussi. Commencée par les soins de la Société, poursuivie sans relâche par notre initiative personnelle pendant plus d'une année, elle a trouvé des échos dans tous les départements où le métayage est pratiqué. Pas un n'a manqué à l'appel. C'est au nom des déposants de 70 départements que nous avons le droit de parler, soit dans un sens, soit dans l'autre, mais avec des preuves à l'appui de toutes les opinions exprimées. La plupart des correspondants ne se sont pas contentés de renvoyer leurs réponses au questionnaire de l'enquête ; ils y ont joint des lettres explicatives ; beaucoup ont rédigé des mémoires spéciaux, afin de bien exposer la marche graduelle du métayage vers la décadence ou vers la régénération. Ce sont ces réponses, ces lettres et ces mémoires qui servent de base à notre travail.

Notre travail se compose naturellement de deux sections distinctes. La première, sauf les considérations générales qui servent d'introduction, est le résumé de l'enquête, la constatation de fait de la situation du métayage sur la surface entière du territoire. A cette constatation nous avons donné la forme, groupant tour à tour par régions et divisant par circonscriptions départementales les faits saillants qui nous ont été signalés. Mais le fond appartient à nos correspondants ; nous sommes resté l'interprète scrupuleux de leur pensée. Après avoir parcouru nos aperçus, pris à grands traits, après les avoir justifiés et commentés, pour ainsi dire, par nos tableaux synoptiques, on saura parfaitement comment se comporte actuellement le métayage, comment il est parvenu à conserver ses traditions sans que le temps ait altéré la physionomie qui lui est propre, comment il s'est soutenu, exclusivement dans certaines localités, en présence des progrès scientifiques et des transformations culturales qui ont modifié la face du pays.

Mais cette constatation des faits, qui n'est après tout que de la statistique raisonnée, est-elle suffisante ? Répond-elle à ce que les correspondants de l'enquête attendent de nous ? Est-elle à la hauteur des circonstances graves dans lesquelles se débat l'agriculture française ? Évidemment non. Il ne s'agit pas seulement de savoir ce qui est, puisque ce qui est n'est pas bon ; il s'agit de savoir ce qui peut être, ce qui doit être. Il s'agit de déterminer, par un examen approfondi, le parti qu'on peut tirer, en les condensant, en les coordonnant, des divers éléments qui constituent le métayage, et qui sont restés debout à travers les commotions qui, depuis un siècle, ont bouleversé la propriété territoriale. Quelle est la valeur intrinsèque de chacun de ces éléments ? Quelle influence, bonne ou mauvaise, peuvent-ils exercer, chacun dans sa phère, sur l'économie générale du pays ? Que faut-il en garder, que faut-il en retrancher, que faut-il y ajouter ? Comment faire du métayage, au milieu des innombrables variations qui le caractérisent parmi les institutions agricoles, une unité doctrinale d'exploitation ?

Tel est l'esprit, tel est le but de la seconde section de notre travail. La première établit les points de départ, pose les jalons, appelle l'attention sur les questions à débattre. La seconde tire les conséquences, analyse les réformes, montre la marche à suivre et le but à atteindre, sur tous les sols, sous tous les climats, en vue de tous les débouchés ; c'est le couronnement de l'œuvre. La section des constatations descriptives est terminée. C'est celle que nous livrons sous forme de rapport ; elle a été approuvée par la Commission mixte, chargée de l'enquête ; elle est publiée au nom de la Société des Agriculteurs.

La section des améliorations et des formules raisonnées du métayage logique et progressif n'est pas encore prête, bien que fort avancée ; elle sera publiée ultérieurement, soit par les soins de la Société des Agriculteurs, soit par nos propres soins, parce qu'elle s'inspire d'autres idées et d'autres préoccupations que la première. Celle-ci, n'ayant qu'à décrire, procède de tous et va à tous ; celle-là, ayant à démontrer, va également à tous, mais elle procède uniquement des correspondants de l'enquête, c'est-à-dire de ceux qui, parmi eux, sont, par conviction et par expérience, partisans de l'institution et nous ont chargé de la relever du discrédit qui l'a frappée, de ceux qui ont pris l'initiative et donné l'exemple, de ceux qui ont réussi et qui sont persuadés que les autres réussiront comme eux s'ils veulent marcher sur leurs traces, de ceux enfin qui sont profondément pénétrés de cette idée que le métayage, par sa constitution fondamentale et son élasticité, peut être, non seulement un instrument fécond du développement de la production, mais en même temps un instrument puissant de stabilité et d'harmonie sociale.

PREMIÈRE PARTIE

CONSIDÉRATIONS GÉNÉRALES

CHAPITRE PREMIER

HISTORIQUE DU MÉTAYAGE

---

§ 1. — Définition et caractère du métayage.

Qu'est-ce que le métayage? Quel est son caractère? Réalise-t-il un contrat de louage? Est-ce une véritable association ? Il en est ici comme de la servitude, comme de toutes les institutions où le législateur s'est trouvé primé par la tradition. Le métayage ou colonage partiaire préexistait ; le législateur ne s'est pas arrêté à le définir, il l'a pris tel qu'il se présentait à lui, pour l'assouplir, par certaines prescriptions, à l'esprit général de la civilisation qui l'inspirait. Voilà pourquoi les commentateurs, plus curieux de discussions légales que soucieux des faits pratiques, qui contournent la loi lorsqu'ils ne la faussent pas ouvertement, ont émis des avis contradictoires.

Bien que les commentateurs les plus compétents et les plus nombreux aient considéré le métayage comme un contrat de société, quelques-uns n'ont voulu voir en lui qu'un contrat de louage; d'autres encore, hésitant entre les deux interprétations, ont défini le métayage un contrat innommé, c'est-à-dire un contrat d'un genre particulier, participant à la fois du louage et de l'association, mais puisant sa force en lui-même et empruntant son caractère variable aux circonstances locales. Ces divergences d'opinions proviennent précisément du silence de la loi ou plutôt de son manque de précision.

La question ne nous semble pas avoir fait un pas depuis que Gaius, le célèbre jurisconsulte de Rome, s'exprimait ainsi : « Le colon partiaire partage la perte et le gain avec le maître par un droit de quasi-société. » C'est la traduction littérale du texte. Depuis cette époque ancienne, pas plus dans les comités de rédaction du Code civil que dans les assemblées législatives, aucun législateur n'a pris sur lui de trancher le problème. C'est en vain que, de notre temps, le rapporteur de la loi de 1871, qui rend l'enregistrement des baux obligatoire et qui exige une déclaration à défaut de bail écrit, a tenu un langage positif : « Le bail à colonage ou à moitié fruits, a-t-il dit en se basant sur l'opinion de Cujas et sur un arrêt motivé de la Cour de Lyon, est considéré, en doctrine et en jurisprudence, pour l'application des lois fiscales, comme une association entre le propriétaire et le colon. » C'est en vain que l'administration de l'enregistrement, s'étayant de l'opinion du rapporteur de la loi et du Code autrichien, qui dit textuellement que le contrat de métayage est un contrat de société, a émis la prétention de soumettre le colonage partiaire au paiement du droit gradué des sociétés, la Cour de cassation, qui ne fait pas la loi mais qui l'interprète, a maintenu l'indécision et repoussé, à ce titre, les revendications du fisc.

Ainsi, tout le monde semble d'accord, et nous disons tout le monde parce que les exceptions sont rares, pour qualifier le métayage contrat d'association ; mais la loi ne le dit pas et, ce qu'il y a de caractéristique, c'est que le Code rural, qui se prépare, paraît devoir se montrer aussi réservé que les législations antérieures, comme nous l'apprenons par le remarquable rapport présenté au Sénat par M. Clément, sénateur de l'Indre. Le métayage sera réglementé dans les conditions essentielles qui peuvent donner lieu à des conflits ; il ne sera pas plus défini par la loi nouvelle qu'il ne l'a été jusqu'ici.

Laissons donc la question dans son indécision légale, et ne cherchons pas à définir, à la suite des commentateurs, un caractère à la fois contentieux et fiscal, qui, après avoir passé par toutes les juridictions, est resté irrésolu. Contentons-nous, puisque d'ailleurs c'est la mission qui nous a été confiée, de prendre le problème hors la loi, pour ainsi dire, et de raisonner dans le sens exclusif de l'agriculture. Un propriétaire possède un domaine ; il ne peut pas l'exploiter par lui-même, mais il ne veut pas se désintéresser complètement de la gestion en l'abandonnant, moyennant une rente fixe, à un fermier qui, jouissant de sa pleine liberté d'action, ne recevrait ni son impulsion, ni son avis, sur les actes imprévus de l'administration culturale. Il cherche, en conséquence, un exploitant plus souple, plus docile, plus dans sa main comme on dit ; il avise un travailleur de bonne volonté et le prend pour métayer. Qu'est ce métayer ? C'est en général un cultivateur n'ayant que ses bras et ceux de sa famille, possédant à peine un maigre mobilier, sans avances et sans crédit, n'étant pas doué d'assez d'intelligence pour innover, mais très apte, s'il peut disposer d'un domaine, à accomplir les travaux conformes à la condition locale et ceux qui lui seront commandés. Le propriétaire se garde bien de lui réclamer une rente fixe ; il sait qu'il ne pourrait être soldé. Il fait donc tous les frais de l'exploitation et retient le montant des produits, ouvrant une sorte de compte courant au métayer. Mais, pour le rémunérer de son travail, de ses peines, de sa coopération et de celle de sa famille, il lui délaisse, par bail ou convention verbale, une portion des fruits résultant de l'exploitation, la moitié habituellement. Voilà le métayer en substance, un copartageant de fruits.

M. de Gasparin a donné la définition suivante : « Le métayage est un contrat par lequel, lorsque le tenancier n'a pas un capital ou un crédit suffisant pour garantir le paiement de la rente et des avances du propriétaire, celui-ci prélève cette rente par parties proportionnelles sur la récolte de chaque année, de manière que la moyenne arithmétique de ces portions annuelles représente la valeur de la rente. » Nous n'aimons guère cette définition, parce qu'elle est une déduction de résultats et non une exposition de principes, parce qu'elle suppose de la part du propriétaire un calcul qu'il ne fait pas. Dans le métayage, le propriétaire ne sait pas à l'avance ce qu'il percevra : il ne suppute pas, d'après la durée du bail, une moyenne d'annuités qui réponde exactement à la rente qu'il espère ; c'est là le calcul du fermage et non le sien. Il s'est dit qu'avec des métayers il doit faire toutes les avances et qu'il ne peut compter sur une rente fixe. C'est donc une part des fruits, la moitié qu'il s'est réservée. Après partage, sa rente sera ce qu'elle sera ; il ne peut ni la fixer, ni l'imposer à l'avance ; il reste soumis à cet égard aux mêmes éventualités que le métayer.

M. Troplong a bien rendu, de son côté, la position normale du métayer, dans sa préface du Traité de louage : « Le métayer, dit-il, vit avec sécurité dans le champ qu'il féconde, dispensé de payer au maître de l'argent et d'acquitter les impôts, car le contrat à colonage partiaire est organisé tout entier sur cette idée, que le paysan n'a pas d'argent et qu'il ne faut pas lui en demander. Cette position est commode pour le cultivateur; elle lui laisse une jouissance exempte de toutes les inquiétudes qui peuvent troubler le spéculateur; il ne craint pas surtout que le prix de son bail aggrave sa position par de dures conditions, puisque le système de bail à métairie se résout en un résultat uniforme et invariable, le partage à mi-fruits. » Cette description ne répond pas exactement à l'universalité des faits, ainsi que nous le verrons plus loin; mais elle développe dans ses principaux éléments la théorie du métayage. C'est ce qui nous a engagé à la reproduire.

Une définition, pour porter coup, doit être simple et claire. Si elle a la prétention de tout expliquer, elle dépasse le but et prête à la controverse. A la définition de M. de Gasparin, paraphrasée par M. Troplong, nous préférons donc celle qui suit, et que nous trouvons dans les ouvrages agronomiques : « Le métayage est un contrat par lequel le propriétaire, qui fournit le capital d'exploitation, se réserve la haute direction et la surveillance, et par lequel l'exploitant, qui apporte les bras et la force, exécute le travail, sous la condition mutuelle que les produits éventuels seront partagés par moitié entre les deux contractants. » Cette phrase suffit pour bien exprimer le principe et le caractère du métayage, le rôle et la part qui reviennent à chacun.; et elle a l'avantage de rendre en peu de mots les traits principaux de l'institution. Si l'on veut une définition plus concise, on n'a qu'à prendre, en la modifiant légèrement, celle qui figure au Dictionnaire national de Bescherelle : « Le métayer ou colon partiaire est le cultivateur qui partage par moitié et en nature, avec son propriétaire, les récoltes et produits de sa ferme. »

Si maintenant l'on veut comprendre à la fois dans la définition du métayage le caractère même de l'institution et ses principaux effets, on n'a qu'à prendre celle qu'a donnée M. Pichon, juge au tribunal de Périgueux, définition parfaitement claire et précise, bien que complexe : « Le métayage, dit-il, c'est le principe de l'association appliqué dans toute sa vérité et sa simplicité; c'est l'association du travail, du capital et de l'intelligence ; c'est la pratique et la théorie s'éclairant, se complétant l'une par l'autre ; c'est l'émulation de l'ouvrier travaillant sous l'œil du maître ; c'est le cultivateur s'attachant au sol ; c'est la légitime et salutaire influence du propriétaire sur le cultivateur ; c'est enfin un lien de solidarité entre le présent et l'avenir. »

Que devient le métayer ainsi défini ? Quelle est en réalité sa position ? Il n'est pas absolument libre de ses mouvements, il est astreint par son bail à certains réglements ; quant aux assolements, quant à la direction de ses étables, il est soumis à certaines restrictions, à certains devoirs périodiques ; cela est vrai. Mais, en compensation, il n'est pas tenu de vendre à vil prix ses animaux et les denrées récoltées par lui, qui sont nécessaires à son alimentation et à celle de sa famille, afin de solder, à jour dit, une somme fixe, qu'il ne possède pas et qu'il ne saurait se procurer ; bien plus, il a, pour faire face à ses besoins imprévus ou aux dépenses commerciales de son ménage, un compte ouvert sur la caisse du propriétaire, qui se rembourse par le bilan de fin d'année. Dans la situation qui lui est faite, le métayer ne dépend, quant à ses ressources, ni des oscillations de la politique, ni des fluctuations du cours des denrées alimentaires, qu'il consomme sous son toit. Il ne dépend que des circonstances naturelles, de la pluie, de la gelée, de la sécheresse, de toutes les causes qui échappent à la puissance des hommes. S'il y a beaucoup, il a beaucoup ; s'il y a peu, il a peu. Mais le propriétaire est, comme lui, soumis aux mêmes lois, riche ou pauvre, en ce qui touche à son domaine, selon la volonté de Dieu. Nous ne connaissons aucun mode d'exploitation, aucun contrat, qui présente à aussi haut degré tous les caractères de l'association.

Le propriétaire fournit la terre, les bâtiments, le bétail, le matériel, le fonds de roulement de l'exploitation ; le métayer fournit les bras, fait les labours, les semailles, les sarclages et les récoltes, entretient et garde les troupeaux, maintient le domaine en bon état. Le propriétaire, qui a, de par ses apports, l'intérêt le plus vif au succès, du moins le plus permanent, se réserve la direction supérieure et la surveillance ; il prescrit les assolements et les méthodes de culture ; par la forme même du bail, il devient le chef de l'association, le patron. Mais, par la force des choses, le métayer reste maître de son temps, de son travail, dans les limites de son engagement ; et, s'il subit certains prélèvements avant le partage des fruits, c'est en raison de services reçus, dans tous les cas en raison de conventions stipulées avant la prise de possession du domaine. Ainsi, d'un côté, l'intelligence, la terre et le capital, le fondement même de l'association ; de l'autre, le travail, la fécondation. Le domaine resterait improductif sans le métayer ; le métayer ne serait qu'un prolétaire inactif sans l'initiative et le concours du propriétaire. Telle est la quintessence du métayage.

A une époque où les philosophes sociaux cherchent les formules qui doivent le mieux réaliser l'harmonie au sein de la nation, à une époque où l'association du capital, de l'intelligence et du travail, est réputée, quelque forme qu'elle affecte, comme le critérium de la civilisation future, il serait surprenant que, dégagé des entraves qui gênent sa marche, ramené à sa raison d'être et à ses fins naturelles, amélioré dans toutes les conséquences qu'entraîne le caractère qui lui est propre, le métayage n'apparût point aux yeux des praticiens comme l'un des moyens les plus actifs et les plus immédiats de féconder le sol, de porter remède au déficit des bras, d'établir entre le possesseur de la terre et le travailleur des relations constantes de patronage d'une part, et de l'autre d'intérêt bien entendu, qui tourneront inévitablement à l'avantage de l'harmonie générale.

§ 2. — Origines premières du métayage.

Pour bien comprendre le caractère du métayage, tel que nous venons de le définir, et saisir les données de l'enquête que nous publions plus loin, il est nécessaire de remonter aux racines premières de l'institution, à ses origines historiques, afin d'en extraire, en vue de l'avenir, les enseignements qui résultent de son organisme primitif et d'expliquer, pour ainsi dire, la tradition par son ancienneté même. Et d'adord il est bon de dire que le métayage n'est pas une invention du moyen âge ; il n'est pas né exclusivement sur la terre des Gaules ; il appartient en principe à la civilisation romaine, et c'est par elle qu'il s'est répandu sur toute l'Europe occidentale. Comment s'est-il produit, et pour quelle cause ? Les avis sont partagés ; et il ne saurait en être autrement toutes les fois qu'il s'agit d'une de ces institutions que le positivisme romain a, en quelque sorte, légitimées en les adoptant, en les propageant, sans s'enquérir de quelle manière elles étaient nées. Dès qu'une institution existait, dès qu'elle était connue, les écrivains de cette civilisation des faits semblent s'être donné le mot pour n'en plus parler qu'au moment même où, par un point quelconque, elle venait heurter les intérêts des riches et des privilégiés. Ils ne se sont donc pas attardés à la décrire dans ses causes et dans ses effets généraux ;

ils se sont bornés à relever, à certains moments précis, les inconvénients qu'elle a fait naître ou les nécessités passagères auxquelles elle a répondu. Il en a été ainsi du colonage partiaire.

On a remarqué que Varron et Columelle, qui ont laissé deux ouvrages précieux sur l'agronomie des Romains, n'ont fait aucune allusion au colonage partiaire, et quelques commentateurs se sont demandé, en raison de ce silence, si l'institution existait de leur temps. Mais il est constant que le colonage partiaire existait dès le temps de Caton. Le texte où il en est question ne saurait laisser aucun doute : « Outre les choses nécessaires à l'alimentation des bœufs, le colon partiaire reçoit une portion de la récolte, » les uns disent la moitié ; les autres, plus nombreux, disent le neuvième seulement ou le sixième au plus. Mais la quotité importe peu ; ce qu'il est essentiel de savoir, c'est que le colon, qui nourrissait son bétail sur le fonds commun de l'exploitation, était rémunéré de son travail par une certaine quotité des fruits qui en résultaient. Caton ne dit point que le colonage partiaire fût une création récente ; on peut, au contraire, déduire du sens de sa phrase, qui constitue un conseil à l'usage des propriétaires, que l'institution était déjà ancienne et fort répandue. A quelle époque avait-elle pris naissance ?

Dans les premiers siècles de la fortune de Rome, les Romains cultivaient leurs terres de leurs propres mains. Les historiens nous en fournissent une multitude de preuves, et entr'autres deux exemples mémorables entre tous : Cincinnatus, trouvé à sa charrue au moment où il fut nommé dictateur ; Régulus, demandant au Sénat de quitter l'Afrique pour venir cultiver son champ, qui menaçait de devenir improductif par l'abandon de son serviteur. Mais, à mesure que les mœurs se relâchèrent, les patriciens prirent peu à peu l'habitude, afin de se mêler plus facilement à la vie politique en séjournant en ville, de confier la culture des terres à leurs esclaves. Ce fut alors que parut la loi Licinia, qui, limitant l'étendue de chaque possession et fixant le nombre d'esclaves que chaque citoyen pouvait y entretenir, enjoignit aux détenteurs des terres de n'employer que des hommes libres pour leur culture. Telle fut, au dire de M. de Gasparin, l'origine première du métayage. « Les propriétaires, ne voulant pas quitter Rome et se trouvant ainsi dans l'impossibilité de diriger eux-mêmes leur exploitation, se décidèrent à partager les fruits avec leurs mandataires. » Mais, après la décadence et la chute des lois agraires et lorsque commença l'ère des conquêtes, l'esclavage étant devenu, pour ainsi dire, une institution normale, la culture des terres fut de nouveau confiée aux esclaves ; et, comme leur nombre allait croissant de jour en jour, le colonage libre, le colonage à portions de fruits, tendit à disparaître. Telle est l'opinion de beaucoup de commentateurs.

Les faits se présentent clairement. A l'origine, les propriétés étaient très restreintes en étendue, deux jugères d'abord, sept jugères plus tard ; et les propriétaires cultivaient eux-mêmes leurs terres. Il n'y avait place alors ni pour les fermiers à prix fixe, ni pour les colons à partage de fruits. Vers la fin du troisième siècle antique, à l'époque de Caton, les propriétés territoriales s'étaient considérablement étendues ; et il y avait alors des propriétaires régissant directement leurs biens, par le moyen de mercenaires et de journaliers ; des fermiers, qui payaient aux possesseurs du fonds une rente fixe en argent ou en nature ; des colons partiaires, qui percevaient une portion des récoltes. Puis vint l'ère de l'esclavage et des exploitations serviles, et il n'y eut plus, dans la généralité des cas, que des esclaves attachés au travail des terres, le fermage et le colonage partiaire ne constituant plus que des exceptions. C'est à cette période qu'appartiennent Varron et Columelle. Celui-ci, qui vivait au premier siècle de l'ère chrétienne, ne dit rien des colons partiaires ; mais il parle des colons libres ou colons à prix d'argent, « d'ailleurs pauvres et n'offrant pas de solvabilité, et en nombre restreint ». Ce mode d'exploitation, ajoute-t-il, « ne fut considéré que comme un pis-aller, usité seulement dans les terres à grains qu'on ne peut dégrader, dans les lieux stériles et exposés à une température rigoureuse, situés à grande distance de la résidence des propriétaires, et alors qu'ils ne pouvaient trouver de bons régisseurs ».

Deux causes principales expliquent, sans la justifier, la désuétude du travail libre : en premier lieu, les guerres civiles de la fin de la République, qui, se succédant sans relâche et mettant tour-à-tour le pouvoir aux mains des plébéiens et aux mains des patriciens, avaient engendré les proscriptions et les spoliations, faisant passer les terres des vaincus aux vainqueurs ; en second lieu, l'esprit de domination universelle, de conquête et d'orgueil démesuré, qui, faisant considérer les vaincus de la guerre comme socialement inférieurs, avait préparé et affirmé cette profonde et dégradante servitude, que M. Wallon a si énergiquement décrite dans son beau travail sur l'Esclavage antique. Dès que la propriété se trouva mobilisée au profit de possesseurs sans racines dans le passé et sans confiance dans l'avenir, dès que des myriades d'esclaves inondèrent les marchés, si bien qu'ils ne trouvèrent plus d'acheteurs et qu'ils se vendirent à vil prix, comme le dit Cicéron en parlant des Sardes, il n'y eut plus que le travail servile, le maître ne considérant les esclaves que comme des instruments vivants, comme des bêtes de somme. Les exceptions n'attirèrent plus alors les regards des historiens ; de là, leur silence, qui ne fut pas précisément un calcul, mais plutôt l'expresssion du sentiment public.

Dans les deux siècles qui suivirent la mort de Columelle et surtout au début du IV° siècle chrétien, un nouveau phénomène se manifesta dans la culture des terres. Le système insatiable et oppressif du fisc et le favoritisme des Empereurs avaient fait passer aux mains des affranchis et des publicains d'immenses superficies de terres, ruinées et dépeuplées par les guerres et les exactions. Ce fut alors que les « Latifundia », qui, en se multipliant, finirent par embrasser des provinces entières, se trouvèrent atteints et menacés d'improductivité, et que, selon les historiens, « ils furent transformés en vastes solitudes ». On connaît la phrase de Pline : « Les Latifundia ont perdu l'Italie, et presque toutes les provinces. » Ce n'est pas que les cultivateurs libres eussent complètement disparu ; certaines expressions démontrent, au contraire, qu'il y en avait un grand nombre dans les interstices ; mais ils se trouvaient forcés d'aliéner leur indépendance à cause de leur pauvreté ou des convoitises de leurs puissants voisins ; et, trompés dans leurs besoins de protection et dans leur attente, beaucoup préféraient prendre la fuite que de subir plus longtemps le despotisme oppressif auquel ils étaient exposés. Par suite, la servitude, bien que comme système elle fût à son apogée, ne pouvait plus alimenter ses cadres dans la mesure des exigences nouvelles de la propriété territoriale, condensée aux mains d'une infime minorité.

Ce fut à ce moment, pour ainsi dire psychologique, qu'on vit surgir presque à l'improviste une institution jusqu'alors inconnue ; et le « Colonat impératif », sans qu'on sache comment, sans que le législateur eût songé à le créer, se trouva régi en fait par une infinité de lois restrictives et oppressives. Ce ne fut que vers le règne de Constantin que les colons de la glèbe formèrent, par la complicité d'une législation complaisante, une classe nouvelle dans l'organisme romain. Mais, à coup sûr, l'institu-

tion était déjàancienne ; et c'est parce que le législateur la vit fortement assise, en quelque sorte sanctionnée par les mœurs, qu'il
songea à la réglementer.

Qu'était devenu le colonage partiaire, le colonage libre à portion de fruits, dans ce grand désarroi de la culture des terres et
de la liberté civile? Les historiens du temps ne le disent point.
Mais deux lettres fort curieuses de Pline-le-Jeune, l'ami de Trajan,
le font pressentir. La première est adressée à un ami, qu'il consulte
sur l'achat d'une terre située près de celle qu'il possède déjà dans
la Gaule Cisalpine. Parmi les craintes qui l'assiègent, figure celle
de ne pas trouver des fermiers solvables. Le propriétaire actuel,
celui qui veut céder, a dû faire vendre souvent les instruments
aratoires des colons, qui lui servaient de gage ; « et, si par là il a
diminué momentanément le chiffre de leurs dettes, il a pris tout
ce qu'ils avaient de saisissable et les a mis ainsi dans l'impossibilité de se libérer ». C'est précisément cette pénurie de bons fermiers qui a fait baisser le prix d'achat du domaine, qui autrefois
s'était vendu plus du double du prix demandé actuellement. C'est
pour remédier à cet état de choses que Pline songe au colonage à
portion de fruits, « car dans la Gaule Cisalpine on ne se sert pas
d'esclaves pour la culture des terres ».

La seconde lettre, datée de l'Asie Mineure, est autrement
catégorique et autrement instructive. En voici le texte, tel qu'il
a été relaté par M. de Méplain, dans son Traité des baux à portions de fruits, et par M. Etchevéry, dans l'intéressante Thèse
qu'il vient de publier : « Je suis ici retenu, écrit Pline à son ami
Paulin, par la nécessité de trouver des fermiers. Il s'agit de mettre
des terres en valeur pour longtemps, et de changer tout le plan de
leur régie ; car, les cinq dernières années, mes fermiers sont restés
fort en arrière, malgré les grandes remises que je leur ai faites.
De là vient que la plupart négligent de payer des acomptes, dans
la désespérance de pouvoir s'acquitter entièrement. Ils arrachent
même et consument tout ce qui est déjà sur la terre, persuadés
que ce ne serait pas pour eux qu'ils épargneraient. Il faut donc
aller au-devant d'un désordre qui augmente tous les jours et y
remédier. Le seul moyen de le faire, c'est de ne point affermer en
argent, mais de partager la récolte avec le fermier, et de préposer
quelques-uns de mes gens pour avoir l'œil sur la culture des terres, pour exiger ma part des fruits et la garder. D'ailleurs, il n'est
nul genre de revenu plus juste que celui qui nous vient de la fertilité de la terre, de la température de l'air et de l'ordre des saisons. »

Ne dirait-on pas que cette lettre est écrite d'hier? Que pourrait-on dire de plus concluant sur l'équité du partage des fruits, sur l'utilité de l'association du détenteur du sol et du travailleur exploitant? Quel autre argument pourrait-on invoquer contre l'instabilité des rentes à prix fixe, contre l'insolvabilité des fermiers et leur mauvais vouloir dans les temps difficiles? Ainsi donc, au temps de Trajan, en plein rayonnement des exploitations serviles, le fermage à prix fixe faisait défaut à la culture des terres, et les circonstances devenaient telles que les maîtres se retournaient vers le métayage, et que le mode d'exploitation à partage de fruits recommença à se propager dans les provinces. Un siècle plus tard, les régies directes par exploitation servile devenant de plus en plus difficiles et les terres chômant, les chercheurs de solution imaginèrent, comme nous l'avons dit il y a un moment, le colonat impératif. C'est ici que se place la question posée par nous? Que devint, dans ce nouvel ordre de choses, le métayage, remis en vigueur au deuxième siècle.

Et d'abord le colonage partiaire, le métayage, si bien apprécié par Pline, se présentait-il au temps de Trajan comme une invention nouvelle? Les deux lettres dont nous venons de donner le sens sont loin de le laisser supposer. Le monde romain était livré économiquement au travail servile; c'est un fait stéréotypé dans toutes les histoires. Mais il ne faut y voir qu'une synthèse. La liberté, condensée et fictive, avait assuré, presque sans partage, toute la superficie du sol à une classe démesurément privilégiée; la servitude, qui, par le nombre et l'abjection profonde de ceux qui la subissaient, pouvait être considérée comme la règle sociale, avait voué au travail de la terre, en les confondant abstractivement, toutes les classes qui ne jouissaient pas de leur pleine liberté d'action. La terre n'était pas plus libre que les cultivateurs, qui la fécondaient pour autrui. C'est là la physionomie dégradante de l'agriculture romaine depuis l'ère des guerres civiles et des conquêtes. Mais il y avait des exceptions de lieux et de personnes. Pline nous le dit, et il était admirablement placé pour le savoir : « Dans la Gaule cisalpine, c'est-à-dire dans l'Italie septentrionale, le travail servile n'était pas usité ». Bien plus, « dans l'Asie Mineure, en plein exercice du travail servile, il y avait des fermiers libres, prenant les terres à prix fixe. » Ces exceptions étaient-elles rares ? Pline se trouvait-il placé personnellement dans des conditions particulières ? On n'a aucune raison de le penser.

C'est donc en pleine lumière des faits que les deux lettres ont été

écrites. Ami, favori de l'Empereur, qui faisait et défaisait les lois,
et pouvant se rendre compte mieux que personne, par les rapports
qui arrivaient de tous les points de l'empire, des modes d'exploitation et de leur valeur relative, Pline ne veut pas du travail servile, ni ici ni là ; il veut des travailleurs libres, et il ne veut plus
des fermiers à prix d'argent, qui, payant mal quand ils paient,
dévastent et ruinent les propriétés dont ils ont la garde, et n'offrent
ainsi aucune garantie pour l'avenir. Il penche pour le partage des
fruits, pour des colons partiaires, qui restent les associés du
maître dans toutes les conditions éventuelles qui peuvent se présenter. Les termes simples et vrais dont il se sert démontrent,
sans commentaire, qu'il sait parfaitement ce qu'il veut et ce qu'il
fait. Le métayage avait pu tomber plus ou moins en désuétude ; le
travail servile avait pu gangréner, de proche en proche, toutes les
sources de la production rurale. Mais on avait dépassé les bornes,
et désormais il fallait, sous peine de voir les terres rester improductives, revenir au travail libre ; et, en même temps, il fallait éviter le mode de fermage à prix d'argent, à prix fixe, qui était
devenu dangereux et irréalisable en bien des pays. Dans ces circonstances, le métayage s'offrait comme une voie d'exploitation
féconde, comme une voie de salut, à la portée des propriétaires
embarrassés et débordés.

Le métayage a-t-il été aussi général dans l'organisme de l'économie romaine que le pensent Étienne Pasquier et, de nos jours,
M. de Gasparin? A-t-il joué un rôle prépondérant dans les institutions culturales de l'Italie et de toutes les provinces? Nous ne
voulons point ici approfondir cette donnée. Mais il nous semblerait
bien difficile de dénier les points que voici : Le métayage existait
au temps de Caton, et il était libre ; pendant les quatre siècles qui
ont suivi, jusqu'au règne de Trajan, le travail servile s'est propagé et a fini par dominer ; dans le courant du deuxième siècle de
l'ère chrétienne, le travail servile avait donné la mesure de son
impuissance ; et, au moment précis où les esprits sérieux revenaient
vers la liberté du travail, c'est au colonage libre, c'est au métayage
qu'ils songeaient avant tout. Serait-il téméraire de penser que, vu
à travers les vicissitudes politiques de la République et de l'Empire,
le métayage est resté identique à lui-même, c'est-à-dire indépendant de la position individuelle de ceux qui le pratiquaient ; et que,
libres ou esclaves, les tenanciers qui personnifiaient l'institution
ont été soumis çà et là au partage des fruits, quel que fût leur
nombre, quelle que fût la proportion du partage ?

Les formalistes objecteront que, le partage des fruits présupposant le droit de pleine possession de la part qui leur était dévolue, les métayers devaient être de condition libre. Nous nous bornerons à répondre que bien des surprises sont réservées à ceux qui veulent lire à travers les lignes des Codes romains. Certes, le positivisme de ce peuple absorbant, si acerbe et si ombrageux, ne se serait pas accommodé d'un système qui aurait tendu à mettre ouvertement sur un pied d'égalité l'homme libre et l'esclave. Mais, dès que la loi ne se trouvait pas engagée, les propriétaires savaient se montrer fort coulants sur les conditions qui touchaient à leurs intérêts matériels, et, dans la pratique des choses, ils devaient sans scrupule contourner la loi, ici en faveur de l'esclavage, là à l'encontre de l'homme libre. C'est ce qui s'est passé précisément au moment de la réglementation du colonat impératif, de l'attachement à la glèbe des colons libres.

Qu'étaient, en réalité, les colons de la glèbe? Les commentateurs, et en particulier le célèbre Godefroi, l'ont nettement expliqué. Par un abus de puissance, sanctionné après coup par le législateur, les petits propriétaires qui avaient à craindre les déprédations du dehors et ne pouvaient défendre leurs biens, ceux qui étaient poursuivis sans merci par les collecteurs du fisc et ne pouvaient acquitter l'impôt, ceux qui tombaient aux mains des usuriers sans entrailles, tous ceux, en un mot, qui avaient besoin d'argent et de protection, s'estimaient heureux, dans ces siècles de décadence et de corruption, de rencontrer dans les détenteurs des latifundia la force et les ressources qui leur manquaient. « Ils se livraient donc, eux et leurs biens, à la dévotion des riches et des puissants », qui comprirent bien vite le parti qu'ils pouvaient en tirer. C'était pour tous ceux qui manquaient de bras, un concours inespéré, et qui plus est une foule de travailleurs expérimentés, familiarisés avec la culture des terres. Il ne s'agissait que de retenir ces clients agricoles, de les fixer au sol, de les forcer à résidence, de les astreindre, non seulement à l'entretien de leur patrimoine engagé, mais aussi, en certaine proportion, à l'exploitation d'une portion de terre appartenant au patron. Pour cela il n'était pas besoin du législateur, qui n'intervint que plus tard ; il suffisait de conventions imposées et acceptées, il suffisait d'un titre signé par les deux contractants.

Le petit cultivateur, devenu colon, ne s'aperçut pas du danger. Ne voyant d'abord qu'un protecteur dans le patron, il se prêta avec empressement aux engagements qu'on exigeait de lui, au

service immédiat qui lui était rendu et qui engageait sa volonté
future ; et il accepta comme un bienfait la tutelle qui aliénait sa
liberté d'action. C'est ainsi que le colonat impératif s'introduisit
et se propagea de l'Italie aux autres provinces. Avec le sens positif qui l'a toujours caractérisé, le législateur romain, trouvant le
colonat créé, et saisissant la portée de l'institution, n'hésita pas à
faire de la faculté une obligation, de l'exception une généralité,
d'une manière apparente au profit des détenteurs des latifundia,
en fait au profit du fisc, dont les rentrées se trouvèrent plus assurées et débarrassées, en quelque sorte, de l'insolvabilité des mauvais
payeurs. Telle est l'histoire économique de ce colonat impératif,
de cette attache à la glèbe, qui a si lourdement pesé, pendant des
siècles, sur les populations rurales de l'Occident.

Remarquons bien la situation faite au colon de la glèbe. Il n'é-
tait pas personnellement asservi, le législateur tenait sa personne
pour corporellement libre, et il ne s'en inquiétait pas autrement.
Mais, libre de son corps, il n'était plus libre de biens ; il ne pouvait plus quitter le domaine, se séparer de la motte de terre, de
la glèbe, à laquelle il adhérait comme une touffe d'herbe. Le domaine se trouvait désormais, par là, composé de deux fractions
distinctes, mais indissolubles en même temps : La partie inanimée,
inerte, la terre ; la partie active, vivante, le colon. Cette homogénéité légale des deux fractions frappait, non seulement le domaine pris à bail par le colon, mais aussi son propre patrimoine,
dont le contrat de colonage avait aliéné le caractère primitif. Et
ce n'était pas pour un temps limité, pour la durée de sa vie, que le
colon se trouvait lié ; sa condition engageait ses enfants, sa posté-
rité entière, par « le droit d'éternité », énergique expression qui
déguisait mal la servitude.

C'est ici qu'intervient le métayage, non pas historiquement,
mais d'une manière certaine, par la force même de la logique. Les
métayers de l'empire romain n'ont pas été désignés dans la législation par le caractère même de leur institution. Mais ils étaient
libres de leur personne, et ils cultivaient les terres des riches et
des puissants en vertu de leur contrat ; ils faisaient partie, en
grand nombre, de la classe des petits cultivateurs, qui alimen-
tèrent les cadres du colonat impératif. Ils étaient métayers, ils
devinrent colons, et colons fixes, attachés à leurs terres par le
droit d'éternité. Comme il fallait régulariser cette position anor-
male d'un colon libre, qui n'avait pas sa liberté de mouvement,
comme le détenteur du sol ne pouvait rationnellement réclamer

d'un travailleur qui n'avait pas la pleine possession des terres
qu'il cultivait le paiement d'une rente fixe, pouvant faire défaut
à l'échéance, l'habitude fut prise de partager les fruits en nature
entre celui qui possédait le fonds légalement et celui qui le cultivait de ses mains, ainsi que cela avait lieu dans l'institution du
colonage partiaire. Et ainsi le colonage partiaire et le colonat
impératif se confondirent de plus en plus, la législation ne s'occupant que du colon, mais la condition du colon reposant sur le partage des fruits en nature, ici à quotités fixes, là à partages proportionnels au rendement des terres.

Le célèbre Pasquier, dans ses Recherches, dépeint fort bien
cette double situation : « Encore que les Romains, dit-il, peuvent,
en diverses façons, affermer leurs terres, tantôt en argent, tantôt
à certaine quantité de grains, selon que les volontés des contractants les admonestoient de faire, si avoient en très grande recom-
mandation le louage qui se faisoit de leurs terres à moitié. Et pour
cette cause voyons-nous estre faite en leurs lois si fréquente mention d'un colon partiaire. Et sur le desclin même de l'empire, il y
eut une loy de l'Empereur Valentinien, par laquelle il estoit def-
fendu à tous maîtres d'affermer leurs terres en argent, ains de soy
contenter de ce qu'elles rapporteroient. » Sans plus discourir sur
la matière, Pasquier se contente de dire, comme le remarque Ménage dans son Dictionnaire étymologique, que « c'estoit chose assez
familière en la ville de Rome d'affermer les terres à moitié de
grains ; » et il ajoute : « ceste mesme coustume semble s'estre in-
sinuée entre nos anciens ; car, à bien dire, colon partiaire vient de
partiri et métayer de moitié. »

Nous ne comprenons pas bien pourquoi l'Empereur avait cru
devoir proscrire le fermage en argent par une loi ; et nous ne
saurions l'expliquer que par l'insolvabilité notoire des fermiers, les
propriétaires ne pouvant toucher leur rente et le fisc ne pouvant
faire rentrer l'impôt, en présence de la détresse des propriétaires
C'est pour cette raison que nous acceptons volontiers la définition
qui figure au Dictionnaire national de Bescherelle : « Le colon
partiaire du droit romain était celui qui cultivait la terre pour
autrui, et qui ne pouvait garder pour lui qu'une partie de la
récolte due à son travail. Ce n'était autre chose qu'un fermier qui,
se trouvant dans l'impossibilité de payer le prix de son bail en
argent, stipulait qu'il le donnerait en nature. » Nous pensons que
la condition ne venait pas du colon lui-même, mais bien du propriétaire, et, comme on le dit, qu'elle pouvait bien venir de la loi,

vers la fin de l'Empire. Mais l'origine importe peu ; ce qui est certain, c'est que le métayage était, sinon presque général, du moins fort répandu.

Quoi qu'il en soit et par une conséquence forcée, et sans que le législateur en ait eu conscience, le colon, quel qu'ait été son degré de dépendance, quelles qu'aient été la forme et la quotité de ses redevances, est resté en fait « co-propriétaire du fonds », dans une proportion qui n'a jamais été fixée, mais avec laquelle il a fallu compter, alors qu'est venue l'heure des affranchissements. Il ne faut point perdre de vue cette toute-puissance de la logique, qui a réuni forcément dans un droit commun, celui-ci par la possession légale, celui-là par l'adhérence perpétuelle, le détenteur du sol et le travailleur.

Un autre phénomène s'est produit dans le monde romain à la faveur du colonat impératif, et cela par la raison que cette institution nouvelle, même au moment de sa plénitude, n'avait pu à elle seule remplir les vides culturaux des provinces. Pour travailler les terres vacantes, les propriétaires des latifundia se trouvèrent amenés, par l'intérêt et la nécessité, à expédier et fixer dans les champs une partie de leurs esclaves personnels ; et comme, par leur condition de dépendance, les esclaves ruraux se trouvaient dans une position identique à celle des colons, ils leur furent bientôt assimilés, non en droit, mais en fait. Et ainsi le colonat, qui, par ses prescriptions d'ordre servile, avait abaissé la dignité des colons et des métayers, des cultivateurs libres, servit, par une inévitable compensation, à rehausser peu à peu, au profit de la liberté générale, les esclaves qui, depuis de longues générations, n'avaient plus de place dans les recensements sociaux.

§ 3. — Métayage après l'avènement des Barbares.

L'avènement des Barbares dans l'Europe occidentale ne modifia que fort peu la situation des colons du droit romain. Tels ils étaient, tels ils restèrent. Tous les historiens l'ont reconnu, M. Guizot en particulier. Mais, comme les conquérants de race germanique arrivaient avec d'autres idées que celles des Romains au sujet de la servitude, comme leurs esclaves étaient traditionnellement employés à la culture des terres, il en résulta une fusion plus complète des esclaves et des colons, et, par suite, un adoucissement très sensible de la servitude, qui devint bientôt presque exclusivement réelle. Dans un second mouvement, qui s'accentua sous le régime féodal, les esclaves et les colons, complètement assimilés, se confondirent, et il n'y eut plus désormais que les serfs, qu'il faut distinguer des esclaves de la période franque, comme il faut distinguer ceux-ci des esclaves du droit romain; triple forme, graduellement atténuative, de la servitude.

Lorsque les Barbares envahirent l'Occident, ils trouvèrent le métayage établi dans toutes les régions qui avaient subi la domination de Rome, sinon à l'état prépondérant, du moins comme l'une des formes les plus accusées du colonat impératif. Et, comme cette manière d'exploiter les terres concordait avec leurs intérêts, ils acceptèrent le fait sans résistance. Si donc l'on estime que M. de Gasparin a été trop absolu en disant que le colonage partiaire avait été le mode d'exploitation dominant de la grande période de l'histoire du peuple romain, il paraît autrement difficile de souscrire à l'opinion de M. de Sismondi, qui, dans son Histoire des Républiques italiennes, répudie la filiation romaine et attribue l'origine du métayage aux Barbares. L'institution existait dans la civilisation de Rome dès le troisième siècle avant l'ère chrétienne, comme nous l'apprend Caton le censeur ; il se retrouve au deuxième siècle chrétien sur plusieurs points de l'empire, comme nous le savons par les lettres de Pline ; il est plus que probable qu'il n'a pas cessé d'exister entre les deux époques, comme nous venons de le dire ; et tout porte à croire que l'institution s'est continuée, là où elle était établie, sous la domination des Barbares. Ce ne sont donc pas les peuples d'origine germanique qui ont inventé le colonage partiaire, il préexistait ; et nous ne pouvons voir dans l'opinion émise par M. de Sismondi qu'une idée préconçue et une confusion de termes.

Que dit-il en effet? « Au lieu de ravager les provinces de l'Empire, les Barbares s'y établirent à demeure fixe. On sait que chaque capitaine, chaque soldat du Nord, vint loger chez un propriétaire romain et le contraignit à partager avec lui ses terres et ses récoltes. Indépendamment de la partie inculte des terrains que celui-ci se fit céder pour y parquer ses troupeaux, il voulut encore entrer en partage des récoltes, des champs, des oliviers et des vignes. » Tel est bien le langage de l'histoire : Il y eut partage des terres ou partage des récoltes entre les Gallo-Romains et les premiers envahisseurs barbares, les Burgundes et les Wisigoths, plus tard entre les propriétaires de la Gaule Cisalpine et les Lombards.

Mais ce partage eut-il le même caractère que le colonage partiaire
du régime romain ou le métayage du moyen âge ? C'est ici
que M. de Sismondi nous semble avoir fait un raisonnement
hasardé.

Ce n'est assurément pas à titre de conquérants par la force des
armes que les peuples de race germanique se sont implantés dans
l'empire, c'est avec le consentement tacite des Empereurs, sinon
dar traités réguliers. Ils n'eurent ainsi ni à ravager les terres dont
ils convoitaient la possession, ni a spolier entièrement les peuples
qui allaient devenir leurs sujets. Mais, pour ne pas les pousser
au désespoir et s'en faire des ennemis irréconciliables, se sentant
trop faibles pour les dominer par le nombre, ils se contentèrent de
s'établir au milieu d'eux, s'attribuant généralement ou le tiers
des terres ou le tiers des récoltes, et devenant ainsi co-proprié-
taires du sol. C'est donc à titre de dominateurs politiques qu'ils
exigèrent le partage, leurs chefs se trouvant par le fait substitués
à la puissance des Empereurs ; et les nouveaux propriétaires
prenant, dans la possession ou l'exploitation de la part des
terres qui leur fut dévolue, la position qu'avaient les propriétaires dépossédés. Ces derniers eurent moins de terres, moins de
revenus ; mais les deux tiers qui leur furent laissés conservèrent
entre leurs mains le caractère de propriété pleine qui résultait de
la législation romaine.

Il est constant que les Gallo-Romains furent autorisés à vivre
selon leur loi. Ce fait, accepté par tous les commentateurs,
tranche la question d'exploitation, à notre sens. Il y eut désormais des propriétaires gallo-romains, il y eut au milieu
d'eux des propriétaires barbares ; mais il y eut, chez les uns
comme chez les autres, des fermiers à prix fixe et surtout des
colons à partage de fruits, des colons impératifs, rivés au sol. Il
y eut un plus grand nombre de propriétaires sans doute ; mais
le système antérieur resta ce qu'il était, quant au partage des
fruits. Comment pourrait-on admettre que les Gallo-Romains
vécurent selon leur loi, si l'on admettait en même temps qu'ils
furent transformés, par le partage, en colons partiaires des dominateurs étrangers ? Ceux qui donnèrent aux Barbares le tiers de
leurs biens leur livrèrent nécessairement les colons qui les cultivaient, et gardèrent ceux qu'ils avaient dans les deux autres
tiers ; ceux qui donnèrent le tiers de leurs revenus conservèrent
tous leurs colons et partagèrent selon le taux convenu, devenant
ainsi tributaires politiques, comme l'indique Paul Diacre, en

parlant de l'implantation des Lombards dans le nord de l'Italie. On dit que le tribut fut racheté un peu plus tard, en abandonnant une partie correspondante des propriétés; mais ce rachat ne modifia nullement les conditions du colonage partiaire.

Lorsque les Francs, après s'être établis dans le nord des Gaules par bandes armées, s'emparèrent successivement du royaume des Burgundes et de l'Aquitaine, il est évident qu'ils ne durent apporter aucun changement dans le mode des exploitations domaniales ; ils n'étaient ni assez nombreux pour administrer les terres conquises, ni assez aptes au travail pour s'y astreindre personnellement, dès la période de leurs débordements politiques. Ils durent donc maintenir l'organisation rurale qui existait avant leurs conquêtes dans toute la Gaule méridionale, et à laquelle un article de la loi des Burgundes nous initie indirectement : « Nous avons établi autrefois parmi notre peuple, dit l'un de leurs Rois, que, si quelqu'un laisse un homme d'origine barbare habiter sur sa terre pendant quinze ans sans payer de Tertiæ, la propriété de cette terre sera perdue pour lui et appartiendra désormais à celui qui l'aura ainsi possédée. » Il ne faut pas voir dans cette prescription légale une application véritable du contrat de colonage partiaire, dit M. Louis Etchevery : « Les fruits sont prélevés, non sur la propriété de celui à qui on les remet, mais sur la propriété de celui qui les remet. C'est un tribut payé au conquérant, non une redevance fournie au propriétaire. » C'est notre opinion, et il serait facile de la motiver d'une manière indiscutable. Mais, si le Barbare qui, par suite d'une habitation de quinze années sur une terre, sans recevoir le tribut de celui qui y était astreint par la loi, devenait par le fait même propriétaire incommutable du fonds, il est clair que, lorsqu'il ne pouvait le cultiver lui-même, il devait trouver, sur la terre même qui passait légalement en ses mains, des colons qui la travaillaient d'après les usages ; et que ces usages, bien qu'on n'en rencontre aucune trace dans les Codes barbares, restèrent intacts pendant la période de la domination des Francs.

D'après M. de Gasparin, il est facile de suivre sur la carte la ligne de démarcation qui sépara, durant des siècles, la région où le métayage domina pendant la période franque et la région du Nord, où la regie directe ou servile resta particulièrement en vigueur. « Une ligne, dit-il, qui, partant des frontières occidentales de la Franche-Comté, traverserait la Bourgogne, laisserait au sud le Nivernais et le Berry, embrasserait l'Anjou, et viendrait mourir à l'Océan dans la partie méridionale de la Bretagne,

rendrait parfaitement compte des limites dans lesquelles se per-
pétua le métayage, non d'une manière universelle, mais dans une
mesure assez marquée pour qu'on puisse conclure à sa généralisation. » Ce n'est point que l'on ne trouve également quelques traces
du métayage dans les autres contrées qui, au nord de la ligne,
avaient été soumises à la domination des Romains, jusque dans la
Grande Bretagne, et au sud de la Gaule jusque dans l'Espagne et
l'Italie, et jusqu'aux frontières occupées par les peuples slaves.
Mais, là, se présentent de nombreuses exceptions, dérivant de circonstances locales et particulières.

La démarcation subsista d'une manière tranchée pendant toute
la durée de la race mérovingienne, et jusqu'à la fin des grandes
guerres de Charlemagne. A cette époque, le chiffre de la population se trouva fortement réduit, et la paix amena peu à peu la diminution du nombre des esclaves. En même temps, par la politique
des princes, les grandes terres, laissées en friche, passèrent aux
mains des bénéficiers, qui ne tardèrent pas à devenir les seigneurs. Les propriétaires de la Gaule se trouvèrent donc exactement dans la même situation, économiquement parlant, que les
Romains au temps de Pline et de Trajan ; et, comme ces derniers,
ils durent chercher un remède prompt et efficace. Deux modes
d'exploitation se présentèrent à eux et furent adoptés simultanément : les rentes féodales et le métayage. C'est là, d'après les
commentateurs, le double régime qui prit faveur pendant toute la
durée de la période féodale, où la culture des terres fut confiée,
sur la plus grande échelle, aux serfs, c'est-à-dire, aux petits cultivateurs de tout ordre.

Ce n'est point que l'on rencontre la preuve positive de l'existence du métayage dans les documents du temps. Pas plus que les
écrivains romains, les historiens et les chroniqueurs de la période
franque ne se sont préoccupés des classes agricoles, et ils ne se sont
guère attardés à décrire leurs habitudes. Cependant il est certain
que, non seulement dans le Midi où l'institution fut plus générale,
mais aussi dans le Nord, le métayage fut appliqué dans toutes ses
conditions essentielles. On en trouve la preuve dans une charte
citée par M. de Méplain. Il s'agit d'une donation faite en 819, au
commencement du ixe siècle, à l'abbaye de Saint-Martin-de-Tours,
en plein pays des Francs : « Nous donnons à l'abbé Friédegies notre
manoir seigneurial, avec les hommes qui demeurent là et que nous
y avons établis pour vivre comme des colons ; et nous ordonnons
que ces hommes cultiveront la terre et les vignes, et toutes choses

à mi-fruits, et qu'on ne leur demandera rien de plus, et qu'après nous ils n'auront pas de trouble à souffrir. »

C'est bien là le métayage, le métayage sincère, inspiré par l'esprit de justice chrétienne, tel qu'il avait été compris en 590, trois siècles auparavant, par Saint-Grégoire le Grand. Tous ceux qui ont cherché dans l'histoire les preuves de l'influence bienfaisante du clergé sur la liberté civile pendant le moyen âge connaissent l'admirable lettre du célèbre pontife, mise en lumière par M. Guizot, par laquelle il recommande à ses agents « de s'en tenir scrupuleusement aux redevances fixées, de faire des avances aux colons pour faciliter leur travail, de n'exiger les paiements que dans la mesure des rentrées, de se montrer en toutes choses pleins de mansuétude et d'équité. »

On ne pensera certainement pas que l'exemple cité par M. de Méplain fût le seul, puisqu'on apprend par le Polyptique d'Irminon, publié et commenté par M. Gayrard, que, dans la centaine ou centénie de Corbon, située plus au nord, au cœur même du Perche, il y avait des manses cultivées à moitié fruits. Ces manses étaient peu étendues, et sans doute elle n'étaient pas à la portée de la réserve du manoir abbatial. Mais le fait n'en est pas moins instructif. L'une d'elles, composée de 4 hectares de terre arable, de 19 ares de pré et de 17 ares de bois taillis, était confiée à un colon, avec cette condition : « Il travaille à moitié fruits, ou il paie 12 deniers, » c'est-à-dire 28 francs de notre monnaie, environ 6 fr. 45 par hectare. Le taux n'était assurément pas élevé en raison de la composition du manse et de sa valeur. Les manses à moitié fruits ne sont pas nombreux dans le recensement de l'abbé Irminou, et on en découvre facilement la raison. L'abbaye de Saint-Germain-des-Prés avait beaucoup de terres, situées à grande distance les unes des autres, exigeant beaucoup de surveillance. Il était naturel que, pour éviter les frais et faciliter les recouvrements, les abbés préférassent le mode de fermage à prix fixe, qui convenait mieux aux habitudes d'ordre d'un monastère, et que même, là où ils admettaient le partage des fruits, ils laissassent au colon la faculté de se libérer à prix d'argent à un taux moyen. Il devait en être ainsi dans toutes les riches abbayes de la région du Nord. Ce qui paraît certain, selon la remarque de M. Gayrard et des autres commentateurs de polyptiques et cartulaires, c'est que le contraire avait lieu dans les biens des seigneurs laïques, où le métayage dominait.

Quoi qu'il en soit, c'est la doctrine de Saint-Grégoire le Grand, c'est-à-dire la doctrine traditionnelle de l'Évangile, qui, en s'introduisant sous toutes les formes pratiques dans les réglements des monastères et des églises, a servi de base aux prescriptions des coutumes du Bourbonnais et du Nivernais, ainsi que d'autres provinces, prescrivant « de ne pas demander aux colons autre chose qu'une part des fruits de la terre ». Les seigneurs, qui, dans ce siècle de foi, se modelaient si généralement sur ce qui se passait dans les terres ecclésiastiques, devaient nécessairement se conformer à ces coutumes salutaires.

Quant aux rentes féodales, espèce de fermage à prix fixe, en argent et en nature, consenties sous condition de service personnel, elles constituaient, dans l'ensemble de leurs prescriptions, un système qui fut d'abord appliqué, par extension des inféodations, ramenant toutes choses au seigneur, tête de ligne du mouvement féodal, aux territoires qui environnaient les châteaux ou les villes et bourgs qui en dépendaient. Fidèles aux traditions des conquérants germains, les seigneurs avaient bien vite compris que rendre métayers leurs tenanciers, c'était les soustraire à leur autorité immédiate et constante ; c'était leur laisser, sous prétexte de travail, leur liberté d'action ; c'était, selon l'expression de M. de Gasparin, « affranchir l'homme pour garder la propriété de la terre ». Voulant disposer des services directs de leur tenancier, ils préférèrent aliéner la terre et garder l'homme. De là, les rentes féodales, les redevances de toute nature, qui, en se transformant, en s'adoucissant du moins, aux époques d'affranchissement, ont donné lieu plus tard au fermage fixe en argent, tel que nous le connaissons. Il n'est pas besoin de dire que, si le système d'exploitation à partage de fruits devint presque général dans la région du Midi, où l'harmonie ne cessa d'exister entre les seigneurs et les tenanciers, le système des rentes féodales fut beaucoup plus répandu dans la région du Nord, où le régime romain avait été moins profondément implanté, où les seigneurs étaient restés plus longtemps à l'état de guerre. où par conséquent les mœurs étaient plus rudes. On pourrait tirer de la double position des tenanciers de curieux aperçus historiques.

Parmi les modes d'application qu'entraîna le système des rentes ou redevances féodales, le plus tranché en matière de culture fut incontestablement celui qui atteignit ceux que l'on nomma « les corvéables ». Qu'était la corvée, quelle était son origine ? Sa racine est évidemment dans le métayage. Le métayer devait en principe tout son temps au domaine ; mais, comme il avait la moitié des fruits, il advenait qu'en fait la moitié de son travail lui appartenait en propre, c'est-à-dire la moitié de son temps, l'autre moitié étant au seigneur. Telle est, à part les abus, l'origine de la corvée : trois jours au maître, trois jours au tenancier. Dans la pratique des choses, le seigneur se réservait un vaste corps de bien, dont l'exploitation était faite par les tenanciers corvéables. Le travail était plus mal fait qu'il ne l'eut été par des salariés, cela tombe sous le sens, mais là n'est pas la question; le seigneur n'avait pas de frais à subir, son rôle se réduisait à la surveillance et au maintien de son droit.

Il ne faut point confondre, on le comprend en y réfléchissant, l'exploitation par la corvée avec la rente féodale proprement dite. Tous les tenanciers non inféodés devaient la rente dans une certaine proportion, comme signe de dépendance, mais tous n'étaient pas corvéables. N'étaient soumis à la corvée que ceux qui, habitant près des châteaux, à la portée des réserves seigneuriales, et pouvant se rendre facilement dans les champs avec leurs attelages, avaient été assimilés aux métayers sans avoir été soumis au partage des fruits. La corvée, acquittant directement la moitié du travail auquel ils étaient tenus, les libérait du partage. Quelques-uns prétendent que ceux qui, soumis au métayage, se trouvaient hors du rayon d'expansion des réserves, devaient racheter le principe de la rente féodale par un supplément de revenus en nature. Nous avons vainement cherché la trace de ce droit supplémentaire dans les terriers de l'ancien régime, qui reflétaient le plus vivement l'empreinte de la féodalité. Les champarts ou terrages et tous les autres droits analogues, sauf la dîme, qui représentait l'impôt foncier, répondaient à des services rendus, avaient leurs causes spéciales, et n'étaient en rien inhérents au régime du métayage considéré en lui-même.

Il nous a été démontré que, partout où le métayage s'est établi, soit en plein régime féodal, soit depuis les grands affranchissements, là où il a fallu installer des colons partiaires, leur venir en aide, leur fournir un capital d'exploitation, les seigneurs se sont bornés à ne réclamer qu'une portion des récoltes, s'abstenant d'imposer une rente en argent, qui aurait pu leur échapper en bien des cas, s'abstenant également d'exiger des corvées régulières, qui, en absorbant le temps et le travail de leur métayer, les eût frustrés d'une portion notable de leurs revenus. Le métayage s'est donc établi purement et simplement, conformément à la tradition, entraînant toutes ses conséquences, surtout dans les contrées qui avaient été autrefois plus familiarisées avec les coutumes romaines.

§ 4. — Métayage sous l'ancien régime.

Le nombre des métayers ou colons à partage de fruits a toujours été considérable depuis l'époque des affranchissements, surtout au sud de la Loire, dans le centre des terres en particulier. Il est impossible de préciser le degré d'importance de l'institution dans le régime agricole à la distance où nous sommes, dit M. Louis Etcheverry, « soit parce que les documents sont rares, soit parce que les écrivains du temps ont donné le nom de métayers, c'est-à-dire d'exploitants à partage, à ceux qui payaient leurs redevances à prix fixe, en argent ou en grains ». Mais il est permis de constater l'existence du métayage et sa persistance à travers les siècles, et c'est déjà quelque chose. On sait, par exemple, que, dans un grand nombre de documents du XIe, du XIIe et du XIIIe siècles, il ne s'agit plus seulement de l'ancien colon, mais aussi du métayer, « medietarius » comme le disent Ducange et les autres glossateurs de la latinité du moyen âge. Était-ce, à cette époque, une recrudescence du métayage, appelant plus directement l'attention des rédacteurs de chartes ? Nous pensons au contraire, quant à nous, que, grâce aux circonstances nouvelles, les chartes étaient dévenues nécessaires, et que celles qui se rédigeaient authentiquement ne faisaient que relater, en les constatant, en les confirmant, en les élargissant, des faits préexistants.

Qu'étaient, en effet, ces « medietarii », ces métayers de la seconde moitié du moyen âge, sinon les descendants, pêle-mêle confondus, des anciens colons du droit romain, des colons de la période gallo-franque, des serfs à moitié fruits du régime féodal, de tous les exploitants subordonnés, qui, aux diverses époques de notre histoire, avaient été admis au partage des produits ? Lorsque vint l'époque des grands affranchissements, du XIIe au XIVe siècle, les serfs-métayers, formant, dans un grand nombre de nos provinces, le fond même des populations rurales, s'étaient trouvés dans une situation très singulière à l'égard des détenteurs du sol. Par l'influence de la maturité des temps, les seigneurs étaient disposés à les affranchir de tout lien de sujétion, à les débarrasser de toute condition servile, à leur laisser en particulier toute liberté de mouvement et de circulation. Mais les affranchis eux-mêmes ne pouvaient l'entendre ainsi. Non seulement ils étaient nés dans leurs tenures, qu'ils aimaient, non seulement ils considéraient leurs cabanes, dans ces temps de concrétion territoriale, comme leur patrie, regardant tout déplacement comme un exil, mais ils avaient des droits à revendiquer, que l'affranchissement pur et simple ne pouvait ni aliéner, ni compenser. Ces droits prenaient leur source précisément dans cette attache à la glèbe par droit d'éternité, qui était l'essence même de la servitude réelle qu'avaient subie leurs ancêtres. L'affranchissement, c'était donc pour eux, d'une part, le prolétariat absolu, la misère; de l'autre, une flagrante injustice : une spoliation, dans tous les cas.

C'est pour sortir de cette impasse que fut inventé le métayage emphythéotique ou perpétuel, fréquemment usité dans la région centrale, notamment dans la Marche, dans le Limousin, et dans la chaîne des Cévennes. Nous ne savons si partout l'emphythéose fut considéré, dans le libellé des contrats, comme la perpétuité; mais, les contrats n'ayant pas eu d'interruption, les deux termes finirent par se confondre. « Le métayage perpétuel, dit M. de Méplain, dans son Traité, était réputé foncier en partie; et cette qualité lui conférait un droit de propriété, qui était réglé au tiers de la métairie, comme on l'apprend par les commentaires de Salviat sur les coutumes de la Marche. » Quelques explications deviennent ici nécessaires.

Dans le régime qui suivit l'ère des affranchissements, le métayer se trouva libre ou le devint, quant à sa personne. Mais le sol resta soumis à une servitude de fait à l'égard du seigneur ou détenteur légal, qui s'interdisait, par le nouveau contrat, toute liberté de choix dans l'avenir, le métayer ne pouvant être renvoyé par lui, du moins sans indemnité préalable. Appliqué au travail libre et au partage des fruits, l'emphythéose répondait ainsi, dans le régime d'affranchissement qui se propageait de jour en jour, au droit tacite de co-propriété du colonat antique. C'était ce qu'on pourrait appeler « une liquidation in extremis »; c'était, dans tous les cas, la traduction en travail libre du colonat de la glèbe, ce fruit véreux de la civilisation romaine. Mais, si le métayage emphythéotique était une institution logique et équitable dans son principe, c'était en fait une institution inféconde au point de vue du progrès agricole. Le métayer étant rivé à sa tenure, étant habitué à un travail méthodique, à une rotation pour ainsi dire mécanique, le propriétaire ne pouvait attendre de lui ni initiative,

ni améliorations. Le métayage emphythéotique réalisait la routine
à perpétuité.

Ce n'est point que les seigneurs féodaux eûssent inventé l'emphythéose en matière d'exploitation rurale. Les baux perpétuels
ou baux de cent ans existaient chez les Romains, et étaient
contractés, soit au nom du peuple entier, soit au nom des cités,
des collèges de prêtres ou de vestales, auxquels ils étaient attribués. Ils étaient consentis moyennant une redevance annuelle,
soit en argent, soit en fruits, qui prenait le nom de « vectigal » ;
d'où le nom de « champ vectigalien », ou champ soumis à l'impôt,
était donné aux terres engagées. « L'emphythéote du moyen âge
a été ainsi le continuateur du preneur vectigalien romain. » On fait
remarquer que le contrat d'emphythéose portait d'ordinaire « sur
une terre inculte, que le preneur s'engageait à défricher et à
améliorer ». C'était le texte du Code. Mais on sait que le code,
expression de la pensée du législateur, était aussi souvent
contourné que suivi à la lettre. Par cela même que l'emphythéose
était légalement permis, les détenteurs du sol n'ont pas dû se
faire faute de l'appliquer à leurs terres cultivées, dès qu'ils l'ont
cru utile à leurs intérêts.

Dans tous les cas, il nous suffit de savoir que l'emphythéose
était pratiqué sous le régime de la législation romaine ; et nous
ajouterons que le colonat perpétuel, qui avait en vue à la fois la
culture régulière des terres en valeur et le défrichement progressif des terres restées improductives, n'était autre chose qu'un
véritable emphythéose. Assurément, tous les serfs affranchis à
partir du XIIe siècle ne devinrent pas métayers emphythéotiques,
ils n'avaient pas tous des droits égaux. Sous son nivellement
apparent, le régime féodal cachait bien des inégalités de situation.
Sans doute aussi, les contrats emphythéotiques reposaient sur
d'anciens titres, écrits ou traditionnellement immémoriaux. Mais
il est aisé de comprendre que, par la force des choses, l'emphythéose des privilégiés devait réagir, par tacite assimilation, sur la
durée des baux de métayage. Aussi voyons-nous sans surprise,
dans les vieux documents, que les métayers séjournaient de père
en fils dans les mêmes domaines et que, si la succession ne constituait pas en leur faveur un droit formel, c'était du moins une
habitude passée à l'état d'emphythéose par la jouissance constante.

C'est ainsi que le métayage arriva à la Révolution française.
Il y avait un grand nombre de métayers emphythéotiques ou
perpétuels, ayant des titres authentiques et immémoriaux ; il

y avait un grand nombre de métayers n'ayant aucun droit à la per-
pétuîté, mais ayant acquis, par une jouissance ininterrompue et
incontestée, le droit de séjour ; il y en avait d'autres qui avaient des
contrats temporaires ou qui restaient dans leurs domaines par ce
qu'on a appelé plus tard la « tacite reconduction ». Quelle que fût la
mesure des droits de tous ces exploitants à partage de fruits, « il
est généralement admis qu'au moment où éclata la révolution, la
plus grande partie du sol était exploitée par des métayers ; »
Adam Smith dit les 5/6, Arthur Young les 7/8. Ce que ne disent
pas les écrivains modernes, mais ce qui résulte de tous les documents et de toutes les enquêtes impartiales, c'est que le propriétaire terrien était pour ses métayers un véritable patron, un
véritable chef de famille. Le séjour continu et la solidarité des
intérêts avaient établi entre le détenteur du sol et le travailleur,
quelle que fût la forme de son titre, des habitudes que nul ne
songeait à modifier, des relations de confiance mutuelle, qui, si
elles n'assuraient pas le succès cultural, garantissaient du moins
l'harmonie et la paix des campagnes.

La législation qui inaugura brusquement la révolution
de la fin du siècle dernier eut pour effet, en bouleversant
l'assiette séculaire de la propriété territoriale, de ramener le
métayage au droit commun, ou, pour parler plus exactement,
de détruire les liens traditionnels, en laissant la liberté la plus
complète aux contractants. C'était dépasser le but, en ce sens
que l'abandon de la tradition rejetait les métayers, alors très nombreux, dans les rangs du prolétariat errant. Ce n'est pas immédiatement qu'on s'aperçut de ce résultat ; les événements mar-
chaient avec trop de rapidité pour qu'on eût le temps de la
réflexion. Il n'en est pas moins vrai que c'est à partir du jour où
l'on ne tint plus aucun compte des engagements du passé que le
métayage, frappé au cœur, vit peu à peu s'éclaircir la pépi-
nière où il se recrutait. On aurait pu améliorer ses conditions, on
aurait pu en faire un puissant élément de progrès, en partant des
principes de stabilité qui étaient en lui. On préféra, sans savoir
où l'on allait, s'attaquer aux principes. Le propriétaire reprit sa
pleine liberté d'action, mais il n'eut plus de travailleurs assurés ;
le métayer n'eut plus d'attaches, mais il n'eut plus de foyer.

Cependant, les véritables emphythéotes, ceux du moins qui
avaient conservé des titres authentiques, résistèrent à la décadence de l'ancien métayage et restèrent en possession de leurs
domaines. Nous avons connu, pour notre part, des métayers dont

les titres ou les droits remontaient au règne de François 1er, et qui s'étaient succédés sans interruption de famille pendant plus de trois cents ans. Des faits analogues, particulièrement caractéristiques, ont été signalés dans la Commission mixte, chargée de préparer l'enquête.

Aujourd'hui, il n'y a plus de métayers emphythéotiques ; à peine en trouve-t-on quelques vestiges dans nos pays de montagnes. Le double principe de la liberté du sol et de la liberté des transactions a prédominé d'une manière presque absolue. Sur ce point, les correspondants de l'enquête sont d'accord. De nombreux arrêts judiciaires ont aboli tout ce qui pouvait subsister du métayage emphythéotique, conformément à la législation de 1790, qui prohibe expressément les baux perpétuels. Des indemnités, évaluées par les tribunaux, ont racheté ou soldé les droits résultant de titres positifs. Le métayage est bien considéré encore comme traditionnel, on le constate partout ; mais la tradition se réfère au mode de partage des fruits, aux principes qui n'ont pas été modifiés, et non aux règles mêmes du travail, non à la situation personnelle des métayers. Le métayage est libre.

Nous verrons bientôt, au dépouillement de l'enquête, ce que le métayage est devenu sous le régime de la liberté ; mais nous devons préalablement, pour plus ample clarté, faire connaître en peu de mots ce qu'était l'institution sous l'ancien régime, avant que le morcellement, né des lois relatives au partage des successions, eût changé l'étendue et la forme des exploitations rurales. M. de Méplain a traité cette phase du métayage en peu de mots, mais d'une manière très claire : « Sous l'ancien régime, dit-il, la propriété foncière se divisait en grands domaines ou plutôt en terres considérables composées d'un grand nombre de métairies. L'administration agricole se trouvait soumise au principe d'agglomération territoriale avec toutes ses conséquences ; on ne cherchait pas plus à la scinder qu'à subdiviser les héritages. Quelque étendue que fût une terre, il était rare qu'elle eût plus d'un fermier, responsable à l'égard du propriétaire et gérant comme il l'entendait. Les fortunes secondaires étant rares à cette époque, les fermiers étaient pris parmi ceux qui, offrant des garanties et formant, par leur situation exceptionnelle, une classe puissante, ne rencontraient que peu de concurrents et se transmettaient souvent leurs droits de fermage comme un héritage de famille, sans renouveler le titre primitif. Les fermiers s'enrichissaient donc sans peine, et beaucoup de nos grandes fortunes actuelles n'ont pas d'autre source. »

Les grands propriétaires, maîtres du sol, d'autant plus riches que les terres ne se divisaient pas, vivaient à la cour ou menaient dans leurs châteaux une vie large et facile, à laquelle leurs revenus suffisaient amplement. Enchantés de n'avoir pas à assumer les tracas inséparables d'une administration compliquée et de trouver, pour la direction de leurs biens, des fermiers riches et industrieux, ils se montraient coulants sur les conditions et leur accordaient sciemment des profits considérables, afin de n'avoir pas à changer de personnel et de voir leurs domaines toujours bien tenus et toujours prospères, sous l'intelligente impulsion d'agents d'autant plus dévoués qu'ils étaient satisfaits de leur lot, et que la longueur de leurs baux les rassurait sur l'avenir. La condition du fermier réagissait nécessairement sur celle des métayers, qui étaient bien traités par eux et qui recueillaient l'exploitation de leurs domaines, lorsqu'ils n'avaient pas de titre emphythéotique, comme une succession traditionnelle, le contrat originel, souvent perdu dans la nuit des temps, étant devenu pour eux un patrimoine de famille. Le métayer était ainsi le véritable associé du fermier, représentant, par sa position de concentration administrative, tous les droits et tous les intérêts du détenteur du sol.

Aujourd'hui, tout cela n'existe plus. Le métayer est aussi libre dans ses allures que le propriétaire peut l'être dans les siennes. Il n'y a plus, dans la plupart des cas, que des engagements sans durée. On se prend et on se quitte à volonté, sans motif ou pour des causes futiles, les métayers n'ayant plus d'attaches, ni de cœur ni d'intérêt au sol qu'ils cultivent, ou au propriétaire qui traite avec eux, celui-ci ne considérant des métayers sans souvenirs et sans racines que comme des instruments passagers d'exploitation domaniale. Nous verrons dans le dépouillement de l'enquête quels sont les maigres résultats de cet individualisme cultural, de ce manque de confiance mutuelle.

Mais ce que nous y verrons aussi, et ce sera pour nous une révélation, c'est que, là où le patronage de fait s'est établi entre le propriétaire et ses métayers, librement mais réellement, là où les familles se sont assises, par le fait d'un séjour prolongé sur les mêmes domaines, par le fait de conditions libéralement coordonnées, et consacrées à la fois par l'expérience et par l'usage, le métayage s'est amélioré, s'est élargi, et a fini par devenir une institution civilisatrice et féconde, au triple point de vue du progrès cultural, de l'amélioration des conditions morales et matérielles des travailleurs et de l'approvisionnement public. C'est

parce que nous avons été édifié sur ce point que nous avons tenu
à faire comprendre, en portant nos regards dans la nuit des siècles,
qu'une institution, qui, antérieure à notre nationalité, avait pu,
sans rien perdre de son caractère primitif, rester debout au milieu
de nos ébranlements, qui ont emporté tant de choses, que cette
institution, vivace et essentiellement juste dans son principe, mérite l'attention des esprits impartiaux. Elle a pu être dédaignée,
elle a pu péricliter dans les milieux inférieurs où on l'a reléguée ;
mais, en y regardant bien, il est permis de penser que, les circonstances aidant, elle est destinée, lorsqu'on sera revenu à elle
franchement, largement, à devenir la base fondamentale de notre
prospérité agricole. Il ne nous sera pas difficile de le démontrer,
alors que nous aurons bien saisi ce qui est sur toute la surface du
pays.

CHAPITRE DEUXIÈME

MAIN-D'ŒUVRE ET SALARIAT

§ 1. — Domestiques et journaliers.

Ceux qui veulent introduire la politique dans l'agriculture, les
ardents, cherchent, par leurs paroles et leurs insinuations, à faire
naître des antagonismes de position entre les petits cultivateurs et
les grands et moyens propriétaires, entre ceux qui possèdent le
sol et ceux qui le travaillent, ne possédant que leurs bras. Cette
tactique n'a rien à démêler avec l'agriculture ; et nous nous bornerons à protester, au nom de la logique et de la réalité des faits,
contre des théories déclamatoires, qui ne tendraient, si elles se
propageaient dans les campagnes, qu'à jeter la perturbation parmi
les classes agricoles, portant un coup fatal non seulement aux
propriétaires, qui sont directement visés, mais aux fermiers et aux
métayers eux-mêmes, qui ne peuvent se passer de domestiques
et de journaliers, c'est-à-dire de main-d'œuvre étrangère.

Renfermons-nous dans les sphères du métayage, en disant
tout d'abord que nous ne repoussons nullement la régie directe,
loin de là, toutes les fois qu'elle se présente dans de larges con-

ditions d'exécution ; et nous sommes convaincu que, dans l'état de la science et lorsque le recrutement du personnel se trouvera facilité par les habitudes locales de la population, le propriétaire qui voudra employer de gros capitaux à l'exploitation de ses domaines arrivera aux résultats les plus rémunérateurs. Disons encore que nous ne repoussons nullement le fermage à prix fixe, là où l'institution est établie depuis longtemps, même systématiquement, là où elle fonctionne dans des conditions normales de la part du propriétaire foncier et de l'exploitant ; et nous estimons que, si l'on améliore son organisme traditionnel, profondément troublé par la crise actuelle, il pourra continuer à rendre des services signalés à l'agriculture et à la production. Mais nos préférences sont au métayage, là où il a pu résister par sa vitalité au discrédit qu'on a fait peser sur lui, là où il a été amélioré et où il peut l'être encore, là où le terrain est libre devant les nécessités de son installation, là où le fermage, trompant les promesses qui résident en lui, a accusé ses défaillances, là où les fermiers, effrayés par la crise, se sont dérobés aux exploitations domaniales

Nous savons fort bien que, si les questions de main-d'œuvre salariée sont vitales, dans toute l'expression du mot, pour le propriétaire qui gère directement ses domaines et pour le fermier qui ne cultive pas de ses mains, le métayer se trouve, à cet égard, dans une situation incomparablement meilleure, puisqu'il travaille lui-même, puisqu'il trouve des aides dans la famille qui se presse autour de lui, puisqu'il peut accomplir chaque jour, et pendant toute l'année, les travaux compliqués qui forment son service, puisqu'il peut même, le cas échéant, et surtout s'il est numériquement en équilibre avec les exigences culturales de son domaine, se charger de certains travaux qui sortent de son cadre ordinaire. Mais, quoi qu'il fasse, et quelle que soit sa bonne volonté, il y a des moments d'urgence impérieuse où il ne peut se suffire à lui-même, même en le supposant bien entouré, surtout au temps des récoltes, des fauchaisons et des battaisons, souvent aussi au temps des semailles et des sarclages. Alors, il a besoin d'auxiliaires, sous risque de perdre par quelques jours de retard tout le fruit de ses labeurs. La question de la main-d'œuvre, qu'il s'agisse de domestiques à l'année ou de manœuvres temporaires, de journaliers, est nécessairement pour lui d'une importance extrême. Jetons donc un coup d'œil rapide sur cette nouvelle classe agricole. Comment se recrute-t-elle ? Comment vit-elle ? Quelle est sa

condition ordinaire? Quelles sont ses exigences? Il ne nous sera
pas difficile de répondre à ces questions.

Par leur position même et quelle qu'en soit la cause, les
travailleurs isolés, qui n'ont pas de domaine attitré, pas de patrimoine susceptible de les nourrir, quelquefois même pas de
domicile fixe, ceux qui constituent le fond de ce qu'on appelle
« le prolétariat rural », se trouvent forcément sur l'arrière-
plan. Leurs parcelles étant insignifiantes, quand ils en possèdent, ils ne sauraient figurer utilement au nombre des petits
cultivateurs, puisque leur maigre culture ne les occupe que
quelques jours par an; ils ne peuvent devenir fermiers, puisqu'ils
n'ont pas d'avances et n'offrent pas de garanties matérielles. Mais
ils peuvent devenir métayers, s'ils sont probes et intelligents;
c'est là leur ambition lorsqu'ils sont fidèles à la vie des champs,
c'est là leur avenir. S'ils se laissent égarer par le mirage des
villes ou des industries, ils quittent par cela même le champ de
bataille de l'agriculture, ils changent de condition, et nous n'a-
vons pas à nous en préoccuper, les considérant comme des
déserteurs ruraux. Ceux qui nous tiennent à cœur, ce sont ceux
qui restent où ils sont nés, ceux qui ont à gagner leur journée
lorsqu'ils ne possèdent que leurs bras, ceux qui se louent à
l'année en vue des travaux agricoles, ceux qui ont en perspec-
tive l'exploitation d'un domaine lorsqu'ils ont femme et enfants.

Il n'est pas donné à tous les habitants des campagnes de
posséder même un lambeau de terre. Il y a cent ans, l'idée de
la possession territoriale ne préoccupait guère ceux qui travaillaient pour autrui. Ils y arrivaient parfois, mais ils trouvaient
toujours un gîte et du travail, et ils savaient qu'il n'y avait pas de
misère, à la lettre, où il y avait une terre constituée. C'est la division de la propriété, c'est la suppression du patronage, qui, de
concert, ont créé le prolétariat sans issue immédiate et sans
contre-poids, et ont engendré chez ceux qui ne possèdent pas le
désir ardent de la possession, de la possession quand même. Mais,
pour posséder la terre, il faut pouvoir la solder. La propriété territoriale, c'est, en principe, l'accumulation des fruits du travail, c'est
la conservation et la réalisation des épargnes successives, c'est la
récompense de la bonne conduite, c'est l'héritage des générations
qui ne sont plus, le patrimoine transmis par les liens de l'hérédité.
Il y a toujours, dans notre civilisation, une cause morale et
légitime à la possession d'un bien territorial. Les exceptions sont
rares et, pour ainsi dire, hors la loi.

Mais la propriété resterait improductive, s'il n'y avait à sa portée, alors que le possesseur ou son délégué ne peut la cultiver lui-même, des travailleurs disponibles, prêts à exécuter, contre salaire, les ordres donnés par les exploitants responsables. C'est là le lot de ceux qui ne possèdent pas, des prolétaires ruraux, qui forment ce qu'on peut appeler « l'agriculture volante ». Ces travailleurs, ces auxiliaires, disséminés dans les villages, dans les hameaux, se trouveraient sans emploi, et partant dans la condition la plus misérable, s'ils n'étaient appelés et utilisés par les exploitants en titre, soit à l'année, à la saison, au mois, à la semaine, au jour, soit à forfait pour certains travaux. C'est donc un enchaînement de faits culturaux, qui va du propriétaire au fermier, au métayer, et de tous au domestique, au journalier, au prolétaire.

Le journalier, pas plus que le domestique, ne peut donc, en saine théorie, être opposé au métayer qui cultive un domaine, au fermier qui exploite une terre, au propriétaire qui fait valoir directement. Le journalier aspire à être métayer, ne pouvant être fermier; il aspire à se créer un petit patrimoine, à devenir propriétaire, lorsqu'il parvient à amasser quelques épargnes. Mais, avant d'en être là, il fait partie essentielle de la phalange agricole, il ne peut vivre, il ne peut avoir sa part de bien-être relatif qu'autant qu'il trouve du travail près de ceux qui exploitent en nom ; et ceux-ci ne peuvent se passer de lui. Ceux donc qui, dans des vues extra-agricoles, semblent s'éprendre de pitié pour les domestiques, pour les journaliers, pour les prolétaires ruraux, commettent à la fois une faute et une hérésie agricole. Les journaliers, pas plus que les domestiques à l'année, n'ont à se plaindre, et ils ne se plaignent pas ; ils trouvent du travail autant et plus qu'ils peuvent en désirer ; et ils sont aujourd'hui largement rétribués et bien nourris, lorsqu'ils ne traitent pas « à la grande journée », selon le terme consacré, c'est-à-dire lorsqu'ils ne se nourrissent pas eux-mêmes.

La situation des journaliers, des manœuvres et des domestiques à l'année, employés à l'agriculture, a été mûrement examinée par la Société nationale d'agriculture, à propos de sa dernière enquête. Les conclusions positives, qui résument ses délibérations, coupent court à tout débat : « L'ouvrier agricole est mieux payé et mieux nourri depuis vingt ans. La situation s'est notablement améliorée sous tous les rapports. » La Société nationale n'a pas été plus loin; elle s'est bornée, après constatation, à signaler le fait. Serait-ce donc parce que les ouvriers sont payés largement, parce qu'ils sont mieux nourris, mieux traités de toute manière, serait-ce parce que les propriétaires, se soumettant à des nécessités, ont consenti à faire à cet égard des sacrifices, qui ont fini par mettre l'économie publique dans l'embarras, tant les limites ont été brusquement dépassées, que les théoriciens chercheraient à établir un antagonisme de position ? Le terrain serait singulièrement choisi.

Disons-le hautement : Non seulement il n'y a pas antagonisme entre les ouvriers agricoles et ceux qui détiennent et exploitent le sol, mais il y a entre eux une solidarité constante et une entente cordiale. Il y a des domestiques attachés aux mêmes propriétaires, il y a des journaliers qui travaillent dans le même bien, dans le même domaine, depuis des années, et qui trouvent dans cette persistance une source de revenus suffisants à leur entretien ; il y en a de plus favorisés, qui y trouvent le moyen d'acquérir un champ, un bois, un pré, une parcelle, sur laquelle ils s'établissent. La plupart d'entre eux ne cherchent nullement à changer de condition, si ce n'est à devenir métayers, s'ils le peuvent, parce que là ils trouvent plus de stabilité, n'ayant plus à se mettre en quête du travail de leurs journées. Ils seraient assurément fort surpris, du moins dans les moments de calme et d'état normal, si les excitateurs venaient leur parler d'antagonisme et d'hostilité contre ceux qui les font vivre. Nous n'avons ici en vue, bien entendu, que les journaliers qui veulent gagner leur vie en travaillant, et nullement ceux qui passent leur temps au cabaret, et qui sont aussi nuls dans les champs qu'ils le seraient dans les ateliers industriels.

Lors donc que nous lisons, dans certains documents à effets intentionnels, que les agriculteurs, qui se réunissent et se plaignent, ne songent qu'à la grande et à la moyenne culture, qu'ils dédaignent les petits cultivateurs et se montrent insensibles à leur détresse, et qu'ils n'ont pas une parole bienveillante pour les domestiques, pour les journaliers, pour les prolétaires ruraux, nous ne pouvons voir dans ces accusations gratuites et calomnieuses que la mise en action d'un plan que nous n'avons pas à qualifier. Pour quiconque s'occupe d'agriculture avec patriotisme et esprit de suite, il n'existe qu'un objectif : La production nationale, le développement graduel et sans entraves du travail de la terre, le libre choix des modes d'exploitation les plus lucratifs, et par conséquent l'étude calme et réfléchie, l'étude sans arrière-pensée de toutes les questions qui s'y rattachent. Peu importent la forme

et l'étendue des exploitations ; peu importent la nature et la succession des cultures ; peu importent les fonctions agricoles ; ce
qu'il faut constater avant tout, ce qu'il faut rechercher et trouver,
c'est la manière d'améliorer le sol et de le maintenir en bon rapport, c'est la manière d'accroître la production et d'obtenir les
plus hauts rendements possibles, c'est la manière de relier les uns
aux autres, par la solidarité, par l'intérêt continu, tous ceux qui
ont charge de culture par leur position et par leurs goûts, propriétaires, fermiers, métayers, domestiques, journaliers. La
classification est nécessaire pour établir l'ordre ; mais, par delà
la classification, apparaît, radieuse et sereine, l'harmonie sociale
des campagnes.

§ 2. — Causes du problème de la main-d'œuvre rurale.

Quelle est donc la situation actuelle de la main-d'œuvre dans
les champs ? Examinons attentivement les choses. Certes, il n'est
pas possible de fixer doctrinalement le taux du revenu provenant
de la propriété territoriale. Ce revenu varie nécessairement selon
les fluctuations de la fortune publique, selon le cours vénal des
produits, selon la manière d'administrer, selon la quotité des capitaux mis en mouvement, c'est-à-dire selon une multitude de circonstances diverses. On peut bien admettre, d'une manière générale, que la propriété territoriale doit produire moins que la
propriété industrielle, parce qu'elle est sujette à moins d'aléats
quant au capital immobilisé, et qu'elle procure sur place des
jouissances nombreuses qu'on ne fait pas figurer parmi les revenus ;
mais on ne saurait pousser ce rapprochement jusqu'à l'absurde.
Quelque modéré que soit un propriétaire dans ses désirs et sa manière de vivre, quelque satisfaction intime qu'il éprouve à rester
chez lui, au milieu des choses qu'il possède, il faut absolument que
sa terre lui rapporte un revenu quelconque, il faut que, toutes dépenses faites pour son exploitation, il lui reste un reliquat annuel,
sans quoi la possession territoriale ne serait pour lui qu'un
leurre et une dérision. Ceci est de toute évidence.

Or, que se passe-t-il aujourd'hui ? Parmi les causes qui influent
sur le revenu net de la propriété territoriale et qui ne viennent
pas du propriétaire lui-même, figurent en première ligne les impôts et les charges d'ordre public. Si leur proportion dépasse une
certaine limite, comme cela a lieu depuis quelques années, le pro-

priétaire se trouve de ce chef lésé et embarrassé dans sa marche culturale. Puis viennent les fluctuations des cours de foires et marchés, qui déterminent, en plus ou en moins, le taux du revenu net. Lorsque ces fluctuations ne sont que le double reflet des besoins éprouvés par les populations et de l'influence des causes naturelles, qui donnent l'abondance ou la rareté des produits, le propriétaire ne peut se plaindre alors qu'il a eu à souffrir, parce que c'est le résultat direct, inévitable, d'une situation qu'il pouvait en quelque sorte prévoir et qu'il a dû, s'il est prudent, faire entrer dans ses bilans. Dans tous les cas, il doit la subir patiemment, parce qu'elle est inhérente aux conditions économiques et intérieures de l'existence nationale.

Il n'en est pas de même des fluctuations inattendues, factices, créées ou précipitées par le Gouvernement, en vue de la réalisation de théories doctrinales ou pour des raisons d'ordre politique. Si le propriétaire, au lieu d'être soutenu à titre de producteur, et de producteur régulier, permanent, est abandonné par ceux qui gouvernent, s'il est exposé sans mesure et sans contrepoids à tous les débordements d'une concurrence étrangère, qui ne supporte ni les mêmes impôts, ni les mêmes charges publiques, alors il a, non seulement à se plaindre, mais à réagir, par tous les moyens en son pouvoir, contre des tendances, contre des faits répétés, qui annihilent ses efforts et les rendent de plus en plus improductifs. L'agriculture tout entière en est là précisément, en tout ce qui touche aux sphères gouvernementales. Elle est écrasée par les impôts, elle est menacée par une concurrence effrayante, dont le principe est déloyal, économiquement parlant.

C'est en face de ces dangers de toutes les heures que se place le problème de la main-d'œuvre rurale, le problème du salariat. D'où est né ce problème, et qui accuser des difficultés presque insolubles qu'il a suscitées? Nous n'hésiterons pas à répondre : Il est né de la connivence de toutes les administrations qui ont disposé à leur gré des intérêts du pays depuis cinquante ans, et chacune d'elles doit en assumer la responsabilité historique dans une certaine mesure. Les administrateurs, les hommes de gouvernement, car c'est toujours à eux qu'il faut remonter, n'ont pas songé un moment à laisser tomber leurs regards sur le sol. Ayant besoin des populations urbaines et les redoutant à la fois, voulant conquérir leurs suffrages à tout prix, ils ne se sont préoccupés que des intérêts immédiats des consommateurs, sans se dire qu'il existe une solidarité étroite et continue entre ceux qui consomment et ceux qui produisent, et qu'on ne peut rompre l'équilibre sans mettre en question la fortune et l'harmonie de la nation. Ils ont fait les routes et les chemins de fer, ce qui est un bien ; ils ont développé, avec une impatience fébrile, les travaux publics dans les villes et les industries, et là ils ont dépassé toutes les bornes de la prudence humaine. Qu'en est-il résulté ? Nous le savons.

Ce n'est pas en vain qu'on mord au fruit défendu. Grâce à l'appât des salaires élevés, mais plus vite et plus mal dépensés, le niveau des populations s'est déplacé. Ce qu'il y avait de plus fort et de plus vivace dans les champs, ce qui faisait l'espérance de l'avenir, s'est rué sur les chantiers et sur les ateliers industriels, qui ne suffisaient plus aux demandes. De nouvelles habitudes ont été contractées, des besoins inconnus ont surgi, et les conditions habituelles se sont trouvées désormais impuissantes à les satisfaire. Les jeunes gens, saturés de l'air ambiant des villes, ne se sont plus décidés à regagner leurs villages ; les bras y sont devenus plus rares, les exigences s'y sont montrées plus impérieuses, et les salaires agricoles s'en sont bien vite ressentis dans le sens d'une rapide surélévation.

On nous dit qu'une autre cause a contribué puissamment à accroître le taux des salaires agricoles : c'est le renchérissement des denrées, né de la richesse publique. Cette raison, qui a souvent été formulée par les économistes, n'est qu'à moitié valable pour qui y regarde de près. Sans doute, les journaliers, les ouvriers, qui travaillent à la grosse journée, c'est-à-dire se nourrissent à leurs frais, ont le droit de demander un plus haut prix de journée qu'autrefois, puisqu'ils doivent dépenser davantage, les denrées étant plus chères. Mais les autres, les domestiques à l'année, les journaliers nourris, pourquoi demandent-ils un salaire plus élevé en argent, dès le moment que la surélévation des aliments incombe à ceux qui les emploient ? En saine logique, leurs gages devraient au moins rester stationnaires, puisque leur entretien coûte davantage. Il y a dans ces désaccords quelque chose d'irrationnel, de mal combiné, qui ne peut s'expliquer que par le fait même de la rareté des bras.

L'exploitant, propriétaire, fermier ou métayer, n'attend pas qu'il ait payé ses impôts ou que le cours des denrées qu'il doit récolter soit établi pour retenir des aides, soit des domestiques à l'année, soit des journaliers. Il prend un ou plusieurs domestiques dès le début de l'exercice annuel, parce qu'il sait qu'il en a besoin, parce qu'il y a des travaux à faire coûte que coûte ; il prend des journaliers, parce qu'il y a urgence de réaliser tel ou tel travail en temps opportun, et qu'il y a nécessité de ne pas perdre un instant. Il peut bien à l'avance faire ses calculs à propos des impôts et des charges publiques, parce qu'il est fixé sur ce point. Mais il ne saurait spéculer, en matière d'auxiliaires, sur le cours des denrées, qui aura lieu l'année suivante, parce que ce cours dépendra de la récolte qu'il va confier à la terre ; il ne peut pas non plus se fier au cours du bétail, parce que, s'il lui est permis de savoir à peu près, à l'ouverture de l'exercice, quelles seront ses ressources pour l'hiver et le printemps, il ne peut deviner comment ses prairies et ses récoltes fourragères se comporteront pendant la belle saison, et quelle tournure prendront les cours pendant le second sémestre.

La mesure de la main-d'œuvre rurale est donc indépendante de toute circonstance extérieure ; elle s'impose par elle-même, selon l'étendue des terres ou la nature de l'exploitation. Elle peut s'accroître à l'occasion ; mais il existe un minimum auquel elle reste subordonnée. Si ce minimum est conforme aux principes, s'il ne dépasse par la proportion, le tiers, la moitié du revenu net, celle qui a été déterminée ou qui est fixée par l'usage, tout est bien. S'il en est autrement, si le montant de la main-d'œuvre, gages et nourriture, joint au montant des impôts et autres charges publiques, forme un ensemble anormal, et surtout si, par suite de mauvaise récolte ou pour une cause quelconque, les cours viennent à baisser, alors le revenu net se trouve gravement atteint, et il peut advenir que l'exploitation soit illusoire. C'est précisément ce qui a lieu aujourd'hui, malgré la prospérité apparente de l'agriculture, malgré les progrès incontestables de la science qui la dirige.

Nous avons entendu dire ces temps-ci qu'il serait possible, à la rigueur, d'abaisser les impôts qui pèsent sur la terre, qu'il ne faudrait pour celà que la volonté bien arrêtée du Gouvernement ; qu'on pourrait couper court, toujours par la volonté des gouvernants, à la concurrence qui nous est faite, par l'établissement de droits bien équilibrés et justement compensateurs ; mais que, « ce double but atteint, l'agriculture n'en serait pas moins enrayée dans sa marche régulière et ascendante par la question du salariat ». Et l'on a ajouté que c'est là la véritable cause de la retraite des fermiers. Cette remarque est juste. Les fermiers savent calculer. Ils ont compris que les impôts leur enlevaient le plus clair de leurs rentrées, que la concurrence étrangère, grâce aux tendances du Gouvernement, allait, pendant une longue période, avilir les prix de vente du blé et du bétail, sans compensation pour eux. Ils ont compris surtout que l'avilissement des prix n'abaisserait nullement le taux des salaires sous l'empire des idées qui courent ; et, craignant de ne pouvoir payer leurs fermages et réaliser des profits, ils ont préféré se retirer des cultures et attendre des jours meilleurs.

§ 3. — Conditions actuelles de la main-d'œuvre rurale.

Nous ne voudrions pas, pour démontrer la surélévation des salaires agricoles, remonter trop haut. Les bras sont devenus plus rares, les prix des gages annuels et des journées de travail se sont accrus, l'alimentation des ouvriers coûte plus cher, les temps sont changés, et le mouvement ne semble pas avoir atteint ses dernières limites. Voilà les faits. Dans quelle proportion la surélévation des salaires s'est elle affirmée ? C'est ce que nous dirons dans un moment. Nous ferons remarquer préalablement que le prix de revient d'un ouvrier agricole se compose de deux éléments principaux : les gages annuels, payés en argent ou en nature, dont le chiffre peut s'établir par une moyenne fixe ; les frais d'alimentation, qui varient nécessairement suivant le cours des denrées qu'on achète ou qu'on consomme. Nous ne mentionnerons que pour mémoire les frais subsidiaires de literie, de blanchissage et d'éclairage, qui ont cependant leur valeur.

Les frais d'alimentation reposent sur trois denrées principales, qui sont le fondement de l'alimentation humaine dans l'Europe occidentale : le pain, la viande, le vin. Les statisticiens nous font connaître les quantités moyennes de chaque denrée consommées par chaque individu :

Pain. . . .	5,50 kilogrammes de blé ou de pain.
Viande.. .	22,25 kilogrammes.
Vin.. . . .	119 litres.

Mais l'on s'aperçoit bien vite que, si ces proportions individuelles, multipliées par le chiffre de la population, peuvent servir à régler les mesures à prendre par le gouvernement en vue de l'approvisionnement général, elles manquent d'exactitude en ce qui concerne les populations elles-mêmes. Nous ne prendrons

qu'un exemple, celui de la viande. Nous venons de voir que la
consommation annuelle de la viande par individu était de
22, 25, soit 23 kilogrammes par an, en 1872, comme quelques-uns
le disent. Le rapport de l'enquête de la Société nationale d'agriculture présente les choses sous une autre forme :

Consommation de la viande par habitant et par an :

ANNÉES	DANS LES VILLES DE 10,000 AMES ET LES CHEFS-LIEUX	DANS LES AUTRES COMMUNES
	K	K
1867	61,215	21,110
1872	61,450	21,420
1877	66,750	25,920

Ce petit tableau, qu'on pourrait faire remonter plus haut,
car les données de la statistique ont souvent été reproduites,
prouve clairement la gradation ascendante de la consommation
par chaque période quinquennale. Mais, pas plus que le chiffre
général de la statistique officielle, il ne nous initie à la consommation des classes agricoles. Ici, le calcul est fait pour toute la
France ; là, il est fait d'une part pour les villes de 10.000 âmes
et au-dessus, de l'autre pour l'ensemble des autres communes.
Il eût été difficile de distinguer les communes rurales, nous le
concevons. Mais nous ne savons nullement, en définitive, ce qu'un
paysan ou un ouvrier agricole consomme de viande dans son
année, puisque les habitants des campagnes sont confondus, dans
les relevés, avec les habitants des communes au-dessous de
10.000 âmes. Un autre élément, qui a sa valeur, est celui de la consommation des villes au-dessus de 10.000 âmes et celui de la consommation de Paris, qui influent nécessairement sur la moyenne
générale et qui sont portés par la statistique officielle, le premier
à 50, le dernier à 75 kilogrammes et plus par habitant, comme la
consommation en vin est de 210,27 hectolitres de vin, au lieu de
119, chiffre moyen. Le fait positif est qu'on mange beaucoup
moins de viande dans les campagnes isolées que dans les centres
de population et dans les villes surtout.

Si donc l'on admet que chaque individu, sur toute la surface
du territoire, doit consommer une quantité d'aliments équivalente,
quelle qu'en soit la forme, on sera amené à admettre, par une
conséquence forcée, que, si le paysan ou l'ouvrier rural mange
moins de viande et boit moins de vin que l'habitant des centres
populeux, il mange d'autant plus de pain. La conclusion que nous

voulons tirer de ce fait est facile à saisir. La viande est le produit qui a le plus renchéri ; le vin n'a pas beaucoup augmenté de prix, malgré le ravage des vignes par le phylloxéra ; le prix du blé est resté stationnaire, il a même baissé depuis les importations étrangères. Quelle est donc, ceci étant, la situation réelle de la main-d'œuvre rurale sous le rapport de l'alimentation ?

Sans doute, les économistes ont raison de dire que, lorsque le prix des denrées alimentaires augmente, il convient que les salaires augmentent dans la même proportion. C'est, en thèse générale, une espèce d'équation mathématique, dont les rouages commerciaux maintiennent la régularité ; mais, au point de vue agricole, il faut raisonner autrement, et tout d'abord faire une distinction entre ceux qui se nourrissent à leurs frais et ceux qui sont nourris. Si les premiers, par une meilleure intelligence de l'hygiène publique ou par goût, veulent se nourrir mieux, ils doivent nécessairement se résigner à dépenser davantage, et par conséquent à moins épargner. C'est un dilemme rigoureux. Mais, si ceux qui vivent aux frais des chefs de maison ou de culture sont mieux nourris, et c'est un fait aujourd'hui, si par là ils coûtent davantage et si leur entretien constitue un sacrifice de la part de ceux qui paient, il paraîtrait logique que les salaires en argent restassent stationnaires, et c'est précisément ce qui n'est pas. Par une confusion de situations que nul ne cherche à rapprocher l'une de l'autre, par une multitude de circonstances étrangères à la vie rurale, ceux qui se nourrissent et ceux qui sont nourris participent, au même titre, aux résultats, et les uns et les autres veulent en même temps être mieux traités et gagner davantage en argent.

Nous ne savons trop comment on pourrait rétablir l'équilibre entre les diverses catégories de travailleurs ruraux, en présence des idées qui ont cours. Mais le fait est indiscutable, il est général. Le montant combiné du salaire et de l'alimentation des travailleurs ruraux est arrivé à un taux que l'emploi des machines ne peut compenser, et qui est incompatible avec le revenu normal que l'exploitant a droit d'espérer. Il ne peut trouver, quel que soit son titre, propriétaire, fermier ou métayer, des travailleurs à gages dans une foule de circonstances ; et il est tenu de mieux nourrir ceux qu'il emploie, de surcharger pour eux les frais, déjà si élevés, de son administration. Par conséquent, il est forcé bien souvent de restreindre ses cultures, de suspendre les travaux d'amélioration, de se priver d'un certain nombre de services lucra-

4

tifs. La production générale du pays s'en trouve d'autant plus atteinte que l'aggravation incessante des impôts et la concurrence étrangère, toujours aux aguets, viennent s'ajouter aux difficultés et à la complète désorganisation de la main-d'œuvre. C'est ce que pense, ce que dit l'énorme majorité des agriculteurs.

La situation actuelle du salariat est sans contredit le plus grand argument de fait qu'on puisse faire valoir en faveur du métayage. Le métayer est atteint par les impôts, aussi bien que le fermier et le propriétaire qui régit lui-même ; mais, comme en principe il ne paie que la moitié des impôts, il ne se trouve atteint qu'à demi. Il est atteint, aussi bien que tous les autres exploitants, par la concurrence étrangère ; mais, comme il consomme une grande partie de ses produits, il est moins frappé et peut plus facilement supporter les abaissements de prix. Sous le rapport des impôts et de la concurrence, la position du métayer peut donc paraître supportable. Mais, là où il a décidément l'avantage, c'est dans la question du salariat, puisqu'il fait lui-même une grande partie du travail, puisqu'il peut le faire en entier lorsque les conditions sont bien équilibrées, sauf quelques circonstances déterminées, et que, grâce à lui, le domaine qui lui est confié ne risque jamais de rester vacant.

CHAPITRE TROISIÈME

PROPORTION NUMÉRIQUE DU MÉTAYAGE

§ 1. — Population agricole.

Il nous reste, avant de procéder au dépouillement et à l'examen des documents de l'enquête ouverte par la Société des Agriculteurs, à établir aussi nettement que possible la proportion actuelle des métayers dans le mouvement des exploitations rurales. Tout le monde sait que les modes d'exploitation peuvent être ramenés, en France, à trois types principaux, la régie directe, le fermage et le métayage, et que chaque mode présente ses avantages et ses inconvénients. Toutes les combinaisons, quelles qu'elles soient, qui ont trait à l'administration des terres, ne sont que des variantes de ces trois types principaux et s'y rattachent plus ou moins étroitement. Les trois types se rencontrent concurremment dans la plupart des départements. Cependant, si l'on veut raisonner d'après les faits dominants dans chaque région, on peut dire, d'accord avec le dernier relevé de la statistique officielle, que la régie directe domine dans l'Est de la France, le fermage dans le Nord et le Nord-Ouest, le métayage dans le Centre et le Sud. Mais cette vue générale serait inefficace pour rendre compte de la situation réelle du métayage et de son influence sur la production du pays, si nous ne faisions intervenir, pour parler ensuite avec plus d'autorité, les renseignements spéciaux que fournit la statistique. Commençons par la population, et définissons les divers éléments qui la composent.

D'après le dernier recensement quinquennal, publié en 1876, la population entière de la France s'élève au chiffre de 36.045.198 habitants, soit 36.000.000. Ce chiffre doit être très approximativement exact, parce que l'administration possède, par les documents de l'état civil, le moyen de le contrôler. Il n'en est pas de même de ses divisions et subdivisions, soit parce que les recenseurs sont impuissants à saisir avec précision tous les mouvements de la population pendant la période quinquennale, soit parce que la classification des individus, par situation ou profession, présente de sérieuses difficultés. Aussi trouvons-nous dans les écrits des publicistes d'assez notables différences dans la manière de grouper les diverses classes de la population, chacun d'eux cherchant dans le groupement la justification de ses vues ou de ses desseins. C'est pour éviter ce reproche que nous prendrons purement et simplement les données qui figurent dans le tableau général de la statistique, sans nous occuper de leur plus ou moins d'exactitude. Les voici :

Population agricole.	18.968.600 individus.
Population industrielle.	9.274.537 —
Population commerciale	3.837.223 —
Professions libérales	1.531.405 —
Rentiers et fonctionnaires	2.151.888 —
Mendiants et vagabonds	71.323 —
Professions inconnues	210.217 —
Total de la population	36.045.193 individus.
Soit en chiffre rond	36.000.000 —

La population agricole se décompose ainsi :

1° INDIVIDUS CULTIVANT EUX-MÊMES OU FAISANT VALOIR :

DÉSIGNATION	HOMMES	FEMMES	TOTAUX
Chefs de famille ou patrons . . .	2.078.517	248.740	2.327.257
Membres de la famille	2.122.357	4.160.960	6.283.317
Domestiques personnels.	340.201	345.229	685.430
Employés, chefs de service . . .	42.926	26.518	69.444
Ouvriers à l'année	276.818	187.456	464.274
Journaliers	442.572	348.592	791.164
Totaux	5.303.491	5.317.495	10.620.886

2° FERMIERS, COLONS ET MÉTAYERS :

Chefs de famille ou patrons . . .	952.699	86.964	1.039.663
Membres de la famille.	1.133.353	2.093.752	3.227.105
Domestiques personnels.	282.508	267.679	550.187
Employés, chefs de service . . .	27.679	18.593	46.272
Ouvriers à l'année	198.378	124.047	322.425
Journaliers	297.890	224.590	522.480
Totaux	2.892.507	2.815.625	5.708.132

3° VIGNERONS, BUCHERONS, JARDINIERS, MARAICHERS, ET AUTRES PROFESSIONS AGRICOLES.

Chefs de famille ou patrons . . .	464.248	75.213	539.461
Membres de la famille	508.616	987.863	1.496.479
Domestiques personnels.	38.847	50.790	89.637
Employés	11.624	9.288	20.912
Ouvriers à l'année	113.680	66.883	180.563
Journaliers	181.306	131.224	312.530
Totaux	1.318.321	1.321.261	2.639.582

4° RÉCAPITULATION :

Régie direct	10.620.886	individus
Fermage et métayage.	5.708.132	—
Professions agricoles	2.639.582	—
Total général	18.968.600	individus
Soit en chiffre rond.	19.000.000	—

Ce chiffre est-il la représentation parfaitement exacte en nombre de la population agricole? La statistique officielle, ayant établi les chiffres des possesseurs des propriétés territoriales conformément aux côtes imposables, n'a pu se tromper sur cette base fondamentale de ses calculs. S'il y a des inexactitudes, elles ne peuvent porter que sur les détails, sur la distribution des classes. Nous acceptons donc le chiffre de 19.000.000, en remarquant tout d'abord qu'en mettant d'un côté la population agricole et de l'autre tous les autres éléments de la population générale, la première l'emporte numériquement, à elle seule, dans une forte proportion. Et cette remarque prendra encore plus de consistance si l'on réfléchit que, parmi les autres catégories dénombrées, il y a un grand nombre de propriétaires qui ne font pas valoir, qui ont des fermiers ou des métayers, et que la statistique sépare de la population agricole.

C'est une question à examiner. Les rentiers et les fonctionnaires, les industriels et les commerçants, par cela qu'ils habitent dans les villes ou dans les fabriques, doivent-ils être considérés comme totalement étrangers à la vie rurale, lorsqu'ils possèdent des terres, lorsqu'ils en perçoivent les revenus? S'ils ne font pas valoir directement, ne sont-ils pas tenus de compter avec leurs fermiers ou de faire surveiller leurs métayers par des mandataires? Ne sont-ils pas intéressés aux résultats des cultures et des exploitations, au succès des améliorations poursuivies? Nous comprenons qu'il soit difficile, en matière de statistique, de distinguer, d'une manière précise, ceux qui, faisant du commerce ou de l'industrie, font en même temps de l'agriculture. Mais il suffit que le cas se rencontre, et surtout qu'il soit fréquent, pour que nous ayons le droit de penser que, dans les calculs d'économie publique, la proportion de 19.000.000 sur 36.000.000, attribuée à la population agricole, est trop modérée.

Combien y a-t-il d'individus valides dans les 19.000.000? Dans son travail publié par la Revue des deux mondes, M. Clavé évalue à 2.500.000 le nombre des vieillards et des enfants inhabiles au travail, et à 5.000.000 le nombre de ceux qui sont attachés à l'agriculture et qui vivent par elle. Il arrive ainsi à une population valide de 11.500.000 individus. Mais y a-t-il bien 2.500.000 vieillards et enfants inutiles? N'y en a-t-il pas parmi eux qui ont leur emploi d'utilité dans les étables, dans les jardins, dans la garde des troupeaux, dans certains travaux de récolte, de sarclage ou d'exherbage? Quant au second chiffre de 5.000.000, nous ne voyons guère comment on peut le constituer. En réunissant le chiffre total des professions agricoles, s'élevant à 2.639.587 individus, celui des domestiques personnels, qui est en totalité de 1.135.617, on ne trouve que 3.875.204 individus, et il n'y a pas d'autres éléments.

Or, faut-il élaguer les domestiques personnels du cadre agricole actif? Quelques-uns peut-être bien à la rigueur, parce qu'ils rentrent dans la catégorie des serviteurs de luxe et qu'on pourrait s'en passer. Mais le service personnel dans les champs n'est-il pas bien souvent mêlé au service agricole? Pourrait-on, par exemple, envisager comme inutiles à l'exploitation les cuisinières, qui, en même temps qu'elles servent le maître, préparent les aliments des travailleurs, les sommeliers qui soignent le vin dans les caves, les servantes qui filent la laine, et une multitude d'autres serviteurs? Ne faut-il pas aussi porter au compte du service actif de l'agriculture les journées d'été données au travail des fauchaisons, des moissons et de la vendange, par ceux qui exercent des professions sédentaires?

Pour toutes ces raisons, nous estimons que le chiffre de 11.500.000 est trop faible, et nous serions fort enclin à le porter à 13.000.000 de bras valides. En nous tenant à 12.000.000, nous sommes certainement au-dessous de la vérité. Quant à la propor tion des hommes et des femmes, nous trouvons que les deux nombres sont à peu près équivalents; le nombre des hommes ne dépasse celui des femmes que de 59.838, soit 60.000 sur le chiffre total de la population agricole. Ainsi, il y aurait à peu près 6.000.000 d'hommes valides et 6.000.000 de femmes valides. Si l'on veut ramener ces deux chiffres à la quotité proportionnelle du travail, il y a un nouveau calcul à faire. Il est clair que la journée de la femme ne vaut, ni en force, ni en valeur réelle, la journée de l'homme. En tenant compte de toutes les circonstances, maladies, absences, dimanches et fêtes, M. Clavé estime que l'homme donne par an, en moyenne, 266 journées pleines, et la femme 172 seulement. Nous n'avons aucun moyen de contrôler cette double donnée, qui, multipliée par le nombre des existences, donnerait les résultats suivants, pour toute la surface du territoire:

Nombre de journées d'homme : $6.000.000 \times 266 = 1.596.000.000$
Nombre de journées de femme : $6.000.000 \times 172 = 1.032.000.000$

§ 2. — Nombre et étendue territoriale des exploitations.

Ces aperçus, pris à la hâte sur la population agricole, nous conduisent naturellement aux exploitations rurales. Quel est leur nombre ? Quelle est leur forme ? Quelle est leur étendue ? Voici les données de la statistique officielle, qui ne fait, d'ailleurs, aucune allusion aux mouvements successifs qui ont eu lieu :

MODES des EXPLOITATIONS	NOMBRE des EXPLOITATIONS	PROPORTION SUR MILLE	PROPORTION SUR CENT
Régie directe.	2.826.388	710	71 p. 0/0
Fermage.	831.943	210	21 p. 0/0 environ
Métayage	319.450	80	18 p. 0/0 environ
TOTAL.	3.977.781	1.000	100 p. 0/0

Le tableau suivant rapproche les exploitations de l'étendue territoriale :

MODE D'EXPLOITATION	ÉTENDUE des exploitations en hectares.	NOMBRE D'HECTARES	
		par kilomètre carré de territoire.	par kilomètre carré de territoire exploité.
Régie directe.	17.011.847	32	50,9
Fermage.	11.959.354	23	35,9
Métayage	4.366.253	8	13,2
TOTAL.	33.337.454	63	100

D'après ce dernier tableau, les exploitations rurales, sous l'un ou l'autre des trois modes typiques, occuperaient 63 hectares par kilomètre carré ; et, sur ces 63 hectares, un peu plus de la moitié appartiendrait à la régie directe ; le reste serait partagé entre le fermage et le métayage dans la proportion de 36 à 13, le métayage restant en infériorité marquée, soit en nombre d'exploitations, soit en étendue territoriale. Cette dernière différence tient à ce que l'étendue de chaque domaine n'est pas identique dans les trois modes. Voici la proportion théorique donnée par la statistique :

DÉSIGNATION DES MODES	ÉTENDUE PROPORTIONNELLE
Régie directe	6 hectares
Fermage.	14.4 —
Métayage.	13.7 —

Nous ne voyons pas bien l'usage pratique que l'on peut faire de ces données théoriques et générales. Que la superficie des métairies soit un peu inférieure à celle des fermes à prix fixe, nous le savions, et nous aurions volontiers accepté un écart plus considérable. Mais la régie directe? On n'a pu évidemment arriver à une moyenne aussi élevée qu'en faisant entrer dans le même calcul les vastes propriétés pastorales des montagnes ou des plaines marécageuses et les parcelles minuscules dues au morcellement. Dans ces conditions-là, la moyenne de 6 hectares de la régie directe, comparée aux 14,4 de fermage ou aux 13,7 du métayage, n'a aucune signification; et il faut, pour arriver à un résultat sérieux, avoir recours à d'autres éléments de calcul.

M. Heuzé a indiqué, il y a quelques années, les données qui suivent, d'après les relevés de la statistique en 1862 :

Nombre des propriétaires exploitant par eux-mêmes. .	1.820.000 hect.
Nombre des fermiers et métayers, ensemble.	1.441.142 —
Nombre total des exploitations.	3.261.142 hect.

Le relevé de la statistique officielle de 1862, qui a servi de base aux calculs de M. Heuzé, ne porte que 3.225.877 hectares. Depuis 1862, il y a eu dans le mouvement cultural, par les défrichements ou autres causes, une augmentation de 716.642 hectares selon M. Heuzé, de 751.967 hectares selon la statistique officielle, dont voici le relevé pour 1873 :

Régie directe	2.826.388 hectares
Fermage.	831.943 —
Métayage	319.450 —
TOTAL.	3.977.781 hectares

Pour justifier son chiffre total, M. Heuzé fait intervenir les données du ministère des finances, qui lui servent de contrôle :

Exploitations ayant moins de 10 hectares.	2.470.666
Exploitations ayant de 10 à 40 hectares 636.309	790.476
Exploitations ayant plus de 40 hectares 154.167	
Nombre total des exploitations	3.261.142

M. Maurice Bloch a ramené les données de 1862 aux formules économiques suivantes :

Agriculteurs travaillant pour eux-mêmes. 524	sur 1.000
Agriculteurs travaillant pour autrui 476	

Cette proportion se décompose ainsi :

Fermiers.	143	
Métayers	56	sur 476
Journaliers	277	

Que penser de ces divers calculs? Nous savons fort bien que le morcellement des terres a marché rapidement, que les grandes et moyennes terres se sont divisées et subdivisées. La bande noire, cette interprétation de fait de la législation moderne, a fait son œuvre ; et le morcellement a frappé à la fois la régie directe, le fermage et le métayage. Nous savons encore que, depuis le règne de Louis-Philippe, le fermage, qui favorisait le fonctionnarisme, a pris un essor considérable, et que le métayage s'en est ressenti. Mais a-t-il perdu autant de terrain que l'indiquent les chiffres et les formules que nous venons de reproduire?

En 1842, M. Lullin de Chateauvieux, dont la compétence n'a pas été contestée, rapportant la division des exploitations à la superficie territoriale, arrivait aux résultats suivants :

Terres soumises à la régie directe	20.000.000 d'hect.
Terres soumises au métayage	14.530.000 —
Terres soumises au fermage.	8.470.000 —
Total de la superficie des exploitations.	43.000.000 d'hect.

La réalité de ce chiffre se trouve confirmée par la statistique officielle, qui accuse, en 1873, 44.500.000 hectares, mais qui reconnaît que, depuis une trentaine d'années, la surface des défrichements s'est élevée à 1.500.000 hectares. Déjà, en 1832, M. de Gasparin avait dit que plus de la moitié du territoire appartenait au métayage. Dix ou douze ans plus tard, le métayage n'en occupait plus que le tiers, selon les calculs de M. de Chateauvieux, 14.530.000 sur 43.000.000 d'hectares. Et encore faut-il ajouter que cette proportion n'a pas été acceptée par tous les écrivains, car nous voyons que le chiffre de M. de Chateauvieux a été réduit à 11.000.000, au lieu de 14.530.000, par l'Encyclopédie pratique. Nous trouvons, en outre, dans l'Economie rurale de la France de M. Léonce de Lavergne, quelques indications qui, permettant, en raison de leur date intermédiaire, d'apprécier les diverses données que nous venons de faire connaître, peuvent contribuer à les faire concorder, bien que nous soyons tenté de nous défier un peu de l'extrême régularité des chiffres.

On comptait, en France, dit-il, en 1860 :

Côtes de 20 hectares et au-dessous	8.474.657
Côtes de 20 à 50 hectares	1.423.351
Côtes de 50 à 100 hectares	553.220
Côtes de 100 à 500 hectares	398.905
Côtes de 500 hectares et au-dessus	46.550
Total des côtes	10.896.683 côtes.

Parmi ceux qui paient ces côtes, on comptait :

Grands propriétaires possédant en moyenne 300 hectares . . .	50.000
Moyens propriétaires possédant en moyenne 30 hectares . . .	500.000
Petits propriétaires possédant en moyenne 3 hectares	5.000.000

En rapportant ces trois chiffres à l'étendue du territoire, et en suivant toujours les données de M. Léonce de Lavergne, on trouve :

Grands propriétaires, occupant	15.000.000 hectares
Moyens propriétaires	15.000.000 —
Petits propriétaires	15.000.000 —
Total des cultures	45.000.000 hectares

La grande ou moyenne culture occupait donc, en 1860, 30.000.000 d'hectares, en chiffre rond, sur lesquels les bois en occupaient environ 5.000.000. Restaient 25.000.000 d'hectares en cultures diverses, dont la moyenne avait une étendue de 25 hectares Parmi les 5.000.000 de petits propriétaires ruraux, il y en avait au moins 3.000.000 qui payaient moins de 10 francs d'impôt et qui possédaient 1 hectare au plus en moyenne; il y en avait 2.000.000 qui payaient de 10 à 50 francs d'impôt et, possédant 6 hectares en moyenne, jouissaient d'une aisance véritable. Enfin, et c'est là surtout que nous voulons en venir, on comptait parmi les détenteurs de la grande et moyenne propriété environ 1.000.000 d'exploitants, ainsi décomposés :

Fermiers	500.000	1.000.000
Métayers	500.000	

On voit que M. Léonce de Lavergne était partisan, encore en 1860, les chiffres en main, de l'égalité numérique des métayers et des fermiers.

On parle bien souvent de l'Angleterre, et on ne se fait faute de l'opposer à la France sous le rapport cultural. Il nous paraît donc utile de reproduire ici les circonstances générales qui concernent la propriété foncière de l'autre côté de la Manche, tout en faisant remarquer que tandis qu'en France la législation pousse à la division, et par suite au morcellement sans limite, en Angleterre, au contraire, la législation prescrit la concentration, par voie de primogéniture et de substitution. Ainsi, au lieu de se démocratiser, puisque c'est le mot employé, la propriété foncière, déduction faite des maisons, est aux mains du centième de la population totale, comme on va le voir :

1.200	Propriétaires, ayant chacun en moyenne		6.480 hect.	possèdent	1/4 de la surface.
6.200	—	—	1.260 —	—	1/4 —
50.170	—	—	272 —	—	1/4 —
251.870	—	—	28 —	—	1/4 —

En Angleterre, il y a très peu de propriétaires cultivant par eux-mêmes. C'est le fermage qui y domine, exclusivement dans certaines contrées ; les propriétaires, fournissant la terre, sont comme des capitalistes, louant leurs domaines à prix d'argent à des fermiers qui exploitent à leurs risques et périls, au moyen d'ouvriers agricoles. « On trouve ainsi dans l'industrie rurale de l'Angleterre, dit M. Clavé dans la *Revue des deux mondes,* mêmes agents de production que dans l'industrie manufacturière : le capitaliste, l'entrepreneur, l'ouvrier. » En France, on rencontre la même division des fonctions dans les pays où le fermage s'exerce dans sa plénitude ; le propriétaire fournissant la terre et les bâtiments ; le fermier fournissant, outre la direction, le capital d'exploitation ; l'ouvrier fournissant le travail. Mais le triple caractère est beaucoup moins tranché que chez nos voisins, et par suite du morcellement du sol, et par suite de la variété des formes d'exploitation. Ce qui paraît certain, au simple examen du tableau qui précède, c'est qu'il est illogique et qu'il devient souvent impossible de comparer les deux pays au point de vue des exploitations culturales, les éléments d'appréciation manquant absolument d'affinités ; et, s'il est vrai qu'en France le morcellement sans mesure se présente comme un danger au point de vue du progrès cultural, de la production et de la propriété générale, la concentration sans mesure est loin de présenter en Angleterre la sécurité et les avantages qu'on semblait en attendre. Ce serait une question instructive à traiter au point de vue du métayage, qui ne peut s'établir avec fruit que là où le domaine a assez d'étendue pour nourrir l'exploitant. Mais ce n'est point le moment.

§ 3. — Proportions respectives des exploitations.

Le rapport de M. Heuzé aurait pu nous fournir quelques renseignements utiles à notre sujet; mais, comme ce rapport, bien qu'il embrasse les diverses régions agricoles de la France et qu'il parle du métayage partout où il existe, n'a point été rédigé en vue de la diversité des modes d'exploitation, il ne présente pas, à cet égard, une assez grande homogénéité d'idées et de faits pour que nous puissions nous en servir méthodiquement. Nous nous en tiendrons donc au relevé de la statistique officielle, pour établir la situation numérique de tous les départements en fait d'exploitations, et en divisant notre tableau en sections, selon la prédominance ou l'infériorité de la proportion des métayers.

DÉPARTEMENTS	NOMBRE TOTAL des exploitations	NOMBRE des régies directes	NOMBRE des métairies	NOMBRE des fermes	PROPORTION des métairies comparées aux fermes
Gers	49.828	44.661	4.793	374	13 contre 1
Landes	37.304	6.240	27.484	3.580	7,6 ——
Tarn	52.771	41.690	9.393	1.688	5,5 ——
Charente	58.549	45.270	10.776	2.503	4,3 ——
Dordogne	80.879	48.635	24.893	7.351	3,4 ——
Lot-et-Garonne . .	51.241	43.214	6.175	1.852	3,3 ——
Lot.	46.700	33.200	10.000	3.500	2,8 ——
Gironde.	93.788	27.700	11.568	4.520	2,6 ——
Basses-Pyrénées . .	47.862	36.929	7.675	3.198	2,4 ——
Ariège.	27.107	21.511	3.801	1.765	2,2 ——
Corrèze	45.619	36.166	6.402	3.051	2,1 ——
Alpes-Maritimes. .	33.256	27.725	3.691	1.840	2,0 ——
Allier.	38.009	20.221	11.632	5.156	2,0 ——
Tarn-et-Garonne . .	55.023	47.287	5.141	2.595	1,9 ——
Charente-Inférieure.	73.987	67.185	3.784	3.018	1,9 ——
Haute-Vienne . . .	41.293	28.408	8.337	4.548	1,8 ——
Haute-Garonne. . .	72.956	63.257	6.042	3.657	1,7 ——
Creuse	46.586	43.077	2.069	1.440	1,5 ——
Drôme	45.369	37.476	4.540	3.353	1,3 ——
Hautes-Alpes . . .	20.050	16.220	2.080	1.700	1,2 ——
Indre	27.247	20.871	4.440	2.936	1,2 ——
Aude	45.678	39.419	3.246	2.012	1,1 ——
—	—	—	—	—	PROPORTION des métairies comparées aux fermes
Vienne	38.000	29.170	4.410	4.420	99 contre 100
Puy-de-Dôme . . .	72.650	63.840	4.800	4.910	97 ——
Var.	57.051	44.561	6.127	6.363	94 ——

DÉPARTEMENTS	NOMBRE TOTAL des exploitations	NOMBRE des régies directes	NOMBRE des métairies	NOMBRE des fermes	PROPORTION des métairies comparées aux fermes
Hérault	39.500	36.000	1.700	1.800	96 contre 100
Rhône	46.880	34.033	5.870	6.977	84 ——
Pyrénées-Orientales	12.200	20.000	1.000	1.200	83 ——
Loir-et-Cher . . .	34.325	20.428	6.004	7.831	77 ——
Bouches-du-Rhône .	37.632	20.685	7.127	9.820	72 ——
Basses-Alpes . . .	29.283	26.349	1.209	1.725	70 ——
Haute-Loire. . . .	45.510	32.896	4.766	7.840	61 ——
Cantal	42.363	36.208	2.292	3.853	59 ——
Vaucluse	59.026	41.372	5.628	9.626	58 ——
Loire-Inférieure . .	45.900	12.900	12.000	21.000	57 ——
Mayenne	38.100	9.500	9.900	18.700	53 ——
Corse.	28.930	19.348	3.272	6.310	52 ——
Cher	25.621	18.233	2.516	4.812	52 ——
Côte-d'Or	32.508	21.716	3.598	7.254	50 ——
Haute-Savoie . . .	49.616	44.724	3.121	6.430	49 ——
Hautes-Pyrénées. .	29.922	28.537	435	930	47 ——
Indre-et-Loire . . .	35.472	23.275	3.552	8.645	41 ——
Ardèche.	65.301	51.618	3.610	10.004	6 ——
Gard	78.355	59.323	4.248	11.784	36 ——
Deux-Sèvres. . . .	34.667	21.380	3.440	9.807	35 ——
Vendée	42.284	18.660	5.997	17.627	34 ——
Loire	40.384	21.284	2.300	6.800	31 ——
Aveyron.	84.902	76.666	1.906	5.780	33 ——
Savoie	51.146	48.613	1.586	5.947	27 ——
Jura	43.024	26.359	3.080	13.585	23 ——
Haute-Savoie . . .	49.616	44.724	855	4.039	21 ——
Aube.	38.477	35.037	580	2.860	20 ——
Lozère	23.787	21.800	325	1.662	19 ——
Doubs.	26.878	21.184	849	4.845	17 ——
Ain.	33.718	45.455	1.709	9.849	17 ——
Isère	75.754	68.081	1.027	6.646	15 ——
Nièvre	43.636	36.167	922	6.547	14 ——
Finistère	46.380	24.569	2.741	19.070	14 ——
Ardennes	38.026	35.700	529	3.797	14 ——
Maine-et-Loire. . .	52.598	20.573	2.934	29.091	10 ——
Loiret.	42.745	26.938	1.487	14.320	10 ——
Meurthe-et-Moselle.	35.816	30.778	471	4.507	10 ——
Nord	66.927	25.587	1.096	10.247	10 ——
Yonne	57.935	51.794	545	5.996	9 ——
Côtes-du-Nord. . .	52.816	28.817	1.813	22.100	8 ——
Sarthe	47.375	21.796	1.632	23.947	7 ——
Ille-et-Vilaine. . .	61.563	25.253	1.750	24.500	7 ——
Vosges	48.142	38.384	576	9.182	6 ——
Saône-et-Loire . .	55.188	43.500	638	11.000	6 ——

DÉPARTEMENTS	NOMBRE TOTAL des exploitations	NOMBRE des régies directes	NOMBRE des métairies	NOMBRE des fermes	PROPORTION des métairies comparées aux fermes
Haute-Marne . . .	37.928	31.800	301	5.537	5 ——
Morbihan	43.879	12.533	1.229	30.117	4 ——
Seine-et-Oise . . .	33.344	21.398	434	11.512	4 ——
Seine-et-Marne. . .	35.226	26.799	355	8.162	4 ——
Seine-inférieure . .	38.179	9.399	839	22.211	3 ——
Aisne.	33.718	24.537	302	8.879	3 ——
Pas-de-Calais . . .	64.493	23.048	763	40.731	2 ——
Meuse.	56.863	52.315	86	4.458	2 ——
Haut-Rhin (Belfort).	5. 64	5.132	5	247	2 ——
Seine.	4.424	2.508	20	1.896	1 ——
Somme	31.402	22.244	122	12.036	1 ——
—	—	—	—	—	PROPORTION des métairies comparées aux fermes
				•	
Marne	47.932	45.337	18	2.577	7 contre 1000
Eure-et-Loir . . .	45.992	29.546	155	23.291	6 ——
Orne	52.982	34.549	55	18.378	3 ——
Eure	53.555	26.223	96	27.236	3 ——
Oise	34.517	24.410	77	40.020	2 ——
Calvados	39.051	23.329	11	15.711	» ——
Manche.	73.646	39.390	3	31.258	» ——
Totaux	Tot. 3.977.781	2.826.388	319.450	831.931	» ——

Pris dans sa teneur, le tableau qui précède n'est que la justification par le menu de la proportion théorique indiquée par la statistique officielle, de 8 à 21 ou de 13 à 36, selon qu'on se reporte, dans la comparaison du métayage et du fermage, au nombre des exploitations ou à la superficie des domaines. Mais il est bon de relever une circonstance influente qui a échappé aux recenseurs, et qui est de nature à modifier singulièrement la proportion en faveur du métayage. Si dans l'Est et le Nord-ouest, il est facile de distinguer les modes d'exploitation, les recenseurs n'ayant devant eux que des propriétés gérées directement ou affermées à prix d'argent, il n'en est pas de même dans les pays où le métayage, bien que dominant, est mêlé au fermage, surtout dans le Centre. Là, il y a des fermiers en grand, des fermiers généraux, qui, se plaçant comme intermédiaires entre les propriétaires et les exploitants réels, se servent de métayers en sous-ordre. Ces agents conservent la qualité de fermier à l'égard des détenteurs du sol, qui ne connaissent qu'eux; et les recenseurs, ne trouvant que des actes de fermage, ne poussent pas plus loin leurs investigations et ne vont pas jusqu'aux métayers. Le contingent du fermage se trouve naturellement grossi, bien que les exploitations appartiennent en fait au mode de partage des fruits, et le contingent du métayage se trouve d'autant plus atteint qu'il y a souvent 5 ou 6 métayers, et plus encore, aux mains d'un seul fermier. Nous estimons donc qu'il y a de ce chef une erreur de fait de la part de la statistique, mal informée ; et les réclamations que nous avons reçues de divers côtés nous confirment dans cette opinion. Dans quelle mesure faut-il réduire les chiffres afférents au fermage et grossir ceux qui concernent le métayage ? Nous ne saurions le dire. Mais il est certain qu'il y a à modifier les proportions énoncées.

§ 4. — Révélations indirectes de la statistique.

...u'il est, le tableau est plein de révélations instructives. ...l'abord il démontre qu'il n'existe presque pas un seul dé-...t où le métayage n'ait quelques représentants. Si donc on ...asser, non du métayage au fermage, comme le conseillait ...s M. de Gasparin, mais du fermage au métayage, comme ...u dans ces derniers temps, ce ne serait pas, à proprement ...ne innovation dans les départements où le fermage a été ...ps en pleine faveur, mais plutôt l'extension d'un système ...traces ne se sont jamais perdues.

...eut-on une preuve formelle ? Nous trouvons dans les docu-...e l'enquête un rapport émané du comice de Cézanne dans ...e, et signé par M. le vicomte de Peyronnet, dans lequel il ...u'un propriétaire du canton d'Anglures, M. le comte de La ...n'ayant pu trouver de fermier, en 1879, pour une ferme de ...ctares, a pris un métayer avec un bail de neuf années. Le cas est donné, non seulement comme exceptionnel, mais comme unique dans la circonscription de Cézanne. Cependant, nous apprenons par le tableau officiel que le département de la Marne comptait 18 métairies en 1872. Cet exemple a cela de particulier qu'émané d'un des départements qui ont le moins de métayers, le métayage est apparu aux yeux d'un propriétaire, pris au dépourvu, comme un mode tutélaire et sauveur, au moment où son domaine, abandonné par le fermier à prix fixe, paraissait condamné au chômage, et l'on nous écrit au dernier moment que l'exemple s'est propagé.

Mais il faut ajouter que ce n'est pas seulement dans la Marne que le métayage s'est révélé comme un correctif du chômage imprévu ;

c'est aussi dans d'autres départements, dans l'Ain, dans l'Isère, dans l'Ariège : « Le métayage, qui était traditionnel, dit le président du comice de Trévoux, tendait à disparaître ; mais, dans les circonstances présentes, il reprend faveur. » C'est dans le même sens que l'exprime le président de la société d'agriculture de l'Ariège : « La rareté et la cherté de la main-d'œuvre amènent forcément les propriétaires à revenir au métayage, qui était presque abandonné. » Ce n'est que comme pis-aller que les propriétaires de ces trois départements sont revenus au métayage, cela est clair ; ils n'ont pas eu d'emblée la conviction qui vient de la foi. Mais, au moment où le fermage dévoile ses défaillances dans toute la région du Nord, au moment où l'on aperçoit que ce ne sont pas seulement les fermiers qui manquent à l'appel, mais que c'est l'institution elle-même qui accuse sa faiblesse, le mouvement qui se dessine n'en a pas moins une signification qui doit être relevée.

Il est clair que, dans les départements où le fermage est tout à fait prédominant, les quelques fermes à moitié fruits qui ont échappé à l'ostracisme du métayage doivent peu attirer les regards. C'est donc sans surprise que nous avons entendu les représentants les plus autorisés des intérêts agricoles dans la région qui environne la capitale nous déclarer qu'il n'y avait pas de métayers dans leur circonscription, ou du moins qu'ils n'en avaient aucune connaissance. Cependant, le tableau officiel leur répond que, si, à certaine distance de Paris, dans la Manche, il n'y a que 3 cas de métayage, 11 dans le Calvados, 18 dans la Marne, et 55 dans l'Orne, on en trouve 77 dans l'Oise, 96 dans l'Eure, 122 dans la Somme, 155 dans Eure-et-Loir, 302 dans l'Aisne, 355 dans Seine-et-Marne, 434 dans Seine-et-Oise, 889 dans la Seine-Inférieure, 20 même dans la banlieue de la capitale.

La réflexion qui vient naturellement à l'esprit est celle-ci : Comment se fait-il que, dans les départements où le fermage règne en maître et où, de temps immémorial, on a vu des fermiers à prix fixe se disputer les terres, des minorités aussi imperceptibles aient pu subsister sans encombre ? Comment se fait-il que des propriétaires, qui avaient le choix, se soient décidés à conserver des métayers ? On ne peut que répondre une chose, à savoir qu'ils y trouvent leur compte, et qu'ils obtiennent un revenu supérieur à celui qu'ils auraient eu par le fermage. A égalité, ils n'auraient pas hésité.

Le tableau nous présente encore un autre sujet d'étude. Il est d'usage parmi les agriculteurs du Nord et surtout parmi les économistes, ils le répètent dans tous leurs ouvrages, de considérer le métayage comme le lot des pays pauvres, et conséquemment de considérer les pays où le métayage domine comme des pays pauvres. Si, en présence de ce double adage, nous jetons les yeux sur le tableau, que voyons-nous? En tête de la liste, nous apercevons bien le département des Landes, avec 27.484 métayers; mais, immédiatement après, en suivant l'ordre numérique, nous rencontrons la Dordogne avec 24.893 métayers, l'Allier avec 11.632, la Gironde avec 11.568, la Charente avec 10.776, le Lot avec 10.000, la Haute-Vienne avec 8.337. Est-ce que ces pays sont plus pauvres, agricolement parlant, que le Cantal, qui n'en compte que 2.292, la Creuse, qui n'en compte que 2.069, la Haute-Savoie, qui n'en compte que 855, et la Lozère 325? On peut être tenté, pour justifier la mauvaise réputation du métayage, de la rejeter sur le morcellement des héritages et sur la régie directe ; mais, là encore, le tableau ne répondra pas exactement aux raisonnements préconçus. Et l'on sera amené, en dernière analyse, à convenir que le métayage n'est nullement un indice absolu de pauvreté et d'infériorité culturale.

Les adversaires systématiques du métayage seraient-ils tentés de raisonner d'une manière différente et de retourner la question? « Nous ne connaissons pas le métayage dans le Nord ; vous ne connaissez pas le fermage dans le Centre et dans le Midi. C'est pour cela que vous ne le pratiquez pas. » C'est là une erreur de fait. M. de Gasparin y a répondu par anticipation, et ce qu'il disait en 1832 et en 1840 peut se répéter encore, comme le tableau le démontre sans réplique : « Il ne faut pas croire, disait-il, que le fermage ne soit pas connu dans les pays de métayage. Au milieu des métayers, il y a des fermiers. Mais ils offrent tant d'inconvénients, on éprouve avec eux tant de mécomptes, que les propriétaires, qui savent calculer, se tiennent sur la défensive. » Il ne faut pas se le dissimuler, si le métayage est peu connu dans le Nord, le fermage est très connu dans le Centre et dans le Midi, mais il est fort mal pratiqué ; et, s'il s'y est établi, s'il s'y est propagé, ce n'est point par des raisons exclusivement agricoles, c'est par des motifs d'oisiveté personnelle ou par des nécessités de position. Les remarques que l'on peut faire, dans le sens géographique, sur les deux institutions ne tirent donc pas à conséquence ; pour pouvoir les comparer en pleine connaissance des faits, il faut les réformer l'une et l'autre, et les ramener peu à peu à leur marche normale.

Le métayage et le fermage, à titre d'institution, n'ont rien de commun. Substitué aux droits du propriétaire, le fermier reste absolument maître de son action, pendant toute la durée de son contrat. Le métayer, associé–solidaire du patron, reçoit son impulsion, est soumis à sa direction et à sa surveillance. L'un paie la rente convenue en argent et à prix fixe; l'autre livre la moitié des produits en nature, et garde le surplus pour lui. Mais, dans la pratique des choses, le fermier, substitué au propriétaire, emploie souvent des métayers pour la culture immédiate des terres, et c'est dans ce cas, beaucoup plus fréquent autrefois qu'aujourd'hui, que le métayage et le fermage se rencontrent. Ce n'est pas l'une des moindres réformes à appliquer dans les modes d'exploitation culturale que de bien régler la situation respective des fermiers généraux et des métayers qui relèvent d'eux.

DEUXIÈME PARTIE

SITUATION ACTUELLE DU MÉTAYAGE

D'APRÈS L'ENQUÊTE

CHAPITRE PREMIER

MÉTAYAGE DANS LA LIGNE DE DÉMARCATION QUI SÉPARE LES PAYS DE MÉTAYAGE DES PAYS DE FERMAGE.

§ 1. — Zone intermédiaire vue dans son ensemble.

M. de Gasparin a tracé avec assez de précision la ligne de démarcation qui sépare les pays de métayage des pays de fermage. C'est une grande vue, confirmée par les écrivains agronomiques qui se sont occupés du métayage. En jugeant la ligne dans son parcours général, on voit qu'après avoir coupé en deux la Savoie et la Bresse, après s'être dirigée à travers le Beaujolais, l'Autunois, le Morvan et le Nivernais, elle longe la Loire dans son cours moyen, au centre du Blaisois et de la Touraine, pour s'élever ensuite en biais vers le nord-ouest, et aboutir au bord de la mer entre les départements du Morbihan et de la Loire–Inférieure. Au sud de la ligne, le métayage domine, à peu d'exceptions près ; au nord, le fermage est quelquefois presque exclusif.

Mais il faut se garder de prendre la ligne de démarcation comme une ligne douanière, inflexible et infranchissable, qui est le plus souvent l'indice caractéristique d'une opposition historique de législation, de mœurs et de langage. Ici, rien de semblable. Le métayage ne cesse pas tout à coup pour faire place au fermage, et réciproquement. Dans la zone intermédiaire, un peu fantaisiste dans ses contours, on trouve à la fois des métayers et des fermiers, qui vivent côte à côte, sur des sols identiques et livrés aux mêmes cultures, jusque dans les mêmes cantons. Bien plus, en avançant dans les terres et à d'assez grandes distances de la ligne tracée, on rencontre, comme des îlots isolés, des territoires entiers qui semblent protester, par leur persistance et leur prospérité locale, contre le système général de la contrée qui les enveloppe. C'est ce qui a lieu notamment dans le sud du Maine, ainsi que dans les vignes de la Bourgogne, pour le métayage ; c'est ce qui a lieu, pour le fermage, dans le sud de la Haute-Loire, dans les plaines du Gard, et dans les pays viticoles de la région méridionale.

Sans nous livrer, à cet égard, à un travail minutieux de décomposition des modes d'exploitation culturale, ce qui serait long et d'ailleurs inutile au cadre que nous nous sommes fixé, il convient cependant, pour être dans le vrai, d'adopter, en vue du métayage, deux grandes inflexions en forme de flèche, qui modifient sensiblement la régularité de la grande ligne indiquée par M. de Gasparin. La première, partant du Charolais et de l'Autunois, s'avance, dans le sens du nord-est, à travers la Côte-d'Or, le Jura et la Haute-Saône ; la seconde, se détachant de la Touraine, sur la rive droite de la Loire, embrasse le nord de l'Anjou et la partie méridionale du département de la Mayenne, laissant à l'ouest, sans presque l'entamer, le département d'Ille-et-Vilaine.

Si l'on cherche les causes réelles de ces amalgames et de ces contrastes, en se maintenant dans les sphères du métayage, on s'aperçoit sans peine qu'on ne saurait les expliquer par des considérations purement culturales, et que, dans bien des cas, l'agriculture n'est pour rien dans le mode d'exploitation en vigueur, pas plus que la tradition originelle. Si presque partout c'est l'habitude qui s'est imposée à la longue, ici, c'est la position particulière des propriétaires qui a déterminé le choix ; là, ce sont les petites défaillances du cœur humain qui s'opposent aux retours : préjugé chez les maîtres du sol, vanité chez les exploitants. Ce qui apparaît de très certain, c'est que, dans toute la région méridionale, où le fermage est pratiqué plus ou moins et connu par conséquent, bien que le métayage semble préférable, on ne manifeste aucun parti pris contre le mode d'exploitation à prix fixe, tandis que, dans la région du Nord, où l'on n'a aucune idée du métayage, on professe un dédain peu déguisé pour le mode du partage des fruits : « Il n'y a pas dans nos contrées, nous écrit l'un des correspondants de l'enquête de l'extrême Nord, un seul fermier qui consentît à partager quoi que ce soit avec le propriétaire du sol. » Un autre correspondant se prononce d'une façon différente : « Je ne suis pas partisan du métayage pour mon compte, nous écrit-il ; et je suis bien surpris que la personne, à laquelle je me suis adressé pour me fournir des renseignements afin de vous les transmettre, ait pu considérer cette institution comme propre à enrayer dans l'avenir la crise qui frappe l'agriculture. J'attendais mieux d'un homme aussi versé dans les pratiques agricoles. Le métayage est l'enfance de l'art. »

C'est contre ce discrédit irréfléchi qui atteint l'une de nos plus vieilles et populaires institutions que nous devons réagir, en faisant voir que les reproches qu'on lui adresse sont indépendants de son organisme et ne constituent que des lacunes et des abus, en recherchant comment ces lacunes peuvent être comblées, comment ces abus peuvent être corrigés, en indiquant comment le métayage s'est amélioré dans certaines contrées, et comment il devra engréner les uns aux autres, dans l'avenir, les rouages divers qui lui sont assimilables. Et d'abord quelle est, à ce sujet, l'opinion des agriculteurs les plus compétents de cette zone intermédiaire, à cheval à la fois sur le fermage et sur le métayage, et si bien placés pour voir juste ?

§ 2. — Zone intermédiaire ; région de l'Est.

Nous commencerons par la région de l'Est, par la Savoie, dont les deux départements présentent, en matière d'exploitation, une assez grande différence. Dans la Savoie proprement dite, surtout autour de Chambéry, le métayage fonctionne comme dans toute la vallée du Rhône ; dans la Haute-Savoie, au contraire, le fermage prédomine d'une manière marquée : « Le métayage est assez rare dans le pays, surtout dans le nord du département, nous écrit M. Demolle, lauréat de la prime d'honneur dans la Haute-Savoie. Lorsque les terres sont soumises au métayage, tous les produits se partagent, comme cela a lieu ailleurs, le métayer faisant tout le travail et le propriétaire n'ayant à sa charge que les impositions et les assurances. Dans quelques localités seulement, une exception se présente dans le partage des produits ; c'est à propos des vaches laitières. Le métayer paie au propriétaire 200 francs par vache qu'il peut entretenir, et il retire pour sa part tout le bénéfice qui peut en provenir, lait et veau. Cela vient de ce que le partage quotidien du lait est très difficile et très assujettissant. » L'abonnement dispense de la surveillance. « Maintenant, ajoute M. Demolle, si vous voulez mon avis, je vous dirai que le métayage n'en est pas moins le mode d'exploitation ou plutôt l'agriculture de l'avenir dans notre contrée. La main-d'œuvre se fait chaque jour plus chère et plus exigeante ; et, dans vingt-cinq ans, le sol appartiendra à celui qui cultive ou sera entièrement travaillé à moitié fruits. C'est ma conviction. » Voici donc une opinion nettement exprimée.

L'opinion de M. de Monicault, président du comice de Trévoux et correspondant de l'enquête pour l'Ain, est moins ferme, mais elle est la même au fond. Il nous fait savoir, dans ses réponses au questionnaire, que, si le fermage est très prédominant dans le nord de la Bresse, il y a une tendance dans l'arrondissement de Trévoux à revenir au métayage. Nous n'avons pas à le suivre dans son argumentation, déjà publiée dans le Bulletin du comice de Trévoux, et nous nous bornerons à reproduire ses conclusions. Il ne faut point voir dans le métayage en substance, dit-il, le colonage partiaire du moyen âge, « mais bien le métayage perfectionné qu'on peut étudier dans le Bourbonnais, dans le Limousin et dans la Mayenne, où il a fait des merveilles, et où propriétaires et métayers s'enrichissent mutuellement, sans souci des crises qui ruinent ailleurs tant de fermiers ». Bien compris, le métayage est une union de forces ; et, à une époque où l'industrie ne peut marcher et se développer que par l'association, il est bon d'étudier attentivement cette forme d'exploitation, qui réunit en un seul et même faisceau celui qui possède le sol et celui qui est destiné à le travailler ; il est bon de rechercher les divers rouages qui peuvent, en la modifiant, mettre en mouvement toutes les forces qui sont en elle. « En résumé, dit-il, nous laissons le fermage à sa place et le métayage là où il a sa raison d'être, en demandant : qu'on étudie à fond ses conditions et ses ressources ; qu'on y réfléchisse à deux fois avant de le supprimer là où il existe et où il a donné de bons résultats ; qu'on améliore et qu'on transforme, s'il se peut, au lieu de la détruire, une association aussi féconde, que pourraient nous envier avec raison les autres industries. » C'est avec raison que M. Victor Borie, dont nous regrettons la perte, a dit dans son excellente Etude sur le crédit agricole : « Le métayage n'est-il pas la plus magnifique et la plus facile réalisation de cette association idéale, tant vantée, du capital, de l'intelligence et du travail ? »

La ligne de démarcation s'étend, avons-nous dit, à travers le département de Saône-et-Loire, laissant au sud la partie qui formait autrefois le Beaujolais. Il convenait de savoir ce qu'on pensait du métayage dans cette zone, où la culture de la vigne est dominante. M. le vicomte de Saint-Trivier, qui habite le Bas-Beaujolais, et M. le comte de Chénelette, qui habite les montagnes du Haut-Beaujolais, ont fourni à cet égard leur contingent à l'enquête. Le dernier, après avoir répondu au questionnaire, déclare « qu'il est très partisan du métayage, qu'il connaît parfaitement puisqu'il est au milieu des métayers, et qu'il le considère comme un excellent mode d'exploitation, à la condition d'être amélioré ». Quant à M. de Saint-Trivier, voici ce qu'il nous écrit : « Dans le nord du Rhône, où j'habite, et dans le sud du département de Saône-et-Loire, toutes les vignes sont cultivées à moitié fruits. Il est impossible de mieux faire ; et, lorsqu'une ferme d'une certaine étendue est jointe aux vignes, il est préférable qu'elle soit également à moitié fruits, sauf une légère redevance en argent, » destinée à équilibrer les charges. Quant aux fermes culturales, ajoute M. de Saint-Trivier, « je dois avouer que, lorsqu'un propriétaire n'a pas de capital pour exploiter son domaine, il aime toujours mieux l'affermer à prix d'argent que de le régir à moitié fruits ». On conviendra que ce n'est point là une raison d'intérêt agricole qui détache le propriétaire du métayage.

M. le vicomte de la Loyère, vice-président de la société d'agriculture de Châlons-sur-Saône, n'a pas tout à fait les mêmes idées que M. le vicomte de Saint-Trivier sur la valeur du métayage appliqué aux vignes : « Je ne sache pas, nous dit-il, que le métayage viticole soit pratiqué ailleurs que dans le Beaujolais, c'est-à-dire sur les deux limites du Rhône et de Saône-et-Loire, où il était installé presque absolument, jusqu'à cette ère de désastres indéfinis qui apportera sans doute des modifications à l'ancien état des choses, ne fût-ce peut-être que par la suppression de la viticulture. » Mais, si le métayage n'est guère usité dans le Mâconnais à propos de la culture de la vigne, il y a encore, au dire de M. de la Loyère, « de larges traces d'exploitations à partage de fruits dans le Charolais comme dans le Morvan, bien que le métayage s'efface chaque jour davantage devant le fermage, qui s'accommode mieux avec l'esprit du temps et aussi avec l'augmentation notable de la fortune agricole dans ces deux régions privilégiées ». Nous ne savons si cette dernière opinion peut être acceptée sans examen pour le département de Saône-et-Loire, en présence des faits signalés par les dernières enquêtes. Mais la position de ce département, en fait de métayage, nous est nettement expliquée.

Les vignes du Beaujolais sont cultivées par des vignerons moitié fruits, rentrant, par les conditions traditionnelles de leurs contrats, dans le cadre général du métayage. Il y a un certain nombre de métayers dans l'Autunois, ainsi que nous le savons par M. le comte d'Esterno, membre du Conseil de la Société des agriculteurs ; il y en a un très grand nombre dans le Charolais, comme nous l'a expliqué M. Gouin, président du comice de Charolles. Dans ce dernier pays, pas plus que dans le Beaujolais, on ne songe à supprimer la vieille institution à partage de fruits : dans l'Autunois, bien que le fermage ait pris une assez grande extension, le métayage se maintient encore ; il n'y a que le Mâconnais où la régie directe, pour les vignes, et le fermage, pour les terres, soient réellement prédominants.

Dans le Charolais, nous écrit M. Gouin, bien qu'il y ait une grande étendue de prairies, « la régie directe n'est que l'exception ; le fermage à prix fixe comprend 70 °/₀ au moins des domaines ». Mais il ne s'agit pas du fermage ordinaire ; et, à cet égard, la statistique officielle a été bien mal renseignée. « Beaucoup de fermiers emploient eux-mêmes des métayers en sous-ordre, au lieu de cultiver directement ; de sorte que l'on peut dire que le métayage est prédominant dans le pays, soit relevant des propriétaires, soit relevant des fermiers. » Le Charolais présente donc, dans son ensemble, une variante du métayage, en ce sens que les domaines y sont soumis, dans un grand nombre de cas, au régime des fermiers généraux, exploitant par métayers. Quant aux conditions pratiques, elles se rapprochent beaucoup de celles du métayage Nivernais et Bourbonnais.

Jetterons-nous un regard rapide en plein pays de fermage, dans le nord de la Bresse et dans la Franche-Comté, qui, sans se ressembler précisément, sont soumises à peu près aux mêmes coutumes agricoles ? Le métayage n'y est pas absolument inconnu, mais il y est fort peu pratiqué. Voici ce que nous fait savoir M. Ramaget-Moncey, président du Comice de Marchaux, correspondant de l'enquête pour le Doubs : « Le fermage est presque exclusif dans notre département ; mais les prix vont toujours en décroissant à chaque renouvellement de bail, et les fermiers que l'on peut trouver sont loin, pour la plupart, d'offrir les garanties nécessaires pour une bonne administration. Aussi le prix de la terre va-t-il sans cesse en diminuant ; il est même quelquefois impossible de vendre à aucun prix. Quant au louage moyen de location d'un hectare, il est de 45 francs environ ; mais je connais plusieurs hectares dans mon canton dont le prix n'est que de 25 francs. Il est très difficile aujourd'hui, d'ailleurs, de trouver des fermiers, et déjà beaucoup de terres sont sans culture, faute d'exploitants pour les cultiver; ceux qui se présentent sont pour la plupart, sans solvabilité. » C'est une page de plus à ajouter à l'histoire présente du fermage.

Une lettre de M. Tachard, ancien député et secrétaire honoraire de la Société des Agriculteurs, nous fait savoir qu'au nord de la Franche-Comté, dans l'Alsace, pays essentiellement morcelé, où les terres sont presque toutes cultivées par leurs propriétaires, on ne rencontre que très exceptionnellement des propriétés arables confiées à des métayers. Mais, dans sa lettre, nous trouvons la phrase suivante : « Les vignobles qui garnissent les pentes vosgiennes, de Belfort à Wissembourg, sont exploités, comme les champs et les prés de la plaine, par leurs propriétaires, ou par exception en régie intéressée. » Que veut dire cette expression? Si nous la comprenons bien, il y a là pour l'exploitant un intérêt quelconque dans la récolte, c'est-à-dire proportionnel aux fruits. Lorsque cet intérêt se traduit par une part en argent, le mode d'exploitation relève du fermage; c'est une variante affaiblie du métayage, lorsque, au contraire, la proportion donne lieu à un partage de fruits.

Ce n'est point sans motif que nous avons pénétré aussi avant dans la région de l'Est. Le premier point que nous avons voulu établir, c'est qu'il existe une différence assez marquée de coutumes agricoles entre le versant oriental de la chaîne des Vosges et le versant occidental. A l'est, il n'y a pas de métayer ou il y en a fort peu ; à l'ouest et dans toute la région viticole, le métayage réapparaît. « Il y a quelques exemples de métayage dans les fermes à cultures variées du Jura, nous écrit M. E. Gréa, lauréat de la prime d'honneur et président du comice de Lons-le-Saulnier ; mais ce sont des exploitations mal combinées, des pis-aller maintenus en raison de l'insolvabilité des fermiers à prix d'argent. Quant à la culture de la vigne, elle se fait toujours à moitié fruits. » C'est, dans cette partie de la Bourgogne, un système traditionnel pour les crus ordinaires. « Le métayage n'existe pas dans la Haute-Saône, excepté pour la culture de la vigne, dit de son côté M. le marquis d'Andelarre, ancien député; les conventions relatives au partage des fruits ne se règlent pas par les baux, mais par l'usage, qui se modifie peu. C'est une culture toute spéciale. » C'est à peu près dans les mêmes termes que s'expriment les rapports venus de la

Côte-d'Or en ce qui concerne les vignes, surtout dans l'arrondissement de Beaune. Nous reviendrons plus explicitement sur ces déclarations en parlant de la culture de la vigne, faisant remarquer tout d'abord qu'elles s'appliquent, sauf les cantons où les vins arrivent à des prix exceptionnellement élevés, à toute la région viticole qui s'étend des montagnes du Rhône au versant occidental de la chaîne des Vosges.

Ainsi, là même où le fermage est prédominant et peut être considéré comme la base générale des cultures, selon les formules de l'administration supérieure, le métayage a ses représentants dans l'Est ; et ces représentants ne sont pas des cultivateurs ordinaires, ce sont des vignerons, c'est-à-dire des exploitants spéciaux, auxquels sont confiés les travaux les plus délicats, ceux qui nécessitent la surveillance la plus minutieuse ; et les propriétaires ne se plaignent pas de cette anomalie, qui leur paraît naturelle, tant ils y sont habitués. Les correspondants des pays vignobles, où sont les grands crus, se montrent certes bien plus rigoureux et jaloux de leurs exploitations, et ils n'hésitent pas à nous faire savoir qu'ils se garderaient bien d'appeler les vignerons au partage et qu'ils préfèrent les payer en argent, soit à la journée, soit à la façon. Nous le concevons ; mais nous n'en sommes pas moins autorisé à dire, en voyant ce qui se passe dans le Beaujolais et la Haute-Bourgogne, que, de tous les modes d'exploitation, le métayage est assurément le plus malléable, puisqu'il se prête sans encombre à des vues aussi contraires.

Remarquons encore que, dans cette région classique du fermage, où la réaction des idées se fait peu à peu sans être encore très saisissable, la gravité des circonstances a amené des propriétaires et jusqu'à des fermiers à prendre des métayers à moitié fruits, soumis aux mêmes conditions que ceux de la région du Centre, non par conviction, mais par nécessité. C'est un premier pas que nous ne pouvons passer sous silence. Un agriculteur, fort connu dans la Marne, nous disait il y a quelques mois : « Si la grève des fermiers continue, nous serons bien obligés, malgré nos préventions, de venir au métayage. — C'est déjà fait », avons-nous répondu ; et nous lui avons montré le rapport de M. le comte de Peyronnet, président du comice de Cézanne, nous faisant savoir la détermination prise par M. le comte de La Vaulx, qui a fait venir, comme nous l'avons dit, un métayer du Bourbonnais. Depuis cette époque, les exemples se sont multipliés, non seulement dans la Vienne et la Nièvre, où il y a à la fois des fermiers et des métayers, et où les changements de système ne font pas événement, mais dans la Marne elle-même, et dans la partie de la Côte-d'Or, où l'on n'avait aucune idée du métayage avant la crise. C'est ainsi que l'un des fermiers de M. Bordet, ancien député, qui se trouvait fort empêché pour tenir ses obligations, a pris cette année, avec un bail de 15 ans, deux métayers, qu'il a fait venir du Bourbonnais avec leurs familles, et qu'il a établis dans deux domaines de 125 hectares chacun. L'étendue est trop grande évidemment, et les revenus devront s'en ressentir. Mais l'exemple n'est pas moins remarquable ; et il aura bien des imitateurs.

§ 3. — Zone intermédiaire ; région du Nivernais.

En sortant du Beaujolais, la ligne de démarcation passe entre le Charolais et l'Autunois, traversant le Morvan et le Nivernais, pour se diriger vers la vallée de la Loire. Nous ne chercherons pas, ainsi que nous l'avons dit un peu plus haut, à opposer le Charolais au Morvan et ces deux contrées au Nivernais, malgré les différences de sol et de cultures. Au point de vue du métayage, le Charolais et l'Autunois, appartenant au département de Saône-et-Loire, comme le Morvan enclavé à la fois dans les départements de l'Yonne et de la Nièvre, présentent à peu près le même caractère et les mêmes usages. Nous nous en référerons donc pour cette belle région, envisagée dans son ensemble, au rapport, parfaitement motivé, de M. le comte Benoist d'Azy, rapport approuvé par la Société d'Agriculture de la Nièvre.

« Le mouvement agricole qui, depuis soixante ans, a largement développé l'étendue des prairies dans le Nivernais et créé cette belle race de bétail que tout le monde connaît, dit M. Benoist d'Azy, a été commencé par des fermiers que leurs travaux intelligents ont enrichis, et qui ont laissé à leurs enfants un nom honoré et de belles propriétés, où chacun venait chercher des exemples. Par suite, tout agriculteur nivernais a voulu devenir fermier ; dans les idées générales, fermage voulait dire progrès, et la vue de pauvres métayers, pressurés par des fermiers généraux, faisait confondre le mot métayage avec routine et pauvreté. » Il en a été ainsi presque partout, c'était une mode ; l'opinion de M. de Dombasle avait prévalu grâce au prestige de son nom. Cependant, il faut bien vite ajouter que, dans la Nièvre, malgré le succès des grands fermiers exploitant à prix d'argent, « le métayage s'était maintenu sur un grand nombre de points, et était resté dans les mœurs d'une population bonne et travailleuse, là où il n'avait pas été facile d'établir des prairies étendues ».

Mais le temps a fait son œuvre de logique et de juste mesure ; et il a démontré « qu'il ne fallait pas être absolu dans l'éloge du fermage, pas plus que dans le dédain du métayage ». On s'est aperçu « que le fermage, qui a si bien réussi dans des domaines de grande étendue, et sous la direction d'agriculteurs déjà riches, produisait de tristes résultats dans les petits domaines, dont les détenteurs n'avaient pas de ressources acquises. On a vu en même temps que le métayage, bien pratiqué par des propriétaires intelligents et des ouvriers honnêtes, parvenait à des résultats imprévus. Le département de l'Allier a donné à ce sujet un exemple frappant ; et ce fut avec étonnement que les fermiers Nivernais virent arriver dans les concours régionaux les métayers bourbonnais, qui, aidés de leurs propriétaires, luttaient avec eux et quelquefois emportaient les prix. Le métayage a conquis victorieusement, par là, son rang dans les concours, et a mérité que des prix spéciaux fussent créés en sa faveur ».

C'est donc par l'effort commun des propriétaires et des métayers, par leur entente cordiale, dans le vrai sens du mot, par l'expérience et par l'assimilation du progrès, en dernier lieu par une série de succès inattendus, que le métayage a ressaisi sa vieille renommée et s'est imposé de nouveau à l'intérêt véritable des vrais agriculteurs. Et le mouvement de faveur s'est précipité dans ces derniers temps, alors que la crise agricole s'est aggravée subitement, par les effets désastreux de la concurrence étrangère. « Il ne s'agit pas, toutefois, de faire une révolution culturale dans le Nivernais et de réagir systématiquement contre le fermage à prix fixe, qui a pris dans le pays une position inexpugnable, justifiée par des faits journaliers et constants. Il s'agit d'appeler l'attention des agriculteurs sur le métayage appliqué aux moyens et petits domaines, là où le fermage n'a pas pris racine. » Voici les conclusions générales formulées, dans cette vue, par la Commission spéciale de la Société d'agriculture de la Nièvre, et ici nous transcrivons textuellement.

« 1° Le métayage est le moyen presque unique d'améliorer de mauvaises terres sans immobiliser de gros capitaux. 2° Il est l'exemple presque unique d'une association équitable et durable entre le capital et le travail, et réalise ainsi pour l'agriculture ce qui n'est qu'une utopie pour presque tous les travaux industriels. 3° Il élève le niveau moral et social d'un très grand nombre d'ouvriers laborieux et économes, dont les ressources ne sont pas suffisantes pour courir les chances du fermage ; il en fait de petits fermiers, payant en nature de loyer de la terre qui leur est confiée. 4° Il crée entre le propriétaire et l'ouvrier agricole des relations de confiance réciproque autant que d'intérêt bien entendu ; l'intérêt du métayer est toujours identique à celui du propriétaire, tandis que les intérêts du propriétaire et du fermier sont trop souvent contraires. »

Tels sont les avantages généraux du métayage. Ses avantages pratiques ne sont pas moindres. 1° Le métayage attire et s'assimile des familles nombreuses, qui peuvent, sans déboursés d'argent destinés au salaire d'ouvriers étrangers, « cultiver une étendue plus considérable, gagner davantage, et rester unis, par l'intérêt autant que par l'affection, autour du chef de famille ». 2° Ce n'est point tout : « Il utilise le travail des femmes, qui, pour aider leur père ou leur mari, se livrent sur le domaine, et sans quitter la famille, à des occupations qu'elles n'accepteraient pas chez des étrangers. » 3° Hommes, femmes et enfants, trouvant toujours du travail dans la mesure de leur force, et cela, sans lacunes, « l'agriculture n'est sujette à aucun chômage, la terre payant toujours le labeur qui la féconde, et, par suite, le gain étant plus considérable dans la famille du métayer que dans celle du simple ouvrier ». 4° Enfin, les gains du métayer ne se réalisant qu'à certaines époques, souvent une seule fois dans l'année et toujours après des luttes laborieuses contre les difficultés des saisons, « il en résulte des habitudes d'économie, de prudence et de moralité, qui n'existent guère chez l'ouvrier qui travaille pour les autres, et que la certitude de toucher un salaire hebdomadaire ou mensuel rend insouciant et prodigue. » On peut dire, après ces considérations, que « les nombreuses familles de métayers qui vivent sur le sol, et trouvent dans un travail certain une garantie assurée contre la misère, constituent une véritable richesse nationale ».

Ainsi dessiné dans ses tendances générales et dans ses voies pratiques, « le métayage résiste mieux que le fermage aux crises agricoles, si menaçantes aujourd'hui. En présence d'une crise, le fermier, reculant devant les chances de l'avenir, abandonne sa ferme. Le métayer, au contraire, reste sur la brèche, certain qu'il n'aura jamais à prélever, dans les mauvaises années, sur un capital lentement amassé, un complément de prix de fermage ». Certain que le propriétaire le conservera et l'aidera au besoin, il attend paisiblement des jours meilleurs. C'est précisément cette sécurité, cette espérance de triompher des crises et des luttes qu'elles engendrent, qui retient les propriétaires à la campagne, qui les amène à s'intéresser aux cultures et à y consacrer des capitaux, dont le rendement se fait rarement attendre ; « et cette résidence des détenteurs du sol au sein de leurs domaines, au milieu de leurs associés, est éminemment utile à leurs propres intérêts, à ceux des métayers, et à ceux de la contrée où leurs biens sont situés ». C'est là en termes concis l'essence des doctrines que nous soutenons.

A ces avantages, qui sont évidents pour quiconque veut réfléchir, qu'oppose-t-on ? Des objections comme celles-ci : « 1° Le métayage produit des cultures misérables et neutralise tout progrès. » Les belles cultures des domaines à moitié fruits de l'Allier et d'une partie de la Nièvre, de l'Anjou, de la Vendée, de la Bretagne, sont des preuves irréfutables du contraire. Les mauvaises récoltes de quelques métayers, abandonnés par leurs propriétaires ou rançonnés par les fermiers généraux, ne sauraient être invoquées sérieusement contre l'institution. « 2° Le métayer n'est pas libre ; c'est une sorte de serf temporaire, dont le propriétaire peut abuser ». Il suffit de lire un bail de métayage pour comprendre l'inanité de cette objection. Le métayer est tenu de se conformer pour les cultures aux intentions du propriétaire, cela est vrai ; mais, lorsque ce dernier veut introduire des novations dans son domaine, il en fait d'abord l'expérimentation à ses propres frais ; et, lorsque le métayer les adopte, il ne reste soumis, au demeurant, qu'aux intempéries des saisons. Il a toujours le droit de refuser les novations qui ne sont pas prévues par son bail, et il agit dans toute sa liberté d'action.

Le mouvement de réaction en faveur du métayage commence à s'accentuer dans la Nièvre d'une manière très nette. Le rapporteur le constate par des exemples remarquables. « L'un des membres de la Commission a établi avec succès, il y a six ans, dit-il, deux métairies, et près d'elles une réserve personnelle, dans un domaine qui, de mémoire d'homme, avait toujours été affermé à prix fixe ou exploité directement par le propriétaire, et cela au milieu d'un pays de prairies. » C'était une innovation hardie, et il y avait intérêt à savoir comment les difficultés avaient été tournées ailleurs, et comment on pouvait, en définitive, arri ver à établir des métairies dans les pays où les prairies abondent. « Des prés qui produisent de 150 à 200 quintaux métriques de foin par hectare ne coûtant pas 20 francs de frais pour la récolte dans ce même espace, comment pouvait-on, dans des conditions semblables, se résoudre au partage ? »

Pour y parvenir, a-t-on dit, on a fait des coupures proportionnelles. « On a commencé par attribuer à chaque domaine la proportion moyenne de terres et de prés usitée dans les exploitations du pays, c'est-à-dire 1/3 ou 1/4 de près pour 2/3 ou 3/4 de terres arables ; et le cheptel a été adapté à cette proportion. Puis, lorsque le métayer a voulu accroître son cheptel, c'est-à-dire lorsque les cultures ont été améliorées, le propriétaire a consenti à augmenter la proportion des prés dans la mesure des besoins nouveaux, tout en maintenant le partage entre lui et son associé. » Il a été dit que « cette combinaison est toujours acceptée avec reconnaissance par le métayer ». Nous le croyons sans peine ; mais nous ne pensons pas qu'à la longue le propriétaire ait à s'en plaindre.

Un autre membre de la commission, agriculteur des plus éminents, M. Tiersonnier, a déclaré qu'il a fait cette année un essai hardi de métayage. Un de ses fermiers, qui exploitait un domaine de 130 hectares et lui payait 13,000 fr. de fermage, ce qui revient à 100 fr. par hectare, s'étant trouvé, par suite de la crise agricole et de l'amoindrissement de son capital, dans l'impossibilité de tenir ses engagements, il a été obligé de le renvoyer et de rompre le traité. Mais, ne voulant pas le ruiner entièrement par la vente de son bétail, qui déjà avait été saisi, il lui a proposé purement et simplement de se transformer en exploitant à moitié fruits, ce qui a été accepté, lui laissant, outre une ferme excellente, tous les moyens pratiques de la cultiver, et par là la possibilité de relever sa position. Cet exemple, par son simple énoncé, nous avait frappé ; pour bien savoir à quoi nous en tenir, nous nous sommes adressé à M. Tiersonnier lui-même, et voici ce qu'il nous écrit :

« Ce n'est pas systématiquement que j'ai pris le parti de confier mon domaine à un métayer ; mais il me répugnait d'achever la ruine d'un homme qui avait travaillé sur mes terres. Le fermier me devant ses fermages sans pouvoir les solder et, la crise continuant, je l'ai pris comme métayer par un motif moral, pour lui venir en aide, et en même temps parce que je ne trouvais pas de fermier qui pût prendre utilement la suite de son exploitation. » Bien d'autres propriétaires doivent se trouver dans le même cas.

« Vous voulez savoir quelle est la composition du domaine,
ajoute M. Tiersonnier, et quelles sont les conditions du contrat,
Je vais vous le dire. Le domaine est situé sur le delta formé par
le confluent de la Loire et de l'Allier ; il se compose de terres d'alluvion pour les deux tiers, et de terres argilo-calcaires pour l'autre
tiers. Le sol est partout très fertile. Les terres en culture ne contiennent que 55 hectares ; il y a 75 hectares de près ou pâtures
permanentes, sur lesquels on compte 29 hectares de prés d'embouche. Tous ces prés, comme toutes ces terres, sans réserve
aucune, sont soumis au partage à moitié fruits, conformément aux
usages ordinaires des baux de métayage. » Il serait difficile, on le
voit, de rencontrer, en principe, une composition culturale plus
riche et un terrain mieux disposé pour créer une exploitation par
mode de métayage, avec plus de chances de succès.

Voici les conditions générales : « Le propriétaire fournit la
moitié des semences ; et le partage des grains se fait à la machine
à battre. Les frais relatifs à la machine, charbon, salaires des ouvriers, loyer, sont à la charge du métayer ; c'est la seule clause
un peu dure qui lui soit imposée. Le cheptel vivant a été estimé
36,860 fr., le cheptel mort 6,752 ; le double cheptel vaut donc
43,632 fr. Le métayer en fournit la moitié ; il se trouve donc engagé
pour 21,816 fr. Il paie 1000 de redevance, somme plus que minime
en raison de la proportion des prairies et de la beauté des bâtiments
dont il jouit. Le propriétaire se réserve d'une manière absolue
la direction des cultures. Le bail est annuel ; il peut être résilié
chaque année, si le propriétaire ne rencontre pas chez son métayer la somme d'activité et d'obéissance qu'il est en droit d'exiger, ou si le revenu net du domaine reste trop bas, tout en faisant
une large part aux circonstances actuelles. » Nous n'avons pas à
juger ces conditions ; elles sont conformes, en principe, à celles
qui ont cours dans le Bourbonnais, et l'énorme proportion des
prairies de fauchage et d'embouche peut justifier des clauses tout
à fait exceptionnelles.

Ce que nous avons à apprécier, c'est la situation même où se
trouve le métayer, malgré l'abondance des fourrages et la fertilité
des terres ; c'est, dans un ordre d'idées impersonnel, la situation
faite au domaine, en présence des revenus nets que sa constitution même doit assurer. A cet égard. M. Tiersonnier ne nous a pas
laissé le temps de longues réflexions. Il juge lui-même très sainement la position qu'il s'est créée. « Je ne puis me dissimuler,
dit-il, que j'ai fait une tentative très hasardeuse, portant en elle, dès

le début, un premier et grave inconvénient. Le domaine est trop étendu, et demande au métayer, aussi bien qu'au fermier, un nombre de domestiques ou de journaliers trop élevé, qu'il faut payer très cher, et qui feront moins de travail proportionnel que ne ferait un métayer, travaillant un domaine moins étendu par ses propres mains et celles de sa famille. Il sera, dans tous les cas, fort intéressant de constater jusqu'à quel point l'emploi des machines et de l'outillage perfectionné pourra contrebalancer le déficit des bras. » En second lieu, et ce nouvel inconvénient touche directement le propriétaire bien qu'il apparaisse comme un correctif du premier, « la proportion des prairies est trop considérable ; et, dans le marché conclu, le métayer, qui a peu de frais à faire de ce côté-là, se trouve avoir la part du lion. Ce n'est point que je ne puisse obvier à ce manque d'équilibre en augmentant plus tard, si besoin est, le chiffre de la redevance ; mais c'est une faute de ne pas l'avoir fait de suite ».

M. Tiersonnier a donc fait un essai hasardeux, comme il le dit lui-même ; mais, entendons-nous, ce n'est point d'avoir passé du fermage au métayage. Dans ce sens, s'il n'y avait pas de nombreux précédents, on pouvait invoquer des arguments judicieux et décisifs. L'essai hasardeux consiste dans les conditions spéciales de la transformation. Le fermier n'avait pu payer ses fermages. Pourquoi ? C'est bien un peu parce que les prix de vente des denrées et produits avaient été atteints par la crise ; c'est surtout parce que, les salaires étant trop élevés, la main d'œuvre avait dépassé toutes les limites de ses prévisions premières. Or, en devenant métayer, en prenant possession du même domaine, trop étendu, auquel il ne pourra consacrer son activité personnelle et qui absorbera, en direction et surveillance, tout son temps, il se trouvera exactement dans la même situation ; il sera forcément débordé par les exigences de ses auxiliaires. Nous ne pensons pas, tout bien considéré, que le propriétaire puisse retirer de son exploitation, ainsi organisée, le revenu net qu'il aurait dû recevoir au temps du fermage et qu'il réclame au partage des fruits. L'équilibre manque, les antécédents étant indiqués, entre la composition du domaine et les forces du travail, nécessairement insuffisantes ; il est douteux que le métayer, bien qu'il n'ait plus à solder une rente fixe, se trouve plus heureux qu'il ne l'était à titre de fermier.

Ce n'est donc ni comme conseil, ni comme exemple à suivre, que M. Tiersonnier a fait connaître son essai ; il le répète, il a fait œuvre de nécessité et d'urgence. Son domaine etait constitué, son fermier lui faisait défaut, il s'agissait de ne pas laisser chômer les terres; le métayage s'est offert à lui, et il l'a saisi au vol. « Mes comptes sont soigneusement tenus, dit-il; et avant peu je serai fixé sur les résultats de ma tentative, et je les communiquerai loyalement à ceux qui s'intéressent à ces questions. En cas d'échec, je chercherai à combiner les bâtiments pour diviser mon domaine en deux métairies. Mais je n'abandonnerai pas le métayage, le considérant comme la seule manière de tirer bon produit de nos terres, par suite des nouvelles conditions économiques que nous subissons. » C'est ici que M. Tiersonnier est pleinement dans le vrai.

Le domaine, par son étendue, par sa composition même, par sa fertilité, par ses précédents et la culture intensive qui lui est due, exige impérieusement une division. Une seule famille de métayers ne saurait le conduire en bonne exploitation avec la cherté actuelle de la main-d'œuvre, ni maintenir son revenu net au taux de 100 fr. par hectare. Nous dirons plus, un domaine d'alluvion de 130 hectares, qui ne laisse pas un pouce de terrain inculte, contenant 75 hectares de prairies, destinées à alimenter des animaux de race améliorée habitués à des soins constants, ne peut arriver à son complet rendement, par le partage des fruits, avec deux métairies seulement. Dans la plupart des circonstances relatives au personnel, il y a en lui les éléments de trois métairies, même de quatre, répondant aux forces numériques des familles ordinaires de métayers, et délivrées des embarras du salariat. Nous comprenons que l'aménagement des bâtiments puisse être un obstacle; mais nous n'hésitons pas à dire que trois métairies de 40 à 45 hectares ou quatre métairies de 35 hectares, comme il y en a des multitudes dans le Centre, outre qu'elles nourriraient à poste fixe un personnel plus considérable, donneraient un revenu net d'ensemble bien plus élevé, étant données des prairies fécondes et des terres d'alluvion, propres à toutes les cultures.

Quoi qu'il en soit des exemples cités, la commission du métayage de la Société d'agriculture de la Nièvre a arrêté les conclusions suivantes : « Pour développer et perfectionner le métayage, il faut d'abord un bail régulier, donnant sécurité au métayer, soit pour la durée de la jouissance, soit pour les règles générales de la culture, conforme aux usages du pays en ce qu'ils ont de bon. » Le Rapporteur ajoute que, lorsque les parties ont confiance réciproque l'une dans l'autre, le bail est inutile et qu'on a vu des métayers rester 30 ans dans les mêmes domaines sans bail. Cela est certain ; mais, sans entamer ici cette grave question, nous dirons simplement que la tacite reconduction ne saurait agir sur le début d'une prise de possession, et attirer des mé-tayers qui veulent rester paisibles là où ils seront bien. Elle n'est bonne qu'après coup, lorsque, malgré l'absence de contrat, un propriétaire a eu la main assez heureuse pour tomber d'emblée sur un bon métayer.

Il faut ensuite : « 1° Une réserve exploitée par le propriétaire au milieu de ses domaines, servant de ferme modèle et ayant de bons reproducteurs, mis gratuitement à la disposition des métayers ; 2° le partage par moitié de tous les produits du domaine, sauf ceux du potager, de manière à ce que le métayer n'ait jamais d'autre intérêt que celui de l'association ; 3° la direction des cultures et des étables, quant à l'assolement et à la race, par le propriétaire ; 4° l'achat par le propriétaire des semences et des engrais, sous la condition que le métayer en soldera la moitié ; 5° la construction par le propriétaire de tous les bâtiments néces-saires au métayer, aux cheptels et aux récoltes ; 6° l'établissement de bons chemins domaniaux, le propriétaire payant les frais, le métayer faisant tous les roulements nécessaires ; 7° une redevance en argent, payée par le métayer, couvrant en général les impôts et les assurances, allant même au delà lorsque le domaine est très fertile, de manière à équilibrer autant que possible les apports et les parts des deux associés. »

Avec de semblables conditions, loyalement pratiquées, dit en terminant M. le comte Benoist d'Azy, « on pourra faire entrer dans la lice du progrès agricole, par la voie du métayage, et beau-coup de propriétaires menacés par la crise, qui peut les priver de fermiers, et un grand nombre de bons ouvriers, qui trouvent ac-tuellement de hauts salaires dans les travaux des villes et de l'in-dustrie ; et en même temps on rendra courage à certains fermiers éprouvés, et cependant très méritants, qui retrouveront dans une association avec le propriétaire une carrière agricole, que paraît leur fermer la crise agricole que nous traversons ». Nous pouvons différer sur quelques points particuliers de ce programme ; mais nous devons dire que nous n'avons trouvé dans les matériaux de l'enquête, hors le dossier du département de l'Allier, aucun docu-ment qui ait cette précision, cette entente pratique des besoins du métayage, et qui soit aussi complet.

§ 4. — Zone intermédiaire; bassin moyen de la Loire.

Le Nivernais nous conduit à la Sologne, qui borde le bassin de la Loire dans son cours moyen. C'est dans la partie méridionale du département du Loiret que la ligne de démarcation se dessine. Nous reproduirons donc ici les quelques renseignements que M. Guillaumin, ancien député, nous a transmis au nom de M. Baguenault de Viéville, président de la Société d'agriculture d'Orléans.

Tout le monde connaît la Sologne, cette longue bande de terre sabloneuse à la surface, imperméable dans le sous-sol, qui semblait vouée à l'infécondité, et que de grands travaux de dessèchement, de dérivation d'eaux et d'amendements calcaires, ont ouverte à la vie agricole. De vastes semis de pins, récréants à l'œil et d'admirable venue, avaient achevé la transformation de cette curieuse contrée. Malheureusement, le rigoureux hiver de cette année est venu compromettre pour une génération le succès de ces grandioses plantations : « L'hiver dernier a été bien funeste pour notre pauvre Sologne, nous écrit M. Guillaumin. La perte totale de nos pins maritimes, qui formaient le pivot de son amélioration, fait reculer la contrée de trente ans. Tout est à recommencer. » Mais ce n'est point sous ce triste aspect que nous avons à envisager la Sologne. Ses deux fractions les plus considérables, qui font partie des départements du Cher et de Loir-et-Cher, sont, en ce qui concerne les cultures, livrées au métayage et tiennent leur rang dans nos tableaux synoptiques. Nous avons ici en vue la Sologne du Loiret, en quelque sorte enclavée dans les pays du fermage, et placée sur la ligne de démarcation.

« Le fermage à prix d'argent domine dans cette contrée, a dit M. de Viéville, surtout à mesure qu'on se rapproche du Val-de-Loire. Les terres s'y afferment 20, 25 et même 30 fr. l'hectare, et même plus. Cela tient, entre autres causes, à ce que les propriétaires mettent en bois toutes leurs terres légères, et réservent pour la culture les très bonnes terres qui peuvent être marnées. Il y a cependant encore des terres à moitié ou au tiers des fruits, dont les conditions principales diffèrent peu de celles qui sont usitées dans le reste de la Sologne. » Voici donc encore un terrain mixte, où les métayers se trouvent en présence des fermiers dans les meilleures terres, et où l'on persiste à les garder. Et pourtant M. de Viéville donne des renseignements relativement rassurants sur la situation ordinaire du fermage : « Les fermiers à prix d'argent, dit-il, se tirent assez bien d'affaire dans les années ordinaires ; mais, depuis quelques années, par le manque de récolte, ils paient difficilement ; ils restent cependant moins en retard que les fermiers de la Beauce, où une grande partie des fermes est à louer ou ne se loue qu'avec une forte réduction de prix. »

Dans le département de Loir-et-Cher, les choses se présentent différemment, comme nous l'apprend M. Blaise (des Vosges), l'un des correspondants de l'enquête : « Le département, dit-il, ne forme pas un tout homogène, ayant les mêmes coutumes et les mêmes cultures. Le Perche diffère essentiellement du Bas-Vendômois, la Beauce Vendômoise et Blaisoise encore plus ; enfin les deux rives de la Loire n'ont rien de commun avec la Sologne. » Il est clair que nous n'avons pas à suivre, une par une, toutes les modifications que peuvent présenter entr'elles les exploitations des diverses parties d'une même circonscription. C'est par grandes vues que nous devons raisonner. Nous dirons tout d'abord que M. Blaise (des Vosges) n'est nullement partisan de l'institution du métayage, « auquel, dit-il, il entrevoit plus d'inconvénients que d'avantages, » et que sans doute il ne connaît que par ses mauvais côtés, étant venu s'implanter comme propriétaire dans une contrée où le métayage a été en déclinant jusqu'au point de disparaître entièrement dans certains cantons. Ce n'est donc point par lui-même qu'il parle du métayage, mais par les propriétaires qu'il a consultés pour le compte de l'enquête.

Voici ce que dit M. Dessaignes, ancien député, sur la tenure des terres dans le département de Loir-et-Cher, et en particulier dans l'arrondissement de Vendôme, d'après les renseignements fournis par un ancien notaire. Section du Perche : « La durée des baux ne dépasse guère douze ans ; les fermiers, ne voulant pas se lier pour longtemps, demandent souvent des baux de 4, 8 ou 12 ans. » C'est donc des fermiers, et non des propriétaires, que vient l'obstacle en matière de longs baux. « Le plus souvent, les fermages sont en argent, quelquefois partie en argent et partie en gros grains ; ce dernier mode est l'exception. L'usage du métayage tend à disparaître, il existe pourtant encore. Le plus ordinairement, dans ce cas, les bestiaux sont fournis moitié par le propriétaire, et moitié par le fermier. Les croîts et les laines se partagent ; les volailles et les laitages profitent en entier au fermier. Les pertes sont subies par moitié. Les engrais employés, en sus des fumiers de la ferme, sont payés : 2/3 par le propriétaire, 1/3 par le fermier, qui est tenu de faire le transport et l'épandage sur les terres. Le fermier paie les impôts. Parfois, l'exploitation a lieu à moitié des gros grains, les bestiaux appartenant au fermier, qui paie alors un fermage en argent, dit rente de cour. Ce système de métayage s'étend sur le dixième environ des fermes du pays. »

Section du Bas-Vendômois : « La location à prix d'argent est préférée par le propriétaire parce qu'il n'a pas de surveillance à exercer, du fermier parce qu'il n'est pas surveillé ; elle est choisie dans les deux tiers des cas, c'est-à-dire toutes les fois que le fermier est solvable. Le bail à moitié fruits, qui disparaissait peu à peut est plus fréquent à présent, parce que les fermiers solvables deviennent de plus en plus rares. » On voit que les mêmes faits se reproduisent partout. Le fermage ne repose nullement sur les intérêts purement agricoles. Pour le propriétaire, c'est l'irresponsabilité qui en est la raison d'être ; pour l'exploitant, c'est le désir de l'indépendance. Mais, le fermage manquant, c'est au métayage qu'on revient, comme plus sûr et toujours prêt à sauver les situations. « Dans le métayage du Bas-Vendômois, les blés sont ensemencés à frais communs et récoltés en commun ; les avoines sont au fermier seul, et il paie pour cela une petite redevance, dite rente de cour. Le bail à ferme, à prix d'argent ou de blé, est considéré comme une transition, essayée par quelques propriétaires, mais sans grand avantage pour eux, leur serveillance obligée étant la même, et la rente en argent leur étant rarement ou du moins difficilement payée. Les bestiaux sont presque toujours au fermier ; c'est par exception, même dans les baux à moitié fruits, qu'ils appartiennent au propriétaire ; dans ce cas, les produits sont pour le fermier, le croît et la laine sont partagés par moitié. »

Section de la Beauce Vendomoise et Blaisoise. « Cette région est celle des plaines à céréales, où le métayage n'a jamais été pratiqué. Le système de location mérite néanmoins d'être signalé comme moyen terme entre le fermage à prix fixe et le métayage. » Dans ce système, le fermage ne s'acquitte pas en argent, mais en blé ; d'où il suit que le fermier n'a pas à s'occuper du prix, mais seulement de la quantité, pour satisfaire le propriétaire. C'est une chance aléatoire de moins pour lui. » Autrefois, le calcul était simple : « On estimait que l'arpent de 60 ares devait donner un hectolitre de blé à 20 francs pour prix du fermage ; la moyenne s'étant élevée depuis dix ans, elle est aujourd'hui de 22 ou 23 francs, les fermiers, en grand nombre, cherchent à traiter en argent, même dans les baux de fermage ordinaire. Il faut remarquer qu'il y a vingt ans, le prix du fermage étant stipulé en blé, les livraisons se faisaient en nature. Depuis cette époque, la crainte de passer pour accapareur a porté les propriétaires à abandonner ce mode de paiement. On stipule donc que le fermier, tenu de livrer son blé si on l'exige, doit son fermage, faute d'avertissement, sur le pied des mercuriales de trois ou quatre marchés indiqués d'avance. »

M. Le Guay, ancien notaire, aujourd'hui juge de paix à Mont-doubleau, fournit un nouveau renseignement que nous ne pouvons passer sous silence : « Le colonage partiaire, qui était autrefois fort usité dans ce canton, dit-il, a presque entièrement disparu, pour faire place, dans les petits bornages, à un autre mode d'exploitation. Le propriétaire fait faire toutes les façons par un laboureur à forfait, soit à tant par hectare, soit moyennant le partage des grains. Il loue les bâtiments à borderie ou gouvernerie, c'est à-dire à un bordier ou gouverneur, tenu d'y entretenir des vaches et des moutons qui consomment tous les fourrages et empaillements. » C'est une combinaison complexe, qui tient à la fois de la régie directe, en ce que l'exploitation des terres se fait pour le compte du propriétaire ; du fermage, en ce que le bordier paie en argent la location des bâtiments et des prairies ; du métayage en ce que le paiement du travail se fait en nature et par proportion convenue.

On voit qu'à proximité de la ligne de démarcation, les systèmes d'exploitation se ressentent du double voisinage. Ils manquent de fermeté, et partant de netteté ; nous y retrouvons les mêmes combinaisons mixtes qui sont pratiquées ailleurs : Paiement moitié en argent et moitié en nature ; métayage quant aux cultures, fermage quant au bétail. Le propriétaire n'arrive ni au complet désintéressement, qui laisse de longs loisirs, ni à la constante surveillance, qui assure une bonne et fructueuse administration. Nous ne saurions être surpris de voir que ces systèmes bâtards, qui s'abritent sous le couvert du métayage soient tenus en suspicion par des esprits éclairés, ce qui les porte à se déclarer les adversaires du partage des fruits, au point de considérer comme une hérésie économique l'opinion de ceux qui tiennent le métayage pour une institution normale, pleine de promesses pour l'avenir. A coup sûr, le métayage qui se pratique dans le Loir-et-Cher, sur la rive droite du grand fleuve, et qui vient d'être décrit, ne saurait obtenir l'approbation de ceux qui ont vu à l'œuvre les métayers du Bourbonnais, du Maine, de l'Anjou, du Poitou, et du Haut-Limousin.

Le note de M. Le Guay mérite attention à un autre point
de vue. Le métayage, dit–il, a presque disparu de la contrée, dont
le canton de Montdoubleau est le centre et où autrefois il était
très répandu. « Cependant il existe encore quelques fermiers à
colonage partiaire, où les propriétaires, de père en fils, et les colons, également de père en fils, ont été fidèles au métayage, formant entre eux une même famille ; mais ce n'est qu'une exception.
Rien de plus simple et de plus primitif à la fois que le contrat des parties. La moniure est à moitié ; le colon paie les impôts, il n'en devrait
payer que la moitié ; il fait tous les travaux, fournit et entretient
le matériel agricole ; les produits de toute nature sont partagés ;
les semences sont fournies par moitié ; la part du propriétaire
dans le produit des volailles, les œufs, le beurre, est déterminée
d'une manière fixe par une redevance annuelle ; les achats d'engrais sont payés par moitié. C'est une vraie communauté, qui ne
repose que sur des conventions verbales pour tout ce qui est toujours pratiqué, et ainsi sur la bonne foi des contractants. » Nous
retrouvons là tous les caractères du métayage traditionnel du
centre de la France. ·

Que faut–il pour qu'un semblable métayage réussisse ? « Un
bon bailleur à moitié de tout, comme on dit, répond M. Le Guay,
doit être modéré dans ses conditions, bienveillant, disposé à faire
des sacrifices plus grands que ceux du métayer, parce que lui
seul profite des avantages qu'ils procurent au point de vue de
la valeur vénale du domaine, tandis que le métayer ne profite que
des résultats immédiats. C'est pour cette raison qu'en Angleterre
il se fait deux estimations, l'une à l'entrée et l'autre à la sortie du
fermier, et qu'il est tenu compte de la différence dans une certaine mesure. De son côté, un bon colon doit être intelligent, laborieux, et surtout honnête. A ces conditions tout marche bien, et il
en résulte un accord si parfait qu'il n'y a jamais opposition d'intérêts entre les deux contractants. Au temps où ces qualités
n'étaient pas rares, le colonage partiaire était généralement en
usage ; aujourd'hui il a été abandonné. Où sont les bons bailleurs?
Où sont les bons colons ? »

Les temps sont changés. Le bailleur s'est créé de grands
besoins, il veut jouir vite et largement ; les sacrifices lui répugnent, et il serre de près son fermier ; le fermier, qui de son
côté, veut gagner, cherche à se dérober, et ne se fait pas faute de
tromper, s'il le peut. De là guerre sourde ou ouverte ; de là abandon du métayage, qui n'est plus en rapport avec nos mœurs ac-

tuelles, parce qu'il exige d'une part surveillance attentive et peine, de l'autre confiance et honnêteté scrupuleuse. « C'est un fait que je constate, dit M. Le Guay, c'est un regret que j'exprime. Le métayage serait, selon moi, un moyen très efficace de conjurer la crise agricole dont nous souffrons et qui prend des proportions alarmantes. Ce n'est que par le métayage que le propriétaire peut intervenir utilement dans la lutte que nous imposent les éléments et la concurrence étrangère ; et cela parce que cette institution est une véritable association, dans laquelle le colon trouve tous les moyens de réaliser son activité, dans laquelle le propriétaire, qui fait les avances, peut en surveiller l'emploi, tout en s'assurant, s'il est habile, le remboursement et les profits. »

La ligne de démarcation est aussi vague dans la Touraine que dans le Blaisois et le Vendômois. « Vous avez raison de penser que la Loire ne sépare pas absolument le métayage du fermage, nous écrit M. Houssard, ancien sénateur, président de la Société d'agriculture d'Indre-et-Loire. En tenant pour vrais les calculs de la statistique officielle, qui donne 3.552 métayers à notre département, on peut en attribuer 1/4, 1/5 au moins, à l'arrondissement de Tours, situé sur la rive droite du fleuve ; le surplus se partage entre les deux arrondissements de la rive gauche, qui ont à peu près les mêmes coutumes culturales, sauf que la culture de la vigne occupe beaucoup plus de superficie dans la circonscription de Chinon que dans celle de Loches. Quoi qu'il en soit, on peut dire que, sur la rive droite, le fermage à prix d'argent ou de denrées est la règle ordinaire, et que le métayage n'est que l'exception. »

La culture de la vigne a pris un grand développement dans nos pays, ajoute M. Houssard, « depuis que le mode de culture à la charrue a remplacé l'ancienne culture à la main. Il en résulte que presque toutes les fermes cultivées par des métayers produisent du vin, au moins pour leur consommation. Mais, en général, les grands vignobles, créés d'après les méthodes nouvelles, sont exploités directement par les propriétaires. Le métayage pur et simple de la vigne n'est pas pratiqué dans Indre-et-Loire. Quant aux conditions habituelles du métayage ordinaire, elles sont décrites dans nos tableaux synoptiques, et elles ne présentent aucune condition particulière qui mérite d'attirer plus amplement notre attention. Nous avons rencontré dans les rapports à peu près tout ce qui caractérise l'institution dans le centre de la France.

« Vous me demandez, dit en terminant M. Houssard, comment il se fait qu'il y ait encore des métayers, en assez grand nombre, sur la rive droite de la Loire, puisque le fermage semble y être préféré. Je répondrai que rien ne prouve que le métayage produise moins que le fermage ; à mon avis, c'est le contraire qui a lieu. Seulement, le métayage, pour être productif, nécessite une certaine aptitude et une surveillance de tous les instants, puisque le propriétaire se trouve intéressé dans toutes les opérations de travail et de vente. Or, les propriétaires riches ne veulent pas s'astreindre à cette intervention assujétissante, et par suite ils préfèrent affermer à prix d'argent, ce qui leur donne moins de peine, mais ce qui est moins productif, surtout dans les temps de cherté de main-d'œuvre et de disette de bons fermiers comme ceux que nous traversons. Les fermiers eux-mêmes sont exposés aux mêmes inconvénients, et cette situation rend leurs obligations plus lourdes. Voilà pourquoi on trouve encore des métayers dans un certain nombre de grandes propriétés. Quant aux moyens propriétaires, souvent gênés dans leurs affaires, ils maintiennent le métayage, et parce qu'il assure un revenu plus actuel et plus journalier que le fermage, qui ne règle ses comptes qu'une fois ou deux par année, et parce qu'en définitive il est réellement plus productif pour celui qui consent à s'en occuper. »

Les correspondants de l'enquête s'entendent sur les motifs qui ont porté les propriétaires à abandonner le métayage dans cette grande et belle région qui s'étend autour de la Loire dans son cours moyen ; et M. Ch. Vérel, président du Comice de la Sarthe, n'est que leur interprète, lorsqu'il dit : « La plupart des propriétaires trouvent plus commode de ne s'occuper de rien dans leurs domaines ruraux et de n'avoir qu'à toucher le prix de leurs fermages, pour les employer à leur gré dans les villes qu'ils habitent. Mais, après plusieurs années mauvaises, les fermiers, abandonnés à eux-mêmes, privés des conseils et de l'appui des propriétaires, cultivent sans courage, épuisent peu à peu les réserves d'engrais enfouies dans le sol, ne veulent pas sacrifier aux cultures leurs dernières ressources, et s'en vont ensuite chercher dans l'industrie un bénéfice plus rémunérateur. » De quelque régime que nous nous occupions, nous cherchons vainement les motifs agricoles qui ont poussé les propriétaires hors du métayage.

« L'abandon du métayage, qu'on rencontre encore sur quelques points de la Sarthe, nous écrit encore M. Vérel, est, à mon sens, fort regrettable, et c'est l'une des causes de la dépopulation de nos campagnes. Je pense que beaucoup de propriétaires sont loin de se féliciter du mode d'exploitation par le fermage à prix fixe, et que forcément ils reviendront au métayage, s'il en est temps encore. » On voit que, depuis les dernières limites de la Savoie, en pleine région de la chaîne des Alpes, jusqu'à l'Anjou et aux riches cantons de la Mayenne, le métayage, malgré le discrédit réel où il est tombé, rencontre des adhérents, fermement convaincus, par la réflexion, de la sécurité qu'il offre et de sa valeur économique, alors qu'il fonctionne dans l'ensemble complet de ses conditions normales.

CHAPITRE DEUXIÈME

MÉTAYAGE DANS LA RÉGION DE L'OUEST

§ 1. — Métayage dans la Mayenne.

La ligne de démarcation, en quittant la Touraine, s'élève directement vers le nord, laissant la Sarthe à droite et vient couper en deux le département de la Mayenne, pour se diriger par un brusque détour vers le littoral du Morbihan, en longeant l'Ille-et-Vilaine. La courbe étroite que dessine la ligne comprend ainsi l'Anjou et la partie méridionale de la Mayenne. Nous avons à voir, pour être fidèle à notre tracé, comment les choses se comportent dans la région de l'Ouest, et d'abord dans la Mayenne.

Les auteurs agronomiques s'accordent tous pour recommander le métayage dans la Mayenne comme l'un des types du genre, soit au point de vue de l'avancement des cultures et de l'amélioration du bétail, soit au point de vue de la bonne situation des métayers. Ce n'est point que, dans d'autres départements, l'on ne rencontre des propriétés relevant du métayage qui méritent, à un égal degré peut-être, une attention hors ligne. Partout où les propriétaires, résidant dans leurs terres, ont consenti à se mêler de l'administration de leurs domaines, à y consacrer des capitaux, à diriger et surveiller leurs métayers, partout où ils ont voulu sérieusement réaliser les améliorations que réclame le sol, introduire les races que comportent les cultures développées par eux, le succès ne s'est pas fait attendre. Mais, sauf le Bourbonnais, une partie de l'Anjou, et le Haut-Limousin dans ses meilleurs cantons, aucune contrée ne présente, par les moyens employés et les résultats obtenus, un sujet d'études plus intéressant que la Mayenne, sous le triple rapport de l'intelligence et de la persistance des propriétaires, de la prospérité des métayers, de la valeur de la race perfectionnée qui emplit ses étables.

Si nous consultons l'enquête officielle, faites dans les derniers temps de l'Empire, il y a une quinzaine d'années, nous apprenons, par les dépositions, qu'à cette époque les grandes propriétés tendaient à se diviser, mais que, par un mouvement correspondant, les moyennes propriétés se reconstituaient, de telle sorte que le morcellement se trouvait enrayé, pour ainsi dire, à moitié route, les deux courants se neutralisant. Nous apprenons encore que le métayage était plus pratiqué dans les grandes propriétés et le fermage dans les moyennes ; d'où il résulte que, ces dernières croissant en nombre, le fermage se répandait de plus en plus, et que conséquemment, le métayage perdait du terrain. Pour se rendre bien compte de la situation, il faut savoir que les commissaires officiels donnaient le nom de grandes propriétés à celles qui dépassaient 120 hectares ; qu'ils appelaient métairies les propriétés moyennes au-dessous de 120 hectares, jusqu'à 20 hectares au minimum, closeries les petites propriétés de 20 à 4 hectares, et terres volantes les parcelles. La proportion des terres à moitié fruits s'établissait ainsi :

Métairies.	66 p. 0/0	
Closeries.	33 —	100 p. 0/0.
Terres volantes.	1 —	

D'après le dernier tableau de la statistique officielle, nous voyons qu'il y a dans la Mayenne : 38.000 exploitations, sur lesquelles 18.500 sont affermées, 9.500 sont gérées directement, 9.900 sont soumises au métayage, de sorte qu'actuellement le métayage est au fermage dans la proportion de 53 à 100. Mais il faut remarquer que le département de la Mayenne se divise en deux parties distinctes : l'une, celle du nord, présente un caractère particulier, dont nous n'avons pas à nous occuper, parce qu'elle ne se relie pas à notre sujet ; l'autre, celle du Sud, qui comprend l'arrondissement de Château-Gontier et partie de celui de Laval, se rapproche beaucoup, quant à la nature du sol et des cultures, de l'Anjou, dont elle est limitrophe. C'est là que sont, en grand nombre, les métairies; c'est là, dans tous les cas, que le métayage est le plus avancé à tous les points de vue, et qu'il faut l'étudier.

Il y aurait un curieux rapprochement à faire entre la Mayenne, la Seine-Inférieure et les Landes, les trois départements qui ont le moins de régies directes. Le petit tableau qui suit rappelle les termes de la statistique :

DÉPARTEMENTS	EXPLOITATIONS	RÉGIES DIRECTES	FERMAGES	MÉTAYAGES
Seine-Inférieure . .	38.179	9.899	22.211	839
Mayenne	38.100	9.500	18.700	9.900
Landes	37.304	6.240	3.580	27.484

Quelle que soit la nature culturale des exploitations, et par conséquent leur étendue, on voit que leur nombre est à peu près identique dans les trois départements. On voit encore que, tandis que le fermage est en énorme majorité dans la Seine-Inférieure, le métayage est en majorité plus énorme encore dans les Landes. Ce n'est pas, au demeurant, ce qui étonne. La Seine-Inférieure est, à cet égard, un type pour le nord de la France, comme les Landes pour la région méridionale ; et, ici comme là, la régie directe devait céder le pas au régime qui représente le plus exactement les traditions et les idées de chaque circonscription. Mais pourquoi la Mayenne, qui, par l'avancement de ses cultures et par la supériorité de sa race de bétail, est classée parmi les départements riches, a-t-elle conservé près de 10.000 métayers, autant et plus que d'exploitations directes ? Nous comprenons fort bien que, placée géographiquement à proximité de l'Ille-et-Vilaine, de la Sarthe et de la Normandie, pays où le fermage domine et dont elle subit les influences, elle ait 18.700 fermiers, c'est-à-dire que le fermage détienne la moitié de ses exploitations. Mais pourquoi 9.900 métayers, concentrés dans sa partie méridionale, fertile et riche ? Il y a là un problème agricole, dont la solution logique ne peut se formuler que par cette double considération : que les propriétaires, résidant dans leurs domaines, s'occupent de leurs affaires et vivent en parfaite concordance d'idées et d'intérêts avec leurs tenanciers ; que les métayers, trouvant dans leurs domaines d'amples sources de profits et dans leurs patrons des protecteurs intelligents et dévoués, sont contents de leur sort ; que, par conséquent, les associés, en bas comme en haut, sont convaincus, sans regarder ce qui se fait ailleurs, qu'ils suivent une bonne voie et qu'ils auraient grand tort de vouloir changer leur régime.

Venons maintenant à la situation des métayers, en analysant les renseignements qui nous ont été fournis par M. le comte du Buat, lauréat de la prime d'honneur et ancien membre du Conseil de la Société des Agriculteurs. L'amélioration du bétail, nous a-t-il dit, a contribué, en première ligne, à l'amélioration du bétail, qui a entraîné l'amélioration des cultures, si celle-ci ne l'a précédée. Depuis longtemps, les propriétaires de la Mayenne avaient compris le désavantage de la jachère, et ils s'étaient décidés à la supprimer, en modifiant par une succession mieux entendue des cultures l'assolement triennal, qui était traditionnel, et en y introduisant en plus forte proportion les plantes fourragères et les racines, qui devaient les amener à augmenter leur bétail. C'est ce qu'ils ont fait. Ils ont bien encore, en principe, l'assolement triennal, en ce que chaque exploitation se divise en trois grandes soles ; mais la troisième sole, celle de la jachère, est devenue activement productive. Voici, d'ailleurs, le tableau cultural, ramené à ses proportions actuelles :

1/3	Blé,
1/3	Fourrages et racines, choux, betteraves, pommes de terre,
1/6	Orge et trèfle,
1/6	Trèfle en rapport.

Dans les premières rotations de la réforme culturale, les propriétaires, qui obtenaient la chaux à 1 fr. 50 l'hectolitre, pris sur place, avaient contracté l'habitude d'amender fortement leurs terres. Mais, avec le temps, ils se sont aperçus que le sol était saturé d'éléments calcaires, et ils ont diminué les amendements minéraux pour accroître la proportion des fumiers d'étable. En résumé, ils sont parvenus à obtenir les mêmes rendements en blé sur des espaces moindres, ou des rendements supérieurs sur les mêmes espaces, et ils ont eu en sus tout ce qu'ils récoltent sur la sole autrefois improductive, sans que ce succès cultural ait préjudicié en rien au succès des étables, qui a marché latéralement.

Le travail, en général, se fait par des chevaux, çà et là par des bœufs de la race parthenaise. Mais le bétail de rente appartient à la race de Durham à l'état pur, ou à une race croisée, où le sang de Durham domine plus ou moins. Ce que nous tenions le plus à savoir, c'est quelle est la situation des métayers en présence de cette race de haut prix, exigeante entre toutes. Sur ce point, M. le comte du Buat nous a nettement renseigné. La plupart des métayers possèdent dans leurs étables des bêtes de Durham croisé ; quelques-uns ont même des bêtes de Durham pur sang. Il y a des propriétaires ou de riches fermiers qui entretiennent, dans leurs domaines réservés, les types améliorateurs ; il y en a d'autres qui les distribuent parmi les métayers. A force de soins et de surveillance, on est parvenu à fabriquer, à tous les degrés du croisement, une race mixte d'une merveilleuse précocité, à tel point qu'à deux ans et demi, trois ans au plus, les animaux sont vendus à un très haut prix. Les métayers profitent de ce progrès, et ils s'enrichissent vite ; la plupart, au bout de quelques années, ont soldé la moitié du troupeau, quel que soit le prix élevé auquel il est monté. Tel est le double secret de la prospérité du métayage dans la Mayenne : la moitié du croît d'un bétail amélioré entre tous ; la vente, après alimentation de la famille, du surplus du blé et des menus grains, résultant d'un assolement sans chômage des terres.

Toutes les conditions du métayage ont été ramenées, grâce aux réformes des cultures et des étables, à leur maximum de logique et de justice. Il n'y a plus ni charrois à distance, ni distraction d'aucune sorte du travail ordinaire, sauf cas de réparation ou construction de bâtiments ; tous les partages se font régulièrement et sans conflit, toutes les résolutions se prennent de concert, et il est rare que la volonté du patron ne soit pas suivie, parce que le métayer a en lui une confiance absolue. Il y a peu de contrats, peu de baux, parce que les métayers restent où ils sont et que les maîtres les gardent avec soin, parce qu'entre gens qui se comprennent et ne veulent pas se quitter, la parole est sacrée : « Chose convenue, chose faite, » a-t-on l'habitude de dire.

En résumé, il résulte des renseignements pris dans toutes les parties du département, que, dans les bonnes années, le fermage rapporte aux mains du propriétaire 80 fr. en moyenne par hectare, 60 depuis la crise ; et que le métayage rapporte au moins autant. Mais, avec le métayage, la manière de vivre des propriétaires étant ce qu'elle est dans la Mayennne, l'exploitant a l'immense avantage de ne pas avoir à s'inquiéter de la main-d'œuvre, de ne pas redouter les chômages qui frappent les pays de fermage aux heures de crise, et de pouvoir poursuivre sans relâche et à son gré l'amélioration des terres et des étables. Ce n'est point que les métayers soient à l'abri des crises générales; mais, ayant plus d'aisance, séjournant dans les mêmes domaines par tacite reconduction, depuis plusieurs générations, pouvant attendre patiemment sans se décourager, certains d'être soutenus par les propriétaires en cas de besoin, ils restent ce qu'ils sont par calcul, par volonté. Leur situation leur plaît, ils n'en cherchent pas de meilleure.

Ce qui nous a frappé particulièrement dans les détails que nous a donnés M. le comte du Buat, c'est la position du métayer en présence du cheptel vivant. C'était là le point précis que nous voulions éclaircir. Nous savions que, depuis une trentaine d'années, un peu plus tôt même chez quelques propriétaires ardents, une réforme radicale s'était produite en matière d'économie du bétail; que la race Mancelle avait presque entièrement disparu, entièrement dans les cantons les plus riches, pour faire place à une race mixte d'engraissement précoce, à laquelle la race de Durham a servi de type améliorateur et prépondérant. Il s'agissait de constater comment le métayage avait pu s'accommoder de cette importation à forte dose d'un sang pur, impropre au travail et démesurément exigeant en fait de soins et d'alimentation. Les renseignements fournis par M. le comte du Buat sont concluants sur tous les points.

La transformation de race, lente au début, s'est vite propagée, dès que les propriétaires se sont trouvés éclairés par les faits sur leurs véritables intérêts. Les métayers, appelés à y concourir, s'y sont prêtés dans la mesure de leur confiance en la manière de voir de ceux qui les dirigeaient, surtout, bien entendu, ceux qui étaient attachés traditionnellement au même domaine. Aujourd'hui, dans les bonnes exploitations des cantons cultivés par le métayage, le bétail de rente appartient à la race améliorée, qui a pris et gardé le nom radical de « race de Durham », parce que cette race entre dans sa formation pour plus des trois quarts, par le fait de la succession ininterrompue des étalons. Malgré le prix élevé des animaux améliorés, la plupart des vieux métayers sont arrivés à solder aux mains des propriétaires la moitié des cheptels, de telle sorte qu'ils n'ont pas besoin de subir une retenue annuelle pour avance de bétail, et qu'ils partagent exactement, dans la proportion convenue, le croît et le profit des animaux, ce qui les met et les maintient dans l'aisance, et les empêche de désirer autre chose.

Les renseignements qui précèdent sont relatifs à l'arrondissement de Château-Gontier, et ils sont suffisants pour peindre le métayage de cette riche contrée dans ses grandes lignes. Mais la Mayenne tient une trop grande place dans l'agriculture perfectionnée pour que nous n'ayons pas saisi avec empressement l'occasion qui nous a été offerte de compléter notre description. La Société des agriculteurs ayant ouvert un concours à propos de la question du métayage, afin d'obtenir des monographies de domaines à partage de fruits et de se pénétrer par là de la valeur de l'institution, plusieurs mémoires sont arrivés à la Commission chargée du rapport, entr'autres celui de M. P. Le Breton, président du Comice de Laval et de l'association des agriculteurs de la Mayenne. Ce mémoire nous ayant été communiqué, nous en avons extrait, sans toucher aux détails qui appartiennent au concours, les particularités qui rentrent dans notre cadre général.

« Le métayage est traditionnel dans la Mayenne, dit M. Le Breton ; ses origines remontent probablement au temps de l'abolition du servage. Ce fut une révolution sociale et économique qui dut avoir pour effet de substituer à l'inertie des serfs l'initiative et l'énergie du travail libre. Le métayage semble avoir été général à une certaine époque ; il a été délaissé ensuite dans une grande partie de la France ; mais il s'est maintenu dans la Mayenne, contrairement à ce qui s'est passé dans les départements voisins, et il y paraît assuré d'un long avenir. » Nous sommes parfaitement d'accord avec M. Le Breton sur la généralisation du métayage libre vers la fin du Moyen âge, au moment où les grands affranchissements des campagnes changèrent la face du pays. On peut considérer le fait comme historique, tant il est probable. Mais nous différerions avec lui, s'il ne reconnaissait pas, comme nous l'avons démontré, que le métayage existait dans l'Occident pendant l'ère féodale et sous le régime franc, s'il ne rattachait les exploitations à partage de fruits de cette double époque au colonage partiaire du régime romain. Il a pu y avoir, il y a eu bien certainement recrudescence du métayage alors que le travail libre se propagea de toutes parts ; mais les origines de l'institution ont précédé, sur la terre des Gaules, la formation de la nationalité française.

Le métayage est donc de date immémoriale dans le Maine ; et, comme il y a toujours eu une entente parfaite entre les propriétaires et leurs métayers, comme ceux-là, intelligents et dévoués aux intérêts de l'agriculteur, n'ont voulu et ne veulent encore que ce qui est juste, comme ceux-ci, pleins de confiance dans les intentions et l'habileté de leurs patrons, se sont montrés et se montrent plus dociles qu'ailleurs à l'impulsion qui leur est donnée, il en est résulté que la vieille institution, logique et équitable entre toutes, s'est largement assise, a poussé de profondes racines dans le sol, et que, sans subir aucune modification dans ses conditions générales, rédigées en codes locaux, elle s'est trouvée prête, en toute occasion, pour les améliorations que le temps a sanctionnées. Voyons donc quelles sont ses conditions.

Quelle est la position mutuelle du propriétaire et du métayer? « Le propriétaire fournit la terre, les bâtiments et certains instruments difficiles à transporter; il fournit la moitié du bétail, des semences et des engrais artificiels, quelquefois la totalité en ce qui concerne les plantes sarclées; il entretient les bâtiments en état; il paie la moitié des impositions foncières; il supporte seul les frais des améliorations foncières. Le métayer a à sa charge tout le travail, c'est-à-dire toute la main-d'œuvre et l'outillage ordinaire; il fournit la moitié du bétail, des semences et des engrais; il paie la moitié des impôts fonciers, l'impôt mobilier entier, et fait les prestations avec le bétail commun. » Les positions sont ainsi nettement tranchées.

La base fondamentale est le partage des produits. « En principe, ils sont tous destinés à être partagés; mais, dans la pratique, il y a plusieurs adoucissements à cette règle. Ainsi, les légumes et fruits du jardin sont délaissés en totalité au métayer; seul, il a tout le lait non consommé par les veaux et les jeunes porcs, si ce n'est dans les closeries où le lait, étant la principale source de revenu, est partagé selon des conventions spéciales; seul, il a les œufs et la plus grande partie des volailles, après avoir donné au propriétaire un nombre fixé, toujours inférieur à la moitié; seul, il a l'élagage des arbres et des haies, aménagés en coupes régulières, et souvent le bois nécessaire à la construction des instruments agricoles qui lui appartiennent. » Tous ces avantages se traduisent nécessairement en revenu, et rendent d'autant plus forte la part qui revient au métayer.

Il faut dire encore que, depuis 50 ans, l'aménagement des métairies a complètement changé. Les bâtiments ont été reconstruits, ce qui a entraîné une dépense considérable; les terres improductives ont été défrichées, nivelées, drainées; des améliorations de toute sorte ont été entreprises, qui ont facilité le travail et accru les revenus; et tout cela s'est fait aux frais des propriétaires, qui, malgré l'élévation des capitaux immobilisés, se sont contentés de rénumérations modérées et ont fait participer leurs métayers aux résultats de leurs opérations. Mais disons bien vite que ces derniers ne se sont pas montrés ingrats ; et, bien que les baux soient annuels, ils sont restés attachés à leurs domaines. La gratitude, comme l'intérêt, les y a retenus. « L'honnêteté, la bonne foi, les habitudes du travail, d'ordre et d'économie, qui distinguent si éminemment les cultivateurs de la Mayenne, dit à cet égard M. Le Breton, comme nous l'avait dit M. le comte du Buat, sont restées comme un héritage dans les familles de métayers, et les rendent attentifs aux conseils de leurs patrons, qui d'ailleurs agissent plus par la persuasion que par la contrainte. »

Ce n'est point que les propriétaires, qui savent fort bien que les bons rapports créent la confiance et que la confiance se traduit en travail, abandonnent volontiers le principe d'autorité qui réside en eux. « Mais ils savent aussi que c'est l'exemple, et l'exemple fructueux, qui amène l'imitation et qui fait passer les innovations dans la pratique ; ils savent qu'un essai, provenant d'eux, peut souvent faire naître des doutes, jusqu'à ce que le succès soit fermement établi, tandis que l'adoption d'un essai par un métayer est immédiatement considérée comme une preuve indiscutable de la valeur de la méthode, et emporte la volonté des plus rebelles. Il s'agit donc de convaincre les métayers, sans avoir l'air de leur imposer une innovation. C'est ainsi que l'emploi de la chaux s'est introduit dans la Mayenne ; c'est ainsi que le bétail s'est transformé ; c'est ainsi que les fléaux ont fait place aux rouleaux, et les rouleaux aux machines à battre. » Ce sont les propriétaires qui ont pris l'initiative, et qui ont triomphé des résistances par leurs sacrifices et leur patience, en n'épargnant pas les avances, en se faisant les banquiers naturels de leurs associés ; mais les métayers s'y sont prêtés graduellement, s'y sont livrés en entier dès qu'ils ont compris, tandis que les fermiers opposaient d'insurmontables résistances. « C'est donc au métayage, pris dans ses deux éléments constitutifs, qu'ils faut reporter l'amélioration des exploitations de la Mayenne. »

Comment sont constituées les métairies de la Mayenne ? Les métairies sont d'étendue moyenne ; elles varient de 20 à 40 hectares ; elles vont rarement jusqu'à 50 hectares. « En doctrine, une métairie doit être assez grande pour nourrir la famille et les ouvriers auxiliaires dont elle a toujours besoin, mais pas assez étendue pour dépasser les forces dont elle dispose. » C'est un principe dont les propriétaires s'écartent peu dans la Mayenne. Quant aux closeries, travaillées à moitié fruits, elles ne contiennent d'ordinaire que 8 ou 9 hectares ; elles sont quelquefois plus restreintes encore, autour des domaines constitués, auxquels elles fournissent du lait, du beurre et des légumes. « En général, le sol est accidenté, sillonné de petits cours d'eau, qui servent de limite naturelle aux héritages, et maintiennent la forme traditionnelle des domaines. »

La composition du cheptel vivant, indiquée par M. Le Breton, nous a particulièrement frappé, bien que les riches assolements, depuis longtemps adoptés, nous y eussent préparé. « Nos domaines, dit-il, entretiennent une tête de gros bétail par hectare. » C'est la plus forte proportion que l'enquête nous ait signalée. Et, lorsqu'on songe que les étables sont garnies d'animaux de la race de Durham ou d'une race qui est fortement imprégnée de son sang, se développant vite, s'engraissant de 3 à 4 ans, quelquefois avant 3 ans, se renouvelant ainsi rapidement et arrivant à de très hauts prix, on ne saurait s'étonner de la prospérité des métayers de la Mayenne.

Pourquoi donc, ainsi décrit, ainsi constitué, le métayage reste-t-il stagnataire en nombre dans le Maine ? Là comme ailleurs, bien qu'à un moindre degré, nous rencontrons deux causes principales : L'absentéisme des propriétaires, qui, pour se débarrasser de tout souci, afferment leurs terres à prix fixe ; la cherté de la main-d'œuvre, qui empêche les petits cultivateurs de rechercher des domaines à moitié fruits, de peur d'être débordés par le travail. Il n'en est pas moins vrai qu'aujourd'hui, depuis la crise, il n'est pas rare de rencontrer des fermiers qui demandent à convertir leurs baux en contrat de métayage, afin de payer leurs fermages en nature ; et les propriétaires ne s'y refusent pas, comprenant que leurs revenus se maintiendront, grâce au partage des produits. « En résumé, dit M. Le Breton, de tous les systèmes, le métayage, qui ne nécessite de la part de l'exploitant qu'un capital modeste, est celui qui offre le plus d'avantages, qui assure les bénéfices les plus constants, qui sauvegarde le mieux les intérêts des deux contractants. »

§ 2. — Métayage dans l'Anjou.

Le métayage, nous dit-on, était autrefois très répandu dans l'Anjou ; mais il s'est peu à peu retiré devant le fermage à prix fixe.

Aujourd'hui, selon le relevé de la statistique officielle, il n'y a plus que 2.934 métayers dans le département de Maine-et-Loire contre 29.091 fermiers, environ un contre 10 ; et ces chiffres semblent à peu près exacts, comme nous l'écrit M. Hervé Bazin, professeur d'économie politique à l'Université catholique d'Angers. Mais il est bon de connaître en quoi consistent les fermes et les métairies dans ce beau pays, en les opposant les unes aux autres. A ce sujet, M. Hervé Bazin nous envoie des renseignements précis.

Le morcellement a marché rapidement, nous dit-il, dans la vallée de la Loire, c'est-à-dire dans les cantons d'Angers sud-est, de Pont-de-Cé, de Beaufort et de Saumur. Les propriétés varient de 1 hectare à 10 hectares. « Les fermiers y labourent avec un cheval ; leurs femmes conduisent la bête, et ils tiennent eux-mêmes la charrue, le terrain se prêtant à cette petite culture parce qu'il est très léger. Ce sont ces mêmes fermiers qui se lèvent à 2 heures, l'hiver, pour broyer le chanvre, dans un pays très riche. Ils mènent donc une vie misérable, n'ayant pas de domestiques ou fort peu, et n'entretenant au plus que 3 ou 4 vaches, dans des fermes qui sont presque contigues. » Le tableau de la petite propriété n'est pas flatté, et nous doutons que la production générale ait beaucoup à gagner, malgré la fécondité du sol, dans un semblable régime.

Les métayers à moitié fruits se rencontrent à Ségré, Baugé, Cholet, surtout à Segré, poursuit M. Hervé Bazin : « C'est M. le comte de Falloux et M. Parage qui ont mis en faveur ce genre de culture, dont je suis très partisan, comme je l'ai dit et expliqué dans mon *Traité d'économie politique*. Les domaines à moitié fruits sont plus grands que les fermes à prix fixe, ils s'étendent de 20 à 60 hectares ; et les métayers sont généralement à l'aise. Leurs troupeaux sont beaux, leurs prairies bonnes et vastes ; ils pratiquent la grande culture à l'aide des machines, et ils améliorent incessamment leurs terres. Le pays a totalement changé d'aspect depuis vingt ans : plus de terres délaissées, plus de chardons ni de genets. Jamais le fermage n'aurait pu en arriver là. »

Dans les cantons vinicoles, il y a peu de métairies. Le terrain y est très divisé ; au milieu des terrains plantés en vignes, on rencontre de petites parcelles cultivées en blé et en racines. Ainsi, il y a trois phases territoriales dans l'Anjou : le bassin de la Loire où la petite culture est dominante, et où le cultivateur ne gagne pas assez pour faire des économies ; la région vinicole, où la propriété est également fort divisée et où le métayage existe peu ; la région du métayage, où les domaines sont assez étendus, où les bonnes méthodes se propagent, où les exploitants, avancés en culture, sont à leur aise.

Malgré cette constatation, le métayage gagne peu de terrain, et le fermage est prédominant partout. « C'est un grand malheur pour le progrès cultural et la prospérité du pays. La cause de la stagnation numérique des métayers vient à la fois de l'absentéisme des propriétaires et de leur manque d'instruction professionnelle, d'autre part du peu d'intelligence des cultivateurs, qui ne veulent pas rester sous l'autorité des maîtres et qui préfèrent, pour ce motif, prendre des terres à prix fixe, au risque de s'y ruiner. » En résumé, on s'est servi du métayage pour le défrichement en grand, parce que les fermiers y étaient inaptes ; et, les terres en culture, les propriétaires tendent à revenir à la petite culture par le fermage, pour des raisons qui sont étrangères à l'agriculture progressive. « C'est ce que voient les esprits sérieux et les agronomes les plus distingués de l'Anjou ; mais, jusqu'ici, ils n'ont pu réagir contre le courant des idées qui éloignent les propriétaires de la culture de leurs domaines. Peut-être la crise qui pèse sur la France entière produira-t-elle un revirement d'idées en faveur du métayage ; on ne saurait trop le désirer. »

Le nom de M. le comte de Falloux ayant été mis en avant par M. Hervé Bazin comme propagateur du métayage dans l'Anjou et son autorité en matière agricole étant universelle, nous ne pouvions mieux faire que de nous adresser à lui pour savoir son opinion personnelle. Voici ce qu'il nous a répondu : « C'est un beau travail que vous avez entrepris, et je vous en félicite d'autant plus que je suis, pour ma part, très favorable au mode d'exploitation par partage des fruits. J'ai déjà fait connaître ma façon de penser dans un article du *Correspondant* en date du 25 décembre 1862, et elle ne s'est point modifiée depuis cette époque. Si donc vous voulez bien lire cet article, vous y trouverez tout ce que mon expérience a pu m'enseigner. »

L'article de M. le Comte de Falloux n'abonde pas en détails techniques ; mais, comme nous l'attendions d'un homme comme lui, il est rempli des enseignements de l'ordre le plus élevé, en ce que nous appellerons « la morale du métayage ». L'Anjou, dit-il, est couvert de collines peu élevées et de vallées, généralement étroites et peu profondes. « Une grande partie, qui se nomme le Bocage, se compose à la fois de vastes forêts, de champs et de prairies, entourés de haies vives, où apparaissent, à des distances fort rapprochées, des arbres irrégulièrement plantés. » Cette description

sommaire est propre, agricolement parlant, à la Vendée, à une
partie du Poitou, à tout le Limousin, et à un grand nombre d'autres
provinces. Or, cette prédisposition des lieux, conforme aux anciens
errements culturaux, est totalement incompatible avec les nouveaux
procédés de culture et avec le progrès agricole, si largement
développé depuis un quart de siècle. Et c'est précisément au milieu
d'une contrée profondément divisée, entrecoupée de fossés, de
chemins creux et impraticables, de ravins, de haies touffues et
d'arbres aux racines envahissantes, que se trouvaient situés les
domaines échus à M. le comte de Falloux. « Deux fermes que j'y
possédais, dit-il, formaient, en 1852, 206 parcelles. »

La première chose à faire, pour un homme décidé à rompre
avec la vie politique active et pénétré de l'amour des champs,
était de niveler, en quelque sorte, tout ce terrain inégal et rabo-
teux, de le rendre accessible dans toutes ses parties, de le débarrasser des obstacles qui obstruaient la circulation, d'en faire un
ensemble susceptible d'une division rationnelle et propre à recevoir
toutes les améliorations. Cela fut fait. Les fossés furent supprimés,
les tertres aplanis, les arbres arrachés, les chemins creux et les ravins comblés, des drainages à conduites de pierre exécutés dans tous
les sens, des irrigations artificielles établies sur les coteaux où les
eaux courantes ne pouvaient parvenir. En même temps, les petits
biens, les parcelles, qui, appartenant à des voisins, formaient des
intersections embarrassantes, étaient acquis, et subissaient la même
transformation préalable. Enfin, les vieilles masures disparaissaient
tour à tour, pour faire place à des maisons d'habitation commodes,
à des étables et écuries judicieusement appropriées, à des hangars
destinés à recevoir le matériel.

Cette mise en scène est-elle à la portée de tous les propriétaires? Nous ne le pensons pas. Il faut une forte volonté pour faire
ainsi table rase du passé, et il faut de l'argent. La plupart de ceux
qui gèrent par métayers n'ont ni la fermeté de caractère voulue,
ni le capital disponible. Mais ce que l'on ne peut faire d'emblée,
on peut le faire en plusieurs années ; on arrive moins vite, mais
on arrive à temps, dans la mesure des moyens qu'on possède.
M. le comte de Falloux nous donne, à propos de la race de Durham, qu'il a établie chez lui et qui a ses prédilections, un exemple
frappant : « J'avais trouvé dans mes domaines quelques animaux
de la race de Durham, dont je connaissais les qualités et dont je
voulais faire le fond de mon troupeau. J'aurais pu en augmenter
le nombre par des achats immédiats, quoique le prix fût élevé.

Mais je préférai procéder autrement, pour agir avec plus de sagesse et de certitude, et attendre sans trop d'impatience que les terres fussent prêtes, que les cultures fussent bien ordonnées, que les animaux que je possédais fussent améliorés par eux-mêmes ; que tout, en un mot, marchât à l'unisson dans mes domaines, cultures et étables. C'est ainsi que mon troupeau, qui m'a valu un grand nombre de récompenses honorifiques, s'est formé, en conservant soigneusement les bêtes bien arrivées, en les accumulant une par une, en les proportionnant, parvenu au terme, aux ressources de toute nature dont je disposais. »

Pendant que M. le comte de Falloux préparait ses domaines, les élevait peu à peu à la hauteur de ses vues, les propriétaires et fermiers du voisinage, dont il n'avait eu, d'ailleurs, qu'à se louer pour le rassemblement des pièces et l'unification de ses domaines, ce qui, soit dit en passant, fait honneur à tous, et à l'initiateur des réformes et à ceux qui s'y sont prêtés, les cultivateurs les plus proches, et même ceux qui venaient de plus loin, attirés par le grand exemple dont on parlait beaucoup dans le pays, suivaient avec curiosité les transformations successives qui s'opéraient sous leurs yeux, défiants d'abord, intéressés ensuite, et bientôt poussés vers l'imitation par cette force irrésistible que détermine un succès persistant et incontesté. C'est ainsi que s'est faite, autour du bourg d'Iré et dans tout l'arrondissement de Segré, cette agriculture dont parlent les écrivains agronomiques et qui est partout citée comme un modèle, à côté de celle qui distingue si éminemment le sud de la Mayenne. En matière agricole, la propagation des faits est bien plus puissante, bien autrement féconde, que la propagation des idées.

Ce n'est point que M. le comte de Falloux ait exclu le fermage à prix fixe de ses combinaisons. Dans une propriété un peu éloignée, il a soumis ses domaines au régime du fermage, en le subordonnant aux mêmes conditions générales d'ordre et d'améliorations foncières. Mais, autour de lui, là où il réside, là où il peut surveiller et diriger, là où sa personnalité se dessine plus nettement, il a trouvé, conservé et amélioré le métayage, par goût et par conviction personnelle. « Ce mode d'exploitation, dit-il, associe complètement le propriétaire et le métayer, qui dirigent à frais communs toutes les opérations et partagent tous les produits. Il constitue le mode le plus paternel d'administration, puisque les deux contractants, les deux associés, traversent ensemble les bonnes et mauvaises fortunes. » Une condition essentielle du succès est celle du séjour du propriétaire au milieu de la population qui l'environne. Il faut qu'il réside souvent, longtemps, sur ses terres, et qu'il s'y fasse représenter, pendant l'absence, par des délégués pénétrés de ses vues et de son esprit.

« Telle classe supérieure, telle classe inférieure : la responsabilité est en haut. » Formule nette du spiritualisme appliqué aux choses agricoles! La résidence entraîne le bon exemple, le bon exemple fait les hommes bons, le propriétaire récolte dans la mesure de ce qu'il a semé. Les vertus qui sont en lui, le respect qu'il inspire, imposent silence aux passions mauvaises ou les apaisent tôt ou tard, quand le vent du dehors les a déchaînées. C'est aux exilés, volontaires ou involontaires, de la vie politique, c'est aux déshérités de la hiérarchie officielle que M. le comte de Falloux adresse ses conseils. La jouissance de la vie agricole, dit-il, s'appuie sur des devoirs : « Vous que l'instabilité des gouvernements humains a conduits vers la terre où vous êtes nés, agriculteurs qui ne voulez plus, qui ne devez plus quitter les champs, faites chaque jour ce que votre conscience vous aurait dicté dans les charges que vous remplissiez ou qui vous étaient promises. Soyez vigilants, soyez honnêtes, faites des hommes autour de vous et faites des heureux! Actif et sédentaire à la fois, sensible à l'honneur mais inaccessible à l'ambition, le vrai campagnard sert sa patrie sans quitter son pays natal. Il ne doit avoir, il n'a qu'une devise : Vivre en travaillant, mourir en priant! »

Les conclusions de M. le comte de Falloux, placées à dessein en tête de son remarquable article, méritent d'être reproduites : « 1° Je n'étais pas né pour la carrière agricole, et je n'y étais nullement préparé, lorsque je suis venu me fixer dans les champs. 2° Je n'ai point débuté dans des conditions favorables, et j'ai réussi, à force de patience et de volonté ; tout ce que je fais, chacun peut le faire. 3° Tous mes déboursés m'ont été rendus par la terre à laquelle je les avais confiés ; et j'ai fait, en définitive, une affaire supérieure à la plupart des placements industriels. 4° En paraissant les désintéresser des grandes luttes politiques et sociales, l'agriculture place cependant ceux qui viennent à elle au premier rang des serviteurs et même des restaurateurs d'une société ébranlée. »

§ 3. — Métayage dans la Bretagne.

Les causes de la diminution du métayage ne sont pas les mêmes dans la région de l'Ouest extrême que dans la grande région que

nous venons de traverser à vol d'oiseau, du moins en ce qui touche
aux origines de l'institution. Le mode traditionnel d'exploitation,
dans la plus grande partie de la Bretagne, avait un caractère particulier, qui le rapprochait plus du fermage que du métayage, tel
qu'on le pratique dans le Centre et dans le Midi ; et il faut nécessairement tenir compte des précédents, lorsqu'on veut juger sainement le fonctionnement actuel des exploitations. Il y a aujour-
d'hui beaucoup plus de fermiers que de métayers, c'est un fait ;
mais il faut reconnaître que si, dans le Morbihan et une partie des
Côtes-du-Nord, le métayage, qui s'était établi pendant la première
moitié de ce siècle, perd du terrain chaque jour, on serait fondé à
se demander, avec M. Bodin, directeur de la ferme-école des Trois-
Croix, si le métayage a jamais sérieusement existé dans l'Ille-et-
Vilaine. La statistique officielle lui attribue 1.750 métayers. Mais
on peut croire qu'ils sont placés sur les limites extrêmes du département, vers les départements limitrophes, et qu'ils n'ont
qu'une très minime influence sur les conditions culturales du reste
de la contrée.

« Je ne remplis pas le questionnaire, nous écrit M. Bodin, par
ce qu'il a spécialement trait au métayage, et que ce mode d'exploitation ne constitue qu'une rare exception dans l'Ille-et-Vilaine.
Il serait, d'ailleurs, très difficile de vous indiquer les causes réelles
de sa diminution dans l'extrême région de l'Ouest. Ce qu'il y a de
certain, c'est qu'il tend à disparaître dans les départements qui
avoisinent l'Ille-et-Vilaine vers l'ouest, tandis qu'il subsiste dans
la Mayenne et le Maine-et-Loire, qui l'avoisinent vers l'est. »
Parmi les causes générales de l'abandon du métayage, communes
à tous les départements, ajoute M. Bodin, « on peut signaler
l'indifférence du propriétaire pour les choses qui touchent à l'agriculture, et l'esprit d'indépendance des cultivateurs, lesquels
veulent secouer le joug des détenteurs du sol. Nos fermiers
répugnent à ce qu'on s'immisce dans leurs affaires ; ils admettent
difficilement le contrôle ; en un mot, ils se considèrent tout à fait
comme propriétaires temporaires. Il ne faut pas se dissimuler
non plus qu'il faut dans le métayage des gens honnêtes, ce que
les métayers ne sont pas toujours. Puis les propriétaires gênés
admettent difficilement les années qui rendent peu, et ils se montrent très âpres pour exiger la part qui leur revient, sans tenir compte
des obstacles matériels que subissent les praticiens chargés de la
main-d'œuvre ». En définitive, conclue M. Bodin, « je crois que le
métayage a donné d'excellents résultats ; et, s'il n'est pas continué,
il y a assurément de la faute des deux côtés ».

Dans l'Ille-et-Vilaine, le fermage à prix d'argent est presque le seul mode en vigueur. « Généralement les baux sont assez courts, et cette circonstance est un obstacle au progrès agricole. La terre est assez morcelée ; les plus grandes fermes sont de 30 à 40 hectares ; il y en a plus au dessous qu'au dessus. Cette étendue serait suffisante pour des métayers, elle n'est pas suffisante pour que des fermiers puissent s'enrichir. Quant au faire-valoir direct, il a complètement cessé ; les propriétaires y ont tous perdu beaucoup d'argent ; les domestiques coûtent trop cher, ce qui les a portés à chercher des fermiers. Jusqu'ici, ils en trouvent aisément, et il n'est pas encore question de réduction de prix. Mais les fermiers sont endettés et à bout de forces ; des catastrophes sont imminentes, et par suite beaucoup de résiliements. » Cette triste situation tient à la fois aux questions de main-d'œuvre, d'impôts exagérés et de concurrence étrangère ; elle tient aussi à la surélévation des prix de fermage, qui ont dépassé la valeur réelle, et à l'insuffisance du capital d'exploitation. « En somme », dit en terminant M. Bodin, « je suis convaincu que, si les choses ne changent pas, la diminution de la valeur locative et, par suite, celle de la valeur foncière, sont inévitables ; et, pour tout dire en un mot, je ne pense pas que même plusieurs bonnes années puissent nous relever. »

Si du département d'Ille-et-Vilaine nous passons à la Bretagne-bretonnante, où la population rurale parle le breton, nous rencontrons un nouvel ordre d'idées. A part quelques cas exceptionnels, dont la mesure nous est donnée plus ou moins exactement par la statistique officielle, nous voyons d'abord que, dans le Morbihan, le nord du Finistère et la partie des Côtes-du-Nord qui s'étend jusque vers Lamballe et Dinan, c'est-à-dire jusqu'aux limites de la contrée que les vieux Bretons appellent « le pays gallo ou le pays français, » le métayage est à peu près inconnu. « Quelle est la cause de cette différence dans les modes d'exploitation, qui existe de temps immémorial, se demande M. le vicomte de Champagny, lauréat de la prime d'honneur et l'un des correspondants de l'enquête pour le Finistère, je n'en vois aucune dans des considérations de sol, de climat, de culture. Cela tient probablement aux coutumes diverses des peuples qui ont originellement occupé les différents points du sol breton ». Dans la Basse-Bretagne, le fermage est général, il a fonctionné régulièrement jusqu'à ces derniers temps. « Cependant, il ne faudrait pas beaucoup d'années comme les dernières pour réduire les propriétaires à la

situation embarrassante qui est signalée dans les autres contrées
du nord de la France. Dans le Finistère, nous ne sommes payés
qu'incomplètement, les fermes ne se relouent qu'avec peine aux
taux anciens, et il faut quelquefois accepter des diminutions;
sur beaucoup de points, le taux vénal des terres a diminué d'environ 20 pour cent. »

On rencontre encore, dans la partie ouest de notre département,
dite bretonnante, dit de son côté M. Kersanté, président du Comice
de Ploubalay et correspondant de l'enquête pour les Côtes-du-
Nord, « quelques baux appelés convenants, qui présentent le caractère emphythéotique, en ce sens qu'ils datent de la féodalité.
Mais, après la mise en vigueur de la législation de 1791, les baux
ne furent plus d'une durée indéfinie. Tout en respectant les conditions primitives, les propriétaires purent en limiter la durée, et
faire sortir les convenanciers de leurs domaines, en leur remboursant le montant des constructions et des améliorations faites
par eux. C'est à ces actes de reprise de possession qu'on a donné
le nom de congéments, comme les exploitants ont pris le nom de
congéables. On a toujours considéré comme avantageux de congédier les convenanciers moyennant le remboursement de leurs
droits. » C'est à ces congéments, substitués aux baux des anciens
convenanciers, que M. Kersanté attribue la rareté des métayers
dans la Bretagne-bretonnante, et, dans un sens contraire, la persistance des exploitations à partage de fruits dans l'est des Côtes-
du-Nord.

Dans le Finistère, dit-il à ce sujet, le bail à convenant était
général depuis des temps fort reculés. Lorsque le congément
prit sa place, le rachat des vieilles conditions se fit moyennant une
somme d'argent, et les nouveaux baux, à temps limité, s'en res-
sentirent; ils traduisirent également par une somme annuelle et
fixe les droits de l'exploitant. Il en a été de même dans la région
des Côtes-du-Nord qui était traitée comme le Finistère, à cette
exception près que les baux à convenant y ont conservé davantage
leur empreinte. Ce qui a maintenu le métayage dans la partie du
département qui longe l'Ille-et-Vilaine, c'est que, dès le début,
« les propriétaires s'étaient réservé le droit de diriger eux-mêmes
les améliorations qu'ils jugeraient utiles dans le cours du bail,
condition qui, avec le concours d'exploitants laborieux et consciencieux, leur assurait des revenus supérieurs à ceux qu'ils auraient perçus avec le fermage à prix fixe ». Les exploitants, de
leur côté, ne possédant que peu de capitaux et n'ayant, par le mode

de partage, qu'à avancer la moitié des cheptels, se prêtaient volontiers au mode d'exploitation à moitié fruits. Aujourd'hui, par suite de la propagation des idées nouvelles, les exploitants ne veulent plus de baux à moitié, « et les métayers ne se recrutent plus, en petit nombre, que dans les familles habituées de père en fils à ce mode d'exploitation ».

En raisonnant d'après les faits, on voit que la suppression du métayage dans les Côtes-du-Nord et les cantons avoisinants du Finistère, et il en est de même dans le Morbihan, tient à deux causes : « La première est que le propriétaire, ne trouvant plus dans ses subordonnés que des travailleurs de mauvaise volonté, n'obtient plus les produits qu'il aurait le droit d'attendre et passe au fermage, qui exige de sa part moins de soins ; la seconde est que les cultivateurs, pensant que leur liberté sera entravée dans les conceptions de bénéfices qui viendront d'eux et qu'ils seront tenus de partager, se relâchent peu à peu de leur activité et ne cherchent qu'à se libérer du lien qui enchaîne leur volonté. » C'est encore là, et sous une forme analogue, le spectacle que nous offrent les exploitations rurales dans la plupart de nos provinces. Ce n'est pas le métayage qu'il faut accuser du résultat déplorable dont on se plaint ; c'est à la fois l'incurie et l'égoïsme de la part des propriétaires, l'amour exagéré de l'indépendance et les tendances à l'indiscipline de la part des exploitants.

Mais la gêne profonde qu'éprouve le monde agricole dans l'Ouest, comme dans le reste de la France, depuis quelques années, a mis les fermiers dans l'impossibilité de payer leurs fermages, et les porte à demander des réductions, ce qui tend à abaisser la valeur vénale des propriétés, comme le dit M. de Champagny. Le résultat possible, probable même, de cette gêne sera, selon l'opinion d'hommes attentifs au mouvement des esprits, « le retour vers le bail à moitié fruits, qui, loyalement exécuté par les métayers, intelligemment dirigé par les propriétaires, serait le meilleur mode d'exploitation du sol, en raison du lien d'association qui unit les deux parties contractantes dans les mêmes chances de profit et de perte ». Mais ce retour ne s'effectuera pas sans peine : « J'ai peu de foi, dit M. Kersanté, dans la loyauté du concours des travailleurs, traversés par le souffle d'envie et d'orgueil qui bouleverse actuellement toutes les couches de la société. »

Ces questions éclaircies, il nous restait un doute quant au Finistère. La statistique officielle porte 2.741 métayers pour ce

département contre 19.070 fermiers. Le métayage serait ainsi en
grande minorité numérique, mais il aurait encore une consistance
qui appellerait l'attention. Or, les correspondants de l'enquête
nous avaient dit, comme on vient de le voir, que l'on connaissait
à peine le métayage dans la Bretagne bretonnante. Nous avons
donc cru devoir revenir à la charge. « Les chiffres de la statistique
officielle, nous répond M. de Champagny, m'étonnent beaucoup.
Je n'ai jamais entendu parler de métayers dans le Finistère qu'à
l'état isolé et comme de rares exceptions, et je ne crois pas qu'il
en existe autrement. Y a-t-il dans le sud du département quelque
canton que je ne connais pas, où ce mode d'exploitation soit d'un
usage un peu général ? Je ne l'ai jamais entendu dire. »

Pour nous fixer, nous nous sommes adressé à M. Briot de
la Mallerie, lauréat de la prime d'honneur, qui habite près de
Quimper. Voici sa réponse : « Dans le département du Finistère,
il y a quatre modes d'exploitations domaniales : 1° le petit cultivateur qui cultive par lui-même avec sa famille, à peu près 1/3
des exploitations ; 2° le fermier à prix d'argent, à peu près 1/3 ;
3° les domaniers, à domaine congéable, qui cultivent avec leur
famille un peu moins de 1/3 ; 4° les propriétaires aisés, qui cultivent à l'aide de bras ouvriers, et qui sont fort peu nombreux.
Quant aux métayers à moitié fruits, il n'en existe pas dix dans le
Finistère. » Il y a donc erreur de fait dans les relevés de la statistique ; et elle est à refaire pour le Finistère. Elle a évidemment confondu le domaine congéable avec le métayage : deux
choses essentiellement opposées, « attendu que, dans le métayage,
c'est le propriétaire du sol qui fournit les bâtiments et une partie
du capital d'exploitation, tandis que, dans le domaine congéable,
le propriétaire ne fournit absolument que le sol, et que c'est le domainier qui fournit les bâtiments et tout le capital ».

Le domainier congéable se rapproche donc beaucoup plus du
fermier que du métayer. C'est une variété d'exploitant qui est
propre à la race bretonne, qui ne pourrait peut-être pas s'accli-
mater ailleurs, mais qui ne saurait être passée sous silence. « Je
considère le domaine congéable, dit M. Briot de la Mallerie, qui y
est habitué, comme le meilleur mode d'amodiation des terres, attendu que le domainier, étant propriétaire des bâtiments et des
fruitiers de toute espèce, a tout intérêt à faire des améliorations,
qui lui sont largement remboursées à dire d'experts, à l'expiration
de son bail, si le propriétaire le congédie. Ce mode d'amodiation
est également avantageux au propriétaire, qui n'a à s'occuper ni

des impôts, ni des réparations, et qui a première hypothèque sur les bâtiments pour la sureté de sa rente. Si les lords anglais avaient été assez intelligents pour appliquer le système du domaine congéable aux Irlandais, ils n'en seraient pas où ils en sont. Ce système est, en effet, très avantageux aux colons, qui rentrent dans tous leurs déboursés, et aux propriétaires, qui opèrent souvent le congément avec un grand bénéfice. Cependant les domaines congéables tendent à diminuer en nombre pour deux causes : 1° Le propriétaire du sol, qui profite des améliorations effectuées par le colon, le rembourse de ses avances et s'empresse de livrer sa ferme à prix d'argent à un taux supérieur ; 2° le colon a souvent fait tant d'améliorations que le propriétaire, hors d'état de rembourser le prix des bâtiments, se voit obligé de vendre son domaine au colon lui-même ; presque toutes les fortunes de nos paysans viennent de là. »

Nous comprenons fort bien que le système du domaine congéable soit avantageux pour le propriétaire, même en fixant une rente annuelle très modérée, puisqu'il le dispense de toute avance et de tout souci, et qu'à un moment donné il trouve le moyen, en remboursant les dépenses faites, d'augmenter sa rente pour une longue période. Nous comprenons également que le système soit avantageux pour le colon, qui est certain de ne pas perdre le capital qu'il engage et qui paie, en attendant, une rente modérée. Mais, en premier lieu, il faut que le colon ait préalablement des capitaux, puisqu'il doit faire les constructions et subvenir aux frais d'exploitation, ce qui se présente rarement ailleurs. En second lieu, et ceci est plus grave, nous nous demandons si un système, quelque bon qu'il soit en lui-même, qui permettrait d'interrompre une exploitation en pleine prospérité par le droit sommaire de congé ou de retrait, sous la seule condition du remboursement des frais faits, répondrait bien au type d'association du capital, du travail et de l'intelligence, que peut réaliser le métayage à long terme bien conduit.

Nous ne faisons ici aucune allusion à ce qui passe en Bretagne, car on ne manquerait pas de nous dire qu'il n'y a, comme cela a lieu généralement, qu'à prévoir dans le bail la date du congé et que, par là, tout se fait dans les règles. Il est donc entendu que, pour que le système du domaine congéable soit complet, soit équitable pour tous, il doit échapper à tout arbitraire de date et que, dès lors, il doit être basé, en principe, sur un temps assez long pour que le colon ait le temps d'amortir, par la capitalisation de ses bénéfices, tout ou partie de ses avances. Mais cela suffit-il ?

Sans doute, lorsqu'il sait à l'avance, par son bail, qu'à une époque fixée il doit quitter le domaine, abandonner les constructions élevées par lui et les arbres qu'il aura plantés, le colon repoussera de lui toute idée de propriété ferme, et par suite il ne s'attachera pas au sol qu'il aura fertilisé ou embelli, mais qui doit lui échapper. Il fera, dans ses calculs, une affaire à date, et rien de plus. Mais sera-t-il toujours maître de ses sentiments ? Sera-t-il toujours porté à considérer le propriétaire comme son associé, lorsque l'année sera mauvaise et qu'il n'en devra pas moins acquitter la rente du sol, lorsqu'il songera que tout ce qu'il fait, tout ce qu'il peut imaginer d'améliorant, doit sortir de ses mains et passer aux mains d'autrui ? L'indemnité qui lui sera allouée sera-t-elle suffisante pour étouffer tout sentiment de regret, toute velléité de révolte intérieure ? A cet égard, le métayer se trouve évidemment dans une situation meilleure. Le bénéfice qui lui advient n'est pas un remboursement, ne compense pas une éviction. Il n'a pu s'attacher aux lieux que par habitude, il savait en entrant qu'il n'était pas chez lui ; et le brisement qu'il éprouve à quitter les choses qu'il a créées ne peut se comparer à celui que ressent, après une longue période, celui qui a bâti avec ses propres épargnes, eût-il trouvé un bénéfice réel dans la jouissance.

On voit, en résumé, que dans la région de l'Ouest, la proportion numérique des métayers comparés aux fermiers est très faible. Le département de Maine-et-Loire lui-même, où le métayage, régi dans ses prescriptions générales par un code local, passe pour être florissant, ne présente que 2.934 métayers contre 29.091 fermiers, environ 10 contre 100. Pourquoi le département de la Loire-Inférieure, qui a fait partie de l'ancienne Bretagne et avoisine trois départements où le métayage est numériquement insignifiant, a-t-il, suivant l'administration, 12.000 métayers contre 21.000 fermiers, 50 métayers contre 60 fermiers, selon le dire de M. Lambezat, inspecteur général de l'agriculture ? Pourquoi la proportion est-elle de 33 et 34 pour 100 dans les Deux-Sèvres et la Vendée, qui avoisinent le Maine-et-Loire ? Bien plus, pourquoi la proportion est-elle de 53 pour 100 dans la Mayenne, qui se trouve enclavée entre des départements où le fermage est si prédominant que certains rapports le présentent comme exclusif ? C'est assurément là une curieuse observation à éclaircir.

On nous dit bien, par exemple, que tout l'arrondissement de

Chateaubriant a été renouvelé et amélioré par le défrichement, et que, le métayage offrant des bras pour les travaux et diminuant par là les frais de mise en valeur, les propriétaires ont eu recours aux métayers, et par suite au mode de partage des fruits, de préférence au fermage. C'est là une explication très saisissable. Il fallait beaucoup de bras pour défricher les landes, de la patience pour attendre les produits; des fermiers n'auraient pas livré leurs avances à de semblables entreprises; on a pris des cultivateurs sans capital, on les a nourris pendant la durée des opérations. Tout cela est simple et naturel. Mais, dans les Deux-Sèvres et la Vendée, où les terres sont en culture depuis longtemps et où les exploitations sont relativement prospères, comme le disent les correspondants, M. C. d'Auzay et M. le comte de Chabot, pourquoi y a-t-il tant de métayers au milieu des fermiers? Pourquoi la proportion est-elle aussi élevée dans la Mayenne, où le sol est fécond et où les métayers sont dans l'aisance? Ici, tous les raisonnements viennent échouer contre la réalité des faits. S'il y a des métayers sur les deux rives de la Loire, dans son cours inférieur, s'il y a des métayers dans la profondeur des terres, en plein rayonnement du fermage, c'est que les propriétaires et les exploitants eux-mêmes s'en trouvent bien et que les revenus sont bons, sont sûrs; c'est qu'en définitive le système est volontairement, intentionnellement appliqué; c'est qu'il fonctionne dans des conditions normales pour les uns comme pour les autres.

Ce n'est point précisément parce que le paysan est riche qu'il cherche à être fermier, pas plus dans l'Ouest central que dans les autres parties de la France; ce n'est pas parce qu'il se sent assez de capitaux pour exploiter sans le concours d'autrui. A cet égard, il fait bien souvent un faux calcul. Il aurait assez pour être métayer, assez pour seconder le propriétaire et payer son apport d'entrée, mais il n'a pas assez pour arriver au maximum de cheptel et de frais nécessaires, et il se trouve débordé au premier écueil. L'exploitation à prix fixe peut être plus lucrative pour lui en certains cas, il l'espère du moins; mais ce n'est pas là le motif dominant de sa préférence. Ce qu'il cherche, c'est son indépendance; ce qui l'inspire, c'est sa vanité; l'agriculture reste pour lui sur le dernier plan. M. Jules Rieffel, dans son Manuel du métayage, le dit textuellement; M. Lambezat, correspondant de l'enquête pour la Loire-Inférieure et connaissant parfaitement le pays, nous le répète: « Dans les parties pauvres, sur les sols défrichés depuis trente ou quarante ans, le fermier, dont les capitaux sont presque toujours insuffisants, réussit rarement ; dans les mêmes conditions, le métayer, soutenu par le propriétaire, fait ordinairement de bonnes affaires. » La crise agricole actuelle, bien qu'elle frappe les métayers comme tous les exploitants de terres, pèse plus lourdement sur les fermiers ; « et le rude hiver de 1880, en annulant la récolte des céréales et en faisant baisser les prix du bétail par suite de la disette des fourrages, a encore aggravé leurs souffrances. Beaucoup d'entre eux ne peuvent payer leurs fermages, et ils seront obligés de se retirer, même avec une réduction de prix ».

En résumé, comme l'explique M. Lambezat, « les conditions du métayage, qui étaient traditionnelles dans la Loire-Inférieure, ont été modifiées depuis quarante ans environ, à l'avantage des propriétaires. Anciennement, les céréales seules se partageaient par moitié ; le bétail, dont le produit à cette époque était presque insignifiant, appartenait au colon, qui ne payait de ce chef au posssesseur du sol qu'une redevance minime en argent, accompagnée de quelques livres de beurre et de quelques poulets. Par suite du défrichement des landes et de l'introduction des cultures fourragères, le bétail a pris un grand développement. Il constitue aujourd'hui la principale ressource et la spéculation la plus lucrative de nos métayers. Aussi partout la redevance en argent a-t-elle disparu pour faire place au partage par parts égales. Le propriétaire fournit la moitié du bétail et reçoit la moitié des produits ».

Cette explication est claire. Nous comprenons fort bien le mouvement qui a eu lieu à la suite des défrichements. Le sol, à peu près improductif, a été fécondé ; les cultures se sont améliorées et les fourrages naturels et artificiels se sont accrus ; le bétail, qui trouvait à peine à s'alimenter dans les landes, est devenu plus nombreux et meilleur ; ce n'était d'abord qu'un instrument de travail, c'est actuellement un instrument de rente, une source de gros revenus. Les propriétaires y ont singulièrement gagné ; mais il faut bien vite ajouter que les métayers n'y ont pas perdu. Qui donc a payé les frais des défrichements ? Qui a mis le pays dans l'état nouveau où il se trouve ? Le métayer y a contribué avec ses bras ; mais l'argent du propriétaire s'est enfoui dans le sol, et son intelligence a dirigé les opérations. Du moment que, les terres étant prêtes par le concours mutuel des deux intervenants, le bétail représentant un capital élevé a été soldé à frais communs, dès que les deux apports ont été considérés comme équivalents, le partage était de droit. Tout s'est donc passé dans les règles ;

le propriétaire a eu son avantage, le métayer a eu le sien. Nous ne sommes donc pas surpris que, dans ces pays-là, le métayage, ainsi compris, ait conservé dé nombreux et chauds partisans.

CHAPITRE TROISIÈME

MÉTAYAGE DANS LA RÉGION CENTRALE

§ 1. — Opinion des correspondants de la région centrale.

L'impression générale que l'on ressent en étudiant la situation du métayage dans la région intermédiaire, qui sépare les pays de métayage des pays de fermage, est la même partout, à peu d'exceptions près : L'institution manque de netteté. On en vient naturellement à se demander pourquoi elle continue de subsister, pourquoi elle côtoie le fermage, pourquoi elle y est intermêlée; et l'on est induit à penser que, si elle n'a pas été absorbée par l'institution rivale, si elle résiste, si elle est encore debout, c'est que cette dernière ne repose point elle-même sur des bases solides et qu'elle attend, sans les voir venir, d'indispensables et tardives réformes. Là où le métayage et le fermage se heurtent ou sont enchevêtrés, on s'aperçoit, dès le premier examen, que les fermiers n'ont pas assez d'avances, que les propriétaires n'ont pas assez de capitaux pour leur venir en aide, et que les métayers, de leur côté, ne peuvent espérer la protection et le concours dont il leur est impossible de se passer. On peut dire sans se tromper que, dans ces pays-là, l'agriculture, à tous ses degrés, est mal assise et que, quel que soit le mode d'exploitation, elle est condamnée à végéter, faute de principes arrêtés. Elle ne pourra sortir de sa situation précaire, de sa torpeur, que par des efforts héroïques, dans tous les cas, en marchant fermement vers l'une ou l'autre des deux institutions, et en leur appliquant les réformes que le temps a sanctionnées.

Sans doute, sous le régime de la liberté, où chacun peut choisir le mode qui lui plaît, et même agricolement parlant, le fermage n'est pas exclusif et absorbant au point d'anéantir le métayage à son profit. Un fermier peut parfaitement payer sa rente par une somme fixe, tandis qu'à côté de lui, mêlé à lui dans ses cultures, l'exploitant voisin partagera les fruits en nature avec son patron. Les correspondants de l'enquête nous font remarquer que les exemples en sont fréquents dans toute la région centrale. « Mais, pour qu'il n'y ait alors ni préférences, ni conflits, disent-ils, pour que la terre affermée et la terre gérée par métayers soient en équilibre respectif, il faut nécessairement que les conditions fondamentales de l'une et l'autre institution soient rigoureusement observées ; il faut que le propriétaire reçoive un peu moins par le fermage, afin de laisser au fermier une marge suffisante pour réaliser le bénéfice qui est dû légitimement à son industrie, à ses avances, à sa responsabilité, et un peu plus par le métayage, puisqu'il fournit le capital d'exploitation, puisqu'il prend la peine de diriger, de surveiller, et qu'une certaine portion du bénéfice est due légitimement à son rôle actif et personnel. S'il n'y a dans les deux phases une relation constante de pondération, évidemment l'une des deux institutions finira par l'emporter, l'un des deux exploitants sera sacrifié ; et l'agriculture, en définitive, ne se trouvera pas dans la voie de logique et de progrès qu'elle doit suivre. » Mais nous nous hâtons de dire que nous ne sommes point partisan de ces exploitations mixtes à contrastes locaux.

Quoi qu'il en soit, en dedans de la ligne de démarcation, du côté du sud, les faits semblent plus tranchés que du côté du nord. Ce n'est point que le métayage y prédomine d'une manière absolue. L'enquête, sans confirmer absolument les proportions indiquées par la statistique officielle, nous apprend qu'il y a à la fois des métayers et des fermiers, soit groupés sur certains points, soit juxtaposés, dans toutes les provinces du Centre. Mais on sent que le métayage y est plus à l'aise, plus maître de la situation, qu'il y est plus chez lui. Il y était général autrefois, il y réglait toutes les exploitations de temps immémorial ; et, s'il a perdu du terrain, ce n'est point parce que les conditions qui font sa force ont été abandonnées, c'est parce que les idées qui portent les propriétaires aux loisirs et à l'absentéisme s'y sont glissées, s'y sont implantées de plus en plus, en même temps que les aspirations vers l'individualisme et l'indépendance ont germé dans l'esprit des métayers. Le désordre s'est mis peu à peu dans les faits comme dans les idées.

Nous ne voyons, dans tous les cas, rien de bien particulier à ajouter à ce qui est relevé pour la plupart des départements du Centre dans nos tableaux synoptiques. Les correspondants, en formulant leurs réponses, ont pris la vérité sur le fait partout où ils l'ont aperçue, se félicitant du métayage là où il est solidement établi, n'ayant que peu de confiance dans ses résultats là où ses modes d'agir sont défectueux. C'est moins l'institution qu'ils ont jugée que la manière dont elle est conduite. Nous ne nous étendrons donc pas ici sur les conditions générales du métayage, qui sont identiques presque partout, nous bornant à faire ressortir les différences d'exécution, là où elles nous paraissent assez marquées pour mériter quelques observations.

Sur la rive gauche de la Loire et vers son embouchure, nous trouvons d'abord la Vendée, où le métayage est traditionnel et où il était autrefois prédominant. Aujourd'hui, le fermage a pris le dessus, comme nous le dit M. le comte de Chabot, et il tend à se généraliser. La statistique officielle donne à peu près 1 métayer contre 3 fermiers. La proportion est à peu près la même dans les Deux-Sèvres, au dire de M. Charles d'Auzay, lauréat de la prime d'honneur, le fermage s'étant propagé dans le département depuis vingt ou trente ans. « D'ailleurs, dans toute cette région de la Basse-Loire, le métayage est resté à peu près ce qu'il était autrefois ; et l'on n'y remarque d'autres différences, dans les diverses exploitations, que le plus ou moins de perfection du travail. »

Il n'en est pas ainsi dans la Vienne, où les arrondissements de Châtellerault et de Loudun ont des habitudes culturales différant assez notablement de celles qui sont pratiquées vers le sud, dans les arrondissements de Poitiers, de Civray et de Montmorillon. « Il est difficile de préciser certaines choses, dit à ce sujet M. Champigny, l'un des correspondants de la Vienne. Chaque propriétaire fait ses conditions selon ses intérêts propres ou selon les influences qu'il subit. En général, celui qui est le plus généreux pour ses colons est celui qui gagne le plus pour l'amélioration de ses domaines. L'habileté consiste surtout à choisir d'honnêtes et laborieux cultivateurs et à savoir les aider à propos. Mais l'élévation des salaires et les difficultés que les propriétaires rencontrent dans leurs rapports avec leurs domestiques entravent le recrutement. » Ce que M. Champigny dit à cet égard, surtout pour le nord de la Vienne, M. Serph, député et lauréat de la prime d'honneur, le confirme pour la partie méridionale : « Les difficultés relatives au personnel sont telles que, si cela continue, il deviendra impossible de recruter le métayage ; » et c'est vraiment dommage, à en juger par ce qu'il nous dit et par ce que nous avons vu nous-même.

« Le questionnaire demande s'il y a dans la Vienne quelque domaine amélioré par le métayage, nous écrit encore M. Serph. S'il vous était donné de voir nos plaines couvertes de chaux et de topinambours, destinés à engraisser des bœufs, dans des terrains affermés autrefois 6 francs l'hectare, vers 1845, à des fermiers qui ne payaient pas, vous vous rendriez compte par le calcul des résultats acquis. C'est une véritable révolution agricole qui s'est opérée. C'est aux amendements calcaires qu'est due la transformation de nos landes incultes en terres arables, où les prairies artificielles et les racines abondent, ce qui a permis de doubler le bétail et d'améliorer les races. Dans l'arrondissement de Montmorillon on marne partout; dans celui de Civray, on emploie la chaux, parce qu'on trouve à peu de profondeur le calcaire et qu'on peut établir à peu de frais des fours à chaux dans presque toutes les propriétés un peu étendues, soit au compte du propriétaire seul, soit par voie d'association entre voisins. »

Le président du comice agricole de Sancoins, la Guerche et Nérondes, dans le Cher, M. Amy, fait clairement ressortir l'influence des milieux agricoles : « Je ferai remarquer, dit-il, que les réponses que j'ai faites au questionnaire de l'enquête s'appliquent exclusivement à la circonscription du comice, et qu'elles ne sont pas identiques à celles qui sont données pour les autres contrées du département, parce que les modes d'exploitation qui y sont usités diffèrent d'une manière assez sensible de ceux que nous pratiquons dans notre région, laquelle a des rapports plus suivis avec divers cantons limitrophes de la Nièvre et de l'Allier. » Cet avis, justifié par la comparaison des rapports, nous a porté à séparer les données relatives au département du Cher en trois classes : celles qui se rapportent à l'arrondissement de Saint-Amand; celles qui concernent la vallée de la Loire, en face de la Nièvre, ou qui ont trait aux environs de Bourges et de Vierzon; celles qui ont en vue l'arrondissement de Sancerre.

Les nuances d'exploitation sont particulièrement saisissables dans l'Indre, comme l'explique le correspondant de l'enquête, M. de Bellefond, parlant au nom de la Société d'Agriculture du département : « Les baux de métayage, dit-il, n'ont pas tous la même forme; ils varient selon les régions agricoles, selon les circonstances et la position des contractants. Dans la Champagne berrichonne, vers Levroux et Issoudun, qui comprend l'est du département, le métayage n'existe pas pour ainsi dire ; le régime est le fermage à prix d'argent, quelquefois avec une modification qui porte sur le bétail ; la bergerie, par exemple, est à moitié entre le propriétaire et le métayer, ce qui rentre alors dans le colonage partiaire. » Dans la Brenne, qui comprend le nord et l'ouest du département, comme dans le Boischaut, qui forme la région la plus étendue, « le régime du métayage est généralement adopté, presque exclusivement en bien des localités. Mais les bases du partage varient selon la nature des produits, selon l'étendue des prairies, selon les rendements du sol. Quelquefois le partage porte sur tous les produits, grains et bétail ; quelquefois aussi, il y a des exemples de réserves particulières, et alors certains produits ne sont pas partagés ». Ainsi, l'on voit ça et là des métayers qui sont à moitié pour les céréales d'hiver, au tiers ou au quart pour les céréales du printemps, tandis que le bétail est à moitié profit. Dans d'autres cas et dans certains domaines du Boischaut, on remarque la combinaison suivante : les bestiaux et les grains, tout est à moitié ; le métayer fournit toutes les semences, et il paie, en outre, au propriétaire une somme en argent, à titre de menus suffrages ou droit de cour, qui varie proportionnellement à l'étendue et à la valeur du domaine.

Il n'y a qu'à jeter les yeux sur la carte topographique de la France pour comprendre, par analogie, que ce qui a lieu dans l'Indre doit avoir lieu également dans tous les départements du Centre où il y a des variations de climat, de sol et de production, surtout lorsqu'il y a des cultures spéciales, opposées, dans une même circonscription, aux cultures variées ou à la culture pastorale des parties montagneuses. Mais poursuivons notre examen.

« Je suis, comme vous, très partisan du métayage, nous écrit M. du Miral, ancien député et correspondant de l'enquête pour la Creuse ; et j'ajouterai que les avantages de l'institution se sont encore accrus depuis l'importance plus ou moins grande prise par l'élevage du bétail. Des domestiques à gages ne le soignent jamais aussi bien que des colons intéressés à sa prospérité. C'est surtout dans les contrées granitiques, par suite des chaulages ou des marnages, que le progrès de ce mode d'exploitation s'est accentué. Le département de l'Allier est celui où les bons résultats ont été les plus frappants. C'est de là que nous tirons nos meilleurs métayers pour la Creuse. L'émigration est le principal obstacle à la bonne constitution du métayage, et elle crée certaines différences dans le fonctionnement du métayage. Les pères sont impuissants garder leurs enfants auprès d'eux, dès qu'ils se sentent la force de partir pour faire ce qu'ils appellent la campagne. Les deux conditions principales à introduire dans les baux, suivant moi, sont : l'obligation pour le métayer de suivre un assolement améliorateur déterminé, et de contribuer aux dépenses du chaulage, sauf au propriétaire à en faire l'avance. »

M. le comte de Vougy, l'un des correspondants de l'enquête pour la Loire, nous écrit de son côté : « Les réponses que j'ai faites concernent principalement l'arrondissement de Roanne ; mais il ne saurait exister dans le département des différences bien importantes en vue d'un travail d'ensemble. Notre pays est fort arriéré sous le rapport cultural. Les propriétaires s'occupent peu de leurs biens, ceux qui habitent les villes n'entendent pas grand' chose à l'agriculture ; et ils cherchent, pour la plupart, à tirer le plus qu'ils peuvent des métayers, sans s'inquiéter beaucoup si le sol perdra ou non sa fertilité. Les fermiers, sans avances, épuisent la terre pour payer leur terme. Le fermage est chez nous un mauvais système. Je suis depuis longtemps convaincu que le métayage, pratiqué par des propriétaires et des métayers intelligents et comprenant leurs intérêts mutuels, aurait de grands avantages à tous les points de vue ; mais il faudrait que les Français fussent aussi ruraux qu'ils sont urbains, et qu'ils comprissent que la considération et l'importance de la vie doivent venir aussi bien de la campagne que de la ville ; ce qui n'est pas malheureusement. » M. Palluat de Besset, lauréat de la prime d'honneur, également correspondant de la Loire, pour le Forez, se montre encore plus explicite sur les avantages de la culture par le métayage. « Vous voulez savoir, nous dit-il, pourquoi il n'y a pas de métayers dans l'arrondissement de Saint-Étienne, tandis qu'il y en a dans le reste du Forez. Je ne connais aucune raison qui puisse expliquer ce fait, ni rien qui ressemble à une raison. Ce que je sais, c'est que les terres à métayage rapportent toujours plus que les terres affermées. La différence est bien d'un tiers, souvent de la moitié en plus. »

Tous les correspondants de la région centrale tiennent un langage analogue. Là où le sol est bon et où les cultures sont avancées, le métayage bien conduit donne de très bons résultats ; le fermage, aux mains de fermiers sans capitaux suffisants, réussit mal et donne aux propriétaires de maigres revenus. Ce ne sont pas les institutions qui pèchent par elle-même, ce sont les conditions d'exécution qui sont mal coordonnées. « L'agriculture reprend faveur parmi nous, dit le président de la Société d'agriculture de Limoges. Mais, si les propriétaires apprécient la vie de campagne pendant l'été, l'agriculture n'est pas assez comprise ; on l'aime pour la jouissance qu'elle procure, on redoute les soins et la surveillance qu'elle exige. « Le président du comice de Saint-Yrieix, dans la Haute-Vienne, est particulièrement affirmatif : « Le métayage, avec le concours du propriétaire, est une véritable association et devient le mode d'exploitation le plus utile dans un pays aux cultures variées, où le terrain, entrecoupé tour à tour par des taillis, des châtaigneraies, des prairies et des champs, appelle, tantôt par séries de travaux, tantôt par effets simultanés, toutes les forces vives des domaines. Il y a tout intérêt pour la chose commune que l'ordre règne dans les diverses branches de l'exploitation, de telle sorte qu'il n'y ait aucune déperdition de temps dans les actes du métayer, aucun défaut d'unité de vues dans la direction qui appartient au propriétaire. »

Dans la Corrèze, comme dans le Cher, le métayage affecte trois physionomies distinctes, qui tiennent aux différences de la température, et qui sont mises en relief, par les deux correspondants, M. le baron de Bélinay et M. Auvart. L'arrondissement d'Ussel, froid et montagneux, est livré surtout à la culture pastorale. Dans le centre du département, où le climat est plus modéré, on trouve à la fois, selon la composition culturale et l'exposition des lieux, la culture des céréales et l'élevage du bétail. Dans l'arrondissement de Brive, chaud, souvent calcaire, la culture de la vigne domine généralement. Des différences tenant à d'autres causes se rencontrent dans la Charente. « Je suppose qu'il en est de l'arrondissement de Cognac comme de celui de Barbezieux, où est ma propriété, nous écrit M. le vicomte d'Arlot de Saint-Saud, correspondant pour la Charente, si ce n'est que vers Cognac le sol est plus divisé et la culture de la vigne plus répandue, et que, dès lors, la régie directe y est localement prédominante. Quant au système de fermage à prix fixe, je crois que, dans les rares domaines où il est appliqué, il présente les mêmes avantages et les mêmes inconvénients que partout ailleurs. »

Il en est à peu près de même dans les autres départements du Centre. Pour des causes diverses, le métayage n'est nulle part homogène, soit dans ses cultures, soit dans ses formes pratiques. Dans la Charente-Inférieure, les différences tiennent plus aux conditions originelles qu'aux influences climatériques, au dire des correspondants, M. le comte Lemercier, ancien député, et M. Pacaud, président de la Société d'agriculture de Rochefort, le département ayant formé, dans l'ancienne France, deux provinces séparées, l'Aunis et la Saintonge. Dans la Dordogne, il y a, à cause de la différence du sol, la région des vignobles et la région des cultures variées et pastorales ; la composition des domaines a dû s'en ressentir, comme nous le voyons par les rapports des correspondants, MM. Daussel, sénateur, et de Laugardière. Il en est de même dans le Lot, où il y a des localités entières soumises aux cultures diverses, tandis que la vigne est prédominante dans une foule de cantons : « Chez nous, nous mande M. Célarié, lauréat de la prime d'honneur pour le Lot, les vignes sont généralement travaillées par le propriétaire. Il y avait, néanmoins, une grande tendance à livrer à des colons partiaires la plantation des vignes et leur culture à moitié fruits ; le propriétaire n'avait alors à sa charge que la surveillance des travaux et les soins généraux de l'entretien. Malheureusement, le phylloxéra, qui nous envahit de tous côtés, met fin aux progrès, ruine à la fois le propriétaire et les vignes. »

Dans le Puy-de-Dôme, nous revenons aux causes naturelles. Il est évident, comme le font observer MM. Dumiral, ancien député, et Téallier, secrétaire général de la Société d'agriculture de Clermont-Ferrand, que les régions montagneuses ne peuvent être traitées, au point de vue du métayage, comme les plaines, comme la Limagne en particulier, ce riche plateau, si riant et si fertile. La Haute-Loire, à l'extrémité orientale de la région centrale, présente un autre caractère, en ce que le fermage y domine dans une assez forte proportion, sans que les influences climatériques puissent expliquer d'une manière suffisante les différences de régime ; les fermiers semblent concentrés dans la région méridionale des Cévennes, tandis qu'au contraire les métayers dominent dans la partie septentrionale du département, comme nous le font savoir M. le baron de Croze et M. le baron Vinot, président de la Société d'agriculture du Puy, les deux correspondants de l'enquête pour la Haute-Loire.

C'est dans les montagnes du Cantal que le métayage semble être le plus misérable, c'est-à-dire le plus retardataire dans ses pratiques : « Dans notre Cantal, nous écrit M. Richard, ancien député, l'agriculture est très arriérée ; une aveugle routine empêche le progrès. Pendant plus de trente ans de ma vie, j'ai cultivé mon domaine de Souliard ; j'en ai doublé les revenus et la valeur sous les yeux de tous, nul ne saurait le contester. Eh bien ? Mes voisins n'ont pas imité mes procédés, indiqués par les sciences naturelles, parce qu'ils ne se doutaient pas des premiers éléments de ces sciences. L'instruction professionnelle pourra, seule, les faire sortir de l'ornière qu'ils ont suivie de temps immémorial. » Quant à l'Aveyron, qui avoisine le Cantal, ajoute M. Richard, « je crois que les questions agricoles y sont généralement traitées comme chez nous, du moins dans le nord du département, où les cultures sont à peu près semblables aux nôtres ». Cette opinion est confirmée par M. Azémar, député, correspondant de l'enquête pour l'Aveyron.

On le voit, la physionomie du métayage, pris dans ses grandes lignes, est à peu près la même dans toute la région centrale. Il y a des départements plus riches que les autres, plus initiateurs, où le progrès s'est vivement accentué; il y a dans chaque département des circonscriptions plus favorisées, plus avancées dans leur pratiques culturales; il y a dans chaque circonscription des îlots privilégiés, où les propriétaires ont pris avec autorité et plein succès la tête de ligne du mouvement réformateur. Dans un autre sens, il y a, dans les procédés techniques d'application, d'assez nombreuses différences, soit en raison de la culture de la vigne, soit en raison de la prépondérance de la culture pastorale. Mais partout, dans les pays de plaine comme dans les parties montagneuses, dans les cantons riches comme dans les cantons pauvres, dans les domaines à cultures variées comme dans les exploitations spéciales, les principes généraux du métayage sont identiques. Et, là où des abus sont reconnus, là où des imperfections notoires sont constatées, là où il y a des défaillances de personnes, là où l'on signale l'absence de capitaux ou d'instruction chez les propriétaires, l'absence du bon vouloir chez les métayers, ce n'est point à l'institution qu'on s'en prend, mais à ses vices d'organisation locale. Il n'est pas un correspondant de l'enquête qui ne conclue à la fois à la nécessité impérieuse des réformes et à la possibilité de les réaliser.

§ 2. — Opinion des propriétaires de l'Allier sur le métayage.

Parmi les départements où le progrès s'est le plus vivement accusé, figure au premier rang celui de l'Allier. C'est pourquoi nous l'avons choisi, comme on le verra plus loin, pour type du métayage amélioré. Ici, dans le résumé de l'enquête, nous tenons,

avant tout, à faire connaître l'opinion des agriculteurs les plus
compétents sur une institution qu'ils connaissent à fond.

Voici ce que nous dit M. de Garidel, président de la Société
d'agriculture de l'Allier, dans la première lettre explicative qu'il
nous a adressée : « Dans l'état actuel de nos cultures, mon opinion
bien arrêtée est que le métayage, tel qu'il fonctionne, assure mieux
les revenus du sol que tout autre mode d'exploitation domaniale.
Nous manquons trop de bras et nos terres ne sont pas en général
d'une nature assez fertile pour que nous puissions faire de la culture intensive ou industrielle, comme dans les départements du
nord de la France. Bien qu'un grand nombre de nos champs puissent faire de bonnes prairies permanentes ou temporaires, nous
ne pouvons cependant pas réduire tout en herbages comme nos
voisins du Nivernais ; il faut nécessairement qu'une partie de nos
terres, plus de la moitié, reste livrée à la culture des céréales.
C'est une culture coûteuse, moins rémunératrice dans les circonstances actuelles, qu'elle ne l'a jamais été. Le métayer, par son
travail que stimule l'intérêt d'une bonne récolte à partage, par
l'économie qu'il sait mettre dans tout ce qu'il fait, nous permet de
continuer encore cette culture sans trop de désavantage, en même
temps qu'il élève bien notre bétail, le soigne avec intelligence et
nous le fait vendre avec profit. »

Émanés d'un homme compétent, qui parle au nom de tout un
département où fleurit le métayage, ces arguments, fortement
motivés, n'ont pas besoin de longs commentaires. Au moment où
une crise, dont nul ne peut prévoir la fin, sévit sur le pays entier,
au moment où le fermage à prix fixe ne peut se maintenir à son
taux accoutumé et où les fermiers demandent des rabais considérables ou refusent de renouveler leurs baux, au moment où l'Angleterre elle-même, cette terre traditionnelle du fermage, se trouve
atteinte dans tout son organisme cultural, le métayage se présente, précisément par les conditions qui sont en lui, comme une
institution stable, s'accommodant à merveille de la direction du
propriétaire qu'elle n'inquiète en aucune façon, prenant patiemment, laborieusement, sa part de tous les risques, de toutes les
mauvaises chances qui surgissent, s'associant, lorsqu'on sait s'en
servir à propos, à toutes les améliorations dont le sol et l'exploitation domaniale sont susceptibles.

Sans doute, poursuit M. de Garidel pour accentuer sa démonstration, « l'on ne rencontre pas dans les pays à métayage ces progrès
rapides, ces résultats énormes que l'on constate dans les pays à

culture directe et à gros capitaux. Mais, si le métayage va moins vite, il n'en va que plus sûrement ; et, s'il est bien pratiqué, avec intelligence et patience, avec persévérance et dévouement de la part du propriétaire comme de la part du métayer, il produit, sans mise de fonds considérable, avec des dépenses accessibles au plus grand nombre, des résultats solides, généraux, et qui, pour être moins saisissants, n'en sont pas moins bien acquis ni moins durables. Il a surtout, et c'est là son principal mérite, sur lequel on ne saurait trop insister, l'avantage inappréciable de permettre au propriétaire de rester à la tête de ses domaines et de les faire valoir, alors qu'il ne le pourrait pas par la régie directe». La régie directe n'en est pas moins placée sur le premier plan, comme cela doit être : « La direction immédiate du propriétaire est certainement pour la terre la plus sûre garantie d'amélioration, de conservation, de progrès. Au point de vue agricole, comme au point de vue social, rien ne remplace cette direction. » Elle est donc hors de page partout où elle se pratique avec les conditions de succès qu'elle exige.

Ceci dit, M. de Garidel envisage la question au point de vue comparatif du fermage et du métayage : « Sans doute, il est des pays où de grands succès de culture ont été remportés par le fermage. Mais, dans ces pays, le fermier dispose de gros capitaux, et surtout il exploite directement. Dans l'Allier, le fermier, pas plus que le propriétaire, ne peut se livrer à ce genre d'exploitation ; et lui aussi est obligé de recourir au métayage, pour tirer de la terre un revenu qui lui permette de payer sa rente. Alors, il en est réduit au rôle d'intermédiaire, grêvant le domaine d'un bénéfice de plus à réaliser. » Nous aurons à développer ce thème ; nous dirons simplement ici que, quelque intelligent que soit le fermier général, exploitant par métayer, il ne peut remplacer le propriétaire, il ne peut améliorer le sol. Il peut, s'il est bien intentionné, amoindrir les inconvénients de sa position ; mais, quoi qu'il fasse, il n'en sera pas moins un élément parasite d'exploitation.

On propose, pour tourner la difficulté, dit encore M. de Garidel, « d'avoir recours au fermage direct, en transformant les métayers en fermiers de leurs propres domaines, ne relevant que du propriétaire ». C'est encore un système que nous aurons à examiner, et dont les correspondants de l'enquête ont démontré les vices inévitables. Le métayer manque d'instruction agricole et de capital, du moins généralement ; livré à lui-même, il vit au jour le jour, cherche à économiser sur toutes choses, fatigue la terre par des

récoltes répétées, sans prendre la peine de la fumer et de l'amender.
Il ne tarde pas à voir diminuer son revenu ; et lorsqu'il quitte le
domaine, il le laisse épuisé et ruiné pour longtemps. Dépourvu
d'avances, il n'offre au propriétaire qu'une faible garantie de solvabilité, il ne peut supporter la moindre baisse des denrées ; et, s'il
y a crise, il cesse de payer, obligeant le propriétaire, soit à se passer de revenus, soit à avoir recours aux voies légales et odieuses
de coercition, soit à lui venir en aide pour continuer sa désas-
treuse exploitation. « A un semblable fermier, dit en terminant
M. de Garidel, je préfère de beaucoup, malgré les inconvénients
qu'il présente, le fermier général exploitant par métayers ; celui-
ci du moins, s'il est bien choisi, a de véritables connaissances
agricoles ; il emploie des engrais, il améliore le bétail sans se
refuser de bons reproducteurs ; il est solvable, et peut à la
rigueur traverser les moments difficiles en payant régulièrement le
propriétaire. »

M. Talon, de Toury, autre correspondant de l'Allier, se place à
un nouveau point de vue, mais ses arguments n'en sont pas moins
concluants. « Dans nos contrées comme partout, dit-il, la main-
d'œuvre a des exigences de plus en plus grandes, et les gages des
domestiques sont montés à des prix très élevés ; d'autre part, le
bien-être de ceux-ci a créé des lois auxquelles on ne peut se soustraire ; et cependant les rendements de la propriété ne sont pas en
rapport avec ce surcroît de depenses. Il résulte de cet état de choses
que les régies directes ont à peu près disparu du Bourbonnais. » M. Talon est du nombre de ceux qui y ont renoncé pour s'en tenir au mode
exclusif du métayage direct, conservant une réserve, qui lui sert à
tenir les étalons reproducteurs et à fournir des élèves de prix aux
métayers qui en ont besoin. « Le métayer, ajoute-t-il en serrant la
question, tire parti de tous les bras qui l'entourent ; dès l'âge de
sept ans, ses enfants lui rendent des services, tout en s'élevant dans
le domaine. Ses associés, s'il en a, ses domestiques, tous les siens
et lui-même se contentent souvent d'une nourriture ordinaire,
qui soulèverait les plus vives plaintes de la part des domestiques
d'une régie directe, si elle leur était présentée. Les frais d'exploitation d'un domaine sont donc beaucoup moins élevés pour
le métayer qu'ils ne le seraient pour le propriétaire lui-même. »

Ce n'est point tout : « Le métayer, travaillant pour lui-même
autant que pour son maître, est intéressé à bien faire les choses.
Aucune main salariée ne traiterait avec autant de sollicitude les
animaux, qui sont la principale richesse de nos métairies. Au la-

bour, le métayer, tout en faisant un bon travail, semble vouloir économiser les forces de ses bœufs ; à l'étable, les soins spéciaux qu'il prodigue à ses bêtes, l'attention avec laquelle il leur distribue leurs aliments, en doublent pour ainsi dire la valeur. » On comprend, à ces observations, que l'homme qui parle ainsi est un bon maître, un directeur de culture attentif, auquel aucun fait n'échappe, et qui sait encourager ce qui est bien : « J'ai retracé, dit-il, les fait tels que je les connais, et on sent qu'il dit vrai, tels que je les vois pratiquer par des gens dignes de conduire des exploitations agricoles. » Et il ajoute, ce qui est caractéristique : « Je sais que tous les maîtres, de même que tous les métayers, ne sont pas à la hauteur de leurs devoirs réciproques ; mais les exceptions ne font pas la loi. De mon habitude d'étudier les choses de près il résulte que, huit fois sur dix, les métayers mauvais ne le sont que par suite de l'abandon où les laissent ceux dont ils ont à attendre une bonne direction. Comme on dit que les bons maîtres font les bons serviteurs, on peut dire que les bons propriétaires font les bons métayers. »

C'est à un troisième point de vue que M. Cacard, du canton de Marcillat-sur-Allier, envisage l'institution du métayage. Dans un pays comme celui-ci, dit-il, où, avant 1850, la culture était des plus arriérées, et où il reste tant à faire encore après trente années de progrès incontestables, le système du métayage est particulièrement avantageux, et voici pourquoi : « C'est par des améliorations foncières, par des transformations successives, que le but à atteindre doit être poursuivi. Or, ces améliorations, ces transformations, qu'un propriétaire seul peut concevoir, diriger, exécuter, il ne peut les entreprendre qu'avec un métayer. Avec un fermier, il n'est plus maître de sa terre. On peut bien, à la vérité, imposer des améliorations au fermier, en sacrifiant une partie du prix de fermage. Mais seront-elles exécutées d'une manière satisfaisante? Évidemment non. Dans le canton de Marcillat, par exemple, le drainage est une condition indispensable pour assurer la réussite complète de la chaux et autres amendements. Si on l'impose au fermier, quelques sacrifices que l'on fasse, quelques précautions que l'on prenne, obtiendra-t-on qu'il soit fait d'une manière sérieuse et en vue d'une longue durée? Qui pourrait s'en flatter? »

C'est donc par ses métayers que le propriétaire, qui veut jouir pleinement du fruit de son initiative, doit faire exécuter les améliorations foncières qu'il a conçues. Mais, qu'il agisse en vue

de maintenir ses domaines aux mains de métayers, ou en vue
d'affermer sa propriété alors qu'il aura mené ses terres à un grand
état de fertilité, le propriétaire qui veut améliorer doit avoir, non
seulement l'envie de s'occuper de ses propres affaires, mais posséder l'intelligence des choses agricoles. « Il ne faut pas qu'il se
trompe, car il paierait chèrement son erreur ; il ne faut pas qu'il
trompe ses associés, car il perdrait leur confiance, et partant le
prestige qui entoure sa direction. » Ceux qui n'ont ni le feu sacré,
ni la possibilité de surveiller et de diriger en personne, « doivent
se résigner à affermer leurs domaines ».

C'est précisément parce que les propriétaires ont compris à la
fois leurs devoirs et leurs intérêts que, depuis 1850, de nombreuses
propriétés ont été améliorées et transformées dans le canton de
Marcillat, « au point de voir leurs revenus doublés et triplés ».
M. le vicomte de Durat confirme les dires de M. Cacard : « Autrefois, l'on ne récoltait que du seigle et en si petite quantité que,
non seulement les colons n'en vendaient pas, mais qu'ils n'en
avaient pas assez pour se nourrir d'une récolte à l'autre. On pra-
tiquait le système triennal : Une année de seigle, une année de
jachère. Après trois ou quatre récoltes, la terre était abandonnée
à un repos de six, huit et quelque fois dix ans. Quant aux prairies
artificielles, il n'en était pas question.» Qu'on place ces assolements,
véritablement primitifs, en regard des riches assolements qui sont
pratiqués aujourd'hui, et l'on verra quel pas immense a fait l'agriculture dans le Bourbonnais, grâce à l'amélioration du sol par le
chaulage, grâce au régime du métayage, qui n'a mis aucun obstacle
à l'initiative éclairée des propriétaires.

M. Colcombet, de Dampierre, habite probablement une localité
où les métayers sont moins dociles et moins attachés à leurs
maîtres. Mais nous n'en reproduirons pas moins son opinion, et
parce qu'elle confirme les principes émis par les autres correspondants de l'Allier, et parce qu'elle fait connaître, par ses restrictions mêmes, qui font une espèce d'ombre dans le tableau, la véritable situation du métayage dans cet intéressant département :
« Les bénéfices, dit-il, se réalisent et se partagent par moitié entre
le métayer et le propriétaire ou le fermier, et toutes les opérations
se font ou doivent se faire de concert. Mais c'est là que bien souvent les intérêts se heurtent, parce qu'il n'y a pas communauté
d'idées. Le métayer a naturellement sa manière de voir, en raison
de son bail à courte échéance ; le propriétaire ou le fermier a la
sienne ; » et chacun tire de son côté, « parce qu'il est très rare de

rencontrer chez le métayer cette confiance si nécessaire pour amener la soumission, encore plus nécessaire au succès de l'exploitation. » Remarquons bien ce point, que le manque de confiance et de soumission tient ici à la courte durée des baux.

On pourrait dire sans trop s'avancer, ajoute M. Colcombet pour expliquer ces situations, « que souvent le fermier regarde trop le métayer comme son avoir, et n'a pas pour lui les égards et les procédés charitables qui attachent ; et que le propriétaire, de son côté, ne sait pas assez convaincre son associé de la justesse de ses vues, en payant les premières dépenses pour les innovations et les améliorations qu'il veut introduire, et qui sont incomprises de celui qui travaille de ses mains. En somme, l'intérêt d'une part, et la méfiance de l'autre combattent fréquemment cette loi de la Providence, qui veut que la culture des terres profite, dans une mesure équitable, à tous ceux qui s'y trouvent mêlés ». Quels sont les remèdes ? Ils sont nombreux. « Quant à moi, conclue M. Colcombet, je crois que le moyen d'action le plus efficace, c'est la confiance ; il faut l'inspirer à tout prix, et la chose est facile pour l'homme droit, charitable, généreux. C'est, dans tous les cas, le fruit le plus abondant et le plus doux que puisse recueillir le propriétaire qui aime et cherche la vérité, le seul qui console de toutes les peines et de tous les labeurs. »

§ 3. — Réponses des propriétaires de l'Allier aux détracteurs du Métayage.

Faisant un travail qui embrasse dans ses vues la France entière et qui a pour objectif les intérêts généraux de la propriété territoriale, tenant par dessus tout à dégager l'agriculture des attaches étrangères qu'on voudrait lui imposer, nous n'avons point à prendre position dans une polémique où les personnes ont été mises nominativement en scène, et qui a ému, à juste titre, la Société d'agriculture de l'Allier, dont les membres ont été pris à parti. Mais, cette polémique ayant donné lieu à un mémoire de M. de Larminat, ancien président de cette Société, qui a pris fait et cause pour ses collègues, et ce mémoire relatant tous les faits importants qui ont marqué la marche ascensionnelle du métayage, il nous serait difficile de ne pas nous y arrêter un moment.

Quelle était, il y a une trentaine d'années à peine, la position réelle du métayage dans le Bourbonnais ? Le propriétaire, soit qu'il eût un emploi public, soit qu'il fût rebelle à la vie des champs, habitait la ville. Habitué à ne voir dans la terre qu'un placement de fonds, qui devait lui fournir un revenu certain et subvenir à ses dépenses, il subrogeait dans ses droits un fermier, qui exploitait ses domaines à prix convenu, et qui devenait le véritable propriétaire aux yeux des métayers. Obligé de trouver à la fois dans les revenus du sol et des étables la rente fixe due au propriétaire et le bénéfice qu'il désirait s'attribuer, le fermier, souvent étranger aux connaissances agricoles, exerçant souvent aussi une industrie sur laquelle il comptait plus que sur les produits de la ferme, ne se faisait faute de faire retomber sur les métayers qui dépendaient de lui tout le poids de sa position d'intermédiaire. Lorsque le propriétaire se décidait à administrer lui-même ses domaines, le métayer aurait pu espérer une situation meilleure. Mais, mal dirigé et tracassé par l'agent du propriétaire, il ne recevait ni conseils utiles, ni concours pécuniaire ; et, réduit à ses seules ressources, il travaillait mollement et sans espérance, et il vivait misérablement.

Les domaines, beaucoup plus étendus qu'ils ne le sont aujourd'hui, allaient jusqu'à 120 hectares, et même au delà ; et, en ce temps-là, la location de l'hectare ne s'élevait guère qu'à 10, 12 ou 15 francs, rarement 18 ; sa valeur vénale variait entre 300 et 500, 600 francs au plus. Dans ces limites restreintes de prix et de revenu, il n'y avait aucun intérêt pour le propriétaire à augmenter le nombre de ses domaines par une division nouvelle ; c'eût été dépenser de l'argent presque en pure perte, du moins sans compensation suffisante. Les domaines restaient donc ce qu'ils étaient traditionnellement, trop étendus pour être bien travaillés, dépassant de beaucoup les forces de la famille à laquelle ils étaient confiés, soumis à une maigre culture, à peu près superficielle, imparfaitement garnis de bétail efflanqué et mal entretenu, laissant perdre, faute de soins et d'avances, une grande partie des herbes, donnant peu de produits, et ne suffisant pas toujours, par la part qui leur revenait, à l'alimentation des métayers. L'on voyait, en définitive, ce singulier spectacle que des métayers, qui n'avaient pas assez de bras pour cultiver leurs domaines, qui étaient débordés par la terre, trafiquaient de leurs attelages et passaient leur temps à faire des charrois pour gagner quelque argent comptant et accroître leurs ressources, au grand dommage des cultures, au grand préjudice des propriétaires.

Les métayers étaient pauvres. La situation du propriétaire était-elle meilleure ? Non, répond M. de Larminat ; et il démontre par un raisonnement serré que les apports n'étaient nullement égaux, que le propriétaire faisait toutes les avances, que le métayer n'apportait littéralement que ses bras, et que cependant les partages se faisaient par parts égales, sauf un prélèvement annuel, qui s'élevait alors à une moyenne variant de 150 à 200 francs, pour des domaines de 80 à 100 hectares. Or, à quoi répondait ce prélèvement? Le métayer, qui le soldait, « ne payait rien de l'impôt foncier, rien de l'entretien des bâtiments, rien des assurances contre l'incendie ; il avait pour lui seul les poules et les poulets, et tout le lait des vaches et des brebis ; il se chauffait gratuitement; et, par-dessus le marché, il faisait des charrois, dont il retirait seul le bénéfice, avec les bestiaux du propriétaire ». Qui oserait dire que le prélèvement, accepté par le métayer et sciemment, correspondait, en droit et en fait, à tous ces avantages?

Quiconque a visité les campagnes pendant les dernières années de la monarchie de Juillet, quiconque s'aventure encore de nos jours dans les cantons les plus reculés et les plus abandonnés de la région centrale, peut reconnaître que le tableau décrit par M. de Larminat n'est point chargé. Il en était ainsi dans le Limousin, la Marche, l'Auvergne, le Berry, le Périgord, le Quercy, l'Angoumois. Et c'est à cet état de choses déplorable que les adversaires du métayage reviennent sans cesse, soit pour le déclarer incurable comme institution, soit pour incriminer les propriétaires, qui, dans leur sphère, étaient tout aussi à plaindre que leurs subordonnés, ne trouvant pas dans les rouages d'administration publique les moyens de secouer leur torpeur et de se relever de leurs propres défaillances. Aujourd'hui il n'en est plus ainsi. Les propriétaires du Bourbonnais résident dans leur terres et s'en occupent, les métayers travaillent mieux et gagnent davantage. Le métayage est transformé.

Quelles sont les causes de la transformation? Il y en a quatre principales : la division de la propriété, qui, en diminuant l'avoir de chacun, a conduit ceux qui n'avaient pas de superflu à chercher dans un travail plus direct ou une surveillance plus assidue un surcroît de revenu ; la résidence du propriétaire sur ses terres, qui, en l'amenant peu à peu à mieux voir et à mieux connaître, a eu pour conséquence pour lui une immixtion à la fois plus immédiate et plus fructueuse dans les exploitations, et l'a accoutumé à consacrer le surplus de ses revenus à des améliorations foncières ; la création ou l'amélioration des chemins vicinaux, qui ont rendu de plus en plus rares les charrois usuraires, et ont facilité le trans-

port des denrées, des engrais et des matériaux. Ces trois causes
sont générales et peuvent s'appliquer à tous les départements où
le métayage est usité. La quatrième cause est locale : c'est l'usage
des amendements calcaires et la connaissance de leurs effets qui
ont fini par amener la fertilisation du sol, l'introduction des riches
assolements, l'amélioration des races de bétail.

Mais la transformation n'a pas été instantanée. Maître de la
science et déterminé à l'appliquer dans son domaine, non directement, mais à l'aide d'un associé dans le travail, à l'aide d'un métayer, le propriétaire n'a pu agir autoritairement. Il a dû inoculer
ses convictions goutte à goutte dans l'esprit de son subordonné ; il
a dû lui faire comprendre, à chaque opération de terrain ou d'é-
table, qu'il y aurait avantage et profit pour lui à agir autrement
qu'il ne l'a fait jusque-là ; il a dû combattre pas à pas la routine,
non par commandement, mais par la persuasion et surtout par
l'exemple, par l'essai préalable, dans sa propre réserve, des méthodes et des procédés qu'il veut introduire chez lui, par la démonstration des yeux, qui fait plus que tous les raisonnements. Il a dû,
et c'est encore plus difficile, dissiper les méfiances instinctives du
métayer, qui le connaissait à peine ou qui ne le connaissait qu'à
travers les imperfections et les abus de l'institution.

Et, quand le propriétaire, patient jusqu'au dévouement, a senti
que le moment psychologique était arrivé, quand il a vu le métayer
assoupli, converti au progrès, prêt à le seconder, quand il a compris que la confiance était née, et que la confiance dans les méthodes et procédés s'était doublée de la confiance dans l'homme qui
dirigeait, dans le maître du sol, alors il n'a plus eu à hésiter, il a pu
marcher de l'avant avec l'assurance d'être suivi, avec la certitude
de ne plus être contrarié en quoi que ce soit ; il a pu rédiger un
bail nouveau, un bail progressif, s'il l'a voulu, où son autorité a été
fortement établie, où la docilité de l'associé-exécutant a été inscrite comme un devoir indispensable au succès de l'association.
Tout ce qu'il a voulu exiger a été accepté, les yeux fermés, comme
parole d'évangile. La confiance ne se mesure pas ; elle est ou elle
n'est pas, et, quand elle est, elle devient absolue. Si donc le propriétaire, par-dessus les conditions du bail, par-dessus ses droits
et ceux du métayer, par-dessus les devoirs de chacun, fait planer
l'esprit de justice et de pondération, alors l'œuvre est achevée.
Le métayage durable est créé, et il devient un rouage public d'harmonie sociale. Voilà, en termes concis, ce que veut dire le mémoire
de M. de Larminat.

Il a donc raison de dire qu'il y a deux termes dans la constitution d'un domaine livré au métayage : la période de préparation et la période de jouissance. La période de préparation se compose de deux éléments distincts : le temps, plus ou moins long, consacré aux expérimentations préalables et à l'initiation du métayer ; les avances premières, faites pour la fécondation du sol par les amendements calcaires ou par les engrais artificiels, pour les changements d'assolements et les semences, pour l'introduction de races de bétail plus vigoureuses et plus aptes aux travaux de force qu'on projette, pour l'acquisition des types reproducteurs, des machines et instruments perfectionnés, pour tout ce qui concerne la garniture vivante et le matériel d'une exploitation qui ne ressemble plus en rien à celle qui l'a précédée. Quand vient la seconde période, celle de jouissance, la première cesse nécessairement. Mais elle a exigé du temps, des efforts et des dépenses. Tout cela, sauf les dépenses de fait, ne peut se traduire par un chiffre exact ; mais tout cela a une valeur positive, dont on doit tenir compte.

M. de Larminat avait évalué à environ 2.000 francs, 2.500 au plus, le cheptel vivant des anciens domaines de 80 à 100 hectares ; il évalue à 5.000 francs environ le cheptel vivant de la période d'initiation. La progression a été constante ; les cheptels vivants s'élèvent aujourd'hui à 10.000 ou 12.000 francs pour des domaines améliorés de 50 à 60 hectares. Or, si, après une génération, le métayer s'est trouvé en mesure de solder la moitié de la somme, il n'en a pas été de même pendant de longues années, où le propriétaire s'est trouvé de fait son créancier. Dira-t-on que, pour ce service signalé, le métayer ne doit au propriétaire, qui a pris l'initiative et a payé de sa bourse, que de la reconnaissance ? Dira-t-on que ce dernier n'a pas droit à un remboursement graduel, périodique, annuel dans ses quotités, à un amortissement ? Lui dénier ce droit, ce serait le renversement de toutes les doctrines les plus élémentaires de l'économie politique, dont les adeptes cherchent à ramener toutes choses aux équations.

Mais il ne faut pas se borner à évaluer le chiffre exact des dépenses faites par le propriétaire ni à tenir compte des efforts qu'il a prodigués, du temps qu'il a perdu. Les dépenses du propriétaire, entées sur son rôle d'initiateur, ne constituent pas un fait simple. « L'augmentation des cheptels a facilité le travail et accru les profits résultant du croît et de la vente ; l'acquisition de bons étalons a augmenté la qualité et par suite la valeur du bétail ;

la création de nouveaux prés et l'agrandissement des bâtiments
ont permis d'en loger et d'en nourrir davantage ; les drainages ont assaini pour longtemps les terres ; les cultures se
sont améliorées et sont devenues plus productives. » Le propriétaire a eu sa part de tous ces profits, de toutes ces améliorations, cela est vrai , mais le métayer aussi, et il n'a rien fourni
que sa part de travail, lorsqu'il y a été convié. Ce sont là des
arguments de première valeur, que les métayers eux-mêmes ne
discutent pas, et auxquels ils seraient prêts à applaudir, s'ils
étaient consultés.

En il y a plus encore. A ces avantages inappréciables, qui résultent de l'initiative du propriétaire, il faut joindre toutes les
petites faveurs qu'il accorde au métayer, pour son alimentation et celle de sa famille, pour son entretien, pour son bien-
être, toutes les concessions de détail qu'il lui fait, et dont la
valeur réelle ne saurait se fixer. Voilà l'origine, voilà la raison
d'être et la justification de ce prélèvement, de cette prestation
colonique, qui est la base apparente des accusations qu'on arti-
cule contre les propriétaires du centre de la France à propos du
métayage. Nous n'avons pas à suivre M. de Larminat dans le calcul minutieux auquel il se livre pour établir la valeur réelle du
prélèvement ou prestation colonique, en tenant compte de tous ses
éléments naturels ; nous nous bornons à constater le résultat.
En additionnant tous les éléments, il arrive à un chiffre total de
452 francs, pour un domaine moyen de 60 à 70 hectares. « Or,
dit-il, la Commission de la Société d'Agriculture, chargée de ce
travail, a établi doctrinalement comment la redevance doit être
établie ; et de ses données il résulte que, dans la pratique, la prestation varie de 250 à 400 francs, restant toujours au-dessous
de ce qu'elle devrait être rigoureusement. » Il n'est pas un métayer qui ne sache tout cela, aussi bien que son propriétaire, et
qui n'ait fait ses calculs lorsqu'il accepte un bail et prend possession d'un domaine. Il connaît parfaitement la portée des engagements qu'il contracte et les avantages qu'il doit en retirer ; il sait
que sa condition ne le réduit pas à l'état de domesticité passive ;
qu'il conservera sa pleine liberté d'action personnelle tant qu'il
sera en exercice, et qu'il a sa pleine liberté d'appréciation avant
d'accepter le bail. Il est libre, il le sera toujours dans les limites
de son contrat ; et il a assez de sens et de perspicacité pour juger
d'avance l'usage qu'il fera de cette liberté.

Tels sont les aperçus nouveaux que nous avons trouvés dans le mémoire de M. de Larminat, et qu'il nous a paru essentiel de relever, dans l'intérêt général de l'institution du métayage. « Le métayage, nous écrivait-il il y a quelques mois, a été longtemps décrié et présenté comme uu mode de culture suranné, s'opposant à toute amélioration sérieuse. Nous avons eu, dans le Bourbonnais, la preuve qu'on pouvait en tirer des fruits lorsqu'on savait s'en servir ; et, tout en admettant qu'il ne se prête pas autant que le faire-valoir direct à une culture intensive et industrielle, nous avons la conviction que sans lui, dans les régions surtout où les bras sont rares et le sol naturellement peu fertile, nous n'aurions certainement pas vu nos terres arriver, en trente ans, d'un revenu de 15 à 20 francs par hectare à celui de 50, 60 francs, et souvent jusqu'à 100 francs, ce qui a élevé leur valeur de 500 francs, 600 au plus, à 2.500 et 3.000 francs l'hectare, et cela sans trop grandes avances de fonds, ni beaucoup de peine de la part du propriétaire. Nos associés ont profité avec nous de cette augmentation de production ; et, s'ils n'ont pas échappé entièrement à cette lèpre qui ronge pour le moment le moral de la classe ouvrière, ils sont du moins matériellement plus heureux. Toutes ces considérations ont fait de moi un partisan convaincu et l'un des défenseurs du métayage. »

§ 4. — Opinion d'un rapporteur de l'Indre.

Nous trouvons, dans les pièces de l'enquête faite par la Société nationale d'Agriculture, un rapport qui concerne le département de l'Indre. Comme ce rapport émane d'un homme fort compétent, lauréat de la prime d'honneur, et qu'il explique avec une grande clarté, non seulement pour l'Indre, mais pour tous les départements du Centre, la situation actuelle des propriétaires et en même temps celle des métayers, nous croyons utile d'en reproduire les traits principaux. « Il faut l'avouer, dit M. Le Corbeiller, au fur et à mesure que la position des ouvriers agricoles s'est améliorée, la position du propriétaire exploitant et du fermier, e'est-à-dire de la grande culture, a de plus en plus périclité. » On peut s'en féliciter lorsqu'on est partisan à tout prix du morcellement ; au point de vue agricole, on ne peut que faire des réserves et désirer au moins un temps d'arrêt.

Que s'est-il passé en effet ? « L'ouvrier agricole, petit cultivateur ou vigneron, tirant un parti avantageux de ses produits, ainsi que de son travail manuel, a vu avec joie l'aisance lui arriver.

Elle lui a permis d'avoir pour ses enfants, plus instruits qu'autrefois, des aspirations vers les métiers indépendants : (Maçons, charpentiers, charrons, bourreliers) et de là vers les industries urbaines, qui, par leurs hauts prix, savent attirer à elles les hommes intelligents et capables. L'ouvrier ainsi parti, étant garçon, ne revient plus. Aussi nos villages et nos hameaux ne comptent plus d'enfants sortis de l'école restant au travail du sol. » Le premier effet de cette demi–instruction qu'on donne aujourd'hui dans les écoles rurales est donc de déclasser les enfants, de leur inoculer des ambitions irréfléchies, d'en faire des ouvriers par l'appât trompeur de salaires élevés, de les lancer sans contrepoids dans cette vie de dépenses faciles et de désirs inassouvis qui vicient les consciences, en définitive de les arracher sans retour aux travaux de la production.

Quelle est la conséquence de tous ces déplacements, de cette désertion des hommes valides ? « Il est indéniable que, dans notre contrée, poursuit M. Le Corbeiller, le régime économique de l'industrie éprouve une transformation tout à l'avantage de la petite culture et au détriment de la grande, bien que celle-ci ne cesse de lutter avec courage contre l'élévation des prix de la main–d'œuvre et sa rareté, en s'efforçant d'obtenir les plus hauts rendements, en simplifiant les procédés de culture. » Les faits s'accentuent de jour en jour depuis vingt ans. La grande propriété s'est divisée, lentement d'abord, puis plus rapidement; en présence de son aisance, l'ouvrier agricole, resté au pays, veut à tout prix devenir propriétaire, c'est-à-dire vigneron. « A-t-il un gain, une économie, il veut acquérir un bien fonds. A-t-il 1.000 francs d'épargnes, il se fait acquéreur de 2.000 francs de biens. Il ne paiera pas à l'échéance, il sera poursuivi, ruiné, sa parcelle sera vendue; mais un autre prendra sa place. Le pli est pris, la pente irrésistible. » Ce n'est point qu'au milieu de cet engouement et de ce va–et–vient perpétuel de propriétaires, la culture n'ait prospéré dans son ensemble; « les assolements sont réellement meilleurs et les rendements en grains plus considérables ». C'est cela du moins de gagné. Mais il serait difficile de conclure à une véritable prospérité agricole de ce progrès visible. La propriété manque d'assiette culturale et de stabilité. « La grande propriété est en désarroi, faute de bras; la petite propriété n'est pas constituée, en ce sens qu'elle ne suffit pas aux besoins de ceux qui la détiennent. »

Par suite des faits qui ont été relevés dans l'Indre, « il est indéniable que l'ouvrier agricole change peu à peu de condition et devient propriétaire de parcelles ; que ses tendances, une fois propriétaire, le portent vers la culture de la vigne, qui a toutes ses prédilections ; que, sa position devenant plus indépendante, il cherche moins à travailler pour autrui ». Et de tout cela il résulte que la main-d'œuvre, indispensable à la grande culture, se trouve de plus en plus rare, et qu'il y a partout pénurie de bras disponibles, de telle sorte que les travaux culturaux se font mal ou ne se font pas à propos. Et ce n'est point tout : « Les bras manquant, l'emploi des instruments perfectionnés étant absolument nécessaire, le capital d'exploitation doit être sensiblement augmenté, ce qui n'est pas possible pour tous, en présence de minces bénéfices à réaliser. Aussi peut-on prévoir le moment où la grande culture par le mode de fermage va devenir impossible dans la région du Centre. »

Après ces remarques, prises sur le fait et applicables aux départements qui enveloppent l'Indre, sauf peut-être le Cher dans ses meilleurs cantons, nous étions curieux de connaître les conclusions de M. Le Corbeiller à propos des modes d'exploitation. Ces conclusions, les voici en forme de résultats ; nous n'en avons pas rencontré de plus motivées et de plus décisives : « Amélioration profonde de la position économique de l'ouvrier agricole, devenu propriétaire vigneron ; impossibilité de la grande culture, par suite de la rareté des bras et du prix de la main-d'œuvre ; cessation du faire-valoir direct ; disparition du fermage à prix d'argent ; retour au métayage, quel qu'il soit. »

CHAPITRE QUATRIÈME

TYPES DIVERS DU MÉTAYAGE DANS LA RÉGION MÉRIDIONALE

----

§ 1. — Vue d'ensemble du Métayage méridional.

Dans la région méridionale, quelques départements sont donnés par la statistique officielle, et aussi par les correspondants de l'enquête, comme formant des exceptions au milieu des pays soumis au métayage. Il ne serait pas sans intérêt de rechercher les causes locales de ces exceptions. Mais, outre que ce serait un travail long et fastidieux, nous dirons tout simplement que nous n'en trouvons pas les éléments dans le dossier de l'enquête. Ce que nous devons faire remarquer, toutefois, c'est que les données de la statistique officielle sont souvent controversées, soit parce qu'elles ne se sont attachées qu'à certains faits généraux, qui ne rendent pas suffisamment compte de la réalité des choses et de la véritable physionomie des départements, soit qu'on ait confondu certaines dénominations ou certaines applications locales qui constituent plus que des nuances, et qui auraient dû être relevées à part.

Nous avons déjà dit, par exemple, qu'il n'y a pas de métayers dans le Finistère, bien que la statistique lui en attribue 2,742 ; et que l'erreur vient de ce que les recenseurs ont considéré comme métayers les convenanciers, aujourd'hui congéables, du vieux régime breton. La même erreur officielle a été commise pour le département du Nord, qui est porté comme ayant 1.016 métayers, et qui n'en a pas un seul : « L'énoncé de la statistique est une erreur de fait, nous écrit M. Baucarne-Leroux, ancien député et président de la Société d'agriculture de Lille ; il n'y a pas un seul exploitant à partage de fruits dans le département du Nord. Il est vrai qu'on donne le nom de métayers, sans doute par tradition, aux petits fermiers qui exploitent des domaines peu étendus. » C'est sans doute ce qui aura trompé les recenseurs.

Dans le Midi, comme dans le Centre, la cause de l'erreur est une fausse appréciation des faits. Dans un grand nombre de localités, les propriétés importantes sont abandonnées à rente fixe à des fermiers généraux, qui font valoir, en seconde main, les domaines par des métayers. Les recenseurs, ne reconnaissant que les titres réguliers qui leur sont présentés ou qui sont connus publiquement, et statuant en conséquence, ont porté au compte du fermage tous les domaines soumis aux fermiers généraux, bien qu'ils appartiennent de droit et de fait au métayage ; et ainsi les relèvements ont été faussés, au point de vue de la vérité économique et des intérêts agricoles. Nous l'avons déjà remarqué.

Quoi qu'il en soit, nous retrouvons dans cette vaste région, qui, après avoir longé les Alpes et le littoral de la Méditerranée, côtoie les Pyrénées et l'Océan, pour se terminer à l'embouchure de la Gironde, tous les caractères et toutes les différences de régime que nous avons signalés dans les autres régions : ici, dans les montagnes, l'agriculture pastorale la plus primitive, soit per-

manente, soit pendant les mois d'été ; là, dans les plaines et les
vallées, l'agriculture la plus variée et la plus riche ; sur les côteaux et surtout vers le littoral des mers, la culture de la vigne
et de l'olivier ; dans les solitudes des Alpes, des Cévennes, des Pyrénées, ainsi que dans la Camargue, d'immenses domaines à demi-
incultes, tandis que, vers Nice et vers Grasse, aussi bien qu'aux
environs de Marseille, une famille entière s'entretient sur quelques
hectares.

Si nous jetons un coup d'œil rapide sur cette région, si diverse-
ment composée, nous voyons que, là aussi, les différences de modes
d'exploitation et de culture sont dues, tantôt à l'influence des
causes naturelles et climatériques, tantôt à la force traditionnelle
des usages locaux, de telle sorte que les similitudes et les oppositions ne s'accusent pas toujours par zones concentriques, et qu'il
faut avoir recours au raisonnement pour les expliquer. Dans le
Sud-Ouest, nous trouvons bien tout d'abord quatre départements, où
le métayage domine dans une forte proportion : le Gers, la Haute-
Garonne, le Tarn-et-Garonne et le Lot-et-Garonne ; et ces quatre
départements présentent, chacun dans son ensemble, une certaine
homogénéité culturale, qui n'est interrompue çà et là que par la
culture de la vigne. Nous trouvons encore, sur le littoral maritime,
le département des Landes, celui de tout le territoire français où
l'on compte le plus de métayers, au-delà de 27.000, lequel offre
une physionomie toute spéciale et généralement uniforme, avec ses
pins et ses terres cultivées, entrecoupées de vignes.

Mais nous nous apercevons bien vite que les choses changent
de caractère et d'aspect au nord et au sud des Landes. Dans la
Gironde, la culture de la vigne est prédominante, presque exclusive, partout où elle a pu s'implanter, à Bordeaux, à Blaye, à
Libourne ; et, grâce à la réputation des vins, les exploitations se
font pour le compte direct des propriétaires. Mais, en dehors de la
région des vignes en renom, nous apprenons par le rapport de
M. Ferdinand Régis, ancien président de la Société d'agriculture de
la Gironde, que, vers La Réole, les exploitations sont livrées aux
cultures variées, tandis que, de l'autre côté du fleuve, vers la mer,
nous retrouvons, dans l'arrondissement de Lesparre, la culture des
Landes ; et que, plus au sud, autour de Bazas, réapparaissent les
vignes, çà et là les domaines à partage de fruits.

Dans la Gironde, c'est donc le climat et la nature du sol qui
règlent les cultures et le sens des exploitations ; dans les Basses-
Pyrénées, où le métayage est prédominant, ce sont les traditions

originelles. Sur les rives de l'Adour, ainsi que nous le dit M. Fou-
quier, les cultivateurs obéissent aux traditions basques ; au nord du
fleuve, ce sont les traditions béarnaises qui se sont maintenues. Dans
toute la ligne des Pyrénées, on pourrait peut-être, en regardant de
près, trouver dans les habitudes rurales quelques vestiges des anciennes nationalités ; mais c'est généralement le climat et la contex-
ture du sol qui déterminent les cultures, variées dans les vallées et
les plateaux, exclusivement pastorales sur le penchant des montagnes, viticoles vers le littoral maritime. Dans l'Ariège, comme dans la
Haute-Garonne, le métayage domine ; dans les Pyrénées-Orientales,
où la régie directe est tout à fait prédominante, grâce aux vignes,
le fermage et le métayage s'équilibrent à peu près. Ils sont réduits
à des proportions presque insignifiantes dans les Hautes-Pyrénées,
où la propriété est excessivement morcelée.

Si nous passons au sud-est, nous trouvons dans le bassin méditerranéen, avec une température plus chaude et des spécialités de
culture plus marquées, les mêmes variations que dans la ligne
pyrénéenne. Dans les Bouches-du-Rhône, qui comptent environ
7.000 métayers contre 9.000 fermiers, nous trouvons l'opposition
la plus caractéristique entre les diverses régions du département.
Au sud, ce sont de petits domaines, plus ou moins condensés, où la
vigne et l'olivier se disputent la prééminence ; au centre et au
nord, vers Aix, Tarascon et Saint-Rémy, ce sont des domaines
moyens, avec toutes les cultures que comportent les bonnes terres
sous les températures du midi de la France ; dans l'arrondissement d'Arles et dans la Camargue, ce sont de vastes domaines,
pierreux ou marécageux, des plaines sans limites livrées aux troupeaux de toute espèce. Dans le Var, où le nombre des métayers et
celui des fermiers se balance à peu près, nous rencontrons à la
fois, mais dans une mesure moindre, le même triple caractère.
Dans les Alpes-Maritimes, où le métayage domine, l'opposition
entre le littoral et les montagnes, très rapprochées des côtes, est
plus nettement tranchée : sur la mer, l'olivier et la vigne ; à demi-
hauteur les plantes et arbustes à parfums ; au milieu, des prairies
et des terres cultivées ; dans les parties élevées et presque déser-
tes, des troupeaux de vaches, çà et là des troupeaux d'espèce ovine,
parcourant des territoires sans culture. Dans les cantons montagneux, les domaines ont une étendue moyenne ; sur le littoral et
vers Grasse, il n'y a que des parcelles, très restreintes, qui sont
cultivées à partage de fruits.

Entre les Alpes et le Rhône, sur la rive gauche du fleuve, le voisinage des montagnes imprime nécessairement aux exploitations le double caractère des grands parcours et des cultures variées, surtout dans les Hautes-Alpes, contrée généralement aride et pauvre, où le métayage l'emporte sur le fermage. Dans les Basses-Alpes, où le fermage reprend sa revanche à peu près dans la même proportion, la vallée de la Durance, vers Cavaillon, et la douceur relative du climat autorisent d'assez riches cultures. Dans l'Isère, où la régie directe est énormément prédominante, nous ne rencontrons, avec des domaines d'assez petite étendue et des exploitations très variables, surtout vers l'extrémité des montagnes, que fort peu de métayers. Le long du Rhône, les deux départements de la Drôme et de Vaucluse ont été frappés, depuis quelques années, par des crises locales. Le phylloxéra, qui a détruit les vignes, la maladie des vers à soie, qui a rendu improductive la culture des mûriers, la suppression de la culture de la garance, qui a annulé une industrie très lucrative et florissante, ces trois causes, successives et désastreuses, accentuées par la crise générale qui pèse sur la France entière, ont profondément atteint des populations naguère habituées à l'aisance. Dans le Drôme, où le métayage domine, le découragement s'est emparé des propriétaires et des cultivateurs et les doléances sont générales, comme nous l'ont dit M. le comte de la Baume et, avant lui, M. le marquis de Bimard. Dans Vaucluse, où les métayers sont moins nombreux que les fermiers, on se prend à renaître, et on commence à replanter les terrains viticoles ; mais ce sera, nous écrit M. le marquis de l'Espine, président de la Société d'agriculture de Vaucluse, au profit de la régie directe, du moins jusqu'à nouvel ordre.

Restent les départements du midi central : l'Hérault, l'Aveyron, la Lozère, le Gard et l'Ardèche, sauf la vallée du Rhône, qui participe des cultures de l'autre rive du fleuve. Dans ce groupe compact, auquel nous pourrions adjoindre le sud de la Haute-Loire et du Cantal, c'est-à-dire tout le versant méridional et occidental de la chaîne des Cévennes, le métayage est en infériorité numérique, sans que les motifs réels en soient donnés, tantôt dans les plaines, tantôt dans les montagnes, comme nous l'a expliqué M. le marquis d'Assas, correspondant de l'enquête pour le Gard. Quant au sens des cultures, il ne faut pas réfléchir longtemps, en voyant la topographie territoriale et climatérique de la région entière dans ses vives oppositions, pour comprendre que, dans les parties les plus montagneuses, on doit rencontrer, toute mesure gardée, les modes d'exploitation pastorale des Alpes et des Pyrénées ; que, dans les plateaux d'altitude moyenne et les vallées, on doit rencontrer les cultures ordinaires des climats tempérés ; tandis que, dans les chaudes expositions, surtout dans les pentes qui s'abaissent vers la mer, la culture de la vigne, ralentie par le phyloxéra, domine presque partout, çà et là exclusivement. Enfin, dans la partie intermédiaire, qui sépare la vallée septentrionale des Pyrénées des derniers contreforts des Cévennes, autour du fort repli qui porte le nom de « Montagne-Noire », se trouvent l'Aude, où le métayage et le fermage marchent de pair, et le Tarn, qui a 9.300 métayers contre 1.700 fermiers, et dont nous nous occuperons dans un moment, à raison des circonstances spéciales de leurs modes d'exploitation culturale.

Ce qu'il y a de particulièrement caractéristique dans ce relèvement sommaire, c'est que, des Alpes à l'Océan, de la Méditerranée et des Pyrénées à la chaîne des Cévennes, dans cette immense région, si variée dans sa température et ses produits, le métayage garde partout et toujours, comme dans le Centre et dans l'Ouest, la physionomie qui lui est propre. Quelles que soient les cultures qu'on lui impose, il s'accommode des usages locaux et des exigences des propriétaires, des oppositions de sol, de climat et de production, il s'assouplit aux nécessités les plus impérieuses comme il se prête, par son principe même, aux découvertes les plus nouvelles de la science, pouvant devenir sans transition, aux mains de qui sait s'en servir, le canal le plus fécond du progrès agricole. C'est ce qui ressort de tous les documents fournis par l'enquête.

§ 2. — Types de Métayage dans quelques départements du Sud-Ouest.

Une note, envoyée par M. Charles Boisvert, président du comice de Marmande, dans le Lot-et-Garonne, prend pour texte l'élevage de cette belle race marmandaise, qui a servi de type améliorateur pour tous les troupeaux de l'Ouest central, en particulier du Limousin et du Périgord. Cette note peut se résumer ainsi : « Le métayage est dans l'arrondissement de Marmande, comme dans les cantons qui l'avoisinent, un bon mode d'exploitation domaniale. L'intérêt, ce grand mobile des actions humaines, est un stimulant précieux pour les choses agricoles, dont le métayage a su tirer parti. » Appliquées au bétail, qui est la principale source des revenus dans le Lot-et-Garonne, « les améliorations réalisées consistent : 1° dans l'augmentation des cheptels vivants, la substitution des vaches aux bœufs, l'élevage des produits, l'engraissement et par suite une plus grande provision de fumiers ; 2° dans l'augmentation des fourrages, par l'ensemencement sur la sole de seconde année, dite de retour, de farouch, de navets, vesces, maïs fourrage ; dans la création de luzernières ; dans les transports de terre, qui ont modifié la composition de la couche arable et donné un facile écoulement aux eaux pluviales ; 3° dans l'emploi des instruments aratoires améliorés et des machines usuelles, qui ont facilité les cultures et l'alimentation des animaux. » Dans cette énumération, nous apercevons à peu près tous les moyens d'amélioration qui ont été mis en œuvre dans la plupart des départements du Centre et de l'Ouest. « A notre sens, dit M. Boisvert en concluant, le métayage est une association très profitable, alors que le propriétaire sait en prendre la direction et y apporter des aptitudes spéciales. »

C'est dans un autre sens que s'explique M. de France, directeur de la ferme-école de Mandoul et correspondant de l'enquête pour le Tarn. « Au siècle dernier, dit-il, le métayage était le mode presque exclusif de l'exploitation des terres. Au commencement de celui-ci, il y eut une réaction, et l'exploitation directe par le propriétaire au moyen de maîtres-valets, c'est-à-dire de familles à gages fixes, n'ayant aucun intérêt sur les récoltes, tendit à prévaloir, du moins dans toutes les propriétés habitées par le maître ou à sa proximité ; ce mode de culture a été l'origine de tous les progrès agricoles réalisés dans le Tarn, progrès qui, par la force de l'exemple, ont réagi dans une certaine mesure sur le métayage. La rareté incessante des bras dans les campagnes et le haut prix de la main-d'œuvre tendent à faire prédominer de nouveau les exploitations à partage de fruits, partout où le propriétaire ne réside pas pendant toute l'année sur ses biens. Dans ces circonstances, les propriétaires, en abandonnant la direction exclusive de leurs domaines, cherchent, par les clauses particulières de leurs baux, à sauvegarder les améliorations déjà réalisées et à en assurer de nouvelles. Chacun a nécessairement ses intérêts et ses vues ; il serait donc difficile de formuler les améliorations qui se produisent d'une manière générale. »

Ce qu'on peut dire, « c'est que le partage des fruits se fait en principe par moitié ; cependant, dans les terres de grande fertilité, le partage est au tiers pour le métayer, en fait de froment et d'avoine. Dans ce cas, le colon ne paie pas la redevance en argent, qui est censée représenter sa part d'impôt, mais qui souvent dépasse sa valeur totale. Cette redevance augmente ou diminue suivant le rendement de la terre et tend à équilibrer la position du métayer avec la nature du sol. Autrefois, la redevance était remplacée par le prélèvement opéré en faveur du propriétaire de la onzième gerbe de chaque tasseau au meulon de blé, et pour le maïs par les coques de chaque onzième rangée. Ces redevances en nature étaient dépiquées ensuite par le colon dans l'aire de la réserve centrale. Il y avait dans ce procédé une sorte de contrôle, qui servait à évaluer la récolte entière. Il ne se pratique plus que dans les métairies où les mêmes familles sont restées depuis plusieurs générations. »

Les conditions d'exécution ne nous présentent rien de bien particulier ; elles ressemblent à celles qui sont adoptées dans les autres contrées du Midi et du Centre. Les baux n'expriment pas de durée définie, ils peuvent être résiliés chaque année, ils se continuent par tacite reconduction ; et il n'est pas rare de retrouver sur les mêmes domaines les familles dont les pères les cultivaient il y a plus de cent ans. Les métayers sortants viennent prendre leur récolte l'été suivant ; et il en résulte, pour l'enlèvement des céréales, pour les dépiquages, et pour la consommation des fourrages verts et secs, certains inconvénients et certaines difficultés de rapports, sur lesquelles nous reviendrons plus loin. Il en est de même de l'obligation des charrois, des assolements et travaux relatifs à l'entretien du domaine ou aux améliorations, des réparations locatives, du mouvement des étables par la vente où l'achat des animaux, des évaluations à l'entrée et à la sortie, de la formation des cheptels et du partage final. Tous ces divers services sont prévus par le bail ou fixés par conventions verbales, en temps opportun ; et, si quelques-uns, par leur nature même, restent soumis à des règles invariables, la plupart sont subordonnés, sinon aux usages locaux, du moins à la forme même de chaque domaine et aux vues particulières du propriétaire.

Quant au fermage, qui est à l'égard du métayage, selon la statistique officielle, dans la proportion de 2.595 à 5.141, c'est-à-dire de 1, 9 ou 2 environ contre 1, en faveur des métayers, M. de France s'explique très nettement : « Le fermage n'est pas en faveur dans le Tarn parce qu'il n'y a pas de vrais fermiers, faisant de la culture une profession, aidée des capitaux et des connaissances nécessaires. Les fermiers sont pour la plupart d'anciens métayers, qui, en prenant leur domaine en fermage, ont voulu avoir plus d'indépendance. Ils n'apportent à leur exploitation, avec leurs habitudes pratiques, que des capitaux n'excédant guère la valeur des cheptels et des semences, tout au plus une année de fermage, de sorte que le moindre déficit dans la récolte les met au-dessous de leurs obligations et les force à restreindre leurs dépenses de culture, et peu à peu à ruiner la propriété, dont le rapport va toujours en s'amoindrissant. »

Il y a une autre classe de fermiers, ajoute M. de France; ce sont les fermiers généraux. « Ces fermiers prennent en fermage plusieurs domaines ou plusieurs propriétés différentes, et ils les exploitent au moyen de métayers. Il y a parmi eux des exploitants habiles et honorables; mais c'est le petit nombre. En général, les fermiers généraux ne possèdent ni la capacité, ni les capitaux nécessaires. Ce ne sont, pour ainsi dire, que des régisseurs indirects, chargés de surveiller les métayers et de faire rentrer les produits, en s'attribuant une partie des bénéfices. Leur industrie, parasite en bien des cas, consiste à pressurer les métayers en retirant d'eux, en récoltes et en travail, tout ce qu'ils peuvent en exiger. »

Les choses se passent autrement, selon les déclarations de MM. Lozès et R. des Etangs, dans les Hautes-Pyrénées, où d'ailleurs les métayers sont fort rares, aussi bien que les fermiers, si nous nous en référons à la statistique officielle. La combinaison qui semble prédominer, alors que le propriétaire ne fait pas valoir directement, n'est pas le fermage pur, en ce que l'exploitant paie sa redevance en nature pour tout ce qui touche aux céréales, blé, seigle, méteil, orge, avoine, sarrazin, maïs, dont il donne chaque année une quantité fixe, tandis qu'il paie en argent la rente des prairies, tenant le bétail à son compte. Cette combinaison existe également ailleurs, notamment dans certains domaines de l'Ain. Cependant, lorsque c'est le propriétaire qui fournit le bétail, consistant d'ordinaire en vaches, moutons et chèvres, dont le montant doit se retrouver à l'estimation de sortie, les produits se partagent par moitié. Cette nouvelle combinaison, qui appartient au métayage, prend le nom de « Gazaille » dans le langage usuel du pays. Il y a, en outre, dans la partie montagneuse, sur les versants des Pyrénées, de petites métairies à moitié fruits, ne dépassant guère 7 ou 8 hectares, et rentrant, pour la forme comme pour l'étendue, dans ce que l'on appelle des « Borderies » dans le Centre.

§ 2. — Métayage dans les Landes.

Les renseignements que nous allons reproduire, et qui nous sont venus des Landes de Gascogne, méritent une attention particulière, parce que les terres étaient d'abord improductives et qu'on y est arrivé peu à peu à un degré assez remarquable de fertilité. C'est M. le baron de Lataulade, lauréat de la prime d'honneur, qui a bien voulu nous fournir les renseignements fort intéressants qui suivent. Ils peuvent servir de type d'études, pour les usages les plus anciens et les plus spéciaux du métayage, dans l'un des pays qui ont le plus résisté, malgré les transformations qu'il a subies, aux réformes modernes. « A notre époque, nous écrit M. de Lataulade, la tâche que vous poursuivez est des plus sérieuses. Si je ne me fais illusion, le métayage est, par sa nature même, propre à sauver du naufrage notre chère et bien malheureuse agriculture. C'est pourquoi je n'hésite pas à entrer dans les détails d'exécution propres aux Landes, dont vous saurez certainement tirer parti. Dans tous les cas, le rapport que j'ai adressé, il y a quelques années, au jury d'examen au sujet de la prime d'honneur vous initiera à nos pratiques culturales et aux résultats obtenus. »

Nous voulions savoir tout d'abord qu'elle était la situation respective des exploitations rurales dans la région des Landes. Nous savions par la statistique officielle que, dans le département même dont Mont-de-Marsan est la capitale, il y avait en 1873, au moment où fonctionnait le jury d'examen, 37.304 exploitations, dont 27.384 étaient aux mains de métayers, et 3.580 seulement aux mains des fermiers. C'est la plus haute proportion numérique du métayage sur le territoire français. Pourquoi y a-t-il autant de fermiers dans les pays où le métayage est aussi prédominant? Quel est le caractère de ces fermiers? C'est à ces demandes avant tout que s'appliquent les renseignements qui émanent de M. de Lataulade.

Le département des Landes, dit-il tout d'abord, est la terre classique du métayage. Les landes de Gascogne, qui lui laissent leur nom, se prolongent jusqu'aux bouches de la Gironde, et se confondent agricolement avec lui. Le métayage y est traditionnel, et il s'y est maintenu jusqu'à nos jours sans grandes modifications. Quant aux métairies affermées à prix d'argent, elles sont cultivées par les fermiers eux-mêmes. Il n'y a pas de fermiers généraux, faisant valoir les terres d'autrui par des colons en sous-ordre. Ce sont les anciens métayers qui, d'accord avec les propriétaires, ont voulu substituer le fermage au métayage et sont devenus fermiers à prix fixe de leurs propres domaines. « Le revenu du fermage est inférieur à celui d'une métairie exploitée par un colon partiaire; en revanche, le métayer, devenu fermier, grandit moralement, il a plus d'initiative, il devient industrieux, développe ses cultures fourragères, soigne mieux ses bestiaux et les nourrit plus abondamment, partant a plus de fumier et, enrichissant par là le sol, obtient une plus grande plus-value. » Nous retrouvous ici le raisonnement qui a porté les propriétaires du Centre, dans quelques localités, à transformer leurs métayers en fermiers; ils ont plus de loisirs et moins de responsabilité, et un moindre revenu, mais réalisé à rente fixe et à époque certaine; ils paient, en un mot, leur tranquillité et leur désintéressement direct par une partie de leur revenu. Ce régime mixte nous étant donné comme une innovation de date relativement récente, nous n'avons que peu de chose a en dire ici. Mais, selon nous, un métayer ne peut, du jour au lendemain, prendre à fermage fixe le domaine qui lui est confié qu'à la double condition d'avoir un capital libre entre ses mains, et de s'acquitter sérieusement des devoirs pratiques de sa profession. Le département des Landes en est-il là? Nous en doutons; c'est dire que nous ne croyons pas que, jusqu'à nouvel ordre, la transformation du métayage en fermage puisse être considérée comme la règle dans la région des Landes, et que nous estimons, au contraire, que l'exploitation à partage de fruits, en raison des circonstances actuelles, tendra de plus en plus à reprendre son assiette traditionnelle.

Dans ces fermages mixtes, le propriétaire fournit, comme partout ailleurs, les terres arables, les prairies, les vignes et les landes, qui dépendent du domaine et en forment environ le tiers, mais il se charge des contributions, tandis que le preneur supporte les cas fortuits; le propriétaire se réserve expressément la jouissance des taillis et des arbres, dont le fermier n'a que l'ébranchage. Les baux sont faits généralement pour neuf années, ils produisent environ de 50 à 70 fr. par hectare, sans que les fermiers aient songé jusqu'ici à réclamer aucune réduction de prix. Mais c'est le métayage qui, dans toute la région, attire presque exclusivement l'attention, la régie directe, concentrée aux mains de quelques grands propriétaires, y étant fort rare. En général, les propriétaires qui gèrent par métayers résident dans leurs biens et administrent au moyen de maîtres-valets, qui accomplissent, en leur nom, tous les actes d'achat et de vente, et surveillent les travaux qui relèvent de la gestion des domaines.

« Le métayage est considéré, en principe, comme un excellent mode d'exploitation. Malheureusement, les métayers, qui devraient apporter un capital d'exploitation et acquérir les amendements calcaires qu'exigent les terres, ne sont pas en mesure de remplir leurs obligations ; et les propriétaires, qui savent qu'ils ne seraient pas remboursés de leurs avances, s'abstiennent de leur venir en aide. Ils se meuvent donc, les uns et les autres, dans un cercle vicieux, d'où sortent seuls les métayers qui ont des ressources et sont personnellement dans l'aisance. Quoi qu'il en soit, la main-d'œuvre étant devenue rare et chère et l'esprit d'insubordination s'étant répandu parmi les journaliers, le métayage est, à peu d'exceptions près, le seul mode qui puisse assurer dans la région des Landes un revenu vraiment rémunérateur. »

Ces données générales s'appliquent au département des Landes tout entier, qui se divise en trois arrondissements, à la fois administratifs et culturaux. La culture forestière domine dans l'arrondissement de Mont-de-Marsan, où le pin est cultivé sur la plus grande échelle, donnant d'abord la résine, plus tard en abondance des bois de chauffage et de charpente ou des planches, qui sont l'objet d'un grand commerce à l'intérieur et à l'étranger. En fait de produits, c'est le seigle, avec le millet et le maïs, qui sert à l'alimentation des populations rurales. Le travail est fait avec des attelages de mules, et les troupeaux de vente appartiennent à l'espèce ovine, qui fournit pour la boucherie une viande savoureuse, très appréciée.

Dans une partie de l'arrondissement de Saint-Sever, c'est la culture du blé qui est dominante, en second lieu celle du maïs, du trèfle incarnat et des navets ; on y trouve beaucoup de prairies naturelles, ce qui permet d'élever les chevaux de remonte et de se livrer à l'engraissement des bœufs et des porcs, qu'on expédie vers Bordeaux ; on rencontre dans tous les domaines des oies grasses, des dindons et une grande quantité d'autres volailles. Dans certains cantons, c'est la vigne qui occupe la plus grande surface ; le maïs occupe à lui seul les deux tiers des terres arables ; le blé est également cultivé, ainsi que le tabac. Des landes boisées, entrecoupées de chênes, apparaissent dans chaque domaine ; et, comme il y a des prairies naturelles et artificielles, sans compter les racines, on élève partout des bœufs, des vaches, des chevaux, des porcs et des volailles. Le travail se fait par les bœufs et les vaches, par quelques attelages de chevaux dans les plaines.

Dans l'arrondissement de **Dax**, on trouve quelques cantons où la culture de la vigne est très répandue, et où l'on produit des vins blancs fort réputés, qui s'exportent jusque dans la Belgique. Le canton de Montfort, qui donne son nom à ces vins blancs, produit également et en abondance des fruits renommés, surtout des pêches, qui donnent lieu à un grand trafic d'exportation. La culture dominante de cet arrondissement est celle du maïs, auquel succède immédiatement le blé; il n'y a pas de jachère, mais beaucoup de fourrages en culture dérobée et de racines, sans compter une grande quantité de prés naturels. Les cultivateurs de la contrée excellent dans l'éducation des chevaux, très prisés de la remonte, et dans celle du bétail; leur race, sous-pyrénéenne, est fort estimée pour le travail et la boucherie. C'est dans le Murentin, situé près du littoral, que croissent les meilleurs pins maritimes des Landes, source d'une grande richesse locale, et qu'on tient de magnifiques attelages de mules, sans parler de l'élevage des abeilles. En résumé, les métayers de l'arrondissement de Dax sont très industrieux, et par suite relativement riches.

§ 4. — Métayage dans l'Hérault.

Dans le relevé général de la statistique officielle, le département de l'Hérault, presque entièrement vinicole, est porté comme ayant 36.000 exploitations directes, 1.800 fermiers, et 1.700 métayers. Presque toutes les vignes se travaillent aux frais des propriétaires, qui ne veulent ni partager leur vin, ni livrer leurs vignes à des vignerons, qui pourraient les malmener. Les 36.000 exploitations directes sont donc presque toutes consacrées à la culture de la vigne. Dans cette situation, il s'agissait pour nous de savoir quelles conditions étaient faites aux 1.700 métayers, et pourquoi il y avait autant de métayers à peu près que de fermiers. Pour éclaircir cette double question, nous nous sommes adressé à M. Chabaneix, professeur d'agriculture à l'école d'agriculture de Montpellier. Sa réponse, pleine de clarté, fait parfaitement connaître ce qui se passe exceptionnellement dans les quelques cantons qui échappent à la culture de la vigne; et elle peut, dans cet ordre d'idées, servir d'enseignement pour toute la région du Midi.

« Les informations que j'ai dû prendre dans les cantons de Salvetat et de Saint-Gervais, limitrophes du Tarn, nous écrit-il, ne m'ont pas permis de répondre de suite à votre demande. Je viens de recevoir les réponses que j'attendais, et je m'empresse de vous les communiquer, en les faisant concorder avec les données que je possédais déjà sur le reste du département. Le faire-valoir direct par le propriétaire lui-même ou par régisseur est le mode d'exploitation général et, pour ainsi dire, exclusif dans l'Hérault. Par ci par là, dans la plaine principalement, on trouve quelques domaines affermés à prix d'argent. Quant au métayage proprement dit, on peut dire qu'il n'existe pas dans le département. » La position est donc bien indiquée : il y a une infinité d'exploitations directes, il y a quelques fermes à prix fixe, il n'y a pas de métayers comme dans le Centre ou les autres parties du Midi ; mais il y a quelques combinaisons basées sur le partage des fruits. Quelle sont ces combinaisons, portées au compte du métayage par la statistique officielle ?

« Si le métayage est inconnu dans l'Hérault, en tant que s'appliquant à un domaine entier, il n'est pas rare, dans la partie vinicole surtout, de le trouver appliqué à des pièces de terre détachées ou éloignées des centres d'exploitation. Les métayers sont généralement de petits propriétaires, quelquefois des journaliers, ayant à eux en propre ou à fermage à prix d'argent d'autres terres, qu'ils cultivent en même temps que celles qu'ils détiennent à titre de métayers. Les clauses du contrat, toujours verbal, de cette espèce de métayage sont très variables. Sa durée est ordinairement d'une année. Presque toujours, le métayer fait tous les travaux ; quelquefois cependant, les gros labours et les charrois sont faits par le propriétaire. Les engrais sont fournis tantôt par l'un, tantôt par l'autre, souvent par les deux intéressés. Ils sont, d'ailleurs, employés très parcimonieusement sur les terres soumises à ce régime. Le partage des fruits se fait habituellement par moitié ; il y a pourtant de nombreuses exceptions à cette règle, tantôt au profit du propriétaire, tantôt au profit du métayer. »

Nous ne voyons rien dans cette combinaison qui s'écarte foncièrement des principes de métayage usité dans les autres départements du Midi et du Centre. C'est ici, comme dans beaucoup d'autres localités, le bail annuel, la convention verbale, le travail confié à l'exploitant, le partage des fruits à proportions convenues. Ce qui distingue le métayage de l'Hérault, c'est la composition territoriale du domaine. En jugeant par l'ensemble des faits, on trouve trois natures de terre : la terre appartenant en propre au métayer, la terre affermée par lui à prix fixe, la terre prise par lui moyennant partage des fruits ; c'est, en d'autres termes, la concentration entre les mains d'un seul et même exploitant de la régie directe, du fermage et du métayage. Le métayage, ainsi pratiqué, n'est autre au fond que le colonage partiaire, le borderage du Limousin et du Périgord, ou la closerie de la Mayenne. Mais, au lieu de fonctionner par lui-même, de représenter dans l'échelle des exploitations le métayage réduit, il se trouve surchargé de complications étrangères à son but, nous dirons volontiers rivales. Il y a gros à parier, surtout étant donné que l'engrais est fortement ménagé, comme on nous le dit, que le métayer mixte donnera ses soins de préférence à sa propre terre ; que la terre dont il doit payer la rente à prix fixe viendra en seconde ligne ; et qu'il ne s'occupera qu'en dernier lieu de la terre qui ne doit lui livrer que la moitié de ses produits.

Nous ne pouvons que répéter ce que nous avons dit : en agriculture comme en toutes choses, nous aimons les positions simples et franches. Un métayer doit être tout à sa mission, et il ne faut pas tenter ses convoitises par la diffusion de ses intérêts ; il ne faut pas lui mettre en main l'occasion et les moyens de ne pas remplir scrupuleusement ses devoirs. Sans doute, si l'on réduit la combinaison que nous venons de décrire à des pièces détachées, que le propriétaire ne peut faire cultiver, et si l'on réfléchit qu'en les livrant à un exploitant qui lui offre des garanties et qui a par devers lui tous les éléments voulus d'exploitation, il en retirera une bonne rente, nous n'aurons aucune objection à présenter. Mais nous ne voudrions pas qu'on pût considérer une combinaison de ce genre comme un mode d'exploitation régulier, même dans un pays tout à fait morcelé. Nous l'admettons comme mode exceptionnel, si l'on nous dit que les résultats sont bons ; nous préférerions, dans tous les cas, une autre composition culturale, ne fût-ce que par échange et groupement des pièces détachées.

M. Chabaneix nous communique une autre combinaison, de date récente, qui s'applique à la culture de la vigne, et qui, ayant pris naissance dans les plaines sablonneuses des bords de la mer, aux environs d'Aigues-Mortes, dans le Gard, tend à se répandre dans l'Hérault. « Lorsqu'il s'agit, dit-il, de la création d'un vignoble dans ces plaines, jusque-là incultes, les principales clauses du contrat, notarié ou sous-seing privé, sont celles qui suivent : Le propriétaire fournit le terrain et fait les constructions nécessaires pour loger le métayer ; dans certains cas, il s'engage aussi à construire un cellier et à fournir le matériel vinaire ; le métayer prépare le sol, fait les plantations, et ensuite tous les travaux de culture, d'entretien et de récolte. A partir de la quatrième année, la vendange se partage en nature; la part du colon varie de la moitié aux trois quarts. Il a la moitié lorsque, à l'expiration du contrat, qui est fait pour 10, 15 et même 20 ans, le propriétaire s'engage à lui payer une prime, qui varie de 100 à 400 francs par hectare de vigne créée et en plein rapport. Il prélève 3/5, 2/3 ou 3/4 des produits, s'il doit remettre purement et simplement le domaine au temps fixé par le contrat. » C'est là une variante des baux à complant de la Charente, de la Vendée et d'autres départements de l'Ouest central.

Veut-on savoir comment ce système de complant commence à s'appliquer dans l'Hérault, à titre d'essai, pour la reconstitution des vignobles phylloxérés, au moyen de plants américains? En voici un exemple remarquable, pris dans l'un des domaines de Mᵐᵉ Michel Chevalier, situé près de Lodève, domaine qui comprend des prairies naturelles, des bois et d'anciennes vignes, détruites par le phylloxera et mises en culture. « La durée du contrat est fixée à neuf années. Le métayer plantera tous les ans 2 hectares de vignes sur les terres qui lui seront désignées. Ces terres seront défoncées et mises en état aux frais du propriétaire, lequel fournira aussi les plants et les engrais nécessaires, jusqu'à la mise en rapport. Tous les travaux de culture et de récolte sont à la charge du métayer, qui doit payer la moitié des engrais achetés en dehors de ceux destinés aux jeunes vignes. Le partage des fruits se fera par moitié pour les produits des terres et des vignes ; la première coupe des prairies appartient pour 1/3 au propriétaire et 2/3 au colon; les secondes coupes et les regains se partagent par moitié. Quant aux bois, le colon n'a droit qu'à la moitié des branches des arbres abattus. » Ce sont là des conditions spéciales et locales ; mais nous n'y trouvons aucune clause qui soit contraire aux véritables principes de justice et d'équilibre qui doivent présider désormais au métayage.

§ 5. — Métayage dans l'Aude.

M. de Senneville et M. le marquis d'Éxéa avaient bien voulu tout d'abord nous fournir quelques renseignements généraux sur le département de l'Aude, qui peuvent se résumer ainsi : L'Aude comprend deux régions bien distinctes : la région vinicole, située à l'ouest, et s'étendant le long de la mer, entre les Pyrénées-

Orientales et l'Hérault; la région accidentée, comprenant la partie occidentale de l'arrondissement de Carcassonne et les arrondissements de Castelnaudary et de Limoux, faisant partie du Haut-Languedoc. La première région est exclusivement livrée à la régie directe; la seconde, presque exclusivement consacrée aux céréales et aux cultures fourragères, est divisée entre le fermage ét le métayage, bien qu'on y rencontre çà et là quelques régies directes, conduites pour le compte des propriétaires par des maîtres-valets. A ces deux régions principales on pourrait en ajouter une troisième, qui a un caractère différent, la région montagneuse, connue sous le nom de Montagne-Noire, pays de landes et de bois, où l'on cultive le seigle et la pomme de terre, mais dont les troupeaux forment la principale richesse.

M. Buisson, ancien député et président du comice de Castelnaudary, après avoir confirmé ces premières données, a eu l'obligeance de nous envoyer une note, parfaitement claire et fortement pensée, qui établit nettement la situation du métayage dans l'Aude : « Les modes d'organisation du travail et de l'exploitation rurale, nous écrit-il, sont trop variés dans le département de l'Aude et trop spéciaux en même temps, trop différents des types usités ailleurs, pour qu'il soit possible de répondre d'une manière satisfaisante au questionnaire que M. de Rolland du Roquan m'a transmis de votre part. J'ajoute une note particulière à mes brèves réponses.

« Le département de l'Aude est méditerranéen par l'arrondissement de Narbonne, pyrénéen par l'arrondissement de Limoux; par les arrondissements de Castelnaudary et de Carcassonne, il occupe les premiers contreforts des montagnes du Tarn, commencement des Cévennes, et la vallée du canal du Midi jusqu'au bief du partage des eaux entre la Méditerranée et l'Océan. Il a, par conséquent, une grande variété de situations, de climats, de productions, partant de conditions d'exploitation agricole. Tout le sud et le sud-est du département, qui ne forment plus qu'un vaste vignoble de 270.000 hectares, depuis le prodigieux développement de la culture viticole, sont exploités par le ramonetage. » Le ramonet est un exploitant qui fournit autant d'hommes qu'il y a de charrues à conduire, et qui reçoit sa rémunération, tant en blé, tant en vin, tant en huile, tant en argent, par tête d'homme fourni, suivant les cantons. Si la famille du ramonet ne suffit pas, il loue des valets. Pour les travaux autres que les labours, des journaliers et ouvriers volants, souvent étrangers au pays, sont adjoints aux ramonets et à leurs valets. » Ainsi défini, le ramonet n'est qu'un entrepreneur de labour, réalisant l'une des formes de la régie directe, puisqu'il travaille pour le propriétaire, avec cette variante qu'il reçoit, pour lui et ses adhérents directs, la rémunération en grande partie en nature, et en argent pour les valets et journaliers qui lui sont adjoints.

Il n'y a pas trace d'association dans la région des vignes, pas l'ombre de contrat de vigneronnage. Jusqu'ici les propriétaires ont trouvé un recrutement facile pour leurs exploitations dans l'immigration des paysans phylloxérés du Gard, et des travailleurs des montagnes du Tarn et de l'Ariège, voire même des paysans espagnols ; et il est à remarquer qu'à mesure que la culture de la vigne, poussée par le fléau, remonte dans les terres, le ramonetage la suit. Quels sont les résultats du ramonetage ? M. Buisson répond sans hésiter : « Au point de vue économique, une énorme élévation de salaire rural ; mais il faut ajouter qu'elle coïncide ave une élévation au moins aussi grande de la production et des rendements. Au point de vue social, le régime du salaire pur a contribué, partout où s'exerce le ramonetage, à altérer les bons rapports existant entre la propriété et le travail. Aujourd'hui, ces rapports sont détestables. Nulle déférence d'un côté, nul attachement de l'autre à un personnel constamment renouvelé ; des appétits démesurés, surexcités par l'invasion subite du bien-être et de l'aisance, des mœurs grossières et effrénées. C'est un spectacle pénible et attristant. »

Dans les cantons cultivés principalement en vue des céréales, qui occupent presque tout l'ancien Lauraguais, sur une superficie de 190.000 hectares, la régie directe prend le nom de « Maître-Valetage ». Ce mode d'exploitatian comprend à la fois le paiement des gages en nature et en argent et l'association. C'est une variété d'exploitation tout à fait spéciale, comme le ramonetage, tenant en même temps du métayage, du colonage partiaire et du salariat. « Le maître-valet fournit un homme valide par paire de bœufs de labourage, répondant à 12 hectares de terre environ, plus un homme de surérogation pour les travaux de main. D'ordinaire, chaque domaine moyen, ayant deux paires de bœufs et trois hommes, est exploitée par une même famille. Lorsque le domaine est plus étendu et comporte quatre à cinq paires de bœufs et cinq à six hommes, le maître-valet est obligé aujourd'hui de louer des valets. » Le maître-valet fonctionne aux conditions suivantes : « Il reçoit en nature 10 hectolitres de grains par homme, blé et maïs ; il a droit à la culture de 1 hectare 20 ares de maïs, 30 ares de fêves, 20 ares de haricots, 30 ares de lin, 30 ares de vesces, 10 ares de vignes, pour chaque homme ; de plus, il a la moitié du bénéfice d'un troupeau de bêtes à laine, la moitié ou le tiers du bénéfice du cheptel de croît, vaches, taureaux ou poulains et mulets, selon qu'il participe ou ne participe pas aux pertes, les cheptels de toute nature étant fournis par le maître. Dans la plaine du canal du Midi, où l'élevage n'est pas possible, les bénéfices du bétail sont en grande partie remplacés par une prime en argent. »

Aux maîtres-valets « sont adjoints des estivandiers ou moissonneurs, en nombre égal aux paires de bœufs de labour moins une, le maître-valet fournissant déjà un homme pour les travaux de main ». L'estivandier est un travailleur à l'année et à gages fixes en nature. « Il a droit à un hectare 20 ares de maïs à moitié fruits, à la même quantité de lin et de fêves, également à moitié fruits, et au dixième de la récolte des céréales. Il est occupé et payé à la journée, chaque fois que le temps le permet, l'hiver comme l'été. » Quant aux maîtres-valets, « ils sont loués par police écrite ou verbale, pouvant quitter le maître tous les ans ou être renvoyés par lui, sous condition d'un avis préalable, donné six mois à l'avance ».

Le maître-valetage, qui est le mode d'exploitation caractéristique du pays, date du commencement du XVIII° siècle. « Il a succédé au colonage latin, et a coïncidé avec le remplacement de l'assolement biennal avec jachère par l'assolement triennal avec jachère, au moment où la culture du maïs et des fourrages artificiels a été introduite dans le Lauraguais. Il a constitué, à cette époque, un grand progrès cultural. » Il y a 25 ans, toutes les conditions du maître-valetage étaient exécutées, avec ou sans police, avec une exactitude religieuse. « On trouvait des familles de maîtres-valets établies depuis 30, 40, 50 ans, dans les mêmes domaines. Les estivandiers y restaient également attachés de père en fils. » Aujourd'hui, il y a un grand relâchement dans les vieilles coutumes, et les maîtres n'ont plus guère aucun moyen de ramener les délinquants à l'exécution des conditions convenues. Les mœurs n'y sont plus.

Quels sont les résultats du maître-valetage ? « Au point de vue agricole, travail bien fait, mais accusant la persistance d'un assolement vicieux et ne permettant aucun progrès ; au point de vue économique, stabilité du salaire et du revenu, médiocrité réciproque, aurea mediocritas ; mais, au point de vue social, remarquable état d'harmonie entre propriétaires et travailleurs, assurés les uns de la main-d'œuvre, les autres de leur subsistance, échange de longs services, identité d'intérêts, respect, cordialité, confiance mutuelle. « Le maître-valetage est sur son déclin, et c'est dommage. Il aura duré 150 ans à peu près. Il a besoin pour subsister d'une solide constitution de la famille rurale et de conditions morales qu'on ne rencontre plus. C'est, en réalité, une grosse question pour les propriétaires de savoir comment ils continueront à exploiter, maintenant que les maîtres-valets commencent à manquer. »

Le métayage propremeut dit ne se rencontre que dans les cantons qui forment « la Montagne noire » et dans quelques cantons pyrénéens de l'arrondissement de Limoux, sur une étendue de 170.000 hectares, là où la production et l'élevage du bétail et des bêtes à laine sont sérieusement constitués, grâce à l'étendue des prairies et des pâturages. Les conditions en sont traditionnelles et conformes au relevé qui figure dans nos tableaux synoptiques. Quant à la durée des baux ou conventions, elle est annuelle ; mais elle se poursuit pendant 20, 30, 40 ans et plus, par tacite reconduction. Cependant, l'esprit de mobilité gagne peu à peu les métayers, bien qu'ils soient plus stables que les maîtres-valets. Il y a encore dans le pays quelques vieilles familles patriarcales de métayers, nombreuses et fortement serrées autour du chef, mais elles commencent à être rares.

Les résultats du métayage sont faciles à établir. Au point de vue cultural, « il y a routine et absence de progrès en dehors de l'intervention du propriétaire, qui est quelquefois difficile, les métayers se considérant volontiers comme des fermiers à moitié fruits ». La seule amélioration culturale qu'on puisse citer, et elle est le fait des propriétaires, consiste dans l'introduction du chaulage ; le métayer en paie le tiers. L'économie du bétail est en progrès, grâce à l'impulsion des sociétés agricoles, aux concours et au choix des étalons. « Au point de vue économique, on peut dire que la spécialité et l'amélioration du bétail ont amené l'aisance parmi les métayers, et que l'immutabilité du salaire et la sécurité du travail ont exhaussé le taux des revenus. Au point de vue social, il est clair que la solidarité des intérêts et le contact incessant ont produit des relations excellentes, qui se maintiennent encore. »

Tel est, à vol d'oiseau, l'ensemble des conditions de l'exploitation rurale dans l'Aude. Comme on vient de le voir, c'est un état de transition et de transformation. Là où il est établi, le métayage a plus de chances de vitalité et de durée, parce qu'il est la condition première et, en quelque sorte, la nécessité d'une contrée couverte d'herbages ; mais il a été atteint, lui aussi, par le relâchement général des liens de famille et par l'appel particulier fait aux hommes valides par la richesse viticole du Bas-Languedoc. Le maître-valetage, qui tend à se dissoudre, existe cependant encore pour les petits domaines de 24 à 30 hectares Les vieilles familles se sont dispersées, les ascendants n'ont plus conservé assez d'autorité pour retenir les enfants autour d'eux, et les conditions économiques qui amenaient la cohésion ont disparu. Quant au ramonetage, il se déplace, il gagne chaque jour du terrain en empiétant sur la région du maître-valetage, déjà atteint dans sa propre vitalité.

Si l'on soumet cette triple vue à l'analyse, il est permis de dire que, dans l'Aude, le ramonetage et le métayage sont relativement prospères, tandis que le maître-valetage, attaqué à la fois par l'invasion des vignes et par la privation de revenus en céréales, voit la propriété presque annulée entre ses mains, bien qu'il soit établi sur des terres généralement plus fertiles. Le vin maintient le ramonetage, le bétail maintient le métayage. Le maître-valetage, n'ayant pas de spécialité, végète ; aux taux actuels, le salariat le rend de plus en plus impraticable. Dans les pays cultivés par les maîtres-valets, la lutte paraît donc ouverte désormais entre le ramonetage, qui vient du littoral, et le métayage, qui descend des montagnes. Le développement subit et considérable des plantations de vignes dans l'arrondissement de Castelnaudary ouvre la porte à des essais de combinaisons nouvelles, dans lesquelles, il faut le dire, les habitudes d'association, jusqu'ici étrangères au ramonetage, trouvent place ; mais ces combinaisons ne sont pas encore assez assises, elles sont trop individuelles et incertaines pour être exposées avec fruit ; il leur manque encore l'épreuve de l'expérience et du temps.

Restent donc le métayage et le colonage partiaire, là où il n'y pas de vignes, là où la culture des céréales ne peut plus supporter le salariat. « Seules, les exploitations à partage de fruits, proportionnées au personnel des familles rurales, peuvent procurer un moyen pratique et économique de travailler les terres à céréales, parce que le même homme, employé comme travailleur pour son propre compte et comme associé du propriétaire, fournit à ce double titre des résultats bien supérieurs à ceux que peut donner le mercenaire le mieux intentionné. Mais, pour faire la part du progrès dans les nouveaux établissements de métayers, il est essentiel de réserver au maître la direction des cultures, et celui-ci doit se décider à faire, dès le début, des sacrifices importants. » Voilà, si nous ne nous trompons, une étude magistrale !

§ 6. — Métayage dans Vaucluse.

M. de Gasparin, envisageant le métayage au point de vue de la culture du blé, n'a pas eu de peine à démontrer, conformément à l'opinion de M. de Fellenberg, le célèbre fondateur de l'institut d'Hofwyl, que l'assolement biennal, qui consiste à faire revenir le blé tous les deux ans sur la même terre, en ne la laissant reposer que par la jachère improductive, est inapte à nourrir la famille de l'exploitant et à payer la rente du possesseur du sol. Il en a conclu avec raison que cet assolement ne peut subsister qu'à la condition d'adjoindre à la culture du blé une culture industrielle, et par conséquent de modifier ou plutôt de supprimer la jachère. Or, que faut-il entendre par culture industrielle ? Serait-ce uniquement la culture des plantes commerciales, qui ne se consomment pas directement, et qui ont besoin d'être manipulées et transformées avant d'arriver à la réalisation définitive ?

S'il en était ainsi, nous ne saurions considérer l'opinion de M. de Gasparin que comme une théorie. Il est clair que l'ancien assolement biennal est tout à fait défectueux et qu'on l'abandonne de jour en jour ; il est clair que la substitution d'un assolement de longue durée à la rotation bisannuelle, la suppression de la jachère et son remplacement par des récoltes variées et améliorantes, constituent dans leur ensemble un progrès cultural immense. Mais cette transformation, qui se propage rapidement dans un grand nombre de localités où le métayage est en vigueur, se produit surtout au profit de l'économie du bétail ; et il est reconnu aujourd'hui que ce sont les domaines où il y a le plus d'herbages, le plus de fourrages et de racines, par suite le plus d'animaux de toute espèce, qui produisent les plus hauts rendements en blé comme en bétail, et qui enrichissent les métayers. Si donc la conclusion de M. de Gasparin s'étend dans sa généralité à l'économie animale et si l'on comprend dans les cultures industrielles tout ce qui touche à l'élevage et à la vente des animaux, la théorie devient une doctrine pratique indiscutable. Il n'en est pas moins intéressant de relever, moins au point de vue du blé qu'au point de vue des cultures purement industrielles, les circonstances qui touchent au métayage dans la région du Sud–Est.

Dans sa description, M. de Gasparin, remontant jusqu'aux premières années du siècle, nous fait assister à l'origine des cultures industrielles, qui ont, pendant deux générations, enrichi les départements de Vaucluse et de la Drôme, le premier surtout. Lorsque les propriétaires intelligents eurent compris que, réduite à elle seule, la culture du blé devenait trop chère et relativement improductive, dit–il, ils cherchèrent autour d'eux un supplément cultural, et ils jetèrent les yeux sur l'olivier, source de la prospérité de la Basse-Provence. Ce fut comme un mot d'ordre. On planta des oliviers dans toute la vallée du Rhône, jusqu'à Valence. Mais le succès ne répondit pas à l'attente générale. Outre qu'il faut attendre longtemps que l'olivier produise ses fruits, il lui faut une certaine nature de terre et une certaine exposition. On dut donc se résoudre à chercher autre chose et à ne garder les oliviers que là où ils avaient leur raison d'être. A l'olivier succédèrent donc : la garance, qui constitua bientôt un monopole des plus lucratifs ; la vigne, qui s'empara des terres les mieux exposées ; le mûrier, qui réussit à merveille et devint la source de bénéfices considérables.

Avec ces éléments de succès, les métayers furent bientôt à leur aise, et les propriétaires encaissèrent des rentes très élevées. Mais, il y a une vingtaine d'années, la garance perdit tout à coup son prestige, et il fallut y renoncer. Plus tard, vinrent l'un après l'autre deux fléaux dévastateurs : la maladie des vers à soie, qui menaça d'improductivité les belles et fructueuses plantations de mûriers ; le phylloxéra, qui détruisit les vignes. A partir de ce moment, la vallée du Rhône perdit, en grande partie, le bénéfice assuré aux deux dernières générations. C'est pour cela que les doléances des propriétaires de la Drôme sont si vives ; c'est pour cela que le découragement s'est emparé des propriétaires de Vaucluse ; c'est pour cela enfin que le métayage périclite dans ces deux départements. M. le marquis de l'Espine, président de la Société d'Agriculture d'Avignon, nous écrit qu'on commence un peu à renaître, et que les propriétaires, ruinés en dernier lieu par le phylloxéra, se remettent à planter ; mais le mouvement se produit, au début du moins, au profit de la régie directe. Pour relever le métayage, il faudrait, dit–on, que l'élevage des vers à soie revînt au point où il en était au moment de la maladie qui l'a arrêté dans sa marche, ou que toutes les vignes arrachées et replantées fussent en plein rapport et rendues aux colons partiaires, ou bien que l'on se décidât franchement à adopter les cultures variées, qui, sous ce chaud climat, ne manqueraient pas de prospérer. Mais pour tout cela il faut du temps.

Dans l'extrême Sud–Est, et surtout dans le bassin de la Méditerranée, dans les plaines du littoral et sur les pentes abritées, c'est l'olivier qui soutient le métayage et fait vivre les colons partiaires, maintenant surtout que les vignes ont été frappées par le phylloxéra. Les autres produits ne sont, en quelque sorte, que l'accessoire pour les métayers ; mais il faut dire que, ces produits étant nombreux et très variés, le métayage pourrait prendre un grand développement et devenir très lucratif, si l'on améliorait ses conditions essentielles. Il n'y a qu'à jeter les yeux sur cette vaste contrée, qui formait autrefois le Dauphiné, la Provence et le comté de Nice, et s'étend entre le Rhône et les Alpes, pour suivre ensuite les bords de la mer, des limites de la Savoie jusqu'aux frontières du Piémont, pour comprendre le parti qne le métayage, qui y est traditionnel et qui est encore dans les mœurs, pourrait tirer, avec une bonne direction, de cette diversité de productions et de la fécondité naturelle du sol. Depuis la culture pastorale à grands parcours, qui est particulière aux pays de hautes montagnes et de vallées profondes, depuis la culture du blé et de toutes les céréales, jusqu'aux cultures les plus délicates et les plus riches, celles de l'olivier, de la vigne, du mûrier, de l'amandier, du figuier, des plantes aromatiques, du citronnier et de l'oranger, on rencontre, à doses inégales mais suffisantes pour alimenter les industries spéciales, toutes les cultures des pays tempérés et des pays chauds. Les circonstances sont loin d'être favorables, nous le savons ; mais, lorsqu'on a entre les mains des ressources semblables, on aurait bien tort de désespérer de l'avenir.

Quant aux conditions pratiques du métayage dans le Sud-Est, la mesure nous est donnée par le rapport adressé par M. de la Bastide à la Société d'agriculture de Vaucluse, rapport qui a été le résultat de l'enquête personnelle à laquelle nous nous sommes livré. « Le mode d'exploitation le plus usité dans nos pays, dit M. de la Bastide, était, il y a quelques années, le fermage à rente fixe ; mais les crises agricoles qui ont atteint le département de Vaucluse, et lui causent des pertes si considérables, ne laissent plus au fermier ni au propriétaire l'assurance de la véritable moyenne annuelle d'un produit rémunérateur. Aussi le propriétaire, plutôt que d'affermer à un prix dérisoire, et le fermier, plutôt que de courir la mauvaise chance de se ruiner, si le fermage est trop élevé, préfèrent-ils adopter un mode d'exploitation sauvegardant mieux leurs intérêts réciproques. C'est ce qui fait que le métayage prend un grand développement. » Nous apprenons par là que ce n'est pas dans le Nord seulement que sévit la crise des fermiers, mais qu'elle tend à devenir générale.

La situation est claire. Le métayage était fort répandu autrefois dans le département de Vaucluse, ainsi que l'a dit M. de Gasparin. Lorsque les cultures spéciales et riches apparurent, la régie directe devint dominante, les propriétaires faisant eux-mêmes les réformes culturales et s'attribuant tous les revenus. Lorsque l'ère du fonctionnarisme coïncida avec le haut rendement des terres, le fermage tendit de plus en plus à se substituer à la régie directe, les propriétaires pouvant réaliser sans peine, par l'amélioration du sol et la spécialité des produits, qui constituait un monopole de fait, des revenus très élevés. Aujourd'hui que la culture de la garance est tombée en désuétude, que les vignes ont été emportées par la phylloxera et que la maladie des vers à soie a porté un coup fatal à la culture des mûriers, aujourd'hui que la crise agricole, qui pèse sur la France entière, est venue aggraver la détresse des cultivateurs de la vallée du Rhône, les propriétaires reviennent au métayage, le seul mode d'exploitation qui, par sa nature, puisse résister aux crises et suppléer aux difficultés incessantes de la main-d'œuvre. C'est le point capital qui nous frappe.

Quelles sont les conditions moyennes du métayage dans les circonstances actuelles ? Et d'abord en matière de partage des fruits ? « Comme partout ailleurs, le partage égal est la règle générale ; mais cette règle souffre des exceptions, dans certaines natures de terrains et de produits, dans certains modes de culture. La différence des proportions, soit en faveur du propriétaire, soit en faveur du métayer, est considérée comme établissant une compensation mutuelle entre les apports et les rendements culturaux, » c'est-à-dire comme ramenant à l'égalité de situation les inégalités réelles qui proviennent de l'état des terres ou des avances faites pour les mettre en rapport. Les proportions du partage sont fixées par les baux. Les baux sont authentiques, ou sous seing-privé, ou verbaux. Ils sont faits, généralement, pour une durée périodique de 3, 6 ou 9 ans. Lorsque la durée n'est pas fixée, ils sont censés annuels, conformément à l'article 1774 du Code civil ; ils peuvent se renouveler par tacite reconduction. « Il est nécessaire, dans tous les cas, que les baux soient assez longs pour que les métayers puissent s'attacher au sol qu'ils ont fécondé de leur sueur. »

Le bail commence, selon les localités, ou le 1ᵉʳ novembre ou le 22 juillet ; il se termine aux mêmes époques, soit par l'expiration de la durée fixée, soit par l'inexécution des engagements contractés, soit par les revendications autorisées par la loi. Le métayer sortant a droit de suivre sa récolte sur pied. Les réglements locaux déterminent les conditions particulières dans lesquelles s'exercent les droits de suite, qu'il s'agisse des céréales ou des récoltes spéciales, chardons, oseraies, légumes et fruits des jardins potagers. En principe, le métayer sortant doit rendre les choses dans l'état où il les a reçues ; et c'est en vertu de ce principe qu'il ne laisse pas, généralement, à son successeur des terres ensemencées, afin que ce dernier supporte l'entière responsabilité de ses œuvres, et qu'il ne survienne aucun conflit entre les deux métayers.

Le métayer en exercice doit entretenir le personnel nécessaire à l'exploitation du domaine, soit par sa famille même, soit par des auxiliaires en cas de besoin. Les domaines soumis au métayage ont fort souvent une étendue moyenne de 10 hectares ; il y en a cependant de plus étendus. Le métayer doit toujours avoir les bestiaux et les instruments ou ustensiles que comporte le domaine. Le cheptel vivant se compose des animaux de travail et des animaux de rente. Il consiste dans une paire de bêtes pour les domaines de 10 hectares, et de plus un couple de porcs ; dans les plus grands domaines, on y joint des troupeaux de race ovine, et quelques animaux d'autres espèces ; on y élève assez en grand des volailles et des lapins. Le cheptel vivant, comprenant les bêtes de trait, les porcs et les volailles, et valant 1.500 francs en moyenne, est presque toujours fourni par le métayer ; l'achat des porcs se fait quelquefois en commun. Quant au troupeau de rente, c'est d'ordinaire le propriétaire qui le fournit ; quelquefois cependant, il appartient aux deux contractants.

Lorsque le troupeau appartient au métayer, le propriétaire n'a aucune part au produit ; mais alors le premier prend à son compte une certaine étendue de terre qu'il met en fourrage, et dont il paie la rente, employant le fumier aux cultures du domaine. Lorsque le troupeau appartient aux deux contractants, le croît et la laine se partagent en parts égales, le laitage ne donnant lieu à aucun partage, à moins d'une stipulation formelle. C'est le propriétaire qui paie le berger, et le métayer le nourrit. Il est à

remarquer que « la perte totale du troupeau est étrangère au métayer ; il ne supporte, le cas échéant, qu'une partie des pertes
partielles.

Le cheptel mort, consistant en instruments de culture, peut valoir
en moyenne 800 francs. C'est le métayer qui le fournit dans les
petites métairies. Dans les grandes, ou l'on introduit l'usage des
instruments perfectionnés, c'est d'ordinaire le propriétaire qui les
paie ; quelquefois, le métayer intervient, dans une proportion sti-
pulée à l'amiable. Dans les domaines ou l'on élève des vers à soie,
les frais sont à la charge commune des deux contractants ou supportés par le métayer seul. Dans tous les cas, le montant des cannes
ou roseaux nécessaires à la confection des claies et des bois destinés à l'entretien de la magnanerie sont prélevés sur les bénéfices
avant partage.

Les terres sont soumises, ordinairement, à l'assolement biennal :
Blé, plantes sarclées et avoine ; mais on fait maintenant beaucoup
de fourrages en dehors de l'assolement, ainsi que des racines, depuis
que la culture de la garance n'existe plus. On cultive aussi le chardon dans beaucoup de localités, malgré la concurrence du chardon
artificiel ou mécanique. Mais nous ne voulons pas suivre le rapport
de M. de la Bastide dans les détails qu'il donne sur les cultures,
même les plus spéciales, comme celle du mûrier, sur les engrais,
les semences, la taille des vignes et arbres fruitiers, ainsi que sur
les charges domaniales, et les droits du propriétaire en cas de
reprise sur l'avoir du métayer. Bien que le métayage y soit fort
intéressé, ce sont plutôt des questions d'ordre général, qui nous
retiendraient trop longtemps et que nous retrouverons en détail
dans nos tableaux synoptiques.

Nous terminerons par la double observation qui sert de conclusion au rapport. « Le métayage assure-t-il mieux les revenus du
sol que tout autre mode d'exploitation ? Un domaine peut-il être
amélioré par le métayage ? » La première question est complexe,
dit M. de la Bastide. En temps ordinaire, le métayage ne donnerait peut-être pas autant de revenus que le fermage. Mais, au
milieu des crises que nous traversons, outre que le taux des rentes
fixes diminue, il est à craindre que le fermier n'épuise la terre,
sauf à l'abandonner s'il n'y trouve pas assez de profit, ce qui
n'existe pas dans le métayage. Ce dernier mode est donc plus sûr.
Il faut ajouter cependant que, dans les pays où la population est
nombreuse, la division des terres en parcelles, affermées à prix
fixe, peut donner un rendement fort élevé. Mais c'est un cas exceptionnel.

La seconde question est plus facile à resoudre, au dire de M. de la Bastide. Les améliorations qui ont trait à l'augmentation du bétail, à l'emploi des engrais artificiels, aux plantations, et à bien d'autres opérations, ne saurait être demandées à un fermier, qui n'aurait pas, bien souvent, assez d'avances ou qui ne voudrait pas exposer les ressources qu'il possède à des chances aléatoires. « Dans le métayage, au contraire, les avances étant faites, en grande partie ou en totalité, par le propriétaire, le métayer a grand intérêt à entreprendre les améliorations, si son bail lui assure une longue jouissance, et il n'hésitera pas à mettre au service de l'exploitation toute son énergie et les forces dont il dispose. »

§ 7. — Conditions générales du métayage dans les Bouches-du-Rhône.

Pour achever de peindre l'institution du métayage dans la région du Sud-Est, prenons le département des Bouches-du-Rhône, et voyons comment le métayage s'y comporte dans ses lignes générales. Cette étude sera d'autant plus facile et d'autant plus exacte que nous avons sous les yeux, sous le titre de « Usages et Règlements locaux, » un code rural, rédigé en 1859 par M. C. Tavernier et ayant force de loi pour tout le département, en cas de contestations et de conflit. Ce code nous a été envoyé au nom de M. G. de Jabey, par M. Pastré, qui habite dans la banlieue de Marseille.

Le bail à moitié fruits, lit-on dans ce document, est très usité dans le département des Bouches-du-Rhône. Il n'est pas un canton, pas une commune, où il ne soit en usage. Les règles, à peu d'exceptions près, sont partout les mêmes ; et, sauf le partage des fruits, elles ne se distinguent pas de celles qui dirigent les baux à terme, soit au sujet de la durée des baux et des époques d'entrée et de sortie, soit au sujet des facilités à procurer par le colon entrant au colon sortant et réciproquement, soit au sujet des divers genres d'assolement.

En général, le propriétaire est obligé de faire au colon partiaire les avances des semences de tous grains qui sont destinés à être partagés, et il les prélève avant partage, au moment de la récolte. Il fournit aussi tous les objets nécessaires à l'exploitation. « Les futailles de la cave sont entretenues par le propriétaire, le prix du mastic est payé par moitié. Le colon est chargé de laver et de soigner la cave. Le propriétaire fait tailler et cultiver à ses frais les nouvelles plantations de vignes et d'arbres pendant trois ans, jusqu'à ce qu'elles soient en rapport. Le tourteau, cet engrais que, chaque année, l'on emploie en plus grande quantité dans les exploitations agricoles, est fourni par le propriétaire et le colon partiaire, dans des proportions qui varient suivant les localités. Dans les unes le propriétaire fournit les deux tiers, dans les autres la moitié seulement. »

Le colon partiaire fait tous les travaux, toutes les cultures et toutes les récoltes. « Il est tenu de transporter au domicile du propriétaire ou au marché la moitié des récoltes lui revenant. Il est obligé de transporter dans le domaine les pailles et les engrais achetés par le propriétaire. La paille et le fumier, produits de la propriété, ne peuvent en être divertis. Le colon doit laisser, en sortant, les cultures qu'il a trouvées en entrant. » Le bail à moitié fruits ayant tous les caractères du contrat de société, tous les produits sont partagés par égales portions, sauf les exceptions ci-après. « Les fruits des arbres d'un jardin fruitier sont réservés au propriétaire. Le colon doit tailler ces arbres tous les deux ans. Le petit bois provenant de cette opération lui appartient. Après avoir avisé le propriétaire, il arrache les arbres à fruits morts, et il profite du petit bois et des racines; le gros bois appartient au propriétaire, le colon doit le porter à son domicile. Chaque année, il doit tailler la vigne. Les sarments sont partagés. Il doit de plus donner au propriétaire 12 œufs par chaque poule, 2 poulets par couvée, et 5 jeunes lapins par mères entretenues dans le domaine. » Telles sont les règles générales du bail à moitié fruits.

Quant aux conditions communes au métayage et au fermage, les voici : « Le bail est généralement fait pour deux ans, à cause de l'assolement, qui presque toujours est biennal. Les terres sont ordinairement divisées en deux soles ou oulières; on y sème alternativement du blé et des légumes. Le bail commence aux fêtes de Noël et finit à la même époque. Le congé doit être donné avant le 24 juin. Le colon doit, à sa sortie, laisser les lieux dans l'état où il les a trouvés à son entrée. La tacite reconduction s'induit d'une continuation de jouissance après le jour fixé pour la sortie. Les facilités à donner au colon entrant par le colon sortant, et réciproquement, sont celles qui sont indiquées par l'article 1777 du code civil. »

Si nous jetons les yeux sur les règlements particuliers, propres à chaque arrondissement et à chaque canton, nous rencontrons bien çà et là quelques variantes dans les modes et proportions du

partage des fruits, ou dans les détails d'exécution ; mais ces variantes, purement locales et justifiées par certaines circonstances
spéciales, ne portent aucune atteinte aux principes généraux que
neus venons d'exposer. Nous ne pensons pas qu'il y ait en France
beaucoup de départements où le métayage se trouve soumis à une
aussi grande uniformité de règles aussi nettement tracées. Le
même formalisme traditionnel préside au louage des domestiques
et journaliers. Nous ne voulons pas dire que nous approuvons absolument toutes les prescriptions usagères, consacrées par le Code
local ; nous aurions peut-être quelques observations à présenter à
cet égard ; mais c'est beaucoup que de savoir positivement, au temps
où nous sommes, à quoi s'en tenir sur chaque circonstance qui
peut se présenter. Nous croyons devoir reproduire, en raison de
leur utilité pratique, quelques-unes des prescriptions qui régissent,
à l'égard des domestiques et journaliers, le métayage aussi bien
que le fermage.

Arrondissement de Marseille : « Les domestiques de ferme
sont gagés au mois, et non à l'année. Il n'y a pas d'époque fixe
pour leur entrée en service. Ils peuvent quitter leur maître quand
ils veulent, en l'avertissant huit jours d'avance. Le maître a le
droit de les congédier aux mêmes conditions. Les grangers, qui
sont attachés à une exploitation rurale, sont loués à tant l'année ;
ils ne peuvent sortir qu'après l'expiration du terme convenu. Ils
doivent donner et recevoir congé le 24 juin, au plus tard. Ils
commencent l'exploitation le 25 décembre, aux fêtes de Noël. »

Arrondissement d'Aix : « Les valets de ferme, dans lesquels
on comprend le tout-œuvre, les bouviers et les bergers, sont engagés pour l'année. Les gages des uns et des autres sont payables
par mois révolus. Dans le canton de Berre, cependant, les gages
des valets de ferme restent aux mains du propriétaire qui les a
loués, comme une garantie des dommages qu'ils peuvent causer
ou de leur départ avant la fin de leur engagement. Ils reçoivent
des à-comptes dans le courant de l'année. Les valets de ferme
entrent le 8 ou le 29 septembre, suivant que les baux de ferme ou
de mégerie commencent à cette époque. Tous les domestiques sont
logés et nourris, et ont droit au blanchissage de leur linge. S'ils
tombent malades, ils subissent sur leurs gages une retenue proportionnelle au temps de la maladie, ou paient un journalier qui
les remplace. Ils paient les honoraires du médecin et les frais du
pharmacien. »

Les bergers sont soumis aux mêmes règles que les valets de

ferme, mais ils ont, en outre, la faculté d'avoir une « Garde. » On appelle ainsi un certain nombre de brebis leur appartenant, proportionné à l'importance du troupeau confié à leur garde. Ils retirent pour eux le produit du croît et de la toison. Le laitage est confondu avec celui du troupeau, et profite au maître. La garde des bergers se nourrit avec le troupeau, ce qui est pour le maître une garantie et un gage de bon service. Quand le berger s'en va, il emmène sa garde avec lui.

Arrondissement d'Arles : « Le louage des domestiques destinés à la culture des terres, connus sous la dénomination de valets de ferme, gardiens de juments, charretiers, bouviers, laboureurs, jardiniers, se fait habituellement pour un an. Quelquefois cependant, on ne les loue que pour le temps des travaux auxquels on les destine. » Le règlement qui leur est applicable, quant aux conditions usuelles et au tarif des journées, est fort ancien, et il est reproduit dans toute sa teneur à la fin du Code départemental. Il y a un certain nombre de prescriptions tombées en désuétude ; mais les conditions relatives aux heures de travail, aux distances à parcourir pour se rendre dans les champs, aux journées perdues et aux diverses occupations de la vie ordinaire, y sont minutieusement décrites.

Indépendamment des valets de ferme, il y a à Arles une classe de travailleurs connue sous le nom de « Journaliers ou Lougadiers, » qui n'est pas soumise au règlement et au tarif. Ils sont payés selon les conventions. Le maître les loue ordinairement pour toute une semaine ou pour quinze jours. Les conditions sont subordonnées à la distance qu'ils doivent parcourir, soit pour se rendre au travail, soit pour revenir chez eux.

Il y a dans le territoire d'Arles deux sortes de bergers : « Les bergers montagniers, » qui, attachés aux grands domaines, conduisent la plus grande partie des troupeaux, «en transhumance,» dans la chaîne des Alpes ; « les bergers estivens, » qui gardent la partie du troupeau restée dans le domaine. Ces bergers se louent, les uns et les autres, à l'année, les premiers dans les premiers jours de mai, les autres le 29 septembre. On les paie, soit en argent, soit en nature, en brebis ou vassières. On désigne ainsi les béliers, moutons, antenois mâles et femelles, et les brebis qui n'ont pas à nourrir des agneaux. La quantité des bêtes qui doivent solder les gages des bergers est fixée, ordinairement 70 têtes. Le produit de ces 70 têtes, soit en agneaux, soit en laine, appartient au berger, qui, en outre, est nourri par le maître.

Appliquez maintenant tous ces usages et règlements aux énormes variations que présentent les surfaces domaniales dans les Bouches-du-Rhône, lesquelles, semblables à celles des métairies moyennes du centre, dans l'arrondissement d'Aix, près de Saint-Remy et de Tarascon, s'étendent jusqu'à 300 et même 600 hectares dans l'arrondissement d'Arles, en Camargue et ailleurs, et se rétrécissent jusqu'aux plus minimes proportions dans l'arrondissement de Marseille ; dites-vous que le métayage s'adapte, par son élasticité, à toutes ces étendues et à toutes les formes culturales ; et vous resterez convaincu qu'aucune autre institution agricole n'est plus propre à féconder le sol et à asseoir la sécurité mutuelle des propriétaires et des exploitants.

§ 8. — Métayage en Corse.

La statistique officielle donne les trois chiffres qui suivent : Propriétaires faisant valoir, 19.348 ; fermiers, 6.310 ; métayers, 3.272. Il y aurait ainsi la moitié autant d'exploitants indirects que de propriétaires exploitant par eux-mêmes. Cette première donnée échappe à notre compétence. Mais il y aurait 2 fermiers contre un métayer, et ici nous devons intervenir. Dans une note qui nous a été remise par M. Gavini de Campile, député et ancien préfet, grand propriétaire en Corse, nous lisons ceci : « Pas ou peu de fermage ; c'est le métayage et surtout le colonage partiaire qui dominent. « Cette déclaration nette contredisant la statistique, nous sommes revenu à la charge. Voici la nouvelle réponse de M. Gavini : « Je m'empresse de confirmer les renseignements que je vous ai donnés. En Corse, le fermage est positivement l'exception. Dans les communes rurales, il n'en existe presque pas ; ce mode d'exploitation n'est usité que dans quelques propriétés comprises dans le territoire des villes d'Ajaccio et de Bastia. Vous pouvez affirmer le fait. » Voici donc une nouvelle rectification à faire dans la statistique officielle.

Nous avons voulu savoir si l'erreur ne venait pas de ce qu'on avait porté au compte du fermage, comme on l'avait fait pour le centre de la France, des métayers employés en sous-ordre. La réponse de M. Gavini est catégorique : « Les fermiers corses travaillent personnellement. Ils n'ont pas de colons à leur service. Ils se servent d'ouvriers à la journée ou à la tâche. » L'erreur ne saurait s'attribuer à une fausse interprétation ; elle est matérielle.

Venons donc au métayage et au colonage partiaire, et voyons quelles sont leurs conditions générales.

« Métayage ou colonage, l'origine du mode d'exploitation par partage des fruits se perd dans les siècles. Il en est de l'île de Corse comme de la Toscane et des Marches, dans l'Italie, comme il en était autrefois du Piémont et du Comté de Nice ; il faut remonter au temps des Romains pour en apercevoir les origines. Le partage des fruits est donc traditionnel et n'a subi aucune modification importante. » Nous retrouvons ici les mêmes données à peu près que sur le littoral des Alpes Maritimes et du **Var**. Le colon est à moitié pour les vignes, restant chargé de tout le travail ; il est également à moitié pour les céréales, si ce n'est que la semence est fournie par le propriétaire ; il est au tiers pour les olives et les châtaignes, dont la culture n'exige que fort peu de travail. Il faut dire cependant que, lorsqu'il s'agit de défrichements, le colon n'arrive pas immédiatement au partage, ou plutôt il n'est appelé à prendre possession du domaine que lorsque le propriétaire est rentré dans ses dépenses par une jouissance directe de plusieurs années. Ce n'est qu'après trois ans d'ordinaire que le domaine est livré au colon.

Il n'y a généralement ni baux, ni réglements particuliers de culture ; les conditions sont annuelles et verbales, et elles se continuent par tacite reconduction, quelquefois de père en fils. Quant à la manière de cultiver, elle est réglée par les usages locaux. D'ailleurs, les domaines constitués n'existent pas partout, et ils ne dépassent guère 10 hectares. Leur cheptel vivant, très variable, est fourni par le propriétaire ; le cheptel mort est apporté par le métayer ; et, lorsque le domaine n'est pas organisé en exploitation régulière, il n'y a pas de cheptel. Il serait donc très difficile de lui attribuer une valeur moyenne. En résumant ces données et toutes les conditions de détail, il est permis de dire que, si le métayage est en vigueur ça et là, c'est, comme il a été dit tout d'abord, le colonage partiaire primitif qui est le plus usité.

Les colons, selon leur situation et leur convenance, entreprennent toutes sortes de culture. Les uns ensemencent et récoltent les céréales ; les autres se chargent des vignes ; ceux-ci ramassent les olives, ceux-là les châtaignes. Mais il arrive fort rarement que ces travaux et récoltes diverses soient réunis dans les mêmes mains. Chacun en prend sa part, selon ses besoins, ou selon le personnel dont il dispose, ou selon son aptitude au travail. Le recrutement de ce colonage facultatif et annuel est assez facile, tandis que les métayers à engagement ferme et con tinu ne se trouvent que difficilement. Il ne faut pas croire, en définitive, que les revenus soient bien assurés dans l'un ou l'autre mode ; le propriétaire corse ne peut être certain de son revenu que lorsqu'il exploite lui-même.

Il y a beaucoup de moyens d'améliorer le métayage et le colonage. « Mais le seul qui serait efficace consisterait à inculquer aux paysans corses l'amour du travail manuel de la terre, auquel ils sont instinctivement rétifs. Aussi les propriétaires qui font valoir directement sont obligés, surtout pour les défrichements et les plantations, de s'adresser à des ouvriers étrangers, qui débarquent au nombre de 10 à 12.000 tous les ans, venant d'Italie. Ces ouvriers, très sobres, dont la journée, nourriture comprise, varie entre 1 fr. 50 et 1 fr. 75, restent ordinairement en Corse depuis le mois de novembre jusqu'au mois de mars. La moitié d'entre eux est occupée aux travaux du Gouvernement, l'autre moitié aux travaux de l'agriculture. »

CHAPITRE CINQUIÈME

TYPES DE MÉTAYAGE DANS LES RÉGIONS VITICOLES

§ 1. — Vignerons-métayers de la Bourgogne.

Nous venons de voir comment les choses se passent dans les grandes régions où le métayage, embrassant les cultures variées, fonctionne d'après ses anciennes traditions ou conformément aux méthodes scientifiques de l'agriculture moderne. Ce n'est, pour ainsi dire, qu'à vol d'oiseau que nous avons saisi nos aperçus ; mais, quelque incomplets qu'ils soient, ils suffisent pour montrer comment l'institution se comporte dans les diverses parties du territoire français où dominent tour à tour la culture des céréales et l'élevage du bétail. Il nous reste à jeter un rapide coup-d'œil sur la situation du métayage lorsqu'il est appliqué aux cultures spéciales, en particulier à la culture de la vigne. Nous commencerons par la Bourgogne, et d'abord le Jura.

Un propriétaire de ce département, habitant Paris, nous avait dit, d'une manière sommaire, que, dans les cantons où était situé son bien, on rencontrait, parmi les cultivateurs qui exploitent la terre d'autrui, un certain nombre de métayers–fermiers, c'est-à-dire des exploitants donnant un prix de ferme fixe et annuel pour le bétail et les cultures diverses, et travaillant la vigne moyennant partage des fruits. Ce fait nous avait semblé d'autant plus remarquable qu'il était à notre connaissance que, dans ces cantons-là, le vin a un certain renom et se vend relativement cher. Nous nous sommes adressé, pour être plus amplement renseigné, à M. Emmanuel Gréa, président du comice de Lons-le-Saulnier et lauréat de la prime d'honneur, parfaitement en mesure, par sa position et son aptitude, de nous faire connaître ce qui se passe autour de lui. Voici le sens et les termes de sa réponse :

« Vous avez été parfaitement renseigné, nous écrit-il, lorsqu'on vous a dit que, dans le Jura, les vignes étaient presque toutes cultivées par le mode de partage des fruits, c'est-à-dire en réalité par voie de métayage, tandis que les terres arables et les corps de ferme étaient généralement affermés à prix d'argent. Il y a cependant des exemples de fermes cultivées par métayers ; j'en ai moi-même deux. Ces cas se rencontrent surtout alors que l'on ne peut trouver des fermiers solvables et pour de petites exploitations, allant rarement jusqu'à 20 hectares. Craignant de ne pas être payés, les propriétaires préfèrent louer à moitié, pour avoir la certitude, en recevant leur part en nature, d'obtenir de leur domaine un revenu quelconque. Mais un pareil métayage est loin de seconder le progrès agricole, et présente, au contraire, l'usage d'une pauvre culture faite par de pauvres cultivateurs. Quand il y a, de par les baux, quelques redevances en argent, il arrive souvent qu'elles ne sont pas payées et que le propriétaire se trouve obligé de faire vivre son colon à ses frais pendant une partie de l'année. » En résumé, le métayage n'est pas usité généralement dans le Jura pour la culture des terres, et ceux des 3,080 métayers qui lui sont attribués par la statistique officielle sur les 43,024 exploitations recensées, et qui travaillent des terres à cultures variées, ne représentent que des exceptions mal combinées, des pis-aller, comme le dit M. Gréa. Il n'en est pas de même des vigne-rons.

« La culture de la vigne a été florissante dans le Jura jusqu'à ces dernières années. Une succession inouïe de mauvaises récoltes l'a beaucoup compromise, et le découragement s'est répandu parmi les colons et parmi les propriétaires. Il faut espérer que ce n'est là qu'un état transitoire. Voyons néanmoins quelles étaient et quelles sont encore les conditions normales de la culture. La base invariablement admise est simplement le partage par moitié des produits ; ce partage se fait d'ordinaire sur la vendange avant cuvaison. Le vigneron paie d'habitude, en principe, la moitié de l'impôt foncier ; on lui retient cinquante centimes par ouvrée de 4 ares, 40 ; ce qui autrefois pouvait représenter la moitié qui était due par lui, mais ce qui en est loin aujourd'hui. Dans certaines localités, le vigneron fournit les échalas ; dans d'autres, c'est le propriétaire qui les paie. Les osiers sont récoltés sur les bords des vignes. C'est ordinairement dans les bâtiments du propriétaire, où logent les vignerons, que se fait le cuvage de leur vin ; quelquefois cependant, chaque vigneron emporte sa vendange chez lui. Lorsque le vigneron est logé par son patron, il doit faire gratuitement pour lui les travaux de cuve. Il y a des endroits où le propriétaire loue au vigneron des champs et des prés, soit à prix d'argent, soit à moitié fruits ; mais, dans ce cas, il ne fournit ni cheptel vivant, ni cheptel mort. La vigne est exclusivement travaillée à bras ; et une famille composée du père et de la mère, si les enfants sont trop petits pour travailler, ne peut guère cultiver plus d'un hectare et demi ou deux hectares. Le lot des familles plus nombreuses est plus considérable.

« Le contrat qui lie les parties est annuel et verbal ; il se renouvelle par tacite reconduction, et prend fin à la Toussaint ou à la Saint-Martin, le 11 novembre. Le vigneron entre ordinairement sans rien apporter, et vit au moyen des avances faites par le propriétaire, qui se rembourse à la vente de la récolte. Quand plusieurs années mauvaises se succèdent, le colon arrive à une grande gêne et finit par beaucoup s'endetter ; c'est ce qui arrive aujourd'hui. Mais le propriétaire n'est pas moins à plaindre, il est privé de revenus et obligé, par surcroît de charge, de faire vivre un certain nombre de familles, qui souvent le quittent sans le rembourser de ses avances. Il est vrai que, lorsque le vigneron est laborieux et voit se succéder un certain nombre de bonnes années, il parvient à acquérir des vignes pour son propre compte. J'ai autour de moi plusieurs exemples de familles entrées chez mon père sans un sou vaillant, et arrivées à une véritable aisance. Mais ces exemples deviennent malheureusement de plus en plus rares ; il y a dix ans que les récoltes sont insuffisantes, et, depuis ce temps-là, les familles sont moins économes et moins nombreuses, les enfants quittant de bonne heure la maison paternelle. il faut ajouter que les grandes améliorations, tels que draînages, constructions de murs, transports de terres, fumures, sont faites par le propriétaire et à ses frais, avec le concours personnel du vigneron. » Tels sont les principaux traits du métayage appliqué aux vignes dans le Jura. Il en est à peu près de même dans la Haute-Saône, comme nous l'écrit M. le marquis d'Andelarre, ancien député et membre du Conseil de la Société des Agriculteurs.

Nous n'entrevoyons dans ces énoncés aucun détail qui s'éloigne ouvertement de ce qui a lieu ordinairement dans les domaines à partage de fruits ; d'où il nous paraît démontré que la culture de la vigne ne présente par elle-même aucune incompatibilité avec le métayage. Que la division ait lieu sur le raisin ou sur le vin, avant ou après la cuvaison, c'est toujours le partage des fruits qui est la base du système. Le propriétaire, aussi bien que le vigneron, n'a du revenu que dans la mesure que donnent les circonstances naturelles et le travail de l'exploitant. Ce qui nous paraît ressortir de la description faite par M. Gréa, c'est que le métayage appliqué à la culture de la vigne, dans le Jura, est

aussi mal organisé qu'il l'est dans la plus grande partie de nos
autres provinces ; que le vigneron n'a pas plus d'avances que les
métayers opérant sur les cultures variées ; et que le propriétaire,
privé lui-même de capitaux ou ne rencontrant aucune garantie
sérieuse dans les travailleurs annuels qui s'offrent à lui, s'abstient
d'améliorer le sol et vit, en quelque sorte, au jour le jour comme
ceux qu'il emploie momentanément. Ce n'est donc pas le métayage,
là encore, qu'il faut rendre responsable de l'insuccès, mais la manière dont il est organisé.

Ce qui nous semble devoir être relevé en particulier, c'est la
différence des procédés d'exploitation en matière de terres et
prairies, d'une part, et de vignes, de l'autre. Nous voyons que, là
où il y a des cultures variées et des animaux de rente, l'exploitation se fait par le fermage, tandis que les vignes sont exploitées
par le métayage. Pourquoi cette différence? Nous comprenons
fort bien que le propriétaire, ne voulant pas faire travailler ses
vignes directement, prenne des vignerons à moitié fruits et conserve par là un droit de direction et de contrôle intéressé. Mais
pourquoi se dessaisir de ce droit, alors qu'il s'agit de fourrages et
de bétail, là où l'œil du maître peut seul produire une amélioration successive et durable, dans le cas où les vignes adjacentes,
faisant partie des mêmes petits corps de biens, sont précisément
soumises au partage des fruits. Il y a dans cette double manière
d'opérer une opposition intentionnelle, que nous ne nous expli-
quons pas et qui nous paraît illogique. Nous sommes convaincu
que, tout en conservant de petits vignobles, propres au travail
d'une famille responsable, il conviendrait de les compléter par une
constitution régulière, en leur adjoignant une proportion déterminée de terres arables et de prés, qui pourrait être cultivée à
moitié fruits, sans grande augmentation de frais et avec la même
surveillance, et donnerait une somme plus élevée de produits, au
double profit du propriétaire et du vigneron. Nous ne saurions
approuver, au point de vue des intérêts agricoles, pas plus dans
le Jura que partout ailleurs, ce va-et-vient cultural, se renouvelant chaque année et n'ayant aucune base certaine.

La question de l'application du métayage à la culture de la
vigne a été traitée, en 1869, par le Congrès viticole de Beaune, où
M. le vicomte de Saint-Trivier a présenté un rapport à cet effet.
« La rareté de la main-d'œuvre, lit-on dans ce rapport, l'augmentation toujours croissante des salaires, et les rapports chaque jour
plus difficiles entre le propriétaire et l'ouvrier, font de ces ques-

tions l'un des problèmes les plus importants de notre époque. Quelle est à cet égard la situation du propriétaire, quelle est celle du vigneron? N'y a-t-il pas moyen d'intéresser ce dernier au succès de la culture par l'association?» Ici, ce n'est pas une constatation d'état que l'on fait, c'est un moyen que l'on recherche, c'est un conseil qu'on veut donner. Et n'oublions pas que, lorsque le congrès de Beaune s'est réuni, les circonstances étaient moins urgentes qu'aujourd'hui. La guerre n'avait pas terrassé le pays ; les passions sociales, bien qu'en mouvement, n'avaient pas pris ce caractère de pression brutale qui conduit aux révolutions. On pouvait prévoir la crise, on ne la subissait pas.

Nous savons ce qu'est le métayage. Une association complète du capital, de la force et de l'intelligence. Le propriétaire fournit le capital, argent, bâtiments, terres, tout ou partie du matériel, le fonds de roulement pour l'exploitation; le vigneron apporte sa force et son travail. Tous deux y joignent leur part respective d'intelligence, l'un en donnant des conseils, résultat de ses études et de son instruction, l'autre en retenant ces leçons, en les réalisant, de manière à arriver de concert au progrès, au succès, à la plénitude du revenu. Voilà bien le métayage. Est-il applicable à la culture de la vigne? « Oui, répond le rapporteur ; et je le dis avec une conviction d'autant plus grande, ajoute-t-il, que le métayage a fait depuis un temps immémorial la fortune des vignobles du Beaujolais. Dans ce pays-là, le vigneron est profondément attaché au sol. Aussi n'est-il pas rare de rencontrer des familles cultivant le même vigneronnage depuis plusieurs centaines d'années ; et, chaque fois qu'il s'agit d'en établir de nouveaux, le propriétaire n'a que l'embarras du choix. »

Comment se constitue le vigneronnage du Beaujolais, ou plutôt le métayage appliqué à la culture de la vigne? Et d'abord le vigneronnage n'est pas identique partout ; mais, pour qu'il soit productif à la fois pour le vigneron comme pour le maître, « il est indispensable qu'il ait assez d'étendue pour subvenir largement aux besoins d'une famille, et qu'il n'en ait pas une assez considérable pour nécessiter l'emploi de bras étrangers. » C'est précisément, à quelques termes près, la formule que nous recommanderons pour l'étendue des domaines livrés aux cultures diverses. Quant aux coutumes du vigneronnage ou métayage du Beaujolais, qui ont pour elles la sanction du temps et qui ont résisté aux bouleversements du siècle dernier, coutumes qui sont restées invariables dans le bassin de la Saône, « elles sont excessivement simples et s'exécutent religieusement de part et d'autre, sans bail écrit. »

Ces coutumes se résument ainsi : « Le propriétaire donne le vigneronnage complet au vigneron ; il paie les impôts, la moitié de la paille, des fourrages, des engrais et des échalas à acheter ; il fournit les cuves, les pressoirs ; il fait généralement les frais du fonçage et de la fumure, lorsque l'on convertit pour la première fois une terre arable en vigne ; il fournit l'engrais nécessaire, lorsque le vigneron replante un terrain qui avait été précédemment en vigne. Dans les parties qui avoisinent les montagnes, il donne le bois nécessaire au chauffage de la famille. Le vigneron, de son côté, est chargé de toutes les cultures et façons des vignes, des vendanges, des pressurages, de la mise en tonneaux, de tous les transports de terre, paille, fumier, échalas, raisins, vases vinaires et matériaux pour réparations et entretien. Il fournit le bétail et tout le matériel d'exploitation. Il arrache les vignes trop vieilles, et, après quelques années de repos, il unit le terrain à nouveau et le replante à ses frais. Il doit aux terres, prés et vignes, tous les fumiers, terreaux et pailles du vigneronnage. » Ces coutumes ont été confirmées, pour le moment présent, par M. le comte de Chénelette, correspondant de l'enquête pour le Haut-Beaujolais.

Moyennant ces obligations respectives, tous les produits sont partagés par égales portions, à la récolte. « Les foins étant consommés sur place et le croît du bétail appartenant en entier au vigneron, ce dernier donne au propriétaire, en représentation de la somme qui devrait lui revenir, une redevance proportionnelle en argent, poulets, œufs, beurre et fromages, redevance que l'on nomme basse-cour. » Remarquons qu'ici le bétail n'est qu'un accessoire, c'est le vin qui est le fondement et le but de l'exploitation. Quant au mode de partage, voici comment les choses se passent : « Tous les raisins des divers vigneronnages d'un même domaine sont apportés au cuvier central ; chaque vigneron emplit séparément des cuves, et le vin est partagé au moment du décuvage. Les marcs sont distillés pour en faire de l'eau-de-vie, et bouillis pour en retirer le tartre. Le tartre appartient au propriétaire, et l'eau-de-vie est partagée dans une proportion qui varie selon les conventions. »

La tacite reconduction est en usage dans le Beaujolais. Il n'y a pas de bail écrit, et le vigneron peut être congédié chaque année, le 11 novembre, par un avis donné trois mois auparavant. Cette coutume est regardée, dit-on, comme nécessaire pour prévenir les abus du vigneron, et le forcer, par la crainte du renvoi, à travailler la vigne en conscience. Nous sommes loin d'être partisan de la brièveté des baux ; nous n'entrevoyons rien dans le travail de la vigne qui soit de nature à modifier notre opinion. Nous estimons, au contraire, que les soins délicats qu'exige la vigne nécessitent plus encore qu'ailleurs, si c'est possible, la prévision d'un bail de longue durée. Par là, le vigneron, sûr de jouir longtemps des fruits de son travail, ne sera porté ni à mal tailler les ceps, ni à épargner son travail.

On nous dit pour les vignerons ce qui nous a été dit pour les métayers des terres arables : « Malgré le pouvoir exorbitant du renvoi, retenu par le propriétaire, la meilleure entente règne entre lui et ses vignerons. Le fils ou le gendre succède au chef de famille, et il n'est pas rare de trouver des familles qui sont dans le même vigneronnage depuis des centaines d'années. Le vigneron se regarde comme chez lui dans son petit domaine, parce qu'il sait que le propriétaire ne le renverra que pour une raison majeure ou pour le fait de mauvaise culture. » Il sait, d'un autre côté, que son vigneronnage est suffisant pour subvenir aux besoins de sa famille, et il se garderait bien de se retirer lui-même ou de donner contre lui de graves causes de mécontentement. « Un vigneronnage, en Beaujolais, se compose, en moyenne, de trois hectares de vignes, deux hectares de prairies, quelquefois deux ou quatre hectares de terres arables. » Comme presque tout le travail se fait à la main, et que les produits sont relativement abondants, le vigneron « sait parfaitement qu'il peut, grâce à un travail intelligent, non seulement se nourrir, lui et les siens, mais réaliser assez d'économies pour pouvoir doter ses enfants après quelques années de jouissance. »

Le vigneronnage, ainsi réalisé, nécessite une mise de fonds plus considérable que la régie directe, parce qu'il faut fournir au vigneron une maison d'habitation et ses dépendances. « Mais, cette dépense soldée, la perfection du travail fait par la famille est tellement supérieure à celle qui résulterait du travail d'ouvriers à gages fixes que l'on couvre promptement ses premiers frais et que l'on obtient des bénéfices importants. » On ne saurait donc insister trop fortement sur les avantages du métayage appliqué à la vigne. Réalisé dans de bonnes conditions, « on peut dire qu'il rend, en force productive et en résultats, au moins le double du travail mercenaire, qui est toujours fait mollement, parce qu'il manque de stimulant et d'intérêt. » Et il y a plus : « Appeler le vigneron au partage de la récolte, c'est ajouter le ressort moral à ses forces physiques ; » c'est le relever à ses propres yeux, en solidarisant ses intérêts avec ceux du détenteur du sol ; c'est doubler son activité, en lui faisant entrevoir, avec le rehaussement de sa dignité, une part plus grande des fruits de son travail.

Les conditions du vigneronnage étant nettement établies pour le Jura et pour le Beaujolais, il devenait intéressant de rechercher comment la culture de la vigne était traitée, en fait d'exploitation, dans le reste de la Bourgogne, en particulier dans la Côte-d'Or, dont les vins jouissent d'une si grande renommée. Nous savions que la statistique officielle accuse, pour ce département, 3,598, soit 3,600 métayers ; nous savions par M. Bordet, ancien député, que, dans tous les cantons de céréales, le métayage était out à fait inconnu; nous savions encore, d'une manière certaine, que les propriétaires des grands crus ne partageaient pas leurs vins et faisaient cultiver leurs vignes à leurs propres frais. Il fallait donc reporter les 3,600 métayers énoncés à l'arrondissement de Beaune. M. le comte de Saint-Seine, président du comité central d'agriculture de la Côte-d'Or, a bien voulu se livrer à une enquête départementale à ce sujet, et voici les résultats de cette enquête:

« Renseignements pris dans tout le département, dit M. le comte de Saint-Seine, le métayage agricole n'y existe qu'à l'état d'exception, si rare qu'il ne vaut pas la peine d'en parler. Et, de plus, les quelques échantillons de la chose qu'on pourrait rencontrer ne se rapportent que mal à un type commun. C'est bien décidément, comme vous le pensez, à la seule culture de la vigne que se rattachent les soi-disant métayers qu'enregistre la statistique. Eh bien! Chose singulière! Dans ce pays, on peut citer à peine un seul domaine en vigne qui soit exploité en forme par le métayage. Le célèbre domaine de l'hôpital de Beaune est le seul, à ma connaissance. » C'est également l'avis de M. le vicomte Vergnette de la Motte, lauréat de la prime d'honneur et correspondant de l'Institut, qui habite près de Beaune.

Il est certain, cependant, qu'il existe encore un assez grand nombre de pièces de vigne cultivées à moitié. Mais ceux qui les cultivent peuvent-ils être intitulés métayers? se demande M. de Saint-Seine. « Tout bien considéré, dit-il, je réponds non; et j'en conclue que la statistique officielle se trompe. L'homme qui, propriétaire de vignes lui-même, loge dans sa propre maison, y exerce quelquefois un métier, et qui prend à moitié quelques parcelles de vigne, tantôt à l'un, tantôt à l'autre, ne saurait être un métayer. Y a-t-il quelque fixité, dans les baux, de l'arrangement qui le lie au propriétaire? Non. La formule à moitié subsiste ; mais, en réalité, il n'y a ni partage d'avances, en fait de fourniture d'engrais et de pessaux ou échalas, ni souvent partage égal des fruits ; la même vigne est cultivée cette année à moitié, l'an prochain, elle sera travaillée à façon. Du reste, il est bon que vous sachiez que nous traversons ici une période de tâtonnements, dont il n'est pas facile de prévoir l'issue. Nous cherchons, sans bien savoir ce qui adviendra en définitive. »

M. le comte de Saint-Seine a raison. Le vigneronnage de la Côte-d'Or n'appartient pas au métayage pur ; mais il appartient, par le partage des produits en nature, au colonage partiaire, et il est traité comme les pièces détachées et parcelles du Centre et du Midi, où tantôt les terres arables, tantôt les prairies, sont cultivées à partage, soit à l'année, soit à la saison. Et, comme le partage des fruits est le signe distinctif de l'institution, on peut comprendre le vigneronnage de la Côte-d'Or dans les sphères générales du métayage, à titre de variante du colonage partiaire, comme le vigneronnage du Jura, et, dans un sens plus étendu, le vigneronnage du Beaujolais. Nous ne voyons pas d'autre conclusion.

Les choses se présentent sous une nouvelle forme dans la Haute-Saône. M. le marquis d'Andelarre nous avait déjà fait savoir que le métayage n'avait lieu dans ce département que pour la culture de la vigne. M. Jobard, sénateur et président du comice de Gray a bien voulu nous faire pénétrer dans les détails : « En indiquant 3.121 métayers pour la Haute-Saône, nous écrit-il, je ne crois pas que la statistique ait donné un chiffre exact. Je suppose qu'elle aura compris sous son chiffre les baux à ferme qui se paient en nature, blé ou avoine, lesquels, généraux autrefois dans le pays, se transforment de jour en jour en baux en argent. Si cela est, c'est une erreur ; car le bail en nature est un bail à quantité fixe et invariable, qui n'implique aucun partage entre le propriétaire et celui qui cultive la terre. »

La propriété est fort divisée dans la Haute-Saône, plus encore dans les cantons viticoles qu'ailleurs. La culture des vignes se fait, en partie, par ceux qui les possèdent avec l'aide de leurs familles, en partie par des vignerons à moitié fruit, ou quart fruit et quart argent, presque tous concentrés dans l'arrondissement de Lure. Mais ce mode, qui était à peu près général il y a 40 ans, tend chaque jour à disparaître. Les jeunes vignerons préfèrent un paiement en argent, qui leur assure la rétribution annuelle de leur travail à l'éventualité de récoltes qui manquent souvent ou sont réduites à la suite de gelées printanières. Les propriétaires qui ne travaillent pas eux-mêmes sont bien obligés d'accepter ce système,

quoiqu'il revienne plus cher ; mais, en revanche, ils sont sûrs
que leurs vignes ne sont pas abandonnées, comme elles l'étaient
par les vignerons à moitié, qui, après la gelée, allaient chercher
dans d'autres travaux le salaire nécessaire à leur existence et à
celle de leur famille. Le travail revient, du reste, selon les diverses
localités, de 12 à 15 francs l'ouvrée de 24 à l'hectare, ce qui porte
le prix de l'hectare de 288 à 360 fr., avec un supplément pour les
fosses, repiquages et recouchages. »

Dans la Haute-Saône, ajoute M. Jobard, « la culture des céréales est toujours plus ou moins mêlée à celle de la vigne, qui est
en plus ou moins grande quantité, selon la constitution du sol, les
accidents du terrain, l'éloignement ou le voisinage des cours d'eaux.
Il en résulte que les vignerons, dont un ménage ne peut cultiver,
quand il est bon travailleur, au delà de 1 hectare 1/3 de vignes,
trouvent toujours à leur portée des travaux de culture, tels que
les fenaisons et les moissons, qui augmentent leurs profits et améliorent leur condition. »

§ 2. — Culture de la vigne dans le Centre

Nous avons reçu de M. Du Clozel, qui habite près de Gannat,
une note sur la culture de la vigne dans le département de l'Allier.
Cette note, très précise, rendant parfaitement compte de ce qui se
passe à propos des vignes dans la région du Centre, nous croyons
devoir en reproduire les traits principaux, en suivant les questions
de l'enquête.

1°. « Les baux relatifs à la culture de la vigne sont-ils analogues aux baux de métayage ? » En général, les vignes de l'Allier
sont cultivées par des colons partiaires, qui sont régis par les
conventions du métayage. Tantôt les vignes sont réparties entre
les métayers qui exploitent les domaines de la même propriété,
tantôt elles sont données à colonage à des vignerons qui ne sont
pas logés par le propriétaire, et qui, en dehors du travail de la
vigne, sont employés comme journaliers. Il y a des propriétés qui
sont aménagées en vue de ce mode de culture. Elles sont divisées
en petites locatures de 4, 6 ou 8 hectares, dont une partie est
plantée en vignes pour une durée de 40 ou 50 ans ; et le surplus est
consacré à la culture de céréales et des fourrages, chacune de ces
locatures nourrissant quelques vaches. Ce sont, à part les vignes,
les borderages du Limousin.

Il est à remarquer que ce mode d'exploitation paraît être le plus favorable à la bonne tenue des vignobles. Dans les conditions où il se trouve, le vigneron ne cherche pas du travail au dehors ; il est sûr d'en trouver sur place, près de la vigne qui lui est confiée ; et il n'est pas absorbé par d'autres cultures, comme le métayer qui exploite un domaine étendu. La culture des céréales n'est pour lui que l'accessoire, le peu de bétail qu'il a est soigné par sa femme. Et ainsi toute son intelligence et toute son activité sont tournées vers la culture de la vigne, qui est la principale pour lui et la plus lucrative. C'est aux environs de Saint-Pourçain et de Chantelle que ce mode d'exploitation par locatures est le plus fréquent, c'est-à-dire dans la contrée spécialement connue sous le nom de « vignoble. »

2° « Les baux contiennent-ils quelques dispositions particulières ? » Lorsque la vigne fait l'objet unique ou principal du bail, on s'en tient le plus souvent à des conventions verbales ou aux conditions établies par la coutume. Le propriétaire, qui fait planter une vigne, supporte les premiers frais de culture, de plantation et d'amendement du sol ; il indemnise le vigneron des soins donnés par lui à la vigne pendant les quatre premières années, où elle est improductive, et meuble la vigne d'échalas. A partir de la cinquième année, le produit est partagé, et les frais sont supportés par moitié, c'est-à-dire que le propriétaire et le vigneron paient chacun la moitié des engrais et des échalas nécessaires au renouvellement de ceux qui sont usés. Le vigneron donne à la houe toutes les façons ; il répand le fumier, généralement conduit par les attelages du maître ; il taille les ceps et les ébourgeonne ; il fait la vendange. Il garde les sarments et les vieux échalas ; et l'impôt foncier est, en général, à la charge du propriétaire.

Le bail est annuel, et indéfiniment renouvelable par tacite reconduction, chacune des parties pouvant y mettre fin en donnant congé avant la vendange. Telle est la coutume générale ; mais la difficulté de trouver de bons vignerons ou de les remplacer amène souvent, dans la pratique, des dérogations aux conventions faites. Dans les mauvaises années surtout, le propriétaire, pour encourager ses vignerons, paie plus qu'il ne doit le faire et supporte quelquefois la totalité des frais ; et encore a-t-il peine à obtenir un travail convenable, lorsque la vigne n'est pas de bon rapport.

3° « Le métayer est-il à moitié fruits ? Y a-t-il une autre base de partage ? » Le vigneron est ordinairement à moitié fruits ; et, quand il s'agit de bail à colonage, comme il a été dit, l'on ne con-

naît pas d'autre base de partage ; si la vigne fait partie d'un do
maine affermé, elle est louée aux mêmes conditions que le reste de
la terre. Toutefois, il y a de petits fermiers qui prennent en ferme
les terres d'une locature, tout en cultivant à moitié les vignes qui
en dépendent. C'est une mauvaise combinaison pour eux ; car, le
prix du fermage étant calculé sur la valeur de l'ensemble de l'exploitation, ils se trouvent privés par cette clause des meilleures
chances de gain. Elle n'est guère pratiquée que par des paysans,
qui trouvent le moyen d'en tirer un revenu plus élevé que celui
qu'ils percevraient en cultivant eux-mêmes, en faisant tous les frais.

On trouve encore quelques vignes cultivées à façon, c'est-à-
dire que l'exploitant qui les cultive à l'année reçoit une rétribution fixe en argent. « Il fait tout le travail, sauf celui de la vendange, et reçoit habituellement 10 fr. par œuvre de vigne, c'est-à-
dire 260 fr. par hectare. » Ce n'est là qu'un mode exceptionnel. Le
colonage partiaire est resté la pratique générale dans le pays.
Mais il faut dire que, dans les communes qui ne font pas partie de
ce qu'on appelle le vignoble, la culture de la vigne n'a pas suivi
la marche progressive qui a signalé depuis vingt ans les autres
cultures. Beaucoup de vignes ont été arrachées et n'ont pas été
replantées. Les vignerons cultivent assez bien, mais la moindre
gelée les décourage et ils délaissent la vigne ; le produit de l'année
suivante s'en ressent. Que surviennent deux ou trois années mauvaises, et les vignes dépérissent jusqu'à ce que l'arrachage devienne nécessaire. Il est à craindre que l'élévation constante des
salaires n'amène la cessation d'une culture qui exige beaucoup
de main-d'œuvre ; on pourrait la maintenir peut-être en subs-
tituant le travail des animaux à celui des hommes, là où il n'y a
pas à faire œuvre d'intelligence. Mais, pour arriver là, il faudrait
une véritable transformation de vignobles, et rien ne saurait la
faire prévoir.

Dans tous les départements du Centre, où la vigne n'est, pour
ainsi dire, qu'un accessoire cultural, on retrouve plus ou moins les
conditions variées que nous venons de décrire : Vignes distribuées
entre les métayers d'une même propriété, lorsque leur étendue
n'est pas considérable ; locatures, composées de terres, prés et
vignes, confiées à des vignerons logés ou non logés, qui cultivent les vignes à partage de fruits et travaillent le reste à
façon ou à titre de journalier, pour le compte direct du propriétaire ; domaines exclusivement plantés en vignes et livrés à des
vignerons-métayers, comme dans le Beaujolais et le Jura. On

trouve çà et là, en particulier, dans le Bas-Limousin et la partie adjacente du Périgord, une quatrième variété d'exploitation viticole, qu'on pourrait appeler le « morcellement viticole. »

Lorsque le propriétaire se trouve placé au centre d'une population nombreuse, il a quelquefois intérêt à pratiquer le système parcellaire, c'est-à-dire à diviser ses vignes en lots plus ou moins étendus et à les confier, soit à l'année, soit pour une période donnée, aux petits vignerons qui l'entourent. Ayant un domicile à eux, possédant les instruments nécessaires, ces vignerons s'engagent à faire tout le travail nécessaire, y compris la vendange, qui se transporte au cuvier du propriétaire, moyennant la moitié de la récolte, quelquefois les 2/5 seulement, lorsque le vin est bon. On prétend que ce mode est assez avantageux ; mais il faut nécessairement que le propriétaire réside sur place et exerce une grande surveillance. Nous ne pensons pas, dans tous les cas, qu'il puisse être généralisé et appliqué à une contrée entière ; il faut pour qu'il puisse prospérer, que la population soit condensée, et que le morcellement soit arrivé à ce degré d'émiettement où chaque travailleur est dans l'impossibilité de subvenir aux besoins de sa famille avec les ressources de la parcelle qu'il possède.

§ 3. — Culture de la vigne dans la région méridionale.

La culture de la vigne est exceptionnelle dans le Centre ; elle est fondamentale dans la région méridionale, elle est l'une des bases principales des revenus du sol. Il en résulte que le phylloxera, en s'attaquant aux vignes, et en les détruisant totalement dans quelques localités, a mis le désordre dans les exploitations rurales. Dans la première période du fléau, le découragement s'est emparé des populations viticoles ; et, tandis que les savants s'ingéniaient à trouver les moyens les plus prompts et les plus efficaces pour combattre l'ennemi imperceptible et insaisissable des vignerons, ceux-ci, ne sachant que faire, arrachaient les vignes, sans trop rechercher ce qu'ils feraient désormais de leurs terres inopinément dégarnies ; car ce n'est pas chose facile que de remplacer par des cultures improvisées une culture traditionnelle qui avait concentré toutes les aptitudes agricoles d'un pays entier, et à laquelle tous les autres produits servaient d'accessoire et de complément.

Mais le temps a marché ; et, avec le temps, qui est le grand modérateur des passions humaines et des désillusions, les craintes, sans se dissiper, ont perdu de leur intensité. Les propriétaires et les vignerons regrettent toujours le passé, mais ils ne désespèrent plus autant de l'avenir; et, comptant un peu moins sur des remèdes qui tardent à venir, ils se sont repris à compter sur eux-mêmes et à replanter, comme dans l'Hérault et Vaucluse, à défoncer de nouveaux terrains, comme dans la région centrale et occidentale de l'Aude, à faire venir à grands frais, dans toutes les localités atteintes par le fléau, des plants américains, qu'on dit inaccessibles au phylloxera. La crise que viennent de traverser le pays des vignes n'aura-t-elle été qu'un temps d'arrêt, ou le terrible animalcule, qui s'est joué jusqu'ici de tous les efforts de la science, restera-t-il le suprême vainqueur? C'est le secret de Dieu.

Quoiqu'il en soit, et sans nous arrêter davantage à l'oïdium, dont on ne parle plus, et au phyloxera, dont on parle peut-être un peu trop, nous devons rechercher et établir en peu de mots comment se pratique la culture de la vigne dans les exploitations à moitié fruits de la région méridionale. Le premier trait qui nous frappe est le soin jaloux avec lequel les propriétaires des grands crûs, des vignobles de seconde renommée, ou même des vignobles en possession d'une vente commerciale assurée, refusent tout partage de leurs vins. C'est à leurs frais, par des ouvriers soldés et surveillés par eux ou leurs agents directs, qu'il font planter les vignes, exécuter tous les travaux qui les concernent, faire la taille des ceps, planter les échalas, pratiquer les épamprages, trier les grappes par espèces, diriger le cuvage, la mise en pièces, toutes les manipulations que nécessitent la préparation des vins et leur entretien. Le métayage n'a rien à y voir.

Le métayage n'intervient que là où la culture de la vigne n'est pas impérieuse et absorbante, là où les vins sont de qualité commune, là où les frais, qui sont à peu près les mêmes partout, ne sont pas suffisamment remboursés par le prix de vente, là enfin où la culture de la vigne n'est qu'une annexe des cultures domaniales. Dans ces divers cas, les propriétaires se décident au partage. Le partage se fait ordinairement à moitié, c'est le principe ; mais la proportion de fait, qui est fixée par les usages locaux lorsqu'elle ne résulte pas de conventions particulières, dépend tour-à-tour de la qualité des produits et des prix de vente commerciale, du plus ou moins de facilité des travaux d'entretien, de la nature et de l'élévation des frais, échalas, engrais, transports de terres ; de sorte que le vigneron-métayer ne reçoit que les deux cinquièmes, ou le tiers du produit, le quart même, lorsque le prix de vente est suffisamment rémunérateur, tandis que, dans des localités fort rapprochées, mais moins favorisées, il obtient la moitié. C'est en tout lieu, une question de mesure, qui tend à consacrer et vivifier le principe de l'égalité du partage, partage des frais et partage des produits.

Si nous voulons ramener les observations qui précèdent à la description géographique, nous verrons, par exemple, que, dans le Sud-Ouest, toutes les vignes du bassin de la Gironde et de la Basse-Garonne, formant ce qu'on appelle communément le Bordelais, c'est-à-dire les arrondissements de Bordeaux, de Blaye et de Libourne, sont soumises à l'exploitation directe. Ce n'est que vers le sud de la Gironde, ainsi que nous l'avons remarqué, vers la Réole, et surtout vers Bazas, que commencent les exploitations indirectes, par voie de partage des fruits, modes culturaux qui s'étendent de là dans toutes les directions, vers les Landes et les Basses-Pyrénées, vers le Lot-et-Garonne et le Tarn-et-Garonne, vers la Dordogne, et, remontant vers le nord, vers la Charente et la Charente-Inférieure. Le Bordelais forme ainsi un centre privilégié.

Ce n'est point que la régie directe ne se soit imposée, par la spécialité des produits ou leur renommée, à certaines circonscriptions comprises dans ce vaste rayonnement, en particulier l'arrondissement de Cognac et les arrondissements voisins, où le vin se transforme en eau-de-vie, aussi bien que l'ancien Armagnac, qui fait partie du Gers. Il y a encore quelques circonscriptions moins étendues, où, par suite de circonstances toutes locales, la régie directe est pratiquée : Nous citerons volontiers les côteaux de Jurançon, dans les Basses-Pyrénées, les dépressions de Montfort, dans les Landes, les côteaux de Bergerac et de Saint-Pantali, dans la Dordogne, comme nous aurions pu citer les meilleurs cantons du Lot, en parlant de la culture des vignes dans le Centre, les côteaux qui bordent la Loire dans son cours moyen, vers Beaugency et vers Tours, surtout vers Saumur.

La culture de la vigne présente les mêmes caractères dans le Sud-Est, où les vins des côtes du Rhône forment, aux mains des propriétaires, des réserves directes et sont rarement soumis au partage, tandis que, dans tout le reste de la région, nous retrouvons des vignerons-métayers, recevant la moitié des produits ou des proportions variant suivant l'élévation des frais ou la valeur des vins. Il y a également des circonscriptions restreintes, qui, par la bonne réputation de leurs vins, échappent au partage, comme la presqu'île de La Malgue, près de Toulon, les pentes de Cassis et les côteaux de Roquevaire, dans les Bouches-du-Rhône, et quelques autres localités.

Dans le Midi central, il en est de même, bien que les vins n'aient pas, en général, la même renommée et la même valeur. Il est tout naturel que les propriétaires des crûs de Lunel, de Frontignan et de Saint-Georges, dans l'Hérault; des crûs de Rivesaltes, de Grenache et autres, dans les Pyrénées-Orientales ; de Limoux, dans l'Aude, se refusent à tout partage et fassent valoir à leurs frais. Mais la régie directe s'étend à toutes les vignes de Narbonne, de Béziers, et des autres arrondissements et cantons du bassin de la Méditerranée. Ici, ce n'est plus la qualité qui est le motif déterminant, c'est la quantité. Tous les vins communs de cette région féconde, connus sous le nom de vins de Narbonne, servent de base aux mélanges qui alimentent le commerce de la capitale et des grands centres de population, ainsi qu'aux fournitures d'ordre public. Comme les débouchés sont très nombreux, comme la vente est facile, les propriétaires trouvent leur profit à conduire eux-mêmes leurs exploitations et à ne pas partager. Les cultures à partage ne se retrouvent que plus avant dans les terres, dans le Tarn, le sud de l'Aveyron et les localités qui, par leur position, ne peuvent pas participer directement au mouvement commercial des vins de Narbonne.

Le second trait qui nous frappe, dans la culture de la vigne, c'est que, là où les propriétaires ne font pas cultiver directement leurs vignes, ils ne songent nullement à les affermer à prix fixe, à les confier à des exploitants maîtres de leur action. Nous n'avons rencontré, dans tous les documents de l'enquête, qu'une seule exception nettement articulée ; c'est dans le rapport de M. Pacaud, correspondant de Rochefort, Charente-Inférieure. Il est possible qu'il y en ait quelques autres ; mais la réserve des propriétaires, à cet égard, est facile à expliquer. Les procédés de culture, la proportion et la nature des engrais, surtout la taille, plus ou moins habile ou faite à propos, influant puissamment sur la durée des ceps et sur leur rendement, qui peut être développé momentanément aux dépens de l'avenir par des exploitants peu consciencieux, les propriétaires, lorsqu'ils n'emploient pas des ouvriers soldés, tiennent à ne pas se dessaisir complètement de l'autorité; et, dès lors, ils préfèrent à des fermiers, qui échapperaient à leur impulsion, des exploitants intéressés, qui acceptent volontiers leur contrôle, et que la solidarité maintient dans les voies de la modération et de l'honnêteté culturale. Voilà pourquoi nous rencontrons de toutes parts tant de vignerons-métayers, non seulement dans la double région du Sud-Ouest et du Sud-Est, mais aussi dant toute la vallée de la Saône, dont nous avons présenté la description sommaire.

Le dernier trait à relever se rapporte à la manière de cultiver la vigne. Il y a dans toute la région méridionale, comme dans le Centre et dans la Bourgogne, des propriétés plus ou moins constituées, qui forment des corps de biens spéciaux et qui absorbent le temps et les forces d'une famille ; c'est-à-dire qu'il y a, dans la réalité du terme, des vignerons-métayers. Mais il y a également et peut-être en plus grand nombre, des métairies qui possèdent à la fois, des champs, des prés, des bois, des pacages et des vignes, comme nous en avons signalées dans le Bazadais, et dans beaucoup d'autres localités, en particulier, dans la Touraine et le Limousin. Nous ne sommes nullement partisan de cet amalgame de cultures, nous le répétons.

Nous concevons fort bien, lorsque nous parlons de cultures variées, qu'il faille y comprendre des terres de toute nature et des produits directs et indirects ; mais, dans nos idées, nous faisons toujours abstraction des vignes, à moins qu'elles ne soient plantées en lignes espacées, laissant entr'elles de larges bandes où le bétail peut circuler et dans lesquelles la culture des céréales, des racines et des plantes fourragères, est lucrative. Dès que les terres consacrées aux vignes, sont en pente et lorsque les plants sont rapprochés et occupent des planches contiguës, nous estimons qu'elles ne peuvent être fructueusement livrées aux métayers chargés d'une multitude d'autres travaux. La culture de la vigne est trop exigeante, trop casuelle, pour pouvoir admettre, quand elle est tant soit peu importante, des retards ou des préoccupations d'un autre genre. A notre sens, on peut être vigneron-métayer avec profit ; mais on ne saurait être à la fois métayer et vigneron, et remplir exactement les devoirs qu'entraîne la double situation.

La condition générale qui ressort de cette étude sur la culture de la vigne, appliquée au métayage, étude que nous aurions pu étendre à toutes les cultures spéciales, c'est qu'aucune autre institution agricole ne se prête avec autant de souplesse et de largeur à toutes les natures de travaux, à toutes les directions, à toutes les rotations domaniales, que celle où le partage des fruits solidarise les intérêts du propriétaire et ceux du métayer, les associe l'un à l'autre, et fait de leur association une des unités les plus logiques, les plus compactes et les plus fécondes, si l'on veut et si l'on sait s'en servir.

TROISIÈME PARTIE

CHAPITRE PREMIER

MONOGRAPHIES DU MÉTAYAGE DRESSÉES AU POINT DE VUE DU PROPRIÉTAIRE

§ 1. — Monographies de métayers dans l'Allier.

Avant de passer au dépouillement de l'enquête et de dresser les tableaux synoptiques des constatations de fait envoyées par les correspondants, nous croyons devoir reproduire, sous forme de monographies, les communications qui nous ont été faites avec une complète bonne grâce, et une sincérité qui n'a pas besoin d'autre garantie que celle des noms qui les ont signées, honorables entre tous.

Voici, à propos de ces monographies, ce que nous écrit M. de Garidel, président de la Société d'agriculture de l'Allier : « Je suis très heureux de me trouver complètement en communauté d'idées avec vous sur un mode d'exploitation que je crois appelé à rendre, à notre époque, les plus grands services au point de vue social et agricole. Rien ne vaut, au milieu de la crise que nous traversons, cette union du capital et du travail, si morale et si féconde, lorsqu'elle est nette et bien dirigée. Il y a longtemps que je l'ai compris; aussi est-ce avec plaisir que j'ai vu, au commencement de cette année, les enquêtes aboutir à cette même conclusion que les pays de métayage, surtout les pays d'herbages, sont ceux qui ont le moins souffert des difficultés contre lesquelles se débat l'agriculture. C'est un fait bien remarquable et bien encourageant pour ceux qui ont conservé la pratique de cette bienfaisante association ou pour ceux qui l'étudient afin d'en faire apprécier les avantages aux nombreux propriétaires, aujourd'hui embarrassés, qui sont à la recherche d'un mode d'exploitation pour des domaines qu'ils ne peuvent plus affermer. Ceci dit, je réponds à vos questions. »

1° « Vous me demandez d'abord : Quel est le revenu moyen d'un domaine d'une étendue donnée, soit en bloc, soit par hectare. Je ne puis mieux faire que de mettre sous vos yeux les résultats que j'ai obtenus dans six domaines exploités par métayers pendant la période de quatre ans, du 11 novembre 1875 au 11 novembre 1879. Ces six domaines sont situés dans les cantons de Souvigny et de Lurcy-Lévy, aux environs de Bourbon-l'Archambault. Je les fais valoir à moitié fruits depuis 23 ans, et j'en tiens moi-même la comptabilité. C'est moi qui dirige seul les métayers et qui traite tout ce qui concerne la culture et le commerce des grains et du bétail ; j'ai seulement un garde pour porter mes ordres et m'aider dans la surveillance et le partage. Les chiffres que je vous envoie sont ainsi passés au crible de la plus scrupuleuse exactitude. »

Voici donc une position des plus nettes : Une terre d'ensemble, contenant six domaines ; six exploitants à moitié fruits, opérant sur des domaines d'inégale grandeur, mais soumis au même règlement, à la même volonté ; un propriétaire, résidant sur sa terre, nanti de la confiance de ses métayers et se réservant la pleine autorité, agissant par lui-même et tenant sa comptabilité ; une période de 23 années, qui vient de se terminer en pleine crise. Quelles sont les circonstances diverses de cette exploitation ? Quels en sont les résultats ?

REVENU MOYEN DES SIX DOMAINES

Numéros d'ordre	ÉTENDUE En hectares	COMPOSITION CULTURALE EN HECTARES		REVENU MOYEN Par année pendant 4 ans	Revenu moyen par année et par hectare
A	64 96	Cultures diverses	40 07	6.313 22	97 18
		Prés naturels. . .	24 89		
B	54	Cultures diverses.	42 58	4.743 93	87 85
		Prés naturels. . .	11 42		
C	48	Cultures diverses.	35 03	3.804 52	79 26
		Prés naturels. . .	12 97		
D	48	Cultures diverses.	35 35	3.757 16	78 27
		Prés naturels. . .	12 65		
E	60	Cultures diverses.	45 41	4.022 50	67 04
		Prés naturels. . .	14 59		
F	62	Cultures diverses.	48 29	5.319 60	85 80
		Prés naturels. . .	13 71		

« Tous les revenus portés dans ce tableau sont nets, ils comprennent même chacun la part afférente des frais du garde. Seuls, les travaux de grosses réparations des bâtiments ou de constructions nouvelles restent en dehors, parce qu'ils doivent se répartir sur un certain nombre d'années. En équilibrant entre eux les revenus moyens des six domaines, on trouve comme moyenne générale de la propriété, par année et par hectare : 82 fr. 56. Les différences qui existent entre les revenus moyens de chaque domaine par hectare viennent de la qualité plus ou moins bonne des terres et des herbages, du plus ou moins de savoir-faire des métayers, enfin, pour le domaine A, de la proportion beaucoup plus forte de prés par rapport aux terres cultivées, prés de 25 hectares sur 65.

« 2° Vous me demandez ensuite, poursuit M. de Garidel : Quel est le revenu moyen d'un domaine identique traité par le fermage ? La réponse à cette question n'est pas aussi facile pour moi, parce que je n'ai pas de domaine affermé à prix d'argent; mais, bien que je ne puisse vous fournir des chiffres aussi précis, je puis vous dire très approximativement ce qui se passe autour de moi. Il faut tout d'abord distinguer avec soin deux sortes de fermes : Celles qui sont faites à des métayers érigés en fermiers ; celles que l'on confie à des fermiers, qui ne sont plus les fermiers généraux d'autrefois, mais qui n'en réunissent par moins plusieurs domaines sous leur direction et les exploitent par métayers. » Nous aurons à nous occuper de cette double question des métayers-fermiers et des fermiers généraux. Ici, nous allons voir ce qui a lieu au cœur du Bourbonnais.

« Les métayers-fermiers de nos pays, dit M. de Garidel, ont affermé leurs domaines jusqu'en 1879 à des prix fort élevés ; et si, en 1878, par exemple, j'avais voulu affermer séparément à chaque colon les six domaines, qui, exploités à moitié fruits, m'ont donné chaque année un revenu moyen de 82 fr. 50 par hectare, il m'eût été facile, en faisant intervenir une concurrence habilement ménagée, d'arriver à un chiffre bien voisin de 100 francs. J'en ai pour preuve ce qui s'est passé dans des propriétés qui me touchent, appartenant à la même commune, d'une fertilité égale à celle de mes domaines, et où le chiffre de 100 francs a été atteint, même dépassé. Ce taux peut-il être pris comme représentant un prix de fermage durable ? Pourra-t-il être payé pendant toute la durée du bail, et sans que le métayer-fermier se ruine et devienne insolvable ? C'est bien douteux, et, depuis l'année dernière, nous avons déjà de nombreuses preuves du contraire. Si la crise continue, et elle ne semble pas devoir cesser de sitôt, les preuves deviendront générales. Mon opinion est que le prix de 100 francs, obtenu dans les domaines dont je viens de parler, ne saurait être pris comme terme de comparaison véridique ; et que les métayers-fermiers, qui l'ont accepté, redeviendront métayers comme auparavant, ou bien qu'ils seront tellement épuisés qu'ils en arriveront à la dissolution de la comunauté et se verront réduits à demander leur pain de chaque jour à la journée et à la tâche. »

La position des fermiers généraux n'est pas la même. Ordinairement, ils possèdent des capitaux et offrent ainsi plus de garanties que les métayers-fermiers. Par suite de leur position, et sachant qu'ils doivent se réserver, à titre d'intermédiaires, un bénéfice auquel ne prétendent pas ceux qui travaillent directement le domaine qu'ils ont affermé, les fermiers généraux ne se sont pas laissé entraîner comme les métayers-fermiers, et ils n'ont guère dépassé 80 francs par hectare. Ce qui revient à dire que les propriétés affermées à des exploitants vraiment solvables et présentant les garanties que tout propriétaire raisonnable doit exiger ont donné à peu près le même revenu que le propriétaire obtient en faisant valoir par métayer.

Ce n'est point que tous les fermiers-métayers aient dépassé les limites de la prudence. » Quelques-uns ont réussi et font aujourd'hui de bons exploitants, qui pourront résister aux temps mauvais et payer leurs propriétaires ; et cela parce qu'ils se sont montrés plus intelligents que les autres, qu'ils n'ont pas accepté des prix exagérés, et que les propriétaires, habitant auprès d'eux, ont continué à leur donner des conseils et une bonne direction, comme au temps où ils étaient leurs métayers. Pour ces fermiers-là, qui ne forment que de rares exceptions, les prix sont restés en moyenne à 80 francs par hectare, comme les prix des fermiers généraux. »

Ici vient se placer une observation toute naturelle : Comment se fait-il que le revenu du propriétaire faisant valoir par métayers ne soit pas plus élevé que le revenu payé à ce même propriétaire par un fermier solvable, par un vrai fermier ? Où est donc le bénéfice légitime auquel ce dernier à le droit de prétendre, et comment peut-il tenir ? C'est toujours la même cause qui a produit les écarts de prix. « Les fermiers généraux et les métayers-fermiers raisonnables ont résisté aux entraînements exagérés, cela est vrai ; mais la concurrence n'a pas moins réagi sur leurs volontés et leurs calculs, et elle les a forcés à offrir plus qu'ils n'auraient dû le faire.

Comme ils ne prévoyaient pas la persistance de la crise, ils ont offert 80 fr. par hectare au lieu de 60 ou 65, se résignant à vivre simplement sur leurs fermes sans réaliser aucune épargne au bout de l'année. »

Il ne faut point, d'ailleurs, comparer d'une manière absolue la position du fermier à celle du propriétaire. Le fait seul de vivre sur sa ferme sans profit réservé, mais aussi sans perte, constitue à lui seul une sorte de bénéfice, dont il faut tenir compte ; « et il faut toujours arriver à cette conclusion que le fermier retire d'un domaine donné, un revenu plus élevé que le propriétaire ; l'un et l'autre exploitant par les mêmes moyens ». On est forcé de s'avouer que cela est vrai, dans une certaine mesure : « Le fermier n'étant pas astreint au même train de vie, aux mêmes relations sociales que le propriétaire, fait plus par lui-même et évite certains frais, en même temps qu'il exerce une surveillance plus sévère et qu'il se montre généralement moins paternel envers ses métayers, leur imposant des conditions plus dures et abusant des prélèvements en argent, de la prestation coloniale. Il a moins de sollicitude pour le domaine que le possesseur du sol, fait moins de dépenses en améliorations, fatigue les champs par des récoltes plus répétées ou mille autres petits moyens, qui augmentent le revenu au détriment du capital. » Le fermier se rattrape donc, par là, de la surélévation du prix de fermage; mais le domaine est loin d'y gagner en fertilité et en valeur ; et, en définitive, les métayers supportent, le plus souvent, le poids de la mauvaise situation que le fermier s'est faite en affermant trop cher.

Tout bien considéré et malgré une similitude apparente de chiffres, « il y a donc tout intérêt pour le propriétaire, à conserver des métayers, et je ne parle ici, bien entendu, conclut M. de Garidel, que de l'avantage matériel, pécuniaire, agricole. Je passe sous silence l'avantage social, qui est énorme, puisqu'il supprime l'intermédiaire entre celui qui possède la terre et celui qui la cultive, les oblige à travailler en commun, à supporter les mêmes pertes, à partager les mêmes profits, les rapproche par conséquent au lieu de les éloigner l'un de l'autre et d'en faire deux ennemis, comme cela n'arrive que trop souvent lorsqu'il s'agit de fermage à prix d'argent ». C'est ce qui résulte de la plupart des rapports qui nous ont été envoyés.

« 3° Vous me demandez encore : Quel est le revenu moyen d'une régie directe équivalente en exploitation, aux domaines gérés par fermiers ou par métayers dont il vient d'être parlé. Il n'y a pas à répondre sur ce point. Des régies directes sont à peu près abandonnées dans nos contrées depuis 10 ou 15 ans. La main-d'œuvre est devenue trop rare et trop chère, l'ouvrier trop exigeant, trop difficile à gouverner et trop peu consciencieux dans son travail, pour que le mode de faire-valoir direct puisse donner des résultats rémunérateurs. Les quelques propriétaires qui ont persisté se trouvent dans des conditions particulières, qui ne permettent pas de les prendre pour termes de comparaison. Cette impossibilité presque radicale de la culture directe est regrettable, parce qu'il n'est point douteux que, si le métayage donne des résultats plus sûrs, moins onéreux, et partant plus lucratifs, la régie directe conduit beaucoup plus tôt aux grands progrès et possède au point de vue de la culture, une puissance d'exemple que nul autre genre d'exploitation ne saurait atteindre. »

« 4° Quel capital se trouve engagé dans les trois cas, soit par le propriétaire, soit par le fermier, soit par le métayer ?

Il m'est facile de répondre à cette nouvelle question. Pour le propriétaire, il faut distinguer entre le capital formant le fonds même, c'est-à-dire la terre, et le capital d'exploitation. Bien que la comparaison exprimée par votre question ne semble viser que ce dernier capital, j'ai pensé cependant que vous seriez bien aise d'avoir sur la valeur du sol quelques renseignements permettant d'établir le rapport de cette valeur avec le revenu. Je vous envoie donc la valeur des six domaines sus-désignés, dont vous connaissez le revenu. Cette valeur est réelle, actuelle, ayant été établie, en décembre 1879, en vue d'un partage de famille, par des hommes fort expérimentés et parfaitement au courant des prix de la terre. Les chiffres suivants représentent la valeur du sol absolument seule. »

VALEUR DES SIX DOMAINES

DÉSIGNATION DES DOMAINES	ÉVALUATIONS DES EXPERTS	VALEUR PAR HECTARE
A	172.836 h.	2.659 fr. 00
B	130.393	2.414 72
C	107.247	2.234 31
D	102.130	2.127 70
E	115.942	1.932 36
F	130.663	2.107 46

Le capital d'exploitation se compose pour le propriétaire, de deux éléments principaux : Les bâtiments et le cheptel vivant. « Il faudrait y ajouter, pour être complètement exact, certains travaux d'amélioration foncière, tels que drainages, assainissements, irrigations, nivellements, création de chemins, et autres. Les engrais et amendements achetés hors du domaine peuvent être considérés comme dépenses annuelles ; ils figurent dans le compte commun et sont payés à moitié par le propriétaire et les métayers. »

Désignation	VALEUR des bâtiments	VALEUR du cheptel vivant	VALEUR TOTALE du capital engagé	CAPITAL par hectare
A.	20.000	14.663 50	34.663 50	533 28
B.	8.800	8.591 75	17.391 75	322 05
C.	11.000	6.358 37	17.358 37	361 63
D.	9.800	7.653 »	17.453 »	363 60
E.	10.800	6.500 »	17.300 ».	288 33
F.	23.000	9.457 50	32.457 50	523 50

« Si je prends la moyenne des chiffres engagés dans les six domaines, je trouve exactement 398 fr. 73, soit en chiffre rond 400 fr. par hectare ; et si à ce chiffre moyen j'ajoute de 50 à 100 fr. par an pour les améliorations afférentes à chaque domaine, j'arrive à 450 ou 500 fr, par hectare, comme capital engagé dans l'exploitation. »

Ce capital doit-il être pris comme type général?

M. de Garibel nous fournit, à cet égard, des indications précises. « Quatre des domaines, B, C, D, E, ont des bâtiments vieux et en mauvais état, dont la valeur moyenne est de 10,000 fr., tandis que, généralement, la valeur des domaines identiques, dans le département, s'élève à 15,000 ou 18,000 fr. De plus, les domaines B, C, E, dont les baux remontent à une vingtaine d'années, ont un cheptel vivant au dessous de celui qu'on donne actuellement aux domaines de même importance. Le chiffre de 450 à 500 fr., pour ces motifs, ne doit être pris que comme un minimum, dans les circonstances présentes. Je suis porté à croire que le capital réel, dans les cas les plus nombreux, dépasse 500 fr. »

Dans le Bourbonnais comme ailleurs, le capital d'exploitation a pris depuis quelques années un grand accroissement de valeur. Cela tient au renchérissement des matériaux et de la main-d'œuvre qui rend les constructions plus chères, et à la diminution que la crise actuelle, surtout la baisse du prix du bétail, a produite sur l'argent disponible des métayers, ce qui a nécessité une nouvelle intervention de la part du propriétaire. Tant que cet argent disponible abondait, le métayer remboursait, à son entrée, une forte part du bétail, et, par là, le capital engagé par le propriétaire diminuait, tandis que la part contributive du métayer augmentait de plus en plus. C'est le contraire qui a lieu aujourd'hui. « Les remboursements existent toujours, mais ils sont plus faibles ; et l'on ne peut évaluer cette diminution à moins de 1,500 ou 2,000 fr. par domaine de 50 à 60 hectares, soit 30 ou 40 fr. par hectare. »

Il existe dans le capital d'exploitation engagé par le propriétaire en vue des domaines à moitié fruits des variations considérables, soit à raison de constructions et de la valeur du cheptel vivant, soit à raison des améliorations foncières. « C'est à rétablir l'équilibre entre ces écarts, et à donner au possesseur du sol un intérêt légitime du capital immobilisé par lui, qu'est destinée la somme annuelle demandée au dehors du partage et appelée improprement impôt colonique. Cette somme est convenue à l'avance et acceptée par les métayers ; elle est fixe pour chaque domaine, mais essentiellement variable, suivant l'étendue et les conditions d'exploitation auxquelles elle répond. »

Quel est le taux de l'intérêt attribué, dans les six domaines, pris comme type, au double capital engagé, capital foncier et capital d'exploitation? Le tableau qui suit le fait connaître exactement.

Désignation	VALEUR de la terre par hectare	CAPITAL d'exploitation par hectare	VALEUR TOTALE par hectare	TAUX de l'intérêt
A.	2.659 00	533 28	3.192 28	3 04
B.	2.414 72	322 05	2.736 77	3 21
C.	2.234 31	361 63	2.595 94	3 05
D.	2.127 70	363 60	2.491 30	3 14
E.	1.932 36	288 33	2.226 69	3 018
F.	2.107 46	523 50	2.630 96	3 26

Valeur moyenne de l'hectare. .   .   . 2.644 65
Taux moyen de l'intérêt 3 219

Venons maintenant au Cheptel. M. de Garidel nous explique d'abord comment se comporte le Cheptel vivant des domaines en fermage. Le propriétaire laisse au fermier un Cheptel de fer, qui doit être représenté à la sortie ; ce dernier n'a donc qu'à le compléter pour le mettre en rapport avec les besoins de l'exploitation. On peut évaluer la part fournie par le propriétaire à 400 ou 500 francs pour une propriété de 50 hectares, soit 80 ou 100 francs par hectare « Bien entendu qu'il s'agit là de domaines affermés à leur prix normal, et pour un laps de temps qui est ordinairement de 9 années, quelquefois de 6, rarement de 12; car, lorsque les baux sont surfaits, le propriétaire est obligé de fournir le Cheptel, entier ou presque entier, de manière à laisser libre le faible capital qui est aux mains du fermier. Lorsqu'il s'agit d'un renouvellement, et surtout d'un renouvellement prévu, le capital engagé s'accroît de quelques dépenses relatives aux engrais et à certaines améliorations. Le même fait se produit si le bail est fait pour plus de douze ans, ce qui est rare. Dans tous les cas, comme il n'est pas entré encore dans nos mœurs agricoles que le fermier entrant indemnise le fermier sortant des dépenses d'amélioration dont l'effet n'est point épuisé, celui qui s'en va, s'il a engagé un capital dans les premières années de son bail, cherche à le retirer avant sa sortie, principal et intérêts, en appliquant une culture plus lucrative immédiatement, et plus épuisante. »

Le capital engagé par le métayer consiste dans la valeur de la moitié de l'excédant du cheptel de fer fourni par le propriétaire. Si le cheptel de fer est, par exemple, de 10,000 francs par convention ou usage, et que la valeur totale du cheptel existant soit de 15,000 francs, la part incombant au métayer est de 2,500 francs, moitié de la différence des deux chiffres. Voici le capital qui se trouvait engagé, au 11 novembre 1879, dans les cheptels vivants des six domaines précités :

A.	4.663 50		
B.	5.271 75	Moyenne en bloc.	3.917 35
C.	3.858 35		
D.	2.653 »	Moyenne par hectare, pour	
E.	3.600 »	les 337 hectares formant	69 74
F.	3.459 50	les 6 domaines.	

On voit, par là, que le capital engagé par les métayers est assez considérable et qu'il vient souvent diminuer d'un chiffre important le capital engagé par les fermiers généraux qui exploitent au moyen de métayers.

Quant au capital-outils du métayer, voici sa composition ordinaire :

3 Charrues, valant 40 fr..	120 fr.
2 Herses, valant 70..	140
1 Rouleau, valant..	80
2 Voitures..	500
Outils divers	100
Valeur totale	940 fr., soit 1.000 fr.

Ce qui fait, pour un domaine de 50 à 60 hectares, 20 francs à peu près à ajouter aux 69,74 du cheptel vivant, et porte le total à environ 90 francs par hectare. Mais M. de Garidel fait observer que les cheptels vivants qui servent ici de base aux calculs sont généralement faibles ; que, si l'on veut avoir un chiffre exact pour la majorité des cas, il est bon de grossir un peu le capital engagé par le propriétaire, par suite de la surélévation des prix du bétail depuis vingt ans, et que, tout bien considéré, la part des métayers ne doit guère dépasser, en y comprenant les deux cheptels, 60 ou 70 francs par hectare.

Si maintenant l'on rapproche ces calculs de la situation faite au fermier faisant valoir par métayers, il est facile de voir que le premier, recevant du propriétaire un cheptel de fer et n'ayant à solder que la moitié de l'excédant, fait supporter aux métayers qu'il emploie une part du capital engagé plus forte que la sienne, puisqu'outre leur moitié du cheptel vivant, ils sont obligés de fournir à eux seuls le matériel, dont le fermier se trouve entièrement exonéré. Cette considération d'une part, de l'autre le manque de capitaux et l'ignorance agricole des métayers-fermiers cultivant par eux-mêmes, rendent en Bourbonnais le choix souvent difficile entre les deux systèmes. « Je crois cependant, conclue M. de Garidel, qu'en l'état actuel des choses, le fermier intelligent et solvable, exploitant par métayers un petit nombre de domaines, est encore préférable, dans les cas les plus fréquents, au fermier travaillant directement sans avoir l'argent et les connaissances nécessaires. »

Il convient de faire observer que tout ce qui vient d'être dit ne s'applique qu'aux cantons qui s'étendent de Bourbon-l'Archambault à Moulins, jusque vers les bords de l'Allier. Le reste du département présente quelques différences dont il faut tenir compte, bien qu'elles ne soient pas considérables. Ainsi, dans l'arrondissement de Montluçon et sur la rive droite de l'Allier, les prix de fermage sont un peu inférieurs à ceux qui ont été indiqués, les terres étant moins bonnes, la proportion des prés étant moins forte, les domaines étant plus étendus. Dans l'arrondissement de

Gannat, au contraire, et dans les terres d'alluvion de celui de La Palisse, les prix de fermage sont supérieurs, parce que les terres sont plus fertiles et les domaines moins grands. Leur surface ne dépasse pas 40 ou 50 hectare au plus, sans compter les vignobles, qui sont dans des conditions toutes spéciales, bien que cultivés également à moitié fruits.

Cette dernière réflexion conduit M. de Garidel à s'occuper de l'étendue des domaines ; et nous croyons devoir reproduire ses conclusions parce qu'elles concordent en tous points avec les nôtres. « Mon opinion, dit-il, est que les domaines de 80, 100 hectares et au-delà, sont trop étendus. Il faut pour de semblables domaines des communautés de familles, nombreuses et difficiles à rencontrer aujourd'hui. Le métayer est obligé de recourir à des manœuvres à prix d'argent, pris en dehors de sa famille, et il recule souvent devant les déboursés que cette main-d'œuvre exige, ce qui fait que le travail est mal fait et que la terre en souffre et rend moins. Cet inconvénient disparaît lorsque le domaine est plus petit ; le travail est mieux fait, plus à propos, avec plus de soin, parce qu'il est accompli par le métayer lui-même et par les siens. Seulement, il faut, dans ce cas, immobiliser un plus grand capital dans les bâtiments d'un petit domaine. Dans un autre sens, il faut faire entrer dans les calculs de l'étendue les exigences du bétail, surtout de l'élevage, et par suite, celles de la culture pastorale, qui demandent de l'espace. « Il y a en tout ceci un équilibre, qui ne peut être établi d'une manière parfaite qu'avec une certaine surface. Il en est de même des principales opérations de grande culture, telles que labours de défoncement, emploi d'instruments perfectionnés, qui ne sont possibles et fructueuses qu'à condition d'être pratiquées sur une échelle un peu vaste ».

En résumé, dans les pays à bétail comme le Bourbonnais et avec des terrains d'une fertilité moyenne, dit M. de Garidel, « je me range tout à fait à l'avis de M. Talon, et je préfère les domaines de 60 hectares à tous les autres. Dans un pays de fertilité plus grande, où la main-d'œuvre est abondante, où l'on peut faire de la culture intensive à bras d'hommes, des métairies de 30 à 40 hectares et même au-dessous doivent être plus avantageuses ; ce qui se passe dans les bonnes terres qui avoisinent l'Auvergne le prouve. Il est difficile de tracer sur ce point une règle absolue et de ne pas admettre l'influence des circonstances locales ».

Jusqu'ici, nous partageons sur tous les points l'opinion de M. de Garidel, et nous aurions pu prendre sa lettre, si claire et si

concluante, pour canevas de notre travail, si nous l'avions reçue
à temps et si nous n'avions dû rechercher en même temps les manières de voir des propriétaires des autres départements, moins
avancés en exploitation domaniale ou travaillant sur des terrains
différents. Il n'y a qu'un point sur lequel nous ne nous entendons
pas tout à fait avec les propriétaires du Bourbonnais; c'est celui
de la durée des baux. Et encore devons-nous répéter que notre
désaccord ne porte pas sur le fonds, mais uniquement sur la forme.
Comme nous, MM. de Garidel, Talon, et leurs compatriotes, considèrent l'authenticité des baux comme nécessaire, et leur prolongation comme une chance ou plutôt une certitude de succès;
mais, dans leur système, la prolongation par la tacite reconduction est le résultat d'une complète harmonie d'idées, la conséquence
de faits préexistants. Pour nous, la prolongation constitue un
droit préalable, toutes les fois que les conditions convenues sont
observées, toutes les fois qu'il n'y a pas motifs graves et prévus de
séparation; et ce droit, inscrit dans le bail sous forme d'une
longue période renouvelable, nous apparaît comme le seul moyen,
non de retenir des métayers déjà en exercice, mais de les attirer,
dans les graves circonstances où se trouve aujourd'hui le recrutement du métayage.

Nous n'avons aucunement le désir et la prétention de ramener
les propriétaires du Bourbonnais à notre idée, et ce n'est pas à
leur adresse que nous insistons sur la nécessité des longs baux,
puisqu'ils y arrivent par une autre voie et qu'ils se trouvent bien
du système qu'ils suivent, depuis de longues années déjà. Mais
nous nous adressons à ceux qui n'ont pas été comme eux assez
heureux pour retenir des métayers dont ils n'étaient pas mécontents, à ceux qui ne trouvent pas à recruter leur personnel d'exploitation, à ceux qui voient se succéder, au détriment de leurs
cultures et de leurs revenus, une foule de postulants à l'essai, qu'ils
ne peuvent garder. C'est à ceux-là que nous recommandons l'usage
des longs baux, dès qu'ils auront trouvé des personnalités honnêtes, et leur authenticité, afin d'éviter par là toute contestation
et toute velléité de résistance aux volontés du chef de l'association.

§ 2. — Monographies de métairies dans les Landes

Nous avons vu précédemment, par l'analyse d'une note de M. le
baron de Lataulade, quelle est l'organisation du métayage pratique

dans le département des Landes. Nous trouvons dans son mémoire soumis en 1873 au jury d'examen, chargé de décerner la prime d'honneur, mémoire qu'il nous a envoyé, une monographie à caractère authentique, qui nous offre un intérêt réel et que nous n'hésitons pas à reproduire. Nous ne rencontrons pas ici les grandes dimensions territoriales du Bourbonnais, nous sommes, au contraire, dans les proportions minimes du métayage; et c'est pour nous une raison de plus de relever, à titre de contraste, les détails qui figurent dans le mémoire à ceux que nous venons de faire connaître.

Le domaine présenté par M. le baron de Lataulade, et qui a obtenu la prime d'honneur, se composait de 49 hectares et se divisait en quatre métairies, soit 12 hectares par domaine. Il n'était, en 1856, que de 43 hectares 28 ares, un peu moins de 11 hectares par domaine. C'est ce qu'on peut appeler, dans la force du terme, un exemple de petite culture par voie de métayers.

DIVISION DE L'EXPLOITATION AU DÉBUT

Terres arables.	21	h.	28	a.	19	c.
Vignes	7	—	57	—	10	—
Futaies.	6	—	21	—	31	—
Taillis châtaigner.	2	—	56	—	16	—
Landes rases.	4	—	1	—	79	—
Futaies chênes.	0	—	41	—	79	—
Vaine pâture	0	—	25	—	79	—
Maisons et aires.	0	—	56	—	39	—
Jardins	0	—	37	—	44	—
Taillis de saules.	0	—	2	—	70	—
Total	43	h.	28	a.	66	c.

DIVISION ACTUELLE

Terres arables.	27	h.	35	a.	88	c.
Vignes	2	—	94	—	54	—
Futaies	8	—	61	—	67	—
Landes rases.	3	—	85	—	13	—
Taillis de châtaigners.	1	—	55	—	11	—
Prairies naturelles	0	—	23	—	38	—
Luzernières	0	—	80	—	0	—
Saules et vergnes.	0	—	16	—	77	—
Jardins	0	—	39	—	18	—
Marnières	0	—	39	—	71	—
Maisons et aires	0	—	75	—	03	—
Chemins et fossés	1	—	95	—	98	—
Total	49	h.	02	a.	38	c.

L'énoncé comparé des deux tableaux explique les changements qui se sont produits en dix-huit années, de 1856 à 1873. Il a été acquis, dans les premières années de l'exploitation, environ 7 hectares de terres, et défriché, par suite de l'oïdium et d'une maladie inconnue qui attaquait les châtaigners, environ 6 hectares, ainsi décomposés :

Vignes.	4	h.	62	a.	11	c.
Taillis, châtaigneraies	0	—	72	—	05	—
Landes	0	—	44	—	65	—
Total	5	h.	78	a.	81	c.

Il a fallu replanter certains espaces en vignes et donner aux terres des amendements calcaires, à raison de 110 mètres cubes par hectare. « Ce qui a été excessivement coûteux, c'est d'avoir été forcé de reconstruire ou de modifier les maisons d'habitation, les étables et greniers, et d'approprier les bâtiments aux exigences des cultures ».

Le personnel des quatre domaines était de 26 travailleurs, en 1856 ; il était, en 1873, de 22 travailleurs et 6 enfants en bas-âge.

Le nombre des animaux, bœufs, vaches, veaux et moutons, était de 10 têtes, en 1856 :

Ces dix animaux représentaient un poids vif de.	3.400 kilog.
7 porcs représentaient.	325 —
54 oies et volailles diverses.	475 —
Poids total	4.200 kilog.

Ces 4,200 kilogrammes, partagés sur 29 hectares, 22 ares de terres en valeur, donnaient pour chaque hectare 143 kilogrammes de poids vif.

Le nombre des animaux d'espèce bovine était de 20, en 1873 ; il avait donc doublé en 18 années.

20 animaux d'espèce bovine pesaient.	9.900 kilog.
16 porcs.	690 —
372 oies et volailles diverses	660 —
Poids total.	11.254 kilog.

Ce poids, réparti sur 34 hectares, 80 ares, 36 centiares de terre cultivée, donnait 523 kilogrammes par hectare. Le poids n'était au début que de 143 kilogrammes par hectare.

La valeur des bestiaux et des volailles était de	9.283 fr.
La valeur des outils et instruments perfectionnés	3.211
Valeur des cheptels en 1873.	12.494 fr.

Le capital destiné aux cheptels a été triplé, puisqu'en 1856, il se constituait ainsi :

Valeur du bétail et des volailles..	2.671 fr.
Valeur du matériel, tout à fait défectueux.	1.786
Valeur des cheptels en 1856.	4.457 fr.

Le règlement général, appliqué aux quatre domaines, est ainsi formulé pour chacun d'eux :

1° Est accordée aux métayers la faculté d'acheter tous les animaux tant de labour que de vente, la totalité des fourrages leur étant délaissée, moyennant une somme annuelle et collective de 90 fr. ; 2° Les revenus des porcs, oies et volailles, c'est-à-dire de la basse-cour, sont ainsi réglés pour le propriétaire : Un jambon de porc gras, le tiers des oies, quatre chapons, trente-six œufs, quatre poulets, une poule, quatre cent kilogrammes de paille ; 3° Le propriétaire a le faculté de disposer de huit journées de bœufs, avec voitures et conducteurs ; 4° Quant aux céréales, dont les semences sont toutes fournies par les métayers, le propriétaire a droit aux deux cinquièmes du maïs, à la moitié du blé, du seigle, de l'avoine, des haricots, des pommes de terre et du lin. Le propriétaire a droit, en outre, au tiers du tabac et à la moitié du vin, après prélèvement du douzième en sa faveur ; 5° Les marnes sont extraites aux frais du propriétaire, transportées et répandues par les métayers.

Pour mettre en activité ce règlement, les terres ont été divisées en trois soles, à peu près égales : « La première ensemencée en maïs, la seconde en blé, la troisième en plantes industrielles, fourrages verts, tubercules et racines fourragères. La jachère est entièrement supprimée. Les deux tiers de chaque domaine sont donc cultivés en céréales, et l'autre tiers, considéré comme sole préparatoire, est occupé par les récoltes fourragères ou par les récoltes dérobées. Il y a, en outre, une petite luzernière, qui ne rentre pas dans l'assolement régulier, et qui est renouvelée toutes les fois qu'elle commence à faiblir. Comme l'assolement est des plus riches,

comme il permet de tenir les étables bien garnies et qu'on peut
fabriquer 880 mètres cubes de fumier, complétés par quatre mois
de parcage d'un troupeau de brebis appatenant à un voisin, les terres
sont maintenues à un très haut état de fécondité et de rendement.

§ 3. — Monographies de métairies dans la Vienne

Après avoir donné des monographies de grandes métairies,
après avoir opposé comme contraste des monographies de domaines restreints, il convient de mettre en regard des unes et des
autres des monographies de domaines moyens, créés et améliorés
par le métayage. Voici d'abord le résumé d'un mémoire relatif à
la propriété des Angrémy, située dans le département de la Vienne,
aux environs de Civray, et appartenant aujourd'hui à M. Serph,
député. Ce mémoire, adressé au nom de sa mère à la commission
du concours régional de Poitiers en 1869, était destiné à éclairer
le jury d'examen, qui lui décerna la grande prime d'honneur.
Voici l'historique des faits : Le domaine des Angrémy, possédé
patrimonialement depuis 1763, se composait originellement d'un
peu plus de 100 hectares, formant une seule métairie, que cultivait
un seul métayer. Dans les années d'abondance, ce métayer récoltait 60 hectolitres de seigle et un peu plus d'avoine, il n'allait pas
au delà. Diverses acquisitions, faites à partir de 1821, avaient
porté l'étendue de la propriété à 155 hectares, dont 20 hectares
ensemencés en chênes et en pins maritimes, et 135 hectares divisés en deux domaines. Mis en fermage en 1832, ces deux domaines ne purent rencontrer preneur qu'au prix de 600 fr. l'un,
1,200 fr. les deux. Les fermiers, malgré ce taux modique, se trouvèrent bientôt insolvables et ne purent acquitter le prix convenu.

Il faut dire, « que la presque totalité de la propriété était en
landes, et que les terres en culture étaient couvertes de fougères,
auxquelles les labours superficiels donnaient d'autant plus de
vigueur que jamais leurs racines n'étaient atteintes ». Le cheptel
de chaque domaine se composait de 4 bœufs, de 100 brebis des
landes et de quelques chèvres. « Ces troupeaux étaient nourris de
paille d'avoine et des maigres herbages que fournissait le sol, vû
que la propriété n'avait point de prairies naturelles. Ils ne produisaient, pour ainsi dire, pas de fumier ; et les terres n'étaient fumées qu'au moyen de fougères desséchées et brûlées sur place ou
d'ajoncs triturés, dont on faisait une couche épaisse dans les cours

et les chemins. A part le seigle et l'avoine, semés dans ces conditions, le principal revenu consistait dans le produit des châtaigners, qui recouvraient les terres en culture et qui se multipliaient
ou se renouvelaient par des plantations annuelles. Point de chemins praticables, point d'écoulement pour les eaux stagnantes ;
tout annonçait l'abandon et la misère. On disait de toutes parts
que les Angrémy étaient la plus mauvaise propriété de la contrée,
et ce n'était que justice.

Tel fut le point de départ, lorsque la famille, ayant acquis 90 hectares de terres et les bâtiments de deux domaines voisins, vendus
au détail, vint se fixer au milieu des 200 hectares, qui constituaient
alors la terre des Angrémy. Il ne fallait plus songer au fermage ;
les fermiers, qui donnaient moins de 10 fr. par hectare, n'avaient
pas payé leurs termes. Il ne fallait pas davantage songer à la
régie directe ; la culture de toute la propriété avec des employés
salariés eût entraîné trop de frais, dans un pays où la main-
d'œuvre est rare et où les bras sont enlevés par les propriétaires
de la Charente, qui distribuent à leurs vignerons des prix hors
de la portée des producteurs de céréales. Le propriétaire des
Angrémy se décida donc, après mûres réflexions, à aborder l'exploitation de ses domaines par le mode du métayage, en créant
une réserve, destinée à faire les expérimentations nécessaires, et
en faisant largement aux métayers les avances que devait entraîner la mise en valeur des terres, jusqu'alors à peu près improductives. C'était entrer de plain-pied dans la bonne voie du progrès agricole et dans l'organisation rationnelle du métayage. Il
ne s'agissait que se mettre résolument à l'œuvre et de persévérer.

C'est en 1845 que commencèrent les opérations. La terre entière
comprenait, comme nous venons de le dire, 200 hectares, ainsi
divisés.

Réserve, y compris une vigne, les châtaigneraies, les jardins et les bâtiments.	10	hectares.
Bois semés, qu'on laisse monter en futaie.	20	—
Bois taillis.	20	—
Cinq domaines, de 30 hectares chacun	150	—
Étendue totale de la propriété.	200	hectares.

La mise en œuvre a duré environ 15 années, de 1845 à 1860, si
l'on part de l'origine des travaux pour arriver aux résultats généraux signalés dans le rapport. Mais, pendant toute la période de

préparation, les efforts ont été constants, et la plus stricte économie a présidé aux opérations, bien qu'accomplies sur une grande
échelle, le propriétaire consacrant tous ses revenus aux améliorations successives du sol. Plus de 8.000 mètres de haies ont été
arrachés, plus de 6.000 mètres de chemins inutiles ont été supprimés et défoncés ; et ce travail préparatoire a permis de former de
grandes pièces d'un seul tenant, ce qui a singulièrement favorisé
la culture. Pour mettre ces grandes pièces en valeur, les métayers
ont du associer leurs forces et réunir leurs attelages, de la race robuste de Salers. « C'est ainsi qu'ils sont arrivés successivement à
des défoncements de 1ᵐ,50, qui, en retournant les landes sens
dessus dessous, ont détruit, dès les premiers labours, les lits épais
de racines de fougères, dont on n'avait jamais pu se debarrasser.
Quant aux labours ordinaires, ils sont de 25 à 30 centimètres. »

Pour mettre ces terres, argilo-siliceuses, exposées tout-à coup à
l'action de l'air, en plein rapport, il fallait les amender fortement.
Le propriétaire songea donc à employer la chaux à forte dose, en
la faisant venir de gisements éloignés ; et il en acquit de grandes
quantités, de 120 à 150 hectolitres par hectare. Mais, en 1862, un
four à chaux ayant été construit dans la propriété, le chaulage fut
régularisé, renouvelé et appliqué définitivement à toutes les terres
mises en assolement. « De 1862 à 1868, en sept années, 17.000 hectolitres de chaux ont été employés, sous forme de composts. En
outre, on a fait venir des mélanges de marcs et de charrées, avec addition de phosphates fossiles, des poudrettes et des os broyés, et des
fumiers de ville, amenés de Civray, par traités avec la gendar-
merie et l'entreprise de balayage. Les métayers ont pris part à
toutes ces acquisitions. » Il va sans dire que les instruments perfectionnés ont été introduits peu à peu, dans la mesure de leur
utilité, et que de nouvelles constructions, déjà insuffisantes dès
1869, ont été élevées, soit pour abriter les animaux, soit pour recueillir les récoltes, de plus en plus abondantes.

On peut juger des résultats obtenus par l'assolement suivant,
appliqué à chaque domaine. Les terres ont été divisées en huit
soles, dont deux, en quelque sorte permanentes, sont consacrées
à la culture de la luzerne, vieille et nouvelle. Les six autres soles
sont soumises à la rotation alterne que nous allons indiquer :

1re Sole. . . .	Choux de chollet, maïs fourrage, topinambours, avec 25 ou 30 hectolitres par hectare de composts de chaux et de terreaux ou terres végétales.
2me Sole. . . .	Racines et légumes, fumés, pommes de terre, courges, betteraves, carottes, rutabagas.
3me Sole. . . .	Froment d'automne.
4me Sole. . . .	Trèfle de Hollande.
5me Sole. . . .	Froment sur trèfle retourné.
6me Sole. . . .	Avoine d'hiver, orge de printemps, avec engrais végétal, blé noir et colza enfouis ; et, après moisson, récolte dérobée, navets, trèfle incarnat, jarousse.

Tandis que, dans le pays, avec la culture ordinaire, on ne nourrit que 8 têtes de bétail ou l'équivalent dans les domaines de 30 hectares, on est arrivé aux Angrémy, à la faveur du riche assolement qui vient d'être décrit, à élever dans chaque domaine d'égale étendue 25 têtes, c'est-à-dire près d'une tête par hectare, sans aucune prairie naturelle. Et ainsi l'économie animale s'est développée latéralement dans la même proportion que l'économie culturale.

Un livre de comptes, ouvert pour chaque domaine et pour chaque colon, donne le moyen de vérifier à tout moment la situation de la propriété. Un inventaire général est dressé chaque année, à la fin de septembre ; en voici le résumé :

Valeur primitive de la propriété . . .	40.000 fr.	Évaluation à 3 0/0 du prix de fermage.
Acquisitions nouvelles.	41.000	Somme versée.
Total du capital foncier	81.000	—
Dépenses en constructions.	30.000	Relevé des dépenses.
Avances faites aux colons	14.252	Prêts, cheptels, engrais, améliorations.
Total du capital déboursé	125.252 fr.	—

Revenus successifs des cultures.	1861	2.817 38	On voit clairement par ce petit tableau la gradation des opérations. En raison des dépenses premières, les revenus ont d'abord été faibles; mais ils ont toujours été en croissant.
	1862	2.717 10	
	1863	6.327 20	
	1864	8.102 63	
	1865	9.629 56	
	1866	8.414 21	
	1867	11.136 66	
	1868	12.867 91	

A ces revenus, résultant de la progression des cultures, il faut ajouter, pour chaque année, la part moyenne du bénéfice total des inventaires du bétail, qui a été, pour les six années, de 28.981 fr.37. La moyenne annuelle étant de 4.830, 22, on aura pour les revenus réels, bétail et cultures, les sommes suivantes.

Revenus réels, bétail et cultures.			
	1861	7.647 60	Le surcroît du bétail est
	1862	7.547 32	resté dans les domaines, qui
	1863	11.157 42	peuvent suffire à l'alimen-
	1864	12.732 85	tation. Mais l'avoir des mé-
	1865	14.459 78	tayers s'est accru d'autant.
	1866	13.244 41	
	1867	17.699 13	

En résumé, car c'est là qu'il faut toujours en arriver, la terre des Angrémy était estimée valoir 200.000 francs après les premiers défoncements. En 1869, au moment du concours, qui lui attribua la prime d'honneur régionale, elle valait au moins 300.000 francs, de notoriété publique. En rapprochant de ces deux évaluations les chiffres énoncés pour les dernières années, et qui ne sont pas le dernier mot de cette remarquable exploitation, on voit que le revenu net annuel dépasse 5 0/0 du capital évalué, et s'élève à plus de 15 0/0 du capital déboursé. Or, tout cela s'est fait sous le régime exclusif du métayage, presque sans autres ressources que celles qui venaient de la propriété elle-même.

Quelle a été la condition des métayers pendant cette longue campagne? Les métayers sont entrés pauvres, ils n'avaient que leurs bras, et ils étaient sans ressources alimentaires; le propriétaire les a nourris, jusqu'à ce que les récoltes aient suffi à leurs besoins. Ils avaient des dettes; ces dettes ont été payées. A mesure que les cultures se sont multipliées et perfectionnées, l'argent nécessaire pour l'acquisition du bétail, des engrais, des amendements, des instruments de toute sorte, a été mis à leur disposition. Ils n'ont jamais attendu. Aussi se montrent-ils fort reconnaissants de ce qui a été fait pour eux, et sont-ils pleins de confiance, sans qu'aucun bail écrit les lie au domaine; c'est la tacite reconduction dans son plein exercice. Les conditions sont simples : « Le bétail et le matériel appartiennent entièrement au propriétaire; les métayers ne paient aucun intérêt pour les avances qu'ils reçoivent. Sauf quelques redevances en volailles, tout se partage par moitié. Ils ont pour eux la totalité des légumes et fruits de leurs jardins, et la faculté de prendre dans les racines récoltées ce dont ils ont besoin pour la nourriture de la famille; chaque domaine possède une vache laitière. Ils doivent payer l'impôt, et aller chercher les matériaux nécessaires pour les réparations locatives et les constructions nouvelles qui les concernent; ils blanchissent chaque année les bâtiments, la chaux étant au compte du propriétaire. Enfin, ils sont tenus de se soumettre à toutes les instructions qui leur sont données en vue des cultures, des récoltes, de l'alimentation, de l'entretien et de la vente du bétail. »

Telles sont les bases fondamentales des baux. Nous retrouvons là, sous des formes précises, la plupart des conditions signalées dans l'enquête ou recommandées par les correspondants. Nous n'avons donc pas à nous y arrêter plus longtemps, et nous aurons à relever, dans la suite de notre travail, les quelques points qui nous sembleraient défectueux dans d'autres localités et dans les circonstances actuelles. Ce qui ressort de particulièrement remarquable de cette monographie, c'est qu'en quelques années des exploitants, ne possédant que leurs bras, se sont trouvés dans l'aisance par le fait même du métayage.

Un second Mémoire, soumis au jury d'examen, nous a été envoyé également de la Vienne. Il s'agit d'une propriété appartenant à M. Auguis, président du comice de Civray et lauréat de la prime d'honneur départementale, en 1877. Comme les faits qui y sont relatés sont récents et nous permettent de confirmer, par un nouveau et remarquable exemple, un peu différent dans sa marche première, l'action salutaire du métayage sur la progression successive des exploitations culturales, nous croyons utile d'en résumer les traits principaux : « C'est en 1856, dit M. Auguis, que, par suite d'un partage de famille, je devins propriétaire de 40 hectares de bois et 50 hectares de terre arable, formant deux domaines, le tout dépendant de la propriété de la Morcière. Ces deux domaines étaient en fort mauvais état de culture; les récoltes de blé suffisaient à peine à nourrir les colons; quelques maigres moutons parcouraient les pâturages; des juments poulinières, destinées à la production des mules, composaient les cheptels vifs des domaines. Le revenu allait à peine à 9 francs par hectare. C'est de là que je suis parti.

« Après un examen attentif de la nature du sol, poursuit M. Auguis, je jugeai qu'avec des amendements calcaires apportés dans la couche arable, généralement profonde partout, je pourrais sans mécompte aborder de plain-pied la culture intensive, la seule qui soit rémunératrice dans les exploitations d'une étendue restreinte.

Je résolus donc de supprimer complètement l'élevage des mules, qui ne pouvait devenir avantageux ; par suite, de renvoyer les métayers, qui n'auraient pu m'aider dans la voie des réformes radicales que je voulais entreprendre ; et je me décidai à faire valoir directement les deux domaines, malgré la cherté relative de la main-d'œuvre. Le capital argent dont je disposais était faible ; mais je n'hésitai pas à l'employer aux améliorations de toute sorte que nécessitait la mise en œuvre de mes projets. Les pièces de terre, autrefois morcelées, furent réunies, autant que possible ; les bois châtaigniers furent arrachés et défoncés ; de nombreux fossés furent comblés, des talus abattus, et de larges haies, gênantes et improductives, remplacées par des haies d'épines, soigneusement plantées, taillées et entretenues, qui servent maintenant de clôtures. En même temps, les maisons d'habitation des métayers, ainsi que les granges et étables, furent reconstruites, simplement, mais de manière à s'adapter commodément aux nécessités d'une exploitation élargie et complexe. »

Le propriétaire n'avait pas attendu que toutes ces choses fussent faites pour renoncer à l'assolement triennal et établir les assolements nouveaux qui convenaient à ses terres, fortement amendées. Chaque domaine, comprenant 25 hectares, fut par lui divisé en deux soles, et chaque sole subdivisée, la première en une rotation de sept années, la seconde en une rotation de cinq années, avec une réserve formant une troisième sole, consacrée à la culture de la luzerne et subordonnée à une rotation indéterminée.

ROTATION DE LA PREMIÈRE SOLE

1re Année. . .	Plantes sarclées diverses, pommes de terre, topinambours, choux de Vendée, betteraves, avec 75.000 kilos de fumier de ferme.	2 hectares.
2e	Blé de printemps avec trèfle rouge . . .	2 —
3e	Trèfle rouge	2 —
4e	Froment sur la dernière coupe renversée, avec 35.000 kilos de fumier de ferme. .	2 —
5e	Avoine d'hiver	2 —
6e	Fourrages verts, trèfle incarnat et jarousse	2 —
7e	Culture dérobée.	2 —
Étendue de la première sole		14 hectares.

ROTATION DE LA SECONDE SOLE

1re Année. . .	Plantes sarclées, avec 400 kilos de phos-pho-guano	1 hectare.
2e	Blé de printemps et trèfle rouge, avec 300 kilos de phospho-guano	1 —
3e	Trèfle	1 —
4e	Froment sur trèfle renversé, avec 300 kilos de fumier.	1 —
5e . . . , . .	Avoine d'hiver	1 —
Étendue de la seconde sole		5 hectares.

1re sole, étendue	14 hectares.
2e sole.	5 —
3e Luzernière.	6 —
Étendue de chaque domaine	25 hectares.

« Pour mettre la terre en état de supporter ces riches assolements, dit M. Auguis, j'ai employé la chaux à ladose de 200 hectolitres par hectare. Mais j'ai eu soin, pour n'avoir rien à redouter de l'usage de la chaux à si forte dose, de lui adjoindre une puissante fumure, qui contribue à pourvoir à tous les besoins de la végétation. Mes fumures, comme on l'a vu, sont ordinairement de 75.000 kilos au début de la longue rotation ; les labours, exécutés avec le plus grand soin, ont une profondeur de 35 centimètres ; les façons mécaniques du sol sont l'objet d'une grande attention ; les meilleures méthodes ont été successivement introduites pour les moissons, les fenaisons et la conservation des produits naturels. »

Les deux domaines ne possèdent pas de prairies naturelles ; elles ont été remplacées par les fourrages artificiels et par les racines. En jetant les yeux sur les petits tableaux qui précèdent, on voit que chaque domaine possède 6 hectares de luzernière et 3 hectares de trèfle. Deux coupes sont réalisées sur ces deux hectares ; et dans les années humides, les luzernes fournissent une troisième pousse. Sans tenir compte de ce supplément, on peut évaluer le rendement moyen des luzernes et trèfles à 5.000 kilos de foin par hectare. Les deux hectares ensemencés en trèfle incarnat et en jarousse ne peuvent s'évaluer à moins de 25.000 kilos en vert. Si l'on ajoute à tous ces fourrages les choux et les racines, on comprendra que chaque domaine a, en ressources culturales, de quoi entretenir un nombreux troupeau, relativement à son étendue.

Le cheptel vivant de chaque domaine se compose de 6 bœufs de travail de la race de Salers, engraissés à l'arrière-saison et livrés à la boucherie ; de 20 brebis mères de race anglaise avec leurs produits, soit 40 et quelques bêtes au total ; 4 truies suitées de race anglaise, et quelques sujets de réserve pour la reproduction, avec verrats ; 2 vaches à lait ; 2 chevaux destinés aux charrues ; quelques chèvres destinées à produire des fromages.

Le faire-valoir du propriétaire a duré environ dix ans. Lorsqu'il a vu ses domaines en forte culture et ses rotations bien établies, M. Auguis a jugé qu'il pouvait se reposer. Mais « il s'est bien gardé de livrer son œuvre à un fermier, qui aurait pu la détruire en peu de temps et aurait refusé toute direction ». Son repos a consisté à choisir deux exploitants habiles et obéissants, et à inaugurer sur ces terres fertiles, créées par lui, le métayage, qui était, comme il le dit lui-même, son dernier objectif. Il ne faut pas croire, ajoute-t-il, et nous sommes de son avis, « que, malgré l'autorité de l'exemple, il m'ait suffi de choisir avec soin deux familles laborieuses, pourvues de chefs habiles, et de leur dire : Voyez d'où je suis parti, voyez où je suis arrivé, faites-en autant. Ce serait peu connaître le cœur humain, et le paysan en particulier, que de lui confier une entreprise de cette nature en l'abandonnant à lui-même. Certes, personne plus que moi n'est disposé à rendre hommage aux vertus natives de cette race vaillante, qui assure à notre société, dans son développement, son assise indispensable, c'est-à dire du pain et de la viande ; mais aussi je suis convaincu qu'il faut à ces robustes pionniers un contact continuel avec ceux qui sont plus instruits qu'eux.

« Voilà pourquoi j'ai gardé par mes baux une maîtrise absolue sur mes métayers. Je n'ai qu'à me louer de ce système, qui a créé dans ce coin du pays l'association la plus féconde et la plus morale que l'on puisse rêver. Le métayage est organisé chez moi sur le partage intégral des profits et des pertes. Chaque métayer trouve, à son entrée dans le domaine, un cheptel vif et mort, fourni en entier par moi ; il doit, à sa sortie, laisser l'équivalent. Il a sa part dans le surplus, s'il y en a ; mais, par contre, il subit sa part des dépréciations survenues ». Ne trouve-t-on pas là cette association féconde du travail et du capital, librement consentie, largement rémunératrice, si vainement cherchée ailleurs ?

Pour qu'on puisse juger sainement la valeur de cette monographie, qui embrasse 20 années, de 1856 à 1877, nous reproduisons les deux tableaux qui terminent le Mémoire.

DÉPENSES

Capital foncier, évalué en 1865, bois et terres, pour une contenance totale d'environ 101 hectares, possédés alors par le propriétaire.	100.800 fr.
Acquisition, en 1870, de 4 hectares 26 c.	5.200
Dépenses en constructions	12.000
Total du capital déboursé	118.000

REVENUS

Revénu total en 1870	9.866 »
— 1871	6.715 72
— 1872	8.898 20
— 1873	9.151 95
— 1874	10.561 »
— 1875	9.538 25
— 1876	10.858 15
Estimation des cheptels en 1865	8.585 fr.
— — 1868	18.807 »
— — 1876	30.483 50
Augmentation.	11.676 50

Cette somme, répartie entre les sept années, représente une augmentation annuelle de 1.669 fr. 70, qui, ajoutée aux revenus indiqués, donne le résultat suivant :

Pour 1870	11.538 42	
— 1871	8.385 42	
— 1872	10.508 90	
— 1873	10.826 61	Environ 11.000 fr.
— 1874	12.230 70	en moyenne.
— 1875	11.207 95	
— 1876	12.527 85	

Les déboursés étant en totalité de 118.000 fr., la terre, qui a doublé de valeur, peut être portée aujourd'hui à un capital minimum de 212.000 fr. Le revenu étant de 11.000 en moyenne, c'est donc environ 5 0/0 de la valeur réelle que l'exploitation perçoit, 10 0/0 environ du capital avancé. Nous ne savons si l'on pourrait arriver partout à un semblable bénéfice. Il est possible que le prix de la chaux soit trop élevé pour qu'on puisse l'employer fructueusement à aussi forte dose, et par là donner à la terre la fertilité à laquelle est parvenue la terre de la Morcière. Mais il y a assez de marge pour que le bénéfice à réaliser soit suffisant pour rémunérer un capital plus élevé que celui qui a été engagé; et, dans ce sens, l'exemple est tentant.

§ 4. — Monographies de domaines dans les montagnes du Rhône.

Ayant voulu savoir comment les choses se passent dans les pays montagneux, en particulier dans les montagnes du Rhône, vers Amplepuis et Tarare, nous nous sommes adressé à M. de Saint-Victor, ancien député, dont la compétence agricole est universellement connue. Voici ce qu'il nous écrit : « Le métayage n'existe plus dans notre contrée depuis près de 50 ans. Je me souviens de l'époque où mon père a transformé en fermes à prix fixe toutes ses métairies. Président-fondateur du comice agricole de Tarare depuis 18 ans, je crois connaître toutes les exploitations du canton; et là, pas plus que dans celui d'Amplepuis, que j'habite, je ne connais aucun métayer. Si la statistique officielle indique 6.000 métayers dans le Rhône contre 7.000 fermiers, c'est qu'elle met au compte du métayage tous les vigneronnages du Beaujolais. »

Il n'y a donc pas de métayers dans les montagnes du Rhône qui confinent le Forez, et M. de Saint-Victor n'en a pas. Il n'en reconnaît pas moins le mérite du métayage : « Je sais, dit-il, que cette institution est la vérité agricole. » Mais, pour la mettre en pratique, « il faut trouver des travailleurs honnêtes, car la résidence perpétuelle ne suffit pas pour assurer un propriétaire contre les abus et le vol ». Nous répondrons à cette observation par une anecdote, vieille déjà de plus de trente ans.

Un de nos amis cherchait un métayer. Un paysan, peu estimé, se présente : « Comment ? Tu crois que je vais te donner mon domaine ? Tu ne te souviens donc pas que tu as été renvoyé l'an dernier d'un domaine que tu exploitais pour abus de confiance ? — C'est vrai, dit-il ; mais il n'y avait pas de quoi vivre dans ce domaine-là, et j'ai une famille à nourrir. Votre domaine est bon, et chez vous je serai honnête. » Et puis, après un moment d'hésitation, il ajouta : « Voulez-vous faire un essai ? Voici ce que je vous propose : Nous partagerons exactement par moitié tout ce qui viendra des étables, tout ce qui se réalise en argent ; de tout ce qui se partage en nature, grains et autres produits, je ne vous donnerai que le tiers, et j'aurai les deux tiers. Mais n'y eût-il qu'une noix, vous en aurez le tiers, aussi vrai qu'il y a un Dieu. » Après deux jours de réflexion, mon ami, trouvant l'offre originale, accepta l'essai. Au bout de l'année, il était en plein bénéfice sur les années précédentes, et en bonne tenue du domaine, et en revenu réel. Deux ans après, l'essai devint définitif. Nous croyons que ce métayer occupe toujours le même domaine.

Quelle conclusion tirerons-nous de là ? Une seule : C'est qu'il faut faire au métayer qui entre de bonnes conditions, des conditions appropriées au domaine qu'on lui livre, des conditions telles qu'il ait un profit assuré, qu'il puisse amasser quelques épargnes, qu'il n'ait aucune envie de s'en aller, et qu'il craigne le renvoi, prévu par son bail en cas de mauvais travail et de détournements, au point d'être honnête, malgré lui, s'il le faut. Ces motifs purement humains lui feront une conscience, s'il n'en avait pas. « Je comprends le revirement d'opinion qui ramène les esprits vers le métayage, dit M. de Saint-Victor ; la réaction a certainement sa raison d'être aujourd'hui. Mais comment la généraliser, quand le personnel manque pour l'appliquer ? » Comment ? Nous n'apercevons qu'un moyen, puisqu'il faut aller vite et qu'on n'a pas le temps d'attendre : c'est de former son personnel par le bail; c'est de se l'attacher par l'intérêt, par l'engrènement des conditions ; c'est de le diriger et de le surveiller, c'est de s'immiscer de plus en plus, par la résidence et par l'exemple, dans les détails journaliers de l'administration domaniale. Ce sera pénible pour quelques-uns, c'est devenu indispensable pour tous.

M. de Saint-Victor n'a pas attendu que la crise eût éclairé l'esprit des propriétaires pour vivre dans les champs, et remplir avec zèle et scrupule les devoirs de l'homme consciencieux qui se met à la tête de ses biens, et qui voit devant lui des terres à améliorer et des travailleurs dont il a la responsabilité. « Me trouvant dans l'impossibilité de faire du métayage, dit-il, j'ai tâché tout au moins de m'en rapprocher le plus possible. » Nous allons voir, par l'analyse du Mémoire présenté en 1869 pour le concours régional, ce qu'il a fait et ce qui a lieu encore aujourd'hui dans sa propriété. C'est un exemple remarquable à l'adresse de ceux qui ne peuvent pas entrer d'emblée dans le métayage, mais qui veulent retenir autour d'eux une population de travailleurs ruraux par la gratitude et par l'intérêt.

« Mon but, en entrant résolument dans la voie agricole, lit-on en tête du Mémoire, a été, non seulement de donner à ma propriété toute sa valeur, mais aussi de prouver qu'une bonne direction est le premier agent du progrès agricole, et que l'on peut rendre au moins autant de services à son pays en dirigeant dans cette voie un personnel nombreux qu'en cultivant directement une quantité d'hectares donnée ; de prouver que l'agriculture ne ruine pas toujours ceux qui s'y adonnent ; que tous peuvent contribuer à augmenter la richesse du pays, et que le grand propriétaire a de nombreux devoirs à remplir, tout en ne négligeant pas d'autres études ou en se livrant à d'autres travaux. Aux propriétaires qui n'ont que peu de temps à consacrer aux travaux agricoles je dirai : Employez bien ce peu de temps et, une fois l'idée conçue, poursuivez-la avec une énergique persévérance. A ceux qui n'ont pas de grands capitaux ou qui craignent de les aventurer je dirai : On ne vous en demande que peu et, dans tous les cas, vous en avez toujours plus que de simples travailleurs qui n'ont, eux, que leurs bras et leur bon vouloir. Le plus sûr encouragement que vous puissiez donner à ceux qui dépendent de vous, c'est cette conviction, que vous devez faire naître en eux, que votre plus grand intérêt, à vous propriétaire, est de les voir bien réussir et gagner le plus possible dans leur exploitation. » Voilà le but, voyons les moyens.

« Le meilleur moyen pratique est, selon moi, de prêcher plus d'exemple que de paroles, parce qu'en agriculture rien ne s'apprend bien que par les yeux et le toucher, pour ainsi dire. Si l'on veut diriger sûrement ses fermiers, il ne faut jamais les tromper, et pour cela il faut expérimenter soi-même, leur montrer ensuite les résultats obtenus, ce qui est la meilleure démonstration ; d'où l'impérieuse nécessité d'un faire-valoir direct, dans lequel on fait soi-même, et à ses frais, l'essai de toutes les méthodes nouvelles, des intruments économiques et des cultures les plus avantageuses. J'ai une réserve de 16 hectares, soumise à l'assolement quinquennal ; je la fais valoir depuis 17 ans, et je n'attribue qu'à ce mode d'instruction la facilité avec laquelle mes fermiers acceptent aujourd'hui toutes les innovations qu'ils pratiquent. Ils sont tous tenus, par leurs baux, d'exécuter dans leurs domaines tous les travaux que je leur indique, et tous peuvent déclarer qu'ils cultivent sous ma direction. Ces fermiers sont donc des grangers, qui ne partagent pas leurs récoltes, et qui jouissent seuls de tous les avantages qu'ils trouvent à suivre mes conseils. Dans l'origine, et avant que le comice de Tarare fût fondé, j'avais créé, à leur intention, des concours particuliers, dans lesquels on distribuait des primes aux plus méritants d'entre eux, en vue des divers services de l'exploitation. Ces récompenses, en excitant·leur amour-propre et leur émulation, ont produit d'excellents résultats. »

La terre de Ronno, appartenant à M. de Saint-Victor, a une étendue de 634 hectares, en cultures diverses, en prairies naturelles, en bois taillis, en futaies, en réserves d'agrément. Sur ces 634 hectares, 351 se trouvent divisés en 12 domaines, dont la composition est calculée d'après l'étendue des prairies qui leur est affectée et leur production possible de fourrages artificiels. La production animale y est très développée, c'est le but culminant de l'exploitation. Les exploitants sont des fermiers, comme il a été dit, mais des fermiers qui, au lieu de voler de leurs propres ailes, sont obligés, par leurs baux, de se conformer à toutes les indications que le propriétaire leur donne pour leurs cultures.

En dehors des prescriptions ordinaires, communes à tous les fermiers du pays, les baux de Ronno contiennent les dispositions suivantes : obligation de fumer les prés et de tenir les rigoles à niveau ; défense de pâturage au printemps ; interdiction absolue de vendre les foins ou pailles, qui, tous, doivent rester dans le domaine ; plantation annuelle d'arbres fruitiers ou autres, et d'une certaine longueur de haies vives ; obligation d'accepter, selon les conventions faites, les ventes, échanges ou acquisitions, qui pourraient survenir pendant la durée du bail ; obligation de se soumettre à la visite à la fin du bail, et aussi de livrer au·fermier qui succédera, dès le printemps de la dernière année, la moitié des terres alors en blé, pour qu'il puisse y semer des trèfles. Cette dernière clause a pour but d'empêcher un fermier mal intentionné de causer, sans avantage pour lui, un préjudice à son successeur. Telle est la réglementation adaptée à tous les domaines.

Pour peu que l'on s'arrête à cette réglementation, on comprend que des exploitants qui s'y prêtent, et qui y·sont habitués depuis longtemps, ne sont plus des fermiers, dans le sens attribué à ce mot. Ils payent à prix fixe, cela est vrai ; mais les conditions auxquelles ils sont soumis les rapprochent beaucoup du métayage, comme le dit M. de Saint-Victor.

Il faut savoir que la propriété de Ronno comprenait, en 1850, 427 hectares de cultures diverses, divisés comme aujourd'hui en 12 domaines ; mais que ces domaines ont été réduits peu à peu, par des semis forestiers, à la surface totale de 350 hectares, qui forment, avec 7 hectares de pièces détachées, les 12 domaines actuels. Voici les détails qui peuvent nous intéresser.

Désignation	ÉTENDUE des domaines	ÉTENDUE des prairies	ÉTENDUE des cultures fourragères	NOMBRE des bestiaux
A.	37 hectares.	21 hect.62 a.35 c.	5 hect.30 a.00 c.	22 têtes.
B.	25 —	7 95 72	3 50 00	12 —
C.	12 —	8 99 87	1 25 00	11 —
D.	24 —	10 50 00	3 20 00	16 —
E.	20 —	9 63 20	6 10 00	18 —
F.	30 —	10 17 30	6 50 00	22 —
G.	60 —	27 26 00	20 00 00	50 —
H.	47 —	20 24 75	8 32 80	30 —
I.	25 —	10 00 66	4 50 00	15 —
J.	16 —	9 00 00	4 55 00	14 —
K.	28 —	15 96 30	5 13 00	25 —
L.	34 —	12 35 00	7 53 70	24 —
M.	7 —	4 04 85	1 50 00	6 —
Total. .	365 hectares.	167 hect.76 a.00 c.	77 hect.39 a.50 c.	265 têtes.

Nous n'avons pas à suivre pas à pas les améliorations signalées
dans le Mémoire. Il est certain que ces améliorations ont été considérables, puisque la prime d'honneur régionale a été accordée à
M. de Saint-Victor. Ce qui nous frappe, avec le système de fermage
à prix fixe, c'est qu'autant d'améliorations aient pu se produire
dans tous les domaines sans exception. Ainsi, nous voyons que les
prairies naturelles ont été portées, en dix-sept années, de 74 hectares à 167 ; qu'elles ont été drainées sur une longueur de
32.430 mètres, plus encore aujourd'hui; que les cultures fourragères,
comprises dans les assolements, ont été portées de 25 hectares
à 77 ; qu'il y avait 119 têtes de bétail sur la propriété en 1850, et qu'en
1867 il y en avait 265 ; que, malgré l'accroissement du nombre,
l'amélioration des qualités a été telle qu'elle s'est réalisée par une
proportion de prix des deux cinquièmes de la valeur, qui a passé
de 180 à 300 francs; ce qui a élevé le capital primitif de 21.420 à
79.500 fr ; qu'en définitive, le prix de location, qui était au début
de 31 fr. 20 en moyenne, s'est élevé à 56 fr. 73, soit en plus 25 fr. 53
par hectare ; et qu'en mettant en regard de cette augmentation les
sommes employées par le propriétaire aux améliorations foncières
et aux accroissements du cheptel vivant, on trouve que l'excédent du revenu, appliqué à ce capital, constitue un placement
de plus de 10 0/0.

Ce qu'il y a de particulièrement remarquable dans ce compte

rendu, c'est que la distribution des domaines, par leur étendue restreinte, se rapproche beaucoup plus des habitudes du métayage que de celles du fermage; c'est que l'intervention directe du propriétaire, réservée par les baux qui imposent son autorité, lui a permis de réaliser d'importantes améliorations, sans qu'il ait rencontré aucune résistance; et que, par suite de cette intervention, la condition des fermiers, qui l'acceptent, est devenue meilleure et que leurs revenus se sont accrus dans une très forte proportion. Sans doute, ces exploitants, qui payent leur rente à prix fixe et en argent, ne sont pas des métayers. Mais sont-ce bien des fermiers? Et l'abandon qu'ils ont fait, par bail, de leur pleine liberté d'action et leur soumission à la volonté d'autrui permettent-ils de leur donner ce nom? Dans tous les cas, il y a là un exemple d'exploitation mixte qui méritait d'être connu, et qui peut être imité. Qu'y a-t-il à faire pour transformer ces domaines en métairies? Peu de chose. L'étendue est déjà conforme aux règles les plus naturelles; la composition culturale et la composition des cheptels répondent aux conditions les plus avantageuses et aux assolements les plus rationnels. Le jour donc où il plaira au propriétaire d'avoir des métayers, au lieu d'avoir des fermiers, il n'aura qu'à prendre sa rente en nature au lieu de la prendre en argent, il n'aura qu'à partager, et tout sera dit.

Il est vrai que M. de Saint-Victor se trouve lié par des conditions extra-agricoles, qui l'honorent, lui et les siens, comme elles honorent les fermiers qui lui sont attachés. Tous ses fermiers, et il en est de même de ses serviteurs directs, sont chez lui depuis un grand nombre d'années; il y en a plusieurs qui exploitent les mêmes domaines, où leurs pères sont morts et où ils veulent mourir, depuis le milieu du siècle dernier. Le mode qui les a enrichis, ou du moins qui leur a procuré l'aisance, est celui qui est suivi actuellement, et il leur coûterait d'en changer. Ces considérations morales ont une haute valeur. Mais combien y a-t-il de propriétaires qui se trouvent dans cette heureuse et enviable situation?

CHAPITRE DEUXIÈME

MONOGRAPHIES DU MÉTAYAGE DRESSÉES AU POINT DE VUE DES MÉTAYERS

§ 1. — Manière de procéder aux monographies des métayers.

Nous avons présenté des monographies de métairies dans les départements de l'Allier, des Landes, de la Vienne et du Rhône. On a pu voir comment ces métairies se sont constituées, quel a été leur point de départ, quelle a été la gradation progressive de leurs exploitations, quels produits elles donnent aujourd'hui, et quel a été le rôle initiateur et financier des propriétaires actifs et intelligents qui y ont consacré leur temps et leurs capitaux. Mais, quelque intéressante qu'ait pu être cette étude, quelque complète qu'elle ait été en apparence, elle ne nous a point suffi, elle n'a pas répondu exactement au double but que nous poursuivons. Il est resté une lacune, qui a frappé notre esprit et que nous avons cherché à combler, précisément parce que, si nous nous préoccupons avant tout de l'intérêt des détenteurs du sol, il nous est impossible de le séparer de celui des exploitants. Nous avons posé le principe supérieur qui domine notre travail : le métayage est une association ; et cette association ne peut être féconde, elle ne peut asseoir l'avenir, qu'autant qu'elle est sincère, autant qu'elle ne dérobe aucun de ses éléments à l'appréciation de ceux qui aiment la vérité et qui en font le point de mire absolu de leurs réflexions.

Le propriétaire qui possède l'instruction agricole et qui séjourne, par goût et par calcul, dans les champs ; le propriétaire qui, au lieu de jeter les capitaux qui lui viennent du sol à tous les vents de la spéculation, les emploie en mesure utile à l'amélioration de ses domaines, en y conviant ses associés ; le propriétaire qui n'épargne ni ses efforts personnels, ni ses conseils, et qui vit ainsi par la terre et pour la terre, celui-là est certain d'en retirer tôt ou tard, avec des jouissances qui lui vont droit au cœur, des revenus relativement élevés et très justement acquis. Les monographies que nous avons reproduites nous ont initié à la situation de ces propriétaires bien inspirés et méritants entre tous, et à la quotité des revenus réalisés par eux. Mais quelle a été, en regard, la part de leurs associés, de ces métayers de bon vouloir, qui ont exécuté les travaux, qui ont amendé les terres et amélioré les cultures, qui sont devenus solidaires de la fortune de leurs patrons, en acceptant toutes les conditions que nous avons fait connaître ? Voilà certes, au temps où nous sommes, une question pratique du plus haut intérêt.

Nous avons pris, pour résoudre le problème, la même voie que nous avons suivie jusqu'ici. Nous nous sommes adressé aux mêmes hommes ; et, les trouvant toujours complaisants, toujours prêts à nous seconder de leur expérience, nous n'avons pas craint de les lasser et de surcharger nos investigations. En première ligne, nous placerons M. de Garidel, que nous avons souvent nommé avec juste raison et qui a fourni à l'enquête des renseignements si nombreux et si précis, au nom du département de l'Allier comme en son nom personnel. Voici ce qu'il nous écrit en dernier lieu : « Je vous remercie de m'avoir posé les questions contenues dans votre lettre du 6 décembre, relatives à la situation des métayers qui exploitent les six domaines dont je vous ai envoyé les comptes généraux, et à la part de bénéfice qui leur est revenue. Vos questions sont justes et viennent à propos. La situation des métayers est assurément un point fort essentiel de l'association réalisée par le métayage. Je vais essayer de répondre à vos désirs.

« Le compte particulier d'un métayer n'est pas très facile à établir dans tous ses détails par des chiffres aussi précisés que celui du propriétaire, par la raison que le colon ne tient jamais dans nos pays de comptabilité personnelle, et qu'il se borne, lorsqu'il a l'instruction nécessaire, à tenir celle qui lui est indispensable pour régler les intérêts qui lui sont communs avec ceux de son maître. » Le métayer ne sait donc, en ce qui le concerne directement, que deux choses, selon les résultats annuels, à savoir la somme qui lui est restée après ses dépenses payées, ou la brèche qu'il a dû faire à ses économies antérieures pour faire honneur à ses obligations. « On peut cependant, avec les éléments fournis par le livre de comptes du domaine et avec la connaissance que le propriétaire possède du régime du métayage et de la manière de vivre de ses associés, arriver à des données très voisines de l'exactitude complète. C'est ce que je vais faire pour les six domaines dont vous avez les comptes généraux, déjà cités. Mais auparavant je dois vous faire connaître de quelle manière j'ai procédé. »

Le procédé de M. de Garidel, en présence d'un problème aussi délicat et aussi intéressant, est, hâtons-nous de le dire, des plus consciencieux et des plus instructifs. C'est, au fond, un véritable traité sur la matière. Que nous dit-il, en effet? « Pour ce qui regarde les recettes, je me suis servi de mes propres livres, qui m'ont donné exactement les chiffres de bénéfice du bétail, des grains vendus, et en général de tous les revenus communs. La part du métayage étant égale à la mienne, ce premier calcul a été facile; et j'en ai fait le relevé pour la même période de quatre années, 1876, 1877, 1878, 1879, sur laquelle avait porté ma première étude. A ces recettes communes j'ai ajouté, en sommes moyennes pour chaque année, les profits dont le métayer jouit seul : loyers de la maison et du jardin, lait d'une ou deux vaches pour son usage particulier, bois pris sur le domaine, produits de la basse-cour non partagés, fruits, pommes de terre prélevées pour la nourriture du colon et de sa famille. Les totaux ainsi établis pour chacune des années, je les ai additionnés et divisés en quatre; et j'ai par là obtenu la moyenne du revenu annuel de la période. »

Pour les dépenses, il était difficile d'arriver à une aussi grande précision, parce que chaque métayer a ses propres affaires. Aussi M. de Garidel ne s'est-il attaché qu'à établir des moyennes, d'après les données positivement appréciables : dépenses de main-d'œuvre, gages des domestiques, journées d'ouvriers, prestation colonique, intérêt du capital-cheptel et du capital-matériel, entretien annuel des instruments et voitures, frais de nourriture évalués à tant par jour pour tous les individus composant le personnel du domaine. Tous les chiffres inscrits ont été scrupuleusement étudiés. « Je n'ai pas voulu établir ces chiffres d'après ma propre expérience, dit M. de Garidel. J'ai consulté à leur sujet les personnes compétentes en ces matières, et ils ont tous passé par une épreuve contradictoire, qui garantit leur valeur approximative. »

Pour bien faire comprendre, en fait de gages et de nourriture, l'influence du personnel sur les revenus de chaque domaine, M. de Garidel a pris soin de placer en tête de ses tableaux, soit le nombre des membres de la famille en état de travailler et de donner un certain concours à l'exploitation domaniale, soit le nombre des domestiques à gages, en attribuant à chacun d'eux un gage proportionnel à ses services. Ceci fait, la nourriture de tout le personnel, utile et inutile, a été calculée de telle sorte que le chiffre de la balance représente bien exactement ce que le métayer a gagné en argent au bout de chaque année. « Il est dit *en argent,* parce que l'on doit certainement compter comme profit les enfants qu'il a élevés, et en général toutes les bouches inutiles à l'exploitation qui ont participé à la dépense. » De la somme d'argent restant à la fin de l'année le colon n'a à défalquer que les frais de son habillement personnel et de celui de ses enfants n'ayant pas encore atteint l'âge de travailler. Les enfants plus grands percevant un gage, qui figure au compte de main-d'œuvre, sont réputés trouver dans ce gage les ressources nécessaires à leurs vêtements.

Il est évident que les familles des métayers ne sont pas toutes composées de la même manière, et que les membres utiles et inutiles sont répartis dans une proportion qui varie pour chaque domaine ; et que, dès lors, toute comparaison entre les divers bénéfices serait impossible, si l'on conservait pour base la composition réelle de chaque famille. « Il m'a semblé, dit à cet égard M. de Garidel, que le meilleur moyen de faciliter cette comparaison, dont l'intérêt est visible, serait de retrancher du personnel de chaque domaine tous les sujets inaptes au travail et de ne lui conserver qu'un personnel normal, c'est-à-dire réduit au nombre d'hommes, de femmes et de pâtres nécessaire à sa bonne marche. En suivant cette méthode, il devient clair que le bénéfice en argent, donné par l'excédent des recettes sur les dépenses, représente bien exactement, en francs et centimes, le profit net du métayer ; de telle sorte qu'en appliquant ce procédé à chaque exploitation, tous les comptes obtenus peuvent se comparer entre eux et servir d'éléments pour déterminer les moyennes que vous demandez. »

La manière dont M. de Garidel présente les comptes peut ne pas convenir à toutes les régions ; il peut y avoir des propriétaires qui entrevoient les choses autrement ; enfin, les évaluations peuvent différer selon les pays. Mais les tableaux qui suivent n'en servent pas moins de base à toutes les combinaisons.

§ 2. — Comptes particuliers des métayers de M. de Garidel.

Domaine A. — 64,90, soit 65 hectares. — État de la famille du métayer pendant les 4 années : le métayer et sa femme, son gendre et sa fille, son fils aîné et sa belle-fille, deux fils non mariés de 15 à 18 ans, un fils de 13 ans, pâtre, trois enfants en bas âge. Total : 12 personnes.

RECETTES ANNUELLES	1876	1877	1878	1879
Moitié du bénéfice commun du bétail.	3.542 25	4.267 50	2.061 35	1.969 10
Laine vendue, part du métayer. .	»	116 70	»	»
Froment vendu, semence déduite, part du métayer	1.451 60	2.267 30	2.276 70	2.429 95
Avoine vendue, semence et consommation du bétail déduites, part du métayer	784 70	474 90	974 35	556 20
Grosse volaille vendue, part du métayer.	3 55	61 75	34 25	45 25
Œufs et volailles, redevances déduites, profit du métayer. . .	100 »	100 »	100 »	100 »
Pommes de terre et fruits abandonnés au métayer sur la part commune	75 »	75 »	75 »	75 »
Lait abandonné au métayer, 8 litres par jour, à 0 fr.15, pendant toute l'année	438 »	438 »	438 »	438 »
Bois abandonné au métayer, équivalant à 500 fagots à 6 fr. le cent, et 3 cordes de bois à 15 fr.	75 »	75 »	75 »	75 »
Indemnité pour usure des voitures au service du propriétaire. . .	6 »	6 »	6 »	6 »
Loyer de la maison et du jardin. .	150 »	150 »	150 »	150 »
Total des recettes annuelles. . .	6.626 10	8.032 15	6.190 65	5.844 50
Moyenne des recettes annuelles pendant les 4 années				6.573 35

DÉPENSES ANNUELLES	
Prestation colonique	800 »
Gages de 2 hommes	800 »
Gages d'un troisième homme	350 »
Gages d'un jeune homme.	200 »
Gages de 2 femmes.	400 »
Gages d'un pâtre.	100 »
Journaliers, nourriture comprise.	200 »
Entretien des voitures et instruments.	100 »
Intérêt de l'excédent du cheptel vivant (4.663 fr.)	233 »
Intérêt du capital matériel (1.000 fr.).	50 »
Nourriture de 12 personnes, à 0 fr. 50 par jour.	2.190 »
Total des dépenses annuelles	5.423 »

La différence entre le chiffre des recettes et celui des dépenses forme le bénéfice net. Mais il est bon d'ajouter aux recettes ou de retrancher des dépenses de l'exploitation les frais de nourriture des enfants en bas âge, qui constituent en réalité un avantage pour le métayer, chef de famille. Le compte réel peut donc s'établir ainsi :

Recettes annuelles	6.573 35
Dépenses annuelles.	5.423 »»
Bénéfice du métayer.	1.150 35
Frais de nourriture de trois enfants en bas âge, d'après évaluation motivée, à ajouter.	319 »»
Bénéfice réel du métayer	1.469 35

L'ancien métayer, après une exploitation de dix années, s'est retiré, emportant, avec ses économies, sa part de bénéfice de cheptel. Un nouveau métayer a pris sa place. Le bail est fait pour 6 années, avec tacite reconduction d'année en année.

Domaine B. — 54 hectares. — État de la famille pendant les 4 années : le métayer et sa femme, son gendre et sa fille, une autre fille de 18 ans, son fils de 13 ans, pâtre, une petite servante de 16 ans, deux domestiques hommes, un enfant en bas âge. Total : 10 personnes.

RECETTES ANNUELLES	1876	1877	1878	1879
Moitié du bénéfice du bétail, dépenses communes déduites. .	1.715 90	1.902 45	1.838 65	1.182 75
Laine vendue, part du métayer. .	91 80	111 80	121 40	104 70
Grosse volaille vendue, part du métayer.	266 75	168 50	177 20	145 75
Froment vendu, semences déduites.	1.460 45	2.460 90	2.340 »	1.855 50
Plume vendue, pour le métayer. .	16 25	14 »	8 »	» »
Chanvre vendu, pour le métayer. .	12 »	» »	» »	15 »
Loyer de la maison et du jardin. .	100 »	100 »	100 »	100 »
Lait abandonné au métayer, 6 litres par jour, dont moitié. . . .	330 »	330 »	330 »	330 »
Bois abandonné, équivalant à 1.000 fagots et 6 cordes de bois. . .	150 »	150 »	150 »	150 »
Œufs et volailles, profits du métayer.	100 »	100 »	100 »	100 »
Avoine vendue, semence déduite et consommation du bétail. . .	468 40	450 »	945 70	450 »

RECETTES ANNUELLES	1876	1877	1878	1879
Indemnité pour usure des voitures pour le service du maître. . .	6 »	6 »	6 »	6 »
Pommes de terre prélevées et fruits.	50 »	50 »	50 »	50 »
Total des recettes annuelles. . .	4.767 55	5.843 65	6.166 95	4.489 70

Moyenne des recettes annuelles pendant les 4 années 5.316 96

DÉPENSES ANNUELLES	
Prestation colonique	520 »
Gages de 3 hommes, le gendre compris	1.000 »
Gages de 3 femmes	550 »
Gages d'un pâtre.	100 »
Journaliers, nourriture comprise.	50 »
Entretien des voitures et instruments.	100 »
Intérêt du capital du cheptel vivant (5.271 fr.).	263 50
Intérêt du capital matériel (1.000 fr.)	50 »
Nourriture de 10 personnes, à 0 fr. 50 par jour.	1.825 »
Total des dépenses annuelles	4.458 50

Recettes annuelles.	5.316 96
Dépenses annuelles.	4.458 50
Bénéfice du métayer..	958 46
Frais de nourriture des personnes inutiles ou jeunes. . .	491 99
Bénéfice réel du métayer	1.450 45

Le métayer est depuis 17 ans dans le domaine. Il avait ses deux frères comme associés. L'un d'eux l'a quitté, il y a trois ans, avec sa part d'économies et de cheptel. Le bail est annuel et passé sous seing privé enregistré ; il se poursuit par tacite reconduction.

Domaine C. — 48 hectares. — État de la famille pendant les 4 années : deux frères associés et leurs femmes, une mère âgée, un fils de 20 ans, deux filles de 18 ans, un enfant, un pâtre. Total : 10 personnes.

RECETTES ANNUELLES	1876	1877	1878	1879
Moitié du compte commun du bétail, déduction faite des dépenses	1.868 »	851 75	1.616 15	1.506 95
Laine vendue, part du métayer. .	101 15	113 60	107 80	» »
Grosse volaille vendue, part du métayer.	155 65	216 75	188 40	192 60
Froment vendu, semence déduite, moitié	942 65	1.789 95	1.969 45	2.256 »
Plume et chanvre, moitié. . . .	14 25	19 50	20 80	10 »
Loyer de la maison et du jardin. .	100 »	100 »	100 »	100 »
Lait abandonné, 6 litres à 0 fr. 15, moitié.	330 »	330 »	330 »	330 »
Bois abandonné au métayer, équivalant à 700 fagots à 6 fr., et 4 cordes de bois à 15 fr.	100 »	100 »	100 »	100 »
Profits du métayer sur la basse-cour	100 »	100 »	100 »	100 »
Indemnité pour l'usure des voitures	6 »	6 »	6 »	6 »
Avoine vendue, semence tirée, moitié.	421 80	278 10	530 40	277 20
Pommes de terre prélevées par le métayer.	50 »	50 »	50 »	50 »
Total des recettes annuelles. . .	4.189 50	3.955 65	5.119 »	4.928 75
Moyenne annuelle des recettes.				4.548 22

DÉPENSES ANNUELLES	
Prestation colonique.	350 »
Gages du fils, domestique.	400 »
Gages de deux servantes.	400 »
Gages d'un pâtre.	100 »
Journaliers pendant les travaux, nourriture comprise. .	100 »
Entretien et renouvellement des voitures et instruments.	100 »
Intérêts à 5 0/0 de l'excédent du cheptel (3.558 fr.). . .	192 90
Intérêts du capital matériel (1.000 fr.).	50 »
Nourriture de 10 personnes, à 0,50 par jour.	1.825 »
Total des dépenses annuelles.	3.517 90
Recettes annuelles.	4.548 22
Dépenses annuelles.	3.517 90
Bénéfice du métayer.	1.030 32
Frais de nourriture des personnes inutiles.	491 98
Bénéfice réel du métayer.	1.522 30

Le métayer exploite le domaine depuis 16 ans. Son frère, qui était son associé, l'a quitté, il y a un an. Le surplus de la famille est resté. Le bail actuel est de 3 années ; il doit se poursuivre, d'année en année, par tacite reconduction.

Domaine D. — 48 hectares. — État de la famille pendant les 4 années : deux frères mariés et leurs deux femmes, une servante, quatre enfants, un fils de vingt ans, un pâtre. Total : 11 personnes.

RECETTES ANNUELLES	1876	1877	1878	1879
Moitié du compte commun du bétail, dépenses déduites	2.056 55	1.479 05	411 »	1.169 85
Laine vendue, part du métayer. .	98 60	110 95	109 60	103 80
Grosse volaille vendue, la moitié.	126 20	124 50	90 80	122 75
Froment vendu, semence déduite.	1.469 25	1.822 85	2.286 80	1.713 75
Plume et chanvre, moitié. . . .	15 »	15 »	35 80	25 »
Loyer de la maison et du jardin. .	100 »	100 »	100 »	100 »
Lait abandonné, 6 litres par jour, moitié	330 »	330 »	330 »	330 »
Bois abandonné, équivalant à 700 fagots à 6 fr. le cent, et 4 cordes de bois à 15 fr.	100 »	100 »	100 »	100 »
Œufs et profits de basse-cour . .	100 »	100 »	100 »	100 »
Indemnité pour usure de voitures	6 »	6 »	6 »	6 »
Avoine vendue, les autres grains ne sont pas comptés, étant consommés par les animaux, moitié·	518 20	392 65	574 60	415 80
Fruits et pommes de terre prélevées.	50 »	50 »	50 »	50 »
Total des recettes annuelles. . .	4.969 80	4.631 60	4.236 95	4.194 60
Moyenne des recettes annuelles				4.508 08

DÉPENSES ANNUELLES	
Prestation colonique.	350 »
Gages d'un valet de ferme, le fils.	400 »
Gages d'une servante	200 »
Gages d'un pâtre	100 »
Journaliers pendant les travaux, nourriture comprise . .	100 »
Entretien des voitures et instruments	100 »
Intérêts à 5 0/0 de l'excédent du cheptel (2.650 fr.) . . .	132 50

DÉPENSES ANNUELLES	
Intérêts du capital matériel (1.000 fr.).	50 »
Nourriture de 11 personnes, à 0 fr. 50 par jour	2.007 50
Total des dépenses annuelles	3.440 »
Recettes annuelles.	4.508 08
Dépenses annuelles.	3.440 »
Bénéfice du métayer.	1.068 08
Frais de nourriture des personnes inutiles.	476 94
Bénéfice réel du métayer. . . . . :	1.545 02

Le métayer n'est resté que six ans dans le domaine. Il est parti par suite de désaccord avec son frère; et, ce dernier n'étant pas assez fort pour rester seul, un autre métayer est entré. L'ancien bail était fait pour 6 ans; le nouveau est annuel.

Domaine E. — 60 hectares. — État de la famille pendant les 4 années : le père de famille et sa femme, un fils de 25 ans, un autre fils de 15 ans, un pâtre, deux servantes, deux enfants en bas âge, un valet de ferme. Total : 10 personnes.

RECETTES ANNUELLES	1876	1877	1878	1879
Moitié du compte commun de bétail.	2.060 25	1.318 20	551 40	3.436 45
Laine vendue, part du métayer. .	91 80	104 65	105 15	» »
Grosse volaille, moitié	50 55	34 90	11 20	53 25
Froment vendu, semence déduite.	1.513 55	1.902 40	1.983 25	1.913 25
Plume vendue, moitié.	14 25	19 50	20 80	10 »
Loyer de la maison et du jardin .	100 »	100 »	100 »	100 »
Lait abandonné, 6 litres par jour .	330 »	330 »	330 »	330 »
Bois abandonné, équivalant à 1.000 fagots et 6 cordes de bois. . .	150 »	150 »	150 »	150 »
Œufs et volailles	100 »	100 »	100 »	100 »
Indemnité pour usure de voitures	6 »	6 »	6 »	6 »
Avoine vendue, semence déduite, et consommation du bétail, sans tenir compte des autres menus grains.	490 20	306 70	506 60	310 50

RECETTES ANNUELLES	1876	1877	1878	1879
Pommes de terre prélevées et fruits	50 »	50 »	50 »	50 »
Total des recettes annuelles. . .	4.956 60	4.422 35	3.914 40	6.394 45
Moyenne des recettes annuelles				4.921 95

DÉPENSES ANNUELLES	
Prestation colonique	400
Gages de deux hommes	800
Gages d'un jeune homme de 15 ans	200
Gages de deux femmes	350
Gages du pâtre	100
Journaliers, nourriture comprise	50
Entretien des voitures et instruments	100
Intérêts à 5 0/0 de l'excédent du cheptel (3.600 fr.)	180
Intérêts du capital matériel (1.000 fr.)	50
Nourriture de 10 personnes, à 0 fr. 50 par jour	1825
Total des dépenses annuelles	4.055
Recettes annuelles	4.921 95
Dépenses annuelles	4.055 »
Bénéfice du métayer	866 95
Frais de nourriture des bouches inutiles	358 25
Bénéfice réel du métayer	1.225 20

Le métayer exploite le domaine depuis 23 ans. Le bail est de 3 années, avec tacite reconduction d'année en année.

Domaine F. — 62 hectares. — État de la famille pendant les 4 années : le métayer et sa femme, sa mère âgée, son gendre et sa fille, une autre de ses filles âgée de 20 ans, ses fils de 10 à 14 ans, faisant fonction de pâtres, trois enfants en bas âge. Total : 12 personnes.

RECETTES ANNUELLES	1876	1877	1878	1879
Moitié du compte commun du bétail, dépenses déduites . . .	2.361 15	2.921 55	1.568 70	2.423 30
Laine vendue, part du métayer .	140 15	123 40	104 25	96 90

RECETTES ANNUELLES	1876	1877	1878	1879
Grosse volaille, moitié.	252 15	206 80	155 45	120 »
Froment vendu, semence tirée, moitié	1.646 30	1.972 55	2.025 45	2.245 75
Chanvre, moitié.	16 »	10 50	15 »	» »
Plume, moitié	14 25	19 50	20 80	10 »
Loyer de la maison et du jardin .	100 »	100 »	100 »	100 »
Lait abandonné au métayer, 6 litres par jour, à 0 fr. 15, moitié. .	330 »	330 »	330 »	330 »
Bois abandonné au métayer, équivalant à 1.000 fagots et 6 cordes de bois	150 »	150 »	150 »	150 »
Profit du métayer sur les produits de la basse-cour.	100 »	100 »	100 »	100 »
Indemnité pour usure de voitures	6 »	6 »	6 »	6 »
Avoine vendue, semence déduite, moitié	663 60	607 90	684 10	365 40
Pommes de terre prélevées par le métayer	50 »	50 »	50 »	50 »
Total des recettes annuelles . .	5.829 60	6.597 90	5.309 75	5.997 35
Moyenne des recettes annuelles				5.933 65

DÉPENSES ANNUELLES

Prestation colonique.	500 »
Gages de trois valets, le gendre	1.000 »
Gages de deux femmes.	400 »
Gages du pâtre	100 »
Journaliers, nourriture comprise	50 »
Entretien des voitures et instruments	100 »
Intérêts à 5 0/0 de l'excédent du cheptel (3.457 fr. 50). .	172 85
Intérêts du capital matériel (1.000 fr.)	50 »
Nourriture de 12 personnes, à 0 fr. 50 par jour.	2.150 »
Total des dépenses annuelles	4.662 85
Recettes annuelles.	5.933 65
Dépenses annuelles..	4.662 85
Bénéfice du métayer.	1.270 80
Frais de nourriture des personnes inutiles	415 30
Bénéfice réel du métayer.	1.686 10

Le métayer exploite le domaine depuis 11 ans. Le bail est annuel, il se poursuit par tacite reconduction.

§ 3.— Récapitulation des 6 domaines.

DÉSIGNATION	NOMBRE d'hectares	BÉNÉFICE RÉEL du métayer	BÉNÉFICE par hectare
Domaine A	65	1.469 35	22 60
Domaine B	54	1.450 45	26 86
Domaine C	48	1.522 30	31 71
Domaine D	48	1.545 02	32 18
Domaine E	60	1.225 20	20 42
Domaine F	62	1.686 10	27 19
Totaux	337	8.928 42	160 96
Moyenne par domaine .	56 16	1.481 73	26 82

BÉNÉFICE DES MÉTAYERS PENDANT LES 4 ANNÉES

Domaine A	5.877 40
Domaine B	5.801 80
Domaine C	6.089 20
Domaine D	6.180 08
Domaine E	4.900 80
Domaine F	6.744 40
Revenu total des six domaines	35.593 68
Revenu moyen de chaque domaine	5.932 28

JUSTIFICATION DES PRIX DE NOURRITURE JOURNALIERS

Blé, 30 doubles décalitres, à 4 fr. 50	810 fr.
2 porcs gras pesant 300 k., à 1 fr. 10 le kilo	330
Sel, 200 kilos	20
Epicerie et menus frais	40
Huile, 120 livres, à 0,60	72
Vin, 3 hectolitres, à 83 fr. 33	100
Œufs, 120 douzaines, à 0,70	84
Viande, 60 livres, à 0.80	48
Laitage et fromage, beurre, en bloc	330
Pommes de terre, 2.500 k., à 4 fr. les 100 k.	100
Total de la nourriture pour 11 têtes, nombre moyen du personnel des domaines	1.934 fr.
Soit par tête pendant toute l'année, un peu moins de 0,50, un peu plus de 0,45, au juste	0.4816

Les personnes valides et travaillant sont portées à 0,60 par jour. Les enfants et personnes âgées ne sont portés qu'à 0,35 environ.

§ 4. — Observations sur les comptes.

Il va sans dire que, si l'on voulait se rendre un compte minutieux des variations et des différences que présentent les six comptes précédents, il faudrait suivre pas à pas les mouvements d'étables, qui, pour certaines causes spéciales, ont précipité les ventes et motivé des rachats d'animaux dans chaque domaine. Il est clair que, dans aucun département et dans aucune métairie, on ne peut rencontrer l'uniformité dans les proportions annuelles des ventes et des rachats. Ces proportions dépendent, non seulement de l'abondance des fourrages et des ressources destinées à l'alimentation du bétail, mais encore des épidémies et mortalités, des fluctuations des cours, et de bien d'autres causes locales. C'est sur des moyennes qu'il faut baser ses calculs ; et plus les périodes de jouissance seront longues, plus les résultats seront approximativement exacts, au double point de vue des revenus du propriétaire et de ceux des métayers.

Si nous voulons, toutefois, pénétrer dans les détails, nous voyons, par exemple, que le loyer des maisons et jardins est porté uniformément à 100 fr. par an dans cinq domaines, c'est-à-dire au minimum du prix qui pourrait être attribué à une location de ce genre dans le pays même. Seul, le domaine A est porté pour un prix de loyer annuel de 150 fr., parce que le jardin est plus étendu et de meilleure qualité que les autres. Le même esprit de justice distributive a présidé aux évaluations du lait abandonné aux métayers. Le litre est toujours compté à 15 centimes, c'est-à-dire au revenu qu'il rapporterait s'il était consommé par les veaux ou qu'il vaudrait, au rabais, s'il était vendu au dehors ; et le compte de chaque métayer s'établit suivant la quantité de litres qu'il prend pour ses propres besoins ou pour la tenue du ménage d'exploitation. Il en est de même du bois, dont les évaluations totales, conformes aux prix du pays, sont basées sur les quantités livrées ou sur le nombre des arbres qui garnissent le domaine. Il en est de même encore des pommes de terre prélevées par le métayer et des fruits, dont les évaluations sont dictées par les circonstances locales.

Le seul point sérieux qui appelle l'attention, c'est le prélèvement

colonique en argent, exercé avant partage. Nous ne saurions traiter
la question incidemment, et nous nous réservons de l'approfondir
et de la ramener à des proportions et à des formules que nous
croyons justes. Mais nous dirons ici, puisque l'occasion se présente avec un caractère pratique, que chaque propriétaire est libre
d'établir la forme et la quotité du prélèvement colonique comme il
l'entend, sous le régime de la liberté culturale, par la raison que, si
le chiffre paraît trop élevé, le métayer refuse de l'accepter et qu'ainsi
le domaine reste en chômage, faute d'exploitant. Nous ajouterons
que le prélèvement, qui, par son énoncé, peut paraître élevé à première vue, n'est bien souvent que la traduction mathématique d'a-
vantages de toute sorte, qui, au détail, seraient fastidieux et qui
sont ramenés à une moyenne annuelle, sous forme d'abonnement.

C'est précisément la pensée exprimée par M. de Garidel. Le prélèvement colonique qui figure dans ses comptes est modéré, si on
le rapproche de l'étendue des domaines, de leur état de culture et
de leur valeur. La surélévation qui apparaît dans un ou deux des
comptes est destinée à rétablir l'équilibre entre les conditions de
culture et d'exploitation, les domaines plus chargés se trouvant
dans des conditions particulièrement avantageuses et favorisées.
Ainsi, dans le domaine A, qui supporte le plus fort prélèvement,
il y a 25 hectares de prés naturels sur 65, et les terres sont plus
fertiles que celles du restant de la propriété. De plus, le chiffre du
cheptel attribué au métayer est de 10.000 fr., tandis que les autres
cheptels ne dépassent guère 6.000 fr., et les conditions de culture et
d'exploitation sont meilleures. Les différences de prélèvement sont
ainsi calculées de telle sorte que tous les domaines se trouvent placés, soit entre eux, soit vis-à-vis du propriétaire, dans une position
aussi égale, aussi équilibrée, que peuvent le permettre les appréciations du propriétaire et des métayers eux-mêmes.

Il existe un dernier élément de calcul qui ne saurait être négligé,
et qui peut entrer mentalement dans la formation du prélèvement
colonique, très directement dans la proportion des revenus nets de
chaque métayer. C'est le personnel, non seulement le personnel
auxiliaire, qui varie selon les besoins annuels et selon la composition culturale des terres; mais le personnel même de la famille.
Ainsi, le métayer qui a plusieurs enfants en bas âge à nourrir ou
des vieillards à peu près impropres au travail, ne peut prétendre
évidemment à un revenu net aussi élevé que celui qui n'a à entretenir que des personnes valides. De même, le métayer, qui, comme

celui du domaine B, possède en propre un petit bien avec maison, valant 15.000 fr. et se trouve par là à son aise, peut se permettre, en fait d'auxiliaires, des licences que doit se refuser un métayer qui n'a que ses bras ; s'il tient à s'épargner de la peine en prenant plus d'aides, il doit renoncer à une certaine proportion des revenus nets. De même encore, un métayer plus mou que les autres, plus inintelligent, ne peut parvenir, au bout de l'année, à réaliser un bénéfice net égal à celui qui échoit à un exploitant plus laborieux et comprenant mieux les cultures.

Cette intéressante étude, tout à fait neuve, nous apprend, en définitive, que chaque métayer cultive en moyenne 56 hectares, qu'il perçoit un bénéfice d'environ 27 francs par hectare, ce qui lui attribue par année un revenu moyen de 1.482 francs, et pour les quatre années un bénéfice total de 5.932 francs. Nous remarquons ensuite que ces comptes sont faits pour une période éminemment critique, pendant laquelle les cours de vente des produits ne sauraient être comparés aux cours moyens des périodes antérieures, ayant été atteints, surtout dans les deux années qui viennent de s'écouler, par une multitude de causes convergentes. Nous remarquons encore que, si nous appliquons les mêmes calculs aux 14 dernières années, durée moyenne du séjour des métayers dans les six domaines, nous serons logiquement autorisés à grossir le chiffre total de chacun d'eux, dans tous les cas à le porter au moins à 18.000 fr. pour la période entière de 14 ans. Aussi ne saurions-nous être surpris, par exemple, que le métayer du domaine B, qui est en exercice depuis 17 ans consécutifs, ait pu acquérir, au moyen de ses économies, sans compter la somme qu'il détient par devers lui pour ses besoins et sa part dans les profits courants du cheptel, un petit bien de 15.000 fr. Et, lorsqu'on nous dit que le même fait se reproduit fréquemment dans le pays, alors que les domaines sont bien équilibrés, nous répondons que la chose est naturelle et que la plupart des propriétaires, toute proportion gardée, aboutiront aux mêmes résultats pour leurs métayers, dès qu'ils agiront d'une façon analogue.

Une dernière remarque ne peut échapper à l'esprit de quiconque veut réfléchir. Les propriétaires du Bourbonnais nous disent que, dès que les paysans ont réalisé quelques épargnes, ils tendent à acquérir de petits lots de terre, afin de pouvoir s'y retirer lorsqu'ils seront las de travailler pour autrui, ou lorsque la communauté dont ils sont la tête se désagrégera. M. de Garidel, qui confirme le fait, ajoute que la plupart des domaines qui se divisent pour la vente, sont acquis par des métayers enrichis. Cette observation est concluante en faveur du métayage. Mais il est permis de croire que, si ces mêmes métayers, lorsqu'ils ont amassé un pécule, songeaient à l'employer à l'amélioration du domaine, à l'augmentation du cheptel, au développement des cultures, ils auraient par là plus de revenus qu'ils ne peuvent s'en procurer avec des parcelles insuffisantes, quelquefois acquises à grands frais. D'un autre côté, ils viendraient en aide au propriétaire, qui n'a pas toujours de fonds disponibles ; et, dans ce cas, ils seraient en droit de faire supprimer dans leurs comptes les intérêts dus pour les avances de cheptel, ce qui ne les empêcherait pas d'acquérir plus tard, et avec un capital supérieur, un lot de terre qui leur servirait de retraite.

Quelle conclusion formelle est-il permis de tirer de toutes ces réflexions, de tous ces faits? Celle-ci, ce nous semble : qu'un système d'exploitation, qui, dans les circonstances actuelles, en pleine crise, donne au propriétaire un revenu net de plus de 80 fr., au métayer un bénéfice de 27 fr., ce qui porte le revenu total à plus de 100 fr. par hectare, qu'un système de culture, qui élève en quatre années à près de 6.000 fr. les économies réelles d'un exploitant qui, en entrant dans son domaine, n'avait que ses bras, qu'un tel système, basé sur l'association la plus morale qu'on puisse imaginer, sur l'alliance continue du capital et du travail, sur les sentiments les plus purs de la famille, sur l'intérêt solidaire de toutes les opérations, doit être conservé scrupuleusement là où il existe, doit être amélioré sans hésitation partout où une réforme pratique devient possible, doit être proposé pour exemple à ceux qui se trouvent embarrassés dans la marche régulière de leurs exploitations.

CHAPITRE TROISIÈME

MONOGRAPHIE DU BÉTAIL DE L'ALLIER, DRESSÉE AU POINT DE VUE DU MÉTAYAGE

§ 1.— Choix d'une race améliorée pour le Bourbonnais.

Le métayage se prête-t-il à l'amélioration du bétail? C'est un grave problème que nous ne saurions traiter avec l'attention qu'il mérite dans ce premier travail, lequel a pour but exclusif les constatations de l'enquête. Nous remarquerons simplement ici que, dans leurs réponses au questionnaire, les correspondants, saisissant à demi-mot l'importance des questions qui touchent en même temps à l'économie du bétail et au métayage, se sont complu à nous initier aux circonstances diverses qui s'y rattachent. Ils n'ont pas hésité à nous déclarer que, s'il y a dans tous les domaines une certaine quantité d'animaux, on ne rencontre presque nulle part la proportion numérique que comporte l'étendue et les ressources culturales de chacun d'eux. Parmi les moyens d'améliorer le métayage, figurent en première ligne l'extension des prairies permanentes ou temporaires et leur intercalation dans les assolements réguliers, sans compter la multiplication des fourrages verts et des racines ; ce qui indique, mieux que tous les raisonnements, les préoccupations des propriétaires et des métayers, dirigés par eux. Partout où le métayage est bien établi, partout où il prospère, le bétail apparaît comme la source naturelle et la plus féconde des revenus et du progrès ; et ce n'est assurément pas la faute des métayers si, dans les pays pauvres et dans les domaines mal constitués, les étables ne sont pas pourvues du nombre de têtes que justifieraient les cultures.

C'est pour préparer le cadre que nous aurons à remplir, et bien faire comprendre le rôle que le métayage a pris déjà dans l'amélioration du bétail, que nous présentons ici, à titre de monographie, l'exemple remarquable que nous offre le département de

l'Allier, et que nous analysons le rapport détaillé que M. de Garidel a bien voulu nous envoyer, avec une nouvelle obligeance,
en sa qualité de président de la Société d'agriculture de Moulins.
« Je m'empresse de vous dire, nous écrit-il, tout ce que je
sais sur le bétail du Bourbonnais, sur ce qu'il a été autrefois et
sur ce qu'il est aujourd'hui, et, pour me servir des termes mêmes
de votre lettre, sur sa situation vis-à-vis de nos métayers.» Ainsi
prise, la question est parfaitement posée.

« Le bétail qui peuplait les étables du pays, en 1857, était assez
médiocre. Il appartenait à ce qu'on a appelé fort improprement la
race bourbonnaise; car je ne sais s'il convient de donner le nom
de race à un métissage bâtard d'animaux limousins, auvergnats,
marchois et charolais, qui nous étaient amenés par les hasards ou
les spéculations du commerce.» Cette phrase de M. de Garidel
nous suffit pour établir le point de départ, vu que nous n'avons
pas ici, comme nous venons de le dire, à traiter à fond la grande
question de l'économie du bétail, soulevée par nous il y a cinq ou
six ans, et pour ainsi dire suspendue après enquête, faute de
rapport d'ensemble. Le Bourbonnais, il y a vingt et quelques
années, n'avait donc pas de race caractérisée, qu'il pût revendiquer
comme lui appartenant. Les animaux nés dans le pays étaient
expédiés, jeunes encore, vers la Franche-Comté et les montagnes du
Jura; et les métayers, qui avaient besoin de force pour leurs terres
argileuses, s'approvisionnaient dans les foires de bœufs mûrs,
que les marchands leur amenaient des contrées voisines, surtout
de l'Auvergne et du Limousin. Tel était l'état des choses, lorsque
l'emploi des amendements calcaires, en révolutionnant les vieilles
méthodes, en permettant la culture des fourrages artificiels et des
racines, en autorisant l'élevage sur une grande échelle, attira
forcément l'attention des propriétaires vers l'économie du bétail,
jusqu'alors entièrement négligée. On peut donc dire que l'amélioration des races a côtoyé, en Bourbonnais, l'amélioration du sol
et des cultures, et que ces deux grandes branches du progrès
agricole ont marché de concert.

Il s'agissait donc de faire choix d'une race qui répondît, par
ses aptitudes et sa valeur commerciale, à la nouvelle situation
des cultures. La race charolaise, déjà expérimentée avec succès
par quelques propriétaires, fut adoptée peu à peu par la grande
majorité des éleveurs. Tout la désignait à leur choix. « Originaire
d'un pays voisin, elle était connue, et c'était beaucoup pour la
faire accepter par les métayers, toujours un peu défiants à l'égard

de ce qu'ils n'ont jamais vu ; les reproducteurs se rencontraient
facilement ; et cette race venait précisément d'être améliorée par
les éleveurs nivernais, qui en avaient fait une des plus belles races
françaises. D'un autre côté, les conditions d'élevage et d'alimentation qui devaient lui être offertes dans l'Allier ne différaient pas
sensiblement de celles au milieu desquelles elle vivait dans la
Nièvre et dans Saône-et-Loire ; et ces deux départements, qui
n'élèvent pas en qualité suffisante pour l'embouche de leurs herbages, présentaient un exutoire tout naturel, plus facile et plus
rémunérateur que les marchés plus lointains de la Franche-Comté
et du Jura. » La race charolaise ou nivernaise, apte à la fois au
travail et à l'engraissement, est donc devenue la race adoptive et
dominante, du moins dans la plus grande partie du Bourbonnais.

Il y a cependant quelques exceptions. Ainsi, dans la partie de
l'arrondissement de La Palisse, qui est formée par des terrains
d'alluvion de premier ordre, et dans la portion la plus considérable
de l'arrondissement de Gannat, où se trouvent des terres ana
logues à celles de la Limagne d'Auvergne, les éleveurs ont adopté
la race précoce de Durham avec ses croisements, qui réussit admirablement et obtient chaque année les plus fortes primes aux
concours de Nevers et de Paris. Dans un autre sens, les éleveurs
du canton de Montluçon, qui touchent aux départements du Cher
et de la Creuse et qui sont pauvres en fourrages, ont conservé
l'ancienne race locale ou plutôt la race marchoise, plus rustique
et demandant une nourriture moins abondante. De même, dans la
partie extrême et montagneuse de l'arrondissement de La Palisse,
qui est limitrophe de la Loire et du Puy-de-Dôme, on a conservé
une petite race, assez difficile à définir en ce qu'elle est un mélange
des diverses races successivement introduites dans le Bourbonnais, mais qui, par sa sobriété et les conditions de son alimentation, s'adapte fort bien aux ressources du pays.

Nous voici bien fixés sur la situation du bétail dans le Bourbonnais. Dans la majorité des domaines, c'est la race charolaise
ou nivernaise qui domine ; dans les pays d'embouche les plus
riches, c'est la race de Durham, pure ou croisée ; dans les régions
montagneuses, ce sont des races rustiques, sans caractère déterminé. Nous n'avons pas à suivre M. de Garidel dans son exposé,
très clair, des avantages et des profits qui résultent de l'adoption
des races de Durham et du Charolais dans les riches cantons de
l'Allier. Bien que la question touche par bien des points au
métayage, cet exposé relève directement d'un ordre d'idées plus

général, dont nous ne voulons pas nous occuper pour le moment. Il
est clair, d'une part, que, les cultures ayant été améliorées et les
ressources fourragères singulièrement agrandies, les races de
luxe, précoces dans les cantons d'embouche pure, tardives dans
les cantons où le travail précède l'engraissement, ont pu être
introduites et employées exclusivement sans aucun inconvénient.
Il est clair, d'autre part, que des débouchés, assurés et permanents, se trouvant ouverts, soit dans le Nivernais et le Charolais,
qui, ne voulant admettre dans leurs étables que des animaux de la
race qui porte leur nom, rencontrent à peu de distance un surcroît
d'approvisionnement de premier choix, soit dans les départements
de l'extrême Nord, qui sont devenus le point de mire principal de la
spéculation des éleveurs, il est clair que les races actuelles du
Bourbonnais doivent figurer dans les bilans annuels des domaines
pour des bénéfices considérables ; et que leurs propriétaires sont
placés, à cet égard, dans les conditions les plus avantageuses, ne
dépendant plus, quant aux prix, que des circonstances générales
qui pèsent sur le marché français.

§ 2. — Aptitudes des métayers.

La seule question qui nous intéresse directement, et que nous
avons déjà soulevée en parlant du métayage dans la Mayenne,
est celle de savoir comment, les races de luxe ayant été introduites, les métayers se sont prêtés aux soins hygiéniques qu'elles
nécessitent, et quelle a été leur situation de fait après quelques
années d'initiation. Ici nous laissons la parole à M. de Garidel :
« Le bétail du Bourbonnais, dit-il, est soumis au régime mixte de
la stabulation et du pâturage. La stabulation commence vers le
1er novembre, un peu plus tôt pour les bœufs de travail et d'engrais, un peu plus tard pour les autres animaux. Les jeunes
bêtes sont sorties des étables et mises en pâturage à la fin de mars
ou au commencement d'avril, les vaches un peu après, puis les
bœufs à la fin de mai ou au commencement de juin. Les veaux
sont généralement laissés en liberté aux champs avec leurs mères ;
ceux que l'on veut élever tettent ainsi jusqu'à l'âge de six ou huit
mois, quelquefois plus tard ; les autres sont livrés à la boucherie à
six semaines ou deux mois. La castration des mâles a lieu pendant
le temps de l'allaitement, ordinairement à l'âge de trois ou quatre
mois.

Voilà ce qui concerne l'élevage. Quant au commerce des animaux, M. de Garidel s'exprime ainsi : « A l'âge de deux ans et demi, les bouvillons les moins bons et ceux dont on n'a pas besoin pour en faire des bœufs sont livrés au commerce; ils se vendent depuis le commencement d'août jusqu'à la fin d'octobre, la plus grande partie pour Saône-et-Loire. Leur prix moyen varie, suivant les années, de 250 et 300 à 400 francs la pièce. Les meilleurs sont conservés dans les fermes, au nombre de deux ou de quatre chaque année, dressés, puis complètement livrés au travail de quatre à cinq et six ans. Ils sont alors vendus comme bœufs de trait ou comme bœufs d'embouche, ou bien livrés à l'engraissement. Les bœufs obtenus par ce système d'élevage sont excellents et fort recherchés. Ils se vendent aux prix moyens de 1.200 à 1.500 francs la paire, sans être engraissés. Les cours extrêmes s'élèvent à 1.600 et 1.800 francs, jusqu'à 2.000 francs pour les bœufs de choix. Ces prix, qui expliquent pourquoi l'engraissement a perdu faveur dans le Bourbonnais, ont subi une baisse assez notable dans ces dernières années. On peut évaluer la baisse de cet automne à 100 francs par paire environ. »

Tel est le système d'élevage et de vente commerciale du Bourbonnais; et, il faut le dire, ce système a été créé avec le concours des métayers, et les résultats, dont tout le pays n'a qu'à se féliciter, ont été obtenus dans leurs étables et par leurs soins. Pendant la période de transformation, et dès que la race charolaise a été adoptée par les propriétaires, les métayers ont parfaitement compris les avantages que possédait cette belle race; et, aujourd'hui, ils n'hésitent pas à participer à l'achat des taureaux nivernais, à des prix souvent fort élevés, pour continuer et maintenir l'amélioration, acquise désormais. Ce fait est une réponse péremptoire à l'adresse de ceux qui prétendent qu'aucun progrès n'est possible avec le métayage. « Le changement radical du bétail d'un pays, ajoute M. de Garidel, est l'une des plus graves, des plus difficiles et coûteuses améliorations que l'agriculture puisse avoir à s'imposer; et, je le répète, ce changement s'est fait en Bourbonnais avec et par les métayers. Il est vrai que la race charolaise était faite pour eux; elle était acclimatée, elle était tout à fait apte aux travaux de nos domaines, elle s'adaptait parfaitement aux nécessités d'une exploitation, qui, quoi qu'on fasse, aura toujours un caractère demi-pastoral. » Les métayers n'ont pas moins eu le mérite de l'adopter franchement, de se l'approprier, de maintenir et de perfectionner ses qualités, d'en faire, en définitive, l'élément le plus fécond du succès de leurs exploitations.

Ce qui précède se rapporte à la race nivernaise, implantée dans le Bourbonnais. Mais il ne faudrait pas croire que le métayage soit resté en dehors de l'implantation de la race de Durham et de ses croisements avec la race charolaise, dans les arrondissements de La Palisse et de Gannat. « Dans les riches cantons, où la luzerne, le sainfoin et la betterave, donnent amplement les moyens de subvenir à l'alimentation des races de luxe, ce sont des métayers, à moitié fruits comme les autres, qui soignent les animaux à gros appétits, lesquels entre leurs mains réussissent admirablement ; ce sont eux qui présentent aux concours de Nevers et de Paris ces types remarquables qui enlèvent les primes. » Voilà ce qu'on ne sait pas assez, et ce qui prouve combien le métayage, lorsque la terre, par sa qualité, peut lui fournir les éléments nécessaires, est apte même aux améliorations les plus complètes du bétail, et à toutes ses destinations pratiques et commerciales.

C'est surtout en matière d'engraissement que l'aptitude des métayers se manifeste. A ce sujet, toutes les formules scientifiques sont bien moins efficaces que les soins intelligents d'un métayer expérimenté et intéressé, poussé par une émulation à laquelle les paysans sont loin d'être insensibles, et qui règne à un très haut degré en ce qui concerne les animaux gras. » On ne se figure pas les attentions délicates, les précautions minutieuses que prennent ces hommes pour leurs bœufs d'engrais, soignés la plupart du temps mieux qu'ils ne se soignent eux mêmes et leurs familles ; et tout cela avec une économie qui ne laisse rien perdre et qui profite des moindres choses. » Ceux qui ont habité les pays d'engraissement des bœufs, surtout ceux où l'engraissement se fait par la stabulation, ne sauraient être surpris de ce langage, qui dépeint sur nature le métayer, surpris dans les plus délicates et plus importantes fonctions de son exploitation. Cette paire de bœufs, « qu'il couvre de sa tendresse attentive, » représente à la fois son amour-propre de cultivateur et l'aisance de sa famille pendant l'année qui va suivre.

Nous trouvons, dans le rapport publié en 1876 par M. le marquis de Montlaur, ancien député, à propos de l'enquête sur le bétail, des détails précis sur la situation des espèces ovine et porcine dans le département de l'Allier. Il en résulte que, là aussi, le progrès s'est manifesté d'une manière sensible ; et cela devait être, parce que l'amélioration des cultures et l'augmentation des ressources productives ont dû rejaillir nécessairement sur toutes les branches de l'administration rurale. Cependant, il est bon d'ajouter que, bien que des races perfectionnées aient été introduites et expérimentées et que l'on soit généralement fixé sur la marche à suivre, les métayers n'ont pas pris autant à cœur l'élevage de ces deux espèces subsidiaires que celui du bétail à cornes, surtout en ce qui concerne les moutons. Là, il y a encore beaucoup à apprendre et beaucoup à faire.

Reste l'élevage de l'espèce chevaline, qui devrait particulièrement convenir aux grandes propriétés demi-pastorales du Bourbonnais. « Depuis quelques années, nous dit M. de Garidel, nous commençons à pratiquer sérieusement et sur une grande échelle, qui va grandissant chaque jour, l'élevage du cheval. Les métayers ont sur cet élevage, qui leur est beaucoup moins familier que celui du bétail, bien des choses à connaître ; mais ils montrent une grande bonne volonté, et tout fait espérer qu'avec de la persévérance et du discernement, en ne leur demandant pas d'élever des chevaux trop fins, sauf dans certains cantons privilégiés, en nous contentant du gros cheval, plus rustique et plus facile à vendre jeune, nous obtiendrons de bons résultats. Déjà, dans beaucoup de domaines, il y a des juments poulinières, dont les produits se vendent à un an de 300 à 400 francs en moyenne, et qui rendent de grands services comme auxiliaires des bœufs, en vue d'une multitude de services légers. Les métayers s'en trouvent à merveille. L'élan est donné, le temps apportera le perfectionnement. »

Dans ce qui précède, comme on vient de le voir, nous nous sommes moins préoccupé du bétail en lui-même que des métayers. Ce que nous avons voulu démontrer, c'est que, dans un département que nous avons pris pour type, parce que le métayage, qui y est général, a toujours marché en progressant et que l'aisance des exploitants en a été le résultat, l'amélioration du bétail, par l'introduction des races de haut prix, s'est faite avec le concours des métayers; que c'est par eux que l'acclimation s'est accomplie et que l'expérimentation définitive s'est affirmée; que, par conséquent, aucune branche de l'industrie culturale ne reste étrangère au métayage, ni celles qui semblent le plus difficiles à établir, ni celles qui exigent le plus de dépenses.

CHAPITRE QUATRIÈME

MONOGRAPHIE DE L'ARRONDISSMENT DE BAZAS (GIRONDE), DRESSÉE AU POINT DE VUE DU MÉTAYAGE.

§ 1. — Exposé.

Il nous a semblé fort instructif, après avoir publié des monographies de domaines, de publier la monographie d'un arrondissement tout entier, jugé au point de vue du métayage. Nous avions à cet égard, en combinant les rapports qui nous sont parvenus, à faire un choix parmi les régions diverses que nous avons décrites. Mais il nous est arrivé, au dernier moment, un exposé complet, qui a facilité singulièrement notre tâche, et qui, par les variétés de cultures et de modes d'exploitation qu'il nous fait connaître, a dû mériter nos préférences. C'est donc l'arrondissement de Bazas, le plus méridional du département de la Gironde, parfaitement décrit par M. Courrégelongue, qui va nous servir de type. Nous copions presque littéralement son rapport.

L'arrondissement de Bazas est limité, à l'est et au sud, par les départements des Landes, du Gers et de Lot-et-Garonne ; à l'Ouest et au Nord, par l'arrondissement de Bordeaux et la Gironde. Il occupe une superficie de 148, 629 hectares, ainsi répartis.

Terres labourées.	22.439	hect.
Vignes pleines ou en joualles	9.214	—
Prairies ou pâturages.	12.100	—
Landes	16.140	—
Forêts de pins	65.121	—
Taillis de chênes.	15.605	—
Bois d'acacias et châtaigneraies	2.298	—
Oseraies et saulsaies	1.580	—
Terrains bâtis, routes, rivières.	4.132	—
Total	148.629	hect.

En réunissant les forêts de pins et les landes, qui les avoisinent ou y sont intermêlées, nous trouvons une superficie de 81.261 hectares, qui couvrent presque entièrement les cantons de Captieux, Villandraut, Saint-Symphorien et partie de Grignols. C'est cette partie boisée qui est désignée sous le nom de « Cantons Landais ». La partie cultivée, désignée sous le nom de « Cantons Bazadais », comprend, dans ses cultures diverses, 63.236 hectares, qui couvrent les cantons d'Auros, de Bazas, de Langon et partie de Grignols. La population, presque tout entière, livrée aux travaux de l'agriculture ou à l'exploitation des bois, s'élève à 54.898 habitants. Telles sont les données générales qui concernent l'arrondissement, au point de vue de la composition culturale.

§ 2. Partie boisée.

La partie boisée offre dans son ensemble un aspect peu accidenté. C'est, à peu d'ondulations près, uue vaste plaine, assez uniforme à l'œil. Le sable plus ou moins mélangé de matières organiques ou de parties argileuses, appartenant à la dernière série des terrains tertiaires du bassin girondin, recouvre presque entièrement sa surface. Le sous-sol est généralement composé des grès ferrugineux connus sous le nom « d'alios » où d'argiles froides et plastiques. Quelques rares ruisseaux, dont les eaux acides et crues sont peu propres à l'irrigation, viennent couper çà et là l'immense plateau landais. Les terres labourables y sont peu étendues. Elles produisent le seigle, le millet, la millade, le sarrasin, le chanvre, les pommes de terre, grâce à des soins culturaux infinis et à des fumures fréquentes et abondantes ; mais les produits rémunèrent faiblement le travailleur. Des troupeaux de petites brebis trouvent dans les forêts de pins et dans les landes une nourriture rarement suffisante. Enfin, dans chaque métairie, on entretient un attelage de bœufs, qui sert aux travaux des champs, mais surtout au transport à la gare des bois exploités.

Au point de vue cultural, le tableau n'est pas des plus satisfaisants ; mais il faut bien vite ajouter que les cultures ne sont que l'accessoire, le complément. Les propriétaires n'attendent, ni des champs, ni du bétail, des bénéfices sérieux. Ce qu'ils veulent, en faisant cultiver les terres et en y nourrissant quelques troupeaux, c'est attacher au sol, par un travail journalier et permanent, une population qui leur est indispensable pour l'entretien et la défense des bois. Cette nécessité de résidence s'impose d'autant plus, dans cette contrée, qu'elle est ravagée périodiquement par des incendies, qui deviendraient de véritables désastres sans le dévouement que mettent les habitants à arrêter le fléau.

C'est pour atteindre ce but que les conditions du métayage sont établies dans toute la partie boisée. Dans leur ensemble, ces conditions ne s'écartent guère de celles qui ont cours dans le département des Landes et dans les cantons limitrophes des autres départements. Elles affectent cependant quelques caractères particuliers, qui doivent être relevés. En thèse générale, la métairie se compose de 5 à 8 hectares de terres labourables et 3 hectares de prairies. Une famille est chargée de la cultiver. Lorsqu'elle est insuffisante en nombre ou en force, on attache à la métairie ce qu'on appelle une « Brasserie ». Le brasseur se distingue du métayer en ce qu'il ne s'occupe que des cultures à la main de son champ, du résinage des pins et de l'exploitation des bois. Il n'a pas de bétail. Moyennant quelques journées de travail, ou le coupage d'une quantité déterminée de litière, ou bien une indemnité en argent ou en seigle, le métayer auquel il est attaché lui fait les labours et tous les travaux qui nécessitent les services des attelages. Le brasseur partage les récoltes avec le propriétaire comme le métayer lui-même.

Nous rencontrons donc là un nouveau type de métayage. Il y a deux métayers dans le domaine, bien que sa contenance soit restreinte : Le métayer en titre, qui n'est pas suffisant ; le brasseur ou métayer supplémentaire. qui est adjoint au premier, qui le complète. Le métayer en titre, qui a le bétail, fait tout le travail d'exploitation culturale et les transports ; le métayer adjoint se borne à cultiver à la main la partie des récoltes qui le concernent personnellement, mais il est chargé de l'exploitation industrielle que nécessitent les pins. Nous ne savons si cette division marquée d'attributions, dans un même corps de biens, assez limité, avec des intérêts différents et une certaine communauté de travail, qui amène des contacts journaliers, n'est pas destinée à faire naître des conflits ; on ne nous le dit pas. Mais nous comprenons que, par cette combinaison, le propriétaire trouve le moyen de s'attacher une double famille, et par là de maintenir en régularité permanente l'exploitation de ses bois, qui est la vraie source de ses revenus.

Le partage des récoltes se fait dans des proportions variables, selon les cantons. Ici, le métayer a droit à la moitié du seigle et aux deux tiers des menus grains ; là, il a droit aux deux tiers du seigle et aux trois quarts des menus grains. Pour le bétail, il se présente également plusieurs conditions. La première est celle-ci : Le troupeau est au compte du propriétaire, qui donne au métayer, pour la garde, de 5 à 8 hectolitres de seigle et 6 hectolitres de millet ou de millade. Si le troupeau est divisé, et s'il faut garder séparément les brebis mères et les moutons qu'on élève, le propriétaire donne en sus 6 hectolitres de seigle et 5 de millet. Le berger a droit aux dépouilles des agneaux morts-nés ou sacrifiés, ainsi qu'à deux brebis réformées, qu'il engraise pour sa consommation. Le métayer doit être complètement employé à fertiliser les terres de la métairie. Dans cette première combinaison, il n'est autre que le berger du propriétaire.

Mais le troupeau peut être aussi à moitié perte et moitié profit. Dans ce cas, le propriétaire n'a plus besoin de berger ; et, s'il donne une certaine rémunération pour la garde, il prend la moitié du seigle et le tiers du menu grain, au lieu du quart. Les conditions du bétail influent ainsi sur les proportions du partage des grains. Nous nous abstiendrons de formuler à distance notre avis sur ces combinaisons diverses, qui, sans doute, perdent dans la pratique ce caractère complexe que leur donne l'exposé des faits.

Les bœufs de travail, nourris avec les fourrages récoltés sur la métairie, appartiennent en général au métayer. Il arrive pourtant assez souvent que le propriétaire intervient, par une somme fixe et déterminée par le bail verbal, dans l'achat de l'attelage. La somme varie ordinairement de 500 à 800 fr. ; le métayer doit parfaire la somme, lorsqu'il achète, à concurrence de la valeur des animaux. C'est là une des variantes du cheptel de fer, si ce n'est que le propriétaire ne perçoit de ce chef aucun bénéfice, ni ne subit aucune perte. Le métayer se sert des attelages pour le transport, moyennant rémunération, des bois du propriétaire et de ceux des voisins.

Le petit tableau qui suit fait connaître très approximativement les dépenses d'établissement d'une métairie :

Valeur des bœufs, environ.	1.250
Valeur du troupeau, de 60 à 100 brebis	1.500
Valeur du cheptel mort, une charrette et quelques outils .	500
Valeur totale des deux cheptels.	3.250

Le métayer fournit toutes les semences ; il paye le vétérinaire et le forgeron ; il fait ou paye les prestations ; il donne quelquefois un

quartier de porc, et toujours de 15 à 20 têtes de volailles ; il donne,
sous le nom de « frais », une somme variant de 60 à 90 fr., qui sert
à payer une partie de l'impôt ; il prend sur la propriété le bois de
chauffage et la litière nécessaire aux animaux ; mais il n'a aucun
intérêt dans l'exploitation des forêts. Il entreprend, moyennant la
moitié des produits, le résinage des pins ; les usages locaux
indiquent les ménagements que doit prendre le résinier pour cette
opération, afin de ne pas épuiser trop rapidement les arbres.
Quant au propriétaire, c'est lui qui reste chargé des améliorations
foncières, de l'impôt foncier et des portes et fenêtres, des réparations locatives et des assurances contre l'incendie. C'est le métayer qui assure à ses frais le bétail de travail à des Sociétés mutuelles et locales.

Les traditions de domaines ont lieu à trois époques et se font
par triple livraison. Le métayer entrant prend les prairies le 15
mars ; il doit les fumer avec une quantité de fumier déterminée
d'avance, et qu'il prend en entrant, au prix de 1 fr. le mètre cube,
tant pour lui que pour le propriétaire. L'estimation du troupeau ne
se fait qu'au mois d'août, par nombre d'animaux et non sur leur
valeur, qui est généralement fixée à 3 fr. par tête. A partir de ce
moment, le métayer entrant a droit à une chambre, pour surveiller
le bétail dont il a la charge. Mais la prise de possession définitive
n'a lieu qu'au 11 novembre, à la Saint-Martin, après l'ensemencement du seigle. Il advient parfois qu'on vend les pailles de seigle,
dont le produit est partagé entre le propriétaire et le métayer ; mais,
dans aucun cas, les pailles de millet et de millade ne sont ven-
dues ; elle doivent servir à l'alimentation de l'attelage. Moyennant
toutes ces conditions, le métayer reste chargé de pourvoir, à ses
frais, à tous les travaux de la culture.

« Ce mode de métayage, tout imparfait qu'il puisse paraître, est
le seul système d'exploitation possible, le seul qui soit capable
de retenir les paysans dans ces contrées déshéritées ; et encore n'y
réussit-on pas toujours. On voit disparaître les grandes familles.
Plusieurs métairies sont sans exploitants ; d'autres sont négligées,
faute d'un personnel assez nombreux. Un seul moyen pourrait encourager cette désertion ; c'est la hausse des produits résineux. Il est de toute nécessité que nos législateurs comprennent
que la concurrence américaine ruine nos landes et votent des
droits fiscaux qui arrêtent les importations de produits résineux,
venant des États-Unis. Les droits votés par le Sénat sont tout à
fait insuffisants ; il a été mal éclairé sur l'état de véritable

détresse où se trouve les pays dont les pins forment la première richesse.

« Il y a longtemps déjà qu'en présence du prix de la journée d'un résinier, les ouvriers des manufactures se seraient mis en grève. Si l'on ne vient pas à l'aide de nos populations, elles perdront patience et abandonneront un pays où elles sont mal payées de leur travail et mal soutenues dans leurs privations. Il ne restera après elles qu'un vaste désert. Si encore l'exploitation de nos bois assurait leur travail et leur procurait un salaire leur permettant de vivre et d'entretenir leurs familles ! Mais, tandis que nous pourrions fournir les traverses des chemins de fer, on va les chercher à l'étranger, et on nous fait encore, de ce côté là, une concurrence qui achève de nous ruiner. »

§ 3. Partie cultivée.

La partie cultivée du Bazadais diffère essentiellement de la partie boisée. Le pays est accidenté et varié. De nombreux ruisseaux ont creusé avec le temps une foule de petits vallons, dont les coteaux sont couronnés de bois taillis, sur lesquels pousse un gazon riche et serré, qui sert de pâture aux animaux d'élevage, de la race bovine bazadaise. A côté, se déroulent des plateaux fertiles, où la vigne prospère, aussi bien que les céréales. Sur les pentes, des prairies verdoyantes sont irriguées par des sources vives, qu'on rencontre à chaque pas. Çà et là, dans les terres les plus médiocres, s'élèvent des châtaigneraies et des bois de pins, dans lesquels végètent les ajoncs, les bruyères, les fougères et une foule de plantes touffues, qui fournissent d'abondantes litières pour les étables.

« Le sol, très varié dans sa constitution, argileux, argilo-calcaire, calcaire, graveleux, appartient à la couche géologique tertiaire miocène et pliocène. La fertilité est moyenne, mais elle peut s'entretenir et s'accroître facilement, grâce à la proportion des prairies naturelles et du bétail, qui en consomme les produits. Enfin, sur les bords de la Garonne, on trouve un dépôt d'alluvion de la plus grande richesse, qu'augmentent annuellement les débordements du fleuve. »

La vigne se cultive « en plein » et par faire-valoir direct, dans le canton de Langon, où sont les célèbres crus de Sauterne et les vins rouges de Grave. Dans les cantons d'Auros, de Bazas et Grignols en partie, la vigne se cultive en « joualles » c'est-à-dire en lignes distantes de 8 à 10 mètres, entre lesquelles on fait toutes les cultures usitées dans le pays. Cette partie du Bazadais est un pays d'élevage ; c'est là que se trouve la race qui a pris son nom, race remarquable par son aptitude au travail et à l'engraissement, qui donne lieu à de nombreuses spéculations et produit de larges bénéfices. On cultive dans cette partie le froment, le seigle, le maïs, le millet, la millade, le sarrasin, le sorgho, le colza, les fèves et les haricots, les plantes fourragères et les racines de toute espèce, le tabac, les lupins et les fèves comme engrais verts.

L'assolement est biennal : Sole de blé, sole de maïs. Le maïs n'occupe pas la totalité de la sole qui prend son nom, mais les deux tiers seulement ; l'autre tiers est occupé par des pommes de terre, des betteraves, du maïs fourrage. Cet assolement est imposé par l'usage ; le métayer n'y peut rien changer, sans l'autorisation du propriétaire.

Sauf le canton de Langon, le Bazadais est un pays de métayage. On y rencontre peu de régies directes. La tradition et l'usage ont tenu lieu de bail jusqu'à ce jour. « Mais il y a une tendance marquée à apporter certaines modifications aux conditions usuelles et à passer des baux notariés. Le bail n'est cependant qu'annuel. Le métayer a la faculté de se retirer chaque année et le propriétaire peut le renvoyer, en se prévenant mutuellement avant le premier jour de l'an.

Quant au partage des fruits, on doit comprendre que, le sol du Bazadais étant très variable, il ne doit pas être uniforme, et qu'il doit varier également selon les circonstances. Ainsi, dans les terres médiocres, le propriétaire n'a que les 3/7, tandis que le métayer garde les 4/7 des récoltes de fond ; ce dernier a les 2/3 des récoltes dites de la Saint-Michel, semées au printemps, et le propriétaire n'en a que 1/3. Mais, dans ce cas, le métayer garde à sa charge la fourniture des semences, le payement du vétérinaire et du forgeron. Dans les terres ordinaires, les récoltes sont toujours partagées à moitié, notamment le vin et les haricots. Mais alors le propriétaire fournit la moitié des semences et des sommes dues au vétérinaire et au forgeron.

Le bétail est fourni par le propriétaire, et il est partout à moitié perte et profit. Outre le bétail à cornes, chaque métayer engraisse, conformément à l'usage, deux ou trois porcs, et paye la moitié de leur valeur, sauf une remise de 6 fr. par tête, qui lui est faite par le propriétaire.

Les métairies de la partie cultivée ne sont pas fort étendues ; elles varient de 4 à 12 hectares ; elles dépassent peu ce dernier chiffre, ne comprenant ni les bois de pins, ni les taillis, ni les châtaigneraies, qui généralement accompagnent chaque exploitation. Voici, d'ailleurs, un tableau détaillé de cinq métairies, appartenant à M. Courrégelongue, qui peut donner une idée exacte de la composition culturale des métairies du Bazadais, ramenée à la superficie en hectares.

Désignation	Terres labourables	Vignes	Prairies	Pâtures et sols des maisons	Châtaigneraies	Bois	Contenance totale des cultures
A.	6.13.45	2.02.50	5.66.40	0.93.90	3.14.20	1.72.25	11.01.35
B.	3.50.40	1.70.55	2.65.58	2.09.50	11.70.42	17.74.40	7.96.53
C.	6.90.00	1.66.45	4.40.90	0.09.10	0.32.45	8.57.45	12.98.35
D.	6.87.33	0.67.10	3.47.70	0.57.20	0.12.35	7.54.43	11.02.13
E.	4.60.70	3.65.70	3.42.50	0.24.10	»	8.03.20	11.45.70
Totaux. .	28.01.88	9.72.30	19.63.08	3.94.80	15.29.42	43.61.73	54.44.06
Chiffres moyens	5.60.37	1.94.46	3.92.61	0.96.90	3.05.88	8.72.34	10.88.81

Comme il y a un rapport assez constant entre l'étendue des terres et celle des prairies, entre l'étendue des prairies et celle des bois, qui fournissent la litière, ces cinq domaines sont considérés comme régulièrement constitués ; et les poids moyens des animaux, qui y sont entretenus, donnent de 300 à 500 kilogrammes par hectare, ce dernier poids se rapportant aux métairies parfaitement cultivées. Voici la composition du cheptel vivant :

MÉTAIRIES MOYENNES	
4 vaches bazadaises, valant	1.600 fr.
2 vaches bretonnes, valant	500
Valeur totale du cheptel vivant	2.100 fr.

MÉTAIRIES IMPORTANTES	
2 bœufs de travail, valant.	1.250 fr.
4 vaches bazadaises, valant.	1.600
2 vaches bretonnes, valant	500
2 ou 4 bœufs à l'engrais pendant six mois.	2.500
Valeur totale du cheptel vivant	5.350 fr.

Les instruments agricoles, pour les travaux à la main, sont à la charge du métayer. Il achete souvent ses charrues ; mais, quelquefois aussi, c'est le propriétaire qui en fait l'avance. Le matériel roulant est acheté et entretenu par le propriétaire ; en voici le détail.

1 charrette à bœufs, valant	450 fr.
1 tombereau, valant	300
1 rouleau à battre le blé.	200
Valeur totale du cheptel mort	950 fr.

Les conditions ordinaires du métayage, dans la partie cultivée, ne présentent aucun caractère bien particulier. Le métayer est tenu de faire tous les travaux. Si sa famille est insuffisante, il doit se faire aider par des journaliers ou des domestiques. Le propriétaire ne lui doit, à cet égard, aucune indemnité. Il ne peut vendre des animaux sans autorisation ; mais le propriétaire ne peut exiger aucune vente sans son assentiment. Le métayer ne peut vendre ni pailles, ni fourrages ; il ne peut se servir des attelages que pour les travaux qui relèvent de son exploitation. Si les fourrages viennent à manquer, ils sont achetés à frais communs. Si des engrais sont achetés, le métayer paye le tiers de leur valeur, le propriétaire les deux tiers. Sauf quelques exceptions, c'est le propriétaire qui paye l'impôt, les assurances contre l'incendie, les réparations locatives. Les grosses réparations, les améliorations foncières, comme les drainages, les défrichements, les travaux d'irrigation, les nivellements, sont également à sa charge. Le métayer fait ou paye les prestations, paye son impôt mobilier et la moitié des assurances contre la grêle ; il doit la moitié de tous les fruits, et donne par an 15 têtes de volailles. Il n'a aucun droit sur les coupes de bois, forêts de pins, taillis de chênes, châtaigneraies ; il peut seulement prendre son bois de chauffage et les bourrées pour le four. C'est le propriétaire qui solde tous les travaux relatifs à la plantation de la vigne, à l'acquisition des plants et des échalas. Moyennant une indemnité de 6 fr. 50 par 100 pieds, le métayer est obligé de labourer la vigne une fois plantée, de la chausser e déchausser à la bêche, de l'échalasser, et cela, jusqu'au moment où elle commence à donner quelques produits, vers la troisième ou quatrième année.

La tradition du domaine entre le métayer sortant et le métayer entrant se fait de la manière suivante, à peu près analogue à celle qui est suivie dans la partie boisée : « Le métayer entrant prend possession des prairies le 25 mars ; c'est lui qui les ratisse, les fume, nettoie les rigoles d'irrigation et les fossés d'écoulement, encore lui qui tond les haies de clôture. C'est lui qui prépare les terres pour l'ensemencement des fourrages d'été, avec les animaux que détient encore le métayer qui doit sortir. A la Saint-Jean, au 24 juin, a lieu la livraison du bétail, qui se fait au moyen d'une estimation, par deux experts nommés par les métayers intéressés. L'évaluation a lieu selon les cours du moment. Dès la livraison faite, le métayer, qui a reçu les animaux, les nourrit avec le foin récolté dans le domaine et les fourrages semés par lui dès le mois de mars. Ce n'est que le 11 novembre, à la Saint-Martin, que la maison d'habitation lui est livrée. Lorsqu'à son entrée, il n'a pas assez de grains pour se nourrir, le propriétaire lui fait une avance de 5 ou 10 hectolitres de seigle, qu'il rembourse seulement à sa sortie. Il reçoit également une quantité de fumier déterminée, qui est évaluée à 2 fr. le mètre cube. Les quantités manquant à l'inventaire sont payées par le métayer sortant à raison de 4 fr. le mètre cube, 2 fr. pour le propriétaire, 2 fr. pour celui qui prend le domaine. »

Telle est la situation du métayage dans l'arrondissement de Bazas. Après cette description scrupuleuse, on sait fort bien comment les choses se passent dans ce petit pays, enclavé de toutes parts au milieu d'une région où le mode du partage des fruits est très pratiqué, lorsqu'il n'est pas prédominant. Voyons maintenant quelles sont les idées de M. Courrégelongue, ancien élève de l'école d'agriculture de Grand-Jouan, sur cette vieille institution, si vivement attaquée.

« On a beaucoup critiqué le métayage, dit-il ; et j'ai appris moi-même, pendant que je faisais mes études agricoles, à le considérer comme un procédé arriéré. L'expérience et les faits m'ont démontré ce qu'il y a de faux dans cette opinion. « Si je suis éloigné de conseiller le métayage comme une panacée universelle à tous les maux qui accablent l'agriculture, je le crois néanmoins capable, dans les milieux intelligemment choisis, de rendre de grands services à l'agriculture et de contribuer au progrès mieux que tout autre système. Malheureusement, même dans les pays où cette institution est traditionnelle, les métayers deviennent rares, les bons surtout. Les familles se divisent, et les industries nous enlèvent les hommes les plus intelligents et les plus valides. »

Il faut qu'on le sache bien, si le métayage rend plus lente la marche du progrès, il s'en empare avec plus d'autorité, avec plus d'esprit de suite ; une fois qu'il le tient, il ne l'abandonne plus et il le développe de plus en plus par le caractère d'association et de solidarité qui est en lui. « Lorsqu'on veut bien diriger les métayers, dit en terminant M. Courrégelongue, lorsqu'on ne leur ménage ni les capitaux, ni les améliorations, nos métairies méridionales ne le cèdent en rien, au point de vue du bon état des cultures et des soins donnés au bétail, aux terres du Centre et de l'Ouest. En résumé, je suis très partisan, l'ayant fort pratiquée, de l'institution du métayage ; et je ne doute pas que l'important ouvrage que vous avez entrepris ne contribue puissamment à répandre un mode d'exploitation, qui, intelligemment appliqué, peut, dans bien de contrées, servir à atténuer les effets de la crise agricole. »

CHAPITRE CINQUIÈME

MONOGRAPHIE DÉPARTEMENTALE DE L'ALLIER, DRESSÉE AU POINT DE VUE DU MÉTAYAGE.

§ 1. — Initiative des grands propriétaires du Bourbonnais.

Les correspondants de l'enquête qui habitent le Centre semblent s'être donné le mot pour nous recommander l'étude du métayage dans le département de l'Allier. « C'est là, disent-ils, que l'institution s'est le plus largement développée dans le sens du progrès, et parce que les améliorations qui lui sont propres y ont concordé avec l'amélioration du sol et des cultures, et parce que les grands propriétaires, qui dirigeaient le mouvement, ont compris que, pour arriver au maximun du revenu de leurs domaines, ils devaient faire participer les métayers, qui étaient leurs associés dans le labeur, aux conquêtes que leur initiative leur avait assurées. C'est donc là surtout qu'il faut chercher à la fois des types de domaines à partage de fruits et des exemples à imiter.

Ce n'est point, d'ailleurs, sans motifs que le Bourbonnais est désigné de préférence comme sujet d'études à propos du métayage. Il y avait des précédents. Dès 1864, la Société d'agriculture de Moulins avait ouvert une enquête départementale, des mémoires avaient été présentés, et celui de M. de Larminat avait été couronné. L'enquête générale, ouverte par la Société des agriculteurs de France, n'a donc fait que remettre la question du métayage en pleine actualité dans le Bourbonnais; aussi les documents abondent-ils. Nous avons sous les yeux, outre les mémoires de M. de Larminat, le rapport lu à l'assemblée des Cercles catholiques par M. de Garidel; le traité du bail à portions de fruits de M. de Méplain, juge au tribunal de Moulins, dont l'intéressante préface se rattache au département de l'Allier ; les réponses annotées faites au questionnaire de l'enquête par MM. de Garidel, de Larminat, Talon, vicomte de Durat, Cacard, Colcombet, et quelques autres encore. C'est avec le concours de tous ces hommes compétents et éminemment honorables que nous allons examiner à grands traits la situation du métayage dans le département de l'Allier. Entendons-nous cependant. Ce n'est pas une monographie géographique et descriptive que nous voulons présenter, mais bien une monographie économique.

Ce qui nous a vivement touché tout d'abord, à la lecture des documents qui nous sont venus du Bourbonnais, nous ne le cacherons pas, c'est l'amour profond que les correspondants de l'enquête, quelle que soit leur position particulière, ressentent pour leur pays et qui découle à pleins bords de toutes leurs phrases, de toutes leurs appréciations, de toutes leurs vues ; ce patriotisme concentré réchauffe le cœur. Ce qui nous a touché ensuite, venant de tels hommes, c'est la conviction intime, et unanime chez eux, que l'institution du métayage, qu'ils pratiquent dans leurs domaines et qu'ils ont améliorée, est la meilleure de toutes les formes d'exploitation, qu'elle est susceptible de s'assimiler tous les progrès, toutes les méthodes, et que, dans les circonstances actuelles, elle est propre, plus que toute autre, à réaliser cette triple association du capital, de l'intelligence et du travail, qui sert de drapeau à toutes les doctrines sociales, qui est au fond de toutes les consciences honnêtes, mais dont les solutions pratiques sont si difficiles à formuler et à faire passer dans l'ordre des faits. D'autres correspondants ont exprimé la même idée, la même espérance ; mais, dans le Bourbonnais, elle se présente avec un ensemble de vues, avec une chaleur de termes, qui dénote que ceux qui prennent la parole sentent qu'ils sont près du but. Tous, ils aiment le métayage, ils en parlent avec bonheur, et aussi avec pleine connaissance des bienfaits qu'on peut en attendre.

Leur conviction est la nôtre. Comme eux, nous aimons le métayage ; comme eux, nous croyons à son avenir, en tant qu'institution agricole, à son influence moralisatrice, en tant que rouage social ; et c'est pour cette double raison que nous avons cru devoir introduire la question dans le sein de la Société des agriculteurs, que nous avons sollicité l'Enquête, que nous entretenons une correspondance active, afin d'éclaircir les points qni nous semblent indécis, de nous étayer, dans tous les cas, de l'opinion de ceux qui ont le droit de parler pour leurs concitoyens. C'est pour cette double raison que nous avons accepté la mission d'expliquer publiquement ce qu'on pense dans le Bourbonnais, ce qu'on pense dans les autres provinces, ce que nous pensons nous-même de cette antique institution, qui a précédé sur notre sol les premières phases de notre nationalité.

Faisant abstraction des domaines à métayers qui environnent les centres industriels, lesquels rentrent dans la description générale que nous avons faite des conditions actuelles du métayage, nous nous en tiendrons à ceux qui ont été réellement améliorés. Rappelons d'abord quelle était la situation des domaines dans le Bourbonnais au moment où l'initiative des grands propriétaires a en quelque sorte transformé l'institution du métayage. « Sauf quelques parties qui avoisinent l'Auvergne, et où la terre était beaucoup plus divisée, dit M. de Garidel, le Bourbonnais était autrefois et est encore un pays de grande propriété et de grande culture. Le mode d'exploitation le plus répandu jusqu'à présent est le colonage à moitié fruits ou métayage. Ce mode de faire valoir y existe de temps immémorial. » Il y avait donc en grand nombre dans le Bourbonnais des terres de grande étendue, divisées en domaines de 60 ou 80 hectares, plus même encore, qui étaient cultivés par des métayers. Ces métayers ne relevaient pas directement des propriétaires, qui, pour la plupart, ne résidaient pas dans leurs terres et livraient leurs domaines à des fermiers généraux. Le plus souvent étrangers aux notions les plus élémentaires de l'art agricole, s'occupant spécialement du commerce des bois et des grains, dans un pays où il n'y avait que des traverses impraticables, profitant de leur situation pour faire exécuter à bas prix, par les attelages des domaines qui dépendaient d'eux, les charrois à distance, exerçant une influence pernicieuse sur les paysans, qui ne connaissaient qu'eux et avaient besoin de leur protection, ces fermiers généraux exploitaient à la fois, dans la mauvaise signification du mot, et les métayers, qu'ils réduisaient à la misère par leurs exigences, et le sol, qu'ils appauvrissaient de plus en plus, et les propriétaires eux-mêmes, qui leur livraient les domaines à vil prix, sous prétexte de rémunérer les services qu'ils leur rendaient en se chargeant de la gestion de leurs biens. La disette de 1847 et la crise de 1848 avaient mis le comble à cet état de choses.

Ce fut alors que s'opéra une réaction favorable dans le mode d'exploitation des domaines. Les causes générales de cette réaction nous sont déjà connues. Mais les effets se trouvèrent singulièrement activés par l'influence des événements politiques, qui, en amenant dans les champs un certain nombre de propriétaires rejetés des fonctions publiques, les accoutumèrent bientôt, par le désir de ne pas rester oisifs, à s'immiscer peu à peu aux choses agricoles et à appliquer leur intelligence et leur initiative personnelle à l'exploitation de leurs propres domaines. En se rendant compte des faits, ils ne tardèrent pas à s'apercevoir que les fermiers généraux, placés comme intermédiaires entre eux et les métayers, constituaient un rouage à la fois inutile et dangereux ; et ils se dirent qu'en administrant eux-mêmes, qu'en se mettant à la tête de leur exploitation, ils auraient plus de revenus, qu'ils donneraient au sol, au lieu de le fatiguer, une plus-value considérable, et qu'en même temps ils pourraient améliorer la condition des métayers et s'attacher par là les populations qui les environnaient. Le but déterminé, les propriétaires, stimulés par l'exemple des plus pressés, encouragés par leurs premiers succès, se mirent resolument à l'œuvre.

Ce qu'il y a à remarquer, c'est que, dans un pays où les terres, bien que malmenées, n'avaient pas été épuisées, « la Providence, par un de ces bienfaits qui lui sont familiers, avait placé, à côté des terrains naturellement argileux, précisément ce qu'il fallait pour les rendre féconds, » c'est-à-dire les carbonates et phosphates de chaux, en quantités considérables et dans des conditions d'exploitation facile. Le sol, fortement amendé et pour ainsi dire métamorphosé dès la première période d'amélioration culturale, ne réclamait plus que l'intelligence de ceux qui le détenaient, de ceux qui avaient résolu de lui consacrer ce qu'ils avaient d'énergie et ce qu'ils possédaient de capitaux disponibles ou de crédit. Ainsi, tout concourait à la fois à la rénovation agricole du Bourbonnais.

L'effet fut énorme. Les propriétaires virent en peu de temps accroître leurs recettes, et leurs revenus doubler ; les colons s'enrichirent ; et les uns et les autres, réalisant une association du meilleur aloi, apprirent à se connaître et à marcher ensemble dans une confiance réciproque. « Le règne des fermiers généraux était passé, les propriétaires entraient en relations directes avec le travailleur rural, reprenaient leur véritable place et reconquéraient par là l'influence qu'ils n'auraient jamais dû perdre. » Voilà ce que nous dit M. de Garidel, ce que nous répète M. de Larminat, ce que confirment tous les rapporteurs de l'Allier.

La pensée des hommes compétents du Bourbonnais est donc que, là où la régie directe n'existe pas, là où les propriétaires ne sont pas disposés à assumer la charge laborieuse de présider heure par heure aux travaux agricoles, il y a un intérêt réel à procéder par voie du métayage, du métayage rationnel et bien entendu, le fermage à prix fixe, en bloc ou en détail, ne devant être considéré que comme une exception dans l'organisme cultural. Plus de fermiers généraux abusant de leur position, plus d'intermédiaires entre le propriétaire et le travailleur ; c'est le propriétaire lui-même, résidant au cœur de ses domaines, qui doit diriger et surveiller l'exploitation, faire ses propres affaires, tandis que le métayer, conseillé, conduit par lui, exécute les travaux convenus à l'avance ou commandés. C'est là le résultat très clair de tous les rapports. Mais il ne s'agit pas ici du métayage qui est pratiqué dans la plupart de nos départements. Il s'agit du métayage progressif, amélioré d'année en année, dirigé par le propriétaire en personne ou par un fondé de pouvoirs, agent direct, qui a les mêmes vues que lui, le même désir du bien, le même goût de la vie agricole, le métayage enfin pour lequel toutes les découvertes scientifiques, toutes les méthodes, tous les amendements, deviennent des éléments immédiats d'assimilation et de succès.

Ce n'est pas d'aujourd'hui que ce mouvement ascendant s'est dessiné. Les modifications apportées à l'institution du métayage, ses améliorations successives, ont déjà un quart de siècle; elles datent de 1850, époque de l'introduction du chaulage des terres. Elles se sont étendues à toutes les branches de l'exploitation domaniale, elles ont répandu le bien-être dans les familles des métayers; et, si l'on veut rechercher par quelle voie elles ont répondu à l'attente et aux intérêts des propriétaires, on peut dire, avec M. de Garidel, « que les modifications ont eu lieu surtout dans le sens d'une participation plus complète du métayer aux dépenses occasionnées par certaines améliorations, telles que le chaulage, l'emploi des engrais artificiels, les défoncements, et autres du même genre, qui autrefois étaient toujours à la charge du propriétaire seul, par suite de la misère qui rongeait les métayers,» misère qui les rendait incapables de supporter le moindre frais et à laquelle ils ont échappé, heureusement pour eux, heureusement pour le pays entier.

§. 2. Conditions générales du métayage du Bourbonnais.

La phrase qui précède, pleine d'enseignements, nous conduit logiquement aux conditions générales du métayage amélioré, tel qu'il fonctionne actuellement dans l'Allier. Le métayer du Bourbonnais, qui, avant 1850, ne pouvait supporter le moindre frais, qui ne récoltait pas assez de grains pour se nourrir, qui était forcé de recourir au grenier du fermier général, lequel usait et abusait de lui en raison même de sa position misérable, est aujourd'hui à son aise et prend part à toutes les dépenses qu'entraîne l'exploitation du domaine. Mais, s'il est capable de

participer aux améliorations de longue haleine, s'il intervient
personnellement dans tout le mouvement financier à côté du propriétaire, c'est qu'en réalité il est devenu plus riche, c'est qu'il
a accumulé des épargnes, c'est qu'il offre des garanties sérieuses.
Et comment tout cela s'est-il fait? C'est que, pour donner aux
améliorations le temps de produire leurs fruits et pour avoir le
droit d'en prendre leur part, ils ont passé de longues années sur
le même domaine, et qu'en définitive le propriétaire a trouvé dans
cette prolongation de séjour une source plus grande de revenus.

Cela ne veut pas dire que les baux aient prévu de longues
périodes. Bien qu'ils portent quelquefois une durée de trois ans,
plus rarement une durée de six ans, et qu'ils soient même basés çà
et là sur une rotation périodique de trois, six et neuf ans, ils sont
généralement annuels. C'est le résultat, devenu traditionnel aujourd'hui, de la législation de 1791, qui a proscrit les baux dits
perpétuels. Les propriétaires du Bourbonnais, qui tiennent à conserver leurs bons métayers et qui ont, dans ce but, amélioré leurs
conditions matérielles, auraient bien pu arriver à la longue durée
des baux par prévision formelle. Mais ils ont adopté une sorte de
résolution systématique, dont M. de Larminat nous explique le
but : « C'est, dit-il, afin que le métayer ait le temps de s'habituer
au domaine sans avoir la crainte d'être renvoyé; c'est aussi, naturellement, afin que le propriétaire puisse juger de la valeur de
son métayer. » Les trois années sont ainsi considérées comme
une période d'épreuve, en pure perte si elle ne réussit pas à la satisfaction mutuelle des deux contractants.

Nous déclarons que nous n'aimons pas cet essai; nous ne
saurions l'admettre qu'à titre d'expédient, pour les cas où le propriétaire, tout à fait embarrassé, ne connaîtrait nullement d'avance
le nouveau métayer qu'il accepte, n'aurait sur lui aucun renseignement préalable, dans le cas, en un mot, où il serait réduit à
prendre le premier venu. Mais, en nous plaçant sur le terrain des
principes, en embrassant le métayage dans ses phrases diverses
et dans sa haute mission, nous regardons ce palliatif de trois
années d'essai comme insuffisant dans ses effets et comme contraire, dans le fond, au recrutement des bons métayers. C'est
une thèse que nous devrons approfondir.

La persistance du séjour des mêmes familles dans les mêmes
domaines, malgré les baux annuels, n'en est pas moins le signe
caractéristique du développement et de la prospérité du métayage
dans le Bourbonnais. Mais il ne faut pas perdre de vue que cette

persistance provient avant tout de l'amélioration du sol et des cultures, qui a enrichi à la fois, dans une seule génération, et l propriétaire qui l'a conçue et dirigée, et le métayer qui l'a exécutée. C'est cette amélioration, œuvre commune des deux associés, qui a permis de modifier peu à peu les conditions de l'association première et a amené l'état prospère que signalent les rapports. Tout le bien n'est pas fait encore ; nul ne saurait fixer, en matière d'exploitation culturale et d'harmonie sociale, le dernier terme du progrès. Mais le bien accompli attire les regards, mérite les éloges et pousse à l'imitation.

Quelles sont donc ces améliorations foncières, quelles sont ces mesures bienfaisantes dont les promoteurs retirent à la fois honneur et profit? Remarquons avant tout que, si l'on rencontre dans le Bourbonnais, comme dans un grand nombre d'autres contrées, de petits domaines de 15 à 20 hectares et même au-dessous, les grandes métairies de 50, 60 et 80 hectares n'y sont pas rares. Il y en a exceptionnellement de beaucoup plus étendues. « Généralement, l'étendue des domaines, qui varie selon les cantons, dit M. de Garidel, est plus grande lorsque les terres sont médiocres, plus petite lorsque le sol est plus fertile. » Cette remarque est juste. En sol fertile, il y a plus de cultures manuelles, plus de travail; partant, il faut plus de travail sur le même espace. En sol maigre, l'exploitation est nécessairement plus pastorale ; elle exige moins de bras, ce qui permet d'en accroître l'étendue. En fait, et c'est un point essentiel à relever, les exploitations domaniales du Bourbonnais s'appliquent, la plupart du temps, à de vastes superficies, et elles se prêtent par là à des améliorations d'ensemble et de longue haleine, qu'on ne pourrait tenter ailleurs avec autant de chances de succès.

Ce qui a particulièrement favorisé l'amélioration du métayage en Bourbonnais, c'est précisément l'étendue des domaines et leur composition territoriale. Chaque terre contient un certain nombre de domaines, soit contigus, soit assez rapprochés pour que la surveillance y soit facile et l'administration économique. Chaque métayer peut tour à tour aider son voisin dans les cas d'urgence ou être aidé par lui; et de ce voisinage, de ce contact, l'émulation naît en quelque sorte d'elle-même. Une autre circonstance a contribué et contribue encore puissamment à entretenir l'émulation parmi les métayers relevant d'une même terre; nous voulons parler des «Réserves». On appelle ainsi, dans toute la région du Centre, un domaine plus ou moins considérable, situé autour du château ou de la demeure du propriétaire, et cultivé directement à ses frais et par des hommes à lui. « Au temps des fermiers généraux, les réserves, qui se composaient d'ordinaire des meilleurs héritages, terres et prairies surtout, leur servaient à entretenir à peu de frais quelques animaux de choix, à nourrir les chevaux et vaches de leurs propres étables, et à produire le blé nécessaire au service de la maison. » Il est permis d'ajouter, pour être dans le vrai, que « le but secret de ces réserves était peut-être bien de soustraire à la règle du partage à moitié ce qu'il y avait dans la terre de plus fertile et de plus productif à moins de frais. »

Quoi qu'il en soit, les délimitations domaniales étant tracées et les réserves préexistant, les propriétaires, qui, décidés à se passer des fermiers généraux, voulurent gérer eux-mêmes leurs terres n'eurent rien à innover sous ce rapport. Ils laissèrent les métayers dans les domaines et retinrent les réserves. Ces noyaux privilégiés de terres et de prairies, garnis de reproducteurs de choix, devinrent bien vite, aux mains des plus habiles, de véritables arènes de culture, des champs d'expérimentation et d'éducation agricole, « où les métayers des domaines environnants, appartenant, soit au même propriétaire, soit aux propriétaires voisins, vinrent apprendre les bons procédés de culture et en constater les résultats pratiques.» C'est de ces réserves que l'usage des amendements calcaires et toutes les améliorations foncières, qui ont fait des terres du Bourbonnais les types du genre, passèrent aux domaines, transformant peu à peu la nature du sol et les conditions antérieures du métayage.

Mais ce que les propriétaires du Bourbonnais conservèrent scrupuleusement en prenant la place des fermiers généraux et en améliorant les conditions matérielles des métayers, c'est le mode de partage. « Les métayers sont toujours à moitié fruits, sauf stipulation expresse et motivée.» C'est là le principe invariable qui inspire la rédaction des baux et qui préside à l'administration des métairies. « Tout ce qui est partageable est partagé rigoureusement, depuis les grains et le bétail jusqu'à la grosse volaille, jusqu'à la laine des moutons et la plume des oies, c'est-à-dire tous les produits commerciaux, de quelque valeur et de quelque nature qu'ils soient.» Mais, par dérogation, «le métayer jouit seul, à titre d'alimentation, des produits de son jardin et des menus produits de la basse-cour, poules, poulets et œufs, ainsi que du lait qui n'est pas nécessaire à l'élevage des veaux, sauf quelques redevances fixées par les baux et appelées «Servines». « Cette loi universelle du partage, qui n'admet que certaines réserves en faveur du métayer, à pour but et pour effet de placer et de maintenir le colon dans la situation normale d'associé, que comporte son titre.

§ 3. — Conditions culturales du métayage bourbonnais.

Dans les anciens baux, dit l'un des correspondants de l'enquête, il n'est point question de culture : « On n'y trouve que des énumérations de champs et de prairies ou autres pièces composant le domaine, et que le preneur doit rendre comme il les a reçues, ou des évaluations de cheptels, qui doivent se retrouver chef pour chef ; » on ne rencontre que fort peu de baux imposant des conditions aux colons ou exprimant des prohibitions. C'est à partir de 1830 que les baux ont commencé à s'occuper de culture ; mais ce n'est qu'à partir de 1850, époque de l'introduction du chaulage des terres, que des modifications notables y ont été introduites. Il y a cependant encore, nous dit-on, beaucoup de propriétaires qui ne passent pas de baux avec leurs colons, se contentant de fixer la prestation colonique et les redevances diverses auxquelles ils sont tenus, s'en rapportant pour le reste aux usages locaux ; et l'on ajoute que, là où les baux n'existent pas, même sous seing-privé, « les usages locaux ont été modifiés dans le sens des cultures progressives ».

Nous dirons franchement que, sous ce rapport, il y a quelque chose à faire pour la constitution normale du métayage du Bourbonnais. Que les baux soient authentiques ou rédigés sous seing-privé, ils doivent être écrits, afin qu'on puisse les interroger à chaque moment opportun. Ils ne doivent se référer aux usages locaux que pour les règlements culturaux qui sont communs à toutes les propriétés, par la force des choses ; et ces usages ne doivent être invoqués contradictoirement que dans les conflits judiciaires. Chaque domaine a son sol, son exposition, sa composition culturale, partant son personnel, ses exigences, son étendue et sa destination spéciale ou dominante. Il serait donc difficile et hors de propos de chercher à déterminer la rotation des assolements ou les règlements divers auxquels les métayers sont soumis. Il y a nécessairement une multitude d'applications différentes.

Ce que nous voyons en substance, et ce qui est bien, c'est que, dans les baux que nous avons pu étudier, surtout les plus récents, le choix des assolements est réservé au bailleur, et que certaines prescriptions impératives sont énoncées avec des amendes en cas d'inobservation, amendes que l'aisance des métayers ne laisserait pas illusoire comme ailleurs. C'est la règle dominante aujourd'hui. Chef de l'association, le propriétaire s'attribue, du plein assentiment du métayer, l'autorité dirigeante en toutes choses, en matière d'assolement comme en matière de réglementation des étables. C'est sa volonté, c'est-à-dire son intelligence et son intérêt bien calculé, qui est en même temps celui de ses associés, qui détermine la succession des cultures, les améliorations à faire, le choix de la race des animaux, les modes de nutrition et les destinations finales.

Ce que nous voyons encore, c'est que, par l'effet de cette direction éclairée et constante, la culture des plantes fourragères et sarclées a été introduite dans les baux, selon l'ordre raisonné de la science agricole, et que les produits, soit verts, soit secs, sont soumis aux prescriptions les plus minutieuses, destinées à pondérer leur consommation pendant les diverses saisons de l'année, de telle sorte qu'il n'y ait ni déperditions, ni abus. Chaque propriété devient ainsi, au profit des métayers et à l'avantage du métayage lui-même, soit par l'agglomération des domaines et la comparaison incessante des procédés, soit par la variété des produits et des résultats, une véritable école mutuelle d'agriculture.

L'assolement est quelquefois indiqué dans tous ses détails, et alors il devient impératif, ne pouvant être modifié que par entente commune. Mais, en général, ainsi qu'il vient d'être dit, il est laissé entièrement au gré du propriétaire, qui reste seul juge de sa forme et de sa rotation et qui peut l'imposer, quel qu'il soit, sans que le métayer soit admis à se prévaloir de l'usage du pays pour se soustraire aux cultures ordonnées. Au point de vue cultural, cette soumission du travailleur sans instruction aux volontés de celui qui représente l'intelligence, et qui dirige, réalise en fait un très grand progrès.

M. de Garidel a eu une bonne pensée. Pour bien faire comprendre la progression du métayage dans le Bourbonnais, il a envoyé, avec le dossier de l'enquête départementale, cinq baux notariés de domaines, dont le premier remonte à 1851 et le dernier est à la date de 1878. On peut s'expliquer sans peine, à la lecture de ces baux, afférents à des domaines appartenant à un même propriétaire ou situés dans son voisinage, la marche des améliorations réalisées. L'esprit de ces baux, aussi bien que des autres baux de la même contrée, est identique : Maintenir chaque domaine dans son intégralité et dans la bonne ligne de son exploitation; améliorer le sol par des amendements de manière à accroître ses produits sans l'épuiser, sans même le fatiguer; préciser le rôle de chaque intervenant, de telle sorte que la haute direction et la haute surveillance, c'est-à-dire ce qui peut établir l'unité de vues dans l'association, soient attribués au propriétaire, de telle sorte que l'exécution, la surveillance immédiate, la conduite des travaux, c'est-à-dire tout ce qui peut concourir en fait à développer et à faire fructifier le plan adopté, appartiennent au métayer, sous sa pleine responsabilité. Toutes les prescriptions administratives et culturales sont inspirées par cet esprit, et elles tendent précisément, inévitablement, chaque chose étant à sa place, à resserrer les liens qui unissent le métayer au maître, parce que chacun d'eux doit avoir sa part légitime et convenue dans les bénéfices et dans le bien-être relatif qui en résulte.

L'intercalation du ray-gras et des prairies temporaires dans les assolements du Bourbonnais a motivé une note de M. de Larminat : « Le métayer, dit-il, a toujours une tendance à faire plus de grains qu'il ne peut en fumer d'une manière convenable. Il est donc très essentiel, lorsqu'on est libre d'établir un assolement de métairie, d'étudier la consistance des terres et de déterminer très nettement la succession des cultures. Or, les pays de métayage sont, en général, ceux où la terre a le moins de fertilité, ceux par conséquent où il convient d'attribuer une plus forte proportion aux cultures pastorales, en augmentant les soles fourragères. » C'est la pensée de la plupart des correspondants; et c'est précisément dans ce sens qu'est conçu le remarquable rapport de M. Houdaille de Railly sur la formation des prairies temporaires, présenté au nom de la première section de la Société des agriculteurs. Or, comment amener les métayers à une semblable innovation? « Par l'exemple, répond M. de Larminat, et par l'intervention du propriétaire, qui, après avoir inséré dans les baux l'obligation des soles à base de graminées, doit se résigner à choisir les graines et à les fournir lui-même, et qui ne doit se lasser de faire comprendre à ses associés l'avantage qu'ils peuvent retirer des assolements alternes de longue rotation, lesquels se traduisent par des rendements supérieurs, de plus en plus abondants. » M. de Larminat a raison. .

Comme tous les cultivateurs, les métayers, qui sont rebelles aux démonstrations orales bien souvent, se laissent gagner par les yeux. Ce qu'ils ont vu une fois, deux fois, trois fois, les terrasse, pour ainsi dire, dans leur endurcissement routinier. Nous en avons eu des preuves nombreuses. C'est par là, nous dirons par là seulement, qu'on peut faire pénétrer le progrès dans les campagnes. Ce que nous dirons encore, c'est que le métayage est éminemment propre, par la force de sa constitution, à s'emparer du progrès et à le propager. S'il résiste au premier moment, le métayer finit par s'assouplir, lorsqu'il a compris, lorsqu'il a vu, surtout si le propriétaire a gagné sa confiance. Réconfortée par l'exemple, la solidarité des intéressés ne tarde pas à vaincre les indécisions.

C'est aux amendements, au chaulage des terres, subsidiairement au marnage dans les cantons où il a pu être pratiqué, qu'il faut reporter la fécondité du sol en Bourbonnais et l'amélioration des conditions du métayage. L'initiative de cette transformation est due aux grands propriétaires, en particulier à M. le comte de Tracy, qui a bien voulu nous expliquer dans le temps les grands travaux de défrichement qu'il avait entrepris, en vue du chaulage, et les difficultés de toute sorte qu'il avait rencontrées. Aujourd'hui, le chaulage est presque universellement usité : il a passé dans les habitudes culturales de tous les domaines, et, grâce à lui, il n'y a plus guère de landes improductives. On n'en est plus maintenant, comme au début, à obliger la volonté des métayers à force de persistance et d'énergie ; et, si les baux prescrivent le chaulage d'une manière impérative, c'est plutôt pour prévenir toute contestation dans les détails d'exécution, pour déterminer la règle locale, que pour triompher de résistances qui n'existent plus.

Si nous voulons avoir une idée exacte de la manière dont se pratique le chaulage en Bourbonnais, nous n'avons qu'à parcourir les baux déposés dans le dossier de l'enquête. Voici un article copié dans le dernier bail envoyé par M. de Garidel : « Il sera mis chaque année dans les terres la quantité de chaux qui plaira au bailleur. Le preneur ira la chercher et payera moitié du prix d'acquisition. Le bailleur sera seul juge des fours où la chaux doit être prise. Si l'on fait conduire de la chaux à prix d'argent, le prix de la conduite sera payé par moitié entre le bailleur et le preneur, aussi bien que le prix de la chaux prise au four. Si le bailleur veut faire des composts, la main d'œuvre sera à la charge du preneur, et la chaux sera payée par moitié comme celle qui est mise directement dans les terres. » C'est bien là une opération améliorante de nature industrielle, introduite dans le métayage et subordonnée aux principes de l'institution. Directeur de l'association, le propriétaire, qui connaît sa terre, détermine la quantité de chaux, choisit la qualité, fixe les époques du chaulage ;

le travail, nécessité pour la conduite, comme pour l'expansion de la chaux, est exécuté par le métayer chargé du travail ; les frais d'acquisition et de transport sont partagés par moitié. Un bail, communiqué par M. Talon, fait connaître une variante, qui a sa raison d'être : « Dans les chaulages nouveaux, le métayer ne payera que le tiers du prix de la chaux ; dans les rechaulages, il en payera la moitié, dans le cas où la conduite de la chaux dans les terres est faite par le bétail du domaine ; si, d'un commun accord, cette conduite est faite par des voitures étrangères, les frais seront également à moitié. »

§ 4. — Apports mutuels dans le métayage du Bourbonnais.

Le propriétaire fournit le cheptel vivant et quelquefois en entier, le plus souvent en très forte partie. Sous ce rapport, le métayage bourbonnais ne se distingue pas du métayage tel qu'il fonctionne dans la plupart des autres régions. Mais il existe une combinaison qu'on retrouve dans d'autres pays et à laquelle nous avons déjà fait allusion. Le cheptel vivant se divise fort souvent en deux fractions ; la première qui était autrefois minime, monte aujourd'hui à une somme qui varie de 2.500 à 4.000 fr. et s'élève quelquefois jusqu'à 5.000 fr., mais elle reste toujours inférieure, en valeur comme en nombre, au cheptel que comporte le domaine. Cette première fraction, qui forme le fond inaliénable de l'exploitation, devient et reste cheptel à souche, cheptel de fer ; elle doit être intégralement représentée à chaque mouvement, à chaque compte, et elle est toujours fournie par le propriétaire. La seconde fraction, qui se constitue par la différence existant entre le cheptel de fer et le cheptel réel, quelles qu'en soient la forme et la valeur totale, constitue en quelque sorte un cheptel flottant, qui s'ajoute au premier, en vue de l'exploitation, mais qui donne lieu à une opération distincte au moment de la sortie du métayer ou à chaque inventaire entraînant une constatation de droits.

La moitié du cheptel flottant appartient au métayer, à titre de profit ; mais, comme il y a tout intérêt à ce que le cheptel réel ne soit jamais atteint dans sa valeur, puisqu'il est nécessaire à la bonne tenue du domaine, on a imaginé, et c'est maintenant un usage, de faire rembourser cette moitié, en cas de changement, par le métayer entrant, afin de diminuer d'autant les avances immobilisées par le propriétaire et de faire participer le métayer associé au risque à courir sur le bétail. Il est clair que, si le métayer entrant n'a pas le moyen de solder la fraction de cheptel que lui laisse son devancier, il est crédité par le propriétaire, qui fait l'avance de de la somme due, et perçoit un intérêt annuel, jusqu'à ce que le bénéfice des bilans de fin d'année ait libéré le colon.

Un exemple fera mieux saisir encore cette combinaison. Supposons que le cheptel vivant soit en totalité de 12.000 francs et que le cheptel de fer soit fixé à 6.000 francs. Le cheptel flottant sera également de 6.000 francs. Au départ du métayer, le cheptel de fer reste entier ; le cheptel flottant doit être partagé entre le métayer sortant et le propriétaire. Le compte s'établit ainsi : Le propriétaire garde le cheptel de fer, plus la moitié du cheptel flottant, soit 6.000 + 3.000 fr., en totalité 9.000 fr ; le métayer a alors droit à 3.000 fr. Mais, au lieu de livrer le bétail qui répond à ce bénéfice, le propriétaire exige que le métayer entrant rembourse son devancier ; et, si la chose n'est pas possible, il fait l'avance de la dite somme de 3.000 fr. et se rembourse par les bilans. Le cheptel vivant conserve donc toujours son intégralité de 12.000 fr., dont 9.000 fr. appartiennent au propriétaire, et 3.000 au métayer, qui en touche le montant à son tour, lorsqu'il quitte le domaine, et qui profite également de la moitié de l'excédent, si le bénéfice dépasse la proportion qui vient d'être indiquée.

C'est par cet ensemble de faits qu'on peut le mieux saisir la différence qui sépare le Bourbonnais des autres provinces du Centre en fait de métayage, et les progrès déjà réalisés dans les conditions générales des métayers. Ce ne sont plus de simples travailleurs, n'apportant que leurs bras et à peine quelques outils manuels. Sans doute, il y en a de pauvres ; il y en a d'inintelligents et de paresseux, qu'on ne prend et qu'on ne garde que lorsqu'on y est forcé. Mais, depuis une génération, il s'est formé, dans toute la contrée, une classe nombreuse d'agents agricoles, ne vivant que par le métayage et pour lui, ayant une aisance relative, possédant assez d'avances pour solder, en entrant dans un domaine, une portion notable du cheptel vivant, lorsqu'ils ne soldent pas en entier la fraction qui leur est dévolue, inspirant confiance assez pour qu'on lui ouvre un crédit important, fournissant les engins et les instruments nécessaires à l'exploitation. Plus nous irons, et plus cet état de chose tendra à se consolider, à s'améliorer, à se propager.

Ainsi, le propriétaire apporte, comme précédemment, la terre et les bâtiments, et il fournit une partie du cheptel vivant. Mais le métayer se trouve, de son côté, faire apport d'une partie du troupeau ; et, lorsqu'il ne peut la solder intégralement dès le premier moment, il y parvient par une heureuse combinaison. Il ne reste au propriétaire, ce qui a lieu déjà dans un grand nombre d'exploitations, qu'à appliquer aux instruments de grande culture, introduits par eux, et à notre sens à tout le matériel, un système analogue à celui qui vient d'être décrit, en faisant payer au métayer une redevance proportionnelle aux services rendus, pour que l'association du métayage se trouve établie sur les bases les plus équitables et les plus fécondes.

Ce qu'il y a d'éminemment remarquable, c'est que, dans un grand nombre de propriétés, malgré le haut prix actuel des cheptels vivants, qui s'élèvent, selon l'étendue des domaines, de 7.000 ou 8.000 à 15.000 fr., les métayers sont arrivés, en peu d'années, n'ayant rien apporté en entrant, à solder la part du bétail qui avait été mise à leur charge, c'est-à-dire à posséder la moitié du cheptel mobile et à réaliser, en outre, certaines économies. Par une conséquence naturelle, ceux qui avaient pu, dès leur entrée, rembourser cette moitié, ont amassé en peu de temps un capital correspondant, dont ils ont pu disposer. Des faits semblables valent mieux que toutes les dissertations pour démontrer la valeur de l'institution, alors que ses conditions sont bien équilibrées.

§ 5. — Personnel du métayage dans le Bourbonnais.

Pas plus que les autres provinces, le Bourbonnais n'a pu échapper à la maladie du siècle, qui tend à diviser les familles des travailleurs et à faire refluer les bras valides vers les villes et les chantiers industriels. « On n'y trouve plus, comme autrefois, ces grandes familles patriarcales, dont le chef était le seul arbitre et le seul inspirateur. » L'œuvre de dispersion s'accomplit là comme ailleurs. Cependant, il faut reconnaître que le métayage bien entendu s'y montre aux horizons lointains comme un frein moralisateur, qui finira un jour peut-être par enrayer cette fièvre d'expatriation, cette ardeur irréfléchie d'indépendance individuelle, qui attire la jeunesse vers l'inconnu.

Pour parer autant que possible aux inconvénients de la dispersion des familles, les propriétaires tâchent de suppléer au déficit des bras par des obligations insérées dans les baux, et qui forcent le métayer à entretenir sur le domaine le nombre d'hommes

qu'exigent les cultures prescrites, soit à poste fixe, soit à titre
supplémentaire, soit à l'époque des récoltes et des battaisons. Le
propriétaire, de son côté, fournit un ou deux hommes, dans
les moments les plus pressés. Il n'y a qu'à parcourir les baux pour
voir que la question du personnel est une de celles qui préoccupent
le plus les agriculteurs du Bourbonnais. « Le métayer doit au domaine toute son intelligence, toute son honnêteté, tout son temps;
il doit cultiver, surveiller, rendre compte en bon père de famille. »
C'est convenu, c'est écrit sous toutes les formes. Le métayer appartient exclusivement au domaine qui lui est confié ; et, comme,
dans le Bourbonnais, les domaines sont relativement fort étendus,
il est évident que celui qui les cultive n'a pas de temps à perdre.

Quiconque a vécu dans les champs, quiconque a vu fonctionner le métayage, sait fort bien que le travail s'y succède jour
par jour, heure par heure, avec une précision presque mathématique. Les soins des étables sont incessants pendant toute l'année ;
et celui qui, dans le domaine, est chargé de soigner le bétail n'a
pour ainsi dire pas de vacances, pas même le dimanche et les jours
de fête ; son service ne peut chômer. Dans un domaine aux cultures
variées, les travaux du dehors sont également échelonnés de façon
à absorber toute l'activité du personnel pendant les semailles, les
fauchaisons et les moissons ; en automne, en hiver, au printemps,
il faut faire les coupes de bois, entretenir les fossés et clôtures,
préparer et arroser les prairies, conduire et écarter la chaux, la
marne et les autres amendements, labourer, herser, mettre les
terres en état. Mais, comme en saine théorie, le personnel doit
être proportionné au travail, comme il y a des moments, des
jours, des semaines, où le travail prévu peut être terminé avant le
temps, s'il a été bien conduit ; comme il est essentiel de tirer parti
des forces disponibles et d'occuper sans relâche le personnel à
l'année, ne fût-ce que pendant les époques de neige ou de forte
gelée, il est évident qu'il doit y avoir entente préalable entre le
propriétaire prévoyant et le métayer pour entreprendre ou
achever une de ces améliorations foncières qui sont toujours à
l'état de projet dans tout domaine rural.

Il faut bien qu'on le sache, le rôle d'un propriétaire qui fait
valoir par métayer ne saurait être une sinécure. Les rapporteurs
du Bourbonnais sont unanimes sur ce point. S'il n'a pas tous ses
moments pris comme le directeur d'une régie directe, il n'a pas non
plus les longs loisirs du propriétaire qui fait valoir par fermier, lequel n'a qu'à recevoir ses fermages à jour dit. Pour tous les travaux

qui touchent aux revenus annuels du domaine, il peut parfaitement s'en rapporter au métayer : il n'a qu'à le surveiller ou le faire surveiller aux temps des semailles et des récoltes, afin que les prescriptions fixées par le bail ou usagères soient observées ou afin de n'être pas trompé ; et, pour les travaux, il n'a qu'à contrôler, son inspection suffit s'il est expérimenté. Il n'en est pas de même des travaux fonciers ; là, il faut plus qu'une inspection après coup ; il faut la direction personnelle, la présence du principal intéressé, l'intervention du chef de l'association. Il est logique que le métayer ne cherche pas du travail au dehors ; mais il est indispensable qn'il sache ce qu'il doit faire ou commander à ses gens lorsqu'il a un moment de liberté, lorsqu'il peut disposer de ceux qui l'aident hors de ses cultures ou des services habituels de l'exploitation.

§ 6. — Charges d'une métairie en Bourbonnais.

C'est dans le Bourbonnais que le prélèvement en argent, exercé par le propriétaire sur le bilan de fin d'année, prend le nom de «Prestation colonique.» Sans nous expliquer pour le moment sur la légitimité de la prestation colonique et sur sa valeur réelle, nous dirons simplement quelle ne constitue pas, dans son principe, un prélèvement arbitraire, une charge bénévole imposée au métayer pour le faire dévier indirectement de la ligne droite qu'implique l'institution qui le régit ; c'est, financièrement, mathématiquement, dirons-nous, le remboursement en bloc, et par voie d'abonnement, des avances faites par le propriétaire, de son concours effectif dans les choses de l'association, des revenus impartageables qu'a palpés le métayer pendant l'exercice courant. Dès qu'il y a équilibre entre les droits du propriétaire et les avantages faits au métayer, la prestation colonique, réduite à l'état d'équation, n'est plus qu'un rouage logique, utile, indispensable, d'exploitation rurale, un élément simplifié de calcul et de caisse.

Disons bien vite qu'en présence de domaines de 50 hectares, aussi bien travaillés, aussi bien constitués que ceux des grandes propriétés du Bourbonnais, le chiffre énoncé de 250 ou 300 francs par domaine nous semble plus que modéré ; nous sommes persuadé qu'en se contentant d'une prestation aussi modique, en regard de résultats que nous connaissons, les grands propriétaires font sciemment une œuvre de haute administration et de

morale, et qu'ils ont pour but, non de prendre exactement ce qui
leur reviendrait en droit, mais d'attacher leurs métayers à leurs
fermes par la modération et le bienfait. Nous arrêterons-nous
aux prélèvements à chiffres élevés, de 600, 800, 1.000 fr. par
domaine? Quelle en est la raison d'être? On ne le dit pas ; mais
nous sommes convaincu que ces chiffres répondent à des améliorations foncières considérables, à des chaulages ou marnages
préalables, à des défoncements de terre arable, à des créations de
prairies, à des avances de toutes sortes, qui ont placé les métayers, dès leur entrée, dans une condition exceptionnellement
favorable et se sont traduites sans transition en accroissement de
revenu. Et ce qui nous autorise à le croire, c'est que ces mêmes
métayers, qui subissent un prélèvement élevé, sont ceux qui
remboursent le plus vite leur part de cheptel et accumulent des
épargnes.

Quelle que soit la situation du métayer riche ou pauvre, en entrant ou après un certain temps d'exercice, il ne doit solder, nous
tenons à le dire ici, qu'un prélèvement équivalent au montant des
services qu'il reçoit, en argent, en nature, en concessions, en améliorations productives, en conditions exceptionnelles. Il y a en tout
ceci une règle inflexible et que, tout arithméticien peut traduire en
fait, dès qu'il a sous les yeux les éléments de la question. Nul ne saurait la transgresser sans compromettre ses intérêts. Que celui qui
fixe arbitrairement le chiffre de la prestation colonique soit fermier
général, comme on le dit, ou propriétaire direct, dès qu'il grossit,
dès qu'il dépasse certaines limites pour imposer un prélèvement
qui froisse à la fois la droiture et la raison, celui-là commet, non
seulement un acte répréhensible, mais en même temps un acte de
fausse administration, qu'aucun agriculteur ne saurait approuver.
Quant aux charges domaniales proprement dites, nous n'avons pas
à nous y arrêter ici. Elles sont en Bourbonnais, à peu de chose
près, ce qu'elles sont ailleurs. On n'a, d'ailleurs, qu'à jeter les
yeux sur le tableau général, et à se reporter à ce que nous avons dit
précédemment, pour savoir à la fois ce qui est et ce qui doit être.
Il est clair que, sous le régime de la liberté des transactions, chaque
propriétaire a le droit de régler comme il lui plaît les charges domaniales et de s'entendre à ce sujet avec ses métayers. Les baux ne
font en ceci que traduire les conventions acceptées. Il n'en est pas
moins vrai qu'il existe, en dehors de la volonté des contractants,
des circonstances d'ordre moral, d'ordre supérieur, nous dirons
volontiers des principes, qui s'imposent à toute conscience droite ;

et ce sont précisément ces principes que nous cherchons à mettre en lumière.

§ 7. — Conditions subsidiaires.

Nous ne voyons rien de bien particulier dans les conditions subsidiaires du métayage bourbonnais. Les grains se partagent au moment des battaisons, qui s'effectuent d'ordinaire avec les machines. Le propriétaire prend sa moitié, le métayer la sienne, à moins qu'il n'ait contracté quelque dette, portée dans son livre de comptes et imputable sur sa part de grains. La semence est fournie à moitié, c'est-à-dire qu'elle est prélevée hors partage sur le tas commun. Lorsqu'il y a changement de métayer, celui qui entre fournit sa part de semence ou la rembourse. Il en est des racines, destinées à être partagées, comme des grains. Chacun reçoit et emporte sa part. Cependant, lorsqu'il s'agit de plantes commerciales, la betterave, par exemple, qui peut donner lieu à des engagements de fournitures fixes, l'usage s'est établi que le propriétaire peut acquérir la part du métayer à dire d'expert. Selon M. le vicomte de Durat, les 1000 kilogrammes de betteraves sont ordinairement évaluées à 16 francs. Quant aux foins et pailles, ils ne sont sujets à aucun partage ; ils doivent être consommés dans le domaine. Les baux sont formels à cet égard ; ils contiennent d'ordinaire une réglementation d'ordre, afin que tous les produits consommables soient soumis à une rotation combinée de telle façon qu'une année n'empiète pas sur l'autre, et que le métayer entrant ne soit frustré en rien sur les quantités normales qu'il doit recevoir.

Le métayer a-t-il le droit, en Bourbonnais, de vendre le bétail à son gré ? Pour élucider cette question, à laquelle nous avons répondu sommairement dans nos tableaux synoptiques, nous n'avons qu'à copier un paragraphe du rapport de M. de Garidel : « Le droit de vendre et d'acheter les animaux du domaine appartient au propriétaire, qui peut en user absolument seul et sans la participation du colon ; celui-ci doit seulement en donner ou en prendre livraison. Cette condition est inscrite en termes explicites dans tous les baux ; elle est la sauvegarde du principe d'autorité, sans lequel le métayage est impossible. Dans la pratique, elle est beaucoup moins rigoureuse qu'elle ne paraît à la lecture de sa rédaction. Presque toujours le maître et le métayer se consultent et se mettent d'accord avant d'opérer une vente ou un achat, comme doivent le faire deux associés. Mais, en cas d'hésitation de la part du métayer ou de désaccord, il est absolument nécessaire que le dernier mot reste à celui qui a la direction. »

C'est une très sérieuse opération, dans un domaine de 60 hectares, aux cultures variées, où le cheptel dépasse quelquefois 15.000 francs, que celle qui repose sur la composition du cheptel et sur son renouvellement, tant sous le rapport de la pureté de la race que sous celui du nombre des têtes. Aussi paraît-il naturel que le propriétaire, qui a fourni le cheptel, du moins en majeure partie, perçoive les fonds qui proviennent de la vente des animaux. Un compte de recettes et de dépenses figure, à cet égard, sur le livre du domaine, et est réglé chaque année à l'époque des bilans. Alors le métayer reçoit la différence qui lui est due ou solde celle qu'il doit.

La tradition du métayer sortant au métayer entrant s'opère invariablement le 11 novembre, jour de la Saint-Martin. Elle a lieu conformément aux décisions des experts chargés d'évaluer le bétail et à l'inventaire ou état des lieux. Le propriétaire n'intervient en rien dans cette tradition, si ce n'est pour veiller à ce que tout se passe dans les règles. Les lieux doivent être rendus tels qu'ils ont été reçus; s'il y a lieu à indemnité, pour une cause quelconque, le métayer sortant la solde dans les trois mois qui suivent son départ. Le remboursement de la part du bénéfice du cheptel du métayer-sortant est fait par celui qui entre; celui-ci paye également à prix d'argent la part des racines que lui laisse son prédécesseur, sauf les pommes de terre, qui sont emportées par celui qui s'en va, déduction faite de la part du maître, qui reste intacte. Le métayer entrant doit en apporter une quantité équivalente à celle qui est sortie du domaine.

Le métayer sortant suit sa récolte, c'est-à-dire que la récolte qu'il a semée reste sa propriété. Il la surveille et revient la couper l'été suivant, la rentrer et la battre pour la partager avec le propriétaire, sauf la paille, qui reste au domaine. « Il n'y a pas d'exception à cette règle, » dit M. de Garidel. Le métayer nouveau doit fournir les attelages pour la conduite des gerbes. Nous n'avons pas à nous arrêter ici à cette coutume, qui est très répandue. Mais, si nous avions besoin d'un nouvel argument pour démontrer la nécessité des longs baux et les inconvénients des mutations, nous le trouverions assurément dans les embarras et les conflits qui naissent des changements de métayers.

Quant aux droits du propriétaire sur le métayer débiteur, ils
ne sont autres que ceux que confère l'article 2120 du Code civil,
c'est-à-dire qu'il jouit d'un privilège spécial sur la part de récolte
et sur les meubles du colon. Il peut retenir le montant de la dette
sur la récolte en terre, il peut même poursuivre le colon sorti dans
sa nouvelle résidence et faire saisir, le cas échéant, ce qui lui appartient en propre. Mais il faut dire à l'honneur des propriétaires du
Bourbonnais, et nous ajouterons à l'honneur de tous les propriétaires, qu'il est hors d'exemple qu'un métayer, sorti débiteur d'un
domaine qu'il a cultivé bien ou mal, ait été poursuivi. Le métayer
qui n'a pu acquérir l'aisance ou se créer quelques épargnes passe
tacitement au chapitre de la bienfaisance.

§ 8. — Choix d'un métayer en Bourbonnais.

Les propriétaires du Bourbonnais peuvent-ils trouver de bons
métayers ? Les réponses des correspondants ne sont pas tout à fait
concordantes, mais les renseignements reçus permettent d'élucider
la question. On nous dit que les bons métayers sont plus rares
qu'il y a quelques années, parce que, la prospérité du métayage
s'étant manifestée en même temps que se propageaient les désirs
d'indépendance individuelle, beaucoup de métayers ont tendu à
devenir fermiers. On nous dit, d'un autre côté, que, l'esprit de
famille étant détruit, les jeunes gens quittent leurs parents et que
ceux-ci ne sont plus, bien souvent, en état de tenir un domaine ;
qu'il en est de même lorsque les petits cultivateurs, ce qui n'est
pas rare, se décident à prendre un domaine à moitié fruits. On
nous dit encore que, les conditions générales de la propriété rurale
n'étant pas bonnes, les propriétaires sont facilement disposés à
vendre leurs domaines et que les marchands de biens, profitant de
cette tendance pour spéculer sur le morcellement des terres, ten-
tent les métayers qui ont quelques épargnes, en leur vendant à
crédit et à long terme des pièces détachées, ce qui les transforme en propriétaires et les enlève au métayage. Tout cela peut
être vrai, en Bourbonnais comme partout ailleurs, bien qu'à un
moindre degré. Mais nous cherchons vainement dans ces faits
quelque chose qui ait trait directement à l'institution du métayage.
Nous n'apercevons que de petites passions inhérentes au cœur de
l'homme, des ambitions de clocher surfaites, des désirs surmenés
de changer de condition, des spéculations malsaines, des défail-

lances qui ne savent pas se relever par la patience ou le travail. Ce que nous savons par-dessus tout, c'est que les bons métayers restent dans leurs domaines et ne songent nullement à les quitter, ce qui est le plus fort argument en faveur du métayage. Les bons métayers ne sont pas à prendre, ils sont pris; les propriétaires qui ont su les apprécier les gardent.

Ceux donc qui veulent remplacer un métayer dont ils sont mécontents, ou une famille atteinte par la mort, doivent chercher parmi les petits cultivateurs ou journaliers qui n'ont pas été métayers, ou parmi les métayers qui n'ont pas su se faire retenir. C'est une chance qu'ils courent, jusqu'à ce qu'ils aient formé le nouveau colon ou redressé ses mauvais antécédents. C'est un surcroît de surveillance et de direction qui leur incombe, jusqu'au moment où ils auront eu la main assez heureuse pour tomber sur un honnête homme, sur un travailleur habile, sur une famille nombreuse et unie. Le but atteint, ils conserveront religieusement ce métayer modèle, cette famille bénie, qui fera pour ainsi dire partie intégrale du domaine, non seulement pendant toute la durée du bail, mais pendant de longues générations. Voilà, si nous ne nous trompons, le résumé des réponses faites à la question posée par l'enquête. « Il y a de bons métayers, mais ils restent où ils sont. Il n'y a pas assez de bons métayers pour ceux qui en désirent; mais ce n'est pas la faute de l'institution, qui est en voie de progression marquée. » C'est en dehors du métayage, en dehors du fermage, en dehors de l'agriculture elle-même, qu'il faut chercher les causes de la rareté des bons exploitants.

Cette question de choix d'un métayer entraîne une question subsidiaire. Est-il convenable que les grands propriétaires du Bourbonnais modifient l'étendue de leurs domaines, et qu'ils ramènent à une moyenne rationnelle et limitée les exploitations de 60 et 80 hectares, dans les cantons où le métayage est en plein développement? Nous ne saurions être embarrassé pour répondre. Il est très certain que, si le métayage en était à ses débuts, si l'on avait devant soi de vastes espaces de terres indivisées, si l'on avait table rase, on aurait tout avantage à prendre pour base de la composition domaniale l'étendue qui concorde avec la composition normal d'une famille. La logique, la prudence, l'intérêt le plus élémentaire, y pousseraient. Mais, les domaines existant traditionnellement et les bâtiments étant construits et agglomérés en vue d'une étendue déterminée, il n'y a plus que des questions locales de situation personnelle et d'appréciation.

Sans doute, on peut penser que, si les terres étaient mieux distribuées, si le travail était plus proportionné au personnel disponible, l'approvisionnement général serait mieux desservi, et qu'en même temps les propriétaires auraient plus de revenus. Mais, en pareille matière, on ne peut forcer la main de ceux qui possèdent, de ceux qui seraient appelés à solder les dépenses en cas de nouvelle répartition. Nous comprenons donc fort bien que, lorsque des domaines trop étendus restent en chômage ou sont mal travaillés, parce qu'ils dépassent démesurément la quotité territoriale qui revient à une famille et que cette famille ne peut se procurer le personnel auxiliaire dont elle a besoin, les propriétaires aisés songent à les diviser, comme quelques-uns se proposent de le faire.

Mais nous comprenons également que, lorsque les propriétaires n'ont pas la conviction qu'en scindant leurs domaines et en élevant de nouvelles constructions, ils obtiendront un accroissement de revenus dans la mesure des sacrifices qu'ils auront faits, ils hésitent, et qu'en définitive ils laissent les choses dans l'état où elles sont, se trouvant bien de ce qui existe, puisque leurs métayers s'enrichissent et tiennent à rester où ils sont.

§ 9. — Résumé.

Les conditions du métayage en Bourbonnais sont-elles de telle nature, présentent-elles un caractère tellement nouveau et différent de ce qui était, qu'on puisse conclure à une révolution domaniale? Ce n'est point notre avis. Il y a eu simplement une série consécutive d'améliorations dans le sens des cultures et des personnes; il y a eu réforme, et non révolution. C'est par en haut que le mouvement s'est produit, par l'initiative, par l'intelligence, par les avances des possesseurs du sol. Ce qui s'est fait en Bourbonnais, toute mesure gardée, peut se faire ailleurs, partout où les propriétaires, animés du même esprit, voudront prendre résolument la direction de leurs domaines et auront les ressources nécessaires. Quant à leur superficie, les domaines du Bourbonnais n'ont pas varié; ils étaient étendus, on n'a pas songé à les scinder. Ils se composaient, en proportions variées, de terres arables, de prairies et de pâturages ou landes; on a modifié les proportions, en défrichant et livrant à la culture les terres à demi improductives; il y a eu plus de travail utile, des assolements mieux entendus et plus riches, partant plus de recettes brutes, plus de revenus. Les cheptels vivants étaient insuffisants ; ils ont été augmentés et améliorés dans le sens de l'alimentation et des formes, et il y a plus de profits. Des machines ont été introduites, en vue des cultures et de l'exploitation intérieure, et l'on a fait plus de travail avec moins de bras.

Sans doute, il sera difficile de rencontrer ailleurs dans le sol même, nous voulons dire à portée, des amendements naturels aussi abondants et d'une extraction aussi facile. Mais que conclure de là, si ce n'est que les réformes du métayage seront peut-être plus lentes à se manifester, qu'il faudra plus de tentatives, plus de patience, plus d'efforts ; si ce n'est qu'il faudra demander aux amendements artificiels, à la science chimique, les amendements que la terre, moins prodigue, aura refusés ou livrés avec moins de profusion ? Il est clair que le Bourbonnais a été privilégié entre tous les pays de la région centrale par les ressources naturelles de son sous-sol. Mais il y a des contrées où la terre est plus facile à travailler, où le sol est plus perméable et l'humus plus profond, où les cours d'eau sont plus nombreux et les prairies irriguées plus abondantes, où il est aussi fructueux d'établir des prairies temporaires, où les races de bétail sont déjà perfectionnées et promettent un plein rapport immédiat. Ces avantages ont leur valeur relative ; et, tout compensé, nous affirmerions volontiers que, si les réformes sont plus lentes à se produire, elles n'en donneront pas moins, après une période déterminée, des résultats équivalents.

CHAPITRE SIXIÈME

SPÉCIMENS DE BAUX DE MÉTAYAGE

§ 1. — Bail de métayage dans l'Allier.

Les monographies que nous venons de publier seraient incomplètes, si nous n'avions le soin d'y adjoindre quelques spécimens de baux, afin de traduire en faits usuels, sous leur forme la plus pratique, les renseignements qui figurent, d'une manière condensée dans notre exposé général, d'une manière détaillée dans nos tableaux synoptiques. Le bail, c'est à la fois l'essence de l'institution et la loi locale du propriétaire et du métayer. S'il est bien rédigé, si les prescriptions mutuelles y sont bien équilibrées, selon la logique et la justice, si toutes les conditions y sont prévues, on peut être certain qu'il ne s'élèvera aucune contestation, ni pendant sa durée ni à son expiration, et que la bonne harmonie des rapports deviendra le premier mobile du travail et du rendement des terres.

M. de Garidel a bien voulu nous envoyer cinq modèles de baux de métayage, comme nous l'avons dit déjà. Il serait fort instructif de les comparer les uns aux autres et de suivre, article par article, les modifications successives que la marche du temps a pu y apporter. Mais cette comparaison nous entraînerait trop loin. Nous nous bornerons donc à transcrire le plus récent, qui se rapporte à l'année 1878. Voici le texte :

« Le domaine de la Petite-Forges, situé commune d'Agonges, composé de bâtiments d'habitation et d'exploitation, cour, jardin, terres, prés, pacages, aisances et dépendances dudit domaine, sans exception ni réserve, est donné à bail aux conditions suivantes, que les preneurs s'obligent, conjointement et solidairement entre eux, à exécuter fidèlement.

« 1° De jouir dudit domaine en bons pères de famille, sans y faire ni laisser faire ni mésus, ni dégradations, ni usurpations, pour l'entretenir et laisser en fin de bail en son état de réparations locatives et de culture.

« 2° De tenir toujours un homme fort dans ledit domaine, un jeune homme au-dessus de seize ans, et une servante pour garder les moutons.

« 3° Le bailleur seul, ou son homme d'affaires, aura le droit d'acheter, et sans la participation des preneurs, tous les bestiaux qu'il jugera nécessaires pour la culture et l'engrais du domaine, comme aussi de vendre et échanger tous ceux qu'il jugera inutiles, lesquels bestiaux lesdits preneurs seront tenus de recevoir de suite après l'achat et de livrer immédiatement après la vente ou l'échange, sans que, dans aucun cas, ils puissent se refuser à partager les pertes des ventes à crédit, comme ils en auraient partagé les bénéfices. Ils préviendront le bailleur si une bête tombait malade, sous peine d'être personnellement responsables si, à défaut d'avoir prévenu, cette bête venait à périr. Si le cheptel périt en entier, ils supporteront moitié de la perte, renonçant au bénéfice des articles 1810, 1812 et 1827 du Code civil.

« 4° Ils ne pourront réclamer aucune indemnité pour cause de grêle, gelée, inondation, feu du ciel, épizootie, et tous autres cas fortuits, prévus ou imprévus.

« 5° Ils suivront, pour la culture et l'exploitation du domaine, les ordres et indications du bailleur. Ils n'ensemenceront que les champs qui leur seront désignés, en telle nature et quantité de grains qui leur seront prescrites. Ils ne cueilleront les fruits et ne couperont les grains qu'aux époques qui leur seront indiquées.

« 6° Ils convertiront toutes les pailles et fourrages en fumiers, pour l'engrais des terres, et ils laisseront, à leur sortie, tous les foins et pailles, engrangés bien secs dans les bâtiments, ainsi que toute la première coupe de trèfle. Dans aucun cas, ils ne pourront se prévaloir de l'insuffisance des fourrages et pacages mis à leur disposition. Moitié de la seconde coupe de trèfle sera mangée en vert ou en sec, et l'autre moitié laissée pour porter graine à leur sortie. Les bailleurs sèmeront ou laisseront semer par les colons entrants, et cela à la volonté du bailleur, la quantité que celui-ci jugera nécessaire de graines de trèfle et de ray-grass dans les avoines ou orges de mars, et les preneurs ne pourront y envoyer pacager les bestiaux sans la permission du bailleur. L'année de leur entrée, ils payeront moitié de la valeur des graines de trèfle et de ray-grass qui auront été semées par le colon sortant au printemps précédent, moyennant qu'à la dernière année ils n'auront rien à payer pour les graines que le bailleur ou le colon qui les remplacera aura semées dans les menus grains. L'année de leur sortie, ils ne pourront faire manger que la moitié des trèfles de la deuxième coupe.

« 7° Ils ne pourront mettre ou faire pacager les bestiaux dans les prés, passé le 1ᵉʳ décembre, sauf une permission du bailleur. Les oies doivent également être sorties des prés le 15 février.

« 8° Ils feront chaque année six trous de deux mètres de pourtour sur quatre-vingt centimètres de profondeur, pour recevoir six arbres à fruits, tous greffés, fournis par le bailleur, qui enverra un homme pour les planter.

« 9° Tous les prés seront étaupés avec soin, et garnis de rigoles pour leur arrosement et leur assainissement. Les preneurs ne défricheront aucune partie des prés. Il tiendront clos et bouchés les héritages qui ont coutume de l'être. Ils entretiendront tous les fossés existants et les feront vider et curer quand besoin sera, et n'en laisseront perdre aucun sous prétexte d'inutilité. Les fossés neufs seront à la charge du propriétaire.

« 10° Ils ne tiendront ni chèvre, ni bouc, et ne souffriront pas qu'aucune bête de cette espèce vienne pacager sur le domaine.

« 11° Ils supporteront sans indemnité toutes les réparations, constructions et reconstructions qu'il plaira au bailleur, et ils feront gratuitement, avec les autres colons de la propriété, tous les charrois et voiturages nécessaires pour ces réparations et constructions et tous ceux que le bailleur leur commandera, avec défense d'en faire aucun pour autrui sans la permission du bailleur, sous peine de vingt francs d'amende par chaque charroi ou liée de bœufs faite en contravention aux présentes.

« 12° Ils auront tous les trois ans un bois de voiture ou 18 fr., au choix du bailleur.

« 13° Ils n'abattront, n'étêteront et n'ébrancheront aucun arbre ; ils auront la ramée des tétards pour leur chauffage et le bois des bouchures. Cette coupe se fera d'une manière réglée, et sans pouvoir revenir que tous les cinq ans sur le même tétard. Les bois morts seront attribués au propriétaire, lequel se réserve de faire, avec les voisins ou avec ses autres domaines, tels échanges d'héritages qu'il lui plaira, sauf à indemniser les preneurs en cas de moins-value.

« 14° Ils ne chasseront pas et ne laisseront pas tendre de pièges ou de lacets pour prendre le gibier.

« 15° Ils veilleront à la conservation des arbres existants, et particulièrement à celle des plantations qui seront faites. Le premier épinassement sera fait par le propriétaire, et l'entretien demeure à la charge des colons, qui planteront tous les ans vingt plançons de saules ; le plan sera fourni par le bailleur.

« 16° Les preneurs mèneront saillir les vaches au taureau que leur indiquera le bailleur. Les frais seront supportés par moitié.

« 17° Tous les labourages, tous les frais de culture, de récolte

et d'engrangement seront au compte seul des preneurs, moins
la fourniture des graines de semence, qui sera faite par moitié
entre le bailleur et les preneurs; et ceux-ci se chargeront de l'é-
cossage de toutes les récoltes. Quand on battra au fléau, le bailleur fournira un homme, qu'ils nourriront.

« 18° Les grains seront battus à la machine à vapeur, à la volonté du bailleur. Les frais de machine à battre, des engréneurs,
du chauffeur, de charbon, d'huile et de graisse seront payés par
moitié. Le chauffeur, les engréneurs et l'homme fourni par le
bailleur pour mesurer, seront nourris par les preneurs seuls,
comme aussi ils aideront à conduire les grains à première réqui-
sition, le tout sans indemnité. Ils nourriront également toute la
main-d'œuvre, en s'entr'aidant avec les autres métayers. Le bailleur ne fournira qu'un homme pour mesurer.

« 19° Les preneurs aideront à charger les grains du bailleur sur
la voiture et à les mettre en grenier.

« 20° Tous les produits du domaine et le croît des bestiaux seront partagés par moitié, à l'exception des pailles. Il sera levé,
chaque année, sur les pommes de terre la quantité nécessaire
pour la nourriture des bestiaux ; le surplus sera partagé par
moitié.

« 21° Les preneurs devront cribler et chauler les semences, sar-
cler les blés et les tramois, et leur donner toutes les façons nécessaires. Dans le cas où les travaux seraient négligés, le bailleur
aura le droit de les faire faire, au compte des preneurs, par les ouvriers que bon lui semblera, sans avoir besoin de recourir aux
formalités de justice.

« 22° Il sera mis, chaque année, dans la terre la quantité de
chaux qu'il plaira au bailleur. Les preneurs iront la chercher, et
payeront la moitié du prix d'achat. Le bailleur sera seul juge
des fours où la chaux doit être prise. Si l'on fait conduire de la
chaux à prix d'argent, le prix de la conduite sera payé par moitié
entre le bailleur et les preneurs, aussi bien que le prix de la
chaux prise au four. Si le bailleur veut faire faire des composts, la
main-d'œuvre sera à la charge des preneurs, et la chaux payée
par moitié, comme celle mise directement dans les terres.

« 23° Le bailleur ne payera aucune main-d'œuvre pour le bat-
tage des graines de trèfle et de ray-gras set pour le passage des
graines sous la meule ou à la machine ; il payera seulement la moitié des frais.

« 24° La levée des récoltes reste tout entière à la charge des preneurs, sans que le bailleur soit tenu de leur fournir aucun homme pour charger les gerbes. Ils devront prévenir le bailleur avant d'enlever lesdites gerbes, afin que celui-ci puisse les faire compter, s'il le juge à propos.

« 25° Il est expressément interdit aux preneurs de glaner, sous peine de 20 francs d'amende par chaque contravention.

« 26° Dans tous les cas où le bailleur voudra se faire remplacer par son régisseur, il est bien entendu que ce régisseur jouira vis-à-vis des preneurs de tous les droits reconnus au bailleur par le présent bail.

« 27° Les preneurs renoncent à tout recours contre le bailleur pour les pertes de terrains qui lui seraient pris pour le tracé des chemins.

« 28° Les nouvelles haies à faire seront à la charge du bailleur ; les preneurs les entretiendront.

« 29° Les preneurs et le propriétaire cureront les pêcheries par moitié.

« 30° Les preneurs délivreront, chaque année, au bailleur, à titre de servines, six poulets, trois kilogrammes de beurre. Les canards, les oies et les dindes, seront à moitié. Le bailleur se réserve le droit de les faire vendre ou supprimer, s'ils vont dans les prés.

« 31° Les betteraves et les topinambours seront partagés à la sortie des preneurs, et leur part sera estimée ou gardée, au choix du propriétaire.

« 32° Il est expressément convenu que, si à la fin du présent bail les preneurs étaient laissés en possession dudit domaine, le nouveau bail, qui s'opérerait alors par tacite reconduction, devrait cesser de plein droit le 11 novembre de chaque année, ou par la volonté de celle des deux parties qui en désirerait la résiliation, en prévenant l'autre dans les délais d'usage.

« 33° Les légumes du jardin appartiendront aux preneurs ; mais s'ils semaient du grain, il serait partagé.

« 34° Les preneurs recevront à leur entrée en jouissance un cheptel de bestiaux de différentes espèces, pour une valeur de 786 francs. Ils feront à leurs frais le remboursement du bénéfice de cheptel, s'il y a lieu, revenant au colon sortant. Leur habitation dans le domaine constatera seule la remise du cheptel, sans qu'il soit besoin d'aucune autre reconnaissance. Ils soigneront le cheptel de leur mieux et le rendront à leur sortie en mêmes espèces, qualités, quantité et valeur que celles qu'ils auront reçues.

« 35° En outre, ce bail est fait moyennant une somme annuelle de 250 francs.

« 36° Les preneurs payeront les droits et frais des présentes et ceux d'une grosse pour le bailleur. »

Nous avons fait choix de ce bail, comme nous l'avons dit, parce qu'il est le plus récent de ceux qui nous ont été soumis. Nous ne le proposons pas comme un modèle de rédaction notariale, mais comme un spécimen très expressif, parfaitement exact, des idées actuelles des propriétaires du Bourbonnais sur les droits et devoirs mutuels des parties contractantes, et sur l'annuité des baux se continuant par la tacite reconduction.

§ 2. — Bail de métayage dans le Bazadais, (Gironde).

Le bail qui suit va nous transporter dans le Sud–Est, aux environs de Bazas, en plein pays de métayage. On verra à la fois, en comparant les deux documents, quels sont les principes invariables de l'institution communs à toutes les régions, et les conditions spéciales, propres aux localités.

Bail de métayage passé par–devant Mc Cullen, notaire à Bazas, entre M. Raymond Courrégelongue, propriétaire, demeurant à Cuélot, près Bazas, et Barthélemy Mothes et Jean Mothes, son fils, demeurant à Bernos.

Le bail est fait aux conditions suivantes :

« 1° Les preneurs cultiveront la métairie en bons pères de famille.

« 2° Le froment, le méteil et le seigle seront partagés aux trois septièmes pour le propriétaire et aux quatre septièmes pour les métayers. Le maïs, le millet et la millade seront partagés au tiers pour le propriétaire. Les bestiaux seront à moitié perte et à moitié profit. Toutes les autres récoltes non désignées ci–dessus seront à moitié.

« 3° Les métayers garderont pour leur compte la part de vin revenant au propriétaire, au prix de 25 francs les 228 litres, et la part de maïs au prix de 3 fr. 50 l'hectolitre, non égrené.

« 4° Le bétail ne pourra être ni acheté ni vendu sans l'agrément du propriétaire.

« 5° Il sera alloué par le bailleur aux métayers, d'avance et pour chaque porc, un septième du prix d'achat, jusqu'à concurrence de 6 francs, plus 25 kilogrammes de son pour chacun, avec toutes les pommes de terre récoltées, pour engraisser ces animaux. Quand les métayers devront quitter la métairie, les porcs, les pommes de terre, ainsi que tout ce qui servait à l'engraissement, seront partagés à la Saint-Martin.

« 6° Les métayers fournissent seuls les semences ; ils payent seuls le fabricant de charrues, le forgeron, le vétérinaire, les saillies des vaches ; ils sont chargés de détruire les taupes.

« 7° Tous les fourrages, pailles, pommes de terre, bruyères, suies et cendres, de la métairie seront consommés sur la propriété.

« 8° L'échalas pour les vignes sera fait dans les landes de Bernos, désignées chaque fois par le propriétaire. Les façons et les transports sont à la charge des métayers.

« 9° Tous les fruits appartiendront par moitié aux métayers, qui ne pourront abattre aucun arbre, vert ni sec, sans l'autorisation du propriétaire.

« 10° Les grosses réparations seront à la charge du propriétaire ; mais le bétail de la métairie y sera toujours employé gratuitement. Les métayers seront tenus de donner cinq journées par an, avec leurs bœufs, pour les réparations qui pourraient être faites dans les autres métairies que le bailleur possède au lieudit de Tabyson, sans autres rétribution que celle de 2 francs par jour. Ces journées ne sont exigibles qu'en nature et ne peuvent être réclamées après le 1ᵉʳ janvier de chaque année.

« 11° Les métayers porteront gratuitement chez le propriétaire sa part de récolte et sa provision de bois.

« 12° Il est bien convenu que le propriétaire aura le droit de faire tels changements qu'il trouvera convenables dans la nature du terrain, sans être tenu à une indemnité à l'égard du métayer.

« 13° L'achat et l'entretien des charrettes et tombereaux étant à la charge du propriétaire, il est entendu qu'ils ne devront servir que pour l'exploitation de la métairie, de même que le bétail confié aux métayers, et que tout charroi fait par eux en dehors de cet objet les rend passibles de 10 francs de dommages et intérêts pour chaque fois.

« 14° Si les métayers veulent quitter la métairie ou si le propriétaire veut les renvoyer, ils devront se prévenir mutuellement avant le 1ᵉʳ janvier.

« 15° Le prix du fumier est fixé à 2 francs le mètre cube ; mais si à la sortie des métayers il y a un déficit de plus d'un cinquième, les métayers payeront leur part à raison de 4 fr. le mètre cube.

« 16° Les métayers ont pris possession, aux époques habituelles, des prairies, des terres, des forêts et des capitaux de toute nature attachés à la propriété. Ils seront tenus d'entretenir les fermetures, les haies, les fossés et rigoles.

« 17° Les pâturages destinés aux animaux seront balayés au moins une fois par an. Les métayers devront mettre au moins 20 mètres cubes de fumier aux prairies.

« 18° Les métayers donneront par an, aux époques d'usage, 4 douzaines d'œufs, 3 paires de poulets, 3 paires de poulardes, 300 kilogrammes de paille de froment, 25 litres de pommes de terre choisies. S'ils élèvent des dindes et des canards, ils en donneront le tiers.

« 19° Le propriétaire a donné aux métayers 10 hectolitres de seigle, à titre de capital. Les métayers reconnaissent également avoir reçu 20 mètres cubes de fumier, à titre de capital.

« 20° Tout ce qui n'a pas été prévu dans les présentes sera réglé selon l'usage de la localité. »

« Ce bail est moins explicite que le premier. Mais, comme il renvoie aux usages locaux et que ces usages ont été indiqués dans notre monographie de la partie cultivée du Bazadais, il est facile, en s'y référant, de savoir quelle est la valeur réelle d'un bail dans cette région méridionale, où les domaines contiennent à la fois des prairies, des vignes, des châtaigneraies et des bois de pins.

§ 3. — Bail de métayage dans la Haute-Vienne.

Voici un dernier bail qui, emprunté à l'enquête de la Société nationale d'agriculture, va nous montrer comment les choses se passent dans le Haut Limousin, où le métayage traditionnel s'est perpétué. On pourra le comparer avec fruit aux deux baux qui précèdent. Ce bail, relatif à trois colons cultivant ensemble une étendue de 46 hectares, a été communiqué par M. Mousnier, habitant le village de La Richardie, commune de Vayres. En voici les conditions :

« 1° Les preneurs exploiteront le domaine en bons pères de famille, sans commettre de dégradations, ni souffrir qu'il en soit commis.

« 2° Les fruits, profits, revenus et pertes seront partagés et supportés par moitié entre le bailleur et les preneurs; la perte même totale du cheptel, provenant d'épizootie ou de tout autre cas fortuit, sera supportée en commun, les preneurs déclarant par ces présentes renoncer aux dispositions des articles 1810 et 1827 du Code civil.

« 3° L'achat et les réparations des charrettes, charrues, herses et autres instruments aratoires perfectionnés seront par moitié entre le bailleur et les preneurs ; ceux-ci restent seuls tenus, ainsi que d'usage, de l'achat et de l'entretien des ustensiles ordinaires.

« 4° Les preneurs payeront au bailleur, à titre d'abonnement d'impôt foncier, la somme de 140 francs par an, prélevée sur la part leur revenant dans les premiers revenus qui leur seront faits.

« 5° Les prestations seront acquittées par moitié.

« 6° Les preneurs ne pourront tenir que quatre ou cinq poules; le bailleur aura droit à la moitié des poulets qu'ils pourront élever.

« 7° Ils se serviront, pour leur chauffage et l'usage de leur maison, du curage des arbres et haies, en se conformant à l'usage des lieux ; ils ne pourront couper à pied, ni par tête, aucun arbre sans le consentement formel du bailleur.

« 8° Le bois nécessaire pour faire sécher les châtaignes sera acheté en commun entre le bailleur et les preneurs.

« 9° L'abonnement au forgeron, pour l'entretien des outils aratoires, sera prélevé en commun, conformément à l'usage.

« 10° Les preneurs seront quittes de toute contribution aux couvertures des bâtiments, moyennant 10 francs par an, qu'ils payeront au bailleur.

« 11° Ils acquitteront leur part dans l'assurance contre l'incendie, ainsi que leur cote personnelle et mobilière, et la taxe de leurs chiens.

« 12° Ils feront gratis les charrois dont le bailleur aura besoin, notamment tous ceux relatifs à l'entretien du domaine ; ils s'obligent à tenir un petit domestique.

« 13° Les cochons gras qui se trouveront dans le domaine au 1er novembre pourront être distraits du cheptel et gardés par le bailleur, si celui-ci le juge à propos. Dans le cas contraire, les preneurs continueront à les soigner et à les nourrir jusqu'à la vente. A ce moment, le bailleur recevra seul le montant de l'estimation qui leur aura été donnée au 1er novembre, et, par suite, la valeur du cheptel sera diminuée d'autant; le bénéfice qui pourra être fait sur les cochons, du 1er novembre à la vente, sera seul partagé par moitié.

« 14° Il sera employé, tous les ans, 40 barriques de chaux et 1.500 kilogrammes de phosphate fossile dans les prés. L'achat de ces amendements sera payé par moitié entre le bailleur et les preneurs ; mais si ces derniers venaient à quitter le domaine avant que l'effet de ces amendements se fût produit, il leur en sera tenu compte.

« 15° Les preneurs s'obligent à donner tous leurs soins et peines à la préparation du foin, qui devra recevoir toutes les façons désirables et être engrangé toujours très sec.

« 16° L'année qui suivra celle de leur sortie, les preneurs, en battant leurs récoltes, devront aider le colon s'y trouvant alors à engranger les pailles.

« 17° Le cheptel qui sera confié aux preneurs le 1er novembre sera estimé, et le foin sera pris à la mesure; les preneurs, lors de leur sortie, devront laisser du tout pareilles valeur et quantité ; le surplus ou le déficit du foin seront payés, de part et d'autre, à raison de 20 francs les 500 kilogrammes ; la paille sera prise sans être mesurée. »

Nous pourrions reproduire beaucoup d'autres baux, que nous avons sous les yeux. Mais ceux-ci suffisent pour fournir une idée à peu près exacte de la forme donnée aux conventions entre propriétaires et métayers par les notaires de campagne.

QUATRIÈME PARTIE

DÉPOUILLEMENT DE L'ENQUÊTE

TABLEAUX SYNOPTIQUES

I. — Modes d'exploitation, origines et modifications du métayage.

Questions posées : « Quels sont les modes d'exploitation domaniale : Régie directe, fermage, métayage, colonage partiaire? Quel est le mode prédominant? Les conditions du métayage sont-elles traditionnelles? Ont-elles été modifiées? A quelle époque? Dans quel sens? »

TABLEAU SYNOPTIQUE.

Éléments	MODES D'EXPLOITATION	OBSERVATIONS	ORIGINES ET MODIFICATIONS DU MÉTAYAGE
AIN	La régie directe, le fermage, le métayage et le colonage partiaire, sont usités. Le fermage prédomine dans le nord; le métayage n'existe que dans l'arrondissement de Trévoux.	Il y a dans l'Ain un régime mixte qui tient le milieu entre le fermage et le métayage. On partage les céréales; on paie un droit fixe pour le bétail qui, par là, échappe au partage.	Le métayage, traditionnel dans l'Ain, allait en décroissant et tendait à disparaître. Il tend aujourd'hui à reprendre faveur. On en améliore les conditions de jour en jour, surtout depuis que la crise agricole s'est accentuée.
ALLIER	Le métayage est prédominant dans tout le département. C'est au métayage que le Bourbonnais doit la prospérité agricole dont il jouit maintenant, et la renommée qui l'a mis en grand relief dans toute la région centrale.	Le mouvement ascensionnel du métayage a commencé en 1830. C'est à partir de 1850, alors que le chaulage s'est propagé, que les réformes se sont accentuées. Aujourd'hui, les métayers n'opposent plus de résistance.	Les améliorations du métayage, dont les origines se perdent dans la nuit des temps, ont commencé par la modification des assolements; et, peu après, par la participation plus grande des métayers aux opérations domaniales, ce qui a enrichi les métayers aussi bien que les propriétaires.

19

Départements.	MODES D'EXPLOITATION	OBSERVATIONS	ORIGINES ET MODIFICATIONS DU MÉTAYAGE
ALPES (Basses)	Tous les modes d'exploitation sont usités. Le métayage domine dans les grandes propriétés, la régie directe dans les petites.	Il y a beaucoup de variations dans les cultures et dans la forme des domaines, plus étendus dans les montagnes, plus resserrés dans les plaines.	Les conditions du métayage sont traditionnelles dans les Basses-Alpes. Elles ont subi peu de modifications. On les retrouve à peu près ce qu'elles étaient au siècle dernier.
ALPES (Hautes)	Tous les modes d'exploitation sont usités. Mais, là où les terres ne sont pas gérées directement, le métayage est prédominant.	Le pays étant d'une grande pauvreté, la plupart des terres sont cultivées directement par les propriétaires, plus des 3/4 de la surface entière.	Bien que le métayage soit prédominant dans beaucoup de localités, on ne saurait dire à qu'elle époque il remonte. Ce qu'on sait, c'est que les anciens baux sont tous à partage de fruits.
ALPES (Maritimes) Nice	Colonage partiaire, métayage, régie directe. La régie directe domine près de Nice; dans la montagne, c'est le métayage.	La culture des oliviers, étant très répandue, influe sur la forme des exploitations, qui sont nécessairement très restreintes.	Le métayage est traditionnel presque partout. Il a reçu, à diverses époques, certaines modifications, dans le sens de l'amélioration des conditions.
Grasse	Le fermage et le métayage sont usités; c'est le colonage partiaire qui est prédominant.	La culture des oliviers et plantes aromatiques influe beaucoup sur la forme et l'étendue des domaines.	Les usages, fort anciens, font la loi des parties. Ils n'ont pas été modifiés depuis la fin du siècle dernier
ARDÈCHE	Le fermage, le métayage, le colonage partiaire, sont usités. Le métayage prédomine dans les montagnes. Le métayage et le fermage sont pratiqués à égal degré dans les vallées et sur les bords du Rhône, c'est-à-dire dans les cantons les plus fertiles.	Les domaines de la montagne, en grande partie herbagers, sont livrés à la culture pastorale. Le colonage partiaire n'a lieu qu'à proximité des centres de population. Peud'exploitations directes en dehors de la petite propriété, qui, au dire de la statistique, est fort nombreuse.	Les conditions du métayage sont traditionnelles. Elles ont été modifiées depuis la maladie des vers à soie, afin de les mieux adapter aux nécessités des cultures variées, c'est-à-dire qu'on a élargi les anciennes conditions à mesure que les cultures nouvelles se sont multipliées.

Départements.	MODES D'EXPLOITATION	OBSERVATIONS	ORIGINES ET MODIFICATIONS DU MÉTAYAGE
ARIÈGE	Les divers modes d'exploitation sont usités. La régie directe est prédominante. Les autres modes sont numériquement presque insignifiants.	D'après la statistique officielle, le métayage l'emporte de beaucoup sur le fermage, qui ne présente que 1,765 cas dans tout le département.	Les conditions du métayage sont généralement traditionnelles. Quelques modifications ont été introduites depuis une quarantaine d'années, dans le sens d'une agriculture progressive.
AUDE	La régie directe prédomine dans le département de l'Aude. Elle y occupe les 3/4 des terres, livrées aux vignes. Le métayage en occupe 1/4. Il y a fort peu de colonages partiaires.	Le métayage est prédominant dans la montagne, c'est-à-dire dans l'arrondissement de Castelnaudary, au nord de celui de Carcassonne, ainsi que dans la partie montagneuse de celui de Limoux.	Le métayage est traditionnel dans l'Aude, et ses conditions sont réglées par des usages locaux très anciens. Les conditions générales n'ont pas été modifiées; mais il y a eu certaines modifications dans les modes d'exécution, à mesure que la culture de la vigne gagne du terrain.
AVEYRON	Les moyens propriétaires, jusqu'à 40 ou 50 hectares, régissent directement. Les grandes et moyennes propriétés sont généralement affermées. Il y a cependant beaucoup de métayers.	Les métayers sont nombreux dans l'arrondissement de Villefranche, un peu moins dans celui de Rodez; ils sont rares dans ceux d'Espalion, de Milhau et de Saint-Affrique.	Les conditions du métayage sont réglées par des usages très anciens. On peut donc dire que le métayage est traditionnel dans l'Aveyron. Les conditions principales n'ont jamais varié; elles sont ce qu'elles étaient à la fin du siècle dernier.
BOUCHES du RHONE St-Remy.	Les deux modes les plus répandus sont le métayage et le fermage. C'est le fermage qui prédomine.	Il y a dans les Bouches-du-Rhône d'énormes varia - tions d'étendues domaniales.	Les conditions du métayage sont traditionnelles. Elles n'ont point été modifiées dans ce qu'elles ont d'essentiel.
Marseille.	Le métayage est très usité au sud des Bouches-du-Rhône. Il n'est pas de canton, pas de commune où il ne soit en usage.	Les règles générales du métayage sont, à peu de chose près, celles qui sont appliquées au fermage d'après les usages établis.	Les conditions du métayage sont régies par des usages et par des règlements locaux, ayant force de loi dans tout le département, et embrassant à la fois la culture et le personnel.

Départements.	MODES D'EXPLOITATION	OBSERVATIONS	ORIGINES ET MODIFICATIONS DU MÉTAYAGE
CANTAL	La plupart des exploitations se font par le fermage et le métayage. Aujourd'hui, le fermage est prédominant.	Il n'y a que fort peu de régies directes dans le Cantal, sauf les petits biens, régis par leurs propriétaires.	Le métayage est traditionnel, comme dans toute la région centrale. Mais, peu à peu, il a perdu du terrain, pour faire place au fermage à prix fixe.
CHARENTE	Le fermage est peu usité. Le métayage est presque général. Il y a aussi des colons partiaires.	La régie directe prédomine pour les petites propriétés et pour les vignobles. Il y a des métayers qui prennent leurs domaines en fermage; mais c'est rare.	Les conditions du métayage sont conformes à d'anciens usages. Elles n'ont été que fort peu modifiées, çà et là dans le sens d'une culture améliorée.
CHARENTE INFÉR. Rochefort	Tous les modes d'exploitation sont usités. Le fermage prédomine.	Le métayage, bien qu'en infériorité numérique, est encore assez fréquent.	Le partage des fruits est traditionnel. Il y a eu quelques modifications, dans le sens de la durée des baux.
Saintes	La culture de la vigne s'est répandue dans les trois-quarts de la Saintonge et a entraîné la régie directe.	Avant que la culture de la vigne se fût propagée, c'était le métayage qui prédominait dans la Saintonge.	Les conditions du métayage sont traditionnelles, là où il existe. Elles n'ont pas été modifiées, depuis la fin du siècle dernier.
CHER St-Amand	Tous les modes sont usités; le métayage prédomine dans tout l'arrondissement de Saint-Amand.	Les arrondissements du Cher ne présentent pas, en fait d'exploitation, la même physionomie.	Les conditions du métayage sont traditionnelles. Elles n'ont pas, en général, été modifiées d'une manière essentielle.
Centre	Le fermage prédomine aujourd'hui, sans contredit, dans les cantons qui avoisinent la Loire, et qui dépendent de l'arrondissement de Bourges.	Il n'a jamais existé de différence entre le métayage et le colonage partiaire. Il y a des fermiers qui emploient des métayers en sous-ordre.	Autrefois, le métayage était le mode le plus usité, et il était traditionnel. C'est depuis 25 ou 30 ans qu'il est en défaveur, et qu'il a fait place de plus en plus au fermage.
Nord	Le métayage est presque uniquement adopté dans l'arrondissement de Sancerre.	Il y a quelques fermiers qui emploient des métayers en sous-ordre.	Les conditions sont traditionnelles, et elles n'ont pas été modifiées.

Départements.	MODES D'EXPLOITATION	OBSERVATIONS	ORIGINES ET MODIFICATIONS DU MÉTAYAGE
CORRÈZE Haut Limousin	Régie directe pour les petites propriétés, fermage pour les grandes terres, métayage pour les moyennes. C'est le métayage qui est prédominant.	Le Haut Limousin s'entend de toute la région qui n'a pas de vignes. L'élevage du bétail y est général. La culture est pastorale dans les montagnes.	Les conditions du métayage sont traditionnelles. Elles n'ont pas été modifiées. On retrouve partout l'ancienne physionomie de l'institution.
Bas Limousin	Le métayage est presque général dans toute la région du Bas-Limousin.	Il y a des fermiers qui emploient des métayers en sous-ordre.	Le métayage s'applique traditionnellement aux vignes comme aux cultures diverses.
CORSE	La régie directe est peu usitée en Corse. Le fermage y est fort rare. Le métayage y est pratiqué. C'est le colonage partiaire qui y est prédominant.	Le mode d'exploitation par colonage partiaire est soumis à des conditions toutes particulières, qui tiennent surtout aux mœurs des habitants.	On ne saurait dire que le métayage et le colonage partiaire soient traditionnels en Corse. C'est l'indolence des habitants pour le travail de la terre qui en a fait naître et fixé les conditions.
COTE-D'OR	Le métayage n'existe dans la Côte-d'Or qu'à titre d'exception; et les rares métairies qu'on y rencontre ne sont guère soumises à un type commun d'exploitation.	C'est à la culture de la vigne que doivent se rattacher les rares spécimens de métayage qu'on peut rencontrer dans le pays, en particulier le célèbre domaine de l'hôpital de Beaune.	Il existe un assez grand nombre de pièces de vignes cultivées à moitié fruits. Mais les conditions spéciales qui régissent les vignerons ne sont pas celles des autres pays. Elles ne constituent qu'une variante affaiblie du colonage partiaire.
FINISTÈRE	Le métayage n'est pas pratiqué dans le Finistère. On en trouverait à peine quelques échantillons dans le sud-Ouest du département.	Il y a erreur de fait dans les énoncés de la statistique officielle. Elle aura pris les convenanciers et les congéables pour des métayers.	Il est possible qu'il y ait eu dans le temps des exploitants à moitié fruits dans le Finistère. Mais, de mémoire d'homme, on n'en trouve plus. Il n'y a eu que des convenanciers, transformés peu à peu en congéables.
COTES-du-NORD	Proportion des modes d'exploitation : Fermage à prix fixe, 6/10; régie directe, 1/10; métayage, 1/10.	Le métayage n'est pratiqué que dans une zone resserrée entre le littoral maritime et l'intérieur des terres.	Les conditions du métayage sont traditionnelles. Mais il disparaît de jour en jour, les exploitants préférant conserver leur indépendance et se faire fermiers.

Départements.	MODES D'EXPLOITATION	OBSERVATIONS	ORIGINES ET MODIFICATIONS DU MÉTAYAGE
CREUSE	Tous les modes d'exploitation sont usités dans la Creuse, en proportions inégales. Le métayage est prédominant pour les propriétés d'une certaine étendue.	Il y a quelques exemples de colons partiaires. Les petites propriétés sont généralement régies directement, c'est-à-dire pour le compte des propriétaires.	Les conditions du métayage sont traditionnelles ; mais elles tendent à se modifier depuis l'établissement des chemins de fer et la pratique du chaulage, dans le sens d'une culture plus avancée.
DORDOGNE	Tous les modes d'exploitation sont usités dans la Dordogne. Le métayage est prédominant, presque exclusif. Il y a aussi des colons partiaires.	La culture de la vigne modifie çà et là la forme des domaines et les conditions locales de la main-d'œuvre et de l'exploitation.	Les conditions du métayage sont traditionnelles ; les bases fondamentales n'ont jamais varié. Elles sont les mêmes qu'au siècle dernier, sauf la durée des baux, qui est devenue annuelle.
DOUBS	La régie directe est dominante dans le Doubs. Le métayage est rare. Le fermage est en pleine vigueur ; mais les prix vont continuellement en baissant.	Comme il y a dans le Doubs 4,815 fermiers contre 849 métayers, selon la statistique officielle, on a pu dire que le métayage n'existait pas.	On ne saurait s'expliquer sur les origines du métayage. Mais, à voir que le métayage s'est amoindri de plus en plus pour faire place au fermage à prix d'argent, on peut penser qu'il était traditionnel.
DROME	Le fermage et le métayage sont usités dans la Drôme. Le métayage prédomine.	Par suite de circonstances locales, le métayage est en grande souffrance.	Les conditions du métayage sont traditionnelles. Elles n'ont jamais subi aucunes modifications.
GARD	La régie directe domine dans la plaine, le fermage dans la montagne. Le métayage est mêlé aux régies directes.	Il n'y a de métayage que dans la plaine. La statistique officielle donne plus de 4,000 métayers.	Les conditions du métayage variant suivant les circonstances locales, on ne saurait dire qu'elles sont traditionnelles.
GARONNE (Haute)	Les divers modes sont tous adoptés dans la Haute-Garonne. Le mode prédominant est la régie directe, avec un régisseur fondé de pouvoirs.	Le métayage a suivi le progrès des cultures et les variations des charges publiques. Il est, dans ses conditions pratiques, plus avancé qu'autrefois.	Les conditions générales du métayage sont traditionnelles. Il y a eu des modifications successives, dans le sens d'une part contributive plus grande du métayer dans les cheptels et les impôts.

Départements.	MODES D'EXPLOITATION	OBSERVATIONS	ORIGINES ET MODIFICATIONS DU MÉTAYAGE
GERS	Tous les modes sont usités dans le Gers. La régie directe prédomine depuis quelques années; mais les métayers sont encore nombreux.	La statistique officielle donne 4,793 métayers contre 374 fermiers seulement. Le fermage n'existe donc qu'à l'état d'exception presque imperceptible.	Les conditions du métayage étaient traditionnelles. Elles ont été modifiées, depuis 1864 et 1865, dans plusieurs cantons, dans le sens de l'amélioration de la condition des métayers.
GIRONDE	Le faire valoir direct prédomine. On voit quelques fermiers. Le métayage, qui existe çà et là, domine dans la région des landes, vers Bazas. Il y a des colons partiaires dans l'Entre-deux-Mers.	Le travail spécial de la vigne et la renommée des vins de Bordeaux poussent les propriétaires vers la régie directe. Ils répugnent, avec raison, à partager leurs produits, et aiment mieux faire les frais de culture.	Il y avait jadis beaucoup plus de métayers que maintenant, soumis à des usages traditionnels. Depuis plus de 25 ans, ils ont presque entièrement disparu. La perte des vignes par le phylloxera a produit une certaine réaction en faveur du métayage.
HÉRAULT	La régie directe est prédominante; il y a quelques fermages à prix d'argent; le métayage n'existe qu'à l'état d'exception.	Le métayage ne s'applique guère qu'à des pièces isolées, ne constituant pas des corps de biens et diversement traités.	Le métayage n'est pas dirigé par des usages traditionnels. Les conditions varient selon les localités et la nature des terres soumises au métayage.
ILLE-et-VILAINE	Le métayage est peu usité dans l'Ille-et-Vilaine. Les métayers, très clairsemés, n'existent qu'aux extrémités, à proximité des départements voisins.	Les sujets font défaut pour le métayage; et les propriétaires, qui veulent des métayers, sont obligés de les faire venir d'ailleurs, surtout de la Mayenne.	Le métayage n'a jamais été assez répandu dans le département pour que ses traditions aient pu faire autorité. Ce sont les traditions des départements voisins qui ont influé sur ses conditions.
INDRE	Tous les modes d'exploitation domaniale sont usités dans l'Indre. C'est le métayage qui prédomine, bien qu'il n'existe pas, pour ainsi dire, dans certains cantons, où la régie directe et le fermage sont presque exclusifs.	Les baux traditionnels, prolongés par la tacite reconduction, ont été ramenés à des durées fixes, pour réagir, par la crainte du renvoi, contre l'indiscipline des métayers, contre laquelle on est trop souvent en lutte.	On peut regarder le métayage comme traditionnel, vu que ses conditions générales sont réglées par des usages locaux dont on ne connaît pas l'origine. Elles ont été modifiées, surtout depuis 15 ans, dans le sens de la restriction de la durée des baux.

Départements.	MODES D'EXPLOITATION	OBSERVATIONS	ORIGINES ET MODIFICATIONS DU MÉTAYAGE
INDRE-et-LOIRE	Tous les modes d'exploitation sont pratiqués dans Indre - et - Loire. Le fermage domine au nord de la Loire ; le métayage domine sur la rive gauche du fleuve, dans l'arrondissement de Loches surtout.	Il y a des vignes au bord de la Loire; mais la culture des vignes, qui est générale au nord, sur les rives du fleuve, a amené certaines modifications dans la forme des domaines et les usages culturaux.	Les conditions de métayage sont traditionnelles; et, en cas d'absence de conventions, elles sont régies par des usages locaux. Elles ont été modifiées partiellement depuis 20 ans, autour de Loches, dans le sens d'un certain prélèvement fait au profit du propriétaire.
ISÈRE	Le fermage et le métayage sont usités dans l'Isère. C'est le fermage qui domine maintenant. Les petites propriétés, régies directement par ceux qui les possèdent, sont très nombreuses.	Dans le canton de Trièves, ainsi que dans d'autres localités, c'est le colonage partiaire qui domine. Les domaines y sont peu étendus et soumis à des conditions traditionnelles, qui n'ont jamais varié.	Le métayage était autrefois très usité ; il est devenu moins habituel pendant les quarante dernières années. Mais on tend à y revenir. Par expérience, on préfère un système moins commode, mais plus sûr, à un fermage de plus en plus difficile et souvent illusoire.
JURA	Le fermage est presque général pour l'exploitation des terres ; le métayage presque général pour l'exploitation des vignes.	Le métayage dans les vignes du Jura a été florissant jusqu'à ces dernières années. Une série de récoltes mauvaises a découragé les métayers.	On ne saurait fixer l'origine du métayage appliqué à la culture de la vigne dans le Jura ; mais on a lieu de le croire traditionnel.
LANDES	Le métayage et le colonage partiaire sont les modes prédominants dans les Landes. On y voit çà et là quelques fermiers. Le colonage partiaire est le mode le plus usité.	Le département des Landes est celui qui compte le plus de métayers. Il y en a 27,484, d'après la statistique officielle. La culture des pins a modifié peu à peu la forme des domaines.	Les conditions du métayage et du colonage partiaire sont traditionnelles. Elles ont été modifiées en 1856 dans les parties des Landes où la culture de la vigne dominait, et peu à peu dans les cantons où la culture des pins s'est répandue.
LOIRE	Le fermage et le métayage sont usités dans la Loire. C'est le fermage qui prédomine. On trouve quelques exem-	La Loire se divise en deux régions distinctes, le Roannais et le Forez. On trouve dans les deux régions quelques ré-	Les conditions du métayage sont traditionnelles dans la Loire. Elles ont été peu modifiées. Le métayage commence à s'étendre dans l'ouest du Forez

Départements.	MODES D'EXPLOITATION	OBSERVATIONS	ORIGINES ET MODIFICATIONS DU MÉTAYAGE
LOIRE	ples de colonage partiaire dans les diverses parties du département.	gies directes importantes.	On le considère comme un indice de progrès cultural et une source de revenus plus abondants.
LOIRE (Haute)	La régie directe et le fermage dominent dans de fortes proportions. Le métayage et le colonage partiaire sont beaucoup moins usités.	La statistique officielle donne pour la Haute-Loire 4,766 métayers contre 7,818 fermiers. C'est la régie directe qui l'emporte partout. Elle compte 32.896 exploitations.	Les conditions du métayage sont traditionnelles. Elles ont été peu modifiées. On ne saurait dire pourquoi le fermage est plus répandu que le métayage. Peut-être est-ce à cause de la difficulté de la surveillance en pays de montagnes.
LOIR-et-CHER Sologne	Le métayage est dominant dans toute la Sologne. C'est le fermage qui domine de l'autre côté de la Loire, dans tout le Vendômois et le reste du département.	La Sologne s'étend sur la partie méridionale du Cher, du Loir-et-Cher et du Loiret, par une grande bande qui se dirige de l'Ouest à l'Est, et qui est traversée par la Sauldre.	Le métayage est traditionnel. Ses conditions ont été peu modifiées. Les chemins de fer, le canal de la Sauldre, les amendements calcaires, ont profondément changé les conditions culturales et réagi sur le métayage.
LOIRE-INF.	C'est le métayage et le fermage qui sont usités dans la Loire-Inférieure. Le fermage est prédominant; mais il y a beaucoup de métayers.	La régie directe et le colonage partiaire ne se rencontrent que très exceptionnellement dans le département de la Loire-Inférieure.	Les conditions générales du métayage sont traditionnelles. Elles ont été modifiées à l'avantage du propriétaire vers 1835 ou 1840, au moment des grands défrichements de landes.
LOIRET	Il y a fort peu de métayers sur la rive droite de la Loire.	Les métayers sont presque tous dans la Sologne du Loiret.	Les conditions du métayage sont analogues à celles du fermage.
LOT	Tous les modes d'exploitation sont usités. La culture directe est prédominante.	Le phylloxéra, en se propageant, a modifié le sens des cultures de la vigne.	Les conditions du métayage sont traditionnelles. Elles n'ont pas été modifiées depuis le commencement du siècle.
LOT-et-GARONNE	La régie directe, le fermage, le mé-	La race de Marmande, très renom-	Les conditions du métayage sont traditionnelles.

Départements.	MODES D EXPLOITATION	OBSERVATIONS	ORIGINES ET MODIFICATIONS DU MÉTAYAGE
LOT–et– GARONNE	tayage, sont usités dans l'arrondissement de Marmande, le colonage partiaire pour les vignes. C'est la culture à moitié fruits qui prédomine, au nord comme au midi.	mée, a contribué puissamment à la prospérité du métayage et à la richesse du pays. Elle est très répandue dans le département, et même au delà, surtout vers le Nord.	Elles ont été modifiées depuis 50 ans, par l'augmentation du bétail et l'accroissement du matériel, aux environs de Marmande. Elles ont été peu modifiées dans l'arrondissement de Villeneuve-d'Agen.
LOZÈRE	La régie directe, le fermage, et le colonage partiaire sont usités. C'est la régie directe qui prédomine, le fermage ensuite.	Le métayage n'existe qu'à l'état d'exception dans la Lozère. Il était plus répandu autrefois. Il a cessé graduellement.	Le métayage emphytéotique était autrefois usité. Il en reste quelques traces dans l'arrondissement de Florac. Le métayage est traditionnel dans le pays.
MAINE-et-LOIRE	Le fermage et le métayage sont usités dans le Maine et Loire. Le métayage domine dans l'arrondissement de Segré; au sud, c'est le fermage.	La culture de la vigne dans le bassin de la Loire a modifié la forme des domaines et les anciennes conditions culturales.	Les conditions du métayage sont traditionnelles. Elles ont été fixées en 1873, pour l'arrondissement de Segré, par un code local, qui les a revues et modifiées.
MAYENNE	Le fermage et le métayage sont usités. Dans le sud, c'est le métayage qui prédomine.	Un code des usages locaux a été rédigé en 1846 et revu en 1852. Il est toujours en vigueur.	Les conditions du métayage sont traditionnelles. Elles ont été fixées et modifiées par le code des usages locaux.
MORBIHAN	C'est le fermage qui est prédominant aujourd'hui dans le Morbihan. Le métayage a disparu peu à peu ; le mouvement continue dans le même sens.	La statistique officielle ne donne que 1,229 métayers contre 30,117 fermiers, et 12,533 régies directes. Le nombre des métayers est donc presque insignifiant.	Les conditions du métayage remontaient à des époques très reculées. Ces conditions se sont modifiées peu à peu, dans le sens des paiements à prix fixe, soit en argent, soit en denrées.
NIÈVRE	Les divers modes d'exploitation existent dans la Nièvre. Le fermage est le mode prédominant. Le métayage est	Il y a de grandes propriétés gérées directement. L'amélioration du bétail a contribué à en augmenter le nombre,	Les conditions du métayage sont traditionnelles, là où il existe. Autrefois, il y avait des fermiers généraux, exploitant plusieurs domaines par métayers.

Départements.	MODES D'EXPLOITATION	OBSERVATIONS	ORIGINES ET MODIFICATIONS DU MÉTAYAGE
NIÈVRE	encore assez répandu dans le département, surtout dans le Morvan.	surtout dans les cantons où abondent les prairies d'embouche.	Cette forme, dont on avait à se plaindre, a presque disparu; cependant il y en a encore.
NORD	Il n'y a pas de métayers dans le Nord, dans le sens du colonage et du partage des fruits.	La statistique officielle porte 1,016 métayers pour le Nord. C'est une erreur de fait.	On appelle métayers dans le Nord les détenteurs des domaines peu étendus. C'est la cause de l'erreur de la statistique.
OLERON (Ile d'-)	Le colonage partiaire est le mode unique de culture dans l'île d'Oleron.	Le travail est exclusivement manuel. Les domaines sont excessivement restreints.	Les conditions du colonage partiaire, traditionnelles dans l'île, n'ont jamais été modifiées.
PUY-de-DOME	Les divers modes sont usités. Le fermage domine dans la Limagne et dans quelques cantons de la montagne. Ailleurs, c'est le métayage qui domine. Le colonage partiaire est usité dans les vignobles, quelquefois aussi pour la culture des terres.	La régie directe pour les grandes propriétés est rare, à cause de la cherté de la main-d'œuvre et de la rareté des bons ouvriers. Les petites régies directes sont très nombreuses; il y en a 63,840 contre 4,800 fermiers et 4,310 métayers.	Les conditions du métayage sont traditionnelles, surtout dans les cantons montagneux. Elles se modifient peu à peu partout, et depuis assez longtemps, dans le sens d'une culture plus avancée et d'avantages plus grands pour le propriétaire, en même temps que les métayers, plus aidés et mieux dirigés, y trouvent plus de bénéfices.
PYRÉNÉES (Basses) Pays basque	La régie directe prédomine dans les petites propriétés, le métayage dans les grandes. Il y a quelques domaines affermés; ils sont rares.	Il y a deux régions distinctes: Le Béarn et le Pays basque; elles offrent entre elles certaines différences culturales.	On ne saurait dire à quelle époque remonte le métayage dans le pays basque; on l'y a toujours connu, et toujours avec les mêmes conditions fondamentales.
Béarn	Il y a à la fois des fermiers et des métayers; c'est l'exploitation directe qui prédomine.	L'exploitation des domaines du Béarn se rapproche de celle des départements voisins.	Les conditions du métayage sont traditionnelles. Elles n'ont pas été modifiées dans leurs données essentielles.
PYRÉNÉES (Hautes)	Régie directe, fermage de pièces détachées, métayage.	Les terres sont très morcelées dans les environs de Tar-	Les conditions du métayage sont traditionnelles. Il y a eu quelques modifi-

Départements.	MODES D'EXPLOITATION	OBSERVATIONS	ORIGINES ET MODIFICATIONS DU MÉTAYAGE
PYRÉNÉES (Hautes)	C'est la régie directe qui prédomine.	bes, moins dans les montagnes.	cations depuis quelques années.
PYRÉNÉES (Orientales)	Dans la plaine, c'est l'exploitation directe et le fermage qui dominent ; dans la montagne, c'est le métayage et le colonage partiaire. En plaine, c'est la régie directe qui a le premier rang, le métayage dans la montagne.	Le département des Pyrénées orientales, placé sur les points extrêmes de la chaîne des Pyrénées, offre des variations de sol et de climat, qui expliquent les nombreuses variations des exploitations culturales.	Les conditions du métayage sont consacrées par un usage ancien. Elles sont toujours observées dans le même sens ; il n'y a pas eu de modifications. Les conditions ont trait à la culture pastorale dans les montagnes, aux cultures variées dans la plaine, aux vignes vers la mer.
RHONE	Le fermage et le métayage sont usités. Le fermage prédomine ; mais il y a un certain nombre de métayers.	Le Rhône a trois régions distinctes : la vallée du Rhône, le haut Beaujolais, le haut Lyonnais.	Les conditions du métayage sont traditionnelles. Elles n'ont pas été modifiées dans ce qu'elles ont d'essentiel.
SAONE-et-LOIRE	Les divers modes d'exploitation sont usités dans Saône-et-Loire ; mais il y a un certain nombre de métayers.	La région des vignes est généralement cultivée par des vignerons à moitié fruits, surtout dans le sud du département.	Les conditions du métayage sont traditionnelles, dans le Beaujolais et dans la vallée de la Saône. Elles n'ont pas été modifiées depuis la fin du siècle dernier.
Beaujolais	Le métayage est prédominant dans tous les vignobles.	Le vigneronnage est l'un des types les plus accentués du métayage.	Les conditions essentielles des contrats ont trait au vigneronnage. Les autres cultures sont accessoires.
Autunois	Le fermage est prédominant dans l'Autunois ; mais il y a un certain nombre de métayers.	Les modes d'exploitation culturale sont très variables.	Le métayage est traditionnel, bien qu'amoindri, ses conditions n'ont pas été modifiées.
Charolais	Le métayage est très usité dans l'arrondissement de Charolles, soit direct, soit indirect.	Le mode le plus usité est celui des fermiers généraux, faisant valoir en sous-ordre par des métayers.	L'institution des fermiers généraux, opérant par métayers, remonte à l'ancien régime. Il tend à se perdre de plus en plus.
SAONE (Haute)	Les terres qui ne sont pas régies directement sont généralement affermées à prix fixe. Les vi-	Il en est de l'exploitation des vignes comme dans le Jura et dans Saône-et-Loire ; elle est livrée	Les origines du métayage appliqué aux vignes doivent être analogues à celles du métayage dans les autres départements viticoles de

Départements.	MODES D'EXPLOITATION	OBSERVATIONS	ORIGINES ET MODIFICATIONS DU MÉTAYAGE
SAONE (Haute)	gnes sont livrées au colonage partiaire, dans la plupart des cas.	au métayage. Les conditions sont réglées par l'usage.	la Bourgogne. Les conditions n'ont pas été modifiées. Elles sont traditionnelles.
SARTHE	C'est le fermage qui domine. Il y a plus d'exploitations à fermage qu'à régie directe. Le métayage n'est plus que l'exception.	Le métayage était assez répandu autrefois dans la Sarthe. Il a disparu peu à peu pour faire place au fermage à prix fixe.	Le métayage était traditionnel dans la Sarthe et soumis à des conditions peu variables. Ces conditions existent dans les domaines à partage de fruits qui subsistent. Il y en a encore 1,632.
SAVOIE	Le fermage est presque partout prédominant. Le métayage est usité dans les petites propriétés et pour les vignes, comme dans la Bourgogne.	Il y a peu de régies directes dans la Savoie, si ce n'est dans les petits biens.	Le métayage est traditionnel dans la Savoie, bien que quelques-unes de ses conditions aient été modifiées. Mais il y a peu de métayers dans le département, 1586 selon la statistique.
SAVOIE (Haute)	La régie directe est très prédominante. Il y a plus de 4,000 fermiers. Il n'y a que 853 métayers.	Le métayage, étant fort peu pratiqué dans la Haute-Savoie, n'exerce que peu d'influence sur les cultures du pays.	On ne saurait rien dire des origines du métayage dans les montagnes de la Haute-Savoie. Mais on sait qu'il y avait autrefois plus de métayers dans le pays.
SÈVRES (Deux)	Le fermage et le métayage sont usités. C'est le fermage qui est prédominant.	Il y a fort peu de grands domaines exploités par les propriétaires eux-mêmes.	Le métayage n'est pas traditionnel. Depuis qu'il existe, ses conditions ont été peu modifiées dans les données essentielles.
TARN	Tous les modes d'exploitation existent dans le département. Le métayage est le mode prédominant des cultures indirectes. Il y a 9.393 métayers contre 1688 fermiers	Il y a dans le Tarn certaines particularités d'exploitation, qui tiennent à la fois aux modes de culture et aux usages locaux.	Les conditions fondamentales du métayage sont traditionnelles. Elles se modifient peu à peu, pour se mettre au niveau du progrès des cultures et de la science. On ne saurait indiquer l'époque des modifications.

Départements.	MODES D'EXPLOITATION	OBSERVATIONS	ORIGINES ET MODIFICATIONS DU MÉTAYGE
TARN-et-GARONNE	Les divers modes d'exploitation sont usités dans Tarn-et-Garonne. C'est le métayage qui est prédominant, bien que les petites propriétés gérées directement soient très nombreuses.	Il y a certaines différences entre l'arrondissement de Moissac et le reste du département, à cause de la culture de la vigne. C'est le colonage partiaire qui y est prédominant.	Les conditions du métayage sont variables. Elles ont été modifiées depuis quelques années, dans le sens d'une plus grande régularité dans le partage. La semence est fournie par moitié, et il n'y a plus de ce chef aucun prélèvement.
VAR	C'est le métayage qui prédomine dans le Var, surtout dans le centre et le nord du département.	La régie directe s'étend de plus en plus vers le littoral maritime, où la vigne se cultive.	Les conditions générales du métayage sont traditionnelles. Le métayage a été usité en tous les temps dans le département.
VAUCLUSE	Tous les modes d'exploitation sont usités dans le département. C'est le fermage et le métayage qui dominent.	L'abandon de la culture de la garance, la maladie des vers à soie et le phylloxéra, ont amené de très grands changements dans les exploitations.	Les conditions générales du métayage sont traditionnelles. Mais elles tendent à se modifier, par suite des changements apportés aux cultures du pays et des variations successives des produits.
VENDÉE	Le fermage et le métayage sont usités. Le fermage est prédominant. Le métayage est devenu rare.	La statistique officielle indique 17,627 fermiers contre 5,997 métayers, environ 3 fermiers contre 1 métayer. On ne saurait en dire la raison.	Le métayage est traditionnel dans la Vendée. Il y a eu très peu de changements dans ses conditions générales, si ce n'est la diminution, de plus en plus marquée, du nombre des métayers.
VIENNE	Dans les arrondissements de Chatellerault et Loudun, c'est le fermage qui prédomine de beaucoup. Dans celui de Poitiers, le fermage tient 2/3 des exploitations, le métayage 1/3. Dans ceux de Civray et Montmorillon, le métayage est presque général.	Il y a une assez grande différence dans les modes d'exploitation usités dans les divers arrondissements, sans qu'il soit permis de les expliquer par la nature des terres. Elles sont dues, soit à l'introduction de la chaux, soit à des nécessités locales.	Le métayage est traditionnel partout. Mais l'amélioration des procédés culturaux a amené peu à peu des modifications dans les conditions pratiques du métayage. Les modifications sont devenues très sensibles, dans le sens du progrès, depuis l'introduction des amendements calcaires, qui ont complètement changé l'aspect de quelques cantons.

Départements.	MODES D'EXPLOITATION	OBSERVATIONS	ORIGINES ET MODIFICATIONS DU MÉTAYAGE
VIENNE (Haute)	Le métayage est le mode dominant dans la Haute-Vienne. Il y a un grand nombre de petites cultures directes. Le nombre des fermiers est à celui des métayers comme 1 est à 2.	Presque tous les propriétaires sérieux ont des réserves dirigées par eux-mêmes, situées le plus souvent au cœur de leurs domaines, et dans lesquelles ils conservent leurs types améliorateurs.	Les conditions du métayage sont traditionnelles; mais les modifications sont à l'ordre du jour. On cherche partout à régulariser les conditions, surtout dans les contrées éloignées des grands centres, où la culture coûte plus cher, faute de bras.
YONNE	Tous les modes d'exploitation sont usités. C'est le fermage qui prédomine.	Il n'y a de métayers que dans un petit nombre de cantons.	Les conditions du métayage sont traditionnelles. Il n'y a pas eu de modifications.

II. — Partage des fruits et réserves du propriétaire.

Questions posées : « Le métayage est-il toujours à moitié fruits? La proportion du partage ne varie-t-elle pas quelquefois, selon la nature de certains produits ? »

TABLEAU SYNOPTIQUE.

Départements.	PARTAGES ET RÉSERVES
AIN Trévoux	Lorsqu'il y a partage, ce qui a toujours lieu dans le métayage, le partage se fait par moitié entre le propriétaire et le métayer, surtout pour les grains. Le bétail ne donne pas toujours lieu à partage; il arrive assez souvent que le métayer paie un droit fixe pour représenter le profit des animaux. Dans tous les cas, le partage ne se fait qu'après un certain prélèvement, représentant les frais de moisson et de battage.
ALLIER Bourbon- l'Archam- bault Marcillat d'Allier	En principe, le métayer est toujours à moitié fruits. Il jouit seul des produits du jardin et de la basse-cour, ainsi que du lait des vaches qui n'est pas nécessaire à l'élevage des veaux. Toutefois, il donne en volailles et en beurre quelques redevances en nature, qui sont appelées servines. Tous les autres produits sont rigoureusement partagés. Le métayer paie l'impôt, et jouit du lait inutile à l'élevage. Le propriétaire prélève 1/12 sur les grains, seigle et froment; le reste se partage. Telle était la coutume traditionnelle; mais, généralement, les baux se font aujourd'hui sur une autre base : Le propriétaire paie l'impôt et renonce au douzième des grains; mais le métayer lui paie, à titre d'abonnement, une somme fixe, représentant sa part d'impôt, l'intérêt des fonds du cheptel reçu par lui et la moitié du lait, dont il jouit seul. Tous les autres produits se partagent par moitié.
ALPES (Basses)	Le partage dépend des circonstances. Le blé est toujours à moitié. Avant le phylloxéra, lorsque les vignes étaient en rapport, le vigneron n'en avait que le tiers. Les feuilles de mûrier sont souvent réservées par le propriétaire.
ALPES (Hautes)	Le métayage est généralement à moitié fruits, sauf pour les vignes, dans la basse vallée de la Durance, où le maître prélève 1/10 des produits pour l'impôt, et où le partage du restant se fait ainsi que suit : 2/3 pour le maître, 1/3 pour le métayer.
ALPES (Maritimes)	Le métayer est toujours à moitié fruits, sauf en ce qui concerne l'huile. Le métayer est au tiers pour les olives, à moitié pour le reste.
ARDÈCHE	Le métayer est toujours à moitié fruits. Autrefois, les partages variaient à propos des produits de la vigne.
ARIÈGE	Le métayer est presque toujours à moitié. Quelquefois cependant, le métayer n'est qu'au quart; mais alors il perçoit des gages fixes à titre de compensation.

Départements.	PARTAGES ET RÉSERVES
AUDE	Les métayers sont à moitié fruits, sauf certaines réserves de volailles. Les bois et les ajoncs épineux, destinés aux fours et tuileries, font partie des réserves du maître.
AVEYRON	Le métayage est toujours à moitié fruits. Il n'y a que les produits nécessaires à l'alimentation du bétail qui ne se partagent pas ; mais les profits se partagent.
BOUCHES du RHONE	Tout se partage par moitié, sauf quelques exceptions conformes aux usages. Le vin se partage par moitié, si le colon fournit les engrais ; si c'est le propriétaire qui les fournit, le colon n'a droit qu'à un 1/3.
CANTAL	Le métayage est à moitié fruits. Toutefois, le métayer donne, sous le titre de réserves, certains produits annuels au propriétaire, tels que pommes de terre, légumes et autres. Les proportions varient selon la nature de certains produits et selon les conventions.
CHARENTE	Tous les produits culturaux se partagent par moitié, sauf les pommes de terre, laissées le plus souvent pour la nourriture des porcs, sauf les volailles et les œufs, qui, à cause de la difficulté pratique du partage, font l'objet d'une redevance annuelle.
Barbezieux	Les produits de la vigne se partagent quelquefois par tiers : 1/3 au vigneron, 2/3 au propriétaire.
Confolens	Quelquefois, le métayer fournit toutes les semences ; dans ce cas, il prélève un tiers des récoltes.
CHARENTE (Inférieure)	Le partage se fait toujours à moitié fruits, dans la Saintonge comme dans l'Aunis. La proportion varie quelquefois pour le vin ; mais il est très rare que les vignes ne soient pas travaillées à moitié fruits.
CHER Saint-Amand	Le métayer est généralement à moitié fruits. Quelquefois, il est au tiers, s'il fournit toute la semence, mais c'est rare. Il paie, à titre d'impôt, une somme plus ou moins considérable.
Centre	Le métayage est à moitié fruits. Mais, en général, la volaille, ainsi que le laitage qui n'est pas employé à l'élevage, appartient au métayer, qui en donne une certaine portion au propriétaire, fixée par le bail.
CORRÈZE H.Limousin	Le métayage est généralement à moitié fruits. Il y a cependant quelques localités où le propriétaire perçoit les 2/3 des profits du bétail.
B.Limousin	Le métayer garde les châtaignes, les pommes de terre et autres racines, soit pour alimenter les porcs, soit pour compenser l'impôt foncier, dont il est d'ordinaire chargé.
CORSE	Le colon est à moitié pour les vignes et pour les céréales, si ce n'est que la semence est fournie par le propriétaire ; il est au tiers pour les olives et les châtaignes, qui n'exigent que peu de travail.

Départements.	PARTAGES ET RÉSERVES
COTES du NORD	Le bail est vulgairement appelé bail à moitié. Cependant, il existe quelques modifications dans le partage à l'égard des pommes et du bois, attendu que ces produits ne sont pas l'œuvre du métayer. Pour le lait et le beurre, il est toujours stipulé que le métayer en livrera une certaine quantité, pour éviter tout contrôle.
CREUSE	Le partage à moitié fruits est la règle. Peu d'exceptions.
DORDOGNE	Le métayer est toujours à moitié fruits, pour les céréales et le bétail. Il y a quelques variations en ce qui concerne le vin; le métayer est quelquefois au tiers.
DROME	Le métayage est presque toujours à moitié fruits. Les exceptions sont fort rares.
GARD	Le partage varie suivant la nature des terrains et des cultures.
GARONNE (Haute)	Le métayer est presque toujours à moitié fruits. Quelquefois, le métayer n'a droit qu'au tiers du blé; mais dans ce cas, sa part des charges publiques est réduite dans une certaine proportion. Le métayer-vigneron ne perçoit que le tiers des produits de la vigne.
GERS	Le métayer est généralement à moitié fruits. Cependant, dans certaines localités et selon la fertilité du sol, le propriétaire prélève, avant partage, une quantité de blé égale à la semence, variant du douzième au dixième.
GIRONDE	Le métayer est presque toujours à moitié fruits. La proportion du partage varie rarement.
HÉRAULT	Le métayage n'est pas toujours à moitié fruits. La proportion des fruits est très variable.
INDRE	Le partage à moitié fruits est considéré comme la règle. Mais il y a de nombreuses variations de modes, et conséquemment de partage, selon les localités.
INDRE-et-LOIRE	La proportion dans le partage varie selon la nature des produits, les frais de culture, et aussi la fécondité du sol.
Loches	Lorsqu'il est fait un prélèvement avant partage, c'est en blé en faveur du propriétaire; c'est en avoine en faveur du métayer, en vue de la nourriture des chevaux, lorsque le domaine a une grande étendue.
ISÈRE	Les partages varient selon les difficultés de l'exploitation. Généralement, le partage a lieu par moitié pour les céréales et le croît du bétail; le métayer à la moitié ou le tiers du vin, selon que le travail des vignes est fait au labour ou à la main. Dans certaines localités où la culture est facile, le maître prélève quelquefois un peu de blé.

Départements.	PARTAGES ET RÉSERVES
JURA	Il n'y a d'exploitation à partage de fruits que pour les vignes. En ce qui concerne la culture des terres, le métayage n'est qu'une rare exception.
LANDES	Le partage à moitié fruits n'est pas la règle générale. Maïs : le métayer a les 3/5; blé, pommes de terre, haricots, avoine et seigle : le métayer a la moitié. Pour le vin, le propriétaire prélève le douzième et a la moitié du restant.
LOIR-et-CHER	Le métayer est, en général, à moitié fruits.
Sologne	Le métayer a souvent le 2/3 des menus grains, avoine et sarrasin pour la nourriture du bétail.
LOIRE	Le métayer est toujours à moitié fruits, sauf pour le beurre et les œufs, qui sont au métayer.
LOIRE (Haute)	Le partage est presque toujours à moitié fruits. Il varie rarement.
LOIRE (Inférieure)	Le métayage est à moitié fruits, sauf pour le beurre et les produits de la basse-cour. Le métayer donne une quantité fixe de poulets et d'œufs, et tant de kilogrammes de beurre par vache; cette quantité est très variable.
LOT	Le métayage est presque toujours à moitié fruits. Il y a peu de variations.
LOT-et-GARONNE	La règle générale est le partage par moitié.
Marmande	La redevance en argent varie seule.
Villeneuve-d'Agen	Le maître prélève 1/5 ou 1/4 sur le blé, et paie l'impôt et les réparations.
LOZÈRE	Les grains et légumes se partagent par moitié ; les produits des prairies et pâtures s'afferment par une rente fixe à prix d'argent.
MAINE-et-LOIRE	Tout se partage à moitié fruits, sauf le laitage, le beurre, les œufs, les volailles et les légumes, qui restent au métayer, à charge d'une certaine redevance.
MAYENNE	Le métayer est toujours à moitié fruits.
MORBIHAN	La proportion du partage varie selon la valeur de certains produits.
OLÉRON (Ile d')	La proportion est invariable; le partage est toujours à moitié fruits.
NIÈVRE	Le métayage est toujours à moitié fruits.

Départements.	PARTAGES ET RÉSERVES
PUY-de-DOME	Le métayer est toujours à moitié fruits, sauf pour les vignes, où la proportion varie.
PYRÉNÉES (Basses)	Les conditions du métayage sont variables, suivant la qualité du sol, les facilités d'exploitation, la proximité plus ou moins grande d'un centre de population. Le métayage n'est donc pas à moitié fruits.
PYRÉNÉES (Hautes)	Le métayer est toujours à moitié fruits, à moins de stipulation contraire, exprimée dans le bail.
PYRÉNÉES (Orientales)	Le bétail est à moitié. Lorsque le métayer fournit la semence, il perçoit les 6/10 de la récolte, le propriétaire perçoit les 3/10, plus 1/10 à titre de prélèvement.
RHONE	La règle est le partage à moitié fruits. Il y a quelques modifications en ce qui concerne la culture de la vigne.
SAONE-et-LOIRE Beaujolais	Les vignerons-métayers paient une redevance avant le partage, sous le nom de belle-main. Elle est ordinairement de 100 fr. par vigneronnage.
Autunois Charolais	Le partage se fait presque toujours par moitié. Mais le propriétaire se réserve généralement une belle-main, qui s'ajoute à sa part et qui est prélevée avant partage.
SAVOIE	En général, tous les produits se partagent par moitié.
SÈVRES (Deux)	Le métayage est toujours à moitié fruits.
TARN	Le partage varie selon la nature de certains produits et les conventions.
TARN-et-GARONNE	Les proportions du partage varient ; elles sont tantôt à moitié fruits, tantôt au tiers. Certains propriétaires donnent les céréales au tiers, les menus grains à moitié, ainsi que les chanvres, les lins et les vignes.
VAR	Les métayers sont généralement à moitié fruits, sauf quelques réserves du propriétaire à propos des bois et des mûriers, et à propos des vignes avant le phylloxéra. Il y a cependant des localités où les produits de la vigne ne se partagent pas par moitié.
VAUCLUSE	En principe, le métayer devrait être à moitié fruits, et il l'est presque toujours. Mais il arrive que la nature de la récolte, la productivité plus ou moins grande du sol, la quotité des avances du propriétaire, peuvent modifier la proportion du partage.
VENDÉE	Généralement, le partage à moitié est la règle pour les céréales et le bétail ; les porcs seuls font exception.

Départements.	PARTAGES ET RÉSERVES
VIENNE	Le métayer est presque toujours à moitié fruits. Dans les terrains exceptionnels, mais très rarement, le propriétaire prend les 3/5, même les 2/3. Vers Châtellerault, il prélève 10 p. 0/0 pour l'impôt foncier; ailleurs, le métayer paie l'impôt tel qu'il est.
VIENNE (Haute)	En principe, le métayage est à moitié fruits. Mais, près de certaines villes, Limoges, Saint-Léonard, le Dorat, où les prairies sont très fertiles, les métayers ayant moins de travail que les autres, ne peuvent prétendre à la moitié des profits.
Saint Yrieix	Les excédents de pailles et de fourrages ne donnent pas lieu à partage à la sortie du métayer ; il en résulte de très graves abus, que l'on ne peut réprimer à cause de l'indigence des métayers.
YONNE	Presque toujours, le partage est à moitié fruits. Il est fort rare qu'il y ait des variations dans le partage.

III. — Durée des Baux de métayage.

Questions posées : « Le métayer a-t-il la faculté de se retirer au bout de chaque année? Le propriétaire a-t-il, de son côté, la faculté de le renvoyer? Y a-t-il quelque exemple de métayage à long terme résultant d'un engagement contractuel ? »

TABLEAU SYNOPTIQUE

Départements.	DURÉE DES BAUX	EXEMPLES DE LONGUE DURÉE
AIN Trévoux	Les baux sont, en général, de 9 ans. Ils se font aussi pour 3, 6 ou 9 ans, à cause de la faculté de cultiver les étangs, dont l'assolement est triennal : Deux années d'eau, une année de grains. Ceci a lieu dans les Dombes.	Il faudrait savoir ce qu'on entend par baux de longue durée. Un bail de 9 années doit-il être considéré comme un long bail, surtout lorsque la durée est ferme?
ALLIER	Dans le Bourbonnais, les baux sont généralement annuels. Les métayers et les propriétaires ont le droit de se séparer à la fin de chaque année culturale en se prévenant, selon l'usage, trois mois à l'avance. Les baux se continuent d'année en année par tacite reconduction. Il arrive pourtant assez souvent qu'à l'entrée d'un nouveau métayer, on consent à un bail de trois ans, afin d'avoir le temps de se connaître. Ce temps passé, le bail redevient annuel, c'est-à-dire qu'il se continue sans être renouvelé.	Il n'y a que peu d'exemples de métayage à long terme, résultant d'un engagement contractuel. Mais il y a beaucoup d'exemples de métayers, exploitant pendant de longues années le même domaine, avec un simple bail d'un an. En principe, les baux qui durent longtemps sont considérés dans tout le Bourbonnais comme très avantageux.
Marcillat	Il y a cependant des baux de 3, 6 et 9 ans dans le canton de Marcillat d'Allier, et même de 9 à 12 ans dans les environs de Moulins.	Les cas de baux périodiques sont regardés comme exceptionnels.
ALPES (Basses)	Quand le bail fixe la durée, il doit se poursuivre jusqu'à son expiration. Quand la durée n'est pas fixée, le métayer peut se retirer au bout de	Les plus longs baux de métayers sont, en général, de 9 années; mais cette durée est rare.

Départements.	DURÉE DES BAUX	EXEMPLES DE LONGUE DURÉE
ALPES (Basses)	deux ans, et le maître peut le renvoyer, par avis préalable donné à Pâques.	Il n'y a pas d'exemple de longs baux.
ALPES (Hautes)	La faculté de se retirer chaque année ou de rompre existe, en se prévenant six mois à l'avance, lorsqu'il n'y a pas de bail fixant la durée.	Les plus longs baux sont faits pour 8 ans, sauf en ce qui concerne les biens communaux.
ALPES (Maritimes) Nice	La faculté mutuelle existe. C'est le propriétaire qui en use le plus souvent, en cas d'infidélité, d'insulte ou d'incapacité. Le départ a lieu à la Saint-Michel; l'avis préalable se donne à Pâques.	Il n'y a que fort peu d'exemples de métayage par bail à long terme. Les baux sont généralement annuels.
Grasse	S'il s'agit d'une propriété à oliviers, le renvoi peut avoir lieu à toute époque, sauf indemnité fixée par expert.	Il n'y a pas de bail établissant un long engagement.
ARDÈCHE	La faculté est mutuelle, sauf avis donné six mois à l'avance.	On ne connaît pas de longs engagements par bail.
ARIÈGE	La faculté de la résiliation est mutuelle, sous la réserve de se prévenir au 1er juillet, trois mois à l'avance.	On ne connaît pas de baux à long terme.
AUDE	La faculté de la résiliation est mutuelle, en se prévenant six mois avant l'époque ordinaire des mutations.	Il n'y a pas d'exemple de métayage à long terme résultant d'un contrat.
AVEYRON	Le métayer n'a pas le droit de se retirer à la fin de chaque année. Les baux de métayage, comme les baux de fermage, sont toujours faits pour 3, 6 ou 9 ans, parce que les terres sont divisées en trois soles.	Il n'y a pas de baux plus longs que les baux à périodes trisannuelles, les seuls usités dans le département.
BOUCHES-du-RHONE Marseille	La durée des baux est le plus souvent de 2 ans, pour les terres arables, les vignes, les oliviers et les prairies; c'est la durée de la rotation culturale.	La durée des baux est variable dans le midi des Bouches-du-Rhône.

Départements.	DURÉE DES BAUX	EXEMPLES DE LONGUE DURÉE
Saint-Remy	Les baux sont ordinairement de 6 ans. Le colon est tenu de finir son bail. Cependant, les deux parties se réservent quelquefois le droit réciproque de résiliation, lorsque le bail est fait pour 9 années.	La durée au minimum est de 2 ans; la durée au maximum est de 9 ans. C'est dans le nord du département que les baux ont le plus de durée.
CANTAL Sud	Le propriétaire et le métayer sont libres de se séparer quand ils veulent, sauf à se prévenir un peu à l'avance.	Il n'y a pas de baux de métayage. Les conventions sont réglées par l'usage.
Aurillac	Dans le centre du Cantal, vers Aurillac, les baux sont bien souvent de 3 ans. Après leur expiration, s'il n'y a pas de dédit, une nouvelle période de 3 ans recommence dans les mêmes conditions, et ainsi de suite.	A chaque fin de période, on peut modifier les conditions, et prolonger ainsi les baux sans les résilier.
CHARENTE	Le bail dure une année. Il commence en septembre; et, s'il n'y a pas tacite reconduction, l'une ou l'autre partie doit donner avis de la résiliation avant le mois d'avril, généralement.	Il est rare que les baux aient une durée prévue de plusieurs années.
Confolens	Chaque partie est libre de tout engagement, en prévenant trois mois avant le 1er novembre.	Si le métayer reste au delà de l'année, c'est par tacite reconduction.
CHARENTE (Inférieure) Rochefort	La durée des baux est variable; elle est toujours écrite dans le bail.	Il y a des baux de 15 années, considérés comme baux de longue durée.
Saintes	L'usage laisse au métayer le droit de se retirer, en prévenant une année à l'avance. Mais, généralement, les baux sont annuels.	On ne connaît pas d'exemple de bail de longue durée.
CHER Saint-Amand	L'engagement ordinaire est de 3 ans. On ne peut le rompre sans cause spéciale.	On ne connaît pas de baux stipulant une longue durée.
Centre	Le bail usager est de 3 ans, quand il est verbal; quand il est écrit, il est ordinairement de 3 ou 6 ans, quelquefois 9 ans. Il ne peut être rompu sans causes.	Les baux dépassant 9 années ne sont pas connus.

Départements.	DURÉE DES BAUX	EXEMPLES DE LONGUE DURÉE
Nord	Les baux sont de 3, 6 ou 9 ans.	Les baux ne se prolongent que par tacite reconduction.
CORRÈZE H.Limousin	Les engagements sont annuels, sauf stipulations contraires, ce qui est assez rare.	Sans engagement prévu, les mêmes familles exploitent souvent les mêmes domaines pendant plusieurs générations.
B.Limousin	Les deux parties ont le droit de se séparer chaque année.	Il n'y a pas de métayage par bail à long terme.
CORSE	Il y a peu de baux, mais simplement des conventions annuelles.	Il y a fort peu de métayers à terme.
COTES-du-NORD	Le bailleur et le preneur sont liés pour le temps fixé par le bail, ordinairement 9 années.	Il n'y a pas de baux au delà de 9 années.
CREUSE	Le droit mutuel de résiliation existe. Mais les baux d'une certaine durée deviennent de plus en plus fréquents.	Il y a de nombreux exemples de baux d'une certaine durée.
DORDOGNE	Le droit de résiliation est réciproque dans tout le département.	On ne connaît pas d'exemple de longue durée de bail.
DROME	Le propriétaire et le métayer ont le droit mutuel de se retirer, en s'avertissant six mois ou un an à l'avance.	On ne connaît pas d'exemple de métayage à long terme.
GARD	Les baux s'établissent suivant les usages locaux ou suivant les conventions.	S'il y a des exemples de longue durée, ils sont très peu connus.
GARONNE (Haute)	Le bail de métayage est ordinairement annuel. Il peut être résilié des deux côtés, par un avertissement donné le 24 juin.	Il y a très peu d'exemples de métayage à long terme.
GERS	Le bail est annuel. Faculté de résiliation, en se prévenant 3 mois avant son expiration.	Pas d'exemple de bail à long terme.
GIRONDE	Propriétaires et métayers peuvent chaque année résilier leur convention.	Autrefois, il y avait des baux de longue durée, aujourd'hui jamais.
HÉRAULT	Le bail est annuel. Le métayer peut se retirer comme il peut être renvoyé chaque année. Fort peu de métayers.	Il n'y a pas d'exemples de métayage à long terme résultant d'un contrat.

Départements.	DURÉE DES BAUX	EXEMPLES DE LONGUE DURÉE
INDRE	D'après l'usage, la jouissance est de 3, 6 ou 9 ans; une période de 3 ans commencée doit être terminée. Le métayer n'a pas le droit de se retirer chaque année, ni le propriétaire celui de le renvoyer.	On trouve quelques exemples de baux de 12 et même 15 ans; s'il y en a de plus longs, c'est tout à fait par exception. Les baux se continuent par tacite reconduction.
INDRE-et-LOIRE Nord	Les baux sont d'ordinaire de 3 ans. Le propriétaire ne peut renvoyer son métayer sans l'avoir prévenu d'avance.	Il y a plusieurs exemples de baux de longue durée.
Loches	Le métayer jouit de son domaine aussi longtemps que dure son assolement, 3 ou 4 années.	On n'en connait pas de longs dans l'arrondissement de Loches.
ISÈRE	Généralement, le métayage repose sur une convention de 3, 6 et 9 ans.	Il n'y a pas de baux dépassant la triple période trisannuelle.
Trièves	Il y a des baux fixes dans le canton de Trièves.	Il n'y a pas de baux à long terme.
JURA	Il y a fort peu de métayers ordinaires dans le Jura. Mais les vignes sont données à moitié fruits et rentrent ainsi dans le cadre du métayage. Les baux sont annuels.	Les baux ne prévoient jamais une longue durée.
LANDES	Les baux sont généralement annuels, avec facilité de tacite reconduction, à partir du 12 novembre.	Il n'y a pas de baux à long terme.
LOIR-et-CHER Sologne	La durée ordinaire des baux dans la Sologne est de 3, 6 ou 9 ans, en se prévenant d'avance à chaque période. Le bail ne peut être rompu sans cause spéciale.	Quelques baux dépassent la durée de 9 ans.
LOIRE Roannais	De part et d'autre, les engagements sont bisannuels.	Il n'y a pas d'exemple de bail à long terme.
Forez	La faculté de résilier chaque année existe dans le Forez.	Il y a quelques baux de longue durée.
LOIRE (Haute)	Les baux sont faits pour plusieurs années, et on ne peut les rompre.	Il y a très peu d'exemples de métayage à long terme.
LOIRE (Inférieure)	Le bail est fixe; il ne peut être rompu.	Il n'y a pas de baux à long terme.

Départements.	DURÉE DES BAUX	EXEMPLES DE LONGUE DURÉE
LOT	Dans beaucoup de cas, la facilité de résiliation, à la fin de chaque année, existe.	Il n'y a pas de baux à long terme.
LOT-et-GARONNE Marmande	Le bail finit à terme chaque année. C'est la jurisprudence du tribunal local, lorsqu'il n'y a pas de convention contraire.	Le bail annuel se renouvelle par tacite reconduction. On trouve des métayers dans les mêmes domaines depuis 40, 80 ans et encore plus.
Villeneuve-d'Agen	Le bail peut être résilié chaque année par un avis préalable.	Il n'y a aucun exemple de bail à long terme.
LOZÈRE	La durée du bail est réglée. On ne peut résilier facultativement.	Il n'y a pas d'exemples de bail à long terme.
MAINE-et-LOIRE	On peut rompre le bail, qui est fixé à terme, s'il y a des causes valables.	Il y a peu d'exemples de bail de métairie à long terme.
MAYENNE	Le bail est annuel; mais on use peu de la faculté de résilier.	Il y a de nombreux exemples de longue durée par tacite reconduction, déjà très anciens.
MORBIHAN	Le bail est annuel; mais la résiliation est fort rare.	Il y a de nombreux cas de tacite reconduction.
NIÈVRE	Les baux de métayage sont généralement de 3 ans au moins, et souvent plus.	Quelquefois les métayers restent de très longues années sans bail, aux conditions d'usage général.
Morvan	Il est rare que les baux de métayage, quand ils sont notariés, ne soient pas faits pour une période de 3, 6 ou 9 ans.	Il n'y a pas d'exemple de métayage à long terme, résultant d'un engagement contractuel.
OLERON (Ile d')	Le bail est annuel.	Il n'y a pas de longs baux.
PUY-de-DOME	Faculté de résilier chaque année. Cependant, l'habitude des baux à terme fixe, même de longue durée, commence à se répandre.	Il y a déjà de nombreux exemples de baux à long terme, dans les pays de plaine comme dans la montagne.
PYRÉNÉES (Basses)	Faculté mutuelle de résilier chaque année.	On ne connaît pas d'exemple de bail à long terme.
PYRÉNÉES (Hautes)	Suivant l'usage, le traité est fait pour un an, à titre d'essai; encore cette clause est rarement écrite. Le bail se fait ensuite pour 4 et 6 ans, quelquefois 9 ans, rarement au delà.	Le terme de 9 ans est considéré comme constituant un bail de longue durée. Bien enten qu'il peut être renouvelé.

Départements.	DURÉE DES BAUX	EXEMPLES DE LONGUE DURÉE
PYRÉNÉES (Orientales)	La faculté de résilier chaque année est mutuelle.	Il n'y a pas de longs baux.
RHONE	La faculté de résilier chaque année existe ; mais elle est rarement mise en pratique.	Il y a d'assez nombreux exemples de baux à long terme.
SAONE-et-LOIRE	La résiliation ou dédite se fait réciproquement chaque année, s'il y a lieu, dans les vigneronnages.	On ne connait pas d'exemple de métayage à long terme résultant d'un contrat ferme.
Charolais	Le métayer ne peut pas se retirer chaque année à moins de convention écrite ; il peut être renvoyé tous les 2 ans.	Les baux se renouvellent ordinairement par tacite reconduction.
SAVOIE	Toutes les fois qu'il n'y a pas de bail écrit, le propriétaire et le métayer ont le droit de résilier, en se prévenant trois mois avant l'expiration du contrat.	Les baux écrits fixent la durée ; elle n'est jamais très longue.
SÈVRES (Deux)	La durée est fixée par les baux.	Les baux ne sont pas de longue durée.
TARN	La faculté de résilier existe pour le propriétaire et le métayer, en se prévenant dix mois à l'avance.	Il n'y a pas de baux de longue durée.
TARN-et-GARONNE	Le métayer peut se retirer tous les ans, en donnant congé 6 mois à l'avance. Le propriétaire a le même droit.	Il n'y a pas de baux à long terme.
Moissac	Le bail qui commence au 1er octobre se continue, s'il n'est pas donné congé 3 mois à l'avance ; celui qui commence à la Saint-Martin, 11 novembre, se continue, si le congé n'est pas donné 6 mois à l'avance.	Les baux restent soumis à l'avis préalable de résiliation, et se poursuivent si l'avis n'est pas donné à temps.
VAR	Les engagements, sont, en général, annuels lorsqu'il y a contrat. Le droit de résilier n'existe que dans le cas d'inexécution des conditions.	Il n'y a pas de baux de longue durée.

Départements.	DURÉE DES BAUX	EXEMPLES DE LONGUE DURÉE
VAUCLUSE	Les baux se font ordinairement pour une durée périodique de 3, 6 ou 9 ans. Néanmoins, il en est de plus longs, lorsque le métayer est tenu de faire de grandes avances pour l'exploitation. Les métayers ne peuvent ni se retirer, ni être renvoyés avant les termes fixés par les baux.	Beaucoup de propriétaires ne s'occupent pas des baux. Mais ils gardent leurs métayers par tacite reconduction.
VENDÉE	Les baux sont de 3 ans; mais on change très rarement de métayers.	On ne connaît pas d'exemple de baux de longue durée.
VIENNE	Généralement, la durée des baux concorde avec la rotation de l'assolement, qui est triennal, ce qui permet des renouvellements périodiques de 3, 6 et 9 ans. Certains propriétaires ne se lient pas, et ne font que des baux annuels. La faculté de renvoi et de retrait n'existe pas. Le bail suit la durée convenue.	Il n'y a pas d'engagement à long terme. Mais les baux sont prolongés d'année en année par tacite reconduction. Il y en a de nombreux exemples.
VIENNE (Haute)	Les baux sont annuels; la faculté mutuelle de donner congé existe généralement. Les baux de plusieurs années sont exceptionnels.	Il y a quelques baux de 3 et 5 ans, mais fort peu. On ne connaît pas de plus longs baux.
YONNE	Le métayage est, pour ses conditions de durée, semblable au bail simple. A défaut de conventions spéciales, il dure le temps de la rotation culturale, parce que le métayer profite du fumier qu'il a enfoui la première année.	Il n'y a pas d'exemple d'amélioration du sol par long bail de métayage.

IV. — Baux emphytéotiques.

Question posée : « Existe-il encore des baux emphytéotiques, dits perpétuels ? »

TABLEAU SYNOPTIQUE

Départements.	BAUX EMPHYTÉOTIQUES EXISTANTS
ALPES (Hautes)	Autrefois, les baux emphytéotiques étaient payables en nature. Il n'en reste plus, si ce n'est pour les biens communaux, et ils sont payables en argent.
AVEYRON	Il y a encore quelques baux emphytéothiques. Il ne s'en fait plus depuis 1800, pas plus que de baux de métayage à long terme.
CHARENTE	Il y a encore quelques traces de baux emphytéotiques dans le département de la Charente.
INDRE	Il n'existe que fort peu d'exemples de métayage emphytéotique dans le département de l'Indre.
LOIRE (Haute)	Les métayers emphytéotiques sont rares ; mais on en rencontre encore quelques-uns.
LOZÈRE	Il existe quelques métayers emphytéotiques dans l'arrondissement de Florac ; mais ils sont rares et tendent à disparaître.
PUY-de-DOME	L'emphytéose persiste dans quelques vignobles ; il n'a pas encore tout-à-fait disparu.
SAONE-et-LOIRE	Il y a encore, dans les vignobles de Saône-et-Loire, quelques vignerons emphytéotiques, qui cultivent à moitié fruits.
SAVOIE	On rencontre encore çà et là quelques métayers emphytéotiques

V. Forme des baux de métayage.

Questions posées : « Les baux de métayage se passent-ils sous seing privé ? Donnent-ils lieu à des actes publics ? Ont-ils tous une forme identique, ou bien varient-ils suivant les circonstances ou les conventions mutuelles ? »

TABLEAU SYNOPTIQUE

Départements.	FORME DES BAUX	VARIATIONS DE CONDITIONS
AIN	Les baux se passent généralement sous seing privé.	La forme des baux est généralement identique. Les conditions varient selon les circonstances et les conventions.
ALLIER	Les baux se passent quelquefois sous seing privé : généralement, ils donnent lieu à des actes notariés. Cependant, il y a encore beaucoup de propriétaires qui ne font pas de baux avec leurs métayers, et se contentent de conventions verbales.	La forme générale des baux est identique. Ils contiennent, dans leur rédaction, quelques articles qui varient selon les conventions mutuelles ou les circonstances. Les conditions principales de l'exploitation sont réglées par les conventions verbales.
ALPES (Basses)	La loi exige que tous les baux soient enregistrés. Les baux peu importants se font par conventions verbales.	Les conditions des baux écrits ou verbaux sont variables ; elles se règlent selon les conventions des parties contractantes.
ALPES (Hautes)	La plupart des baux se passent sous seing privé. Le notaire n'intervient que lorsque le métayer ne sait pas signer.	Les baux sont variables de forme et de conditions, suivant la situation des domaines et les conventions intervenues entre les intéressés.
ALPES (Maritimes)	Les baux sont faits, les uns par actes publics, les autres sous seing	Les baux varient dans leurs conditions selon les circons-

Départemenṣs.	FORME DES BAUX	VARIATIONS DE CONDITIONS
ALPES (Maritimes)	privé, beaucoup par conventions verbales.	tances et conventions mutuelles ; vers Grasse, selon les usages locaux.
ARDÈCHE	Il y a peu de baux passés sous seing privé. Ils sont généralement verbaux.	Les baux contiennent les conditions traditionnelles de chaque localité.
ARIÈGE	Les métayers ne sachant pas signer généralement, tout se conclut verbalement.	Les conditions varient selon les circonstances et conventions mutuelles.
AUDE	Les baux sont le plus souvent verbaux. Ils sont quelquefois rédigés sous seing privé.	Les baux de métayage ont tous une forme identique.
AVEYRON	Les baux de métayage se passent presque toujours sous seing privé. Il n'y a d'exception que pour les baux à prix fixe.	La forme des baux est presque toujours la même.
BOUCHES-du-RHONE	Presque tous les baux se font sous seing privé, pour éviter les frais d'enregistrement trop élevés.	Les baux sont presque tous identiques, et se réfèrent aux usages locaux pour tout ce qui n'a pas été prévu.
CANTAL	Les baux se passent généralement sous seing privé, quelquefois devant notaire.	Les baux de métayage ont tous une forme identique.
CHARENTE	Point d'actes publics, quelquefois des actes sous seing privé ; le plus souvent, de simples conventions verbales.	Généralement, les baux sont semblables dans une même localité. En cas de contestation, ou s'en réfère aux usages locaux.
CHARENTE (Inférieure) Rochefort	Les actes publics dominent ; il y a des baux sous seing privé.	Les conditions des baux sont ariables.
Saintes	Les baux sont presque toujours sous seing privé.	La forme est variable dans les détails ; elle est la même pour le fond.
CHER	Généralement, on passe des actes notariés. Il y a quelquefois, mais rarement, des baux sous seing privé ou par conventions verbales.	Les baux varient selon les circonstances et conventions ; mais leur forme générale est identique.

Départements.	FORME DES BAUX	VARIATIONS DE CONDITIONS
CORRÈZE Ussel	Les baux donnent rarement lieu à des actes publics ; les conventions sont souvent verbales.	Les conventions usagères sont rarement modifiées dans les baux.
B.Limousin	Le propriétaire donne au métayer une baillette contenant les estimations et conditions, et recevant chaque année le relevé des comptes.	Les baillettes varient peu pour le fond. Les détails dépendent des conventions mutuelles.
CORSE	Il y a fort rarement des baux. Les conditions sont verbales.	Les conditions sont à peu près les mêmes chaque année.
COTES-du-NORD	Autrefois, les baux étaient sous seing privé, les métayers ne sachant signer. Aujourd'hui, ils sont tous notariés.	Les baux ne varient dans leurs conditions qu'en ce qui concerne le partage des produits spontanés.
CREUSE	Les sous seings privés tendent à se généraliser. Mais, beaucoup de métayers étant illettrés, les baux qui les concernent sont passés devant notaires.	Les conditions des baux varient selon les circonstances et les conventions des parties.
DORDOGNE Périgueux Nontron	Les baux donnent rarement lieu à des actes publics. Les baux, appelés baillettes, se passent actuellement, en grande partie, par devant notaire.	La forme des baux est à peu près identique, bien que les conditions soient variables, selon les circonstances et les conventions.
DROME	Le plus souvent, les baux se passent sous seing privé.	Les baux ont ordinairement la même forme.
GARD	Les baux ne donnent pas lieu à des actes publics.	Les baux varient suivant les cas et les objets.
GARONNE (Haute)	Les baux sont généralement passés sous seing privé ; souvent aussi, ils ne donnent lieu à aucun acte écrit et sont réglés verbalement.	Les baux sont réglés, quant aux conditions, conformément aux usages locaux.
GERS	Les baux se passent sous seing privé, parfois par acte public.	Les baux varient naturellement selon les circonstances et les conventions mutuelles.

21

Départements.	FORME DES BAUX	VARIATIONS DE CONDITIONS
GIRONDE	Les baux se passent généralement sous seing privé, rarement par acte public.	Les baux varient selon les contrées.
HÉRAULT	Les baux sont généralement verbaux.	Les conditions des baux sont très variées.
INDRE	Les baux sont généralement authentiques. Les sous-seings privés sont considérés comme manquant de précision. Les métayers préfèrent le prestige du bail public et notarié.	Les conditions des baux sont excessivement variables dans le département.
INDRE-et-LOIRE	Les actes se passent sous seing privé, et devant notaire quand les métayers ne savent pas lire.	Les actes sont les mêmes quant à la forme ; les conditions varient selon les conventions et la qualité des terres.
ISÈRE	Les baux se passent, pour le plus grand nombre, sous seing privé, moyennant conventions faites à l'avance.	Les baux varient peu quant à la forme. Il y a, dans chaque circonscription, des proportions identiques de partage, en rapport avec la difficulté de l'exploitation.
JURA	Les baux sont généralement verbaux.	Les baux ont trait à la culture de la vigne, et varient peu.
LANDES	Le plus souvent, les baux sont passés devant notaire et enregistrés.	Les baux verient selon les cantons, le mode cultural et l'étendue des domaines.
LOIRE	Les baux se passent généralement sous seing privé.	Les baux varient peu. Ils ont généralement une forme identique.
LOIR-et-CHER Sologne	Autrefois, l'instruction primaire était si peu répandue qu'on ne pouvait pas contracter sous seing privé. Encore aujourd'hui, la grande majorité des baux se passe devant notaire.	Il y a toujours dans les baux des clauses générales qui se ressemblent, quant à la durée, au partage des fruits, aux frais de culture, avec modification dans les détails.
LOIRE (Haute)	Le plus souvent, les baux se passent sous seing privé.	Les baux varient peu et dans leur forme et dans leur fond.

Départements.	FORME DES BAUX	VARIATIONS DE CONDITIONS
LOIRE (Inférieure)	Les baux se font des trois façons : bail verbal, bail sous seing privé, bail notarié et enregistré. Ce dernier mode se généralise de plus en plus.	Les baux varient dans leur rédaction selon les conventions mutuelles et selon les circonstances culturales.
LOT	Le plus souvent, les baux se font sous seing privé.	Les conditions des baux sont à peu près les mêmes partout.
LOT-et-GARONNE	Les baux se passent sous seing-privé et par actes publics. Ce dernier mode domine dans le midi du département.	Les baux ont ordinairement une forme identique.
LOZÈRE	Les baux sont généralement verbaux.	Les baux varient peu.
MAINE-et-LOIRE	Les baux sous seing privé et les baux verbaux sont les plus nombreux. Il y a quelques baux authentiques.	Les baux ont une forme authentique. Ils varient quant aux détails.
MAYENNE	Le plus souvent, les baux n'ont lieu que par conventions verbales.	Les baux sont généralement uniformes.
MORBIHAN	Les baux sont généralement verbaux.	Les baux varient beaucoup.
NIÈVRE	Les baux se passent sous seing privé et par actes notariés.	Les baux varient selon la qualité des terres.
OLÉRON (Ile d')	Les baux sont toujours verbaux.	Les baux ont tous la même forme.
PUY-de-DOME	Les baux se passent sous seing privé et par actes notariés. Les actes publics dominent.	Les baux, autrefois identiques, varient selon les circonstances et selon les personnes.
PYRÉNÉES (Basses)	Les baux sont verbaux ou sous seing privé. Ils ne donnent lieu à des actes publics que lorsque le métayer ne sait pas signer.	Les baux ont tous une forme identique et ne varient que dans les détails.
PYRÉNÉES (Hautes)	Les baux se font en grande partie sous seing privé.	Les baux sont variables selon les circonstances.

Départements.	FORME DES BAUX	VARIATIONS DE CONDITIONS
PYRÉNÉES (Orientales)	Quelques baux sont sous seing privé; d'autres sont passés par actes notariés; beaucoup sont verbaux.	Les conditions sont généralement les mêmes, sauf conventions particulières.
RHONE	Les baux se passent le plus souvent sous seing privé.	Les conditions des baux son variables.
SAONE-et-LOIRE	Les baux se passent sous seing privé, le plus souvent. Ils sont quelquefois verbaux.	Les baux varient selon les localités et les intentions des propriétaires.
SÈVRES (Deux)	Les baux se passent sous seing privé ou par actes publics.	Les baux varient selon la qualité des terres et les conventions mutuelles.
TARN	Les baux par actes publics sont rares; la plupart sont passés sous seing privé; il y en a beaucoup de verbaux.	Il n'y a pas de forme obligatoire pour les baux écrits. Les baux verbaux sont conformes aux usages locaux.
TARN-et-GARONNE Moissac	Les baux sont généralement passés devant notaire. Les baux notariés sont rares. Il y en a beaucoup de verbaux.	Les baux sont variables selon les conventions et les lieux.
VAR Draguiguan Toulon	Les baux se passent sous seing privé et par actes publics. Les baux par actes publics sont rares.	Les baux sont variables, selon la qualité des terres et les conventions mutuelles. La forme des baux est réglée par l'usage.
VAUCLUSE	Il y a des baux par actes publics, il y en a sous seing privé. Les actes publics diminuent beaucoup.	Les conditions des baux sont très variables.
VENDÉE	Les actes se passent sous seing privé, souvent verbalement.	On s'en rapporte toujours aux vieux usages.
VIENNE	Les baux donnent lieu de plus en plus à des actes publics. Les baux verbaux sont aujourd'hui assez rares.	Les baux ne variaient guère autrefois. Aujourd'hui, ils varient à mesure que les cultures s'améliorent et que les bonnes méthodes se répandent.
VIENNE (Haute)	Les baillettes sont quelques fois sous seing privé, rarement notariées, le plus souvent verbales.	Évidemment, les baillettes ne sauraient être identiques, bien que coulées dans le même moule, quant au fond.
YONNE	Les baux de métayage sont ordinairement verbaux.	Les conditions générales sont ordinairement identiques.

VI. Étendue des domaines soumis au métayage.

Question posée : « Quelle est l'étendue ordinaire d'une métairie ? »

TABLEAU SYNOPTIQUE

Départements.	ÉTENDUE EN HECTARES	OBSERVATIONS
AIN	20 à 100.	Étendue très variable dans l'ensemble du département.
	50.	Moyenne de l'étendue dans l'arrondissement de Trévoux, pays de plaines, qui comprend les Dombes.
ALLIER	15 à 20.	Étendue restreinte dans quelques localités.
	60 à 140.	Étendue variable dans les pays où l'ancienne division s'est maintenue.
	50 à 70.	Étendue ordinaire des domaines améliorés.
ALPES (B.)	Étendue variable.	On ne peut fixer une étendue moyenne, à cause de la variation des surfaces. Il y a des domaines fort étendus ; il y a certaines localités de culture manuelle, où le partage des fruits s'opère sur des terrains exigus, sur un hectare et même sur un demi-hectare.
ALPES (H.)	Étendue variable.	Nous ne saurions indiquer une étendue moyenne. Tandis que les domaines des plaines et des vallées sont appropriés aux cultures variées, les domaines de la montagne sont très étendus, en vue de la culture pastorale.
ALPES (Maritimes)	3 à 4.	Petite étendue aux environs de Nice, cultures variées.
	1 à 5.	Petite étendue aux environs de Grasse, culture de l'olivier. Étendue variable dans les montagnes.

Départements.	ÉTENDUE EN HECTARES	OBSERVATIONS
ARDÈCHE	10 à 20.	Étendue moyenne dans les vallées, où la culture est variée. Grande étendue dans les montagnes, où la culture est pastorale.
ARIÈGE	20 à 30.	Étendue moyenne pour tout le département.
AUDE	80 à 90.	Étendue ordinaire des domaines soumis au métayage.
AVEYRON	Étendue très variable.	L'étendue est d'ordinaire de 100 hectares pour les domaines affermés ; elle est moindre pour les domaines exploités par métayers.
BOUCHES du RHONE	5 à 20.	Étendue restreinte et variable dans les environs de Marseille.
	20 à 30.	Étendue moyenne dans les pays de cultures variées, vers le Rhône, vers Tarascon.
	40 à 50.	Étendue ordinaire dans le nord-est du département, au delà d'Aix.
	500 à 600.	Vastes étendues dans la Carmague, pays de grands parcours, vers Arles.
CANTAL	20 à 50.	Étendue variable selon les localités et les cultures.
CHARENTE	40.	Étendue moyenne des grands domaines dans tout le département.
	12 à 18.	Petite étendue des domaines dans l'est du département, vers Barbezieux.
CHARENTE (Inférieure)	70.	Étendue ordinaire dans l'Aunis, pays de plaines.
	35.	L'étendue est très variable, mais rarement supérieure à 35 hectares dans la Saintonge.
CHER	60.	Étendue moyenne dans l'arrondissement de Saint-Amand.
	75.	Étendue moyenne dans la vallée de la Loire, près Sancoins, la Guerche et Nérondes.
	80.	Étendue moyenne vers Aubigny et Sancerre.

Départements.	ÉTENDUE EN HECTARES	OBSERVATIONS
CORRÈZE	15 à 20.	Dans le Bas-Limousin, pays entrecoupé de vignes.
	25 à 35.	Étendue moyenne dans le centre du département.
	40 à 45.	Dans l'arrondissement d'Ussel, pays montagneux.
CORSE	30 à 40.	Étendue variable dans les plaines; 30 ou 40 hectares dans la montagne.
COTE-d'OR	1 à 2.	Étendue des petits vignobles à partage de fruits.
COTES-du-NORD	8 à 15.	Moyenne de l'étendue dans le cœur du département.
	15 à 30.	Moyenne de l'étendue sur le littoral maritime, où le métayage est plus répandu.
CREUSE	40.	Étendue ordinaire d'une bonne métairie dans tout le département.
DORDOGNE	20 à 30.	Étendue ordinaire des domaines dans tout le département.
	30 à 35.	Étendue des métairies doubles.
	7.	Étendue moyenne des vignobles à moitié fruits.
DOUBS	5 à 60.	Étendue très variable selon les localités ; mais les métayers sont fort rares.
DROME	6 à 60.	Étendue très variable, selon les localités et la nature des cultures.
GARD	Étendue très variable.	On ne saurait établir une moyenne. Les variations sont trop grandes.
GARONNE (Haute)	15 à 25.	Étendue moyenne dans tout le département.
GERS	20 à 30.	Étendue moyenne dans tout le département.
GIRONDE	Étendue variable.	Étendue généralement trop grande pour que la culture soit très productive.

SITUATION DU MÉTAYAGE

328

Départements.	ÉTENDUE EN HECTARES	OBSERVATIONS
HÉRAULT	Faible étendue.	Les terres soumises au métayage forment généralement des pièces détachées.
INDRE	40 à 100.	Étendue variable dans le Boischaut et la Brenne.
	100 à 250.	Grande étendue variable dans la Champagne berrichonne.
INDRE-et-LOIRE	40 à 50.	Au sud de la Loire, pays de cultures variées.
	5 à 15.	Au nord de la Loire, pays vignoble.
ISÈRE	10 à 12.	En général, l'étendue que peut cultiver une famille, sans avoir besoin de recourir à des étrangers.
JURA	20.	Étendue maximun des rares domaines à cultures variées.
	1 1/2 à 2.	Étendue ordinaire des vignobles à moitié fruits, cultivés à la main.
LANDES	7 à 25.	Étendue variable, selon que les domaines contiennent des espaces couverts de vignes ou de pins.
LOIRE	25 à 40.	Étendue ordinaire dans l'arrondissement de Roanne.
	70.	Étendue moyenne dans l'ancien Forez.
LOIR-et-CHER	100 à 300.	Étendue variable et considérable dans la Sologne, où le métayage est presque exclusif, et où sont de vastes parcours et des forêts de pins.
LOIRE (Haute)	20 à 40.	Étendue ordinaire dans les plaines à cultures variées.
	50 à 150.	Étendue variable dans les montagnes livrées à la culture pastorale.
LOIRE (Inférieure)	20 à 30.	Étendue moyenne dans tout le département.
LOIRET Sologne	»	Même étendue que dans la Sologne de Loir-et-Cher.
LOT	15 à 30.	Étendue ordinaire, selon l'exposition et la nature des cultures.
LOT-et-GARONNE	15 à 30.	Étendue ordinaire dans le nord du département, vers Villeneuve-d'Agen.

Départements.	ÉTENDUE EN HECTARES	OBSERVATIONS
LOT-et-GARONNE	13 à 18.	Étendue ordinaire dans les plaines du sud du département, vers Marmande.
	11 à 13.	Étendue ordinaire dans les petits domaines de plaine. L'étendue est plus grande sur les côteaux.
LOZÈRE	50.	Étendue moyenne dans les vallées.
	100.	Étendue ordinaire sur le penchant des Cévennes.
MAINE-et-LOIRE	25 à 40.	Moyenne de l'étendue dans l'arrondissement de Segré.
	30 à 40.	Moyenne de l'étendue dans l'arrondissement d'Angers, canton de Seiches.
	30 à 50.	Moyenne de l'étendue vers la Loire, canton de Saint-Georges-sur-Loire.
MAYENNE	20 à 25.	Étendue ordinaire dans le canton de Montsurs.
	30.	Moyenne générale des domaines bien constitués dans tout le département.
MORBIHAN	15 à 25.	Moyenne approximative pour l'ensemble du département.
NIÈVRE	30 à 50.	Étendue ordinaire des métairies ordinaires. Il y en a souvent de plus grandes.
	40 à 80.	Étendue ordinaire dans le canton de Poussignol, Morvan.
	9 à 12.	Étendue exceptionnelle de quelques petits domaines dans le Morvan.
OLÉRON (Ile d')	2.	Système particulier de culture et de partage, culture manuelle.
PUY-de-DOME	30 à 60.	Étendue variable dans les plaines, plus grande dans les montagnes.
PYRÉNÉES (Basses)	6 à 10.	Petite étendue ordinaire dans le pays basque, vers Bayonne.
	18 à 20.	Étendue moyenne dans le Béarn.

Départements.	ÉTENDUE EN HECTARES	OBSERVATIONS
PYRÉNÉES (Hautes)	30.	Étendue moyenne des rares domaines qui sont livrés au métayage. La propriété est fort divisée, et se cultive généralement par régie directe, plus rarement par le mode de fermage.
	6 à 7.	Petite étendue dans les domaines de montagnes.
PYRÉNÉES (Orientales)	50 à 100.	Étendue variable, selon que les domaines sont dans la plaine, sur les côteaux ou dans les montagnes.
RHONE	Étendue très variable.	L'étendue est très variable dans les montagnes du Haut-Beaujolais.
SAONE-et-LOIRE	3 à 15.	Étendue variable dons le Bas-Beaujolais, pays de vignobles, selon qu'on adjoint des terres et des prés aux vignes.
	25 à 55.	Étendue variable, entre ces deux termes extrêmes, dans le Charolais.
SAVOIE	5 à 15.	L'étendue des domaines, toujours restreinte, varie selon les localités et les cultures.
SÈVRES (Deux)	30 à 60.	L'étendue des domaines varie suivant les usages locaux.
TARN	10 à 50.	La moyenne ne peut s'établir, à cause des vignes.
TARN-et-GARONNE	25 à 30.	Moyenne de l'étendue des domaines dans l'ensemble du département.
	15 à 20.	Moyenne dans l'arrondissement de Moissac.
VAR	5 à 20. / 5 à 15.	On ne saurait établir une moyenne générale pour l'étendue des domaines, à cause des grandes variations qu'entraînent la culture des vignes et des oliviers et la culture pastorale.
VAUCLUSE	40 à 50.	Il y a des métairies moins étendues; il n'y en a pas de plus grandes.
	10.	Étendue moyenne dans les riches cultures.
VENDÉE	30 à 40.	On peut prendre ces chiffres pour la moyenne de l'étendue des domaines dans tout le département.
VIENNE	30 à 50.	Étendue ordinaire dans le nord du département.

Départements.	ÉTENDUE EN HECTARES	OBSERVATIONS
VIENNE	15 à 100.	Grande variation, surtout dans le sud du département.
VIENNE (Haute)	18 à 20.	Étendue moyenne des petites métairies.
	35 à 45.	Étendue moyenne des grandes métairies.
	20 à 60.	Étendue variable dans l'arrondissement de Saint-Yrieix.
	80.	Étendue des grands domaines autour de Bellac.
YONNE	10 à 40.	Étendue variable, selon les localités.

VII. Colonage partiaire, pièces détachées.

Questions posées : « Le colonage partiaire est-il soumis aux mêmes conditions que le métayage? La proportion du partage est-elle toujours à moitié fruits? Trouve-t-on facilement des colons partiaires pour les pièces détachées? »

TABLEAU SYNOPTIQUE

Départements.	PETITS CORPS DE BIENS	PIÈCES DÉTACHÉES
AIN	Le colonage partiaire est soumis aux mêmes conditions que le métayage.	Les pièces détachées se louent le plus souvent à prix d'argent.
ALPES (Basses)	Le colonage partiaire est traité comme le métayage.	Près des villages, la location à moitié fruits des pièces détachées est assez facile.
ALPES Maritimes)	Dans les Alpes Maritimes, les domaines sont petits, et par conséquent le métayage et le colonage partiaire se confondent.	On trouve difficilement des colons partiaires pour les pièces détachées.
ARDÈCHE	Les conditions du colonage partiaire sont les mêmes que celles du métayage.	Il est facile, près d'un centre de population, de trouver des colons partiaires pour les pièces détachées.
ARIÈGE	Le colonage partiaire n'a guère lieu que pour des terres sans bâtiments. Les conditions ne sont donc pas les mêmes que dans le métayage, bien que les produits se partagent par moitié.	C'est pour les pièces détachées qu'on trouve le plus facilement des colons partiaires, soit parmi les petits cultivateurs, soit parmi les artisans du voisinage.
AUDE	Il y a très peu de colonages partiaires, seulement quelques essais dans la région du maître-valetage, depuis l'accroissement des difficultés d'ex-	Il n'y a des pièces détachées qu'accidentellement et fort rarement.

Départements.	PETITS CORPS DE BIENS	PIÈCES DÉTACHÉES
AUDE	ploitation. Ces essais sont à moitié fruits, sauf le blé qui est au tiers.	
AVEYRON	Le colonage partiaire est soumis auxmêmes conditions que le métayage.	On trouve facilement des colons partiaires pour les pièces détachées.
BOUCHES du RHONE	Les conditions du colonage partiaire sont les mêmes que celles du métayage.	On trouve facilement des colons partiaires pour les pièces détachées.
CANTAL	Le colonage partiaire est soumis aux mêmes conditions générales que le métayage. Il en diffère dans les détails.	On trouve plus facilement à affermer les pièces détachées qu'à les donner à moitié fruits.
CHARENTE	Le colon partiaire, dit Tierceur, est tout autre que le métayer. Il est soumis à des conditions particulières ; il n'a que le tiers des récoltes, quelquefois le quart des céréales, et certains avantages spéciaux.	On trouve sans trop de difficulté des colons partiaires pour les pièces détachées parmi les cultivateurs ou ouvriers des environs.
CHARENTE (Inférieure)	Les conditions du colonage partiaire sont à peu près celles du métayage. Le partage est généralement à moitié fruits.	On trouve difficilement des colons partiaires pour les pièces détachées vers Rochefort.
	Les choses sont dans la Saintonge comme dans l'Aunis.	On trouve facilement des colons partiaires pour les pièces détachées, vers Saintes surtout pour les prairies.
CORRÈZE	Le colonage partiaire est soumis aux mêmes conditions que le métayage. On appelle « Borderies ou Borderages » les petits corps de biens soumis au métayage.	Autour des centres de population, on trouve des colons partiaires pour les pièces détachées, surtout lorsqu'il y a prés et champs, rarement pour les champs seuls.
CREUSE	Les conditions du colonage partiaire sont les mêmes que celles du métayage.	On trouve facilement à louer les pièces détachées à moitié fruits parmi les petits propriétaires du voisinage.
DORDOGNE	Les conditions du colonage partiaire ne sont pas partout les mêmes que celle du métayage. Ici, le partage se fait à moitié pour le blé et les	On trouve généralement des colons partiaires pour les pièces détachées, surtout près des villes, des bourgs et des vil-

Départements.	PETITS CORPS DE BIENS	PIÈCES DÉTACHÉES
DORDOGNE	profits d'étables; là, le colon n'a que le tiers, mais il est exempt d'impôts et de toutes charges.	lages, parmi les petits cultivateurs et les artisans qui n'ont pas de terres.
DROME	Les conditions du colonage partiaire sont à peu près les mêmes que celles du métayage.	On trouve facilement des colons partiaires pour les pièces détachées.
GARD	Les conditions du colonage partiaire et du métayage ne sont pas absolument identiques, mais elles ont assez d'analogie. Le partage varie suivant le plus ou moins de main-d'œuvre qu'exige la culture.	On trouve plus facilement des colons partiaires pour les pièces détachées que pour les corps de biens considérables, qui nécessitent une grande main-d'œuvre.
GARONNE (Haute)	Le colonage partiaire est soumis aux mêmes conditions générales que le métayage. Il n'y a que de rares exceptions.	Pour les pièces détachées, on trouve très facilement des colons partiaires.
GERS	Les conditions ne sont pas les mêmes, bien que, d'ordinaire, le partage soit à moitié.	On trouve rarement aujourd'hui des colons pour les pièces détachées.
HÉRAULT	Les petits corps de biens soumis au métayage se composent le plus souvent de pièces détachées.	On trouve facilement des colons pour les pièces détachés près des centres de population.
GIRONDE	Généralement, dans le colonage partiaire, les animaux et leur travail sont à la charge du propriétaire, qui a les 2/3 de la récolte.	Le recrutement des colons partiaires pour les pièces détachées dépend des localités. Il est quelquefois facile, d'autres fois fort difficile.
INDRE	Le colonage partiaire est soumis aux mêmes conditions que le métayage. Le partage des fruits varie selon le degré de richesse de la terre.	Il est rare de trouver des colons pour les pièces détachées.
INDRE et LOIRE	Les conditions du colonage partiaire sont habituellement les mêmes que celles du métayage; elles sont, dans tous les cas, soumises au partage des fruits.	On ne trouve pas facilement des colons partiaires pour les pièces détachées. Il y en a d'ailleurs fort peu. On n'achète pas, comme dans le Nord, des pièces de terres pour les louer isolément.
LOIRE	Le colonage partiaire est très rare dans le Forez, et ne donne guère lieu qu'à des fermages à prix d'argent.	On trouve facilement des colons partiaires pour les pièces détachées.
LOIRE (Haute)	Le colonage partiaire n'est guère en usage dans la Haute-Loire que pour la vigne.	On ne trouve pas facilement des colons partiaires pour les pièces détachées.

Départements.	PETITS CORPS DE BIENS	PIÈCES DÉTACHÉES
LOIRE (Inférieure)	Le colonage partiaire n'est pas soumis aux mêmes règles que le métayage. Le partage n'est pas à moitié fruits.	On trouve facilement des colons pour les pièces détachées, surtout autour des centres de population.
LOT	Il y a très peu de colons partiaires; ils sont traités comme les métayers.	Le mode de culture par pièces détachées n'est presque pas usité.
LOT-et-GARONNE	Dans le sud du département, vers Marmande, les conditions du colonage partiaire sont les mêmes que celles du métayage. Dans le nord du département, vers Villeneuve d'Agen, les conditions ne sont pas les mêmes.	Les colons partiaires qui prennent des pièces détachées sont de petits propriétaires qui ont du bétail et pas assez de terres. Les colons partiaires profitent de la rareté des bras pour exiger une plus forte part dans le partage.
MAINE-et-LOIRE	Le colonage partiaire et le métayage ne font qu'un.	On trouve facilement des colons partiaires pour les pièces détachées.
MAYENNE	Les petits corps de biens, dits « Closeries », sont traités comme les grands domaines à moitié fruits. Il n'y a plus guère aujourd'hui de distinction.	On trouve facilement des colons partiaires pour les pièces détachées avec bâtiments nécessaires.
NIÈVRE	Le colonage partiaire n'existe que pour de très petites étendues de terre.	On cultive souvent à moitié de petites étendues en légumes.
OLÉRON (Ile d')	Toute l'île est soumise au colonage partiaire.	Le morcellement étant très grand, il n'y a pas de pièces détachées.
PUY-de-DOME	Le colonage partiaire n'est pas toujours soumis aux mêmes conditions que le métayage. Dans la Limagne, le propriétaire a ordinairement les 2/3 des fruits.	On trouve assez facilement des colons partiaires pour les pièces détachées dans les sols riches, difficilement dans les pauvres.
PYRÉNÉES (Basses)	Il n'y a pas de différence entre le colonage partiaire et le métayage. Les petits corps de biens sont loués à des prix différents, par une foule de causes, dans le pays basque.	On trouve facilement des colons partiaires dans le Béarn pour les pièces détachées; mais c'est au détriment du propriétaire, parce que les colons sont propriétaires eux-m mes et transportent les fumiers sur leurs propres terres.

Départements.	PETITS CORPS DE BIENS	PIÈCES DÉTACHÉES
PYRÉNÉES (Hautes)	Les conditions du colonage partiaire et du métayage ne sont pas les mêmes, bien que le partage soit à moitié.	On trouve facilement à louer à moitié fruits les pièces détachées.
PYRÉNÉES (Orientales)	Le colonage partiaire est, en général, temporaire. Le colon n'apporte que son outil, la semence et ses bras; le propriétaire fournit l'engrais. Les produits se partagent par moitié. Le colon a les 3/4, s'il fournit l'engrais.	On trouve assez facilement des colons partiaires pour les petits corps de biens et pour les pièces détachées, assez nombreuses dans le pays.
SAONE-et-LOIRE	Le métayage ne s'appliquant qu'aux vignes et dès lors à de petites étendues, le colonage partiaire et le métayage ne font qu'un dans le Beaujolais.	On recherche rarement des colons partiaires pour pièces détachées.
	Le colonage partiaire est fort peu usité dans l'Autunois et dans le Charolais.	Il y a peu de pièces isolées, détachées des domaines constitués.
SAVOIE	Les conditions du colonage partiaire sont les mêmes que celles du métayage.	On ne loue pas les pièces détachées à moitié fruits, mais à prix d'argent.
SÈVRES (Deux)	Le colonage partiaire a les mêmes conditions que le métayage.	On trouve difficilement des colons partiaires pour les pièces détachées.
TARN	Le colonage partiaire est souvent aux mêmes conditions que le métayage.	Dans les régies directes, on donne une partie des terres à cultiver en maïs, à moitié fruit, aux ouvriers employés à la journée pour les autres travaux.
TARN-et-GARONNE	Le colonage partiaire et le métayage ne forment qu'une seule manière d'exploiter les terres.	On trouve facilement des colons partiaires pour les pièces détachées, qui sont de bonne qualité.
VAR	Le colonage partiaire est soumis aux mêmes conditions que le métayage, sauf conventions contraires.	On trouve facilement des colons partiaires pour les pièces détachées.
VAUCLUSE	Le colonage partiaire, qui n'est que le métayage en petit, est nécessairement traité de la même façon. Cependant, le partage se fait souvent au tiers pour le colon.	On trouve facilement des colons partiaires pour les pièces détachées.

Départements.	PETITS CORPS DE BIENS	PIÈCES DÉTACHÉES
VIENNE	Il y a peu de différence, hors l'étendue, entre le colonage partiaire et le métayage.	Le propriétaire a souvent plus de bénéfice à affermer les pièces détachées qu'à les cultiver ou à les donner à partage de fruits.
VIENNE (Haute)	Les petits cultivateurs trouvent souvent avantage à établir des colons partiaires dans leurs patrimoines, afin de prendre eux-mêmes de grands domaines.	On trouve facilement à louer les pièces détachées à moitié fruits, près des centres de population.
YONNE	Le colonage partiaire est la même chose que le métayage.	Les conditions sont les mêmes. L'étendue seule peut varier.

VIII. Composition culturale des domaines soumis au métayage

Question posée : « Quelle est la composition culturale d'une métairie? »

TABLEAU SYNOPTIQUE

Départements.	COMPOSITION CULTURALE ET ASSOLEMENTS

AIN
Trévoux
	Les métairies se composent de terres arables et de prairies. Généralement, il y a 5/6 de terres en cultures variées, 1/6 en prairies, çà et là un peu de bois.
	
	L'assolement est biennal, en principe. Voici un exemple d'assolement avancé, dans un domaine de 50 hectares :
	
	    10 hectares de pré, 3 en trèfle,
	     4 — divers, 2 en colza,
	    18 — de blé. 1 en maïs.
	    12 hectares en jachère.

ALLIER	Les terres sont généralement amendées par le chaulage. Le principe cultural, adopté dans tout le département, est l'assolement alterne : Blé, avoine avec trèfle et cultures variées, prairies temporaires bien souvent. Voici un exemple d'assolement modèle :

Bourbon-
l'Archam-
bault
	1/5 en prairies naturelles, 1re Jachère, racines,
	4/5 divisés en 4 soles. 2e Blé,
	                       3e Avoine ou orge,
	                       4e Trèfle et ray-gras.

Marcillat-
d'Allier
	Voici un autre exemple d'assolement :
	
	    1/3 en prés naturels et pacages.
	    2/3 en terres arables ou prairies artificielles.
	
	Dans un domaine de 60 hectares, autour de Marcillat, les prés vivaces varient de 8 à 16, et jusqu'à 18 hectares.

ALPES (Basses)	Il y a des métairies de toute grandeur dans le département, même de 1/2 hectare. Il serait donc difficile de préciser leur composition culturale.
ALPES (Hautes)	Les cultures comprennent les céréales, beaucoup de pommes de terre en certains cantons, des prairies naturelles et artificielles, des vignes dans les parties les plus chaudes.

Départements.	COMPOSITION CULTURALE ET ASSOLEMENTS
ALPES (Maritimes) Nice Grasse	La base principale des cultures est celle de l'olivier. On cultive la vigne, le blé et d'autres céréales. On cultive spécialement les plantes à parfum, les violettes, les roses, la menthe, çà et là le tabac.
ARDÈCHE	Les cultures dominantes sont : Le blé, le seigle, l'orge, l'avoine, le sarrazin, les pommes de terre.
ARIÈGE	Les cultures dominantes sont : Le froment, le seigle, le méteil, l'avoine, l'orge, le sarrazin, le maïs, les pommes de terre, les pois, les haricots, les prairies naturelles et artificielles, les vignes.
AUDE	La composition culturale est très variable, quand il y a des bois. Ordinairement, on compte 1/5 de terres en culture, 1/5 de prés, et 3/5 en pâturages et en bois.
AVEYRON	Les domaines à métayers, comme les domaines affermés, contiennent habituellement 15 0/0 de prairies, 30 0/0 de terres arables, 55 0/0 de châtaigneraies, bois et pâturages.
BOUCHES-du-RHONE Saint-Rémy	Les 9/10 de terres sont consacrés aux céréales. Aux environs de Saint-Rémy, 1/10 est consacré à la luzerne et autres plantes fourragères, quelques parcelles au jardinage. Les vignobles ont été détruits par le phylloxéra.
Marseille	La composition culturale n'est pas la même vers le littoral que dans le Nord. La culture de la vigne et les autres cultures spéciales du Midi y dominent.
CANTAL	Il n'y a pas d'assolement déterminé. La culture des céréales, des fourrages naturels et des racines, domine dans les vallées et sur les plateaux, la culture pastorale dans les montagnes.
Sud	Il y a, en outre, du trèfle dans les cultures, des bois châtaigners dans la plupart des domaines.
CHARENTE	Les terres arables sont dans la proportion de 60 0/0, les prés 25 0/0, les vignes 15 0/0, en établissant des moyennes générales. Les vignes sont en lignes, entre lesquelles on cultive, au labour, des céréales, des pommes de terre et des plantes fourragères.
Barbezieux	Composition : Céréales, plantes sarclées, prairies naturelles et artificielles.
Confolens	Composition : 7/8 en terres arables, 1/8 en prés.
CHARENTE (Inférieure) Rochefort	Assolement alterne. La moitié est toujours en culture ; l'autre moitié se repose ou est livrée aux récoltes dérobées, sarclées et autres.

Départements.	COMPOSITION CULTURALE ET ASSOLEMENTS
Saintes	Les domaines contiennent des terres arables et des prairies naturelles et artificielles. En général, les vignes sont régies directement.
CHER	Les domaines contiennent :
St-Amand	5/6 En terres arables, 1/6 en prés.
Centre	2/3 environ en céréales, plantes sarclées ou fourragères, 1/3 en prairies ou pacages.
Nord	19/20 En terres arables, 1/20 en prairies naturelles.
CORRÈZE	Il y a dans tout domaine, des terres, des prés, des bois, des vignes dans les cantons chauds.
B.Limousin	Voici un assolement modèle :

B.Limousin

8 à 10 hectares, moitié blé, moitié cultures diverses.
4 à 5 hectares, prairies naturelles,
1 à 2 — châtaigneraies,
1 à 2 — vignes.
} 15 ou 20 hectares

H.Limousin

Voici l'assolement commun :
14 hectares de terres arables.
8 — prés,
8 — pacages,
15 — landes.
} 45 hectares environ.

Dans les bons cantons, il n'y a pas de landes.

CORSE	Céréales, oliviers, châtaigners, vignes, prairies dans les fonds.
COTE-d'OR	Il n'y a de partage que pour les vignes. Très petites fractions.
COTES-du-NORD	L'assolement est triennal. On fait des défoncements et des défrichements.
CREUSE	Les métairies comprennent ordinairement 2/5 en terre arable, 1/5 en prairies, 2/5 en pâtures diverses.
DORDOGNE	Les cultures dominantes sont : Le blé, le maïs, les pommes de terre, dans la partie méridionale et orientale du département.
Nontron	La composition culturale peut se décomposer ainsi que suit :

Nontron

6 à 8 hectares de terres arables.
3 à 5 — de prairies naturelles.
3 à 4 — de vignes.
Le surplus en châtaigneraies, bois et bruyères.
} De 20 à 30 hectares

Départements.	COMPOSITION CULTURALE ET ASSOLEMENTS
DOUBS	L'assolement est triennal. Les domaines contiennent des terres, des prés, quelques vignes. Il y a peu de métairies.
DROME	Les métairies consistent en vignes, prairies et terres, produisant du blé, du seigle et de l avoine, du sainfoin et de la luzerne.
GARD	La culture est très variable. Il y avait autrefois beaucoup de mûriers. L'élevage des vers à soie a été fort restreint par la maladie des mûriers.
GARONNE (Haute)	La composition des domaines peut se définir ainsi : 18/20 en céréales, prairies artificielles, pommes de terre, légumes ; 1/20 en prairies naturelles ; 1/20 en bois taillis, en coupes régulières.
GERS Condom	Sur 30 hectares, il y en a 20 en terres arables, 5 en vignes, 5 en prés, ajoncs et bois.
Ouest	La proportion est moindre pour les champs dans l'ouest du département ; il y a plus de vignes, de bois et de landes.
GIRONDE	La composition générale consiste en blé, fourrages et pommes de terre, dans la partie du département où les vignes ne dominent pas et où le métayage fonctionne.
HÉRAULT	La composition culturale est variable ; elle dépend des localités et de la nature du sol.
INDRE	La répartition culturale des domaines est presque aussi variable que l'étendue des terrrains qui les composent. Il serait difficile d'arriver à des moyennes acceptables d'assolements culturaux.
INDRE-et-LOIRE Nord Loches	La composition ordinaire consiste en 9/10 de terres arables, 1/10 de prairies, sans compter les vignes.

Assolement modèle :

10 hectares en blé,
10   —   en avoine ou grains de printemps,
10   —   en racines et plantes fourragères,   } 50 hectares
10   —   en jachère,

ISÈRE	La composition culturale consiste en terres à blé et prairies naturelles ou artificielles, par portions à peu près égales.
JURA	Il n'y a de domaines à partage de fruits que dans les vignobles. Le mode de partage, à quelques exceptions près, ne s'applique qu'aux vignes.
LANDES	La composition culturale se divise ainsi : 2/3 en céréales ; 1/3 en vignes, landes boisées, pâtures et jardins.

Départements.	COMPOSITION CULTURALE ET ASSOLEMENTS
LOIRE Roannais	Les cultures comprennent des terres arables, des prés, quelquefois un peu de vigne.
Forez	On compte des 2/3 aux 3/4 en terres, le reste en vignes.
LOIR-et-CHER Sologne	Les domaines comprennent : 8/12 de terres arables, 3/12 de bruyères, 1/12 de pâturages. Les cultures dominantes sont : Le seigle, l'avoine, le sarrazin, la jachère.

LOIRE (Haute) Voici l'assolement le plus usuel :

Blé noir	1/2
Céréales de printemps	1/4
Récoltes sarclées	1/4

LOIRE (Inférieure) Voici l'assolement quatriennal presque toujours usité.

Prairies	1/4
Blé	1/4
Sarrazin	1/4
Fourrages, racines, pâturages	1/4

Département	Texte
LOIRET Sologne	Les domaines sont composés comme dans la Sologne de Loir-et-Cher.
LOT	Les métairies comprennent des terres arables, des prairies en faible proportion, des bois en quantité nécessaire à l'exploitation, des vignes sur les coteaux et dans les bonnes expositions.
LOT-et-GARONNE Marmande Villeneuve d'Agen	Les métairies en plaine contiennent 3/4 en terres arables, 1/4 en prairies ; en coteau, il y a des vignes et moins de prairies. Les cultures principales sont : Le blé, le maïs, les menus grains, les fourrages naturels et artificiels, les vignes et les pruniers.
LOZÈRE	Les cultures dominantes sont : Le froment, le seigle, l'orge, l'avoine, les prairies naturelles et artificielles. La culture est pastorale dans les montagnes.
MAINE-et-LOIRE Segré	Les domaines à métayers comprennent 4/5 de terres arables, 1/5 de prairies naturelles. On tend à augmenter les prairies. Un code local des usages ruraux règle les assolements et les conditions de l'exploitation pour l'arrondissement de Segré.
St-Georges sur Loire	Il y a, aux abords de la Loire, 1/7 en prairies, 6/7 en terres arables.
MAYENNE	Les métairies se composent de terres arables pour les 3/4, de prairies pour 1/4, quelquefois 1/3. Il y a un code local pour l'arrondissement de Château-Gontier, où les assolements sont fixés, ainsi que les conditions de l'exploitation ; également pour l'arrondissement de Laval.

Départements.	COMPOSITION CULTURALE ET ASSOLEMENTS
MORBIHAN	La composition des métairies se divise ainsi : 1/4 en prairies, pâturages et jardins; 1/4 en terres vagues ou landes; 2/4 en terres arables.
NIÈVRE	Les cultures varient suivant la qualité des terres. Les produits dominants sont : Le blé, le seigle, l'avoine les pommes de terre.
PUY-de-DOME	Les domaines comprennent : 2/10 en prairies naturelles, 3/10 en terres vagues et pacages, quelquefois cultivés passagèrement. Les terres vagues et pâtures diminuent dans une partie notable des coteaux, par suite du chaulage et de la culture du trèfle; elles tendent au contraire, à se développer dans les montagnes en vue de la culture pastorale.
Limagne	Les parties en plein rapport sont plus nombreuses dans la Limagne.
PYRÉNÉES (Basses) Pays basque	Le maïs est la principale récolte vers Bayonne; sur le maïs vient le blé, sur le blé les raves. Quand la terre est lasse ou sale, on la laisse en herbe; puis on fait du trèfle et de la luzerne.
Béarn	Les cultures, dans le Béarn, consistent en maïs, froment, pommes de terre, çà et là prairies artificielles.
PYRÉNÉES (Hautes)	Les domaines comprennent : Terres arables 2/3, prés 1/3. Les produits dominants sont: Le blé, le méteil, le sarrazin, le maïs, les pommes de terre.
PYRÉNÉES (Orientales)	Les principales récoltes consistent en seigle, maïs, sarrazin, pommes de terre, prairies.
RHONE	La composition culturale dans les métairies des montagnes consiste en terres arables, prairies et bois.
Beaujolais Haut	Dans le Beaujolais, il y a surtout des vignes et des prairies dans les fonds.
SAONE-et-LOIRE	Il y a, dans la région des vignobles, des terres, des prés, des vignes et des bois.
Autunois	On compte 1/5 en prés ou paturage; 4/5 en terres arables.
Charolais	2/5 en prés de fauche ou pâture close; 3/5 en terres arables.
SAVOIE	Il y a ordinairement 3/4 en terre arable, 1/4 en prairies naturelles.
SÈVRES (Deux)	Ordinairement, on compte 1/4 en blé. 1/4 en avoine, 1/4 en pré, 1/4 en pâturage.
TARN	Les métairies comprennent des terres, des prairies et des pâtures.

Départements.	COMPOSITION CULTURALE ET ASSOLEMENTS
TARN-et-GARONNE	En général, les principales récoltes sont : Le blé, le maïs, les légumes, le trèfle et le sainfoin.
Moissac	Les récoltes, dans l'ouest, sont les mêmes; il y a la vigne en plus.
VAR Draguignan	Les cultures sont variées dans le nord; il y a quelques vignes dans les bonnes expositions.
Toulon	Les métairies consistent en terres à blé, vignes, oliviers; il y a peu de prairies.
VAUCLUSE	La composition culturale varie selon la nature du sol et selon qu'il y a ou qu'il n'y a pas d'arrosage. Les terres produisent surtout du blé, des pommes de terre et de la luzerne. Les vignes sont ruinées par le phylloxéra.
VENDÉE	L'assolement est triennal. Il y a des prairies, généralement de médiocre qualité, environ 4 ou 5 hectares sur 30 ou 40 de terres arables.
VIENNE Nord	Dans le nord, l'assolement est triennal. Il y a peu de prairies : 1/3 céréales, 1/3 fourrages, 1/3 jachère. Ailleurs, l'assolement est biennal: 1/2 en froment, 1/2 en jachère ou menus grains.
Midi	Voici l'assolement : 2/3 en froment, suivi d'avoine d'hiver, dans les deux premières parties soumises à l'assolement; 1/3 en jachère, avec portions en racines, pommes de terre, betteraves, maïs et blé noir. En dehors de l'assolement, quelques portions en luzerne ou sainfoin, selon la nature du sol.
VIENNE (Haute)	La composition ordinaire se constitue ainsi : 1/3 en terres cultivées; 1/3 en prairies ou pacages; 1/3 en châtaigneraies et terres incultes. C'est vers ce dernier tiers que sont dirigées les améliorations.
Saint-Yrieix	Les domaines contiennent : 2/3 terres arables et prairies naturelles, 1/3 châtaigneraies, taillis et pacages.
YONNE	L'assolement est triennal : Blé, avoine, jachère. Il y a quelquefois une quatrième sole pour les prairies artificielles.

IX. — Règlements d'exploitation domaniale.

Questions posées : « Le métayer est-il soumis par le bail à certains règlements d'exploitation, à des assolements, à des améliorations foncières, à des plantations d'arbres? Ces obligations sont-elles sanctionnées par une pénalité quelconque, prévue par le bail? »

TABLEAU SYNOPTIQUE.

Départements.	RÈGLEMENTS D'EXPLOITATION
AIN	On impose quelquefois au métayer l'obligation de quelques charrois pour la propriété et la plantation de quelques pieds d'arbre.
ALLIER	Le département de l'Allier est celui où les baux sont le plus formels en fait de réglementation. Les résultats démontrent que les métayers s'en trouvent bien.
ALPES (Basses)	La principale règle pour le métayer est de ne pas faire deux céréales de suite et de cultiver en bon père de famille. Souvent on stipule des améliorations foncières, des drainages, des plantations d'arbres. Si le métayer s'y refuse, on peut l'actionner en dommages et intérêts et le renvoyer.
ALPES (Hautes)	On suit généralement l'usage du pays, qui prescrit l'assolement biennal. Le métayer est souvent tenu de faire quelques plantations d'arbres.
ALPES (Maritimes)	Les conditions du bail dépendent des conventions faites. Le métayer peut être soumis par la police, c'est le nom du bail, à certains règlements, à certaines améliorations, notamment à des plantations d'arbres. Les pénalités en cas d'infraction sont nulles ou très rarement appliquées.
ARDÈCHE	Le métayer suit les usages locaux. Il ne consent à des améliorations et à des plantations d'arbres que moyennant indemnité, si, par suite de son renvoi annoncé, il ne peut en profiter.
ARIÈGE	Les obligations réglementaires sont fréquentes. Le bail, quand il est écrit, contient quelques pénalités contre les délinquants.
AUDE	Le métayer doit jouir conformément à l'usage traditionnel, qui sert de réglementation. Il n'existe aucune pénalité formulée. Il n'y a aucune obligation spéciale, ni pour plantation, ni autrement.

Départements.	RÈGLEMENTS D'EXPLOITATION
AVEYRON	Le métayer est toujours assujetti à un assolement triennal pour les terres. Il est souvent tenu à quelques plantations. S'il ne remplit pas ses obligations, le propriétaire peut réclamer la résiliation, sans compter les dommages-intérêts.
BOUCHES-du-RHONE Saint-Rémy	Assolement triennal obligatoire. Pas d'autre règlement, aux environs de Saint-Rémy.
Marseille	La culture de la vigne et les cultures spéciales, étant dominantes, entraînent des règlements obligatoires pour le métayer.
CANTAL	Il n'y a aucun règlement, aucune stipulation pour les cultures, ni pour l'exploitation. On fait quelquefois dans le bail des conventions pour certaines améliorations. On peut exiger que les conventions soient remplies, si le métayer a de quoi répondre.
CHARENTE	Le propriétaire stipule quelquefois que le métayer fera des plantations d'arbres, des semis de plantes fourragères ou autres améliorations foncières. Dans ce cas, il contribue aux dépenses, en diminuant la part d'impôt payée par le métayer.
Confolens	L'assolement triennal est obligatoire. Le métayer est tenu de suivre un règlement relatif à l'amendement des terres par la chaux.
CHARENTE (Inférieure)	Il y a des règlements obligatoires, et des pénalités prévues.
Rochefort Saintes	Le métayer est quelquefois soumis à des plantations d'arbres. La seule pénalité consiste dans le droit de rompre le bail.
CHER St-Amand	Les assolements sont rarement imposés ; et, quand ils le sont, il y a une pénalité.
Vallée de la Loire	Le métayer n'est pas soumis aux améliorations foncières, si ce n'est dans les cas où les terres sont chaulées. Il contribue presque toujours aux frais du chaulage, dans une mesure qui est prévue par le bail proportionnellement au temps de sa jouissance. Il est chargé du transport de la chaux et de son expansion sur le sol. Ordinairement, il est tenu de greffer un certain nombre d'arbres fruitiers.
Nord	L'assolement quinquennal est obligatoire, ainsi que l'amendement des terres par la marne. Les pénalités sont fixées : 3 francs par mètre cube de marne non conduite; 3 francs par arbre manquant à la sortie du métayer, sans compter les dommages-intérêts, s'il a manqué à ses autres obligations.
CORRÈZE	Il existe des règlements, mais ils sont mal exécutés.
B. Limousin	Le métayer suit l'assolement biennal du pays. Il est astreint, par sa baillette, à curer les fossés et à entretenir les haies et les bordures.

Départements.	RÈGLEMENTS D'EXPLOITATION
CORSE	Pas de règlements d'exploitation. Pas de pénalités prévues.
COTES-du-NORD	Le métayer est soumis à l'assolement triennal, en usage dans le pays, à des défonçages, à des plantations d'arbres. Il est soumis à une pénalité de 5 francs par arbre entamé par la charrue ou par le bétail.
CREUSE	A mesure que l'agriculture progresse, l'habitude se propage d'imposer au métayer des plantations et des greffages d'arbres.
DORDOGNE	Il y a des règlements, rarement exécutés, sauf en ce qui concerne les plantations de vignes. Il y a des pénalités, par dommages et intérêts, en cas d'inexécution des conventions, mais rarement payés.
Nontron	Il est dit généralement que le métayer doit gérer en bon père de famille, ne commettre ou laisser commettre aucune dégradation.
DROME	Il y a rarement des règlements de culture. Cependant le colon est souvent tenu, et ce devrait toujours être, de planter des mûriers. Il n'y a aucune pénalité.
GARD	Les améliorations foncières et les assolements sont fixés par le bail ou les conventions.
GARONNE (Haute)	Le métayage est presque toujours soumis par le bail à un assolement régulier et à des améliorations, comme terrassement, nivellement, assainissement des terres, plantation d'arbres, de bordures et autres. Les pénalités sont prévues en cas d'inexécution : Résiliation du bail, dommages et intérêts, prélèvements opérés sur la part de récolte du métayer.
GERS	Le métayer est toujours soumis à certains règlements, à des améliorations foncières, çà et là à des plantations d'arbres fruitiers. Il y a des pénalités dès que les clauses sont inexécutées.
GIRONDE	Les règlements relatifs aux assolements et améliorations foncières sont rarement observés, bien que les propriétaires y attachent avec raison beaucoup d'importance.
HÉRAULT	Il n'y a pas de règlements fixes. Les conditions varient suivant la nature du sol et des produits, et selon les localités.

Départements.	RÈGLEMENTS D'EXPLOITATION
INDRE	Les baux expriment toutes les conditions. Ils astreignent les colons à certaines règles de conduite obligatoires ; ils fixent les assolements, et surtout la répartition des cultures, les améliorations foncières, les marnages, les défrichements, la proportion des frais à supporter par chacun, les plantations à faire. Ces obligations ne sont pas sanctionnées par des pénalités prévues; mais le propriétaire peut toujours faire signifier le bail au colon en cas d'inexécution.
INDRE-et-LOIRE Nord Loches	A défaut de conventions spéciales, l'assolement triennal est réputé réglementaire. Les obligations doivent être réglées par le bail. Presque toujours le bail prescrit l'assolement. L'obligation du marnage existe quelquefois ; celle des plantations d'arbres disparaît, en raison de la cherté de la main-d'œuvre.
ISÈRE	Les règlements sont variables. Les pénalités sont légères en cas d'inexécution, et peu appliquées.
LANDES	Par bail, les métayers sont soumis à certains règlements. Les assolements sont déterminés. Les améliorations foncières sont à la charge du bailleur. La seule pénalité est le renvoi, quelquefois des indemnités.
LOIRE	Il y a des règlements, sans pénalités prévues. L'assolement est biennal ou triennal. On impose quelquefois au métayer la formation de prairies nouvelles. Le chaulage a lieu à moitié frais.
LOIR-et-CHER Sologne	Dans l'ancienne culture, l'assolement était invariable : Seigle, sarrazin, seigle, et 6 ou 7 années de jachère. Le marnage a profondément modifié tout cela.
LOIRE (Haute)	Le métayer est tenu à des plantations pour remplacer les arbres vieux ou morts. Il y a rarement des pénalités pour les contraventions.
LOIRE (Inférieure)	Lorsque le propriétaire réside sur les lieux, il se réserve par bail la direction de la culture et le choix de l'assolement. Dans le cas contraire, le métayer suit les usages locaux. Le métayer est tenu de planter des pommiers, sous peine d'indemnité à sa sortie.
LOT	Le métayer est libre ; il suit le plus souvent les usages locaux.
LOT-et-GARONNE Marmande Villeneuve-d'Agen	L'assolement fixe est bisannuel. Les transports de terre sont prévus et la quantité est fixée. Il y a rarement des pénalités. Le métayer suit souvent la direction du maître, souvent son intérêt. Il n'y a pas de règlement. Dommages et intérêts, si le métayer a mal mené ou surchargé ses terres.
LOZÈRE	Il existe des règlements. Pas d'autre pénalité que la résiliation du bail.

Départements.	RÈGLEMENTS D'EXPLOITATION
MAINE-et-LOIRE	Il y a généralement des règlements culturaux. Les usages sont fixés par un code local, dans l'arrondissement de Segré. Pénalités en cas de malversation.
MAYENNE	Les règlements et assolements sont fixés par les codes locaux. Il y a souvent des améliorations prévues. Les pénalités sont : Le renvoi et des indemnités par expertise.
NIÈVRE	Le métayer doit s'en rapporter à la direction du propriétaire, qui presque toujours n'impose que l'usage du pays. Les obligations ne sont pas généralement sanctionnées par des pénalités.
Morvan	Le métayer est soumis à des plantations d'arbres et à l'emploi de la chaux ; il n'a pas d'autres obligations.
PUY-de-DOME	Les avis diffèrent. Dans l'ensemble du département, les règlements sont rares. Ils sont fréquents dans le nord.
PYRÉNÉES (Basses) Béarn	Il y a des règlements spéciaux pour le pays basque.
	Il n'y a pas de règlements pour le Béarn. Quelquefois, les métayers sont tenus de terrer et marner 1/2 hectare de terre. Pas de pénalités.
PYRÉNÉES (Hautes)	Le métayer n'est soumis à aucun règlement particulier. Cependant, les assolements sont réglés. Il y a des indemnités en cas d'inexécution des conventions, généralement à dire d'experts.
RHONE	Il y a des règlements de culture. Pas de pénalités.
SAONE-et-LOIRE	Le métayer est tenu à certains minages pour les vignes et à ses plantations d'arbres fruitiers pour le compte du propriétaire.
Autunois Charolais	Le métayer est d'ordinaire soumis à des règlements de culture et d'exploitation ; mais ils sont rarement exécutés.
SAVOIE	L'assolement est coutumier. Le bail impose d'ordinaire certaines améliorations, défoncements et plantations d'arbres. Les pénalités, en cas d'inobservance, consistent en dommages et intérêts.
SÈVRES (Deux)	Le propriétaire prescrit l'assolement. La pénalité, en cas d'infraction, consiste dans le renvoi du métayer.
TARN	Il est dit, en général, que le métayer doit cultiver en bon père de famille. L'assolement est fixé par l'usage. Les améliorations sont concertées par le propriétaire et le métayer. Des plantations sont exigées ; c'est le maître qui fournit les sujets.
TARN-et-GARONNE	Il existe çà et là des règlements ; mais le cas est rare. Les améliorations ne sont pas prévues ; elles se font à l'amiable, ainsi que les plantations.

Départements.	RÈGLEMENTS D'EXPLOITATION
Moissac	Les assolements usagers subissent peu de modifications.
VAR	Il n'y a pas de règlements culturaux. Les cultures sont généralement reglées par les usages locaux.
VAUCLUSE	Généralement, l'assolement est biennal : Blé et plantes sarclées. Autrefois, la culture de la garance assurait un assolement riche ; depuis qu'on ne la cultive plus, on fait beaucoup plus de plantes sarclées et de fourrages. Le métayer est rarement tenu à des améliorations foncières par des règlements précis, mais souvent par des conventions mutuelles. Il n'existe pas de pénalités formulées.
VENDÉE	Il n'existe de règlement que pour les prairies, que le métayer est obligé de fumer tous les trois ans.
VIENNE Nord	Les assolements sont le plus souvent réglés par le propriétaire, et c'est exprimé dans le bail. Il y a quelquefois des règlements relatifs aux améliorations foncières.
Sud	L'assolement est biennal ; il n'est modifié qu'afin d'y intercaler des prairies artificielles, prévues par le bail. Les plantations ne sont guère prévues.
VIENNE (Haute)	Le métayer est soumis par le bail ou par l'usage à des assolements qu'il ne peut changer sans ordre, quelquefois à des améliorations foncières et à des plantations. Les obligations sont sanctionnées quelquefois par des pénalités, qui restent à l'état de lettre morte.
Saint-Yrieix	L'assolement est biennal ; il est rarement modifié, quelquefois cependant par l'introduction du trèfle.
YONNE	Depuis les modifications apportées aux cultures, des conditions spéciales ont été parfois introduites dans le métayage. Mais elles n'ont été soumises à aucune pénalité en cas d'inexécution.

X. — Personnel du métayage.

Questions posées : « Quelle est la proportion habituelle du personnel d'une métairie, comparativement à son étendue ou à sa composition culturale ? Le métayer est-il tenu d'entretenir des ouvriers supplémentaires, lorsque sa famille est trop faible ou diminuée par une cause quelconque ? »

TABLEAU SYNOPTIQUE

Départements.	DÉSIGNATION DU PERSONNEL	NOMBRE TOTAL
AIN	Le personnel d'un domaine ordinaire se compose du métayer et de sa femme, 3 hommes, fils ou serviteurs, une servante, une vachère, 1 cannat, 1 petit pâtre de 10 à 14 ans pour les porcs. Le métayer fournit ordinairement toute la main-d'œuvre, sauf celle de la moisson et de la battaison, dont les frais sont partagés entre le propriétaire et lui.	Pour un domaine ordinaire de 50 à 60 hectares : 9 têtes de tout sexe et de tout âge.
ALLIER	Pour un domaine ordinaire, le personnel se compose généralement de 4 hommes, 2 ou 3 femmes, 1 ou 2 petits pâtres. Lorsque les enfants sont en âge, ils servent de pâtres. S'il y a des luzernes ou sainfoins, le personnel s'accroît dans la mesure du travail de la fauchaison et de la rentrée du fourrage.	Pour un domaine de 50 à 60 hectares : 9 têtes au moins de tout sexe et de tout âge.
Marcillat-d'Allier	Le métayer est toujours tenu par son bail d'avoir le nombre de travailleurs nécessaire pour ses cultures. Le nombre doit toujours être au complet ; les ouvriers étrangers complètent la famille, lorsqu'elle est trop faible.	Le nombre s'accroît lorsque le domaine a plus de 60 hectares.
ALPES (Basses)	Le personnel d'un bon domaine comprend : Le métayer, sa femme, 4 hommes, une femme de ferme, puis des aides au moment des grands travaux.	Pour un domaine de 50 hectares en moyenne : 8 personnes de tout sexe et de tout âge.

Départements	DÉSIGNATION DU PERSONNEL	NOMBRE TOTAL
ALPES (Basses)	Lorsque la famille est insuffisante, comment le métayage pourrait-il poursuivre ses travaux, s'il ne prenait des ouvriers supplémentaires ?	
ALPES (Hautes)	Les proportions du personnel sont variables, selon l'étendue des domaines et la nature du travail.	L'élévation des salaires est un obstacle au recrutement du personnel et en restreint le nombre.
	Le métayer est tenu d'avoir un personnel suffisant; mais la fréquence des mauvaises récoltes oblige le maître à ne pas se montrer trop exigeant.	
ALPES (Maritimes)	Les domaines ayant peu d'étendue, le personnel est nécessairement restreint.	Autour de Nice, on compte 4 personnes pour 3 ou 4 hectares, 2 ou 3 personnes près de Grasse.
	Le métayer suffit au travail et n'est donc pas obligé de prendre des ouvriers supplémentaires. Ce travail est presque toujours manuel.	
ARDÈCHE	Le personnel d'un petit domaine ordinaire comprend : le métayer, sa femme, 1 domestique et 1 berger ou une bergère.	Le personnel d'un petit domaine de 10 à 20 hectares comprend 4 personnes, plus dans les grands domaines de la montagne.
	Le métayer, par lui ou des ouvriers, est tenu de faire tous les travaux ordinaires.	
	Dans la montagne, où la culture est à la fois variée et pastorale, le personnel est plus nombreux.	
ARIÉGE	Le personnel est variable, selon l'étendue et les besoins du service.	On ne saurait préciser le nombre des personnes attachées à un domaine de 20 à 30 hectares.
	Le métayer est naturellement forcé de prendre des auxiliaires, sous peine de quitter le domaine. Il se fait aider, dans tous les cas, au temps des moissons.	

Départements	DÉSIGNATION DU PERSONNEL	NOMBRE TOTAL
AUDE	Il y a ordinairement, dans les grandes métairies bien ordonnées, 4 hommes, 6 femmes ou enfants. Le métayer doit suffire à tout le travail ; il tient ordinairement des ouvriers dans le moment des fenaisons et moissons.	Pour un domaine de 80 à 90 hectares : 10 personnes de tout âge et de tout sexe. Il y en avait autrefois 14 ou 15.
AVEYRON	Le personnel normal d'un domaine moyen se compose du métayer et de sa famille, femme et enfants, très souvent 1 ou 2 travailleurs. Tous les travaux sont à la charge du métayer. Il prend donc des aides, si sa famile ne peut suffire.	Le personnel normal s'accroît au temps des récoltes et des grands travaux.
BOUCHES-du-RHONE **Saint-Remy**	Le personnel d'un domaine moyen, dans le nord du département, comprend le métayer, sa femme, 1 ou 2 valets. Le métayer est tenu d'avoir un personnel suffisant, sans quoi les terres seraient négligées.	Dans les domaines de 25 hectares : 3 personnes travaillant la terre. Dans les grands parcours de la Camargue ou des terres vagues de la vallée du Rhône, le personnel varie selon les besoins du service.
Marseille	Le personnel varie beaucoup dans le sud, vers Marseille, à cause de la culture de la vigne et de l'olivier. Le métayer, dans tous les cas, est tenu de faire tout le travail et de se faire aider en cas de besoin.	
CANTAL **Sud**	Le nombre du personnel, dans chaque domaine, diffère selon que l'exploitation est variée ou pastorale. Le personnel est plus nombreux dans le premier cas. Le métayer est libre de prendre ou non des ouvriers ; mais il doit faire tout le travail.	On ne saurait déterminer le personnel moyen, tant les nécessités sont dissemblables.
Aurillac	Pour une métairie moyenne, on compte la famille du métayer, femme et enfants, et généralement 1 ou 2 ouvriers auxiliaires.	Pour un domaine de 30 hectares : 6 à 7 personnes, davantage au-dessus de 30 hectares.
CHARENTE	Dans les petites métairies, il n'y a souvent que le métayer, sa femme et des enfants en bas âge.	3 ou 4 personnes au plus.

Départements	DÉSIGNATION DU PERSONNEL	NOMBRE TOTAL
CHARENTE Barbezieux	Si-le métayer se sent trop faible, il prend un auxiliaire pour toute l'année ou pour quelques mois seulement; il se fait toujours aider au temps des moissons.	Dans les grands domaines 2 hommes, 2 femmes et les enfants en bas-âge qui commencent à travailler de bonne heure.
Confolens	Les domaines étant plus étendus vers Confolens, le personnel est plus nombreux.	Pour un domaine de 40 hectares : 6 personnes, soit un travailleur pour 6 hectares 1/2.
CHARENTE (Inférieure) Aunis	Pour un grand domaine de l'Aunis, on compte généralement 4 hommes pendant six mois, 2 hommes pendant deux mois, 2 ou 3 femmes pendant toute l'année. Il n'y a que la famille du métayer qui soit fixe; les ouvriers sont temporaires.	Il serait difficile de ramener le personnel fixe et mobile à un nombre exact, pour un grand domaine de 70 hectares.
Saintonge	Pour un domaine moyen, le ménage du métayer, femme et enfants, suffit généralement; dans certains cas, le métayer prend un domestique; il se fait aider au temps des moissons.	Les domaines de la Saintonge ayant 35 hectares en moyenne, le personnel est moins nombreux que dans l'Aunis.
CHER St-Amand	On trouve encore quelquefois des communautés nombreuses; d'autres fois, il n'y a que le père de famille, même pour de grands domaines de 60 hectares. Mais, faisant seul le travail, le métayer est tenu d'avoir des auxiliaires, en cas de besoin.	Le personnel est très variable, bien que les domaines aient une étendue à peu près égale dans beaucoup de localités.
Nord	Dans les pays de céréales et d'élevage, on compte pour un grand domaine : 3 hommes, 3 femmes, 2 petits domestiques. Le métayer est dans l'obligation de se faire aider presque toujours, surtout au temps des moissons.	Pour un domaine de 80 hectares, on compte 10 personnes, soit 1 personne pour 10 hectares, vers Aubigny et Sancerre.
Vallée de la Loire	Le personnel, dans la vallée de la Loire, vers Sancoins, est à peu près analogue à celui des domaines d'Aubigny et de Sancerre, bien que les domaines aient un peu moins d'étendue.	Lors des battaisons, le propriétaire paie la moitié des frais du personnel auxiliaire.

Départements	DÉSIGNATION DU PERSONNEL	NOMBRE TOTAL
CORRÈZE B. Limousin	Dans un petit domaine du Bas Limousin, on compte 2 hommes, 2 femmes, les enfants ou 1 berger, quelquefois 1 domestique ou une servante. Il n'y a qu'un seul ménage dans les borderages.	Soit pour un domaine de 15 à 20 hectares, 5 ou 6 personnes. Dans le moment des vendanges, le métayer qui a des vignes, se fait forcément aider, quelquefois aussi pour les fouissages.
Centre	Dans le centre du département, pour les domaines plus étendus et mieux cultivés, on compte un personnel plus nombreux.	Soit pour un domaine de 25 à 35 hectares, 7 ou 8 personnes.
Ussel	Dans le nord du département, vers Ussel, le personnel est moins nombreux.	Formule économique: 1 homme pour 12 hectares.
COTES-du-NORD	Il y a ordinairement, dans une métairie moyenne, le métayer, 2 hommes, 2 femmes, les enfants, plus les ouvriers auxiliaires en temps de récolte. Quand le métayer est trop faible, il prend des aides, car tous les travaux sont à sa charge.	Pour un domaine de 2 hectares, environ 6 ou 7 personnes à poste fixe.
CREUSE	Le nombre du personnel doit être proportionné à la force des domaines. En fait, il est presque toujours insuffisant. Le métayer est tenu d'avoir un nombre déterminé de domestiques; dans tous les cas, de lever la récolte à ses frais.	Pour les domaines de 40 hectares, le personnel devrait se composer d'au moins 6 personnes.
DORDOGNE Centre	On compte ordinairement, pour les domaines moyens du centre du département, 4 personnes en état de travailler, plus 2 ou 3 enfants. Le métayer emploie des ouvriers supplémentaires, quand il est trop faible, au temps des moissons.	Le personnel d'un domaine ordinaire de 25 à 30 hectares se compose de 5 ou 6 personnes, membres de la famille ou étrangers.
Nontron	Dans les métairies doubles du nord, vers Nontron, on compte 3 ou 4 hommes, outre les femmes et enfants. Dans les métairies simples, on compte un tiers en moins. Dans les borderages, il n'y a qu'un ménage seul.	Dans les domaines doubles, de 30 à 40 hectares, au moins 8 personnes.

Départements	DÉSIGNATION DU PERSONNEL	NOMBRE TOTAL
DORDOGNE Nontron	Le métayer est tenu de se faire aider quand il est trop faible, toujours au temps des moissons. Il y a, à cet égard, stipulation expresse. S'il ne le fait pas, c'est un cas de résiliation.	Dans les domaines simples de 25 hectares, au moins 6 personnes.
DROME	Pour un domaine ordinaire, on compte le métayer, sa femme, ses enfants, 2 domestiques, plus des ouvriers supplémentaires, si le travail du domaine l'exige.	Pour un domaine moyen de 30 hectares, 6 personnes au moins.
GARD	Les domaines étant très variables d'étendue et de forme, le personnel doit s'en ressentir dans des proportions diverses. Le métayer est tenu de se faire aider s'il est trop faible, surtout au temps des récoltes, sous risque de laisser les travaux incomplets.	On ne saurait déterminer le nombre moyen des travailleurs, à cause des variations.
GARONNE (Haute)	Le propriétaire exige pour les petits domaines des environs de Toulouse 3 à 4 personnes, hommes et femmes, sans compter les enfants. Les conventions exigent que le métayer prenne des auxiliaires en cas de nécessité. Mais c'est une obligation souvent combattue par la force d'inertie, sauf au temps des moissons, où il vient des ouvriers des contrées éloignées.	On peut évaluer à 5 ou 6 personnes de tout âge le personnel ordinaire d'une métairie moyenne de 12 à 15 hectares. Ce personnel est suffisant.
GERS	Pour une métairie moyenne, il faut 3 ou 4 hommes, 1 ou 2 femmes, 1 gardien. Le chiffre est le plus souvent fixé par le bail. Le métayer est tenu de se faire aider, sous peine de ne pouvoir faire ses travaux.	On peut porter à 7 personnes sans compter les enfants, le personnel d'une métairie de 30 hectares.
GIRONDE Sud	Le personnel est toujours au-dessous des besoins. Le métayer devrait toujours prendre des ouvriers supplémentaires, lorsqu'il est trop faible ; mais il ne le fait pas toujours.	Ces observations s'appliquent aux domaines à cultures variées, non au pays vignoble.

Départements	DÉSIGNATION DU PERSONNEL	NOMBRE TOTAL
HÉRAULT	Le métayage de l'Hérault ayant un caractère spécial, la question du personnel, fixe ou auxiliaire, n'a aucune importance.	Le colon partiaire travaille d'ordinaire d'autres terres que celles dont il partage les fruits.
INDRE Boischaut	Pour un grand domaine, il faut 2 hommes, 2 jeunes gens de 15 à 16 ans, 2 femmes, et cela parce que, dans le Boischaut, le bétail est l'objectif principal.	Le personnel comprend 6 ou 7 individus dans les pays de culture pastorale, pour les domaines de 80 hectares.
Champagne	Là où la culture des céréales domine, comme dans la Champagne berrichonne, le personnel est plus nombreux. Le métayer prend quelquefois des aides, soit journaliers, soit temporaires, surtout au temps des récoltes ; mais le bail ne lui en impose pas l'obligation : c'est un tort.	Dans les pays de céréales, le nombre va jusqu'à 9 ou 10. La question du personnel est celle qui doit le plus préoccuper les propriétaires. Il y va de leurs récoltes et de leurs revenus.
INDRE-et-LOIRE Rive droite de la Loire	Le personnel est en rapport avec l'importance des travaux à exécuter. Le travail a souvent en vue la culture de la vigne. Le métayer n'a pas besoin d'ouvriers auxiliaires.	Les domaines sont fort peu étendus, de 5 à 15 hectares. Le métayer se suffit.
Loches	Un domaine ordinaire est généralement travaillé par 3 hommes, 3 femmes : une pour la maison, une pour les vaches, un jeune garçon, une bergère. Il y a quelquefois des vignes annexées aux domaines. Le métayer prend quelquefois un aide pendant 30 ou 50 jours, selon l'étendue du domaine, pour lever la récolte et surveiller ses intérêts.	Le personnel, pour une métairie moyenne de 40 hectares, se compose de 8 personnes au moins, sans compter les enfants.
ISÈRE	On trouve, dans les petits domaines de l'Isère, le métayer, sa femme, un domestique mâle, un berger. L'engagement d'un personnel auxiliaire est de droit, puisque le métayer est tenu d'exécuter tous les travaux en bon père de famille.	On compte une personne pour 2 ou 3 hectares dans les plaines, beaucoup moins dans les montagnes.
JURA	Le métayage n'est appliqué qu'aux vignes. Une famille, le père et la	On peut compter en moyenne une famille de 3 personnes

Départements	DÉSIGNATION DU PERSONNEL	NOMBRE TOTAL
JURA	mère, si les enfants sont petits, ne peut cultiver que 1 hectare ou 2 hectares au plus, le travail étant manuel. Les familles plus nombreuses prennent des domaines plus étendus ; mais les ouvriers supplémentaires deviennent inutiles, sauf au temps des vendanges.	pour 2 hectares de vignes à la main.
LANDES	Il faut, dans un petit domaine des Landes, 2 hommes, 2 femmes, 2 jeunes gens, 2 enfants. Le métayer est toujours tenu de maintenir un personnel égal à celui qu'il avait en entrant.	On compte 5 ou 7 travailleurs pour des domaines de 5 à 25 hectares.
LOIRE Roannais	On compte, pour un domaine moyen, 3 ou 4 hommes, 2 femmes, 1 pâtre, plus des aides au temps des récoltes. L'intérêt de l'exploitant, comme celui du bailleur, exige que le métayer se fasse aider, si bien qu'on le lui impose dans le bail.	Pour un domaine de 40 hectares, on compte 7 personnes à poste fixe.
Forez	Dans le Forez, on compte, pour un bon domaine, le métayer et sa femme, 2 ou 3 valets de charrue, 1 fille de basse-cour au besoin. Le métayer prend les ouvriers nécessaires aux cultures. Le propriétaire paie la moitié des ouvriers employés pour la machine à battre, qui d'ordinaire appartient à un entrepreneur.	On compte, pour un bon domaine du Forez, environ 6 personnes en état de travailler.
LOIR-et-CHER Sologne	Un domaine fort étendu de la Sologne comprend 1 charretier, 1 bouvier, 1 vacher, 1 servante, 1 bergère, 1 vaquetière pour les agneaux, 1 dindonnière accidentellement. Le métayer doit se faire aider en cas de besoin, afin que les travaux ne restent pas en souffrance.	Il y a environ 7 personnes, sans compter les enfants pour 150 ou 200 hectares. Les exploitations de la Sologne sont toutes spéciales.
LOIRE (Haute)	Pour une métairie moyenne, il faut 2 hommes, 2 charrues et 1 vacher, plus les femmes.	La culture étant pastorale fort souvent, il ne faut pas un nombreux personnel.

Départements	DÉSIGNATION DU PERSONNEL	NOMBRE TOTAL
LOIRE (Haute)	La culture étant généralement uniforme, le métayer n'a pas besoin d'ouvriers supplémentaires.	
LOIRE (Inférieure)	Ordinairement, chaque métairie est tenue par une famille : le père, sa femme et les enfants, dont plusieurs peuvent travailler utilement ou garder le bétail. L'obligation d'avoir des ouvriers supplémentaires est inscrite dans le bail; le métayer est tenu de s'y conformer.	Formule économique : pour un domaine de 20 à 30 hectares, 1 homme pour 7 ou 8 hectares, plus 1 petit berger.
LOT	Pour un petit domaine, pris pour type, on compte ordinairement 2 hommes, 2 femmes, 1 enfant servant de berger. Le métayer est tenu de prendre des aides, en cas de besoin, surtout au temps des moissons.	Le personnel est communément de 5 personnes, pour un domaine de 15 hectares.
LOT-et-GARONNE Marmande	Pour un petit domaine, on compte d'ordinaire 2 hommes, 2 femmes; pour un grand domaine, 3 hommes, 3 femmes, plus 1 métivier pour 2 ou 3 mois d'été. Le personnel habituel est à la charge du métayer. Mais, au temps des grands travaux, il y a des métiviers ou auxiliaires à façon qui sont aux frais du propriétaire; le métayer les nourrit.	Soit 4 personnes pour un domaine de 11 à 18 hectares; soit 6 ou 7 personnes pour un domaine de 20 à 25 hectares.
Villeneuve-d'Agen	La proportion du personnel est toujours inférieure aux besoins. Il faudrait un tiers de bras en plus, pour mener à bien tous les services.	Formule économique : pour 10 hectares, 1 homme, 2 femmes; pour 20 hectares, 2 hommes, 2 femmes, 1 pâtre ; pour 30 hectares, 3 hommes, 2 femmes, 1 pâtre.
LOZÈRE	Le personnel est relativement nombreux et onéreux dans les exploitations variées, surtout dans les fortes métairies. Le personnel est moindre dans les domaines livrés à l'élevage du bétail et où se fabriquent les fromages, c'est-à-dire sur le plateau d'Aubrac.	Dans le pays de culture pastorale, le personnel est généralement suffisant, sans ouvriers supplémentaires. Ailleurs, le métayer est tenu de se faire aider en cas d'insuffisance du nombre.
MAINE-et-LOIRE Seiches	Dans le centre du département, vers Seiches, on compte, dans un bon domaine, 3 hommes, 3 femmes et les enfants.	Pour un domaine de 30 à 40 hectares : 7 personnes.

Départements.	DÉSIGNATION DU PERSONNEL	NOMBRE TOTAL
MAINE-et-LOIRE St-Georges-sur-Loire	Dans la vallée de la Loire, vers Saint-Georges-sur-Loire, on compte, dans un domaine ordinaire, 2 hommes, 2 femmes, 1 domestique pour les mois d'été, 1 pâtre.	Pour un domaine de 30 hectares : 5 à 6 personnes.
Segré	Dans l'arrondissement de Segré, le personnel auxiliaire se mesure sur le nombre des hectares. Le personnel ordinaire est ramené à une formule économique.	Formule économique : un homme pour 10 hectares.
MAYENNE	Le personnel se compose ordinairement, pour un domaine moyen, de 3 hommes, 2 femmes et les enfants.	Pour un domaine de 30 hectares: environ 6 ou 7 personnes.
Montsurs	Dans les domaines ordinaires, on compte 3 hommes, 2 femmes, plus des ouvriers auxiliaires pour les temps des récoltes.	Pour un domaine de 20 à 25 hectares : environ 5 ou 6 personnes.
	Il y va de l'intérêt des métayers de se faire aider quand la famille est insuffisante, et il le font.	Les ouvriers auxiliaires sont compris dans les deux données qui précèdent.
MORBIHAN	Le personnel se compose ordinairement de la famille du métayer, 1 ou 2 domestiques, 1 gardien de vaches, plus des ouvriers auxiliaires au temps des moissons.	Le personnel indiqué s'applique aux domaines moyens de 15 à 20 hectares.
NIÈVRE	Le personnel ordinaire se compose de la famille du métayer, et d'ouvriers auxiliaires au temps des récoltes. Le métayer a pris l'engagement de cultiver ; son intérêt, comme son engagement, l'oblige à se faire aider lorsque sa famille ne suffit pas.	Les domaines ayant d'ordinaire de 30 à 50 hectares, il est rare que la famille du métayer soit suffisante.
Morvan	Le personnel des plus faibles domaines comprend 1 homme, 1 femme et quelques enfants. Le personnel des forts domaines comprend 4 à 6 personnes, et les enfants, qui gardent les troupeaux.	Ces données se rapportent au canton de Poussignol, où les domaines ordinaires ont 40 hectares et les grands jusqu'à 80 hectares.
OLERON (Ile d')	Chaque petit domaine occupe une famille de colons, qu'il entretient ; il ne contient que 2 hectares. Le travail est manuel.	L'étendue étant très minime la famille du colon composée de 4 personnes suffit.

Départements.	DÉSIGNATION DU PERSONNEL	NOMBRE TOTAL
PUY-DE-DOME	Le métayer est tenu de faire tout le travail et de se faire aider, s'il n'est pas assez fort. Mais, lorsqu'il est insolvable, ce qui est fréquent, le propriétaire n'a aucun moyen de le forcer à remplir ses engagements.	Formule économique : 1 travailleur pour 5 ou 6 hectares en moyenne.
PYRÉNÉES (Basses) Pays basque	On compte dans chaque petit domaine, le père, la mère, les enfants et, s'ils sont trop petits, 1 fort valet, 1 enfant pour le bétail. L'obligation de se faire aider en cas de besoin existe, et le métayer prend des auxiliaires. Le fils succède au père et les enfants, devenus grands, remplacent les étrangers.	Les domaines étant restreints, de 6 à 10 hectares, le personnel indiqué suffit ordinairement.
Béarn	Si le domaine est considérable, la famille du métayer est nombreuse ; en cas de besoin, il prend un domestique, rarement. Le métayer n'est pas tenu par son bail d'entretenir des ouvriers supplémentaires ; mais il le fait si c'est nécessaire, surtout au temps des récoltes.	Les domaines sont un peu plus grands que ceux du Pays basque. Mais ils ne sont pas généralement assez vastes pour dépasser les forces d'une famille.
PYRÉNÉES (Hautes)	Pour un domaine moyen, il faut ordinairement 8 personnes, père, mère, enfants. Mais le métayage est fort rare dans les Hautes-Pyrénées.	Soit 8 personnes pour 30 hectares. Beaucoup moins dans les petits domaines de la montagne.
PYRÉNÉES (Orientales)	Le métayer est chargé de faire tous les frais de l'exploitation. Il supporte, nécessairement, les frais du personnel supplémentaire.	Formule économique : le chef de culture en tête, 1 homme de labour pour 12 hectares.
RHONE	On compte, pour un domaine de contenance moyenne, le métayer, sa femme et sa famille, diversement composée, plus le concours d'ouvriers supplémentaires au temps des récoltes, bien que l'obligation de se faire aider ne soit pas prévue par les baux.	Ces données sont surtout relatives aux montagnes du Haut Beaujolais.
SAONE-et-LOIRE Beaujolais	Le métayer est tenu de se faire aider dans certains moments, en raison de la nature de la récolte, qui ne peut attendre.	Il est difficile d'indiquer une proportion moyenne. Il y a trop de variations.

Départements.	DÉSIGNATION DU PERSONNEL	NOMBRE TOTAL
SAONE-et-LOIRE Charolais	Le personnel se compose d'une famille, le père, la mère, 2 ou 4 enfants, 1 domestique ou 1 servante, si ceux-ci sont trop jeunes, 1 berger, s'il y a des brebis ou moutons.	Le métayer cherche le plus qu'il peut à se priver d'aides, au grand détriment du domaine.
SAVOIE	Le personnel n'est pas toujours en rapport avec l'étendue du domaine, qui varie de 5 à 15 hectares. Il dépend du nombre des enfants, amenés jeunes ou nés sur place. L'obligation de se faire aider existe, surtout dans le moment des grands travaux.	On ne saurait fixer une moyenne générale pour le personnel.
SÈVRES (Deux)	Le métayer fait tous les travaux. Par conséquent, il est tenu de prendre des ouvriers supplémentaires, si sa famille ne suffit pas.	Formule économique : 1 homme, 1 femme et 1 enfant de 12 à 15 ans, pour 10 hectares.
TARN	Le métayer doit faire ou faire faire tous les travaux nécessaires pour les récoltes; il doit donc se faire aider, s'il se sent trop faible. Les domaines étant très variables, de 10 à 50 hectares, la proportion est rendue par un chiffre économique. Souvent un homme est remplacé par une femme.	Formule économique : 1 homme pour 10 hectares de terre arable, 1 femme ou des enfants pour garder le bétail.
TARN-et-GARONNE	Le métayer, étant chargé de tout le travail, est tenu de prendre des aides, quand sa famille est insuffisante. Il ne saurait s'en passer.	Formule économique : Pour un domaine de 15 à 20 hectares, 4 personnes ; de 20 à 30, 8 personnes.
Moissac	Il y a des vignes annexées aux domaines. La culture des vignes nécessite des aides en certains moments.	Pour un domaine moyen de 15 à 20 hectares, il faut 5 ou 6 personnes.
VAR Draguignan	Il n'existe aucune stipulation dans le corps des baux au sujet de l'emploi d'ouvriers supplémentaires. Le métayer doit faire tout le travail.	Le personnel se compose du métayer et de sa famille, diversement composée.
Toulon	Le colon cultive à ses risques et périls. Le propriétaire a le droit de l'attaquer, s'il y a insuffisance de nombre ou trop de retard dans les cultures.	Formule économique : 2 ou 3 hommes, autant de femmes, pour 10 hectares.

Départements.	DÉSIGNATION DU PERSONNEL	NOMBRE TOTAL
VAUCLUSE	Le personnel varie à l'infini, selon les cultures, l'intelligence du métayer et les ressources dont il dispose, et aussi selon les circonstances. Aujourd'hui, toutes les conditions culturales se trouvent bouleversées par le phylloxera, la maladie des vers à soie et la suppression de la culture de la garance. La composition du personnel agricole, fixe ou auxiliaire, s'en ressent.	Formule économique: il faut 1 homme constamment pour 10 hectares et 1 femme, plus des ouvriers supplémentaires à certains moments, dans l'état normal des exploitations.
VENDÉE	D'ordinaire, on compte, par domaine moyen, 3 hommes, 2 femmes, 1 enfant en âge de travail. L'obligation des ouvriers supplémentaires, en cas de besoin, est prévue, et elle s'exécute.	Soit pour un domaine de 30 hectares : 5 personnes. Pour un domaine de 40 hectares, 1 homme de plus.
VIENNE	Ordinairement, on compte 3 hommes en été, 2 hommes en hiver, 2 femmes toute l'année. Le métayer est tenu de prendre des aides, en cas de besoin, et de se les attacher, s'il le peut, car le personnel est difficile à recruter.	Le personnel varie de 5 à 6 personnes pour les domaines de 30 hectares.
Civray	Le personnel tend à diminuer par suite de la cherté de la main-d'œuvre, de sorte que le métayage deviendra impossible, si les choses continuent.	Le personnel est souvent insuffisant, parce que les fils quittent les pères, pour gagner davantage à titre de métayers.
VIENNE (Haute)	Il est rare que, pour un grand domaine, il y ait plus de 2 hommes forts ; la femme du chef de famille fait le ménage, les enfants servent de bergers. Le métayer prend des aides au temps des récoltes.	Pour les domaines de 35 à 40 hectares, il y a ordinairement, à poste fixe, 5 ou 6 personnes.
St-Yrieix	Le métayer, devant cultiver en bon père de famille, doit avoir le personnel nécessaire, et prendre des ouvriers supplémentaires, lorsque les besoins de l'exploitation l'exigent.	Formule économique : 1 homme et 1 femme pour 3 hectares de cultures variées, prés et terres.
YONNE	La cherté de la main-d'œuvre rend le recrutement du métayage difficile. Il n'y a pas de clause obligatoire stipulée qui force le métayer à prendre des ouvriers supplémentaires ; il est simplement tenu de faire tout le travail.	L'étendue des domaines, allant de 10 à 40 hectares, est trop variable pour qu'on puisse donner un chiffre moyen pour le personnel.

XI. — Composition des Cheptels.

Questions posées : « En quoi consiste le cheptel vivant d'une métairie ordinaire, animaux de toute espèce, de travail et de rente ? En quoi consiste le cheptel mort, matériel, instruments, outils, machines ? Quelle est la valeur ordinaire et totale du double cheptel ? »

TABLEAU SYNOPTIQUE

Départements.	COMPOSITION DES CHEPTELS	VALEUR
AIN Trévoux	Le cheptel vivant d'un domaine moyen de 50 hectares se compose de 6 bœufs de travail, 6 ou 8 vaches, 5 ou 6 élèves, 2 juments poulinières, porcs, volailles. Valeur variable de . . . . Le cheptel mort se compose de charrettes, tombereaux, charrues, herses, outils manuels. Valeur variable de . . . . Valeur variable des deux cheptels de	 7.000 à 8.000 fr. 2.000 à 3.000 9.000 à 11.000 fr.
ALLIER Bourbon-l'Archambault	Le cheptel vivant se compose, pour un domaine de 50 à 60 hectares, de 25 ou 30 têtes de bétail, à savoir, en moyenne : 6 bœufs de travail, 2 jeunes bœufs au dressage, 8 vaches, 10 ou 12 produits, 40 à 65 moutons ou brebis suitées, 2 truies et leurs suites ou 10 porcs, 1 jument poulinière et son produit. Valeur moyenne . . . . Le cheptel mort se compose de charrettes, tombereaux, charrues, herses, rouleaux, outils à main. Valeur moyenne . . . . Valeur moyenne des deux cheptels	 10.000 fr. 1.500 11.500 fr.
Marcillat-d'Allier	Le cheptel, pour un domaine moyen de 60 hectares, est à peu près composé comme le précédent, mais la valeur diffère.	

Départements.	COMPOSITION DES CHEPTELS	VALEUR
ALLIER Marcillat- d'Allier	Cheptel vivant, valeur environ de . .	7.250 fr.
	Cheptel mort, valeur environ de. . .	2.000
	Valeur moyenne des deux cheptels. .	9.250 fr.
	Autre cheptel, pour des domaines plus étendus, ayant 32 bêtes à cornes et 60 bêtes à laine.	
	Valeur moyenne du cheptel vivant. .	9.000 fr.
	Valeur moyenne du cheptel mort. . .	2.500
	Valeur moyenne du double cheptel .	11.500 fr.
Toury	Le cheptel vivant est composé de manière à remplacer par les produits élevés les animaux vendus. Ainsi, 8 bœufs de travail, 8 bouvillons, 4 veaux mâles, c'est-à-dire 20 têtes d'animaux mâles et 4 bœufs à vendre chaque année ; 6 à 8 vaches, 6 génisses, de manière à vendre 2 vaches par an ; 60 brebis ou moutons, 1 ou 2 truies, 8 à 10 porcs à l'engrais ; soit, en totalité, l'équivalent de 40 têtes de gros bétail, 2/3 de tête par hectare, sur un domaine de 60 hectares.	
	Valeur du cheptel vivant, environ . .	12.000 fr.
	Valeur du cheptel mort, environ. . .	1.500
	Valeur totale des deux cheptels, environ	13.500 fr.
ALPES (Basses)	Le cheptel vivant se compose, pour un domaine de 50 à 60 hectares, de 6 mulets, 150 brebis, 6 porcs.	
	Le cheptel mort se compose de chariots, tombereaux, charrues et autres instruments aratoires.	
	Valeur moyenne du cheptel vivant. •	7.300 fr.
	Valeur moyenne du cheptel mort. . .	2.700
	Valeur moyenne des deux cheptels .	10.000 fr.
ALPES (Hautes)	Le cheptel vivant d'un domaine ordinaire se compose de bœufs, vaches, brebis ou moutons, quelquefois chevaux ou mulets.	
	Le cheptel mort est primitif. On se sert souvent du traîneau et du bât, à cause des mauvais chemins.	
	Valeur variable des deux cheptels . .	2.000 à 4.000 fr.

Départements.	COMPOSITION DES CHEPTELS	VALEUR
ALPES (Maritimes) Nice	Le cheptel vivant, dans les petits domaines des environs de Nice, se compose de bêtes bovines, de moutons et de mulets. Le cheptel mort n'a qu'une faible importance.	On ne saurait fixer la valeur du double cheptel.
Grasse	Le cheptel vivant des petits domaines de Grasse ne comprend que 1 mulet ou 1 cheval. Le cheptel mort ne comprend qu'une charrette et quelques outils. Valeur au maximum des deux cheptels	1.000 fr.
ARDÈCHE	Le cheptel vivant, pour un domaine ordinaire de 10 à 20 hectares, consiste dans 1 paire de bœufs pour le trait; pour la rente, chevaux, vaches, moutons, chèvres porcs. Le cheptel mort consiste en 1 tombereau, 1 charrette, 2 ou 3 charrues, outils à main.	On ne saurait fixer une valeur sérieuse.
ARIÈGE	Le cheptel vivant, pour un domaine de 20 à 30 hectares, comprend 4 bœufs de travail, 2 vaches, 2 élèves, 1 ou 2 juments poulinières, 30 à 40 bêtes à laine, 1 truie et sa suite. Le cheptel vivant a une valeur moyenne de . . . . Valeur moyenne du cheptel mort, non compris le mobilier personnel ou meublant, environ . . . . Valeur moyenne des deux cheptels. .	4.000 fr. 2.000 6.000 fr.
AUDE	Le cheptel vivant, pour un grand domaine de 80 à 90 hectares, se compose de 18 bêtes à cornes, 100 brebis, 2 truies et leurs suites. Le cheptel mort comprend 3 charrettes, 1 tombereau, 4 charrues en fer, araires en bois, herses, rouleau. Le cheptel vivant vaut en moyenne . Le cheptel mort vaut en moyenne . . Valeur totale des deux cheptels . . .	6.400 fr. 1.000 7.400 fr.

Départements.	COMPOSITION DES CHEPTELS	VALEUR
AVEYRON	Le cheptel vivant d'une forte métairie se compose de 2 ou 3 paires de bœufs, d'une vingtaine d'autres bêtes à cornes, vaches, taureaux ou génisses, ou de 80 à 100 brebis, selon la nature des terrains, d'environ 20 porcs, dont la moitié est livrée à l'engrais. Le cheptel mort comprend tous les instruments de culture.	On ne saurait préciser la valeur moyenne des cheptels, qui varie selon l'importance des domaines.
BOUCHES-du-RHONE Marseille	Les cheptels vivants des domaines restreints qui environnent Marseille ne sauraient appeler l'attention, en raison de la spécialité des cultures.	
Saint-Remy	Dans un grand domaine bien constitué, d'environ 80 hectares, le cheptel vivant comporte des chevaux pour les labours, rarement des bœufs, un troupeau de bêtes ovines, quelques porcs, mais peu, 7 à 8 au plus. Le cheptel mort consiste en charrettes à deux roues, peu de chariots, un tombereau, charrues, herses, instruments perfectionnés, depuis quelques années. Les batteuses sont rares.	Il y a tant de variations de valeur et d'étendue dans le département des Bouches-du-Rhône, surtout si l'on met en regard les petits domaines du littoral et les grands parcours de l'arrondissement d'Arles qu'il serait difficile d'établir des moyennes sérieuses.
CANTAL	Les cheptels vivants des domaines du Cantal, variant de 20 à 40 hectares, comprennent des animaux des quatre espèces, bovine, ovine, porcine, chevaline, plus des volailles. Le cheptel mort consiste en chars, tombereaux, charrues, outils aratoires.	
Aurillac	Le cheptel vivant, dans la région d'Aurillac, peut être évalué à environ	3.000 fr.
	Le cheptel mort a peu de valeur, environ.	200
	Le cheptel en grain peut être évalué à	300
	Valeur totale des trois cheptels, environ.	3.500 fr.
CHARENTE	Le cheptel vivant, dans un domaine bien composé de 40 hectares, où il y a des vignes, comprend 4 ou 6 bœufs ou vaches avec leurs produits, quelquefois 1 truie avec ses nourrissons.	

tements	COMPOSITION DES CHEPTELS	VALEUR
CHARENTE	Le cheptel mort comprend 2 charrettes, 2 ou 3 charrues, 1 rouleau, quelques outils.	
	Valeur moyenne du cheptel vivant. .	2.000 fr.
	Valeur moyenne du cheptel mort . .	400
	Valeur moyenne des deux cheptels .	2.400 fr.
Confolens	Le cheptel vivant des grands domaines comprend des chevaux, des bœufs et des vaches de travail, 10 vaches de produit, 40 brebis et leurs suites, 6 porcs.	
	Valeur moyenne du cheptel vivant .	6.000 fr.
	Valeur moyenne du cheptel mort . .	1.000
	Valeur moyenne des deux cheptels .	7.000 fr.
Barbezieux	Il y a, autour de Barbezieux, de petits domaines qui n'entretiennent que 3 ou 4 têtes de gros bétail et quelques brebis.	
	Ce cheptel vaut environ.	1.500 à 2.000 fr.
	Le cheptel mort, peu important, peut valoir	500 500
	Valeur des deux cheptels, environ .	2.000 à 2.500 fr.
CHARENTE (Inférieure) Aunis	Le cheptel vivant, pour un grand domaine de 70 hectares, bien constitué, comprend des bœufs, moutons, chevaux, pour une valeur de	10.000 fr.
	Le cheptel mort, y compris 1 batteuse, 1 faucheuse, 1 râteau perfectionné, vaut en moyenne	4.000
	Valeur totale des deux cheptels . . .	14.000 fr.
Saintonge	Le cheptel vivant d'un domaine de 35 hectares consiste en bœufs de travail, vaches laitières, moutons en nombre trop restreint.	
	Le cheptel mort comprend tous les instruments de petite culture.	
	Valeur moyenne du cheptel vivant. .	1.200 à 2.000 fr.
	Valeur moyenne du cheptel mort . .	500 à 1.200
	Valeur moyenne du double cheptel .	1.700 à 2.200 fr.
CHER Saint-Amand	Le cheptel vivant d'un domaine de 60 hectares comprend des animaux de toute espèce, bovine, ovine, porcine, chevaline, pour une valeur moyenne de	10.000 fr.
	Pas d'évaluation du cheptel mort.	

Départements	COMPOSITION DES CHEPTELS	VALEUR
CHER Vallée de la Loire	Le cheptel vivant comprend des animaux de l'espèce bovine et quelques animaux des autres espèces. La valeur moyenne, pour un grand domaine de 75 hectares, varie, suivant sa composition de. . . . . Pas d'évaluation de cheptel mort.	5.000 à 10.000 fr.
Nord	Le cheptel vivant, dans les grands domaines du nord du département, ayant 80 hectares, comprend 8 bœufs, 10 vaches et leurs produits, 60 ou 70 brebis et leurs suites, 5 juments poulinières avec 2 ou 3 produits. Le cheptel mort comprend 2 charrettes, 2 tombereaux, 2 herses, 1 rouleau, 3 charrues Dombasle. Valeur moyenne du cheptel vivant. . Valeur moyenne du cheptel mort . . Valeur moyenne du double cheptel .	10.000 fr. 2.500 12.500 fr.
CORRÈZE Ussel	Le cheptel vivant, pour un domaine de 30 à 40 hectares, comprend 4 bœufs, 6 vaches et leurs produits, 1 âne ou ânesse, 20 brebis suitées, 10 moutons, 4 porcs ou 1 truie, quelquefois 2, et leurs suites, parfois 1 jument poulinière. Le cheptel mort comprend 2 charrettes, 2 tombereaux, 1 charrue, 3 araires, 1 herse. Valeur moyenne du cheptel vivant. . Valeur moyenne du cheptel mort . . Valeur moyenne du double cheptel .	3.500 fr. 1.000 4.500 fr.
Centre	Le cheptel vivant des bons domaines des environs de Lubersac, de Vigeois, de Seilhac et autres cantons d'outre-ouest est mieux composé. Il a une valeur moyenne de	4.500 à 5.000 fr.
Bas Limousin	Dans les pays vignobles, où les domaines ont de 15 à 25 hectares, le cheptel vivant consiste en 1 ou 2 paires de bœufs ou vaches avec suites, 2 ou 3 truies avec suites, 12 ou 15 moutons. Le cheptel mort varie selon les besoins	

Départements.	COMPOSITION DES CHEPTELS	VALEUR
CORRÈZE Bas Limousin	Valeur moyenne du cheptel vivant. .	2.000 à 2.500 fr.
	Valeur moyenne du cheptel mort . .	300 à 500
	Valeur moyenne du double cheptel .	2.3̣00 à 3.000 fr.
COTES-DU-NORD	Le cheptel vivant d'un domaine ordinaire, de 15 à 20 hectares, comprend des chevaux pour le travail (on n'emploie pas les bêtes à cornes au labour), des vaches et leurs produits, 1 taureau, des porcs (race du pays croisée de Craonnais), quelques moutons, des volailles. Le cheptel mort comprend des charrettes, 1 machine à battre à manège, des charrettes et chariots, des charrues, herses, rouleaux ventilateurs.	
	Valeur ordinaire ou cheptel vivant. .	5.000 fr.
	Valeur ordinaire du cheptel mort . .	3.000
	Valeur moyenne des deux cheptels .	8.000 fr.
CREUSE	Le cheptel vivant, pour un domaine de 35 à 40 hectares, comprend 15 ou 16 bêtes à cornes, environ 50 brebis et leurs suites, quelques porcs, c'est-à-dire environ 1/2 tête de gros bétail ou l'équivalent par hectare. Le cheptel mort, peu important, se compose de quelques araires, 1 herse, 2 paires de roues servant tour à tour aux charrettes et aux tombereaux.	
	Valeur moyenne du cheptel vivant. .	4.000 à 6.000 fr.
	Valeur moyenne du cheptel mort.. .	800
	Valeur moyenne des deux cheptels. .	4.000 à 6.880 fr.
DORDO-GNE Centre	La composition du cheptel vivant d'un domaine ordinaire de 25 à 30 hectares, dans le centre du Périgord, se constitue comme suit: 2 paires de bœufs, vaches, moutons, 1 ânesse, porcs, ayant une valeur moyenne de.	2.300 fr.
Nontron	Le cheptel vivant au nord de la Dordogne, vers Nontron, comprend, pour un domaine de 30 hectares, 4 bœufs, 2 ou 4 vaches, 2 à 5 truies et leurs nourrins, 20 à 40 brebis et leurs suites ou moutons, valant environ	3.000 fr.
	Le cheptel mort se compose de 4 char-	

Départements	COMPOSITION DES CHEPTELS	VALEUR
DORDO-GNE	rettes ou tombereaux, 2 ou 3 charrues, 1 herse, 1 tarare, valant environ. . . .	600 à 800 fr.
	Valeur moyenne des deux cheptels. .	3.600 à 4.800 fr.
DROME	Pour un domaine de 30 hectares, le cheptel vivant comprend 4 mulets, 50 moutons, 3 chèvres, 10 à 20 porcs, volailles, valant d'ordinaire	3.700 fr.
	Le cheptel mort comprend 1 charrette, 1 tombereau, 3 charrues, 1 rouleau en pierre, valant environ.	700
	Valeur ordinaire des deux cheptels .	4.400 fr.
	Rarement il existe un fonds de roulement en argent.	
GARD	La composition du cheptel vivant varie selon la nature du sol, la nécessité des cultures et le sens de l'exploitation.	La valeur des cheptels est si variable qu'il est impossible de la rendre par un chiffre.
	Il en est de même du cheptel mort.	
GARONNE (Haute)	Le cheptel vivant d'un domaine de 15 à 25 hectares comprend en moyenne 1 ou 2 paires de bœufs de travail, 1 ou 2 paires de vaches travaillant, 4 ou 8 produits, selon les ressources fourragères, 3 ou 4 jeunes porcs, des volailles, quelquefois 1 jument poulinière.	
	Valeur ordinaire	3.000 fr.
	Le cheptel mort comprend 2 ou 3 charrettes à 2 roues, 1 tombereau, des charrues, des herses, des émotteurs, 1 râteau à cheval, des outils à main.	
	Valeur ordinaire du cheptel mort . .	1.200
	Valeur ordinaire des deux cheptels .	4.200 fr.
GERS	Le cheptel vivant d'un domaine de 30 hectares se compose de 4 paires de bœufs ou vaches, d'autant de bouvillons ou de génisses, 20 brebis et leurs suites, 1 truie suitée.	
	Valeur ordinaire	4.500 à 5.000 fr.
	Le cheptel mort se compose de 3 charrettes, 2 tombereaux, 4 charrues ou araires, peu de machines ou instruments perfectionnés.	
	Valeur ordinaire	800 à 900
	Valeur moyenne des deux cheptels. .	5.300 à 5.900 fr.

Départements	COMPOSITION DES CHEPTELS	VALEUR
GIRONDE La Réole	Le cheptel vivant comprend généralement, dans un domaine moyen, une paire de bœufs, 1 ou 2 vaches, quelques brebis, 1 ou 2 porcs, des volailles. Valeur ordinaire . . . . Le cheptel mort comprend 1 charrette, parfois 1 tombereau, 1 herse, 2 araires, quelques outils à main. Valeur ordinaire du cheptel mort . . Valeur moyenne des deux cheptels .	2.000 à 3.000 fr. 1.000 à 1.200 3.000 à 4.200 fr.
HÉRAULT	La nature des petits corps de biens soumis au métayage n'exige pas de cheptel dans l'Hérault. Chaque métayer possède son bétail et son matériel, et l'emploie à la culture des terres qu'il a prises et de celles qu'il cultive pour lui en même temps.	Il n'y a pas lieu de préciser la valeur des cheptels.
INDRE	Exemple d'un cheptel vivant bien composé du canton de Buzançais, donné comme modèle dans un domaine de 70 hectares : 6 bœufs de travail, 2 vaches et leurs produits, 4 génisses, 6 veaux ou taureaux d'un an, 1 jument poulinière et son produit, 30 brebis et leurs suites, 50 moutons, 2 truies et leurs suites. Valeur moyenne du cheptel vivant. . Cheptel mort du même domaine : 1 chariot, 1 tombereau, 1 charrette, 2 charrues. Valeur moyenne du cheptel mort. . . Valeur moyenne des deux cheptels .	8.000 fr. 500 8.500 fr.
INDRE-ET-LOIRE Nord Loches	Au nord de la Loire, le propriétaire n'intervient pas dans les cheptels. Le cheptel vivant d'un domaine de 40 à 50 hectares, au sud de la Loire, vers Loches, consiste en 2 chevaux, bœufs, 6 vaches, 40 moutons ou brebis, porcs et truies. Le cheptel mort consiste en charrettes à deux roues, 1 tombereau, 2 charrues, 1 rouleau, 2 herses, 1 tarare, instruments perfectionnés ou machines. Valeur moyenne des deux cheptels. .	Il n'y a pas à préciser la valeur des cheptels. 5.000 à 6.000 fr.

Départements	COMPOSITION DES CHEPTELS	VALEUR
ISÈRE	Le cheptel vivant d'un domaine de 10 à 12 hectares consiste en bœufs de travail, vaches, moutons ou brebis. Le cheptel mort consiste en 1 chariot, 2 tombereaux, 4 charrues, outils aratoires. Valeur moyenne des deux cheptels .	3.000 fr.
Trièves	La valeur des deux cheptels se traduit par une formule économique.	Environ 200 fr. par hectare ; 2/3 pour le bétail, 1/3 pour le matériel.
LANDES	Le cheptel vivant d'un domaine moyen comprend une paire de bœufs, jeunes bœufs et élèves, 2 vaches, veaux de 8 à 15 mois, vaches laitières bretonnes, 1 jument poulinière. Valeur moyenne du cheptel vivant. Le cheptel mort consiste en 1 charrette, 1 tombereau, 2 herses, 2 charrues, 2 houes à cheval, ventilateur, outils à main. Valeur moyenne du cheptel mort . . Valeur moyenne des deux cheptels. .	1.500 à 3.000 fr. 900 à 2.000 2.400 à 5.000 fr.
LOIR-ET-CHER Sologne	Le cheptel vivant, en Sologne, se compose en moyenne, pour un grand domaine de 150 à 200 hectares, de 6 bœufs, 8 vaches et leurs produits, 3 juments poulinières, 100 brebis et leurs suites. Valeur moyenne du cheptel vivant. . Le cheptel mort n'est pas sujet à évaluation.	5.000 à 8.000 fr.
LOIRE Roannais	Le cheptel vivant d'un domaine moyen, 25 à 30 hectares, se compose d'animaux de toutes espèces de travail et de rente. Valeur moyenne du cheptel vivant. . Il n'y a pas de cheptel mort.	850 à 2.500 fr.
Forez	Le cheptel vivant, pour un grand domaine du Forez, se compose de 6 ou 8 bœufs, 8 ou 10 vaches, 1 ou 2 juments poulinières, 10 porcs, 30 à 50 moutons. Valeur moyenne . . . . Le cheptel mort se compose de 3 chariots, 3 tombereaux, 10 charrues	8.000 à 10.000 fr.

Départements	COMPOSITION DES CHEPTELS	VALEUR
LOIRE Forez	de divers modèles, peu de machines. Valeur moyenne du cheptel mort...	2.500 à 3.000 fr.
	Valeur moyenne des deux cheptels..	10.500 à 13.000 fr.
LOIRE (Haute)	Le cheptel vivant consiste en bœufs, vaches, moutons, porcs, juments poulinières. Le cheptel mort consiste en chars à deux ou quatre roues, charrues perfectionnées, araires.	La valeur des cheptels est trop variable pour pouvoir être appréciée.
LOIRE (Inférieure)	Le cheptel vivant d'un domaine de 20 à 30 hectares comprend 2 bœufs, 5 vaches, 4 bouvillons, 2 génisses, 4 veaux, 1 jument poulinière et son produit, 6 ou 8 brebis, 1 truie et quelques porcs.	Formule économique : 250 à 300 kilogrammes de poids vif par hectare.
	Valeur moyenne du cheptel vivant..	4.000 à 5.000 fr.
	Le cheptel mort comprend 1 charrette, 2 ou 3 charrues, 1 herse, quelques instruments perfectionnés. Valeur moyenne du cheptel mort...	1.000 à 1.200
	Valeur moyenne des deux cheptels..	5.000 à 6.200 fr.
LOIRET Sologne	La partie de la Sologne appartenant au Loiret est traitée, en fait de cheptels, comme la partie qui appartient au Loir-et-Cher et au Cher.	
LOT	Le cheptel vivant, pour un domaine moyen de 15 à 30 hectares, bien constitué, se compose de 4 bœufs de travail, quelquefois 8 quand le domaine les comporte, un troupeau de brebis ou de moutons, quelques jeunes porcs et des volailles.	
	Valeur variable, selon l'étendue du domaine	3.000 à 6.000 fr.
	Le cheptel mort comprend 4 charrettes ou tombereaux, 4 à 6 charrues ou araires, deux herses. Valeur moyenne du cheptel mort...	650 à 1.200
	Valeur moyenne des deux cheptels..	3.650 à 7.200 fr.
LOT-ET-GARONNE Marmande	Le cheptel vivant d'un petit domaine de 11 à 18 hectares vaut environ.... Le cheptel mort vaut environ....	2.000 à 3.000 fr. 400 à 500
	Valeur moyenne des deux cheptels .	2.400 à 3.500

Départements	COMPOSITION DES CHEPTELS	VALEUR
LOT-ET-GARONNE Villeneuve-d'Agen	Le cheptel vivant se compose, pour un domaine moyen de 20 à 30 hectares, de 4 bœufs, 2 vaches ; 5 ou 6 élèves pour les domaines de 20 hectares ; 8 à 10 pour ceux de 30 hectares ; valant environ.	4.000 à 6.000 fr.
	Le cheptel mort se compose de 2 chariots, 2 tombereaux, 4 charrues, 1 herse, 1 ventilateur, 2 rouleaux, outils à main, quelques machines à battre, valant environ	1.500 à 2.000
	Valeur des deux cheptels environ . .	5.500 à 8.000 fr.
LOZÈRE	Le cheptel vivant se compose de : bêtes à cornes, bêtes à laine. Le cheptel mort se compose de : chariots, tombereaux, charrues, araires, outils à main.	La valeur totale du double cheptel est de 1.200 fr. pour chaque 1.000 fr. de rente annuelle.
MAINE-ET-LOIRE Segré	Les métayers ont presque tous racheté le cheptel vivant. On peut dire qu'il n'y a plus de cheptel, c'est-à-dire qu'on ne l'évalue pas.	
Seiches	Formule économique : environ une tête de gros bétail pour 2 hectares. Les deux cheptels valent environ. . .	5.000 à 6.000 fr.
St-Georges-sur-Loire	Formule économique : une tête de gros bétail pour un hectare, plus des porcs.	300 fr. par hectare.
MAYENNE Château-Gontier Laval	Le cheptel vivant des domaines moyens de 30 hectares se compose de chevaux en élevage, bœufs, vaches, de la race de Durham généralement ou de ses croisements, de truies avec suites, porcs nombreux, peu de moutons, le tout valant environ	8.000 fr.
	Le cheptel mort se compose de : chariots, charrettes, charrues, instruments perfectionnés et communs, valant environ	5.000
	Valeur moyenne des deux cheptels. .	13.000 fr.
Montsurs	Le cheptel vivant ordinaire vaut environ	5.000 à 6.000 fr.
	Le cheptel mort vaut environ	1.500 à 2.500
	Valeur moyenne des deux cheptels. .	6.500 à 8.500 fr.

Départements	COMPOSITION DES CHEPTELS	VALEUR
MORBIHAN	Le cheptel vivant d'un domaine moyen de 15 à 20 hectares se compose de: bœufs, vaches avec leurs produits, moutons, porcs, volailles. Le cheptel mort se compose de chariots, charrues, outils à main.	On ne saurait fixer de valeur moyenne pour les cheptels.
NIÈVRE	Le cheptel vivant est très variable, selon la nature des terrains et la quantité des prairies. La valeur du cheptel vivant est quelquefois considérable, à cause du haut prix des animaux de la race charolaise-nivernaise.	La valeur du cheptel vivant varie dans la proportion de 1 à 6; celle du cheptel mort dans la proportion de 1 à 5.
Morvan	Le cheptel vivant, dans le Morvan, consiste en bœufs de travail, vaches de rapport, porcs et moutons. Valeur très variable de . . . . Le cheptel mort, très variable aussi, a une valeur, selon le travail des domaines, de . . . . Valeur très variable du double cheptel	2.000 à 12.000 fr. 200 à 1.000 2.200 à 13.000 fr.
OLERON (Ile d')	Le cheptel vivant se compose dans les petits colonages partiaires de l'ile d'Oleron ayant 2 hectares, de : 1 vache, 1 ou 2 ânes. Le cheptel mort est presque nul; le colon n'a guère que des outils à main.	La valeur des deux cheptels ne se compose que de quelques centaines de francs.
PUY-DE-DOME	Le cheptel vivant se compose principalement d'animaux de l'espèce bovine, subsidiairement d'animaux des espèces ovine et porcine. Le cheptel mort se compose de voitures à 2 et 4 roues, de charrues, araires, herses et rouleaux, et çà et là d'instruments perfectionnés.	Formules économiques par hectare : 1/4 de tête bovine, 1 tête ovine, 1/8 de tête porcine. Par hectare : 50 fr. pour l'espèce bovine; 20 fr. pour l'espèce ovine; 10 fr. pour l'espèce porcine. La valeur du cheptel mort dépasse rarement 1.000 fr.
PYRÉNÉES (Basses) PaysBasque	Le cheptel vivant, pour un petit domaine de 8 à 10 hectares, se compose de : 1 paire de bœufs, 1 paire de vaches, 1 ou 2 vaches bretonnes pour le lait, 2 élèves de tout âge, porcs, volailles, brebis dans la montagne, 1 jument poulinière, si le domaine a des landes. Le cheptel mort est presque nul.	On ne saurait préciser la valeur moyenne du cheptel vivant, en raison des variations.

Départements	COMPOSITION DES CHEPTELS	VALEUR
PYRÉNÉES (Basses) Béarn	Le cheptel vivant est de 8 à 10 têtes de bétail. Valeur habituelle. . . . . Le cheptel mort se compose de 2 charrettes, quelquefois 1 tombereau, 2 charrues, 1 herse, 1 houe à cheval. Valeur habituelle. . . . . Valeur habituelle des deux cheptels.	1.500 à 2.000 fr. 800 à 900 2.300 à 2.900 fr.
PYRÉNÉES (Hautes)	Le cheptel vivant, pour les domaines de 30 hectares bien constitués, se compose de bêtes à cornes et à laine, valant au maximum, et rarement . . . . Le cheptel mort se compose de chariots, tombereaux, traîneaux, charrues primitives, dont la valeur est presque nulle.	4.000 fr.
PYRÉNÉES (Orientales)	Le cheptel vivant d'un domaine moyen se compose de bœufs ou vaches, bêtes à laine, porcs, quelques moutons. Le cheptel mort se compose de chariots, charrues, outils agricoles. Pour une terre de 100.000 fr., le cheptel vivant est de. . . . . Le cheptel mort est de . . . . Valeur totale des deux cheptels . . .	Formule économique de la valeur des cheptels : 10 p. 0/0 du capital engagé. 6.000 fr. 4.000 10.000 fr.
RHONE	Les cheptels sont très variables, selon que les domaines sont dans les montagnes ou dans les vallées, dans les pays de cultures variées ou dans les pays de vignobles.	On ne saurait indiquer une valeur moyenne.
SAONE-ET-LOIRE Autunois	Il serait difficile de déterminer la composition du cheptel vivant et celle du cheptel mort. Il y a trop de variations.	Valeur très variable, mais toujours inférieure aux besoins.
Beaujolais	Les cheptels varient selon l'étendue du vigneronnage. C'est surtout en fait de vaisseaux vinaires que la question a de l'importance. Le reste n'est que l'accessoire.	On ne saurait déterminer la valeur des cheptels.

Départements	COMPOSITION DES CHEPTELS	VALEUR
SAONE-ET-LOIRE Charolais	Cheptel vivant : 3 têtes de gros bétail, pour 5 hectares, proportion ordinaire ; 2 truies, 3 parfois : jeunes porcs, quelquefois engraissés. Cheptel mort : chars, tombereaux, charrues, herses, instruments perfectionnés.	Le cheptel vivant représente à peu près la valeur de ferme du domaine. Le cheptel mort en représente environ le tiers.
SAVOIE	Le cheptel vivant d'un petit domaine de 5 à 15 hectares consiste en bœufs, vaches, porcs, et quelques moutons, mais rarement. Le cheptel mort est nul en principe.	On ne saurait fixer une moyenne sérieuse.
SÈVRES (Deux)	· Formule économique du cheptel vivant : 1/2 tête par hectare. Valeur moyenne . . . . Formule économique du cheptel mort : charrettes, charrues, herses, le tout généralement mal monté. Valeur moyenne.	250 fr. par hectare. 50 fr. 300 fr. par hectare.
TARN	Le cheptel vivant varie selon l'importance du domaine. Il se compose des bœufs et vaches nécessaires au travail, de quelques produits de croît, d'un troupeau de moutons, quelquefois d'une jument poulinière. Le cheptel mort, composé de chariots et de charrues, comprend quelquefois une machine à battre.	La valeur est très variable. Elle est difficile à déterminer.
TARN-ET-GARONNE	Le cheptel vivant d'un domaine moyen de 15 à 20 hectares se compose de bœufs, vaches, juments poulinières, mulets, moutons, porcs, volailles. Valeur moyenne . . . . Le cheptel mort est nul en principe.	8.000 fr.
Moissac	Le cheptel vivant d'un petit domaine de 15 à 20 hectares comprend 2 paires de bêtes de labour, 3, 4 ou 5 têtes de croît, 15 brebis. Valeur moyenne . . . . Le cheptel mort comprend des chariots et charrettes, des charrues, quelques outils.	2.500 fr.

Départements	COMPOSITION DES CHEPTELS	VALEUR
TARN-ET-GARONNE Moissac	Valeur moyenne	900 fr.
	Valeur approximative des deux cheptels	3.400 fr.
VAR Draguignan	Le cheptel vivant comprend les animaux de labour, des vaches et leurs suites, un ou deux porcs, des volailles, rarement une jument poulinière. Valeur moyenne	2.500 fr.
	Le cheptel mort comprend généralement 2 charrettes, 1 tombereau, 3 ou 4 charrues, 1 herse, des outils à main. Valeur moyenne	1.000
	Valeur approximative des deux cheptels	3.500 fr.
Toulon	Le cheptel vivant d'un petit domaine de 5 à 20 hectares se compose de chevaux, de mulets, de moutons. Le cheptel mort se compose de chariots, charrettes et charrues.	La valeur du cheptel mort varie à l'infini.
VAUCLUSE	Le cheptel vivant d'un petit domaine de 10 hectares se compose des animaux de travail, et dans les métairies considérables, de bêtes ovines et de porcs. Dans les petites métairies, il y a ordinairement une paire de bêtes de trait, 2 porcs et des volailles. Ce cheptel est évalué ordinairement .	1.500 fr.
	Le cheptel mort se compose de charrettes, charrues, herses, instruments perfectionnés, d'une valeur moyenne de	800
	Valeur moyenne des deux cheptels pour 10 hectares.	2.300 fr.
VENDÉE	Le cheptel vivant d'un domaine de 30 hectares comprend 6 bœufs de travail, 4 vaches, 8 à 10 élèves, 2 porcs, 15 à 20 moutons. Le cheptel mort se compose de 3 charrettes, 2 charrues, de herses, peu de machines perfectionnées. Valeur moyenne des deux cheptels. .	6.000 à 8.000 fr.
	Valeur moyenne des deux cheptels pour 40 hectares	8.000 à 11.000 fr.

Départements	COMPOSITION DES CHEPTELS	VALEUR
VIENNE Nord	Le cheptel vivant, pour un grand domaine de 50 hectares, se compose de : 8 bœufs, 3 juments poulinières ou mulassières, environ 50 moutons. Valeur ordinaire. . . . . Le cheptel mort comprend les charrettes et charrues seulement, la plupart du temps. Les petites métairies, rapprochées des villes, entretiennent des vaches laitières.	6.000 fr.
Sud	Le cheptel vivant d'un domaine de 30 hectares est de 4 bœufs de travail, 2 veaux de Salers pour le croît, 1 jument mulassière, 1 ou 2 truies et leurs suites, 20 brebis et leurs produits, plus des volailles. Valeur moyenne . . . . Le cheptel mort est dans la proportion des besoins.	4.000 à 5.000 fr.
VIENNE (Haute)	Le cheptel vivant, pour une petite métairie de 10 à 12 hectares, ne se compose que de 2 à 4 vaches, avec leurs suites. Pour une métairie de 25 à 35 hectares, le cheptel vivant comprend 2 à 4 bœufs, 6, 8 ou 10 vaches et leurs produits, quelquefois 1 étalon; valeur moyenne . . . . Le cheptel mort comprend 2 charrettes, 2 tombereaux, 2 ou 3 charrues, 1 ou 2 herses, 1 tarare, 1 coupe-racines, fréquemment 1 petite machine à battre, à manège ou à bras. Le tout valant en moyenne . . . . . Valeur moyenne des deux cheptels.	6.000 à 7.000 fr. 2.500 à 3.000 fr. 8.500 à 10.000 fr.
St-Yrieix	Le cheptel vivant d'une métairie moyenne se compose de bœufs, vaches, moutons, porcs, selon l'étendue de la métairie. Valeur variant de. . . . . Le cheptel mort comprend des charrettes, tombereaux, charrues-araires, herses, quelquefois une machine à	2.000 à 6.000 fr.

Départements	COMPOSITION DES CHEPTELS	VALEUR
VIENNE (Haute) St-Yrieix	battre. La valeur, variable, peut être évaluée à 1/6 de celle du cheptel vivant.	400 à 1.000 fr.
	Valeur moyenne des deux cheptels. .	2.400 à 7.000 fr.
YONNE	Le cheptel vivant se compose de chevaux et de vaches. Le cheptel mort se compose d'un petit matériel de charrettes et de charrues.	On ne saurait fixer la valeur du double cheptel.

XII. — Apport des cheptels.

Questions posées : « Le propriétaire fournit-il toujours le cheptel vivant ?
Le fournit-il en entier ? Le propriétaire fournit-il toujours le cheptel mort ?
Le métayer fournit-il son contingent ? Le métayer est-il libre de vendre à son
gré les animaux de rente, ou doit-il attendre l'avis du propriétaire ? »

TABLEAU SYNOPTIQUE

Départements	APPORT DES CHEPTELS	DROIT DE VENTE
AIN	Le propriétaire fournit, tantôt tout le cheptel vivant, tantôt une partie seulement. Le cheptel mort est toujours fourni par le métayer. Le métayer entrant apporte son outillage personnel et une faible somme d'argent, quelquefois une partie du cheptel vivant.	Dans la plupart des cas, le propriétaire n'intervient pas dans la vente des animaux ; il n'intervient que dans le cas où les animaux vendus sont sujets à partage, ce qui est actuellement l'exception dans le département de l'Ain.
ALLIER	Le propriétaire fournit le cheptel vivant, quelquefois en entier, le plus souvent en très forte proportion, mais en laissant une portion en dehors, dont la moitié est remboursée par le métayer. C'est une application du cheptel de fer, et en même temps une manière pour le propriétaire de diminuer un peu la charge d'un capital assez considérable, immobilisé dans le domaine, et d'y faire contribuer son associé ; c'est aussi un moyen de partager plus complètement les risques à courir sur le bétail. Si le métayer n'a pas d'économies, le propriétaire fait l'avance, et en retire intérêt jusqu'à ce que le colon ait réalisé assez de bénéfices pour le rembourser.	Le droit de vendre et d'acheter des animaux appartient au propriétaire seul, qui peut en user sans la participation du métayer, lequel prend ou donne livraison. Cette condition est inscrite dans tous les baux. Il arrive quelquefois que, lorsque le propriétaire n'habite pas sa terre, le métayer est autorisé à faire les ventes et achats en bon père de famille, selon les termes des anciens baux, c'est-à-dire seul, sous la condition de rendre compte au propriétaire de ses faits et gestes.
Marcillat	C'est toujours le métayer qui fournit le cheptel mort. Le propriétaire fournit quelquefois des instruments perfectionnés, afin d'engager le métayer à s'en servir ; mais c'est une exception à la règle.	

Départements	APPORT DES CHEPTELS	DROIT DE VENTE
ALLIER Toury	En dehors du cheptel mort et de sa part contributive dans le cheptel vivant, le métayer entrant n'apporte, en général, que ses bras et ses approvisionnements personnels jusqu'à la future récolte.	
ALPES (Basses)	Généralement, le propriétaire fournit tous les cheptels ; et il prend hypothèque sur le métayer, s'il est assez favorisé pour avoir rencontré chez lui des garanties.	Le propriétaire laisse le métayer libre d'agir, lorsqu'il a confiance en lui et qu'il présente des responsabilités.
ALPES (Hautes)	Le propriétaire fournit le plus souvent la totalité du cheptel vivant. Quelquefois, il donne une somme fixe ; mais alors le métayer paie une rente pour le produit des bestiaux. Il en est de même pour le cheptel mort. Bien souvent, les apports du métayer sont absolument nuls.	Ordinairement, rien ne peut se faire sans la présence du propriétaire ou de son représentant, du moins sans son ordre.
ALPES (Maritimes) Nice	En principe, le cheptel vivant doit être fourni à moitié par le propriétaire et le métayer ; mais le plus souvent c'est le propriétaire seul qui le fournit.	Le métayer doit toujours attendre l'avis du propriétaire pour vendre du bétail.
Grasse	Le métayer fournit presque toujours son contingent du cheptel mort, s'il ne le fournit pas en entier ; mais il arrive aussi que le métayer n'a bien souvent que ses meubles.	C'est le propriétaire qui décide de la vente des animaux.
ARDÈCHE	Le cheptel vivant est fourni généralement, moitié par le propriétaire, moitié par le métayer. Quant au cheptel mort, il est ordinairement fourni par le métayer.	Le métayer ne doit vendre les animaux de rente qu'après avoir pris l'avis du propriétaire.
ARIÈGE	Presque toujours, c'est le propriétaire qui fournit les deux cheptels. Par exception, le métayer en fournit quelquefois une partie. En fait d'apports du métayer, tout est personnel et conventionnel, par conséquent variable à l'infini.	Le consentement du propriétaire est nécessaire. Mais, en général, si le métayer inspire confiance, il a la faculté de vendre le bétail hors de la présence du propriétaire.
AUDE	Le propriétaire fournit toujours le cheptel vivant. C'est le métayer qui fournit tout le cheptel mort. L'apport du métayer consiste dans le cheptel mort, et dans sa nourriture jusqu'à la récolte.	L'avis du propriétaire est nécessaire pour que le métayer puisse procéder aux ventes de bétail.

Départements	APPORT DES CHEPTELS	DROIT DE VENTE
AVEYRON	Le propriétaire fournit généralement la totalité du cheptel vivant. C'est par exception que le métayer intervient par une partie du bétail. Le matériel est très variable, selon les arrondissements et la composition des domaines. C'est d'ordinaire le propriétaire qui le fournit.	Le propriétaire fournissant le cheptel, il est clair que le métayer ne peut faire aucune vente sans y être autorisé.
BOUCHES-DU-RHONE Marseille Saint-Remy	Les apports fondamentaux, dans les domaines vinicoles, notamment les vaisseaux vinaires, sont fournis par le propriétaire. Le cheptel des bêtes de labour est fourni par le métayer. Le troupeau de rente est fourni à moitié par le propriétaire et le métayer, par un mode qui est une variante du cheptel de fer. Le métayer entrant apporte, outre les bêtes de labour et sa part du cheptel vivant, les charrettes et les chariots; il les retire à sa sortie.	Dans tout le département, le métayer ne peut vendre du bétail sans avoir obtenu l'assentiment du propriétaire.
CANTAL	Le cheptel vivant, bêtes à cornes, chevaux, bêtes à laine et porcs, est fourni par le propriétaire ; et, si ce premier cheptel ne suffit pas, c'est le métayer qui le complète, et qui retire a sa sortie la somme qu'il a fournie à ce sujet. Le métayer fournit également le matériel qui manque au domaine, et il en retire la valeur à sa sortie. Les apports du métayer, outre sa part contingente des cheptels, consistent dans son mobilier et le grain qui doit le nourrir.	Le métayer doit toujours prévenir le propriétaire avant de procéder à la vente du bétail. Dans le sud du département, il y a des localités où le métayer est libre de vendre le bétail comme il l'entend.
CHARENTE Confolens	Le propriétaire fournit la totalité des deux cheptels. Il augmente quelquefois les cheptels dans le cours du bail ; mais, le plus souvent, le métayer contribue pour moitié dans l'accroissement. En entrant, le métayer n'apporte que son mobilier. Le propriétaire fournit, dans les bons domaines de Confolens, les deux cheptels. Mais, après arbitrage, la moitié est considérée comme cheptel fixe, l'autre moitié, représentant la part du métayer, étant considérée comme cheptel de croit. C'est une variante de cheptel de fer.	Les achats et les ventes de bestiaux doivent être approuvés par le propriétaire, qui quelquefois cependant laisse toute liberté au métayer. En général, le propriétaire, qui a donné son autorisation préalable, assiste aux ventes de bétail ou se fait représenter.

Départements	APPORT DES CHEPTELS	DROIT DE VENTE
CHARENTE Barbezieux	Les apports du métayer consistent le plus souvent dans ses bras, son mobilier et sa provision de céréales. Il arrive cependant quelquefois que le propriétaire fournit seulement la charrette à bœufs et le tombereau, et que le reste est à la charge du métayer.	
CHARENTE (Inférieure) Aunis	Le propriétaire fournit toujours les deux cheptels. Les apports du métayer sont nuls. Il n'apporte que ses bras et son travail et celui de sa famille.	Il faut toujours que le métayer prenne l'avis du propriétaire pour acheter ou vendre du bétail.
Saintonge	C'est le plus souvent le propriétaire qui fournit le cheptel vivant et le matériel, dans la Saintonge comme dans l'Aunis. Le métayer n'apporte que son mobilier et ses effets personnels.	Le droit dépend des conventions. Mais, en général, l'autorisation préalable est nécessaire.
CHER St-Amand	Quelquefois, le propriétaire fournit tout le cheptel vivant ; quelquefois, il s'en fait rembourser une partie. Le propriétaire fournit généralement le bois nécessaire pour le matériel. Les apports du métayer consistent dans sa part contribntive des cheptels.	Le propriétaire a l'entière direction des achats et des ventes. Le métayer ne doit rien faire sans lui demander avis.
Vallée de la Loire	Le propriétaire fournit toujours en entier le cheptel vivant. Le métayer est tenu de se pourvoir de tout le matériel nécessaire. Les apports du métayer comprennent les instruments et outils reconnus indispensables ; quelquefois, le propriétaire fournit des machines.	Le propriétaire a toujours la direction des mouvements d'étable. C'est la règle dans tout le département.
Nord	Le propriétaire fournit le cheptel vivant (variante du cheptel de fer). Le métayer fournit le cheptel mort ; il apporte ses bras et sa provision de céréales.	
CORRÈZE Haut Limousin	Le propriétaire fournit le cheptel vivant en entier. Le propriétaire fournit le fer nécessaire pour le matériel et paye les ouvriers ; et le métayer entretient le matériel avec le bois du domaine. Le métayer n'apporte que ses bras.	C'est ordinairement le propriétaire qui désigne les bêtes à vendre.

Départements	APPORT DES CHEPTELS	DROITS DE VENTE
CORRÈZE Bas Limousin	Le propriétaire fournit les deux cheptels. Le métayer paye sa part de l'entretien du matériel. Le métayer n'apporte que ce qui lui appartient en propre.	Les ventes et les achats ne se font que sur l'avis du propriétaire.
COTES-DU-NORD	Le propriétaire et le métayer fournissent chacun sa part du cheptel vivant et du cheptel mort. C'est la règle du pays.	Le métayer ne vend et n'achète rien sans le concours du propriétaire. Mais il a, par le bail, le droit d'engraisser pour son compte, et sur sa part de grains, 2 cochons et 1 vache, qu'il peut vendre comme il l'entend.
CREUSE	Le propriétaire fournit le cheptel vivant et en entier. Ce n'est qu'exceptionnellement que le propriétaire fournit le cheptel mort, même en partie ; les bons métayers possèdent presque toujours leur matériel. Le métayer apporte généralement son matériel et ses provisions jusqu'à la levée des récoltes.	Le cheptel vivant étant fourni par le propriétaire, il est clair que le métayer ne peut acheter ni vendre des animaux sans y avoir été autorisé.
DORDOGNE Centre Nontron	Le propriétaire fournit en entier les deux cheptels. L'entretien du matériel est à frais communs. Les apports de métayer sont nuls.	Il faut l'agrément du propriétaire pour vendre ou acheter le bétail.
DROME	Dans le nord du département, le cheptel vivant est à moitié entre le propriétaire et le métayer. Dans le sud, les bêtes de labour appartiennent au métayer. Il en est de même pour le cheptel mort.	Le métayer doit attendre l'avis du propriétaire pour vendre ou acheter le bétail.
GARD	Le propriétaire fournit une bonne partie du cheptel vivant ; il le fournit rarement en entier. En général, le métayer fournit la majeure partie du cheptel mort. Le propriétaire y contribue.	Les achats et les ventes se font conformément aux conventions.
GARONNE (Haute)	Le propriétaire fournit presque toujours le cheptel vivant.	Le métayer ne peut vendre un animal sans avoir obtenu

Départements	APPORT DES CHEPTELS	DROIT DE VENTE
GARONNE (Haute)	Quant au cheptel mort, il est généralement fourni par le métayer. Il y a quelques localités, cependant, où c'est le propriétaire qui le fournit. Le métayer n'apporte que les outils manuels, et quelquefois certaines semences.	l'autorisation du propriétaire.
GERS	Le propriétaire fournit toujours le cheptel vivant en entier. Dans les arrondissements de Lombez, de Mirande et de Lectoure, on trouve quelquefois dans les domaines des juments poulinières. Le métayer doit apporter les instruments et tout le matériel dont il a besoin.	Le métayer doit toujours attendre l'avis du propriétaire pour procéder aux ventes ou achats de bétail.
GIRONDE	C'est toujours ou presque toujours le propriétaire qui fournit le cheptel vivant. Mais, en principe, le métayer entrant doit sa part. Le propriétaire fournit toujours le cheptel mort.	Le métayer doit toujours, avant d'acheter ou vendre du bétail, prendre l'avis du propriétaire, qui a fourni le cheptel vivant.
HÉRAULT	Il n'y a aucun apport de cheptel de la part du propriétaire, ni vivant ni mort. Le mode d'exploitation en usage dans le département, surtout pour le partage des produits, est tout à fait spécial.	La question du droit de vente n'a aucune signification dans l'Hérault.
INDRE	Le cheptel vivant est presque toujours fourni par le propriétaire. Le matériel, assez réduit, est fourni en partie par le métayer, en partie par le propriétaire. Le métayer fournit des voitures, des charrues, des herses, des harnais. Cependant, il arrive souvent qu'il n'apporte que ses bras et son activité.	Chaque opération commerciale a besoin de l'assentiment des deux parties; mais le propriétaire a voix prépondérante, surtout en fait de d'achat et de vente du bétail.
INDRE-ET-LOIRE Nord	Les deux cheptels sont fournis par le métayer.	La vente du bétail se fait, d'après l'usage, d'un commun accord.

Départements	APPORT DES CHEPTELS	DROIT DE VENTE
INDRE-ET- LOIRE Loches	Généralement, au sud de la Loire, les deux cheptels sont la propriété du maître. Le métayer n'apporte, la plupart du temps, que son mobilier personnel et ses bras.	Au sud de la Loire, le métayer ne peut vendre aucune tête de bétail sans l'assentiment du propriétaire, qui a fourni le cheptel vivant.
ISÈRE	Les deux cheptels, dans la plaine, sont fournis par le propriétaire et par le métayer. Dans la montagne, c'est le propriétaire seul qui les fournit; le métayer n'apporte que ses bras.	Dans le plus grand nombre des cas, le métayer est libre de vendre le bétail; si le propriétaire est présent, il y a entente commune.
Trièves	C'est le propriétaire qui fournit presque toujours le cheptel vivant, le métayer le cheptel mort.	Vers Trièves, le concours du propriétaire est toujours nécessaire.
LANDES	Lorsque le propriétaire fournit le cheptel vivant, il le fournit en entier Il en est de même pour le métayer. C'est toujours le métayer qui fournit le cheptel mort.	Le propriétaire et le métayer se consultent toujours pour la vente des animaux de croît.
LOIR-ET- CHER	Le plus souvent, le propriétaire fournit le cheptel vivant; quelquefois, le métayer en fournit le quart ou le tiers. Il n'y a pas de cheptel mort. Le métayer fournit le maigre matériel dont il a besoin.	Le métayer ne peut rien vendre sans l'assentiment et la présence du propriétaire qui a fourni le cheptel.
LOIRE Roannais	Le propriétaire fournit le cheptel vivant. Le métayer fournit le cheptel mort, ainsi que son outillage de culture.	Le métayer prend l'avis du propriétaire pour la vente d'animaux.
Forez	Le cheptel vivant se fournit par moitié, sauf un cheptel de 1000 à 1500 fr. attaché à la métairie, à titre de cheptel de fer. Le cheptel mort est fourni par le métayer.	Le métayer est obligé d'attendre l'avis du propriétaire pour vendre le bétail.
LOIRE (Haute)	Le propriétaire fournit rarement la totalité du cheptel vivant; une partie appartient au métayer. Le métayer fournit ordinairement tout le matériel.	Généralement, le métayer attend l'avis du propriétaire pour vendre le bétail.

Départements	APPORT DES CHEPTELS	DROIT DE VENTE
LOIRE (Inférieure)	Le cheptel vivant se fournit par moitié entre le propriétaire et le métayer. Le métayer fournit toujours le cheptel mort. Le métayer fournit la moitié des semences, et la moitié des engrais de commerce.	Le métayer ne peut vendre des animaux sans l'assentiment du propriétaire.
LOIRET	Il en est dans la Sologne du Loiret comme dans la Sologne de Loir-et-Cher et du Cher.	
LOT	Le propriétaire fournit toujours les deux cheptels. L'entretien du matériel se fait à frais communs. Le métayer ne fait pas d'autre apport que celui de son mobilier, de son activité et celle de sa famille.	Le métayer est ordinairement autorisé à vendre les animaux de rente et de travail.
LOT-ET-GARONNE Marmande	Le propriétaire fournit les deux cheptels aux environs de Marmande. Les augmentations du cheptel mort, après l'entrée, se font à frais communs. Le métayer entrant ne fournit que ses bras et son travail.	C'est une clause naturelle, inscrite dans le bail, que le métayer ne peut vendre des animaux sans le consentement du propriétaire, tant au sud du département qu'au nord.
Villeneuve-d'Agen	Les choses se passent au nord du département, dans l'arrondissement de Villeneuve-d'Agen, comme dans celui de Marmande.	
LOZÈRE	Le cheptel vivant, fourni par le propriétaire, est toujours insuffisant : il n'y a d'ordinaire que la moitié de ce qu'il faudrait. Le métayer fournit une grosse part du matériel. L'apport du métayer consiste dans la moitié du cheptel vivant et sa part du cheptel mort.	Le métayer vend les animaux à son gré.
MAINE-ET-LOIRE	En principe, le cheptel vivant est fourni moitié par le propriétaire et moitié par le métayer. Le métayer fournit tout le matériel et la moitié des semences, dans presque toutes les parties du département	Le métayer est tenu de se conformer à la volonté du propriétaire.
MAYENNE	Le propriétaire fournit ordinairement la moitié du cheptel vivant, rarement la totalité. Le matériel est fourni par le métayer.	L'avis et la permission du propriétaire sont nécessaires pour la vente et l'achat du bétail, dans toutes les parties du département.

Départements	APPORT DES CHEPTELS	DROIT DE VENTE
MAYENNE	Généralement, les métayers de la Mayenne qui sont depuis longtemps dans les mêmes domaines par tacite reconduction, sont arrivés à racheter, par leur part de profits, la moitié de leur cheptel vivant.	
MORBIHAN	Généralement, le propriétaire et le métayer fournissent les deux cheptels, chacun par moitié.	Le métayer peut généralement vendre son bétail, quand il le juge à propos.
NIÈVRE	Le propriétaire fournit souvent tout le bétail, quelquefois la moitié seulement. Le propriétaire avance quelquefois tout ou partie de la moitié qui incombe au métayer, lequel lui paye l'intérêt de la somme avancée et se libère peu à peu.	Le métayer ne vend jamais un animal sans l'avis du propriétaire ou de son agent.
Morvan	Le métayer est censé fournir le cheptel mort. Le propriétaire lui avance souvent des voitures et quelques instruments perfectionnés.	
OLERON (Ile d')	Le propriétaire ne fournit rien au colon.	Le colon est maître de son étable.
PUY-DE-DOME	Le propriétaire fournit généralement le cheptel vivant, dont la valeur s'est beaucoup accrue dans les années qui ont précédé la crise. Le métayer fournit généralement le cheptel mort. La composition et la valeur du cheptel varient beaucoup, selon que les domaines sont situés dans les parties montagneuses ou dans la plaine, en particulier dans la Limagne.	Généralement, le métayer doit attendre l'avis du propriétaire. Il arrive quelquefois que cette obligation est illusoire en l'absence du propriétaire. Une mesure législative pourrait être utile à ce propos.
PYRÉNÉES (Basses) Pays Basque	C'est tantôt le propriétaire qui fournit le cheptel vivant, tantôt le métayer. Si c'est le propriétaire, il prend la moitié du croît ; si c'est le métayer, il paie une redevance pour l'herbe du printemps et pour la récolte dérobée. Le cheptel mort appartient au métayer.	Le métayer s'entend avec le propriétaire pour les ventes de bétail.

Départements	APPORT DES CHEPTELS	DROIT DE VENTE
PYRÉNÉES (Basses) Béarn	Le métayer entrant fournit tout le matériel, à l'exception quelquefois des instruments perfectionnés. Quant au cheptel vivant, c'est ordinairement le propriétaire qui le fournit; cependant, le métayer en fournit quelquefois la moitié.	Le métayer ne vend pas de bétail sans l'avis du propriétaire.
PYRÉNÉES (Hautes)	Le propriétaire fournit en entier le cheptel vivant. Le métayer apporte une partie du matériel, en général ce qui manque dans le domaine. Le métayer apporte sa nourriture; mais souvent le propriétaire est obligé de lui venir en aide, le pays étant pauvre.	Presque toujours, c'est le propriétaire qui décide les ventes de bétail.
PYRÉNÉES (Orientales)	Le propriétaire fournit la moitié du cheptel vivant, le métayer fournit l'autre moitié. C'est le métayer qui fournit le cheptel mort. Dans les montagnes, où la culture est pastorale, le cheptel mort est fort restreint.	Le métayer doit s'entendre avec le propriétaire au sujet des ventes de bétail.
RHONE	Le propriétaire fournit le cheptel vivant. Le métayer fournit le cheptel mort. Le métayer n'apporte que son mobilier et son activité.	C'est le propriétaire qui fixe le moment des ventes de bétail, d'accord avec le métayer.
SAONE-ET-LOIRE Autunois	Le cheptel estimé par les experts, tel qu'il est porté à l'évaluation, est toujours fourni par le propriétaire, qui ne fournit guère le cheptel mort. L'apport du métayer consiste dans le cheptel mort.	Le métayer ne peut vendre ou acheter du bétail sans autorisation du propriétaire.
Charolais	Le cheptel vivant est fourni par le propriétaire, rarement en entier. Le cheptel mort est toujours fourni par le métayer, qui amène parfois quelques têtes de bétail.	Le métayer doit prendre l'avis du propriétaire pour la vente du bétail.
Beaujolais	Le cheptel vivant appartient souvent au métayer-vigneron, et lui sert de garantie près du propriétaire. Le cheptel mort, sauf les vaisseaux vinaires, est toujours fourni par le métayer	Le métayer-vigneron est libre de vendre et acheter, dès que le cheptel vivant lui appartient,

Départements	APPORT DES CHEPTELS	DROIT DE VENTE
SAVOIE	Souvent le cheptel vivant est fourni à moitié par le propriétaire et le métayer. Le cheptel mort est fourni par le métayer. Le métayer apporte la moitié des semences, le cheptel mort, souvent la moitié du cheptel vivant.	Le métayer s'entend avec le propriétaire. Il prend sa part d'argent, s'il a fourni la moitié des animaux, ou s'il s'agit d'un animal à bénéfice.
SÈVRES (Deux)	Le cheptel vivant est fourni à moitié par le propriétaire et le métayer. Le métayer fournit seul le cheptel mort. Le métayer apporte son mobilier, outre le matériel.	Le propriétaire se réserve ordinairement le droit de vendre les animaux de rente.
TARN	Le métayer fournit, en général, sa part du cheptel vivant. A son défaut, le propriétaire le fournit en entier. Le métayer fournit le cheptel mort. Le métayer apporte, en outre, sa part des semences et les grains nécessaires à sa nourriture.	Le métayer doit donner avis au propriétaire des ventes et achats d'animaux appartenant au domaine.
TARN-ET-GARONNE	Presque toujours, le cheptel vivant est fourni par le propriétaire. Le métayer fournit le cheptel mort. Le métayer fournit, en outre, son mobilier et la volaille, qui est ensuite soumise à partage.	L'avis du propriétaire est toujours nécessaire pour l'achat et la vente du bétail.
Moissac	Le propriétaire fournit les deux cheptels. Le métayer n'apporte que ses bras et les ressources nécessaires à sa nourriture et à son entretien.	
VAR Draguignan	Presque toujours le propriétaire fournit les deux cheptels. Les apports du métayer consistent dans la moitié des semences. Lorsque c'est le propriétaire qui en fait l'avance, il prélève une quantité égale sur la récolte.	L'entente du propriétaire et du métayer, faite à l'avance, est toujours nécessaire pour l'achat ou la vente des animaux.
Toulon	Le propriétaire fournit rarement la totalité des cheptels. Le métayer apporte généralement les semences, les animaux de labour et le troupeau d'espèce ovine.	
VAUCLUSE	Le métayer doit fournir régulièrement la moitié du cheptel vivant, mais souvent le propriétaire est obligé d'en faire l'avance. Il arrive aussi très souvent	Le métayer doit avoir reçu l'avis préalable du propriétaire, sauf convention contraire, pour tout acte de

Départements	APPORT DES CHEPTELS	DROIT DE VENTE
VAUCLUSE	que le métayer fournit les animaux de travail, le troupeau étant fourni par le propriétaire. On peut faire des réponses analogues pour le cheptel mort. Toutefois, le propriétaire fournit les instruments perfectionnés, tels que batteuse, faucheuse et machines. Le cheptel vivant est ordinairement mal composé et insuffisant.	vente ou d'achat qui concerne les étables.
VENDÉE	Le propriétaire ne fournit que la moitié du cheptel vivant. Le métayer fournit l'autre moitié et la totalité du cheptel mort. Le métayer apporte, outre sa nourriture et son mobilier, la moitié de toutes choses.	Le métayer est tenu de prendre l'avis du propriétaire pour les ventes et achats d'animaux, si celui-ci l'exige. Mais souvent le propriétaire laisse toute liberté au métayer.
VIENNE Nord	Dans les arrondissements de Châtellerault et de Loudun, et partie de celui de Poitiers, le propriétaire fournit la moitié du cheptel vivant. C'est le métayer qui fournit généralement tout le cheptel mort, sauf les semences qui restent à peu à peu près toujours au domaine.	Le métayer demande toujours l'avis du propriétaire pour la vente du bétail.
Sud	Dans les arrondissements de Civray, Montmorillon et partie de celui de Poitiers, le propriétaire fournit tout le cheptel vivant, plus la voiture ; le métayer fournit le reste du matériel. Quelquefois, cependant, le propriétaire fournit tout le matériel et le met à la disposition du métayer. Le métayer entrant doit apporter sa nourriture, ce qui n'a pas lieu toujours.	Le métayer doit avoir l'agrément du propriétaire ou de son représentant pour vendre du bétail.
VIENNE (Haute)	Le propriétaire fournit toujours le cheptel vivant, dans les grands comme dans les petits domaines. Le propriétaire fournit la presque totalité du matériel ; le métayer fournit les petits instruments et les outils à main. Le métayer n'apporte bien souvent que ses bras, son intelligence, son activité et celle de ses enfants, lorsqu'ils ne l'ont pas quitté.	L'avis du propriétaire est nécessaire pour tous mouvements d'étable.

Départements	APPORT DES CHEPTELS	DROIT DE VENTE
VIENNE (Haute)	Tous les arrondissements de la Haute-Vienne ont les mêmes usages généraux en matière de cheptels. C'est le propriétaire qui les fournit généralement. Les exceptions sont rares, même dans les grands domaines de Saint-Yrieix, même dans les domaines, plus étendus encore, du nord du département, vers Bellac. Les apports du métayer sont insignifiants.	Étant associés, le propriétaire et le métayer ne peuvent agir séparément en fait de vente ou d'achat du bétail.
YONNE	Les conditions d'apport sont variables. C'est ordinairement le propriétaire qui fournit le cheptel vivant, parfois aussi le métayer. Il en est de même du cheptel mort.	Les droits du métayer en matière de vente dépendent de sa situation en matière d'apports. Ils se règlent souvent, de gré à gré, entre les deux parties.

Questions posées : « Qui paie les impositions foncières ou mobilières ? Qui paie les prestations afférentes au domaine ? Y a-t-il des assurances mobilières ou agricoles ? A qui incombent-elles ? Qui paie les réparations locatives ? Qui paie les frais de baux et les frais d'actes relatifs aux transactions mutuelles, lorsqu'il en survient ? »

TABLEAU SYNOPTIQUE

Départements.	IMPOSITIONS.	PRESTATIONS.	ASSURANCES.	RÉPARATIONS LOCATIVES.	FRAIS D'ACTES.
AIN	Le propriétaire paie les impositions foncières, le métayer les mobilières.	Le métayer paie les prestations, qui s'acquittent d'ordinaire en nature.	Les métayers assurent généralement leur mobilier, leur part de bétail et de récolte.	Presque toujours, le propriétaire paie les réparations locatives.	Les frais d'actes sont partagés entre le propriétaire et le métayer.
ALLIER	C'est le propriétaire qui paie toutes les impositions, en s'en faisant rembourser une partie par la prestation colonique. Cependant, le métayer paie souvent lui-même les impositions mobilières.	Les prestations en nature sont payées à frais communs par les bestiaux et avec le matériel du domaine. Les journées d'hommes sont payées par le métayer.	Les assurances sont faites par le propriétaire ou le métayer, chacun pour les choses qui le concernent. Les assurances commencent à être fort répandues.	Les réparations locatives incombent au métayer, dans la plupart des circonstances. Les grosses réparations sont au compte du propriétaire, le métayer donnant son concours.	Les frais de baux et actes incombent au métayer, sauf quelques exceptions.

Départements.	IMPOSITIONS.	PRESTATIONS.	ASSURANCES.	RÉPARATIONS LOCATIVES.	FRAIS D'ACTES.
ALPES (Basses)	Les impositions sont payées par le propriétaire.	Les prestations, soit en argent, soit en journées, sont à la charge du métayer.	Les assurances des bâtiments et du mobilier sont à la charge du maître; les assurances des récoltes, assez rares, se paient par moitié.	Les réparations sont toutes à la charge du propriétaire.	Les frais d'actes de baux se paient par moitié.
ALPES (Hautes)	Le propriétaire paie quelquefois les impositions. Le plus souvent, elles se paient par moitié.	Le métayer fait les prestations, qui s'acquittent d'ordinaire en nature.	Il n'y a pas d'assurances, ni agricoles, ni autres.	C'est le propriétaire qui paie les réparations locatives.	C'est le métayer qui paie les frais d'actes.
ALPES (Maritimes)	C'est le propriétaire qui paie les impositions foncières.	C'est le propriétaire qui paie généralement les prestations, quelquefois le métayer.	Les assurances générales sont payées par le propriétaire. Il y a peu d'assurances agricoles; elles sont prises à moitié.	C'est le propriétaire qui paie les réparations locatives.	C'est le propriétaire qui paie généralement les frais, quelquefois le métayer; quelquefois, les frais sont par moitié.
ARDÈCHE	Le propriétaire paie les impositions foncières pour le métayer et pour lui.	Les prestations afférentes au domaine sont payées par le métayer.	Il n'y a que peu d'assurances mobilières; s'il y en a, c'est le propriétaire qui les paie.	Les petites réparations locatives sont payées par le métayer.	Les frais sont généralement payés par moitié.

Départements.	IMPOSITIONS.	PRESTATIONS.	ASSURANCES.	RÉPARATIONS LOCATIVES.	FRAIS D'ACTES.
ARIÈGE	C'est le propriétaire qui paie toutes les impositions.	Le métayer fait en nature les prestations ou les paie en argent.	Les assurances mobilières sont générales; les agricoles plus rares. Elles se paient ordinairement par moitié.	C'est rarement le métayer qui paie les réparations locatives.	Les frais de toutes sortes se paient par moitié.
AUDE	Les impositions sont payées par moitié entre le propriétaire et le métayer.	C'est le métayer qui paie les prestations.	Il y a des assurances sur les récoltes il n'y en a pas sur le bétail. Elles se paient par moitié. Le métayer n'assure que son mobilier.	C'est le propriétaire qui paie les réparations locatives.	Il n'y a pas de frais d'actes.
AVEYRON	Le propriétaire paie les impositions en entier.	Les prestations sont à la charge du métayer.	Il n'y a pas d'assurances agricoles.	Les réparations locatives sont payées par le propriétaire et par le métayer.	Il n'y a pas de frais d'actes.
BOUCHES-du-RHONE Tarascon	C'est le propriétaire, qui paie ordinairement les impositions.	C'est le métayer qui paie les prestations.	Il y a peu d'assurances agricoles. On assure surtout contre l'incendie.	C'est le propriétaire qui paie les réparations locatives.	Les frais de baux et d'actes se paient par moitié.

Départements.	IMPOSITIONS.	PRESTATIONS.	ASSURANCES.	RÉPARATIONS LOCATIVES.	FRAIS D'ACTES.
CANTAL Sud	Le propriétaire paie les impositions.	Les prestations se font à frais communs.	Quelques propriétaires assurent les bâtiments.	Les réparations locatives, quand il y en a, sont à la charge du propriétaire.	Il n'y a que des conventions verbales, pas d'actes.
Aurillac	Le métayer paie les mobilières et moitié des foncières ; c'est selon les conventions.	C'est le métayer qui fait les prestations ou les paie.	Les assurances sont rares. Elles ne sont pas solidaires.	C'est le propriétaire qui paie les réparations.	C'est le métayer qui doit payer les frais d'actes.
CHARENTE	C'est le propriétaire qui fait l'avance des impositions pour la part du métayer.	C'est le propriétaire qui paie les prestations du domaine, quand le métayer ne les fait pas en nature.	Les assurances se paient par moitié. Il est rare que le métayer assure son mobilier. Il y est cependant quelquefois tenu.	C'est le métayer qui est tenu aux réparations locatives.	C'est le métayer qui paie les frais d'actes.
CHARENTE (Inférieure) Rochefort	C'est tantôt le propriétaire, tantôt le métayer, qui paie les impositions.	C'est le métayer qui paie les prestations.	C'est le métayer qui paie les assurances, quand il y en a.	C'est le métayer qui paie les réparations locatives.	C'est le métayer qui paie les frais d'actes.
Saintes	Les impositions se paient par moitié.	Les prestations se paient par moitié.	Il y a des assurances mobilières, rarement des assurances agricoles. Elles se paient par moitié.	Les réparations locatives se paient par moitié.	Il y a très rarement des frais d'actes. Ils incombent à la partie qui les exige.

Départements.	IMPOSITIONS.	PRESTATIONS.	ASSURANCES.	RÉPARATIONS LOCATIVES.	FRAIS D'ACTES.
CHER Saint-Amand	Le propriétaire paie les impositions et s'en fait rembourser le montant par le métayer.	C'est le métayer qui paie les prestations.	Il y a des assurances contre l'incendie et contre la grêle. Elles se paient par moitié en ce qui concerne les récoltes.	C'est le métayer qui paie les réparations locatives.	C'est le métayer qui paie les frais de baux et d'actes.
Centre	Le propriétaire paie les impositions.	Les prestations sont toutes à la charge du métayer.	Le métayer paie les assurances agricoles et ses propres assurances. Le propriétaire paie celles qui concernent les bâtiments.	Le métayer paie les réparations des bâtiments d'habitation. Le propriétaire paie les autres.	Le métayer paie les frais de baux. Les frais d'actes sont réglés par les conventions.
Nord	Le propriétaire paie les impositions.	Le métayer paie ses prestations et fait celles du domaine en nature.	Le métayer est souvent tenu d'assurer ses récoltes et son mobilier.	Le maître fournit les matériaux, les frais sont à moitié.	C'est presque toujours le métayer qui paie les frais.
CORRÈZE Haut Limousin	Les impositions foncières se paient par moitié.	C'est le métayer qui paie les prestations.	Pas d'assurances agricoles. Les assurances générales sont payées par le propriétaire.	C'est le propriétaire qui paie les frais des réparations locatives.	C'est le métayer qui paie les frais d'actes.

Départements.	IMPOSITIONS	PRESTATIONS	ASSURANCES	RÉPARATIONS LOCATIVES	FRAIS D'ACTES
CORRÈZE Bas Limousin	C'est le métayer qui paie les impositions, et garde en compensation les châtaignes et les pommes de terre.	Le métayer paie les prestations en nature ; sinon, elles se paient par moitié.	Assurances agricoles rares ; chacun paie selon sa part de récoltes.	C'est le propriétaire qui paye les réparations.	Pas de frais. Les actes sont sous seing privé.
COTES-du-NORD	Le contrat règle le paiement en impositions.	Les prestations en nature sont faites par le métayer.	Il y a des assurances contre l'incendie. Pas d'assurances agricoles.	Les réparations locatives sont à la charge du métayer.	Les frais d'actes sont à la charge du métayer.
CREUSE	Les impositions sont ordinairement payées par moitié.	Le plus souvent, le colon paie les prestations en nature.	Les assurances tendent à se multiplier, même les agricoles ; elles se paient par moitié.	Les réparations locatives sont à la charge du colon ; pour les plus grosses, le propriétaire paie les ouvriers.	Les frais de baux sont à la charge des colons ; les autres sont à moitié.
DORDOGNE Périgueux	Les impositions se paient par moitié.	C'est le métayer qui paie les prestations.	Il n'y a pas d'assurances, en général.	Le propriétaire paie les réparations locatives.	C'est le propriétaire qui paie les frais d'actes.
Nontron	Le métayer paie les personnelles et mobilières en entier, les foncières en totalité, à moitié ou par tiers, selon les conventions.	Le métayer paie les prestations en nature, Sinon, il paie en entier les personnelles, et les autres à moitié.	Il y a quelquefois des assurances, même agricoles, c'est-à-dire pour les récoltes ; mais le cas est rare.	Les réparations locatives se paient par moitié, le propriétaire fournissant les matériaux.	Les frais d'actes sont à moitié.

Départements.	IMPOSITIONS	PRESTATIONS	ASSURANCES	RÉPARATIONS LOCATIVES	FRAIS D'ACTES
DROME	Le propriétaire paie les impositions; elles sont énormes.	C'est le métayer qui paie les prestations.	Le propriétaire assure les bâtiments contre l'incendie ; le métayer assure les récoltes.	C'est le propriétaire qui paie les réparations locatives.	Les frais d'actes se paient par moitié.
GARD	Le propriétaire paie les impositions foncières ; chacun paie sa part des mobilières.	C'est le plus souvent le métayer qui paie les prestations.	Il y a quelquefois des assurances, payées par entente commune.	C'est ordinairement le métayer qui paie les réparations locatives.	Les frais d'actes selon les conventions.
GARONNE (Haute)	Le métayer paie ses impositions mobilières et sa part des foncières.	Les prestations du domaine sont payées par le métayer.	Il y a presque toujours des assurances mobilières et agricoles, payées par qui de droit.	Les réparations locatives sont payées par le propriétaire.	Les frais d'actes sont payés selon les conventions.
GERS	Le propriétaire paie les impositions foncières.	Le métayer paie les prestations avec les bestiaux du domaine.	Il y a parfois des assurances ; elles sont payées par les deux associés.	C'est le propriétaire qui paie les réparations locatives.	Les frais d'actes sont à frais communs.
GIRONDE La Réole	Le propriétaire paie les impositions fon-	Le métayer paie les prestations afférentes	Le propriétaire paie les assurances pour	C'est ordinairement le propriétaire qui	Les frais d'actes de toute nature sont sup-

Départements.	IMPOSITIONS	PRESTATIONS	ASSURANCES	RÉPARATIONS LOCATIVES	FRAIS D'ACTES
GIRONDE La Réole	cières, et souvent en recouvre une partie par un prélèvement. Le métayer paie les impositions mobilières.	au domaine, acquittées ordinairement en nature.	les bâtiments. Il y a des assurances agricoles, elles sont payées à moitié.	paie les réparations.	portés par le propriétaire.
HÉRAULT	C'est le propriétaire qui paie les impositions.	C'est le propriétaire qui paie les prestations.	Il n'y a pas d'assurances d'aucune sorte.	Les réparations locatives sont à la charge du propriétaire.	Il n'y a pas de frais d'actes.
INDRE	Les impositions foncières incombent au propriétaire, les mobilières au métayer.	Les prestations sont faites par le colon avec les animaux du domaine, ou payées à moitié.	Certains baux exigent l'assurance contre la grêle et les risques locatifs. Les premiers sont payés par la communauté, les autres par le colon.	Les réparations locatives sont dues par le colon sortant, s'il a été fait un inventaire à son entrée. Sinon, il ne doit rien.	Les frais de baux sont supportés par le colon, les frais des titres de transaction par la communauté.
INDRE-et-LOIRE	Le propriétaire paie les impositions foncières.	Le métayer paie la prestation en nature.	Il n'y a pas d'assurances.	Les réparations locatives sont à la charge du métayer.	C'est celui qui a accepté la charge qui paie les frais.
Loches	Les impositions foncières sont payées à moitié; le métayer paie	Les prestations sont à la charge du métayer.	Les assurances de toute nature sont payées à moitié.	C'est le métayer qui paie les réparations locatives.	C'est le métayer qui paie les frais d'actes.

Départements.	IMPOSITIONS	PRESTATIONS	ASSURANCES	RÉPARATIONS LOCATIVES	FRAIS D'ACTES
ISÈRE	C'est ordinairement le propriétaire qui paie les impositions. Quelquefois, elles se paient par moitié.	C'est le métayer qui paie les prestations.	Peu ou point d'assurances agricoles ; quand il y en a, elles sont à moitié.	C'est généralement le métayer qui les paie. Quelquefois c'est le propriétaire, le métayer prête son concours.	Les frais se paient généralement par moitié.
LANDES	Les impositions foncières sont payées par le propriétaire.	Les prestations à la charge du domaine sont payées par le métayer.	Les assurances mobilières et agricoles sont payées par chacune des parties.	Les réparations locatives sont payées par le propriétaire.	Les frais d'actes sont ordinairement payés par moitié.
LOIRE Roannais	C'est généralement le propriétaire qui paie les impositions.	C'est le métayer qui paie les prestations.	Il n'y a pas d'assurances.	C'est le propriétaire qui paie les réparations locatives.	Les frais d'actes se paient par moitié.
Forez	Les impositions sont payées par le propriétaire.	Les prestations sont acquittées par le métayer.	Il y a des assurances : les mobilières payées par le propriétaire, les agricoles par le métayer.	Le propriétaire paie les réparations.	C'est le métayer qui paie les frais d'actes.
LOIR-et-CHER Sologne	C'est généralement le propriétaire qui paie les impositions.	C'est le métayer qui exécute les prestations vicinales.	Il y a des assurances contre l'incendie et la grêle, peu contre la mortalité du bétail. Elles se paient en général par moitié.	C'est le métayer qui paie les réparations locatives.	Le métayer paie les frais d'actes.

Départements.	IMPOSITIONS	PRESTATIONS	ASSURANCES	RÉPARATIONS LOCATIVES	FRAIS D'ACTES
LOIRE (Haute)	C'est le propriétaire qui paie les impositions.	C'est le métayer qui paie les prestations.	Il est rare qu'il y ait des assurances.	Le métayer paie les réparations locatives.	Le métayer paie les frais d'actes.
LOIRE (Inférieure)	Le propriétaire paie les impositions foncières et mobilières pour le métayer et pour lui.	C'est le métayer qui paie les prestations, ordinairement acquittées en nature.	Il y a peu d'assurances ; elles incombent d'ordinaire au propriétaire. Quelquefois, elles sont à moitié et au tiers pour le métayer, en ce qui concerne le bétail.	Les grosses réparations sont à la charge du propriétaire, les petites à la charge du métayer.	C'est le métayer qui paie les frais d'actes de toute sorte.
LOT	Le propriétaire fait l'avance, et en retient la moitié sur le compte du métayer, en argent ou en nature.	C'est le métayer qui paie les prestations.	Les récoltes des métayers ne sont pas assurées.	Les baux ne parlent pas de réparations locatives.	Il y a très rarement des actes donnant lieu à des frais.
LOT-et-GARONNE Marmande	Le propriétaire paie l'impôt foncier, et le métayer en rembourse une partie.	Les journées de prestations sont acquittées par le métayer.	Le propriétaire assure les bâtiments, le métayer assure son mobilier. Pas d'assurances agricoles.		Les frais d'actes sont à moitié.

Départements.	IMPOSITIONS	PRESTATIONS	ASSURANCES	RÉPARATIONS LOCATIVES	FRAIS D'ACTES
LOT-et-GARONNE Villeneuve-d'Agen	Le métayer paie son impôt mobilier. C'est le propriétaire qui paie l'imposition.	Les prestations sont payées par moitié.	Les assurances sont peu répandues.	C'est le propriétaire qui paie les réparations locatives.	C'est le métayer qui paie les frais d'actes.
LOZÈRE	Le propriétaire paie les foncières, le métayer les mobilières.	C'est le métayer qui paie les prestations.	Il y a quelques assurances contre la grêle. Elles se paient à moitié.	C'est généralement le propriétaire qui paie les réparations locatives.	C'est le métayer qui paie les frais d'actes.
MAINE-et-LOIRE Segré Seiches St-Georges-s.-Loire	C'est le métayer qui paie les impositions, sauf rares exceptions. Les impositions foncières se paient par moitié. Le métayer paie les mobilières.	C'est le métayer qui paie les prestations.	Il y a des assurances; elles se paient par moitié, généralement.	Les réparations sont à la charge du métayer.	Les frais d'actes sont à la charge du métayer, en général.
MAYENNE	C'est le métayer qui paie les impositions foncières.	Les prestations sont à la charge du métayer.	Il y a des assurances foncières, payées par le propriétaire, quelquefois elles se partagent. Peu d'assurances agricoles.	Les réparations sont payées par le métayer.	Pas de baux, pas d'actes, pas de frais.

Départements.	IMPOSITIONS	PRESTATIONS	ASSURANCES	RÉPARATIONS LOCATIVES	FRAIS D'ACTES
MORBIHAN	C'est le propriétaire qui paie les impositions.	Les prestations sont à la charge du métayer.	Peu d'assurances. Quand il y en a, elles sont payées par le propriétaire.	Les réparations locatives sont payées par le métayer.	Pas de frais d'actes.
NIÈVRE	Selon la qualité du sol, le métayer paie tout ou partie de l'impôt, et même plus.	C'est le métayer qui paie les prestations.	Le propriétaire assure les bâtiments ; le métayer paie pour le mobilier et le risque locatif.	C'est le métayer qui paie les réparations locatives.	C'est le métayer qui paie les frais de bail et les frais d'actes.
Morvan	Le propriétaire paie pour le fonds, le métayer pour le mobilier.	Le métayer paie les prestations.	Il y a des assurances, elles sont payées par moitié.	Les réparations locatives sont à la charge du métayer.	Les frais de baux et d'actes sont à la charge du métayer.
PUY-de-DOME	Les impositions sont généralement payées par le propriétaire, qui se rembourse par un prélèvement.	C'est le métayer qui paie les prestations, ordinairement en nature.	On commence à prendre des assurances agricoles. Elles sont à moitié.	Généralement les réparations sont à frais communs. C'est le contrat qui les règle.	C'est d'ordinaire le métayer qui paie les frais d'actes. Quelquefois, ils sont à moitié.
PYRÉNÉES (Basses) Pays Basque	C'est le propriétaire qui paie les impositions.	C'est le métayer qui paie les prestations.	Les assurances foncières sont au compte du propriétaire.	C'est le propriétaire qui paie les réparations locatives.	Il n'y a pas de frais d'actes.

Départements.	IMPOSITIONS	PRESTATIONS	ASSURANCES	RÉPARATIONS LOCATIVES	FRAIS D'ACTES
PYRÉNÉES (Basses) Béarn	Les impositions sont payées par le propriétaire.	Les prestations sont à la charge du métayer.	Les assurances sur le bétail sont à moitié. Les assurances mobilières sont payées par le propriétaire ; celles contre la grêle sont à moitié.	Les réparations locatives sont aux frais du propriétaire.	Les frais de baux sont à moitié.
PYRÉNÉES (Hautes)	C'est le propriétaire qui paie les impositions.	Chacun paie sa part des prestations.	Les assurances sont rares. Elles incombent aux deux parties.	C'est le propriétaire qui paie les réparations.	Les frais sont à moitié.
PYRÉNÉES (Orientales)	Le propriétaire paie les impositions, à moins de stipulation contraire.	Chacun paie sa part de prestations.	Les assurances sont à la charge du propriétaire.	Le propriétaire paie ordinairement les réparations.	C'est le métayer qui supporte ordinairement les frais.
RHONE	C'est le propriétaire qui paie le plus souvent les impositions.	C'est le métayer qui paie les prestations.	Il y a quelquefois des assurances, réglées par les conventions.	Les réparations locatives sont à la charge du métayer.	Les frais d'actes sont à la charge du métayer.
SAONE-et-LOIRE Beaujolais	Le propriétaire paie les impositions foncières, le métayer les mobilières.	Les prestations sont à la charge du métayer.	Il y a des assurances mobilières et agricoles. Elles incombent au métayer.	Les réparations locatives sont payées par le propriétaire.	C'est le métayer qui paie les frais d'actes.

Départements.	IMPOSITIONS	PRESTATIONS	ASSURANCES	RÉPARATIONS LOCATIVES	FRAIS D'ACTES
SAONE-et-LOIRE Autunois	C'est le propriétaire qui paie les impositions.	C'est le métayer qui paie les prestations.	Le paiement des assurances est variable.	C'est le propriétaire qui paie les réparations.	C'est le métayer qui paie les frais d'actes.
Charolais	Le propriétaire paie les foncières, le métayer les mobilières.	Les prestations se règlent en nature, avec les bestiaux du domaine.	Peu d'assurances. Elles se paient de concert, ou chacun paie sa part.	C'est le plus souvent le propriétaire qui paie les réparations.	Les frais d'actes sont payés par le métayer.
SAVOIE	Les impositions se paient par moitié.	C'est le métayer qui paie les prestations.	Les assurances sont toutes payées par le propriétaire, sauf les mobilières.	C'est le propriétaire qui paie les réparations locatives.	C'est le métayer qui paie les frais d'actes.
SÈVRES (Deux)	Les impositions se paient par moitié.	Les prestations sont à la charge du métayer.	C'est le métayer qui paie les assurances concernant le domaine	Les réparations locatives sont à la charge du métayer.	C'est le métayer qui paie les frais d'actes.
TARN	C'est le propriétaire qui paie les impositions, mais souvent le métayer rembourse sa part.	C'est le métayer qui paie les prestations.	Il n'y a pas d'assurances obligatoires ; peu d'assurances agricoles.	Le propriétaire paie les réparations locatives ; le métayer fait les charrois.	Les deux parties paient les frais d'actes.

Départements.	IMPOSITIONS	PRESTATIONS	ASSURANCES	RÉPARATIONS LOCATIVES	FRAIS D'ACTES
TARN-et-GARONNE	Le propriétaire paie les impositions foncières, le métayer les mobilières.	Le paiement des prestations dépend des conventions.	Les assurances incombent au maître, les risques au métayer. C'est la règle dans tout le département.	C'est le propriétaire qui paie les réparations locatives. C'est la règle dans tout le département.	Les frais d'actes sont à moitié.
Moissac	C'est le propriétaire qui paie les impositions.	C'est le métayer qui paie les prestations.			Les frais de baux incombent au métayer.
VAR	Les impositions sont payées par le propriétaire. C'est la règle ordinaire.	C'est le métayer qui paie les prestations.	Il n'y a pas d'assurances dans le centre et le nord du département. Vers Toulon, il y a des assurances, elles se paient par les deux parties.	Le propriétaire paie les réparations locatives.	Le propriétaire paie les frais d'actes.
VAUCLUSE	En général, les impositions foncières incombent au propriétaire, les mobilières au métayer.	C'est l'exploitant qui paie les prestations.	Il y a des assurances. C'est le métayer qui les paie, sauf les cas où elles garantissent des objets communs, auquel cas elles sont à moitié.	Les réparations locatives sont tantôt à la charge du propriétaire, tantôt à celle du métayer.	Les frais de baux et d'actes sont à la charge du métayer.

Départements.	IMPOSITIONS	PRESTATIONS	ASSURANCES	RÉPARATIONS LOCATIVES	FRAIS D'ACTES
VENDÉE	C'est le métayer qui paie les impositions.	C'est le métayer qui paie les prestations.	Il y a des assurances pour le mobilier, les foins et les pailles. C'est le métayer qui les paie.	Le métayer paie les réparations locatives, le propriétaire fournit les matériaux.	Les frais d'actes sont d'ordinaire à moitié, mais ce n'est pas une règle.
VIENNE Nord	L'impôt foncier est au compte du propriétaire, les autres impôts au compte du métayer.	C'est le métayer qui paie les prestations.	Les assurances mobilières, très répandues, sont payées par le métayer. Les assurances agricoles sont à moitié.	C'est le métayer qui paie les réparations.	C'est le métayer qui paie les frais de baux et d'actes.
Sud	C'est le colon qui paie les impositions.	Dans le sud, les prestations sont quelquefois à moitié.	Le métayer paie les assurances pour tout ce qui n'est pas bâtiment.	Le métayer paie pour les couvertures.	
VIENNE (Haute)	Le propriétaire fait généralement un prélèvement, d'ordinaire un peu supérieur à l'impôt foncier, et se charge de le payer.	C'est le métayer qui paie les prestations; mais elles sont quelquefois mal employées et dirigées vers les réparations du domaine.	Il y a des assurances, elles incombent aux deux parties.	C'est d'ordinaire le propriétaire qui paie les réparations locatives.	Les paiements varient selon les circonstances

Départements.	IMPOSITIONS	PRESTATIONS	ASSURANCES	RÉPARATIONS LOCATIVES	FRAIS D'ACTES
VIENNE (Haute) Saint-Yrieix	Sous le nom de charge, c'est le métayer qui paie les impositions.	Les prestations sont à moitié.	Le propriétaire assure les bâtiments contre l'incendie ; le métayer quelquefois assure son mobilier ; quelquefois ensemble, ils assurent le bétail et les récoltes.	Les réparations de toute nature sont au compte du propriétaire.	Les frais de baux sont à moitié.
YONNE	Le propriétaire paie d'ordinaire les impositions foncières.	C'est le métayer qui paie les frais des prestations.	On ne saurait répondre sur les questions relatives aux assurances.	C'est le métayer qui paie les réparations locatives.	Il n'y a pas de règle pour le paiement des frais d'actes.

XIV. — Tradition des domaines à partage de fruits.

Questions posées : « Comment se fait la tradition du métayer sortant au métayer entrant? Le métayer sortant suit-il la récolte sur pied ou la livre-t-il à son successeur? Comment se font les évaluations de cheptel à l'entrée et à la sortie, et sur quelles bases? Qui fournit la semence, et qui la conserve? »

TABLEAU SYNOPTIQUE

Départements.	TRADITION	ÉVALUATION	RÉCOLTES	SEMENCES
AIN Trévoux	La tradition se fait, après expertise, comme pour le fermage.	L'évaluation se fait au prix de foire un peu réduit.	Le métayer suit sa récolte sur pied.	La semence fait partie du cheptel transmissible d'un métayer à l'autre.
ALLIER	La tradition se fait par expertise du bétail et état des lieux.	L'évaluation se fait un peu au-dessous du prix des foires.	Le métayer revient prendre sa récolte à sa maturité.	La semence est toujours fournie à moitié.
ALPES (Basses)	La tradition se fait par expertise à l'entrée et à la sortie du métayer.	Les experts évaluent selon leur appréciation.	Le métayer sortant suit la récolte qu'il a semée.	La semence est fournie par le maître, qui la prélève chaque année sur la récolte.
ALPES (Hautes)	La tradition se fait par expertise, à moins d'accord préalable.	L'évaluation se fait selon les prix du pays.	Le métayer livre la récolte au propriétaire, qui choisit un semeur la dernière année du bail.	Le propriétaire fournit la semence.

Départements.	TRADITION	ÉVALUATION	RÉCOLTES	SEMENCES
ALPES (Maritimes)	La tradition se fait par l'intermédiaire du propriétaire ou sous sa surveillance.	L'évaluation se fait selon la valeur vénale.	Le métayer suit sa récolte sur pied.	Le métayer conserve la semence et la fournit en cas de changement.
ARDÈCHE	A la sortie du métayer, il y a un règlement amiable pour les pailles et fourrages.	Les animaux s'évaluent selon le prix des foires, le matériel selon l'état d'usance.	Le métayer suit sa récolte sur pied.	Si le métayer a fourni la semence, il la reprend.
ARIÈGE	La tradition se fait sans aucune formalité, l'un emportant son mobilier, l'autre l'apportant.	L'évaluation a lieu selon la valeur vénale du jour.	On agit selon les conventions; ordinairement, tout est livré au métayer entrant.	Presque toujours le propriétaire fournit la semence.
AUDE	La tradition se fait après expertise, comme pour le fermage.	Les évaluations sont conformes aux cours du pays.	Le métayer sortant suit sa récolte sur pied.	Le métayer fournit la moitié de la semence. Il doit avoir semé avant de quitter le domaine.
AVEYRON	La tradition se fait après évaluation du bétail. Mais la variation des cours fait naître des inconvénients.	L'évaluation a lieu selon la valeur vénale. On commence à renoncer à une estimation pour l'espèce ovine; on se contente de compter les bêtes et de juger leur état.	Le métayer suit la récolte qu'il a semée.	Les semences sont fournies moitié par le propriétaire et moitié par le métayer.

Départements.	TRADITION	ÉVALUATION	RÉCOLTES	SEMENCES
BOUCHES-du-RHONE Saint-Remy	La tradition se fait par expertise et selon l'évaluation.	L'évaluation a lieu selon l'appréciation des experts.	Le métayer suit sa récolte sur pied.	La semence se fournit par moitié entre le propriétaire et le métayer entrant, qui la garde et la soigne.
CANTAL	La tradition se fait par expertise et simple livraison.	Les experts évaluent selon le cours moyen des foires.	Le métayer est tenu de livrer autant de terre emblavée qu'il en a reçu au métayer entrant.	La semence est prélevée sur le tas avant partage et reste au propriétaire.
CHARENTE Barbezieux	La tradition se fait par expertise, le propriétaire restant tout à fait désintéressé. On n'estime que le cheptel vivant.	Les experts, qui connaissent les cours du pays, évaluent selon leur appréciation.	Le métayer sortant suit sa récolte sur pied. Il laisse les foins, les pailles, les engrais de l'année et les terres labourées.	C'est le propriétaire qui fournit et garde la semence.
Confolens	La tradition s'opère par la simple arrivée du métayer entrant et le départ du métayer sortant.	L'évaluation se fait avec plus-value d'un sixième sur le cours marchand.	Les emblavures faites avant le 1er novembre restent au métayer sortant.	C'est le métayer entrant qui fournit la semence.
CHARENTE (Inférieure) Rochefort	La tradition et l'estimation se font, comme pour le fermage, par expertise.	Les experts déterminent la plus-value du bétail.	Le métayer sortant suit sa récolte sur pied.	La semence se fournit généralement à moitié. Quelquefois, c'est le métayer qui la fournit, le propriétaire la conserve.

Départements.	TRADITION	ÉVALUATION	RÉCOLTES	SEMENCES
CHARENTE (Inférieure) Saintes	La tradition se fait à l'expiration du contrat, en présence du propriétaire.	Les évaluations se font selon les usages du pays.	Le métayer entrant tient compte des fumiers à son prédécesseur.	Le nouveau métayer rembourse les semences à l'ancien, en argent ou en nature.
CHER St-Amand	La tradition se fait par expertise et simple livraison.	L'évaluation a lieu selon le cours moyen des foires des quatre derniers mois.	Le métayer sortant vient reprendre sa récolte.	La semence se fournit par moitié entre le propriétaire et le métayer.
Centre	La tradition a lieu comme pour le fermage.	L'évaluation a lieu selon les prix courants des foires des localités voisines.		
Nord	La tradition se fait par simple prise de possession des lieux.	L'évaluation a lieu avec une plus-value d'un sixième.	Les métayers suivent leur récolte sur pied.	
CORRÈZE Haut Limousin	La tradition se fait par dire d'expert et par simple livraison des lieux.	C'est selon le cours des foires que se fait l'évaluation.	Le métayer doit laisser ce qu'il a reçu en terres semées, en foins et en paille.	La semence est fournie par égales portions par le propriétaire et le métayer.
Bas Limousin	La tradition se fait par expertise.	Le cours des foires guide les experts.	Le métayer sortant suit d'ordinaire sa récolte.	C'est le propriétaire qui fournit et garde la semence.

Départements.	TRADITION	ÉVALUATION	RÉCOLTES	SEMENCES
COTES-du-NORD	La tradition se fait par expertise et simple livraison des lieux.		Le bail finissant à la Saint-Michel, les partages sont faits avant les semailles.	Le fermier entrant apporte la semence et la reprend en sortant.
CREUSE	La tradition se fait par expertise et selon le dire des experts.	L'évaluation a lieu selon le cours vénal du moment.	L'entrée ayant lieu le 1er ou 25 mars, le métayer entrant reçoit les terres emblavées à dire d'experts.	Le métayer entrant trouve d'ordinaire les semences de printemps et les rend à sa sortie.
DORDOGNE	La tradition se fait par expertise et par prise de possession des bâtiments, du sol et du bétail.	L'évaluation se fait selon les cours du moment.	Le métayer sortant suit sa récolte. Il laisse les fourrages.	C'est le propriétaire qui fournit et garde la semence, en cas de changement de métayer.
DROME	La tradition se fait à dire d'experts, et selon l'usage ou les baux.	L'évaluation se fait selon les prix courants.	Le métayer sortant ne livre pas sa récolte au métayer entrant.	Le métayer fournit sa semence et, s'il change de domaine, il l'emporte là où il va.
GARD	La tradition se fait par expertise d'amis communs et simple livraison.	C'est selon les prix des foires et marchés que se fait l'évaluation.	On agit selon les cultures et les apports.	Pas de règle absolue; on agit selon les conventions.
GARONNE (Haute)	La tradition a lieu par simple prise de possession, après expertise.	L'évaluation a lieu selon une petite réduction des prix courants.	Le métayer sortant suit sa récolte.	La semence est fournie par moitié. Le propriétaire la conserve, en cas de changement de métayer.

Départements.	TRADITION	ÉVALUATION	RÉCOLTES	SEMENCES
GERS	La tradition se fait par expertise et simple prise de possession du métayer entrant.	L'évaluation se fait selon les marchés de la localité et d'après les cours.	Le métayer sortant doit livrer les terres labourées selon l'usage, et les fumiers soignés. Sortie du 25 août au 14 novembre, sauf pour le vin et le maïs.	Le maître fournit et conserve la semence.
GIRONDE	La tradition a lieu par expertise du bétail et par une constatation amiable des lieux.	L'évaluation a lieu d'après le cours des animaux.	Le métayer suit sa récolte. L'époque de sortie, 15 août, se prête très bien à ce mode.	La récolte est due par moitié, mais c'est ordinairement le propriétaire qui la fournit.
HÉRAULT	Le contrat expire ordinairement après l'enlèvement de la récolte.	Pas de cheptels, pas d'évaluations.	Le métayer prend sa récolte et s'en va.	La semence est fournie par le propriétaire ou le métayer. Elle se prélève avant le partage des grains.
INDRE	La tradition se fait à diverses époques, du mois d'avril au mois d'août.	Les experts fixent la valeur des cheptels d'après les conditions du bail.	Le colon suit sa récolte. Il est naturel qu'il la prenne puisqu'il l'a semée.	La semence est fournie, soit en totalité, soit en partie, par le colon.
INDRE-et-LOIRE Nord	La tradition a lieu conformément aux conventions.	L'évaluation a lieu d'après le cours moyen des foires.	Le métayer rend ce qu'il a reçu en entrant.	Le propriétaire fournit la semence et la reprend sur la récolte.
Loches	La tradition se fait par expertise et simple prise de possession.		Le métayer sortant suit sa récolte et la bat sur place ; les pailles restent au domaine.	Généralement, la semence fait partie du cheptel et se prélève sur la récolte.

Départements.	TRADITION	ÉVALUATION	RÉCOLTES	SEMENCES
ISÈRE	La tradition se fait par simple prise de possession, après expertise.	L'évaluation se fait selon le cours des derniers marchés.	Chacun récolte ce qu'il a semé.	
LANDES	La tradition se fait à dire d'experts et par simple livraison.	L'évaluation a lieu selon les cours des marchés voisins.	Le métayer sortant laisse les pailles, foins et fumiers. Il revient chercher sa récolte.	Les semences du blé sont à moitié ; les autres sont à la charge du métayer.
LOIRE	La tradition a lieu par expertise et par une simple substitution de personnes.	Les évaluations ont lieu selon les cours des marchés locaux.	Le métayer sortant suit sa récolte sur pied.	Il y a un cheptel de semence, fourni par le propriétaire et repris avant partage chaque année.
LOIR-et-CHER	La tradition se fait, après expertise, par simple livraison des lieux.	Les évaluations se font d'après les appréciations personnelles des experts.	Le métayer sortant suit sa récolte sur pied et laisse les 2/3 des fourrages.	La semence est prise sur la récolte avant partage.
LOIRE (Haute)	La tradition se fait par simple livraison des lieux, après expertise.	L'évaluation a lieu selon les cours locaux, un peu adoucis.	Le métayer sortant livre la récolte à son successeur, comme il l'avait reçue en entrant.	La semence est fournie par le propriétaire et le métayer entrant.
LOIRE (Inférieure)	La tradition se fait par expertise et simple prise de possession.	L'évaluation a lieu selon les cours des marchés du jour.	Le métayer sortant laisse les pailles et foins, et tous les fumiers, cela sans indemnité.	Les semences se fournissent par moitié, au moment des semailles.

Départements.	TRADITION	ÉVALUATION	RÉCOLTES	SEMENCES
LOT	Le plus souvent, la sortie a lieu en septembre; le métayer sortant livre les champs labourés.	Les évaluations portent sur les deux cheptels, vivant et mort.	Le métayer sortant suit sa récolte sur pied.	Le propriétaire fournit presque toujours la semence.
LOT-et-GARONNE Marmande	La tradition se fait par mise en possession immédiate après expertise.	Les experts fixent l'évaluation selon le cours des derniers marchés du pays.	Le métayer sortant suit sa récolte.	La semence est fournie par le propriétaire.
Villeneuve-d'Agen			Le métayer sortant prépare les terres et laisse les 4/5 des fourrages et la paille.	Le métayer sortant laisse la semence.
LOZÈRE	La tradition se fait par expertise, suivie de la livraison des lieux.	C'est selon le cours des dernières foires que se fait l'évaluation.	Le métayer sortant suit sa récolte sur pied.	Le propriétaire fournit la semence. Le métayer sortant la transmet à son successeur.
MAINE-et-LOIRE Segré	La tradition s'opère comme il est fixé par l'usage.		Le métayer sortant suit sa récolte sur pied.	La semence est fournie à moitié par le propriétaire et le métayer.
Seiches		L'évaluation a lieu selon le cours actuel.		

Départements.	TRADITION	ÉVALUATION	RÉCOLTES	SEMENCES
MAYENNE	La tradition a lieu par expertise et estimation.	On tient compte des prix moyens de l'année.	Le métayer sortant suit sa récolte.	La semence est à moitié. Le métayer la conserve.
MORBIHAN	La tradition s'opère par expertise comme pour le fermier.	On évalue selon les prix courants du pays.		
NIÈVRE	Les traditions se font à dire d'experts.	C'est en se rapprochant des cours moyens qu'on fait l'évaluation.	Pas de règle absolue.	Chacun fournit la moitié de la semence. Quelquefois c'est le métayer seul.
Morvan			La récolte appartient à l'entrant, qui a dû lui-même faire les semences.	Le métayer entrant fournit la semence.
PUY-de-DOME	La tradition a lieu par experts amiables, et en présence du propriétaire.	L'évaluation se fait à 5 0/0 de rabais environ sur la valeur vénale. Quelquefois, elle a lieu selon le cours moyen de plusieurs années.	Le métayer laisse la récolte ou la suit, selon les usages locaux ou les conventions.	La semence est fournie par moitié par le propriétaire et le métayer.
PYRÉNÉES (Basses) Pays Basque	L'estimation se fait par des voisins.	L'évaluation a lieu selon les cours.	Le métayer sortant emporte la récolte qu'il a semée.	

Départements.	TRADITION	ÉVALUATION	RÉCOLTES	SEMENCES
PYRÉNÉES (Basses) Béarn	La tradition se fait par vente à l'amiable.	Le métayer sortant vend son bétail au métayer entrant avec le concours du propriétaire.	Le métayer sortant est tenu de laisser les 4/5 du fourrage et le fumier.	La semence est fournie à moitié ; le métayer entrant apporte sa moitié.
PYRÉNÉES (Hautes)	La tradition se fait par expertise et remise de l'inventaire.	L'évaluation a lieu conformément aux cours.	Le métayer sortant a droit à la récolte sur pied.	La semence est à moitié au propriétaire et au métayer.
PYRÉNÉES (Orientales)	La tradition se fait après expertise et par la simple prise de possession.	L'évaluation se fait selon les cours du pays.	Le métayer sortant suit sa récolte et laisse les terres comme il les a reçues.	C'est le métayer qui fournit la semence.
RHONE Haut Beaujolais	La tradition a lieu par expertise et livraison.	L'évaluation se fait selon les cours du moment.	Le métayer sortant suit sa récolte sur pied.	Le métayer entrant fournit la semence.
SAONE-et-LOIRE	Le mode de tradition varie selon les localités.	L'évaluation se fait par les experts selon les cours du moment ou de l'année.	Le métayer suit sa récolte en blé et en avoine.	La semence est prise sur la récolte avant partage.
Autunois	La tradition se fait après estimation d'experts.	L'évaluation a pour base la valeur même des animaux.		
Charolais	La tradition a lieu à dire d'experts. Le métayer entrant prend souvent le droit du bétail estimé.	Les évaluations ont lieu suivant les prix de vente de l'année.	Le métayer sortant revient chercher et battre sa récolte.	La semence est à moitié, sauf stipulations contraires.

Départements.	TRADITION	ÉVALUATION	RÉCOLTES	SEMENCES
SAVOIE	La tradition a lieu par expertise et simple livraison.	L'évaluation a lieu selon la vraie valeur des animaux.	Le métayer sortant enlève ce qu'il a semé et livre les terres vides.	La semence est à moitié entre le propriétaire et le métayer.
SÈVRES (Deux)	La tradition se fait par expertise et prise de possession des lieux.	L'évaluation se fait selon les cours du moment.	Le métayer sortant vient chercher ce qu'il a semé. Il laisse les pailles et les foins.	La semence est toujours à moitié.
TARN	La tradition se fait par expertise à l'amiable.	L'évaluation se fait selon les cours du pays.	Le métayer suit sa récolte sur pied.	La semence est à moitié.
TARN-et-GARONNE	La tradition a lieu par expertise et prise de possession, après acceptation.	L'évaluation se fait selon les cours du moment.	Le métayer sortant suit presque toujours sa récolte sur pied. S'il la livre, c'est par arrangement.	La semence est à moitié. C'est le métayer qui la garde.
VAR Draguignan	La tradition s'opère par expertise, comme pour le fermage, à jour fixe après estimation.	Les experts évaluent le bétail selon leurs connaissances personnelles.	Le métayer sortant le 29 septembre, ne livre pas sa récolte, à moins qu'à son entrée il n'ait vendangé.	La semence est toujours à moitié entre le propriétaire et le métayer.
Toulon			Le métayer suit sa récolte sur pied.	C'est le propriétaire qui fournit la semence.
VAUCLUSE	S'il y avait lieu à évaluations, au moment de la	S'il y avait lieu à évaluations, elles se feraient	Le métayer sortant doit laisser à son successeur ce	La semence se fournit à moitié. Il y a, par exception,

Départements.	TRADITION	ÉVALUATION	RÉCOLTES	SEMENCES
VAUCLUSE	sortie du métayer, elles se feraient par expertise.	selon les cours des marchés.	qu'il a trouvé en entrant, à dire d'experts, s'il y a contestation. Il suit le surplus sur pied.	des localités très fertiles où le métayer fournit la semence pour dédommager le propriétaire de ses apports primitifs.
VENDÉE	La tradition a lieu par expertise et simple livraison des lieux.	La base de l'évaluation est le cours ordinaire des foires du pays.	Le métayer entrant a droit à la moitié de la récolte sur pied.	Le métayer fournit la moitié des semences en entrant.
VIENNE	Le métayer sortant doit laisser les foins et les fourrages verts en bon état. La tradition a lieu après expertise.	L'évaluation se fait d'après les cours du jour.	Presque toujours, le métayer sortant suit sa récolte.	La semence reste presque toujours au domaine, après le partage des grains.
VIENNE (Haute)	La tradition se fait après expertise et acceptation.	L'évaluation a lieu selon les cours du jour et un dixième en sus.	Généralement, le métayer sortant laisse sa récolte à son successeur.	La semence se prélève avant le partage.
Bellac	La tradition se fait par simple livraison des lieux.		Quelquefois, près de Bellac, c'est le contraire qui a lieu.	La semence est sur le sol au moment de la récolte.
YONNE	La tradition se fait, soit par expertise, soit par convention entre les parties.	On fait les évaluations selon les cours du pays.	Le métayer suit sa récolte et l'emporte.	Il n'y a pas de règle fixe au sujet de la semence.

XV. — Époques de la tradition des domaines.

Question supplémentaire posée : « A quelle époque se font les changements de métayers et les traditions de domaine ? »

TABLEAU SYNOPTIQUE

Départements.	ÉPOQUES	OBSERVATIONS
AIN	11 novembre.	Les récoltes sont finies et les semailles faites.
ALLIER	11 novembre.	Les estimations se font du 1er au 10 novembre. Le départ et l'entrée ont lieu le lendemain.
AUDE	1er novembre.	Le métayer surtout doit avoir terminé les semailles avant de partir.
AVEYRON	Du 1er mai au 24 juin.	Le métayer entrant fauche les foins, le métayer sortant lève les récoltes qui lui appartiennent.
CHARENTE (Inférieure) Rochefort	1er novembre.	Les travaux de récolte sont généralement achevés, et les semailles très avancées, sinon finies.
CHER Nord	2 novembre.	La sortie et l'entrée ont lieu le lendemain du jour de la Toussaint. Les emblavures faites avant le 1er novembre restent au métayer sortant.
CORRÈZE Nord	25 décembre	Tous les travaux de l'année sont achevés. Le métayer sortant a été prévenu au printemps.
COTES-du-NORD	29 septembre	Les récoltes sont achevées à la Saint-Michel sauf les pommes de terre et les pommes d'arbres, que le métayer sortant vient chercher.
CREUSE	1er ou 25 mars.	L'époque varie selon les arrondissements. Le métayer entrant reçoit les blés d'hiver sur estimation.
GERS	Du 25 août au 14 novembre.	L'époque n'est pas la même dans tous les cantons.
GIRONDE	15 août.	C'est l'époque des mutations dans l'arrondissement de La Réole.
INDRE	23 avril.	Époque des mutations pour la Champagne du Berry.
	24 juin.	Époque des mutations pour le Boischaut.
	11 novembre.	Époque des mutations pour la Brenne.

Départements.	ÉPOQUES	OBSERVATIONS
ISÈRE	1er novembre.	Il n'y a plus alors de récolte sur pied.
JURA	11 novembre.	Époque traditionnelle.
LANDES	12 novembre.	Toutes les semailles sont finies.
LOT	En septembre.	Le sol est libre à cette époque.
LOT-et-GARONNE Villeneuve-d'Agen	Fin septembre.	Le sol est prêt pour les semailles d'hiver.
MAINE-et-LOIRE	1er novembre.	Le code local fixe le jour de la Toussaint comme époque des renouvellements pour les métayers, comme pour les fermiers.
SAONE-et-LOIRE	11 novembre.	C'est pour tout le vignoble une époque traditionnelle.
TARN	1er ou 11 novembre.	La terre est alors libre et prête pour les semailles d'hiver.
VAR	29 septembre.	Les vendanges ne sont pas encore faites; mais le vigneron-métayer ne livre pas sa vendange à son successeur, à moins qu'il ne l'ait reçue en entrant.
VIENNE	29 septembre.	Les récoltes d'automne ne sont pas encore achevées.
VIENNE (Haute)	1er novembre	C'est une époque générale pour tout le pays.

XVI. — Droit de reprise et de poursuite des propriétaires.

Questions posées : « Quels sont les droits du propriétaire sur le métayer débiteur? Peut-il le poursuivre dans sa nouvelle métairie et y faire saisir son avoir sans opposition de la part de son nouveau propriétaire? »

TABLEAU SYNOPTIQUE

Départements.	DROITS	POURSUITES
AIN	Le propriétaire a privilège sur la récolte en terre et sur le bétail, à concurrence de ce qui lui est dû pour ces deux causes.	Le propriétaire a le droit de poursuivre le métayer dans sa nouvelle métairie; mais cela ne se fait pas ordinairement.
ALLIER	Les droits du propriétaire sur le métayer débiteur sont ceux que lui confère l'article 2102 du Code civil, privilège spécial sur la part de récoltes et sur les meubles du colon.	Les droits du propriétaire peuvent être exercés sur la part de récolte du métayer au moment du partage ou sur les profits de bétail à la fin de l'année. Mais ils ne s'exercent jamais sur les meubles, surtout si le métayer a pris un autre domaine.
ALPES (Basses)	Les droits du propriétaire sur le métayer débiteur sont fixés par la loi.	Le propriétaire use rarement de ses droits.
ALPES (Hautes)	Le métayer est placé à l'égard du propriétaire dans le droit commun.	Le propriétaire poursuit rarement le métayer débiteur.
ALPES (Maritimes)	Le propriétaire a droit de saisie sur les récoltes et sur les meubles du métayer débiteur.	Le propriétaire ne peut poursuivre le métayer débiteur dans son nouveau domaine et y faire saisir son avoir.
ARDÈCHE	Le propriétaire peut se couvrir sur la part des récoltes et profits revenant au métayer débiteur.	Le propriétaire, s'il poursuivait le métayer débiteur dans sa nouvelle métairie, trouverait opposition de la part du nouveau propriétaire.
ARIÈGE	Le propriétaire se sert des droits que la loi lui donne, et rien de plus.	Le propriétaire peut poursuivre; il ne le fait pas.
AUDE	Le propriétaire n'a d'autre droit que celui de la retenue du prix des ventes de bétail, opérées avec son concours par le métayer.	Le droit de poursuite existe. Mais il n'y a pas d'exemple qu'on en ait usé.

Départements.	DROITS	POURSUITES
AVEYRON	Le propriétaire a un privilège sur ce qui se trouve dans son domaine contre le métayer débiteur. . Il a même le droit de faire saisir sur sa nouvelle récolte la part qui lui revient.	Si le propriétaire exerce des poursuites contre le métayer débiteur, il peut faire naître des complications. Mais le cas est rare, parce que, les produits se partageant dès leur réalisation, le propriétaire n'est presque jamais créancier de son métayer.
BOUCHES-du-RHONE St-Remy.	Le propriétaire a droit contre le métayer débiteur sur sa récolte et son cheptel.	Le propriétaire peut faire saisir le métayer débiteur; mais il a à craindre l'opposition du nouveau propriétaire.
CANTAL	Les droits du propriétaire sont ceux de tout créancier sur son débiteur. Il peut faire saisir son avoir.	Le propriétaire ne peut pas faire saisir le métayer sorti sans l'assentiment de son nouveau propriétaire.
CHARENTE	Le propriétaire a le droit de saisir les récoltes et, au besoin, le mobilier du métayer débiteur.	Le propriétaire peut poursuivre le métayer débiteur dans son nouveau domaine, s'il possède un titre.
CHARENTE (Inférieure) Rochefort	Le propriétaire peut s'emparer de la récolte du métayer débiteur.	Le propriétaire peut poursuivre le métayer débiteur dans son nouveau domaine.
Saintes	Le propriétaire n'a d'autres droits que ceux que lui donne le Code civil.	On ne saurait répondre à la question de poursuite.
CHER	Les droits du propriétaire sur son métayer débiteur sont ceux que fixe la loi à propos de clauses et stipulations insérées dans les baux écrits. Les usages locaux ne dérogent nullement aux dispositions légales.	Dans les poursuites qu'il exerce dans un nouveau domaine, le propriétaire est tenu de se conformer, en fait de délais, aux dispositions de la loi, sans quoi le nouveau propriétaire est fondé à faire opposition.
CORRÈZE H.Limousin	Le propriétaire touchant l'argent des ventes, le métayer ne peut jamais s'endetter.	
B.Limousin	Le propriétaire a droit sur la récolte et les profits du métayer.	Il s'établit souvent des conventions entre l'ancien et le nouveau propriétaire, en cas de dettes de la part du métayer sortant.
COTES-du-NORD	Si le métayer devient débiteur, le propriétaire peut conserver son privilège sur son mobilier pendant 40 jours.	Le propriétaire peut faire opposition à la sortie du métayer débiteur avant qu'il ait payé. Ce moyen est plus sûr que toute poursuite.

Départements.	DROITS	POURSUITES
CREUSE	Les droits du propriétaire sont ceux d'un propriétaire privilégié sur les objets qui garnissent le domaine et d'un créancier ordinaire sur les autres biens du métayer débiteur.	Les droits du nouveau propriétaire sont ordinairement un obstacle à ceux de l'ancien propriétaire.
DORDOGNE	Le propriétaire a privilège sur les récoltes et le surcroît de cheptel du métayer débiteur, et sur la part de récolte nouvelle qui pourrait excéder ses besoins.	Le propriétaire peut faire saisir les meubles du métayer débiteur dans son nouveau domaine, mais les meubles seulement, vu qu'il ne peut porter préjudice au nouveau propriétaire.
DROME	Le propriétaire a contre le métayer débiteur les droits que lui donne son privilège.	Le propriétaire peut poursuivre le métayer débiteur après sa sortie ; mais ce n'est pas un moyen sûr.
GARD	Sauf quelques exceptions faites préalablement, le propriétaire n'a aucun droit sur le métayer débiteur que ceux que lui concède la loi.	Les droits de poursuite contre le métayer sorti dépendent des décisions judiciaires.
GARONNE (Haute)	Le métayer sorti revenant chercher sa récolte, le propriétaire trouve dans le grain qui en résulte la principale garantie de paiement. Il peut, d'ailleurs, exercer toutes les poursuites légales ordinaires.	Le propriétaire a le droit de poursuite et de saisie dans le nouveau domaine du métayer débiteur. Le nouveau propriétaire ne peut faire opposition que dans le cas où il aurait lui-même quelque répétition à exercer ; les tribunaux en décident.
GERS	Le propriétaire a le droit de retenir sur les récoltes du métayer le montant de sa créance.	Le propriétaire peut poursuivre le métayer débiteur sur la part qui lui revient dans la récolte.
GIRONDE	Le propriétaire, créancier de son métayer, a le droit de se couvrir sur les récoltes, quand il y en a.	Le propriétaire ancien qui est créancier, n'a aucun moyen de se faire rembourser. Il ne saurait compter sur les tribunaux.
INDRE	Le propriétaire qui fait une avance considérable à son colon, doit avoir des privilèges qui lui garantissent le recouvrement des valeurs engagées. Il a privilège sur la part de récolte du colon, sur son mobilier et sur tout ce qui lui appartient.	Le propriétaire a le droit de poursuivre le métayer débiteur dans son nouveau domaine ; mais le nouveau propriétaire peut faire valoir, à son tour, le privilège qu'il a sur son colon.

Départements.	DROITS	POURSUITES
INDRE-et-LOIRE	Le propriétaire créancier a droit sur la récolte de son colon et la plus-value de son cheptel.	Le propriétaire créancier ne peut faire saisir les meubles du métayer, s'il y a opposition du nouveau propriétaire.
ISÈRE Trièves	Il n'y a jamais de clauses comminatoires dans le bail.	Le cas de poursuite ne se présente jamais.
LANDES	Le propriétaire créancier n'a pas d'autres droits sur le métayer débiteur que ceux que lui donne le code rural existant.	Le nouveau propriétaire du métayer débiteur n'a le droit de s'opposer aux poursuites que dans le cas où il aurait fait des avances de grains pour nourrir la famille du métayer.
LOIRE	Le propriétaire créancier a le droit de saisie sur la récolte et le bétail du métayer débiteur.	Le cas de poursuites ne se présente guère, à cause des conditions inhérentes au métayage.
LOIR-et-CHER Sologne	Le propriétaire créancier a le droit de retenir la part de récolte et de cheptel vivant appartenant au métayer débiteur.	La question posée est une question de droit et non d'enquête.
LOIRE (Haute)	Les droits du propriétaire créancier varient selon les engagements. Pendant le bail, le propriétaire n'exerce jamais sur le métayer les droits qu'il a contre lui; à la sortie, il se paie sur la plus-value du cheptel vivant appartenant au métayer.	Le droit de poursuite n'est pas exercé, parce qu'il est rare qu'un propriétaire laisse partir son métayer sans s'être remboursé par la plus-value du cheptel.
LOT-et-GARONNE	Le propriétaire créancier de son métayer n'a d'autre garantie que la récolte, et, en cas de sortie, la plus-value du cheptel.	Après la sortie du métayer et l'enlèvement de la récolte, le propriétaire n'a plus aucun moyen certain, bien qu'il ait le droit de poursuite.
LOZÈRE	Le propriétaire créancier n'a d'autre droit à exercer que celui de saisie.	En cas de poursuite, le nouveau propriétaire protesterait et ferait opposition.
MAINE-et-LOIRE Segré	Le propriétaire créancier a contre le métayer débiteur son privilège légal sur le bétail, le matériel, le mobilier et les récoltes qui lui appartiennent.	Le propriétaire créancier ne peut poursuivre le métayer débiteur que dans les délais de la revendication.

Départements.	DROITS	POURSUITES
MAYENNE	Le propriétaire créancier n'a pour lui que son privilège.	
NIÈVRE	Le propriétaire a les mêmes droits sur le métayer débiteur que sur le fermier qui lui doit.	Les poursuites contre le métayer débiteur ne s'exercent pas.
PUY-de-DOME Nord	Les droits du propriétaire créancier sont ceux d'un créancier privilégié ou ordinaire, selon les cas.	Les droits du propriétaire nouveau font ordinairement obstacle à ceux de l'ancien propriétaire.
Sud	Les droits du propriétaire créancier sont : l'hypothèque, la saisie de ses récoltes, de sa part du cheptel mort et du croît du cheptel vivant.	Le propriétaire pourrait exercer des poursuites contre le métayer débiteur, s'il le voulait.
PYRÉNÉES (Basses)	Le propriétaire a le droit de s'emparer des récoltes et du matériel du métayer débiteur.	Le propriétaire créancier peut poursuivre le métayer sorti, si le nouveau propriétaire n'est pas lui-même créancier.
PYRÉNÉES (Hautes)	Il n'existe aucun moyen de faire payer un métayer insolvable.	Le droit de poursuite contre le métayer débiteur ne s'exerce point.
PYRÉNÉES (Orientales)	Le propriétaire assure sa créance sur tout ce que possède le métayer débiteur.	Les garanties sont données par le métayer en entrant, et non en sortant.
RHONE	Les droits du propriétaire créancier portent sur le mobilier et le cheptel mort du métayer débiteur.	Le droit de poursuite dans la nouvelle métairie ne peut s'exercer.
SAONE-et-LOIRE	Les droits du propriétaire créancier sont fixés par la loi.	Le droit de poursuite est conforme aux prescriptions du Code.
SAVOIE	Le propriétaire créancier n'a pas d'autres droits que ceux d'un créancier ordinaire.	Le droit de poursuite contre le métayer débiteur ne peut s'exercer ce
SÈVRES (Deux)	Les droits du propriétaire sont les droits de saisie sur la part de récolte et de bétail appartenant au métayer débiteur.	Le droit de poursuite après l'entrée du métayer dans un nouveau domaine ne peut s'exercer.
TARN	Le propriétaire créancier peut se rembourser par la part de cheptel vivant appartenant au métayer et sa récolte après la sortie.	La question des poursuites est réglée par la loi, et il n'existe à cet égard aucun usage.

Départements.	DROITS	POURSUITES
TARN-et-GARONNE	Le propriétaire créancier a pour lui le privilège de la loi.	Le propriétaire peut poursuivre à ses risques et périls.
VAR Draguignan	Il est évident que le propriétaire créancier a le droit légal de poursuivre partout le métayer débiteur.	Le propriétaire n'use pas du droit de poursuite, auquel le nouveau propriétaire pourrait faire opposition. Mais le droit n'existe pas moins.
Toulon	Le propriétaire peut retenir les denrées à la vente.	
VAUCLUSE	Les droits du propriétaire contre le métayer débiteur sont ceux que prévoit la loi : saisies de toute nature, vente mobilière, vente de sa part de récolte. Le plus souvent le propriétaire prend hypothèque sur les biens du métayer quand il en a.	Le droit de poursuite ne s'exerce point. Ce droit ne saurait guère s'exercer d'ailleurs, contre le mobilier et le cheptel; car ces objets sont le gage du nouveau propriétaire, lequel ne s'en dessaisirait pas.
VENDÉE	Les droits du propriétaire créancier contre le métayer sont ceux dont il jouit contre le fermier.	Le droit de poursuite contre le métayer débiteur est un droit draconien dont n'useraient pas les propriétaires du pays.
VIENNE	Le propriétaire créancier jouit contre son métayer des droits que lui donne la loi.	Le droit de poursuite est réglé par les lois de droit commun. Ce droit est peu exercé.
VIENNE **(Haute)** Saint-Yrieix	Le propriétaire a son privilège légal sur tout ce qui est porté dans le bail du métayer débiteur, mais non au sujet des avances volontaires.	Le propriétaire créancier peut exercer ses poursuites partout contre le métayer débiteur, sauf les droits du nouveau propriétaire.
Limoges	Il ne reste au propriétaire créancier qu'à maudire le métayer qui l'a trompé.	Le droit de poursuite est illusoire.
YONNE	Les droits du propriétaire sont ceux du créancier ordinaire.	Il n'y a aucune règle fixe relative au droit de poursuite.

XVII. — Culture de la vigne par le métayage.

Questions posées : « Les baux relatifs à la culture de la vigne sont-ils analogues aux baux de métayage? Contiennent-ils quelques dispositions particulières? Le vigneron, métayer ou colon, est-il à moitié fruits? Y a-t-il une
autre base pour le partage? »

TABLEAU SYNOPTIQUE

Départements.	Conditions générales	Dispositions particulières	Partage
ALLIER	Dans les cantons où l'on cultive la vigne, une partie se cultive par des métayers.	Les domaines du vignoble sont quelquefois uniquement composés de vignes; d'autrefois, les vignes sont annexées aux autres cultures.	Quand la vigne est cultivée par des métayers, elle est à moitié fruits.
ALPES (Basses)	Dans les Basses-Alpes, la vigne n'a jamais formé une culture spéciale comme dans le Languedoc.	Chaque domaine a dans sa dépendance un vignoble plus ou moins étendu.	Quand la vigne est productive, le travail se fait au tiers pour le vigneron ; autrement le travail est à moitié fruits.
ALPES (Hautes)	Dans les contrées où la vigne ne domine pas, les conditions générales sont celles du métayage.	Dans la vallée de la Durance, le vigneron n'est pas à moitié fruits. Le propriétaire fournit des engrais, quand ceux du domaine ne suffisent pas.	Le métayer perçoit 3/10, le propriétaire 6/10, plus 1/10 représentant les impositions.
ALPES (Maritimes)	La vigne se cultive souvent par des métayers.	Le partage n'est pas toujours à égales portions.	Le plus souvent, les produits sont à moitié. Quelquefois, le métayer n'a que le tiers.
ARDÈCHE	La vigne est à peu près détruite par le phylloxera.	Si l'on reconstitue la vigne, elle ne pourra se soutenir que par l'exploitation directe.	Avant le phylloxera, il y avait des vignerons à moitié fruits.
ARIÈGE	Les conditions de la culture de la vigne sont à peu près les mêmes que celles du métayage dans leurs généralités.	Les baux contiennent certaines dispositions particulières relatives à la taille, au provinage, aux engrais et à la façon des terres	Le plus souvent, le vigneron est à moitié fruits. Quelquefois il n'a que 1/3, d'autres fois 1/4.

Départements.	Conditions générales	Dispositions particulières	Partage
AUDE	Les vignes dans l'Aude ne se donnent pas à cultiver. Elles se cultivent directement aux frais du propriétaire.	Il y a quelques essais de vigneronnage dans le nord et l'est du département. Mais ils sont plus que rares.	Les vignes ne sont pas à partage de fruits dans l'Aude.
AVEYRON	Les domaines des pays vignobles ne sont jamais affermés, ni exploités à moitié fruits.	On donne quelquefois à fermage des domaines où se trouvent des vignes. Mais ces vignes sont généralement mal tenues.	Il n'y a pas de partage dans les pays de vignes.
BOUCHES-du-RHONE	Les vignes ne se donnent guère à moitié fruits.	La culture de la vigne a beaucoup diminué par suite du phylloxera.	Quand le vigneron est métayer, les produits se partagent par moitié.
CANTAL	Il y a des vignerons à moitié fruits. Il y a aussi des vignes affermées à prix fixe.	Lorsque les vignes produisent beaucoup et sont commodes à exploiter, le propriétaire prend 1/4 des produits avant partage.	Le vin se partage au tonneau après cuvage.
CHARENTE	Les baux à partage des fruits sont rares pour la vigne.	Les conditions, quand le vigneron est métayer, varient selon les conventions.	Le vigneron-métayer a généralement la moitié; le tierceur n'a que 1/3.
Confolens	Il y a un ou deux hectare par domaine.	Quelques propriétaires plantent la vigne et la donnent à des tiers, sous charge pour eux d'en partager plus tard les produits.	La récolte se partage à moitié, dès que les plants sont en force.
CHARENTE (Inférieure) Rochefort	La culture de la vigne ne se fait pas par métayer. Quand le propriétaire ne régit pas les vignes, il les donne en fermage à prix d'argent.	Lorsque le métayer plante des vignes, il devient propriétaire foncier de la moitié des terrains qu'il a défoncés et plantés.	Il n'y a pas de partage de fruits de la vigne.
Saintes	La culture de la vigne se fait par régie directe.	Il n'existe, pour ainsi dire, pas de baux pour la culture de la vigne.	Le partage des fruits de la vigne est fort rare.

Départements.	Conditions générales	Dispositions particulières	Partage
CHER	Il y a peu de vignes dans le Cher, si ce n'est sur les bords de la Loire et de l'Allier.	Les conditions de l'exploitation se rapprochent plus du fermage que du métayage.	Si le vigneron est métayer, il est à moitié fruits. Il n'y a pas d'autre but de partage.
CORRÈZE **B. Limousin**	Il y a beaucoup de vignerons-métayers.	Le vigneron-métayer paie l'impôt foncier.	Le partage se fait généralement à moitié fruits.
CORSE	Les vignes se cultivent généralement par le colon à moitié fruits en Corse.	Les colons ne s'engagent guère au delà d'une année.	Le partage se fait à moitié fruits.
COTE-D'OR	La culture à partage est très exceptionnelle dans la Côte-d'Or.	Les conventions sont annuelles et ne s'appliquent qu'à de très petites parcelles.	Le partage se faisait à moitié fruits.
DORDOGNE	La culture de la vigne se fait souvent par vigneron-métayer, sauf autour de Bergerac, où la culture est directe.	La durée des baux relatifs aux vignes est souvent très longue ; elle varie de 15 à 29 ans.	Quand le vigneron est métayer, le partage est à moitié fruits.
Nontron	Les conditions des baux sont les mêmes que celles du métayage.	En cas de complant, le vigneron-métayer perçoit avant partage, pendant les 3 ou 4 premières années, les produits divers des terrains, à titre d'indemnité.	Le partage se fait à moitié, quand les vignes sont en rapport.
DOUBS	On ne fait pas de baux pour la culture de la vigne.	Il y a des exploitants qui prennent la vigne à titre de partageants.	Ces exploitants sont à moitié fruits.
DROME	Les vignes n'existent plus dans la Drôme.	Avant le phylloxera, les baux avaient une durée de 20 ans.	Le partage se faisait à moitié fruits.
GARD	Généralement, la culture de la vigne se fait directement.	Il y a des règlements pour prévenir l'excès de production au détriment des ceps.	Le partage se fait selon le rapport du produit au prix de revient.

Départements.	Conditions générales	Dispositions particulières	Partage
GARONNE (Haute)	Le système du métayage est peu appliqué à la culture de la vigne.	Les baux relatifs à la vigne diffèrent essentiellement des autres baux de métayage.	*Le partage à moitié fruits est très rare.*
GERS	Il n'y a pas de baux pour la vigne.	Parfois le vigneron est obligé de terrer les vignes.	Le partage se fait à moitié fruits.
GIRONDE	Les dispositions relatives à la culture de la vigne varient à l'infini. Mais, généralement, ce sont les propriétaires eux-mêmes qui font travailler leurs vignes; ils ne consentiraient pas à partager.	Le phylloxera et la crise que traverse l'agriculture ont jeté la plus grande perturbation dans les anciens modes d'exploitation.	Ce n'est que dans le sud qu'on partage le vin, et dans les vignobles où les crus ont peu de renommée.
HÉRAULT	Les vignes en rapport ne sont pas soumises au métayage.		Le vin ne se partage pas dans l'Hérault.
INDRE	Sauf les environs d'Argenton, il n'y a pas dans l'Indre de vignes cultivées à moitié fruits.	Il n'y a pas de dispositions particulières dans les vignes d'Argenton. Le métayer fait tout le travail, et reçoit sa part de la récolte.	Le partage est à moitié là où il y a partage.
INDRE-et-LOIRE Nord	La vigne est rarement donnée en métayage, les propriétaires faisant valoir leurs vignes directement.	Cependant, depuis quelques années, les plantations se sont étendues, et ont été confiées à un certain nombre de fermiers et de métayers, le propriétaire restant ordinairement chargé des frais de logement et de la conservation des récoltes.	Les conventions du partage sont réglées par la convention.
Loches	Depuis qu'on plante les vignes en lignes et à distance, on en ajoute une certaine quantité aux métairies. Presque	Le propriétaire paie les frais de plantation; le métayer fait le travail. Le propriétaire paie générale-	Le partage se fait généralement à moitié fruits.

Départements.	Conditions générales	Dispositions particulières	Partage
INDRE-et-LOIRE Loches	toutes ont actuellement des vignes.	ment la moitié des frais de vendange et de confection du vin; quelquefois il contribue aux fumures.	
ISÈRE	Les baux relatifs aux vignes sont le plus souvent analogues aux baux de métayage.	Le partage se règle selon les difficultés de la culture et le prix de revient.	Le métayer a 1/3, 2/5 ou la moitié du produit.
Trièves	La culture de la vigne est restreinte.	On ne cultive du vin que pour l'usage de la maison.	Le partage est à moitié.
LANDES	Il y a des vignes dans les métairies. La culture de la vigne a pris une assez grande extension depuis quelques années.	Les vignes doivent être fumées ou amendées chaque année. Le propriétaire fournit les échalas ou fils de fer ; le métayer fournit les fumiers et amendements provenant du sol. Le métayer fait les vendanges à ses frais et fabrique le vin.	Le propriétaire prélève 1/12 et prend la moitié du surplus.
LOIRE	Les conditions relatives aux vignes sont analogues à celles du métayage.	Il n'y a pas d'autres dispositions que celles qui sont inhérentes à la spécialité de la culture.	Le partage est à moitié fruits.
LOIRE (Haute)	Les conditions relatives aux vignes sont analogues à celles du métayage.	Il n'y a pour les vignes à métayage aucune disposition particulière.	Le partage est généralement à moitié fruits.
LOIRE (Inférieure)	Le bail à complant pour les vignes au quart est très usité.	Le vigneron n'est presque jamais à moitié fruits, en raison des avances qu'il fait.	Ordinairement, le vigneron a les 2/3 ou les 3/4 du vin.
LOT	Les baux relatifs aux vignes sont comme ceux du métayage.	Il n'y a aucune autre disposition que celles qui résultent du travail de la vigne.	Le partage est presque toujours à moitié fruits.

Départements.	Conditions générales	Dispositions particulières	Partage
LOT-et-GARONNE Marmande	Le vigneronnage ou culture à partage des fruits est fort usité. Le vigneron travaille et fournit la moitié des échalas ; il paie une partie de l'impôt. Le propriétaire fournit et entretient les cuves et pressoirs.	Il y a quelques exemples de quartage. Dans ce cas, les travaux et transports sont à la charge du propriétaire. Le quarteur fait les travaux de culture.	Généralement le vigneron a la moitié du produit. Le quarteur a 1/4 du blé, et généralement la moitié des petites récoltes, dites de retour.
Villeneuve-d'Agen	Les baux relatifs aux vignes sont comme ceux du métayage.	Il n'existe aucune disposition particulière.	Le partage se fait généralement à moitié fruits.
PUY-de-DOME	Les baux des vignes sont analogues à ceux du métayage, en ce qui concerne les rapports du vigneron-métayer et du propriétaire. Toutefois, les baux relatifs aux vignes sont généralement plus longs lorsque le vigneron s'est chargé de planter. Ils sont souvent de 25 et 30 ans.	Il y a quelques dispositions particulières pour la fourniture des échalas et l'osier pour l'élagage, et aussi pour les fumures et la conduite de la vendange. Dans certains cas, une rétribution est accordée au vigneron pour la plantation et la culture, jusqu'au moment de la production.	Presque partout le partage est à moitié fruits, lorsque les frais sont communs. Le vigneron n'a que le tiers, lorsque le propriétaire fait les avances. Lorsque le propriétaire fournit les échalas et les engrais, le vigneron n'a habituellement que le tiers du produit.
PYRÉNÉES (Basses) Pays basque	Il y a peu de vignes cultivées à part dans le pays basque.	Lorsqu'il y a des vignes, elles sont attachées aux domaines. Il y a des pommiers dans les métairies, et l'on fait du cidre.	Le partage est à moitié. Le propriétaire a les 2/3 du cidre.
PYRÉNÉES (Hautes)	Les conditions des baux sont analogues à celles du métayage.	Il n'y a pas de dispositions particulières.	Pas d'autre base que le partage à moitié.
PYRÉNÉES (Orientales)	Les vignes sont généralement cultivées aux frais du propriétaire.	Les métayers ne sont engagés pour la culture des vignes que moyennant des gages fixes.	Il n'y a pas de partage du vin.

Départements.	Conditions générales	Dispositions particulières	Partage
RHONE	Les conditions diffèrent de celles du métayage.	Le propriétaire fournit le logement, la nourriture du bétail, les chapons ou plançons. Le vigneron fait le travail et donne, à titre de basse-cour, une somme annuelle d'environ 100 francs.	Le vigneron reçoit la moitié du vin et des fruits.
SAONE-et-LOIRE	Les conditions relatives à la vigne sont analogues à celles du métayage ordinaire.	Les dispositions varient selon les localités et l'étendue de vigneronnage.	Le partage varie; il est à moitié généralement, au tiers quelquefois.
SAVOIE	Les conditions générales pour les vignes sont celles du métayage.	Quelquefois le propriétaire fournit tous les échalas et tout le fumier, et dans ce cas le partage varie.	Ordinairement, le partage est à moitié. Le propriétaire prend les 3/5 ou les 2/3, s'il fait les avances.
TARN	On ne donne pas les vignes en métayage.	Il y a quelques vignes attachées aux métairies et cultivées par le métayer.	Dans les vignes des métairies, le partage se fait à moitié.
TARN-et-GARONNE	Les vignes ne se donnent pas seules à cultiver.	Les domaines ont quelques vignes cultivées par les métayers.	Les fruits dans les vignes des métairies se partagent à moitié.
VAR	La culture de la vigne est traitée comme les autres cultures à métayage depuis le phylloxera.	Il n'y a pas de dispositions particulières pour les vignes.	Le vigneron est aujourd'hui à moitié fruits. Avant le phylloxera, le vigneron n'avait que 1/3 des récoltes dans le centre et le nord du département.
VAUCLUSE	Il n'y a plus de vignes dans Vaucluse depuis le phylloxera.	Ceux qui replantent sont disposés à retenir les vignes et ne les donnent plus à cultiver.	Le partage ne se faisait pas toujours à moitié avant le phylloxera.
VENDÉE	Lorsque les vignes ne sont pas cultivées par le	Souvent le propriétaire fait les planta-	Il y a peu de vignes à moitié fruits.

Départements.	Conditions générales	Dispositions particulières	Partage
VENDÉE	propriétaire, elles se donnent à complant pour 1/4 ou 1/6.	tions et cultive le sol pendant trois ans, avant de livrer les vignes au vigneron.	
VIENNE	Il est très rare que les vignes ne soient pas cultivées directement.	Si dans une métairie il y a 30 ou 40 ares de vignes, le produit est laissé au métayer pour sa consommation.	

XVIII. — Recrutement du métayage.

Questions posées : « Les propriétaires trouvent-ils facilement des métayers ? En trouvent-ils de bons ? Les petits cultivateurs recherchent-ils comme avantageux le mode d'exploitation à partage de fruits ? »

TABLEAU SYNOPTIQUE.

Départements.	RECRUTEMENT GÉNÉRAL	PETITS CULTIVATEURS
AIN	Personne ne voulait plus être métayer; chacun voulait être fermier. La détresse agricole a modifié ces préventions. On trouve aujourd'hui de bons métayers, mais ils sont rares. Le mouvement de faveur est récent.	Les petits cultivateurs s'éloignaient du métayage par respect humain. Aujourd'hui, ils reviennent volontiers vers une institution qui leur offre plus de sécurité que le fermage.
ALLIER	On trouve encore facilement des métayers, et de très bons ; mais plus difficilement qu'il y a quelques années, parce qu'un grand désir d'indépendance s'est emparé des métayers et que beaucoup tendent à se faire fermiers.	Les petits cultivateurs recherchent le métayage comme leur offrant une certitude de revenu plus grande que tout autre mode d'exploitation.
Marcillat	On trouve assez facilement des métayers, mais peu de bons, peu surtout avec une nombreuse famille. Les bons métayers ne changent pas de domaine.	Lorsqu'un petit cultivateur a une nombreuse famille, il prend volontiers un domaine à moitié fruits.
ALPES (Basses)	Les propriétaires trouvent facilement des métayers ; mais les bons, offrant des garanties, sont rares.	Les petits cultivateurs préféreraient la rente fixe ; mais le propriétaire n'en veut pas.
ALPES (Hautes)	On trouve des métayers, mais rarement de bons.	Les petits cultivateurs prennent volontiers des domaines à moitié fruits, mais ils réussissent rarement.
ALPES (Maritimes) Nice	Les propriétaires trouvent difficilement de bons métayers.	Les petits cultivateurs préfèrent cultiver leurs propres héritages.
Grasse	Plusieurs récoltes mauvaises d'olivier ont rendu le recrutement difficile.	
ARDÈCHE	Il est difficile de trouver de bons métayers, à cause de l'émigration des ouvriers dans les villes et centres industriels.	Les petits cultivateurs sans ressources pécuniaires recherchent le métayage.

Départements.	RECRUTEMENT GÉNÉRAL	PETITS CULTIVATEURS
ARIÉGE	On trouve assez facilement des métayers : comme partout, de bons et de mauvais.	Ils deviennent très rarement métayers.
AUDE	Autrefois, le recrutement du métayage était facile dans l'Aude. Il est devenu difficile, depuis que le chemin de fer du Midi a entraîné les ouvriers valides vers le Bas Languedoc, où ils gagnent davantage.	Les petits cultivateurs recherchent volontiers le métayage.
AVEYRON	On trouve de bons métayers dans les conditions actuelles.	
BOUCHES-du-RHONE	On trouve assez facilement de bons métayers.	Les petits cultivateurs préfèrent affermer à rente sûre, parce qu'ils exploitent alors à plaisir et volonté.
CANTAL Sud	Les bons métayers sont rares; ils manquent tous d'instruction professionnelle.	Les petits cultivateurs préfèrent le fermage à prix fixe, quand c'est possible.
Aurillac	Dans les conditions ordinaires, on trouve facilement des métayers.	Les petits propriétaires prennent volontiers des domaines à partage de fruits, pour y trouver plus de produits à consommer.
CHARENTE	On trouve rarement des familles nombreuses; aussi les grandes métairies sont-elles rarement bien cultivées,	Les petits cultivateurs ne prennent des métairies que lorsqu'ils ne peuvent pas cultiver leurs terres eux-mêmes.
Barbezieux	On trouve difficilement de bons métayers.	
Confolens	On trouve facilement des métayers pour les petites métairies, non pour les grandes.	Près de Confolens, les petits cultivateurs préfèrent être journaliers.
CHARENTE (Inférieure) Rochefort	Le recrutement est difficile, il y a peu de bons métayers.	Les petits cultivateurs recherchent des domaines à moitié fruits.
Saintes	Depuis l'invasion du phylloxera, on trouve assez facilement des métayers et ils sont généralement bons.	Les petits cultivateurs adonnés à la vigne ne recherchent plus le métayage depuis 30 ans. Mais le phylloxera tendra à les y ramener.

Départements.	RECRUTEMENT GÉNÉRAL	PETITS CULTIVATEURS
CHER St-Amand	On trouve facilement des métayers et de bons.	Il n'est pas rare que les petits cultivateurs mettent des métayers chez eux et cherchent des métairies plus importantes.
Nord	On trouve difficilement des métayers pour les grandes métairies.	C'est l'ambition des petits propriétaires qui possèdent quelques avances dans le nord du département.
Centre	Le métayage tendant à perdre du terrain comparativement au fermage, on trouve difficilement de bons métayers.	Dans le centre du département, ceux qui sont sans avances se font volontiers métayers, afin de devenir fermiers.
CORRÈZE H.Limousin B.Limousin	On trouve facilement des métayers, et de bons, pour les moyennes exploitations. Le recrutement des grandes métairies est difficile ; aussi tendent-elles à se diviser. Les bons métayers sont rares.	Les petits cultivateurs recherchent des métairies, pour échapper aux variations des cours et aux mauvaises récoltes, lorsqu'ils n'ont pas assez de terre dans leur propre patrimoine.
CORSE	Il y a fort peu de métayers proprement dits en Corse.	Les petits cultivateurs se font volontiers colons temporaires.
COTES-du-NORD	Il est difficile de trouver de bons métayers, parce que les exploitants ne donnent leur travail sérieux qu'au fermage, là où ils n'ont pas à partager les fruits.	
CREUSE	On trouve difficilement de bons métayers, surtout depuis les progrès de l'émigration. Le métayage se recrute principalement dans la classe des non-propriétaires.	Les petits cultivateurs préfèrent cultiver leurs propres héritages.
DORDOGNE Périgueux Nontron	On trouve facilement des métayers, mais peu travailleurs ; les familles sont trop faibles. Depuis une vingtaine d'années, les familles deviennent moins nombreuses, les bons métayers sont plus rares.	Les petits cultivateurs prennent volontiers des domaines, s'ils voient qu'ils sont assez forts pour les cultiver.

Départements.	RECRUTEMENT GÉNÉRAL	PETITS CULTIVATEURS
DROME	Les propriétaires trouvent des métayers mauvais, rarement de bons.	Les petits cultivateurs ne recherchent pas le métayage.
GARD	Le recrutement est devenu difficile, à cause des souffrances de l'agriculture.	Quelquefois, les petits cultivateurs se font métayers, mais ils préfèrent exploiter directement ou se faire fermiers.
GARONNE (Haute)	Là où le métayage domine, le recrutement est facile. Les métayers sont-ils bons? Il est difficile de répondre. Cependant c'est dans cette classe qu'on trouve encore du zèle et de l'activité. Ce qui leur manque, c'est le désir d'améliorer le domaine.	Les petits cultivateurs recherchent volontiers le mode d'exploitation à moitié fruits.
GERS	Les bons métayers sont devenus rares depuis les souffrances de l'agriculture.	Quelquefois, les petits cultivateurs se font métayers.
GIRONDE	On trouve peu de métayers et pas de bons, sauf parfois dans le Bazadais.	Les petits cultivateurs ne veulent plus du métayage, sauf dans le Bazadais.
HÉRAULT	La question du recrutement des métayers n'a aucune importance dans l'Hérault.	Les petits cultivateurs prennent volontiers des pièces détachées à partage de fruits.
INDRE	Dans le département de l'Indre, on trouve plus facilemnt de bons métayers que de bons fermiers, parce qu'on ne leur demande pas de capital.	Les petits cultivateurs vont volontiers vers le métayage.
INDRE-et-LOIRE	Le recrutement est difficile dans le nord du département.	Les petits cultivateurs ne se font pas métayers.
Loches	Le recrutement est facile pour les cultures variées; il est difficile dans les cantons où il y a des vignes, à cause de la cherté de la main-d'œuvre.	Près de Loches, ils se font volontiers métayers, pour se faire fermiers lorsqu'ils ont amassé quelques avances.
ISÈRE	Le recrutement des métayers est plus difficile qu'autrefois; celui des fermiers plus difficile aussi.	Les domaines à métayage n'ont qu'une étendue restreinte.
Trièves	On trouve des métayers; les bons sont rares.	
LANDES	On trouve toujours à remplacer une famille par une autre; mais les bons métayers se déplacent rarement.	Les petits cultivateurs recherchent le métayage.

Départements.	RECRUTEMENT GÉNÉRAL	PETITS CULTIVATEURS
LOIR-et-CHER	Le recrutement devient de plus en plus difficile. Les métayers préfèrent devenir fermiers à prix fixe, sauf à ne pas payer, ce qui est fréquent.	Les petits cultivateurs ne recherchent pas le métayage.
LOIRE Roannais	On trouve facilement des métayers, plus souvent médiocres que bons.	Les petits cultivateurs recherchent le métayage.
Forez	On trouve de bons métayers tant qu'on en veut.	
LOIRE (Haute)	Le métayage est peu suivi dans certains cantons ; mais on trouverait facilement des métayers, si l'on en voulait.	Les petits cultivateurs préfèrent le fermage à prix d'argent.
LOIRE (Inférieure)	Les propriétaires trouvent facilement des métayers, et de très bons.	Les petits cultivateurs se font volontiers métayers.
LOT	Les salaires étant très élevés, les métayers sont très rares, et ils aiment peu le progrès.	Les petits cultivateurs ne se font pas métayers.
LOT-et-GARONNE Marmande	Il est facile de trouver des métayers. Il y en a peu de bons, cependant d'excellents çà et là.	Les petits cultivateurs se font fréquemment métayers.
Villeneuve-d'Agen	Les métayers sont mauvais, en général.	Vers Villeneuve, les petits cultivateurs préfèrent se faire domestiques.
LOZÈRE	On trouve difficilement de bons métayers.	
MAINE-et-LOIRE Segré	Le recrutement est plus difficile qu'autrefois, à cause de la cherté de la main-d'œuvre.	Les petits cultivateurs pensent qu'une petite métairie ne suffirait pas à nourrir leurs familles.
Seiches	On trouve assez facilement des métayers, et même de bons.	C'est le contraire qui a lieu à Seiches. Les petits cultivateurs se font volontiers métayers.
MAYENNE	Le recrutement est facile.	Les petits cultivateurs recherchent le métayage.
MORBIHAN	Le métayage diminue presque partout pour faire place au fermage.	Les petits cultivateurs se font quelquefois métayers.
NIÈVRE	Les propriétaires trouvent facilement des métayers dans les cantons où le métayage est usité.	Les petits cultivateurs se font quelquefois métayers.

Départements.	RECRUTEMENT GÉNÉRAL	PETITS CULTIVATEURS
NIÈVRE Morvan	Les propriétaires trouvent facilement des métayers, mais peu de bons.	Quelquefois, les petits cultivateurs recherchent des domaines à partage de fruits.
PUY-de-DOME	Les métayers, bons ou mauvais, deviennent rares, surtout dans les cantons où l'émigration existe dans les mœurs. Les bons métayers sont rares partout.	Les petits cultivateurs recherchent peu le métayage, dans les cantons où existe l'émigration.
PYRÉNÉES (Basses) Pays basque	On trouve facilement des métayers. Les bons vont aux bons maîtres. Il y a quelques changements tous les ans, mais peu.	
Béarn	Les métayers, bons ou mauvais, deviennent plus rares.	Les petits cultivateurs recherchent peu le métayage.
PYRÉNÉES (Hautes)	On trouve facilement des métayers, mais ils sont mauvais. Ils entrent dans les domaines pour payer leurs dettes.	Les petits cultivateurs sont trop faibles pour les grands domaines et la main-d'œuvre est trop chère.
PYRÉNÉES (Orientales)	Le nombre des bons métayers devient de plus en plus rare. Ceux qui ont des avances se rapprochent des villes.	Ce sont les petits cultivateurs qui gagnent le plus au métayage.
RHONE Haut Beaujolais	On trouve des métayers. Les bons sont rares.	Les petits cultivateurs préfèrent leur indépendance.
SAONE-et-LOIRE	Le recrutement dépend des endroits, des conditions et de la réputation du propriétaire et de la métairie.	Les petits cultivateurs recherchent les domaines à moitié fruits.
Charolais	Les métayers sont plus ou moins bons. Cependant, la majeure partie offre encore des garanties passables, soit par ses avances, soit par son activité.	Les petits cultivateurs sont très désireux de devenir métayers, preuve qu'ils y acquièrent une certaine aisance.
Autunois	On trouve facilement des métayers dans l'Autunois, et même de bons.	Les petits cultivateurs ne recherchent pas le métayage comme avantageux.
SAVOIE	On trouvait autrefois beaucoup de métayers, et de très bons. Ils deviennent rares aujourd'hui.	Les petits cultivateurs recherchent volontiers le métayage.
SÈVRES (Deux)	Les métayers, bons ou mauvais, sont très rares.	Les petits cultivateurs se font volontiers métayers.

Départements.	RECRUTEMENT GÉNÉRAL	PETITS CULTIVATEURS
TARN	On trouve facilement des métayers, si les bâtiments sont en bon état et si les terres sont bonnes.	Les petits cultivateurs recherchent le métayage.
TARN-et-GARONNE	Le recrutement est assez facile.	Les petits cultivateurs sont souvent obligés de prendre des métairies.
Moissac	Vers Moissac, le recrutement est difficile, par suite de la cherté de la main-d'œuvre et des mauvaises récoltes.	Ce cas a lieu rarement dans l'arrondissement de Moissac.
VAR	Les postulants sont nombreux; les bons métayers sont rares.	Les petits cultivateurs ne recherchent pas le métayage.
Toulon	On trouve difficilement des métayers.	
VAUCLUSE	Les propriétaires trouvent difficilement des métayers. Ils sont aussi rares que les fermiers à rente fixe.	Les petits cultivateurs ne se décident guère à devenir métayers, plus cependant qu'autrefois, depuis la crise agricole.
VENDÉE	Rares sont les métayers, les bons surtout. Les propriétaires qui ont bonne réputation en ont de bons et les gardent.	Les petits cultivateurs n'ont pas d'avances et ne peuvent trouver des métairies.
VIENNE	Le recrutement devient de plus en plus difficile. On trouve peu de bons métayers.	Les cultivateurs qui sont à leur aise préfèrent rester chez eux ou prendre des terres en fermage.
VIENNE (Haute) Nord	Il y a encore de bons métayers, mais ils sont rares. Et encore n'y a-t-il de bons que ceux qui sont restés longtemps dans les mêmes domaines et y ont amassé quelques épargnes.	Il y a de nombreux exemples de petits propriétaires qui prennent des domaines à moitié fruits et placent chez eux de petits métayers.
Saint-Yrieix	Les métayers sont insuffisants. Ils manquent d'aides et ne peuvent en trouver.	Les petits cultivateurs vont assez rarement vers le métayage.
YONNE	Les métayers se recrutent toujours dans le pays même où le métayage fonctionne; et on en trouve facilement.	Les petits cultivateurs recherchent le métayage, faute de mieux.

XIX. — Opinion des correspondants de l'Enquête sur la valeur du métayage.

Questions posées : « Pense-t-on que le métayage, tel qu'il fonctionne, assure mieux les revenus du sol que tout autre mode d'exploitation domaniale? Y a-t-il quelque exemple de domaine amélioré par le mode de métayage ? Pourrait-on indiquer quelque mesure pratique propre à améliorer les conditions du métayage, dans le double intérêt du propriétaire et du métayer ? »

TABLEAU SYNOPTIQUE.

Départements.	Garantie des revenus	Exemples d'améliorations	Améliorations proposées
AIN	Avec le fermage, le revenu du propriétaire est devenu incertain ; avec le métayage, il est beaucoup mieux assuré. On revient peu à peu au métayage.	Il y a quelques exemples de domaines améliorés par le métayage, mais peu.	Il faut que le métayage repose sur un contrat qui laisse une part équitable à chaque partie intéressée. Le propriétaire ne saurait trop faire pour aider et encourager son associé.
ALLIER	Dans l'état présent de l'agriculture du département de l'Allier, on peut affirmer que le métayage tel qu'il fonctionne, assure mieux que tout autre mode d'exploitation domaniale les revenus du sol.	Il n'y a pas un seul domaine dans le Bourbonnais qui puisse servir de réponse à la question posée relativement à l'amélioration du sol par le métayage.	Tel que le métayage est organisé, on ne voit guère d'autre moyen d'améliorer le métayage que de faire pénétrer de plus en plus l'instruction agricole pratique dans les campagnes.
Moulins	Autour de Moulins, le métayage est plus lucratif, donne plus de revenus que tout autre mode d'exploitation rurale. C'est le seul mode qui puisse bien fonctionner en présence de la rareté et de la cherté de la main-d'œuvre.	Tous les progrès réalisés depuis 25 ans sont dus au métayage; c'est grâce à lui que nos revenus ont doublé.	Le meilleur mobile de l'amélioration des domaines soumis au métayage est la présence du propriétaire sur les lieux, avec sa surveillance attentive et son concours assidu.
Marcillat	Le métayage, tel qu'il fonctionne, assure certainement les revenus du sol à celui qui sur-	L'amélioration des biens par le métayage est constante dans tous les envi-	L'une des conditions essentielles pour améliorer le sort des métayers est de leur four-

Départements.	Garantie des revenus	Exemples d'améliorations	Améliorations proposées
ALLIER Marcillat	veille son domaine et s'en occupe sérieuse-ment. Il peut donner un peu moins que le fermage, mais il est plus sûr.	rons de Marcillat. L'aisance des mé-tayers et le prix vénal des terres le démontrent péremp-toirement.	nir un logement con-venable et de vastes étables. Une autre con-dition est de leur faire des avances à propos.
ALPES (Basses)	Le métayage offre l'a-vantage que, quelle que soit la récolte, on a tou-jours la vérité, tandis qu'avec des fermiers, on est certain de ne rien avoir quand la ré-colte est mauvaise.	Beaucoup de do-maines s'améliorent par le métayage, quand le maître prend la peine de diriger le métayage.	Pour améliorer le mé-tayage et le rendre pro-fitable, il faut que le propriétaire surveille et fasse des avances à pro-pos.
ALPES (Hautes)	Le pays étant pauvre, les fermiers pauvres aussi et les récoltes mauvaises fréquentes, surtout depuis quelques années, le métayage est plus certain que le fer-mage.	Les exemples d'a-méliorations par le métayage sont rares.	Un bon système d'as-surance contre les mauvaises récoltes est nécessaire, si on peut l'établir. Il faudrait aussi abaisser les im-pôts, qui vont dans les Hautes-Alpes jusqu'au quart, au tiers même du revenu.
ALPES (Maritimes)	Les garanties de re-venu dépendent de la valeur du métayer. Gé-néralement, on subit le métayage, à cause de la rareté des bras.	Les améliorations du sol par le mé-tayage sont rares, Les terres ne s'y prêtent guère.	Une excellente me-sure à prendre serait de dégrever les enfants de métayers, de six à treize ans, des frais d'école, et d'inscrire leurs fa-milles sur les livres de médecine gratuite. Ce serait un moyen de les attacher au sol.
ARDÈCHE	Le changement par trop fréquent des mé-tayers empêchant toute amélioration, le sol ne peut que perdre de son revenu.	Il est rare qu'un domaine se soit amé-lioré par le métaya-ge.	Pour améliorer le métayage sûrement, il faudrait faire des baux à long terme.
ARIÈGE	La rareté et la cherté des ouvriers agricoles ramènent forcément les	Il y a très peu d'exemples de do-maine améliorés par	Le bail devrait tou-jours être écrit, et pour un terme assez long,

Départements.	Garantie des revenus	Exemples d'améliorations	Améliorations proposées
ARIÈGE	propriétaires vers le métayage, qui était presque abandonné.	le métayage, s'il y en a.	prescrivant les améliorations foncières les plus utiles, et exigeant des garanties pour l'exécution.
AUDE	Le métayage assure mieux les revenus que tout autre mode pour l'élevage du bétail; il est une nécessité pour les cultures. Mais il entretient la routine, tel qu'il fonctionne actuellement.	Il n'y a guère d'exemples d'améliorations par le métayage. On ne peut citer que le chaulage, qui a substitué le blé au seigle; mais il est le fait du propriétaire.	Le meilleur moyen d'amélioration par le métayage est l'intervention plus directe du maître dans les cultures. Le métayer actuel, non contrôlé, se considère comme un fermier à moitié fruits.
AVEYRON	Le métayage est avantageux pour le propriétaire qui ne peut cultiver lui-même et résider sur ses terres. Il vaut mieux qu'il afferme, s'il est trop loin, et ne peut surveiller.	On ne peut citer aucun exemple d'améliorations par le métayage.	On ne connaît pas d'améliorations à proposer.
BOUCHES-du-RHONE Saint-Remy	Le métayage produit moins que le fermage fixe, mais il est plus sûr. On préfère cependant affermer quand on peut, mais on trouve rarement un bon prix.	On ne saurait répondre à la question d'amélioration du sol par le métayage.	Avec de longs baux, de 9 à 12 ans, le métayage peut améliorer un domaine. Les longs baux sont fort rares.
CANTAL Sud	Le propriétaire préfère le fermage quand il est possible; il offre plus de garantie.	On ne connaît pas d'exemples d'améliorations par le métayage.	L'instruction professionnelle seule pourra provoquer des améliorations dans le métayage comme dans le fermage. Elle manque totalement dans le Cantal. On peut, avec des métayers, faire des améliorations, des drainages, des défoncements.
Aurillac	Avec le partage en nature, le propriétaire est sûr d'être payé. Pouvant attendre, il profite de la hausse des cours pour vendre ces denrées et produits.	Il y a des exemples d'améliorations lorsque le propriétaire y consacre des capitaux.	
CHARENTE Barbezieux	La régie directe produit plus de revenus que le métayage.	Il y a peu d'exemples d'améliorations par le métayage,	Il faudrait que le propriétaire améliorât le fonds et augmentât le

Départements.	Garantie des revenus	Exemples d'améliorations	Améliorations proposées
CHARENTE Barbezieux		parce que le propriétaire ne fait aucune dépense pour cela.	cheptel; mais il ne le peut presque jamais avec les seuls revenus de son bien.
Confolens	Le métayage assure mieux que tout autre mode les revenus du sol. Le fermier ne fait que courir les foires et marchés, et ne paie bien que les bonnes années.	Il y a de nombreux exemples d'améliorations, surtout dans les domaines où le maître a gagné la confiance du métayer.	Il faudrait de longs baux, avec création imposée de prairies artificielles, qui dispensent des frais de main-d'œuvre.
CHARENTE (Inférieure) Rochefort	Le métayage assure mieux les revenus du sol que les autres modes d'exploitation.	Il y a quelques exemples de domaines améliorés par le métayage.	Il faudrait changer les usages de culture, semer des plantes fouragères et les renouveler en semant des céréales sur leurs retours.
Saintes	A l'exception de la régie directe par le petit propriétaire aisé, il n'est pas douteux que le métayage ne soit le mode qui assure le mieux les revenus.	Presque tous les domaines s'améliorent par le métayage.	L'amélioration des terres par le métayage nécessiterait un long mémoire.
CHER Saint-Amand	Le métayage assure mieux que tout autre mode les revenus du sol, et de plus il permet au propriétaire de faire des améliorations.	Dans plusieurs cantons, pays de landes et de bruyères, les améliorations ont toutes été faites par le métayage : progrès agricole très considérable.	Il conviendrait qu'une plus grande initiative fût accordée au propriétaire et des droits plus étendus, afin qu'il pût toujours donner une bonne direction à l'exploitation.
Centre	Tel qu'il fonctionne, le métayage n'est pas considéré comme le meilleur mode d'exploitation. Pour que cela fût, il faudrait beaucoup modifier la direction et faire de nombreuses améliorations.	Les exemples d'améliorations ne sont pas nombreux; mais on peut en citer quelques-uns, dus à la bonne direction des propriétaires.	Il faudrait faire des améliorations foncières considérables, le propriétaire rentrant dans ses avances par un partage des fruits qui tiendrait compte de ses déboursés.

Départements.	Garantie des revenus	Exemples d'améliorations	Améliorations proposées
CHER Nord	Le métayage assure mieux que tout autre mode les revenus du sol. Les fermiers paient mal quand les récoltes sont mauvaises.	Les exemples de domaines améliorés par le métayage sont nombreux.	Il faudrait faire de longs baux, et créer des prairies artificielles, ce qui diminuerait les frais de main-d'œuvre.
CORRÈZE H.Limousin	Le métayage assure mieux les revenus du sol que tout autre mode, si le propriétaire réside sur les lieux et surveille les métayers.	Il y a des exemples d'amélioration du sol par le métayage.	Il faudrait décomposer les grandes métairies en corps de biens pouvant être travaillés par une famille, et avoir une équipe de terrassiers pour faire les améliorations à la charge du propriétaire.
B.Limousin	On peut dire, avec le haut prix de la main-d'œuvre, que le métayage assure mieux les revenus que tout autre mode.	L'amélioration est difficile et lente, mais elle se produit généralement.	On a tenté le fermage sans grand succès. C'est par les exemples et conseils du propriétaire que les améliorations peuvent se produire.
COTES-du-NORD	Si le métayage trouvait des travailleurs laborieux, il donnerait des produits beaucoup plu abondants que le fermage ; car il n'est pas découragé par une mauvaise année.	Les exemples d'améliorations par le métayage se rapportent aux défrichements ; mais ils sont rares.	Dans l'état de trouble où sont les esprits, il n'y a pas à chercher à améliorer le métayage. Le propriétaire sera toujours considéré comme voulant exploiter le métayer.
CREUSE	On pense que le métayage assurerait mieux que tout autre mode les revenus, si le métayer était laborieux et était bien dirigé, avec un personnel suffisant.	Il y a plusieurs exemples d'amélioration du sol par le métayage.	Le métayage ne peut être amélioré par aucune mesure législative. Il ne peut être amélioré que par les lumières et les capitaux du propriétaire.
DORDOGNE	La main-d'œuvre est devenue si chère que l'exploitation directe est trop coûteuse.	Il y a des exemples d'amélioration du sol par le métayage, mais peu nombreux.	L'amélioration ne peut se produire que par le propriétaire intelligent et aisé, s'il veut s'occuper de la surveillance.

Départements.	Garantie des revenus	Exemples d'améliorations	Améliorations proposées
DORDOGNE Nontron	L'absence locale de bons agriculteurs ou fermiers rend le métayage préférable à tout autre mode.	La courte durée des baux et l'incertitude de la situation s'opposent à l'amélioration des domaines.	Pour améliorer le métayage, il faut faire des baux à long terme, dès qu'on trouve des métayers honnêtes, ce qui est rare aujourd'hui.
DROME	Il est impossible de ne pas avoir recours au métayage, à cause de l'aléa des récoltes et du manque de bras et d'argent.	Les exemples d'améliorations sont rares. Cependant, on en trouve lorsque les metayers sont bons par eux-mêmes.	Il n'y a pas moyen d'améliorer le métayage avec les misères actuelles et les conditions où se trouvent les métayers.
GARD	Le métayage garantit mieux les revenus peut-être que le fermage, moins bien que l'exploitation directe.	Il y a peu d'exemples d'amélioration du sol par le métayer, s'il y en a.	L'amélioration peut se produire surtout par l'organisation du crédit agricole et la protection douanière.
GARONNE (Haute)	Le métayage assure les revenus du sol, mais ne saurait donner les résultats que le propriétaire, actif, intelligent, ayant des avances suffisantes, pourrait obtenir par lui-même.	Les exemples d'améliorations par le métayage sont extrêmement rares.	Il faudrait faire des baux de longue durée, pour obtenir des améliorations dans le sens du propriétaire et du métayer.
GERS	Si l'on trouvait des domestiques moins rares et moins chers, la culture directe offrirait des avantages; dans l'état actuel, les bons métayers donnent plus de bénéfices.	On ne connaît pas d'exemple d'amélioration par le métayage. On ne croit pas que le métayage puisse être amélioré, à cause de la rareté des métayers et de l'absence du sentiment de famille et de principes, à cause aussi de l'amour du gain.	On pourrait essayer des baux à long terme, créer des prairies naturelles et artificielles, employer les instruments perfectionnés et les engrais chimiques. Mais alors on aurait à compter avec la concurrence et le libre échange.
GIRONDE	Quand le propriétaire ne peut surveiller son domaine et qu'il veut éviter toute dépense, le métayage est un mal qu'il faut savoir subir.	Il est rare que les améliorations se produisent par le métayage.	La surveillance et l'exemple d'un faire-valoir direct peuvent amener des améliorations dans les domaines.

Départements.	Garantie des revenus	Exemples d'améliorations	Améliorations proposées
INDRE	L'exploitation par métayers est généralement considérée comme constituant une période d'amélioration.	Les exemples d'améliorations par le métayage sont nombreux dans tout le département de l'Indre.	Les chaulages, marnages, emplois d'engrais artificiels, doivent figurer au premier rang des pratiques améliorantes du métayage. Mais l'exemple et la conduite morale du propriétaire sont les premiers mobiles de l'amélioration.
INDRE-et-LOIRE Nord	Le métayage ne saurait assurer les revenus du sol, attendu l'incurie habituelle des propriétaires, qui ne dirigent pas et ne soutiennent pas le métayer.		La seule mesure pratique est l'accord des deux parties. Toutes les dispositions de crédit personnel et autres sont illusoires sans cet accord.
Loches	Le métayage bien conduit par le propriétaire est presque une exploitation directe, dont les agents reçoivent la moitié des récoltes pour salaire.	Les domaines s'améliorent lorsque le propriétaire comprend qu'aider le métayer et améliorer le sol, c'est travailler pour lui-même.	Il faudrait donner droit au propriétaire sur la moitié de la récolte appartenant au métayer, pour lui donner la faculté de faire des avances d'engrais et autres, en vue de la récolte.
ISÈRE	Avec le métayage, on a un peu plus de revenu et un peu moins de perte qu'avec le fermage en argent.	Il n'y a pas d'exemple d'améliorations du sol par le métayage.	Il faudrait développer par tous les moyens l'intelligence des métayers de l'avenir.
LANDES	Il est incontestable que le métayage assure mieux que tout autre mode les revenus du sol, surtout depuis le renchérissement de la main-d'œuvre.	On trouve des domaines améliorés par le mode du métayage.	Il faudrait étendre les cultures fourragères, celles de la vigne et du tabac, employer les agents calcaires et amender fortement les terres.
LOIR-et-CHER Sologne	Le métayage assure mieux les revenus du sol que le fermage, et de plus le propriétaire intelligent peut diriger et améliorer.	Il y a des exemples d'amélioration du sol par le métayage.	Il faudrait modifier le Code civil sur le cheptel. Mieux vaut s'en remettre à l'intérêt mutuel des parties que de le réglementer d'office.

Départements.	Garantie des revenus	Exemples d'améliorations	Améliorations proposées
LOIRE Roannais	Le revenu est plus certain, mais plus restreint. Toutefois, un propriétaire intelligent et un bon métayer peuvent, mieux que par tout autre mode, améliorer les cultures. Il y a dans leur alliance des avantages moraux et matériels incontestables.	Les exemples d'améliorations par le métayage sont rares.	Pour améliorer, il faut que le propriétaire réside sur les lieux, et ait les avances nécessaires, et que le métayer soit laborieux, soigneux et entende bien la culture.
Forez	Le revenu est plus assuré par le métayage que par tout autre mode.	Les exemples d'amélioration par le métayage sont fréquents.	Tel quel, le métayage est bon. Il serait bon de développer les prairies et l'élevage du bétail amélioré.
LOIRE (Haute)	Le métayage assure mieux que tout autre les revenus du sol, mais à la condition d'une surveillance active de la part du propriétaire.	On doit penser, à voir le progrès des cultures, que le métayage améliore le sol.	Il paraît difficile d'indiquer quelque amélioration spéciale.
LOIRE (Inférieure)	Le métayage est, sans contredit, le mode d'exploitation qui donne au propriétaire le revenu le plus élevé.	L'arrondissement de Châteaubriant a été tout entier défriché et amélioré par le métayage, qui est usité dans toutes les grandes propriétés.	Il serait difficile d'indiquer une mesure particulière d'amélioration. Les mesures varient pour chaque cas spécial.
LOT	Le métayage, tel qu'il est, laisse à désirer et ne garantit pas de gros revenus.	On ne connaît pas d'exemple d'améliorations par le métayage.	Les améliorations seraient faciles, si le propriétaire faisait des avances au métayer, s'il le guidait et l'encourageait dans ses opérations.
LOT-et-GARONNE Marmande	Un propriétaire actif et un colon intelligent peuvent, en s'entendant, améliorer un domaine.	Les exemples d'amélioration du sol par le métayage sont fréquents.	Il faudrait augmenter la part faite aux prairies artificielles.

Départements.	Garantie des revenus	Exemples d'améliorations	Améliorations proposées
LOT-et-GARONNE Villeneuve-d'Agen	La cherté de la main-d'œuvre, d'une part, et la concurrence étrangère, d'autre part, nuisent aux bons effets du métayage.	L'amélioration dépend du propriétaire et du métayer.	Il faudrait supprimer les intermédiaires inutiles, et maintenir la protection contre la concurrence étrangère.
LOZÈRE	En faisant d'utiles réformes, on aurait des revenus plus élevés et plus assurés.	Il n'y a pas d'exemple d'amélioration par le métayage.	Il faudrait abandonner la culture des céréales et faire l'élevage du bétail. Par là, on diminuerait les frais et on accroîtrait les revenus.
MAINE-et-LOIRE Segré	C'est dans la contrée le seul mode qui ait fait progresser les cultures et peut les faire progresser encore, parce qu'il augmente le capital d'exploitation.	Le pays tout entier peut servir d'exemple.	Il faudrait : Diminuer les impôts toujours croissants, notamment ceux d'octroi ; maintenir un sage système de protection, suffisamment rémunérateur, et faisant payer aux produits étrangers un droit égal aux impôts de la ferme.
MAYENNE	En général, le métayage est le mode qui assure le mieux les revenus du sol.	Les exemples d'améliorations par le métayage sont nombreux.	Il faut garder les métayers le plus longtemps possible, afin de les intéresser à l'exploitation. C'est par là que les métayers de la Mayenne sont réputés bons.
MORBIHAN	Le métayage cesse presque partout pour faire place au fermage fixe en argent ou en grains.	Il y a des exemples d'améliorations par l'introduction de métayers de la Loire-Inférieure et d'Ille-et-Vilaine.	Le métayage est trop peu répandu pour qu'on puisse indiquer quelques mesures utiles d'amélioration.
NIÈVRE	Si le propriétaire demeure au milieu de ses métayers, et en raison de la crise agricole, on peut dire que le métayage assure mieux les revenus du sol que les autres modes d'exploitation.	Il y a des exemples de domaines améliorés par le métayage.	Le meilleur moyen d'améliorer est un bon bail dans les conditions ordinaires du pays, avec la résidence et le concours du propriétaire.

Départements.	Garantie des revenus	Exemples d'améliorations	Améliorations proposées
NIÈVRE Morvan	Le métayage serait le meilleur mode cultural, si l'on avait de bons métayers.	Les exemples d'améliorations par le métayage sont nombreux.	Le meilleur moyen d'améliorer le métayage est d'améliorer le sol.
PUY-de-DOME	Le métayage n'assure pas les revenus du sol mieux que les autres modes d'exploitation, bien que les rendements soient plus sûrs.	Il y a peu de domaines améliorés par le métayage, dans ses conditions actuelles de fonctionnement.	On peut indiquer comme moyens d'amélioration : La durée des baux, les avances faites au métayer, la fourniture à prix réduit d'instruments perfectionnés, d'amendements et de grains, de bétail et de bonnes semences.
Nord	Le métayage assure mieux que tout autre mode les revenus du sol, si le propriétaire apporte dans l'association l'intelligence, l'expérience, la modération et les capitaux nécessaires.	Les exemples d'améliorations par le métayage sont nombreux.	Il n'y a qu'un seul moyen d'amélioration : de la part du propriétaire, la direction intelligente et paternelle ; de la part du colon, l'ordre, le travail, l'économie, la moralité.
PYRÉNÉES (Basses) Béarn	Le métayage est le mode qui assure le mieux les revenus du sol.	Il y a peu de domaines améliorés par le métayage, parce que les conditions d'exploitation sont défectueuses.	Il faut que le maître ne soit pas trop exigeant et que le métayer soit honnête et laborieux. Ce sont, de part et d'autre, des considérations absolument morales. Le seul moyen pratique d'améliorer est de faire des prairies artificielles.
PYRÉNÉES (Hautes)	Dans les grandes propriétés, le métayage est le mode qui assure le mieux les revenus du sol, vu le haut prix de la main-d'œuvre.	Il n'y a pas d'exemple d'amélioration du sol par le métayage.	On ne saurait préciser les moyens d'amélioration.
PYRÉNÉES (Orientales)	Le métayage est souvent le seul mode possible d'exploitation.	Le métayage n'est pas de nature à apporter des améliorations.	Les charges trop lourdes qui pèsent sur l'agriculture s'opposent aux améliorations.

Départements.	Garantie des revenus	Exemples d'améliorations	Améliorations proposées
RHONE	Le métayage est le meilleur mode assurément, si le propriétaire guide et encourage le métayer.	Il y a des domaines améliorés par le métayage.	Il faut que le propriétaire réside sur place, et qu'il soit le véritable patron de ses métayers.
SAONE-et-LOIRE Beaujolais	Pour la vigne, le métayage donne plus de revenus qu'aucun autre mode.	Les domaines s'améliorent lorsque le propriétaire les dirige.	On ne voit guère d'améliorations à faire dans les pays de vignes.
Autunois	Le fermage est préférable au point de vue du revenu ; mais, quand on ne peut avoir des fermiers, il faut avoir des métayers.	Il y a des exemples d'améliorations par le métayage, alors que le propriétaire dirige les domaines avec intelligence.	Il n'y a qu'un moyen d'améliorer le métayage ; c'est de répandre l'argent dans les campagnes par le crédit agricole. Le grand mal de l'agriculture, c'est le manque de capitaux.
Charolais	Le métayage assure mieux les revenus que tout autre mode, lorsque les métayers sont instruits et bien dirigés.	Il y a des exemples d'amélioration par le métayage.	Les améliorations viennent souvent du propriétaire et non du métayer.
SAVOIE	Avec un peu plus d'embarras, on obtient plus de revenu par le métayage que par le fermage.	Il y a beaucoup de domaines améliorés par le métayage.	Il faut que le propriétaire ait beaucoup de ménagements pour ses métayers, et ne se montre ni trop exigeant, ni tracassier.
SÈVRES (Deux)	Le métayage est le mode qui garantit le mieux les revenus, à la condition que le métayer soit dirigé et surveillé.	Toutes les métairies qui sont surveillées s'améliorent.	Il faut que le propriétaire, tout en dirigeant et surveillant son domaine, aide le métayer de ses capitaux.
TARN	Avec la rareté et le prix croissant de la main-d'œuvre c'est le métayage qui donne le plus de sécurité au propriétaire.	Les domaines s'améliorent par le métayage, lorsque le propriétaire s'occupe de son domaine, aide et guide le métayer.	Il faut, pour améliorer un domaine, que le propriétaire et le métayer s'entendent et aient confiance l'un dans l'autre.

Départements.	Garantie des revenus	Exemples d'améliorations	Améliorations proposées
TARN-et-GARONNE	Il est certain que le faire-valoir direct donnerait plus que le métayage, si le prix de journée n'était pas si élevé et si les journaliers étaient moins rares.	On ne connaît pas d'exemple de domaine amélioré par le métayage.	Si le propriétaire, intelligent, voulait aider le métayer et le surveiller, il arriverait à de bons résultats. Le métayer doit être son associé.
VAR Draguignan	Le métayage, tel qu'il fonctionne dans le Var, est le meilleur mode d'exploitation, la propriété y étant très morcelée.	On ne connaît pas de domaine amélioré par le métayage, pas plus que par le fermage.	Il faudrait que le métayer en entrant eût quelques milliers de francs d'avance, ce qui n'est pas.
Toulon	Le métayage, tel qu'il fonctionne, n'assure pas mieux que les autres modes les revenus du sol.	Il y a peu d'exemples d'améliorations domaniales par le métayage.	On ne voit d'autre moyen d'améliorer le métayage que de faire des baux à long terme.
VAUCLUSE	Le fermage peut donner plus de revenu que le métayage; mais il risque le plus souvent d'épuiser le sol. Quant au métayage, il ne peut donner de bons résultats qu'avec l'appui et le concours du propriétaire.	Les exemples d'améliorations par le métayage sont rares; mais il y en a, lorsque le métayer est intéressé aux améliorations.	Il est nécessaire que le propriétaire connaisse son métier, dirige effectivement et fasse des avances à ses métayers, soit pour augmenter le bétail, soit pour exécuter des améliorations foncières.
VENDÉE	Le métayage apparaît comme le meilleur mode d'exploitation. On bénéficie toujours de la plus-value des bonnes années.	Il y a beaucoup de domaines améliorés par le métayage. C'est la clef du progrès, lorsque le propriétaire est intelligent.	Il serait difficile de désigner des mesures précises d'amélioration.
VIENNE	En général, pour le propriétaire qui s'occupe un peu de ses domaines, le revenu est supérieur à celui qu'il obtiendrait par le fermage.	Il y a des domaines améliorés par le métayage, lorsque le propriétaire s'en occupe. Il y a dans quelques cantons une complète transformation.	L'unique moyen d'améliorer serait pour le propriétaire de s'occuper de son administration, d'encourager son métayer, de l'aider de ses conseils et de son argent, en achetant avec lui des engrais et de bons instruments.

Départements.	Garantie des revenus	Exemples d'améliorations	Améliorations proposées
VIENNE (Haute)	On ne saurait dire que le métayage assure mieux les revenus que tout autre mode. Mais, l'agriculture étant ce qu'elle est en Limousin, les bons fermiers étant rares, les propriétaires riches et intelligents plus rares encore, le métayage est le plus commode, sinon le plus fructueux des modes d'exploitation.	Les domaines améliorés par le métayage sont nombreux; mais l'amélioration vient du maître seul qui a guidé son colon, fourni les engrais, payé les manœuvres, et fait toutes les avances.	Il faut que le propriétaire s'habitue de plus en plus à vivre dans les champs, à diriger et surveiller ses métayers, à assumer la part de responsabilité qui lui revient dans l'association.
Saint-Yrieix	Les revenus sont plus sûrs par le métayage que par tout autre mode.	Les domaines sont rarement améliorés par le métayage.	La prolongation des baux serait un excellent moyen pour produire les améliorations.
YONNE	Le propriétaire trouve plus de profits dans le métayage que dans tout autre mode d'exploitation.	Il y a des exemples d'améliorations, si le propriétaire est intelligent et dirige les cultures.	On ne saurait formuler des améliorations précises pour le métayage.

Noms des correspondants de l'Enquête.

Départements.	NOMS	QUALITÉS
AIN	MM. E. de Monicault, Pichat,	Président du comice de Trévoux. Secrétaire du comice de Trévoux.
ALLIER	De Garidel, De Larminat,	Président de la Société d'agriculture de l'Allier. Président honoraire de la Société d'agriculture de l'Allier.
	Talon, Vte de Durat, Cacard, Colcombet, Du Clozel, Reybaud-L'Ange,	Propriétaire et régisseur à Toury. Propriétaire à Marcillat-d'Allier. Propriétaire et fermier à Marcillat. Propriétaire, dans l'Allier. Propriétaire à Gannat. Directeur de la ferme-école départementale.
ALPES **(Basses)**		
ALPES **(Hautes)**	Cte de Prunières,	Propriétaire, conseiller général, près Chorges.
ALPES **(Maritimes)**	Cte d'Orestis de Castelnuovo, Féraudy, Chiris,	Propriétaire près Nice. Maire de Gattières, conseiller général. Propriétaire à Grasse.
ALSACE- **LORRAINE**	Tachard,	Propriétaire dans le Haut-Rhin, secrétaire honoraire de la Société des agriculteurs.
ARDÈCHE	D'Autussac de Pravieux,	Membre de la Chambre consultative d'agriculture.
ARIÈGE	Laurens,	Président de la Société d'agriculture de l'Ariège.
AUDE	Buisson,	Ancien député, président du comice de Castelnaudary.
	Mis d'Exéa, G. de Senneville,	Propriétaire à Lésignan. Propriétaire près Narbonne.
AVEYRON	Azémar,	Député, propriétaire dans l'Aveyron.
BOUCHES- **du-RHONE**	Gautier, Pastré,	Président de la Société d'agriculture de Saint-Remy. Propriétaire, près Marseille. (Code réglementaire des usages des Bouches-du-Rhône.)
CANTAL	Richard, Ross,	Ancien député, propriétaire, près Pierrefort. Régisseur, près Aurillac.
CHARENTE	Vte Arlot de Saint-Saud, De Bonnegens, Le secrétaire,	Propriétaire-agriculteur dans la Charente. Propriétaire à Confolens. Comice de Barbezieux.

Départements.	NOMS	QUALITÉS
CHARENTE (Inférieure)	MM. Cte Lemercier, Pacaud,	Ancien député, président du comice de Saintes. Président de la Société d'agriculture de Roche-fort.
CHER	Guillaumin, De Bonnault, Amy, De Bonnegens,	Ancien député, propriétaire dans la Sologne. Président du comice de Saint-Amand. Président du comice de Sancoins, La Guerche et Nérondes. Président du comice d'Aubigny-sur-Nères.
CORRÈZE	Bon de Bellinay, Auvart,	Président du comice d'Ussel, Haut Limousin. Président du comice d'Ayen, Bas Limousin.
CORSE	Gavini de Campile,	Ancien préfet, député, propriétaire en Corse.
COTE-d'OR	Cte de Saint-Seine,	Président du comice central de la Côte-d'Or.
COTES-du-NORD	Kersanté,	Président du comice de Ploubalay (Côtes-du-Nord).
CREUSE	Du Miral,	Ancien député, lauréat de la prime d'honneur près Vallière.
DORDOGNE	Daussel, De Laugardière,	Sénateur, président de la Société d'agriculture de la Dordogne. Propriétaire à Nontron.
DOUBS	Ramaget-Moncey,	Propriétaire à Moncey, près Marchaux.
DROME	Cte de la Baume,	Président du comice de Pierrelatte.
FINISTÈRE	Vte de Champagny, Briot de la Mallerie,	Lauréat de la prime d'honneur, près Morlaix. Lauréat de la prime d'honneur, près Quimper.
GARD	Mis d'Assas,	Propriétaire au Vigan.
GARONNE (Haute)	Givelet, Le secrétaire,	Secrétaire de la Société des agriculteurs, propriétaire, près Toulouse. Société d'agriculture de la Haute-Garonne.
GERS	A. de Lavergne,	Lauréat de la prime d'honneur, près Montréal.
GIRONDE	Ferdinand Régis, Courrégelongue,	Ancien président de la Société d'agriculture de la Gironde, près La Réole. Secrétaire de la Société d'agriculture de la Gironde, près Bazas.

Départements.	NOMS	QUALITÉS
HÉRAULT	MM. Chabaneix,	Professeur d'agriculture à l'école d'Agriculture de Montpellier.
ILLE-et-VILAINE	E. Bodin,	Directeur de la ferme-école des Trois-Croix, lauréat de la prime d'honneur.
INDRE	P. Baucheron de Lécherolle, De Bellefond,	Président de la Société d'agriculture de l'Indre. Rapporteur de la question du métayage dans l'Indre.
INDRE-et-LOIRE	Houssard, Le secrétaire,	Ancien sénateur, président de la Société d'agriculture d'Indre-et-Loire. Comice de Loches.
ISÈRE	Cᵗᵉ d'Agoult, Richard,	Président de la Société d'agriculture de Grenoble. Président du comice de Trièves.
JURA	E. Gréa,	Président du comice de Lons-le-Saulnier, lauréat de la prime d'honneur.
LANDES	Bᵒⁿ de Lataulade,	Lauréat de la prime d'honneur, près Hagetmau.
LOIR-et-CHER	Blaise (des Vosges), Dessaignes, Le Guay,	Propriétaire, près Montoire (Vendômois). Ancien député, propriétaire dans le Vendômois. Ancien notaire, juge de paix à Montdoubleau.
LOIRE	Cᵗᵉ de Vougy, Palluat de Besset,	Propriétaire, près Roanne (Roannais). Lauréat de la prime d'honneur, près Balbigny (Forez).
LOIRE (Haute)	Bᵒⁿ Vin ot, Bᵒⁿ de Croze,	Ancien député, président de la Société d'agriculture de la Haute-Loire. Propriétaire, près Brioude.
LOIRE (Inférieure)	Lambezat,	Inspecteur général de l'agriculture, propriétaire dans la Loire-Inférieure.
LOIRET	Baguenault de Viéville, Guillaumin,	Président de la Société d'agriculture d'Orléans Ancien député, propriétaire dans la Sologne.
LOT	Célarié,	Lauréat de la prime d'honneur, près Cahors.
LOT-et-GARONNE	C. Boisvert, Dʳ Colliac,	Président du comice de Marmande, conseiller général. Délégué du comice de Villeneuve-d'Agen.
LOZÈRE	Cᵗᵉ de Chambrun,	Ancien sénateur, propriétaire dans la Lozère.

Départements.	NOMS	QUALITÉS
MAINE-et-LOIRE	MM. Cte de Falloux Les délégués, Les délégués, Les délégués, Hervé Bazin,	Ancien ministre, propriétaire au bourg d'Iré. Comice de Segré. (Code des usages locaux.) Comice de Seignes, près Angers. Comice de Saint-Georges-sur-Loire. Professeur d'économie politique à l'Institut catholique d'Angers.
MARNE	Vte de Peyronnet,	Président du comice de Cézanne.
MAYENNE	Cte du Buat, Vétillard, Le Breton,	Lauréat de la prime d'honneur, près Cuillé. Président du comice de Montsurs. Président de l'Association des agriculteurs de la Mayenne, propriétaire près Laval.
MORBIHAN	Dumoulin ,	Président de la Société d'agriculture de Vannes et du comice de Sarzeau.
NIÈVRE	Les délégués, Cte Benoist-d'Azy, Tiersonnier, Le président,	Société d'agriculture de la Nièvre. Rapporteur de la commission du métayage. Membre de la Société nationale d'agriculture, près Nevers. Comice de Poussignol-Blisme (Morvan).
NORD	Baucarne-Leroux,	Ancien député, président de la Société d'agriculture de Lille.
OLERON (Ile d')	Normand, ,	Propriétaire dans l'île d'Oleron, conseiller général.
PUY-de-DOME	Téallier, Du Miral,	Secrétaire général de la Société d'agriculture de Clermont-Ferrand. Ancien député, propriétaire dans le Puy-de-Dôme.
PYRÉNÉES (Basses)	Fouquier, Subervielle,	Propriétaire près Saint-Jean-de-Luz (Pays basque). Propriétaire dans le Béarn.
PYRÉNÉES (Hautes)	L. Lozès, Bon des Étangs,	Propriétaire, près Saint-Laurent de Nesle. Propriétaire dans la montagne.
PYRÉNÉES (Orientales)	J. Després,	Lauréat de la prime d'honneur, conseiller général, près Perpignan et dans la montagne.
RHONE	G. de Saint-Victor, Cte de Chenetette,	Ancien député, lauréat de la prime d'honneur, président du comice de Tarare. Propriétaire dans le Haut Beaujolais.
SAONE (Haute)	Mis d'Andelarre, L. Jobard,	Ancien député, propriétaire près Vesoul. Sénateur, président du comice de Gray.

Départements.	NOMS	QUALITÉS
SAONE-et-LOIRE	MM. V¹⁰ de Saint-Trivier, V¹⁰ de la Loyère, C¹⁰ d'Esterno, Gouin,	Propriétaire à Fleurie, Beaujolais. Lauréat de la prime d'honneur, vice-président de la Société d'agriculture de Chalon-sur-Saône. Propriétaire, près d'Autun. Président du comice de Charolles.
SARTHE	C. Vérel,	Président du comice de la Sarthe, propriétaire près le Mans.
SAVOIE	P. Tochon,	Président de la Société d'agriculture de Chambéry.
SAVOIE (Haute)	Demolle,	Lauréat de la prime d'honneur, près Saint-Julien.
SÈVRES (Deux)	C. d'Auzay,	Lauréat de la prime d'honneur, près La Ferrière.
TARN	De France,	Directeur de la ferme-école de Mandoul, propriétaire près Castres.
TARN-et-GARONNE	L. de Vialar, Le délégué,	Lauréat de la prime d'honneur, près Montauban. Comice de Moissac.
VAR	A. de Cantillon de Lacouture, A. Pellicot,	Ancien secrétaire de la Société d'agriculture du Var. Propriétaire près Toulon.
VAUCLUSE	M¹ˢ de l'Espine, De la Bastide,	Président de la Société d'agriculture de Vaucluse. Rapporteur de la commission du métayage pour Vaucluse.
VENDÉE	C¹⁰ de Chabot,	Propriétaire dans la Vendée.
VIENNE	Guzman Serph, G. Auguis, Champigny,	Député, lauréat de la prime d'honneur, près Civray. Lauréat de la prime d'honneur, près Civray. Ancien notaire, propriétaire près Châtellerault.
VIENNE (Haute)	Le président, Le président,	Société d'agriculture de Limoges. Comice de Saint-Yrieix.
YONNE	C¹⁰ de Rochechouart, Challe,	Propriétaire, près Auxerre. Propriétaire dans le sud de l'Yonne.

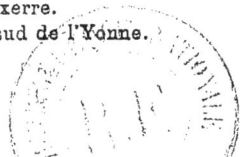

www.ingramcontent.com/pod-product-compliance
Lightning Source LLC
Chambersburg PA
CBHW060522220326
41599CB00022B/3395

ENCYCLOPÉDIE-RORET

ÉCLAIRAGE & CHAUFFAGE

AU GAZ

SUIVI DE

L'AIDE-MÉMOIRE

DE

L'INGÉNIEUR-GAZIER

—

TOME DEUXIÈME

PARIS

ENCYCLOPÉDIE-RORET

L. MULO, LIBRAIRE-ÉDITEUR

12, RUE HAUTEFEUILLE, 12

ENCYCLOPÉDIE-RORET

ÉCLAIRAGE ET CHAUFFAGE

AU GAZ

TOME SECOND

— **Peintre en Bâtiments**, Vernisseur et Vitrier, traitant de l'emploi des Couleurs et des Vernis pour l'assainissement et la décoration des habitations, de la pose des Papiers de tenture et du Vitrage, par RIFFAULT, VERGNAUD, TOUSSAINT et F. MALEPEYRE. Nouvelle édition revue et augmentée du Peintre d'enseignes, de la pose des Vitraux, etc. 1 vol. orné de 44 figures.   3 fr.

— **Télégraphie électrique**, contenant la description des divers systèmes de Télégraphes et de Téléphones, et leurs applications au service des Chemins de fer, des Sonneries électriques et des Avertisseurs d'incendie, par M. ROMAIN. 1 vol. orné de figures et accompagné de planches.   3 fr. 50

— **Tourneur**, ou Traité théorique et pratique de l'art du Tour, contenant la description des appareils et des procédés les plus usités pour tourner les Bois et les Métaux, les Pierres, l'Ivoire, la Corne, l'Ecaille, la Nacre, etc.; ainsi que les notions de Forge, d'Ajustage et d'Ebénisterie indispensables au Tourneur, par E. DE VALICOURT. 1 vol. grand in-8, contenant 27 planches de figures; 4e édition, revue et corrigée.   15 fr.

— **Charpentier**, ou Traité complet et simplifié de cet art, traitant de la Charpente en bois et en fer, et de la manipulation des diverses pièces de charpente, par MM. HANUS, BISTON, BOUTEREAU et GAUCHÉ. 2 vol. accompagnés d'un Atlas de 22 planches.   7 fr.

— **Menuisier en bâtiments, Layetier-Emballeur**, traitant des Bois employés dans la menuiserie, de l'Outillage, du Trait, de la Construction des Escaliers, du Travail du Bois, etc., par MM. NOSBAN et MAIGNE. 2 vol. accompagnés de planches et ornés de figures.   6 fr.

— **Serrurier**, ou Traité complet et simplifié de cet art, traitant des Fers, des Combustibles, de l'Outillage, du Travail à l'atelier et sur place, de la Serrurerie du carrossage, et des divers Travaux de Forge, par M. PAULIN-DÉSORMEAUX et M. H. LANDRIN. 1 vol. et 1 Atlas.   5 fr.

— **Terrassier** et Entrepreneur de Terrassements, traitant des divers modes de Transport, d'Extraction et d'Excavation, et contenant une description sommaire des grands travaux modernes, par MM. Ch. ETIENNE, Ad. MASSON et D. CASALONGA. 1 vol. et 1 Atlas de 22 pl.   5 fr.

MANUELS-RORET

NOUVEAU MANUEL COMPLET

DE

L'ÉCLAIRAGE ET DU CHAUFFAGE

AU GAZ

OU

TRAITÉ ÉLÉMENTAIRE ET PRATIQUE

DESTINÉ AUX INGÉNIEURS, AUX DIRECTEURS ET AUX CONTRE-
MAÎTRES D'USINES A GAZ D'ÉCLAIRAGE

SUIVI DE

L'AIDE-MÉMOIRE DE L'INGÉNIEUR-GAZIER

Par M.-D. MAGNIER

Ingénieur-Gazier

NOUVELLE ÉDITION

CORRIGÉE, AUGMENTÉE ET ENTIÈREMENT REFONDUE

Par E. BANCELIN

Ancien Elève de l'Ecole Polytechnique
Ancien Sous-Régisseur d'Usine de la Compagnie Parisienne du Gaz

Ouvrage orné de 322 figures dans le texte.

TOME SECOND

PARIS

ENCYCLOPÉDIE-RORET

L. MULO, LIBRAIRE-ÉDITEUR

12, RUE HAUTEFEUILLE, 12

1899

AVIS

Le mérite des ouvrages de l'**Encyclopédie-Roret** leur a valu les honneurs de la traduction, de l'imitation et de la contrefaçon. Pour distinguer ce volume, il porte la signature de l'Éditeur, qui se réserve le droit de le faire traduire dans toutes les langues, et de poursuivre, en vertu des lois, décrets et traités internationaux, toutes contrefaçons et toutes traductions faites au mépris de ses droits.

NOUVEAU MANUEL COMPLET

D'ÉCLAIRAGE AU GAZ

CHAPITRE XII

RÉGULATEUR ET INDICATEUR DE PRESSION

Le régulateur est un appareil destiné à obvier aux variations de pression. Le problème à résoudre est celui-ci, trouver un instrument qui, placé entre le compteur et un ou plusieurs becs de gaz, maintienne automatiquement une pression constamment uniforme dans les tuyaux qui vont du compteur aux becs, quelles que soient dans certaines limites, les variations de pression du gaz avant son arrivée dans les brûleurs. Nous croyons devoir indiquer quelques appareils employés autrefois, pour permettre la comparaison avec ce qui se fait aujourd'hui.

GOUVERNEUR DE CLEGG

Dès l'origine du gaz, en 1816, Clegg et Crossley se servaient du *gouverneur* représenté par la figure 182. *a* entrée du gaz, *c* cloche mobile qui monte et descend suivant les différences de pression, *b* sortie du

Gaz. Tome II. 1

gaz. Au plafond de la cloche *c* se trouve une chaîne ou un fil d'archal supportant un cône. Ce cône est obligé de suivre les mouvements que les différences de pression font subir à la cloche. Quand la pression augmente, le passage du gaz est rétréci, ce qui fait compensation.

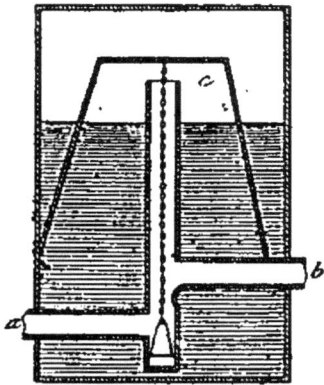

Fig. 182.

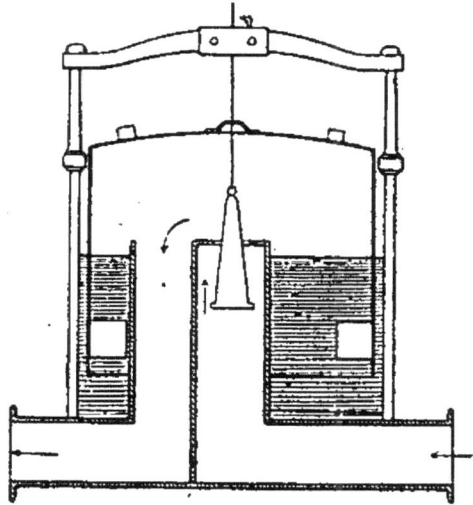

Fig. 183.

Puis on fit le régulateur représenté par la fig. 183 dont la cloche est munie d'une boîte à air, placée en bas du pourtour pour l'alléger ; et enfin le régulateur à contrepoids (fig. 184-185), qui a été décrit par Clegg fils de la manière suivante : AA cuve en fonte, contenant de l'eau. Dans cette cuve flotte le gazomètre régulateur BB. C cône en fonte suspendu à un anneau qui est tenu au plafond du petit gazomètre. D tuyau d'arrivée, garni à la partie supérieure d'une plaque *d* dans laquelle se trouve une ouverture égale en diamètre dans la base du cône qui, s'il s'élevait à cette hauteur, intercepterait tout passage. E tuyau de sortie ; son diamètre est subordonné à la distance qui existe entre le régulateur et la conduite de distribution, et au diamètre de cette conduite.

Quand le petit gazomètre B est plongé dans l'eau, il perd une portion de son poids égale au poids du volume d'eau qu'il déplace, et la pression du gaz varie comme l'immersion. En donnant à la chaîne F'F' la pesanteur voulue, on obtiendra une pression régulière.

Supposons, par exemple, que le gazomètre pèse 1,000 livres et perde 100 livres de ce poids quand il plonge dans l'eau, puisqu'une portion de la chaîne, égale en longueur à la hauteur dont le gazomètre est monté, pèse 50 livres et que le contrepoids F pèse 950 livres, alors quand le gazomètre

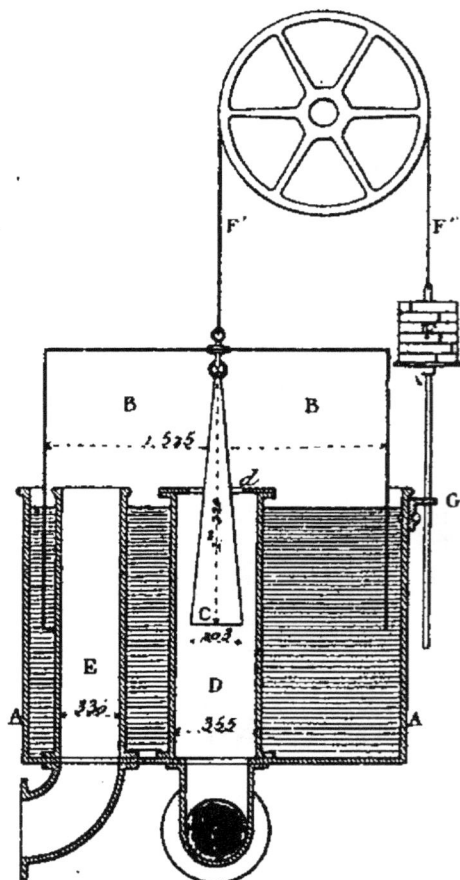

Fig. 184.

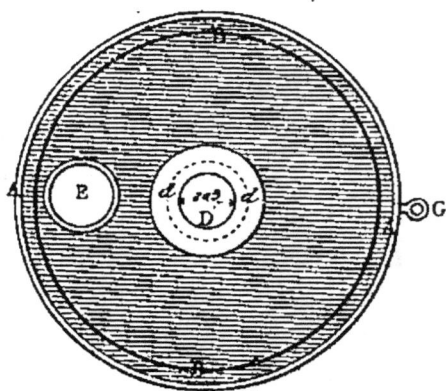

Fig. 185.

est immergé, son véritable poids n'est plus que de 900 livres. A cela il faut ajouter la portion de la chaîne qui agit maintenant en augmentant le poids du gazomètre, 50 livres. Le poids total égale donc 950 livres. Ce chiffre correspond avec celui de la pesanteur actuelle du contrepoids.

Maintenant, supposons le gazomètre entièrement sorti de l'eau. Son poids effectif se trouve égal à 1,000 livres, mais il est équilibré par le contrepoids qui pèse 950 livres, et les 50 livres de la portion de chaîne, qui, se trouvant à présent de l'autre côté de la poulie, agit avec le contrepoids. Les effets du gazomètre et du contrepoids étant ainsi opposés l'un à l'autre, la pression du gaz contenu dans le gazomètre se trouve régularisée. C'est le même principe que celui des gazomètres à suspension.

En augmentant ou en diminuant le contrepoids, on obtient une diminution ou une augmentation de pression. Le régulateur agit comme suit : son tuyau de sortie communique à la conduite qui donne le gaz aux consommateurs et le tuyau d'entrée introduit dans l'appareil, le gaz qui vient du gazomètre. Il est évident que si la pression du gaz augmente dans le tuyau d'entrée, il passera une plus grande quantité de gaz, entre l'intervalle du cône et de la plaque d, ce qui en faisant monter le gazomètre rétrécira cet intervalle : mais que si, au contraire, le gaz diminue de pression dans ce tuyau d'entrée, le gazomètre descendra. Ainsi quelle que soit la pression du gaz à chaque instant dans le gazomètre ou dans les conduites, la pression dans le petit gazomètre du régulateur sera uniforme, et en conséquence l'écoulement du gaz dans les conduites sera régularisé :

car lorsque l'ouverture de la plaque *d* permettra à
plus de gaz qu'il n'en faut pour la consommation de
passer, le petit gazomètre, en montant, diminuera
l'aire du tuyau d'introduction ; et quand, au contraire,
le tuyau d'introduction ne permettra pas à une quantité suffisante de gaz de venir des gazomètres, le gaz
en passant par le régulateur pour se rendre dans les
conduites, laissera descendre le gazomètre et l'aire
du tuyau d'introduction augmentera, de manière à
fournir aux conduites de consommation la quantité
de gaz nécessaire. Cette marche, ajoute en terminant
M. Clegg, n'est dérangée ni par la pression ni par la
vitesse du gaz : quand la balance est une fois établie,
on obtient le degré de pression désiré sans être exposé à aucune variation.

Il me serait impossible de relater les nombreux
régulateurs qui ont été inventés. Je me bornerai donc
à en mentionner quelques-uns, mais plutôt en raison
de leur principe respectif que de leur mérite.

GAZO-COMPENSATEUR PAUWELS

Il consiste (fig. 186) en une boîte en fonte de forme
cylindrique, fermée à la partie supérieure par un
couvercle amovible et fixé par des vis. Deux tubulures situées à la même hauteur et le plus ordinairement aux extrémités opposées d'un même diamètre
servent à raccorder la boîte avec les deux conduites
entre lesquelles elle est interposée. Le gaz arrivant de
la conduite qui précède est admis dans la première
tubulure A, et passe de la boîte à la conduite suivante par la tubulure opposée B. La partie inférieure
de la boîte constitue une cuvette cylindrique qui se

trouve plus bas que les conduites d'entrée et de sortie, et remplie d'eau jusqu'au niveau de ces conduites qui lui servent de trop-plein.

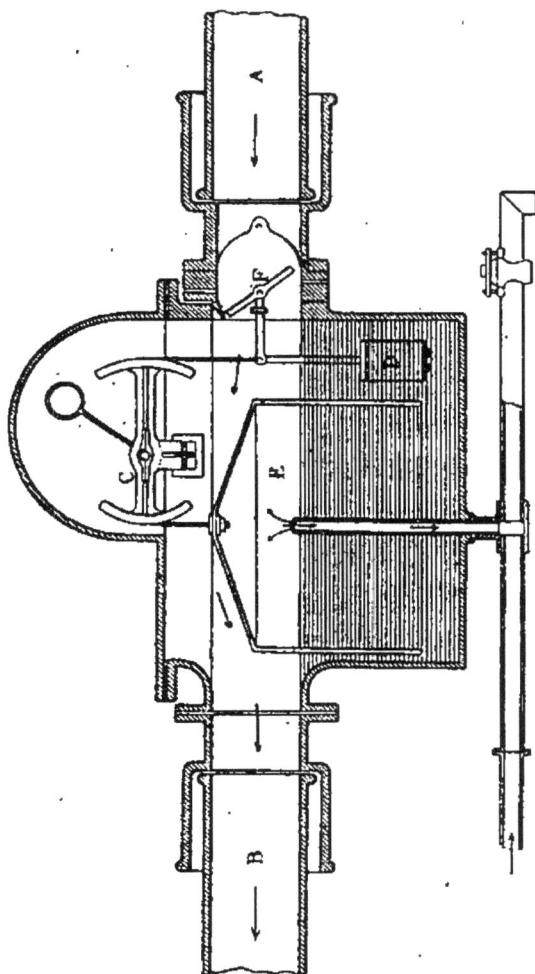

Fig. 186.

Dans l'eau qui remplit la cuve, plonge une cloche en tôle E. Cette cloche est reliée par un ruban flexible d'acier à l'un des bras d'un balancier c, terminé par un secteur circulaire, et porté par un axe que supporte une traverse en fer, établie à la partie supérieure de la boîte. A l'autre bras du balancier est suspendu de la même manière un contrepoids qui équilibre la cloche. On augmente ou diminue ce contrepoids suivant la pression que l'on veut donner au gaz, il est ainsi le régulateur de l'appareil. Au même bras du balancier est fixée l'extrémité d'un levier solidaire avec l'axe d'une valve tournante F logée dans la tubulure par laquelle le gaz est admis dans la boîte.

Lorsque la cloche repose sur le fond de la boîte, la valve ferme complètement la tubulure d'arrivée du gaz ; à mesure que la cloche se relève, la valve en tournant ouvre à l'admission du gaz un passage de plus en plus grand.

La boîte étant close, il est clair que le fond supérieur de la cloche est pressé de haut en bas par le gaz qui remplit la partie supérieure de la boîte et passe de là dans la conduite suivante par la tubulure d'émission qui reste toujours libre. En dessous, ce fond de la cloche est poussé de bas en haut par la pression d'une couche d'air qui occupe l'espace au-dessus de l'eau dont la cuvette est remplie ; or, cet espace est généralement en communication avec l'atmosphère ambiante par un petit tuyau qui s'élève verticalement dans l'axe de la cloche jusqu'au-dessus du niveau de l'eau, traverse le fond de la cuvette et débouche extérieurement dans une petite capacité ménagée sur ce fond. A celle-ci sont adaptés :

1° Un conduit horizontal appliqué sous le fond de la cuvette, dont elle déborde le diamètre et muni d'un robinet que l'on peut ouvrir ou fermer de l'extérieur; ce conduit est tenu habituellement ouvert;

2° D'une tubulure à laquelle s'adapte un petit

tuyau qui se prolonge sous le sol jusqu'aux maisons qui bordent la rue, et va déboucher dans la partie supérieure de la branche fermée d'un manomètre à eau ordinaire appliqué contre le mur. La paroi de ce tuyau est percée de plusieurs trous que l'on peut fermer avec des vis, et qui lorsqu'ils sont ouverts, comme cela a lieu ordinairement, donnent un libre accès à l'air atmosphérique. Il porte en outre un robinet qui permet d'ouvrir ou d'intercepter à volonté la communication du tuyau et par conséquent de l'espace compris entre le niveau de l'eau et le fond supérieur de la cloche, avec le manomètre dont nous avons parlé. Le fond de la cloche étant ainsi pressé de haut en bas par le gaz dont la partie supérieure de la boîte est remplie, et poussé de bas en haut par la pression de la couche d'air en communication avec l'air extérieur; si l'on veut limiter à 15 millimètres, par exemple, l'excès de pression du gaz sur celle de l'atmosphère, il suffira de régler le contrepoids de telle sorte qu'une couche d'eau de 15 millimètres d'épaisseur posée sur le fond supérieur de la cloche établisse par l'intermédiaire du balancier, l'équilibre entre la cloche dont les parois plongent dans l'eau et le contrepoids. Alors, en effet, toute pression du gaz dans la boîte qui sera supérieure à plus de 15 millimètres d'eau à la pression de l'atmosphère, déterminera l'enfoncement de la cloche et la fermeture progressive de la tubulure d'admission par la valve tournante jusqu'à ce que la pression du gaz soit descendue à la limite assignée, qui résulte de la dépense des becs alimentés par la conduite de sortie de l'appareil, et de la fermeture partielle de la tubulure d'entrée.

On a ajouté quelques perfectionnements. Les tuyaux partant de la conduite d'entrée avant la valve, et de la conduite de sortie, sont réunis aux deux branches supérieures d'un manomètre à eau, ils donnent ainsi la différence entre la sortie et l'entrée non gênée, un tuyau partant de dessous la cloche donne la pression sous la cloche quand on supprime sa communication avec l'air extérieur. On peut donc voir ces pressions et ces différences de pressions simultanées. On verra, par exemple, que si l'appareil laisse arriver le gaz sous une pression trop faible, c'est que le contrepoids n'est pas assez fort. Si l'on ne veut pas ouvrir le gazo-compensateur pour augmenter le contrepoids, on ferme toutes les communications de la cloche avec l'atmosphère et l'on insuffle au moyen d'un soufflet de l'air sous la cloche, le manomètre donnera la mesure de l'excès de pression intérieure qu'on aura déterminé ainsi et qu'on pourra régler.

Si le gaz arrivait à une pression trop forte, ce qui indiquerait que le contrepoids est trop grand, on raréfierait l'air de la cloche avec une petite pompe jusqu'à la pression nécessaire pour le réglage.

L'expérience a montré qu'il était bon que le contrepoids ne fût pas constant, mais qu'il allât en augmentant lorsque ce contrepoids descend en soulevant la cloche, et agrandissant l'ouverture à l'admission du gaz. Pour l'obtenir, M. Pauwels a imaginé de fixer sur l'axe du balancier intermédiaire entre la cloche et le contrepoids, une tige de fer qui est verticale, quand les bords inférieurs de la cloche appuient sur le fond de la cuvette et que la valve ferme complètement la tubulure d'entrée. Une masse

1.

plus ou moins lourde dont le centre de gravité est sur l'axe de la tige est mobile le long de celle-ci et peut y être fixée à telle distance que l'on veut de l'axe du balancier. La masse, dès que le balancier s'incline et ouvre la valve d'introduction, agit par son poids pour soulever la cloche à mesure que la valve s'ouvre davantage.

Ce desiderata est en effet nécessaire, car le nombre des becs alimentés par une conduite est variable aux différentes heures de la journée. Or plus ce nombre est grand, plus la pression dans la boîte doit être élevée pour assurer un bon éclairage des becs branchés sur l'extrémité la plus reculée de la conduite. Il faudrait donc diminuer le contrepoids, qui tend à soulever la cloche et ouvrir la valve d'introduction du gaz lorsqu'on éteint un certain nombre de becs, et ramener en même temps la pression à être seulement suffisante pour le nombre de becs qui restent allumés. Ce but est atteint par la tige indiquée plus haut, dont l'action diminue à mesure que la valve d'introduction rétrécit le passage du gaz arrivant. Un certain nombre de ces appareils, répartis judicieusement dans les canalisations, permettront de réduire au strict nécessaire la pression dans les conduites et de diminuer ainsi les fuites.

AUTO-RÉGULATEUR DE M. SERVIER

Cet appareil est aussi destiné à régler la pression aux différents points d'une canalisation (fig. 187).

A A entrée du gaz dans l'auto-régulateur, B sortie, C conduite branchée sur le périmètre. Supposons un régulateur ordinaire, c'est-à-dire une cloche

renversée sur l'eau, et munie d'un cône qui vient
obstruer en totalité ou en partie l'orifice d'un tuyau,
tandis qu'un autre tuyau débouche à gueule-bée
sous la cloche. Seulement le cône, au lieu de fonctionner dans le tuyau d'entrée, comme dans le régulateur ordinaire, fonctionne dans celui de sortie de
l'auto-régulateur, ce qui est un point essentiel.

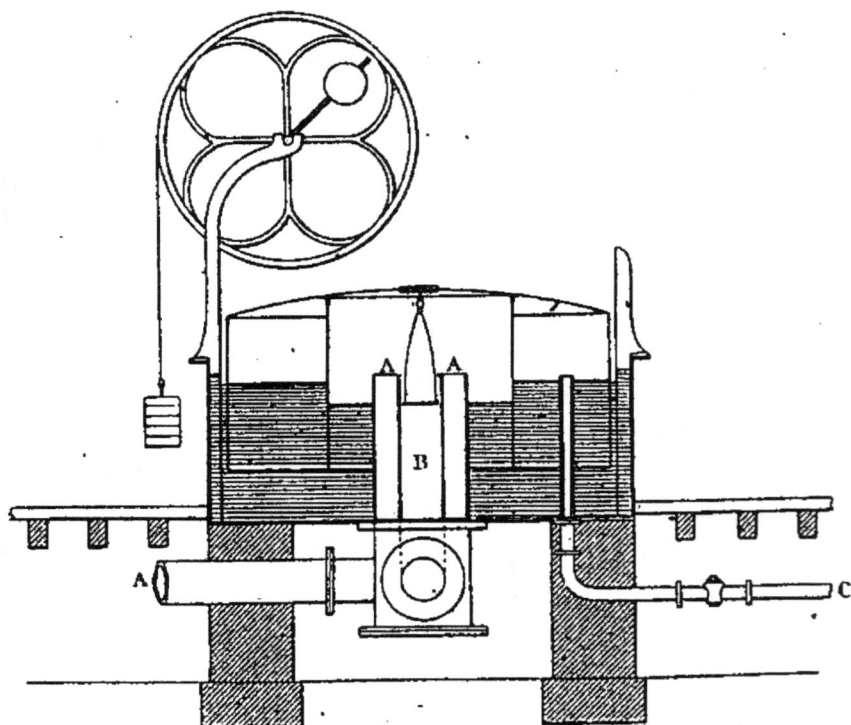

Fig. 187.

En outre, une autre cloche annulaire entoure la
première et en est dépendante, c'est-à-dire qu'elle
monte et descend avec elle. Sous cette dernière cloche
débouche un tuyau branché, par l'autre extrémité,
au point du périmètre où l'on veut maintenir une
pression constante.

Examinons maintenant le jeu de cet appareil et posons l'équation d'équilibre du système ; désignons par :

P la pression dans le tuyau d'entrée de l'auto-régulateur ;

p la pression dans le tuyau qui débouche dans la cloche annulaire ;

S la surface du cercle qui a pour diamètre celui de la cloche extérieure ;

s la surface du cercle qui a pour diamètre celui de la cloche centrale ;

Q le poids de tout le système mobile.

Nous avons :

$$Ps + p(S - s) = Q$$

d'où :

$$p = \frac{Q - Ps}{S - s}$$

Si l'on suppose P et Q constants, on voit que dans cette équation, toutes les quantités sont constantes, sauf p et qu'il faut nécessairement que cette quantité reste constante pour que le système reste en équilibre. La double cloche montera donc ou descendra, en rétrécissant ou augmentant au moyen du cône, la section de l'orifice du tuyau de sortie du régulateur, de manière à maintenir p constante.

ÉCONOME A GAZ, DE M. MUTREL

Ce régulateur, nommé *économe à gaz*, consiste en un gazomètre mobile (fig. 188 et 189), dont un cône régulateur D suit les mouvements. — Voici la description de cet appareil, telle qu'elle a été donnée par M. Mutrel.

A, tube d'arrivée. B, tube qui conduit le gaz aux becs. C, cloche mobile, qui monte ou descend librement dans une fermeture hydraulique, sans permettre au gaz de s'échapper. D, soupape régulatrice.

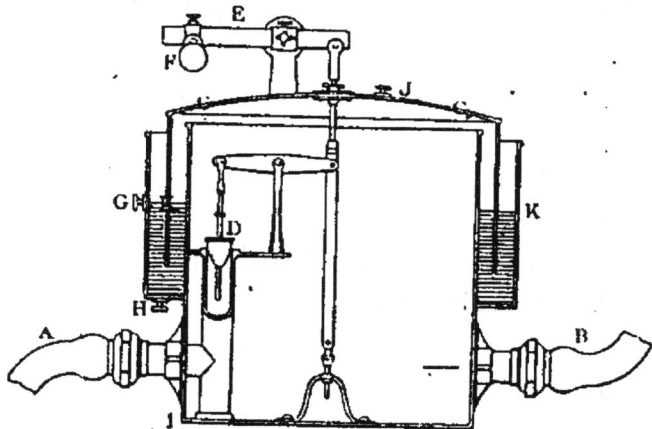

Fig. 188.

E, balancier jouant sur couteaux, qui dirige les mouvements de la cloche. F, contrepoids qui glisse

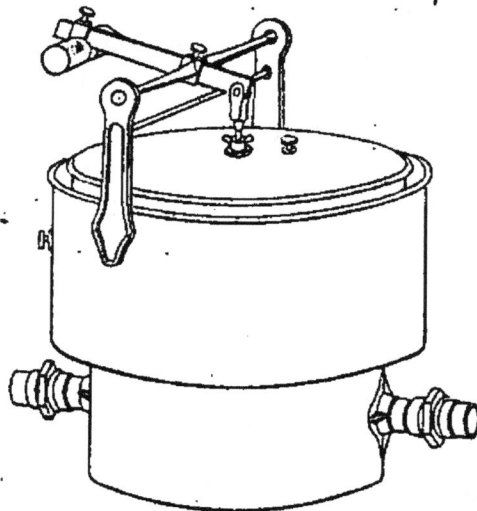

Fig. 189.

sur le balancier. G, bouton pour régler le niveau de l'eau. H, bouton pour vider et nettoyer la fermeture hydraulique. I, robinet que l'on doit ouvrir chaque quinzaine pour laisser écouler l'eau qui s'est condensée dans l'appareil et qui le détériorerait. J, bouchon que l'on dévisse jusqu'à ce qu'on voie la fente qui y est pratiquée, pour permettre à l'air d'entrer, quand on veut enlever la cloche. K, couche d'huile pour prévenir l'évaporation de l'eau.

1º De la pose

On doit, avant de rien changer dans l'appareillage, piquer un manomètre à eau sur le tube qui conduit vers les becs, et déterminer quelle est la plus faible pression qui peut se présenter dans toute une soirée ; et si c'est près d'un théâtre, on doit faire cette opération un jour de représentation ; le manomètre doit être placé de manière à permettre de poser l'appareil sans le déplacer.

L'économe doit être posé de niveau et immédiatement après le compteur, soit au-dessus ou à côté, en ayant bien soin de faire arriver le gaz par le tube correspondant au contrepoids, et de placer un siphon sur le tube qui réunit les deux appareils, quand ce tube est obligé de redescendre pour venir se souder au raccord de l'économe.

Quand l'appareilleur a terminé la pose, on introduit environ un litre d'huile d'olive dans la fermeture hydraulique, puis y on verse de l'eau jusqu'à ce que son niveau s'élève au-dessus du bouton G ; on dévisse celui-ci pour laisser écouler l'excédant d'eau par une fente pratiquée sur le corps de la vis, et on resserre le bouton aussitôt que les globules d'huile commencent à se montrer.

2º De la manière de le faire fonctionner

Supposons que la plus faible pression qui ait été trouvée à l'endroit où on veut poser un écono̊me soit de 2 centimètres au manomètre à eau, et qu'on se propose de régler l'instrument pour cette pression. Pour y parvenir, on fait allumer tous les becs, en ouvrant entièrement les robinets de ceux qui manquent ordinairement de gaz, et on consulte le manomètre posé sur le tube qui les alimente : s'il indique une pression plus faible que 2 centimètres, on fait glisser le contrepoids F, en le ramenant vers le centre de la cloche : si la pression est trop forte, on éloigne le contrepoids : quand le manomètre indique la pression cherchée, on fixe le contrepoids et on tourne les robinets des becs pour régler la hauteur des flammes. On peut ensuite abandonner l'appareil à lui-même, jamais les flammes ne varieront.

Si forte que soit la pression d'arrivée, on ne doit généralement point régler l'appareil pour une pression de plus de deux centimètres ; et dès que la pression minima est au-dessous de celle-là, on le règle pour toute cette pression minima.

3º De son action

Le gaz arrivant dans l'appareil se dilate au sortir de l'orifice A pour remplir toute la cloche C, et si celle-ci était fixe, le gaz continuerait de s'y accumuler jusqu'à ce que sa pression fût égale à celle du gaz dans la conduite qui précède l'économe ; de plus, le gaz, dans la cloche, participerait à toutes les variations de pression dans cette conduite. Mais, comme cette cloche est d'une extrême mobilité, il est clair qu'elle sera soulevée aussitôt que le gaz aura atteint une tension suffisante pour vaincre son poids ; de plus, il n'est pas moins évident que le gaz ne pourra jamais s'y accumuler de manière à y prendre une tension plus forte que celle qui fait équilibre à ce poids, attendu que la cloche commande les mouvements de la valve D, et que celle-ci ferme l'orifice d'arrivée du gaz quand la cloche est parvenue au sommet de sa course. Si, dans cette position de la cloche, nous ouvrons les robinets des becs, le gaz contenu dans l'appareil tendra à se dilater pour alimenter ces becs, ce qui amènerait une tension moindre que celle qui correspond au poids de la cloche ; mais il ne pourra point en être ainsi, attendu que la cloche descendra immédiatement pour compenser par la diminution de sa capacité le volume du gaz écoulé, et admettra simultanément, par l'orifice A, la quantité de gaz exigée pour le maintien de la pression qui fait équilibre à son poids ; or, comme celui-ci ne varie, dans les diverses positions que peut occuper la cloche, que d'une quantité infiniment petite, la tension du gaz dans la cloche, et partant celle du gaz à chaque bec alimenté par l'appareil, ne saurait varier que d'une quantité insensible.

« Ainsi se trouve établi que la tension du gaz dans l'économe est distincte et indépendante de la tension du gaz dans la conduite ; que la première restera constante nonobstant que l'autre variera incessamment ; de là :

« 1° Des flammes d'une intensité lumineuse constante ;

« 2° Plus de fumées ni d'effluves délétères ;

« 3° Une économie réelle de 15 0/0 dans la consommation.

« *N. B.* Cet appareil demande à être traité avec intelligence ; sa pose et son entretien ne doivent être confiés qu'à des ouvriers exercés. »

RÉGULATEUR HYDROSTATIQUE, DE M. MAGNIER

L'idée de ce régulateur est originaire d'Ecosse.

Voici la description de celui que M. Magnier a fait fabriquer (fig. 190).

I, introduction du gaz. S, sortie du gaz. FF, flotteur circulaire, à mouvements libres, portant le cône C, et formant manchon autour du tuyau I. C, cône renversé, s'abaissant ou s'élevant suivant la hauteur du niveau de l'eau dans laquelle se trouve le flotteur FF, de manière à donner moins ou plus de passage au gaz, suivant que la pression exercée sur l'eau par le gaz est plus ou moins forte. O, ouverture par où l'on introduit l'eau. M, manomètre. R, robinet pour retirer l'eau. A, cylindre intérieur dans lequel s'exerce la pression. B, espace annulaire dans

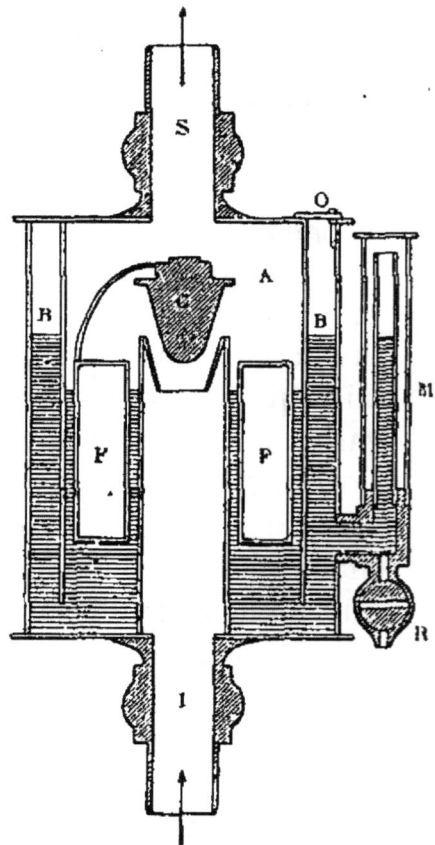

Fig. 190

lequel l'eau suit, en sens inverse, les mouvements occasionnés dans le cylindre intérieur par les changements de pression.

On comprend que pour régler cet instrument, il suffit, si l'on veut laisser un plus grand passage au gaz, d'y mettre plus d'eau, afin que le flotteur s'élève et que le cône, qui suit ses mouvements, augmente l'ouverture, ou, si l'on veut diminuer cette ouverture, de laisser écouler un peu d'eau par le petit robinet R, pour que le cône entre plus ou moins dans l'orifice du tuyau d'introduction et en diminue le passage.

On va voir maintenant que, par une action analogue à celle dont il vient d'être parlé, l'effet du plus ou moins de pression exercée dans les tuyaux de la rue, ne saurait se manifester sur les becs. Supposons que, dans la position indiquée par le dessin, le gaz brûle chez un consommateur à une pression satisfaisante ; tant que la pression extérieure sera la même, le niveau d'eau où se trouve le flotteur restera le même, et, par conséquent, le passage du gaz n'augmentera ni ne diminuera ; mais si la pression augmente, elle fera baisser le niveau de l'eau contenue dans le cylindre extérieur A, et la fera refluer dans l'espace annulaire B, qui se trouve entre ce cylindre et la cage extérieure ; alors le flotteur, en suivant ce mouvement de l'eau, s'abaissera et le cône viendra d'autant plus diminuer le passage du gaz que la pression sera plus forte. Au contraire, si la pression diminue, le niveau s'élèvera et le passage augmentera. Or, on sait très bien que l'effet de ces diminutions ou de ces augmentations de passage, suivant le plus ou moins de pression, est d'opérer une compensation dans la quantité du gaz qui arrive aux becs et par conséquent d'en régulariser la flamme.

Dans le régulateur de Clegg, à la pression de sortie agissant contre la cloche s'ajoute la pression d'entrée agissant sur la surface inférieure de l'obturateur conique; comme celle-ci varie, il s'ensuit que la pression sous la cloche ne peut pas être constante et qu'elle varie jusqu'à ce que les différences sous le cône soient compensées. Ces variations sont proportionnelles à la surface de l'obturateur.

Pour supprimer ce défaut on a employé différentes dispositions qui, toutes, tendent à annuler la pression d'entrée sur le cône, en faisant agir la même pression d'entrée sur une section égale dont le mouvement a lieu en sens inverse. De plus, dans le régulateur de Clegg, on ne tient pas compte des variations de l'immersion différente de la cloche, dans le poids de cette dernière.

Giroud a corrigé l'erreur provenant de cette cause par des siphons qu'il adapte à la cloche et qu'il laisse pendre au-dessus du bord de l'appareil et dont la section est exactement égale à la section horizontale de la tôle immergée. L'eau, déplacée par la cloche lors de l'immersion, passe dans les siphons, et le poids de la cloche augmenté de celui des siphons, reste constant.

De plus, on a cherché à éviter l'oscillation que peut éprouver la cloche dans le régulateur de Clegg, et au lieu de faire passer le gaz directement de l'ouverture de l'obturateur sous la calotte de la cloche, on lui fait traverser d'abord une petite ouverture et on forme une sorte de réservoir de gaz au-dessous de la calotte. De même, au lieu de poids avec lesquels on charge ordinairement la cloche, on a adapté un réservoir d'eau et réglé la pression par l'addition ou la diminution de l'eau dans ce réservoir. On a établi une échelle pour le niveau d'eau, échelle formée par un certain nombre de robinets d'évacuation disposés obliquement les uns au-dessus des autres, chaque robinet donnant un niveau déterminé, et par suite un poids d'eau déterminé, qui correspond à une pression donnée sous la cloche et dans le tuyau de sortie.

RÉGULATEUR GIROUD

La figure 191 donne la coupe d'un régulateur perfectionné par Giroud pour la consommation des abonnés. Il se compose, suivant la hauteur, de trois parties dont l'inférieure est en communication à gauche avec le tuyau de sortie, la seconde à droite avec le tuyau d'entrée : la supérieure, qui est la plus grande, renferme la cloche flottant dans l'eau. La cloison entre les deux parties inférieures porte l'ouverture centrale, dans laquelle joue l'obturateur. La cloche supérieure, au bord inférieur de laquelle est fixé le réservoir d'air annulaire, a une double calotte ; dans l'intervalle entre les deux calottes vient aboutir la tige de l'obturateur, ouverte en haut et en bas, de sorte que le gaz sortant de la partie inférieure de l'appareil, arrive avec la pression de sortie par la tige creuse de l'obturateur entre les deux calottes de la cloche ; puis, par plusieurs trous percés dans la calotte inférieure, il arrive sous cette dernière même. La tige est entourée dans le compartiment supérieur d'un fourreau fixé à sa partie inférieure sur le fond et qui dépasse le niveau d'eau, puis d'un second fourreau

ouvert par le bas et fixé bien hermétiquement à la
partie supérieure de la cloche.

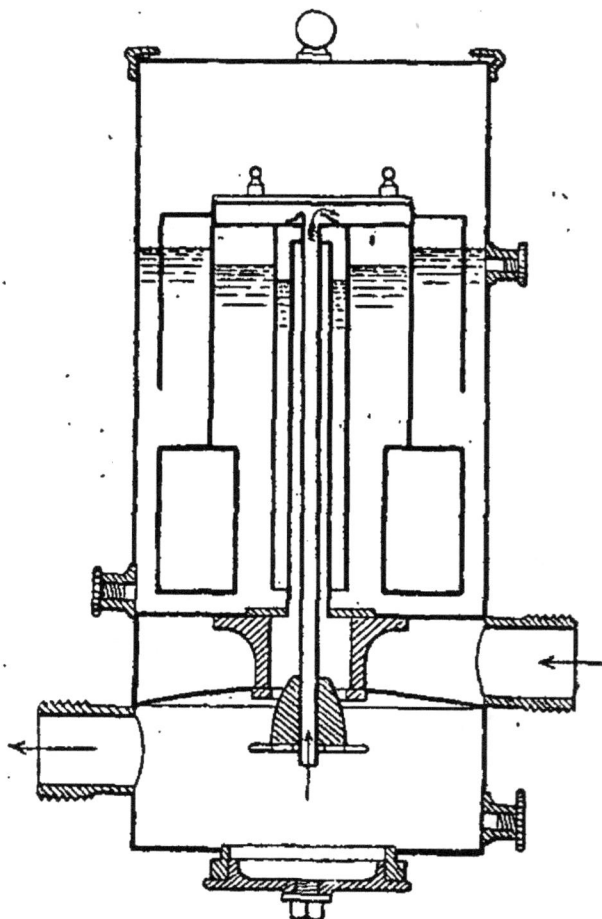

Fig. 191.

La section annulaire entre la tige de l'obturateur
et le fourreau extérieur, a exactement la même surface que la base de l'obturateur, de sorte que la
pression d'entrée, qui agit sur la soupape de haut
en bas, se trouve équilibrée sous la cloche. Le gaz,
qui arrive avec la pression de sortie entre les deux

couvercles de la cloche et de là sous le couvercle inférieur, exerce ici une pression ascendante, et cette pression avec celle qui agit d'en bas contre le fond de la soupape forment la force qui soulève la cloche. Cette dernière est encore entourée d'un cylindre plus large, fermé par en haut et ouvert en bas qui, au moyen d'une petite ouverture, communique avec l'atmosphère et permet d'annuler toute oscillation.

Pour les appareils de salle d'émission d'usines, on adapte les siphons de compensation de l'immersion de la cloche dont nous avons parlé plus haut.

Servier et Giroud ont construit des appareils qui fonctionnaient en partie au moyen de transmission électrique, et en partie au moyen de gaz ramené directement de la ville, et qui étaient indépendants de la pression de sortie de la ville. La délicatesse de ces appareils n'a pas permis jusqu'ici leur extension. Il en est un cependant, dont les applications ont été assez nombreuses, c'est l'appareil construit par Giroud et qui réunit tous les perfectionnements de cet inventeur (fig. 192).

RÉGULATEUR GIROUD PERFECTIONNÉ

La partie inférieure de l'appareil est un cylindre en fonte, avec fond et couvercle boulonnés et deux raccords de tuyau sur les côtés, à gauche pour l'entrée, à droite pour la sortie. Au couvercle est fixé un second cylindre intérieur, venu de fonte, avec un tuyau latéral qui communique avec le tuyau d'entrée du cylindre extérieur. Le fond du cylindre intérieur est formé par une plaque, dans l'ouverture de laquelle joue le cône régulateur. Sur le couvercle

du grand cylindre est adapté un réservoir d'eau
dans lequel joue une cloche reliée à la tige de la valve régulatrice. La cloche a la même section que la base du cône régulateur, et son intérieur est en communication avec le tuyau d'entrée du gaz, par un tuyau central par lequel passe en même temps la tige pleine du cône régulateur.

La pression que le gaz exerce vers le bas sur le cône régulateur est, par conséquent, exactement égale à la pression avec laquelle le gaz agit vers le haut contre la calotte de la petite cloche et l'influence de ces deux forces s'annule. La tige de la valve, qui porte

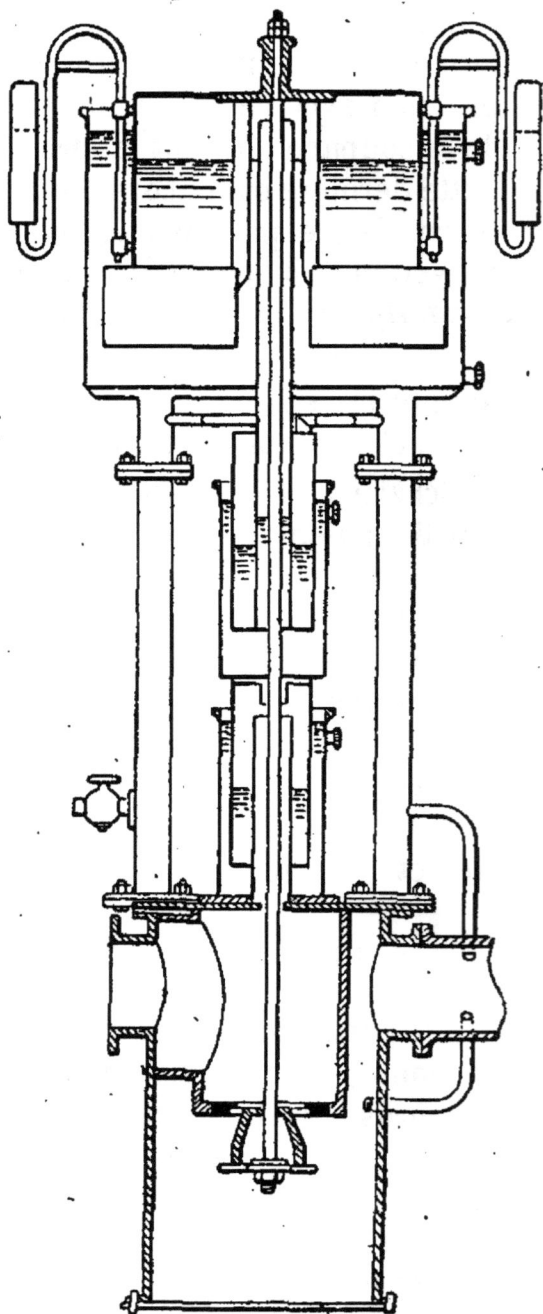

Fig. 192.

toute la partie mobile de l'appareil, passe encore par une deuxième cloche, qui est disposée au-dessus de la première..

Mais ici le réservoir dans lequel plonge la cloche est fixé à la tige de la valve et se meut avec elle en haut et en bas, tandis que la cloche même est fixe. Dans cette cloche s'annule la pression (pression de sortie) qui agit inférieurement vers le haut contre le fond de la valve. Des quatre colonnes (il n'y en a que deux visibles dans le dessin) qui relient la partie inférieure de l'appareil avec la supérieure, l'une (de droite) est mise en communication, par un tuyau coudé, avec la partie inférieure de l'appareil. Le gaz arrive donc dans ces colonnes avec la pression de sortie, de là il va par un tuyau d'embranchement dans l'intérieur de la cloche fixe précédemment décrite, et comme la section annulaire de cette cloche est exactement aussi grande que la surface intérieure du cône régulateur, la pression, qui est exercée vers le bas dans la cloche annulaire sur l'eau, et par là sur la partie mobile, compense la pression inférieure contre le fond du cône. Le tuyau intérieur de la cloche passe à travers la partie supérieure de l'appareil jusque sous la cloche flottante ; il porte à son extrémité supérieure le guidage unique pour la tige du cône. Son intérieur est relié par un petit tuyau horizontal avec la colonne de support creuse de gauche, qui communique au moyen d'un tuyau muni d'un robinet avec le tuyau de retour venant de la ville. De cette manière le gaz de la ville arrive donc sous la cloche et agit en même temps avec pression constante sur l'eau qui se trouve dans le tuyau intérieur..

La partie supérieure de l'appareil contient la cloche avec le flotteur annulaire et les deux siphons équilibreurs pour la tôle immergée. Sans chercher cette précision, un grand nombre de constructeurs ont fait des appareils régulateurs d'émission satisfaisant à peu près aux desiderata. Nous en citerons quelques-uns.

RÉGULATEUR COWAN

C'est un régulateur (fig. 193) à simple cône (celui-

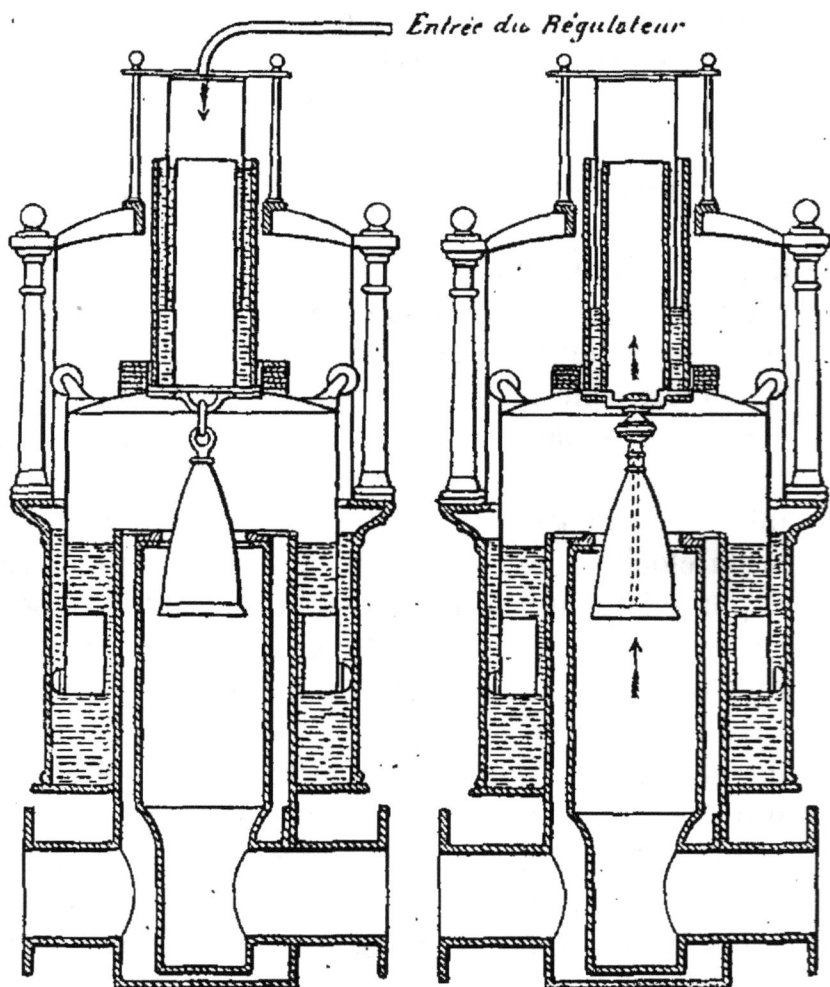

Fig. 193.

ci est remplacé par un paraboloïde de révolution, qui donne des variations de section proportionnelles aux déplacements verticaux). Le dôme de la cloche porte un réservoir annulaire dans lequel plonge une petite cloche dont le diamètre est égal à celui du cône. Le réservoir est placé sur la cloche du cône et le suit dans son mouvement.

La petite cloche, au contraire, est fixe et est portée par la traverse supérieure, elle plonge dans le liquide contenu dans le réservoir annulaire.

La pression d'entrée vient s'établir sous la petite cloche au moyen d'un tuyau extérieur, soit au moyen d'un conduit traversant la tige supportant le cône.

La pression sur la partie inférieure du cône est donc contrebalancée par cette pression en sens inverse sur la petite cloche.

Le régulateur à double cône et le régulateur à pression compensée Siry Lézard donnent de bons résultats. Ce dernier règle très bien aux faibles débits.

La Compagnie anonyme continentale fabrique également de bons régulateurs à double cône (fig. 194).

AVERTISSEUR GIROUD POUR RÉGULARISER
LA PRESSION

On a construit des appareils supprimant le tuyau de retour à l'usine. On se borne à un court tronçon branché dans le distributeur (dans la partie de la ville où l'on veut que la pression soit constante) et se rendant à un manomètre à contacts électriques d'où partent deux fils communiquant avec l'usine. Ce manomètre construit par la Maison Giroud, fonctionne comme suit : le courant ramené de

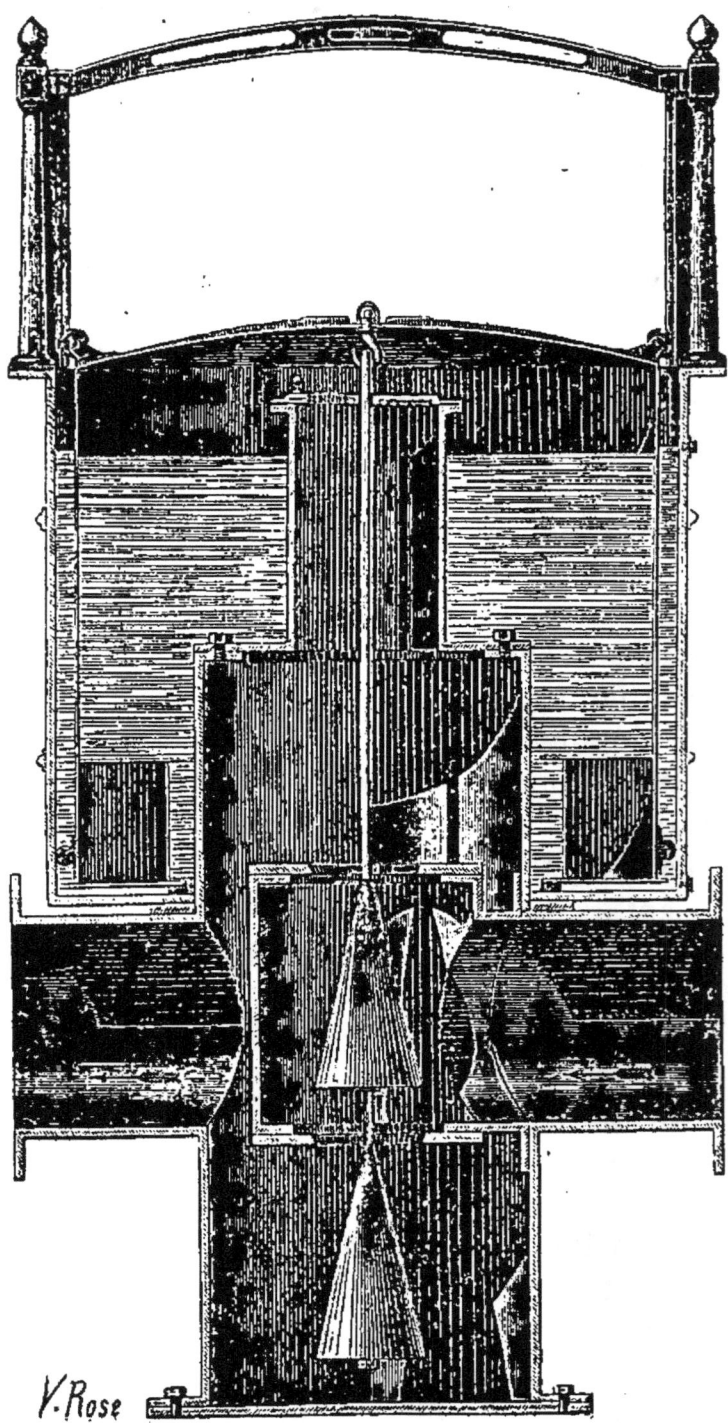

V.Rose

Fig. 194,

l'usine par l'un des fils du manomètre traverse un
rouage, qui ouvre ou ferme la valve d'émission selon le sens du courant. La vitesse du rouage est suffisante pour empêcher la pression de varier de plus
de 2 à 3 millimètres. Si la variation atteignait une
valeur plus grande, le courant serait reporté sur le
second fil aboutissant à un galvanomètre et à une
sonnerie. Le déplacement du courant arrête le rouage
et avertit le surveillant à qui l'aiguille du galvanomètre indique le sens dans lequel doit être manœuvrée la valve.

Dans l'appareil avertisseur, il suffit d'un seul fil
pour relier le manomètre à une sonnerie et à un
galvanomètre posés dans la salle des valves de départ à l'usine.

AVERTISSEUR COINDET

M. Coindet a également inventé un appareil de ce
genre qui permet, en plus, de pouvoir modifier automatiquement la pression en ville à certaines heures.
L'installation comprend :

1° Un poste avertisseur de ville.

Dans chacun des réseaux de distribution se trouve
un poste placé dans une armoire scellée dans un
mur et ouvrant sur la rue afin que l'accès en soit
facile. Ce poste comprend une cloche Giroud, un
appareil transmetteur à changements automatiques,
un enregistreur de la pression, un téléphone avec
sonnerie, un parafoudre et un bec à gaz pour éclairer et aussi pour chauffer le poste en cas de gelée.

2° Un poste récepteur d'usine.

Chaque régulateur d'émission porte un galvanomètre qui indique clairement, suivant la position de

l'aiguille inclinée à droite ou à gauche, s'il faut ajouter de la pression ou en retirer.

Tous les galvanomètres sont reliés à une sonnerie commune qui se fait entendre pendant tout le temps qu'un poste avertisseur réclame, et jusqu'à ce que l'aiguille revienne au zéro, c'est-à-dire à la position verticale.

Il y a aussi dans la salle d'émission un téléphone pour communiquer avec l'un quelconque des postes de ville.

Pour utiliser le téléphone, il faut isoler l'appareil transmetteur de pression au moyen du commutateur. Le poste de ville par un bouton de sonnerie, fait un appel convenu, qui agit sur la sonnerie de l'usine et en même temps sur le galvanomètre correspondant. On isole alors le galvanomètre par un mouvement du commutateur, et on peut communiquer par téléphone avec le poste de ville.

Sur l'un des régulateurs a été installé un appareil automatique pour augmenter ou diminuer la pression suivant les appels envoyés par le poste de ville. Avec cette installation, on peut régler la pression à moins de 2 millimètres.

Ces appareils transmetteurs et recepteurs ont été imaginés et construits par M. Hayes, horloger à Rouen.

Un grand nombre d'usines, quoique possédant des régulateurs d'émission, règlent le débit au moyen de manœuvre sur la valve d'émission.

Le régulateur d'usine présente l'inconvénient suivant : quand le gaz après avoir passé par le régulateur, se trouve dans les condüites de distribution à une pression donnée pour répondre à la consommation de la quantité de becs allumés ; si un nombre sensible de becs s'éteignent simultanément à une heure

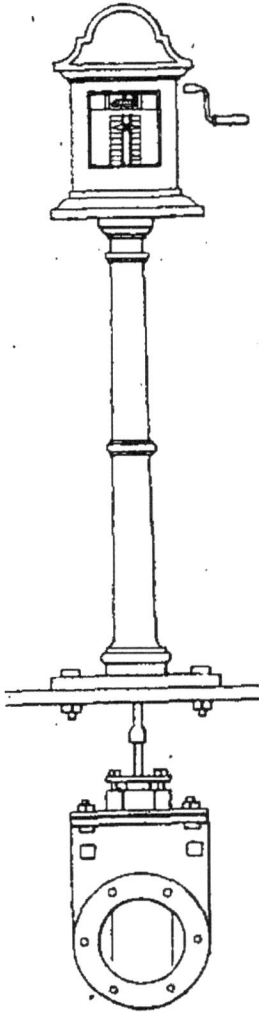

donnée de la soirée, ce qui arrive tous les jours, la pression dans les tuyaux augmente, malgré le régulateur, qui ne peut rien y faire ; et pendant un temps plus ou moins long, jusqu'à ce que la pression normale soit rétablie par la consommation des becs qui continuent à brûler, il y a excès de pression dans les conduites.

La pression donnée à l'usine doit être en rapport, à toute heure, avec la consommation qui se fait en ville. Pour obtenir ce résultat d'une manière sûre, on n'a pas d'autre moyen jusqu'à présent, que la manœuvre à la main d'une valve régulatrice, placée au départ de l'usine. On sait par expérience qu'à tel et tel moment de la soirée, dans les cas ordinaires, il faut que le manomètre qui est à proximité de la valve d'émission, indique telle ou telle pression, et l'on augmente ou l'on diminue le passage du gaz en conséquence ; il est important, relativement au gaz qui n'est pas vendu au compteur, d'éviter le moindre excès de pression (fig. 195).

Fig. 195.

RÉGULATEURS D'ABONNÉS

Il est de tout intérêt pour l'usine à gaz et le consommateur, d'avoir une pression constante et uniforme dans les conduites, et de se servir des appareils qui permettent de régulariser la dépense des becs et l'allure des flammes, en les rendant indépendants des variations de pression inévitables dans les conduites. Le régulateur d'abonnés (fig. 196) remplit ce but; il est fondé sur le même

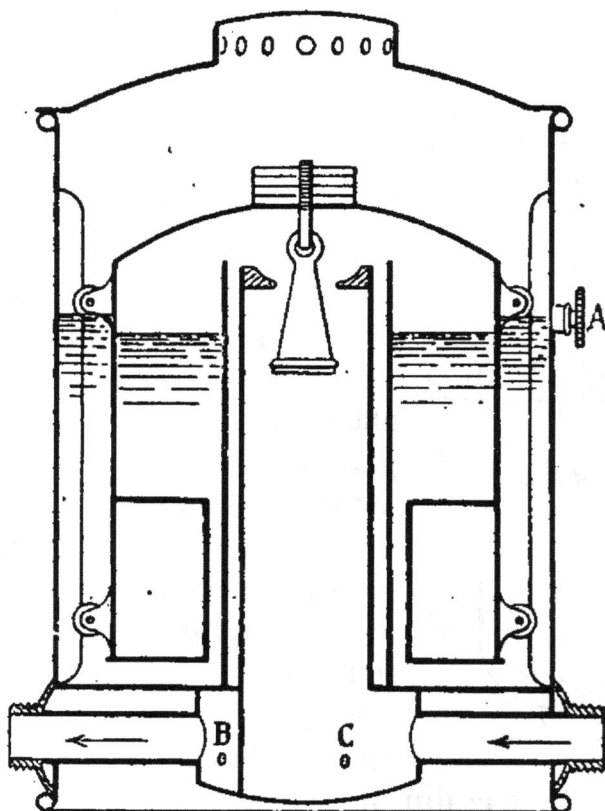

Fig. 196.

principe que celui d'émission, il permet de rendre constante la pression à la sortie du compteur. On n'a donc plus, dans le courant de la soirée, à s'occuper du réglage des robinets des becs, au moment où la pression change dans la conduite de la rue, ou lorsqu'on éteint un certain nombre de becs dans la même maison.

Pour en assurer le bon usage, il faut régler de temps en temps le niveau de l'eau au moyen de la vis A, et faire écouler de temps à autre les eaux de condensation qui viennent dans le siphon, en enlevant les deux vis inférieures B et C.

La maison Wenham construit des régulateurs fondés sur le principe suivant. Une cloche en tôle plonge dans une cuve à mercure et porte à son sommet une tige verticale sur laquelle repose un levier compensateur muni d'un contrepoids que l'on déplace à volonté. La cloche en se soulevant fait remonter un cône qui ferme plus ou moins l'arrivée du gaz.

RÉGULATEURS DE BECS

Les flammes des rues brûlent sans compteur. Il est prescrit, pour ces flammes, une consommation déterminée par heure, et la grandeur de la flamme formait autrefois la mesure, d'après laquelle la flamme était réglée. Il est évident qu'il n'est pas possible de régler les milliers de flammes des rues de telle manière que sans autre précaution elles correspondent exactement à une consommation prescrite ; cette consommation a été pendant longtemps une source de différends entre les usines à gaz et les municipalités. Aussi a-t-on cherché à munir chaque flamme d'un régulateur établi pour une pression et par suite pour une consommation déterminée,

et qui maintienne cette pression et cette consommation automatiquement constantes.

Les premiers régulateurs convenables furent établis par Sugg en 1860, à Londres.

RÉGULATEUR SUGG

Il se compose d'une membrane de cuir préparé,
qui est pincée entre les deux moitiés de l'appareil,
dont la partie supérieure est fixée sur la partie inférieure, au moyen de trois vis.

· L'espace au-dessous de la membrane se trouve
relié avec le tube de la lanterne, sur lequel tout
l'appareil est vissé, au moyen d'une ouverture dans
laquelle joue une soupape fixée à la membrane. Un
canal latéral conduit le gaz qui se trouve sous la
membrane de l'appareil dans la chandelle.

L'espace au-dessus de la membrane se trouve en
communication avec l'air extérieur par une ouverture
protégée contre la pluie et la poussière. Sur le milieu
de la membrane se trouvent deux petits disques en
tôle qui servent en partie à la consolidation de la
tige de la soupape et en partie à charger convenablement la membrane. L'appareil est en équilibre
quand le poids de la membrane, avec la soupape
qui y est fixée, correspond à l'excès de pression sous
la membrane.

Lorsque le poids est une fois réglé, le gaz arrive
toujours au bec sous la même pression et la quantité d'écoulement, c'est-à-dire la consommation de
gaz de la flamme reste constante aussi longtemps
qu'on conserve le même bec, ou un bec ayant une
ouverture égale.

Entre les pressions de 10 à 50 millimètres, le ré-

glage de cet appareil est excellent. Cependant avec
le temps la membrane s'altère, et on doit le vérifier de temps en temps.

RÉGULATEUR HUMIDE GIROUD

Vers 1870, Giroud inventa un régulateur à cloche,
plongeant dans la glycérine.

La cloche est en équilibre quand son poids est
égal à la pression du gaz sous la cloche, et comme
le poids de la cloche est constant, c'est-à-dire
que la petite variation qu'il subit du fait de l'immersion différente peut être négligée dans la pratique, la cloche prendra toujours d'elle-même la
position d'équilibre, dans laquelle le jet, la poussée,
et par suite la pression du gaz est aussi constante
sous la cloche. Dans le modèle représenté ici, la
pression de sortie agit d'en haut à l'encontre de la
pression d'entrée sous la cloche, et la position d'équilibre s'établit dès que la différence de pression est
constante. Cette différence constante forme l'excès
de pression sous lequel le gaz afflue par le trou pratiqué dans la cloche et arrive de l'entrée à la
sortie, c'est-à-dire au bec. Ici ce n'est pas la pression
de sortie qui est constante, mais la quantité de gaz
qui afflue par l'ouverture dans la cloche de l'appareil et par suite la consommation de la flamme, que
l'orifice du bec soit juste aussi grand ou plus grand
que le trou de la cloche. On n'est donc pas dépendant, comme dans les régulateurs de pression décrits
plus haut, du bec qu'on place; on peut choisir un
bec quelconque, pourvu que son orifice soit plus
grand que le trou de la cloche. La cloche qui plonge
(fig. 197) dans la glycérine n'a pas de guidage infé-

rieur, mais seulement une pointe supérieure, qui
joue dans l'ouverture de la chandelle et qui ferme
cette ouverture à mesure que
la pression au-dessous de la
cloche augmente. Le diamètre
du trou dans la cloche donne
la mesure pour la consom-
mation de la flamme et ne
doit, pour des consommations
égales, être choisi un peu
différent qu'autant que le gaz
aurait une densité différènte,
parce que la quantité d'écoulement dépend aussi de la
densité du gaz.

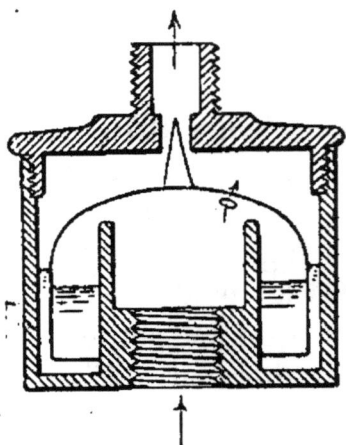

Fig. 197.

Le premier modèle s'emploie pour des becs à dépense invariable.

Au contraire, lorsqu'on a besoin d'avoir des dépenses différentes, on emploie le rhéomètre représenté figure 198, dont on ouvre plus ou moins le passage latéral au moyen de la vis E.

Le liquide employé est de l'huile d'amandes
douces si le bassin n'est pas étamé, ou la glycérine
pure quand le bassin est en alliage ou en cuivre
étamé.

Les numéros inscrits sur la capsule et sur le
bassin indiquent la dépense réelle en gaz du rhéomètre, mais pour le gaz de Paris dont la densité
= 0,38 environ.

RHÉOMÈTRE SEC

Les rhéomètres secs produisent les mêmes effets
que les rhéomètres humides. La figure 199 repré-

sente un type de ces appareils grandeur d'exécution.
Le petit modèle peut débiter depuis 80 litres jusqu'à
300 litres, le grand modèle de 400 à 1,800 litres à l'heure. On peut même établir des modèles débitant 25 mètres cubes à l'heure, leur diamètre est alors de 0ᵐ16.

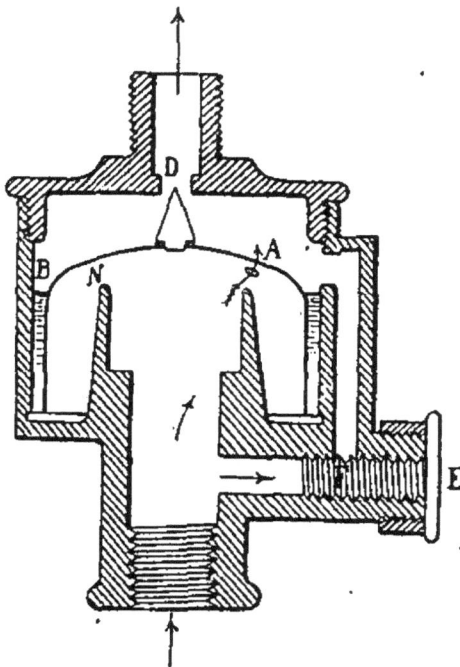

Fig. 198.

Les rhéomètres secs diffèrent, comme on le voit, des rhéomètres humides, en ce que le passage rhéométrique s'effectue par un orifice percé sur une capsule ; de là résulte l'infériorité de ces rhéomètres secs sur les rhéomètres humides, car il est difficile d'obtenir en fabrication, et sans tâtonnements, des vides annulaires ayant rigoureusement la section propre à effectuer exactement le débit voulu.

De plus, dans les petits rhéomètres, l'espace annulaire étant

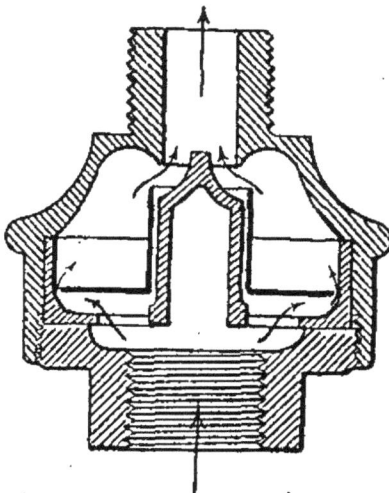

Fig. 199.

très petit, la moindre impureté du gaz peut compromettre la liberté du disque.

RÉGULATEUR PARCY-DERVAL

Le *régulateur Parcy-Derval* (fig. 200) est un régulateur humide dans lequel le gaz exerce sa pression sur un bain d'huile renfermé dans deux vases communiquants C P concentriques. Le vase intérieur contient un flotteur F sur lequel agit également la pression du gaz qu'on laisse pénétrer dans ce vase en donnant plus ou moins d'ouverture à l'orifice latéral O par lequel il pénètre.

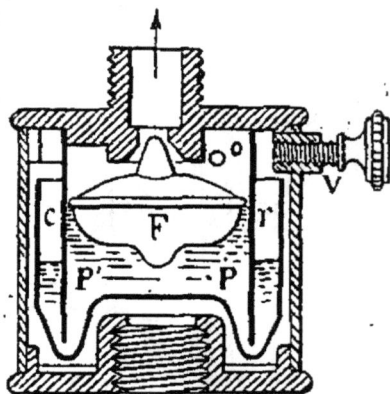

Fig. 200.

Le gaz s'échappe donc à la pression constante représentée par la différence du niveau du liquide dans les deux vases.

RÉGULATEUR BABLON

Le *régulateur Bablon* (fig. 201 et 202) est construit tout en laiton et recouvert après sa fabrication d'une couche galvanoplastique d'étain. La figure 201 représente la coupe du régulateur pour bec à air libre, la figure 202 montre l'appareil démonté et les pièces séparées. Le réglage de l'appareil, pour un débit déterminé, est établi par l'enfoncement convenable de la capsule de réglage H dans le bas du tube D, et si c'est nécessaire, par un orifice additionnel percé dans le piston P. Plus on enfonce la capsule H, plus on diminue le débit.

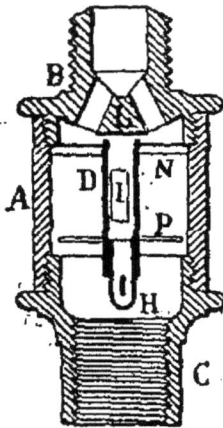

Fig. 201.

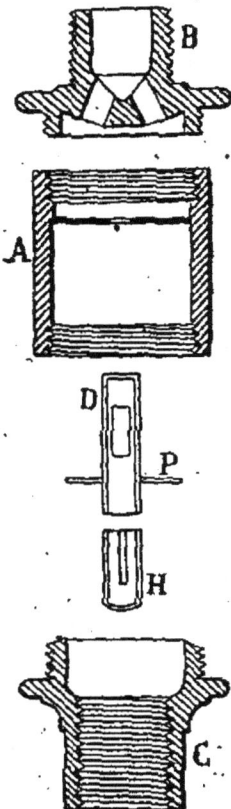

Fig 202.

Le bon fonctionnement de l'appareil demande qu'on y adapte un bec en stéatite et non en fer, ce dernier transmettant trop facilement la chaleur du bec au régulateur. Il résulte de cet échauffement une dilatation du gaz et des pièces du régulateur nuisible à la régularité du débit.

Pour les lampes à récupération, dont l'alimentation a presque toujours lieu par le haut, le courant arrive de haut en bas, contrairement à ce qui a lieu pour les autres becs.

Les régulateurs ordinaires ne sont donc pas applicables dans ce cas, à moins d'employer des dispositifs spéciaux consistant à faire descendre le gaz pour le faire remonter et redescendre ensuite à la lampe. On dispose alors le régulateur sur la colonne ascendante.

Mais ces dispositifs sont une complication. Aussi a-t-on cherché des régulateurs pouvant être utilisés sur une colonne descendante. Le régulateur Bablon renversé remplit ce but. La figure 203 donne la coupe verticale d'un régulateur Bablon, grandeur d'exécution, pour un débit de 200 litres à l'heure. La figure permet de se rendre compte facilement du fonctionnement de la vis latérale servant au réglage.

Les dispositifs employés par la Compagnie Wenham, pour les lampes suspendues, obvient à cet inconvénient, quelquefois reproché aux régulateurs renversés, que leurs pas de vis ne sont pas assez résistants pour supporter le poids de la lampe.

Le robinet obturateur (fig. 204) s'emploie toutes les fois que les

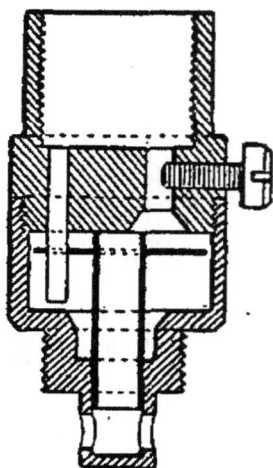

Fig. 203.

lampes sont desservies par une canalisation déjà réglée par un régulateur. Au-dessous du robinet se trouve une vis obturatrice avec laquelle on règle, une fois pour tout, le débit de gaz.

 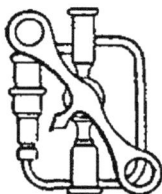 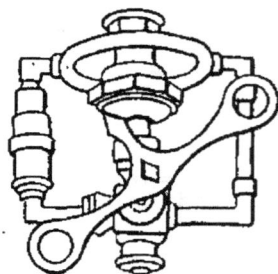

Fig. 204.   Fig. 205.   Fig. 206.

La sauterelle (fig. 205) permet l'emploi d'un régulateur ordinaire. Le robinet étant ouvert, le gaz passe dans la partie de droite, traverse le régulateur et redescend dans la partie de gauche pour revenir dans le tube central.

La lyre carrée, représentée par la figure 206, est

construite sur le même principe. Elle comporte une boule à rodage permettant à l'appareil d'osciller dans tous les sens. Elle se fait sur deux modèles ; celui représenté ici s'emploie partout où la hauteur du plafond est faible et ne permet pas l'emploi de l'autre modèle dont la hauteur est le double de celui-ci.

RHÉOMÈTRE A FERMETURE

Le *rhéomètre à fermeture*, système *Serment*, construit à Paris par la Compagnie pour la fabrication des compteurs, se compose d'un rhéomètre ordinaire

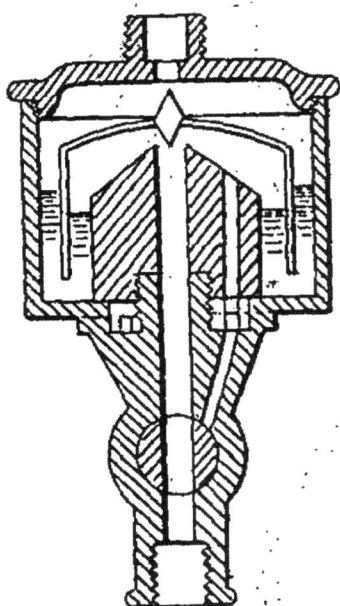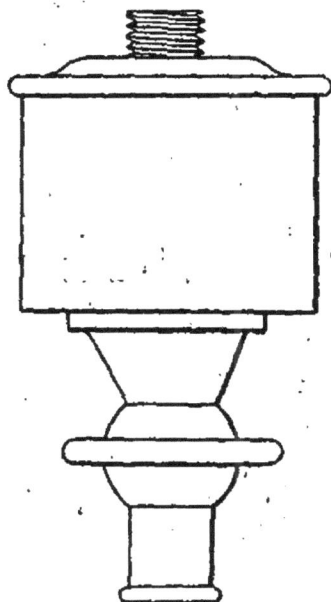

Fig. 207. Fig. 208.

à la glycérine et d'un robinet spécial (fig. 207) en coupe et en élévation (fig. 208).

On voit que la capsule porte une « goutte de suif » qui vient boucher l'orifice d'arrivée du gaz ; dès que celui-ci vient à manquer, la cloche retombe. Mais lorsque le gaz reviendra, la surface de la goutte de suif étant la seule sur laquelle il puisse agir, il en résultera que la cloche ne bougera pas et qu'il n'y aura pas de gaz au brûleur. Pour l'y faire arriver, il faut fermer puis ouvrir le robinet. Lorsqu'il sera dans la position représentée figure 208, le gaz arrivera par le conduit latéral jusque sous la cloche et la soulèvera.

RÉGULATEURS DE COURANT. — ANTIFLUCTUATEURS

Il nous reste à parler d'un autre genre de régulateurs construits spécialement pour atténuer et supprimer les fluctuations produites par les moteurs à gaz dans les canalisations qui les alimentent.

Ces appareils agissent concurremment avec les poches en caoutchouc, déjà employées dans ce but, et qui ne le remplissent qu'imparfaitement.

Un des premiers antifluctuateurs est celui imaginé par M. Schrabetz, ingénieur à Vienne (Autriche). Il se compose d'une cloche suspendue dans un réservoir sous laquelle se fait l'aspiration. La pression du gaz fait monter ou descendre la cloche qui, au moyen d'un dispositif spécial, commande le robinet d'arrivée du gaz. Le fonctionnement de cet appareil n'était pas satisfaisant et il fut abandonné.

On emploie actuellement, comme régulateurs de courant, trois types principaux d'appareils qui se disposent sur la canalisation un peu avant les poches en caoutchouc :

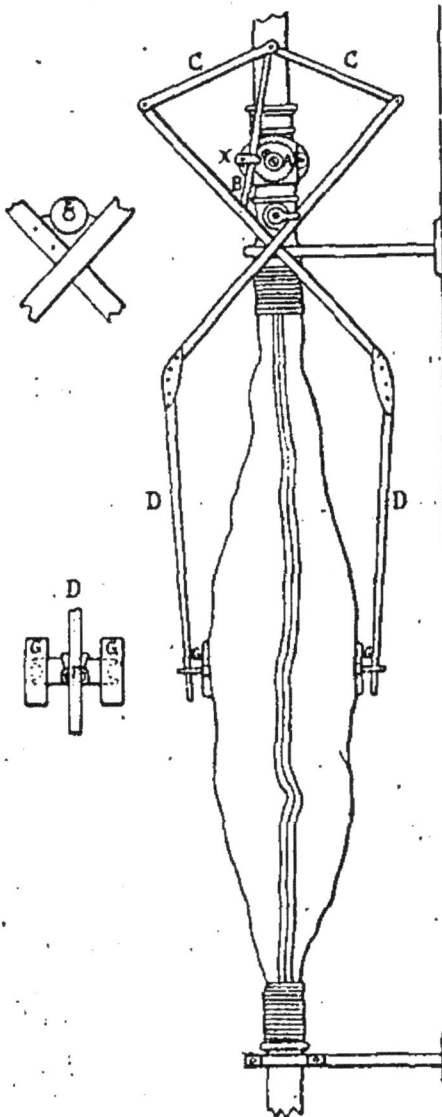

1º La soupápe de poche, construite par la maison Bizot et Akar, est un robinet spécial commandé par les mouvements de la cloche.

La figure 209 donne la vue de cet appareil.

Le papillon du robinet est commandé par une roue dentée A fixée sur son axe et actionnée par une crémaillère B mise en mouvement par un levier articulé C à deux branches D D'.

Les deux branches D et D' du levier sont réunies sur un pivot E et l'extrémité de chacune d'elles est engagée dans la bague F d'une agrafe G attachée de chaque côté de la poche.

Les deux branches suivent les mouvements de la poche dans son gonflement et son dégonflement. Elles font

Fig. 209.

manœuvrer alternativement le papillon pour ne donner au gaz qu'un passage suffisant.

D'autre part, les extrémités des branches du levier ont assez de jeu dans les agrafes pour laisser à la poche la palpitation nécessaire. Dans un autre ordre d'idées, cet appareil est basé sur le même principe que l'antifluctuateur Schrabetz ; seulement, ici, c'est la poche qui commande directement l'arrivée du gaz.

Cette soupape se fait pour moteur à gaz de 1/2 cheval à 20 chevaux.

La Compagnie Continentale des Compteurs à gaz construit deux modèles de régulateurs, l'un se disposant dans la poche même et l'autre en dehors de la poche.

Le premier modèle se compose d'une poche en caoutchouc et d'un régulateur à cône fonctionnant comme un régulateur d'émission ; le tout est enfermé dans une boîte en tôle plombée.

Dans le second modèle, le cône est suspendu, dans un tube traversant la poche dans toute sa hauteur, à une membrane qui suit les variations de la pression du gaz et que l'on charge à volonté pour régler l'appareil.

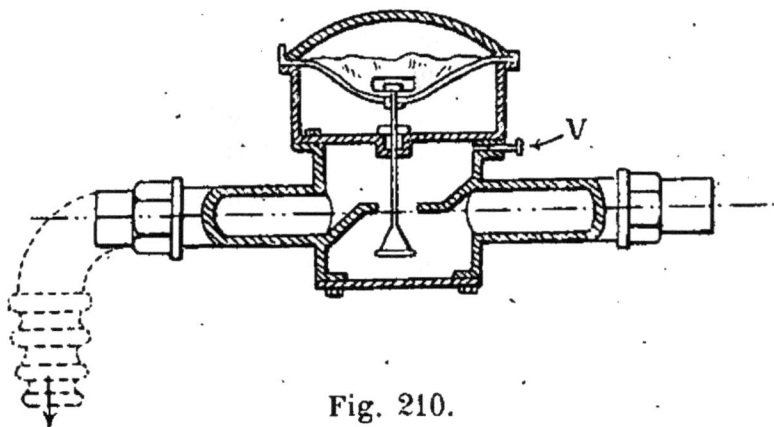

Fig. 210.

Le fonctionnement est facile à saisir par la figure 210, qui donne la coupe du modèle destiné à utiliser les poches existantes. On conçoit que, par ce seul fait de la présence du régulateur, les variations brusques de pression soient supprimées et que les variations ne se fassent sentir que dans la poche.

La membrane est logée dans une chambre qui ne communique avec la sortie que par un orifice pouvant être réduit à volonté au moyen de la vis micrométrique V. Cette disposition a pour effet de diminuer sur la membrane les effets des variations de pression.

RÉGULATEUR DE COURANT

La Compagnie Parisienne emploie aussi un régulateur de courant construit dans ses ateliers.

Il se compose, comme l'indique la figure 211, d'une boîte cylindrique creuse A avec une tubulure latérale C à la partie supérieure. La boîte est en deux parties vissées l'une sur l'autre. La partie inférieure renferme une soupape mobile très légère B, composée d'une plaque horizontale surmontée d'un tube B. Ce tube présente un évidement circulaire.

Le gaz, pénétrant dans l'appareil par sa base, agit sur la soupape, qui subit ainsi toutes les variations de la pression traduites par l'ascension ou la descente de la soupape dans la boîte.

Le tube vertical pénètre dans un autre tube fermé, fixé à la cloison séparative des deux parties de la boîte, et présentant également un ou plusieurs orifices circulaires D.

Le gaz, pénétrant par l'orifice E dans le tube B, monte dans ce tube et s'échappe par les vides D dans la tubulure de sortie C.

Les mouvements de la soupape ont pour effet de

fermer plus ou moins les orifices de sortie D, et la section de ces orifices est d'autant plus réduite que la pression est plus forte. En d'autres termes, les sections sont en raison inverse des pressions.

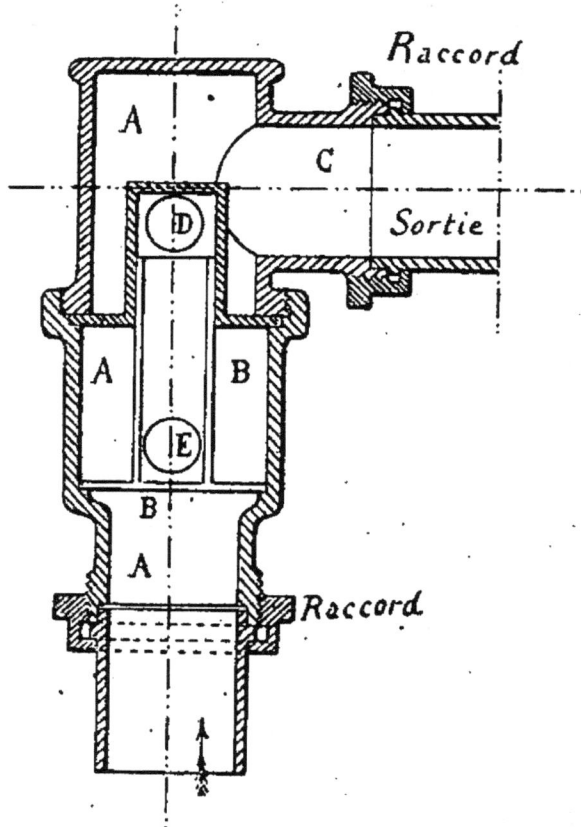

Fig. 211.

L'appareil se place sur le tuyau d'arrivée du gaz, s'installe facilement et ne demande ni entretien ni réglage. On fait des modèles pour moteur à gaz de 1 à 30 chevaux.

MANOMÈTRES ET INDICATEUR DE PRESSION

La pression ou la force élastique du gaz contenu dans un appareil fermé ou dans un tuyau se mesure

3.

avec un manomètre. Un simple tube recourbé en U (fig. 212), dans lequel on a mis de l'eau, fait un manomètre.

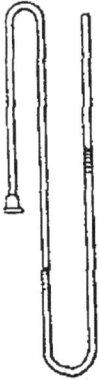

L'excès de la force élastique du gaz sur celle de l'air atmosphérique détermine une ascension du liquide dans la branche qui se trouve à droite, et la différence de niveau des deux surfaces de l'eau dans les deux branches fait connaître le nombre de millimètres de la pression en eau que l'on veut mesurer.

On sait que, quel que soit le diamètre ou la position de chacune des branches qui communiquent par leurs parties inférieures, la surface du liquide, si la pression est égale dans l'une ou l'autre branche, sera de niveau dans les deux branches, et que la pression sera aussi bien indiquée que si ces branches étaient égales et dans une position semblable. Ainsi (fig. 213), l'une des branches peut être verticale A,

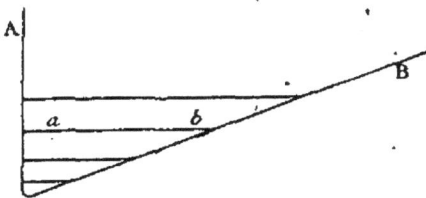

Fig. 212.

Fig. 213

et l'autre, d'un diamètre plus ou moins grand, peut être inclinée B sans que les surfaces a b cessent d'être au même niveau, à pressions égales. On utilise ce principe dans le manomètre amplificateur (fig. 214); l'une des branches est verticale, et l'autre (beaucoup plus longue), est inclinée ; les divisions qui sont faites sur la branche verticale correspondent aux divisions de la branche inclinée. Mais, naturellement, dans cette dernière, les divisions sont amplifiées de manière à permettre de les distinguer beaucoup plus facilement.

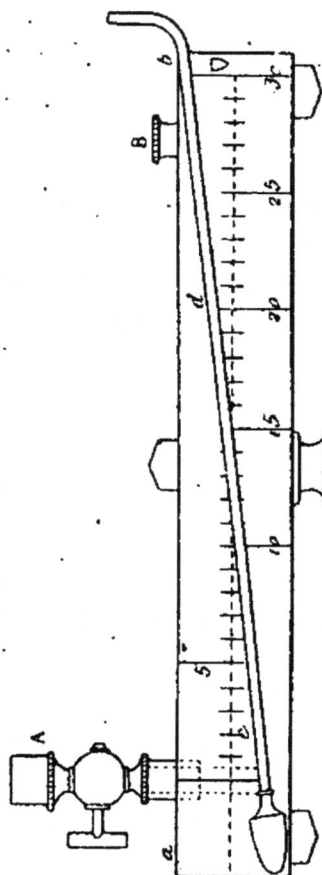

Fig. 214.

Fig. 215.

$$p' - p = dp = dH + dh.\,l.$$

Suivant l'inclinaison donnée au tube, on peut faire que les centimètres représentent des milli-mètres et les décimètres des centimètres seule-ment. Ce manomètre indique donc les plus petites variations avec une grande précision.

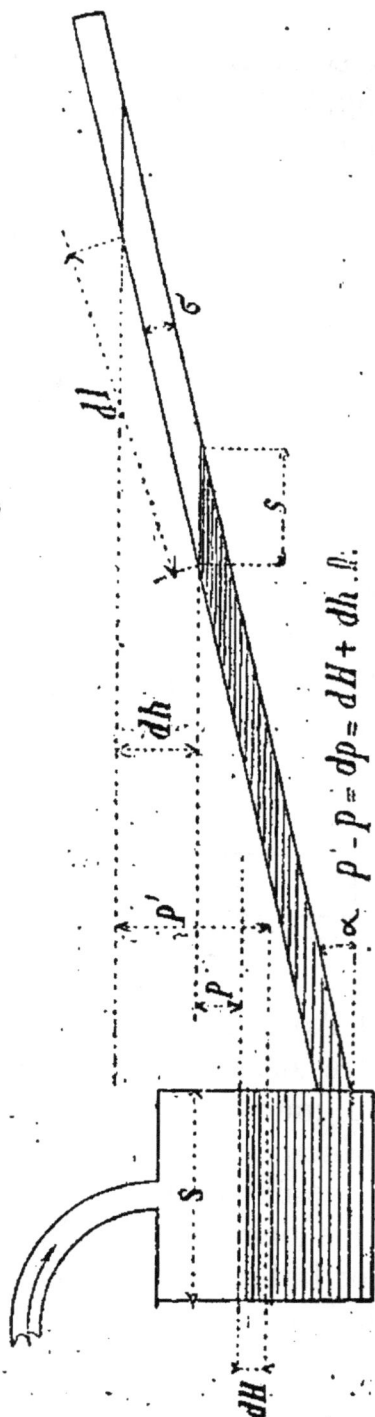

Description de la figure 214 :

A, tuyau d'entrée du gaz dans le manomètre ; B, vis pour l'introduction de l'eau ; C, vis pour l'écoulement de l'eau. La ligne $a\,b$ doit être bien horizontale ; le tube $c\,d$ est exactement incliné au dixième par rapport à $a\,b$, en sorte que les divisions en centimètres de l'échelle inclinée n'indiquent réellement que des millimètres pour une échelle qui serait verticale ; on admet que la section du réservoir est infinie par rapport à la section du tube, ce qui est sensiblement vrai.

Ce manomètre permet d'apprécier facilement des différences de $1/10^e$ de millimètre de pression.

Il est aisé de démontrer que la variation de niveau dans le réservoir n'empêche pas la proportionnalité entre le mouvement de l'eau dans le tube et la variation de pression (fig. 215).

En effet, soit :

S, la section horizontale du réservoir ;

s, la section horizontale du tube ;

dp, un accroissement de pression quelconque ;

dH, la variation de niveau dans le réservoir ;

dh, la variation verticale de niveau dans le tube ;

α, l'angle d'inclinaison du tube sur l'horizontale.

On a évidemment :

$$S\,dH = s\,dh \qquad (1)$$
$$dH + dh = dp \qquad (2)$$

On tire en éliminant dH :

$$dh = dp\,\frac{S}{S + s} \qquad (3)$$

Soit dl le mouvement le long du tube et, par conséquent, suivant la graduation de l'échelle ;

$$dl = \frac{dh}{\sin \alpha}$$

donc : $$dl = dp \frac{S}{(S + s) \sin \alpha} \qquad (4)$$

Si l'on veut exprimer ce mouvement en fonction de la section droite du tube, que nous appellerons σ, nous remarquerons que :

$$s = \frac{\sigma}{s \sin \alpha}$$

et l'équation (4) devient :

$$dl = dp \frac{S}{\sigma + s \sin \alpha}.$$

Il y a un grand nombre d'espèces de manomètres à deux tubes.

Le modèle à patère se dispose contre un mur ou sur les appareils (fig. 216).

Le manomètre de poche, dit d'inspecteur.

Les manomètres à châssis, de petites dimensions, sont surtout destinés au contrôle des pressions sur les becs.

Les robinets dont ils sont munis permettent, une fois fermés, de conserver la pression et de la lire facilement après l'expérience, ce qui est surtout avantageux pour les essais sur les becs publics.

Les manomètres à simple et double siphon (fig. 217) sont les plus simples, ils sont formés d'un seul tube de verre recourbé.

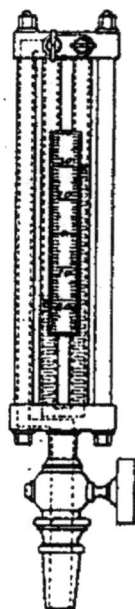

Fig. 216.

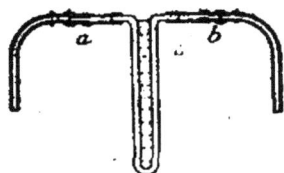

Fig. 217.

Le manomètre de précision porte deux aiguilles mobiles que l'on peut, au moyen de deux vis, fixer exactement au niveau de l'eau dans les deux branches, ce qui permet la lecture des indications avec une grande justesse.

Le manomètre à haute pression est surtout utile pour l'essai de l'étanchéité d'une conduite fermée ou d'un appareil ; on établit dans le tronçon de conduite ou dans l'appareil en question la pression maxima du manomètre au moyen d'une pompe de compression quelconque ; et l'on voit, par le maintien ou l'abaissement plus ou moins rapide de la colonne liquide, s'il y a des fuites et quelle est leur importance.

MANOMÈTRE A CADRAN

M. Scholefield a inventé un manomètre à cadran représenté en coupe verticale et en vue de face (fig. 218 et 219).

Sur le devant du soubassement carré se trouve un bouchon à vis pour l'air.

Un cadran à aiguille est divisé en dix parties égales représentant chacune 1 millimètre d'eau.

Les subdivisions permettent d'apprécier facilement les plus petites variations de pression.

On voit que l'appareil (fig. 219) consiste en deux cylindres concentriques A B. Le cylindre intérieur B est ouvert aux deux bouts.

Le bas ne touche pas le fond de l'enveloppe extérieure, afin que l'eau puisse aller et venir librement de l'un à l'autre vase, comme elle passe d'une branche à l'autre d'un manomètre en verre suivant la pression. Ici la pression du gaz s'exerce sur la sur-face du liquide con-tenu dans l'espace *cc* qui se trouve entre les deux vases, et fait remonter en pro-portion, le niveau de l'eau dans le vase in-térieur.

Dans le cylindre B se trouve un flotteur DD guidé dans ses mouvements par deux petits galets *ee* glis-sant sur deux points guides *ff* de métal soudés aux parois du cylindre.

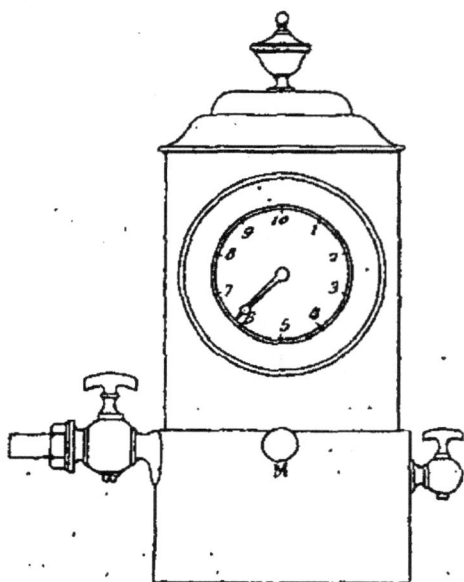

Fig. 218.

Ce flotteur porte une crémaillère G qui en-grène avec une roue dentée. Cette roue dentée H est portée par une traverse, ainsi qu'une pointe I qui, s'ajustant à frot-tement infiniment doux contre la partie lisse et évidée de la crémaillère, empêche celle-ci de dévier et de marcher sans

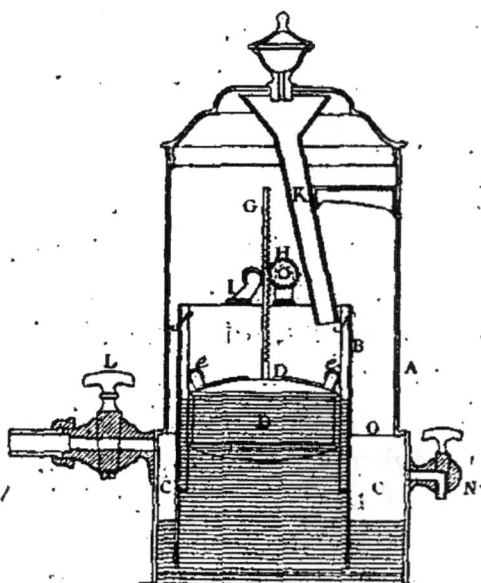

Fig. 219.

mettre en mouvement la roue dentée H. L'axe de
la roue dentée correspond au point central du
cadran extérieur. K. conduit terminé en entonnoir
pour l'introduction de l'eau. Le petit vase qui
surmonte l'appareil n'est qu'une espèce d'orne-
ment. Pour faire fonctionner l'appareil, on le prépare (le robinet d'arrivée du gaz étant fermé) en ouvrant le bouchon à vis M; puis, par le petit vase supérieur, on introduit la quantité voulue d'eau, ce
qui se voit à ce que, aucune pression autre que celle
de l'atmosphère ne s'exerçant dans l'appareil, l'aiguille marque 10.

Si l'aiguille dépasse ce chiffre, on ouvre le petit robinet de trop plein N, et on laisse couler assez d'eau
pour que l'aiguille soit ramenée juste à 10. Le manomètre ainsi préparé, on referme le robinet de trop
plein N, le bouchon à vis M et on ouvre le robinet d'arrivée du gaz L comme on le voit sur la fig. 219. Le
gaz a libre accès dans le compartiment C. Il ne peut
s'introduire dans la partie supérieure, la cloison hermétique O les séparant, il presse la surface de l'eau
en C et produit une élévation du niveau dans le cylindre B, et du flotteur.

Les ascensions du flotteur mettent en jeu la roue
dentée, dont l'axe qui porte une aiguille, suit tous les
mouvements, et cette aiguille marque la pression
sur le cadran. On peut amplifier les indications par
l'augmentation de diamètre du cadran. Un calcul
fort simple montre que bien qu'inégaux, si les sections sont elles-mêmes inégales, et en tous cas de
sens contraire, les mouvements de l'eau dans le cylindre intérieur et dans l'anneau cylindrique sont
toujours l'un et l'autre proportionnels aux varia-

tions de la pression ; les indications de l'aiguille varient donc aussi dans le même rapport.

Soient S la section horizontale du cylindre intérieur ; *d*H la variation du niveau dans ce cylindre, *s* la section de la couronne cylindrique, *dh* la variation de pression exprimée en millimètres d'eau, comme H et *dh*, on a :

$$dH = dp\ \frac{s}{S + s}$$

$$dh = dp\ \frac{S}{S + s}.$$

Si par exemple les sections sont égales, le mouvement du flotteur représentera la moitié de la variation de pression ; et si dans ces conditions le rayon de l'aiguille est dix fois celui du pignon denté, sa pointe donnera pour la pression des indications amplifiées dans le rapport de 1 à 5.

Avec un manomètre à grand cadran l'amplification est suffisante pour que les indications puissent être lues à grande distance, et le relevé des pressions en est singulièrement facilité.

Placé dans la salle d'émission et relié à la conduite de sortie, ce manomètre permet à l'employé de régler sa pression sans quitter la cloche du régulateur, ou le volant de la vanne régulatrice et évite ainsi bien des hésitations. Ces manomètres se font en plusieurs modèles et donnent les pressions, les uns jusqu'à 108 millimètres, les autres 150 et même 250 millimètres.

MANOMÈTRE ELSTER

Un autre indicateur de pression très sensible est celui d'Elster. Il se compose (fig. 220) de deux réservoirs, dans l'un desquels se trouve un flotteur creux en fer blanc, de la forme d'un demi-cylindre, et dont l'axe

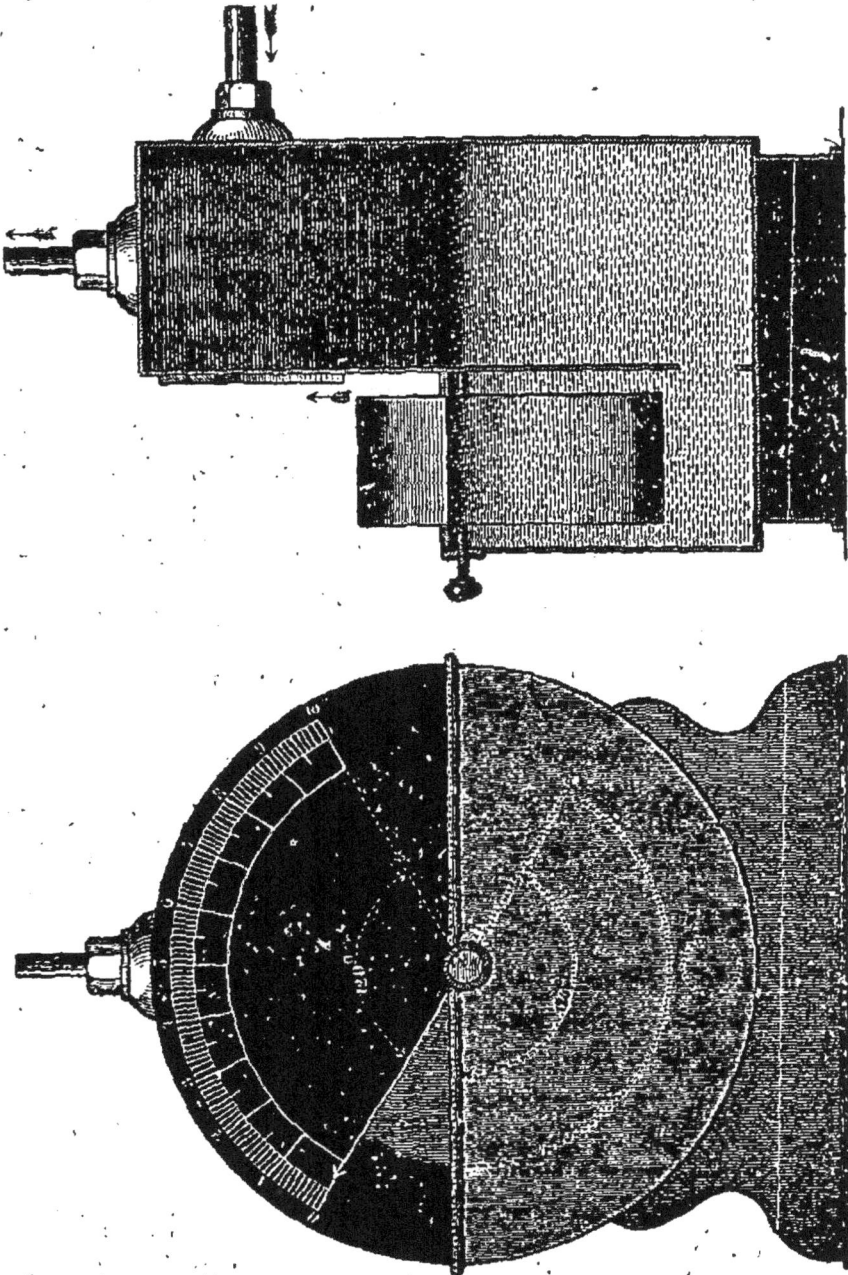

Fig. 220.

d'oscillation se trouve au niveau de l'eau. Le cylindre est construit en fer blanc et de manière à former un corps homogène d'un poids spécifique de 0,5. Sous cette condition il a la propriété de maintenir comme plongeur le niveau d'eau constant, lorsque la quantité d'eau varie dans certaines limites. Comme le niveau passe par l'axe, alors, en cas d'arrivée plus forte de l'eau, c'est-à-dire lorsque par la pression du gaz dans le vase postérieur une partie de l'eau est poussée hors de ce dernier dans le vase antérieur et au-dessus de celui-ci, une plus grande partie du flotteur sort de l'eau; lorsque l'eau s'abaisse, il s'enfonce davantage, tandis que le niveau reste toujours le même. L'eau peut varier du volume du flotteur sans qu'un changement de niveau se produise.

Soit C B B' A (fig. 221) le flotteur relativement à sa projection sur le plan vertical perpendiculaire à l'axe, sa surface latérale rectangulaire serait alors inclinée sous un angle quelconque par rapport à l'horizon.

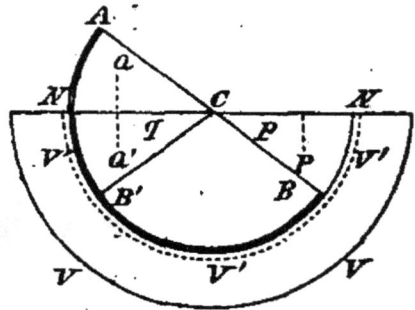

Fig. 221.

Soit V le vase qui l'entoure, empli jusqu'au niveau N qui passe par l'axe. Supposons maintenant que par la disposition indiquée il y ait équilibre, celui-ci ne sera pas troublé. En entourant le flotteur, le niveau restant le même, avec l'étroite boîte cylindrique V' qui doit le contenir. Comme on peut se figurer cette boîte cylindrique située infiniment proche du flotteur, on voit que la condition d'équilibre est que le flotteur soit équilibré par le secteur du cylindre BCN —

secteur composé d'eau. On peut en supposer la masse
concentrée dans son centre de gravité P. Si maintenant par l'axe C on tire un plan C'B qui forme, avec
le plan vertical le même angle que CB, le secteur
BCB' se trouvera par lui-même en équilibre, et le
secteur d'eau P n'a donc besoin que de faire équilibre au secteur ACB' (deux fois aussi grand que lui)
du flotteur.

Qu'on se figure maintenant ce secteur décomposé
par le plan horizontal CN en deux secteurs égaux
avec les masses Q et Q' ou Q = Q', alors on verra
qu'il y a équilibre quand P = 2Q. Et comme cette
condition est remplie chaque fois que le flotteur se
comporte comme un corps homogène du poids spécifique de 0.5, il se trouvera toujours en équilibre
chaque fois que le niveau d'eau passera par l'axe.
Si l'on désigne par w le volume de la quantité minima d'eau que le vase doit contenir, afin que cette
dernière condition soit remplie, alors en général le
volume du flotteur qui sort du liquide sera $W = w$,
si l'on désigne par W le volume total d'eau contenue
dans le vase. On ne mesure donc d'abord avec l'instrument d'Elster que les quantités d'eau qui sortent
du vase de derrière pour entrer dans celui de devant, et comme les parois latérales dans le milieu
du vase, en tant qu'elles sont touchées par les variations de niveau, doivent être considérées comme
verticales, il sert ainsi comme indicateur de pression,
dont la sensibilité peut être augmentée à volonté par
l'agrandissement de la section du réservoir.

INDICATEUR AUTOMATIQUE DE PRESSION

L'indicateur de pression est le complément indispensable du régulateur d'émission. Si ce dernier permet au directeur d'usine de modifier à son gré la pression de sortie et de la maintenir constante pendant le temps qu'il juge nécessaire, il ne lui indique pas quel résultat produit en ville, à un moment donné, la première qu'il a jugé convenable à l'usine. De là la nécessité d'établir à l'usine et généralement en un ou plusieurs points du réseau, un appareil qui enregistre à chaque instant la pression.

Tel est le rôle de l'indicateur de pression. Ce n'est que par une comparaison attentive des pressions simultanément observées à l'émission et aux principaux centres de consommation, par un rapprochement de ces pressions et de la dépense aux heures correspondantes, enfin par l'observation minutieuse des habitudes des consommateurs que l'on arrive à être approximativement fixé, pour un jour déterminé, sur les pressions qu'il faut successivement donner à l'émission aux différentes heures de la journée.

La figure 222 représente un indicateur pouvant marquer 120 millimètres de pression. Le

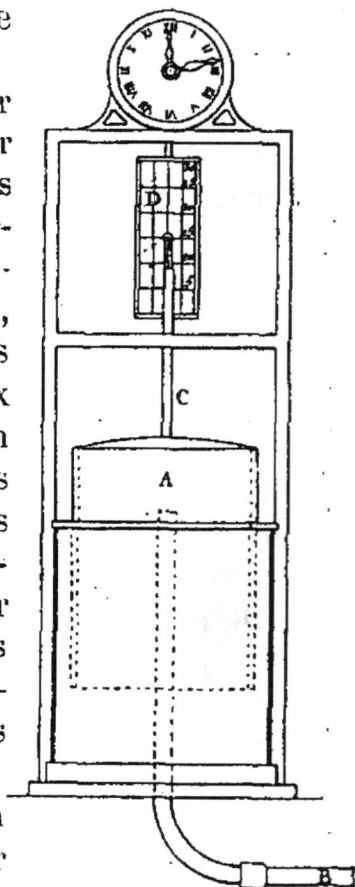

Fig. 222.

gaz arrive sous une cloche qui plonge dans une cuve pleine d'eau, et qui est construite de façon que toute variation de pression se traduise en un mouvement ascendant ou descendant proportionnel à l'accroissement ou à la diminution de pression. Sur la calotte de la cloche est fixée une tige verticale qui porte à son extrémité supérieure un crayon placé horizontalement et pressé légèrement par un ressort contre une feuille de papier enroulée sur un cylindre vertical : une petite vis permet de régler cette pression. Une horloge communique au cylindre un mouvement de rotation tel qu'il fait un tour entier en vingt-quatre heures. Cette communication est obtenue au moyen d'une petite douille munie de deux vis de serrage, dans laquelle s'engagent à la fois le tourillon supérieur du cylindre et le bout de l'arbre de commande de l'horloge.

Le papier étant divisé en vingt-quatre parties égales par autant de lignes verticales numérotées comme les heures, on conçoit qu'au bout de chaque heure une nouvelle ligne passe devant le crayon, et la trace qu'il laisse sur elle indiquera ultérieurement la position qu'il occupait dans sa course à l'heure indiquée sur la ligne.

Dans le sens de la hauteur, la feuille de papier est aussi divisée en un certain nombre de parties par des lignes horizontales équidistantes et dont l'écartement représente ordinairement l'élévation de la cloche pour une augmentation de pression de 2 millimètres. Ces nouvelles lignes sont numérotées de 2 en 2 millimètres à partir de la ligne qui correspond à la hauteur du crayon quand la pression manométrique sous la cloche est nulle.

Nous avons admis au début de cette description que grâce à la disposition de la cloche, les mouvements ascendants et descendants du crayon étaient proportionnels aux variations de la pression dans l'un ou l'autre sens ; nous ajouterons que, pour la même cause, le niveau extérieur de l'eau reste constant, malgré ces variations. La démonstration de ces faits sera donnée ultérieurement.

La cloche, outre sa paroi cylindrique extérieure, en porte une seconde concentrique à la première et de diamètre moindre régnant comme elle sur toute la hauteur et constituant, grâce au fond horizontal qui la termine, un véritable flotteur. Le gaz pénètre dans la cloche par un tuyau coudé qui traverse le fond de la cuve et s'élève verticalement jusqu'au-dessus du niveau de l'eau.

Un robinet placé sur le tuyau qui relie l'appareil à la conduite, permet de supprimer l'arrivée du gaz : un tube communiquant avec le tuyau intérieur, et fermé par un bouchon à vis, donne au besoin accès à l'air sous la cloche, lorsqu'on veut y établir la pression atmosphérique et sert en même temps de siphon ; enfin, une vis de niveau, placée latéralement sur la paroi de la cuve, sert à régler l'appareil en y introduisant la quantité d'eau nécessaire.

Le poids de la partie mobile de l'appareil, combiné avec les dimensions du flotteur et la section de la cloche, est tel que cette dernière est en équilibre dans la position la plus basse de sa course, lorsque l'intérieur est à la pression atmosphérique ; dans ces conditions le niveau est évidemment le même à l'intérieur et à l'extérieur de la cloche, et le crayon est sur la ligne horizontale zéro, au droit de la ligne verticale qui indique l'heure du moment. Si l'on introduit alors le gaz sous la cloche, l'équilibre est rompu, et pour qu'il se rétablisse, il faut que la cloche s'élève jusqu'à ce que l'augmentation de poids produite par son émersion contrebalance l'accroissement de poussée de bas en haut dû à la pression du gaz.

En ce qui concerne le déplacement de l'eau, deux effets tendent à se produire :

1° L'émersion d'une partie du flotteur tend à abaisser l'eau à l'intérieur et à l'extérieur de la cloche ;

2° L'augmentation de la pression sous la cloche tend à abaisser l'eau à l'intérieur et à l'élever à l'extérieur dans le rapport inverse des sections.

On voit que, pour le niveau extérieur, les deux effets sont de sens contraire, un calcul fort simple montre qu'ils sont de valeur égale et que le niveau extérieur reste constant (suivant la construction de l'appareil).

La variation de niveau due à l'augmentation de pression et à l'émersion se fait donc sentir uniquement à l'intérieur de la cloche, ou les deux effets s'ajoutent, et elle est, par conséquent, égale à la variation de pression elle-même mesurée au manomètre.

Quant au mouvement de la cloche, tout accroissement de pression se traduit en un effort de bas en haut que représente le produit de cet accroissement par la section intérieure de la cloche ; toute élévation du flotteur donne lieu au contraire à une augmentation de poids de la cloche égale au produit de cette élévation par la section du flotteur. Pour que l'équilibre se rétablisse, il faut que ces deux produits soient de même valeur. Les mouvements de la cloche et les accroissements de pression sont donc toujours dans un rapport constant, celui de la section intérieure de la cloche à la section du flotteur. En d'autres termes, si la section intérieure est double par exemple de celle du flotteur, 1 millimètre d'augmentation de pression produira sur la cloche une élévation de 2 millimètres.

Pour mettre l'appareil en service, après l'avoir installé sur un socle de niveau, et relié à la conduite dont on veut connaître les pressions, on enlève le bouchon d'introduction de l'eau, le bouchon de niveau d'eau et le bouchon du siphon. On verse de l'eau dans la cuve jusqu'à hauteur du niveau, on visse les deux premiers bouchons.

On met en place le cylindre muni de sa feuille

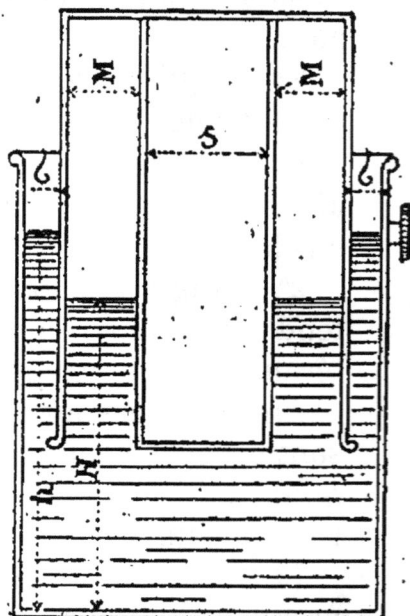

Fig. 223.

de papier, la ligne zéro correspondant à la pointe du crayon, et l'on amène devant lui la ligne des heures correspondant à l'instant où se fait l'opération ; on fixe le cylindre, et on le rend solidaire de l'horloge au moyen de la petite douille supérieure. On règle la pression du crayon ; on remet le bouchon du siphon, on ouvre le robinet du gaz : la cloche s'élève et l'appareil fonctionne.

On change tous les jours la feuille de papier.

Calcul relatif à cet indicateur

Soient (fig. 223) :

Σ la section annulaire des deux cylindres ;

S   —   du flotteur ;

σ —   annulaire entre la cloche et la cuve ;

dp un accroissement quelconque de pression ;

dv la portion du flotteur émergée correspondante ;

dh la variation supposée du niveau sur la section σ ;

dH la variation supposée du niveau sur la section Σ.

Considérons d'abord l'action de l'émersion seule ; la pression restant constante sous la cloche, le niveau de l'eau sera abaissé à l'extérieur et à l'intérieur de la même quantité ; l'abaissement sera de :

$$(1) \qquad dh = dH = \frac{dV}{\Sigma + \sigma}$$

L'effet de l'augmentation de pression est de remonter le niveau extérieur et d'abaisser le niveau intérieur dans le rapport inverse des sections ; on aura donc pour l'élévation du niveau extérieur :

$$(2) \qquad d'h = dp \, \frac{\Sigma}{\Sigma + \sigma}$$

Et pour l'intérieur un abaissement de :

$$(3) \qquad dH = dp \, \frac{\sigma}{\Sigma + \sigma}$$

Si on observe que :

$dp\,\Sigma$ est l'augmentation de poussée de bas en haut et qu'elle est équilibrée par la portion dV émergée, on a $dV = dp\,\Sigma$, et l'équation (2) devient :

$$d'h = \frac{dV}{\Sigma + \sigma} = dh$$

On a également :

$$dH + d'H = \frac{dp\ \Sigma}{\Sigma + \sigma} + \frac{dp\ \sigma}{\Sigma + \sigma} = dp$$

Donc l'effet de l'accroissement de pression se fait uniquement sentir sur le niveau intérieur de la cloche.

Soit maintenant dz, l'élévation de la cloche correspondante à l'augmentation de pression dp on a $sdz = dV$; l'équilibre du mouvement peut s'écrire :

$$\Sigma\ dp = sdz, \qquad \text{d'où} \quad dz = dp\ \frac{\Sigma}{s}$$

Donc les mouvements de la cloche sont proportionnels aux variations de pression.

INDICATEUR DE VIDE ET DE PRESSION

On construit des indicateurs fondés sur le même principe, pour enregistrer la marche des extracteurs. Ils diffèrent du précédent par le lestage de la cloche, combiné de telle façon que le crayon se trouve à moitié de la hauteur de la feuille de papier lorsque la pression manométrique est nulle.

On fait également de petits indicateurs de pression portatif, modèle réduit de celui indiqué plus haut.

On leur donne quelquefois d'autres formes. On construit un appareil fondé sur le même principe que les précédents, il n'en diffère que par la manière dont sont inscrites les indications et par les dimensions beaucoup plus restreintes.

Le mouvement d'horlogerie ne porte pas de cadran. Il reçoit un disque de papier auquel il fait faire un tour en 24 heures. Les pressions sont mesurées par l'écartement de lignes circulaires concentriques ; les heures par l'écartement angulaire des rayons.

Les appareils précédents peuvent être disposés pour servir d'avertisseur d'alarme de pression, il suffit de disposer, aux deux limites des pressions entre lesquelles on doit se tenir, des contacts qui font sonner une sonnerie électrique à ces moments-là. On a fait aussi des appareils dans lesquels l'élévation de la pression au-dessus d'une certaine limite, détermine l'élévation d'un flotteur qui produit le déclanchement d'une pièce actionnant un timbre mû par un contre-poids (Heeren).

On établit un contact électrique entre deux pièces, et on fait sonner un timbre (Evans).

MM. Coindet et Giroud ont établi des appareils dont il a été parlé au chapitre des régulateurs d'émission.

CHAPITRE XIII

ROBINETS ET VALVES

Pour l'entrée et la sortie des divers appareils on a besoin de robinets, de valves ou de vannes.

Les uns opèrent la fermeture au moyen de plaques de métal dressées glissant l'une sur l'autre, les autres par l'emploi de l'eau ou d'un autre liquide.

Les robinets en métal proprement dits ont ordinairement un boisseau conique (fig. 224 et 225) perpendiculaire à l'axe du tuyau à fermer et dans lequel se meut une clé, percée d'un canal de même diamètre que le tuyau. Ils ne s'exécutent généralement qu'en

petites dimensions, et s'emploient rarement pour
des tuyaux d'un diamètre supérieur à 10 centimètres.
Ils servent surtout pour les branchements d'abonnés
et sont enfermés dans des boîtes en fonte.

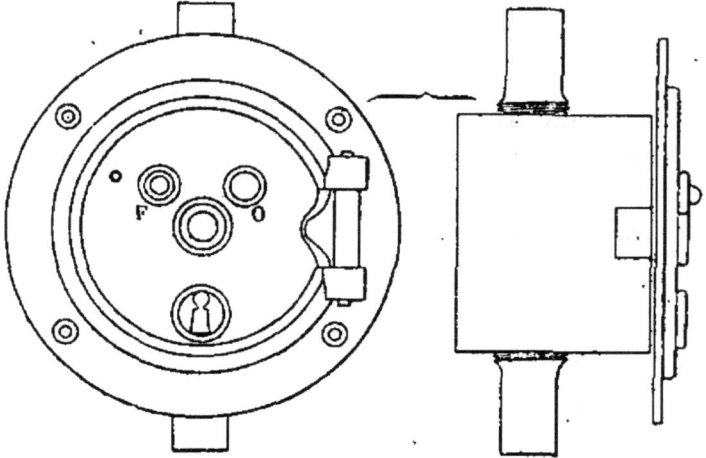

Fig. 224.

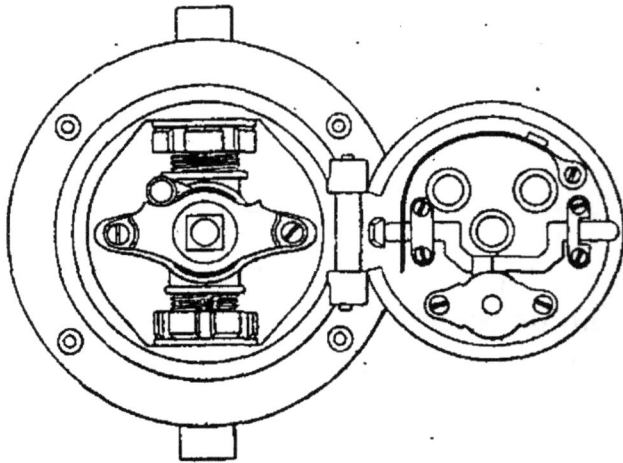

Fig. 225.

Ertel, à Munich, construit cependant un genre de
robinet pour des tuyaux de diamètre allant jusqu'à
40 centimètres. Le boisseau ou chambre du robinet

4.

est formé par un cylindre parfaitement alésé, qui est
venu de fonte avec les tuyaux d'entrée et de sortie.
Le fond en est fermé et muni à son centre d'une crapaudine destinée à recevoir l'extrémité de l'axe de la
clé ; l'ouverture supérieure est fermée après coup par
un couvercle maintenu par des vis.

L'obturation de la communication entre l'entrée et
la sortie a lieu au moyen d'une plaque de cuivre
courbée en forme de cylindre, dont la surface extérieure correspond exactement à celle du boisseau et
qui est de grandeur suffisante pour bien couvrir
l'orifice à barrer. Dans l'axe du robinet se trouve un
tourillon mobile qui porte deux plaques servant à
conduire l'obturateur; l'une de ces plaques se trouve
en haut sous le couvercle, et l'autre en bas près du
fond. Un ressort, situé derrière l'obturateur, applique
ce dernier fortement contre la chambre du robinet.

VALVES A VIS DESCENDANTE

La fermeture est obtenue (figures **226** et **227**), au
moyen d'une plaque fortement appliquée contre le
bord saillant d'un tuyau ; on introduit quelquefois
dans la plaque un anneau de plomb pour avoir une
meilleure fermeture, mais ils ferment aussi bien sans
cet anneau.

VANNE A PLATEAU

Elle consiste en des valves glissantes (fig. **228,
229, 230**), dans lesquelles une plaque de métal située
sur le siège de soupape, glisse d'un côté à l'autre. Le
mouvement de la plaque glissante à lieu la plupart
du temps au moyen de tiges à écrou et à vis, ou par
pignon et crémaillère.

On fait des vannes à une seule plaque. La plaque
et la chambre ont des bords et des rails saillants, qui
sont exactement dressés l'un sur l'autre. Le dos de la

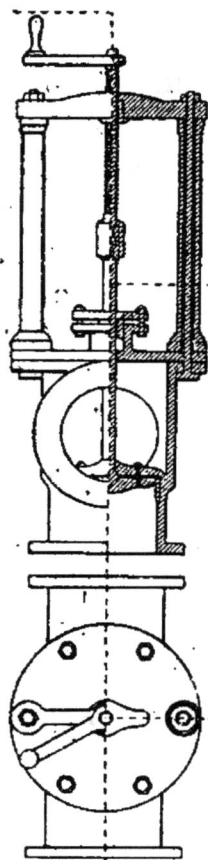

Fig. 226.

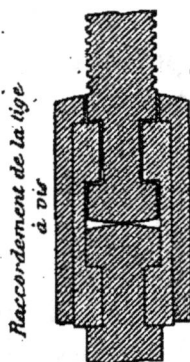

Raccordement de la tige à vis

Fig. 227.

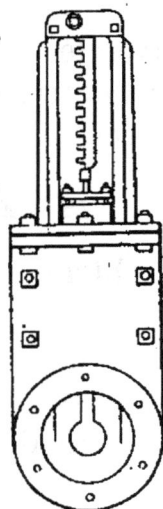

Fig. 228.

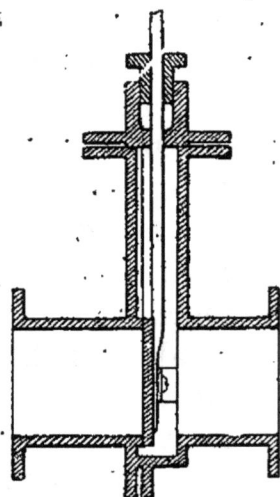

Fig. 229.

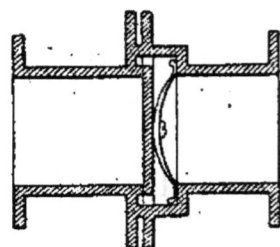

Fig. 230.

palette porte deux écrous au travers desquels passe
une vis, qui sort du couvercle de la chambre à travers une boîte à étoupes, et dont le mouvement soit
à droite, soit à gauche, fait monter ou descendre la
plaque. Pour presser la plaque contre le siège, on
emploie des ressorts placés derrière elle, ou des cales

qui pressent la plaque lors de la fermeture. La fermeture unilatérale ne donne pas toujours une étanchéité absolue, par suite du fonctionnement incertain des ressorts.

On emploie souvent des vannes à deux plateaux,
on fait également les plaques en forme de coin ou de
cale qui s'applique sur des cercles d'étanchéité. Pour
éviter également la déformation des tiges résultant
de la difficulté du glissement venant de dépôts de
goudron sur les sièges, on place la tige filetée dans
la chambre et on fixe l'écrou à la plaque de soupape.

Dans la vanne glissante de Donkins, on emploie
des crémaillères intérieures. La crémaillère se trouve
au dos de la plaque, et la tige sur laquelle est fixée
le pignon d'engrenage, sort horizontalement dans
une enveloppe spéciale à travers un stuffing-box.

L'ascension ou la descente de la plaque s'effectue au
moyen d'une clé que l'on adapte sur la tête carrée de la
tige, soit au moyen d'une manivelle, ou de préférence
au moyen d'une roue à main. Souvent aussi l'appareil est relié avec un indicateur qui permet de reconnaître de l'extérieur la position du disque de la valve
(comme on l'a vu pour les vannes d'émission).

Dans l'*indicateur de Walker* employé pour les vannes d'émission, la position de la palette même est
présentée sous une forme sensible, à une petite
échelle, par un disque qui se meut au dessus d'une
ouverture circulaire ; en même temps que ce disque,
se meut un double index qui indique sur l'échelle de
gauche la section de l'ouverture de la valve, et sur
l'échelle de droite, le diamètre du tuyau dont la section correspond à l'ouverture de la valve. Deux manomètres y sont adaptés, dont l'un indique la pres

sion dans l'usine, et l'autre celle dans la conduite de ville (fig. 231).

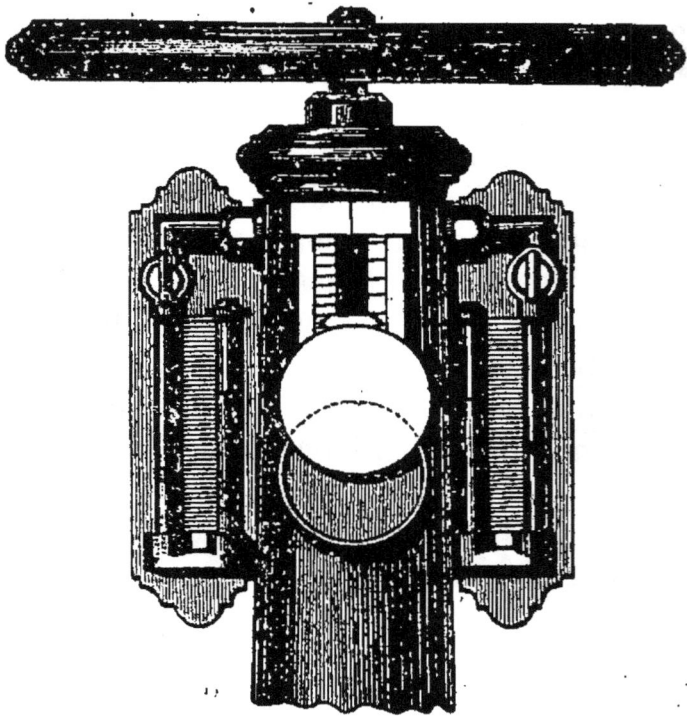

Fig. 231.

VANNES HYDRAULIQUES

. La *vanne hydraulique simple* se compose d'une chambre cylindrique en fonte sur le fond de laquelle repose une cuvette dont le bord s'élève presque jusqu'au bord inférieur d'un tuyau adapté sur le côté en haut à droite. Ce tuyau peut être enveloppé par la cloche dite de fermeture, qui est fixée à une tige passant par une boîte à étoupe placée au centre du couvercle de la chambre. La partie supérieure de cette tige est filetée sur une longueur suffisante; ou porte une crémaillère pour pouvoir lever la cuvette au-dessus

du tuyau, et passe par un écrou qu'on tourne au
moyen d'une roue à main. La chambre de la valve
porte souvent, à sa partie supérieure, un trou

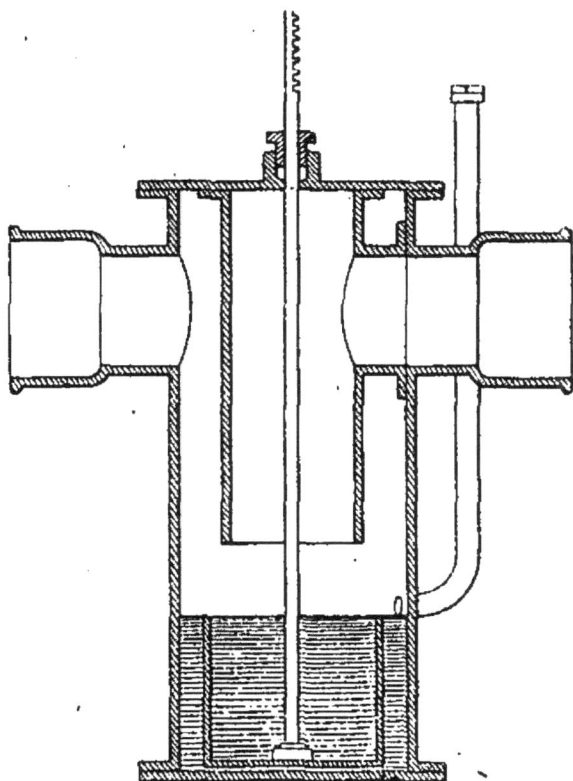

Fig. 232.

d'homme, par lequel on peut visiter l'intérieur.
Dans le montage de cet appareil, on se conserve
la possibilité de visiter la boîte à étoupe : dans la
tige est fixée un indicateur de position de la cuvette,
qui se déplace devant une échelle graduée *ad hoc*.
Il y a d'autres dispositions qui se comprennent facilement sur la fig. 232.

VALVE HYDRAULIQUE JOUANNE

Elle se compose d'une pièce cylindrique en fonte, partagée par une cloison verticale qui ne descend pas jusqu'au fond. La pièce cylindrique plonge dans une cuvette remplie d'eau, et mobile, qui peut être manœuvrée au moyen d'un levier auquel elle est suspendue par une anse extérieure et une chaîne.

Lorsque la cuvette est descendue à sa limite inférieure, l'eau qu'elle contient bouche la partie inférieure de la pièce et empêche le gaz de s'échapper au dehors, mais la cloison étant hors de l'eau le gaz peut passer librement. Si l'on remonte la cuvette, la cloison se trouve noyée et le gaz ne peut plus passer.

SIPHON DE VILLE

Ce sont des appareils destinés à recueillir et à évacuer au dehors des conduites les produits de la condensation du gaz.

Il y a de nombreuses dispositions pour cela.

Quelquefois l'appareil se compose d'une simple tubulure verticale d'environ 50 à 60 millimètres, plongeant dans une cuvette en maçonnerie ou en fonte. Cette cuvette est remplie d'eau ou de goudron et le trop plein s'échappe dans une conduite aboutissant à la citerne aux goudrons.

Dans les usines on met des siphons à tous les appareils, et en de nombreux points de la canalisation, on leur donne des formes analogues aux siphons des barillets, mais on les fait souvent avec un simple tuyau de plomb recourbé.

Pour les conduites de villes on emploie (siphon de ville) une disposition différente.

Le siphon se compose d'un réservoir cylindrique en fonte, avec deux tubulures à emboîtement près du bord supérieur, et fermé en haut par un couvercle à brides en fonte.

Par le couvercle et dans un renforcement en forme d'emboîtement où il a été coulé du plomb, passe un tuyau échancré en bas qui descend jusqu'au fond du réservoir et de l'autre côté arrive jusqu'au sol de la rue, et par lequel on peut pomper les condensations qui se sont réunies en bas. On donne à ce tuyau un diamètre de 50 millimètres, de sorte qu'il ne sert, à proprement parler, que de fourreau pour le tuyau en fer forgé, qu'on visse à la pompe même et que l'on introduit dans le siphon.

La fermeture du tuyau du siphon au niveau du sol consiste ordinairement en un court tuyau, de même diamètre que celui du siphon et scellé au plomb dans l'emboîtement de ce dernier; il est muni à sa partie supérieure d'un pas de vis extérieur. Sur ce pas de vis on vient visser un couvercle en fonte portant deux poignées extérieures : un disque de cuir assure la fermeture hermétique. Un deuxième tuyau passe par le couvercle du siphon mais ne va pas tout à fait jusqu'au bord inférieur des tubulures latérales ; il est relié par le haut à la lanterne publique la plus voisine. Lorsque le liquide monte trop haut dans le siphon et rentre dans les tuyaux, l'embouchure inférieure du tuyau de sûreté est fermée et la lanterne-signal s'éteint. L'échancrure du tuyau n'est pas obtuse, mais inclinée en biais afin que l'extinction de la lanterne n'ait pas lieu brusquement, mais s'annonce auparavant par un vacillement de la flamme. Les siphons sont enfermés dans des regards en

maçonnerie dont les parois s'élèvent jusqu'au pavé
de la rue et qui sont fermés en haut par une plaque
de fonte.

Il y a des dispositions variées de cet appareil
(fig. 233 et 234). Il est utile de visiter et de pomper
régulièrement les siphons, à des époques
plus ou moins éloignées en rapport avec

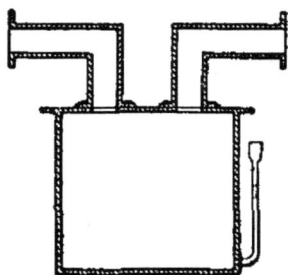
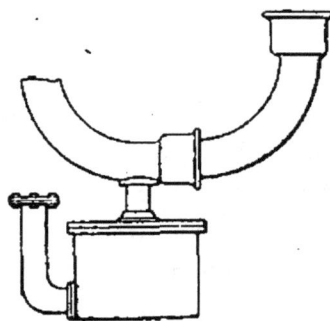

Fig. 233.   Fig. 234.   Fig. 235.

leurs distances à l'usine, les plus près donnant beaucoup par suite de la condensation de l'eau du gaz
qui sort saturé des gazomètres à la température extérieure, et dont la température du sol abaisse la
tension de condensation. La figure 235 représente la
pompe employée à cet usage.

Au début de l'industrie du gaz on a employé pour
les conduites de gaz, des tuyaux en terre cuite ou
en bois goudronné. Les nombreuses fuites qu'ils donnaient, les uns par leur fragilité, les autres par leur
porosité, les ont fait abandonner malgré leur bas
prix.

Aujourd'hui on ne se sert plus que de tuyaux en
fonte, ou de tuyaux en tôle bitumée dits tuyaux Chameroy, du nom de leur inventeur.

TUYAUX EN FONTE

On est arrivé à faire très bien ces tuyaux et en grande longueur. En France, on emploie les fontes de l'Est, bien qu'une teneur un peu élevée en phosphore les rende un peu cassantes. On les fabrique généralement avec de la fonte de seconde fusion. Ils sont fondus debout, on obtient ainsi des tuyaux de plus grande longueur et plus homogènes. Après fabrication, on les essaye avec de l'air dans une cuve d'eau sous une pression de deux atmosphères, pour vérifier leur étanchéité. Ces tuyaux sont goudronnés à chaud avant leur emploi, pour les préserver de la rouille ; cette opération est faite dans les fonderies.

Les tuyaux les plus employés sont à emboîtement, c'est-à-dire des tuyaux qui sont munis à l'une de leurs extrémités d'un manchon élargi, dans lequel vient s'emboîter le tuyau suivant, après quoi on fait le joint.

Lorsque le joint est fait, comme d'ordinaire, avec de la corde goudronnée et du plomb, on donne au manchon une largeur suffisante pour l'introduction entre lui et le tuyau de la matière formant joint.

Pour que l'extrémité du tuyau à introduire se trouve exactement au centre de l'emboîtement, et pour éviter que la corde goudronnée ne puisse être introduite ou poussée dans le tuyau même, on donne à l'emboîtement, à son extrémité postérieure, un court arrêt central d'un diamètre tel que le bout uni du tuyau à introduire s'adapte

exactement dans cette partie plus étroite, ou bien
on donne de préférence au bout à introduire un
cordon extérieur d'une épaisseur telle que ce dernier
(fig. 236) s'applique contre la paroi intérieure de
l'emboîtement uni. Cette dernière disposition permet
de dévier un peu l'axe des tuyaux pour suivre de
petites courbes sans l'emploi de pièces spéciales.

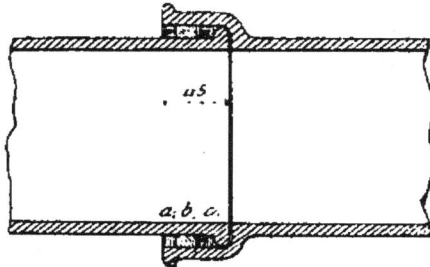

Fig. 236.

L'épaisseur de la paroi de l'emboîtement est
généralement plus forte que celle du tuyau, parce
que lors de la fabrication du joint, il se produit
une tension un peu élevée qui pourrait rompre
cette pièce.

On fait particulièrement épaisse l'extrémité antérieure de l'emboîtement, d'abord parce que c'est
là que la tension produite par le matage du
plomb est la plus forte et aussi parce que c'est la
surface antérieure qui souffre le plus des chocs et
des coups extérieurs.

Pour faire ce joint, le tuyau suivant étant poussé
à fond dans l'emboîtement, on fait entrer de la
corde goudronnée qu'on refoule au fond au moyen
d'un matoir et qu'on tasse fortement.

On fait ensuite tout autour de l'entrée du joint un
bourrelet en terre glaise, le plus commode est de

prendre une corde que l'on couvre de terre glaise, on entoure le joint et on laisse à la partie supérieure une sorte de petite cuvette qui sert à faire couler du plomb fondu dans le joint.

On met dans cette coupe un peu de suif qui diminue beaucoup les projections du plomb quand le tuyau n'est pas sec.

Le plomb en se solidifiant, éprouvant une contraction, il est donc nécessaire de le mater avec soin tout autour et jusqu'à refus pour rendre le joint bien étanche.

Ce système de canalisation présente encore une certaine rigidité ; toutefois les joints au plomb peuvent céder dans une certaine mesure au tassement, mais au détriment de l'étanchéité du joint le plus souvent. Il permet aussi une certaine dilatation.

Nous donnerons ci-contre un tableau de renseignements variés sur les tuyaux à emboîtement.

Nous indiquerons simplement par des figures schématiques les pièces spéciales employées dans les canalisations (fig. 237).

Dans les usines et dans des conditions spéciales, on emploie les tuyaux à brides. Les joints se font au moyen de feuilles de carton enduit d'un mastic spécial et serré par des boulons. Ce système ne peut être employé dans les canalisations de ville à cause de sa rigidité presque absolue, les tassements du sol devant amener inévitablement des ruptures des tuyaux ou des brides.

En Angleterre et dans quelques villes d'Allemagne, on emploie les tuyaux avec emboîtements alésés et bouts mâles, tournés en forme de cône.

TUYAUX EN FONTE

DIAMÈTRE intérieur en millim.	LONGUEUR UTILE en mètre en mètres	PROFONDEUR d'emboîtement en millim	ÉPAISSEUR du tuyau en millim	ÉPAISSEUR du joint en millim	ÉPAISSEUR MOYENNE de l'emboîtement en millim	POIDS DU TUYAU en kilos	POIDS DU PLOMB pour joints en kilos	COUT DE LA MAIN-D'OEUVRE pour la pose par mètre courant
40	2	70	6	9	14.5	18	1	0f 41
50	»	»	6.5	10	»	24	1.40	0,42
60	3	75	»	»	»	44	2	0,44
70	»	80	7	»	15	53	2	0,47
80	»	90	8	»	15.5	61	2.2	0,50
90	»	»	8.5	»	»	66	2.38	0,55
100	»	100	9	»	16.5	75	2.60	0,61
110	»	»	9.5	»	17	81	2.85	0,67
120	»	110	10	»	17.5	90	3	0,72
130	»	»	10.5	»	18	99	3.28	0,77
140	»	»	»	11	18.5	112	3.50	0,82
150	»	»	»	»	19	120	3.60	0,87
200	»	115	11	»	22	174	4.85	1.18
250	»	»	11.5	»	23	234	6.20	1.50
300	4	120	12	12	25.5	390	7.60	1·64
350	»	»	13	»	29	475	9.10	1.80
400	»	»	15	»	29.5	580	10.68	2.00
500	»	125	16	»	30	780	14.12	2.35
600	»	»	17	»	31	1.000	17.80	2.70
700	»	»	19	»	32	1.268	23.22	3.08
800	»	»	20	»	34	1.600	30.54	3.50
900	»	»	21	»	36	1.900	38.75	4.00
1000	»	»	22	»	39	2.180	50.25	4.60

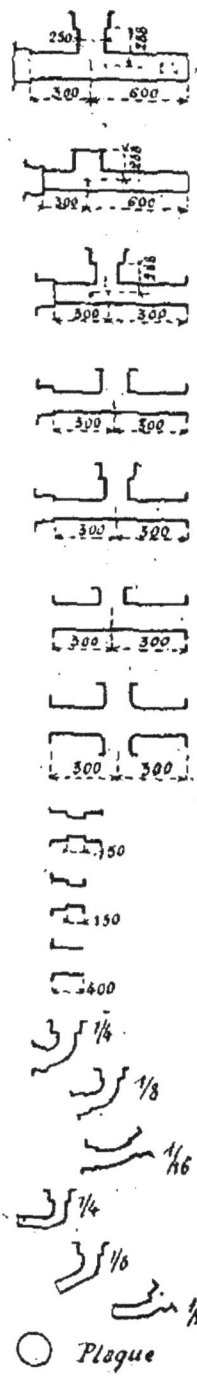

	$0,^m250$	$0,^m200$	$0,^m162$
	133^k	99^k	72^k
	124	93	68
	121	90	66
	112	83	62
	112	83	62
	102	77	58
	134	103	79
	52	37	29
	43	31	24
	42	31	24
	74	51	40
	64	44	33
	56	38	32
	82	58	44
	69	51	38
	63	47	37
Plaque	19	13	11

Poids du mètre courant des corps de tuyaux &

	$0,250$	$0,200$	$0,162$
Corps des tuyaux	77^k	58^k	43^k
Tubulures	20	14	11
Épaisseur des Tuyaux	13^m	19^m	11^m
Longueur utile	4^m	4^m	4^m

Fig. 237.

Ces surfaces doivent être exemptes de rouille ; avant la pose on les essuie avec soin, et on applique sur chacune, avec un pinceau, une mince couche de minium (deux parties) et de blanc de céruse (une partie), puis on enfonce le bout mâle dans l'emboîtement avec un maillet de bois jusqu'à complète fixité.

Les conduites ainsi assemblées manquent de flexibilité, le moindre retrait occasionne une fuite. Les tassements occasionnent des fractures à l'endroit des emboîtements.

On a cherché aussi à combiner ce joint avec un joint en plomb, en adaptant deux rainures correspondantes, l'une dans l'emboîtement, l'autre dans le bout tourné du tuyau. Il faut que lors de l'introduction du tuyau, ces rainures soient exactement l'une au-dessus de l'autre. Par un trou supérieur, on remplit alors l'espace creux avec du plomb, et de cette manière en forme un cercle de plomb, qui tient moitié dans l'emboîtement, moitié dans le bout tourné du tuyau.

On fait également des joints de caoutchouc.

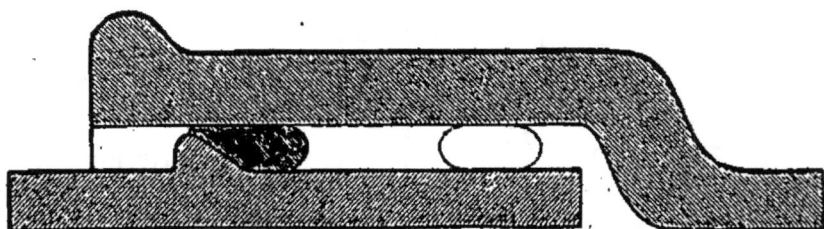

Fig. 238.

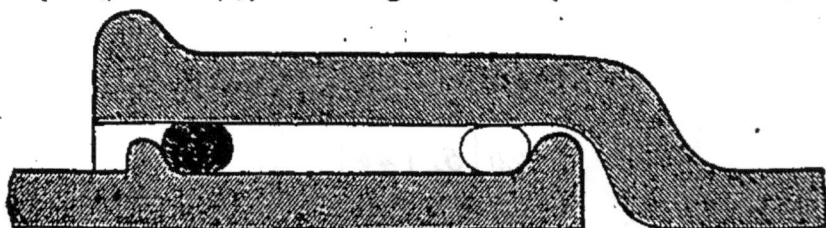

Fig. 239.

La figure 238 donne une disposition.

La figure 239 donne une autre disposition.

La seconde est préférable, elle permet plus de mobilité au joint.

Les résultats ont été très différents suivant les villes ; dans les unes les joints de caoutchouc se sont rapidement détériorés, dans d'autres ils se sont bien conservés.

En fait, on ne connaît pas exactement les conditions que doit remplir le caoutchouc pour résister tout à la fois à l'action du gaz et de l'humidité du terrain ; on a remarqné que le caoutchouc vulcanisé altéré adhérait fortement à la fonte et augmentait l'étanchéité du joint. Depuis quelque temps, ce genre de joint tend beaucoup à se développer.

M. Somzée a exécuté toute la canalisation de Bruxelles avec ce système qui a donné toute satisfaction. Il est composé d'un bout mâle conique et muni à son extrémité de deux bourrelets ; dans la rigole qui existe entre ces deux bourrelets, on place la bague en caoutchouc.

L'extrémité antérieure de l'emboîtement est taillée en biseau, et derrière cette partie inclinée se trouve une rainure plate. Par là, on obtient que le cercle de caoutchouc, lors de l'introduction du bout mâle, s'enroule sur celui-ci et remplit finalement complètement l'intervalle dans l'emboîtement.

Le deuxième type où la partie conique est remplacée par l'alternation des saillies et des creux est bien préférable.

Système Petit. — Les tuyaux portent à leurs extrémités des oreilles venues de fonte ; l'une des extrémités porte un emboîtement très court, et l'autre un petit épaulement contre lequel on met une petite rondelle de caoutchouc. Les deux tuyaux sont réunis au moyen de pattes et de clavettes en fer.

Ce système a l'inconvénient de donner un serrage

limité par la longueur des pattes, qui ne permet pas de corriger les irrégularités inévitables de la fabrication, dans le perçage des trous des oreilles.

TUYAUX EN TÔLE, DITS CHAMEROY

Ces tuyaux sont fabriqués avec de la tôle plombée, d'une longueur de deux mètres, les bords en anneau sont rivés avec des rivets étamés, et soudés en immergeant tout le joint dans un bain de plomb. Puis les tronçons de deux mètres sont rivés pour former des longueurs de quatre mètres. On emploie maintenant de la tôle d'acier. Ces tuyaux sont plombés extérieurement et intérieurement ; avant de les bitumer ils ont été essayés à la pression de huit atmosphères, puis enveloppés d'étoupe et entourés d'un fourreau d'asphalte, en les plaçant alternativement dans un bain d'asphalte en fusion et les roulant dans le sable. Lorsque le fourreau a une épaisseur de 6 à 15 millimètres, suivant les dimensions, on les roule encore finalement sur une table, dans du sable fin.

Les tuyaux se font à joints à vis ou à joints précis. Dans les tuyaux à vis, chaque extrémité est munie d'un manchon adhérent à la tôle extérieur d'un bout, et intérieur de l'autre, et formé d'un alliage de plomb et d'antimoine. Le bout mâle porte un pas de vis extérieur, le bout femelle un pas de vis intérieur. Ces tuyaux sont légèrement coniques, de façon à recevoir à l'intérieur d'un bout, à l'extérieur de l'autre, la partie en plomb qui doit former le joint. Pour assembler ces tuyaux, on enduit le bout mâle d'un mélange de saindoux et de plombagine, et on visse le bout mâle dans le bout femelle jusqu'à ser-

rage complet. On fait l'opération au moyen d'un
levier creusé en forme de segment et appliqué sur
le tuyau, et d'une corde dont on tient l'un des bouts,
l'autre étant fixé au levier ; on fait tourner celui-ci
dans le sens de la vis.

Pour se reprendre, on lâche légèrement la corde,
puis on serre de nouveau, jusqu'au serrage complet.
Pour les tuyaux à joints précis, les manchons en
plomb sont tournés de façon que le bout mâle entre
exactement et à frottement dans le bout femelle. Le
bout mâle porte une rainure dans laquelle on enroule
pour faire le joint de la ficelle non tordue et suifée.
On le graisse comme précédemment et on le fait entrer alors dans le bout femelle.

Pour enfoncer la partie mâle dans la partie femelle, on se sert d'un tampon en bois placé à l'extrémité du tuyau à emboîter, et sur lequel on frappe
avec une masse ou un bélier, jusqu'à ce que le collet
dudit tuyau serre la garniture.

Toutes les soudures pour embranchements se font
à l'aide de soudure d'étain et de résine, en évitant de se servir d'esprit de sel ou de chlorure de
zinc.

Pour les tuyaux Chameroy, il n'existe pas de pièces spéciales, manchons, coudes, etc. La Compagnie
Parisienne a établi des raccords en plomb à la tôle,
dans lesquels une rondelle de caoutchouc introduite
sous le collet, entre le plomb et la tôle, assure la
durée de l'étanchéité. Ce joint, placé à l'extrémité
des conduites exposées à des variations considérables
de température, constitue, pour ces canalisations,
des boîtes de dilatations dont l'efficacité est certaine.

Pour les petits et moyens diamètres, on se sert de pièces de raccord en plomb avec soudure autogène ; pour les grands diamètres, on a substitué aux pièces en plomb des pièces en fonte réunies à la tôle par de courtes tubulures en plomb.

Pour l'emboîtement des tuyaux de grands diamètres, lorsqu'il s'agit de la pose du dernier tuyau, en revenant vers une canalisation déjà existante, on se sert d'une presse qui agit au moyen de vis et d'écrous, par l'écartement de deux châssis dont l'un s'applique contre l'extrémité immobile de la canalisation à laquelle on veut se raccorder, tandis que l'autre repousse le dernier tuyau à poser jusqu'au fond de son emboîtement.

On a fait quelquefois aux tuyaux en tôle et bitume le reproche d'être détériorés par l'action oxydante de l'acide carbonique, de l'eau et de l'oxygène. Il se produit d'abord un carbonate de fer avec dégagement d'hydrogène. Ce carbonate se décompose en présence de l'eau et de l'oxygène et produit de la rouille ; en fait cette action est lente, car la Compagnie Parisienne possède des canalisations posées depuis près de vingt ans et qui sont encore trouvées dans un état satisfaisant, quand, pour une cause ou pour une autre, on doit en déplacer.

Dans les terrains riches en sulfate de chaux et matières organiques, comme à Paris, il se produit d'autres détériorations.

Les matières organiques en décomposition, agissant sur les plâtres, donnent naissance à du sulfure de calcium qui, avec l'acide carbonique du sol, donne de l'hydrogène sulfuré. On a ainsi du sulfure de fer et même quelquefois du soufre natif.

Les pièces en fer sont rapidement rongées, le sulfure de fer se transformant en sulfate de fer soluble dans l'eau.

Les tuyaux Chameroy sont généralement protégés efficacement contre ces actions chimiques, à l'intérieur par la couche de plomb qui les recouvre, à l'extérieur par l'enveloppe en bitume.

POSE

Les canalisations de gaz sont posées dans des tranchées de 0^m90 à 1 mètre de profondeur minimum, dont le fond est parfaitement dressé suivant la pente adoptée pour l'exécution du travail.

Il est avantageux d'avoir la plus grande profondeur possible, 1^m5 si cela se peut, pour éviter à la fois les variations de température et les détériorations résultant du tassage produit par le passage des voitures, etc.

Lorsqu'une certaine longueur de tuyau a été placée et la tranchée non remblayée, on ferme les extrémités avec des tampons, et on refoule de l'air à la pression de 30 centimètres de mercure. Si cette pression ne diminue pas après la fermeture du robinet de la pompe, c'est qu'il n'y a pas de fuites. S'il y en a, on les découvre par le sifflement de l'air qui s'échappe, et au besoin avec de l'eau de savon bien mousseuse dont on badigeonne les joints, et avec laquelle les fuites produisent des bulles.

La canalisation est considérée comme bonne si les fuites accusées par un compteur branché sur la canalisation isolée n'atteignent pas un demi-litre par heure et par mètre carré de conduite sous une pression manométrique de 25 à 30 millimètres d'eau.

Pour remplir de gaz une conduite achevée, on laisse échapper l'air par une ouverture faite à l'extrémité opposée au côté de l'arrivée du gaz. On prend soin dans cette opération d'empêcher dans le voisinage de cet orifice l'approche d'une flamme, lanterne, becs, ou fumeurs; des explosions nombreuses, souvent suivies de mort d'hommes, ayant été produites par l'oubli de cette précaution.

Lorsqu'on veut mettre immédiatement le gaz dans une conduite au fur et à mesure de la pose, ce qui est quelquefois nécessaire, par exemple lorsqu'on remplace une conduite mauvaise ou insuffisante, sur laquelle sont branchés de nombreux becs dont on ne peut interrompre le fonctionnement que pendant quelques heures, on se sert d'un piston que l'on tire après soi au fur et à mesure de la pose.

Ce piston est formé de feuilles de caoutchouc serrées entre des plaques de tôle et assez long pour rester parallèle à l'axe du tuyau. Par ce moyen, la conduite se trouve immédiatement remplie de gaz au fur et à mesure de la pose; on peut de suite raccorder les branchements des abonnés.

Pour isoler des parties de conduites ou pour faire un branchement, on se sert de ballons en caoutchouc. On perce un trou dans le tuyau, on y introduit un ballon de caoutchouc vide portant un robinet, le diamètre de ce ballon est plus grand que celui de la conduite, pour pouvoir faire serrage sur les parois. Le ballon introduit dans le tuyau est gonflé par le tube de son robinet au moyen d'un soufflet ou de la bouche; il obture le tuyau et reste gonflé après la fermeture du robinet.

La fermeture produite par ces ballons n'est pas

absolument étanche, mais suffisante pour que la perte de gaz n'occasionne pas de gêne dans les travaux.

Lorsqu'on veut faire cesser la fermeture ou l'isolement, on ouvre le robinet du ballon, il se vide, on le retire et on bouche l'orifice par lequel on l'avait introduit, au moyen d'une plaque en fer posée à joint de mastic et serrée avec un collier muni de boulons.

Les conduites sous les chaussées doivent être posées à 1 mètre environ de profondeur, pour les mettre le plus possible à l'abri des variations de la température et des trépidations des voitures dont le résultat est un tassage du terrain et, par suite, une cause de fuite des tuyaux. De plus, lorsqu'ils sont trop peu profonds, il est difficile d'établir les branchements en plomb avec une pente suffisante, et ils sont exposés plus vivement aux actions oxydantes de l'eau de pluie et de l'air, et aux détériorations qui peuvent provenir des réfections de pavage, bitume, etc., de la surface.

Il est bon que les tuyaux soient placés de façon à avoir au-dessus d'eux 80 à 90 centimètres de terre, plus si c'est possible.

La largeur des tranchées est variable avec le diamètre du tuyau, mais doit toujours être suffisante pour permettre un travail facile. Le fond de la tranchée doit être bien réglé, et, lorsqu'on remblaie, il faut avoir soin que la terre soit pilonnée fortement par couches de 10 à 15 centimètres.

C'est nécessaire pour éviter le tassement des tuyaux et de la surface du terrain.

En général, on pose les tuyaux de canalisation d'un côté des chaussées, à 70 ou 80 centimètres des trottoirs, de façon à permettre, lors de l'ouverture de tranchées, le passage des voitures d'un côté de la voie publique.

Détails supplémentaires

Tranchées. — Si le terrain n'est pas très solide, les parois doivent avoir un talus convenable ou être maintenues par des planches. On doit régler avec soin le fond des tranchées pour donner une pente bien nette, et établir aux points bas des siphons. L'intérieur des tuyaux doit être bien nettoyé avant la pose. Les extrémités ouvertes de la conduite doivent être fermées avec des tampons coniques pour empêcher l'entrée de la poussière et des saletés.

La pente des tuyaux doit être de 5 à 8 millimètres par mètre de longueur. On doit vérifier les emboîtements après le matage pour s'assurer qu'ils ne sont pas fendus.

Lorsque le tuyau rencontre un égout, et qu'il passe en dessus ou en dessous, il ne faut pas qu'il le touche pour éviter la rupture en cas de tassement. S'il le traverse, il doit le faire dans un tuyau beaucoup plus grand, un manchon dans lequel il puisse se mouvoir.

Sur les ponts en pierre, si l'épaisseur de la terre est suffisante, on les pose à la manière ordinaire ; sinon, on place les tuyaux sur le côté du pont, sur des supports en fer forgé, et on les entoure de boîtes solides en bois qu'on remplit avec des cendres, des copeaux ou autres corps mauvais conducteur de la chaleur. On entoure aussi ces tuyaux avec des tresses en paille.

Dimensions des tuyaux Chameroy

Diamètre intérieur en millimètres	Epaisseur de tôle en millimètres	Poids par mètre Kilog.
35	0.9	4.0
42	»	5.0
54	»	6.0
68	»	7.5
81	1.0	8.5
108	1.1	11.0
135	1.2	14.0
162	1.3	17.0
189	1.4	22.0
216	1.5	25.0
244	1.6	28.0
271	1,7	33.0
297	1.8	39.0
324	2.1	45.0
350	2.3	52.0
400	2.5	70.0
450	2.7	78.0
500	2.9	90.0
550	3.2	95.0
600	3.4	100.0
700	4.0	125.0
800	4.4	155.0
1.000	5.0	210.0

FUITES

Les fuites sont considérées comme acceptables lorsqu'elles sont comprises entre 100 à 200 litres par kilomètre. Comme pourcentage, on peut considérer la canalisation comme satisfaisante quand la différence du gaz vendu et dépensé aux lanternes publiques au gaz produit est inférieur à 10 0/0. Beaucoup d'usines ont des différences de 15 à 20 0/0.

Les fuites proviennent de plusieurs causes :

Tuyaux rouillés et percés ;

Joints défectueux ;

Prises de branchement mal faites ;

Fuites sur les branchements mêmes.

L'emploi du compteur, pour constater les fuites, consiste à isoler, au moyen de ballons obstructeurs, la conduite que l'on veut essayer.

Recherche des fuites sur une canalisation en service

Dès qu'une odeur de gaz est signalée, on doit immédiatement chercher à se rendre compte de son origine. Après avoir vérifié l'étanchéité des appareils extérieurs voisins, on procédera à la recherche des fuites souterraines, en portant tout d'abord son attention sur les jonctions des conduites entre elles ou avec les branchements. Les renseignements que l'on a pu se procurer sur les divers travaux de voirie exécutés récemment dans le voisinage des conduites, facilitent dans beaucoup de cas la découverte du point faible.

La recherche des fuites souterraines peut être notablement abrégée par l'emploi d'une petite sonde qu'on enfonce dans la chaussée, ou dans l'intervalle de deux pavés, de distance en distance dans le voisinage immédiat de la conduite suspecte. Dans le trou de sonde ainsi pratiqué, on glisse un tube de fer assez long pour qu'il s'élève à 1m30 ou 1m40 au-dessus du sol : en approchant le nez de l'orifice supérieur du tube, on vérifie aisément s'il se dégage

une odeur de gaz, et on arrive assez rapidement
à déterminer les points où il y a lieu d'ouvrir une
tranchée.

Lorsqu'on se trouve en présence d'une canalisation pour laquelle le chiffre des fuites dépasse la
limite qu'on peut considérer comme admissible, il
faut procéder à un essai complet de la canalisation,
d'abord dans son ensemble, puis par fractions successives, de façon à rétrécir le champ des recherches en proportion de l'importance du mal et de la
difficulté de trouver les points défectueux.

On opère au moyen d'un compteur, comme il a été
dit pour l'essai des canalisations neuves. Pour conduire à bonne fin ces recherches, il est nécessaire de
posséder un plan détaillé de la canalisation, donnant
le diamètre et la profondeur du tuyau qui s'y trouve
pour chaque rue, ainsi que sa position exacte et celle
de tous les raccordements au moyen d'un repérage
précis. Ce plan devra également indiquer la situation des branchements.

M. Schauffler a proposé comme réactif pour la recherche des fuites, le papier imprégné d'une dissolution de chlorure de palladium ($3^{gr}75$) et de chlorure
d'or ($1^{gr}25$) dans un litre d'eau distillée.

Les tubes de sondage par lesquels on aspire les gaz
du sol, sont terminés par un petit tube de verre contenant ledit papier.

S'il y a fuite, le papier se colore en noir ou brun
foncé, provenant de la réduction des chlorures par
l'oxyde de carbone ; il ne faut pas tenir compte d'une
coloration rose qui est due à une réduction d'or métallique provoquée par la lumière.

Il faut conserver ces papiers, coupés à l'avance, à

l'abri de toute atmosphère contenant du gaz, et contrôler de temps à autre leur sensibilité.

BRANCHEMENTS

Lorsqu'on veut faire un branchement sur une canalisation, on perce un trou. On se sert d'une disposition représentée figure 240.

La pince à forèt se compose d'une tige en T renversé sur lequel sont articulées deux mâchoires courbes D qui doivent embras-
ser le tuyau que l'on veut percer. On ouvre ces mâchoires, on engage le tuyau entre elles, puis à l'aide d'une tige filetée E, qui fonctionne dans des écrous taraudés en laiton H, on serre la pince sur le tuyau. Ces écrous sont en forme de noix et roulent dans des cavités circulaires découpées dans les branches des mâchoires, de façon que, quelque inclinaison

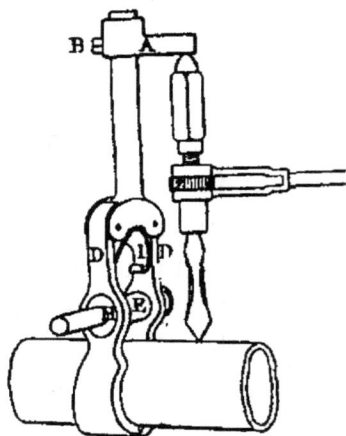

Fig. 240.

que prennent celles-ci, la tige filetée porte carrément dans tous les trous taraudés de ces écrous. Un ressort I ouvre les mâchoires lorsqu'elles cessent d'être retenues par la vis. Une tête A qu'on arrête à hauteur, à l'aide d'une vis B, est disposée dans le bout de la tige et sert de butement au drill à rochet qu'on peut ainsi arrêter et descendre en tel point de la hauteur de la tige qu'on désire.

Cet appareil ne peut servir pour percer des trous dont le diamètre est trop différent de celui que peut embrasser assez exactement la courbure des mâchoires.

Il y a aussi des appareils à foret avec lesquels (fig. 241) on évite presque totalement les fuites de gaz.

Appareil à percer, tarauder et tamponner les conduites principales à gaz

Pour percer et tarauder les conduites à gaz afin d'y brancher des tuyaux de service, M. Upward a proposé un appareil dans la construction duquel il a cherché : 1° à prévenir les accidents dus à la fuite du gaz, quelle que soit la dimension ou la position de la conduite; 2° à permettre à un ouvrier ordinaire de percer un trou circulaire taraudé correctement pour y piquer un tube d'un diamètre quelconque dans un temps qui n'est pas plus prolongé qu'avec les machines communément en usage; 3° à s'opposer à ce que les ouvriers employés à ce service ou les personnes dans le voisinage puissent être incommodés ou blessés.

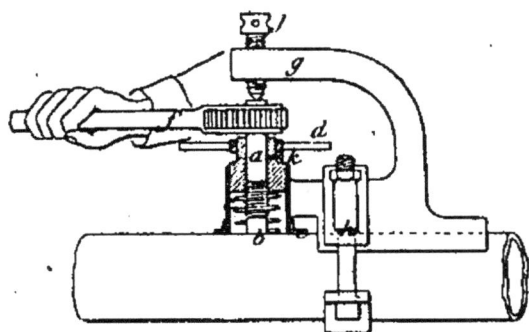

Fig. 241.

a, taraud; b, petit foret fixé sur le taraud; c, ressort qui s'oppose à ce que le taraud et le foret tombent quand le trou est percé; d, poignée et écrou pour presser sur le ressort; e, rondelle en caoutchouc qui, par sa forme, s'applique exactement sur la partie supérieure de la surface convexe de la conduite afin de prévenir toute fuite de gaz ; *f*, levier à rochet ordinaire ; *g*, bâti et guide ; *k*, vis de calage pour empêcher l'écrou *d* de tourner sur le taraud.

Voici maintenant la manière de se servir de cet appareil.

On fixe le bâti *g* sur la conduite au moyen de mâchoires et de boulons *h*, en ayant soin, lorsqu'on serre l'un ou l'autre de ces boulons, que le taraud ainsi que l'écrou et les poignées *d* puissent être tournés aisément à la main. On fait alors fonctionner le levier à rochet *f*, et le travail du forage commence, avec l'attention de ne faire descendre le foret que très légèrement à mesure que le trou s'approfondit, de peur qu'il ne casse, car il n'y a pas de poinçon au centre. Lorsque le taraud et le foret ont traversé le métal de la conduite, il est nécessaire de lâcher les poignées *d* en les faisant revenir en arrière d'un quart de tour environ, de manière que le ressort puisse tenir suspendus le taraud et le foret pour que les rebarbes de chaque côté du trou sur le tuyau puissent être coupées. Lorsque le travail du perçage est terminé, on lâche la vis de calage *k*, on laisse le taraud tomber dans le trou en dévissant l'écrou et les poignées *h* jusqu'à ce que toute sa portion taillée traverse le trou, puis tournant la vis *j*, on l'y fait descendre en manœuvrant en même temps le levier *f* jusqu'à ce qu'il entre juste ; on enlève le bâti *g*, et le trou se trouve tamponné à la manière ordinaire.

Afin d'éviter autant que possible toute fuite de gaz en piquant le tuyau, on prend un petit bout du tuyau avec l'extrémité qui doit être vissée sur la conduite bouchée par une rondelle composée de cire et de suif, de façon que quand le taraud est retiré le tube puisse instantanément être introduit à sa place. L'union intime et les assemblages sont alors exécutés à loisir, et quand tout est terminé, un peu de chaleur appliquée au bout du tuyau fait fondre la rondelle et établit la communication entre la conduite principale et l'endroit où l'on veut introduire le gaz.

M. Upward dit que cet appareil s'applique aussi avec succès aux conduites d'eau.

Un manchon à selle est vissé sur le tuyau au moyen d'un étrier en fer forgé, de telle manière que l'axe du manchon se trouve dans l'axe du tuyau à forer. L'on peut, ou après le perçage, tarauder le trou pour y visser une tubulure après l'enlèvement du manchon ; ou bien le manchon est de suite fixé définitivement sur le tuyau et dans lequel on soude directement avec du plomb le branchement en fonte après forage. L'appareil se compose d'un manchon avec boîte à étoupes à travers laquelle passe la tige du foret. A la partie d'en haut, une vis sert à presser le foret contre le tuyau.

On fait des branchements en fonte, en fer, en plomb :

1º Celui en plomb se pose facilement et a une durée illimitée. Bien que susceptible d'être percé accidentellement par un coup de pioche maladroit, ou par les rats qui s'y attaquent, il mérite la préférence dont il jouit, surtout pour les petits diamètres ;

2º Celui en fer ne présente pas ces inconvénients, mais sa durée est faible à cause de l'oxydation rapide dans le sol ; le plus souvent elle ne dépasse pas cinq

à six ans, dix ans au maximum. De là une cause de
fuites importantes ;

3° Celui en fonte coûte plus cher que celui en fer,
mais a une plus grande durée.

La fonte et la tôle bitumée sont préférables au
plomb pour des branchements de forts diamètres et
de grande longueur sans changements de direction
nombreux.

Si la matière de branchement a de l'importance,
le mode de jonction sur la conduite principale n'en a
pas moins. Il est préférable d'écarter les systèmes
dans lesquels intervient le fer forgé sous forme de
colliers, brides, et même de boulons, car ces pièces
sont rapidement détruites par l'oxydation.

Les branchements sur tuyaux Chameroy se font
par simple soudure du plomb sur la tôle plombée ;
on rebitume avec soin la partie de la tôle mise à nu
pour ce travail.

Calcul des conduites

Dès qu'il fallut envoyer le gaz à une grande distance de l'usine, il fut utile de calculer les diamètres convenables des tuyaux pour obtenir les débits
voulus.

En 1827, d'Aubuisson avait trouvé par le calcul le
débit d'une conduite avec, dans la formule, un coefficient à déterminer par l'expérience. Il partait des
principes suivants : 1° que le frottement est indépendant de la pression hydrostatique sous laquelle se
trouve le gaz ; 2° qu'il est proportionnel à la surface
de frottement, à la densité du gaz et au carré de la
vitesse. Il arrivait à la formule :

$$Q = K \sqrt{\frac{H D^5}{L \delta}}$$

Q désignant le débit en mètres cubes à l'heure ;

H la perte de pression en millimètres d'eau ;

L la longueur de la conduite en mètres ;

δ la densité de gaz ;

K un coefficient à déterminer par expérience.

On fit à cette époque un certain nombre d'expériences ; le gaz avait des petites vitesses comparables à celles qui existent dans les tuyaux de distribution.

Mais des expériences ultérieures faites avec des vitesses assez grandes montrèrent que les résultats de l'expérience ne pouvaient être représentés par cette formule.

M. Arson, ingénieur en chef de la Compagnie Parisienne du gaz, dans un mémoire présenté à la Société des Ingénieurs civils en 1867, indique les résultats des expériences nombreuses faites à l'Usine de la Villette, et donne des formules qui peuvent servir à ces calculs.

Il montre qu'il est nécessaire de tenir compte de la vitesse et qu'il faut l'introduire dans la formule sous la forme : $a u + b u^2$, a et b étant des coefficients variables avec les diamètres, et à déterminer pour chacun d'eux.

Il trouve que ces coefficients sont constants pour un même diamètre, avec toutes les vitesses, jusqu'à 12 mètres à la seconde.

Les valeurs successives de a et b n'éprouvèrent d'un diamètre à l'autre que des variations régulières qui permirent de tracer des courbes continues.

Après quelques simplifications dans les formules

exactes, mais un peu longues, que fournit le calcul, il arrive à la formule :

$$H = \frac{4L}{D} \frac{1.293 \times \partial}{1.000} (a\,u + b\,u^2)$$

dans laquelle H représente la perte de charge et ∂ la densité du fluide qui s'écoule ; les autres lettres indiquent les mêmes quantités que plus haut.

Ayant déterminé a et b pour chaque diamètre, on peut construire les tables et les courbes.

Nous donnerons un tableau abrégé des résultats obtenus par un tuyau de 0m300 :

Diamètre : 0m300. — Section : 0m²70606.
Coefficient : $a = 0,000180$, $b = 0,000332$.

VOLUMES ÉCOULÉS en mètres cubes		VITESSE MOYENNE en mètres par 1"	PERTES DE CHARGE par KILOMÈTRE DE LONGUEUR en mètres de hauteur d'eau	
par 1"	par heure		AIR	GAZ
0,010	36	0,141	0,0004	0,0001
0,030	108	0,424	0,0023	0,0009
0,060	216	0,849	0,0067	0,0027
0,085	306	1.202	0,0120	0,0049
0,115	414	1.627	0,0210	0,0082
0,140	504	1.980	0,0285	0,0117
0,170	612	2.405	0,0404	0,0165
0,195	702	2.758	0,0519	0,0212
0,230	828	3.354	0,0704	0,0288
0,250	900	3.536	0,0819	0,0335
0,280	1008	3.960	0,1016	0,0416
0,450	1620	6.36	0,2051	0,1025
0,600	2160	8.488	0,4370	0,1791

Depuis, M. Monnier, dans un livre (*Aide-Mémoire pour le calcul des conduites de distribution de gaz d'éclairage*. Paris, Baudry, 1876), adoptant la formule :

$$Q = \sqrt{\frac{d^5 h}{0,84\, l}}$$

dans laquelle d représente le diamètre de la conduite, l sa longueur, h la perte de pression en millimètres de hauteur d'eau, a représenté graphiquement le

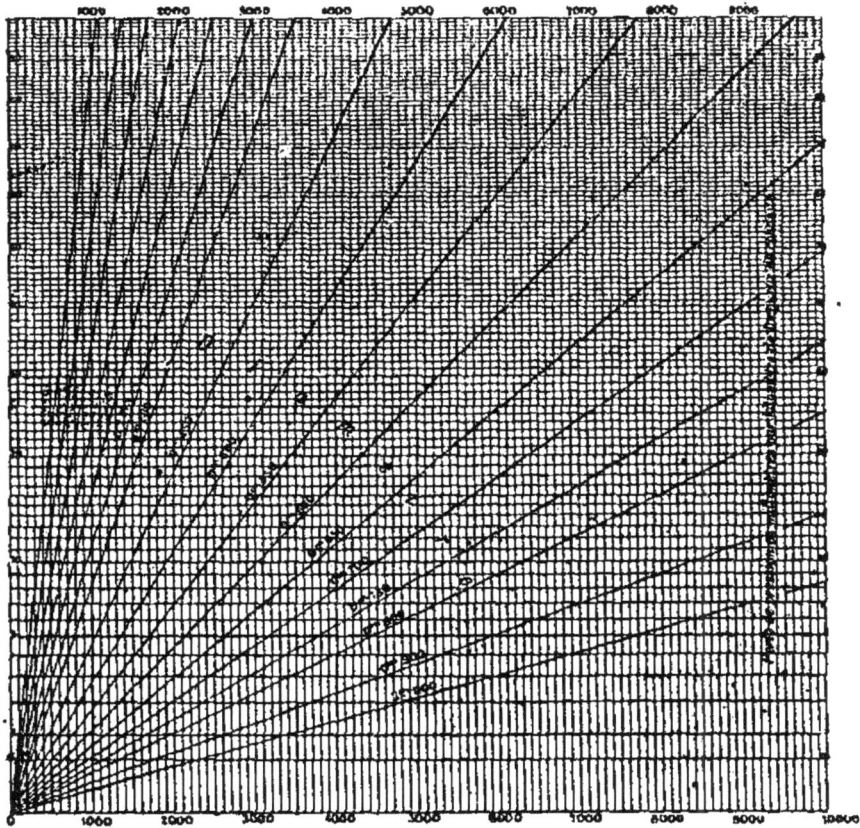

Fig. 242.

rapport de la quantité de gaz écoulé à la perte de pression par kilomètre de longueur de conduite pour différents tuyaux (fig. 242).

En posant $l = 1000$ mètres, la perte de pression par kilomètre de conduite :

$$h_k = 840 \frac{Q^2}{d^5}$$

on a :

$$\sqrt{h_k} = Q \sqrt{\frac{840}{d^5}}$$

c'est l'équation d'une ligne droite passant par l'origine et dans laquelle h_k représente les ordonnées et Q les abscisses.

$$\sqrt{\frac{840}{d^5}}$$

est le coefficient angulaire de la droite ou la tangente de l'angle que la ligne forme avec l'axe des abscisses.

CHAPITRE XIV

BECS

Sans entrer dans les discussions auxquelles a donné lieu la théorie de Davy sur la combustion, il paraît établi que c'est le carbone solide en suspension dans la flamme, qui lui communique son pouvoir éclairant, et que celui-ci est d'autant plus grand que la température de combustion est plus élevée.

BEC BUNSEN

On peut d'autre part annuler le pouvoir éclairant d'une flamme, en empêchant le carbone de rester à l'état solide dans la flamme ; on mélange le gaz au-dessous de la flamme avec une quantité convenable, d'air atmosphérique qui, arrivant dans la flamme en même temps et à côté du carbone solide, le transforme avant qu'il ait atteint l'état d'ignition, en acide carbonique ; dans ce cas, le gaz brûle bleu, et sans pouvoir éclairant.

Tel est le principe du bec Bunsen employé dans les appareils de chauffage, dont la combustion bien réglée ne donne lieu à aucun dépôt de suie.

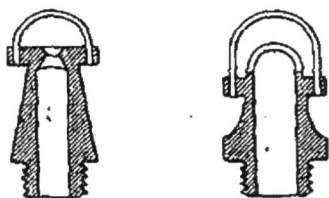

Fig. 243.

L'air atmosphérique, l'oxygène, l'acide carbonique mélangés avec le gaz, peuvent lui faire perdre son pouvoir éclairant. Et cependant à un tel gaz brûlant sans donner de pouvoir éclairant, on peut rendre la puissance éclairante par le chauffage du tuyau du brûleur, ou d'un corps placé dans la flamme (fig. 243).

On verra plus loin l'application de ceci (nouveaux becs à incandescence).

THÉORIE DE LA COMBUSTION

L'enveloppe extérieure, appelée aussi voile, est d'une couleur bleue pâle ; au-dessous se trouve la partie éclairante médiane, non transparente, dont la couleur d'un blanc éclatant, passe à mesure qu'elle se rapproche du centre, à un rouge de plus en plus vif. La partie intérieure et inférieure de la flamme forme un cône court transparent, dont la température est très basse.

Les résultats d'un grand nombre de recherches sont, que dans la flamme d'un gaz venant d'un tuyau cylindrique, aucune combustion n'a lieu dans l'intérieur de la flamme ; celle-ci ne se produit que dans le voile et dans la partie éclairante qui le suit immédiatement, car il est impossible qu'au travers d'une couche d'hydrogène et de carbone en ignition, il puisse pénétrer une trace d'oxygène. Les produits de la combustion qui se retrouvent à l'intérieur y sont simplement entrés par diffusion.

Toute la chaleur de la flamme dérive donc de l'enveloppe extérieure, qui est la source de combustion ; la température de l'intérieur de la flamme et du manteau s'accroît naturellement à la partie supérieure, et c'est pour cette raison que la partie brillante, éclairante, où le carbone est dégagé par la chaleur, forme une très petite épaisseur autour du cône sombre, tandis que plus haut, là où la température à laquelle les hydrogènes carbonés se décomposent en carbone et hydrogène, s'étend jusqu'au centre, la partie éclairante remplit tout l'intérieur, de sorte qu'on a ici une flamme éclairante compacte, massive. Le carbone libre, en s'approchant alors de l'enveloppe oxydante, c'est-à-dire riche en oxygène, brûle à l'état de gaz oxyde de carbone, et c'est pendant cette combustion qu'il éclaire le plus, et d'autant plus fortement que la combustion est plus vive.

La combustion de l'oxyde de carbone et de l'hydrogène s'opère donc d'abord dans l'enveloppe ; cette enveloppe, à la partie inférieure de la flamme, ne forme pas encore un manteau lumineux, parce qu'en

6.

cet endroit la masse totale des gaz intérieurs est encore trop froide pour que le carbone se dégage des hydrogènes carbonés.

Ces conclusions sont très importantes pratiquement, elles permettent de construire des brûleurs dont le rendement lumineux est le plus élevé possible.

D'après cela, nous voyons que le rendement lumineux du gaz brûlant à la sortie d'un tube ou d'un trou, doit être défectueux, puisque la combustion n'a lieu qu'à l'extérieur de la flamme et qu'elle doit fournir seule toute la chaleur nécessaire pour la décomposition des hydrogènes carbonés.

Dans la flamme massive, en forme de cercle d'abord, au-dessus du bord du brûleur, la combustion a bien lieu aussitôt dans l'enveloppe extérieure, mais la chaleur obtenue n'est pas de suite en état, à cause de la basse température du courant de gaz, d'échauffer seulement une couche sensible jusqu'à la température de décomposition.

Il faut ajouter à cela l'absorption de chaleur du tube brûleur, qui vient encore contribuer au refroidissement. La séparation du carbone et son ignition visible ne commencent à se produire qu'à une certaine hauteur au-dessus du bord du brûleur ; à partir de ce moment, l'opération se poursuit de plus en plus dans l'intérieur de la flamme, jusqu'à ce que la température nécessaire à la production de la flamme soit arrivée jusqu'au centre et que toute la coupe transversale soit enfin remplie de particules de carbone dégagées. C'est la cause du grand cône transparent non lumineux, qui forme la partie inférieure d'une telle flamme. Lorsque enfin la température dans l'intérieur de la flamme s'est aussi élevée au point où le carbone se dégage et arrive en ignition, elle n'est cependant pas, à beaucoup près, suffisante pour amener les particules de carbone au degré d'ignition nécessaire à un développement de lumière avantageux. La flamme a un aspect rouge mat, et son pouvoir éclairant est relativement faible.

BECS A TROU

Audouin et Bérard firent des essais sur les becs à trous de différents diamètres. En faisant varier, par l'augmentation de pression, la hauteur de la flamme de 50 $^m/^m$, jusqu'à ce qu'elle commençât à fumer, ils trouvèrent qu'à dépense égale ce genre de bec est bien inférieur, comme pouvoir éclairant, au bec Carcel.

Ils trouvèrent comme loi générale que le pouvoir éclairant augmente avec la largeur de l'orifice, et à orifice égal avec la consommation, soit avec la pression, jusqu'à ce que la flamme atteigne la hauteur à laquelle elle fume.

Pour un même gaz et un même orifice du bec, la hauteur de la flamme d'un bec à trou unique est à peu près directement proportionnelle à la consommation, et que pour des gaz différents et une même hauteur de flamme, la consommation est en rapport inverse du pouvoir éclairant.

BEC A FENTE

Bien avant ces essais, on avait remplacé le bec à trou par le bec à fente donnant des flammes plates. Ces flammes présentent une surface plus grande, laissent agir sur le gaz une plus grande quantité d'air, produisent dans la zone de combustion une plus grande quantité de chaleur, et portent ainsi à une très haute température les couches minces de l'intérieur de la flamme.

Cependant il y a certaines limites, il ne faudrait pas amincir outre mesure la flamme, parce qu'à partir d'une certaine pression, variable avec l'espèce de gaz, la séparation nécessaire du carbone ne pouvant pas se produire dans la flamme, on n'obtiendrait pas suffisamment de particules de carbone en ignition, et par suite pas assez de développement de lumière. De là la règle pratique, que dans les flammes plates on doit les amincir lorsqu'on brûle un gaz riche en carbone, et les rendre plus épaisses lorsqu'on emploie un gaz pauvre en carbone, ou, ce qui revient au même, l'ouverture du bec (fente ou trou) doit être plus étroite pour des gaz riches et plus large pour les gaz pauvres.

L'air atmosphérique, par diffusion et par le frottement du gaz contre l'air, pénètre dans la flamme, se mélange au gaz, et produit des effets préjudiciables ; il refroidit la flamme, et brûle une partie du carbone qui se dégage, avant qu'il ne soit arrivé à l'ignition. Le frottement étant en rapport avec la vitesse, et celle-ci avec la pression du gaz, il résulte que l'on a démontré par l'expérience que plus la pression est forte, plus désavantageuse est l'influence du mélange mécanique de l'air. Il est donc utile de brûler le gaz sous la pression la moindre, nécessaire seulement pour obtenir la stabilité de la flamme sous les courants d'air.

Audouin et Bérard ont fait des essais sur ces becs ; la meilleure forme est celle des becs à tête creuse ; les essais ont porté sur un des becs dont les dimensions du bouton variaient de 0,5 en 0,5^{mm}, depuis 4,5 jusqu'à 9 millimètres, et chaque sorte comprenait 10 pièces dont la fente variait de 0,1 en 0,1 depuis 0,1 jusqu'à 1 millimètre.

Il résulte que pour chaque gaz différent il y a une largeur de fente qui donne le pouvoir éclairant maximum. Pour Paris, la largeur de fente était 0,7 millimètre. Quant à la pression, pour obtenir le pouvoir éclairant le plus avantageux avec ce gaz et cette largeur de flamme, elle est de 2 à 3 millimètres.

On a cherché l'influence qu'exerce la largeur du tube du bec, on a trouvé qu'à chaque consommation correspond aussi un diamètre déterminé du tube du bec, avec lequel le maximum du pouvoir éclairant est obtenu.

Ils ont trouvé également que la largeur de la flamme variant, la hauteur reste presque constante, et que l'on peut élever la consommation du double sans que la hauteur de la flamme soit sensiblement changée.

BEC MANCHESTER

Le bec à deux trous, dit bec Manchester, est percé de deux trous qui se rencontrent sous un certain angle ; le gaz s'écoule d'après cela en deux jets qui se rencontrent directement au-dessus des trous et forment une flamme plate qui est perpendiculaire au plan déterminé par l'axe de ces trous.

Pour étudier ces becs, Audouin et Bérard ont employé deux becs à un trou qu'ils ont fixés sur des genouillères mobiles (fig. 244), de façon à pouvoir examiner isolément chacune des flammes et les rapprocher en les inclinant de façon à obtenir une flamme unique identique à celle fournie par le bec Manchester. Le maximum

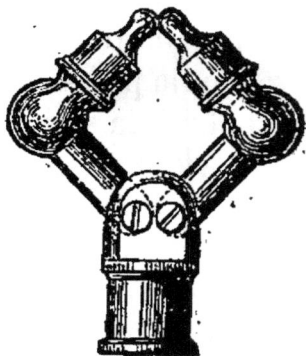

Fig. 244.

de pouvoir éclairant était obtenu avec les trous de diamètres moyens de 1,7 à 2 millimètres, avec une consommation de 200 litres à l'heure.

La pression la plus avantageuse était 3 millimètres.

Les becs fendus et de Manchester trouvent leur emploi dans l'éclairage des rues et, en général, là où ils sont exposés au vent. Pour des gaz riches en carbone, les becs à deux trous conviennent mieux que les becs fendus, dans le cas de pression variable, ils sont moins sujets que les becs fendus à une diminution de la grandeur de la flamme et de la consommation.

BEC ARGAND

Dans ce genre de bec, la flamme a la forme d'un tuyau avec accès d'air à l'intérieur et à l'extérieur; il est formé par un anneau portant un grand nombre de trous d'où les flammes sortent et se réunissent immédiatement au-dessus des orifices pour se joindre l'une à l'autre en une seule flamme. Cette flamme est entourée extérieurement d'une cheminée en verre. La flamme monte cylindriquement, la flamme n'ayant besoin, ni de s'épanouir, ni d'avoir une stabilité propre, la pression de sortie du gaz n'est plus nécessaire, on peut en effet laisser échapper le gaz presque sans pression. Le verre formant cheminée, allonge la flamme et la protège contre les refroidissements extérieurs. L'accès d'air dans les becs Argand se fait par des ouvertures fixes, il résulte que le rendement de ce bec varie avec le gaz qu'il brûle.

S'il donne un bon rendement avec un gaz moyen, en y brûlant les gaz riches en carbone, l'oxygène n'arrive plus en quantité suffisante dans les parties inférieures de la flamme et ils fument.

Le bec Argand, formé primitivement d'un anneau percé d'un certain nombre de trous d'où sort le gaz, a subi des perfectionnements dans le but d'obtenir le meilleur rendement possible. On a cherché à diriger l'air contre la flamme, au lieu de la laisser monter verticalement entre le bec et la cheminée en verre ; on a introduit un cône qui consiste en un entonnoir renversé dont le bord inférieur vient s'appliquer tout près du cylindre de verre et se rétrécit vers le haut, de manière à ce qu'entre son bord supérieur et le corps du bec il reste seulement un espace annulaire de 2 à 3 millimètres pour le passage de l'air. Tantôt le bord supérieur du cône se trouve au-dessous du bord supérieur du bec, tantôt au même niveau ou en dessous.

Ces dispositions des constructeurs ne sont quelquefois nullement justifiées.

Sugg a même divisé l'air en deux parties, une partie montant à l'intérieur de l'entonnoir et finalement horizontalement contre la partie inférieure de la flamme, l'autre partie s'élève par des trous entre le cône et le cylindre de verre et ne rencontre la flamme que plus haut. Le tirage à l'intérieur est régularisé par une pointe avec boule, de sorte qu'il ne reste pour l'air atmosphérique que l'intervalle entre cette pointe et le corps du bec, le bouton dirige l'air vers la flamme.

BEC BENGEL

Bengel introduit, pour limiter l'accès de l'air au brûleur, un panier de porcelaine muni de trous, qui rend la flamme moins sensible aux courants d'air.

Audoin et Bérard ont étudié également divers modèles de becs Argand.

Résultats. — Le pouvoir éclairant d'un bec augmente avec le diamètre des trous jusqu'à 0,9 millimètre et avec la diminution de pression jusqu'à 1 millimètre. La loi est la même pour des becs à fente au lieu de trous. L'adjonction du panier donne une augmentation de 3 0/0 du pouvoir éclairant.

Le cône, par contre, le diminue; l'effet de ce cône dépendant de sa forme, ce résultat n'est pas général. Le rapport entre la quantité d'air admise à l'intérieur et à l'extérieur de la forme pour avoir le maximum de pouvoir éclairant varie avec la forme du bec. Il en est de même du rapport entre la quantité de gaz et la quantité d'air admise pour le brûler. Avec un bec donné pour le maximum de pouvoir éclairant, le premier rapport était de $\dfrac{3.5}{1}$ et le second à $\dfrac{7.5}{1}$

En résumé, plus un gaz est riche en carbone, plus devront être étroits les orifices d'écoulement. Les gaz riches en carbone doivent être brûlés avec une pression un peu plus élevée que celle employée pour les gaz pauvres. Avec le gaz riche, le bec Argand fume quelquefois, l'accès de l'air étant trop limité. Les gaz riches de Cannel doivent être brûlés avec des flammes libres.

Les becs à flamme libre donnent un pouvoir éclairant d'environ 20 à 25 0/0 moins grand que le bec Argand; avec des becs en stéatite à tête creuse, on obtient un pouvoir éclairant à peu près égal à celui du bec Argand.

Le bec Argand demande pour le gaz une pression de 2 à 3 millimètres.

Les becs à flamme libre plus de 3 millimètres.

Les becs Manchester plus de 3 à 4 millimètres.

La consommation donnant un bon rendement est pour le bec Argand ordinaire, de 100 à 125 ;

Pour les becs à flamme libre : 125 à 150 litres et au-dessus.

BEC A RÉCUPÉRATION

S'appuyant sur les principes de la combustion indiqués par Davy, à savoir : qu'une flamme sera d'autant plus éclairante qu'elle sera plus étendue, tout en restant modérément épaisse ; on voit que les gaz riches en carbures lourds sont favorables à la production de la lumière.

La quantité de lumière émise par un corps incandescent augmente très rapidement avec la température, le rouge naissant correspondant à 500° et le blanc éblouissant à 1500°.

La relation entre les températures et les intensités lumineuses, n'est pas connue sous une forme simple, mais le fait est indéniable. On s'est demandé s'il n'y avait pas intérêt à chauffer préalablement le gaz, pour améliorer les conditions de la combustion. Mais un volume de gaz exigeant six volumes d'air pour se brûler, l'intérêt de ce chauffage est médiocre, il n'en est pas de même du chauffage de l'air.

BEC CHAUSSENOT

Le premier bec à récupération date de 1836, il est dû à un Français, M. Chaussenot. La disposition originale du bec consistait à employer deux cheminées concentriques en verre forçant l'air qui ne peut arriver directement au bec, à circuler dans l'espace annulaire compris entre les deux cheminées, où il s'échauffe avant d'arriver au brûleur pour la combustion. On réalise ainsi une économie d'un tiers, et la flamme reste immobile, tant que la pression dans le tuyau reste constante.

Cet appareil obtint une récompense de la Société d'encouragement ; toutefois, ce bec arrivait avant l'époque où l'on demandait un éclairage intensif et il fut abandonné.

Les becs intensifs ne furent recherchés à nouveau qu'en 1877-1878, au moment de l'apparition de la bougie Jablochkoff. On construisit alors des foyers formés de plusieurs becs papillon 6/10 conjugués, dépensant 1,400 litres et donnant la carcel pour 85 litres.

Les becs à récupération vinrent ensuite, en 1879.

BEC SIEMENS

Frédéric Siemens présenta à cette époque un bec qui fut appliqué, en 1881, à Paris, place du Carrousel et place du Palais-Royal. Ce bec (fig. 245) est constitué par trois boîtes concentriques, A B C. Le gaz arrive par une tubulure inférieure sur laquelle se trouve un régulateur de pression F, et se répand dans la chambre A, d'où il monte jusqu'au bec

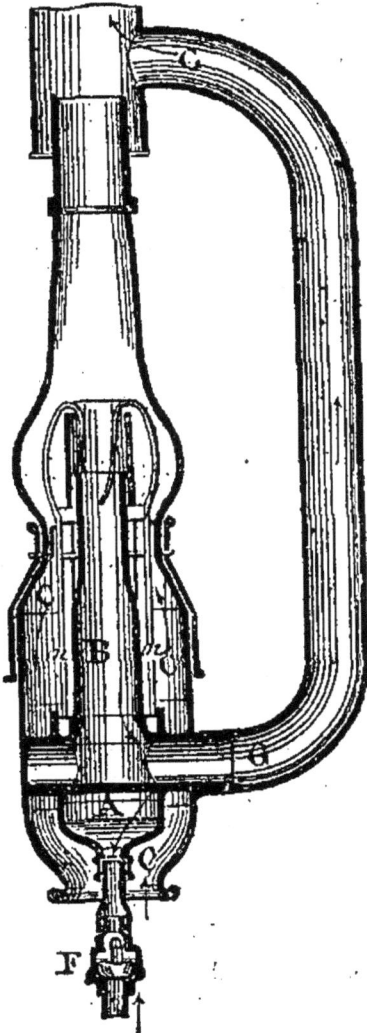

Fig. 245.

par les tubes verticaux *m*. La flamme est aspirée dans la cheminée centrale B, et les produits de la combustion redescendent, en échauffant les parois de là boîte C par laquelle arrive l'air extérieur. Ils s'échappent par une cheminée latérale O.

Le plus petit modèle consommait 300 litres avec 15 brûleurs, et le plus grand 2200 litres avec 32 brûleurs.

En 1883, M. Siemens a construit un modèle dit à flammes plates.

BEC PARISIEN (*ancien bec Schulke*)

Ce bec est constitué par un chandelier en cuivre portant des becs papillons en stéatite qui sont conjugués. Le brûleur est enfermé dans une coupe en cristal (fig. 246). La direction des fentes a une grande importance au point de vue de la lumière. La verrine est surmontée d'un récupérateur, qui se compose d'un plissé en nickel disposé en forme de cheminée tronconique au-dessus du brûleur. Au centre de cette cheminée, se trouve un obturateur également en nickel G, composé de deux parties, l'une fixe, l'autre mobile, pour être changée à volonté.

Enfin, ce récupérateur est entouré par une enveloppe d'amiante, destinée à le préserver du refroidissement et se termine par une cheminée débouchant à la partie supérieure de la lanterne.

Les flèches A indiquent le parcours de l'air pénétrant par les orifices de la galerie ajourée. Cet air traverse le récupérateur et s'échauffe. Les produits de la combustion rencontrent l'obturateur qui les force à passer par les ondulations du plissé et s'échappent par la cheminée. Le courant d'air pénétrant par

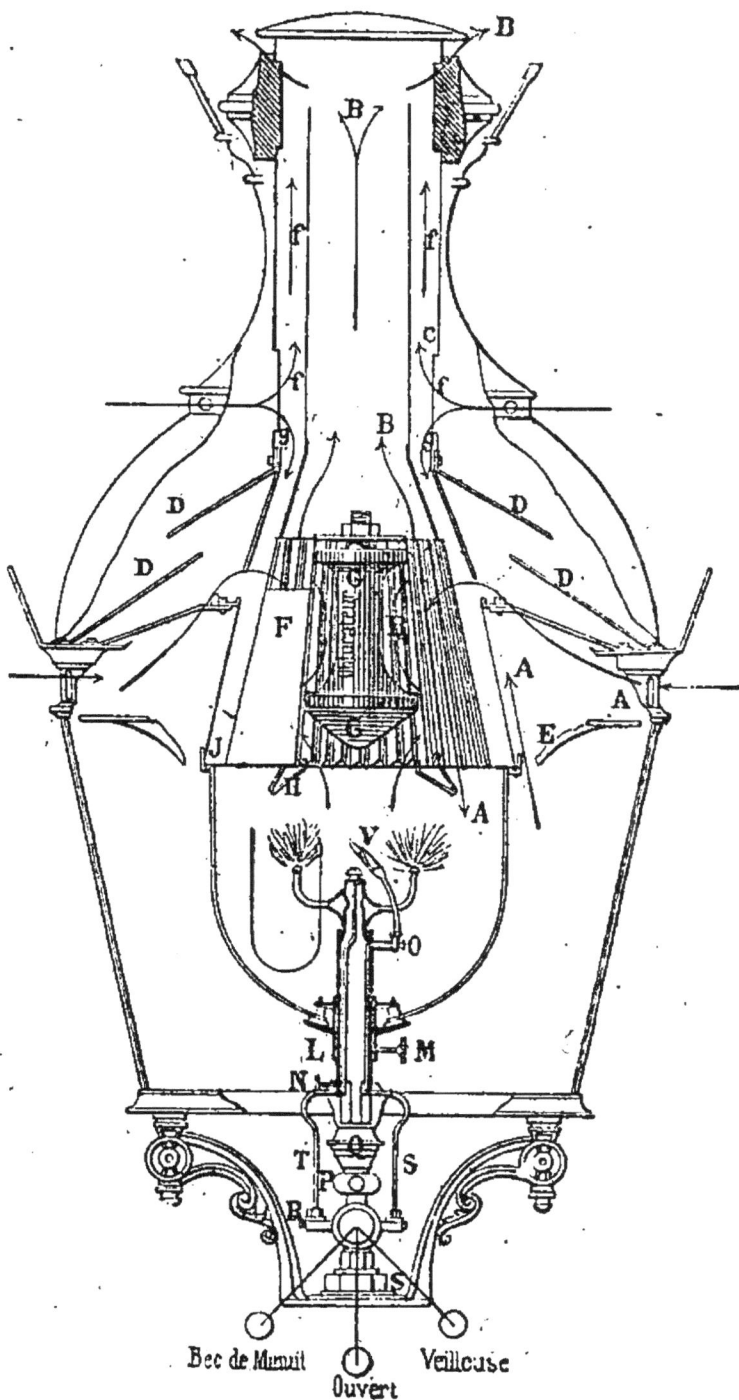

Fig. 246.

les orifices de la galerie ajourée à la partie supérieure
du dôme de la lanterne, se divise en deux courants :
l'un ascendant, augmente le tirage de la cheminée,
l'autre descendant se rend au bec. Les cônes D en
tôle plombée ont pour but de préserver de la pluie le
récupérateur et l'intérieur de la lanterne ; ils font en
même temps office de brise-vent pour éviter une arrivée d'air trop brusque préjudiciable au bon fonctionnement du système.

Enfin un réflecteur en porcelaine H est maintenu
par des crochets en nickel, au plissé du récupérateur.
E est un autre réflecteur en tôle émaillée.

Sur le chandelier se trouve un bec semblable
aux autres, ce bec est désigné « bec de minuit ». Son
fonctionnement est indépendant du fonctionnement
du brûleur grâce à une alimentation spéciale, destinée à la veilleuse qui sert à l'allumage de l'appareil.
Le robinet R est à trois voies, et les trois positions
que peut prendre la bascule, donnent lieu successivement à l'allumage du bec de minuit seul, de tout
l'appareil, ou de la veilleuse seule.

Cette dernière reste constamment en fonction et sa
dépense est réglée par la vis o. La flamme de la veilleuse ne doit jamais dépasser de plus de 15 millimètre le cache-veilleuse qui la recouvre.

Un robinet spécial commande le bec de minuit. Au
moment de l'extinction, on ouvre d'abord le robinet
spécial, le bec de minuit s'allume, on ramène ensuite
la bascule à la position fermée. La verrine est supportée par une douille en cuivre avec écrou à oreille L'
qui la maintiennent entre deux rondelles d'amiante.
La coupe ne doit jamais se trouver en contact avec les
parties métalliques de la douille ou du récupérateur.

Pour nettoyer la coupe ou l'appareil, on ouvre la lanterne, on dévisse la vis de serrage M et la coupe descend le long du chandelier. Si ce dernier doit être sorti de la lanterne, il suffit de dévisser la vis de serrage M qui le maintient dans le cône de la partie fixe. Au-dessous du robinet se trouve un régulateur Giroud P, préservé de l'échauffement par un isolateur.

L'écrou S sert à fixer la lanterne sur le raccord du candélabre.

Ce bec se construisait pour des consommations de 200 à 1,000 litres à l'heure.

BEC « L'INDUSTRIEL »

Le brûleur est analogue au précédent, ainsi que le régulateur et le robinet à trois voies. Les brûleurs sont enfermés dans une coupe en cristal presque sphérique et surmontée par le récupérateur construit entièrement en nickel. Il se compose de deux cylindres verticaux concentriques réunis par des tubes horizontaux disposés en quinconces et dont les emplacements sont alternés de façon à ce qu'ils forment chicane entre eux. Le cylindre intermédiaire est terminé à la partie supérieure par un tronc de cône. Enfin un troisième cylindre en cuivre, terminé par une partie tronconique, entoure ce cylindre intermédiaire avec lequel il est relié par deux cylindres dont les génératrices sont perpendiculaires à la surface du tronc de cône double. Il est surmonté d'une cheminée d'évacuation. Les trois cylindres intérieur, intermédiaire et extérieur sont entourés d'une enveloppe en cuivre. L'air extérieur pénétrant par les orifices des deux galeries ajourées de la lanterne, passe entre les deux enveloppes de cuivre, traverse les deux cylindres fixés au tronc de cône, arrive dans l'anneau cylindrique et descend jusqu'au bec après avoir circulé tout autour des tubes horizontaux au contact desquels il s'échauffe considérablement. Les produits de la combustion remontent dans le cylindre intérieur, passent dans l'intérieur des tubes, auxquels ils abandonnent une grande partie de leur calorique, arrivent dans le cylindre supérieur, d'où ils s'échappent par la cheminée, après avoir encore échauffé les tubes du haut autour desquels ils circulent. Un réflecteur est suspendu dans la coupe même au moyen de deux crochets attachés aux tubes horizontaux du récupérateur et un autre réflecteur relie la base du récupérateur et de la lanterne. La lanterne comporte également des cônes qui font office de brise-vent.

Ces becs se construisent pour des consommations de 350 à 1,400 litres à l'heure.

BEC DELMAS

Le bec Delmas est un simple bec à papillon en stéatite monté sur chandelier en cuivre et enfermé dans une coupe ovale de même forme que la flamme. Cette coupe est fixée au chandelier par un joint fixe et étanche de façon à empêcher l'accès de l'air par le bas de la coupe. Celle-ci supporte le récupérateur qui est constitué par une cheminée centrale métallique d'une forme ovale et aplatie, entourée d'un plissé dont les ondulations multiplient les surfaces d'échauffement et qui s'arrête à 15 millimètres de la partie supérieure de cette cheminée. Le plissé luimême est entouré d'une enveloppe sur toute sa hauteur, et c'est le bord inférieur de cette enveloppe qui repose sur la coupe de façon à empêcher toute ren-

trée d'air. Le tout est enveloppé d'un troisième tube
ovale qui fait saillie autour de la verrine de un centimètre environ. L'air pénètre dans l'espace annulaire
entre les enveloppes, arrive au sommet du plissé
à travers les ondulations duquel il redescend, et où il
s'échauffe avant d'arriver dans la coupe. Les produits
de la combustion remontent par la cheminée centrale, et la chaleur qu'ils communiquent aux parois
de cette cheminée se transmet au plissé et aux enveloppes successives du récupérateur. Le bec Delmas
se construit pour des consommations horaires de 90
et 140 litres.

La grosse difficulté était d'allumer ce bec sans ouvrir
la lanterne, tout en renonçant à la veilleuse. On essaya
d'abord un allumoir à insufflation d'essence enflam-
mée, mais les résultats pratiques ne permirent pas
de l'adopter. L'allumage se fait au moyen d'une étincelle électrique. Les piles et la bobine sont renfer-
mées dans une boîte que l'allumeur porte en sautoir.
Sur l'une des faces de la boîte sont fixées deux fiches
de prise de courant.

L'homme tient à la main une perche en bambou
à l'intérieur de laquelle passent deux fils conducteurs
qui montent le long des petits bois de la partie vitrée
et viennent aboutir à deux fils de platine montés sur
une pièce en bronze au-dessus de la cheminée centrale du bec.

Pour faire l'allumage, on relie d'abord les extrémités inférieures des fiches aux fiches de prise de
courant; on ouvre, au moyen d'un crochet transver-
sal de la perche, la bascule du robinet de gaz; on
introduit la douille de la perche dans la cloche en
porcelaine. En appuyant sur le bouton situé sur la

face supérieure de la boîte, le courant s'établit et l'étincelle qui se produit entre les fils de platine, à la partie supérieure de la cheminée centrale du récupérateur, détermine l'allumage.

LAMPE CROMARTIE

Le brûleur (fig. 247) est constitué par un bouton en stéatite d'environ 10 millimètres de diamètre moyen; il est fixé à l'extrémité d'un tube central F qui traverse la lampe dans toute sa hauteur et par lequel arrive le gaz. Le tube est fixé dans l'axe du récupérateur. Celui-ci se compose d'un cylindre en fonte A, percé à sa partie supérieure de 10 orifices circulaires latéraux, et autour duquel sont rangés dix tubes verticaux également en fonte B. Au dessus du récupérateur se trouve une embase surmontée d'une cheminée métallique. Les tubes verticaux sont enclavés à chacune de leurs extrémités entre deux plaques de fonte. La partie inférieure sert de base à un cylindre vertical C concentrique au cylindre A. Enfin l'extrémité inférieure du cylindre A est munie d'une rondelle réfractaire. Le cylindre extérieur C est enclavé dans une couronne en fonte qui est percée de trente-deux trous de 4 millimètres 1/2 de diamètre et qui supporte le porte-verrine avec la charnière et le levier de manœuvre. La coupe est cylindrique et terminée par une demi-sphère. La rondelle réfractaire, outre qu'elle préserve la partie inférieure du cylindre, assure la répartition des produits de la combustion sous les tubes verticaux du récupérateur. Enfin l'air pénétrant dans les trous de la couronne en fonte descend dans la verrine qu'il rafraîchit et dont il empêche la casse par suite d'une température

7.

trop élevée. L'air extérieur pénètre dans la lampe
par les orifices de l'enveloppe métallique extérieure,
passe dans les vides laissés entre eux par les cylin-

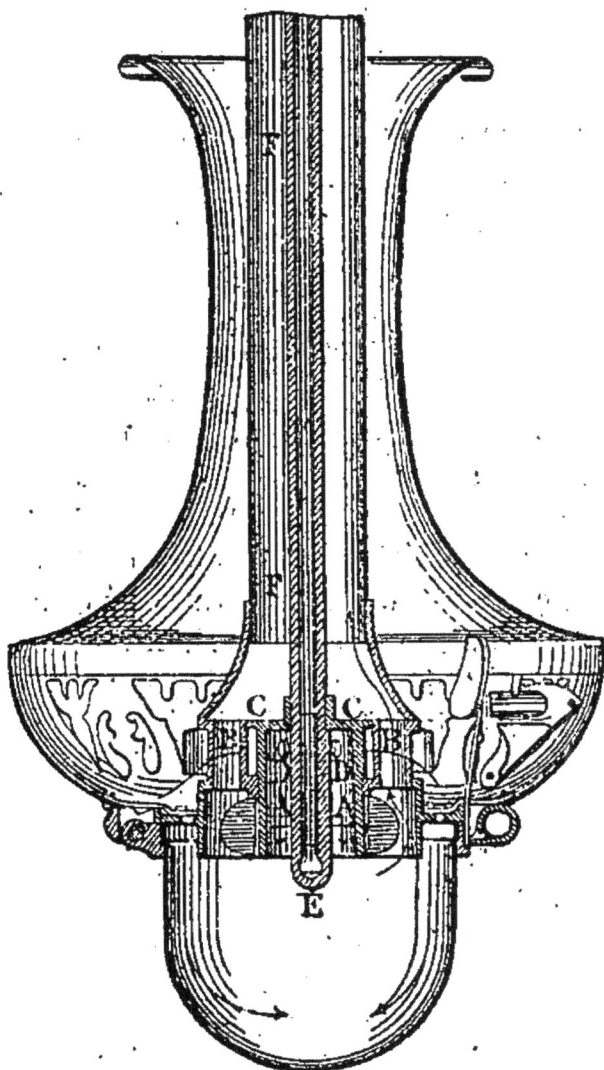

Fig. 247.

dres verticaux, et descend dans la chambre centrale A
par les orifices de la partie supérieure de cette cham-

bre. Il arrive ainsi considérablement chauffé au brûleur, par son passage au contact des différents organes que les produits de la combustion, remontant dans la cheminée en traversant les tubes C, portent à une température élevée.

Cette lampe a été modifiée heureusement. Le récupérateur est composé de deux cloches concentriques en fonte réunies par deux conduits horizontaux de section presque rectangulaire dans laquelle passe l'air froid arrivant du dehors. Les produits de la combustion, avant de s'échapper par la cheminée qui surmonte la cloche extérieure, circulent autour des conduits horizontaux qu'ils échauffent, et l'air pénétrant par ces tubes arrive ainsi dans la cloche intérieure à une température élevée.

Ce récupérateur est très simple et très robuste. Il est entièrement venu de fonte, sans assemblages toujours difficiles quand les pièces doivent être portées à des températures très élevées. Le bord inférieur du cylindre intérieur porte une rondelle en terre réfractaire qui tout en préservant la fonte à laquelle elle est fixée, répartit les produits de la combustion et les dirige dans l'espace annulaire entre les deux cloches.

Le gaz est amené par un tube central dans l'axe de la cloche intérieure jusqu'à un brûleur en stéatite à jets horizontaux ; d'autre part, le cercle supportant la verrine est percé d'un certain nombre de trous permettant à l'air extérieur de descendre dans la verrine. On échappe ainsi à un échauffement trop grand du verre.

LAMPE WENHAM

Le brûleur des lampes Wenham est un brûleur Argand à double courant d'air. Les trous sont au

nombre de 50 et leur diamètre est de 1 millimètre 1/2.
La figure 248, qui donne la coupe verticale d'une

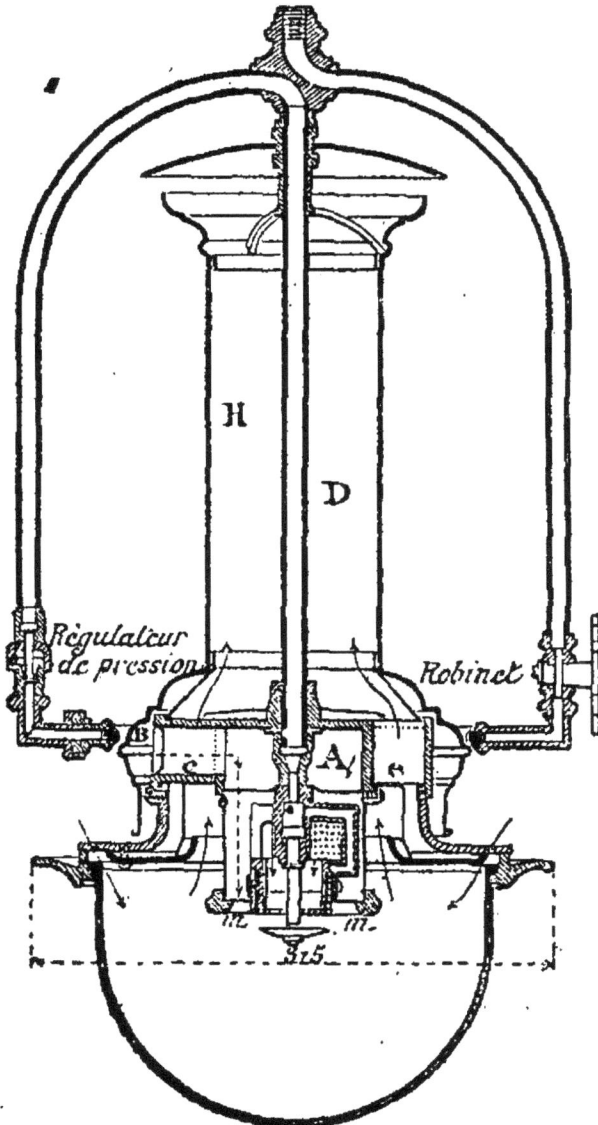

Fig. 248.

lampe Wenham, montre la disposition de ce brûleur A
avec la boîte de distribution B de l'air chaud et du

gaz. Ce dernier est amené au brûleur par un conduit central D qui sert en même temps de suspension pour les modèles de grosse consommation autres que ceux en forme de lyre. Les tôles perforées J sont en nickel ; elles ont pour but de tamiser l'air et d'assurer son arrivée régulière au brûleur.

Le gaz passe par le régulateur destiné à assurer une pression normale de gaz dans l'appareil. Le gaz arrivant en dessous dans cet appareil, il est nécessaire qu'il descende d'abord, puis remonte pour redescendre une seconde fois avant son arrivée au brûleur.

Le brûleur est enclavé dans le récupérateur C. Celui-ci est constitué par un cylindre en fonte dans lequel viennent déboucher six tubes cylindriques horizontaux disposés en rayons. L'air extérieur arrive dans les cylindres après avoir traversé la tôle perforée I qui le tamise à son entrée et se répand dans le cylindre A où il se divise en deux courants : l'un descend directement extérieurement au brûleur, l'autre se rend dans la boîte de distribution et arrive au bec par la partie centrale de cette boîte.

On voit donc que le gaz brûle entre deux courants d'air comme dans le bec Argand. D'autre part les produits de la combustion passant entre les cylindres C avant de se rendre à la cheminée H qui surmonte le récupérateur, échauffent ces tubes. L'air qui les traverse pour arriver au bec s'échauffe ainsi notablement à leur contact. La bonne direction des courants d'évacuation est assurée au moyen des enveloppes en tôle de nickel J.

La partie inférieure de la boîte B, soumise continuellement à l'action de la flamme, est protégée par un anneau de porcelaine blanche très dure et très résistante. Enfin à un centimètre environ au-dessous du brûleur se trouve fixé à la tige centrale un petit disque perforé en nickel légèrement bombé et qui a pour but d'épanouir la flamme. Le récupérateur, qui est tout en fonte, supporte le porte-verrine, et pour assurer l'étanchéité de ce joint on place entre le verre et la fonte un cordon d'amiante.

Sur le bord extérieur du porte-verrine sont ménagés vingt-deux trous de 3 millimètres de diamètre par lesquels arrive l'air extérieur dans la verrine afin de la garantir contre une trop grande élévation de température. Enfin un réflecteur en fonte ou tôle émaillée blanc est fixé à la base du récupérateur.

Ce modèle a été modifié et il est maintenant beaucoup plus simple et plus robuste. Le brûleur est un bouton en stéatite, formé de deux calottes sphériques juxtaposées et dont la couronne est percée d'un certain nombre de trous. Ce brûleur est vissé à l'extrémité de la tige d'arrivée du gaz qui sert en même temps à suspendre l'appareil.

La boîte de distribution est supprimée, et le récupérateur entièrement venu de fonte, se compose de deux cylindres concentriques réunis par des conduits parallélipipédiques de section presque carrée, inclinés sur l'axe des cylindres. Ces conduits remplacent les tubes cylindriques qui existaient dans le modèle précédent.

Le fonctionnement du récupérateur est le même. Le brûleur est placé dans l'axe un peu au-dessous du bord inférieur du récupérateur, et de plus le cylindre inférieur est fermé par une tôle perforée de façon à amener une arrivée régulière de l'air chaud.

L'enveloppe extérieure de la lampe peut être

nickelée, bronzée ou recouverte de céramique décorée.

Il y a un modèle dit « l'Etoile », qui est disposé de façon à être vissé sur un appareil quelconque.

Les lampes Grégoire et Godde, Sée, Ezmos se rapprochent beaucoup comme disposition des lampes Wenham, nous n'en dirons pas plus long.

LAMPE DANISCHEWSKY

Le modèle primitif fut une des premières lampes à récupération de construction française.

Elle est caractérisée par l'absence de tout bec. Le brûleur est un tube vertical à l'extrémité duquel le gaz vient déboucher à gueule bée, et où il rencontre une tige faisant partie du récupérateur et qui fait épanouir la flamme. La verrine, que traverse le tube d'arrivée du gaz, est supportée par une petite colonne métallique reposant sur un ressort à boudin entourant le tube vertical et soutenu par une surépaisseur du chandelier d'où partent deux tiges cintrées supportant un cercle sur lequel vient poser le récupérateur. Celui-ci est constitué par un tube ou chambre centrale, dans lequel viennent déboucher huit canaux horizontaux, affectant la forme de caissons parallélipipédiques plats, disposés en rayons. Il est entouré d'une enveloppe extérieure en tôle de cuivre, comme tout le récupérateur, surmontée d'une cheminée en verre.

L'air froid pénétrant par les orifices circulaires ménagés à la partie supérieure de la boîte extérieure, pénètre dans les conduits affectant comme il vient d'être dit la forme de caissons parallélipipédiques plats, ouverts sur toute leur hauteur, et se divise en

deux courants. L'un descend dans la chambre centrale, et de là se rend au brûleur; l'autre revient
dans l'espace annulaire entre les caissons et l'enveloppe extérieure, et descend dans la coupe, où il se
répand sous la flamme. Les produits de la combustion remontent par les secteurs que laissent entre
eux les conduits, autour desquels ils circulent et
qu'ils échauffent considérablement. La coupe en
terre réfractaire, fixée à l'extrémité inférieure de la
chambre centrale, a pour but de répartir les produits
de combustion, et, de plus, la terre réfractaire rapidement portée au rouge contribue encore à augmenter le rendement lumineux de la lampe.

La lampe Danischewsky a été modifiée pour être
placée dans une lanterne de ville en vue de son application à l'éclairage public. Le modèle décrit plus
haut a été également, tout en conservant le même
principe, simplifié. Nous ne pouvons le décrire faute
de place.

BECS DITS INVERSEURS RÉCUPÉRATEURS

Les inverseurs récupérateurs de M. Baudrept ont
été étudiés en partant de ce principe qu'il est nécessaire pour obtenir le maximum de pouvoir éclairant
que le gaz sorte avec une très faible vitesse et que la
combustion s'opère au repos relatif. Il faut en même
temps procéder à un échauffement préalable de l'air
avant son introduction dans la flamme. Dans ce but,
on peut renverser les courants d'air d'alimentation
et annuler par frottement la poussée de bas en haut
inhérente aux appareils en usage.

L'inverseur se compose (fig. 249) en principe d'un
ajutage tronconique A s'adaptant sur la prise d'air

intérieure d'un bec Argand par exemple. L'ajutage
est recouvert par un chapeau plissé C qui renverse
le courant d'air appelé au centre de la flamme et le

Fig. 249,

dirige de haut en bas sur la nappe en ignition. Ce courant s'oppose au mouvement ascensionnel du gaz,

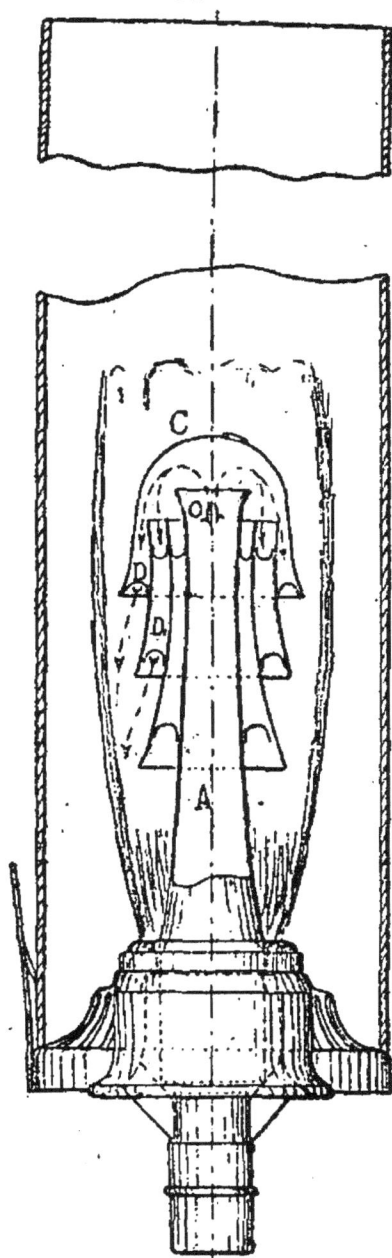

Fig. 250.

et les mouvements de l'air et du gaz se faisant en sens inverse, la combustion se fait à la plus basse pression possible. Il suffit de placer le chapeau à la hauteur convenable pour que l'air, en descendant, traverse toute la flamme.

En dessous du chapeau C se trouvent plusieurs compartiments concentriques formés également par des plissés, et par lesquels l'air, débouchant en O, se distribue en quantités déterminées suivant le régime de combustion adopté dans chaque cas et d'après les conditions de maximum de rendement pour les différentes hauteurs. On diminue l'étendue de la zone bleue ou de préparation au profit de la zone éclairante.

La figure 250 montre une disposition d'inverseur appliqué à un bec droit avec flamme en tulipe. Le chapeau C est à ailes droites et légèrement relevées à leur extrémité, et formant avec le double F un canal annulaire D, par lequel l'air chaud débouche dans la flamme qui l'entraîne à la partie supérieure où la combustion se poursuit en fournissant une lumière très blanche.

LAMPE GASO-MULTIPLEX

Cette lampe est représentée fig. 251; le rayon d'intensité maximum est relevé à 54° environ vers l'horizon, la flamme est en forme de tulipe. Cette configuration de la flamme est due à la position relative du brûleur qui est à une distance assez grande de l'orifice de la tubulure centrale amenant l'air extérieur. D'autre part la toile métallique émerge fortement de la tuyère centrale. La disposition du tube d'arrivée de l'air fait qu'il arrive normalement sur la nappe lumineuse, l'infléchit et empêche le filage.

Le récupérateur est en fonte, d'une seule pièce et fait corps avec la cheminée. Le tube d'alimentation du gaz est enfermé dans une gaine isolante, pour éviter un échauffement trop considérable.

Le brûleur, le réflecteur sont l'un serré à chaud, l'autre vissé sur le bord du récupérateur. Le globe repose librement sur l'assise tournée du cercle extérieur.

L'armature de la lampe est en tôle émaillée. Les lampes destinées à l'éclairage extérieur sont recouvertes d'un fourreau métallique (fig. 251). L'air froid entre par le vide annulaire O entre l'enveloppe B et la capuche H. Les flèches indiquent le chemin parcouru par l'air pour arriver au brûleur.

Si la vitesse de l'air est très grande, il suit le chemin des flèches côté gauche de la coupe. Si la vitesse est faible, il suit le tracé des flèches côté droit. Les produits de la combustion sortent par les orifices dentelés O' du chapiteau D.

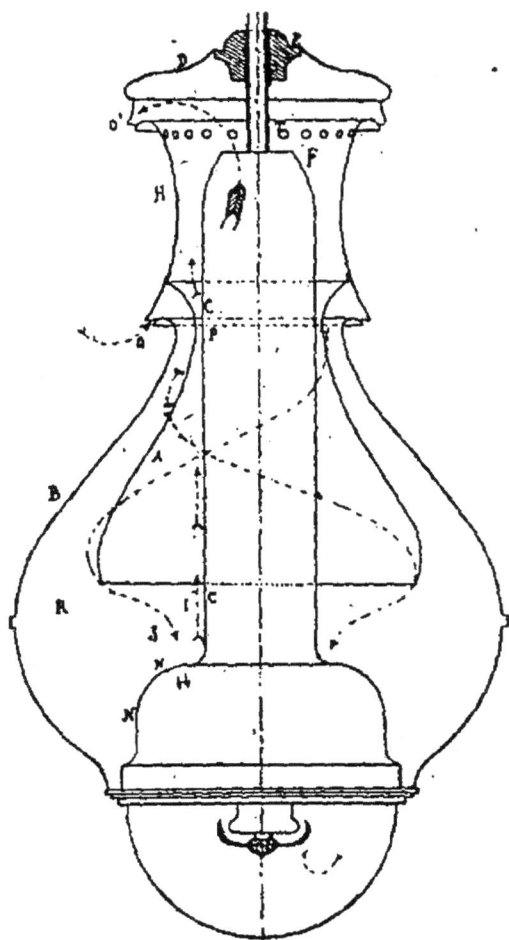

Fig. 251.

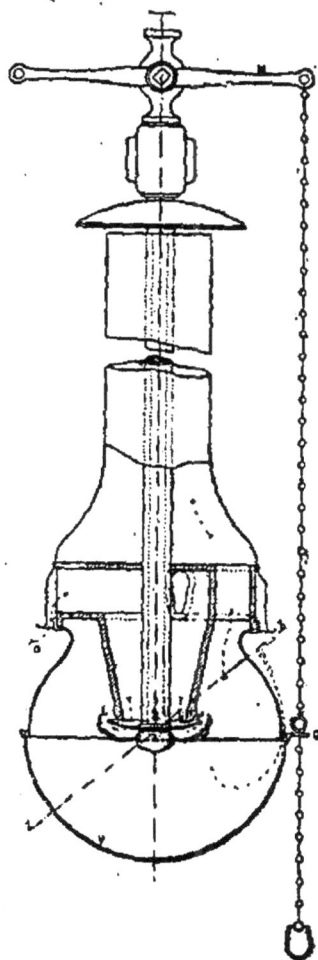

Fig. 251 bis.

La fig. 251 bis représente une lampe Gaso-Multiplex à globe suspendu oscillant. La coupe est suspendue par deux pivots vissés dans le réflecteur bombé et permettant à la coupe de basculer pour s'ouvrir comme le montre la ligne pointillée xx' quand on

veut faire l'allumage. Ce mouvement de bascule
s'obtient du même coup que l'ouverture du robinet
à gaz en tirant sur la chaînette S, qui actionne le
bras du levier M et saisit au passage le taquet Q
fixé au rebord de la coupe.

Les modèles se construisent pour des consommations de 160 à 600 litres.

Il nous reste maintenant à parler des becs dits à
incandescence dans lesquels le pouvoir éclairant de
la flamme est obtenu au moyen d'une matière in-
combustible portée à l'incandescence par une flamme
à gaz. Nous trouvons dans ce genre les becs suivants.

BEC SELLON

Il est constitué par un brûleur Bunsen portant à
l'incandescence une mèche en toile de fils de platine
iridié. La mèche doit être remplacée toutes les 50
heures, sans quoi la flamme d'abord très blanche
devient rougeâtre. De plus il faut que le mélange
d'air et de gaz soit toujours exactement de 1 volume
de gaz pour 5,7 d'air.

L'âge de la mèche influe beaucoup sur le rendement lumineux par suite de la diminution de son
pouvoir émissif: avec une mèche neuve, le bec donne
la carcel avec 75 litres, tandis qu'avec la mèche
usée, il faut 130 litres pour l'obtenir.

BEC CLAMOND

L'ancien type Clamond se composait d'un bec circulaire à trous et à double courant d'air, dont la
flamme portait à l'incandescence un panier P de ma-
gnésie filée posé sur le bec.

Cet appareil, enfermé dans un verre formant chemi-

née, entouré d'une deuxième verrine fermée par le
bas. L'air, avant d'arriver au brûleur, était forcé de
passer entre les deux verrines au contact desquelles
il s'échauffait. Ce genre d'appareils ne se construit plus
depuis 1889. La société l'Energie remplaça le bec à
double courant d'air, par une double série de petits
brûleurs de Bunsen enfermés dans une boîte cylindrique sur laquelle repose la mèche.

On construisit également un bec à récupération de
chaleur et à flamme renversée dans lequel le brûleur était encore une série de tubes de Bunsen alimentés par de l'air ayant traversé le récupérateur de
chaleur.

La corbeille est suspendue sous le récupérateur et
elle brûle dans une verrine analogue à celle des
lampes à récupération ordinaires.

BEC AUER

Ce bec, imaginé en 1885 par le docteur Auer
von Welsbach, se compose d'un bec Bunsen portant à l'incandescence un manchon formé d'oxyde
de thorium et d'yttrium. Pour obtenir cette mèche, on
la construit d'abord en mailles de coton ou en tulle
et on la trempe dans une solution de nitrate desdits
oxydes. Ensuite on y met le feu après lui avoir donné
la forme désirée au moyen d'un manchon en bois.
Le coton brûle et il reste un manchon de matières
incombustibles ayant l'aspect d'une gaze légère.

Ce mode de fabrication explique la fragilité des
manchons, mais la fabrication actuelle a augmenté
beaucoup leur solidité. Dans le bec Auer l'air est mélangé au gaz dans la proportion de 50 à 60 0/0. Le
manchon est suspendu à un anneau fixé à un sup-

port métallique au-dessus de la flamme et entouré d'un verre pour produire le tirage nécessaire.

L'appareil est représenté figure 252. Le manchon peut brûler de 600 à 1,000 heures. La dépense moyenne est de 20 à 21 litres par carcel pour le type n° 1 qui brûle 80 à 85 litres ; et de 19 à 20 litres par carcel pour le n° 2 qui consomme 115 à 120 litres.

Quelques inventeurs ont eu l'idée d'appliquer le principe de l'incandescence aux becs à flamme plate brûlant à l'air libre ; pour cela ils suspendent dans la flamme qui brûle, une matière irradiante constituée par des fils végétaux imprégnés d'oxydes éclairants et sertie entre deux fils de platine tordus. Ces essais n'ont pas donné lieu jusqu'ici à des becs bien pratiques.

Les becs à incandescence sont employés maintenant pour l'éclairage public. Pour l'éclairage, on emploie des dispositifs spéciaux,

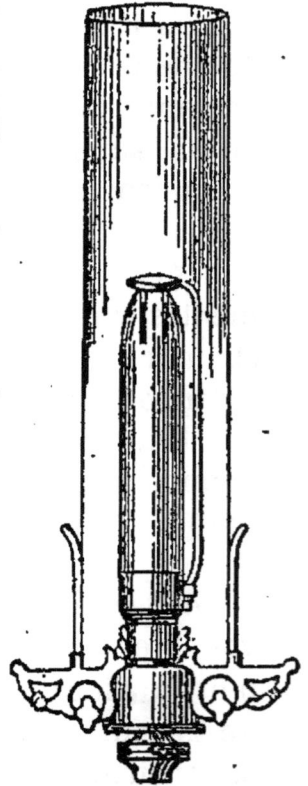

Fig. 252.

entr'autres la cuillère, qui consiste en un conduit qui fait communiquer le haut de la lanterne avec l'extérieur et qui se termine de ce côté par un évasement sous lequel on applique l'allumoir.

M. Brouardel a inventé un système d'allumage électrique très ingénieux.

BEC A INCANDESCENCE AVEC INSUFFLATION D'AIR

M. Denayrouse a appliqué au bec Auer, le système qui constituait le bec Clamond. Dans un bec on employait de l'air à une pression de plusieurs mètres d'eau venant d'une canalisation spéciale. M. Denayrouse se contente aujourd'hui de pousser de l'air dans le bec sous une pression insignifiante au moyen d'un ventilateur de toutes petites dimensions installé sous le bec lui-même.

Ce ventilateur est actionné par un tout petit moteur électrique, qui ne demande qu'un courant insignifiant. La dépense d'électricité pour un bec de 40 carcels est de 0,13 watts, et la dépense en gaz par carcel est d'environ 8 litres. M. Denayrouse ajoute encore d'autres avantages à son bec :

1° L'allumage automatique au moyen du courant qui actionne le petit moteur ; 2° la suppression de la cheminée en verre, qui constitue une économie sérieuse et une simplification sensibles ; 3° inaltérabilité du manchon sous la pluie.

Depuis, M. Denayrouse a trouvé une disposition spéciale des ajustages d'arrivée de l'air, qui forment trompe et opèrent le mélange d'air et de gaz ; il a pu supprimer le moteur électrique et rendre pratique l'emploi de ce bec.

BEC L'ALBO CARBON

Il est constitué par un bec à trou, dit Manchester, brûlant devant une boule métallique à laquelle est relié le tuyau d'alimentation du gaz et qu'on remplit aux deux tiers environ avec des cristaux de naphtaline épurée désignée sous le nom Albo Carbon.

Le gaz, avant d'arriver au bec, traverse la boule et se charge de vapeurs de naphtaline. Le bec échauffe une petite plaque horizontale qui transmet par conductibilité, à la boule, une certaine quantité de chaleur destinée à faire fondre la naphtaline qui fond à 80°.

De plus, cette plaque est mobile horizontalement autour d'un axe vertical, ce qui permet d'augmenter ou de diminuer à volonté la surface soumise à l'action de la flamme et par suite la quantité de chaleur transmise à la naphtaline.

Il est en effet nécessaire de pouvoir régler la carburation, qui dépend beaucoup de la température de la boule et qui varie avec la température extérieure, le nombre d'heures du fonctionnement du bec, etc.

Pour diminuer la main-d'œuvre importante nécessitée par l'allumage des becs de ville, on a imaginé un grand nombre de systèmes.

Quelques-uns sont fondés sur les différences de pression que l'on donne au gaz au moment de l'allumage et au moment de l'extinction.

Le système Flurscheim se compose d'une cloche de gazomètre qui se meut dans une cuve en fer pleine de mercure.

Cette cloche se soulève sous une différence de pression de trois centimètres, et porte un cylindre creux qui la suit dans son mouvement ; ce cylindre porte des ouvertures qui se déplacent devant d'autres ouvertures d'un manchon qui l'entoure.

Il forme une sorte de tiroir. On règle la pression nécessaire pour ces manœuvres à l'aide de leviers et de contrepoids mobiles. Il y a constamment un petit bec veilleuse qui brûle et met le feu au gaz, au moment où celui-ci sort par le bec ; le bec veilleuse s'éteint alors et est rallumé au moment où le bec va s'éteindre.

On s'est servi aussi de l'électricité pour allumer les lanternes publiques, pour éviter l'usage des perches portant des lampes qui s'éteignent souvent. La perche contient une petite pile au chlorure d'argent, et lors de l'introduction de l'extrémité de la perche dans la lanterne, l'allumeur presse sur un bouton et fait rougir un fil de platine qui allume le gaz.

Dans un autre système, le boisseau du robinet est percé d'un petit trou, qui laisse échapper une petite quantité de gaz, lorsque le robinet est à moitié ouvert. Dans cette même position du robinet, le conflagrateur, placé dans la cavité où débouche ce trou, est mis en action par un courant électrique, la petite quantité de gaz qui s'échappe du trou, s'enflamme et vient allumer le véritable bec qui est au-dessus et qui est, à ce moment, légèrement ouvert.

En ouvrant davantage le robinet, le trou se trouve bouché et le conflagrateur cesse de fonctionner.

L'ouverture et l'interruption du courant se produisent au moyen d'une came fixée à l'extrémité de la clef du robinet et tournant avec elle. Elle est légèrement biaise, comme une aile d'hélice, de manière à prendre à droite ou à gauche un ressort de cuivre, selon qu'on ouvre ou qu'on ferme le robinet.

En ouvrant, la came chasse le ressort contre l'extrémité d'un des conducteurs du conflagrateur, et ce ressort étant en communication avec l'un des pôles d'une pile, le courant passe et va au fil de platine qui rougit, l'autre pôle étant constamment en communication avec un crochet isolé de la masse. Lorsqu'on ferme le gaz, le ressort est pressé en sens inverse, et la pile ne fonctionne pas.

CHAPITRE XV

COMPTEURS A GAZ POUR ABONNÉS

—

S. Clegg, en 1815, fit breveter un compteur qui se composait de deux petits gazomètres, reliés à une espèce de fléau de balance, de telle sorte que, lorsque le gaz soulevait par sa pression l'une des cloches sous lesquelles il arrivait, il forçait l'autre à descendre et à envoyer aux becs le gaz qu'elle contenait. Chaque cloche communiquait avec le tuyau qui amène le gaz et avec celui qui le conduit aux becs. Mais au moyen de soupapes, chacune des cloches ne pouvait être alternativement en communication qu'avec le tuyau d'arrivée ou le tuyau de départ. C'était le mouvement même des cloches qui mettait ces soupapes en mouvement.

La contenance des cloches étant connue, et chacune de leurs ascensions étant marquée sur un ou plusieurs cadrans par un mouvement d'horlogerie, le gaz se trouvait mesuré. Il résultait de ce mouvement alternatif des cloches, des oscillations dans la flamme des brûleurs et une grande irrégularité d'éclairage.

Clegg, en 1816, inventa le compteur employé aujourd'hui, et perfectionné.

Cet appareil consiste, en principe, en un récipient cylindrique, un tambour divisé en compartiments ou chambres, tourne dans l'eau, de telle manière que les chambres qui sortent au-dessus de l'eau se remplissent de gaz pour se vider ensuite en s'enfonçant dans l'eau (fig. 253 et 254).

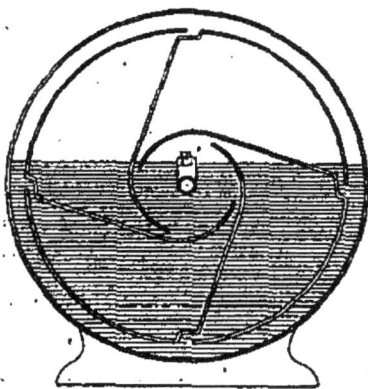
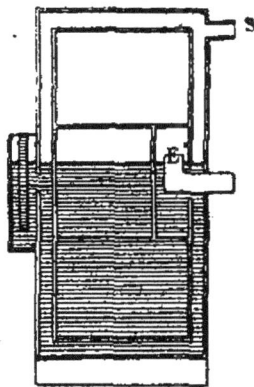

Fig. 253.   Fig. 254.

Depuis, l'on a apporté à ces appareils des perfectionnements pour en obtenir un mesurage exact et pour en faciliter la fabrication, comme nous allons le voir.

COMPTEUR CROSSLEY

Crossley fut le premier qui déplaça les ouvertures d'entrée et de sortie en forme de fentes, et les reporta sur les deux plaques de fond du tambour, ce qui conduisit à donner aux cloisons une position oblique par rapport à l'axe ; il diminua ainsi la pression nécessaire pour opérer la rotation. Le tuyau d'entrée, en forme de **U** (fig. 255 et suiv.) n'était plus introduit dans le tambour même, mais dans une chambre antérieure formée par un fond voûté en forme de segment sphérique.

Il ajouta l'avant-corps dans lequel débouchait l'une des branches du siphon, et qui renfermait une soupape à flotteur.

COMPTEUR EDGE

Thomas Edge jugeant avec raison que l'orifice disposé sur le côté droit pouvait, si la vis n'était pas mise pendant la mise en charge du gaz, permettre à l'eau de s'échapper et déniveller l'appareil, supprima cet orifice et fit correspondre le niveau au point d'affleurement du siphon, et disposa un réservoir (fig. 255) pour recueillir l'eau qui envahissait le siphon sous l'influence de la pression et des oscillations du niveau de l'eau.

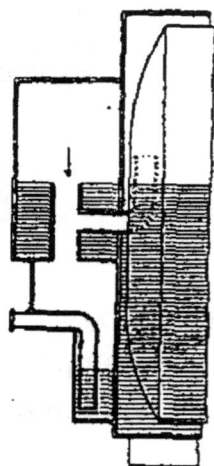

Depuis on adopta la disposition suivante pour le réglage du niveau : le régulateur de niveau est fixé provisoirement dans l'avant-corps et le niveau normal s'obtient en le faisant monter ou descendre, jusqu'à ce

Fig. 255.

que l'instrument soit exact : il faut pour cela ménager à la hauteur du trop-plein une échancrure assez prononcée qui permette à l'essayeur de régler la ligne de niveau ; c'est seulement après cette opération que le disque en métal qui recouvre l'échancrure est définitivement soudé.

Au lieu d'un manchon à vis, Scholefield employa un simple tuyau en plomb recourbé et muni d'une anse en fil de fer, servant, avec l'aide d'un crochet, à le fixer à la hauteur convenable ; cette disposition est adoptée maintenant dans tous les compteurs.

COMPTEUR HEMMING

On a cherché à avoir un niveau constant parce que le gaz qui passe à travers le compteur entraîne de

8.

l'eau. Hemming introduisit un dispositif à fontaine intermittente avec réservoir extérieur. La Compagnie Parisienne obtint le même résultat par la division de la boîte carrée en deux compartiments, l'un formant le réservoir d'alimentation, et l'autre le régulateur soumis à la pression du gaz d'arrivée; un tube flexible, analogue à celui déjà décrit, les mettait en communication et permettait le réglage lors de l'essai.

COMPTEUR CROSSLEY ET GOLDSMITH

Crossley et Goldsmith obtenaient le même résultat en faisant alimenter le compteur au moyen de deux cuillères fixées à un arbre creux, mis en mouvement par le volant, et puisant alternativement une certaine quantité d'eau dans un réservoir spécial, qu'elles versaient ensuite dans le compteur, un tuyau de trop plein ramenait l'eau dans ledit réservoir.

D'autres dispositions ont été essayées pour rendre le mesurage indépendant du niveau d'eau. Clegg avait inventé un compteur à volant flotteur; Gilbert Sanden et Edward Donovan un compteur à flotteur compensateur, la pratique n'a pas ratifié ces dispositions, ingénieuses mais qui rendent ces appareils délicats.

On emploie aujourd'hui pratiquement les systèmes suivants:

COMPTEUR WARNER ET COWANN

Ce volant en contient un autre à l'intérieur (fig. 256 et 257) dont la longueur est moitié moindre, les ailettes sont disposées en sens inverse et le cylindre dépasse la ligne de niveau d'environ deux centimètres. En sorte que si l'eau vient à baisser, le volant

auxiliaire reçoit du gaz qu'il fait revenir dans la calotte, pour qu'il soit mesuré à nouveau par le volant
principal.

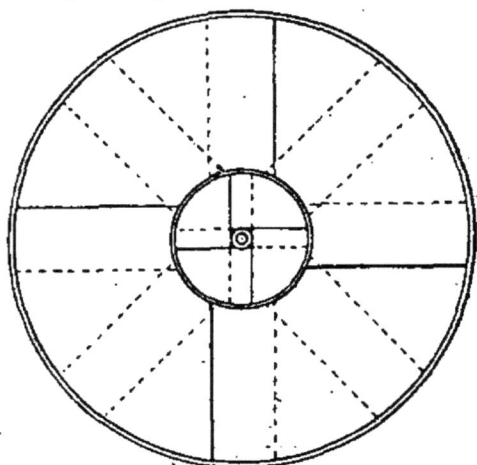

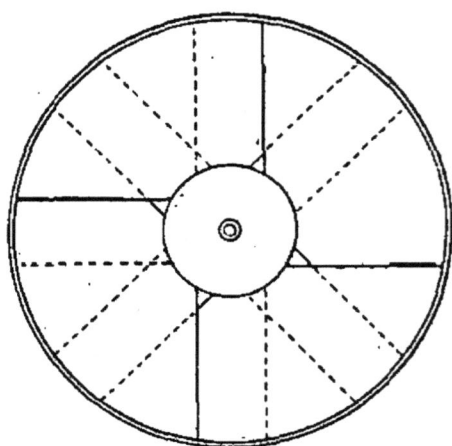

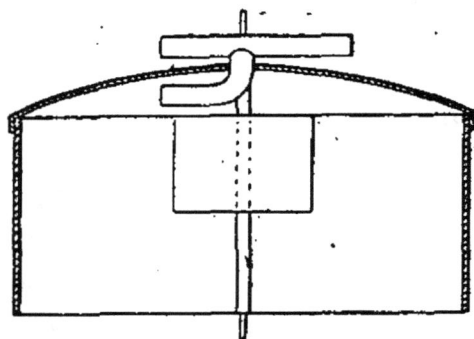

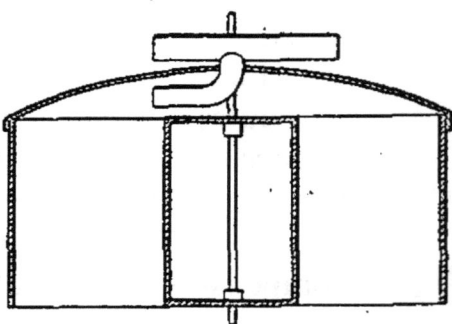

Fig. 256.   Fig. 257.

La fabrication de ce compteur est d'un prix un peu
plus élevé et il absorbe un peu plus de pression que
le compteur ordinaire.

COMPTEUR SIRY-LIZARD

Cet inventeur a cherché à rendre le mesurage indépendant du niveau du compteur, entre les limites
admises, fermeture de la soupape et niveau normal

fixé par le trop plein. Le principe consiste à renvoyer dans un autre compartiment du volant le gaz qui se trouve en trop dans l'aube qui mesure, au lieu de l'envoyer au bec (fig. 258 et 259).

On obtient ce résultat au moyen de quatre chambres en forme de gouttières à fond plat accouplées deux à deux et faisant communiquer les aubes du volant. Les gouttières 1 et 3 accouplées ensemble font communiquer les aubes 1 et 3, la gouttière ou chambre n° 1 prenant du gaz dans l'aube n° 1 pour le conduire dans l'aube n° 3, et la gouttière n° 3 prenant du gaz dans l'aube n° 3 pour le conduire dans l'aube n° 1. Les gouttières 2 à 4 accouplées pareillement font communiquer les aubes 2 et 4 de la même manière.

Par la révolution du volant, chaque fois qu'une de ces chambres arrive à la surface de l'eau, le gaz dont elle est remplie se trouve emprisonné en quelque sorte par le plan d'eau, et se déverse par l'autre extrémité du volant, qui émerge également au-dessus de l'eau.

Il est évident que plus le niveau s'abaissera, plus cette chambre compensatrice prendra du gaz et en renverra dans l'autre compartiment ; or si le volume de gaz compris entre deux plans d'eau parallèles dans la chambre compensatrice est égal au volume compris dans les mêmes plans dans l'aube mesurante, il est clair que, quel que soit l'abaissement d'eau, la chambre compensatrice enlèvera toujours la quantité de gaz qui se trouvera en trop dans l'aube mesurante, et qu'il y aura toujours par là une exacte compensation au point de vue des mesures.

Ce compteur fonctionne très bien, et, bien fa-

briqué, n'absorbe pas plus de deux à trois millimètres de pression.

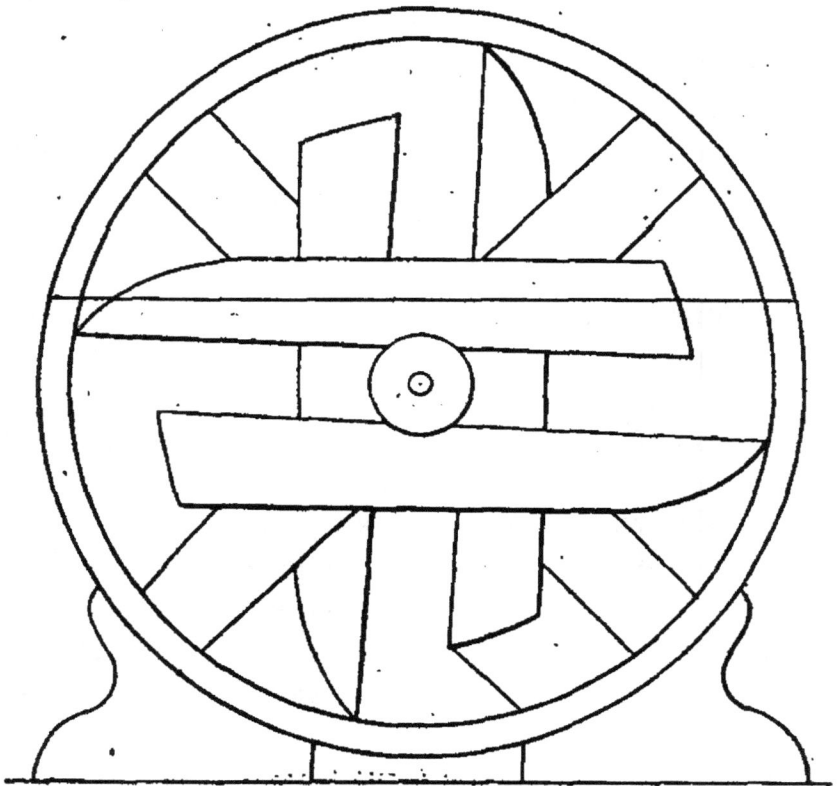

Fig. 258.

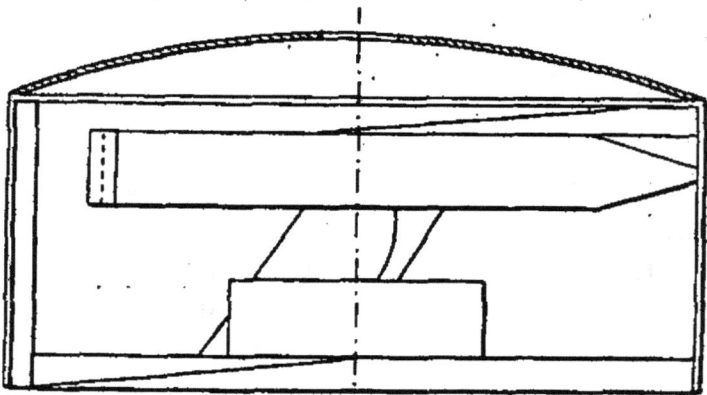

Fig. 259.

COMPTEURS A SATURATION PRÉALABLE

Le gaz courant des conduites qui est à la température moyenne de 12°, contient de 3 à 6 grammes de vapeur d'eau par mètre cube, et son point de saturation correspond à 10 grammes environ. C'est pourquoi il emporte une certaine quantité d'eau des compteurs.

John Reed, en 1861, imagina de mettre le gaz en contact avec l'eau avant son passage dans le compteur, au moyen d'une bâche placée à la base du compteur, avec des chicanes, pour augmenter le contact du gaz et de l'eau.

En France, M. Rouget réédita cette disposition, mais supprima la bâche inférieure, il utilisa la boîte cylindrique du siphon et la transforma en une bâche à saturation.

En fait, ces systèmes sont peu employés.

COMPTEUR AVEC RÉGULATEUR DE NIVEAU DANS LA BOÎTE DE TROP PLEIN

Le compteur poinçonné à Paris depuis l'arrêté préfectoral du 26 août 1866, n'a pas seulement l'inconvénient de soumettre le mesurage du gaz aux variations de niveau de l'eau, il a encore celui qui résulte de l'obligation d'introduire de l'eau en excès dans le compteur pour en opérer le nivellement, et de verser cette eau lentement et par petites quantités à la fois, sous peine de produire le siphonnement de l'appareil.

M. Williams adopta la disposition suivante et réunit les tubes extrèmes du siphon et du régulateur, dans la même boîte du trop plein. Cette disposition permettait de procéder au remplissage du compteur sans qu'il fût besoin pour garnir les gardes hydrauliques d'introduire un excédent d'eau devant ressortir ensuite de l'appareil.

Ce compteur provoqua une objection sérieuse, résultant de ce que les variations de la pression du gaz dans l'intérieur de l'appareil en marche, suffisaient à jeter de l'eau dans la partie vide du régulateur et altéraient ainsi le niveau de l'eau au préjudice des compagnies.

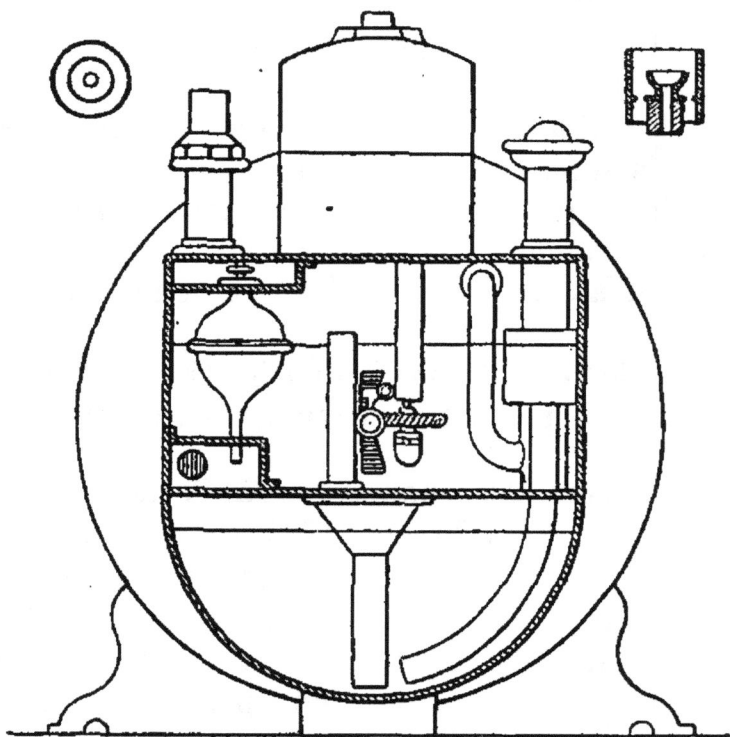

Fig. 260.

La Compagnie parisienne a perfectionné ce compteur (fig. 260) en adaptant au régulateur une bague en métal, qui porte en son milieu un disque percé de plusieurs trous par lesquels l'eau est obligée de passer, avant de s'écouler dans la boîte du trop plein.

Cet obstacle, opposé à la marche du liquide, combat les oscillations du niveau et rend impossible le siphonnement de l'appareil, car l'eau n'envahit plus le siphon pendant l'opération du nivellement, et elle passe par le tube du régulateur sans l'emplir, la section des orifices de la bague étant inférieure à celle de cet organe.

Cette modification fut insuffisante pour faire adopter le nouveau système, auquel on fit le reproche de supprimer l'orifice du régulateur et par conséquent la possibilité du niveau supérieur.

En effet, les compagnies de gaz françaises, contrairement à celles d'Allemagne, d'Autriche et d'Angleterre, se refusent à accepter un compteur dont le niveau normal, pouvant être abaissé, ne saurait être dépassé ; elles proclament que l'équité veut une compensation dont elles ne retirent cependant aucun profit, car, d'une part, le mode prescrit pour le nivellement des compteurs s'y oppose, et d'autre part le consommateur de gaz a toujours à sa disposition le libre maniement de la vis du régulateur pour en contrôler l'exactitude.

Le compteur adopté actuellement par la Compagnie parisienne est celui dit système Crossley modifié. Il se compose :

De la *caisse principale*, ou enveloppe cylindrique, contenant le volant, et qui contient l'eau nécessaire à son fonctionnement; elle est, en général, en tôle plombée pour compteur de 5 à 150 becs, et en fonte pour les compteurs au-dessus.

L'*avant-corps*, ou boîte rectangulaire faisant partie de l'enveloppe générale du compteur et contenant, à l'exception du mouvement d'horlogerie, les divers organes qui constituent la partie mécanique de l'appareil.

La *boîte à cadrans* sur le haut de l'avant-corps, est munie d'une porte protectrice de la vitre.

La *boîte du siphon* placée au-dessous de l'avant-corps et permettant d'établir une garde hydraulique à la partie inférieure du siphon.

Le *tube d'arrivée du gaz* disposé à gauche du compteur, ayant un diamètre en rapport avec la capacité de l'appareil, et recevant le gaz du branchement pour l'introduire dans l'avant-corps.

Le *tube de sortie du gaz* placé sur la partié supérieure de la caisse, ayant un diamètre égal à celui d'arrivée et mettant le compteur en communication avec la plomberie principale de distribution.

Les *vis mâles* et les *pas de vis femelles* du tube d'introduction de l'eau, du régulateur et du siphon.

La *plaque matricule en cuivre* placée sur l'avant-corps, portant gravés les noms du fabricant, le numéro et l'année de fabrication et la capacité du compteur.

Les *supports* qui servent de base à l'appareil, sur lesquels repose l'enveloppe cylindrique et que l'on nomme les pieds du compteur. Les pattes de scellement au moyen desquelles le compteur est fixé sur une plate-forme pour en assurer l'horizontalité et interdire son déplacement.

Les poinçons que l'administration appose sur diverses parties de l'appareil, conformément à l'arrêté

préfectoral en vigueur sur la vérification et le poin-
çonnage des compteurs.

Organes cachés

Le *tube d'introduction de l'eau* placé à droite de
l'avant-corps et y déversant l'eau au fur et à mesure
qu'il la reçoit. Il revêt dans la fabrication deux formes
différentes. S'il est droit et plongeur, il est pourvu
intérieurement d'une chicane faisant obstacle à l'aspiration de l'eau qui serait tentée par un moyen
quelconque.

S'il est recourbé en siphon, son orifice à l'intérieur
dépasse notablement le niveau normal du compteur,
et il devient alors impossible soit de l'amorcer, soit
d'expulser l'eau par un excès de pression exercée
sur la surface du liquide.

Le *régulateur*, qui sert à déterminer la hauteur du
niveau d'eau dans le compteur. Il consiste en un
siphon recourbé, dont l'orifice intérieur règle la hauteur normale de l'eau, en même temps qu'il reçoit
l'excès du liquide introduit pour le déverser ensuite
à l'extérieur par un autre orifice ménagé à cet effet.

La *chambre de la soupape*, formant à gauche, dans
l'angle supérieur de l'avant-corps, un compartiment
qui communique directement avec le tube d'arrivée
du gaz. Le compartiment possède une ouverture circulaire au centre de laquelle se meut la tige du flotteur et que la soupape ferme et condamne lorsque
l'eau venant à diminuer dans le compteur abaisse en
même temps la ligne de flottaison du flotteur.

La *soupape*, obéissant au flotteur avec lequel elle
est reliée par une tige verticale, et dont la fonction
consiste à empêcher le gaz de pénétrer dans l'avant-

corps dès que la quantité d'eau a diminué d'une manière préjudiciable à la régularité du compteur.

Le *flotteur*, composé de deux pièces soudées ensemble dont l'une a la forme hémisphérique et l'autre également, ou d'un cône renversé qui le maintient dans une position verticale. La tige qui le surmonte et qui supporte la soupape doit avoir une longueur rigoureusement déterminée et fournir une course calculée de manière à éviter d'une part l'extinction du gaz par la trop grande sensibilité de la soupape, et d'autre part, la fermeture de celle-ci, avant que le gaz ne traverse le compteur sans passer par le volant et, par conséquent, sans être enregistré. Le flotteur est pourvu à sa partie inférieure d'une autre tige également verticale qui lui sert de guide, en s'emboîtant dans un diaphragme soudé à la paroi de l'avant-corps.

Le *siphon*, que le gaz traverse pour passer de l'avant-corps dans le volant a la forme d'un tube recourbé dont les bords dépassent de quelques millimètres le niveau normal de l'eau afin d'éviter toute submersion, et il est prolongé à sa partie inférieure dans une boîte de trop plein, où une vis permet de faire écouler l'eau qui, en s'y jetant sous l'influence des variations de pression pendant l'éclairage, intercepterait le passage du gaz.

Le *volant*, de forme cylindrique, est divisé en quatre compartiments égaux dont les cloisons sont inclinées sur l'axe, et les ouvertures d'entrée protégées par une calotte bombée ayant un orifice à son milieu pour le passage du siphon et celui de l'axe autour duquel tourne le volant. Ces ouvertures sont combinées de telle sorte que la naissance de l'une ne s'élève au

dessus du niveau de l'eau qu'au moment où la précédente est entièrement immergée. De même, leur
rapport avec les ouvertures de sortie est calculé de
manière que chacune de ces dernières ne commence
à répandre le gaz dans la caisse du compteur, qu'au
fur et à mesure que les ouvertures d'entrée correspondantes ont entièrement disparu sous l'eau. Au
centre du volant existe un espace vide formé par
l'échancrure des cloisons, afin de rendre libre et
facile la circulation de l'eau dans l'intérieur des compartiments, et de diminuer la résistance opposée au
gaz pour mettre le mesureur en mouvement. Cet
espace, ainsi que l'orifice de la calotte, est situé au-
·dessous du niveau de l'eau et par suite privé de communication avec la caisse.

L'*arbre horizontal*, sur lequel est soudé le volant
et qui repose à ses extrémités sur deux coussinets en .
bronze dont l'un est placé sur le fond de la caisse et
l'autre contre la paroi mitoyenne de l'avant-corps. Il
est en fer creux étamé avec un ajustage de tourillon
en bronze.

La *vis sans fin*, à filet double ou simple qu'il porte,
à l'une de ses extrémités qui pénètre dans l'avant-
corps.

La roue d'engrenage soudée à la partie inférieure
de l'arbre vertical et à laquelle la vis sans fin communique le mouvement du volant.

L'*arbre vertical*, reposant à sa partie inférieure sur
un support en équerre, et traversant la voûte de
l'avant-corps pour pénétrer dans la boîte de l'appareil
indicateur. Il est façonné en vis sans fin à l'endroit de
sa rencontre avec la première roue de l'appareil enregistreur, et son extrémité supérieure est surmontée

d'un tambour des litres ; il est généralement en bronze.

Le *manchon*, qui sert d'enveloppe à l'arbre vertical sur toute sa longueur, jusqu'à la paroi supérieure de l'avant-corps à laquelle il est solidement fixé. Ce tube ayant sa partie inférieure immergée dans l'eau oppose utilement une garde hydraulique à l'envahissement du gaz dans la boîte de l'appareil indicateur.

Le *stuffing box*, qui sert de passage à l'arbre vertical pour atteindre le mouvement d'horlogerie. Cette pièce est garnie intérieurement d'une rondelle de cuir souple et embouti, qui supprime toute communication entre l'avant-corps et la boîte supérieure, et empêche l'eau d'y pénétrer sous l'influence de la pression du gaz.

Le *tambour des litres*, roue horizontale et graduée, qui s'ajuste à vis sur l'extrémité supérieure de l'arbre vertical. Une aiguille soudée sur l'une des platines du mouvement d'horlogerie, sert de repère pour suivre sa marche.

L'*appareil indicateur*, formé de deux platines dont l'une est garnie d'une plaque métallique émaillée sur laquelle sont gravés les cadrans du compteur, leur nombre est de :

3 pour les compteurs au-dessous de 10 becs ;
4   —   —   de 10 à 100 becs;
5   —   —   de 200 becs.

Le *cliquet*, placé de préférence dans l'avant-corps, contre la cloison mitoyenne et buttant contre le rochet de l'arbre horizontal, pour arrêter le volant dans sa marche, s'il vient à tourner en sens inverse à la régularité de son fonctionnement. Dans les compteurs au-dessus de 20 becs, il est supprimé en raison de son impuissance à résister efficacement aux efforts des volants de cette dimension.

La *bandelette*, soudée à l'intérieur de la caisse au-dessous du tube de sortie du gaz, est destiné à protéger le volant contre une perforation volontaire ou accidentelle. Cette bandelette se compose d'une pièce de métal rigide et inoxydable, ayant avec la paroi de la caisse un degré d'écartement suffisant pour permettre au gaz de sortir du compteur sans obstacle et sans résistance.

La *vitesse normale des volants* dans les compteurs est de 100 tours à l'heure.

Nous donnons ci-contre quelques renseignements sur les différentes dimensions de ces appareils :

Détermination de la capacité d'un compteur de 5 becs

La capacité mesurante du volant, est la couronne cylindrique ayant pour diamètre extérieur le diamètre du volant, et pour diamètre intérieur celui du cercle du niveau normal de l'eau, on a en se reportant au tableau ci-après :

Le rayon $\overline{0,156}^2 \times 3.14 = 76439 \times 0,105$
$= 8^{lit}02 - 1/100$ pour l'épaisseur de la tôle $=$ (cube du cylindre) 7.946

Le rayon $\overline{0,045}^2 \times 3.14 = 6360 \times 0,105$
$=$ (cube de l'axe au niveau d'eau)   0,954

Différence ou capacité mesurante du volant   6.992
ou 7 litres avec la fraction corrigée par le régulateur.

Nombre de becs	5	10	20	30	40	60	80	100	150	200
Dimensions extérieures. Hauteur . . . m/m	355	448	530	625	680	735	800	865	965	1.020
Largeur . . . »	350	407	485	558	607	667	702	775	854	1.020
Profondeur . . »	250	320	410	480	510	620	690	730	870	1.120
Quantité d'eau nécessaire au remplissage . . . . litr.	10	20	38	65	75	115	145	190	225	450
Volume par tour . . . . »	7	14	28	42	56	84	112	140	210	280
Rayon, de l'axe au cercle de l'ouverture du centre . . . mètr.	0,0225	0,026	0,040	0,0415	0,0475	0,050	0,0625	0,075	0,090	0,105
Rayon, de l'axe au cercle du niveau normal . . . . . mètr.	0,045	0,055	0,065	0,070	0,075	0,088	0,104	0,115	0,120	0,166
Rayon, de l'axe à la circonférence.	0,156	0,186	0,225	0,250	0,275	0,300	0,325	0,360	0,400	0,400
Profondeur du volant . . métr.	0,105	0,142	0,190	0,245	0,255	0,325	0,380	0,385	0,464	0,683
Pression absorbée, à la vitesse de 100 tours à l'heure . . . m/m	2 à 3	2 1/2 à 3 1/2	3 1/2 à 4 1/2	4 à 5	4 1/2 à 5 1/2	5 à 6	6 à 7	7 à 8	8 à 9	9 à 11
Diamètre des branchements (entrée et sortie) . . . . m/m	20	27	35	40	50			55		

Métaux employés dans la construction des compteurs

Tôle plombée. — Pour la caisse, l'avant-corps, les pieds du compteur et la boîte du mouvement d'horlogerie.

Etain. — Le volant, le flotteur, la soupape.

Plomb. — La boîte de la soupape, le siphon.

Bronze. — L'arbre horizontal et ses supports, l'arbre vertical, la roue d'engrenage, la vis sans fin et le cliquet.

Fer étamé. — Les tubes d'entrée et de sortie, celui d'introduction de l'eau, le régulateur, la bandelette protectrice du volant et les pattes de scellement.

Cuivre. — Les raccords du compteur et leur pas de vis.

Cuivre étamé. — Le mouvement d'horlogerie complet.

Métal inoxydable (alliage de plomb et d'antimoine). — Pour les vis et pas de vis du tube d'introduction de l'eau, du régulateur et du siphon.

Fonctionnement

Le gaz arrivant par le tube d'arrivée E, pénètre d'abord dans l'avant-corps, après avoir traversé la boîte de la soupape I ; il est ensuite conduit par le siphon dans l'intérieur du volant, dont il quitte les compartiments pour se rendre dans la caisse, et il s'échappe de là par le tube de sortie pour se rendre aux becs brûleurs. Le cercle du niveau extérieur est déterminé par un régulateur N, c'est-à-dire par celui des organes du compteur qui règle la hauteur nécessaire de l'eau, et assure ainsi le cube exact de la capacité mesurante du compteur. Aussi est-il disposé dans l'intérieur de l'appareil, de manière à pouvoir être élevé ou abaissé, afin de permettre au moment de l'épreuve de l'instrument, de supprimer la différence en plus ou en moins qui pourrait exister, entre le gaz mesuré par le volant et celui enregistré par les aiguilles du cadran.

Ces renseignements donnés, nous indiquerons les deux types employés :

COMPTEUR POINÇONNÉ DE LA VILLE DE PARIS SANS GARDE HYDRAULIQUE

D'après la description des pièces indiquées plus haut, on comprend facilement la marche de cet ap-

Fig. 261.

9.

pareil (fig. 261); nous indiquerons seulement le nivellement du compteur. Fermer le robinet d'entrée avant le compteur. Oter successivement les vis du siphon, du tube d'introduction d'eau, et du régulateur. Verser l'eau en mince filet, jusqu'à ce qu'elle coule par l'orifice du régulateur. Remettre à sa place la vis du siphon. Ouvrir lentement le robinet de sûreté et constater, pendant la mise en charge rapide du gaz, qu'il n'existe aucune fuite dans le compteur et ses accessoires. Fermer le robinet de sûreté et replacer les vis du tube d'introduction d'eau et du régulateur.

COMPTEUR POINÇONNÉ DE LA VILLE DE PARIS AVEC GARDE HYDRAULIQUE DE 10 CENTIMÈTRES, AU TUBE D'INTRODUCTION DE L'EAU, AU SIPHON ET AU RÉGULATEUR.

Avec les figures accessoires (fig. 262) montrant la garde d'entrée de l'eau au moyen d'un tube en U débouchant à l'intérieur du volant et le tube de niveau débouchant dans une chambre fermée dans laquelle débouche l'orifice B. Pour niveler ce compteur, on ferme le robinet d'entrée, on ouvre quelques becs ; puis on retire la vis d'introduction de l'air L et celle du siphon A ; on verse de l'eau dans le compteur jusqu'à ce qu'elle coule par A du récipient ; on enlève alors la vis de niveau B, on laisse écouler l'excès d'eau que contient le compteur au-dessus du niveau normal. On remet ensuite les trois vis L, A, B et l'appareil est prêt à fonctionner.

Depuis l'arrêté préfectoral de 1866, on a apporté un grand nombre de perfectionnements de détails à ces appareils, dans le but d'en rendre la construc-

tion moins chère, quoique supérieure aux anciens
modèles.

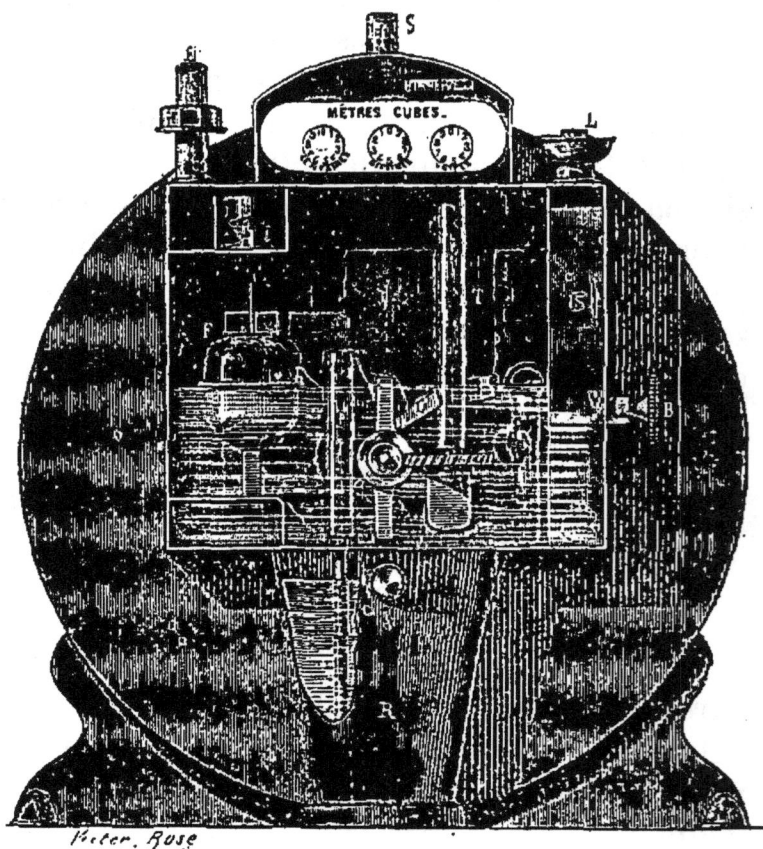

Fig. 262.

Nous dirons un mot du siphonnage des compteurs,
dans le remplissage d'eau de ces appareils. Nous
prendrons comme exemple un type déjà plus parfait
que celui employé à la Compagnie parisienne.

COMPTEUR A MESURE INVARIABLE ORDINAIRE

Quand on remplit ce compteur, l'eau s'élève
peu à peu dans le devant carré D jusqu'à ce que
l'eau ayant atteint la partie supérieure du tube

de niveau vienne s'écouler dans la bâche B du siphon qu'elle remplit. La bâche étant pleine, l'eau s'écoulera en partie par la vis S, mais l'orifice S étant plus petit que la section de N, l'eau s'accumulera dans la bâche B et celle-ci entièrement pleine, l'eau s'élèvera dans la branche A du siphon et fermera la communication entre le devant carré D et la caisse C du volant (fig. 263).

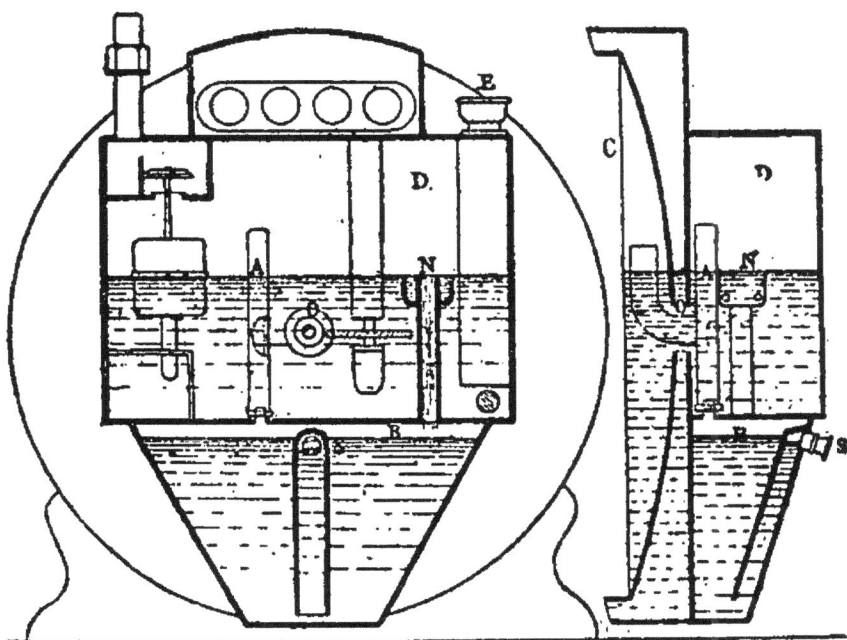

Fig. 263.

A partir de ce moment, le compteur siphonne et l'eau s'écoule avec force jusqu'à ce que dans la caisse C, l'orifice du centre étant découvert, le niveau s'abaisse brusquement au dessous de N. L'abaissement peut être tel, que la soupape se trouve fermée par manque d'eau. Parfois le niveau de l'eau maintient la soupape suffisamment levée pour que le gaz

passe, mais au bout de quelques jours de marche, par
suite de l'évaporation de l'eau, la soupape se ferme
complètement, ce qui oblige l'employé à revenir remettre de l'eau dans le compteur. Pour remédier à
cet inconvénient on emploie le dispositif suivant :

COMPTEUR INSIPHONNABLE

Quand l'eau s'écoule du devant carré D (fig. 264)
dans la bâche B du siphon qu'elle remplit, le niveau

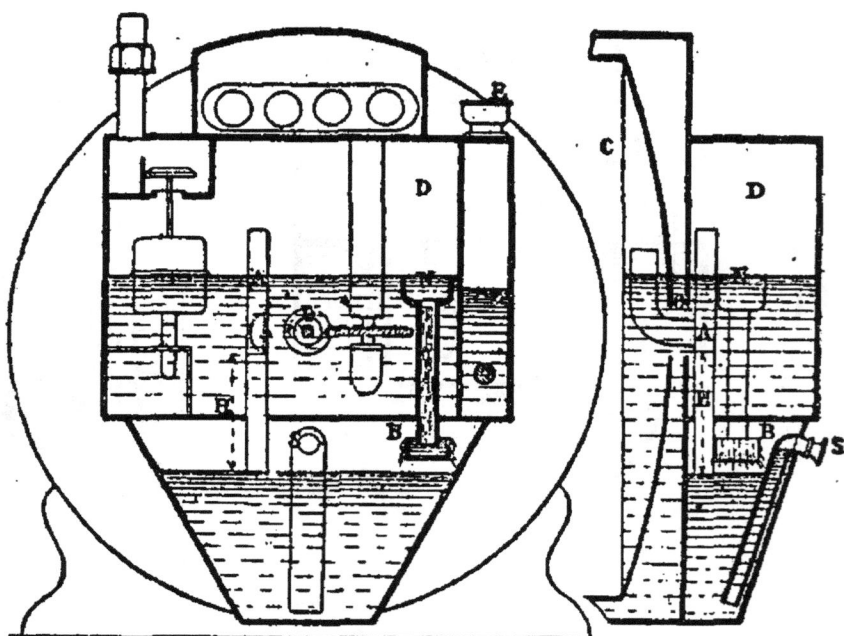

Fig. 264.

de l'eau dans la bâche B, s'élève jusqu'au moment
où atteignant la partie inférieure du tube A, une certaine quantité d'air est emprisonnée dans la partie
supérieure de cette bâche B. Le niveau tendant toujours à s'élever, l'air sera comprimé et tendra d'une
part à activer l'écoulement de l'eau de la bâche par

l'orifice S et, d'autre part, à ralentir le déversement de l'eau du carré D dans la bâche B. Il s'établit un équilibre pour lequel la quantité d'eau admise dans la bâche du siphon est égale à la quantité d'eau qui s'écoule par l'orifice S. Cet équilibre étant établi pour une pression inférieure à H, l'eau ne montera pas assez dans le tube A pour fermer la communication du devant carré D avec la caisse C du volant et le compteur ne siphonnera pas. Le niveau s'établira donc toujours bien sans qu'il soit besoin de prendre aucune précaution.

FRAUDES ET MOYENS DE LES ÉVITER

Si le consommateur au courant des compteurs voulait enlever de l'eau :

1° L'*orifice d'entrée* d'eau est fermé par une petite plaque qui empêche l'introduction d'un tube de caoutchouc permettant de siphonner à l'extérieur l'eau du compteur ; de plus, la soupape ferme l'entrée du gaz par un abaissement de l'eau au-dessous du niveau normal déterminé par le régulateur.

2° L'abonné pourrait, par *l'orifice de sortie du gaz, percer le volant ;* on empêche cette fraude en mettant la bandelette dont nous avons parlé plus haut au-dessous du tube de sortie.

3° *Si l'on branchait l'entrée à la place de la sortie et vice versa,* le compteur marcherait en sens inverse et ferait décompter le mouvement d'horlogerie et réduirait la dépense marquée ; le cliquet et le rochet placés sur l'axe du volant préviennent cette fraude.

4° *Dans les compteurs qui n'ont pas de garde hydraulique au siphon,* on substituait à la vis un tube fileté auquel on adaptait un tuyau de caoutchouc. On a fait également des robinets à deux voies que l'on substituait à la place du robinet d'entrée ; la surveillance seule et le contrôle comparatif des dépenses normales permettent de découvrir ce vol.

5° *L'inclinaison dans un sens donné permet aussi la fraude*, de là la nécessité de mettre le compteur de niveau et de poinçonner ses pattes de fixation.

Le nivellement, fait tous les mois, permet de réduire au minimum les pertes dues à l'évaporation (3 à 5 0/0), puisque les systèmes à alimentation automatique ne sont pas entrés dans la pratique.

COMPTEURS SECS

Ce genre d'appareil n'est pas employé en France. Mais on en fait un grand usage en Angleterre, en Allemagne, en Suisse et en Russie ; surtout enfin dans les pays froids, dans lesquels le compteur à eau demande trop de soin.

Nous indiquerons le modèle employé aujourd'hui. Il consiste en une boîte carrée en tôle, divisée en deux parties par une cloison verticale (fig. 265) à laquelle on a soudé de chaque côté un anneau en tôle qui est relié d'une manière étanche, par du cuir préparé spécialement, à un disque de tôle de même diamètre pouvant se mouvoir, s'éloigner à une certaine distance de la cloison. Les disques mobiles sont guidés dans leur mouvement par des bras horizontaux. Les tuyaux d'entrée et de sortie sont mis alternativement en communication avec chacun des compartiments par des tiroirs horizontaux à coquille, établis dans la partie supérieure du compteur ; ces tiroirs sont mis en mouvement par les tiges de guidage des disques mobiles, qui se prolongent à travers les.stuffing boxes dans la partie supérieure

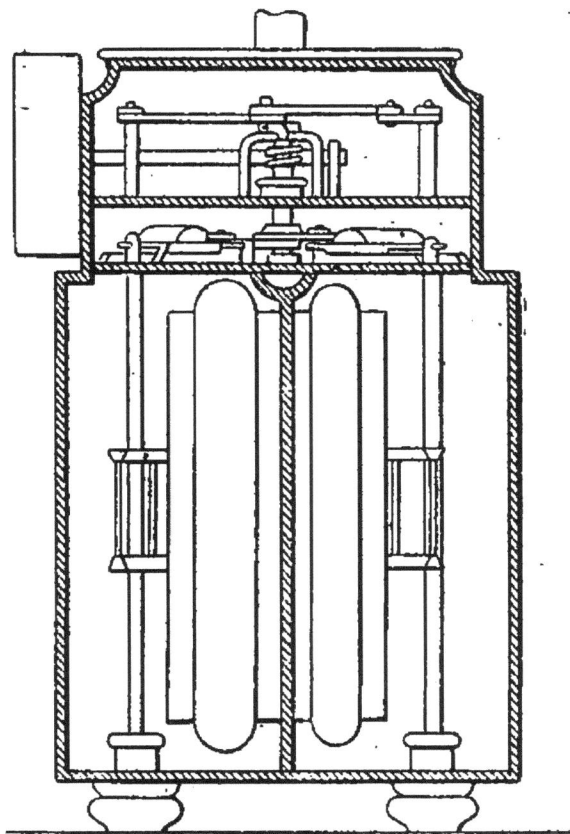

Fig. 265.

du compteur, où se trouvent également les articulations mises en mouvement par les tiges pour la transmission du mouvement au mécanisme d'horlogerie.

Le mécanisme des tiroirs (fig. 266) est, suivant le va et vient alternatif, combiné de façon que l'un est toujours en avance ou en retard d'une position sur l'autre, et que l'entrée et la sortie du gaz ne peuvent avoir lieu des deux côtés à la fois, de manière à ne jamais interrompre le courant gazeux.

Les tubes de raccordement du compteur avec les plomberies, sont disposés à droite et à gauche du

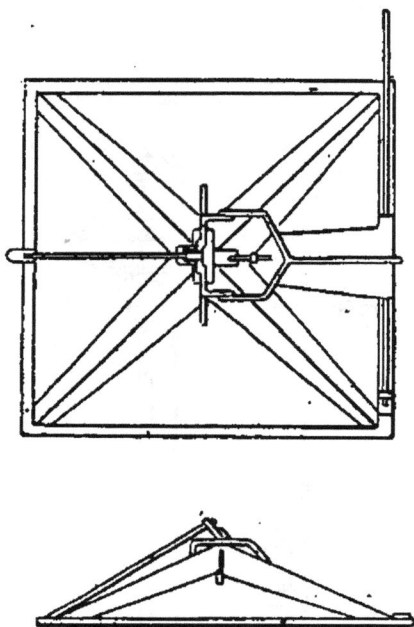

Fig. 266.

compteur, et l'addition d'un cliquet forme obstacle à la marche en arrière de l'instrument.

COMPTEUR A PAIEMENT PRÉALABLE

Depuis quelques années, on a construit en Angleterre des compteurs dont la soupape est ouverte par le dépôt dans l'appareil d'une pièce de 1 penny (0,10). Tout le temps pendant lequel s'écoule le volume de gaz correspondant à la quantité dont le consommateur a droit pour 0 fr. 10, la soupape reste ouverte; ce volume écoulé, elle se ferme, et on ne peut obtenir de nouveau du gaz, qu'en mettant une nouvelle pièce de 0 fr. 10.

Pour éviter ces dérangements successifs, on peut mettre successivement 10 pièces de 0 fr. 10, et s'assurer du gaz pour un certain nombre d'heures, sans recommencer cette manœuvre.

Cet appareil a pour but de faciliter l'usage du gaz, aux consommateurs auxquels on ne peut demander, par suite de leurs moyens d'existence restreints, un dépôt de garantie, et chez lesquels le recouvrement mensuel est difficile.

Les compagnies font même les frais de l'installation d'un bec et d'un fourneau de cuisine. Elles récupèrent ces dépenses d'installation gratis, du compteur gratuit, par une augmentation de deux à trois centimes par mètre cube sur le prix du gaz vendu aux autres consommateurs.

COMPTEUR P. P. DE LA Cie DES COMPTEURS

Le dispositif se compose : 1° d'une boîte de mouvement A ; 2° d'une soupape B ; 3° d'un arbre intermédiaire transmettant le mouvement du compteur aux organes de la boîte A.

Les figures 267, 268, 269, permettent de se rendre compte du mécanisme.

Description du fonctionnement. — Supposons l'aiguille à 0 et la soupape fermée. La pièce introduite dans la fente F dépasse légèrement la surface cylindrique du barillet. En tournant la clef dans le sens de la flèche, le bord inférieur de la pièce rencontre le bras *d e* du levier coudé *d e f*, soulève le bras *e f*, le cran *g* soulevé, laisse libre la denture H. La pièce de monnaie rencontrant la denture H de D, libre à ce moment, la fait tourner d'une dent ; le cran *g*, ramené par le ressort *h*, retombe dans l'encoche voisine. La

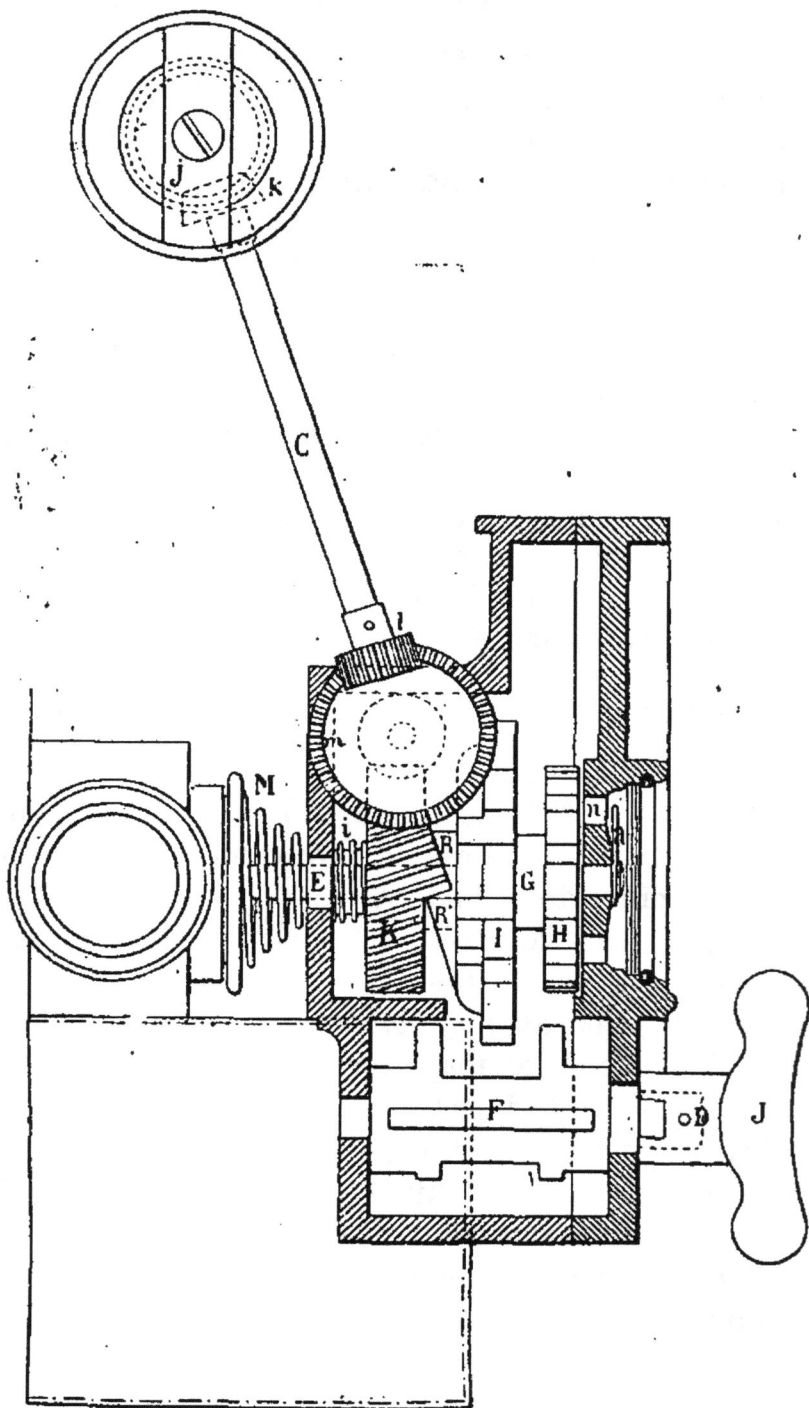

Fig. 267.

pièce de monnaie rencontrant l'encoche de la boite
d'encaissement, y tombe immédiatement.

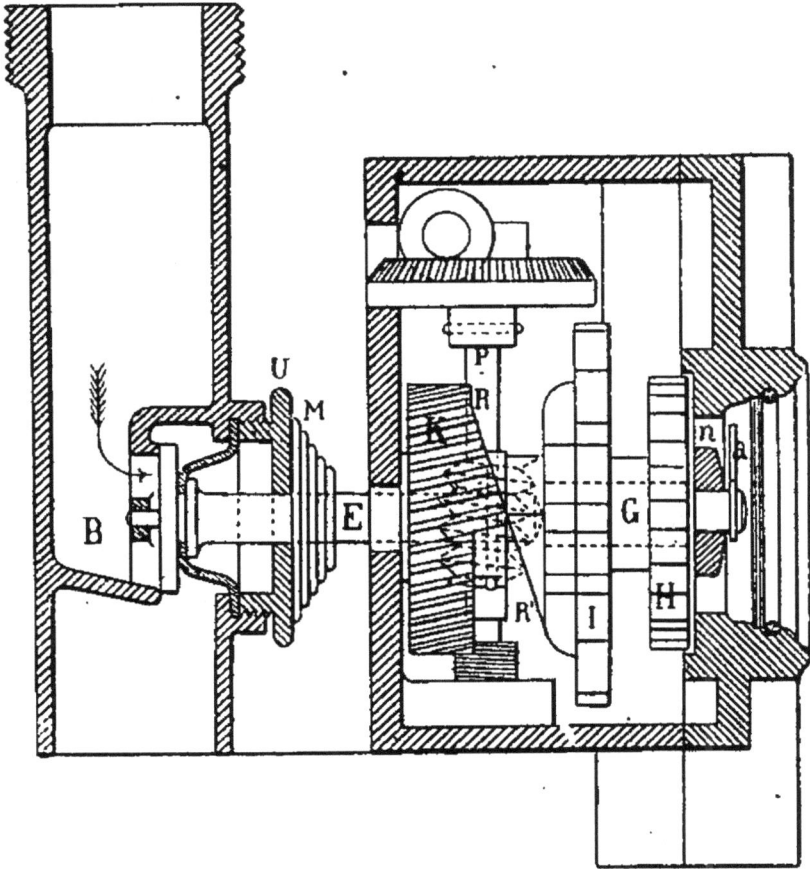

Fig. 268.

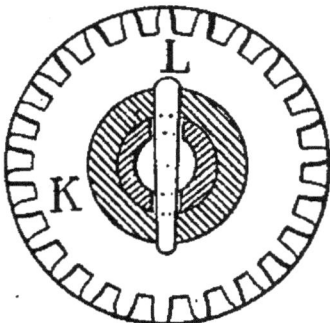
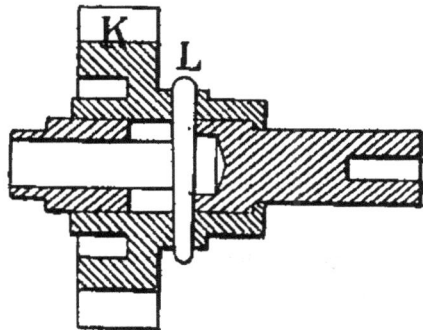

Fig. 269.

Dans le mouvement indiqué, la rampe R' de la pièce G s'est éloignée de 1/13 de tour de la rampe R faisant partie de la roue hélicoïdale K. Cette dernière, poussée par le ressort antagoniste *i*, s'est éloignée du fond de la boîte et la soupape B s'est ouverte. L'introduction de chaque nouvelle pièce augmente de 1/13 de la circonférence l'écart angulaire entre les deux rampes, sans que pour cela la position de la soupape se trouve modifiée, celle-ci étant ouverte complètement pour la première pièce introduite.

Si l'on vient maintenant à consommer du gaz, le mouvement du compteur est transmis par les roues *j k l m* et l'arbre C à l'arbre vertical P portant une vis sans fin engrenant avec la roue hélicoïdale K.

. Ce mouvement fait tourner la roue K de façon à rapprocher de plus en plus les deux rampes que l'introduction de la pièce de monnaie avait éloignées ; elles finissent par se rencontrer, et, en montant l'une sur l'autre, produisent l'avancement de la roue, et par suite la fermeture graduelle de la soupape. L'aiguille participant au mouvement de la roue K indiquera sur le cadran *n*, la position relative des deux rampes et par conséquent le nombre de pièces représentant la valeur du gaz payé, qui reste à consommer.

L'ensemble est complété par un totalisateur du nombre de pièces introduites ; cet enregistrement se fait au moyen de la roue *t*, engrenant avec 1 ; l'aiguille calée sur l'axe de *t*, se meut sur un cadran indiquant le nombre de pièces, de 1 à 10, le deuxième cadran les dizaines, et le troisième les centaines.

Une boîte latérale *p*, plombée ou fermée par un cadenas, reçoit les pièces introduites.

COMPTEUR P. P. DE LA Cie ANONYME CONTINENTALE

Fonctionnement. — La pièce (fig. 270 et 271) est mise dans l'encoche H; elle tombe dans le barillet J,

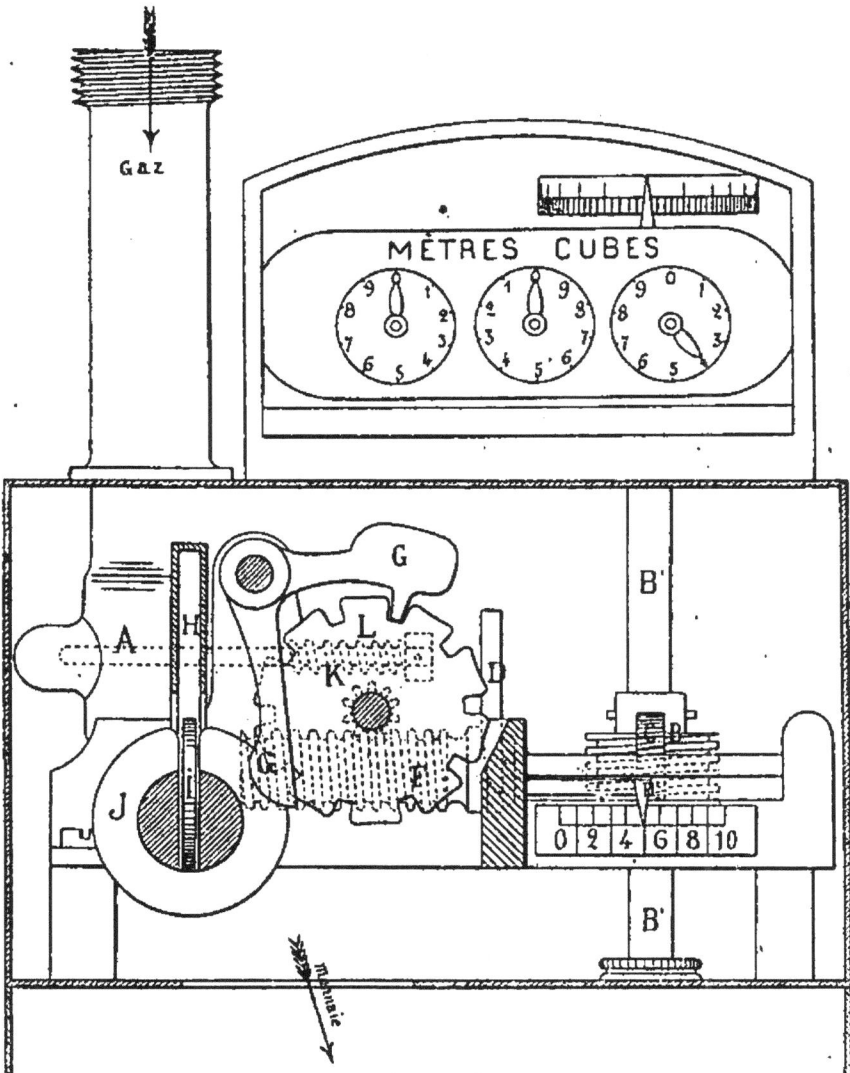

Fig. 270.

faisant saillie à la partie supérieure, en tournant celui de gauche à droite, la pièce vient rencontrer la branche

du levier coudé G; en continuant la rotation, le cran
du bras supérieur de ce levier rend libre la roue K,
que la pièce peut alors entraîner dans son mouve-

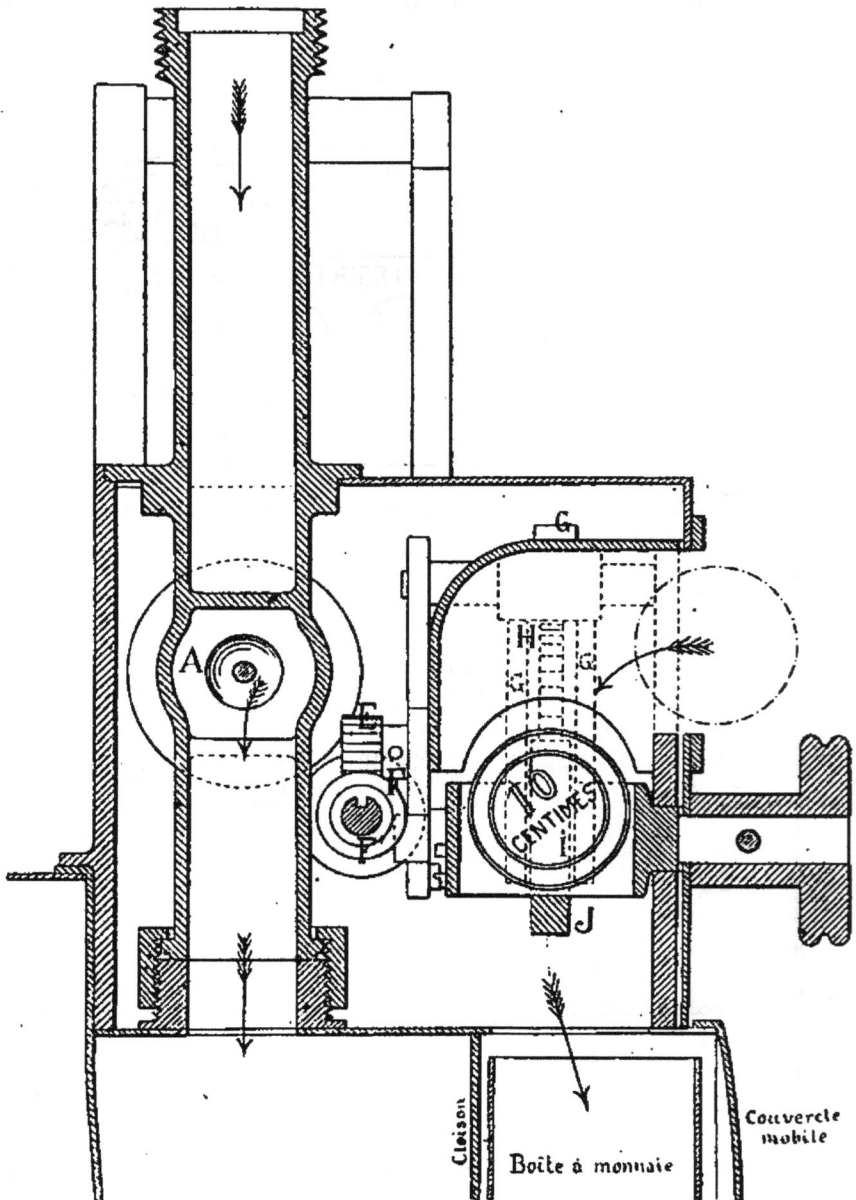

Fig. 271.

ment et faire tourner d'un dixième de tour ; la roue K fait tourner d'une dent le pignon E calé sur son axe. Celui-ci entraîné, produit par sa rotation un mouvement de translation de la vis sans fin F, qui peut se déplacer sur son axe, d'une longueur égale à son pas pour chaque dent dont tourne E.

Dans ce mouvement, la vis sans fin F entraîne la tige A de la soupape et l'ouvre d'une quantité suffisante pour le passage du gaz.

En même temps, la vis sans fin entraîne un index D' donnant le nombre de pièces mises dans l'appareil, et, à chaque instant, le nombre de pièces représentant la valeur du gaz payé qu'il reste à consommer.

Si l'on vient maintenant à consommer du gaz, le mouvement du compteur est transmis par l'axe B' et la vis sans fin B au pignon C calé sur l'axe de la vis sans fin F.

(La vis sans fin est taillée de telle façon qu'elle ne fait qu'un tour pour le volume du gaz passant dans le compteur, correspondant à 0 fr. 10).

Le pignon E restant fixe, agit comme écrou vis-à-vis la vis sans fin mise en mouvement de rotation par C.

Le pignon E restant fixe, joue le rôle d'écrou fixe, par rapport à la vis sans fin F, celle-ci tourne donc d'un tour pour chaque tour de C ; par suite le mouvement de translation de l'ergot ouvrant la soupape, est en sens inverse et égal à celui qui avait déterminé par la mise d'une pièce de 0 fr. 10 le mouvement du barillet correspondant. La soupape se ferme donc progressivement au fur et à mesure que le gaz passe dans le compteur, et se ferme complètement lorsque le volume correspondant à 0 fr. 10 l'a traversée.

L'ergot porté par la vis sans fin F, qui commande l'ouverture de la soupape, appuie sur la tige de fermeture de celle-ci quand aucune pièce n'a été introduite dans le mécanisme; lorsqu'une pièce a été introduite emportée par la vis, il ne touche plus la tige de la soupape qui est ouverte par le ressort antagoniste L.

Le compteur porte également un totalisateur du nombre de pièces de monnaie.

APPAREIL POUR ENLEVER LES OBSTRUCTIONS DE NAPHTALINE

Dans les siphons des compteurs (M. Sernent), au lieu de démonter le compteur, le transporter à l'usine, etc., toutes choses ennuyeuses et onéreuses pour l'abonné, on fait l'opération sur place. On enlève la vis qui ferme le dessous du siphon du compteur et on la remplace par une vis, percée dans toute sa longueur; cette vis porte un filetage au moyen duquel on la raccorde au tuyau en plomb par un raccord double, un flacon (analogue aux siphons employés par les fabricants d'eaux gazeuses) rempli de benzine, les robinets convenables étant ouverts, on souffle par une embouchure; la pression de l'air fait monter la benzine dans le siphon, on ferme le robinet correspondant. La naphtaline à l'état spongieux est rapidement dissoute. Lorsqu'on juge la dissolution opérée, on ouvre à nouveau le robinet, la benzine redescend dans le flacon; on ferme les robinets, on démonte l'appareil, et l'opération est terminée.

CHAPITRE XVI

PHOTOMÉTRIE

—

La quantité de lumière produite par la combustion d'un certain volume de gaz varie nécessairement suivant la proportion des gaz éclairants et non éclairants qui composent le gaz, comme nous l'avons vu plus haut.

Le pouvoir éclairant ou la quantité de lumière correspondant à la consommation d'un certain volume de gaz est déterminé en général dans le cahier des charges des traités entre les compagnies et les municipalités. On a dû fixer une unité de lumière, et la mesure de cette lumière se désigne sous le nom de photométrie.

ÉTALONS

Les deux flammes types généralement adoptées en France, sont :

1° Celle de la *Bougie de l'Etoile*, des cinq à la livre, brûlant 9 gr. 60 à l'heure ;

2° Celle d'une *lampe Carcel* brûlant 42 grammes d'huile de colza épurée à l'heure.

Les appareils photométriques sont basés sur ce principe, que l'intensité de la lumière donnée par une source est en raison inverse du carré des distances du foyer lumineux à l'objet éclairé.

Comme conséquence, deux sources lumineuses dont l'une est prise pour type, envoyant séparément leurs rayons sur un écran et étant placées à des distances telles que les deux portions de l'écran présentent identiquement le même éclat, l'intensité de leurs foyers sera dans le même rapport que les carrés de leurs distances respectives à l'écran.

Si, au contraire, on suppose la lumière à essayer, celle du gaz, par exemple, à la même distance de l'écran que la lumière type, et qu'on fasse varier la quantité de gaz brûlé jusqu'à ce que les deux parties de l'écran soient également éclairées, il est clair que la valeur du gaz variera elle-même en raison inverse du volume dépensé dans un même temps pour équilibrer la lumière-type.

C'est sur ce dernier mode qu'est basé l'appareil de MM. Dumas et Regnault que nous allons décrire :

Les principes sur lesquels s'appuient ces méthodes ne sont pas réalisables en pratique. Je citerai une étude sur la photométrie qui a été présentée par M. Le Roux au Congrès de la Société technique du gaz, en 1886, en priant le lecteur de se reporter à cette étude si complète de la question.

APPAREILS A ÉCRANS PLEINS CONTINUS RECEVANT LA LUMIÈRE DE DEUX FOYERS SUR UNE SEULE ET MÊME FACE.

La loi des carrés des distances, aussi bien que celle des sinus ne sont applicables que dans le cas où l'on opérerait sur des surfaces sphériques, tandis que dans la photométrie on ne considère que des plans éclairés ; l'on arrive à la conclusion que dans aucun cas, deux foyers d'intensités différentes situés à quelque distance que ce soit d'un écran plan ne peuvent éclairer également une portion superficielle de celui-ci, si petite soit-elle,

On est conduit à chercher le lieu géométrique, sur
le plan de l'écran, de tous les points également éclairés par les deux foyers ; et en déterminant la position
du point qui, sur l'axe vertical de l'écran est également éclairé par eux, on trouve par des calculs sans
difficulté mais un peu longs à développer, que tant
que le rapport des intensités à comparer est inférieur
au rapport du carré des distances des deux foyers,
il existe toujours, sur l'axe de l'écran, deux points
symétriques par rapport à la trace du plan horizontal passant par les deux foyers, points qui, à l'exclu-
sion de tous autres, sont également éclairés par ceux-
ci.

Que la hauteur de ces points sur l'axe de l'écran
est essentiellement variable ; croissant avec la distance d'un des foyers à l'écran, quand la distance de
l'autre est constante, et en même temps que le rapport des intensités ; et décroissant, au contraire, tant
que le rapport des intensités croît, les distances des
foyers à l'écran restant constantes.

Et enfin que ces deux points se confondent avec le
point de rencontre de l'axe vertical de l'écran avec la
trace, sur celui-ci, du plan horizontal passant par les
deux foyers, quand les intensités sont dans le même
rapport que le carré des distances.

On en conclut que la loi du carré des distances n'est
applicable qu'à ce dernier cas, où les deux points éclairés par les deux foyers viennent se confondre avec l'intersection de l'axe vertical de l'écran avec la trace, sur
celui-ci, du plan horizontal passant par les deux foyers.
L'on verra que le photomètre Regnault ne résout pas la
question, et la réduction des dimensions de l'écran
limitant celle-ci à la surface d'un petit cercle qui a

pour centre l'intersection de l'axe avec la trace du
plan horizontal passant par les deux foyers, a seul
masqué le côté défectueux de ce mode d'observation,
qui rend très variables les résultats suivant les obser-
vateurs, et pour le même observateur suivant les gaz
de différentes qualités.

Résumé. — Avec le photomètre de Foucault, on a
obtenu des écarts de 28 0/0, et pour des lumières intenses dans le photomètre diédrique de Villarceau,
on a obtenu des différences de 37 et 164 carcels sur
une intensité à mesurer de 290 carcels.

Il y aura donc lieu, quand on veut comparer des
becs très intenses avec des étalons de petite intensité,
de tenir compte de ces considérations. M. Le Roux
indique les moyens de se mettre à l'abri de ces
erreurs, et les corrections à faire dans chaque cas. La
place nous manque ici pour résumer cet intéressant
mémoire.

PHOTOMÈTRE DUMAS ET REGNAULT

Il se compose d'une lampe, d'un bec-type, d'un
objectif, d'un compteur dit photométrique et d'un
clepsydre destiné à vérifier ce compteur.

La figure 272 représente une vue de face, la figure 273 une vue de côté de l'appareil.

L'ensemble du photomètre est installé sur une
table bien dressée qui repose elle-même sur les
quatre pieds d'un bâti solide, au moyen de vis calantes. Par ces vis et par des niveaux à bulle d'air placés sur l'appareil, on arrive à le mettre parfaitement
de niveau. La lumière prise pour type est celle d'une
lampe Carcel brûlant 42 grammes d'huile de colza
épurée à l'heure. Cette lampe L repose sur l'un des

plateaux d'une balance très sensible qui permet
d'apprécier la consommation d'huile dans un temps

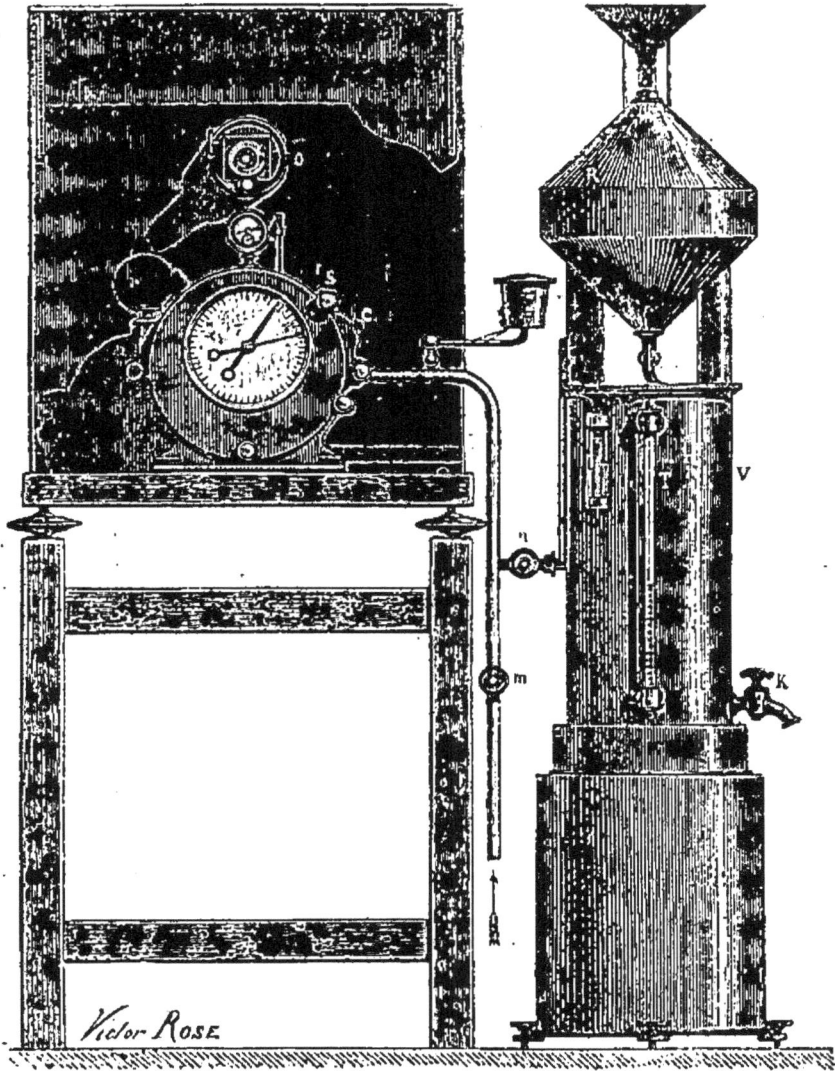

Fig. 272.

donné. Toutes les dimensions essentielles de la lampe
et de son verre sont indiquées dans l'instruction pratique.

Il en est de même des conditions réglementaires
du bec Bengel dans lequel le gaz est brûlé.

Fig. 273.

Ce bec est placé exactement à la même distance de l'écran que la lampe : le tube vertical qui
le porte est muni d'un manomètre pour constater

la pression sous laquelle le gaz arrive au compteur.

L'écran se trouve dans la lunette que l'on voit au-
dessus du compteur; la vis placée sur le côté permet
d'élargir ou de rétrécir le champ lumineux de l'écran,
pour apprécier plus nettement l'égalité de teinte des
deux parties. La vis au-dessous de la lunette sert à
écarter ou rapprocher la petite cloison transversale
qui sépare les rayons émanés des deux sources lumineuses, de façon qu'on ne voie sur l'écran ni ligne
sombre ni ligne lumineuse entre les deux parties
éclairées.

La cloison qui supporte l'objectif met l'opérateur
à l'abri de la vue des deux lumières, qui ne manqueraient pas d'impressionner ses yeux et nuiraient à la
justesse de l'observation.

Le compteur C construit avec exactitude, ne porte
qu'un seul cadran divisé en vingt-cinq parties égales,
correspondant chacune à un litre. Chaque litre est
divisé lui-même en dix autres parties, et avec un peu
d'habitude on peut apprécier la consommation à 1/4
de division, c'est-à-dire jusqu'à un quarantième de
litre. Le compteur est surmonté d'un compte-secondes. Sur le cadran des litres se trouvent deux aiguilles,
l'une liée à l'arbre du volant et se mettant, par conséquent, en mouvement, dès que le gaz traverse le
compteur; l'autre, folle sur l'arbre, mais pouvant
être engrenée avec lui par un levier qui commande
en même temps le compte-secondes.

Lorsqu'on veut procéder à un essai, on amène à la
main l'aiguille folle du compteur au zéro des litres;
on met les aiguilles du compte-secondes au zéro des
minutes et des secondes, en pressant sur un petit

bouton supérieur, et au moment précis où doit commencer l'essai, on pousse en arrière l'extrémité du levier. Ce mouvement met en marche le compte-secondes et rend solidaire avec l'arbre du volant l'aiguille folle qui indique la consommation. Le moment du départ est annoncé par le timbre fixé à la balance et dont le marteau retombe au passage de l'aiguille dans la verticale. L'essai fini, on tire en avant le levier, ce qui arrête le compte-secondes et débraie l'aiguille des litres ; on a alors tout le temps de lire avec soin les indications des aiguilles devenues immobiles, et l'on note à la fois la durée exacte de l'expérience et le volume du gaz brûlé.

Le robinet du porte-bec doit toujours être ouvert en plein pendant les essais ; on règle le débit du gaz de la manière suivante : l'orifice de sortie du compteur est commandé par un cône que meut une vis tournée par un bouton extérieur S. Ce bouton se voit vers le haut et à droite du compteur ; en le tournant dans un sens, on tire à soi le cône et on ouvre au gaz ; en le tournant dans l'autre sens, on enfonce le cône dans l'orifice et on diminue la section de sortie.

Cette disposition permet de faire varier la dépense de quantités infiniment petites avec la plus grande facilité. On doit faire le nivellement de l'eau avant chaque essai.

Le compteur doit être placé de façon que la tablette en fonte sur laquelle il est vissé soit parfaitement horizontale : cette tablette est à cet effet munie de vis calantes.

L'exactitude des indications fournies par le compteur est d'une telle importance, que MM. Dumas et

Regnault ont cru nécessaire d'adjoindre à leur appareil un instrument spécial pour sa vérification.

Le clepsydre que l'on voit à droite du compteur se compose de deux récipients superposés. Le récipient supérieur R, formé de deux cônes réunis par une partie cylindrique, contient exactement vingt-cinq litres. On le remplit d'eau par l'entonnoir qui le surmonte, de telle façon que le niveau vienne affleurer exactement à un trait tracé sur le tube de verre placé à la partie supérieure. Le récipient inférieur V est cylindrique on le remplit également d'eau, en observant le tube indicateur T. On ouvre alors le robinet de gaz n branché sur le tuyau d'entrée et on fait écouler l'eau lentement par le robinet K ; le réservoir inférieur se remplit aussi de gaz. On comprend que si l'on fait ensuite couler l'eau du réservoir supérieur, celle-ci chassera exactement vingt-cinq litres de gaz : l'aiguille du compteur devra donc avoir fait exactement le tour du cadran.

Nous donnons ci-après l'instruction pratique indiquant, dans tous ses détails, la marche à suivre pour les essais, et telle que l'ont arrêtée MM. Dumas et Regnault eux-mêmes.

Pour obtenir de bons résultats, il est important d'opérer dans une chambre entièrement peinte en noir mat, afin d'éviter toute réflexion des rayons lumineux, réflexion qui pourrait influer sur l'intensité de l'une ou de l'autre des lumières. Il est essentiel que la pièce soit bien ventilée ; l'échauffement et la viciation de l'air qui résulteraient d'une ventilation insuffisante, exerceraient une action nuisible sur la combustion et, par suite, sur l'éclat de la flamme.

Il est nécessaire de ventiler la pièce par une hotte

en tôle placée à 50 centimètres environ au-dessus du verre des flammes.

ESSAI ET VÉRIFICATION DU POUVOIR ÉCLAIRANT

(Extrait de l'instruction spéciale sur la vérification du pouvoir éclairant du gaz à Paris.)

Le principe de l'opération est le suivant :

« Deux flammes d'égale intensité, l'une produite par une lampe Carcel, l'autre par un bec à gaz brûlant autant que possible dans les mêmes conditions, on détermine les consommations d'huile et de gaz effectuées pendant un temps donné par l'un et l'autre de ces appareils. »

La flamme de la lampe Carcel prise pour type et celle du gaz normal sont amenées et maintenues à une égale intensité sous le rapport du pouvoir éclairant. Lorsque la lampe a brûlé 10 grammes d'huile, le bec doit avoir brûlé 25 litres de gaz, sous la pression de 2 à 3 millimètres d'eau, ce qui correspond à 42 grammes d'huile pour 105 litres à l'heure.

1° DESCRIPTION DES APPAREILS
Lampe Carcel

Diamètre extérieur du bec.	23$^{m/m}$5	
— intérieur du bec (ou du courant d'air intérieur).	17	»
Diamètre du courant d'air extérieur. . .	45	5
Hauteur totale du verre.	290	»
Distance du coude à la base.	61	»
Diamètre extérieur du niveau du coude.	47	»
Diamètre extérieur du verre pris au haut de la cheminée.	34	»
Epaisseur moyenne du verre.	2	»

Conditions de la mèche. — Mèche moyenne dite mèche des phares. La tresse de 75 brins. Le décimètre de longueur pèse 3 gr. 6. Les mèches doivent être conservées dans un endroit sec ou, si le local est humide, dans une boîte contenant de la chaux vive dans un double fond ; cette chaux sera renouvelée avant sa complète extinction.

Conditions de l'huile. — On emploiera de l'huile de colza épurée.

Bec à gaz. — Le bec d'essai est un bec Bengel en porcelaine à 30 trous, avec panier et sans cône.

Hauteur totale du bec.	80ᵐ/ᵐ	
Distance de la naissance de la galerie au sommet du bec.	31	»
Hauteur de la partie cylindrique du bec.	46	»
Diamètre extérieur du cylindre en porcelaine.	22	5
Diamètre du courant d'air intérieur. . .	9	»
— du cercle sur lequel sont percés les trous.	16	5
Diamètre moyen des trous.	0	6
Hauteur du verre.	200	»
Epaisseur du verre.	3	»
Diamètre extérieur du verre. { en haut. .	52	»
{ en bas. .	49	»
Nombre de trous percés dans le panier.	109	»
Diamètre des trous du panier.	3	»

Les becs qui seront employés aux essais devront avoir été préalablement comparés aux becs-types conservés sous scellés.

2° PRÉPARATION DE L'ESSAI

Il est indispensable pour obtenir des résultats à l'abri d'erreurs, d'observer dans l'expérience les précautions suivantes :

Allumage de la lampe. — Mettre une mèche neuve. La couper à fleur du porte-mèche. Remplir exactement la lampe d'huile jusqu'à la naissance de la galerie. Monter la lampe. L'allumer en maintenant d'abord la mèche à 5 ou 6 millimètres de hauteur.

Placer le verre. — Pour régler la dépense, on élève la mèche à une hauteur de 10 millimètres, et le verre de telle sorte que le coude soit à une hauteur de 7 millimètres au-dessus du niveau de la mèche.

Pour obtenir ces conditions, on fait affleurer la pointe inférieure du petit appareil qui est adapté au porte-mèche, avec la mèche elle-même, et la pointe supérieure avec un trait au diamant marqué sur le col du verre. La lampe doit consommer 42 grammes d'huile à l'heure, et il importe de la régler à ce chiffre. Quand la consommation descend au-dessous de 38 grammes, ou qu'elle s'élève au-dessus de 46 grammes, l'essai est annulé, car c'est seulement aux environs de 42 grammes, entre 38 et 46 grammes que le rapport des pouvoirs éclairants est constant.

Allumage du bec. — On allume le bec, en ayant soin de faire porter la partie inférieure du verre sur la base de la galerie. On le laisse brûler ainsi que la lampe, pendant une demi-heure avant l'essai. On mesure la pression sur le manomère adapté au porte-bec. Elle doit être de 2 à 3 millimètres d'eau.

Mesures. — Tarer la lampe. Pour cela, la placer dans le cylindre fixé à un des plateaux de la balance,

et établir l'équilibre au moyen de grenailles de plomb.
Ajouter sur le plateau où se trouve la lampe un poids
supplémentaire (A). Établir la communication du
fléau de la balance avec le timbre. S'assurer au moyen
des mires, que la flamme de la lampe et celle du bec
sont à la même hauteur et à une même distance de
l'écran. Ramener au zéro l'aiguille mobile sur l'axe
du compteur à gaz et celle du compteur à secondes.

Essai. — Se placer derrière la lampe. Pour obtenir
des lumières égales dans les deux moitiés de l'écran,
on fait varier la dépense du gaz au moyen du robinet à vis placé sur le compteur. Il est commode,
pour apprécier plus sûrement les intensités relatives
des deux lumières, de se servir de petites lames mobiles au moyen d'une vis, qui servent à diminuer le
champ de l'instrument.

Quand le marteau vient frapper sur le timbre, on
fait partir l'aiguille du compteur en tirant à soi le
levier qui met en mouvement les deux aiguilles.
Placer les 10 grammes (deux poids de 5 grammes)
dans les coupes placées de chaque côté de la lampe
et rétablir la communication du fléau avec le timbre.
Pendant tout le temps de l'essai, on doit observer
dans la lunette si l'égalité des deux lumières se
maintient ; au besoin, on la rétablit en réglant l'arrivée du gaz à l'aide du robinet à vis. Au moment où
le marteau frappe le timbre, on presse sur le levier
pour arrêter les deux aiguilles.

Résultat de l'essai. — *Calcul.* — On lit la dépense
sur le cadran du compteur et la pression sur le manomètre adapté au porte-bec. Le compteur marque
par exemple 24 lit. 5 pour une dépense de 10 gram-

mes d'huile. La dépense en gaz correspondant à 42 grammes d'huile sera :

$$2.45 \times 42 = 102^{\text{lit}}9.$$

Cet essai sera répété trois fois, de demi-heure en demi-heure. La lampe et le bec allumés au commencement de l'opération serviront, dans les mêmes conditions, pour le reste de l'expérience. On prendra la moyenne des trois résultats. La consommation normale de la lampe étant de 42 grammes d'huile à l'heure, pour brûler 10 grammes d'huile il faudra 14' 17''.

Ainsi le compteur à secondes permet de déterminer, dans chaque expérience, la consommation d'huile que la lampe fait par heure, et de reconnaître si l'on est dans les limites indiquées plus haut.

Par exemple le compteur à seconde marque 15' 30'', soit 15.5. D'après la proportion suivante, on aura :

$$\frac{10}{15.5} = \frac{x}{60} \text{ d'où } x = 38^g7$$

consommation d'huile par heure. On conclut que l'essai est acceptable.

Le tableau suivant permet de se rendre compte immédiatement de la quantité d'huile consommée à l'heure :

TABLEAU DES POIDS D'HUILE DE COLZA ÉPURÉ BRULÉS A L'HEURE PAR LA LAMPE CARCEL CALCULÉS DE SECONDE EN SECONDE DE 13 A 16 MINUTES

DURÉE DES ESSAIS (m. s.)	POIDS D'HUILE BRULÉE (g. d.)	DURÉE DES ESSAIS (m. s.)	POIDS D'HUILE BRULÉE (g. d.)	DURÉE DES ESSAIS (m. s.)	POIDS D'HUILE BRULÉE (g. d.)	DURÉE DES ESSAIS (m. s.)	POIDS D'HUILE BRULÉE (g. d.)	DURÉE DES ESSAIS (m. s.)	POIDS D'HUILE BRULÉE (g. d.)	DURÉE DES ESSAIS (m. s.)	POIDS D'HUILE BRULÉE (g. d.)
13 »	46 1	13 28	44 5	13 56	43 »	14 24	41 6	14 52	40 3	15 20	39 1
13 1	46 »	13 29	44 5	13 57	43 »	14 25	41 6	14 53	40 3	15 21	39 »
13 2	46 »	13 30	44 4	13 58	42 9	14 26	41 5	14 54	40 2	15 22	38 »
13 3	45 9	13 31	44 3	13 59	42 9	14 27	41 5	14 55	40 2	15 23	38 9
13 4	45 9	13 32	44 3	14 »	42 8	14 28	41 4	14 56	40 1	15 24	38 9
13 5	45 8	13 33	44 2	14 1	42 8	14 29	41 4	14 57	40 1	15 25	38 9
13 6	45 8	13 34	44 2	14 2	42 7	14 30	41 3	14 58	40 »	15 26	38 8
13 7	45 7	13 35	44 1	14 3	42 7	14 31	41 3	14 59	40 »	15 27	38 8
13 8	45 6	13 36	44 1	14 4	42 6	14 32	41 2	15 »	40 »	15 28	38 7
13 9	45 6	13 37	44 5	14 5	42 6	14 33	41 2	15 1	39 9	15 29	38 7
13 10	45 5	13 38	44 »	14 6	42 5	14 34	41 2	15 2	39 9	15 30	38 6
13 11	45 5	13 39	43 9	14 7	42 5	14 35	41 1	15 3	39 8	15 31	38 6
13 12	45 4	13 40	43 9	14 8	42 4	14 36	41 1	15 4	39 8	15 32	38 6
13 13	45 3	13 41	43 8	14 9	42 4	14 37	41 »	15 5	39 7	15 33	38 5
13 14	45 3	13 42	43 7	14 10	42 3	14 38	41 »	15 6	39 7	15 34	38 5
13 15	45 2	13 43	43 7	14 11	42 3	14 39	40 9	15 7	39 6	15 35	38 4
13 16	45 2	13 44	43 6	14 12	42 2	14 40	40 9	15 8	39 6	15 36	38 4
13 17	45 1	13 45	43 6	14 13	42 2	14 41	40 8	15 9	39 6	15 37	38 4
13 18	45 1	13 46	43 5	14 14	42 1	14 42	40 8	15 10	39 5	15 38	38 3
13 19	45 »	13 47	43 5	14 15	42 1	14 43	40 7	15 11	39 5	15 39	38 3
13 20	45 »	13 48	43 4	14 16	42 »	14 44	40 7	15 12	39 4	15 40	38 2
13 21	44 9	13 49	43 4	14 17	42 »	14 45	40 6	15 13	39 4	15 41	38 2
13 22	44 8	13 50	43 3	14 18	41 9	14 46	40 6	15 14	39 3	15 42	38 2
13 23	44 8	13 51	43 3	14 19	41 9	14 47	40 5	15 15	39 3	15 43	38 1
13 24	44 7	13 52	43 2	14 20	41 8	14 48	40 5	15 16	39 3	15 44	38 1
13 25	44 7	13 53	43 2	14 21	41 8	14 49	40 5	15 17	39 2	15 45	38 1
13 26	44 6	13 54	43 1	14 22	41 7	14 50	40 4	15 18	39 2	15 46	38 »
13 27	44 6	13 55	43 1	14 23	41 7	14 51	40 4	15 19	39 1	15 47	38 »

Vérification du compteur. — Elle doit se faire tous les huit jours en présence d'un agent de la compagnie.

Préparation de l'expérience. — Remplir d'eau le gazomètre. Y introduire le gaz. Pour cela on ouvre le robinet qui donne accès au gaz et en même temps celui qui laisse écouler l'eau. Recueillir dans un vase l'eau qui s'échappe, et l'introduire dans le réservoir supérieur. Le gazomètre étant plein de gaz, fermez le robinet inférieur.

On doit s'assurer alors s'il n'y a pas de fuite dans l'ensemble des appareils. Pour cela on ferme le robinet du porte-bec, on ouvre le robinet qui met en communication le gazomètre et le compteur, ainsi que le robinet à vis : on fait couler un peu d'eau du réservoir dans le gazomètre, jusqu'à ce que le gazomètre marque une pression de 0^m050 d'eau.

Si cette pression n'a pas varié au bout de 5 minutes, il n'y a pas de fuite dans l'appareil.

Expérience. — Ramener à zéro l'aiguille du compteur. Ouvrir en plein le robinet du compteur et celui du porte-bec. Faire écouler l'eau du réservoir dans le gazomètre, au moyen du robinet disposé à cet effet. On règle l'écoulement de l'eau au moyen de ce robinet, de telle sorte que la pression indiquée par le manomètre ne dépasse pas 0^m003.

Quand le niveau de l'eau dans le gazomètre se trouve au zéro de l'échelle, faire partir l'aiguille mobile du compteur. Quand le niveau de l'eau dans le gazomètre arrive au degré 25, on arrête l'aiguille du compteur.

On lit la division marquée sur cette aiguille. Si ces deux nombres sont d'accord, le compteur est exact. Dans le cas où le nombre de litres représenté par la marche du compteur, et celui qui serait indiqué par le gazomètre ne seraient pas d'accord, on répétera l'expérience trois fois par jour, pendant toute la semaine, et on prendra la moyenne.

Si la dépense du compteur, mesurée au gazomètre, présente des variations qui dépassent 1 pour 100, c'est-à-dire 0 lit. 25 ou bien 2.5 divisions pour les 25 litres du compteur, celui-ci doit être mis en réparation et remplacé.

VÉRIFICATION DE LA BONNE ÉPURATION DU GAZ

L'appareil consiste en un bec de porcelaine semblable à celui adopté pour la détermination du pouvoir éclairant, il est monté sur un petit réservoir à gaz muni d'un manomètre à eau. Le bec traverse un plateau sur lequel on pose une cloche tubulée en verre. La tubulure porte un bec où le gaz se brûle.

Préparation du papier d'épreuve. — Plonger des feuilles de papier blanc, non collé, dans une dissolution d'acétate neutre de plomb dans l'eau distillée, contenant 1 de sel pour 100 d'eau.

Sécher ces feuilles de papier à l'air, les couper en bandes de 1 centimètre de largeur sur 5 centimètres de long, et les conserver dans un flacon à l'émeri à large goulot.

Essai. — Suspendre une feuille de papier ainsi préparée dans la cloche de l'appareil ci-contre. Ouvrir le robinet pour y faire arriver le gaz. Le manomètre doit indiquer une pression de 2 à 3 millimètres d'eau pendant la durée de l'expérience. Laisser la bande de papier dans le courant de gaz pendant la durée de l'un des essais photométriques.

Retirer la bande. Ecrire sur la bande le numéro du
bureau et la date. La bande de papier ne doit pas
brunir par l'action du gaz. Si elle ne s'est pas colorée, l'essayeur la renferme dans un flacon à l'é-
meri, à large goulot, où il conserve toutes les bandes d'un même trimestre.

PHOTOMÈTRE FOUCAULT MODIFIÉ

L'appareil indiqué plus haut a l'inconvénient de
ne pouvoir servir qu'à la vérification du pouvoir
éclairant. Il ne se prête pas aux autres expériences
photométriques. L'appareil suivant présente ces avantages; l'on évalue en poids la consommation de
l'huile brûlée. L'appareil se compose d'un châssis
en fonte, sur lequel reposent le bec, la lampe, la
boîte de Foucault et le compteur d'expériences.
Une disposition de timbre solidaire de la balance
sert également à avertir l'opérateur. Le bec est
supporté par un piédestal mobile, sur une règle
divisée, ce qui permet de faire varier à volonté
sa distance à l'écran. Pour la vérification du pouvoir éclairant, il est fixé à la même distance que la
lampe.

Les autres dispositions sont celles du précédent.
L'appareil est complété par un petit gazomètre de
30 litres remplissant le but du clepsydre. Pour les
expériences diverses de photométrie, il y a lieu de
faire varier la position du bec de manière à obtenir
l'égalité de teintes pour des intensités différentes
dans les flammes.

On arrive à ce résultat à l'aide d'une chaîne à la
Vaucanson mise en mouvement par une manivelle
placée à la portée de la main de l'opérateur et qui

permet le déplacement du bec en même temps que l'observation de l'écran.

Dans cette situation, et suivant la loi commune, « les intensités sont en raison directe du carré des distances à l'écran. »

En appelant I l'intensité de la lampe Carcel à la distance fixe a (de 1^m) et I' l'intensité du bec à la distance x, on a l'égalité :

$$\frac{I}{I'} = \frac{a^2}{x^2} \cdot$$

Or, comme I est l'unité et que $a = 1$ mètre, on voit que $I' = x^2$. Si donc, dans un essai, on trouve $x = 0^m70$, on en conclura que l'intensité de la flamme du bec sera de $\overline{0,70}^2 = 0,49$ d'une lampe Carcel, dont on aura en même temps la consommation horaire.

PHOTOMÈTRE SIMPLIFIÉ DE FOUCAULT

On a simplifié ces appareils et une modification très simple donne encore des résultats satisfaisants dans la pratique. Il se compose de deux règles graduées, fixées à demeure sur un châssis de fonte.

Ces deux règles supportent l'une la lampe, l'autre le porte-bec. La boîte photométrique supportée par un pied est placée au point d'intersection des deux règles. Les flammes et l'écran sont dans un même plan horizontal. Un compteur d'expériences sert à mesurer la consommation du bec essayé.

On peut avec ce photomètre arriver à l'évaluation du poids de l'huile brûlée par la lampe avec une approximation suffisante en opérant ainsi : Régler la lampe Carcel comme il est indiqué plus haut ; après une demi-heure d'allumage, faire une expérience qui donnera la distance x du bec à l'écran. Poser la lampe sur une balance, la tarer de manière que l'aiguille s'incline légèrement de son côté. L'huile brûlant, son poids diminue et l'aiguille s'approche du 0 dans la verticale. On met le compte-secondes en marche au moment où l'aiguille passe sur le 0, et on ajoute aussitôt 10 grammes dans le plateau de la lampe. Il ne reste plus qu'à attendre le nouveau passage de l'aiguille au zéro pour connaître le temps nécessaire pour brûler les 10 grammes et en déduire la consommation à l'heure. Ce chiffre, une fois connu permet d'en conclure la valeur du pouvoir éclairant comparatif du bec ou du gaz expérimenté.

PHOTOMÈTRE SYSTÈME BUNSEN

Le photomètre système Bunsen est un appareil commode pour des essais qui ne demandent pas une très grande précision. Il remplit le but pour des expériences comparatives sur les becs et la détermination sommaire du pouvoir éclairant du gaz de composition variable. Enfin il est vraiment transportable et son installation très facile.

Ce modèle est disposé pour l'usage d'une lampe Carcel, il permet en même temps l'emploi de la bougie. Cet appareil consiste en une règle divisée, variant de un à deux mètres de longueur. A l'une des extrémités est fixée la lampe type. A l'autre le bec à gaz dont on veut mesurer l'intensité. Ces deux lumières doivent être exactement dans l'axe de la règle et sur une même horizontale.

L'écran glisse, à l'aide d'un coulisseau, sur cette

règle. Un index permet de lire la division correspondante à l'égale intensité. Un compteur d'expérience enregistre la dépense-du bec, et l'emploi d'un
régulateur est à recommander surtout pour des
essais demandant un certain temps pendant lequel la
pression pourrait varier. Dans ce photomètre « les
intensités sont en raison directe du carré des distances de l'écran aux deux lumières ».

Si I représente le pouvoir éclairant de la lampe
Carcel et a sa distance à l'écran, I' le pouvoir éclairant du bec à la distance b, on a l'égalité :

$$\frac{I}{I'} = \frac{a^2}{b^2} .$$

Or, comme I est l'unité, il s'ensuit que $I' = \frac{b^2}{a^2}$.

Pour une règle de 1 mètre de long, si l'écran, au
moment de l'égale intensité, est placé de telle sorte
que $a = 0^m40$, $b = 0^m60$, on en conclut que l'in-

tensité du bec $I' = \dfrac{\overline{0,6}^2}{\overline{0,4}^2} = 2$ carcels 2/10.

On peut procéder à l'évaluation du poids d'huile
comme il a été expliqué précédemment pour le photomètre simplifié de Foucault.

AUTRE PHOTOMÈTRE

L'appareil est également très simple. Il permet de
comparer rapidement la puissance éclairante d'une
lampe et d'un bec dont les consommations en huile
et en gaz sont supposées réglées d'une façon suffisante.

Le plan de l'écran est disposé perpendiculairement

à la ligne qui va d'une lumière à l'autre. La feuille de papier dont il est formé est rendue transparente sur les deux faces, sauf sur un point central seul ; deux glaces inclinées reflètent pour l'observateur l'image des deux faces de l'écran : lorsque ces deux faces sont également éclairées, la transparence cesse et le point central disparaît. Si donc, pour produire ce résultat, il faut placer les deux lumières à comparer à des distances inégales, leurs intensités sont proportionnelles aux carrés des distances observées.

Le support de la lampe est relié invariablement à celui de l'écran, et la distance qui les sépare est constante. Tous deux peuvent se déplacer ensemble le long d'une règle graduée ; le bec, au contraire, est fixé à l'extrémité de la règle. Les deux sources lumineuses étant réglées, on avance ou on recule la lampe et l'écran, jusqu'au moment où, les lumières s'équilibrant, on voit disparaître le point central sur les deux images réfléchies par les glaces, et où, par conséquent, l'écran présente sur toute sa surface une teinte uniforme. On n'a plus alors qu'à lire sur la règle l'intensité relative des deux lumières ; la graduation y est faite de façon à éviter tout calcul.

Observation générale. — Le bec et la bougie produisent des nuances différentes qui rendent difficile l'appréciation de l'égalité d'éclairage des deux portions de l'écran, il est bon de placer en avant de ce dernier un verre de couleur qui fait disparaître la différence des teintes. Une lame mince de gélatine, colorée en rouge, donne un résultat assez satisfaisant.

PHOTOMÈTRE A JET

Cet instrument, d'une grande simplicité, est fondé sur la propriété qu'ont les becs-bougies de donner pour la même pression et le même orifice des hauteurs de flammes variables avec le pouvoir éclairant du gaz. Il consiste en un bec-bougie muni d'un régulateur, le tout enfermé dans une boîte rectangulaire vitrée.

On fixe une première fois, à l'aide d'un index, la hauteur de la flamme pour le gaz réglementaire, et les variations dans cette hauteur correspondent aux variations du pouvoir éclairant.

En se basant sur cette propriété, M. Giroud a imaginé un appareil qu'il a appelé vérificateur du pouvoir éclairant et de la densité du gaz, qui dispense de l'emploi du photomètre et de la chambre noire. L'appareil, que représente la figuré 274, se compose d'un photo-rhéomètre, d'un petit gazomètre équilibré et d'un compte-secondes.

Lorsque le gaz a un pouvoir éclairant tel que 105 litres, donne la même lumière que la Carcel brûlant 42 grammes d'huile à l'heure, si le trou du bec est de un millimètre, la hauteur de la flamme est de 105 millimètres, et la dépense horaire de 38 litres ; si le gaz est moins éclairant, il faut en consommer un plus grand volume pour maintenir la flamme à la hauteur de 105 millimètres, et inversement s'il est plus éclairant.

Le régulateur placé au-dessous du bec a pour but de maintenir la dépense fixe une fois que la flamme a été réglée à la hauteur de 105 millimètres, au moyen d'un robinet K. Dans cet appareil, la flamme

est entourée d'un verre en partie noirci et sur lequel
on a tracé deux traits, à 105 millimètres l'un de
l'autre, le trait inférieur correspondant au niveau du
bec.

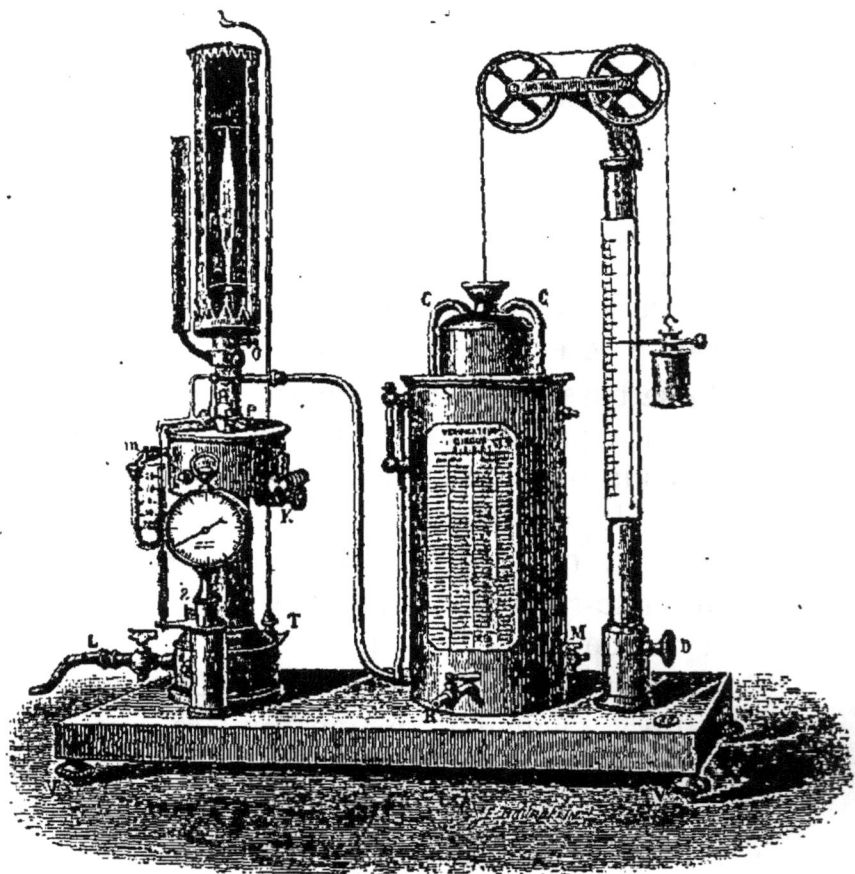

Fig. 274.

Le robinet B est à trois voies, permettant d'envoyer
le gaz soit au bec, soit au gazomètre, les mouvements de sa bascule arrêtent ou mettent en marche
le compte-secondes.

Le petit gazomètre porte une échelle divisée en
centimètres et millimètres, mobile au moyen d'une

vis, et comme on fait l'expérience en une minute et non en une heure, on a joint à l'appareil un tableau donnant, par des calculs faits à l'avance, la réduction des chiffres de l'échelle du gazomètre en litres de gaz dépensée par heure pour donner la même lumière que la lampe Carcel.

Pour faire l'essai, on règle au moyen du robinet K placé sur le côté du régulateur, la hauteur de flamme du bec-bougie exactement à 105 millimètres, distance exacte entre les deux repères que l'on voit sur la figure.

Après avoir mis le chronomètre à zéro, et amené sous l'index le zéro de l'échelle, on relève horizontalement la béquille B. Le compte-secondes se met en marche. Le gaz, au lieu d'aller au brûleur, se rend au gazomètre, et le volume du gaz qui passe par le robinet étant d'ailleurs indépendant de la position de la bascule, le volume de gaz qui arrive dans le gazomètre dans un espace de temps déterminé est celui qu'aurait consommé le bec dans le même temps. On laisse écouler le gaz dans le gazomètre pendant une minute, au bout de laquelle, aussi exactement que possible, on relève la béquille du robinet B. L'aiguille du compte-secondes indique si l'arrêt a été fait exactement au moment voulu.

S'il en est ainsi, on cherche sur le tableau, dans la colonne du pouvoir éclairant, le chiffre correspondant au nombre de millimètres marqué par l'index sur l'échelle, et ce chiffre indique combien le bec Bengel type, brûlant le gaz essayé, devrait en consommer en une heure pour donner la lumière d'une Carcel. Le tableau est fixé sur la cuve de gazomètre, comme l'indique la figure.

Pour mesurer la densité, on ferme complètement le robinet K, et on procède comme pour mesurer le pouvoir éclairant, sans tenir compte de la longueur de là flamme.

Les chiffres correspondants aux millimètres marqués sur l'échelle se trouvent également sur le petit tableau fixé à la cuve du gazomètre.

Dans le but de rendre plus rapides et plus simples les essais photométriques, on a remplacé la lampe Carcel, dont l'emploi exige des précautions multiples, par le bec type à double courant d'air. Ce bec donne exactement la Carcel pour 105 litres à l'heure.

Pour la détermination de l'éclairage des lampes à récupération, dont la plupart, alimentées par le haut et ne pouvant être fixées sur un support comme les becs à papillon ou les becs à verre ordinaire, on a employé un dispositif spécial.

PHOTOMÈTRE FOUCAULT POUR GROS FOYERS

Le photomètre employé pour ces essais est un photomètre Foucault, avec quelques modifications dans la disposition des règles qui sont toutes deux divisées et reçoivent chacune un chariot mobile. Ces chariots sont manœuvrés au moyen de deux petites roues de manœuvre à portée de la main de l'opérateur et sur lesquelles passe une chaîne calibrée reliée aux chariots. L'un des chariots reçoit le bec type, l'autre reçoit l'appareil en essai.

Lorsque l'appareil à essayer est une lampe à flamme renversée, on la suspend au-dessus du chariot resté libre et on règle la consommation. Au-dessous, exactement dans l'axe, on dispose un miroir plan rectangulaire, monté sur un pied, et mobile autour de son axe horizontal ; un cadran divisé indique l'inclinaison du miroir que l'on prend exactement de 45°.

Les rayons lumineux émis par la lampe sont reçus par le miroir, qui, grâce à son inclinaison, les renvoie horizontalement dans la lunette.

Dans la détermination du nombre de carcels, il y a lieu de tenir compte de la distance verticale de la lampe au miroir, et aussi de l'absorption due à ce miroir. Ce dernier renseignement est fourni par le constructeur lors de la livraison de la glace. Dans ce genre d'essai, la glace reste fixe, et c'est le bec-type qu'on approche ou qu'on éloigne pour arriver à l'égalité des teintes sur l'écran.

Il faut avoir soin de plus de masquer entièrement la lampe, de façon à n'avoir aucun rayon convergent provenant de la source lumineuse dans la lunette du photomètre. Les intensités obtenues sont corrigées au moyen de la formule :

$$i' = \frac{i}{\text{Cos K}}$$

on a trouvé ainsi les chiffres renfermés dans le tableau ci-après pour le rendement en carcels, de différentes lampes à récupération :

CONSOMMATION HORAIRE POUR 1 CARCEL-HEURE

Becs-bougies à gaz.	200 litres.
Bougies (de l'Etoile) ou stéariques. .	70 grammes.
Becs papillons à gaz	127 litres.
Becs de gaz, type Bengel.	105 »
» à verre de forte consommation	90 , »

Lampes à huile . . . .   42 grammes.
»   à pétrole   39   »
»   à gaz à récupération de faible
          consommation . . . . .   50 litres.
»   à gaz à récupération de forte
          consommation   30   »

DÉPENSES PAR CARCEL DES DIVERS BECS
A RÉCUPÉRATION (RÉSUMÉ)

Désignation des becs.	Consommation des becs par heure.	Dépenses par carcel.
Siemens	260 litres	76 lit. 19
»	525 »	50.46
»	800 »	38.33
Parisien	160 »	71.61
»	525 »	40.30
Delmas.	80 »	65.4
»	140 »	55.94
Wenham	100 »	58.28
»	200 »	46.9
»	300 »	30
Cromartie	60 »	60
»	180 »	40.68
»	200 »	33.33
»	280 »	31.79
»	400 »	29.3
Danischewsky . .	140 »	50.9
L'Industriel. . . .	400 »	47.15

La qualité d'un éclairage dépend non seulement de la quantité de lumière (intensité lumineuse) produite, mais encore de la façon dont elle est répartie, dans la direction où on l'étudie.

L'intensité lumineuse est le nombre de carcels

produit par une source de lumière, tandis que l'éclairement dépend de la position de l'objet par rapport à la source lumineuse qui l'éclaire.

L'intensité se mesure en carcels, mais pour l'éclairement, l'unité est la bougie-mètre, c'est-à-dire l'éclairement produit sur l'objet par une bougie placée à un mètre de distance.

Au point de vue pratique, l'éclairement est une donnée beaucoup plus intéressante que l'intensité. L'éclairement représente en effet la clarté dont on dispose pour se diriger et voir les obstacles dans la rue, la clarté que prennent les objets pour le travail manuel dans un atelier, la feuille de papier pour la lecture. Cette clarté dépend de l'intensité, du nombre, de la répartition des foyers lumineux et de la lumière réfléchie sur les murs, plafonds, etc. La mesure de l'éclairement constitue un moyen de juger si l'éclairage est judicieusement employé, c'est-à-dire uniformément réparti.

Deux éclairages sont évidemment équivalents quand un même objet, soumis alternativement à l'un et à l'autre, paraît acquérir le même éclat et produit le même effet sur la rétine.

Dans ces appareils, les sources lumineuses comparées sont l'une, une fraction générale de la lumière à mesurer, et l'autre une fraction de la lumière produite par une lampe étalon. L'objet éclairé est un écran qui reçoit, sur l'une des moitiés de sa surface l'un des éclairages, et, sur l'autre moitié, l'autre fraction de lumière. On fait varier l'une ou l'autre des deux fractions, jusqu'à ce que les deux parties de l'écran soient également éclairées.

PHOTOMÈTRE MASCART

L'appareil qui a servi dans les différentes expériences dont il sera question plus loin, est dû à M. Mascart.

La figure 275, ci-après, représente la coupe horizontale de ce photomètre, décrit par M. Lafargue dans le journal l'*Electricien*.

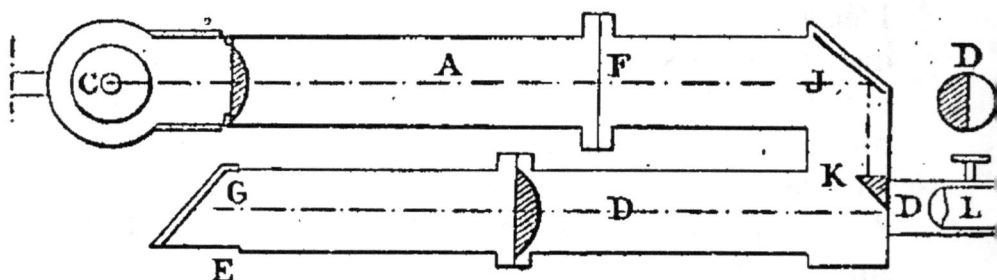

Fig. 275.

Il se compose essentiellement de deux tubes : l'un recevant la lumière à mesurer, et l'autre celle d'une source de comparaison. Les deux faisceaux de lumière, après leur passage dans ces tubes, sont reçus chacun sur la moitié d'un disque de Foucault. On amène l'égalité des teintes au moyen de diaphragmes de différentes surfaces.

On dispose l'appareil de façon que l'écran de Foucault C se trouve au point où l'on veut déterminer l'éclairement. La lumière tombe sur la lentille, la traverse, se réfléchit sur une glace J, pénètre dans le prisme K, est réfléchie par la grande face à 45° et éclaire la moitié du disque D.

A l'extrémité de l'autre tube se trouve une lampe étalon E, qui, pour une certaine hauteur de flamme, donne une intensité lumineuse définie. Il faut donc commencer par régler la hauteur de la flamme, ce qui se fait très aisément au moyen d'une projection sur un verre dépoli. Cette lampe envoie un faisceau de lumière qui est concentré par une lentille sur un écran de Foucault de même surface.

Une lentille, placée contre le second diaphragme à volets mobiles, a une distance double de la distance focale principale de l'écran G, donne l'image de cet écran sur l'écran D.

On a donc ainsi sur l'écran D les quantités de lumière émises par les deux sources, chacune d'elles occupant la moitié du disque. On observe cet écran à l'aide d'une lentille L. Dans le cas où les lumières à comparer sont de colorations différentes, on a recours, pour l'observation, à une série de verres colorés qui permettent, par une suite d'approximations successives, d'obtenir un résultat satisfaisant.

On dirige la plaque de A de façon que la lumière que l'on veut étudier tombe normalement, et à cet effet l'extrémité du tube qui porte cette plaque est susceptible de tous mouvements autour de l'axe du tube ; il suffit ensuite d'établir l'équilibre à l'aide des diaphragmes à volets mobiles, ce que l'on obtient très aisément.

M. Mascart a fait des essais et comparé les éclairages anciens en adoptant comme unités la surface et le volume des salles éclairées :

Désignation des lieux. —	Nombre de bougies	
	par mètre horizontal.	par mètre cube.
Hôtel-de-Ville (1888) :		
Salle des fêtes. . . .	14.46	0,78
Grand salon.	15.24	1.86
Galerie latérale . . .	13.98	0,50
Salon réservé	4.36	0,53
Odéon	7.06	0,44
Comédie-Française. . . .	9.75	0,67
Palais-Royal.	21.10	1.90
Porte-Saint-Martin. . .	16	0,98
Opéra (soirées de bal) :		
Foyer.	8.93	0,81
Salle	27.85	1,21
Scène	8.90	0,59

Salle du poste central des Postes et Télégraphes.
— Eclairage électrique à arc (15 régulateurs Cance
de 8 ampères) :

Éclairement maximum sous le lustre du milieu (horizontal) . . . . 45 bougies-mètre.
Éclairement minimum dans le coin
le plus obscur de la pièce. . . . . . 3.5   »

La même salle éclairée au gaz (75 becs Cromartie
de 140 litres à l'heure) :

Éclairement maximum. . . . . . 45 bougies-mètre.
        »   minimum . . . . . . 3.5   »

La dépense de 10 m³ de gaz est très faible pour une
salle de cette dimension, il faudrait le double ; les deux
éclairages, gaz et électricité, seraient comparables.

Au point de vue de l'éclairage public, le gaz
donne des résultats comparables à ceux de l'électricité.

Les calculs faits sur l'éclairage des différentes voies de Paris ont donné en effet :

1° *Eclairage électrique par lampes à arc :*

Rue Royale . . . . ⸱ 1,5 bougie par mètre carré.

Place de l'Opéra. . ⸱ 0,75   —

2° *Eclairage au gaz :*

Rue du Quatre-Septembre, 0,45 bougie par mètre carré.

Place de la Bastille, 0,46 bougie par mètre carré.

Rue de la Paix, 1,5 bougie par mètre carré.

Le gaz offre sur l'éclairage par lampe à arc l'immense avantage de la division, facilité qui est la condition essentielle de la bonne répartition de l'éclairage.

ÉTALONS DIVERS

Pour terminer, nous indiquerons les étalons photométriques autres que le bec Carcel.

Bougie anglaise

L'étalon en Angleterre est la bougie de spermaceti de 6 à la livre brûlant 2 grains de matière grasse par minute ou 120 grains (7 gr. 776) par heure.

On admet que pour une consommation comprise entre 114 et 126 grains par heure, la valeur éclairante est proportionnelle à la consommation et on fait la correction au moyen d'une simple proportion. Pour une consommation de 120 grains à l'heure, son pouvoir éclairant est égal à 0,120 carcel normale.

Bougie allemande

C'est une bougie de paraffine de 6 à la livre et d'un diamètre uniforme de 20 millimètres. Le point de fusion de la paraffine employée est de 55° C. La valeur éclairante de la bougie se règle d'après la hauteur de la flamme; l'unité correspond à une flamme de 50 millimètres de hauteur, le pouvoir éclairant correspondant est égal à 0,34 carcel.

Bougie de Munich

C'est une bougie stéarique, de forme légèrement conique; elle doit consommer de 10 gr. 2 à 10 gr. 6 de stéarine à l'heure sans fumer et sans avoir besoin d'être mouchée. Brûlant 10 gr. 4 de stéarine à l'heure, son pouvoir éclairant correspondant est de 0,153 carcel.

Bougie de l'Etoile

La *bougie de l'Etoile* de 5 au paquet consommant 10 gr. de stéarine à l'heure en donnant une flamme de 52,5 millimètres, a une puissance lumineuse égale à 0,136 carcel. Nous indiquerons également les modes employés pour fixer le titre du gaz.

En France on fixe encore le titre du gaz en stipulant la consommation de gaz nécessaire pour obtenir l'éclat d'une lampe carcel brûlant 42 gr. d'huile de colza épurée à l'heure. En Angleterre on détermine le nombre de bougies correspondant à une consommation de 5 pieds cubes (141 lit. 6) de gaz à l'heure dans un bec établi par M. Sug et appelé « London Argand n°. 1 ».

Dans ces conditions on obtient 1,587 carcel pour 5 pieds cubes de gaz, soit 13,2 bougies en prenant une bougie = 0,12 carcel.

A Berlin le titre est déterminé par le nombre de bougies anglaises correspondant à une consommation de 150 litres de gaz à l'heure dans un bec Argand. L'on obtient environ 1,755 carcel ou 14.5 bougies pour une consommation de 150 litres de gaz à l'heure.

En France, M. Giroud, et en Angleterre M. Methven ont cherché à représenter l'étalon lumineux au moyen d'une flamme alimentée par le gaz ordinaire, tel qu'il est livré à la consommation.

Nous avons décrit l'appareil Giroud, la description de l'appareil Methven et des principes quelque peu sujets à discussion sur lesquels il est fondé nous entrainerait trop loin, il nous suffit de le signaler à nos lecteurs.

Etalon Vernon-Harcourt

M. Vernon-Harcourt, de Londres, a également cherché à réaliser un étalon en s'efforçant d'obtenir pour les essais un gaz de composition constante. L'étalon est réglé pour donner aussi approximativement que possible la même quantité de lumière qu'une bougie normale de spermaceti de valeur moyenne. Le combustible employé est de l'air carburé au moyen de carbures d'hydrogène volatils extraits du pétrole. On prépare ce liquide par une distillation fractionnée de la gasoline, préalablement lavée à l'acide sulfurique et à la soude caustique. Le liquide décanté est distillé quatre fois successivement à 60° — 55° — 50° — et une dernière fois à 50°. Il est alors principalement formé d'un mélange de penthane, de tétrane et d'hexane; son poids spécifique varie entre 0,628 et 0,631 à 15° C.

L'air carburé se prépare en laissant le liquide se mêler à l'air par diffusion dans la proportion de 1 centimètre cube de liquide pour 576 cent. cubes d'air à la pression de 760 millimètres et à 15° C.

On a ainsi un mélange de 20 volumes d'air pour 7 volumes de vapeur de penthane.

La diffusion se fait dans une cloche de 200 litres et demande environ 6 heures. Le brûleur employé est un bec-bougie dont l'orifice a 6 millimètres 35; la flamme est réglée à une hauteur de 63 millimètres 5.

Il résulte des expériences de M. Vernon-Harcourt :

1° Que la composition du liquide peut varier dans certaine limite, entre 0,628 et 0,631 sans que le pouvoir éclairant de la flamme change ;

2° Que la proportion d'air et de vapeur de pentane peut varier de 3 0/0 en dessus ou en dessous de la proportion normale sans que la lumière change ;

3° Que les dimensions du bec et la hauteur de la flamme ont une influence marquée sur la quantité de lumière émise. Aussi le bec doit-il avoir des dimensions absolument exactes. L'orifice est percé dans une plaque de cuivre de 12 millimètres 7 d'épaisseur et doit avoir 6 millimètres 35. La hauteur de la flamme indiquée par un fil de platine horizontal est fixée à 63 millimètres 5. La consommation du bec doit être comprise entre 13 lit. 6 et 14.7 litres à l'heure ; elle est réglée par un petit régulateur.

Dans ces conditions on a obtenu une puissance lumineuse de 1 bougie = 0,125 carcel ou 1 carcel normale = 8 becs-bougie Vernon-Harcourt. Cet étalon a évidemment fait faire un grand pas à la détermination et à l'adoption d'un bec étalon international si désiré par les savants et les industriels, gaziers ou électriciens.

CHAPITRE XVII

DÉTAILS SUR LA CONSTRUCTION DES USINES

Le choix de l'emplacement d'une usine est très important au point de vue de l'arrivage des matières premières, la houille principalement, et de l'évacuation des produits obtenus : gaz, coke, goudrons, eaux ammoniacales, etc. Au point de vue de la houille, il est intéressant que l'usine soit placée près d'une ligne ou gare de chemin de fer avec laquelle elle sera reliée, pour éviter les transbordements et les transports si onéreux par voitures. Il est encore plus avantageux si l'usine peut être placée près d'une rivière navigable, ou un canal, les transports par eau étant moins élevés que par voies ferrées. Il sera établi des quais de débarquement reliés à l'usine par des voies ferrées.

Les bords des rivières présentent quelquefois des inconvénients, ils sont souvent marécageux et le coût des fondations peut élever beaucoup le prix de premier établissement. De plus, la rivière peut être sujette à des débordements et il devient nécessaire d'élever le niveau général de l'usine au-dessus des plus hautes crues, et de prendre des précautions spéciales pour mettre les cheminées courantes à l'abri de ces inondations. On a vu quelquefois des usines arrêtées et des villes plongées dans l'obscurité par suite de l'inondation des cheminées courantes qui arrêtait toute fabrication.

Le choix est donc très délicat. On a vu quelquefois un mauvais choix du terrain, conduire à un supplément considérable de premier établissement, et il peut être souvent avantageux de payer plus cher un terrain bien placé.

Il est intéressant, quand on le peut, de choisir un terrain placé dans le point le plus bas de la ville à desservir, on travaille dans des conditions plus favorables de pression. L'influence du frottement et la force ascensionnelle résultant de cette différence de niveau s'équilibreront en partie, la pression qu'on devra donner à l'usine sera moins grande, on aura ainsi des pertes de gaz moins grandes par la canalisation, cette perte est souvent assez importante pour que tous les soins, aussi bien du constructeur que du directeur, soient employés à la réduire au minimum.

L'importance de l'usine, au début, est déterminée par la consommation des lanternes publiques concédées, et par une évaluation un peu approximative de l'éclairage privé. Il faut, en général, calculer largement les canalisations malgré le prix plus élevé de premier établissement, pour ne pas être obligé de remplacer à trop bref délai des tuyaux devenus rapidement insuffisants par suite d'un calcul trop juste au début.

Dans les grandes usines, où la manipulation du charbon s'exerce sur un poids considérable, il est utile de réduire au minimum la main-d'œuvre d'arrivage, d'emmagasinage et de transport du charbon dans les ateliers de distillation. Aussi on cherche à faire passer les voies non seulement à travers les magasins à charbon, mais à travers les ateliers de distillation, et même les chantiers à coke et les cours d'extinction,

On peut ainsi distiller les arrivages sans main-d'œuvre de transports. Une disposition qui semble préférable, est de faire passer une voie perpendiculairement à l'axe des batteries de fours ; on a ainsi d'un côté l'arrivage des charbons, et de l'autre les cours d'extinction avec voie ferrée également pour le transport et l'évacuation de ce combustible par chemin de fer.

Nous allons passer en revue les diverses parties de l'usine et indiquer les surfaces relatives des appareils et des bâtiments suivant la production.

PARCS A CHARBONS

Dans les petites et moyennes usines, on a souvent des hangars à charbon, qui deviennent impossibles pour les grandes usines, leurs avantages ne compenseraient pas les dépenses de premier établissement.

Si l'on désire avoir en magasin un approvisionnement de deux mois d'avance, il faut compter compris chemins, places perdues, etc., une surface variant de 10 à 25 mètres carrés par cornue avec un magasin possible de 1,800 kilogs à 2,800 kilogs par mètre carré variable avec la hauteur du tas de 3 à 5 mètres.

CHANTIERS A COKE

La surface à donner est de 6 à 18 mètres par cornue, avec un magasin possible de 40 à 100 hectolitres suivant la hauteur de 5 mètres à 12 mètres.

ATELIER DE DISTILLATION

Même dans une petite usine bien conduite, on peut aujourd'hui compter sur une production de 475

12.

à 250^{m3} de gaz par cornue et par 24 heures. On peut calculer la production maximum pour les jours de dépense maximum ; en comptant une réserve de 30 0/0, on déterminera le nombre de fours nécessai-

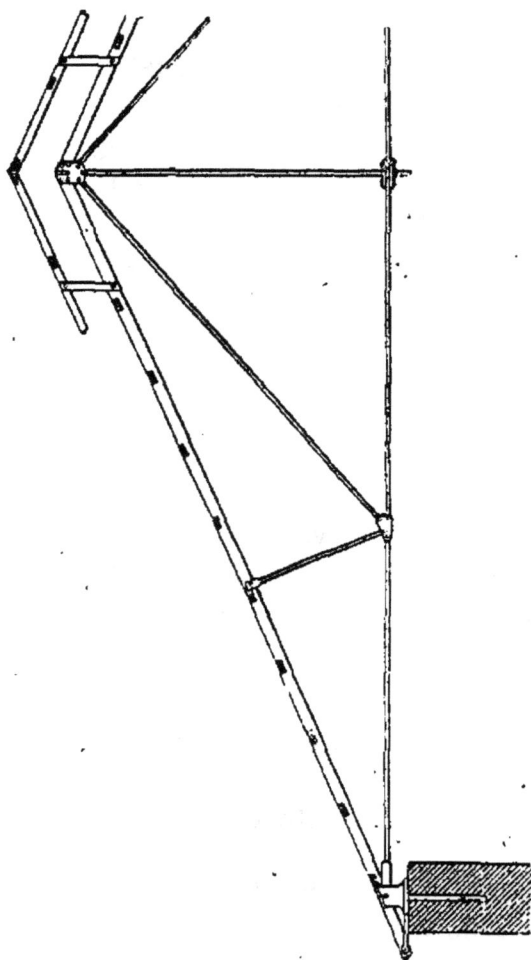

Fig. 276.

res. Il est indispensable de laisser entre les cornues et le mur du bâtiment un espace de 6 à 7 mètres pour donner de la commodité au service, ce qui conduit pour des ateliers à four simple à une largeur d'environ 9 à 10 mètres et avec les fours doubles à 20 mè-

tres. La surface des ateliers de distillation pour des
fours doubles varie de 4ᵐ50 à 7 mètres par cornue. La
hauteur doit être de 6 à 8 mètres à la sablière avec

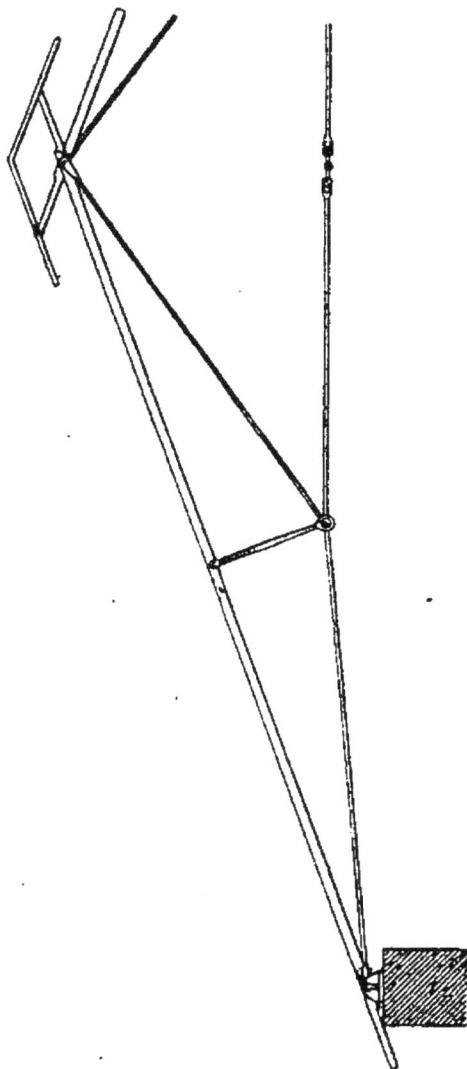

Fig. 277.

un toit en tuile, ardoise, ou tôle ondulée, supporté
par une charpente en fer (fig. 276, 277, 278) et muni
d'un lanterneau assez développé pour permettre une
évacuation rapide des fumées du délutage des cor-

nues et du décrassage des foyers. La hauteur dépend
encore de la solution adoptée pour l'arrivage des
wagons dans les ateliers, suivant qu'ils arrivent sur
un quai au niveau du sol ou à 2^{m}5 ou 3 mètres au-

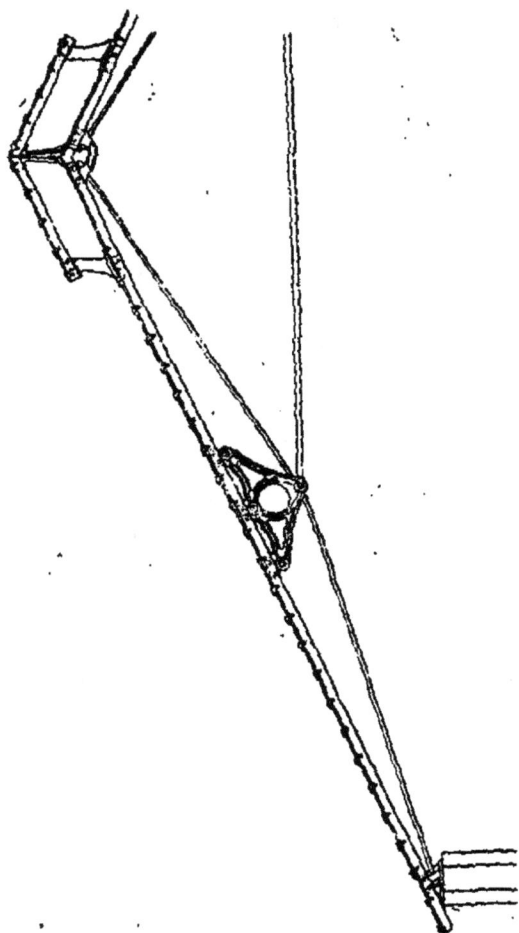

Fig. 278.

dessus du sol pour faire un talus d'approvisionnement.

S'il n'y a qu'une rangée de fours dans la salle, on
la dispose le long des murs (fig. 279 et 280). Lorsqu'on a deux rangées de fours, on les adosse au milieu
de la salle. Cette disposition présente un avantage

sous le rapport d'une moindre déperdition de chaleur rayonnante ; mais elle force à donner une grande
largeur au bâtiment, car il faut, comme ci-dessus,
laisser de chaque côté la place nécessaire au service.

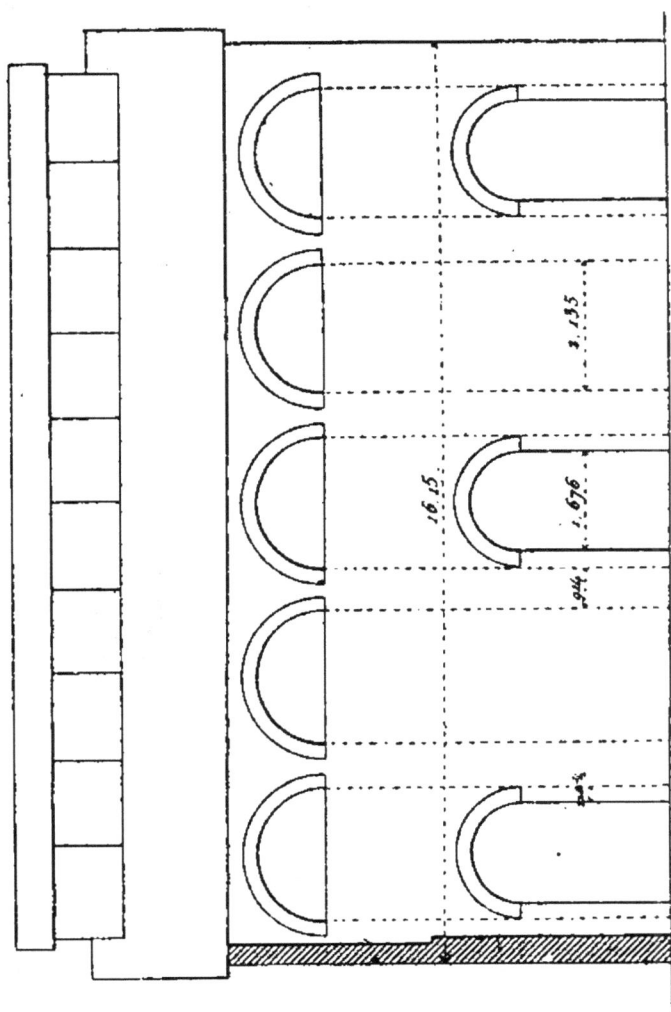

Fig. 279.

On peut avoir deux rangées de fours dans la même
salle avec une moindre largeur, on les place l'un
contre un des murs et l'autre contre le mur vis-à-vis ;
l'espace libre dans le milieu sert au service de l'une

et de l'autre rangée de fours. Le seul avantage de
cette disposition est de permettre de placer le plus
grand nombre de fours dans un petit espace, et
d'avoir une moins grande dépense de premier établissement, mais le service des ouvriers est plus pénible.

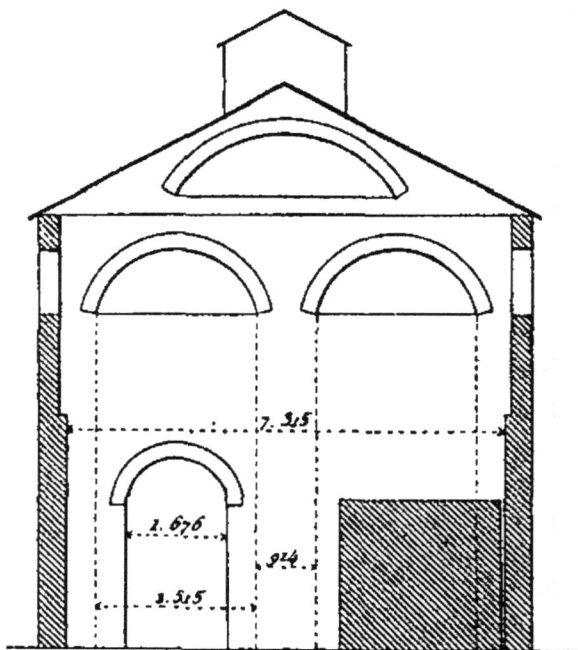

Fig. 280.

Les fours à gazogène nécessitent des bâtiments
avec sous-sols, qui doivent être bien ventilés, pour
éviter les asphyxies qui peuvent se produire par
l'écoulement au dehors de l'oxyde de carbone produit dans le foyer, surtout aux allumages, lorsqu'on
travaille avec un tirage très faible.

COLLECTEURS

Nous avons vu, en leur temps, les surfaces à donner aux *faux Barillets*, *Collecteurs*, etc., pour le

meilleur refroidissement du gaz, en évitant le plus possible l'altération du pouvoir éclairant. Nous ajouterons un mot pour les collecteurs, suivant qu'ils sont à l'intérieur ou à l'extérieur des bâtiments.

Les surfaces nécessaires sont les suivantes :

Placés à l'extérieur 4,7 à 6,7 mètres carrés par 1,000 mètres cubes et par 24 heures.

Placés à l'intérieur 6,2 à 7,4 mètres carrés par 1,000 mètres cubes et par 24 heures.

CONDENSEURS

Que l'on emploie des condenseurs horizontaux ou verticaux, jeux d'orgues, etc., il est préférable de les mettre à l'abri sous un hangar pour n'être pas à la merci des conditions atmosphériques. Ils devront être installés pour pouvoir être préservés de la gelée, et également de la chaleur du soleil de l'été ; on aura des robinets d'eau pour arroser en été, et, si possible, des robinets de vapeur, pour éviter la congélation pendant les froids très rigoureux.

La surface des appareils réfrigérants varie beaucoup avec les systèmes employés et les moyens de refroidissement.

JEUX D'ORGUES

Pour les appareils dits jeux d'orgues, il faut donner une surface refroidissante de 19 à 21 mètres carrés par 1,000 mètres cubes produits par 24 heures ; ou au point de vue de la construction 0,6 à 0,85 mètre carré par cornue.

Quant *aux extracteurs et aux condenseurs par choc,*

les fabricants les établissent suivant la production maximum par **24** heures. On peut compter pour la surface du bâtiment de l'extracteur 0,5 à 0,9 par cornue.

LAVEURS

Nous avons indiqué plus haut les surfaces et les volumes d'eau nécessaires par 1,000 mètres cubes de gaz, dans quelques modèles que nous avons indiqués.

Ces appareils, autant que possible, doivent être placés dans des locaux séparés, et être, ainsi que le bâtiment de l'épurateur, éloignés le plus possible des ateliers de distillation. Tous ces appareils étant munis de gardes hydrauliques, sont susceptibles, dans le cas d'une obstruction accidentelle, de laisser échapper du gaz à travers ces gardes, et le contact avec des flammes pourrait donner lieu à des explosions.

Pour résumer ce qui est relatif à la condensation et au lavage, nous indiquerons une marche rationnelle, conservant le plus possible au gaz son pouvoir éclairant.

Après le barillet entretenu constamment à une température comprise entre 60 et 80°, le gaz passerait soit dans un faux barillet à section ovale, ou dans un collecteur très long, ayant un volume de **2,9** à 3,5 mètres cubes par 1,000 mètres cubes de gaz et par 24 heures. Ces appareils enveloppés d'isolants pour donner un abaissement de température régulier et lent. Le gaz passerait ensuite dans un réfrigérant annulaire à ventilation intérieure, dont la surface serait de 16 à **20** mètres carrés par 1,000 mètres cubes et par 24 heures. Cet appareil, à l'abri sous un bâtiment, serait réglé de façon à ce que le gaz sorte à une température comprise entre 12 et 15°. Pour achever la condensation mécanique, un appareil Pelouze et Audouin, puis un lavage rationnel et méthodique du gaz à l'aide de trois scrubbers genre Livesey. Les deux premiers arrosés au moyen de l'eau ammoniacale brute, à raison de 300 à 500 litres par tonne distillée, et le troisième à l'eau pure à raison de 40 à 60 litres par tonne distillée.

Le volume des scrubbers à raison de 2,5 à 3,5 mètres cubes par tonne.

A la sortie de ces appareils, le gaz se rendrait aux épurateurs à oxyde de fer.

ÉPURATION

On donne aux cuves d'épuration à l'oxyde de fer, à une seule claie, une surface totale, pour les trois passages, y compris les cuves de sûreté, de 2^m80 à 4^m50 par 1,000 mètres cubes de gaz et par 24 heures, suivant la commodité dont on dispose pour la revivification; ce qui correspond à peu près à un rapport entre les surfaces d'étendage et des salles d'épuration compris entre 2,03 et 2,60. La surface totale des ateliers d'épuration et d'étendage est comprise entre 3,25 et $5^m2 7$ par cornue.

COMPTEURS

Les compteurs sont également fournis par les constructeurs, suivant le débit par 24 heures.

Avec les tuyaux d'arrivée et de sortie, les dégagements, on compte sur une surface de bâtiment égale à $0^m2 15$ par cornue.

CITERNE A GOUDRON

Les volumes à prendre sont variables suivant que l'usine traite ou vend son goudron et ses eaux ammoniacales ; dans le premier cas, on compte sur un volume de $1^{m3}25$ par cornue, et dans le second $2,5$ à 3^{m3} suivant les facilités de la vente.

Disposition rationnelle des citernes de condensation

Les citernes à goudron reçoivent, en général, toutes les condensations à la fois, eaux ammoniacales, goudrons qui s'y séparent par différence de densité. Elles présentent un inconvénient sérieux quand il s'agit de pomper les goudrons pour l'expédition ou le traitement, tout particulièrement l'hiver, quand on est obligé de chauffer la masse à extraire. Le chauffage doit se faire à toute la masse, et la chaleur transmise produit une élimination de l'ammoniaque qui peut être considérable.

La disposition figure 281 supprime ces inconvénients. La citerne est divisée en deux parties communiquant par la partie inférieure. Les condensations arrivent par A dans la citerne I, par suite de la différence de densité, la citerne II sera occupée constamment par le goudron seul. On pourra faire le pompage dans les citernes I et II, ou mieux dans un puits communiquant par un tuyau V avec la citerne II.

Ce puits est destiné au chauffage du goudron avant le pompage ; il permet de réduire au minimum la dépense de calorique, car si ce puits renferme la contenance d'un wagon on peut fermer V par une

valve qui isole le puits du reste de la citerne, et le
chauffage ne se fait que sur la partie contenue dans
la citerne.

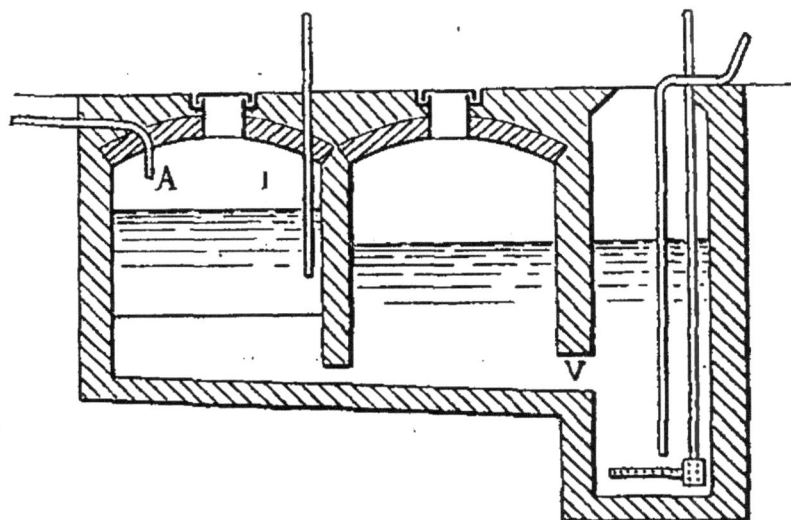

Fig. 281.

Il faut également, dans les usines à gaz, des réservoirs d'eau considérables pour l'extinction du
coke, les machines à vapeur, le refroidissement des
réfrigérants et autres appareils. Généralement, on
fore un puits dont le prix de l'eau, malgré le pompage, est toujours moins élevé que l'eau prise sur la
distribution de la ville. On devra avoir un volume
correspondant de $0^{m3}500$ à 0,650 par cornue.

Les bâtiments qui contiennent les régulateurs
d'émission doivent avoir une surface d'environ 0,14
par cornue.

Les bâtiments des magasins, hangars, écuries, auront une surface de 2,0 à $3^{m2}5$ par cornue.

Les bâtiments d'habitation et bureaux de 0,8 à $1^{m}3$
par cornue.

Le volume des gazomètres, très variable suivant

les circonstances spéciales, sera de 50 à 80 0/0 là consommation journalière maximum.

En résumé, la surface totale des bâtiments d'une usine à gaz est comprise entre 15 et 20 mètres carrés par cornue, et la surface totale d'une usine peut varier suivant les circonstances de 90 à 110 mètres carrés par cornue.

La dépense de premier établissement de l'usine varie : pour les grandes villes, Paris 0,51, Berlin 0,42; les petites villes de 0,30 à 0,35 par mètre cube de la production annuelle.

En résumé, dans le projet d'une usine, il faut tenir compte, en premier lieu, des manipulations pour l'arrivée et le départ des produits ; employer rationnellement les voies ferrées, pour réduire là main-d'œuvre au minimum, pour l'arrivage et la mise en tas des charbons, et le plus possible l'emploi immédiat de celui-ci ; disposer un enlevage rationnel du coke sur wagon, qui permet par cette économie d'étendre au loin son marché et d'éviter l'encombrement onéreux par la dépense de mise en tas, et la dépréciation résultant de sa friabilité.

A ce même point de vue, condenser l'usine le plus possible, tout en se réservant la possibilité d'un développement ultérieur résultant d'une augmentation de demande de gaz.

Les gazomètres, à un endroit séparé, permettant l'agrandissement possible. Les chaudières, les ateliers de distillation, loin des épurateurs, pour éviter les incendies et explosions.

Chaque local est aménagé pour la surveillance facile des travaux et des hommes.

Les bâtiments d'administration en dedans; mais

bien séparés de l'usine. N'avoir, autant que possible,
qu'une seule entrée pour la surveillance.

On devra donc étudier avec soin divers projets,
ces études devant être la cause d'avantages et d'inconvénients ultérieurs, presque sans rémission possible.

CHAPITRE XVIII

GAZ A L'HUILE

Quand on chauffe progressivement les corps gras
en vase clos, ils distillent sans fournir de nouveaux
produits. Mais si on les soumet instantanément à une
chaleur rouge sombre, ils se décomposent complètement et se transforment presque totalement en gaz
d'éclairage composé de divers carbures d'hydrogène.

Procédé Taylor

On a employé ainsi des huiles de graines non épurées. L'Anglais Taylor a, le premier, construit des
appareils pour la distillation des huiles. Les cornues
sont chargées de coke en petits morceaux, et chauffées au rouge naissant. On y fait arriver l'huile sous
forme d'un filet très petit. Cette huile est contenue
dans un réservoir qui sert de condenseur, et où elle
est toujours maintenue au même niveau. Au contact
du coke rouge, elle se décompose en grande partie,
fournit des gaz qui se rendent dans le condenseur et sortent de là, dépouillés de l'huile non dé-

composée, pour se rendre dans le gazomètre. Le coke, dont le but était de multiplier les surfaces de chauffe, a ses intervalles bien vite obstrués par le charbon produit par la décomposition, et doit être changé tous les quinze jours. Ce gaz ne contient ni sels ammoniacaux, ni hydrogène sulfuré; il est formé en majeure partie d'hydrogène bicarboné. Son pouvoir éclairant est trois fois plus grand que celui du gaz ordinaire.

GAZ D'HUILE MINÉRALE

L'augmentation du prix de la houille, et le prix peu élevé des huiles minérales ont suscité des essais de production du gaz au moyen de ces huiles.

On employa d'abord pour cet objet les résidus provenant de leur distillation (fig. 282). L'appareil construit dans ce but consistait en une cornue verticale en fonte a — un certain nombre d'entonnoirs b laissent tomber de l'huile sur la paroi chaude de la cornue; c_1 c_2 tampons; d tuyau de dégagement du gaz. Le couvercle supérieur est luté avec de l'argile. Les tringles e servent à dégorger les tuyaux pendant la marche; g est un revêtement servant à protéger la cornue contre le coup de feu. On revêt la cornue sur un tiers ou sur toute sa hauteur suivant que la marche est intermittente ou continue.

La cornue verticale dans laquelle l'on peut faire arriver l'huile sur plusieurs points à la fois, est plus avantageuse par ce fait que la cornue horizontale. Le contact de l'huile et des parois chaudes est également plus prolongé, et le chauffage est plus uniforme sur toute la longueur. Le dépôt de graphite est moins abondant, ce qui donne un meilleur rendement en gaz ; le nettoyage est d'ailleurs beaucoup plus facile. Le rendement en gaz est d'environ 50 à 60 mètres cubes par 100 kilog. d'huile. Le poids

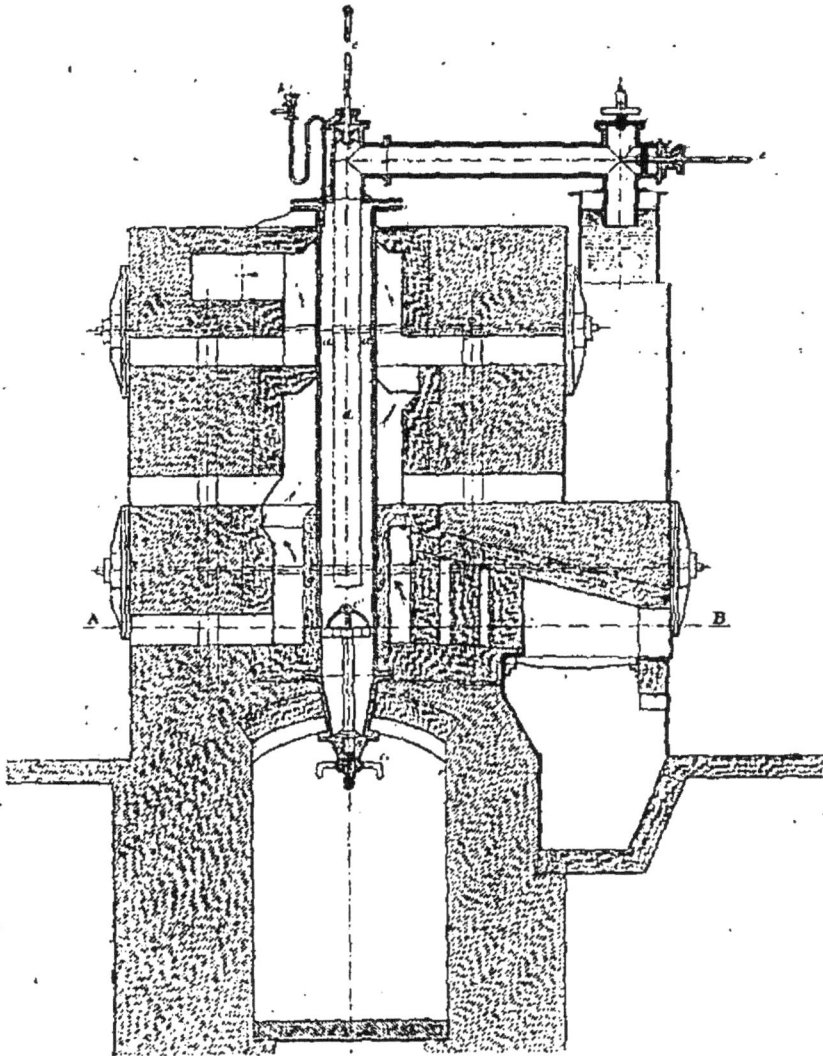

Fig. 282.

de combustible (lignite) employé au chauffage est le même que celui de l'huile employée.

A la sortie du barillet, le gaz passe dans un con-

denseur où il laisse déposer l'huile vaporisée sans
décomposition. Ces résidus sont repassés à la distillation.

Le gaz obtenu est très pur; il ne contient que
1 0/0 d'acide carbonique, dont on le débarrasse
dans un épurateur à chaux. Son pouvoir éclairant
est triple de celui du gaz de houille ordinaire.

Autre système. — On opère la distillation de
l'huile dans un appareil dont la figure **283** fait
comprendre la marche. Il sert pour la fabrication
du gaz destiné à l'éclairage des wagons de chemins de fer. On distille des résidus de paraffines,
des lignites et des schistes. 100 kilog. d'huile produisent de 30 à 60 mètres de gaz suivant la qualité
de l'huile.

On comprime ce gaz dans des cylindres à la pression de 8 à 10 atmosphères. Ces réservoirs sont munis de conduites qui mènent le gaz à des bouches
placées sur les quais d'embarquement. Pour remplir les réservoirs des wagons, on y adapte un tuyau
communiquant aux bouches, on ouvre les robinets
et le gaz y entre jusqu'à ce que le manomètre placé
à l'opposé ait marqué une pression de 6 atmosphères. En dix minutes on charge dix voitures du gaz
nécessaire pour quarante heures de trajet. Pour
fournir le gaz aux becs on se sert d'un régulateur
à membrane qui règle l'ouverture du tuyau de gaz
au moyen d'une soupape qu'on peut régler à la
pression voulue au moyen d'un ressort, qui le rend
indépendant des cahots que subit le wagon.

Ce gaz est brûlé dans des becs Pintsch, à fente
très mince, ce qui est nécessaire pour la combustion
avantageuse des gaz riches en carbures; ces becs

dépensent 20 à 22 litres de gaz à l'heure pour une puissance lumineuse de 0.75 carcel.

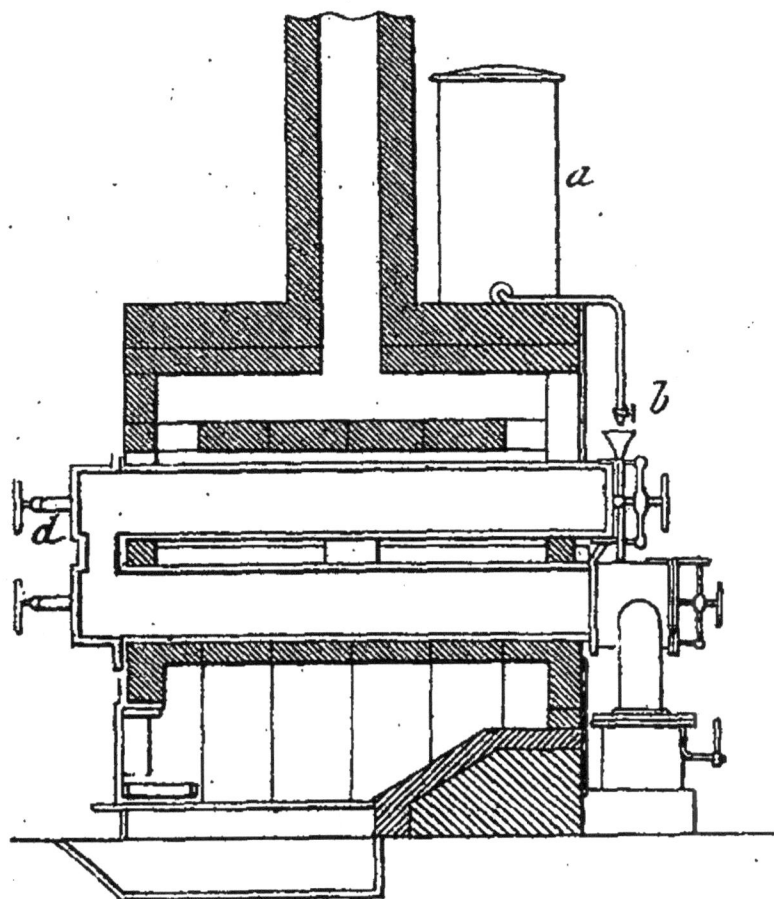

Fig. 283.

Le prix de revient du mètre cube de gaz d'huile est de 0.70 ou de 1.00, suivant qu'on compte le prix de revient absolu de fabrication, ou le prix réel compris frais généraux, etc.

Le prix de revient du bec heure ressort compris tous frais à 0 fr. 03, tandis que le prix de l'éclairage de même puissance avec les lampes à huile à bec rond est de 0.053.

13.

GAZ D'HUILE LOURDE DE GAZ

On a cherché à utiliser les huiles lourdes à un moment où elles se vendaient mal. On les décomposait dans des cornues en fonte, placées au nombre de 5 dans un four à cornues ordinaires, on distillait environ 200 kilog. d'huile lourde par cornue et par 24 heures. On obtenait comme résultats par tonne d'huile lourde :

243 mètres cubes d'un gaz d'un pouvoir éclairant égal à une fois et demie celui du gaz ordinaire;

417 kilos d'huile lourde;

65 kilos de graphite provenant du décrassage des cornues;

2 kilos 50 benzol;

9 kilos 80 benzine à détacher.

En comptant les frais de fabrication, on arrivait à ne tirer que 35 fr. par tonne d'huile lourde, alors qu'en temps ordinaire on trouve à la vendre assez facilement 60 à 70 francs la tonne.

Mode de traitement des huiles lourdes de goudron par la Compagnie Parisienne, pour les convertir en gaz et en huiles légères.

« La Compagnie du gaz de Paris a mis autrefois en activité dans ses usines un mode de traitement des huiles lourdes, tant pour les convertir en gaz propres à l'éclairage que pour en obtenir des huiles légères, volatiles ou essences, telles que le benzol, par une application méthodique de la chaleur. Le but spécial qu'on s'est proposé est d'agir sur un corps de nature homogène qu'il devient possible de soumettre avec beaucoup d'avantage à un traitement spécial.

« On sait que la distillation de la houille, des schistes et du boghead, à des températures élevées ou basses, fournit du gaz éclairant, des eaux ammoniacales et du goudron. Le traitement des goudrons ainsi obtenus fournit successivement, par une distillation soignée, premièrement, des produits plus légers que l'eau et bouillant à une température qui varie de 70° à 150° centigrades. Ces produits sont les huiles volatiles qu'on applique dans les arts à différents objets, par exemple à l'éclairage, au dégraissage des tissus, à la peinture, à la fabrication des matières colorantes qui résultent de la transformation du benzol contenu en quantité plus ou moins considérable dans ces huiles légères et volatiles.

« En second lieu, des produits liquides plus pesants que l'eau, composés généralement d'un mélange de naphtaline et autres hydrocarbures neutres dont le point d'ébullition varie entre 150° et 200°. Les huiles lourdes qui, en moyenne, s'élèvent de 25 à 30 % du poids du goudron, ont jusqu'à présent été employées à la fabrication des matières de graissage, à la peinture, et sous certaines conditions, à l'éclairage.

« Troisièmement, un résidu poisseux d'apparence résineuse qui devient solide à la température ordinaire et dont on fait usage dans la marine et dans la fabrication des combustibles artificiels.

« Le but de l'invention consiste à traiter les huiles lourdes pour les convertir en gaz d'éclairage et en huiles volatiles riches en benzol.

« L'appareil employé pour mettre le procédé à exécution est représenté en coupe dans la figure 284.

.a, est une cornue dont on installe une série, qui peut être en fonte, en terre, suivant qu'on le juge

convenable. Ces cornues sont montées dans un fourneau *b*, *b*, de manière que la flamme et les gaz brû-
lants qui s'échappent du foyer circulent librement

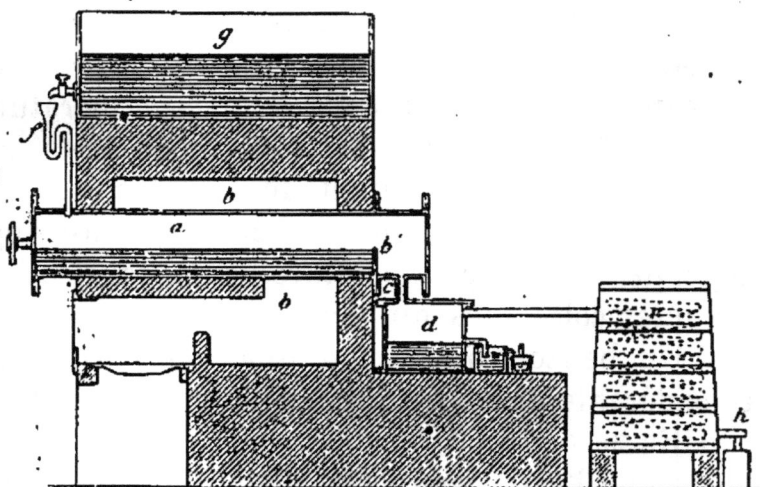

Fig. 284.

autour d'elles. Chacune de ces cornues est pourvue,
à l'une de ses extrémités, d'un couvercle ajusté et
mobile à volonté, pour livrer accès à l'intérieur et
permettre les nettoyages ; et près de l'autre extrémité
est une cloison *b'* pour arrêter l'écoulement de l'huile
hors de la cornue. Au-delà de cette cloison, la cornue communique, à l'aide d'un tube *c* placé dans la
partie la plus déclive de sa surface, avec une chambre à eau *d* qui est close. Cette chambre est en communication avec un appareil réfrigérant *e*, de struc-
ture ordinaire quelconque, dans lequel les produits
volatils doivent passer pour permettre la condensation
de l'huile et refroidir le gaz qui y passe avant d'être
évacué et recueilli dans un gazomètre ordinaire.

« Voici maintenant quelle est la manière de traiter
ces huiles lourdes pour les convertir en gaz.

« Les cornues ayant été chauffées au rouge clair, on leur fournit un filet continu de ces huiles lourdes au moyen d'un siphon *f*, adapté sur la partie antérieure de chaque cornue, et terminé en haut par un entonnoir pour recevoir l'huile qu'un robinet lui verse d'un réservoir supérieur *g*. A mesure que l'huile descend et coule dans ces cornues, elle est en partie vaporisée et le reste converti en produits solides, tels que noirs de lampe et graphite (qui restent dans les cornues). Les produits vaporisés de l'huile qui passent ensemble consistent en un liquide goudronneux et un gaz permanent.

« A mesure que ces produits vaporisés de l'huile pénètrent dans la chambre à eau, il y a départ; il se condense un produit lourd peu volatil, que nous désignerons sous le nom d'huile n° 1, qui se condense dans la chambre à eau, tandis que le reste se rend au réfrigérant. L'abaissement de température que les produits vaporisés éprouvent alors a pour effet de précipiter une huile n° 2; et le reste qui est un gaz permanent s'échappe par le tuyau *h*.

« L'huile n° 2, soumise à la distillation dans un alambic ordinaire, fournit des huiles volatiles légères, riches en benzol. L'huile qui se dépose la première dans l'eau de la chambre ne renferme pas d'huile volatile ; on la repasse en conséquence à travers les cornues portées au rouge, et l'on obtient une nouvelle quantité de gaz et des huiles légères. Cette première huile déposée peut, si on le juge convenable, être mélangée avec de nouvelle huile lourde et passée de nouveau à travers les cornues.

« On peut donc considérer les diverses opérations du procédé pour convertir les huiles pesantes en gaz et en huiles volatiles comme caractérisés ainsi qu'il suit : action de la chaleur rouge sur les huiles coulant en filet continu ; séparation des produits de la décomposition :

1° en produits lourds, mélangés à de l'huile non décomposée ; 2° en produits légers, riches en huiles volatiles ; 3° en gaz ; nouveau passage des produits lourds de l'eau de la chambre, soit seuls, soit après leur mélange avec une nouvelle quantité huile lourde ; enfin rectification des huiles légères condensées dans les réfrigérants afin d'en obtenir des huiles volatiles riches en benzol. » (*Technologiste.*)

Ce procédé est abandonné depuis longtemps par la Cⁱᵉ parisienne du gaz.

GAZ DE GOUDRON

On a essayé de procéder de la même façon avec le goudron qu'avec l'huile lourde pour faire du gaz. On a réussi avec quelques goudrons spéciaux. M. d'Hurcourt cite le goudron de boghead avec lequel on obtenait 40ᵐ mètres cubes par 100 kilog. d'un gaz au titre de 20 à 25 litres par carcel. Mais avec le goudron ordinaire la formation du graphite et du noir de fumée était telle que les cornues et même les conduites de gaz étaient rapidement obstruées ; cet inconvénient a fait renoncer à cette fabrication, et même à celle avec l'huile lourde qui le présente également quoiqu'à un degré moindre.

GAZ A L'EAU

Quand on décompose l'eau à l'aide de la pile, on obtient pour un litre d'eau ou un kilo :

618 litres d'oxygène,   ou en poids 888,8 grammes.
1236 » d'hydrogène,   »   111.1   »

, Nous donnons ces chiffres pour montrer le résultat maxima que l'on pourra obtenir, et faire la comparaison avec ce que l'on obtient industriellement.

On a essayé d'obtenir le gaz à l'eau par la décomposition de l'eau par le zinc en présence de l'acide sulfurique suivant la formule :

$$Zn + SO^3\,HO = ZnO\,SO^3 + H.$$

Pour un mètre cube d'hydrogène, comme on peut faire le calcul d'après cette formule, il faut 4 kil. 412 d'acide sulfurique à 66° et 2 kil. 929 de zinc et l'on a pour résidu 7 kil. 724 de sulfate de zinc anhydre, ou 13 kil. 251 de sulfate de zinc hydraté à 7 équivalents d'eau. Si, au lieu d'employer le zinc on se sert du fer, pour un mètre cube d'hydrogène il faut 2 k. 518 de fer et 4 kil. 409 d'acide sulfurique, avec un résidu de 13 kil. 216 de sulfate de fer hydraté.

Nous donnerons plus loin les procédés actuellement en usage pour la fabrication du gaz à l'eau.

Décomposition de la vapeur d'eau par le fer ou le charbon en ignition

Décomposition par le fer. — On fait passer à travers une cornue chauffée au rouge et chargée de fer en petits morceaux, de la vapeur d'eau par l'une des extrémités de la cornue et on recueille à l'autre au moyen d'un tube de dégagement, de l'hydrogène ; l'oxygène de l'eau se combine au fer pour faire de l'oxyde de fer Fe^3O^4, on obtient environ 53,8 mètres cubes d'hydrogène par 100 kilos de fer.

. On peut remplacer le fer par le charbon et on obtient, suivant la conduite de l'opération, les deux résultats extrêmes suivants :

Si tout l'oxygène est transformé en oxyde de carbone, on a pour 1 kilog. de carbone :

1,853 mètre cube d'oxyde de carbone ;

1,853 — d'hydrogène.

Dans le cas où l'oxygène est transformé en acide carbonique, 1 kilog. de carbone donne :

1,853 mètre cube d'acide carbonique ;

Et 3,706 mètre cube d'hydrogène.

Dans la fabrication industrielle du gaz à l'eau, on a adopté ce dernier procédé : on fait passer de la vapeur d'eau sur du coke en ignition, dans des appareils *ad hoc*, et c'est précisément la détermination de l'appareil convenable pour ce but, qui a donné lieu à des essais nombreux, qui ont abouti seulement il y a peu de temps.

On a employé d'abord les cornues en fer (fig. 285, 286, 287), avec tuyau d'arrivée de vapeur ; puis ensuite les cubilots.

Marche du cubilot. — Le coke étant bien en feu dans le cubilot, on ferme l'ouverture du sommet et on introduit de la vapeur d'eau par le bas ; la vapeur parcourt la colonne de charbon incandescent de bas en haut ; elle se décompose, et les produits de cette décomposition (hydrogène, oxyde de carbone, acide carbonique) se dégagent par un tuyau d'échappement des gaz qui se trouve en haut de l'appareil. Mais bientôt le tout se refroidit, la surface des morceaux de coke devient noire et la décomposition cesse. On interrompt alors le jet de vapeur en même temps qu'on enlève l'obturateur du trou supérieur par où se fait le chargement ; on ouvre le robinet à air, et on fait agir un ventilateur, quand la masse de charbon est rallumée, on replace l'obturateur, on ferme.

le robinet à air, on fait arriver de nouveau la vapeur, etc.

Les gaz à la sortie de la cornue ou du cubilot sont
envoyés dans un barillet et un condenseur semblable à ceux employés pour le gaz de houille. Pour
enlever l'acide carbonique on fait passer le gaz à l'eau
dans des épurateurs à chaux fonctionnant soit avec
de la chaux sèche, soit avec des laits de chaux.

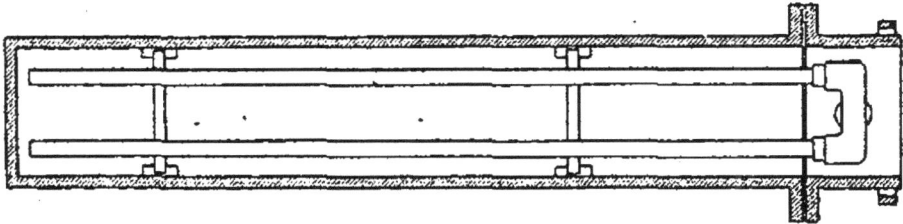

Fig. 285.

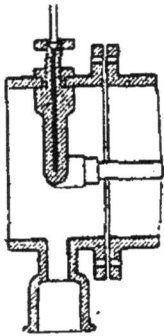

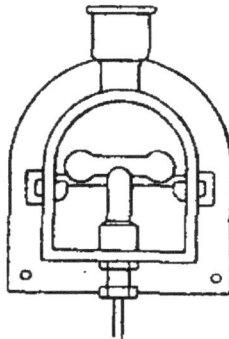

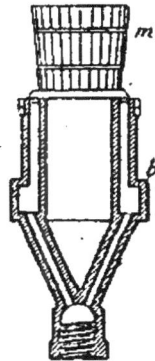

Fig. 286.　　　　　Fig. 287.　　　　　Fig. 288.

Les gaz hydrogène et oxyde de carbone n'étant
pas éclairants par eux-mêmes, on interpose dans
leur flamme un corps solide. On se sert d'un bec
rond de forme ordinaire, surmonté d'une mèche de
platine qui produit la lumière (fig. 288). *m*, mèche
en fil de platine très fin, formant un cylindre un peu
conique, fixé au bec par 3 ou 4 petits fils de platine.
Le bec est à double courant d'air, la platine du bec

est en platine ; le bec a 20 trous percés sur une circonférence de 20 à 23 millimètres, ils ont 1/5 ou
1/4 de millimètre de diamètre. Pour avoir un bel
éclairage il faut que le gaz arrive sous une pression
d'au moins 50 millimètres. L'éclat de la lumière augmente avec la pression, il ne faut pourtant pas aller
à l'excès parce que l'on risque de fondre le panier de
platine.

GAZ A L'EAU CARBONÉ

M. Selligue, dès 1834, avait disposé un appareil
formé de trois cylindres chauffés au rouge. Les deux
premiers remplis de coke sont destinés à décomposer
l'eau, l'opération se faisant en deux temps ; à la sortie du deuxième cylindre les gaz passent dans le
troisième cylindre chauffé à très haute température ;
on fait arriver dans ce cylindre de l'huile de schiste
(4 à 5 litres à l'heure pour produire 8^m75 à 10^m50
de gaz). Cette huile entre en vapeur et se trouve
en contact avec les parois chaudes de la cornue et le
gaz à l'eau a une température élevée et donne un
gaz très éclairant. Malgré cela l'industrie de ce gaz
a été longtemps à se développer et il faut arriver
jusqu'en 1875, pour lui voir prendre la forme réellement pratique.

GAZ A L'EAU

Procédés actuels

Nous résumerons un travail sur le gaz à l'eau présenté par M. Effenterre, à la Société technique du
gaz, en 1895. Lorsque de la vapeur d'eau traverse des
couches profondes de charbon incandescent élevées
à une haute température, elle se dissocie :

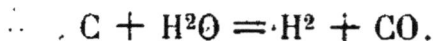

$$C + H^2O = H^2 + CO.$$

Dans la pratique, on élève par insufflation d'air la température d'un gazogène, chargé de houille ou de coke, à 1000° C. environ et on obtient du gaz de gazogène :

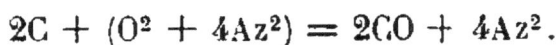

$$2C + (O^2 + 4Az^2) = 2CO + 4Az^2.$$

5 volumes d'air devraient donner 2 volumes d'oxyde de carbone et 4 volumes d'azote ; mais en pratique, on a toujours de l'acide carbonique. La composition moyenne en volume est la suivante :

26 0/0 d'oxyde de carbone.
68.2 d'azote.
5.8 d'acide carbonique.

A 1000°, on arrête l'insufflation d'air, et on fait arriver de la vapeur dans le gazogène. Cette vapeur se dissocie, et il devrait y avoir production d'un mélange formé en volume de 50 0/0 d'hydrogène et de 50 0/0 d'oxyde de carbone. Mais, en pratique, la composition de ce gaz auquel on a donné le nom de gaz à l'eau est en moyenne de :

40 0/0 d'oxyde de carbone.
50 d'hydrogène.
5 d'azote.
4,5 d'acide carbonique.
0,5 d'oxygène.

La dissociation fait baisser la température du gazogène et lorsque celle-ci est descendue à 500 ou 600°, on ferme le robinet de la vapeur et on recommence l'insufflation d'air. On produit ainsi alternativement du gaz de gazogène et du gaz à l'eau.

On trouve par le calcul appliqué aux formules chimiques, qu'il faut employer 2 kil. 07 de carbone pour la formation du gaz de gazogène, afin de pouvoir convertir 1 kilog. de carbone en gaz à l'eau.

On en déduit que pour produire un mètre cube de gaz à l'eau, il faut théoriquement 1 kil. 04 de carbone et qu'on obtient comme sous-produit 4^{m3} de gaz de gazogène.

Les gaz de gazogène forment donc un facteur important dans la fabrication du gaz à l'eau. On peut les employer directement sous les générateurs à vapeur ; mais on les utilise surtout maintenant à élever la température du surchauffeur et du carburateur comme on le verra plus loin.

Autrefois on a fait du gaz à l'eau en faisant passer dans des cornues chauffées extérieurement, de la vapeur d'eau qui se décomposait au contact du charbon incandescent, les procédés fondés sur ce principe sont complètement abandonnés.

Aujourd'hui, il n'y a plus que deux procédés employés :

1° Celui dans lequel un gaz à l'eau, non éclairant est produit par un gazogène, puis carburé dans un second appareil ; il comprend deux foyers et deux opérations diverses ;

2° Le second, dans lequel un gaz à l'eau carburé, permanent, est fait en une seule opération, et par un seul foyer, généralement par l'intermédiaire d'un surchauffeur.

Dans le premier, les gazogènes sont pourvus de deux ouvertures de sortie ; l'une mène à la cheminée, et l'autre au laveur ; pendant l'insufflation de l'air, la valve de la cheminée est ouverte et l'autre fermée ; pendant la fabrication du gaz à l'eau, c'est l'inverse qui se produit.

Dans le second, le gazogène est relié à une autre chambre, nommée surchauffeur ou chambre de fixation ; cette chambre est pourvue des deux ouvertures de sortie que nous avons indiquées pour le premier système. Cette chambre de fixation est totalement ou partiellement remplie de matériaux réfractaires, qui doivent emmagasiner la chaleur qui s'échappe du gazogène pendant l'insufflation d'air, chaleur qui sera utilisée pour rendre fixes, c'est-à-dire permanentes, les vapeurs d'hydrocarbures véhiculées par le gaz à l'eau.

Nous indiquerons quelques systèmes se rapportant à ces deux procédés.

Procédé Tessié de Mottay

Les gazogènes se composent de caisses en fer de $4^m \times 1^m80 \times 4^m25$, revêtues d'un garnissage en briques réfractaires de 0^m35 d'épaisseur; un mur de séparation les divise en deux. Chaque caisson a son foyer spécial, et sa porte de chargement au sommet. Le mur de séparation est formé de blocs spéciaux qui encastrent des cornues de 0,20 de diamètre dans lesquelles sont posés des tuyaux pour le surchauffage de la vapeur.

Les gaz de gazogène, formés pendant l'insufflation de l'air, se rendent directement dans la cheminée et sont perdus. Le gaz à l'eau, dont la formation succède aux gaz de gazogène, se rend dans un gazomètre spécial pour gaz brut ; il est aspiré de là, et passe dans les carburateurs ; ils consistent en un certain nombre de récipients très étendus mais peu profonds, qui contiennent le naphte. Le gaz brut passe à la surface de ce naphte et, comme la température de celui-ci est maintenue constamment à un degré déterminé, une quantité constante de vapeur est entraînée par le gaz.

Ce mélange mécanique du gaz à l'eau et de la vapeur d'huile passe alors dans un four à cornues ouvertes aux deux bouts; en passant par ces cornues, quelquefois munies de chicanes, le gaz est rendu permanent.

Ce procédé donne du gaz à l'eau d'excellente qualité, mais il est peu économique, car il emploie un second foyer pour le chauffage du gaz, au lieu d'utiliser la chaleur du gaz de gazogène; de plus, il ne peut employer que du naphte pour la carburation, au lieu d'huiles lourdes d'un prix beaucoup moins élevé. Malgré tout, ce système a été adopté en 1876 aux Etats-Unis, par un grand nombre de compagnies qui se sont montées pour l'exploitation de ce procédé.

Wilkinson ajouta un perfectionnement intéressant; la vapeur à dissocier passait alternativement par le haut ou par le bas du gazogène; ce qui donnait une égalité plus grande de température sur toute la hauteur du foyer, et en même temps une meilleure utilisation du combustible.

Les autres systèmes Meexé, Loonies ou Lacme, ne sont que des variantes de celui de Tessié du Mottay, le système de fixation se faisant toujours au moyen de cornues.

Le deuxième procédé a maintenant le plus de succès, parce qu'il réunit, comme exploitation, les avantages les plus sérieux : suppression des cornues, accélération de production, emploi d'un seul foyer (fig. 289).

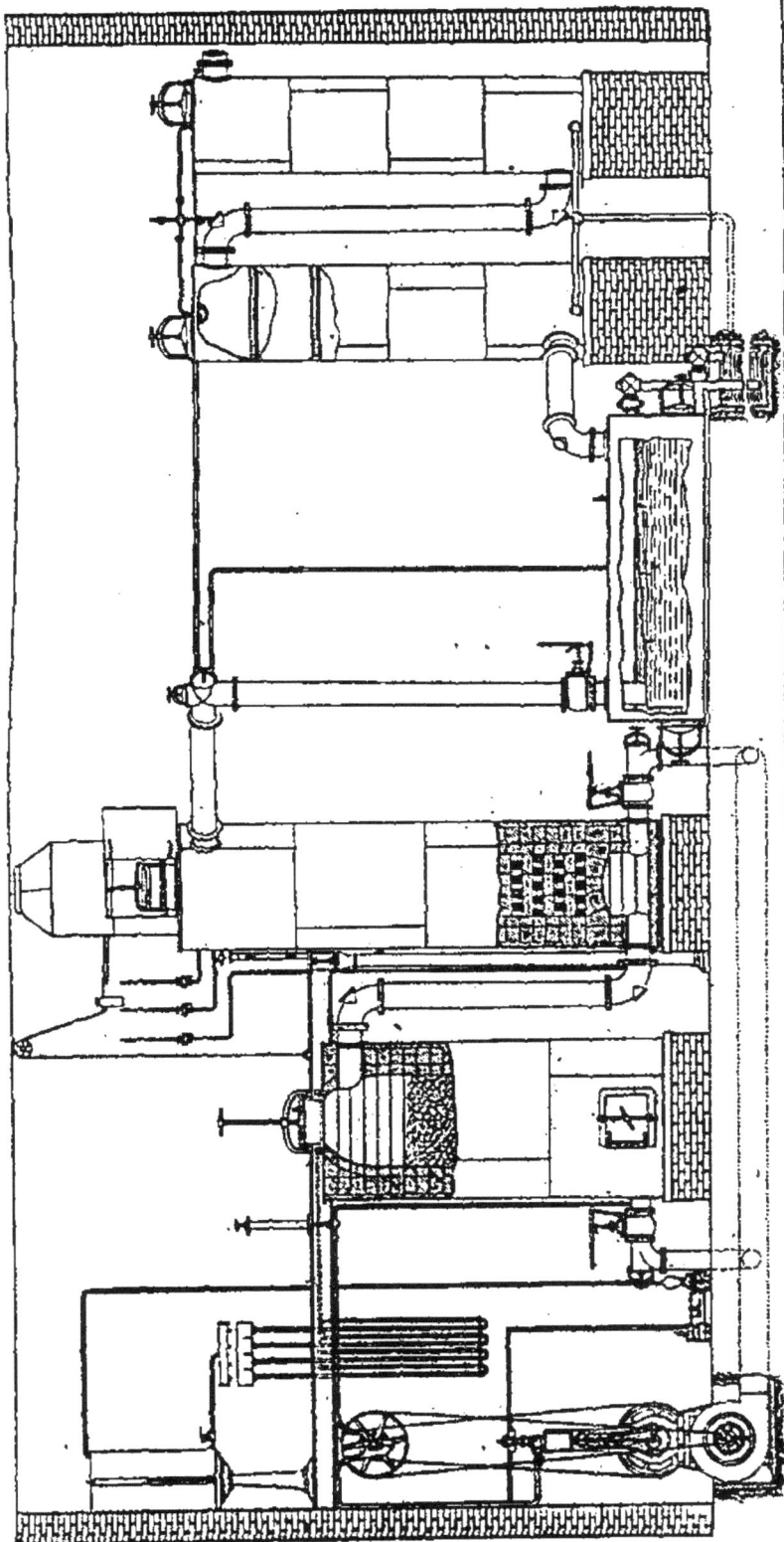

Fig. 289.

Procédé Lowe

L'invention de ce système revient au professeur
Lowe. Les premières installations comprenaient un
gazogène disposé en deux massifs différents ; ceux-ci
étaient reliés entre eux par un tuyau en fonte à
double coude, en col de cygne, partant du sommet
du gazogène pour déboucher dans le fond du surchauffeur. Depuis, on a remplacé ces cols de cygne
par des cylindres remplis de couches de briques
réfractaires posées en damier. On a obtenu ainsi, du
même coup, des avantages considérables : on a supprimé cette communication par tuyaux extérieurs,
donnant lieu à de grandes pertes par rayonnement,
et on a augmenté la surface de surchauffage, qui
n'était pas assez grande dans les appareils primitifs.

L'appareil Lowe actuel (fig. 290) est construit de
la manière suivante :

La fabrication du gaz à l'eau carburé s'y fait à l'aide
de trois cylindres. Le premier est le gazogène : il est
relié par son sommet au sommet du premier surchauffeur ; le fond de celui-ci communique avec le
fond du troisième cylindre qui est le deuxième surchauffeur.

Le gazogène a une hauteur suffisante pour que la
porte de chargement vienne au niveau du plancher
de l'étage, où se pratiquent les opérations de changement de valves.

Avec ce système à deux surchauffeurs et à deux
prises d'air, on réussit parfaitement à obtenir des
températures graduées, ce qui est important quand
on traite des huiles lourdes, car dans ce cas il est
préférable de faire circuler d'abord le gaz dans la

chambre où la température est la moins élevée.
L'huile est introduite par le sommet du premier sur-

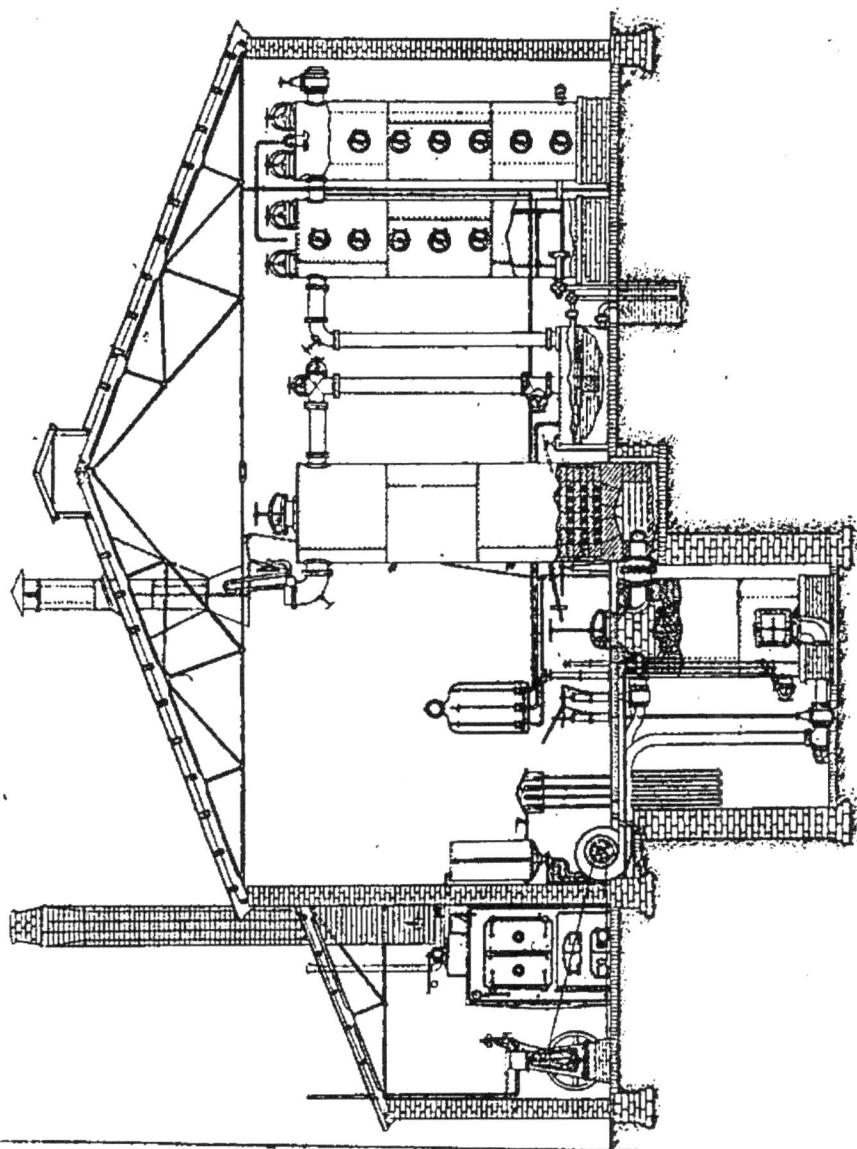

Fig. 290.

chauffeur, que l'on désigne alors sous le nom de carburateur, et l'on emploie une méthode qui est appliquée dans l'appareil Lowe, modifié par Humphreys.

Il comprend deux gazogènes, deux carburateurs et deux surchauffeurs. Les deux gazogènes communiquent au fond par un carneau en briques réfractaires, pareil à ceux qui relient les gazogènes aux carburateurs, et les carburateurs aux surchauffeurs.

Pendant les périodes d'insufflation d'air, le courant est admis simultanément sous les grilles des deux gazogènes. Lorsque la température requise est atteinte, on laisse entrer la vapeur au sommet du surchauffeur de droite; cette vapeur le traverse de haut en bas, passe dans le carburateur dans lequel elle circule de bas en haut et débouche dans la partie supérieure du gazogène de droite, où elle arrive dans un état de surchauffage extrême, favorable pour la dissociation; du gazogène de droite, la vapeur surchauffée passe dans le gazogène de gauche, qu'elle remonte. L'huile est introduite par quatre jets dans la partie supérieure du carburateur. L'huile et les vapeurs d'huile sont enveloppées là par le gaz à l'eau chaud, passent par les ouvertures laissées dans les couches de briques réfractaires et sont complètement vaporisées avant d'atteindre le fond du surchauffeur ; en traversant ce dernier cylindre, le gaz est rendu complètement permanent. Pendant la période suivante de fabrication, la vapeur est admise au sommet du surchauffeur de gauche, et l'huile est injectée dans le carburateur de droite, la circulation du gaz est ainsi renversée dans les appareils.

L'huile, avant son introduction dans le carburateur, est chauffée au moyen de la chaleur émise par les gaz à la sortie du gazogène.

L'avantage principal qui dérive de l'accouplement de deux séries d'appareils, se trouve dans l'économie obtenue par la diminution des quantités de chaleur entraînées par les gaz dits « de gazogène ». Avec le gazogène simple, la couche de combustible doit être assez épaisse pour dissocier complètement la vapeur et réduire tout l'acide carbonique en oxyde de carbone; mais si cette couche est suffisante pour atteindre ce résultat, elle doit l'être également pour réduire tout le CO^2 des gaz « de gazogène » en CO, et, si dans le cours des opérations, ce CO ne peut pas être brûlé, il en résulte une perte. Avec le système de deux séries d'appareils, on peut employer, pour la dissociation de la vapeur, deux couches de combustible peu développées en hauteur, et qui, en définitif, correspondent à une couche épaisse, tandis que l'on ne se sert que d'une couche pour l'insufflation de l'air.

On atteint ainsi un double but; la vapeur d'eau est complètement dissociée, et dans les gaz de gazogène l'oxyde de carbone remplace l'acide carbonique.

Le gaz à l'eau carburé est employé en Amérique comme le gaz de houille; jusqu'à présent, on en a fait peu usage en Europe. En Allemagne et en Autriche, on en a fait quelques applications dans des usines métallurgiques; les gaz de gazogène y sont brûlés sous les chaudières, et le gaz à l'eau est employé à la fonte des métaux, à la soudure de fortes tôles d'acier.

A Beckton, on a installé un appareil d'une capacité productrice de 35,000 mètres cubes par jour; d'autres installations ont été faites en Angleterre, en Belgique, à Copenhague. Bref, la capacité productive de ce gaz par jour, en Europe, est d'environ un million de mètres cubes.

L'on a également installé des fabriques de gaz mixtes, c'est-à-dire de ces gaz provenant d'une fabrication continue, formant un mélange de gaz de gazogène et de gaz à l'eau, et aussi de fabrication simultanée du gaz de houille et du gaz à l'eau.

Il y a lieu de penser que l'avenir du chauffage industriel est probablement dans les gaz des gazogènes, et que le gaz à l'eau n'aura pas moins d'importance que celui-ci.

Nous donnerons les compositions de quelques gaz à l'eau en volumes :

	PROCÉDÉ TESSIE DU MOTAY		PROCÉDÉ LOWE	
Hydrogène	27.29	23.49	37.20	35.88
Oxyde de carbone. . . .	26.18	27.89	28.26	23.58
Hydrogène protocarboné.	25.43	24.61	18.88	20.95
Hydrocarbures lourds. .	16.26	17.36	12.82	15.43
Acide carbonique. . . .	0,21	0,37	0.14	0,30
Oxygène.	0,14	1.02	0 06	0,01
Azote	4.45	5.24	2.64	3.85
	99.96	99.98	100.00	100.00

Le poids spécifique des gaz obtenus par le procédé Lowe est de 0,591. Le nombre de calories par mètre cube est de 5.200 à 5.700 ; le pouvoir éclairant est de 22 à 26 bougies.

ÉCLAIRAGE A L'ACÉTYLÈNE

Nous dirons quelques mots de ce genre d'éclairage encore à ses débuts, mais dont le développement pourra peut-être devenir considérable d'ici quelques années, quand on aura perfectionné à la fois les appareils de production et d'utilisation.

Propriétés physiques

L'acétylène est un gaz incolore ; pur, il possède une odeur éthérée, impur une odeur aliacée désagréable et typique. Les produits de sa combustion complète sont inodorés. Sa densité rapportée à l'air est égale à 0,91, le poids d'un litre de ce gaz égale 1 gr. 169. Un kilogramme de ce gaz occupe donc à zéro 855 litres.

D'après M. Villard, à la température de 0° C., ce gaz peut être liquéfié sous une pression de 26 atmosphères. Si on laisse l'acétylène liquide s'évaporer librement dans l'air, le refroidissement produit par cette détente est suffisant pour solidifier l'acétylène lui-même sans autre refroidissement étranger.

L'acétylène liquide est très réfringent, c'est le liquide le plus léger connu ; à 0°, le poids d'un litre est de 451 grammes. Liquide, il dissout la paraffine et les matières grasses.

Gazeux, il se dissout dans l'eau (son volume), dans l'alcool, l'acétone, et l'eau saturée de sel marin. En présence de l'eau, il forme une combinaison : l'hydrate d'acétylène.

14.

Propriétés chimiques

L'acétylène est le plus simple des hydrocarbures, il est composé de deux· atomes de carbone unis à deux atomes d'hydrogène. Sa formule en notation atomique est C^2H^2. Il renferme en poids 92,3 parties de carbone et 7,7 parties d'hydrogène. Sa composition centésimale est la même que celle de la benzine (C^6H^6), du styrolène (C^8H^8) qui sont liquides, et résultent de la condensation de 3 à 4 molécules d'acétylène. Ce sont des polymères de l'acétylène.

Brûlé dans un eudiomètre, 1 volume d'acétylène produit 2 volumes d'acide carbonique en absorbant 2,5 volumes d'oxygène. Sa formation en partant de l'hydrogène et du carbone absorbe 58,1 calories. Brûlant à l'air il dégage 14,340 calories par mètre cube, soit 12,200 par kilogramme.

Dangers de l'acétylène

Il y a lieu de considérer l'acétylène gazeux ou liquide.

Acétylène gazeux. — Les accidents qui se sont produits résultent de l'imprudence. Comme tous les gaz inflammables, ni plus ni moins que le gaz de houille, l'acétylène peut causer des accidents, qui peuvent être évitées en prenant certaines précautions dans son emploi, et en observant certaines règles dans la construction des appareils de préparation et d'utilisation.

Bien que l'acétylène soit un gaz à formation endothermique, d'où il résulte qu'il se décompose avec dégagement de chaleur, caractéristique des corps explosifs, il n'est pas explosif, comme l'a montré et expliqué M. Berthelot. Non seulement il ne détone.

pas spontanément, mais pas davantage sous l'influence des étincelles électriques, malgré la température excessive et subite développée par celles-ci. Il ne détone ni par simple échauffement ni par le contact d'une flamme, s'il n'est pas mélangé à l'air, l'inflammation seule du fulminate de mercure produit l'explosion.

Les mélanges d'air et d'acétylène ne sont inflammables et ne détonent qu'à partir de la teneur de 2,7 pour cent et cessent de l'être au-delà de 65 pour cent.

L'acétylène liquide présente plus de danger. Dans la préparation de ce gaz, on ne doit pas le laisser se comprimer sous sa propre pression au fur et à mesure qu'il se dégage du carbure, parce que, si on ajoute la chaleur de formation à la chaleur de compression, la température peut être suffisante, d'abord pour la production de polymères goudronneux, mais encore pour la décomposition et l'explosion de la masse gazeuse. Il est nécessaire de refroidir fortement pendant cette opération. Un grand nombre d'appareils ont été construits dans ce but, par MM. Dickerson et Suckert, Pictet. L'acétylène liquide est transporté dans des bonbonnes en acier timbrées à 250 atmosphères; on ne doit les remplir qu'aux deux tiers. L'emploi de ce liquide demande de grandes précautions, et les manipulations ne peuvent être faites pour écarter le plus possible tout danger, que par des personnes expérimentées. En résumé, l'acétylène liquide, autant par son prix que par suite des dangers qui peuvent résulter de son emploi, ne peut encore passer dans le domaine de la pratique sans un supplément d'études nécessaires et une mise au point.

L'on a essayé également d'employer l'acétylène comprimé pour l'éclairage des wagons, ces essais se poursuivent actuellement. MM. Claude et Hess ont utilisé la propriété qu'ils ont découverte, à savoir l'acétone absorbe 31 fois son volume d'acétylène. On peut en effet emmagasiner dans un volume déterminé une quantité de gaz plus grande que ne le permet l'acétylène liquide, cependant la pression est beaucoup moins grande qu'avec ce corps : environ 12 atmosphères. Les dangers d'explosion sont beaucoup diminués, d'abord par la diminution de pression, ensuite par la dilution de ce gaz dans un corps inerte, ce qui a pour effet de réduire les propriétés explosives de ce corps. Ce procédé paraît susceptible de permettre l'utilisation pratique de l'acétylène.

Préparation

L'acétylène résulte de l'action de l'eau sur le carbure de calcium suivant la réaction (notation atomique) :

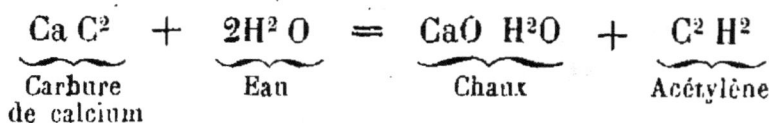

$$\underbrace{Ca\,C^2}_{\substack{\text{Carbure} \\ \text{de calcium}}} + \underbrace{2H^2\,O}_{\text{Eau}} = \underbrace{CaO\,H^2O}_{\text{Chaux}} + \underbrace{C^2\,H^2}_{\text{Acétylène}}$$

On trouve ainsi que 1 kilo de carbure de calcium décompose 562 grammes d'eau et produit 406 grammes d'acétylène ; ce poids correspond à 340 litres de ce gaz pur et sec à 0° et 760. En pratique, les carbures de bonne fabrication ne donnent pas plus de 300 à 320 litres d'acétylène par kilo. Le gaz produit n'est jamais pur, il contient de petites quantités d'oxygène, d'azote, d'hydrogène, d'hydrogène sulfuré, phosphoré, d'ammoniaque ou d'oxyde de carbone. Il est absolument nécessaire de laver et de purifier ce gaz avant son emploi.

Nous ne ferons pas la description de tous les appareils ingénieux inventés pour cette préparation ; nous citerons seulement ceux de Pictet, Dickerson, Jeanson et Leroy, Bon, Souriou, Ducretet et Lejeune, Lequeux, Bullier, etc.

Le carbure de calcium résulte de l'action du carbone sur la chaux vive, dans un four électrique. M. Moissan a le premier préparé ce corps dans le four électrique dont il est l'inventeur.

Il se produit la réaction indiquée par l'équation suivante (notation atomique) :

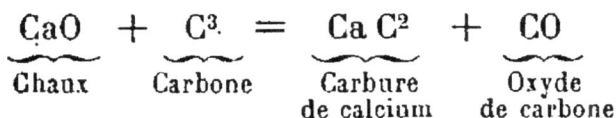

$$\underbrace{CaO}_{\text{Chaux}} + \underbrace{C^3}_{\text{Carbone}} = \underbrace{Ca\,C^2}_{\substack{\text{Carbure} \\ \text{de calcium}}} + \underbrace{CO}_{\substack{\text{Oxyde} \\ \text{de carbone}}}$$

Théoriquement, pour obtenir 1 kilog. de carbure de calcium, il faut employer 875 grammes de chaux et 562 grammes de carbone ; en pratique, il en faut un peu plus.

La dépense en électricité devrait être d'environ 5 chevaux-heures électriques par kilog. de carbure de calcium obtenu ; en pratique, les résultats sont très différents, suivant les conditions.

L'acétylène étant un gaz très riche en carbone, il convient, pour en obtenir le meilleur rendement lumineux, de le brûler dans des conditions spéciales. Brûlé sous la pression employée avec le gaz ordinaire, il ne donne qu'une flamme jaune et fumeuse. Il est nécessaire de le faire brûler sous une pression d'environ 8 centimètres d'eau et dans des becs à fente ou à trous très fins. En le mélangeant avec une cer-

taine quantité d'air avant la combustion, on obtient
un bon résultat, mais ce procédé peut occasionner
des explosions. Il est préférable de le brûler avec
un bec Bunsen dans lequel le mélange d'air et de
gaz combustible se fait au moment de la combustion.

Dans ces conditions, on obtient une flamme d'un
blanc magnifique. Cette lumière n'altère pas les couleurs et a une fixité remarquable. La combustion se
fait avec peu de dégagement de chaleur, et ne donne
pas lieu, comme le gaz ordinaire, à la production de
cette fine poussière de charbon qui noircit les murs, etc.

L'acétylène, à volume égal, possède un pouvoir
éclairant 15 à 20 fois supérieur à celui du gaz de
houille brûlé dans les becs ordinaires, et environ
quatre fois lorsque celui-ci est brûlé dans des becs
Auer.

On peut avoir des becs de toute intensité, depuis
des becs débitant un demi-litre à l'heure avec une
flamme éclairante et fixe jusqu'aux becs les plus
puissants.

Prix de revient

En comptant le carbure de calcium à 0 fr. 40 le
kilog., et admettant qu'il donne 300 litres de gaz, le
prix de revient du mètre cube serait d'environ
1 fr. 35. On a trouvé que dans les becs de 1 à 10
carcels, la dépense était d'environ 8 litres 5 à 7 litres
par carcel-heure. En comparant avec le prix de vente
du gaz, ou de l'électricité, à Paris, il ressortirait que
l'éclairage à l'acétylène coûte de deux à six fois moins
cher que le gaz ou l'électricité, suivant les becs employés pour sa combustion.

GAZ AU BOIS

L'inventeur de l'éclairage au gaz a commencé par le fabriquer en décomposant du bois. Cette décomposition est analogue à celle de la houille, mais sa réussite n'est pas aussi constante.

M. Pettenkofer, qui a repris la fabrication du gaz au bois, à Munich, a publié, en 1858, sur cette fabrication, des observations, au point de vue des moyens à mettre en pratique pour que, suivant lui, l'opération soit suivie d'un certain succès.

Après avoir rappelé que, suivant M. Dumas, le thermolampe de Lebon n'avait pas été adopté, par suite de la qualité insuffisante du gaz, M. Pettenkofer dit qu'ayant eu l'occasion, en 1849, d'entreprendre quelques expériences sur le gaz au bois, il avait trouvé le jugement de M. Dumas parfaitement justifié, à savoir qu'à la température de la carbonisation du bois, on n'obtenait qu'un gaz impropre à l'éclairage, parce qu'avec l'acide carbonique, l'oxyde de carbone et le gaz des marais, il ne se forme pas d'hydrogène carburé dense. La température du mercure bouillant, à laquelle la houille n'éprouve pas encore la moindre décomposition, dit-il, suffit pour carboniser complètement le bois. Lorsqu'on introduit de petits copeaux de bois dans une cornue en verre remplie à moitié de mercure, et qu'on porte celui-ci à l'ébullition, ce bois est entièrement carbonisé, et on obtient un charbon noir et brillant. Si on analyse les gaz qui se sont ainsi développés, on trouve que c'est un mélange qui, après avoir été refroidi et desséché, consiste, pour 100 parties, en :

Acide carbonique 54.5
Oxyde de carbone. 33.8
Gaz des marais 6.6

avec environ 5 0/0 d'air atmosphérique. Quand on traite ce mélange de gaz par l'acide sulfurique fumant, d'après la méthode de M. Bunsen, on n'y observe pas la moindre diminution de volume, de façon qu'il est permis d'en conclure qu'il y a absence de carbures denses d'hydrogène.

« Mais si les vapeurs qui se dégagent de la carbonisation du bois, ajoute M. Pettenkoffer, sont portées à une température notablement plus élevée, on obtient une quantité bien plus grande de gaz, et il s'opère des réactions qui donnent naissance à un carbure d'hydrogène dense, et même en quantité telle et si abondant en carbone, que ce gaz de bois est bien plus riche sous ce rapport que celui ordinaire de houille.

« Les gaz qu'on obtient du bois à une haute température, renferment après leur refroidissement complet :

18 à 25 pour 100 acide carbonique.
40 à 50   —   oxyde de carbone.
8 à 12   —   hydrogène protocarburé (gaz des marais).
14 à 17   —   hydrogène.
6 à 7   —   hydrogène bicarboné (gaz oléfiant).

« D'après les analyses, la proportion de carbone d'un volume de carbure dense d'hydrogène contenu dans le gaz de bois varie entre 2,8 et 3,1 volumes de vapeur de carbone.

Analyse d'un gaz de bois des ateliers du chemin de fer de Munich, avant d'avoir été purifié :

Acide carbonique	25.72
Oxyde de carbone	40.59
Hydrogène protocarburé	11.06
Hydrogène.	15.07
Carbure dense d'hydrogène	6.91

« Un volume de ce carbure dense d'hydrogène renferme 2,82 volumes de vapeur de carbone.

Analyse d'un gaz de bois des ateliers de Bayreuth, servant aussi à l'éclairage

Acide carbonique	2.21
Oxyde de carbone	61.79
Hydrogène protocarburé	9.45
Hydrogène	18.43
Carbure d'hydrogène	7.70
Azote	0.42

« Un volume de ce carbure d'hydrogène renferme 3,1 volumes de vapeur de carbone.

« Les diverses espèces de bois donnent à peu près des gaz de même composition, de façon qu'entre le bois de hêtre et celui du pin, on remarque à peine, sous ce rapport, une différence qui ne se manifeste guère d'une manière sensible que par la proportion du goudron, de l'acide pyroligneux et du charbon. »

M. Pettenkofer dit qu'on voit d'après ces observations que le gaz de bois peut, sans le moindre doute, entrer dans la série des matières propres à l'éclairage. Mais il serait difficile d'être de cet avis en présence de l'énorme proportion d'oxyde de carbone qu'il accuse, et du vague qui subsiste à l'égard de ce qu'il appelle *carbure dense d'hydrogène*. Néanmoins les remarques qui suivent ne sont pas dénuées d'intérèt...

« Reste à savoir, ajoute-t-il, quel doit être l'appareil dans lequel on opère la carbonisation du bois et le chauffage des vapeurs. Cet appareil, comme il est facile de le concevoir, peut varier de bien des manières dans ses dispositions. Mes premières expériences, entreprises sur une petite échelle, ont été faites avec un tube en fonte dont la portion portée au rouge était remplie avec 2/3 de bois et 1/3 de petits morceaux de fer. Lorsque le tube et les morceaux de fer étaient arrivés au rouge clair, on introduisait le bois. Dans les applications en grand, on s'est servi d'abord d'une cornue dans laquelle on carbonisait le bois, qui était environné de tubes qu'on maintenait à la chaleur rouge, et dans lesquels on faisait circuler, à plusieurs reprises, les vapeurs. Aujourd'hui on a abandonné ces cornues compliquées et on fait usage d'appareils de ce genre plus simples, qui communiquent, de même que ceux plus compliqués un égal degré de chaleur aux vapeurs qui se dégagent du bois. Ces cornues, par rapport à leur chargement en bois qui est de 60 kilog., sont fort grandes et en contiendraient aisément trois fois autant. Avec ces cornues simples, il faut, du reste, que le bois soit bien sec, si l'on veut obtenir du gaz en abondance et de bonne qualité. La distillation est terminée au bout d'une heure et demie, et on obtient, après élimination de l'acide carbonique, au moins 16 mètres cubes de gaz éclairant.

« L'observation que c'est de la température des

vapeurs qui s'exhalent du bois que dépend la question de savoir, si, après la condensation, on trouve oui ou non dans les gaz un carbure d'hydrogène éclairant, est donc, comme on voit, la base de toute la fabrication du gaz au bois...

« Indépendamment des facilités qu'il présente suivant les localités, le gaz de bois jouit de cet avantage sur le gaz de houille, qu'il est dans toutes les circonstances exempt de combinaisons sulfureuses et ammoniacales, de façon qu'il ne peut résulter de sa combustion ni acide sulfureux, ni acide azotique, chose qui, dans la consommation du gaz de houille, se manifeste à un degré très sensible ; sa parfaite innocuité pour les couleurs délicates et les métaux l'a déjà fait admettre à Bâle et à Pforzheim, et les expériences faites à Zurich confirment pleinement cette innocuité du gaz de bois brûlé ou non pour les couleurs les plus tendres sur soie.

« L'odeur du gaz de bois est très pénétrante et facile à reconnaître, mais beaucoup moins désagréable pour la plupart des personnes que celle du gaz de houille. »

M. Pettenkofer termine en disant que, pour avoir du gaz de bois éclairant, il faut nécessairement opérer la décomposition du bois à une température beaucoup plus grande que celle à laquelle il se carbonise.

« C'est dans ce point, dit-il, que la décomposition diffère principalement de celle de la houille. Pendant que celle-ci, à la température qui suffit pour sa complète carbonisation, fournit un gaz très riche en carbone, le bois, à la basse température à laquelle il se carbonise, ne livre qu'un gaz sans pouvoir éclai-

rant, et ce n'est qu'à une température bien plus
élevée que celle nécessaire à sa carbonisation, que
ce bois donne un hydrogène carboné éclairant, en
même temps qu'augmente la proportion des autres
gaz. »

Je crois que M. Pettenkofer n'a pas donné, dans ce
sens qu'on vient de lire, la raison qui fait qu'on a besoin, non pas d'une température plus élevée pour
décomposer le bois que pour décomposer la houille,
mais bien d'un foyer plus ardent pour entretenir les
cornues à la chaleur voulue. Cette raison réside dans
l'énorme déperdition de chaleur qu'occasionne la décomposition du bois, même sec.

Nous ne supposons pas qu'on emploie du bois
vert, qui contient, en moyenne, 40 0/0 d'eau, ni
même du bois ayant un an de coupe, qui en retient
encore, en moyenne 25 0/0, nous admettrons qu'on
n'introduit dans les cornues que du bois desséché à
100 degrés, sans qu'il ait été exposé à l'air après se
dessiccation, car, exposé de nouveau à l'air, à la
température ordinaire, le bois, qui a cela de commun
avec tous les corps poreux, reprend de 8 à 12 0/0
d'eau ; nous admettrons, dis-je, qu'on n'introduit le
bois dans les cornues, que desséché et même chaud ;
dans ces conditions, il faudra encore chauffer les
cornues plus fortement, c'est-à-dire avoir une source
de chaleur plus abondante pour fabriquer du gaz
d'éclairage avec du bois, quelque temps après qu'il
aura été introduit dans la cornue, que pour obtenir
de ce gaz avec de la houille.

De là un danger, si l'on opère avec des cornues en
fonte : c'est qu'au moment où l'on retirera la braise
contenue dans la cornue, cette braise, brûlant avec

une grande activité, chauffera fortement l'intérieur de la cornue qui, extérieurement, sera soumise en même temps à une température excessive, car on ne peut pas baisser et augmenter instantanément le foyer d'un four à gaz, et la cornue risquera de fondre. Cet inconvénient existe aussi dans le gaz à l'eau, quand on retire les cendres de la cornue et que le courant de vapeur est suspendu.

Quant aux cornues en terre, elles ne pourraient pas servir comme pour le gaz à la houille, parce qu'il ne se dépose pas sur leurs parois intérieures cette couche de graphite, qui s'oppose aux fuites par les pores, ainsi que par les fissures et les fentes, qui se manifestent le plus souvent aux cornues en terre.

La présence d'une grande quantité de vapeur d'eau qui résulte de la fabrication du gaz au bois, produit un effet analogue à celui dont parle M. Dumas dans le procédé Selligue, quant à l'absence du dépôt de carbone.

C'est pour les raisons dont il vient d'être parlé que, dans une fabrication de gaz au bois, très en grand, à Marseille, on avait eu recours à des espèces de cornues construites en briques et d'une manière particulière.

Mais, du reste, il y a une objection très sérieuse à faire à l'adoption du gaz au bois, comme moyen d'éclairage intérieur : c'est l'énorme proportion d'oxyde de carbone qu'il renferme, et qui résulte de la composition élémentaire de ce combustible. On admet pour composition du bois, supposé entièrement dépouillé d'eau, celle de la cellulose, exprimée en centièmes, les nombres suivants :

Carbone. 44.44
Hydrogène 6.18
Oxygène 49.38
                                      ————
                                      100.00

Nous ne parlons pas d'un certain nombre de substances minérales fixes, qui forment un peu de cendre, ni d'un centième environ d'azote.

Si l'on compare les éléments du bois à ceux de la houille, on voit que cette dernière renferme considérablement moins d'oxygène et, par conséquent, doit produire dans la cornue, en présence du coke, moins d'oxyde de carbone que le bois en présence de la braise incandescente.

Il n'est donc pas étonnant que, depuis Lebon jusqu'à nos jours, le gaz au bois ait eu peu de réussite.

GAZ DE TOURBE

La tourbe est un combustible (1) qu'on peut se procurer à bon marché (mais en quantité limitée), quand il n'a pas de frais de transport à supporter.

On a eu souvent l'idée de remplacer la houille par la tourbe, dans certaines localités, pour fabriquer du gaz d'éclairage. Les observations faites sur le gaz au bois s'adressent à peu près à la fabrication du gaz de tourbe, destiné à l'éclairage public, quand on traite directement la tourbe pour en obtenir le gaz, le goudron et l'eau ammoniacale. Mais on a proposé un autre procédé qui consiste à scinder le traitement de la tourbe : on commence à carboniser la tourbe pour la transformer en charbon et en recueillir l'eau

(1) Plusieurs analyses de tourbe se trouvent dans le chapitre *Combustibles minéraux.*

ammoniacale et le goudron à part ; et c'est avec ce goudron que, en procédant comme dans la fabrication du gaz à l'huile, on obtient le gaz de tourbe, qu'on devrait plutôt appeler gaz de goudron de tourbe.

Nous ne nous arrêterons pas longtemps au gaz de tourbe, la matière première faisant défaut (excepté, à ce qu'il paraît, en Amérique et en Irlande), s'il s'agissait de suffire aux besoins d'une fabrication suivie.

Les produits de la distillation de la tourbe varient, non seulement avec la nature, mais encore avec son état de siccité, la température à laquelle on la décompose, et le moment de l'opération.

On a obtenu de 100 kilog. de tourbe bien sèche, distillée à la température du rouge sombre :

Eau . . . . 49 kilog.
Goudron (1) 8
Charbon 33
Gaz, cendre et perte 10
                                  ———
                                  100

L'eau contenait :

Acide acétique . . . . 1 k. 500
Méthylène . . . . 500 gram.
Ammoniaque . . . . 2 kilogr.

Le goudron contenait :

Huile pyrogénée à 80° . . . . 2 kilog.
— lourde 3
Paraffine 1
Brai visqueux 2

Contrairement à ce qui se passe dans la distillation de la houille, qui donne beaucoup de gaz au com-

(1) D'après M. Pelouze père, la distillation de 100 kil. de tourbe donnerait de 20 à 25 kil. de goudron. Suivant

mencement, on n'obtient du gaz de la tourbe qu'à la
fin de l'opération (1). Dès le début, il ne passe que de
l'eau chargée d'acide acétique et de méthylène. Quand
la masse s'échauffe, la réaction des matières azotées
fournit du carbonate d'ammoniaque en même temps
qu'un peu d'huile. Enfin, viennent les goudrons contenant de la paraffine, et, si l'on prolonge l'opération,
il se produit de l'acide carbonique qui se transforme
en majeure partie en oxyde de carbone. Celui-ci se
dégage en même temps que de l'hydrogène et de
l'hydrogène protocarboné.

Voici, d'après M. Marsilly, la composition du gaz
d'une tourbe de première qualité, obtenue par une
calcination rapide :

Acide carbonique.	13.51
Oxygène	1.08
Azote.	3.67
Gaz polycarbonés	3.06
Gaz des marais	6.44
Oxyde de carbone	34.28
Hydrogène	37.96
	100.00

« Ce qui distingue le gaz de tourbe du gaz de
houille, dit-il, c'est qu'il renferme beaucoup moins de
gaz des marais et beaucoup plus d'hydrogène, et surtout d'oxyde de carbone, ce qui fait que le gaz de

M. Lewis Thompson, on n'obtiendrait que 5 kil. 1/2 de
goudron de 1000 kil. de tourbe.

(1) Suivant M. de Marsilly, quand on calcine de la tourbe
l'acide carbonique et les gaz polycarburés se dégagent en
majeure partie dans le commencement ; le gaz recueilli en
dernier lieu est principalement composé d'oxyde de carbone et d'hydrogène.

tourbe est beaucoup moins éclairant que celui 'de houille, même après qu'il a été complètement purifié.

" « Pour utiliser le gaz de tourbe à l'éclairage, il faut absorber avec soin l'énorme quantité d'acide carbonique qu'il contient ; il serait utile aussi de rejeter les dernières parties de gaz qui se produisent et sont fort peu éclairantes ; on pourrait les employer au chauffage des cornues.

: « La quantité de gaz produite par kilogramme de tourbe varie, pour des tourbes de bonne qualité, de 188 à 392 litres. La tourbe subit une altération sensible en restant exposée à l'air et à la pluie; il importe de la rentrer bien sèche et de la conserver sous des hangars; il faut aussi, autant que possible, l'employer dans l'année où elle a été extraite.

. « Si l'on sèche préalablement la tourbe à 100°, l'on obtient, en la calcinant, tantôt plus, tant moins de gaz par 100 kilog. Ainsi, une tourbe de Camon donne, après la dessiccation à 100°, 470 litres au lieu de 392 litres, tandis que le rendement d'une tourbe de Querrieux descend de 346 à 278 litres. Il semble, d'après cela, qu'il y a souvent perte notable de gaz avant 100°, et qu'il faut se borner à dessécher les tourbes à une température inférieure à 100°. .

: « Il est très important de calciner rapidement. Par une calcination lente, le rendement en gaz diminue de 20 à 33 pour 100. » (Marsilly, *Technologiste*, nov. 1862.)

A ce qui précède, j'ajouterai que le gaz de tourbe se décarbure si facilement que, fabriqué dans des cornues ordinaires, ce gaz, parfaitement éclairant quand il venait d'une prise faite sur le barillet et servait à l'éclairage de la salle des fours, ne l'était

15.

plus du tout quand on l'y faisait revenir du gazomètre qui se trouvait à une trentaine de mètres. Sous ce rapport, le gaz de bois n'a pas une instabilité aussi grande.

GAZ PORTATIF

Le gaz et l'eau sont deux marchandises qui se transportent elles-mêmes, sans autres frais que l'intérêt du capital employé à la canalisation. On aura donc toujours beaucoup de mal à comprendre, d'une manière générale, d'où viendrait l'avantage de remplacer l'usage des tuyaux par un transport à domicile d'une quantité de gaz relativement très minime au moyen de voitures (1).

Dans les premiers essais de gaz portatif, on avait déjà l'idée de le comprimer à plusieurs atmosphères, comme on fait aujourd'hui. Cependant, à Paris, le gaz portatif a été pendant longtemps *non comprimé*. Ce gaz, fabriqué avec des matières grasses, avait un pouvoir éclairant supérieur à celui du gaz à la houille ; il se transportait dans des réservoirs en tissu imperméable, en forme de soufflet, remplis à l'usine par la simple pression du gazomètre. La contenance de ces réservoirs, ou gazomètres mobiles en tissu, était limitée à 10 mètres. C'était la charge d'une voiture à un cheval. Le consommateur avait chez lui un ga-

(1) « L'économie que l'on peut espérer de ce genre d'éclairage (le gaz portatif), dit M. Dumas, est loin d'être évidente ; elle revient à peu près à celle qu'on pourrait attendre, en remplaçant par des porteurs d'eau les tuyaux principaux de conduite que l'on établit à grands frais dans toutes les villes. » (*Chimie appliquée aux arts*, t. Ier.)

zomètre ordinaire en tôle. Pour faire entrer dans ce gazomètre le gaz apporté, on commençait naturellement par le mettre en communication avec le réservoir de la voiture ; puis on allégeait le gazomètre par des contre-poids et on le tirait au moyen d'un treuil, de manière à aspirer, en même temps qu'on agissait avec un autre treuil sur le couvercle du réservoir en tissu, pour forcer le gaz à sortir de celui-ci et à entrer dans le gazomètre. Enfin, on rétablissait l'état du gazomètre de manière à produire l'écoulement du gaz jusqu'aux becs à la pression voulue.

M. Hugon, qui fut gérant du Gaz portatif comprimé, jugeait, en 1857, ce système de la manière suivante :

« Vingt ans de luttes passées à chercher, à modifier, et finalement à transformer complètement cette industrie, avaient jeté sur elle une défaveur qui, sous certains rapports, pouvait parfaitement s'expliquer. Car, tandis que le gaz courant allait augmentant chaque année sa production, dans des proportions énormes, le gaz portatif, au contraire, la voyait diminuer sans cesse, et l'on pouvait prévoir le jour peu éloigné où ce mode d'éclairage serait complètement abandonné.

« Plusieurs causes produisaient ces tristes résultats :

1° Pour s'éclairer au gaz portatif, il fallait employer de grands gazomètres qu'on plaçait dans des caves, des cours ou des jardins ;

2° Ces gazomètres occupaient des places précieuses, et ils coûtaient beaucoup à établir. Leurs eaux se chargeaient d'odeurs pénétrantes qui viciaient l'air. Aussi l'autorité (et c'était juste) se montrait-elle très avare de permissions pour l'établissement de semblables appareils.

« Avec ces gazomètres, il eût été impossible d'entreprendre dans l'intérieur des villes l'éclairage d'établissements importants ; car pas un n'aurait eu la place nécessaire pour les contenir.

Puis les voitures servant au transport du gaz avaient un volume énorme, et pourtant elles ne pouvaient transporter en moyenne que 8ᵐ300 par chaque voyage. Elles étaient d'une manœuvre lente et difficile et nécessitaient des réparations continuelles. Enfin, les frais de transport et de fabrication étaient tellement élevés, que la société du gaz portatif dut chercher son salut dans la compression, car là seulement était son avenir.

« Plusieurs années se passèrent en recherches, et enfin, en 1854-1855, le problème fut résolu.

« Ce problème était d'une solution difficile ; il se composait des opérations suivantes : il fallait 1° trouver une pompe pouvant comprimer économiquement le gaz ; 2° une voiture pour en transporter la plus grande quantité possible sous le plus petit volume ; 3° des récipients pour le contenir à plusieurs atmosphères ; 4° enfin, un régulateur pour écouler ou brûler le gaz à une pression constante, quelle que fût celle qui existât dans les récipients... »

Aujourd'hui le gaz portatif se fabrique avec du boghead ; il est comprimé à l'usine, à 11 atmosphères, dans des cylindres en tôle, à double rivure, terminés par deux calottes sphériques ; il est livré à 4 atmosphères chez les consommateurs.

Les cylindres des voitures sont au nombre de neuf par voiture ou de quatre ; ils communiquent par un tube et un robinet avec un autre tube collecteur qu'un autre robinet et un tuyau spécial mettent en communication avec le récipient du consommateur. Une voiture attelée de deux chevaux transporte, suivant l'état des routes, environ 40 mètres cubes, quelle que soit la compression du gaz.

Comme les voitures déversent le gaz dans les cylindres des consommateurs à 4 atmosphères, et que les voitures retournent à l'usine avec un volume qu'elles ne peuvent écouler, les 40 mètres ci-dessus ne profitent que de 7 atmosphères de compression, ce qui réduit néanmoins le volume au septième, soit 1,000 litres à 143 litres, ou, ce qui revient au même, 1 mètre de gaz comprimé dans la voiture équivaut à 7 mètres sous la pression atmosphérique.

Ensuite, le pouvoir éclairant du gaz portatif peut bien être à celui du gaz à la houille comme 4 est à 1.

Ce qui fait qu'en multipliant tous ces chiffres : 40 mètres dans la voiture, 7 fois le volume, 4 fois le pouvoir éclairant, on trouve qu'une voiture à deux chevaux, accompagnée de deux hommes (un cocher et un facteur), transporte un volume de gaz riche comprimé qui représente 1120 mètres de gaz à la houille, dans un temps plus ou moins long, suivant la distance entre l'usine et le consommateur.

A ces frais de transport, il faut ajouter les frais de compression et l'intérêt du capital dépensé pour l'établissement des cylindres chez les particuliers ; frais qui, pour le gaz courant, sont représentés simplement par l'intérêt du prix de la canalisation.

Nous ferons remarquer que nous venons de compter sur un pouvoir éclairant de 4 fois celui du gaz à la houille, mais qu'il faudrait, tout en conservant les mêmes frais, augmenter ou diminuer la quantité de mètres de gaz de houille que représenteraient les

40 mètres de gaz portatif, comprimé à 7 atmosphères dans la voiture, suivant que son titre baisserait ou s'élèverait ; effectivement, si le gaz portatif n'avait qu'un titre de 19 bougies 98, au lieu de 26 bougies 64, les 40 mètres ci-dessus ne représenteraient plus 1120 mètres, mais seulement 840 mètres de gaz courant.

GAZ DE BOGHEAD

Le titre du gaz à la houille est parfaitement défini par l'emploi d'un bec *normal*, au moyen duquel, en brûlant 105 litres de gaz à l'heure, on doit avoir une lumière égale à celle d'une lampe Carcel, brûlant 42 grammes d'huile à l'heure, ou 7 bougies, ce qui donne un *titre* (105 : 7 :: 100 : x) de 6 bougies 66 (V. *Photométrie*).

N'ayant rien d'analogue pour les gaz riches, nous admettrons que le gaz au boghead est non pas quatre fois, mais trois fois aussi éclairant que le gaz à la houille. Ainsi le titre du gaz au boghead serait d'environ 20 bougies. Effectivement, on a trouvé, en pratique, qu'un bec de gaz de boghead, brûlant 40 litres à l'heure, remplaçait un bec de gaz à la houille, brûlant 120 litres dans le même temps.

« 100 kilogrammes de boghead donnent au moins 30 mètres cubes de gaz d'une densité de 0,750 à 0,800.

« Le poids du mètre cube de ce gaz (775 × 1,2925) est donc sensiblement de 1 kilogramme. On obtient en outre 20 kilogrammes d'huile brute et environ 50 kilogrammes de résidus. Sept cornues, recevant chacune 12 kilogrammes de boghead par opération, en employant 84 kilogrammes par heure, car on compte

30 minutes de distillation et 30 minutes pour le chargement et le déchargement. » (Payen.)

On voit que 100 kilogrammes de boghead donnent une quantité de gaz qui, en vertu de son pouvoir éclairant supposé triple de celui du gaz à la houille, représente une somme de lumière égale à celle de 90 mètres de gaz de houille.

Mais le boghead est une marchandise qui coûte trois à quatre fois plus cher que la houille et qui ne donne pas de coke. Il ne reste dans la cornue qu'une cendre qui ressemble à celle de l'ardoise. Seulement on a une grande quantité de goudrons qui se superposent spontanément par ordre de densité.

En distillant un mélange de 100 kilogrammes de ces goudrons, provenant du barillet et du condensateur, on obtient successivement les produits suivants :

Eau	5.7
Huile légère, à 28° Cartier	16.3
Huile lourde	30.0
Brai	40.0
Perte	8.0
	100.0

Cette distillation s'opère dans des appareils qui contiennent environ 3000 kilogrammes de goudron. Les produits sont variables avec la température.

Des vapeurs plus volatiles que celles qui se condensent dans le barillet et dans le réfrigérant, restent mélangés au gaz, tant qu'il n'est pas soumis à un abaissement de température ou à une augmentation sensible de pression. La compression à 11 atmosphères produit 100 grammes de carbures d'hydrogène liquides par mètre de gaz.

On ne connaît pas encore bien la composition de ces carbures d'hydrogène, ni ceux des goudrons. Cependant on peut déjà la distinguer, d'après M. Payen, de la manière suivante. Ils contiennent :

« De l'amylène $C^{10}H^{10}$, bouillant à $+ 30°$. densité de vapeur 2,450.

« Benzine $C^{12}H^6$, bouillant à $+ 86°$, densité de vapeur 2,360.

« Densité liquide, 0,850.

« Cumène $C^{18}H^{12}$, bouillant à $+ 151°$, densité de vapeur 2,360.

« Eupione, bouillant à $+ 169°$.

« Acide phénique $C^{12}H^6O^2$, bouillant à $188°$.

« Densité liquide, 1,065.

« Ampeline $C^{23}H^6O^4$.

« De la picotine, de l'aniline, de la quinoléine, du pynhal, de la petinine, de la paraffine C^nH^n, fondant à $+ 47°$ et volatile à $370°$.

« Du brai gras ou sec, suivant qu'il est mou ou dur, fondant à $150°$. »

Dans la fabrication du gaz au boghead, on se sert de petites cornues en terre, qui n'ont que 0^m110 de hauteur.

L'épuration de ce gaz se fait à la chaux. Il en faut 5 kilogrammes par 1000 kilogrammes de boghead distillé. Il n'y a pas d'autre appareil d'épuration que le condensateur et l'épurateur à chaux sèche.

Avant l'usage du boghead, on fabriquait du gaz riche au moyen de matières grasses, de résine, etc., solides ou liquides. Nous verrons plus loin les matières et les appareils qui peuvent servir à différents genres de fabrication de ce gaz.

CARBURATION DU GAZ

Quand le gaz à la houille n'a qu'un pouvoir éclairant par trop faible, on est obligé de l'enrichir. C'est une opération ruineuse pour une usine, si elle se répète souvent.

On mêle du boghead ou du cannel avec la houille; autrefois on mêlait de la résine, qui distillait plutôt qu'elle ne se décomposait : la majeure partie se condensait en huile avec le goudron.

Lorsque, faute de gaz par un accident quelconque, on est obligé d'employer une de ces matières pour éviter une extinction, la perte pour l'usine peut être énorme. D'abord la fabrication coûte beaucoup plus cher et, d'un autre côté, la recette diminue en proportion de l'augmentation du pouvoir éclairant du gaz, quand il est vendu au compteur.

Carburation du gaz par les consommateurs

On a proposé autrefois un grand nombre d'appareils destinés à augmenter le pouvoir éclairant du gaz de houille chez les consommateurs, en le chargeant, préalablement à son arrivée aux becs, de vapeurs de carbures d'hydrogène légers, dont le type se trouve dans les huiles de condensation, résultant de la compression du gaz portatif.

Ce système ne peut guère avoir de succès chez les petits consommateurs, quand le gaz est brûlé dans l'intérieur, sans un fort aérage. Il donne beaucoup d'embarras, qui ne sont pas en rapport avec le profit qu'il peut procurer; puis il occasionne toujours une odeur désagréable et persistante. Mais on l'applique avec avantage dans certaines circonstances, comme, par exemple, dans une salle de spectacle, pour le lustre et même pour la rampe.

L'appareil dont on s'est servi à Paris pour l'éclairage de la salle, dans ces parties, consistait tout simplement en une boîte en tôle, contenant un carbure d'hydrogène liquide, sur le couvercle de laquelle on visse une bouteille en fer-blanc renversée, le tout hermétiquement clos, ce qui fait que le liquide a un niveau constant, le goulot de la bouteille dépassant la vis et plongeant par le bout dans la surface du carbure, qui est de la benzine. Le tuyau d'arrivée du gaz plonge dans la benzine de quelques centimètres, suivant que la pression le permet; le gaz barbote dans la benzine, se sature plus ou moins de vapeur de ce liquide, ressort par un autre tuyau placé, comme celui d'arrivée, sur le couvercle du carburateur, et se rend immédiatement au lustre et à la rampe. Ce carburateur se place dans les combles de la salle de spectacle. Son emploi, qui s'est continué, comme il vient d'être dit, pendant plusieurs années, et dans plusieurs théâtres à Paris, procurait un bénéfice de 25 à 30 0/0.

Ces grands carburateurs étaient montés à la manière des compteurs; seulement le passage du gaz dans le tuyau n'est interrompu que quand on le veut, par un robinet, pour forcer le gaz à passer dans le carburateur. Pour éviter ou atténuer autant que possible l'odeur persistante de la benzine dans l'intérieur de la salle de spectacle, odeur qui résulte principalement du gaz carburé qui s'y répand sans brûler, il serait à propos de commencer par allumer les becs avant que de faire passer le gaz dans le carburateur, au lieu de carburer le gaz avant l'ouverture et l'allumage des becs.

Nous ne ferons pas mention des nombreuses dispositions d'appareils qui ont été essayées pour la carburation du gaz, depuis le *générateur trinitaire* Ador, où se trouve le *dilatateur*, qui consistait à faire passer le gaz dans une boule contenant du goudron et placée au-dessus de la flamme, jusqu'aux *inventions* plus récentes ; nous nous bornerons à parler du carburateur de M. Bézian, dont la description suivante est empruntée au journal *Le Gaz*, et du carburateur de M. Launay, qui a été l'objet d'un rapport favorable, par M. Payen.

Carburateur de M. Vézian. — « L'appareil se compose (fig. 291, 292 et 293) :

« 1° D'une boîte carburatrice K ;

« 2° D'un appendice latéral I dont la fonction est de rétablir le niveau des hydrocarbures ;

« 3° D'un récipient X placé dans un endroit aéré, cour ou corridor ; ce récipient contient le liquide destiné à l'enrichissement du gaz, et communique, au moyen de deux tuyaux, avec l'appareil K, installé auprès du compteur.

« Décrivons chaque objet l'un après l'autre, pour plus de clarté.

« Le carburateur K reçoit le gaz du compteur, auquel il se raccorde par le tuyau à raccord A, tuyau horizontal ou vertical à volonté, selon la disposition de la localité à éclairer.

« Du tuyau A le gaz arrive sous une espèce de cloche C C, qui sert d'enveloppe à la partie dudit tuyau qui s'élève dans la boîte K, laquelle est surmontée d'un appendice R R, afin de donner à cette

cloche et au tuyau A plus de développement au-
dessus du niveau des hydrocarbures que celui-ci traverse.

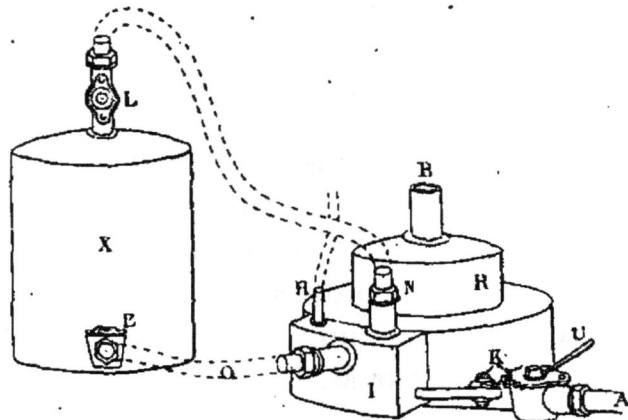

Fig. 291.

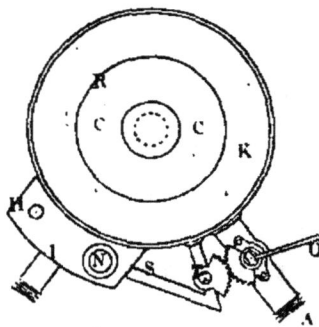

Fig. 292.

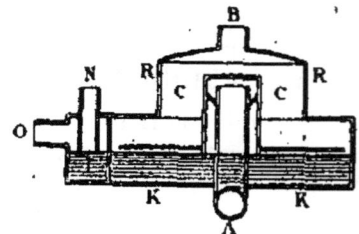

Fig. 293.

« La cloche C, maintenue à une certaine distance
du tuyau A, par trois petites languettes métalliques
rivées, force le gaz à aller lécher les hydrocarbures ;
à cet effet, son orifice inférieur, par lequel seulement
le gaz trouve issue, plonge d'un ou deux millimètres
au plus dans le liquide ; mais, avant d'arriver au
niveau des hydrocarbures et à environ un centimètre au-dessus du niveau normal, une plaque horizontale F F est soudée au pourtour de la cloche et
occupe presque toute la surface du liquide.

« Au sortir de la cloche C, le gaz reste forcément en contact avec les hydrocarbures, contraint qu'il est de se répandre sous la plaque FF jusqu'à ce que, arrivé au bord de cette plaque, il trouve un espace réservé de 1 à 2 centimètres dans tout le pourtour, espace par lequel il gagne l'appendice R pour s'écouler parfaitement carburé par le tuyau de sortie B.

« La marche du gaz dans l'appareil étant bien comprise, passons à la description et au fonctionnement de l'appendice I qui forme comme un compartiment accessoire du carburateur.

« Cette partie de l'appareil est construite sur le principe du vase à niveau constant de Mariotte.

« O, est un tube dit *tube alimentateur*, chargé de recevoir le liquide du récipient X ; N, est un second tube dont l'orifice inférieur coïncide exactement avec le niveau normal du liquide dans l'appareil ; ce tube a reçu de l'inventeur le nom d'*orifice de compensation*, parce que lorsque le niveau du liquide s'abaisse dans le compartiment I, son extrémité inférieure venant à se séparer du liquide, l'air qui s'introduit dans le compartiment par le tube d'air H, monte dans le tube N, qui communique avec l'orifice supérieur du récipient d'hydrocarbures, pèse sur le liquide et le force à s'écouler dans le compartiment I jusqu'au moment où le niveau étant rétabli, l'orifice inférieur du tube N affleure de nouveau le liquide.

« Il est nécessaire de faire observer que le tube d'air H est prolongé jusqu'à l'extérieur de l'appartement, de manière à éviter à l'intérieur toute effusion d'odeur.

« Le réservoir X placé, avons-nous dit, dans une

cour ou dans tout autre endroit parfaitement aéré, est garni de deux robinets, l'un supérieur L, l'autre inférieur E, et se relie au tube alimentateur O et à l'orifice de compensation N, au moyen de tuyaux placés dans l'appartement à la manière des tuyaux de gaz et de raccords de rappel, si bien que lorsque ce récipient est vide ou à peu près, on le remplace par un autre plein de liquide, et pour cela il suffit, après avoir fermé les deux robinets L et E, de dévisser les raccords.

« De cette manière, le remplacement du récipient peut s'opérer sans odeur.

« On comprend facilement comment le niveau du liquide se rétablit dans le compartiment I; c'est l'effet de la loi découverte par Mariotte, c'est l'application de la burette alimentaire des anciennes lampes à huile, avec cette seule différence qu'elle est placée à distance.

« Mais comment l'établissement du niveau normal dans le compartiment I agit-il dans le carburateur K, bien que la cloison de séparation soit hermétiquement close? C'est ce que nous n'avons pas encore décrit.

« La communication s'établit entre l'appareil et son appendice, au moyen d'un tube coudé S, garni d'un robinet T. La clef de ce robinet est munie d'une plaque formant une fraction de cercle et portant à son pourtour une dentelure qui est disposée de telle manière que, s'engrenant avec une pareille plaque dont est également munie la clef du robinet d'introduction du gaz U, le jeu de cette dernière clef la fasse mouvoir en sens inverse, c'est-à-dire que lorsqu'on ouvre le robinet U, on ferme le robinet T, et lorsque l'on

ferme le robinet U, le robinet T se rouvre naturellement.

« De cette manière, pendant que le gaz a accès
dans le carburateur, la communication par le tube S
est close, et elle se rétablit lorsque l'éclairage cesse.

« Il résulte de cette disposition, qu'au moment de
l'éclairage, le liquide est toujours à son niveau normal dans le carburateur, et que c'est pendant l'intervalle d'une période d'éclairage à une autre que le
niveau normal se rétablit, car alors la communication
s'étant rouverte par suite de la clôture du tube d'introduction, le liquide dont le niveau s'est abaissé
dans le carburateur, par suite de la consommation
des vapeurs dégagées et entraînées par le gaz,
s'abaisse dans le compartiment I, par un effet de la
loi naturelle du niveau ; l'orifice de compensation se
découvre alors, l'air s'y introduit, et une quantité
suffisante de liquide arrive du réservoir X par le tube
alimentaire O ; le niveau se rétablit alors à la fois et
dans le carburateur et dans le compartiment I, et
l'appareil est prêt à fonctionner de nouveau.... »
(E. Durand.)

Carburateur de M. Launay. — « L'appareil inventé
par M. Launay, dit M. Payen, est destiné à donner
au gaz de l'éclairage un pouvoir éclairant plus
considérable, j'ai examiné cet appareil, et j'ai
comparé sa construction avec les dispositions imaginées à diverses époques en vue d'un résultat analogue.

« Toutes les tentatives de ce genre parvenues à
ma connaissance ont échoué par des choses faciles à
comprendre : les appareils, placés à de grandes distances des becs, agissaient en forçant le gaz à bar-

boter dans des carbures d'hydrogène volatils. On obtenait ainsi une lumière plus grande, car, à volume égal, il se trouvait une plus grande quantité de carbone dans le gaz ; par conséquent, un plus grand nombre de particules charbonneuses étaient précipitées à la fois dans la flamme, dont le pouvoir éclairant est proportionné au nombre de ces particules rayonnantes. L'effet était très variable, suivant la température du gaz et de l'air atmosphérique. Durant les chaleurs de l'été, la tension des vapeurs était assez forte, et il arrivait aux becs une quantité de carbures suffisante pour produire l'effet voulu ; mais pendant les saisons froides d'une grande partie de l'année, le gaz entraînait trop peu de vapeurs ou les laissait condenser en fortes proportions avant son arrivée aux becs.

« On a essayé de remédier à cet inconvénient en faisant couler les liquides carburés, simultanément avec de l'eau, sur des corps incandescents ; les inconvénients se sont alors amoindris ; mais la condensation des liquides et la production de la lumière variaient encore suivant la longueur du parcours des tubes distributeurs, leur diamètre et la température ambiante. D'ailleurs les frais de chauffage dépassaient la valeur de l'accroissement de lumière.

« On a cherché à vaincre les difficultés en rapprochant des becs le vase contenant les hydrocarbures liquides ; mais alors le barbotage produisait dans le gaz des mouvements saccadés, et dans la lumière autant d'oscillations très fatigantes pour la vue.

« On a essayé d'obvier à ce défaut en chauffant les carbures, afin d'accroître leur tension ; mais cette opération supplémentaire était difficile à régler et constituait une complication peu pratique.

« On a enfin voulu produire le même effet en rapprochant assez le vase chargé de liquide carburant pour que la chaleur de la flamme s'y communiquât au degré convenable ; mais, dans ce cas, chaque bec ayant son récipient spécial, le service de l'éclairage était très pénible, il exposait à de nombreux accidents, il occasionnait des déperditions de liquide et des fuites de vapeurs huileuses exhalant une odeur forte et désagréable.

« Toutes les dispositions imaginées par divers auteurs se résument, je crois, dans les systèmes ci-dessus indiqués ; aucune d'elles ne pouvait être à la fois régulièrement et économiquement praticable ; toutes furent successivement abandonnées. *Ce sont précisément les conditions utiles auxquelles les inventions précédentes n'avaient pu satisfaire qui me semblent caractériser nettement le système de M. Launay.*

« Ce système nouveau consiste en effet dans l'emploi d'un seul vase pour carburer le gaz distribué à tous les becs, soit d'un appartement, soit d'un établissement public ou privé. L'appareil se trouvant dans le local habité, est, par là même, à l'abri des variations extrêmes de température.

« Au lieu de charger le gaz de matières carburantes par le barbotage ou le chauffage, M. Launay augmente la superficie du liquide proportionnellement à l'effet qu'il veut produire. Il emploie une disposition très simple, qui consiste à placer dans le vase dit carburateur des mèches de coton maintenues verticalement et plongeant d'un bout dans le liquide ; celui-ci, en vertu de la force capillaire, monte dans toutes les mèches et s'y maintient au fur et à mesure que l'espace saturé de vapeurs hydro-carburées se renouvelle par le passage du gaz, qui entraîne continuellement ces vapeurs vers les becs allumés. C'est ainsi que, sous un petit volume, se rencontre là la surface convenable pour charger le gaz de vapeurs carburantes, sans lui faire subir la moindre pression.

« Je ne sache pas que ces conditions de succès aient été réalisées antérieurement à l'aide de moyens aussi simples, aussi pratiques.

« Voici le résultat des essais que j'ai entrepris, avec le concours de M. Chopin, sur l'appareil en question.

« Dans une première série d'essais, j'ai constaté que le passage du gaz de la Compagnie parisienne dans l'appareil Launay avait sensiblement doublé son pouvoir éclairant.

« Il s'agissait alors de déterminer les quantités de carbures d'hydrogène consommés pour produire cet effet.

« M. Chopin ayant posé, le 10 août dernier, un appareil carburateur chez un de ses clients, a constaté le poids du liquide carburant avant et après l'expérience faite sur 33 becs de gaz, du 10 au 23, ou durant 13 jours. La consommation du gaz ordinaire avait été préalablement déterminée ; on avait reconnu, soit d'après les indications du compteur, soit d'après le livret d'inscription du volume de gaz payé à la Compagnie, que les 33 becs consommaient par heure 5,973 litres de gaz.

« Pour obtenir une lumière sensiblement égale, mais avec des flammes plus blanches et moins vacillantes, en faisant passer le gaz dans l'appareil Launay, on a employé en 13 jours, à 5 heures par jour, ou 65 heures, 212 mètres cubes, ce qui correspond, pour les 33 becs en une heure, à 3,261 litres au lieu de 5,973, et par conséquent représente une économie de 2,712 litres par heure. On en peut déduire encore que, dans cette expérience, 22 gr. 80 de liquide ont pu suppléer au pouvoir éclairant de 2,712 litres de gaz, ou enfin 10 gr. 75 de liquide représentent le pouvoir éclairant de 1 mètre cube de gaz de houille sous la pression et dans les conditions ordinaires.

« Sans doute, de légères variations pourraient avoir lieu suivant la température ambiante, la tension plus ou moins forte du liquide employé (l'huile légère rectifiée de houille ou de schiste).

« Mais en proportionnant bien les dimensions de l'appareil, et surtout les surfaces de contact, il sera toujours possible de produire l'effet précité et de vérifier les résultats obtenus ; rien n'empêchera, d'ailleurs, que cet effet lui-même ne serve de base aux transactions, et, dans ce cas, on réalisera les avantages suivants :

1° *Diminution du prix de revient ou économie formant la base des stipulations ;*

2° *Flamme plus tranquille et très favorable à la conservation de la vue ;*

3° *Gaz résidus de la combustion plus purs ou contenant environ moitié moins d'acide sulfurique provenant de la combustion de l'hydrogène sulfuré échappé aux épurateurs.*

« Il était curieux de comparer l'effet des hydrocarbures introduits dans le gaz obtenu de l'eau, avec le pouvoir éclairant produit par l'interposition du réseau de platine, qui devient incandescent dans cette flamme.

« Nous avons fait plusieurs expériences dans cette vue à l'usine construite à Passy par M. Gillard.

« Un bec de gaz de l'eau, garni de son réseau de platine, placé à 163 centimètres du photomètre, la dépense étant de 200 litres à l'heure, offrit une intensité lumineuse égale à celle d'un autre bec du même gaz carburé dans l'appareil Launay, placé à 192 centimètres du photomètre et dépensant 100 litres de gaz dans le même temps, d'où l'on peut déduire que la lumière produite à volume égal est dans le rapport de 100 à 31.9, ou que pour obtenir, avec le réseau de platine, autant de lumière qu'avec l'appareil Launay, il faudrait employer, dans le premier cas, 313 litres de gaz hydrogène, au lieu de 100 litres dans le second ; il reste à déterminer la quantité de carbures employée pour produire cet effet.

« Dans une autre série d'expériences, en réduisant le pouvoir lumineux à une égale intensité, la consommation dans le même temps se trouva être de 320 litres pour le bec brûlant le gaz avec réseau de platine, et de 100 litres seulement pour le bec à gaz carburé au moyen de l'appareil Launay.

« L'économie de gaz réalisée dans ces conditions coïncide avec la production d'une flamme plus blanche et plus facile à régler. Des résultats analogues ont été obtenus en employant des becs fendus et des becs Manchester, sans cheminée de verre, et dans tous les cas sans augmenter la pression et sans la moindre difficulté.

« Il me paraît donc évident que l'application de l'appareil carburateur Launay est de nature à réaliser plusieurs avantages notables, outre l'économie dépendante du prix des liquides hydrocarburés vola-

tils ; que. cette économie peut être garantie aux consommateurs, en prenant pour base des transactions
la quantité de lumière produite par un volume déterminé du gaz ordinaire de la houille ou du gaz de
l'eau avec réseau de platine. »   PAYEN.

Quantité d'huiles légères dépensée par mètre cube de gaz

M. Lefèvre a constaté, dans ses expériences, une
dépense de 44 à 45 grammes de benzine par mètre
cube de gaz, pour une augmentation de lumière de
75 à 80 p. 100 d'un gaz qui, sans carburation, donnait 7 bougies 30 avec une dépense de 144 litres ; ce
qui correspond à un titre de $7.3 \times 100 : 144 = 5,07$ et
à une augmentation de ce titre, du fait de la carburation, de près de 4.

« Les benzines du commerce, dit M. d'Hurcourt,
contiennent peu de véritable benzine ; elles ne sont le
plus souvent qu'un mélange d'huiles légères provenant de la distillation des goudrons de gaz. Ces
huiles varient de densité, les plus essentielles se vo-
latilisent d'abord en plus grande proportion et il ne
reste, ensuite, dans les carburateurs, que des huiles
plus lourdes produisant peu de vapeurs. — Cela
explique les résultats si avantageux constatés dans
des expériences d'essais, *que la pratique ne donne
plus ensuite.*

« La benzine n'est à rechercher pour la carburation qu'en raison de sa volatilité ; elle bout à 80°. —
Tout autre hydrocarbure ayant la même volatilité ou
une supérieure, pourrait la remplacer ou même lui
être préférée. C'est ainsi que les produits d'une usine
à gaz portatif, livrés au commerce, obtiennent, sous

16.

ce rapport, une préférence marquée sur toutes les autres benzines. Ces produits proviennent de la condensation du gaz soumis à la compression. »

« ...Ces hydrocarbures se vendent environ 1 fr. 60 le kilogramme ; 40 à 50 grammes suffisent pour doubler le pouvoir éclairant du gaz de houille ayant un titre de 5 à 6. Il est facile d'en déduire l'économie que donne leur emploi.

J'ai vu fonctionner beaucoup de carburateurs. Je dirai, nonobstant ce qui précède, qu'ils donnent tous, à peu près, les mêmes résultats ; que ces manipulations d'huiles légères sont dangereuses, désagréables, et que les soins qu'il faut donner à ces appareils, pour avoir constamment une lumière égale, nous feraient retourner à la lampe, si l'avantage du gaz courant, de ne demander aucune attention de la part du consommateur, n'en avait implanté pour toujours l'adoption parmi ceux qui se sont habitués à un éclairage dont ils n'ont pas à s'occuper.

Expériences sur la carburation du gaz

M. Letheby s'est livré à diverses expériences dans le but de rechercher l'influence de la carburation sur le gaz de Londres, appliquée non loin des becs, en faisant passer le gaz à travers de la benzine ou autres hydrocarbures.

« Ces expériences, sans être favorables, n'ont cependant pas présenté un insuccès complet, dit M. Letheby. Il y a une grande différence à établir dans le cas où l'on fait usage de benzine pure ou bien de naphtes de houille. Ces sortes de naphtes, qui ont un poids spécifique peu élevé et qui bouillent à une basse température, abandonnent au gaz beaucoup de vapeurs, mais sans augmenter son pouvoir éclairant, parce que ces naphtes renferment peu de carbone et trop d'hydrogène. Le meilleur naphte est celui du poids spécifique de 0,848, qui a son point d'ébullition à 97° C. Mais ce liquide est d'un prix élevé dans le commerce, parce qu'il sert à la fabrication de l'aniline, et il est douteux que sous le rapport économique, il y ait avantage de se servir, pour augmenter le pouvoir éclairant du gaz, d'une matière d'un prix aussi élevé. Le gaz de Londres absorbe environ 100 grammes de ce naphte par mètre cube, et le pouvoir éclairant en est augmenté de 6,8 pour cent.

« Il est indispensable que le naphte soit un corps homogène, et non pas un mélange de divers hydrocarbures volatils, parce qu'autrement la carburation marche d'une manière inégale. Les premières portions de gaz qui arrivent sont très carburées, tandis que les dernières peuvent à peine se charger de carbone.

« En résumé, dit en terminant M. Letheby, il n'y a pas de doute que 100 grammes de naphte de houille ne puissent augmenter de 4,5 et jusqu'à 9 pour 100 le pouvoir éclairant d'un mètre cube de gaz, et que ces 100 grammes de naphte ne coûtent à Londres que le 1/3 de son équivalent en gaz d'éclairage ; mais cette carburation ne peut être recommandée que pour les gaz très légers. Un gaz préparé avec de bon *cannel* (houille compacte) n'a pas besoin d'être carburé, au contraire ce gaz abandonnerait ses hydro-carbures pesants au naphte au travers duquel on le ferait passer. »

CARBURATION DE L'AIR

Après la carburation du gaz, celle de l'air atmosphérique. La *photogénisation* de l'air a été préconi-

sée par M. Mongruel, qui faisait de très jolies expé-
riènces, dans la rue Vivienne, vers 1863. Il paraît
qu'on avait déjà essayé avant cette époque de carburer l'air et que, dès 1847, un sieur Mansfield (qui
a été tué plus tard par une explosion de son appareil) prenait un brevet pour la fabrication de matières
bitumineuses assez volatiles pour qu'un courant d'air
atmosphérique, à la température ordinaire, pût les
entraîner en passant à travers et les porter dans une
lampe, où elles brûlaient avec une flamme très lumineuse.

M. Mongruel employait un ventilateur pour forcer
un courant d'air à barboter dans certaines huiles légères avant d'arriver pour se brûler au moyen d'un
bec à gaz ordinaire.

Mais la plus curieuse invention de ce genre me
paraît être celle de M. Mille. Son *gazo-lampe* est un
appareil, « le premier, dit l'abbé Moigno, qui, sans le
secours du feu et *sans mécanisme aucun*, ait fait passer l'air atmosphérique ambiant à l'état de gaz in-
flammable parfaitement propre au chauffage et à
l'éclairage. Il est alimenté par les éthers ou essences
très légères de pétrole, premier produit de la distillation des huiles brutes, et dont il faut absolument
dépouiller ces huiles pour qu'on puisse les brûler
sans danger, dans les lampes à mèche, américaines
où autres.

« Vaporisables au-dessous de 100°, ces essences
pèsent de 650 à 720, la densité de l'eau étant prise
pour 1000 ; elles ne contiennent aucun acide gras, et
n'ont d'autre emploi que de remplacer, dans la peinture en bâtiment, l'essence de térébenthine. Les
convertir en gaz est le meilleur parti qu'on puisse en

tirer. On peut les remplacer dans le gazo-lampe par des huiles de houille très-légères ou essence de benzine.

« Le gazo-lampe est tantôt portatif ou mobile, tantôt fixe ou immobile ; nous le décrirons tour à tour dans ces deux formes.

GAZO-LAMPE PORTATIF OU MOBILE

Il se compose essentiellement de deux récipients concentriques, de forme quelconque, en général rectangulaire ou cylindrique (fig. 294) ; l'un extérieur A B, en zinc, fer-blanc ou cuivre ; l'autre intérieur A' B', en toile de fer ou de cuivre. Le récipient intérieur, qui n'est séparé du récipient extérieur que par une mince couche d'air, est rempli d'éponge, de pierre ponce, de morceaux de coke, de coton ou de

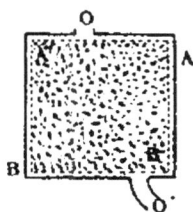

Fig. 294

toute autre substance absorbante non tassée. On verse de l'essence de pétrole par l'ouverture O, de manière que le corps poreux du récipient intérieur en soit imbibé sans excès, et le gazo-lampe est prêt à fonctionner.

L'air atmosphérique, *par sa simple pression et son pouvoir naturel de diffusion*, entre par l'ouverture O dans le récipient intérieur, le lèche sur sa surface, traverse aussi la matière spongieuse, se charge de vapeurs d'hydrocarbure, se transforme en gaz plus lourd que l'air, descend au fond du récipient, sort par l'orifice O', et entre dans le tube en caoutchouc ou en métal, qui le conduit au bec, où il brûle avec une flamme très douce et très blanche... »

GAZO-LAMPE FIXE OU IMMOBILE

Sous une de ses formes les plus simples (fig. 295), il se compose de plusieurs cylindres plats et à large surface, en fer-blanc, en zinc ou en tôle, séparés l'un de l'autre soit par de simples pieds, soit par des boîtes aussi cylindriques, de même diamètre ou de diamètre plus petit. Les cylindres dont le diamètre et la hauteur (toujours inférieure cependant à 5 centimètres) varient à volonté, et dont le volume peut être ce que l'on voudra, sont destinés à contenir le liquide combustible, éthers de pétrole ou benzines légères. Les boîtes, si on les a substituées à de simples pieds, servent de support aux cylindres, et pourront à la rigueur, dans les cas extraordinaires, être remplies d'une chaude pour accélérer la production du gaz.

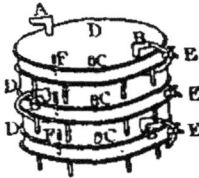

Fig. 295.

« Les cylindres successifs sont reliés les uns aux autres de haut en bas par des tubes en caoutchouc ou en métal. Chaque tube part d'une ouverture exactement opposée à celle par laquelle l'air, qui doit se charger ou qui est chargé de vapeurs, entre dans le cylindre, et vient aboutir sur le cylindre inférieur, à l'extrémité d'un diamètre perpendiculaire au diamètre d'entrée et de sortie du cylindre supérieur. A l'aide de ce nouvel appareil comme à l'aide du premier, les huiles légères de pétrole ou de benzine se transforment instantanément et partout en gaz, sans application de chaleur ou d'un mécanisme quelconque, sans gazomètre, sans ventilateur, sans réservoir d'air comprimé... »

Voici la légende de la figure 295 : D, D, D sont les trois cylindres ; A est le tube d'entrée dans le premier cylindre, de l'air qui devra circuler dans tout l'appareil et sortir transformé en gaz ; C, C, C sont les tubes ou ouvertures par lesquelles on verse le liquide dans les cylindres ; B, B, B sont les tubes qui conduisent d'un cylindre à l'autre l'air chargé de vapeurs de pétrole ; F, F, F sont les tubes munis de petits flotteurs, destinés à montrer le niveau du liquide dans les cylindres, et au besoin à donner le volume du liquide consommé ; E, E, E, robinets placés tout à fait en bas des cylindres pour les vider au besoin. Le gaz ou mélange saturé d'air et de vapeur d'hydrocarbure sort par l'ouverture du dernier tube B, du cylindre inférieur.

« Le très beau gaz fourni par le gazo-lampe portatif ou fixe, ajoute M. l'abbé Moigno, et qui brûle sans mèche à la sortie d'une simple ouverture de grandeur convenable, bec papillon, bec Manchester, bec cylindrique, etc., est un simple mélange d'air et de vapeur qui n'a pas encore été suffisamment analysé, mais qui peut contenir sur 100 parties 90 d'air et 10 de vapeur de pétrole, et ne peut jamais former un mélange explosif. Ce mélange d'air et de vapeur est plus lourd que l'air, et voilà pourquoi il s'écoule spontanément par le tube de sortie, comme l'huile dans les anciens quinquets. Lorsque l'appareil est très bas, la tendance du gaz à sortir est presque nulle, il brûle presque sans pression. A mesure que l'on élève les récipients, la pression augmente, le gaz sort avec plus de force, la flamme prend de plus grandes proportions... »

Je suis obligé d'abréger et de supprimer beaucoup

de considérations dans lesquelles entre l'abbé ;
« mais, c'est vraiment un fait merveilleux, comme il
dit, que l'air ainsi abandonné à lui-même se charge
exactement de la quantité de vapeur hydrocarburée
nécessaire et suffisante pour le transformer en un gaz
magnifique... »

Cependant il ajoute : « Les défauts du gaz Mille,
compensés par tant et de si grands avantages, seraient d'avoir peu [de pression, d'exiger par conséquent des tuyaux et des orifices d'un diamètre un
peu plus grand, de résister moins aux causes d'extinction, et de ne pouvoir naître en quantité très
considérable qu'autant que les liquides sont très
légers... »

Pour avoir une idée du prix de revient, dans une
expérience qui a duré 10 heures, avec un appareil
à compartiments présentant une surface totale de
50 décimètres carrés; l'abbé Moigno dit avoir introduit 6 kil. 850 ou environ 10 litres d'essence, et avoir
marché pendant ces 10 heures, avec 4 becs allumés,
en dépensant 2 kil. 200 ou 3 lit. 38 de liquide coûtant 80 centimes le litre, et que le bec représentait
au moins une consommation à l'heure de 160 litres
de gaz ordinaire.

Reste à savoir quelle peut être la valeur du liquide
qui n'a pas servi. — Je ne parle pas d'un appareil
perfectionné décrit dans le « Résumé oral du progrès
scientifique et industriel, par M. l'abbé Moigno, nº de
juin 1864 », j'ai voulu seulement, par ce qui précède, donner une idée complète de ce moyen de
brûler des vapeurs d'hydrocarbures, n'ayant que
l'air pour véhicule, sans aucun autre artifice.

Pour en finir, j'ajouterai que j'ai vu, dans une

-expérience, fonctionner un appareil comme celui décrit plus haut, avec une grande régularité et donnant un très bel éclairage. Cet appareil pouvait avoir environ 40 centimètres de diamètre ; il était placé à l'étage supérieur de la maison et il alimentait une douzaine de becs à double courant d'air, montés sur une rampe qui se trouvait dans une cave.

GAZ DIVERS

Nous savons que toutes les matières organiques, exposées brusquement à l'action d'une température élevée, produisent du gaz plus ou moins propre à l'éclairage. Il n'y a donc rien d'étonnant à ce qu'on ait proposé tant de choses diverses, depuis les marcs de fruits jusqu'aux hannetons, pour faire du gaz. — Souvent la difficulté n'est pas de transformer jusqu'à un certain point les matières en gaz, mais bien de se les procurer dans les conditions industrielles, comme quantité suffisante et comme prix à peu près constant.

Néanmoins nous allons parler des moyens d'obtenir le gaz qui méritent d'être cités.

GAZ DE RÉSINE

Dans certaines localités, comme au centre de la Russie, où la résine se trouve à bon marché, tandis que la houille est à un prix élevé, la résine pourrait être avantageuse pour faire du gaz. Soumise à la chaleur rouge, elle donne beaucoup de gaz d'un pouvoir éclairant double de celui de la houille ; il se condense de l'eau et plusieurs huiles volatiles qui se décomposent difficilement à cause de leur volatilité.

Pour faire le gaz de résine, on met celle-ci dans·

l'un des compartiments d'une caisse que divise verticalement une toile métallique. Cette caisse se place sur le fourneau de manière à recevoir la chaleur d'une cheminée courante qui va en travers, au-dessus de la voûte du four, avant de rejoindre la cheminée verticale. La chaleur fait fondre la résine. Quand elle est liquide, elle traverse les mailles de la toile métallique, qui s'oppose au passage de tout corps solide, et va dans le second compartiment de la caisse en question. A peu près au tiers de la hauteur de cette caisse, se trouve un robinet par lequel la résine s'écoule dans un siphon analogue à ceux dont il est parlé dans la fabrication du gaz à l'huile. — Les huiles volatiles des opérations précédentes se remettent dans la caisse avec la résine. — On a souvent des engorgements.

Quand l'appareil ne doit pas alimenter un grand nombre de becs, on peut le simplifier en n'employant comme gazomètre, qu'une très petite cloche dont les mouvements d'élévation et d'abaissement règlent l'arrivée du liquide en faisant tourner le robinet d'admission.

Ce moyen peut aussi bien s'employer pour le gaz à l'huile.

GAZ AUX ACIDES GRAS

« On doit à M. Houzeau-Muiron d'avoir utilisé, pour la fabrication du gaz, dit M. d'Hurcourt, les résidus provenant de la distillation des acides gras extraits des graisses de Reims et de Tourcoing.

« Les huiles de Reims sont obtenues en saturant par l'acide sulfurique les eaux savonneuses qui contiennent un mélange des huiles employées au graissage des laines, avec le savon qui a servi au dégraissage.

« La graisse de Tourcoing provient du graissage de la laine avec le beurre et du dégraissage au savon ; le liquide savonneux et gras est saturé par l'acide sulfurique. La distillation de ces huiles laisse un résidu brun fluide qui prend, par le refroidissement, la consistance de l'asphalte ou du bitume concentré. Ces résidus chauffés acquièrent une fluidité parfaite et peuvent être coulés dans les cornues, comme il a été dit ci-dessus ; ils donnent un gaz qui, avec un bec dépensant 40 litres, possède un titre qui souvent dépasse 40. On les mêle ordinairement avec du goudron. »

GAZ AU SUIF

Gay-Lussac disait, il y a cinquante ou soixante ans, que, « si l'on s'était toujours éclairé par le gaz, et que quelqu'un se fût présenté avec une bougie, en disant : j'ai solidifié le gaz, et je peux porter ma provision de lumière dans ma poche sans avoir à craindre d'accident, on aurait été dans l'admiration, et l'on n'aurait pas manqué d'adopter ce nouveau moyen qui permettrait de transporter la lumière où l'on voudrait, au lieu de l'avoir fixée dans une place à demeure. » (1)

En thèse générale, on est obligé de reconnaître la vérité de cette observation. Mais cependant le suif,

_____

(1) M. Dumas a dit à peu près la même chose, par rapport au gaz à l'huile : « Si on avait d'abord inventé le gaz de la houille, puis qu'un inventeur eût trouvé le moyen de le rendre liquide, de supprimer la dépense des usines, des tuyaux, etc., en permettant à chacun d'employer ce liquide dans des appareils portatifs, tout le monde eût

comme l'huile, comme la résine, peuvent, dans certains cas particuliers, être utilement employés à la fabrication du gaz.

M. d'Hurcourt, en parlant de l'utilité des goudrons quand on veut distiller des matières organiques qui n'ont pas une fluidité parfaite, et dont on fait un mélange, dit qu'avec la résine on obtient, par kilogramme, 1,500 litres d'un gaz dont le titre varie de 12 à 15, et qu'avec le suif on a 800 litres par kilogramme de gaz dont le titre est de 50 avec un bec de 20 litres.

Il ne s'agit plus que de comparer le prix d'un kilogramme de chandelles avec le prix d'un kilogramme de matière, y compris les frais de décomposition ; puis de prendre en considération la qualité de la lumière. Quant à la fabrication, elle ne présente pas plus de difficulté que celle des gaz dont il est parlé plus haut.

GAZ AUX HUILES MINÉRALES

Les huiles brutes, traitées en vue de les appliquer dans des lampes (huile de schiste, huile de pétrole, etc.), donnent à la distillation des produits impropres à cet usage. Ces produits donnent un gaz aussi beau et en même quantité que le suif.

GAZ A AIR CARBURÉ PAR LES HUILES

A priori, les systèmes d'éclairage par l'air carburé, constituent un mauvais emploi des essences volatiles, puisque l'air ne contenant par lui-même

admiré cette invention. Or, ce gaz liquide, nous le possédons dans l'huile, et il paraît plus naturel de l'employer directement que dans de coûteux appareils. »

aucun élément combustible, c'est par la combustion d'une partie des hydrocarbures en suspension que doit être produit l'échauffement des gaz inertes (dont le volume est considérable) pour les porter à la température d'ignition.

L'essai a été fait en grand à Chichester, le prix de revient du gaz était de 7 fr. 25 les 100 mètres cubes. On employait des essences de pétrole d'une densité inférieure à 0,680, dont le prix de revient était de 20 francs l'hectolitre rendu à l'usine. La consommation était de 200 litres d'essence pour 1.000 mètres cubes de gaz livrés à la consommation. Cet éclairage en grand a été abandonné, il peut être utile cependant dans le cas d'usines, manufactures, dans le pays desquelles il n'existe pas d'usines à gaz.

CHAPITRE XIX

COKE

—

Le plus important produit que l'on obtient de la distillation de la houille, après le gaz, est sans contredit le coke. L'un des moyens le plus efficace pour écouler le coke d'une usine, consiste à mettre en vente, conjointement avec le coke tel qu'il sort des cornues, du coke cassé.

La première catégorie convient parfaitement aux usages industriels, mais non aux usages domestiques; car pour brûler le coke dans les foyers d'appartements, il est nécessaire de le casser.

Au début, on cassait le coke à la main avec des marteaux en acier spéciaux; mais on ne pouvait obtenir un produit régulier et la main d'œuvre était très élevée.

On se sert maintenant de machines à concasser dont les figures 296 et 297 représentent un des modèles les plus employés.

Deux arbres parallèles tournant en sens inverse portent chacun six plateaux en fonte, chaque plateau est armé de quinze dents en acier trempé. Les dents sont disposées de telle façon que les espaces libres au passage du coke broyé soient autant que possible égaux entre eux pendant une révolution entière. Une trémie, dans laquelle on verse le coke tout-venant, entoure et surmonte les cylindres concasseurs. Afin d'éviter la rupture des dents ou l'arrêt de la machine, dans le cas où des corps durs étrangers se trouveraient accidentellement mélangés avec le coke, ou même dans le cas où quelques morceaux de coke seraient trop résistants, l'arbre de l'un des cylindres concasseurs tourne dans des coussinets qui peuvent se déplacer horizontalement dans des glissières.

Tout le système est maintenu à distance par deux leviers coudés à contrepoids, convenablement réglés. Si une résistance trop grande vient à se produire, l'arbre s'éloigne en soulevant les contrepoids pour laisser le passage libre aux corps durs, et il revient aussitôt après à sa position normale.

Le coke broyé s'écoule dans un cylindre cribleur animé d'un mouvement de rotation. Le crible comporte trois séries de mailles; les plus fines, placées

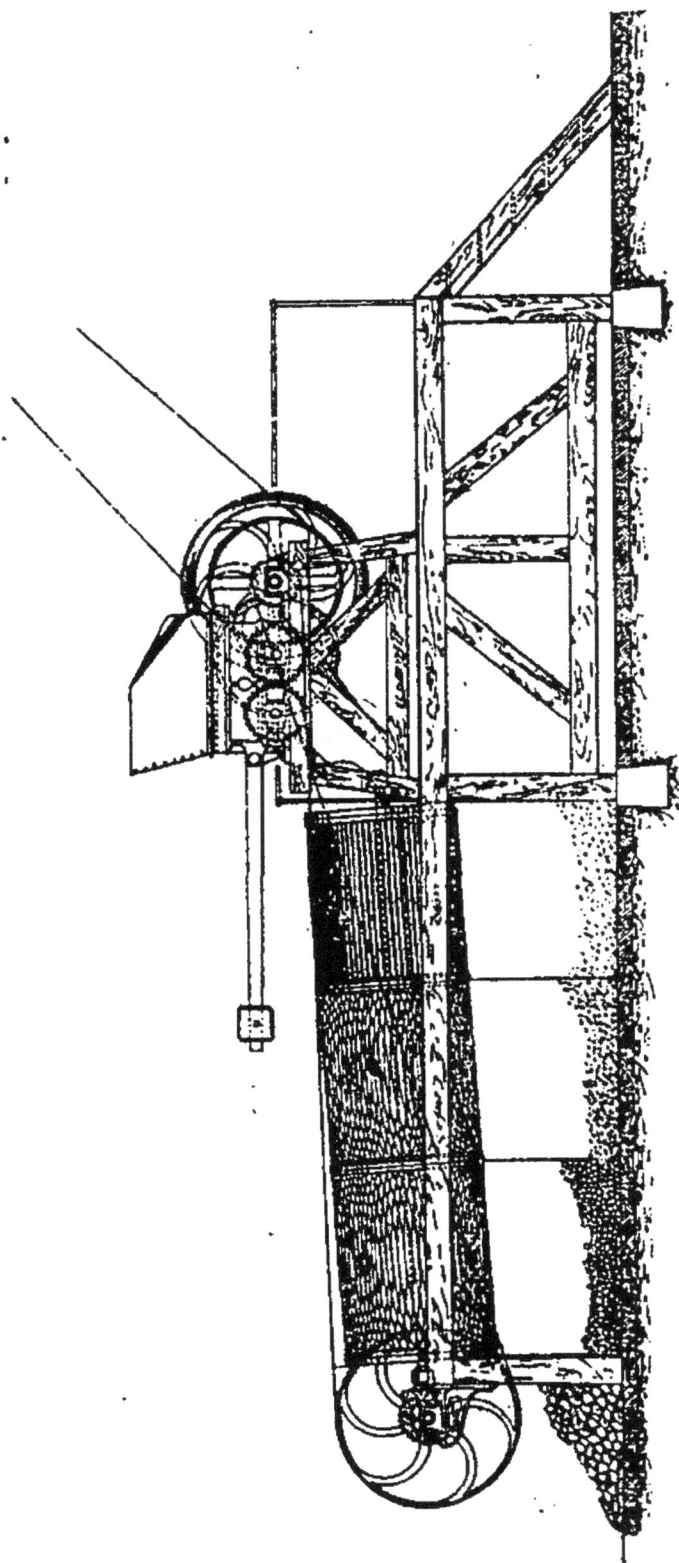

Fig. 296.

près du broyeur, laissent passer le poussier; les moyennes produisent le petit coke cassé appelé « noisette » ; les plus grosses produisent le coke cassé n° 1, et enfin par la base inférieure du cylindre, s'écoule le coke n° 2.

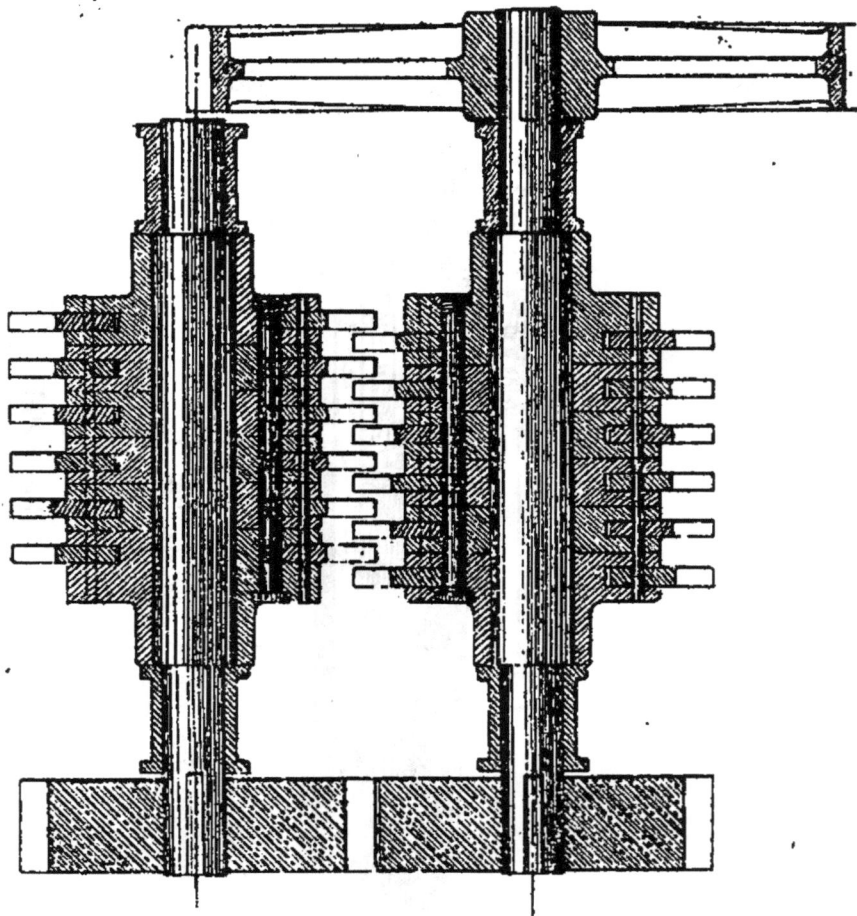

Fig. 297.

L'ensemble de cette machine est monté sur un bâtis en bois solidement fixé au sol.

La machine peut à volonté être actionnée à bras ou par un moteur mécanique, suivant sa dimension.

La machine indiquée dans le dessin, mue par un moteur à vapeur, et avec une vitesse des cylindres broyeurs de 17.5 tours par minute, peut recevoir 100 hectolitres de coke par heure et donne 79.8 hectolitres de coke n° 1 et n° 2, 13.40 hectolitres de noisette et 8.40 de poussier : soit au total 101.60 hectolitres. Cette différence s'explique par la manière d'opérer le mesurage : hectolitre comble pour le coke tout-venant, hectolitre ras pour le coke cassé. La force nécessaire est de 1 cheval et la machine exige huit hommes pour son service.

CASSE-COKE DURAND ET CHAPITEL

Le principe de ce casse-coke est absolument différent de celui décrit plus haut. Il supprime le cassage par écrasement, compression ou serrage du coke. Dans cet appareil, le cassage s'opère identiquement de la même façon qu'à la main, à l'aide de petites massettes, qui frappent le coke à la volée et dans le vide. L'appareil se compose d'un arbre horizontal portant une série de cinq rondelles en fonte invariablement fixées sur l'arbre et écartées entre elles de 4 centimètres. Un trou est pratiqué dans chaque rondelle près de la circonférence, et un boulon engagé dans les trous, sert à relier les rondelles en fonte et à porter la pièce principale, qui est une massette, dont il a été parlé plus haut. Deux rondelles voisines renferment une massette et un boulon : donc quatre boulons et quatre massettes pour tout l'appareil. Cette massette est, à proprement parler, un fléau en acier ou en fonte ordinaire de 1 centimètre d'épaisseur, taillé sur deux tranchants comme une hachette à double tranchant. Par une de ses ex-

17.

trémités, qui forme le manche, le fléau oscille folle-
ment sur le boulon qui le supporte, et, à l'aide de
la vitesse imprimée à l'arbre et aux rondelles, il est
emporté par la rotation et finit par se tendre de façon
à présenter à l'œil l'aspect d'une pièce fixe. Une trémie placée au-dessus de ce système permet l'introduction du coke, qui en tombant est rencontré par
les massettes, cassé et projeté dans une trémie. Pour
un appareil de 1^{m}25 de long sur 1 mètre de hauteur
et de largeur, la production peut être de 2,000 hectolitres par jour. L'appareil manœuvré par deux
hommes seulement peut produire 40 hectolitres à
l'heure. La mise en tas se faisait autrefois dans les
grandes comme dans les petites usines au moyen
d'hommes, qui portaient le sac d'un hectolitre sur leur
dos, gravissaient des chemins en bois pour s'élever
au haut des tas et versaient le coke au sommet. Cette
main-d'œuvre très onéreuse a été remplacée dans les
grandes usines, soit par des tours placées au centre
du tas et au haut duquel le sac arrive élevé par un
treuil à chaînes, soit maintenant par des câbles mis
en mouvement par la machine du casse-coke, qui
roulent sur des galets fixés de distance en distance à
des potences, et qui portent des plateaux transpor-
tant les sacs aux endroits convenables où on les bascule.

CHAPITRE XX

EAUX AMMONIACALES

———

L'eau ammoniacale obtenue dans la fabrication du gaz contient : de l'ammoniaque libre, du carbonate, de l'acétate, du sulfate et du sulfite d'ammoniaque, du sulfure, du sulfocyanure, du chlorure d'ammonium et des sels d'amines organiques.

La valeur de l'eau ammoniacale en ammoniaque se détermine par une méthode indiquée plus haut au moyen de l'acide sulfurique titré.

Traitement

Autrefois, lorsqu'on ne laissait pas perdre l'eau ammoniacale, on se bornait fréquemment à la saturer avec de l'acide sulfurique et à évaporer la solution jusqu'à cristallisation de sulfate d'ammoniaque. Le sulfate obtenu par ce procédé offrait ordinairement une couleur très sale, due à la présence de matières goudronneuses et serait à peine vendable aujourd'hui. D'ailleurs la dépense de combustible pour l'évaporation est supérieure à celle de l'expulsion de l'ammoniaque dans les appareils bien construits. Il vaut mieux expulser l'ammoniaque de l'eau du gaz et l'absorber par l'acide sulfurique. Si l'on veut obtenir tout le gaz ammoniac, on chasse celui-ci des sels fixes au moyen de la chaux. On peut classer les appareils de la manière suivante :

Première catégorie

1° Appareils à colonne effectuant le traitement des eaux ammoniacales par le barbotage sans emploi de chaux;

2° Appareils à chauffage au moyen de la vapeur, de deux chaudières accouplées contenant l'eau à traiter, circulation méthodique, emploi de la chaux dans la seconde période de travail.

Deuxième catégorie

1° Appareils à colonne verticale de concentration et chaudières pour traitement par la chaux (dernier type Mallet);

2° Appareils à colonne horizontale, nouveau système à écoulement continu, chauffage direct, circulation méthodique, système Solvay.

Première catégorie

Appareils faisant emploi pour le chauffage, de la vapeur d'eau produite sous pression dans des chaudières à vapeur distinctes.

APPAREILS DE LA Cie RICHER

Fig. 298. — A Citerne à eau ammoniacale.

B Pompe qui aspire l'eau de A et l'envoie dans le récipient C.

C Réservoir en tôle muni d'un serpentin servant à utiliser la chaleur perdue de la colonne pour l'échauffement de l'eau ammoniacale.

D Colonne à 20 plateaux dans laquelle s'opère le chauffage de l'eau ammoniacale par la vapeur venant des générateurs H.

E Bac contenant de l'acide sulfurique dans lequel barbotent les vapeurs ammoniacales.

F Chaudière servant à l'évaporation des eaux acides saturées provenant du bac E.

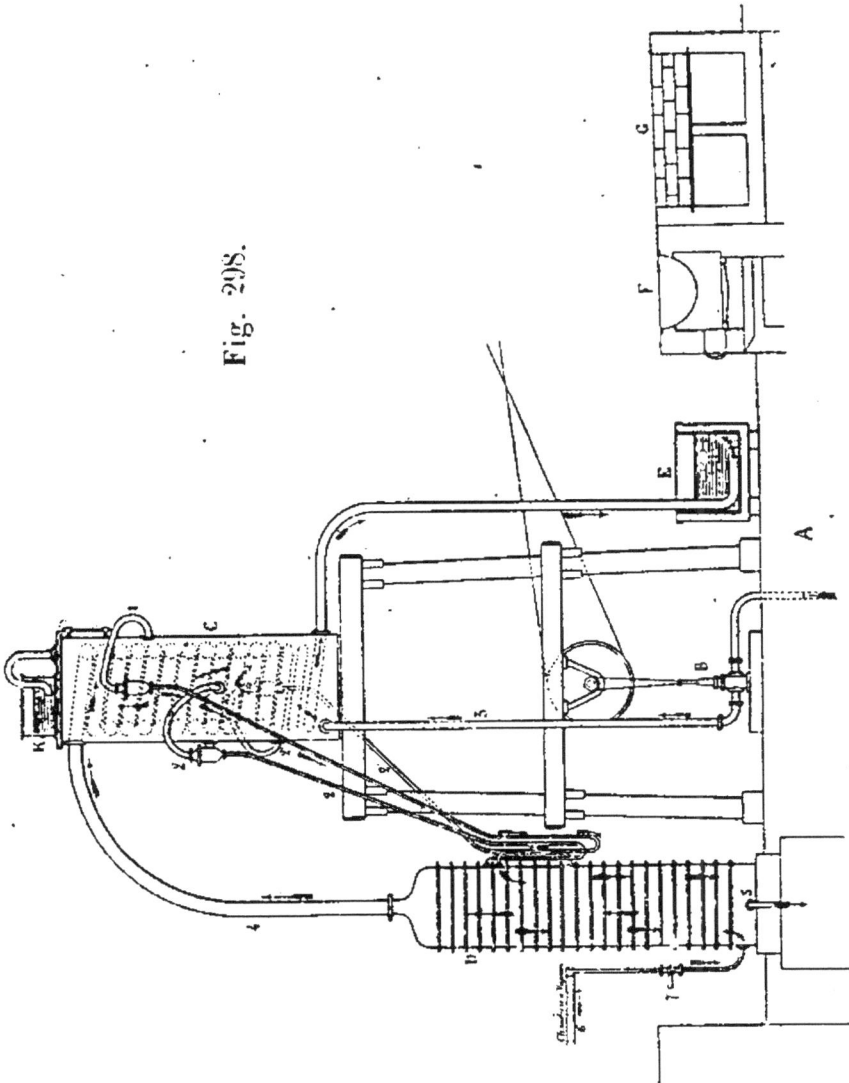

Fig. 298.

G Séchoir à sulfate.

K Appareil laissant échapper dans un petit bac contenant de l'acide, les vapeurs qui peuvent se dégager par le fait du premier échauffement contenues dans la bâche à serpentin.

1 Tuyau amenant dans la colonne l'eau déjà échauffée provenant de la partie supérieure de la bâche à serpentin.

2,2' Tuyaux analyseurs, ramenant dans la citerne l'eau ammoniacale condensée dans le serpentin.

3 Tuyau amenant l'eau puisée dans la citerne.

4 Tuyau de dégagements des vapeurs ammoniacales.

5 Tuyau de vidange.

6 Tuyau d'arrivée de vapeur.

Les flèches bleues ou ▬▬▬▶ indiquent la marche de l'eau.

Les flèches bleues ou ▬▬ - - ▶ indiquent la marche de la vapeur.

Résultats

On laisse 15 0/0 de l'ammoniaque totale dans les eaux de vidange; la consommation de chauffage est 350 k. de charbon par 100 k. de sel obtenu.

APPAREIL MALLET

Encore employé à la Compagnie Parisienne (fig. 299).

A B C chaudières munies d'agitateurs H, de 5^{m3} chaque. A B sont chauffées directement par le feu. La chaudière C sert d'appareil de lavage, en même temps elle est chauffée par les vapeurs sortant de B; de C, le gaz se rend dans un serpentin long de 20 à 25 mètres, qui se trouve dans le réservoir F et qui est refroidi par l'eau du gaz. Le liquide condensé dans le serpentin coule dans S et de là dans le collecteur Y. Les gaz, qui s'échappent par la partie supérieure de S, traversent un serpentin T refroidi par l'air extérieur et se rendent par le tuyau U dans l'auge à absorption X. Les produits condensés en T retournent dans le collecteur Y.

Fig. 299.

L'eau du gaz, complètement débarrassée du goudron, coule d'un réservoir par le robinet *a* dans le vase de jauge G. Ce dernier communique, à l'aide d'un robinet adapté à son fond, avec le réfrigérant F ; un tube s'adaptant à la partie supérieure conduit à la chaudière où s'effectue la préparation du sel de chaux.

Les chaudières A B C D communiquent entre elles inférieurement par les tubes K L N et supérieurement par les tubes I et J qui descendent jusque près du fond des chaudières B et C. Un tube amène le lait de chaux du réservoir E dans la chaudière B. Au moyen d'un tube, on peut faire passer le contenu du réservoir Y dans la chaudière D. Le tube P sert pour conduire en G les vapeurs qui se dégagent du réfrigérant F. Z est un robinet à trois voies, qui permet de mettre la chaudière D alternativement en communication avec les tubes qui s'y rendent. En Q se trouve le foyer, dont la flamme contourne d'abord la chaudière A, passe ensuite vers B. RR sont des supports en bois revêtus de plomb, qui servent pour faire égoutter les sels ammoniacaux séparés de l'acide. X est une caisse en plomb pour recevoir les eaux-mères, qui retournent en V. On compte par mètre cube d'eau ammoniacale 60 à 80 litres de chaux ; chaque tonne de houille donne 8 kilos 5 de sulfate d'ammoniaque.

L'appareil de M. Mallet a été modifié et la vapeur d'eau produite par l'eau ammoniacale déjà à peu près épuisée, est employée à échauffer l'eau neuve, qui s'écoule dans une colonne analogue à celle décrite, de la Compagnie Richer.

APPAREIL SOLWAY

Fig. 300, 301 et 302.

A réservoirs jaugés à fonctionnement alternatif recevant l'eau ammoniacale envoyée de l'usine. B bac d'alimentation dans lequel l'eau arrive par un robinet à fermeture automatique maintenant constant le niveau dans la bâche B. C tuyau amenant l'eau ammoniacale à la partie inférieure de la bâche du serpentin ; l'eau arrive par l'un des trois robinets c c' c'' dont chacun correspond à l'écoulement d'une quantité déterminée, soit 18, 20, 24^{m3} par jour. D tuyau amenant l'eau déjà en partie échauffée dans le dernier compartiment de l'appareil à distiller. E appareil proprement dit formé de 14 chambres contiguës, munies chacune, sauf celles des deux extrémités, d'une disposition spéciale servant à l'écoulement du liquide et au dégagement du gaz. F foyer. G tuyau de vidange. H tuyau conduisant les gaz ammoniacaux dans le serpentin. I serpentin en plomb entouré d'eau ammoniacale. J bac servant à recueillir les eaux concentrées. K L barboteur arrêtant les vapeurs échappées du serpentin. N pompe aspirant les eaux concentrées de m et les refoulant dans un grand réservoir plus élevé. O robinet recevant l'eau pour essai. Q manomètre à mercure indiquant la pression dans la dernière chambre. R manomètre de sûreté du premier compartiment. S tuyau servant à injecter de la vapeur dans le serpentin pour le désobstruer au besoin. P tuyau pour l'introduction de l'eau chaude pour le lavage journalier du serpentin.

Chaque compartiment renferme un réservoir qui, inférieurement, est en communication avec le com-

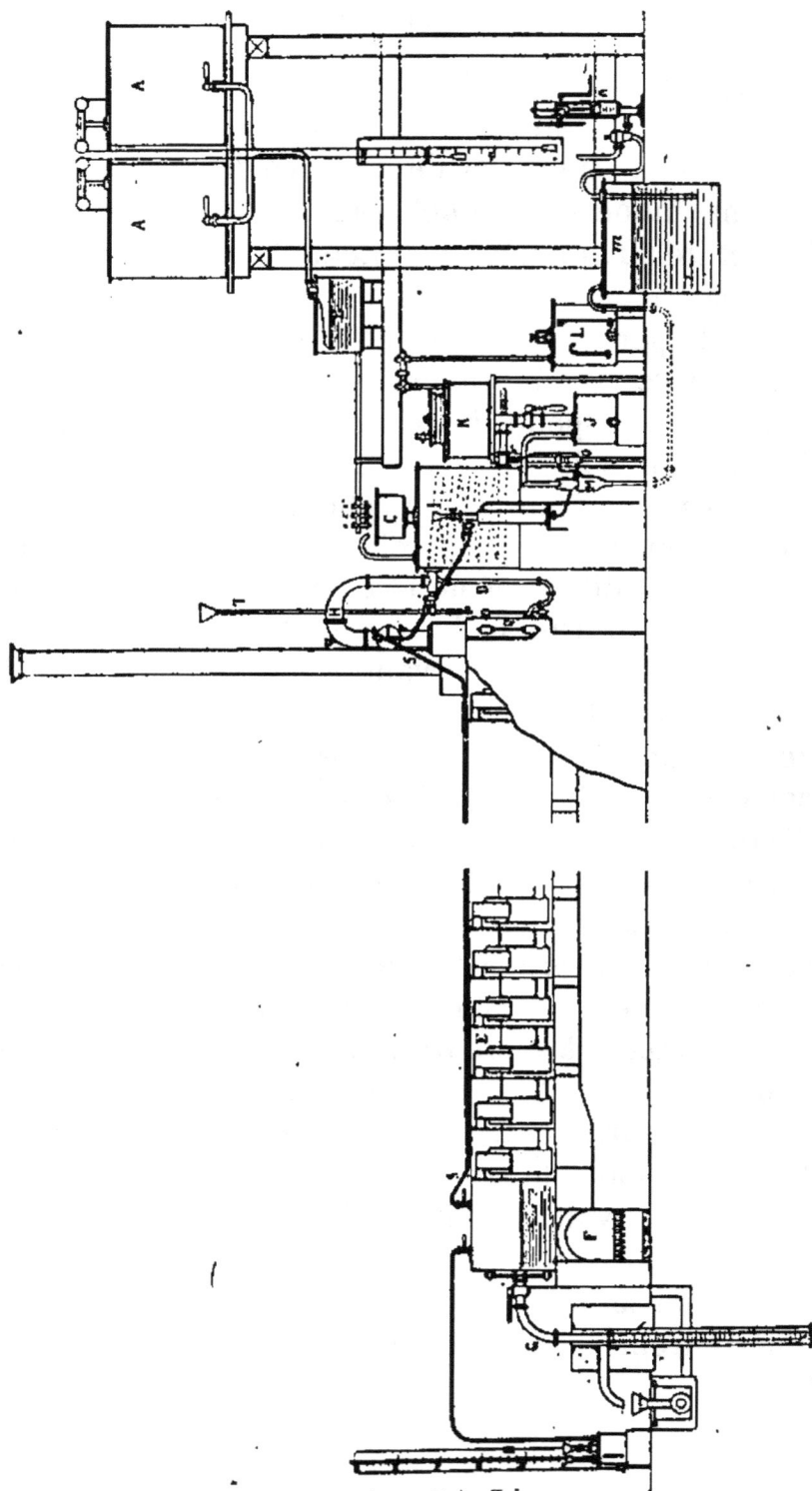

Fig. 300.

partiment voisin au moyen d'un ajutage. A la partie
supérieure de chaque cloison est adapté un autre
ajutage horizontal qui se termine par un tube vertical

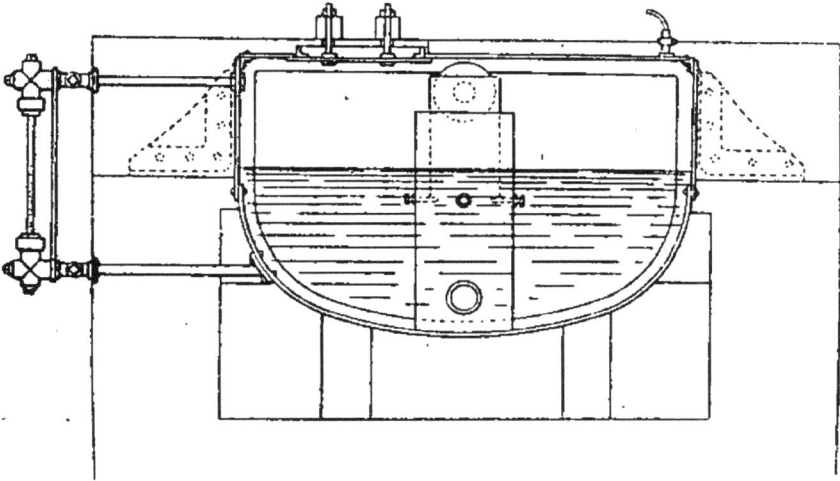

Fig. 301.

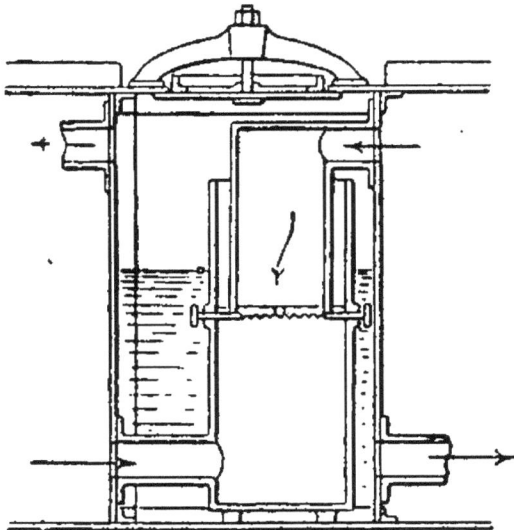

Fig. 302.

plus large, lequel conduit les vapeurs sous le liquide
dans le réservoir qui suit immédiatement. L'eau et

les vapeurs suivent une marche inverse dans la chaudière.

APPAREIL CHAMPONNOIS, A COLONNE DISTILLATOIRE

Fig. 303 et 304.

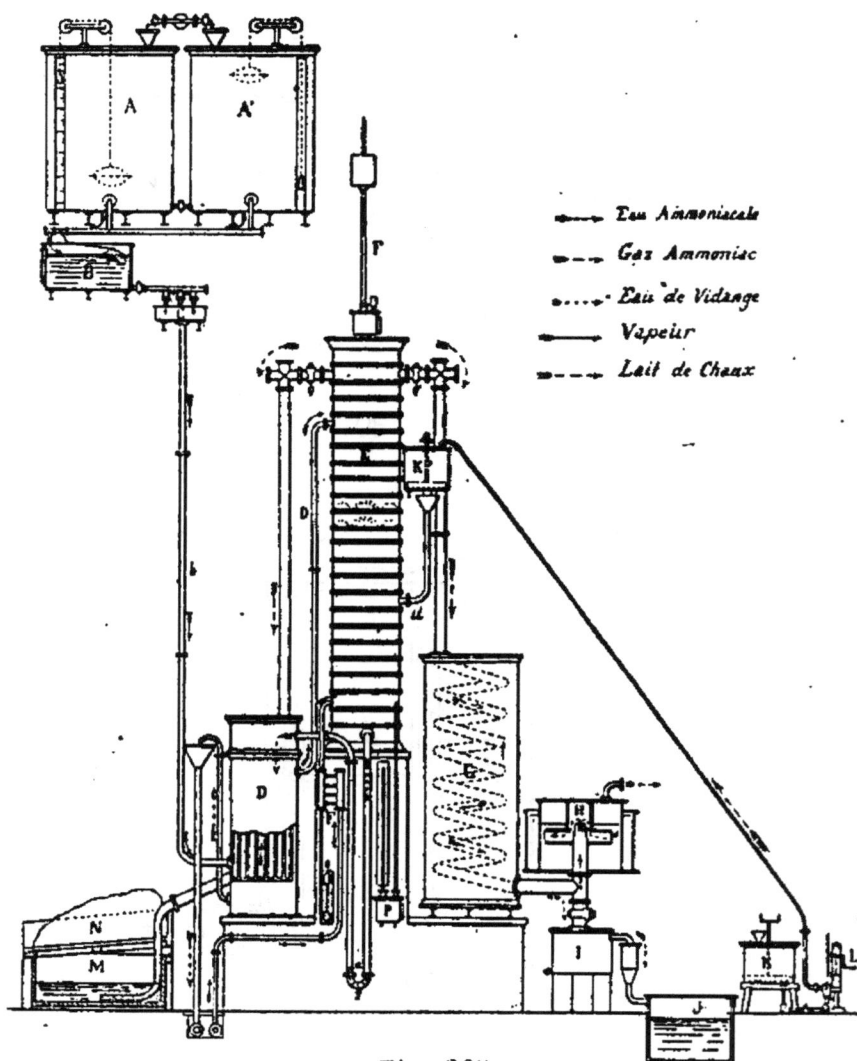

Eau Ammoniacale
Gaz Ammoniac
Eau de Vidange
Vapeur
Lait de Chaux

Fig. 303.

A réservoirs jaugés d'avance recevant l'eau ammoniacale à traiter;

B bac d'alimentation à robinet automatique à flotteur ;

C tuyau amenant l'eau à la partie inférieure de la bâche à saturation $c\,c'\,c''$ correspondant des écoulements de 18, 20, 21^{m3} par 24 heures ;

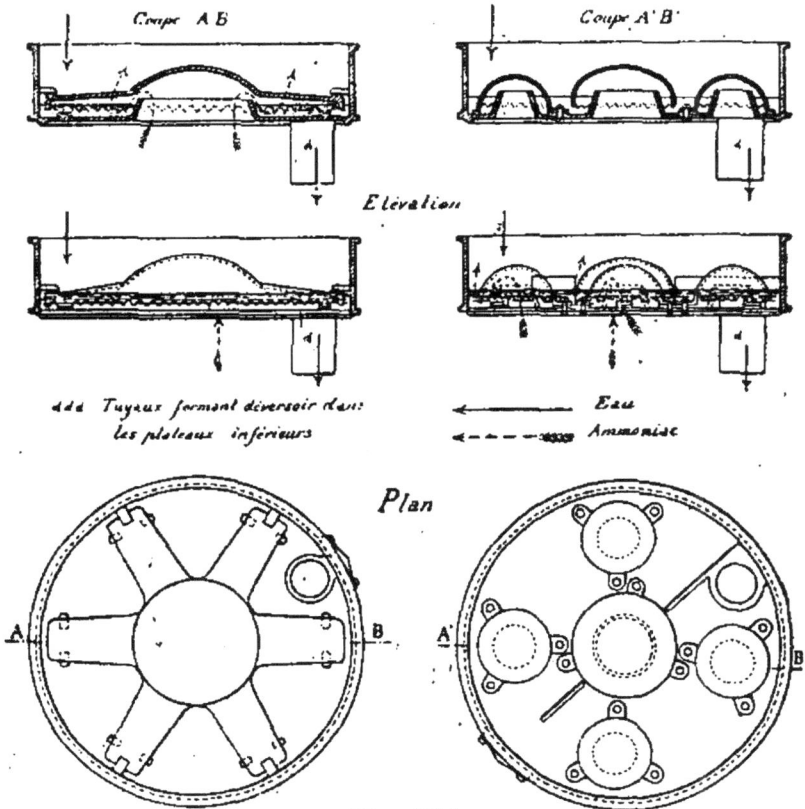

Fig. 304.

D réchauffeur et tuyau amenant l'eau déjà échauffée dans la partie supérieure de la colonne distillatoire ;

E appareil proprement dit, formé de 23 plateaux, dont 17 seulement sont munis de barboteurs, sur lesquels s'écoule l'eau ammoniacale, traversé en sens inverse par un courant de vapeur ;

F appareil muni de plusieurs robinets de divers diamètres, dont le débit à pression constante est variable, et qui permet de régler l'introduction de la vapeur dans la colonne ;

G serpentin pour la marche à eau concentrée ;

a tuyau par lequel s'écoulent les eaux épuisées qui passent dans D avant d'être évacuées à l'égout ;

I bâche destinée à recueillir les eaux concentrées riches en ammoniaque ;

J citerne pour lesdites eaux ;

H appareil barboteur destiné à laver le gaz ammoniac avant sa sortie de l'appareil ;

Le côté Q' H sert pour la fabrication des eaux ammoniacales concentrées ;

Le côté Q, le gaz est dirigé dans les bacs pour la fabrication du sulfate d'ammoniaque ;

Le traitement par la chaux se fait en refoulant à l'aide de la pompe L un lait de chaux dans K, d'où il est introduit dans la colonne par U.

M cristalloir (marche au sulfate) ;

N égouttoir ;

O manomètre à sifflet ;

P manomètre à eau ;

Q, Q' robinets permettant la marche au sulfate ou à l'eau concentrée.

La figure 304, donnant les détails des plateaux, permet de se rendre compte du mécanisme du barbotage.

Nous ne pouvons donner tous les appareils employés dans cette fabrication, il suffit de citer les appareils de Seidel employés à Amsterdam — d'Elvers et Muller-Paek — de Grüneberg à Cologne — les colonnes Coffey, très employées en Angleterre.

Usages

L'ammoniaque liquide est employée en pharmacie, dans la teinture et l'impression des étoffes, dans la fabrication des couleurs, des produits chimiques, la fabrication de la glace, et surtout la fabrication du carbonate de soude, sulfate d'ammoniaque dont la teneur en ammoniaque est comprise entre 23 et 27, il est souvent fraudé au moyen du sulfate de soude ou du sel marin. La plus grande partie est employée en agriculture, surtout pour la culture de la betterave à sucre.

Le carbonate d'ammoniaque est employé pour le lavage des laines et en teinture.

CHAPITRE XXI

GOUDRON

—

Le goudron est recueilli dans des citernes, ainsi que l'eau ammoniacale; et l'on fait la séparation de l'eau ammoniacale et du goudron, dans des réservoirs à chicanes ou à décantation.

Le goudron a une densité de 1.1 à 1.2 pour celui provenant de la distillation de la houille, celui des bogheads, cannels, schistes bitumineux, est beaucoup plus léger.

Avant que l'on se soit occupé industriellement de

séparer les éléments utiles du goudron, en le distillant, on cherchait à l'employer à divers usages. C'est d'ailleurs ce qui arrive encore aujourd'hui dans les usines trop peu importantes pour le distiller et trop loin des centres de distillation.

On avait cherché à l'employer pour produire du gaz d'éclairage, mais ces tentatives sont restées sans résultat, parce que les substances qui, par leur décomposition à haute température fournissent des gaz permanents, ne se trouvent dans le goudron qu'en faible quantité. (Nous en avons parlé plus haut.)

On l'emploie également au chauffage des fours ; on considère sa valeur calorifique comme égale à peu près à une fois et demie à deux fois celle du coke. (Nous en avons parlé plus haut.)

Le goudron a trouvé dans son emploi pour la conservation des matériaux de construction de toutes sortes un débouché très important.

Pour les pierres, la maçonnerie, surtout lorsqu'elles sont exposées à l'influence de vapeurs acides, comme dans les fabriques de produits chimiques, on emploie un fort enduit de goudron bouillant pour peindre les murs.

Cet enduit, non seulement communique aux objets une résistance plus grande à l'humidité, aux acides, mais rend les pierres plus dures et par suite plus aptes à résister à l'action des agents mécaniques.

On a trouvé également qu'un pavage en briques dure beaucoup plus longtemps, lorsqu'on imprègne préalablement les briques avec du goudron bouillant.

Le goudron est aussi employé pour enduire les

métaux. Si on l'applique chaud, on obtient un enduit noir, brillant et très résistant.

Quoique le goudron de houille soit employé pour la conservation du bois, il ne vaut pas pour cet usage le goudron de bois employé exclusivement dans les constructions maritimes, qui pénètre beaucoup plus profondément dans les pores du bois et joue le rôle d'agent conservateur.

La grande teneur du goudron de houille en carbone libre et en naphtaline offre au contraire des inconvénients. Le premier empêche la pénétration du goudron dans les pores les plus fins, la seconde, par son évaporation lente, même à la température ordinaire, donne lieu à la production de fissures dans l'enduit.

Le goudron sert à la fabrication du carton pour toiture ou du papier bitumé ; on fait passer le papier dans un bain de goudron bouillant, et on enlève l'excès au moyen d'un rouleau, qui en même temps, fait mieux pénétrer le goudron à l'intérieur du papier.

On se sert de goudron, ou mieux d'un mélange de brai avec de l'huile lourde, débarrassée d'anthracène et de phénol. Les toits mis en place, doivent, notamment pendant la première année, être enduits fréquemment avec un mélange analogue, et si l'on veut assurer leur conservation, il faut, après chaque application du mélange, le saupoudrer avec du sable.

On fabrique également avec le goudron le noir de lampe, employé pour la fabrication des couleurs, du cirage, etc.

On l'a même employé pour fabriquer de l'encre d'imprimerie.

On se sert aussi du brai provenant de la distillation du goudron, pour l'agglomération des menus de houille ou de coke.

Distillation du goudron

Nous dirons quelques mots sur la distillation du goudron.

Pour que la distillation soit aussi tranquille que possible, il est indispensable que le goudron soit préalablement débarrassé aussi complètement que possible de l'eau ammoniacale, dont il renferme toujours une certaine quantité, parce que l'ébullition simultanée de l'eau et des huiles légères est souvent tumultueuse, et la masse peut même être projetée avec explosion.

Pour cela, il y a lieu de le déshydrater le plus possible avant; un long repos, quand il n'est pas trop épais, sépare une grande partie de l'eau ammoniacale.

On peut même le chauffer dans les réservoirs, par un serpentin avec de la vapeur à 17° pour hâter cette séparation. Les uns le chauffent à 20°, d'autres à 40° et même 80°. Dans ce dernier cas, il se produit déjà une distillation. On distille le goudron soit dans des chaudières en tôle horizontales ou verticales d'une contenance de 4 à 20 tonnes de capacité; l'épaisseur de la tôle considérée comme suffisante est de 10 à 13 $^{m}/_{m}$.

La cornue, composée d'un cylindre vertical, a 3 mètres de diamètre et 3.5 de hauteur (sans le dôme), elle est en tôle de fer de 10 $^{m}/_{m}$ d'épaisseur; on peut donner à la cornue une très légère inclinaison du côté du robinet de vidange qui doit être placé dans la partie plate du fond. L'on peut chauffer au coke, le fond de la cornue étant protégé par une voûte en maçonnerie. Au-dessus de canaux circulaires, la cornue est entourée par un mur épais de **22** centimètres, afin de diminuer les pertes de chaleur par rayonnement : ce mur se continue au-dessus du couvercle et même de la partie ascendante du chapiteau. Cette protection est nécessaire lorsque, comme on doit le recommander, les cornues à goudron sont établies tout à fait à l'air libre.

Les réfrigérants sont des espèces de serpentins contenus dans des bâches que l'on peut chauffer à l'aide de la vapeur. Ces serpentins peuvent également être mis en communication avec la vapeur d'une chaudière pour chasser les produits condensés.

A la suite des serpentins, se trouvent des récipients en nombre égal à celui des fractionnements, et l'on peut diriger à volonté le produit distillé dans l'un ou l'autre des récipients.

On doit avoir soin que les récipients pour les premiers produits distillés puissent être hermétiquement fermés, pour se mettre à l'abri aussi bien des pertes que des dangers d'incendie. Le premier récipient doit permettre de séparer les huiles de l'eau. Les récipients pour l'huile à acide phénique, et pour les huiles lourdes qui suivent, doivent être facilement accessibles, afin que l'on puisse toujours en retirer les masses cristallines qui s'y forment.

Lorsqu'on distille le goudron, il faut chauffer doucement au commencement pour éviter le débordement dû au boursouflement.

Quand le goudron commence à monter et à écumer, on peut faire écouler la majeure partie de l'eau ammoniacale par le robinet de trop plein ; on fractionne ensuite au moyen d'un thermomètre placé dans la cornue ; on fait les fractionnements différents suivant les usines.

En voici deux exemples :

Essence. . . jusqu'à 105 à 110°	jusqu'à . . 165°	de 30 à 140°
Huiles légères. . jusqu'à 210	jusqu'à . . 230	
Huiles pour le phénol et la naphtaline. . . jusqu'à 240	»	150 à 210
Huile lourde. . . jusqu'à 270	jusqu'à . . 270	
Huile à anthracène, au-dessus de 270	au-dessus 270	220 à 350

Autrefois on ne poussait pas la distillation trop loin, et on obtenait du brai gras, que l'on employait pour recouvrir les trottoirs et les chaussées des rues ; maintenant, dans le but d'obtenir tout l'anthracène qui est un produit très recherché et précieux, on pousse la distillation jusqu'au brai sec.

On a favorisé la distillation par l'introduction de la vapeur d'eau non seulement dans la première période, mais dans la dernière, où on l'emploie à l'état surchauffé. La durée de la distillation est aussi très abrégée, le rendement en huile est plus grand, et l'obstruction des tuyaux réfrigérants disparaît totalement.

De plus, le dépôt de croûtes dures sur le fond

de la cornue devient impossible, parce que la température de la cornue est maintenue relativement basse, de sorte que le brai ne peut se transformer en coke et y brûler.

On obtient de bons résultats en distillant dans le vide.

Les résultats moyens sont les suivants :

	PAR TONNE	0/0	0/0	EN POIDS
Eau ammoniacale....	13^{lit}4	5.5	4	4 0/0
Essence............	28^{lit}3	»	»	1.5
Huile légère........	60 à 67^{lit}	10.5	4	1.5
Huile moyenne......	»	»	»	22.0
Huile lourde........	303^{lit}	27	32	4.0
Brai...............	550^{kil}	57	56	67.0

Un goudron de charbon allemand donnait en fabrication :

0,6 0/0 de benzol,

0,4   de toluène,

0,5   d'homologues supérieurs,

8 à 12   de naphtaline pure,

5 à 6   de phénol,

0,25 à 0,3   d'anthracène.

Usages du brai

Nous dirons quelques mots de chacun des produits obtenus et de leurs usages. On emploie le brai

18.

(asphalte) pour recouvrir les trottoirs et les chaussées des rues, comme ciment pour relier les pavés. Mélangé avec l'asphalte naturel, il sert à isoler les fondations des murailles afin de les préserver de l'humidité du sol. On prépare également des pierres moulées avec du brai et des roches moulues, que l'on emploie comme des pavés ordinaires sur une couche de sable ou de gravier.

On fait également avec du papier imbibé de brai des tuyaux dits en asphalte. Ils sont imperméables à l'eau, et résistent à une pression de **20** à **30** atmosphères. On les emploie beaucoup en Allemagne dans les fabriques de produits chimiques, car ils sont inattaquables aux acides, et également comme porte-voix dans la marine et comme isolant des fils télégraphiques souterrains, et même comme conduites de gaz.

Le brai de goudron est employé pour la fabrication des briquettes avec du menu de houille ou de coke aggloméré; il y entre dans une proportion comprise entre 5 0/0 et 10 0/0. Ces briquettes sont très employées pour le chauffage des locomotives et des chaudières de bateaux. On les fabrique avec des compresseurs très puissants dont il existe un grand nombre de systèmes.

Le brai est également employé pour faire du vernis pour le fer et le bois; on le mélange soit avec des huiles légères, soit avec des huiles lourdes suivant le produit que l'on veut obtenir.

Huile à anthracène

Ces huiles recueillies depuis le moment où le thermomètre marque **270** dans la vapeur, jusqu'à la fin de la distillation, sont composées de naphtaline, anthra-

cène, phénanthrène, pyrène, chrysène, carbazol et
d'huiles liquides à points d'ébullition élevés et peu
connues. Le tout forme une masse de consistance un
peu moins épaisse que le beurre, mélangée de gros
grains cristallins et d'écailles de couleur jaune verdâtre. Le traitement de l'huile à anthracène consiste
essentiellement à séparer par refroidissement et
pressurage les hydrocarbures solides d'avec les liquides.

Les parties liquides sont utilisées comme huile de
graissage. Les produits solides sont pressés dans
des filtres-presses et essorés dans des turbines, puis
de nouveau dans des presses hydrauliques. On le
traite ensuite par le naphte pour dissolution obtenu
dans les rectifications après le benzol et le toluène,
entre 120° et 180°. Par des purifications et des disso-
lutions successives, on obtient une masse contenant
95 à 97 0/0 d'anthracène, qui par sublimation donne
de l'anthracène pur, que l'on emploie à la fabrication
de l'alizarine.

Huile lourde

Contient de la naphtaline, anthracène, et phénol,
créosote, aniline, des corps basiques et des huiles
neutres liquides à la température ordinaire dont on
n'a pu encore opérer la préparation à l'état pur.

L'huile lourde a été employée aux usages suivants : on la rectifie pour obtenir des produits plus
faciles à utiliser. On la fait passer à travers des tubes chauffés au rouge pour produire du gaz d'éclairage et des hydrocarbures d'un emploi plus facile.
On en imprègne le bois pour le conserver; on l'emploie pour ramollir le brai sec ; comme huile de
graissage, et pour remplacer l'huile de lin dans les

couleurs à bon marché; comme combustible, pour
la fabrication du noir de fumée ; comme antiseptique, et pour l'éclairage.

Acide phénique

Les huiles légères les plus riches en phénol sont
celles dont le poids spécifique est compris entre
0,980 et 1,000. Cette huile est traitée par une
lessive de soude, qui dissout les phénols. Cette solution est décomposée par des acides minéraux et
traitée pour acide phénique ; l'huile séparée de la
lessive alcaline est distillée à nouveau et fournit
avec d'autres produits, de la naphtaline. Les goudrons contiennent, suivant les charbons dont ils proviennent, de 5 à 10 0/0 de phénol.

Naphtaline

On obtient de grandes quantités de ce corps en
laissant simplement reposer l'huile lourde jusqu'à
refroidissement complet. Par filtration, turbinage ou
pressage, on sépare la naphtaline brute. Les frais
de purification sont moins grands, lorsqu'on opère
sur la naphtaline préparée avec l'huile dont on se
sert pour la préparation du phénol, après que ce
dernier a été extrait au moyen de la lessive de
soude. En effet, lorsqu'on distille dans une cornue
à huile légère, les huiles séparées du phénate de
soude, il passe d'abord un peu d'huiles légères,
mais plus tard de la naphtaline presque pure; on la
purifie par un traitement à l'acide sulfurique et au
bioxyde de manganèse et on la sublime dans des
grandes chambres en bois de 3 mètres de large, 5
de long et 1^m05 de hauteur, au moyen de la vapeur.

La naphtaline sert de matière première à la fabrication des matières colorantes, tel que le jaune de Martius (binitronaphtol), le rose de naphtaline (rouge de Magdala), l'acide phtalique qui sert à la préparation des eosines, et enfin la série des couleurs azoïques.

Elle sert aussi à carburer le gaz (lampe albo-carbone). Avec le brûleur albo-carbone, on a obtenu avec 83 litres de gaz et 4 gr. 9 de napthtaline le même pouvoir éclairant qu'avec 183 litres de gaz seul.

Huile légère

Comprend la fraction de la première distillation du goudron qui passe entre l'essence de naphte et l'huile à acide carbolique. Cette huile renferme encore du benzol, une assez grande quantité de toluène et beaucoup des homologues supérieurs, mais il s'y trouve encore plus de phénol, de naphtaline et une portion des huiles liquides neutres inconnues qui existent dans l'huile lourde : son poids spécifique est 0,975, elle bout à 95° (le thermomètre plongé dans le liquide); il en distille peu avant que le thermomètre soit monté à 120°; à partir de ce moment jusqu'à 171°, il en distille environ 30 0/0; après, ce qui passe appartient à l'acide phénique.

L'huile légère rectifiée à nouveau entre 120° et 171° sert à l'éclairage extérieur, à la fabrication des vernis, au graissage des machines, etc.

Essence de naphte

Est le premier produit obtenu directement du goudron jusqu'à 110°. Il renferme les éléments les plus volatils du goudron, le benzol et ses homologues, mais même des quantités notables de phénol, naphtaline, aniline, etc. L'essence de naphte est soumise avant la rectification à un lavage chimique consistant en un traitement par l'acide sulfurique, qui enlève les bases (aniline, etc.), détruit les résines pyrogénées, et élimine tous les corps sur lesquels il agit; il forme avec la naphtaline et le phénol des acides sulfoconjugués qui se dissolvent dans l'acide en excès. L'acide sulfurique agit très peu sur le benzol et ses homologues, parce qu'il est froid et en petite quantité.

Après décantation et séparation, les essences sont traitées par une lessive de soude légère qui enlève l'acide sulfurique et les acides sulfoconjugués.

Ces opérations se font dans des mélangeurs avec agitateurs mus mécaniquement. Ce sont des vases en bois revêtus de plomb dont les différentes pièces sont soudées à la flamme d'hydrogène soufflée avec de l'air (soudure autogène). Ils sont toujours couverts pour éviter la perte du benzol par volatilisation pendant le travail. La quantité d'acide sulfurique à 66° employée est environ égale à 12 0/0 en poids de l'huile de naphte.

L'acide sulfurique qui a servi à l'opération, est coloré en rouge et présente une odeur désagréable. On l'emploie en Ecosse à la fabrication des superphosphates pour l'agriculture, les matières goudronneuses restant dedans, jouent un rôle d'agent destructeur des larves d'insectes.

Après cette opération l'essence est distillée pour benzol, et la distillation et le fractionnement faits suivant les produits que l'on veut obtenir. Si l'on veut préparer du benzol à 90 0/0 par exemple, on recueille la première fraction jusqu'à 110, la seconde jusqu'à 140, la troisième jusqu'à 170, puis on s'arrête.

La première fraction, soumise à une nouvelle distillation, donne alors beaucoup de benzol à 50°/, il suffit de faire deux fractionnements, jusqu'à 140° et de 140 à 170°. La seconde ne fournit presque pas de produit passant au-dessous de 100° et ne donne que du naphte.

Les produits obtenus après première rectification sont de nouveau rectifiés, généralement au moyen de la vapeur.

Il est utile d'indiquer ici les lois qui régissent les distillations fractionnées.

Les différents éléments d'un mélange ne distillent pas simplement suivant l'ordre de leurs points d'ébullition ; il faut tenir compte non seulement de la tension de vapeur des corps non encore arrivés au point d'ébullition, mais encore de la densité de leurs vapeurs. Suivant certains auteurs, on trouve la quantité de chaque élément qui distille à une certaine température, en multipliant sa tension de vapeur au point d'ébullition du mélange par la densité de sa vapeur (ou, ce qui revient au même, son poids moléculaire). Ainsi, par exemple, l'esprit de bois (C H⁴ O poids moléculaire = 32) bout à 66°, l'iodure de méthyle (CH³ I poids moléculaire = 142) à 72° ; mais d'un mélange de ces deux corps il distille plus du dernier.

Un mélange de 91 parties de sulfure de carbone (point d'ébullition 47°) et de 9 parties d'alcool (point d'ébullition 78°) bout toujours à 43 et 44° et conserve sa composition pendant la distillation.

Le liquide qui a la tension de vapeur la plus élevée, a une distillation nécessairement plus rapide,

car ce qui manque en tension aux corps qui l'accompagnent peut être remplacé par la plus grande
densité de vapeur de ces derniers. Si l'on désigne
par t la tension et par d la densité de vapeur, on a
$x = k\,t\,d$ pour différents liquides ; k est une constante à déterminer par expérience pour chaque cas
particulier. Si les densités de vapeur et les tensions
sont inversement proportionnelles entre elles et si
les valeurs de k sont égales, les produits $k^n\,t^n\,d^n$
seront tous égaux, c'est-à-dire que le mélange de-
meurera inaltéré pendant toute la durée de la distillation. Des séries homologues dont les termes diffèrent de CH^2 sont pour cette raison difficiles à séparer par distillation fractionnée, car pendant que la
tension de vapeur s'abaisse avec chaque CH^2 la densité de vapeur s'élève. Cela explique aussi pourquoi
un si grand nombre de corps distillent plus rapidement dans un courant de vapeur d'eau, car celle-ci
est un des corps les plus légers, tandis que leurs
vapeurs sont ordinairement lourdes.

La pression diminuant, la différence entre les tensions de vapeur de liquides différents augmente,
tandis que les densités de vapeur restent les mêmes ;
ils se laissent, par suite, séparer plus facilement les
uns des autres.

Un mélange de deux liquides différents non miscibles présente quand on le soumet à la distillation,
un point d'ébullition plus bas que celui de la substance la plus volatile. Un mélange de sulfure de
carbone (point d'ébullition 47°) et d'eau bout à 43°.
Naumann a généralisé cette observation, et il a
trouvé que le point d'ébullition constant du mélange
est toujours plus bas que celui de l'élément le plus

volatil : les quantités passées à la distillation sont aussi dans un rapport invariable. Elles sont égales au rapport des tensions de vapeurs des deux éléments, mesurées à la température d'ébullition, multiplié par leurs poids moléculaires.

Cette observation offre aussi de l'importance pour la distillation du goudron, parce que dans cette opération on a affaire à de l'eau et à des huiles non miscibles avec elle. Bien que par exemple, à 98° la tension de la vapeur de naphtaline ne soit que 20^{mm}, et celle de la vapeur d'eau 172^{mm}, il passe cependant à cette température 49 gr. 4 d'eau avec 8 gr. 9 de naphtaline.

Nous ne décrirons pas tous les appareils employés pour les rectifications à la vapeur, nous indiquerons seulement deux genres d'appareils qui ont servi de modèles à tous les autres.

APPAREIL COUPIER

L'appareil est représenté dans la figure 305. A est le réservoir inférieur dans lequel pénètre le tube qui amène la vapeur et qui forme serpentin à l'intérieur ; il est muni d'un trou d'homme et d'un tuyau de vidange. B, tube d'introduction du benzol brut. N, colonne à rectification en fonte.

Marche de l'appareil :

La vapeur pénètre en A à la pression de deux atmosphères. Les vapeurs les moins volatiles sont condensées en N et retournent dans la cornue A. Les plus volatiles arrivent en D, où elles sont maintenues à une température telle, que l'hydrocarbure du mélange, bouillant à la température la plus basse, reste sous forme de vapeur, tandis que tout ce qui

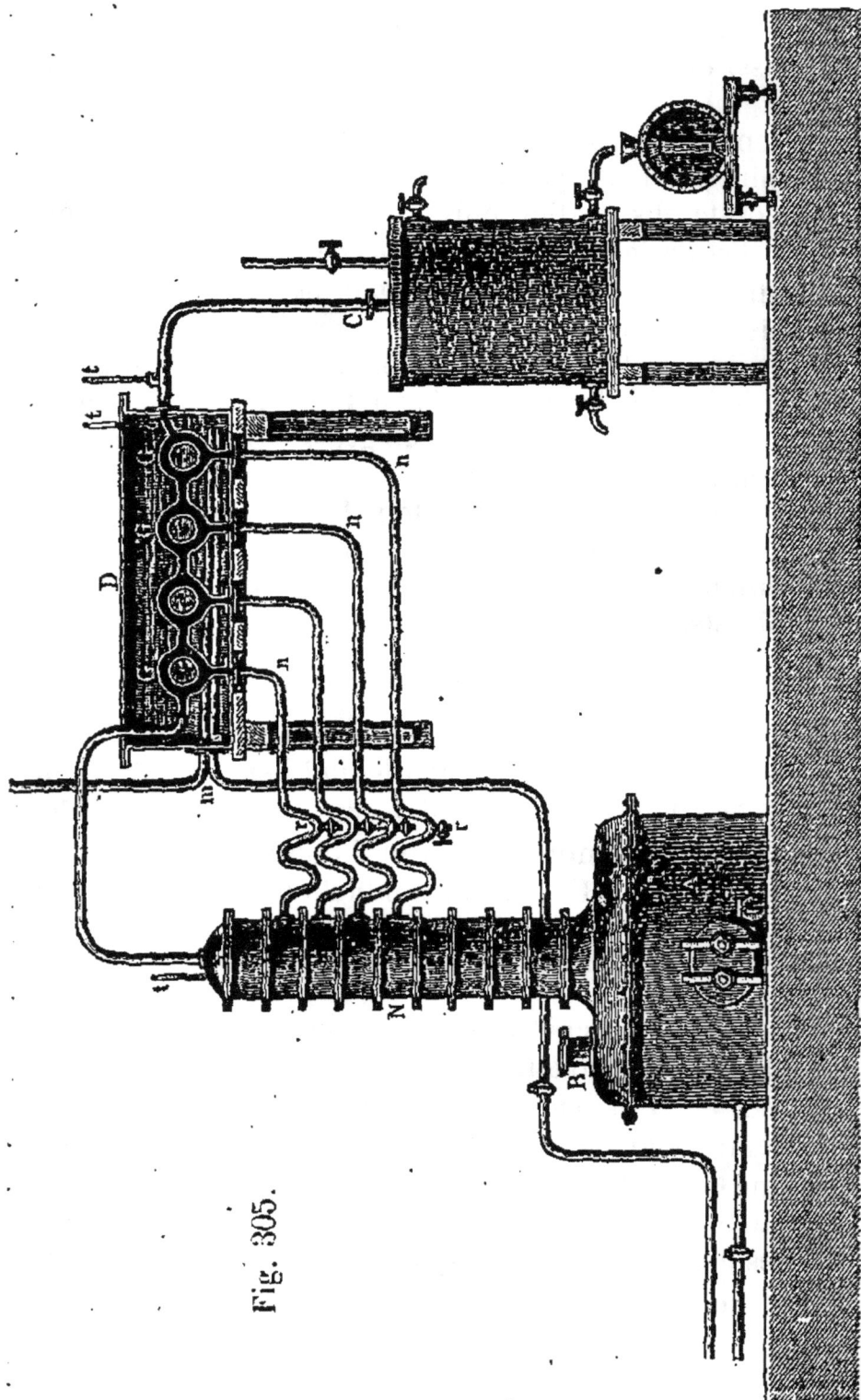

Fig. 305.

bout à une température plus élevée doit se condenser et retourner dans la cornue. Cet effet est produit
par le passage des vapeurs à travers l'espace annulaire des condensateurs placés les uns à côté des
autres, espace dans lequel elles sont baignées extérieurement et intérieurement, par conséquent
sur une grande surface, par le liquide contenu en D.

Lorsqu'on ne veut séparer que du benzol et du
toluène à l'état pur, il suffit de remplir le vase D
avec de l'eau, car pour le benzol bouillant à 80°5, la
température de D doit être maintenue (à l'aide du
serpentin à vapeur m et du thermomètre t) à 60-70°
et pour le toluène, qui bout à 111°, une température
de 100° est suffisante. Mais si l'on veut travailler
pour xylène et même pour triméthylbenzols, il faut
remplir D avec une solution d'azotate d'ammoniaque (point d'ébullition 164°) ou avec de la paraffine.
Ce qui se condense dans les condensateurs annulaires G G, retourne en N par les tubes n, n, dont
les courbures empêchent les vapeurs de passer de
N dans G G, et l'on voit que le liquide condensé en
premier lieu, pénètre plus haut dans la colonne que
celui qui se condense plus tard. Les robinets r, r,
servent à prélever des échantillons et contrôler l'opération. Les vapeurs qui sortent du dernier condensateur se rendent dans le serpentin réfrigérant C, où
elles se condensent complètement. Lorsque par conséquent, on distillera un benzol brut, on maintiendra
d'abord l'eau de D à 60° à 70°. Dès qu'il ne coule
plus de benzol par le serpentin C, on change le récipient, et on laisse la température de D s'élever à 100°.
Il passe alors du toluène pur. Il faut alors envoyer
en A de la vapeur à la pression de 3^{atm}5. On peut

ensuite isoler les xylènes, les triméthylbenzols purs de la même manière.

Coupier indique les produits obtenus : 100 litres de benzol brut, commençant à bouillir à 62° et passant jusque 150° (c'est-à-dire d'un benzol dit à 50 0/0) donnent :

6 litres essence légère composée de sulfure de carbone, d'oléfines, etc., qu'on ajoute au naphte pour dissolution (eau à détacher) ;

44 litres benzol pur — 17 litres toluène pur ;

6 litres entre le benzol et le toluène qui retourne à la rectification ;

27 litres de produits à point d'ébullition plus élevé qui autrefois n'étaient plus séparés et que l'on mêlait à l'eau à détacher, mais aujourd'hui on en tire souvent le xylène 9 litres.

Dans d'autres cas, on retire du benzol commercial dit à 90 0/0 — 6 à 7 parties d'essence légère, 65 à 70 parties de benzol pur et beaucoup moins de toluène.

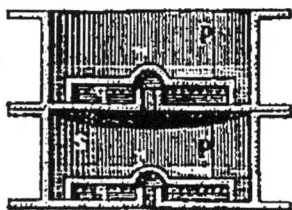

Fig. 306.

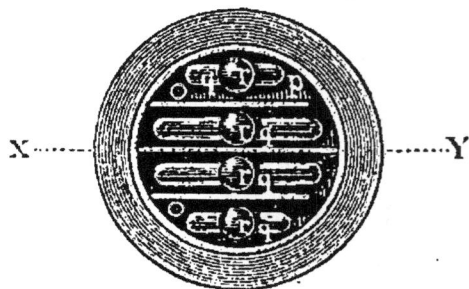

Fig. 307.

En résumé, 100 parties de goudron fournissent environ 0,6 partie de benzol, 0,4 de toluène et 0,5 d'homologues supérieurs. Les figures 306 et 307 montrent la section et le plan des plateaux de la colonne à rectification N. Les vapeurs montent dans les tubes q, mais elles ne peuvent passer librement à travers les capuchons r, et elles doivent se frayer une voie par les trous de ces derniers, et le liquide qui se trouve au-dessus. Celui-ci se compose de la portion du mélange des vapeurs condensées par le refroidissement dû à l'air extérieur, coule peu à peu d'une plaque sur l'autre par les tubes trop pleins S. Les chicanes p p forcent la vapeur et le liquide à demeurer en contact réciproque le plus longtemps possible, de façon que, d'une part, les éléments les moins volatils soient séparés de la vapeur à l'état liquide, et d'autre part, les éléments les plus facilement volatils du liquide soient réduits en vapeur par la chaleur de la vapeur et entraînés par elle. Cette opération souvent répétée dans les 9 ou 10 plateaux de la colonne, rend le fractionnement beaucoup plus parfait que ne le feraient sans cela plusieurs rectifications.

APPAREIL DE SAVALLE

Dans cet appareil, la condensation est produite uniquement à l'aide d'un courant d'air, dont l'intensité est réglée au moyen d'un registre ; en outre, il est pourvu de dispositifs pour régler la pression de la vapeur et contrôler la vitesse de la distillation.

A est la cornue chauffée au moyen d'un serpentin (fig. 308) à vapeur, B la colonne rectangulaire pour la première condensation, C le condenseur à air pour la seconde condensation des hydrocarbures à point d'ébullition plus élevé, qui ne doivent pas se mêler avec le distillatum, D le réfrigérant à air, qui refroidit et liquéfie le distillatum. L'air nécessaire est amené par le ventilateur F au condenseur C par H, et au réfrigérant D par I. J est le registre à l'aide duquel on règle le courant d'air dans le condenseur;

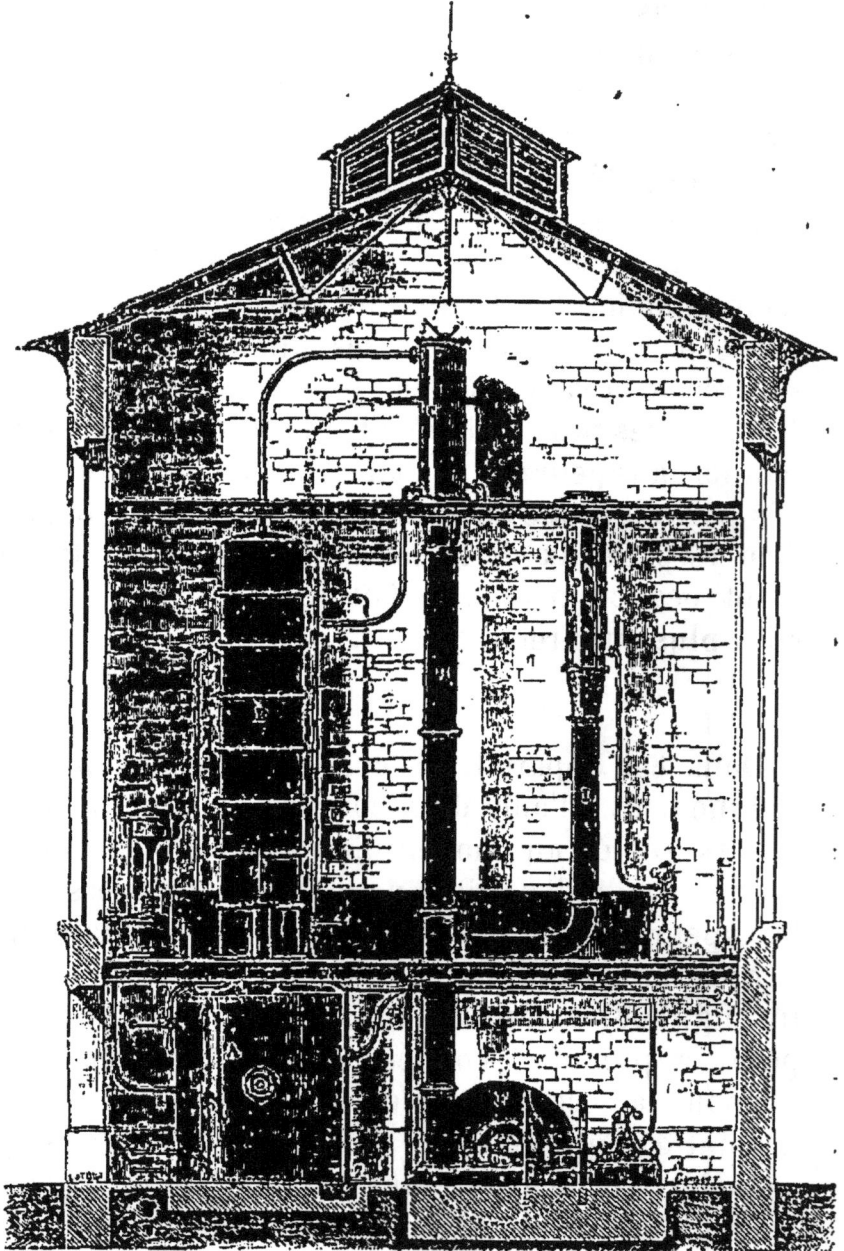

Fig. 308.

on le fait mouvoir à l'aide d'une chaîne, et on règle son ouverture au moyen du levier K. Le liquide condensé en D doit traverser l'éprouvette G, qui sert à contrôler la marche de la distillation. E est le régulateur de pression, à l'aide duquel on maintient la pression constante pendant toute la durée de la distillation.

Les produits à point d'ébullition élevé venant du condensateur traversent tous les compartiments de haut en bas. Les trous sont calculés de façon à ce que les vapeurs qui montent empêchent le liquide de tomber à travers, et de façon à ce qu'il reste toujours sur les cloisons une couche de liquide de 4 à 5 centimètres d'épaisseur, que les vapeurs doivent traverser, après leur passage à travers les trous.

Nous ne donnerons pas la description de l'éprouvette ni du régulateur de pression, un grand nombre d'appareils connus pouvant être employés dans ce but.

Usages

Les benzols du commerce sont employés dans la fabrication des matières colorantes. Pour cela ils sont d'abord transformés en nitrobenzine, nitrotoluène, etc. Le benzol le plus pur sert à préparer l'essence de mirbane, employée comme succédané de l'essence d'amandes amères. Le benzol est employé comme dissolvant dans la fabrication des couleurs et du caoutchouc, des laques, vernis, etc. ; comme eau à détacher et également comme dissolvant dans l'extraction de l'iode.

Nous donnerons le schema de la distillation du goudron de houille d'après Lunge :

DÉSHYDRATATION :

a par le repos . . . .)
b pendant le chauffage . . . . . .) Eau ammoniacale.

DISTILLATION :

Iʳᵉ fraction jusqu'à 170°. . . . . .) Eau ammoniacale.
Essence de naphte
Rectifiée dans la cor-
nue à benzol.

1 Produit jusqu'à 110°, lavé chimi-
quement, distillé à la vapeur,
donne *a* . . . . Benzol à 90 0/0.
b benzol faible passe à 2.

2 Produit jusqu'à 140°, traité comme
1 donne *a* . . . . Benzol à 90 0/0.
b . . . . Benzol à 50 0/0.
c fraction moyenne est redistillée.
d . . . . Naphte pour dissolution.

3 Produit jusqu'à 178°, traité comme
1 et 2 donne *a* . . . . Naphte pour dissolution.
b . . . . Naphte à brûler.
c résidu de la cornue, passe à II.

IIᵉ fraction de 170° jusqu'à 230°, dite
huile moyenne, lavée avec la lessive de soude, donne :

1 Huile, distillée dans la cornue à
huile légère.
a distillatum jusqu'à 170°, passe à
1 et 3.
b distillatum jusqu'à 230°, donne. Naphtaline.
c résidu, passe à III.
2 Lessive, décomposée par acide carbonique, donne ;

a solution aqueuse de carbonate de soude, est rendue caustique par la chaux, et employée de nouveau.

b acide phénique brut, est purifié et donne α . . . . **Acide phénique.**

β retournant à II.

III⁰ fraction de 230⁰ à 270⁰, dite huile lourde (tant qu'elle ne dépose rien de solide) ; peut être traitée pour acide phénique et naphtaline, n'est ordinairement employée que comme huile créosotée pour l'imprégnation, quelquefois séparée en :

a . . . . **Huile** créosotée pour l'imprégnation.

b . . . . **Huile** de graissage.

IVᵉ fraction, huile à anthracène, est filtrée ou pressée à froid ; donne :

1 Huiles, sont distillées et donnent :
a distillatum solide traité avec IV.2.

b distillatum liquide, passe à III.*b* ou est de nouveau distillé.

c résidu de brai ou de coke.

2 Résidu, est pressé à chaud et donne :

a huiles traitées comme IV.1.

b anthracène brut, est lavé avec du naphte, etc., et donne :

α . . . . **Anthracène.**

β dissolution, est distillée et donne :

aa naphte. est de nouveau utilisé pour le lavage.

bb phenanthrène, est brûlé pour . . **Noir de lampe.**

19.

V^e fraction, brai ; utilisé tel quel pour
briquettes ou vernis, etc. . . ... . **Brai.**
ou distillé et donne :

1 Anthracène brut traité comme IV.2.

2 Huiles de graissage, passent à III
    ou III.*b*.

3 Résidu . . . . **Coke.**

CHAPITRE XXII

CHAUFFAGE ET CUISINE AU GAZ

—

Le nombre des dispositions adoptées et des appareils pour l'utilisation du gaz est excessivement nombreux. Nous donnerons seulement quelques types et les résultats obtenus en moyenne.

L'emploi du gaz comme combustible évite toute espèce d'approvisionnement, et supprime le transport, la mise en cave, le montage de la cave jusqu'aux appareils, le local qui contient le combustible, l'enlèvement des cendres, la surveillance et l'alimentation des appareils, etc. Les foyers ou cheminées à gaz permettent en plus d'obtenir un chauffage d'intensité variable. Les appareils à gaz doivent être bien construits, donner un bon rendement calorifique, et munis d'un bon dispositif pour l'évacuation des produits de la combustion.

L'aspect extérieur de ces appareils est connu : calorifères en métal ou en faïence, avec ou sans four, disposés souvent pour occuper une encoignure de

pièces. Nous ne donnerons donc que les dispositions
intérieures montrant le fonctionnement.

La consommation, suivant les modèles, est de 300
à 650 litres à l'heure.

Ces appareils portent un réflecteur en cuivre pour
réfléchir la chaleur à l'intérieur de la pièce.

On fait des appareils complets ou des foyers destinés à être placés devant ou dedans les cheminées
déjà existantes.

On construit des foyers incandescents formés d'a-
miante et de terre réfractaire qui donnent l'imitation
d'un feu de bois.

FOYER GAMBIER

Le foyer moderne, *imaginé par M. Gambier*, présente quelques particularités intéressantes. La figure
309 permet de le comprendre dans tous ses détails.

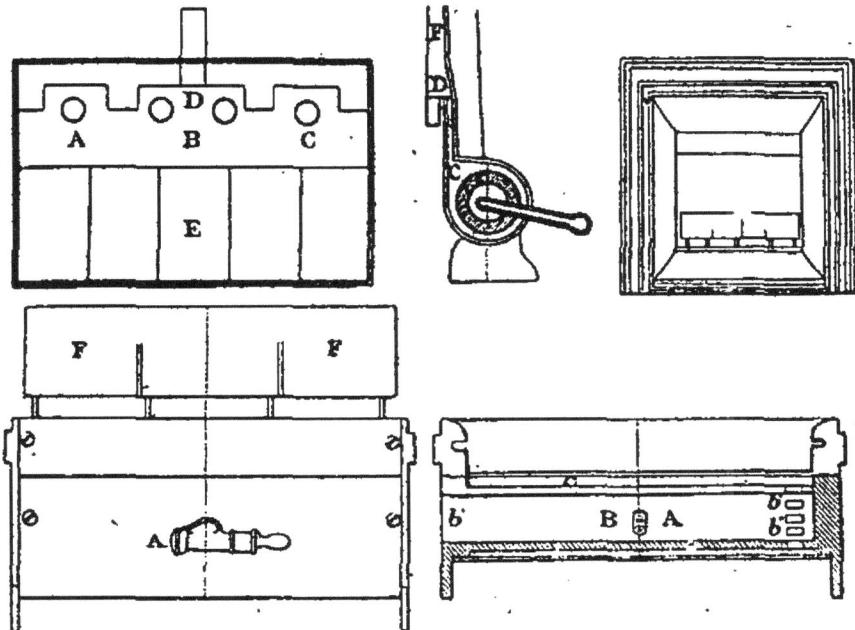

Fig. 309.

A tube d'introduction du gaz dans l'appareil.
B cylindre en fonte de fer disposé pour recevoir le
gaz projeté par le tube A, ainsi que l'air ambiant
qui y pénètre par l'ouverture de son extrémité *b'* et
pour laisser échapper le mélange gazeux (gaz et
air) par les ouvertures *b"* de son autre extrémité.

C espace annulaire formé autour du cylindre A,
par un autre cylindre en tôle où le mélange gazeux
se répand pour en sortir en une nappe mince par le
canal D, qui s'élève au-dessus de lui.

D canal de flamme en longue fente qui s'élève au-
dessus du cylindre par où le gaz s'échappe à l'air
libre et au sortir de laquelle il s'enflamme.

Une plaque F en métal, en cuivre, avec ou sans
garniture de platine, s'élève au-dessus de l'appareil
et la flamme brûle parallèlement et au-dessous de
cette plaque. A petit feu, cet appareil consomme
200 litres à l'heure, à grand feu 800 litres.

CALORIFÈRE DELAFOLLIE

Le calorifère à gaz de la *maison Delafollie* est un
calorifère à flamme blanche, c'est-à-dire sans mélange préalable d'air. Il est construit comme un calorifère à coke à double paroi ; l'enveloppe intérieure
cylindrique est garnie de trois cloisons perforées en
terre réfractaire, disposées horizontalement et formant chicanes ; la dépense est de 350 litres de gaz
à l'heure sous la pression de 25 millimètres.

FOYERS A BOULES ORDINAIRES

Le brûleur est constitué par une série de rampes
parallèles, disposées transversalement et comman-
dées chacune par un robinet. Ces rampes sont à

flammes bleues, et la disposition du brûleur est telle que les robinets ne peuvent ni gripper, ni chauffer. Ces brûleurs portent à l'incandescence des boules en terre réfractaire mêlée d'amiante dont le but est d'augmenter la surface de rayonnement, et par suite la chaleur développée.

Ces calorifères sont construits également avec un réservoir cylindrique en tôle, constituant un four étuve.

D'autres calorifères, dit Tambour, sont à flammes blanches à débit fixe et invariable assuré au moyen d'un rhéomètre. Les produits de la combustion, avant de s'échapper par la cheminée d'évacuation, traversent des plaques en terre, perforées, et ensuite un tambour extérieur auquel est raccordé le tuyau d'échappement ; ils abandonnent ainsi la majeure partie de leur calorique. De plus, un courant d'air prenant naissance à la base de l'appareil, traverse une série de tubes en cuivre, chauffés extérieurement par les gaz de la combustion et s'échappe à la partie supérieure de l'appareil, terminé à cet effet par un couvercle à jour.

FOYERS RAYONNANTS

Ces appareils, construits par la Compagnie parisienne, constituent une application du chauffage au gaz, de la terre réfractaire garnie, après fabrication, de fibres ou de tresses de fibres d'amiante.

Ils se composent d'une rampe de gaz portant à l'incandescence une plaque de terre réfractaire garnie d'amiante. Les produits de la combustion redescendent derrière la plaque à laquelle ils abandonnent la majeure partie de leur calorique et s'échappent par une tubulure latérale. De plus, de l'air pénètre par

la partie inférieure, circule entre les parois de la
double enveloppe constituant le foyer et s'échappe
par une bouche de chaleur ménagée à la partie supérieure de l'enveloppe.

La rampe de ces appareils est fractionnée pour
donner plus ou moins de chaleur suivant les besoins.

On peut ajouter une grille contenant des boules
réfractaires qui s'appuient sur elle et sur la plaque.
On lui donne la forme d'un calorifère circulaire.

On a construit des poêles et cheminées système
Clamond à récupération de chaleur.

POÊLE WYBAUW

Le poêle Wybauw est également un foyer en
tôle à réflecteur et à récupération de chaleur avec
cheminée à registre automatique. La fig. 310 donne

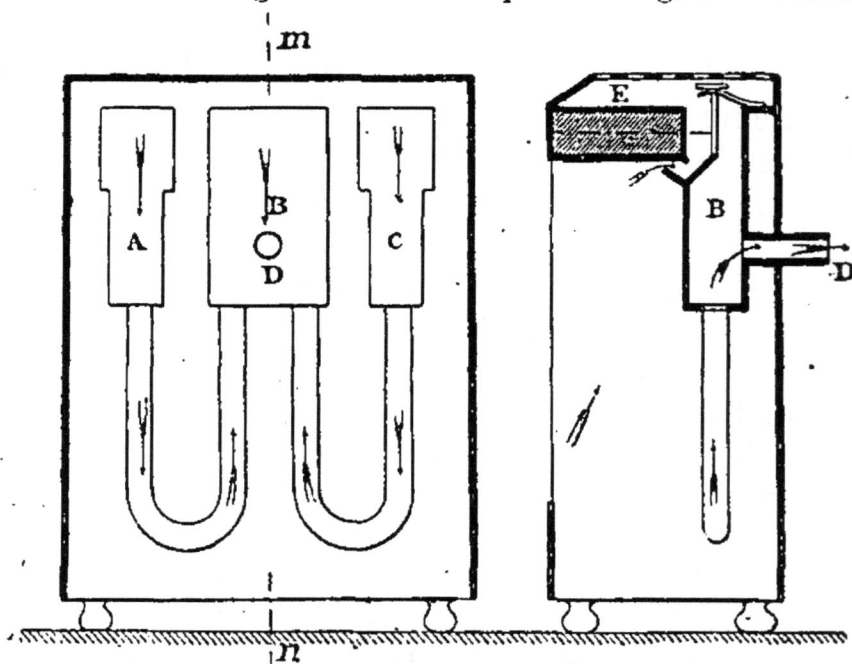

Fig. 310.

la disposition de cet appareil, dont le récupérateur est constitué par trois boîtes A B C. Les produits de la combustion reçue dans les boîtes A C redescendent par les conduites en U jusqu'au bas de l'appareil et remontent dans la boîte B, d'où ils s'échappent dans la cheminée par la buse D.

Les briques réfractaires représentées en E sont destinées à retenir la chaleur. A la partie supérieure du récupérateur se trouve un registre automatique commandé par un ressort dont la dilatation agissant sur un levier, ouvre ou ferme plus·ou moins le registre et modifie ainsi l'appel d'air..

CALORIFÈRE « L'INCANDESCENT »

Le calorifère l'Incandescent chauffe à la fois par rayonnement et par circulation d'air chaud.

L'air froid arrive dans un cylindre en terre réfractaire par la partie inférieure d'un conduit vertical. La partie inférieure du cylindre en terre est entourée par des boules en terre réfractaire portées à l'incandescence par le brûleur circulaire. Les produits de la combustion circulent autour du cylindre en terre réfractaire contournant les chicanes concentriques au cylindre en terre et s'échappent par le tuyau d'évacuation dans la cheminée. L'air chauffé dans tout son parcours dans le cylindre s'échappe par les bouches et se répand dans la pièce. Le poêle est muni d'un allumoir spécial pour le brûleur, il existe également une galerie chauffe-pieds.

La consommation est de 800 litres à l'heure, à une pression de 20 millimètres, et cette consommation peut être réduite à 100 litres sans que l'injecteur s'enflamme. Cet appareil peut chauffer une pièce de 150 mètres cubes.

L'on construit également des feux bûches à gaz que l'on peut placer dans une cheminée quelconque.

POÊLE POTAIN

M. Potain a inventé un poêle très ingénieux. Le caractère particulier de cet appareil consiste en ce que l'air nécessaire à la combustion est pris en dehors de la pièce, en même temps que les produits de la combustion sont expulsés à l'extérieur.

L'appareil se compose de deux cylindres concentriques, un cylindre extérieur en tôle et un cylindre intérieur en cuivre. Le brûleur est muni de régulateurs assurant la consommation normale du gaz.

L'air nécessaire à la combustion du gaz est puisé au dehors par une tubulure faisant corps avec une autre tubulure amenant l'air extérieur dans le cylindre en cuivre. Les produits de la combustion circulent autour du cylindre en cuivre et s'échappent par un tuyau muni à son extrémité d'une lanterne atténuant les coups de vent et prévenant les refoulements.

L'air arrivant par la tubulure indiquée ci-dessus dans le cylindre intérieur en cuivre, s'y échauffe, monte à la partie supérieure et se répand dans la pièce sans avoir été en contact avec les produits de la combustion du gaz. Un pareil poêle consumant 500 litres à l'heure, permet de chauffer une pièce cubant 80 mètres.

Nous ne nous étendrons pas plus sur tous les systèmes de poêles, cheminées avec ou sans récupération ; nous rappellerons seulement que les poêles sans dispositif d'évacuation à l'extérieur des produits de la combustion ont été condamnés par les hygiénistes, même les poëles dits à condensation, qui retiennent bien la vapeur d'eau provenant de la combustion du gaz, mais qui laissent échapper dans l'appartement l'acide carbonique et les produits complexes de la combustion souvent incomplète de la benzine et de la naphtaline du gaz, qui renferment des huiles empyreumatiques fort désagréables à sentir.

CUISINE AU GAZ

L'usage du gaz pour la cuisine présente de grands avantages, la régularité du chauffage, la facilité du réglage, l'absence de manipulation et la propreté, le font souvent préférer aux combustibles solides, même dans les grandes installations.

Dans un appareil convenable, on peut faire bouillir un litre d'eau avec 35 à 40 litres de gaz, et pour conserver la température de 100°, il faut environ 20 litres de gaz à l'heure.

Pour un pot-au-feu, il faut environ 80 à 110 litres de gaz par kilogramme de viande.

Pour un rôti, environ 400 à 500 litres de gaz par kilo.

Pour des grillades (côtelettes ou beefsteacks), environ 250 litres par kilo.

APPAREILS

Les brûleurs à gaz construits actuellement pour le chauffage culinaire peuvent se ramener à quelques types principaux basés eux-mêmes sur le principe du bec Bunsen.

Le *brûleur Bengel*. — Dans ce brûleur, le tube à

air est une couronne dans laquelle le gaz arrive par un injecteur, entraînant l'air avec lequel il se mélange avant d'arriver aux orifices ménagés sur la surface de la couronne et où se fait l'inflammation.

Le *brûleur Marini* se compose d'un tube vertical creux, vertical ou horizontal, fermé par un disque percé à la périphérie de cinq trous donnant libre passage à l'air. Le gaz arrive par le tube sur lequel est vissé le premier.

Le brûleur proprement dit est une rondelle creuse en fonte de fer, percée de deux ou trois rangées de trous.

Le *brûleur Raymond*, dit brûleur champignon, se compose de deux rondelles ou pièces concaves s'emboîtant l'une dans l'autre, en ne laissant que l'espace nécessaire pour obtenir la circulation libre du mélange d'air et de gaz.

Le gaz arrive au centre d'une proéminence demisphérique située immédiatement au-dessous et au centre des rondelles. Sur la périphérie sont ménagés des trous pour le passage de l'air appelé.

On doit à *M. Bengel* un perfectionnement de brûleur couronne ; il voulut faire profiter les flammes de l'air ambiant destiné à la combustion, de là le bec-couronne avec canaux disposés en rayons et repartissant régulièrement les flammes, et par conséquent la chaleur produite.

M. Liotard a modifié, par une disposition analogue, un des modèles de brûleurs pour diviser le brûleur en deux parties distinctes avec deux alimentations différentes.

Il nous reste à dire quelques mots des rôtissoires

et des fours à pâtisserie qu'on ne saurait évidemment séparer des appareils de cuisine.

· La chaleur dans les rôtissoires est produite par une rampe à flammes blanches dont les jets sont très longs et le plus souvent horizontaux. La viande est placée dessous au devant de la flamme, mais n'est jamais en contact avec les produits de la combustion, dans la rôtissoire de construction française.

On accorde généralement au gaz cet avantage de produire en brûlant une certaine quantité d'eau, de sorte que les produits de la combustion n'ont pas tendance comme ceux du charbon qui ne contiennent pas de vapeur d'eau, à extraire de la viande la quantité d'eau nécessaire à leur saturation et, par suite, ne dessèchent pas la viande.

Les fours à pâtisserie, aujourd'hui très répandus dans les ménages, se composent en principe d'une boîte en tôle à double enveloppe entre les parois de laquelle on fait circuler les produits de combustion d'une ou plusieurs rampes de gaz analogues à celles des rôtissoires.

L'appareil est construit par la maison André, de Lyon, et comporte trois brûleurs consommant respectivement 360 — 180 — 80 litres à l'heure ; une rôtissoire consommant 650 litres à l'heure et un four chauffé par la rampe de la rôtissoire.

Une particularité intéressante des appareils construits par la maison Bugnot et Garnier, de Lyon, consiste dans l'usage d'un robinet automoteur.

ROBINET BUGNOT

Ce robinet permet, lorsqu'on enlève un plat ou un récipient quelconque du feu sur lequel il est

placé, de fermer automatiquement le gaz, grâce à un
champignon qui se relève immédiatement au moyen
d'un contre-poids maintenu dans l'axe du brûleur.
D'autre part, un allumeur reste constamment ouvert
et rallume le fourneau dès qu'on replace le vase
sur le feu. La dépense du gaz consommé par l'allumeur ne dépasse pas un ou deux centimes à l'heure.

L'on construit aujourd'hui des fourneaux de cuisine au coke et au gaz. L'allumage du coke est fait
au moyen d'un bec de gaz se dégageant dans un
tube au-dessous de la grille et percé de trous qui
disséminent la flamme dans le coke et rendent l'allumage facile. L'allumage est rapide, et la dépense
(150 litres) de gaz est inférieure à celle des margo-
tins, allume-feux, etc.

Le four peut être chauffé au gaz au moyen d'une
rampe quand le coke n'est pas allumé. Dans ces appareils, la cuisine au gaz ne coûte que 20 0/0 de
plus que celle faite avec le coke seul.

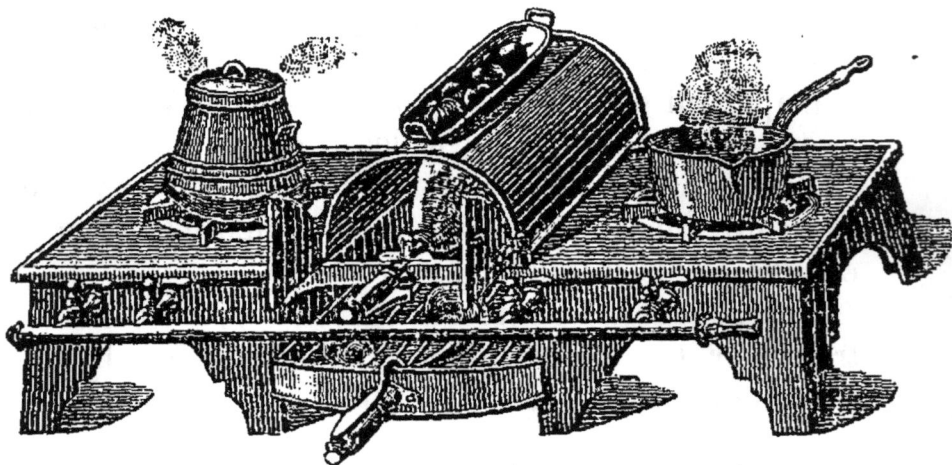

Fig. 311.

La cuisinière universelle de *M. Chabrier*, représentée fig. 311 ;

La rôtissoire *Leclercq-Fonteneau* (fig. 312) ;

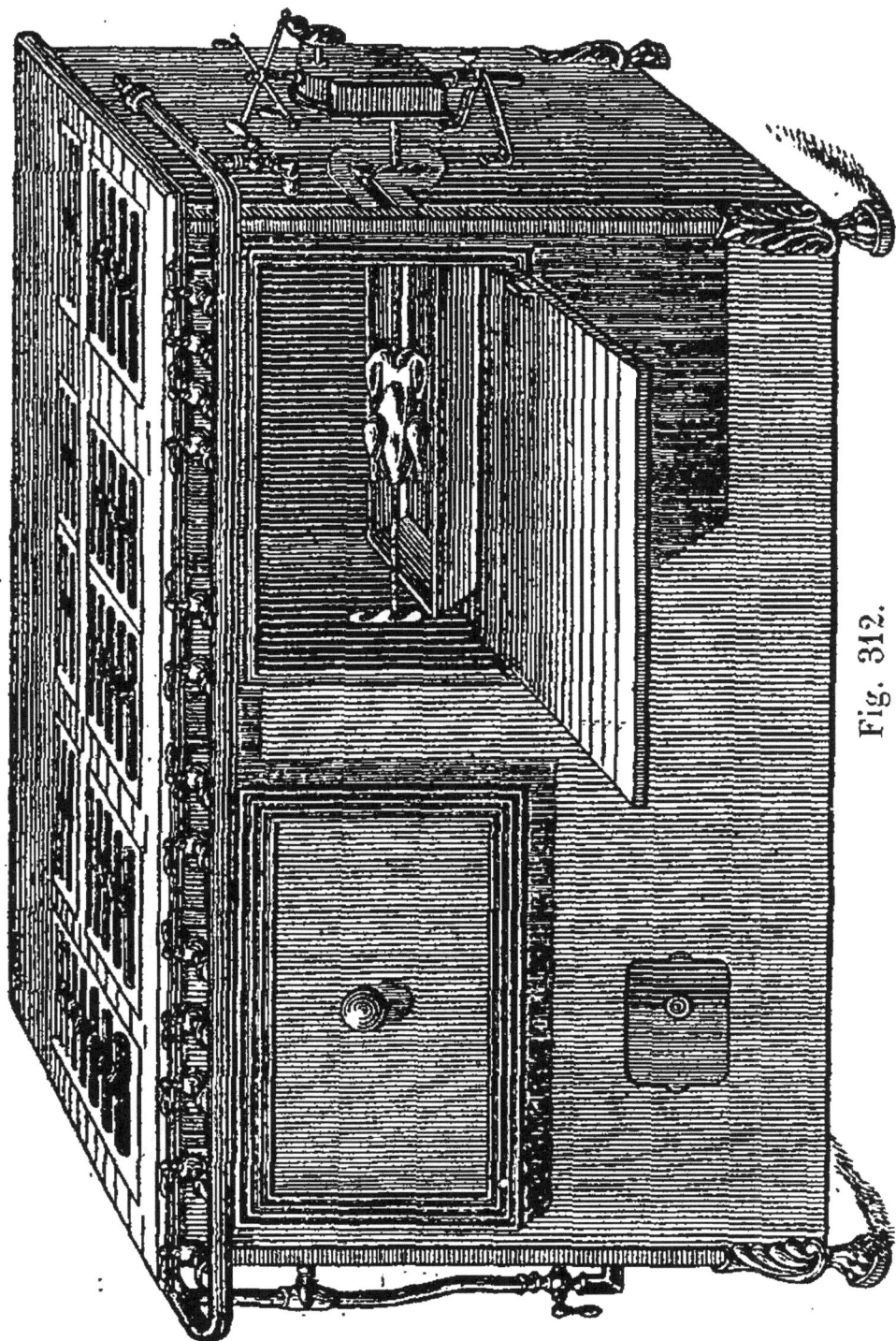

Fig. 312.

USAGES DOMESTIQUES DU GAZ

THERMO-SIPHON POUR CHAUFFAGE DE BAINS

Cet appareil (fig. 313) fait corps avec la baignoire à laquelle il est relié par deux tuyaux horizontaux.

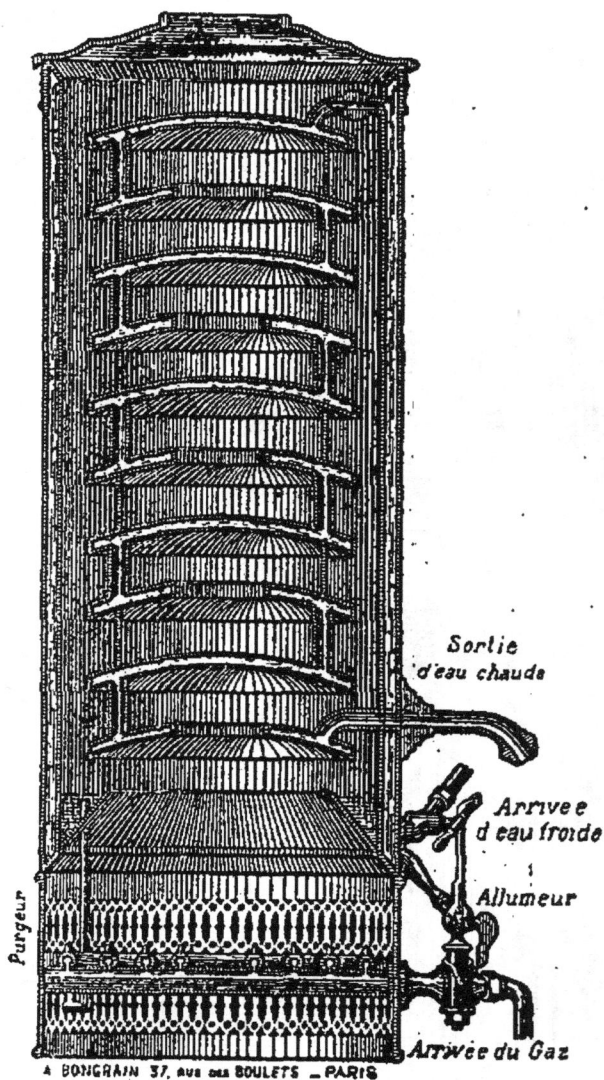

Fig. 313.

Les couches d'eau inférieures étant les premières échauffées se répandent dans la baignoire par la partie inférieure ; par suite de la différence de densité, l'eau la plus chaude tend à monter. Il s'établit ainsi une circulation continuelle entre la baignoire et l'appareil. Cet appareil demande beaucoup de temps pour le chauffage d'un bain, et les tuyaux s'encrassent rapidement. Ces appareils sont très employés pour le chauffage des serres.

On emploie aujourd'hui des appareils dans le genre de ceux indiqués ci-dessous et d'autres variantes. Nous signalerons cependant l'appareil construit par la maison Piet (fig. 314).

Il consiste en chaudières avec brûleurs mobiles à robinet d'arrêt de sûreté et bâche d'alimentation à flotteur. L'allumage se fait du dehors. D'autre part, en mettant les raccords en communication avec une canalisation d'eau froide sous pression, on peut obtenir des douches mitigées à toute température voulue. Ces chaudières ont une contenance de 90 à 200 litres. A représente une chaudière à eau à triple corps a b' c' et tuyau central d'. B, rampe à gaz. C, robinet d'arrêt du gaz. E, poignée de manœuvre ne pouvant fonctionner que lorsque la rampe est dans la position indiquée sur le dessin. L, tuyau évacuant l'eau provenant de la combustion du gaz, recueillie : 1° dans la gorge I ; 2° dans le cuvelet K. G, réservoir avec robinet flotteur et trop plein, alimentant le siphon H. F, départ et prise d'eau chaude. M, chauffe-linge. N, chauffage spécial du chauffe-linge. O, allumeur.

L'on construit également des torréfacteurs à café, dans lesquels le gaz réunit l'avantage unique d'un

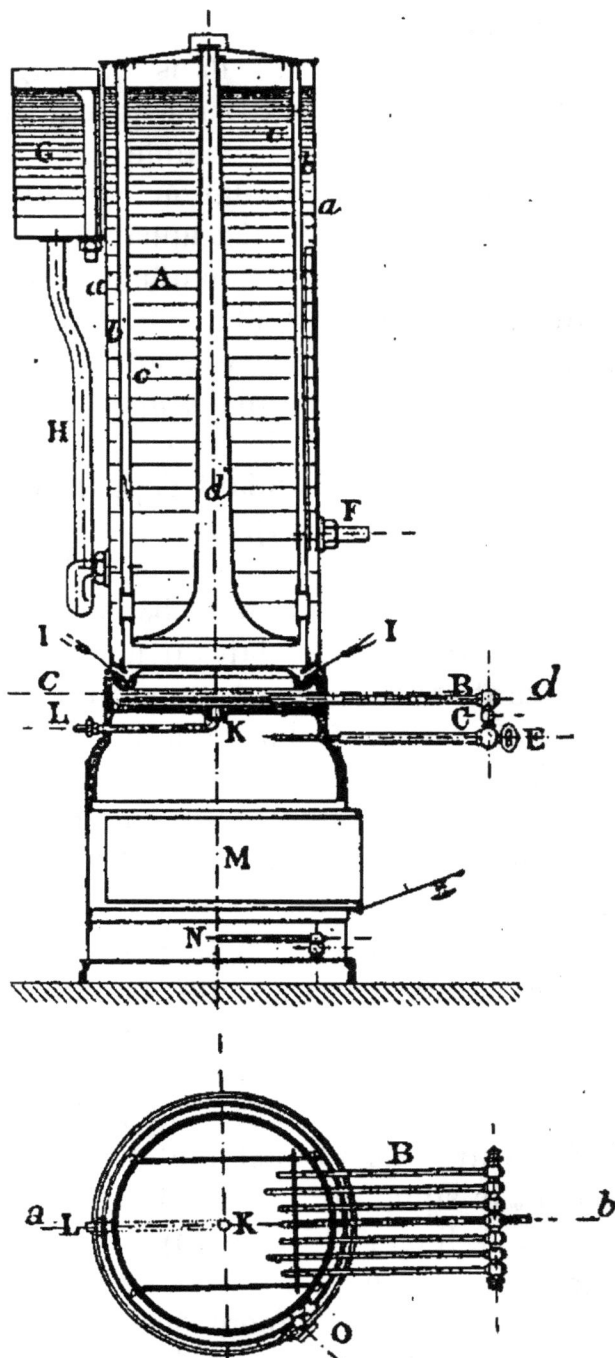

Fig. 314.

chauffage régulier et constant. Le « Familistère de Guise » construit ces appareils dans lesquels la torréfaction de 2 kil. 500 de café dure 30 minutes avec une dépense de gaz de 230 litres.

Cette maison construit également des chauffe-fers à repasser.

Mais de plus, aujourd'hui, l'on construit des fers à repasser chauffés au gaz.

Système Sarriot

Le brûleur situé à l'intérieur du fer est à flamme mélangée d'air. L'extrémité du tube est reliée à une conduite de gaz par un caoutchouc. La consommation de gaz ne dépasse pas 5 centimes à l'heure, il y a lieu de plus de tenir compte des pertes de temps évitées, et de l'usure du fer en moins.

EMPLOIS DANS L'INDUSTRIE

L'industrie du blanchissage emploie des repasseuses-lisseuses mécaniques, à pédale et à fer suspendu chauffé au gaz.

EMPLOI DES TUBES MÉTALLIQUES FLEXIBLES

Pour raccorder les appareils mobiles : lampes, fourneaux à gaz, on emploie universellement le tube de caoutchouc, qui présente les inconvénients dus à l'usure rapide, à l'odeur résultant de l'endosmose à travers les parois du tuyau.

On a cherché à remédier à ces inconvénients par l'emploi de tuyaux métalliques flexibles.

Le tube système Levavasseur est constitué par l'enroulement en spirale d'une bande métallique ayant comme section transversale la forme d'un S, de telle façon que chaque spire est recouverte par moitié par la spire précédente et recouvre elle-même la spire suivante. La partie recourbée de l'S accroche la suivante, de manière à résister à la traction suivant la longueur, et l'on conçoit que le tuyau pourra se ployer à la façon d'un ressort à boudin.

Pour assurer l'étanchéité, on enroule en même temps que la bande métallique, un fil de caoutchouc à section carrée qui se trouve comprimé entre les deux spires qui se recouvrent. C'est en réalité un joint continu de caoutchouc comprimé. Quant au raccord permettant de relier le tuyau sur les appareils et robinets, il consiste à employer un bout de caoutchouc moulé qui porte à l'intérieur un filetage de même pas que celui du tuyau. Le raccord est enfermé dans un tube métallique à griffes.

USAGES INDUSTRIELS DU GAZ

MACHINE SÉCHEUSE REPASSEUSE DE M. PIEL

Cette machine se compose d'un rouleau, entouré d'une couverture puis d'une flanelle, sur lequel vient appuyer un fer creux en fonte polie sur sa surface concave, épousant la forme du rouleau sur lequel il appuie par la manœuvre d'un contrepoids. Ce fer est chauffé sur toute sa longueur, qui est celle du rouleau, par une rampe de gaz. Les produits de la combustion déterminent sous le rouleau enveloppé en cet endroit par une paroi en tôle, un appel d'air suffisant pour achever de sécher le tissu en entraînant la buée qui s'en dégage à la sortie du fer.

On construit également des *machines à griller les tissus* au moyen de rampe à gaz à flammes bleues.

Dans la confection on emploie des machines à *plisser*, à *coller* des fils sur le tuyauté, à faire des ruches de toute espèce, etc. Toutes ces machines utilisent le gaz pour chauffer intérieurement les cylindres dans lesquels est disposée une rampe à flammes bleues. Chaque appareil est muni d'une cheminée d'évacuation.

On utilise le gaz pour le *grattage des anciennes couches de peintures* au moyen d'un brûleur à gaz relié à une conduite de gaz. Nous ne parlerons que pour mémoire des allume-tabac, cacheteurs, chalumeaux, etc.

CHAUDIÈRE THWAITE

Cette chaudière, décrite dans le *Journal des Usines à gaz*, emploie le gaz pour le chauffage de l'eau ; la fig. 315 représente une chaudière de 30 chevaux. Le gaz arrive dans la chambre de combustion A, où il rencontre l'air venant des orifices B. La flamme s'allonge en montant à l'intérieur du tube en terre réfractaire C qui est bien porté au rouge blanc. Elle passe par-dessus les bords de ce tube pour redescendre dans l'espace annulaire D ménagé entre la tôle de la chaudière et le tube, en restant en contact avec la surface baignée intérieurement par l'eau. La combustion s'achève dans la chambre annulaire E où les conduites F introduisent l'eau nécessaire. Les produits gazeux de la combustion montent par le faisceau tubulaire du générateur G dans la chambre supérieure H où ils sont divisés et ramenés en bas autour du tube renversé I. Dans cette dernière partie de leur trajet, ils sont en contact avec le dôme de vapeur de la chaudière, surchauffant la vapeur et achevant d'abandonner toute la chaleur qui peut

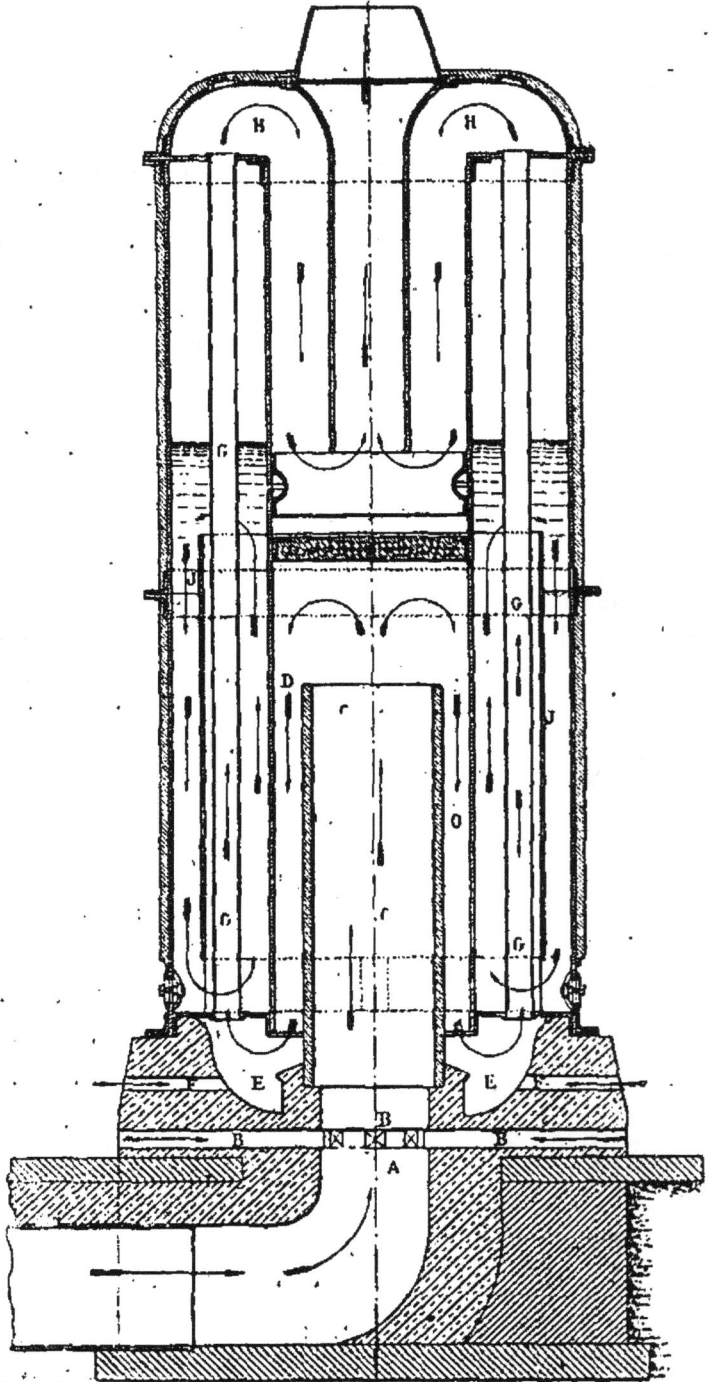

Fig. 315.

être absorbée. On voit sur le dessin comment ils se rendent à la cheminée.

USAGE DU GAZ DANS LES LABORATOIRES

Nous indiquerons quelques appareils construits par la maison Wiesnegg. Le bec Bunsen forme la base de presque tous les appareils de chauffage au gaz. Le bec Bunsen donne une température d'environ 700°. En surmontant le bec de chapeaux de formes convenables, on divise la flamme en jets horizontaux, verticaux, ou même en un seul jet vertical aplati et on le rend propre ainsi au chauffage des ballons et cornues, même aussi au soufflage du verre.

FOUR PERROT

M. Perrot augmente le pouvoir calorifique des fourneaux en les entourant d'une enveloppe intermédiaire dans laquelle les produits de combustion circulent avant de s'échapper par la cheminée (fig. 316) il mesure 0,35 de diamètre à la partie supérieure et 0,88 de hauteur. Il est muni d'un manomètre M indiquant la pression du gaz et d'un robinet d'arrivée de l'air A. La consommation à l'heure est de 2,400 litres. Le creuset au centre de l'appareil, et supporté par la tige S peut contenir 12 kilos de cuivre, ou 28 kilog. d'or qui sont portés à la température de fusion en 55 minutes pour le cuivre en 60 minutes pour l'or.

Des températures plus élevées sont obtenues à l'aide du bec Bunsen à air forcé ou chalumeau dû à M. Schlœsing. L'air comprimé au moyen d'une pompe, est envoyé dans le bec en un jet d'une section moyenne de 1/2 millimètre carré. Il entraîne avec lui le gaz et une grande quantité d'air atmosphérique.

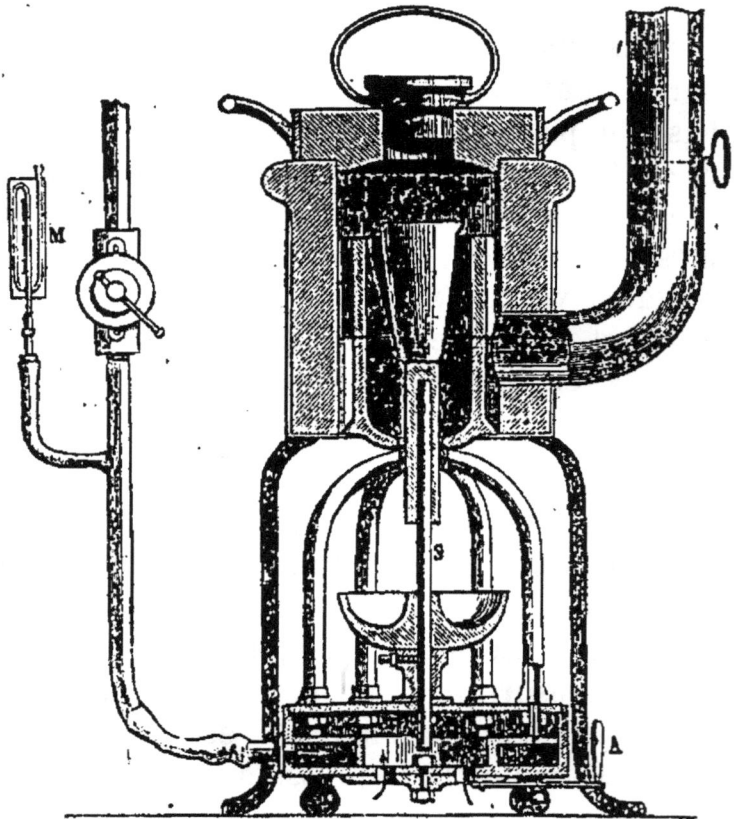

Fig. 316.

Le gaz est très employé dans les laboratoires pour le chauffage prolongé des étuves à température constante. Ces appareils doivent être d'un réglage facile, et conserver constante la température voulue. M. Schloesing a inventé un régulateur basé sur la dilatation du mercure et représenté par les fig. 317 et 318.

L'extrémité d'un réservoir en verre, contenant du

mercure, est fermée par un corps flexible qui est le plus souvent une membrane en caoutchouc. La moindre variation de température raccourcit ou al-

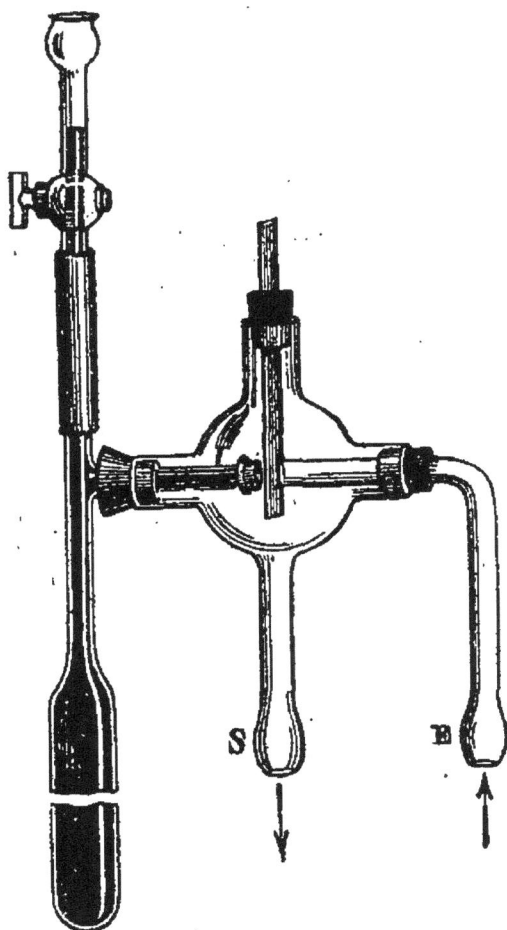

Fig. 317.

longe cette membrane, qui, s'éloignant ou se rap-prochant du tube d'introduction du gaz, augmente ou diminue la section de celle-ci. Pour que la mem-brane ne se coupe pas au contact du tube, on suspend en les deux pièces une palette parfaitement plane, qui obéissant au moindre mouvement du mercure, produit, en se rapprochant du tube, l'effet d'un robinet. M. d'Arsonval modifia très heureuse-

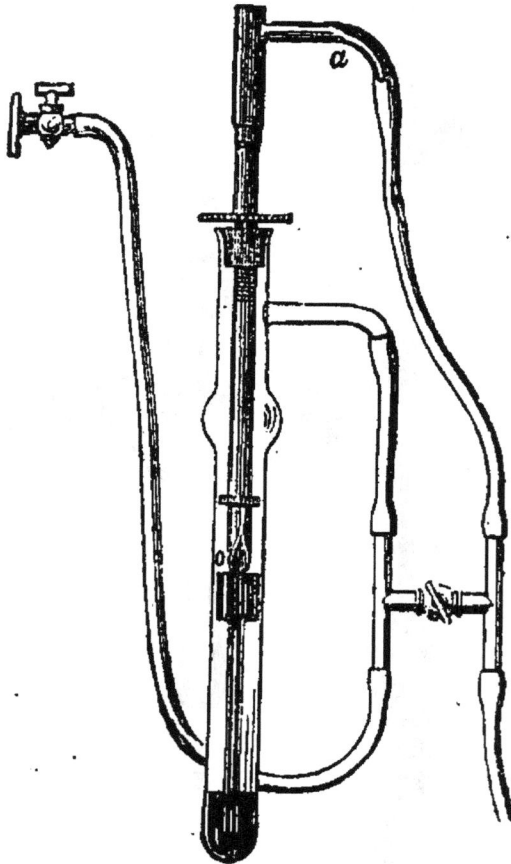

Fig. 318.

ment cet appareil. Il entoura complètement la chambre à chauffer d'un liquide dilatable, et le fit servir ainsi d'intermédiaire entre la flamme du gaz et l'espace à chauffer.

CHAPITRE XXIII

MOTEURS A GAZ

—

Nous ne pouvons faire ici l'historique des moteurs à gaz, cette étude cependant bien intéressante, exigerait un développement hors de proportion avec le cadre de cet ouvrage. Nous passerons de suite à la classification et à la description de quelques types, en prenant comme guide et en résumant le travail si remarquable de M. Witz sur les moteurs à gaz.

On peut les classer ainsi :

Premier type. — Moteurs à explosion sans compression ;

Deuxième type. — Moteurs à explosion avec compression ;

Troisième type. — Moteurs à combustion avec compression ;

Quatrième type. — Moteurs atmosphériques et mixtes.

L'ancien moteur Lenoir rentre dans le premier type. Pendant la première moitié de la course du piston, une certaine quantité de gaz et d'air est aspirée dans le cylindre, à la pression atmosphérique.

Cette masse gazeuse est alors isolée de toute communication avec l'extérieur, à ce moment une étincelle produit l'inflammation et la détonation du mélange. Le piston est poussé en avant, et les gaz se détendent jusqu'à la fin de la course. Au retour le piston expulse au dehors les gaz brûlés. Ce phénomène se reproduit à chaque course..Tel est le cycle des moteurs Lenoir, Hugon, Ravel, Benier, Forest.

Dans le deuxième type, le mélange de gaz et d'air est aspiré à la pression atmosphérique pendant la course entière du piston et ensuite comprimé à 3 ou 4 atmosphères par le retour du piston. On l'enflamme à la fin de la course ; le piston est chassé en avant, et expulse au retour les gaz brûlés..Tel est le cycle des moteurs à explosion avec compression préalable, moteurs Otto, Dugald Clerk, Otto-Crossley, Maxim, nouveau Lenoir, Benz, etc. La compression se fait, soit dans le cylindre lui-même, soit dans une chambre spéciale de compression.

Troisième type. — Le mélange est brûlé progressivement à pression constante, et on ne le fait pas, comme dans les types précédents, détoner à volume constant ; les moteurs qui emploient ce cycle sont les moteurs Braylon, Simon, Foulis, Crowe.

Quatrième type. — Otto et Langen attribuèrent l'échauffement énorme du cylindre Lenoir à la trop faible vitesse du piston. Ils rendirent le piston indépendant de tout mécanisme de transmission pendant l'explosion et n'utilisèrent sa puissance que pendant la course arrière. Ils obtinrent ce résultat au moyen d'une crémaillère portée par la tige du piston, elle n'engrenait avec l'arbre moteur, que pendant la descente produite par la pression atmosphérique.

Le cycle de ce moteur était le suivant : aspiration du mélange à la pression atmosphérique pendant un tiers de la course du piston ; explosion. Le piston lancé jusqu'au haut du cylindre, s'arrête lorsque les produits de la combustion refroidis par la détente et l'enveloppe, arrivent à une pression d'environ 1/4 d'atmosphère. La pression atmosphérique et le poids du piston, font redescendre celui-ci, qui refoule les gaz brûlés et les expulse au dehors. Ce type est presque complètement abandonné aujourd'hui.

Il existe maintenant des moteurs qui utilisent l'explosion pendant la montée du piston, et la pression atmosphérique pendant la descente (moteurs Bisschop, Gilles, François Schweizer.

Sans rappeler les calculs et les expériences qui ont été faits pour déterminer la meilleure manière d'utiliser le gaz dans les moteurs à gaz et sans établir de comparaison avec la machine à vapeur, nous pouvons cependant insister sur ce point remarquable que le moteur à gaz présente un rendement thermique théorique bien supérieur à celui du moteur à vapeur ; que les perfectionnements successifs qu'on y a apportés, ont amélioré d'une façon continue son rendement pratique, et qu'il y a lieu d'espérer que le rendement pratique de la machine à vapeur arrivée aujourd'hui presque à la perfection possible, sera dépassé par celui de la machine à gaz.

La comparaison des consommations de gaz par cheval et par heure, pour chacun des types indiqués plus haut, permet de les classer, et de comparer les avantages et les inconvénients des cycles employés et leur rendement dans la pratique.

Le *premier type* consomme 2,000 litres par cheval-heure effectif ;

Le *deuxième type* consomme 700 litres par cheval-heure effectif ;

Le *troisième type* consomme 900 litres par cheval-heure effectif ;

Le *quatrième type* consomme 950 litres par-cheval-heure effectif.

Théoriquement, ils auraient dû consommer respectivement 522 — 316 — 387 — 285 litres. Le rapport entre les chiffres de consommation théorique et réelle prend donc des valeurs égales à 0,26 — 0,45 — 0,43 — 0,44. Ce rapport indique le degré d'utilisation pratique vis-à-vis du desiderata indiqué par la théorie ; il montre les imperfections des cycles obtenus dans la pratique. On désigne ce rapport sous le nom de « coefficient d'utilisation pratique ».

Les moteurs du premier type à explosion, sans compression préalable, ont deux causes d'infériorité : leur cycle théorique est imparfait (puisque théoriquement ils doivent dépenser plus), mais encore, le cycle obtenu dans la pratique s'éloigne bien plus que dans les autres types, du cycle théorique ; le coefficient d'utilisation pratique ne dépasse pas 0,26.

Au contraire, nous voyons que les moteurs du deuxième type à compression préalable, réalisent le mieux ainsi que les moteurs du quatrième type, atmosphériques et mixtes, les conditions théoriques de leur cycle. Le coefficient d'utilisation pratique atteint 0,45 et 0,44 alors qu'il n'est que 0,35 et 0,43 pour les machines du premier et du troisième groupe. Ces faits s'expliquent et se vérifient théoriquement par l'étude de l'action de la paroi dans ces différents types. Et d'abord, les moteurs du premier type sans compression, ont le cycle le plus déformé, parce que la détonation coïncide avec la plus grande vitesse du piston et qu'elle se produit en présence d'une énorme surface de la paroi ; ajoutons que la détente est faible ; dans un moteur Lenoir il passait 75.0/0

du calorique au ruisseau et au tuyau d'échappement
des gaz brûlés.

Dans les moteurs du deuxième type, la compression réduit considérablement l'étendue des surfaces
en présence desquelles s'effectue la réaction.

L'action de la paroi a été atténuée ; mais l'enveloppe
refroidissante et la dilution exagérée du gaz dans le
mélange explosif emportent encore trop de calorique.

Les moteurs du second groupe n'en sont pas moins
les meilleurs ; on a pu obtenir une utilisation de
20 0/0 et même de 22 0/0, le rendement théorique
maximum étant de 38 0/0, le coefficient d'utilisation
pratique était donc dans ce cas de 0,57 ; bien plus
élevé par suite que celui indiqué plus haut. On voit
que de nouveaux perfectionnements peuvent faire
espérer un rendement brillant pour ce type.

Les moteurs du troisième type réalisent également
bien leur cycle théorique ; c'est encore par l'action
de la paroi que s'explique ce fait. En effet, les pertes
de chaleur subies par une masse gazeuse renfermée
dans une enceinte dépendent de l'excès de température du gaz sur la paroi et de l'étendue des surfaces de contact : or le moteur à combustion avec
compression préalable abaisse les températures au
minimum et réduit les surfaces. C'est précisément
parce que la température de la réaction est moindre
que le cycle est inférieur ; mais c'est pour cela même
que ce cycle est le mieux réalisé.

On peut le constater par l'étude d'un moteur
Simon, l'eau contenue dans l'enveloppe ne circule
pas, mais elle s'échauffe comme elle ferait dans une
enceinte fermée, chauffée par le gaz comburant
lui-même, à travers l'enveloppe du cylindre et par

les gaz brûlés de l'échappement, qui s'écoulent dans une conduite tubulaire, à une température d'au plus 150°. On ne dépense que 4 litres par cheval-heure, la perte de calorique correspondante est égale à 4 [606,5 + 0,305 (120 — 15)] calories ; en supposant qu'introduite à 15° elle se vaporise à 120°. La paroi emporte donc 2512 calories ; les gaz de l'échappement enlèvent environ 395 calories ; la perte totale est donc de 2907 calories, soit d'environ 55 0/0.

Cette chaleur n'est pas complètement perdue puisque la vapeur formée dans l'enveloppe va agir sur le piston du moteur.

Les moteurs atmosphériques du quatrième type sont les meilleurs, et ils ont la consommation la plus faible par cheval-heure.

Leur cycle est comparable comme régularité à celui du moteur Otto. La paroi n'a pas, comme dans les autres une action néfaste ; mais leur infériorité relative doit être attribuée à la défectuosité de la partie mécanique qui crée des résistances considérables au mouvement.

Otto et Langen n'ont pu venir à bout de vaincre ces obstacles sans lesquels ces moteurs auraient remplacé ceux de tous les autres types.

Il ne reste comme représentant de ce type que le moteur de Bisschop, mais encore n'est-il qu'un type mixte qui ne réalise pas les avantages du vrai moteur atmosphérique.

Les moteurs à explosion avec compression paraissent devoir l'emporter : les trois autres types ne pourraient lutter avec eux. Ils sont d'ailleurs perfectibles. M. Witz pense que le moteur à gaz peut subir encore de grands perfectionnements, appelle l'attention des inventeurs sur la nécessité de diminuer les pertes par les parois, et pour cela, compléter les combustions et les détentes, marcher à grande vitesse à température élevée et travailler sans dilution exagérée avec une forte compression préalable.

Nous décrirons sommairement quelques moteurs choisis dans chacun des types indiqués plus haut.

MOTEUR LENOIR ANCIEN TYPE

Le moteur Lenoir ressemble à la machine à vapeur. Le cylindre est plus gros, il y a deux tiroirs au lieu d'un, le reste ne diffère pas.

Dans le cylindre, il se fait par l'un des tiroirs, introduction d'un mélange d'air et de gaz : 90 d'air et 10 de gaz. Ce mélange rencontre une étincelle électrique, et s'enflamme. L'air échauffé se dilate ; une partie de l'oxygène de l'air brûle le carbone du gaz pour former de l'acide carbonique, l'hydrogène pour former de l'eau et toute cette masse de gaz exerce sur la surface du piston une pression que les organes de la machine transforment en travail. Le second tiroir est destiné à l'échappement des produits de la combustion. Rien de plus simple comme principe. Voyons les complications qu'introduit la pratique.

Il faut une étincelle électrique pour enflammer le mélange gazeux de l'intérieur du cylindre. Une pile de deux éléments Bunsen est placée près de la machine, elle actionne une bobine de Rhumkorff, qui peut seule donner une étincelle suffisante pour l'inflammation. Des fils de cuivre recouverts de guttapercha conduisent le courant des bornes de la bobine à deux pièces spéciales appelées inflammateurs, qui sont fixés sur les deux fonds du cylindre. L'in-

flammateur est formé d'une tige de porcelaine percée de deux canaux, venus à la cuisson, dans lesquels sont placés deux fils de platine qui se rapprochent sans se toucher cependant, à l'extrémité de la
tige qui doit pénétrer dans le cylindre. L'un des fils
de platine est mis en communication avec la bobine
au moyen d'un commutateur à deux bornes, l'autre
est en communication avec la masse métallique du
cylindre et par suite avec la terre. Le courant de la
bobine qui arrive à l'un des fils de platine jaillit
entre les deux fils écartés, sous forme d'étincelle qui
enflamme le mélange d'air et de gaz.

Le moteur étant à double effet, l'étincelle doit
jaillir tantôt à l'avant, tantôt à l'arrière du cylindre.
Il y a deux inflammateurs, l'un à l'avant, l'autre à
l'arrière du cylindre, et le courant est envoyé tantôt
à l'un, tantôt à l'autre.

Le commutateur consiste en une planchette isolante de caoutchouc durci portant deux plots, l'un
d'eux est réuni par un fil à l'inflammateur d'avant,
l'autre à l'inflammateur d'arrière, l'axe de la manivelle communique avec l'une des bornes de la bobine de Rhumkorff. La manette fait passer le courant venant de la bobine tantôt par l'un des plots
tantôt par l'autre et produit à chaque fois une étincelle, à l'avant ou l'arrière du cylindre. Ce mouvement de la manette est produit par la machine elle-
même au moyen d'un distributeur, dont la disposition peut être variée.

Le mélange de gaz et d'air est obtenu de la façon
suivante. Le gaz est amené à la machine par un
tube de plomb; il s'écoule dans la machine, il y
entre sans aucun jeu de pompe, de soupape : l'air

s'introduit en même temps par un orifice communiquant librement avec l'atmosphère. Pour mettre la
machine en marche, il suffit d'ouvrir le robinet, d'appuyer sur le volant de manière à faire avancer le
piston de la moitié de sa course ; immédiatement
l'espace compris entre le piston et le fond du cylindre se remplit d'air et de gaz, l'étincelle enflamme
alors le mélange, la pression s'élève à 5 ou 6 atmosphères, le piston est poussé et le moteur se met en
marche. Aussitôt le piston arrivé à fin de course, il
tend à revenir en arrière, les gaz brûlés s'échappent
dans l'atmosphère et ne forment plus contre-pres-
sion ; le piston est également entraîné par le volant.
Aussitôt que le piston revient en arrière, l'opération
indiquée plus haut se reproduit de l'autre côté de ce
piston.

Les tiroirs sont analogues à ceux des machines à
vapeur et sont réglés pour ouvrir ou fermer les lumières d'admission ou d'échappement au moment
convenable.

L'inflammation successive des mélanges gazeux
produirait dans le cylindre une température élevée,
qui finirait par brûler les huiles, altérer le métal des
parois et désorganiser le mécanisme. Pour obvier à cet
échauffement, le cylindre a une double enveloppe dans
laquelle circule un filet d'eau d'une façon continue.

MOTEUR RAVEL

C'est un des premiers modèles construits pour de
petites forces, et sa marche n'est très bonne que
pour des forces inférieures à 1 cheval.

Le cylindre de ce moteur est oscillant, ce qui permet au piston d'attaquer directement la manivelle,

ce cylindre à simple effet tourne sur un axe plein fixé à sa partie inférieure.

Le mécanisme de distribution est placé sur le devant du cylindre ; il se compose d'un tiroir, d'une contre-plaque et d'un obturateur. Le gaz arrive par la contre-plaque ; l'air afflue par la grande ouverture de l'obturateur ; une grille assure le mélange intime des deux fluides. L'obturateur maintient la contre-plaque contre le tiroir, au moyen de six écrous molletés, munis de rondelles de cuir, pour obvier aux effets de la dilatation. L'allumage se fait au moyen d'un bec de gaz, placé à la partie inférieure de la contre-plaque. Le tiroir porte une cavité qui est tantôt en regard du brûleur, tantôt en face de la lumière.

A chaque explosion, le bec est éteint, mais il est rallumé automatiquement au moyen d'un petit bec veilleur constamment allumé, devant lequel passe le tiroir dans sa descente.

Le tiroir conduit par un excentrique, est commandé directement par une coulisse, décrite de l'axe d'oscillation comme centre ; son mouvement est donc indépendant du cylindre.

L'échappement se fait sans le concours d'aucun tiroir, par le mouvement même du cylindre, comme suit : la partie arrière du cylindre présente une surface plane dans laquelle est pratiquée une large ouverture ; contre cette surface est appliquée la boîte, plane aussi et munie d'un orifice.

Ces deux orifices sont amenés en regard l'un de l'autre par suite du mouvement oscillant du cylindre, et les produits de la combustion, refoulés par le piston, s'échappent par cette ouverture.

La boîte d'échappement est attachée au bâti de la même façon que l'obturateur.

Le fonctionnement de ce moteur est le suivant. Le piston aspire pendant son ascension, un certain volume du mélange tonnant à travers la diffuseur pendant une fraction déterminée par le calage de la came.

Cette came relève alors le tiroir et la flamme du brûleur se trouve devant la lumière. L'admission cesse et l'explosion a lieu aussitôt. Le piston monte à la partie supérieure du cylindre, et le volant fait un demi-tour sous cette impulsion ; son inertie ramène le piston à la partie inférieure du cylindre et les gaz brûlés sont expulsés au dehors.

Pour éviter que ces gaz ne prennent le chemin du tiroir d'admission, il a fallu fermer l'arrivée de l'air par l'obturateur et celle du gaz par un robinet spécial qui sont actionnés par le mouvement du cylindre. Remarquons que ce robinet ne se rouvrira que graduellement au moment de l'admission, de manière à augmenter la richesse du mélange tonnant vers la fin de la course active du piston.

La vitesse de la machine est réglée par un régulateur à boules qui modère l'admission du gaz. Un courant d'eau traverse l'enveloppe du cylindre. La dépense est, dit-on, de 1,000 litres par cheval. Le moteur Ravel nouveau diffère complètement de celui-ci. L'air est comprimé par le piston lui-même et refoulé dans un réservoir placé extérieurement, le gaz est comprimé et refoulé dans un réservoir à part ; à la même pression que l'air, ils sont amenés dans une boîte de distribution dont les orifices sont réglés pour obtenir le mélange convenable ; intro-

duits aussitôt dans le cylindre, ils sont immédiatement allumés par un brûleur *ad hoc*.

L'expulsion des gaz brûlés se fait au moyen d'une
soupape manœuvrée par une came actionnée par
l'arbre du volant.

MOTEUR FOREST

Comme les précédents, il est à simple effet et sans
compression préalable et à une seule impulsion par
tour. La machine repose sur un double chevalet et
le mouvement rectiligne alternatif du piston est
transformé en un mouvement circulaire continu au
moyen du balancier d'Olivier Ewans, fixé à sa partie inférieure à la plaque de fondation, et portant
une bielle de retour parallèle au cylindre, qui vient
s'articuler à une manivelle que porte le volant.

La distribution est faite au moyen d'un tiroir manœuvré par une came qui appuie constamment sur
le tiroir à l'aide d'une roulette et d'un ressort. L'une
des plaques du tiroir permet l'arrivée de l'air et
l'autre plaque sert de réglage à l'arrivée d'air. Le
gaz arrive par dessous et se distribue dans la
chambre de mélange du tiroir, par des canaux verticaux et des diffuseurs ; le mélange est aspiré dans
le cylindre par le mouvement même du piston. Le
déflecteur force le mélange tonnant à passer devant
la lumière par laquelle s'effectue l'allumage. Le piston ayant effectué un tiers environ de sa course, le
tiroir avance, supprime l'admission et amène le
brûleur dans l'axe de la lumière : l'explosion a lieu
aussitôt. Au retour du piston, le tiroir revient en
arrière et les produits de la combustion s'échappent
par les ouvertures correspondant au tuyau de dé-

charge. Le brûleur est alimenté de gaz ; il s'éteint par l'explosion, mais il vient se rallumer au bec veilleur.

Le refroidissement du cylindre se fait au moyen d'une nervure hélicoïdale très mince et très grande venue directement de fonte avec l'enveloppe. La dépense par cheval serait d'environ 1,400 litres.

MM. Benier, Hugon, Hutchison, etc., ont construit des moteurs de ce genre.

Deuxième type

M. Dugald Cleck a créé le type des moteurs à compression préalable ; il est d'une construction simple et ne comporte aucun engrenage, et marche très régulièrement. Il est composé de deux cylindres parallèles. Le cylindre moteur, relié à l'arbre de couche par une bielle et une manivelle et le cylindre de compression dont le piston est commandé par un bouton fixé sur un des bras du volant à 90° de la manivelle. Pendant la moitié de sa course en avant, le piston du cylindre compresseur aspire un mélange contenant 1/7 de gaz et 6/7 d'air ; pendant l'autre moitié il n'absorbe que de l'air. On peut supposer que le mélange au 1/7 et l'air aspiré à la suite ne se mélangent pas.

Lorsque le piston de ce cylindre compresseur revient en arrière, il refoule d'abord l'air pendant un instant après celui pendant lequel le piston moteur a continué son mouvement en avant.

L'un est au commencement de sa course pendant que l'autre est au milieu de la sienne. Si les deux cylindres sont mis en communication à ce moment, l'air du cylindre compresseur reflue dans le cylindre moteur et chasse les gaz brûlés dans le coup précédent ; le mélange d'air et de gaz s'introduit ensuite et dans le mouvement de retour du piston moteur; il se trouve comprimé dans le cylindre moteur avant l'explosion.

Ce cylindre est refroidi au moyen d'un courant d'eau qui circule dans son enveloppe.

Ce moteur est mis en marche automatiquement par un mécanisme convenable, et peut même être compoundé. Le cylindre compresseur devient à double effet, et les gaz brûlés du cylindre moteur se détendent dans la marche en avant du piston, celui-ci les expulse comme précédemment mais sans le secours de l'air du cylindre compresseur. Ce moteur est construit pour des forces motrices considérables, et rivalise avec le moteur Otto dont nous allons parler.

MOTEUR OTTO

Ce moteur est un des plus connus et à juste titre. Le cylindre horizontal est ouvert à l'avant. Le piston agit sur une bielle articulée à l'extrémité d'une manivelle fixée à un arbre horizontal portant un volant très lourd, dont la fonction est d'entraîner le piston pendant un tour et demi sur deux, celui-ci n'étant moteur que pendant un demi-tour sur deux. La marche du moteur est la suivante. Le piston marchant en avant aspire pendant cette période un mélange d'air et de gaz, à son retour en arrière il comprime celui-ci dans une chambre placée à l'arrière du cylindre et dont le volume est d'environ les 4/10 de celui-ci. L'explosion se produit à ce moment, et pousse le piston, c'est la période d'effort moteur. Le piston en revenant en arrière produit l'évacuation des gaz brûlés.

Le volant doit emmagasiner pendant un demi-tour la puissance nécessaire pour compenser les efforts résistants qui agissent pendant un tour et demi, tout en conservant la même vitesse, il doit donc être très lourd pour remplir efficacement cette fonction. Ce moteur est très simple, le cycle des opérations s'accomplit dans un seul cylindre et l'admission et l'allumage sont effectués par le même tiroir, une soupape sert à l'évacuation des gaz brûlés.

L'arbre de couche commande le tiroir de distribution à l'aide de deux pignons dentés, actionnant un arbre intermédiaire qui fait un nombre de tours moitié de celui du volant. Cet arbre intermé liaire parallèle au cylindre, actionne le tiroir qui lui est perpendiculaire au moyen d'une barre reliée au tiroir. Il porte également deux cames qui se meuvent, la première au moyen du régulateur pour la manœuvre de la soupape d'admission, la seconde au moyen d'un levier actionné par l'arbre intermédiaire agit sur la soupape d'échappement placée sous le cylindre.

Un diffuseur placé près de la soupape d'admission assure le mélange convenable de l'air et du gaz. Deux brûleurs placés près d'elle sont mis en communication avec le cylindre au moment convenable par un orifice placé dans le tiroir, qui se découvre seulement à ce moment. En agissant sur la came qui commande l'admission, on peut supprimer pour la facilité de la manœuvre, la compression pendant la mise en marche.

Le graissage du tiroir et du cylindre est assuré au moyen de deux tubes qui reçoivent l'huile d'une petite turbine placée sur le cylindre et qui reçoit son mouvement de l'arbre intermédiaire au moyen d'une corde.

Le serrage du tiroir sur la culasse du cylindre est assuré au moyen de ressorts à boudin dont on peut régler la tension au moyen d'écrous à tête molletée.

Le refroidissement du cylindre est assuré au moyen d'un courant d'eau qui circule dans l'enveloppe et réglé par un robinet de façon que la température de l'eau ne dépasse pas 75°; on dispose sur la conduite du gaz un antifluctuateur de façon à éviter une trop grande dépression dans la conduite d'arrivée.

Les moteurs Koerting-Lieckfeld, Stockport d'Andrew, nouveau Lenoir, Béry, sont construits sur le même principe, avec des dispositions particulières à chaque inventeur.

Troisième type. — Moteur à combustion avec compression

MOTEUR BRAYTON

L'inventeur carbure l'air au moyen de pétrole pulvérisé; un volume de pétrole suffit pour carburer 24,000 volumes d'air. Ce moteur horizontal est à double effet. Il comporte deux cylindres, l'un pour la compression de l'air. L'autre est le cylindre moteur, le carburateur est alimenté par une pompe d'injection. L'air carburé est admis dans le piston pendant le tiers de sa course, il brûle au fur et à mesure de son admission dans ce cylindre; la détente se produit pendant le reste de la course du piston. Pendant sa course d'arrière, celui-ci expulse les gaz brûlés.

Les mêmes phénomènes se reproduisent pour la course arrière et la course avant, puisque comme nous l'avons dit, le moteur est à double effet. Les deux cylindres placés l'un au-dessus de l'autre, ont leurs courses réglées au moyen de bielles articulées, l'une à l'extrémité d'un balancier, l'autre à la moitié de celui-ci ; la course du piston moteur est par suite plus longue que celle du piston compresseur, qui est également à double effet. L'air de ce cylindre est refoulé dans l'enveloppe du cylindre qui sert de réservoir, et passe de là au carburateur avant d'être envoyé au cylindre moteur.

Les soupapes de distribution et d'échappement sont manœuvrées par des cames, calées sur un arbre spécial mû au moyen de pignons dentés. Les soupapes d'admission et d'échappement sont placées sous le cylindre de part et d'autre de l'axe. Un régulateur règle l'admission. La vitesse du volant est comprise entre 100 et 200 tours par minute. La consommation de pétrole est de 1/2 litre par cheval-heure pour un moteur de 3 chevaux ; et de 4/5 litre pour un moteur de 1 cheval.

MOTEUR LANGEN ET OTTO

Ce moteur est celui qui donnait autrefois le meilleur résultat : il dépensait seulement 750 litres par cheval-heure ; aujourd'hui il y a un assez grand nombre de moteurs qui dépensent moins. Nous le décrirons néanmoins pour son originalité, bien qu'il soit à peu près abandonné. Il consiste en un cylindre vertical très long, ouvert dans le haut. Dans ce cylindre se meut un piston muni d'une tige à crémaillère, qui agit sur un pignon fou sur l'arbre moteur, qui porte le volant. Ce pignon n'entraine l'arbre que pendant sa marche de haut en bas, au moyen d'un embrayage spécial. La marche de ce moteur est la suivante : le mélange tonnant introduit sous le piston et allumé, en faisant explosion, presse brusquement le piston qui s'élève avec une grande vitesse ; dans ce moment les rouleaux de l'embrayage ne serrent pas contre le pignon et celui-ci, poussé par la crémaillère, tourne en sens contraire du sens moteur. La pression atmosphérique agissant sur le piston le fait descendre ; la position des rouleaux de l'engrenage change, et ils viennent se coïncer entre le pignon fou sur l'axe et un disque calé sur celui-ci, la crémaillère entraîne donc l'axe et l'effort moteur se produit pendant toute cette période, le piston expulse dans ce mouvement les gaz brûlés ; un tiroir mis en marche par un arbre intermédiaire parallèle à l'axe moteur, assure l'alimentation du gaz et de l'air pendant la période convenable. Le cylindre n'est pas refroidi par un courant d'eau comme nous l'avons vu dans les autres moteurs décrits, l'instantanéité de la détente produite par l'explosion annulant l'effet du refroidissement de la paroi ; de plus, cette détente se faisant très loin, diminue la pression au commencement de la course de haut en bas, et augmente ainsi le travail moteur.

Ce moteur présente de grands inconvénients, il est bruyant, et l'effort moteur sur l'arbre est irrégulier, mais c'est un des moteurs à gaz les plus économiques. On peut régler la vitesse du moteur en diminuant ou en augmentant l'accès du gaz sous le cylindre ; on peut également régler la descente en allongeant le temps de la détente, en diminuant la section du robinet de départ des gaz brûlés. La puissance de ces moteurs est donc très élastique, le même moteur a pu passer d'un certain travail à un travail double par une simple variation de vitesse et une diminution du nombre de coups de piston par minute.

Nous avons indiqué la marche des machines semi atmosphériques, le moteur Bisschof est un des plus connus et des plus remarquables du genre. Il est construit pour des forces de 3 à 75 kilogrammètres, c'est le petit moteur pour atelier de famille. Sa consommation est forte, un moteur de 3 kilogrammètres consomme 250 litres de gaz à l'heure ; celui de 5 kilog. 350 litres ; et celui d'un demi-cheval 1850 litres. Il ne serait pas économique pour des forces plus considérables.

Applications immédiates

Il y aurait lieu pour les Compagnies de gaz de donner au public l'exemple de l'emploi des moteurs à gaz, et d'employer ceux-ci dans leurs usines le plus possible, pour faire marcher les extracteurs ; tourner les laveurs rotatifs, les pompes à eau, à goudron, casseurs de coke. Comme la puissance de fabrication varie du simple au double, on adopterait, pour ces moteurs, trois ou quatre vitesses qu'on obtiendrait sur le moteur et sur la transmission par des poulies à gradins convenablement choisies.

AIDE-MÉMOIRE
DE L'INGÉNIEUR-GAZIER

MAÇONNERIE

MATÉRIAUX DE CONSTRUCTION

Les pierres employées sont de diverses espèces,
elles peuvent être siliceuses, calcaires, argileuses,
ou gypseuses.

Granit

Le granit est une pierre très dure, formée d'un
agrégat de cristaux, reliés par un ciment également
cristallin.

Ces cristaux sont du quartz (silice cristallisée), du
feldspath (en général silicate d'alumine et de potasse), du mica (silicate d'alumine et d'oxyde de fer
et quelques autres oxydes).

Nous n'indiquerons pas les diverses espèces de
granit, toutes étant très bonnes pour la construction. Le granit ne fait pas effervescence avec les
acides, comme les calcaires.

Quoique très dur, il est à la longue altérable par
l'eau de pluie chargée d'acide carbonique, qui le dé-
sagrège et laisse le quartz, le silicate d'alumine, du
feldspath, et les autres corps les uns à côté des autres
sans cohésion.

Le seul obstacle à l'emploi du granit, dans la
construction, est la difficulté de la taille, et par suite
son prix élevé. Il sert principalement à faire les

bordures de trottoirs et les pavés ; le granit tendre peut s'employer comme moellons.

Meulières

La meulière ou silex est formée de silice plus ou moins dure. Ce silex est inattaquable par les acides, et inaltérable au feu. On le trouve dans les terrains crayeux, dans le calcaire carbonifère, ou dans les marnes. Il présente les formes les plus variées, tantôt masses compactes, caverneuses et cariées, ou rognons de silice hydratée. Il sert comme moellons quand les morceaux sont assez gros ; on peut même l'employer pour les foyers.

La meulière est obligatoire pour les murs des fosses d'aisances ; on fait maintenant à Paris un grand nombre de murs mitoyens en meulières, et presque tous les murs de caves jusqu'au sol.

Grès

Les grès sont formés de grains de sable siliceux reliés entre eux par un ciment, qui peut être siliceux ou argileux. Les grès siliceux sont à grain fin et très durs. Ils résistent bien à l'action de la pluie, mais ils sont difficiles à tailler. Les grès argileux se taillent facilement au moment de l'extraction, et deviennent très durs après ; mais le ciment argileux est délayé par les pluies, et sa durée n'est pas très longue, lorsqu'il n'est recouvert d'aucun enduit, plâtre ou ciment.

Les grès calcaires résistent mal au feu, se dissolvent en partie dans les acides et sont également attaquables par les eaux de pluie.

Les grès à gangue argileuse ou ferrugineuse ser-

vent à fabriquer des pouzzolanes et ciments artificiels.

Dans certains pays, on emploie comme pierres
dans la construction, des basaltes, des laves, des
pierres ponces ; ces dernières, très légères, réunies
par du ciment, donnent des constructions solides et
de longue durée.

Pierres calcaires

Ces pierres sont formées en majeure partie de carbonate de chaux compact. Suivant les dépôts et leur
agglutination, on les distingue en pierres dures et
pierres tendres. Dans tous les cas, on ne doit les employer que lorsqu'elles sont restées à l'air pendant
quelque temps et qu'elles ont perdu leur eau de
carrière. Sans cette précaution, on serait exposé à
employer des pierres gélives, c'est-à-dire des pierres
qui éclatent et se réduisent en fragments lors de gelées un peu fortes et prolongées.

Malgré cela, on doit toujours, dans les constructions en cours et restées en souffrance pendant
l'hiver, couvrir les pierres avec de la paille et des
recoupes.

On évite ainsi les éclatements que produirait la
gelée dans les pierres insuffisamment asséchées.

Les pierres sont dites de haut ou de bas appareil lorsqu'elles proviennent d'un banc épais ou d'un mince.
On doit le plus possible les employer dans la position
qu'elles occupaient dans la carrière.

Celles tirées du calcaire compact peuvent être employées en délit, c'est-à-dire sans tenir compte de
leur lit de carrière; on en fait des colonnes, cham-
branles de portes, piédroits de fenêtres, etc. Il faut

éviter l'emploi des pierres poreuses, feuilletées, gre-
nues.

Elles doivent être assez dures pour donner par le
choc du marteau des arêtes vives.

On profite aujourd'hui de la moindre dureté de la
pierre à la sortie de la carrière, pour faire aussitôt
le travail de la taille et les expédier taillées sur des-
sins aux lieux de consommation.

Il ne reste plus à faire sur place que le travail de
ravalement.

Les pierres tendres se taillent à la scie à dents, les
dures à la scie lisse avec sable et eau.

La pierre dure donne sous le marteau un son clair,
la tendre un son très sourd.

Moellon

C'est une pierre irrégulière, de dimensions suffisantes pour être employée dans les constructions.

Il est formé des éclats de pierre et des rebuts des
blocs; on l'extrait aussi des carrières dont les lits ou
la qualité ne présentent pas assez d'avantage à les
tirer en pierres d'appareils : toutes les carrières
fournissent du moellon.

Le moellon dur est employé dans les fondations,
le tendre est réservé pour les murs les moins
chargés.

Briques

Ce sont des pierres artificielles destinées à remplacer la pierre naturelle dans la construction des
bâtiments ou des fours. Elles sont formées d'argile
moulée, séchées d'abord à l'air, puis cuites en tas
ou au four.

Une brique bien cuite rend un son clair sous le

choc d'un corps dur. Les briques se façonnent à la main ou à la-machine, elles sont fabriquées avec de l'argile sablonneuse.

La forme des briques est celle d'un parallèlipipède rectangle ayant en longueur deux fois sa largeur et quatre fois son épaisseur. Leurs dimensions varient suivant les localités, la longueur est comprise entre 0,20 et 0,23 ; à Paris, les dimensions courantes sont 0,22 — 0,11 — 0,055 et le poids est d'environ 1ᵏ250.

La mauvaise brique a un son sourd et s'émiette assez facilement sous le doigt ; ceci résulte souvent d'une mauvaise cuisson, dans ce cas elle absorbe l'eau avec avidité, se rompt facilement et est gélive. La brique bien cuite a un son clair, elle doit être lourde et résistante.

On emploie souvent dans la construction de remplissage (planchers, cloisons, etc.) des briques creuses qui sont légères et peu conductrices.

Pour les fours, on emploie des briques réfractaires faites avec des argiles très siliceuses, ou alumineuses.

Plâtre

Le plâtre est du sulfate de chaux anhydre, qui, mélangé avec de l'eau, devient hydraté et se prend en cristaux qui s'entrelacent et donnent à la masse une certaine résistance. Il doit être employé récemment cuit ; on doit éviter de le mettre à l'humidité et à l'air le plus possible avant son emploi, parce qu'il perd promptement la propriété de se solidifier en quelques instants, quand il est mêlé avec une quantité d'eau convenable, on dit qu'il est éventé. Suivant le travail à exécuter, on le gâche serré (c'est-à-dire avec peu d'eau), ou gâché clair (avec plus d'eau).

Chaux

La chaux est obtenue par la calcination d'un calcaire (carbonate de chaux). Le calcaire pur fournit de la chaux grasse; les calcaires argileux, suivant les proportions de l'argile, donnent des chaux hydrauliques et des ciments. Quant aux calcaires siliceux, ils donnent des chaux maigres.

La chaux éminemment hydraulique contient 17 à 20 °/₀ d'argile pure.

La chaux moyennement hydraulique contient 17 à 15 °/₀ d'argile pure.

La chaux faiblement hydraulique contient 15 à 12 °/₀ d'argile pure.

Nous entendons par argile pure une argile contenant environ **64** parties de silice et **30** d'alumine.

On se sert, pour apprécier la prise d'une chaux, d'une aiguille de **1** millimètre de diamètre, limée au bout perpendiculairement à son axe et chargée d'un poids de **300** grammes en plomb. La chaux est dite prise quand elle supporte cette aiguille sans dépression sensible.

Suivant la saison, si la prise a eu lieu :

Du 2e au 6e jour, la chaux est éminemment hydraulique.

Du 6e au 8e jour, la chaux est moyennement hydraulique.

Du 9e au 15e jour, la chaux est faiblement hydraulique.

Le degré de cuisson a une influence considérable sur la qualité des produits obtenus. Si l'on cuit des calcaires renfermant **20** à **25** °/₀ d'argile, à une température simplement suffisante pour chasser l'acide, carbonique, on obtient un produit qui, après prise, tombe rapidement en poussière. Tandis que si on pousse la cuisson presque à la température de vitrification, on obtient le ciment de Portland, qui fait prise dans un temps compris entre une demi-heure et dix-huit heures, suivant sa composition.

Les calcaires contenant 25 à 30 °/₀ d'argile traités de la même façon, donnent les ciments romains à prise rapide, tels que le Pouilly, Vassy, Porte-de-France.

En faisant des mélanges convenables de calcaire et d'argile, on obtient des ciments artificiels de bonne qualité.

Les chaux grasses augmentent beaucoup de volume au moment de l'extinction; un volume de chaux vive en pierres fournit deux volumes et même plus de chaux éteinte. Les chaux hydrauliques augmentent peu de volume. 1,000 kilog. de chaux grasse donnent de 1,75 à 2,5 mètres cubes de pâte.

Mortiers

Mortier de chaux grasse. — Est formé de 50 parties de chaux grasse éteinte et de 100 parties de gros sable.

Mortier de chaux médiocrement grasse. — 55 parties de chaux éteinte et 100 parties de sable.

Mortier de chaux maigre. — 60 parties chaux éteinte et 100 parties de sable.

Mortier de chaux hydraulique. — 70 de chaux et 100 de sable.

Mortier de Portland. — 30 volumes de ciment et 100 de sable, et même pour 25 pour 100.

En règle générale, les mortiers de chaux grasse

peuvent s'employer aussitôt préparés, les mortiers de chaux hydraulique doivent être préparés de 4 à 6 jours, suivant l'espèce, avant leur emploi, et remués trois ou quatre fois pendant ce laps de temps.

Le mortier de ciment romain s'évente facilement et doit être employé aussitôt préparé.

Le mortier de Portland s'emploie à la fois pour le gros œuvre et les coulis ; le ciment romain pour les gros œuvres et les enduits exposés à l'eau ; on choisit particulièrement pour cet emploi le Vassy.

Les quantités de mortier employées dans les différentes maçonneries sont les suivantes, par mètre cube :

Pierre de taille ou appareil.	0.13
Voûtes.	0.10
Maçonnerie de moellons irréguliers.	0.40
Maçonnerie de moellons appareillés.	0.32
Blocage en meulière	0.45
Meulière pour parement.	0.35
Maçonnerie de briques.	0.20

Bétons

Dans les travaux à sec, on emploie 0,50 de mortier et 0,75 de cailloux, pour un mètre cube de béton.

Dans les travaux sous l'eau, on compte suivant les circonstances :

0^m50 de mortier .   0^m80 de cailloux

et même :

0^m50 de mortier   0^m50 de cailloux

en eau profonde :

1^m00 de mortier   0^m50 de cailloux

Résistance des matériaux employés dans la maçonnerie

DÉSIGNATION DES CORPS	Charge de rupture à la compression par centimètre carré
Basalte de Suède et d'Auvergne.	2.000 kil.
Lave dure.	600
Porphyre	1.700
Granit	500 à 700
Grès très dur	800
Marbre noir.	790
— blanc statuaire.	310
Pierre de Château-Landon	350 à 700
Pierre Liais de Bagneux	300
— Nanterre	160
— Méry bas.	64
— Méry milieu	133
— Méry haut	250
— Châtillon	170 à 250
Lambourde d'Arcueil.	29
Vergelé de Mery.	49
Marbre de l'Echaillon.	800 à 930
Pierre calcaire à tissu oolithique (globuleux).	106
Pierre calcaire compacte (lithog.).	285
Brique flamande tendre	18
— dure très cuite	150
— rouge cuite.	60
— rouge pâle (mal cuite).	40
— crue.	133
— jaune très cuite.	39
— jaune vitrifiée.	99

Résistance des mortiers

Mortiers :	PAR CENTIMÈTRE CARRÉ	
	à la traction	à l'écrasement
De chaux grasse	3 k.	20 à 40 k.
De chaux hydraulique	9	74
De chaux très hydraulique .	15 à 17 .	144
De ciment romain	10	136
De ciment de Portland après 5 jours de prise.	41	»
De ciment de Portland après 30 jours.	80	»

Ajoutons quelques renseignements généraux sur la résistance des matériaux de construction.

Les *pierres homogènes* ont une résistance indépendante de la position ; il n'en est pas de même pour les autres, la résistance perpendiculairement au lit est beaucoup plus considérable que parallèlement au lit, la différence peut atteindre le quart et même le tiers.

Les *pierres poreuses* sont également moins résistantes quand elles sont mouillées, la perte de résistance peut être de 25 à 30 0/0 sur la résistance de la pierre sèche.

Les *marbres* pèsent de 2,500 à 2,800 kilogs le mètre cube.

Les *calcaires compactes* homogènes, à grains fins,

comme le liais de Tonnerre, de l'Echaillon, pèsent 2,400 à 2,600 kilogs le mètre cube.

Les *calcaires à grains moins serrés*, roches des environs de Paris, de Lorraine, du Poitou, 2,200 à 2,500 kilogs le mètre cube.

Les *bancs francs* de Paris, de Lérouville, les *molasses* du Midi, 2,100 à 2,300 kilogs le mètre cube.

Les *calcaires demi-durs*, 1,400 à 2,100 kilogs le mètre cube, se débitent à la scie au grès (pierre de Tonnerre, de Caen, de Poitiers).

Les *calcaires tendres* se débitent à la scie à dents, vergelés et calcaires grossiers de l'Oise et l'Aisne, craie tuffeau de Touraine, calcaire de la Dordogne, de la Gironde et d'Angoulême.

CONSTRUCTIONS

Il y a lieu de se rendre compte de la nature et de la solidité du terrain sur lequel on veut établir la construction. On peut établir les fondations sur le terrain lui-même quand il est constitué par :

1° Du rocher, quand la couche a une épaisseur d'environ 3 mètres et s'étend assez loin de chaque côté de la construction à établir ;

2° Du sable ayant une épaisseur de 4 à 5 mètres encaissé entre des terrains solides, et par suite incompressibles ;

3° Des marnes, argiles ou glaises d'une épaisseur de 2m5 à 3 mètres, reposant sur un terrain sec et par suite non susceptibles de glissement.

Dans les terrains marécageux, qui sont toujours compressibles ; il est indispensable d'établir des pilotis moisés, radier en béton, etc., pour consolider le terrain, et en établir un artificiellement.

Dans les terrains rapportés et les remblais qui ne présentent aucune cohésion, on creusera des puits jusqu'au bon sol, on les remplira de béton, et c'est sur ces points solides que l'on établira des voûtes, sur lesquelles seront montés les murs, etc.

FONDATIONS

On se rendra compte du cube des déblais par quelques essais, le foisonnement des terres étant très variable avec les terrains, il varie du quart au tiers.

On calculera les surfaces des bases des murs de façon à ne pas faire supporter à la terre une charge de plus de **20 à 25,000** kilogs par mètre carré ; il sera d'ailleurs possible de se rendre compte de la compressibilité du terrain au moyen de quelques essais préalables, surtout quand il s'agira d'ouvrages importants, comme les massifs des fours, les citernes à goudron, ou les cuves de gazomètre.

On donne au soubassement des murs (mitoyens, de refends) **0,10** de plus que l'épaisseur des murs en élévation, on le monte jusqu'à **0,50** à un mètre au-dessus du sol, suivant le genre de bâtiment.

La base des fondations doit toujours être un plan horizontal, ou formée de redents horizontaux.

MURS

Les murs faits en briques ont des épaisseurs dépendant des dimensions de la brique elle-même. Avec les briques de **0,22 — 0,11 — 0,055**, on fait des murs de **0,11 — 0,22 — 0,33 — 0,44** d'épaisseur, le joint en plus ; son épaisseur est d'environ 0 à 10^{mm}. Le volume d'un mille de briques est d'environ 1,300 mètre cube, et son poids de 2.200 à 2.500 kilogs. Les briques posées de champ, fournissent des cloisons qui avec l'enduit ont 8 centimètres d'épaisseur. Un mètre cube de construction contient environ 750 briques. Un mètre superficiel de parement vertical, nécessite 37 briques de champ, ou 67 briques posées à plat.

On emploie pour les cloisons des briques creuses dont le poids varie de 1 kil. 2 à 1 kil. 5.

Poids du mètre cube de maçonnerie, et charge limite

ESPÈCE DE MAÇONNERIE	POIDS DU MÈTRE CUBE	Charge usuelle par centim. carré
Pierre de taille	2.300 à 2.600	30^k à 40^k
Moellons.	2.000 à 2.300	14 à 20
Béton ordinaire.	2.200 à 2.400	5
Béton de ciment	2.200 à 2.400	10 à 14
Briques mortier ordinaire,	1.600 à 1.900	6
— de ciment.	1.600 à 1.900	10

L'épaisseur d'un mur isolé ne portant que son poids est donnée par la formule :

$$e = \frac{1}{4} \sqrt{H}$$

H, la hauteur.

D'après Rondelet, l'épaisseur d'un mur non isolé compris entre deux murs de refend distant de l, est donnée par la formule :

$$e = \frac{l \, H}{12 \sqrt{l^2 + H^2}}$$

avec un minimum de 0,40 pour les étages supérieurs. On augmente l'épaisseur de 0,12 ou 0,15 à chaque, en se rapprochant du sol.

Dans une construction soignée, les épaisseurs minima doivent être : pierre de taille, 0,20 ; moellons appareillés 0,45 ; moellons bruts, 0,65.

MURS DE SOUTÈNEMENT

La paroi intérieure verticale et la paroi extérieure en plan incliné ; l'écartement des contreforts est compris entre 3 et 5,5 mètres au maximum.

Nous donnerons quelques chiffres utiles :

HAUTEUR	ÉPAISSEUR DU MUR		CONTREFORTS	
	En haut	En bas	Largeur	Epaisseur
1.90	0.50	0.65	0.70	0.40
2.50	0.70	0.95	0 85	0.45
3.75	1.10	1.35	1.10	0.75
5.00	1.40	1.85	1.60	0.90
6.00	1.65	2.15	1.90	1.00
7.75	2.15	2.75	2.10	1.15
9.50	2.70	3.40	2.50	1.30

CONSTRUCTIONS EN BOIS

PANS DE BOIS

Les pans de bois de façade ont de 0ᵐ22 à 0ᵐ25 d'épaisseur, l'épaisseur se réduit de 0,01 par étage et les étages successifs sont en retraite.

Les poteaux corniers ont une saillie de 0,04.

Les pans de bois intérieurs, supportant les solives des planchers, ont 0,15 à 0,22 d'épaisseur. Les pans de bois pour cloisons varient de 0,08 à 0,15.

PLANCHERS

L'écartement ordinaire est de 0,60. Dans les fortes charges, on prend 0,40, et dans les charges légères 0,80.

Si on suppose les solives écartées de 0,70, on trouve les dimensions suivantes pour différentes portées et usages des bâtiments :

	PORTÉE	SOLIVES	
		Largeur en centimèt	Hauteur en centimèt
Habitations :	3ᵐ50	6	18
Charge 250 kilos par mètre carré.	5.00	9	26
Bureaux, pièces de réception :	3.00	7	20
	5.00	10	28
Charge 350 kilos par mètre carré.	7.00	12	36

On prend soin d'ancrer les solives de deux en deux avec des fers plats de 0,05 — 0,015.

Les planches de parquet ont de 30 à 0,045 d'épaisseur.

Pour les poutres formées par la réunion de plusieurs pièces de bois, assemblées par endentures avec clés et boulons, il ne faut compter que sur les trois quarts de la résistance que présenterait une pièce unique de même section ; parce qu'avec le temps le bois se dessèche, les assemblages se desserrent et fléchissent.

Le colonel Emy a donné les dimensions des pièces composant les fermes de différentes portées :

DIMENSIONS DES FERMES en mètres			ÉQUARRISSAGES DES PIÈCES en millimètres								
Largeur ou portée	Hauteur	Distance des fermes	Tirants	Jambes de force	1er Entrait	2e Entrait	Arbalétrier	Liens	Poinçons	Pannes	Chevrons
6.5	3.25	3.25	270	»	190	»	190	135	190	»	110
8	5	3.60	300	»	215	»	215	160	215	»	110
10	6.5	4	350	»	245	»	245	190	215	»	110
12	8	5	380	325	270	245	270	215	245	»	110
14	9	7.5	400	380	270	245	300	215	270	»	110

Au lieu des équarrissages, nous donnerons les dimensions mêmes des pièces pour les formes dites à « Entrait retroussé » (fig. 319) :

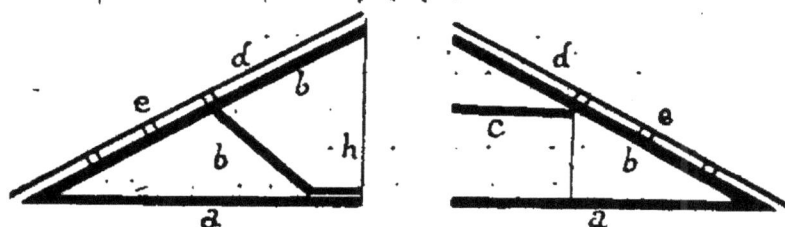

Fig. 319.

INDICATION des pièces	PORTÉE EN MÈTRES Dimensions en centimètres						
	9m	10m	12m	15m	18m	21m	24m
Entrait .... a	$\frac{13}{18}$	$\frac{15}{18}$	$\frac{15}{20}$	$\frac{20}{23}$	$\frac{23}{28}$	$\frac{25}{28}$	$\frac{25}{30}$
Arbalétriers b	$\frac{13}{13}$	$\frac{13}{15}$	$\frac{15}{18}$	$\frac{20}{20}$	$\frac{23}{23}$	$\frac{23}{25}$	$\frac{25}{28}$
Entrait retroussé ... c	$\frac{13}{13}$	$\frac{13}{15}$	$\frac{15}{18}$	$\frac{20}{20}$	$\frac{23}{23}$	$\frac{23}{25}$	$\frac{25}{28}$
Chevrons .. d	$\frac{5}{13}$	$\frac{5}{13}$	$\frac{5}{15}$	$\frac{5}{15}$	$\frac{5}{18}$	$\frac{6}{20}$	$\frac{8}{23}$
Pannes .... e	$\frac{13}{15}$	$\frac{13}{15}$	$\frac{13}{15}$	$\frac{15}{20}$	$\frac{15}{23}$	$\frac{15}{23}$	$\frac{15}{23}$
Contrefiches f	$\frac{8}{10}$	$\frac{8}{13}$	$\frac{8}{15}$	$\frac{10}{20}$	$\frac{13}{23}$	$\frac{15}{23}$	$\frac{15}{23}$
Poinçon en fer....... h	2.5	2.5	2.5	3	4	4.5	5
Boulons.	2	2	2	2	3	3	3.5

Poids des couvertures par mètre carré

Tuiles . . . . 85 kilog.
Ardoises . . . . 28 —
Cuivre laminé no 25 . . . . 7k64
Zinc no 14 . . . . 5.95
  — no 16 . . . . 7.50
Tôle . . . . 8 kilog.
Plomb . . . . 40 —

Surcharge par mètre carré pour une épaisseur de neige de 0m25 : 25 kilos.

Poteaux en chêne et sapin du Nord

La charge que l'on peut faire supporter par millimètre carré varie avec la hauteur :

De 1 à 8 mètres 0k400
De 1 à 12   —   0,330
De 1 à 24   —   0,110

CONSTRUCTION EN FER

PLANCHERS

En adoptant comme écartement des fers en double T, 0,80 et une charge de 250 kilogs par mètre carré de plancher, on trouve par le calcul les dimensions suivantes :

Portée 3 mètres.	Hauteur du fer double T courant	0,10
— 4 —	—	0,12
— 5 —	—	0,14
— 6 —	—	0,16
— 7 —	—	0,20
— 8 —	—	0,22

COMBLES EN FER

Comble à la Polonceau (fig. 320) *à une seule contre-fiche.* — Ce comble peut être employé jusqu'à 15 mètres de portée.

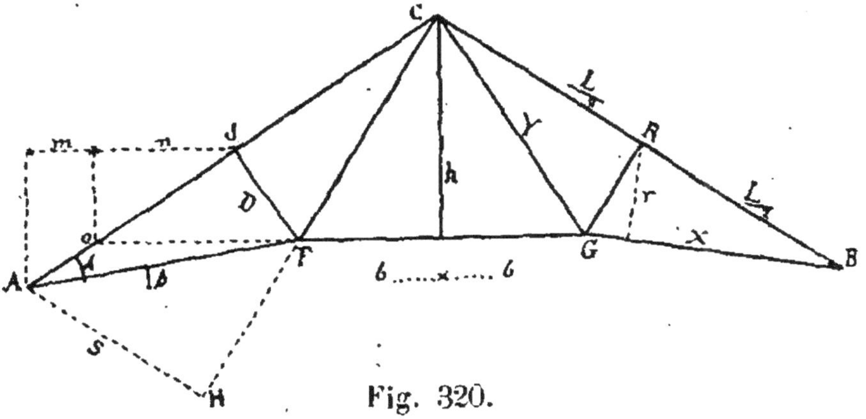

Fig. 320.

Construction. — On abaisse du point R milieu de CB une perpendiculaire sur GB. On prolonge FG jusqu'à sa rencontre avec l'arbalétrier AC en *o*. Soit *m* et *n* les projections de *o*A et *o*J sur une parallèle à AB menée de J. Soit S la perpendiculaire abaissée de A sur CF prolongée. Soit L la longueur de l'arbalétrier, et 2*b* la portée AB. Les forces auxquelles sont soumises les diverses pièces sont :

Si on appelle Q la charge sur A,

X, force agissant sur AF $= \dfrac{13}{32} Q \dfrac{b}{r}$

Y   —   — FC $= \dfrac{Q}{16} S(13m + 10n)$

Z   —   — FG $= \dfrac{Qb}{2h}$

D   —   — JF $= -\dfrac{5}{8} Q \dfrac{b}{L}$

La compression de l'arbalétrier dans la partie A J

est égale à $\qquad$ $AJ = -X\dfrac{\cos\beta}{\cos\alpha}$

et dans la partie $JC = -Y\dfrac{\sin(2\alpha-\beta)}{\sin\alpha}$

On peut ainsi calculer l'épaisseur des pièces qui composent la ferme.

FERME ANGLAISE

Elle peut être employée jusqu'à **20** mèt. de portée (fig. 321).

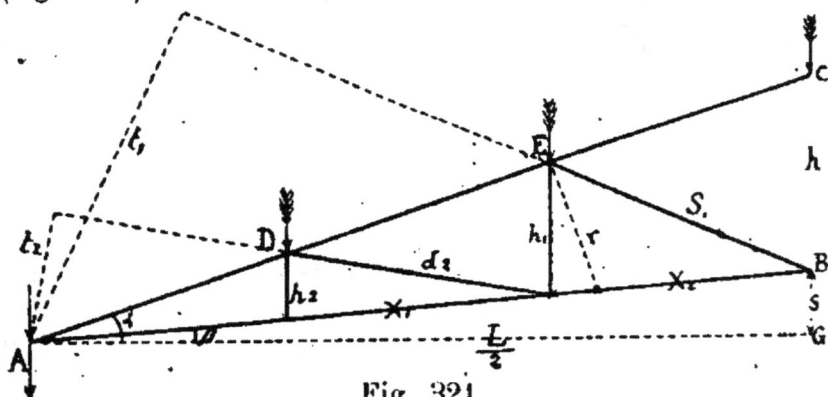

Fig. 321.

Les forces verticales dirigées de haut en bas appliquées en :

$$A = \frac{2}{15}Q \qquad D = \frac{11}{30}Q$$

$$E = \frac{11}{30}Q \qquad C = \frac{2}{15}Q$$

Les forces

$$X_1 = \frac{52}{90}Q\frac{L}{2r}$$

$$X_2 = \frac{41}{90}Q\frac{L}{2r}$$

$$H_1 = \frac{11}{60}Q$$

$$H = \frac{Q}{15h}\left(11h+15s\right)$$

Le diamètre du poinçon h_2 est de 15 à 20 milli-mètres.

$$\delta_2 = \frac{11}{90} \, Q \, \frac{L}{2t_2}$$

$$\delta_1 = \frac{11}{30} \, Q \, \frac{L}{2t_1}$$

La compression de l'arbalétrier dans la partie A D

$$= -\frac{13}{15} \, Q \, \frac{\cos \beta}{\cos (\alpha - \beta)}$$

Pente des cheneaux par mètre courant : $1^{mm}2$ à $1^{mm}5$, avec tuyau de descente pour chaque distance de 10 à 15 mètres en plus, diamètre de ce tuyau de 8 à 15 centimètres.

COLONNES EN FONTE OU EN FER

Colonne en fonte pleine :

$$d = 0,15 \, \sqrt{L} \, \sqrt[4]{P}$$

L la hauteur de la colonne ;
P poids supporté par la colonne ;
d diamètre de la colonne.

COLONNE EN FER FORGÉ PLEINE

$$d = 0,13 \, \sqrt{L} \, \sqrt[4]{P}$$

COLONNE EN FONTE CREUSE

Le rapport du diamètre intérieur d_1 au diamètre d_0 peut varier, appelons φ ce rapport, d le dia-mètre de la colonne calculée pleine, on a :

Gaz. Tome II.

$$\varphi = \frac{d_1}{d_0} = \quad 0,5 \quad 0,6 \quad 0,7 \quad 0,8 \quad 0,9$$

$$\frac{d_0}{d} = \quad 1.016 \quad 1.035 \quad 1.07 \quad 1.14 \quad 1.31$$

Ce diamètre d_0 ne doit jamais être inférieur à

$$d_0 = \frac{0,46 \sqrt{P}}{\sqrt{1 - \varphi^2}}$$

Ou la charge supérieure à $P = 4.71 \, d_0^2 \, (1 - \varphi^2)$.

Nous donnerons successivement les tableaux suivants :

1° Poids en kilogrammes des fers plats, par mètre superficiel.

2° Poids par mètre courant des fers carrés ou ronds.

3° Poids en kilogrammes, par mètre courant, des fers cornières à ailes égales.

4° Poids par mètre carré des feuilles de divers métaux.

5° Epaisseur d'après leur diamètre intérieur, des tuyaux en fer étiré, en cuivre, et en plomb.

6° Poids de 1 mètre de tuyaux en fonte de différents calibres.

7° Résistance des bois à la flexion.

Fers plats. Poids en kilog. par mètre courant.

ÉPAISSEUR en millimètres	LARGEUR EN MILLIMÈTRES							
	10	15	20	25	30	35	40	45
4	0,312	0,467	0,623	0,779	0.935	1.091	1.249	1.402
6	0,467	0,701	0,935	1.169	1.402	1.636	1.870	2.103
8	0,623	0,935	1.246	1.558	1.870	2.181	2.493	2.804
10	0,779	1.169	1.558	1.948	2.337	2.724	3.116	3.506
12	0,935	1 402	1.870	2.337	2.804	3.272	3.739	4.207
14	1,090	1.636	2.181	2.717	3.270	3.917	4.362	4.908
16	1.246	1.870	2.493	3.116	3.739	4.462	4 986	5.609
18	1.402	2.103	2.804	3.506	4.207	4.998	5.609	6.301
20	1.558	2.337	3.116	3.895	4.674	5.453	6.232	7.011
22	1.714	2.571	3.428	4.285	5.141	5.998	6.855	7.712
24	1.870	2.804	3.739	4.674	5.609	6.544	7.478	8.413
25	1.948	2.921	3.895	4.869	5.843	6.816	7.790	8.764
26	2.025	3.038	4.051	5.064	6.076	7.089	8.102	9.114
28	2.181	3.272	4.422	5.523	6.644	7.734	8.825	9.915
30	2.337	3.506	4.674	5.843	7.011	8.180	9.348	10.52
35	2.727	4.090	5.453	6.816	8.180	9.543	10.91	12.27
40	3.116	4.674	6.232	7.790	9.348	10.91	12.46	14.02
45	3.506	5.258	7.011	8.764	10.52	12.27	14.02	15 77
50	3.895	5.843	7.790	9.738	11.69	13.63	15.58	17.53

Fers plats (*Suite*). Poids en kilog. par mètre courant.

ÉPAISSEUR en millimètres	LARGEUR EN MILLIMÈTRES						
	50	55	60	65	70	75	80
4	1.558	1.714	1.870	2 025	2.181	2.337	2.493
6	2.337	2.571	2.804	3.038	3.272	3.506	3.739
8	3.116	3.428	3.739	4.051	4.362	4.674	4.986
10	3.895	4.285	4.674	5.064	5.453	5.843	6.232
12	4.674	5.141	5.609	6.076	6.544	7.011	7.478
14	5.453	5.998	6.544	7.089	7.634	8.180	8.728
16	6.232	6.855	7.478	8.102	8.725	9.348	9.971
18	7.011	7.712	8.414	9.114	9.815	10.52	11.22
20	7.790	8.569	9.35	10.13	10.91	11.69	12.46
22	8.569	9.426	10.28	11.14	12.00	12.85	13.71
24	9.348	10.28	11.22	12.15	13.09	14.02	14.96
25	9.738	10.71	11.69	12.66	13.63	14.61	15.58
26	10.13	11.14	12.15	13.17	14.18	15.19	16.20
28	11.00	12.00	13.09	14.18	15.27	16.36	17.45
30	11.69	12.86	14.02	15.19	16.36	17.53	18.70
35	13.63	14.99	16.36	17.72	19.09	20.45	21.81
40	15.58	17.14	18.70	20.25	21.81	23.37	24 93
45	17.53	19.28	21 03	22.78	24.54	26.29	28.04
50	19.48	21.42	23.37	25.32	27.27	29.21	31.16

Fers plats (*Suite*). Poids en kilog. par mètre courant.

ÉPAISSEUR en millimètres	LARGEUR EN MILLIMÈTRES						
	85	90	95	100	110	120	130
4	2.649	2.804	2.960	3.116	3.428	3.729	4.051
6	3.973	4.207	4.440	4.674	5.141	5.609	6.076
8	5.297	5.609	5.920	6.232	6.855	7.478	8.102
10	6.622	7.001	7.401	7.790	8.569	9.348	10.13
12	7.946	8.413	8.881	9.348	10.28	11.22	12.15
14	9.270	9.815	10.36	10.91	12.00	13.09	14.18
16	10.59	11.22	11.84	12.46	13.71	14.96	16.20
18	11.92	12.62	13.32	14.02	15.42	16 83	18 23
20	13.24	14.02	14.80	15.58	17.14	18.70	20.25
22	14.57	15.42	16.28	17.14	18.85	20.57	22.28
24	15.89	16.83	17.76	18.70	20.57	22.44	24.30
25	16.55	17.53	18.50	19.48	21.42	23.37	25 32
26	17.22	18.23	19.24	20.25	22.28	24.30	26.33
28	18.54	19.63	20.72	21.81	23.99	26.17	28.36
30	19.86	21.03	22.20	23.37	25.71	28.04	30.38
35	23.17	24.54	25.90	27.27	29.96	32.72	35.44
40	26.49	28.04	29.60	31.16	34.28	37.39	40.51
45	29.80	31.55	33.30	35 06	38.56	42.07	45.57
50	33.11	35.06	37.70	38.95	42.85	46.74	50.64

Fers plats (*Suite et fin*). Poids en kilog. par mètre courant.

ÉPAISSEUR en millimètres	LARGEUR EN MILLIMÈTRES						
	140	150	160	170	180	190	200
4	4.362	4.674	4.986	5.297	5 609	5.920	6.20
6	6.544	7.011	7.478	7.946	8.418	8.881	9.34
8	8.725	9.348	9.971	10.59	11.22	11.84	12.5
10	10.91	11.69	12.46	13.24	14.02	14.80	15.6
12	13.09	14.02	14.96	15.89	16.83	17.75	18.7
14	15.27	16.36	17.45	18.54	19.63	20.72	21 8
16	17.45	18.70	19.94	21.19	22.44	23.68	24.9
18	19.53	21.03	22.44	23.84	25.24	26.64	28.0
20	21.81	23.37	24.93	26.49	28.04	29.60	31.1
22	23.99	25.71	27.42	29.13	30 85	32.56	34.3
24	26.17	28.04	29.91	31.79	33.65	35.52	37.7
25	27.27	29.21	31.16	33.11	35.06	37.00	38.9
26	28.36	30.38	32.41	34.43	36.46	38.48	40.5
28	30.54	32 72	35.00	37.08	39.26	41.44	44.1
30	32.72	35.06	37.39	39.73	42.07	44.40	46.7
35	38.17	40.90	43.62	46 35	49.08	51.80	54.5
40	43.62	46.74	49.86	52.97	56.09	59.20	62.2
45	49.08	52.58	56.09	59.59	63.10	66.60	69.8
50	54.53	58.43	62.32	66.22	70.11	74.01	77.5

Fers carrés ou ronds

Poids en kilogrammes par mètre courant

DIAMÈTRE OU CÔTÉ	FER CARRÉ	FER ROND	DIAMÈTRE OU CÔTÉ	FER CARRÉ	FER ROND	DIAMÈTRE OU CÔTÉ	FER CARRÉ	FER ROND
m/m	kil.	kil.	m/m	kil.	kil.	m/m	kil.	kil.
5	0,195	0,153	24	4.481	3.520	43	14.39	11.30
6	0,280	0,220	25	4.863	3.819	44	14.90	11.83
7	0,381	0,299	26	5.259	4.131	45	15.75	12.37
8	0,498	0,391	27	5.672	4.455	46	16.46	12.93
9	0,630	0,495	28	6.100	4.791	47	17.19	13.50
10	0,778	0,611	29	6.543	5.139	48	17.83	14.08
11	0,931	0,739	30	7.002	5.499	49	18.68	14.67
12	1.120	0,880	31	7.477	5.872	50	19.45	15.28
13	1.315	1.033	32	7.967	6.257	55	23.28	18.48
14	1.525	1.198	33	8.382	6.654	60	28.01	22.00
15	1.751	1.375	34	8.994	7.064	65	32.87	25.82
16	1.992	1.564	35	9.531	7.485	70	38.12	29.94
17	2.248	1.766	36	10.08	7.919	75	43.76	34.37
18	2.521	1.980	37	10.65	8.365	80	49.79	39.11
19	2.809	2.206	38	11.23	8.823	85	56.21	44.15
20	3.112	2.444	39	11.83	9.294	90	63.02	49.49
21	3.422	2.695	40	12.45	9.776	95	70.21	55.15
22	3.726	2.957	41	13.08	10.27	100	77.80	61.10
23	4.116	3.232	42	13.69	10.78	105	85.55	67.37

FERS CORNIÈRES

Poids en kilog. par mètre courant des cornières à ailes égales

Epaisseur en millimèt.	$\frac{100}{100}$ kil.	$\frac{90}{90}$ kil.	$\frac{85}{85}$ kil.	$\frac{80}{80}$ kil.	$\frac{75}{75}$ kil.	$\frac{70}{70}$ kil.	$\frac{65}{65}$ kil.	$\frac{60}{60}$ kil.	$\frac{55}{55}$ kil.	$\frac{50}{50}$ kil.
15	21.6	19.3	18.1	»	»	»	»	»	»	»
14	20.3	18.1	17.0	15.9	»	»	»	»	»	»
13	19.0	16.9	15.9	14.9	»	»	»	»	»	»
12	17.6	15.7	14.7	13.8	12.9	11.9	11.0	9.35	»	»
11	16.2	14.5	13.6	12.8	11.9	11.0	10.2	8.60	»	»
10	14.8	13.3	12.5	11.7	10.9	10.1	9.4	7.80	7.80	»
9	»	»	»	10.5	9.9	9.2	8.5	7.00	7.09	6.38
8	»	»	»	»	»	8.2	7.5	6.57	6.36	5.74
7.5	»	»	»	»	»	»	7.0	6.20	5.99	5.40
7.0	»	»	»	»	»	»	»	»	5.62	5.01
6.5	»	»	»	»	»	»	»	»	5.25	4.73
6.0	»	»	»	»	»	»	»	»	4.86	4.02
5.5	»	»	»	»	»	»	»	»	»	4.00
5	»	»	»	»	»	»	»	»	»	3.06

Poids par mètre carré des feuilles de divers métaux

ÉPAISSEUR en millimèt.	TÔLE de FER	FONTE	ACIER	CUIVRE	LAITON	ZINC	PLOMB
1	7.78	7.25	7.87	8.90	8.55	6.90	11.4
2	15.56	14.50	15.74	17.80	17.10	13.80	22.8
3	23.34	21.75	23.61	26.70	25.65	20.70	34.2
4	31.12	29.00	31.48	35.60	34.20	27.60	45.6
5	38.90	36.25	39.35	44.50	42.75	34.50	57.0
6	46.68	43.50	47.22	53.40	51.30	41.40	68.4
7	54.46	50.75	55.09	62.30	59.85	48.30	79.8
8	62.24	58.00	62.96	71.20	68.40	55.20	91.2
9	70.02	65.25	70.83	80.10	76.95	62.10	102.6
10	77.80	72.50	78.70	89.00	85.50	69.00	114.0
12	93.36	87.00	94.44	106.80	102.60	82.80	136.8
14	108.92	101.50	110.18	124.60	119.70	96.60	159.6
15	116.70	108.75	118.05	133.50	128.25	103.50	171.0
16	124.48	116.00	125.92	142.40	136.80	110.40	182.4
18	140.04	130.50	141.66	160.20	153.90	124.20	205.2
20	155.60	145.00	157.40	178.00	171.00	138.00	228.0

TUYAUX EN FER ÉTIRÉ

DIAMÈTRE intérieur	ÉPAISSEUR DES PAROIS EN MILLIMÈTRES								
	2	3	4	5	6	7	8	9	10
millim									
10	0.59	0.95	1.37	1.82	2.34	2.90	3.50	4.16	4.87
15	0.83	1.32	1.85	2.44	3.07	3.75	4.48	5.26	6.09
20	1.07	1.68	2.34	3.05	3.80	4.60	5.45	6 35	7.30
25	1.32	2.05	2.83	3.65	4.53	5.45	6.43	7.45	8.52
30	1.56	2.41	3.31	4.26	5.26	6.30	7.40	8.55	9.72
40	2.05	3.14	4.29	5.48	6.72	8.01	9.35	10.73	12.18
50	2.53	3.87	5.26	6.70	8 18	9.72	11.30	12.93	14.61
60	3.02	4.59	6.23	7.92	9.64	11.42	13.25	15.12	17.05
70	3.50	5 33	7.20	9.13	11.10	13.12	15.20	17.31	19.48
80	4.00	6.06	8.18	10.35	12.57	14.83	17.14	19.50	21.92

TUYAUX EN CUIVRE

5	0.40	0.68	1.02	1 42	1.87	2.38	2.94	3.57	4.24
10	0.68	1.11	1.59	2.12	2.72	3.37	4.07	4.84	5.66
15	0.96	1.53	2.15	2.83	3.57	4.36	5.21	6.11	7.07
20	1.25	1.95	2.72	3.54	4.41	5.35	6.34	7.38	8.48
25	1.53	2.38	3.28	4.24	5.26	6.34	7.47	8.65	9 90
30	1.81	2.80	3.85	4.95	6.11	7.33	8.60	9.93	11.31
40	2.38	3.65	4.98	6.36	7.81	9.31	10.86	12.47	14.14
50	2.94	4.50	6 11	7.78	9.50	11.28	13.12	15.02	16.96
60	3.50	5.35	7.24	9.19	11.19	13.26	15.38	17.56	19.79
70	4.07	6.19	8.37	10.60	12.89	15.24	17.65	20.11	22.62

TUYAUX EN PLOMB

10	0.86	1.39	2.00	2.68	3.43	4.25	5.14	6.10	7.13
13	1.07	1.71	2.43	3.21	4.07	5.00	6.00	7.06	8.20
15	1.21	1.93	2.71	3.57	4.50	5.50	6.57	7.71	8.91
20	1.57	2.46	3.43	4.46	5.57	6.74	8.00	9.31	10.71
25	1.93	3.00	4.14	5.35	6.63	7.98	9.42	10.91	12.48
30	2.28	3.53	4.85	6.24	7.70	9.24	10 85	12 52	14.26
40	3.00	4 60	6.28	8.03	9.84	11.73	13.70	15.73	17.83
50	3.71	5.67	7.71	9 81	11 98	14.23	16.55	18.94	21.39
60	4.42	6.74	9.13	11.59	14.12	16.73	19.41	22.15	24.96

POIDS DES TUYAUX EN FONTE

Poids en kilog de 1 mètre de différents calibres

Diamètre intérieur en millim.	ÉPAISSEUR DES PAROIS EN MILLIMÈTRES							
	5	10	15	20	25	30	35	40
25	3.41	7.97	13.67	20.50	»	»	»	»
30	3.98	9.11	15.38	22.78	»	»	»	»
35	4.55	10.25	17.08	23.61	»	»	»	»
40	5.12	11.39	18.79	27.33	»	»	»	»
45	5.69	12.53	20.50	29.61	»	»	»	»
50	6.25	13.67	22.21	31.89	42.70	»	»	»
60	7.40	15.94	25.62	36.44	48.39	»	»	»
70	8.54	18.22	29.04	40.99	54.10	68.34	»	»
80	9.67	20.50	32.46	45.56	59.79	75.16	»	»
90	10.82	22.78	35.88	50.11	65.49	82.00	99.65	»
100	11.96	25.06	39.29	54.66	71.17	88.83	107.6	127.5
125	»	30.75	47.83	66.04	85.40	105.9	127.5	150.3
150	»	»	56.38	77.44	99.65	123.0	147.5	173.1
200	»	»	73.45	100.02	128.4	157.1	187.3	218.7
225	»	»	82.00	111.6	142.3	174.3	207.2	241.4
250	»	»	90.53	122.8	156.6	191	227	264
275	»	»	99.8	134.3	170	208	247	287
300	»	»	107.6	145.7	185	225	267	309
325	»	»	116.1	157.2	199	242	287	332
350	»	»	124.7	168.5	213	259	307	355
375	»	»	133.2	179.9	227	276	326	378
400	»	»	141.8	191.3	241	293	346	400

RÉSISTANCE DES BOIS A LA FLEXION

Charge uniformément répartie $p = \dfrac{8}{L^2}\,\dfrac{RI}{n}$

Désignation des pièces : $\dfrac{\text{Hauteur}}{\text{Base}}$

Distance des points d'appui	Résistance par millim.	$\frac{80}{70}$	$\frac{110}{80}$	$\frac{120}{120}$	$\frac{150}{150}$	$\frac{120}{100}$	$\frac{180}{150}$	$\frac{220}{27}$	$\frac{220}{41}$	$\frac{220}{110}$	$\frac{220}{150}$	$\frac{222}{200}$	$\frac{250}{150}$
	0ᵏ6	$\frac{RI}{n}=39$	70	172	237	180	405	16	37	266	495	880	562
	0ᵏ8	$\frac{RI}{n}=52$	93	230	450	240	540	21	49	355	660	1173	750
1 mèt.	0ᵏ6	312	560	1376	2696	1440	3240	128	296	2128	3960	7040	4496
	0.8	416	744	1840	3600	1920	4320	168	392	2840	5680	9384	6000
2 mèt.	0.6	73	140	344	674	360	810	32	74	532	990	1760	1124
	0.8	104	186	460	900	480	1080	42	98	710	1420	2346	1500
3 mèt.	0.6	24	62	152	299	160	360	14	32	236	440	782	499
	0.8	46	82	204	400	213	480	18	43	315	631	1042	666
4 mèt.	0.6	19	35	86	168	90	202	8	18	133	247	440	281
	0.8	26	46	115	225	120	270	10	24	177	355	586	375
5 mèt.	0.6	14	35	55	107	57	129	»	»	85	158	281	179
	0.8	16	46	73	144	76	172	»	»	113	227	375	240
6 mèt.	0.6	»	»	38	74	40	90	»	»	59	158	192	124
	0.8	»	»	51	100	53	120	»	»	78	211	260	166

RÉSISTANCE DES BOIS A LA FLEXION (suite)

Charge uniformément répartie $p = \dfrac{8}{l^2}\,\dfrac{RI}{n}$

Désignation des pièces : $\dfrac{\text{Hauteur}}{\text{Base}}$

Distance des points d'appui	Résistance par millim.	$\frac{250}{200}$	$\frac{250}{250}$	$\frac{300}{250}$	$\frac{250}{130}$	$\frac{250}{150}$	$\frac{250}{180}$	$\frac{250}{200}$	$\frac{300}{220}$	$\frac{100}{180}$	$\frac{150}{180}$	$\frac{70}{170}$	$\frac{80}{110}$
$\frac{RI}{n}$	0ᵏ6 → $\frac{RI}{n}=1000$	1000	1562	1875	812	937	1125	1250	2250	324	486	202	96
$\frac{RI}{n}$	0ᵏ8 → $\frac{RI}{n}=1332$	1332	2083	2500	1033	1250	1500	1606	3000	432	648	269	129
1 mèt.	0.6	8000	12496	15000	6496	7496	9000	10000	18000	2592	3880	1616	768
1 mèt.	0.8	10650	16664	20000	8864	10000	12000	13328	24000	3456	5184	2152	1032
2 mèt.	0.6	2000	3124	3750	1624	1874	2250	2500	4500	648	972	404	198
2 mèt.	0.8	2664	4166	5000	2166	2500	3000	3332	6000	864	1296	538	258
3 mèt.	0.6	888	1388	1666	721	832	1000	1111	2000	288	432	179	85
3 mèt.	0.8	1184	1851	2222	962	1111	1333	1480	2666	384	576	239	114
4 mèt.	0.6	500	781	937	406	468	562	625	1125	162	243	101	48
4 mèt.	0.8	666	1041	1250	541	625	750	833	1500	216	324	157	64
5 mèt.	0.6	320	455	600	259	299	360	400	720	103	153	64	30
5 mèt.	0.8	426	666	800	346	400	480	533	960	138	207	86	41
6 mèt.	0.6	222	347	416	180	208	250	277	500	72	108	44	»
6 mèt.	0.8	296	462	555	240	277	233	370	666	96	144	59	»

RÉSISTANCE DES BOIS A LA FLEXION (suite)

Charge uniformément répartie $p = \dfrac{8}{L^2}\dfrac{RI}{n}$

Désignation des pièces : $\dfrac{\text{Hauteur}}{\text{Base}}$

Distance des points d'appui	Résistance par millim.	$\frac{250}{200}$	$\frac{250}{250}$	$\frac{300}{250}$	$\frac{250}{130}$	$\frac{250}{150}$	$\frac{250}{180}$	$\frac{250}{200}$	$\frac{300}{220}$	$\frac{100}{180}$	$\frac{150}{120}$	$\frac{70}{170}$	$\frac{80}{110}$
	0k6	$\frac{RI}{n}=1000$	1562	1875	812	937	1125	1250	2250	324	486	202	96
	0k8	$\frac{RI}{n}=1332$	2083	2500	1033	1250	1500	1606	3000	432	648	269	129
7 mèt.	0k6	162	255	306	132	152	183	204	367	52	79	32	»
	0.8	217	340	408	176	204	244	272	489	70	105	43	»
8 mèt.	0.6	125	195	234	101	116	140	156	280	40	60	»	»
	0.8	166	260	312	135	156	187	208	375	54	81	»	»
9 mèt.	0.6	98	154	184	80	92	111	123	222	»	48	»	»
	0.8	131	205	246	106	123	148	164	296	»	64	»	»
10 mèt.	0.6	80	124	150	64	74	90	100	180	»	38	»	»
	0.8	106	166	200	86	100	120	133	240	»	51	»	»
11 mèt.	0.6	66	103	123	53	61	74	82	148	»	»	»	»
	0.8	88	137	165	71	82	98	110	198	»	»	»	»
12 mèt.	0.6	55	86	104	45	52	62	69	120	»	»	»	»
	0.8	73	115	138	60	69	83	92	166	»	»	»	»

RÉSISTANCE DES BOIS A LA FLEXION (suite)

Charge uniformément répartie $p = \dfrac{8}{12}\cdot\dfrac{RI}{n}$

Désignation des pièces : $\dfrac{\text{Hauteur}}{\text{Base}}$

Distance des points d'appui	Résistance par mm	$\dfrac{220}{13}$ $\dfrac{RI}{n}=62$	$\dfrac{220}{27}$ 131	$\dfrac{220}{34}$ 164	$\dfrac{220}{41}$ 198	$\dfrac{220}{80}$ 387	$\dfrac{220}{110}$ 532	$\dfrac{220}{150}$ 726	$\dfrac{220}{180}$ 871	$\dfrac{220}{200}$ 969
1 mèt.	60k	496	1048	1312	1584	3096	4256	5806	6968	7752
2	»	124	262	328	396	774	1064	1452	1742	1938
3	»	55	116	145	176	344	472	645	774	861
4	»	31	65	82	99	193	266	363	435	484
5	»	19	41	52	63	123	170	232	278	310
6	»	13	29	36	44	86	118	161	193	215
7	»	»	»	»	32	63	86	118	142	158
8	»	»	»	»	»	»	»	90	108	121
9	»	»	»	»	»	»	»	71	86	95

CHIMIE

ÉQUIVALENTS ET POIDS ATOMIQUES
DE QUELQUES CORPS

CORPS SIMPLES	SYMBOLE	EQUIVA- LENT	POIDS ATOMIQUE
Aluminium	Al	13 5	27
Argent	Ag	108	107.7
Azote.	Az	14	14
Baryum.	Ba	68.5	137
Brome	Br	80	79.8
Calcium.	Ca	20	40
Carbone	C	6	12
Chlore	Cl	35.5	35.4
Cuivre	Cu	31.75	63.3
Etain.	Su	59	118
Fer.	Fe	28	56
Iode	I	127	126.5
Magnesium	Mg	12	24.3
Manganèse	Mn	27.5	54.9
Mercure	Hg	100	200
Oxygène	O	8	16
Phosphore	P	31	31
Platine	Pt	98.5	194.4
Plomb	Pb	103.5	206.4
Potassium.	K	39	39
Silicium	Si	14	28
Sodium.	Na	23	23
Soufre	S	16	32
Zinc	Zn	32.5	65

RÉACTIONS PERMETTANT DE RECONNAÎTRE CES CORPS

ALUMINIUM

Potasse. — Précipité blanc volumineux d'hydrate, soluble, se sépare nettement si l'on ajoute un sel ammoniacal dans la liqueur.

Carbonates de potasse, de soude, ou d'ammoniaque. — Même précipité, mais presque insoluble.

Carbonate de baryte. — Précipité complètement insoluble à froid.

Phosphate de sodium. — Précipité soluble.

Sulfate de potasse en solution concentrée. — Dépôt cristallin d'alun.

Sulfhydrate d'ammoniaque. — Précipité blanc soluble dans la potasse.

Acide sulfhydrique. — Rien.

ARGENT

Potasse. — Précipité brun d'oxyde, noircit à l'ébullition, insoluble dans un excès de réactif, soluble dans l'ammoniaque.

Carbonate de potasse. — Précipité blanc jaunâtre, insoluble dans un excès de réactif, soluble dans l'ammoniaque.

Carbonate de baryte. — Rien.

Phosphate de soude. — Précipité insoluble, soluble dans l'ammoniaque.

Pyrophosphate de soude. — Précipité blanc.

Acide chlorhydrique et chlorures alcalins. — Précipité blanc, caillebotté, insoluble dans l'acide azotique, soluble dans l'ammoniaque, noircit à la lumière.

Acide sulfhydrique. — Précipité noir, soluble dans l'acide azotique bouillant.

Iodure de potassium. — Précipité jaune, insoluble dans $Az\,O^5\,H\,O$, peu soluble dans $Az\,H^3\,H\,O$.

Ferrocyanure de potassium. — Précipité blanc.

Ferricyanure de potassium. — Précipité brun-rouge.
Zinc métallique. — Dépôt gris d'argent.
Chromate de potasse. — Précipité brun-rouge.

AZOTE

Sels ammoniacaux

Potasse. — A chaud dégagent ammoniac.
Acide sulfhydrique. — Rien.
Chlorure de baryum. — Rien.
Acide tartrique. — Liqueur concentrée, précipité cristallin, soluble dans excès d'eau.
Acide hydrofluosilicique. — Liqueur étendue, rien.
Chlorure de platine. — Précipité jaune, peu soluble.
Hypobromite de soude. — Dégagement Az.H^3 à froid.
Acide sulfurique. — Rien.
Acide sulfurique et tournure de cuivre. — Rien.
Sulfate protoxyde de fer. — Rien.

Azotites

Potasse. — Rien.
Acide sulfhydrique. — En liqueur acide, dépôt de soufre.
Chlorure de baryum. — Rien.
Acide tartrique. — Rien.
Acide hydrofluosilicique. — Rien.
Chlorure de platine. — Rien.
Hypobromite de soude. — Rien.
Acide sulfurique. — Dégagement acide hypoazotique.
Acide sulfurique et tournure de cuivre. — Rien.
Sulfate protoxyde de fer. — Sel avec acide sulfurique, coloration rose ou pourpre.

Azotates

Potasse. — Rien.
Acide sulfhydrique. — En liqueur acide, dépôt de soufre; liqueur étendue, rien.
Chlorure de baryum. — Rien.
Acide tartrique. — Rien.
Acide hydrofluosilicique. — Rien.
Chlorure de platine. — Rien.

Hypobromite de soude. — Rien.

Acide sulfurique. — Rien.

Acide sulfurique et tournure de cuivre.— Dégagement acide hypoazotique.

Sulfate protoxyde de fer.— Sel avec acide sulfurique, coloration rose ou pourpre.

BARYUM

Acide sulfhydrique, sulfhydrate d'ammonium, Az H³. Ferricyanure. — Rien.

Potasse. — En liqueur concentrée, dépôt cristallin.

Carbonate de potasse. — Précipité blanc, insoluble dans un excès de réactif.

Oxalate d'ammoniaque.— Précipité blanc, soluble dans H Cl.

Acide sulfurique. — Précipité blanc, insoluble dans H Cl.

Chromate de potasse. — Précipité jaune, soluble dans H Cl.

BRÔME

Chlorure de baryum. — Rien.

Peroxyde de manganèse et acide sulfurique.— Par chauffage, dégagement de brôme.

Azotate d'argent. — Précipité blanc, insoluble dans Az O⁵ H O, soluble dans Az H³.

Acétate de plomb. — Précipité blanc, soluble dans un excès d'eau.

Eau de chlore et sulfure de carbone. — Coloration rouge jaunâtre du sulfure.

CALCIUM

Potasse. — Précipité blanc.

Ammoniaque. — Rien.

Carbonate de potasse. — Précipité blanc, insoluble dans l'excès de réactif.

Oxalate d'ammoniaque. — Précipité soluble dans H Cl.

Acide sulfurique.— Précipité soluble dans H Cl.

Acide sulfhydrique. — Rien.

CHLORE

Chlorures

Azotate d'argent. — Précipité blanc, insoluble dans Az O⁵ Ho, soluble dans Az H³.

Azotate d'argent. — Précipité blanc, insoluble dans $Az\ O^5\ Ho$, soluble dans $Az\ H^3$.

Acétate de plomb. — Précipité blanc, soluble dans excès d'eau.

Azotate de plomb. — Précipité blanc, devenant rouge, et brun.

Sulfate de manganèse. — Précipité brun.

Peroxyde de manganèse et acide sulfurique. — Dégagement de Cl.

Acide chlorhydrique. — Rien.

Indigo et un acide. — Rien.

Hypochlorites

Azotate d'argent. — Précipité blanc.

Acétate de plomb. — Rien.

Azotate de plomb. — Rien.

Sulfate de manganèse. — Rien.

Peroxyde de manganèse et acide sulfurique. — Rien.

Acide chlorhydrique. — Dégagement de Chl.

Indigo et un acide. — Indigo décoloré.

Chlorates

Azotate d'argent. — Rien.

Acétate de plomb. — Rien.

Azotate de plomb. — Rien.

Sulfate de manganèse. — Rien.

Peroxyde de manganèse et acide sulfurique. — Rien.

Acide chlorhydrique. — Rien.

Indigo et un acide. — Pas décoloré.

CUIVRE

Sels de protoxyde

Potasse. — Précipité blanc ; excès de réactif, précipité jaune brunâtre insoluble.

Ammoniaque. — Précipité blanc, bleuit à l'air.

Carbonate de potasse. — Précipité jaune hydrate, de protoxyde.

Iodure de potassium. — Précipité blanc.

Sulfhydrate d'ammonium. — Précipité noir, presque insoluble dans Az H³.

Acide sulfhydrique. — Précipité noir, presque insoluble dans Az H³.

Sels de bioxyde

Potasse. — Précipité bleu, presque insoluble dans l'excès réactif, devient noir par le chauffage.

Ammoniaque. — Précipité verdâtre, excès de réactif bleu céleste.

Carbonate de potasse.— Pr. bleu-vert, soluble dans Az H³.

Carbonate d'ammoniaque. — Précipité verdâtre, bleu dans l'excès réactif.

Ferricyanure de potassium. — Précipité jaune verdâtre, insoluble dans H Cl.

Ferrocyanure de potassium.— Précipité rouge-brun, insoluble dans H Cl.

Acide sulfhydrique et sulfhydrate d'ammonium.— Précipité noir un peu soluble.

Zinc métallique. — Dépôt brun foncé de cuivre métallique.

Lame de fer. — Dépôt rouge de cuivre métallique.

Sels de protoxyde d'étain

Potasse. — Précipité blanc, soluble en excès réactif, devient noir par ébullition.

Ammoniaque. — Précipité blanc, insoluble en excès réactif, devient brun olive par ébullition.

Carbonate d'ammoniaque. — Précipité blanc, insoluble en excès réactif.

Iodure de potassium. — Précipité blanc jaunâtre.

Acide sulfhydrique, sulfhydrate d'ammoniaque.— Précipité brun foncé, soluble dans l'excès de sulfhydrate.

Acide oxalique, Ferrocya. — Précipité blanc.

Chlorure d'or et quelques gouttes acide azotique. — Précipité rouge ou brun pourpre.

Zinc métallique. — Dépôt d'étain métallique.

Sels de peroxyde d'étain

Potasse. — Précipité blanc, soluble en excès réactif.

Ammoniaque. — Précipité blanc, soluble en excès réactif.

Carbonates alcalins. — Dégagement de CO^2, précipité blanc peu soluble en excès réactif.

Acide sulfhydrique. — Précipité jaune, soluble dans le sulfhydrate d'ammoniaque.

Ferrocya. — Précipité blanc gélatineux.

Ferricya. — Rien.

Sulfite de soude. — Précipité blanc à chaud.

Zinc métallique, en solution peu acide. — Dépôt d'étain spongieux et précipité blanc.

FER

Sels de protoxyde

Potasse. — Précipité blanc devenant vert.

Carbonates alcalins. — Précipité blanc devenant vert.

Acide oxalique. — Précipité jaune se fait lentement.

Ferrocyan. — Précipité blanc, insoluble dans H Cl, bleui par Az O^5 H O.

Ferricya. — Précipité bleu foncé, insoluble H Cl.

Sulfocyanure. — Rien.

Acide sulfhydrique. — Rien ; solution étendue, coloration noire.

Sulfhydrate d'ammoniaque. — Précipité noir de sulfure, soluble H Cl.

Succinate d'ammoniaque. — Rien.

Tannin. — Rien.

Chlorure d'or. — Dépôt brun or métallique.

Permanganate de potasse. — Décoloré.

Sels de peroxyde

Potasse. — Précipité rouge-brun.

Carbonates alcalins. — Précipité rouge-brun.

Acide oxalique. — Précipité jaunâtre.

Ferrocyan. — Précipité bleu de Prusse, insoluble dans H Cl.

Ferricya. — Précipité brun-rouge.

Sulfocyanure. — Précipité rouge sang.

Acide sulfhydrique. — Précipité de soufre.

Sulfhydrate d'ammoniaque. — Précipité noir mêlé de soufre.

Succinate d'ammoniaque. — Précipité brun, soluble.

Tannin. — Précipité noir bleuâtre.

Chlorure d'or. — Rien.

Permanganate de potasse. — Rien.

IODE

Iodures

Eau de chlore. — Formation d'iode libre.

Acide sulfurique. — Formation d'iode libre.

Acétate de plomb. — Précipité jaune.

Azotate d'argent. — Précipité jaunâtre, insoluble dans Az O^5 H O.

Sulfate de cuivre. — Précipité blanc et coloration de la liqueur en brun.

Perchlorure de fer. — Formation d'iode libre.

Chlorure de baryum. — Rien.

MAGNESIUM

Potasse. — Précipité blanc, insoluble en excès réactif, soluble dans Az H^3.

Carbonate de potasse. — Précipité blanc, insoluble en excès réactif, soluble dans Az H^3.

Oxalate d'ammoniaque. — Rien, formation très lente, précipité crist. blanc.

Phosphate de soude et ammoniaque. — Précipité crist. de phosphate, peu soluble.

Ferrocya. — Précipité blanc.

Acide sulfurique. — Rien.

Acide sulfhydrique. — Rien.

MANGANÈSE

Sels de protoxyde

Potasse. — Précipité blanc, bruni à l'air, insoluble dans excès réactif.

Carbonates alcalins. — Précipité blanc, brunit à l'air, peu soluble, dans sel ammoniac.

Acide sulfhydrique. — Rien.

Sulfhydrate d'ammoniaque. — Précipité couleur chair, brunit à l'air, soluble dans les acides.

Acide chlorhydrique. — Rien.

Ferrocya. — Précipité blanc-rose.

Ferricya. — Précipité brun, insoluble H Cl.

Sels de peroxyde

Potasse. — Précipité brun foncé, insoluble excès réactif.

Carbonates alcalins. — Précipité brun.

Acide sulfhydrique. — Précipité de soufre.

Sulfhydrate d'ammoniaque. — Précipité couleur chair.

Acide chlorhydrique. — Dégagement de Chl par la chaleur.

Ferrocya. — Précipité gris-verdâtre.

Ferricya. — Précipité brun.

Manganates

Potasse. — Rien.

Carbonates alcalins. — Rien.

Acide sulfhydrique. — Précipité de sulfure et de soufre.

Sulfhydrate d'ammoniaque. — Précipité de sulfure et de soufre.

Acide chlorhydrique. — Coloration rouge, dégagement de chlore par la chaleur.

Ferrocya. — Rien.
Ferricya. — Rien.

Permanganates

Potasse. — Couleur rouge, devient verte à la chaleur.
Carbonates alcalins. — Rien.
Acide sulfhydrique. — Précipité de sulfure et de soufre.
Sulfhydrate d'ammoniaque. — Précipité de sulfure et de soufre.
Acide chlorhydrique. — Couleur rouge.
Ferrocya. — Rien.
Ferricya. — Rien.

MERCURE

Sels de protoxyde

Potasse. — Précipité gris noirâtre ou noir.
Ammoniaque. — Précipité gris noirâtre ou noir.
Carbonates alcalins. — Précipité blanc sale, noircit à la chaleur.
Acide sulfhydrique. — Précipité noir, insoluble dans H Cl.
Sulfhydrate d'ammoniaque. — Précipité noir, insoluble dans H Cl.
Acide chlorhydrique et chlorure. — Précipité blanc, insoluble acide étendu et coloré par l'ammoniaque.
Phosphate de soude. — Précipité blanc, insoluble excès réactif, devient gris par chauffage.
Iodure de potassium. — Précipité jaune-vert, excès de réactif fait passer au rouge, soluble dans excès de réactif.
Ferrocya. — Précipité blanc gélatineux.
Ferricya. — Précipité rouge-brun devenant blanc.
Cuivre. — Se recouvre dépôt gris de mercure.

Sels de peroxyde

Potasse. — Précipité rouge-brun, excès réactif jaune.
Ammoniaque. — Précipité blanc, soluble dans excès R.
Carbonates alcalins. — Précipité rouge-brun.
Acide sulfhydrique. — Petite quantité, blanc ; excès réactif, noir, insoluble Az O^5 H O.

Sulfhydrate d'ammoniaque. — Petite quantité, blanc : excès réactif noir, presque insoluble.

Acide chlorhydrique et chlorure. — Rien.

Phosphate de soude. — Rien, rouge avec le temps.

Iodure de potassium. — Précipité rouge, soluble excès de réactif.

Ferrocya. — Précipité blanc, devenant bleu.

Ferricya. — Rien.

Cuivre. — Dépôt gris de mercure.

PHOSPHORE

Hypophosphites

Acide sulfurique. — Dégagement de gaz sulfureux et précipité de soufre.

Zinc et acide sulfurique. — Dégagement d'hydrogène phosphoré.

Chlorure de baryum. — Rien.

Chl. mercurique. — Précipité blanc avec excès réactif.

Sulfate de cuivre. — A chaud précipité rouge, ensuite dépôt de cuivre.

Azotate d'argent. — Précipité blanc, noircissant.

Sulfate de manganèse. — Rien.

Perchlorure de fer. — Rien.

Molybdate d'ammoniaque. — Rien.

Phosphites

Acide sulfurique. — Rien.

Zinc et acide sulfurique. — Dégagement d'hydrogène phosphoré.

Chlorure de baryum. — Précipité blanc, soluble acide acétique.

Chl. mercurique. — A chaud, précipité blanc.

Sulfate de cuivre. — Rien.

Azotate d'argent. — Avec $Az H^3$, dépôt d'argent.

Sulfate de manganèse. — Rien.

Perchlorure de fer. — Rien.

Molybdate d'ammoniaque. — Rien.

Phosphates ordinaires

Acide sulfurique. — Rien.

Zinc et acide sulfurique. — Rien.

Chlorure de baryum. — Précipité blanc, soluble H Cl.

Chl. mercurique. — Rien.

Sulfate de cuivre. — Rien.

Azotate d'argent. — Précipité jaune, soluble Az O^5 H O, acide phosphorique libre, ne coagule pas albumine, ne précipite pas Ch. de baryum et sel ammoniac.

Sulfate de manganèse. — Précipité blanc cristallin.

Perchlorure de fer. — Précipité jaunâtre, soluble H Cl.

Molybdate d'ammoniaque. — Avec Az O^5 H O, précipité jaune.

Pyrophosphates

Acide sulfurique. — Rien.

Zinc et acide sulfurique. — Rien.

Chlorure de baryum. — Précipité blanc, soluble H Cl.

Chl. mercurique. — Rien.

Sulfate de cuivre. — Rien.

Azotate d'argent. — Précipité blanc, soluble Az O^5 H O, acide libre se précipite par Ch. de baryum, ne coagule pas albumine.

Sulfate de manganèse. — Rien.

Perchlorure de fer. — Rien.

Molybdate d'ammoniaque. — A chaud précipité jaune.

Métaphosphates

Acide sulfurique. — Rien.

Zinc et acide sulfurique. — Rien.

Chlorure de baryum. — Rien.

Chl. mercurique. — Rien.

Sulfate de cuivre. — Rien.

Azotate d'argent. — Précipité blanc, soluble Az O^5 H O, acide libre coagule albumine et précipite en blanc sels de baryum et d'argent.

Sulfate de manganèse. — Rien ; avec Az H^3, précipité soluble dans Az H^3 Cl.

Perchlorure de fer. — Rien.

Molybdate d'ammoniaque. — Rien.

PLATINE

Sels

Potasse. — Si c'est Chl. précipité jaune, soluble en excès réactif. — Oxysel précipité jaune-brun, insoluble en excès réactif.

Carbonate de potasse. — Si c'est Chl. précipité jaune, insoluble dans l'excès réactif.

Carbonate de soude. — A froid, rien ; pr. brun par chauffage.

Chlorure de potassium. — Précipité crist. jaune dans liq. concentrée, liq. étendue se forme avec le temps.

Iodure de potassium. — Se colore en brun-rouge, puis se précipite en brun.

Acide sulfhydrique. — Précipité brun-noir, insoluble dans H Cl.

Sulfhydrate d'ammoniaque. — Précipité brun-noir.

Acide sulfurique. — Rien.

Sulfate de protoxyde de fer. — Par chauffage, dépôt de platine métallique.

PLOMB

Potasse. — Précipité blanc, soluble en excès réactif.

Ammoniaque. — Précipité blanc, insoluble en excès réactif.

Carbonate de potasse. — Précipité blanc, à peine soluble en excès réactif.

Carbonate de baryte. — Précipité blanc par ébullition prolongée.

Iodure de potassium. — Précipité jaune, soluble en excès réactif.

Chromate de potasse. — Précipité jaune, insoluble dans Az O^5 H O, soluble dans KO HO.

Acide chlorhydrique. — Précipité blanc, insoluble dans Az H^3.

Acide sulfhydrique. — Précipité noir, insoluble dans sulf-hydrate d'Az H³.

Acide sulfurique. — Précipité blanc, presque insoluble dans l'eau, noircit par sulfhydrate d'Az H³.

Ferrocya. — Précipité blanc.

Ferricya. — Rien.

Zinc métallique. — Dépôt gris de plomb métallique.

POTASSIUM

Sulfate d'alumine. — Dépôt crist. d'alun se forme lentement.

Bichlorure de platine. — Précipité jaune, peu soluble dans l'eau, insoluble dans l'alcool et l'éther.

Acide hydrofluosilicique. — Précipité gélat. opalin à peine visible.

Acide tartrique. — Liqueur concentrée précipité crist., soluble en excès eau et KO HO et Cl.

Acide picrique. — Précipité jaune, insoluble dans l'alcool.

Acide perchlorique. — Précipité blanc crist. insoluble dans l'alcool.

Acide sulfhydrique, carbonates alcalins. — Rien.

SILICIUM

Les silicates fondus avec carbonate de potasse, donnent, après dissolution, un précipité gélatineux de silice hydratée un peu soluble dans l'eau. Si la solution est évaporée à sec, la silice devient insoluble dans l'eau, mais soluble dans l'acide fluorhydrique.

SODIUM

Sulfate d'alumine. — Rien.

Bichlorure de platine. — Rien.

Acide hydrofluosilicique. — Précipité gélatin. dans liqueur concentrée.

Acide tartrique. — Rien.

Acide perchlorique. — Rien.

Acide sulfhydrique, carbonates alcalins. —.Rien.

Pyro–antimoniate, acide de potasse. — En liqueur neutre, précipité.blanc cristallin.

SOUFRE

Sulfures

Acides. — Dégagent H S.

Azotate d'argent. — Précipité noir.

Acétate de plomb. — Précipité noir, soluble H Cl.

Chlorure de baryum. — Rien.

Perchlorure de fer. — Rien.

Bichlorure.de mercure. — Rien.

Permanganate de potasse. — Rien.

Nitroprussiate de soude. — Coloration violet-rouge.

Indigo. — Rien.

Zinc et acide chlorhydrique. — Rien.

Sucre de canne. — Rien.

Hydrosulfites

Acides. — Coloration jaune.

Azotate d'argent. — Dépôt gris noirâtre d'argent.

Acétate de plomb. — Rien.

Chlorure de baryum. — Rien.

Perchlorure de fer. — Rien.

Bichlorure de mercure. — Rien.

Permanganate de potasse. — Rien.

Nitroprussiate de soude. — Rien.

Indigo. — Décoloré immédiatement.

Zinc et acide chlorhydrique. — Rien.

Sucre de canne. — Rien.

Hyposulfites

Acides. — Dépôt soufre et SO_2.

Azotate d'argent. — Précipité blanc, devenant jaune, puis noir.

Acétate de plomb. — Rien.
Chlorure de baryum. — Précipité blanc, soluble excès d'eau.
Perchlorure de fer. — Col. violet-rouge disparaissant.
Bichlorure de mercure. — Précipité blanc, noircit, excès
  réactif reste blanc.
Permanganate de potasse. — Réduction en liqueur acide.
Nitroprussiate de soude. — Rien.
Indigo. — Rien.
Zinc et acide chlorhydrique. — Dégagement de H S.
Sucre de canne. — Rien.

Sulfites

Acides. — S O² sans dépôt.
Azotate d'argent. — Rien.
Acétate de plomb. — Rien.
Chlorure de baryum. — Précipité blanc, insoluble eau,
  soluble H Cl.
Perchlorure de fer. — Pas de coloration.
Bichlorure de mercure. — Précipité blanc, ne noircit pas..
Permanganate de potasse. — Réduction en liqueur acide.
Nitroprussiate de soude. — Avec sulfate de zinc en li-
  queur neutre, précipité rouge pourpre.
Indigo. — Rien.
Zinc et acide chlorhydrique. — Dégagement de H S.
Sucre de canne. — Rien.

Sulfates

Acides. — Rien.
Azotate d'argent. — Rien.
Acétate de plomb. — Précipité blanc, soluble H Cl.
Chlorure de baryum. — Précipité blanc, insoluble dans
  l'eau, insoluble dans H Cl.
Perchlorure de fer. — Rien.
Bichlorure de mercure. — Rien.
Permanganate de potasse. — Rien.
Nitroprussiate de soude. — Rien.
Indigo. — Rien.

Zinc et acide chlorhydrique. — Rien.

Sucre de canne. — Noircit à 100° par acide sulfurique
libre.

ZINC

Potasse. — Précipité blanc gélatineux, soluble en excès
réactif.

Carbonate de potasse. — Précipité blanc, insoluble en
excès réactif.

Carbonate d'ammoniaque. — Précipité blanc, soluble en
excès réactif.

Carbonate de baryte. — A froid rien. — Se précipite lentement par ébullition.

Phosphate de soude. — Précipité blanc, en solution acide.

Sulfhydrate d'ammoniaque. — Précipité blanc, soluble
H Cl.

Ferrocya. — Précipité blanc, peu soluble H Cl.

Ferricya. — Précipité jaune rougeâtre, soluble H Cl.

Acide sulfhydrique. — Précipité blanc, soluble H Cl, insoluble dans sulfhydrate d'Az H^3.

Ferricyanures

Azotate d'argent. — Précipité orange, soluble dans Az H^3.

Sulfate de cuivre. — Précipité vert jaunâtre, insoluble
H Cl.

Sulfate de protoxyde de fer. — Précipité bleu, insoluble
H Cl.

Acide sulfurique. — Acide concentré, dégagement de C O ;
acide étendu, dégagement d'acide carbonique.

Chlorure de calcium. — Rien.

Protochlorure de fer. — Coloration brune.

Ferrocyanures

Azotate d'argent. — Précipité blanc, insoluble Az A^3.

Sulfate de cuivre. — Précipité rouge-brun, insoluble H Cl.

Sulfate de protoxyde de fer. — Précipité blanc, bleuis-
sant à l'air.

Acide sulfurique. — Même réaction que pour les ferricyanures.

Chlorure de calcium. — Solution très concentrée, précipite.

Protochlorure de fer. — Précipité bleu de Prusse, insoluble H Cl.

Cyanures

Azotate d'argent. — Précipité blanc, soluble excès réactif,
peu soluble dans Az H³.

Sulfate de cuivre. — Rien.

Sulfate de fer. — En liqueur neutre, précipité vert sale,
en liqueur acide, bleu de Prusse, insoluble H Cl.

Acides sulfurique ou chlorhydrique. — Dégagement odeur
d'amandes amères.

Acide nitrique. — Rien.

Chlorure de calcium. — Rien.

Perchlorure de fer. — Rien.

Acide molybdique dissous dans H Cl et Zn. — Rien.

Sulfocyanates

Azotate d'argent. — Précipité blanc, soluble excès réactif
et Az H³.

Sulfate de cuivre. — Précipité blanc, insoluble dans acide,
soluble Az H³.

Sulfate de fer. — Rien.

Acides sulfurique ou chlorhydrique. — Liqueur concentrée
coloration jaune et dépôt lent.

Acide nitrique. — Etendu donne dépôt jaune.

Chlorure de calcium. — Rien.

Perchlorure de fer. — Coloration rouge, disparaît par
ébullition ou Az O⁵ H O.

Acide molybdique dissous dans H Cl. — Coloration rouge,
que l'éther enlève à la liqueur.

ANALYSE DES GAZ

Acide carbonique. — Soluble dans l'eau, absorbable par la potasse.

Oxyde de carbone. — Absorbable par protochlorure de cuivre ammoniacal.

Sulfure de carbone. — Absorbable par potasse alcoolique.

Oxygène. — Absorbable par pyrogallates alcalins, et le phosphore.

Acide sulfureux. — Soluble dans eau, potasse, ou bioxyde de plomb sec.

Acide sulfhydrique. — Soluble dans eau, potasse, sulfate de cuivre, absorbable par le brome.

Ammoniaque. — Soluble dans l'eau, absorbable par acide sulfurique, etc.

Azote. — Insoluble dans les dissolvants, reste comme résidu dans les analyses.

Acide chlorhydrique. — Absorbable par la potasse et l'eau.

Chlore. — Absorbable par l'eau et le mercure.

PARTIE PHYSIQUE

DEGRÉS FAHRENHEIT CORRESPONDANT AUX DEGRÉS CENTIGRADES

FAHR.	CENTIGR.	FAHR.	CENTIGR.	FAHR.	CENTIGR.
32	0.00	55	12.78	78	25.56
33	0.56	56	13.33	79	26.11
34	1.11	57	13.89	80	26.67
35	1.67	58	14.44	81	27.22
36	2.22	59	15.00	82	27.78
37	2.78	60	15.56	83	28.33
38	3.33	61	16.11	84	28.89
39	3.89	62	16.67	85	29.44
40	4.44	63	17.22	86	30.00
41	5.00	64	17.78	87	30.56
42	5.56	65	18.33	88	31.11
43	6.11	66	18.89	89	31.67
44	6.67	67	19.44	90	32.22
45	7.22	68	20 00	91	32.78
46	7.78	69	20.56	92	33.33
47	8.33	70	21.11	93	33.89
48	8.89	71	21.67	94	34.44
49	9.44	72	22.22	95	35.00
50	10.00	73	22.78	96	35.56
51	10.56	74	23.33	97	36.11
52	11.11	75	23.89	98	36.67
53	11.67	76	24.44	99	37.22
54	12.22	77	25.00	100	37.78

FAHRENHEIT	CENTIGRADES
100	55.56
200	111.11
300	166.67
400	222.22
500	277.78
600	333.33
700	388.89
800	444.44
900	500.00

1 degré Fahrenheit $= 0°55556$ Centigrade.

1 — Centigrade $= 1°8$ Fahrenheit.

5 — — $= 9°$ —

Exemple :

585° Fahrenheit égalent 500° $= 277°78$ Centigr.

85° $= 29°44$ —

Fahrenheit 585° $= 307°22$ Centigr.

TRANSFORMATION DES DEGRÉS RÉAUMUR EN DEGRÉS CENTIGRADES

1° Réaumur $= 1°250$ Centigr.

1° Centigr. $= 0°8$ Réaumur.

5° Centigr. $= 4°$ Réaumur.

COEFFICIENTS DE DILATATION LINÉAIRE
ENTRE 0° ET 100°

CORPS	COEFF.	CORPS	COEFF.
Décimales....	0,0000	Décimales....	0,0000
Aluminium.........	2336	Or..............	1470
Argent	1936	Palladium recuit....	1186
Carbone (diamant) .	0132	Platine...........	0907
Charbon de cornue..	0551	Plomb...........	2799
Charbon (houille)...	2811	Soufre...........	6748
Cuivre...........	1666	Zinc.............	2269
Cuivre de 0° à 300°.	1883	Bois de sapin en long	0370
Etain	2269	— en travers	0580
Fer doux (fil)......	1440	Bronze (Cu 8 Etain 1)	1816
Fonte grise	1075	Cuivre jaune (laiton)	1879
Fer forgé	1140	Glace	5140
Fer forgé de 0° à 300°	1330	Marbre blanc......	0848
Acier fondu trempé.	1362	Pierre à bâtir......	0649
Acier fondu recuit..	1113	Calcaire blanc	0251
Acier dur.........	1400	Granit........... ..	0896
Nickel à 50°.......	1286	Porcelaine 20° à 800°	0413
Nickel à 1000°.....	1820	— 1000° à 1400	0550

COEFFICIENTS DE DILATATION CUBIQUE

			Pression constante	Volume constant
Apparent du mercure dans le verre......	0,0001544	Air atmosphérique	0,3670	0,3665
		Hydrogène...	0,3661	0,3667
Absolu du mercure......	0,0001801	Azote	0,3670	0,3668
Du verre blanc	0,0000258	Oxyde de carbone.........	0,3669	0,3667
Du verre vert.	0,0000229	Acide carbonique.......	0,3710	0,3688
Du verre ordre	0,0000275			

TENSIONS DE LA VAPEUR D'EAU EN MILLIMÈTRES DE MERCURE

TEMPÉRATURE	TENSION	TEMPÉRATURE	TENSION	TEMPÉRATURE	TENSION
0	4.57	80	354	160	4652
10	9.1	90	525	170	5962
20	17.4	100	760	180	7546
30	31.5	110	1075	190	9443
40	54.9	120	1491	200	11689
50	92.0	130	2030	210	14325
60	148.9	140	2718	220	17390
70	233.0	150	3581	225	19097

DENSITÉS DES LIQUIDES CORRESPONDANT AUX DEGRÉS DE L'ARÉOMÈTRE BAUMÉ

DEGRÉS	DENSITÉS	DEGRÉS	DENSITÉS	DEGRÉS	DENSITÉS
0	1.000	11	1.0825	22	1.1798
1	1.0069	12	1.0907	23	1.1896
2	1.014	13	1.099	24	1.1994
3	1.021	14	1.1074	25	1.2095
4	1.0285	15	1.1160	30	1.2624
5	1.0358	16	1.1247	35	1.3202
6	1.0434	17	1.1335	40	1.3834
7	1.0509	18	1.1425	50	1.5301
8	1.0587	19	1.1516	60	1.7116
9	1.0665	20	1.1608	70	1.9421
10	1.0744	21	1.1702		

DENSITÉS DES LAITS DE CHAUX

DEGRÉS BAUMÉ	DENSITÉS	CaO dans 100 kil.	CaO dans 100 lit.
10	1.074	10.6	13.3
12	1.091	11.6	15.2
14	1.107	12.7	17.0
16	1.125	13.7	18.9
18	1.142	14.7	20.7
20	1.161	15.7	22.4
22	1.180	16.5	24.0
24	1.199	17.2	25.3
26	1.220	17.8	26.3
28	1.241	18.3	27.0
30	1.262	18.7	27.7

POINTS DE FUSION ET D'ÉBULLITION

	FUSION	ÉBULLITION		FUSION	ÉBULLITION
Acide sulfuriqᵉ monohydraté.	10.5	338	Fer doux . . .	1600	
Acier	1410		Fonte grise . .	1220	
Alliage Darcet, 5 Pb, 3 Sn, 8 Bi.	94		Iode	113	
			Mercure . . .	—38	357
Aluminium . .	625		Or pur . . .	1045	
Argent	954		Monnaie . . .	1180	
Bismuth . . .	265		Phosphore . .	44	290
Brome	-7.3	63	Platine	1775	
Bronze	900		Plomb	335	1040
Cuivre	1054		Soufre	113	448
Laiton	1015		Sulfure de carbone	-110	46
Eau de mer . .	-2.5	103			
Etain.	226		Zinc	412	929

DENSITÉS

LIQUIDES

Eau de mer	1.026
Mercure à 0°.	13.596
Sulfure de carbone . . .	1.263

SOLIDES

Aluminium	2.60
Argent	10.53
Carbone (diamant). . .	3.52
— graphite . . .	2.3
Charbon de cornue. . .	1.88
Cuivre	8.92
Etain	7.29
Fer	7.86
Acier	7.7
Fonte grise	7.1
— blanche	7.6
Iode.	4.95
Nickel.	8.9
Or	19.32
Palladium	11.4
Phosphore.	1.83
— rouge. . . .	2.24
Platine fondu	21.50
Plomb.	11.37
Zinc	7.15

OXYDES. — SELS

Alumine.	2.85
— sulfate	1.62
Ammoniac (chlorhydrate)	1.52
— sulfate. . . .	1.76
— sulfocyanure.	1.31
Argent (bromure) . . .	6.33
— chlorure	5.55
— iodure	5.62
— sulfure.	6.85
Baryum (carbonate) . .	4.27
— chlorure. . . .	3.04
— sulfate	4.33
Calcium oxyde hydraté .	2.08
— chlorure crist .	2.21

Calcium carbonate . . .	2.72
— sulfate anhyd .	2.97
Cuivre sulfate crist. . .	2.27
Fer sulfate proto. . . .	1.88
— peroxyde . .	3.10
Magnésie calcinée . . .	3.22
Mercure bioxyde	11.44
— protosulfate . .	7.56
Nickel sulfate crist. . .	1.98
Acide phosphorique . .	1.88
Plomb minium.	9.07
— peroxyde	8.91
— carbonate précip.	6.43
— sulfate —	6.23
Potassium carbonate . .	2.29
— sulfate .	2.65
Sodium carbonate crist.	1.458
— sulfate crist . .	1.462
Zinc oxyde	5.65
— sulfate crist. . . .	2.01

DIVERS

Ardoise	2.85
Calcaire grossier. . . .	2.0
— granit.	2 71
Grès (pavé)	2.41
Houille (gaillette) . . .	1.33
Pierre meulière	2.48
Terre arable.	1.24
Verre ordinaire	2.64

DENSITÉS DES GAZ
(celle de l'air $=$ 1)

Acétylène	0.92
Acide carbonique. . . .	1.529
— sulfhydrique. . .	1.191
Ammoniac.	0.590
Azote	0.972
Chlore	2.45
Hydrogène.	0.06926
Oxyde de carbone . . .	0.968
Oxygène.	1.1056
Vapeur d'eau.	0.6235

TEMPÉRATURE D'ÉBULLITION DE QUELQUES SOLUTIONS SATURÉES

	POINT d'ébullition	POIDS DE SEL pour 100 d'eau
Carbonate de potasse. . . .	135	205
— de soude.	104.6	48.5
Chlorhydrate d'ammoniaque.	114	89
Chlorure de calcium	179	325
— de sodium	108	40

RENSEIGNEMENTS DIVERS

MESURES LINÉAIRES ANCIENNES

Une toise (6 pieds) . . . vaut en mètre 1.94904
Un pied (12 pouces) . . . » 0,32484
Un pouce (12 lignes) . . . » 0,02707
Une ligne . . . . » 0,00256

MESURES LINÉAIRES ANGLAISES

Un fathom (2 yards). . . vaut en mètre 1.8288
Un yard (3 feet). . . . . » 0,9144
Un foot ou pied (12 inches) » 0,3048
Un inch ou pouce. . . . . » 0,02540

MESURES DE SURFACE

Une toise carrée . . . . = 3^{m2}7987
Un pied carré . . . . = 0,1055
Un pouce carré . . . . = 0,0007327

MESURES DE CAPACITÉ

Une toise cube . . . . = $7^{m3}4039$
Un pied   » . . . . = 0,03428
Un pouce   » . . . . = 0,00001983
Un setier   » . . . . = 0,156
Un muid   » . . . . = 0,251
Un boisseau » . . . . = 0,013
Une pinte   » . . . . = 0,000931
Un poisson   » . . . . = 0,000116
Un canon   » . . . . = 0,000200

MESURES ANGLAISES DE CAPACITÉ

Un gallon (8 pints) . . . . = $4^{lit}5434$
Un pint { 4,659 cubic inches / 20 fluid onces } . . . . = 0,5679
Un fluid once . . . . = 0,02839
Un cubic once . . . . = 0,01638

On déduit de là :

Un mètre cube . . . . . = 220.09 gallons.
Un litre . . . . = 1.760 pints.
Un litre . . . . = 61.02 cubic inches.

ANCIENS POIDS

Une livre (16 onces) . . . . = 0^k4895
Un marc (8 onces) . . . . = 0,2447
Une once (8 gros) . . . . = 0,03059
Un gros (72 grains) . . . . = 0,00382
Un grain . . . . = 0,000053

On déduit de là :

Un kilog. = 2 livres, 0 onces, 5 gros, 351 grains.
Un gram. = 0 » 0 » 0 » 19 »

SURFACES PLANES

Triangle quelconque. — La surface = au produit de la base par la moitié de la hauteur.

Si a, b, c, $2p$ désignent les côtés et le périmètre, la surface $S = \sqrt{p\,(p-a)\,(p-b)\,(p-c)}$.

Triangle rectangle. — c, l'hypothénuse, et a et b les deux autres côtés,

$$c = \sqrt{a^2+b^2} \qquad a = \sqrt{c^2-b^2} \qquad b = \sqrt{c^2-a^2}.$$

Triangle acutangle. — a, b, c, les côtés ; h, la hauteur ; $e.. d$, les projections de a et de c sur b, on a :

$$a^2 = b^2 + c^2 - 2bd \qquad h = \sqrt{a^2-c^2} = \sqrt{c^2-d^2}.$$
$$c^2 = a^2 + b^2 - 2bc$$

Triangle obtusangle. — Pour le côté opposé à l'angle obtu, le signe de l'expression précédente change :

$$a^2 = b^2 + c^2 + 2bd.$$

Trapèze. — a, b, côtés parallèles ; h, la hauteur.

$$\text{Surface} = \frac{(a+b)\,h}{2} \qquad a = \frac{2S}{h} - b$$

$$h = \frac{2S}{a+b} \qquad\qquad b = \frac{2S}{h} - a$$

Circonférence. — La longueur de la circonférence $= \pi d = 2\pi r$; d, le diamètre ; r, le rayon ; π le rapport de la circonférence au diamètre qui est égal à 3.14159.

Cercle : $\qquad$ Surface $= \dfrac{\pi d^2}{4} = \pi r^2.$

Secteur. — a, arc ; α, l'angle au centre correspondant.

$$\text{Arc } a = \frac{\pi r \alpha}{180} \qquad S = \frac{ar}{2} \qquad \alpha = \frac{180\,a}{\pi r}.$$

Segment. — a, arc ; c, la longueur de la corde ; h, la flèche.

$$S = \frac{ar - c\,(r - h)}{2}$$

Si α l'angle au centre du segment,

$$S = \left(\frac{\pi \alpha}{180} = \sin \alpha \right) \frac{r^2}{2}.$$

La corde $\quad C = 2 \sqrt{h\,(2r - h)}.$

Surface couronne :

$$R - r = d \quad S = \pi\,(R + r)\,(R - r).$$

ou $\qquad S = \pi\,(2r + d)\,d.$

Surface ellipse : $\quad a, b,$ étant les demi-axes,

$$S = \pi a b.$$

Parabole. — Rapportée à ses axes, x l'abscisse et y l'ordonnée limitant la surface,

$$S = \frac{4}{3}\,y h.$$

La longueur d'un arc de parabole à branches peu ouvertes

$$L = 2y \left[1 + \frac{8}{3} \cdot \frac{4x^2}{y^2} \right]$$

VOLUMES

Cylindre : $S = 2\pi r h$ $V = \pi r^2 h$.

Cylindre à section oblique. — h_1 et h_2 la plus grande et la plus petite génératrice.

$$S = \pi r (h_1 + h_2) \qquad V = \pi r^2 \frac{h_1 + h_2}{2}.$$

Cylindre creux :

$$S = 2\pi h (R + r) \qquad V = \pi h (R^2 - r^2).$$

Onglet cylindrique (figure 322) :

S latérale $= 2 R H$

$$V = \frac{2}{3} R^2 H.$$

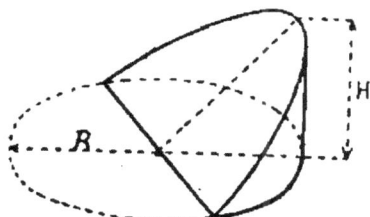

Fig. 322.

Sphère : $S = 4\pi R^2$ $V = \frac{4}{3}\pi R^3$.

Secteur sphérique. — m, diamètre du cercle de base ; n, la hauteur de la flèche.

$$S = \frac{\pi R}{2}(4n + m) \qquad V = \frac{2}{3}\pi R^2 n.$$

Segment sphérique. — Même notation que pour le secteur.

$$S = 2\pi R n \qquad V = \pi n^2 \left(R - \frac{1}{3} n\right).$$

Zone sphérique. — H, la hauteur de la zone ; B, b, les surfaces des bases de la zone, on a :

$$S = 2\pi R H \qquad V = \left(\frac{B + b}{2}\right) H + \frac{1}{6}\pi H^3$$

ou, en appelant m et n les rayons des bases de la zone :

$$V = \frac{1}{6}\pi H \left[3m^2 + 3n^2 + H^2\right].$$

25.

Prisme droit : S =. périmètre de la base $\times$ la hauteur.

V = surface de la base $\times$ la hauteur.

Pyramide : S = périmètre de la base $\times \frac{1}{2}$ hauteur.

$$V = \text{base} \times \frac{H}{3}.$$

Cône : $S = \pi R l$ (*l* la génératrice).

$$V = \frac{H}{3} \times \text{base}.$$

Tronc de pyramide. — S et *s* les surfaces des bases,

$$V = \frac{H}{3} \left[S + s + \sqrt{S,s} \right]$$

Tronc de cône :

$$S = \pi l [R + r]$$
$$V = \pi \frac{H}{3} \left[R^2 + r^2 + Rr \right]$$

Tonneau. — D, diamètre à l'équateur ; *d*, diamètre des extrémités; H, la hauteur totale.

$$V = 1.0453 \, H \, [0.4 \, D^2 + 0.2 \, Dd + 0.15 \, d^2].$$

Volume d'un tas quelconque de terre ou de matériaux. — C'est généralement un solide limité par deux plans horizontaux et des talus d'inclinaison variable. Si les deux bases ne sont pas très différentes, on peut multiplier la moyenne des bases par la hauteur, ou l'assimiler à un tronc de pyramide et appliquer la formule indiquée plus haut.

Si les bases sont très différentes, l'erreur serait trop considérable, et il faut décomposer le solide en prismes droits et en tronc de prisme.

RÉSISTANCE DES MATÉRIAUX

En kilogrammes par millimètre carré de section.

	CHARGE PRATIQUE		
	TRACTION	COMPRESSION	CISAILLEMENT
Fer.	7	7	6
Tôle	7	7	6
Fil de fer.	12		
Fonte.	2.5	7	2
Acier fondu.	30	30	22
Fil d'acier.	19.2		
Cuivre laminé écroui. . .	6.6	6.6	5.0
— recuit. . .	2.5	2.0	1.5
Fil de cuivre	6.6		
Laiton	2.5		1.9
Fil de laiton.	6.6		5.0
Bronze : cuivre 8, étain 1.	2.0		1.5
Frêne : dans la direction des fibres. . .	1.2	0,66	
— normal		0,36	
Chêne. . df	1.1	0,66	0,07
— nf		0,36	
Hêtre . . df	1.2	0,66	0,06
— nf		0,36	
Pin . . . df	0.7	0,44	0,04
— nf		0,22	
Corde de chanvre (rupture)	0,48	2,2	
Courroie en cuir (rupture)	5.00		
Granit . . :		0,6	
Pierre calcaire.		0,3	
Brique ordinaire.		0,06	
Mortier de chaux.		0,04	
— de ciment	0,02	0,15	

TABLE DES VITESSES ET PRESSIONS DU VENT

DÉSIGNATION DES VENTS	VITESSE par seconde	Pression en kilog. par mètre carré sur une surface normale
Vent seulement sensible. .	1 mèt.	»
Vent modéré.	2,5	0k765
Vent modéré.	3,0	1,047
Vent frais	4,7	2,706
Bise.	5,0	2,908
Vent fort (convenable pour moulins).	7,0	6,000
Vent fort	8,0	7,443
Grand frais	11,0	13,691
Vent violent.	15	27,550
Vent impétueux	20	46,5
Tempête.	30	110,2
Ouragan.	40	195,9

CHALEURS SPÉCIFIQUES DE QUELQUES SOLIDES

Plomb	0.0314	Acier.	0.1165
Fer forgé	0.1777	Zinc	0.0906
Fonte.	0.1138	Etain.	0.0562
Cuivre	0.0951	Briques.	0.2410
Laiton	0.0939	Eau	1
Mercure.	0.0338	Alcool	0.7
Argent	0.0570	Acide sulfurique. .	0.335

CHALEURS SPÉCIFIQUES DE QUELQUES GAZ

	Sous volume constant	Sous pression constante
Eau	1	»
Air	0.1686	0.2375
Oxygène	0.1548	0.2182
Azote	0 1730	0.2440
Hydrogène	2.4146	3.4046
Acide carbonique . . .	0.1535	0.2164
Oxyde de carbone . .	0.1758	0.2479
Vapeur d'eau	0.3337	0.4750

Pour renseignements complémentaires, voir dans les **Manuels-Roret** :

Technologie physique et mécanique, par M. ANSIAUX.
                                     3 fr.

La Construction Moderne, par M. BATAILLE.   15 fr.

Le Briquetier, Tuilier, par M. ROMAIN.   6 fr.

Le Chaufournier, Plâtrier, par M. ROMAIN. 3 fr. 50

FIN DU TOME SECOND

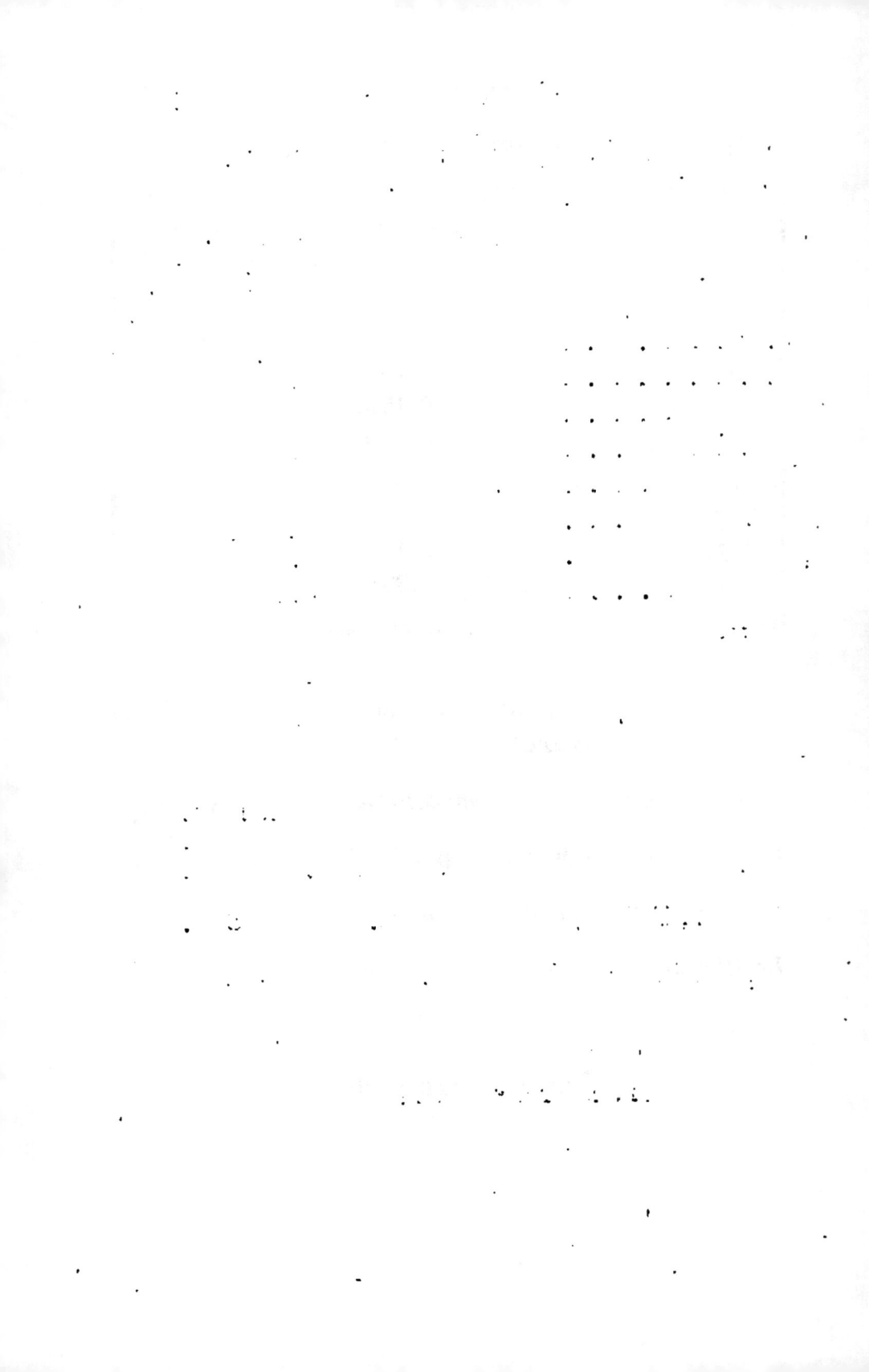

TABLE DES MATIÈRES

CONTENUES

DANS LE SECOND VOLUME

———

Pages

CHAPITRE XII

RÉGULATEUR ET INDICATEUR DE PRESSION. 1
Gouverneur de Clegg 1
Gazo-compensateur Pauwels 5
Auto-régulateur de M. Servier 10
Econome à gaz, de M. Mutrel. 12
Régulateur hydrostatique de M. Magnier. 17
Régulateur Giroud. 20
Régulateur Giroud perfectionné 22
Régulateur Cowan. 25
Avertisseur Giroud pour régulariser la pression . . 26
Avertisseur Coindet 28
Régulateurs d'abonnés 31
Régulateurs de becs. 32
Régulateur Sugg 33
Régulateur humide Giroud 34
Rhéomètre sec 35
Régulateur Parcy-Derval 37
Régulateur Bablon. 37
Rhéomètre à fermeture. 40
Régulateurs de courant. — Antifluctuateurs 41
Régulateur de courant 44
Manomètres et indicateur de pression 45
Manomètre à cadran 50
Manomètre Elster 53
Indicateur automatique de pression 57
Calcul relatif à cet indicateur. 62
Indicateur de vide et de pression 63

CHAPITRE XIII

Robinets et valves. . . . . . : 64
Valves à vis descendante. 66
Vanne à plateau. 66
Vannes hydrauliques. 69
Valve hydraulique Jouanne. 71
Siphon de ville 71
Tuyaux en fonte. 74
Tuyaux en tôle, dits Chameroy 81
Tuyaux (pose). 84
Tuyaux, détails supplémentaires, tranchées, etc. . 87
Dimensions des tuyaux Chameroy. 88
Fuites 88
Recherche des fuites sur une canalisation en ser-
  vice 89
Branchements. 91
Appareil à percer, tarauder et tamponner les con-
  duites principales à gaz. 92
Calcul des conduites 95

CHAPITRE XIV

Becs 99
Bec Bunsen. 99
Théorie de la combustion. 100
Becs à trou. — Bec à fente. 103
Bec Manchester 105
Bec Argand. 106
Bec Bengel 107
Bec à récupération. — Bec Chaussenot 109
Bec Siemens 110
Bec Parisien (ancien bec Schulke). 111
Bec « l'Industriel » 114
Bec Delmas. 115
Lampe Cromartie 117
Lampe Wenham. 119
Lampe Danischewsky 123

Becs dits « Inverseurs récupérateurs » 124
Lampe gaso-multiplex 127
Bec Sellon. — Bec Clamond. 129
Bec Auer 130
Bec à l'incandescence avec l'insufflation d'air. . . . 132
Bec à l'albo-carbon. 132

CHAPITRE XV

COMPTEURS A GAZ POUR ABONNÉS 135
Compteur Crossley. 136
Compteur Edge. — Compteur Emming. 137
Compteur Crossley et Goldsmith 138
Compteur Warner et Cowann 138
Compteur Siry-Lizard 139
Compteurs à saturation préalable 142
Compteur avec régulateur de niveau dans la boîte de
    trop plein. 142
Compteur (organes cachés) 146
Détermination de la capacité d'un compteur de cinq
    becs 150
Métaux employés dans la construction des comp-
    teurs 152
Fonctionnement. 152
Compteur poinçonné de la Ville de Paris sans garde
    hydraulique. 153
Compteur poinçonné de la Ville de Paris avec garde
    hydraulique de dix centimètres au tube d'intro-
    duction de l'eau, au siphon et au régulateur. . . 154
Compteur à mesure invariable ordinaire 155
Compteur insiphonnable 157
Fraudes et moyens de les éviter. 158
Compteurs secs 159
Compteur à paiement préalable 161
Compteur P. P. de la Cie des Compteurs. 162
Compteur P. P. de la Cie anonyme Continentale . . 166
Appareil pour enlever les obstructions de naphta-
    line. 169

CHAPITRE XVI

Photométrie 170

Etalons. 170

Appareils à écrans pleins continus recevant la lumière de deux foyers sur une seule et même face. 171

Photomètre Dumas et Regnault. 173

Essai et vérification du pouvoir éclairant. 179

1° Description des appareils. Lampe Carcel. 179

Description des appareils. Bec Carcel 180

2° Préparation de l'essai 181

Tableau des poids d'huile de colza épuré, brûlés à l'heure par la lampe Carcel, calculés de seconde en seconde, de 13 à 16 minutes. 184

Vérification de la bonne épuration du gaz 187

Photomètre Foucault modifié 188

Photomètre simplifié de Foucault 189

Photomètre système Bunsen 190

Photomètre simplifié 191

Photomètre à jet (Giroud) 193

Photomètre Foucault pour gros foyers. 196

Consommation horaire pour un carcel-heure. . . . 197

Dépenses par carcel des divers becs à récupération. 198

Photomètre Mascart 200

Etalons divers. — Bougie anglaise. 203

Bougie allemande 203

Bougie de Munich, de l'Etoile. 204

Etalon Vernon-Harcourt 205

CHAPITRE XVII

Détails sur la construction des usines 207

Parcs à charbons. — Chantiers à coke, atelier de distillation 209

Collecteurs 214

Condenseurs. — Jeux d'orgues 215

Laveurs 216

Epuration. — Compteurs 217

Citerne à goudron. — Disposition rationnelle des
   citernes de condensation 218

CHAPITRE XVIII

Gaz a l'huile. 221
Procédé Taylor 221
Gaz d'huile minérale. 222
Gaz d'huile lourde de gaz. 226
Mode de traitements des huiles lourdes de goudron
   de la Compagnie Parisienne pour les convertir en
   gaz et en huiles légères 226
Gaz de goudron. — Gaz à l'eau. 230
Décomposition de la vapeur d'eau par le fer ou le
   charbon en ignition. 231
Gaz à l'eau carboné. 234
Gaz à l'eau (procédés actuels). 234
Gaz à l'eau (procédé Tessié du Mottay). 237
Gaz à l'eau (procédé Lowe). 240
Éclairage à l'acétylène. 245
Gaz au bois. 251
Analyses de gaz au bois. 253
Gaz de tourbe. 258
Gaz portatif. 262
Gaz de boghead 266
Carburation du gaz (divers procédés). 269
Quantité d'huiles légères dépensée par mètre cube 281
Expériences. 282
Carburation de l'air. 283
Gazo-lampe portatif ou mobile. 285
Gazo-lampe fixe ou immobile. 286
Gaz divers. — Gaz de résine. 289
Gaz aux acides gras. 290
Gaz au suif 291
Gaz aux huiles minérales. — Gaz à air carburé par
   les huiles. 292

CHAPITRE XIX

COKE. 293
Casse-coke Durand et Chapitel. 297

CHAPITRE XX

EAUX AMMONIACALES. 299
Appareil de la Compagnie Richer. 300
Appareil Mallet. 302
Appareil Solway. 305
Appareil Champonnois, à colonne distillatoire. . . . 308
Usages de l'ammoniaque. 311

CHAPITRE XXI

GOUDRON 311
Distillation du goudron 314
Usages du brai. 317
Huile à anthracène. 318
Huile lourde. 319
Acide phénique. — Naphtaline. 320
Huile légère. — Essence de naphte. 321
Appareil Coupier. 325
Appareil de Savalle. 329
Schéma de la distillation du goudron 332

CHAPITRE XXII

CHAUFFAGE ET CUISINE AU GAZ. 334
Foyer-Gambier 335
Calorifère Delafollie — Foyers à boules ordinaires . 336
Foyers rayonnants. 337
Poêle Wybauw 338
Calorifère « l'Incandescent » 339
Poêle Potain. 340
Cuisine au gaz. 341
Robinet Bugnot 343
Usages domestiques du gaz. — Chauffe-bains. . . . 346
Emplois dans l'industrie, tubes métalliques flexibles. 349

Machine sécheuse repasseuse de M. Piel. 350
Chaudière Thwaite. 351
Usages du gaz dans les laboratoires.— Four Perrot. 353
Régulateur Schlœsing d'Arsonval 354

CHAPITRE XXIII

MOTEURS A GAZ. — Classification. 357
Moteur Lenoir (ancien type). 363
Moteur Ravel. 365
Moteur Forest. 368
Moteur Dugald-Cleck 369
Moteur Otto. 370
Moteur Brayton 372
Moteur Langen et Otto. 373
Applications immédiates 375

AIDE-MÉMOIRE DE L'INGÉNIEUR-GAZIER

MATÉRIAUX DE CONSTRUCTION. — Granit 377
Meulières. — Grès. 378
Pierres calcaires. 379
Moellons. — Briques 380
Plâtre. 381
Chaux 382
Mortiers divers 383
Bétons 384
Résistance des matériaux employés dans la maçon-
  nerie 385
Résistance des mortiers 386
Constructions 387
Fondations. — Murs 388
Poids du mètre cube de maçonnerie et charge limite. 389
Murs de soutènement. 390
Constructions en bois. — Pans de bois. — Planchers 391
Fermes diverses. 392
Poids des couvertures par mètre carré. — Poteaux
  en chêne et sapin du Nord. 394

Construction en fer. — Planchers. 394

Combles en fer 395

Ferme anglaise 396

Colonnes en fonte ou en fer. 397

Fers plats. — Poids en kilos par mètre courant . . 399

Fers carrés ou ronds. — Poids en kilos par mètre
courant 403

Fers cornières. — Poids en kilos par mètre courant des cornières à ailes égales 404

Poids par mètre carré des feuilles de divers métaux. 405

Tuyaux en fer étiré ; en cuivre ; en plomb. 406

Poids des tuyaux en fonte. 407

Résistance des bois à la flexion. 408

Chimie. — Equivalents et poids atomiques de quelques corps 412

Réactions permettant de reconnaître les corps : alu-
minium ; argent. 413

Azote. — Sels ammoniacaux. — Azotites. — Azo-
tates 414

Baryum. — Brôme. — Calcium. 415

Chlore. — Chlorures. — Hypochlorites. — Chlo-
rates 416

Cuivre. — Sels de protoxyde 416

Sels de bioxyde 417

Etain. — Sels de protoxyde d'étain 417

Sels de peroxyde d'étain 418

Fer. — Sels de protoxyde 418

Sels de peroxyde. 419

Iode. — Iodures. — Magnésium 419

Manganèse. — Sels de protoxyde. — De peroxyde.
— Manganates 420

Permanganates 421

Mercure. — Sels de protoxyde. — Sels de peroxyde . 421

Phosphore. — Hypophosphites. — Phosphites. . . 422

Phosphates ordinaires. — Pyrophosphates. — Méta-
phosphates 423

Platine. — Sels. — Plomb 424

Potassium. — Silicium. — Sodium. 425

Soufre. — Sulfures. — Hydrosulfites. — Hyposul-
fites. 426

Sulfites. — Sulfates. 427

Zinc. — Ferricyanures. — Ferrocyanures. 428

Cyanures. — Sulfocyanates. 429

Analyse des gaz. 430

Partie physique. — Degrés Fahrenheit correspondant
aux degrés centigrades. 431

Transformation des degrés Réaumur en degrés centigrades. 432

Coefficients de dilatation linéaire entre 6° et 100° . 433

Coefficients de dilatation cubique 433

Tensions de la vapeur d'eau en millimètres de mercure. — Densités des liquides correspondant aux
degrés de l'aréomètre Baumé. 434

Densités des laits de chaux. — Points de fusion et
d'ébullition 435

Densités. 436

Température d'ébullition de quelques solutions saturées 437

Renseignements divers. — Mesures linéaires anciennes 437

Mesures linéaires anglaises. — Mesures de surface. 437

Mesures de capacité. — Mesures anglaises de capacité. — Anciens poids 438

Surfaces planes. 439

Volumes 441

Résistance des matériaux en kilogrammes par millimètre carré de section. 443

Table des vitesses et pressions du vent. — Chaleurs
spécifiques de quelques solides 444

Chaleurs spécifiques de quelques gaz 445

FIN DE LA TABLE DES MATIÈRES DU TOME SECOND

BAR-SUR-SEINE. — IMP. V^c C. SAILLARD.

CONSTRUCTIONS MÉTALLIQUES
Chaudronnerie Fer et Cuivre

BONNET, SPAZIN & Cie

Ingénieurs-Constructeurs à LYON-VAISE

PRINCIPAUX GAZOMÈTRES
Construits en France et à l'Étranger
simples ou Télescopiques, à deux ou trois Cloches

A CUVE MÉTALLIQUE :

Capacités :	Usines de :
35,000 mètres cubes, à 3 cloches........	Turin.

de 12 à 20,000 mètres cubes.. { Porto, — Lisbonne
Reims
Lyon-Perrache et Guillotière.

de 5 à 10,000 mètres cubes.. { Galatz, — Scutari
Tours,—Perpignan,—Troyes
Béziers, — Lyon, — Versailles.

de 1 à 4,000 mètres cubes.. { Malaga, — Palerme
La Corogne, — Corfou,— Agen
Blois, — Vesoul
Cholet, — Issoudun
Châteauroux.

A CUVE MAÇONNERIE :

de 10 à 20,000 mètres cubes.. { Buenos-Ayres
Marseille, — Lyon
Toulouse, — Nîmes.

de 1 à 5,000 mètres cubes.. { Catanzaro,— Oran,— Ajaccio
Romans
Béziers, — Bourges.

et Gazomètres de 100 à 1,000 mètres cubes.

APPAREILS pour CHAUFFAGE des CUVES et GORGES
ÉPURATEURS, BARILLETS, COLONNES A COKE
Appareils pour Alcali et Eaux ammoniacales
Charpentes métalliques

CONDUITES D'EAU EN TOLE
GÉNÉRATEURS DE VAPEUR DE TOUS SYSTÈMES
CHAUDIÈRES GALLOWAY

MANUEL COMPLET

DU

FABRICANT DE POMPES

de tous systèmes

Contenant la description des Pompes rectilignes, centrifuges, rotatives, pompes à diaphragme, pompes à vapeur et à incendie, pompes d'épuisement, de mines, de jardins, etc.; traitant de la construction et de l'établissement des machines pour élever les eaux, autres que les pompes.

Par M. A. ROMAIN

1 vol. in-18, orné de figures et de planches.

FRANCO CONTRE MANDAT-POSTE DE 3 FR. 50

MANUEL COMPLET

DU

BRIQUETIER, TUILIER

FABRICANT DE CARREAUX

de Tuyaux de Drainage et de Creusets réfractaires

Contenant les procédés de fabrication de ces matériaux à la main et à la mécanique, et la description des divers fours et appareils actuellement usités dans ces industries.

Par M. A. ROMAIN

2 vol. in-18, ornés de planches.

ENVOI FRANCO CONTRE MANDAT-POSTE DE 6 FRANCS

ENCYCLOPÉDIE-RORET

COLLECTION

DES

MANUELS-RORET

FORMANT UNE

ENCYCLOPÉDIE DES SCIENCES & DES ARTS

FORMAT IN-18

Par une réunion de Savants et d'Industriels

Tous les Traités se vendent séparément.

La plupart des volumes, de 300 à 400 pages, renferment des planches parfaitement dessinées et gravées, et des vignettes intercalées dans le texte.

Les Manuels épuisés sont revus avec soin et mis au niveau de la science à chaque édition. Aucun Manuel n'est cliché, afin de permettre d'y introduire les modifications et les additions indispensables.

Cette mesure, qui met l'Editeur dans la nécessité de renouveler à chaque édition les frais de composition typographique, doit empêcher le Public de comparer le prix des *Manuels-Roret* avec celui des autres ouvrages, tirés sur cliché à chaque édition, et ne bénéficiant d'aucune amélioration.

Pour recevoir chaque volume franc de port, on joindra, à la lettre de demande, un mandat sur la poste (de préférence aux timbres-poste) équivalant au prix porté au Catalogue.

Cette franchise de port ne concerne que la **Collection des Manuels-Roret** et n'est applicable qu'à la France et à l'Algérie. Les volumes expédiés à l'Etranger seront grevés des frais de poste établis d'après les conventions internationales.

Bar-sur-Seine. — Imp. Ve C. SAILLARD.

www.ingramcontent.com/pod-product-compliance
Lightning Source LLC
Chambersburg PA
CBHW060522220326
41599CB00022B/3392